U0287375

上古之世……民食果蓏蚌蛤，腥臊恶臭而伤害腹胃，民多疾病。有圣人作，钻燧取火以化腥臊，而民悦之，使王天下，号之曰燧人氏。

——《韩非子·五蠹》，公元前 3 世纪

因此在我看来，古代人也曾在寻找与体质相协调的食物，并且找到了我们今天享用的那些东西。经过簸扬、碾磨、罗筛、揉和、烧烤，人们用小麦就制成了面包，而用大麦制成了烤饼。人们把那些纯硬的食物和软和的食物掺合在一起，经过煮、烤食物的不断试验，直至使它们适合于人的体力和体质。因为他们认为，那些人类体质难于吸收的太硬的食物会带来疼痛、疾病和死亡，而适合于人的体力和体质的食物会带给人们营养、生长和健康。

——《希波克拉底文集·古代医学论》，公元前 4 世纪

是以天有五行，人有五脏，食有五味。故肝法木，心法火，脾法土，肺法金，肾法水；酸纳肝，苦纳心，甘纳脾，辛纳肺，咸纳肾；木生火，火生土，土生金，金生水，水生木；木制土，土制水，水制火，火制金，金制木，木制土。故四时无多食。所旺并所制之味，皆能伤所旺之脏也。宜食相生之味，助旺气也。五脏不伤，五气增益，饮食合度，寒暑得宜，则诸疾不生，遐龄自永矣。

——宋·浦处贯《保生要录》《说郛》卷八十四，第二页

Joseph Needham

SCIENCE AND CIVILISATION IN CHINA

Volume 6

BIOLOGY AND BIOLOGICAL TECHNOLOGY

Part 5

FERMENTATIONS AND FOOD SCIENCE

Cambridge University Press, 2000

国家自然科学基金委员会资助出版
香港东亚科学史基金会资助出版

李 约 瑟

中国科学技术史

第六卷　生物学及相关技术

第五分册　发酵与食品科学

黄兴宗　著

科学出版社
上海古籍出版社
北京

图字：01-2006-0408

内 容 简 介

著名英籍科学史家李约瑟花费近五十年心血撰著的多卷本《中国科学技术史》，通过丰富的史料、深入的分析和大量的东西方比较研究，全面、系统地论述了中国古代科学技术的辉煌成就及其对世界文明的伟大贡献，内容涉及哲学、历史、科学思想、数、理、化、天、地、生、农、医及工程技术等诸多领域。本书是这部巨著的第六卷第五分册，主要论述中国古代酒的发酵技术与演变、大豆的加工与发酵技术、食品的加工与保存、茶叶的加工与利用、食品与营养缺乏症等，作者还提出了自己对中国古代发酵技术和食品科学发展的思考和结论。

本书适于科学史工作者、生物学工作者及相关专业的大学师生阅读。

审图号：GS（2022）1767号

图书在版编目（CIP）数据

李约瑟中国科学技术史. 第六卷，生物学及相关技术. 第五分册，发酵与食品科学/黄兴宗著；韩北忠等译. —北京：科学出版社，2008

ISBN 978-7-03-020018-1

Ⅰ. 李⋯　Ⅱ. ①黄⋯②韩⋯　Ⅲ. ①自然科学史-中国②发酵食品-技术史-中国-古代　Ⅳ. N092

中国版本图书馆 CIP 数据核字（2008）第 092667 号

责任编辑：孔国平　李俊峰 / 责任校对：李奕萱
责任印制：赵　博 / 封面设计：张　放
编辑部电话：010-64035853
E-mail：houjunlin@mail. sciencep. com

科 学 出 版 社
上海古籍出版社　出版
北京东黄城根北街 16 号
邮政编码：100717
http://www. sciencep. com

三河市春园印刷有限公司印刷
科学出版社发行　各地新华书店经销
*
2008 年 7 月第 一 版　　开本：787×1092 1/16
2024 年 10 月第八次印刷　　印张：46 1/4
字数：1 040 000
定价：340.00 元
（如有印装质量问题，我社负责调换）

中國科學技術史

李約瑟 著

冀朝鼎

李约瑟《中国科学技术史》翻译出版委员会

第六卷　生物学及相关技术

第五分册　发酵与食品科学

谨以本书献给

杰出的《齐民要术》注释者

石声汉

不知疲倦的中国食品典籍编纂者

篠田统

以及
坚韧的中国食品和营养史探索者

鲁桂珍

如果没有他们开拓性的工作,本册是不可能撰成的

原书编辑序言

本分册可以看作是一种长久的友谊，以及对一位 20 世纪杰出而常常苛刻的人物，和一项 20 世纪最有意义的学术创新的支持的最终成果。

当李约瑟到战时中国的重庆，建立中英科学合作馆的时候，他已经认识了他人生中最重要的中国人——鲁桂珍，她在剑桥的出现被视作《中国科学技术史》产生的最主要的"诱因"之一。李约瑟此时已经承担了一项棘手的工作：使中国那些逃离日本人侵害的科学家与喜马拉雅山脉之外广泛的科学团体保持信息和资料的交流与联系。但是一到中国，李约瑟就认识到像许多在他之前来中国的西方人一样，他工作效果的好坏取决于他拥有的中国助手的素质。因此他的第一项任务是找到一位有足够天分的秘书——包括有流利的英语、受过科学训练以及拥有在战时沿着满目疮痍的乡间危险的公路长途跋涉所需的十足的、坚忍不拔的毅力。

正如我们从李约瑟给在英格兰的妻子李大斐（皇家学会会员）的一封信中所读到的那样，在 1943 年 5 月 15 日，一个非常重要的会面发生了：

"在我起床之前，大约六个人正在我的客厅里等着见我……在他们中间有一位非常优秀的年轻人——黄兴宗——一位来自香港的理科研究生，我聘用他做我的秘书。"

在 5 月 20 日的信中，对于这一工作，他是一个理想的秘书人选的想法更加明确：

"今天上午我和我的秘书——黄兴宗，一位非常有魅力、很机灵的年轻人，第一次一起工作。他以优异的成绩获得了香港的理学学位，并在日本人占领香港前做了六个月酞菁染料的研究。他是个聪明人。"

而且，那些若干年后了解李约瑟工作习惯的人，将会认识到他在找到一个合适的、以一种他偏爱的非正式的方式工作的人选之后是多么欣慰：

"黄兴宗，我的秘书，是一个极好的非常有效率的同事——我从不口述，我们讨论我们想说的，然后他直接用打字机打出来，最后我签字。他应该从这份工作中学到很多基本的科学知识，他已经是一个很好的有机化学家了。"

像李约瑟一样，这位新秘书具有良好的文学素养、浓厚的科学兴趣和受过很好的科学教育，正如李约瑟在 1944 年 4 月 14 日的信的开头所写的那样：

"在车厢里吃的午餐很丰盛……我读博罗（Borrow），兴宗读唐诗。"

然而，兴宗（HT；李约瑟和其他人经常这么称呼他）不久就发现，他远不只是李约瑟的信件打字员并一起欣赏诗歌的秘书。以 1944 年 6 月 1 日（周四）开头的一篇日记记录了李约瑟在中国西部漫长的卡车旅行中发生的无数相似事件中的一件：

"离开南丰。一段不愉快的日子。在宁都附近没有修车铺，气泵的垫圈显然没有问题，所以我们装上了备用隔板。但是依然没有用，车停停走走，无力地前行，这真是一个折磨人神经的上午。最后，在中午时分，我（我认为是我）突然灵机一动，用我们的长管子直接把酒精从桶里输送到发动机里，来减短失灵的供油系统的回路。这次成功了，车发动了，邝威开车，我们于 1：30 到达广昌。"

　　正如李约瑟附记稿中所描述的那样，剩余的旅途中，兴宗在抬住酒精输送管的过程中起了必不可少的作用。所有这些，以及经历了在途中的种种不适和危险，兴宗都坚持了下来，随着时间的流逝，兴宗对李约瑟的尊重和爱戴与日俱增。1944 年 9 月，兴宗到牛津攻读化学博士学位，随后他在美国的食品加工和制药企业中工作。但是他与李约瑟以及他的事业之间的联系从未中断。1980 年，在华盛顿，他作为美国国家科学基金会的项目主管，撰写了《中国科学技术史》第六卷第一分册中有关用自然植物产品和生物试剂来控制害虫的一章。几年后，应李约瑟之邀，在一个大多数人都期待退休的年龄，他开始继续撰写本分册。不仅如此，直到李约瑟 1995 年在剑桥去世，他仍然花费了大量时间和精力，作为剑桥李约瑟研究所的副所长主持日常工作，并对《中国科学技术史》编写计划尽心竭力。

　　在兴宗回美国之后——最后正式退休，但实际上仍然勤奋研究和写作——这使我，作为《中国科学技术史》系列丛书的总编辑，得以从校订的过程中以及最后从出版社看到他的手稿。这显然应该是一种困难的交往：鉴于自从《中国科学技术史》最初按照剑桥大学出版社所明确的"只一卷"书的构想开始萌芽时，兴宗就已熟悉它啦，我是谁？去告诉处于兴宗位置上这样的人，李约瑟丛书中的一卷应该如何撰写？但是，这一交往却成为对于多年前年轻秘书吸引李约瑟的品质的证明，并成为到目前为止我与《中国科学技术史》众多作者合作中感到最容易相处和最亲切的交往之一。在这套丛书中，本分册的主题以中国文化和人类的福祉为中心加以论述，作者向我们提供了极具深度和广度的论证，来阐明他的观点，读来引人入胜，我非常高兴地看到它的问世。

凡　例

1. 本书悉按原著迻译，一般不加译注。第一卷卷首有本书翻译出版委员会主任卢嘉锡博士所作中译本序言、李约瑟博士为新中译本所作序言和鲁桂珍博士的一篇短文。

2. 本书各页边白处的数字系原著页码，页码以下为该页译文。正文中在援引（或参见）本书其他地方的内容时，使用的都是原著页码。由于中文版的篇幅与原文不一致，中文版中图表的安排不可能与原书一一对应，因此，在少数地方出现图表的边码与正文的边码颠倒的现象，请读者查阅时注意。

3. 为准确反映作者本意，原著中的中国古籍引文，除简短词语外，一律按作者引用原貌译成语体文，另附古籍原文，以备参阅。所附古籍原文，一般选自通行本，如中华书局出版的校点本二十四史、影印本《十三经注疏》等。原著标明的古籍卷次与通行本不同之处，如出于算法不同，本书一般不加改动；如系讹误，则直接予以更正。作者所使用的中文古籍版本情况，依原著附于本书第四卷第三分册。

4. 外国人名，一般依原著取舍按通行译法译出，并在第一次出现时括注原文或拉丁字母对音。日本、朝鲜和越南等国人名，复原为汉字原文；个别取译音者，则在文中注明。有汉名的西方人，一般取其汉名。

5. 外国的地名、民族名称、机构名称，外文书刊名称，名词术语等专名；一般按标准译法或通行译法译出，必要时括注原文。根据内容或行文需要，有些专名采用惯称和音译两种译法，如"Tokharestan"译作"吐火罗"或"托克哈里斯坦"，"Bactria"译作"大夏"或"巴克特里亚"。

6. 原著各卷册所附参考文献分 A（一般为公元 1800 年以前的中文和日文书籍），B（一般为公元 1800 年以后的中文和日文书籍和论文），C（西文书籍和论文）三部分。对于参考的文献 A 和 B，本书分别按书名和作者姓名的汉语拼音字母顺序重排，其中收录的文献均附有原著列出的英文译名，以供参考。参考文献 C 则按原著排印。文献作者姓名后面圆括号内的数字，是该作者论著的序号，在新近出版的分册中则为作者论著的发表年份，在参考文献 B 中为斜体阿拉伯数码，在参考文献 C 中为正体阿拉伯数码。

7. 本书索引系据原著索引译出，按汉语拼音字母顺序重排。条目所列数字为原著页码。如该条目见于脚注，则以页码加 * 号表示。

8. 在本书个别部分中（如某些中国人姓名、中文文献的英文译名和缩略语表等），有些汉字的拉丁拼音，属于原著采用的汉语拼音系统。关于其具体拼写方法，请参阅本书第一卷第二章和附于第五卷第一分册的拉丁拼音对照表。

9. p. 或 pp. 之后的数字，表示原著或外文文献页码；如再加有 ff.，则表示所指原著或外文文献中可供参考部分的起始页码。

目　　录

插 图 目 录

列 表 目 录

缩 略 语 表

下列是脚注中使用的缩略语，参考文献中使用的缩略语见 p.610。

C&C	《中国茶叶历史资料选辑》	陈祖槼和朱自振编，1981 年
CCFI	《千金翼方》	唐·孙思邈
CCYF	《千金要方》	唐·孙思邈
CCPY	《居家必用事类全集》	元·佚名氏
CHPCF	《肘后备急方》	晋·葛洪
CKCC	《中国茶经》	陈宗懋编，1992 年
CKYL	《金匮要略》	
CKPJPKCS	《中国烹饪百科全书》	中国烹饪百科全书编委会，1992 年
CLPT	《证类本草》	宋·唐慎微
CMYS	《齐民要术》	后魏·贾思勰
CPYHL	《诸病源候论》	隋代·巢元方
CSHK	《全上古三代秦汉三国六朝文》	清·严可均编，1836 年
FSCS	《氾胜之书》	西汉·氾胜之
HHPT	《新修本草》	唐·苏敬
HTNCSW	《黄帝内经·素问》	战国–东汉　佚名氏
HWTS	《汉魏丛书》	明·程荣、清·王谟
HYL	《醒园录》	清·李石亭
IYII	《易牙遗意》	明·韩奕
KHTS	《癸辛杂识》	宋·周密
LYCLC	《洛阳伽蓝记》	北魏·杨衒之
MCPY	《梦溪笔谈》	北宋·沈括
MIPL	《名医别录》	梁·陶弘景
MLL	《梦粱录》	宋·吴自牧
NSISTY	《农桑衣食撮要》	元·鲁明善
PMTT	《便民图纂》	明·邝璠
PTKM	《本草纲目》	明·李时珍
PTPHCY	《本草品汇精要》	明·刘文泰
PTSI	《本草拾遗》	清·赵学敏
PSCC	《北山酒经》	宋·朱翼中
SCCK	《山家清供》	宋·林洪
SHHM	《食宪鸿秘》	清·朱彝尊
SKCS	《四库全书》	清乾隆开馆纂修

SLKC	《事林广记》	宋·陈元靓
SLPT	《食疗本草》	唐·孟诜
SMYL	《四民月令》	东汉·崔寔
SNPTC	《神农本草经》，文中也简写为《本经》	魏·吴普述
SPTK	《四部丛刊》	近人张元济辑
SSTY	《四时纂要》	唐·韩鄂
SWCT	《说文解字》，文中也简写为《说文》	汉·许慎
SYST	《随园食单》	清·袁枚
TCMHL	《东京梦华录》	宋·孟元老
TKKW	《天工开物》	宋·宋应星
TNPS	《多能鄙事》	明·刘基
TPYL	《太平御览》	宋·李昉
TTC	《调鼎集》	清·佚名氏
WLCS	《武林旧事》	宋·周密
WSCKL	《吴氏中馈录》	宋·浦江吴氏
YCFSC	《饮馔服食笺》	明·高濂
YHL	《养小录》	清·顾仲
YLT	《云林堂饮食制度集》	元·倪瓒
YSCY	《饮膳正要》	元·忽思慧
YSHC	《饮食须知》	元·贾铭

作 者 的 话

关于本书的写作，可以从五十多年前我在中国遇到的两件值得回忆的往事谈起。一件是，1942年秋天我在祖籍鹤塘村所度过的那个迫不得已的数月假期。另一件是，1943年春与著名学者石声汉的愉快偶遇。鹤塘是福州以北约70千米处的一个小村庄。与我不到一年前作为研究生居住的香港相比，它似乎是一个远离喧嚣的世界。1941年12月8日早晨，日本人的突然袭击打乱了我在香港的舒适生活。在圣诞节，香港沦陷后，我失去了与马来亚家里的联系，也失去了生活来源。我意识到自己最好尽快到中国去。1942年2月初，在朋友们的帮助下，我获得了由新界跨过边境进入自由中国的机会。我本想到鹤塘去看望一下祖母，但途中计划被迫推迟。我到了长汀的厦门大学，向亚瑟·李（Arthur Lee）教授转交由他香港侄女、我的一位同学写给他的一封信[1]。他说服校方请我在化学系任助教，我便欣然接受了。

一个学期过后，我继续鹤塘的旅程，并与我的祖母及其他亲戚欢快团聚。在长汀，我曾遇到了几位中国工业合作协会（Chinese Industrial Cooperatives，CIC）的区域职员，他们向我介绍说四川和甘肃需要技术人员，我表达了在该组织服务的兴趣。7月，我前往福州拜访了福建的英国圣公会主教舒展（C. B. R. Sargent），他是我一位香港好友的老师[2]。当我回到鹤塘时，收到一封来自中国工业合作协会总部的信件，询问我是否愿意去成都接受技术员的职位。我很高兴，并回信表示愿意接受。于是，我立即辞去了厦门大学的工作，满以为两三个月内就可去四川任职。但是，官僚主义机构办事如此拖沓，竟让我在等待中度过了几个月。

鹤塘是个仅有200人的小村庄，依山傍水，有一条窄窄的石条铺成的街道。从我祖母的家沿着街道的阶梯向下是村中心的集市广场，沿另一方向上山则是一座祠堂，带有优雅的歇山屋顶传统式样的建筑。在市场的远端还坐落着村中另一处公共建筑——基督教堂。

因无事可做，我花大量的时间去观察各种食品加工方法以及准备日常食物等炊事活动。当然，村民的主要粮食是稻米、糙白米和红米。至于早餐，米中逐渐添加很多水，用厨房炉灶上的两个铁锅之一，以文火熬煮成粥[3][4]；至于午餐和晚餐，是将稻米煮后再将半熟的稻米放到竹蒸笼内蒸成米饭[5]。淘米水通常用来喂猪。吃米粥时可配有炒花

---

[1] 亚瑟·李，一位在厦门大学教授英语的澳大利亚华人。他娶了他的学生并居住在厦门大学，成为了英语教授。对于我在长汀停留期间所受到的款待，我非常感激他和他太太。

[2] 舒展（C. B. R. Sargent），在成为福建主教之前，他是香港教会男子学校的校长。很遗憾，他因肺炎于1943年8月8日病逝。

[3] 传统的中国炉灶见下文（p. 80）和图26。

[4] 对于传统谷物发酵中粥意义的讨论见 p. 260。

[5] 关于蒸笼的介绍，参见 pp. 76—82 和图23、图24、图26、图29。

生米、腌菜、咸鸭蛋、豆豉、腐乳，如果市场上可以买到的话，还会有油条。用米饭时可配有豆腐、各种腌鱼、腌菜或咸菜、鲜叶菜或菜豆、干海菜，偶尔有火腿、香肠、蛋、猪肉、鸡肉或鱼。蔬菜和肉通常用猪油或花生油炒制，用酱油、鱼酱油、盐、米酒、醋和香油等调味。白天一般饮茶，而晚上则偶尔饮酒。

对于新鲜产品，主要依赖于作为周围几个村和鹤塘村新鲜产品集散地的村中市场来供应。我记得市场的摊位供应有各种蔬菜、水果、豆芽、花生、禽，偶尔也有鱼。家禽和鱼两种是活的出售。在不同的季节，我还发现沿街小贩叫卖豆腐花、麦芽糖、油炸鬼和糯米糕等。在广场周围是店铺，所卖食物有稻米、面粉、盐、红糖、食油、酒、醋、酱油、鱼酱油和红糖块等。其中的肉铺、豆腐房和面条房三个店铺是我特别感兴趣的。肉铺每天约屠宰一头猪，胴体各部位均用钩子挂起来，便于人们决定购买哪部分和购买多少。畅销的部位有通脊、小排骨、猪肝、猪脑和猪腰子。偶尔也贩卖山羊肉，但是在我住在那里时，一直未见有牛肉贩卖。

我一定是花了大量时间来观察利用大豆加工豆腐——它们被压榨成豆腐块的过程。其过程与密县打虎亭的东汉壁画所描述的完全相同，包括磨豆浆的转磨和压制豆腐的方形木框[①]。加工出来的豆腐大部分是以鲜豆腐块的形式贩卖，还有一部分进一步压干并用盐腌成豆腐干。在夏季，有些鲜豆腐拌入红糖水后，以美味的豆腐花形式出售。肉铺和豆腐房是村里最为繁忙的店铺，通常中午就已经卖完。而面条房则一直要开到傍晚，主人用擀面杖将面团辊轧成两尺宽数尺长的薄面片，然后折叠起来，再用一把大刀切成面条。这些长切面经过煮、打捞、沥水，最后在圆形算帘上冷却后卖出[②]。这个面条房也兼作小餐馆，我常常去那里尽情享受下午的炒面、汤面等小吃，偶尔还会享受一下馄饨面。

离我家不远还有一处面食店，加工一种很细的面条——挂面，它仍然是一种福建特产。生面团经拉伸到很细后，再挂在露天的木架上晾干。安装有木架的木桩就埋置在店铺旁边的空场上。天气好时，我们可以欣赏到在木架之间晾晒的挂面林，其景色非常迷人[③]。干面线捆扎后即可出售。该店还制作一种饼叫做"光饼"，是福建北部的一种特产，呈圆形，中心有孔。其样子和味道与百吉饼相仿，但尺寸较小。我尤其对烤饼的烤炉特别感兴趣，它简直就像是一口大瓮埋在一大块泥巴里似的。炉底烧着木炭，一个个面团放在瓮的内壁上焙烤[④]。取饼需要相当高的技巧，否则饼就会掉到火里。到了中秋节，这个店还会制作月饼。

在邻居家，还可以看到两种最为有趣的食品加工过程。他家开有一爿小酿酒作坊，借助于红曲，利用米饭酿酒[⑤]。其中所用的红曲在当地就能够买到，所用的米饭与我们通常午餐或晚餐所用的米饭相同。作坊里有许多酒坛，盛有不同陈酿阶段的产品。发酵结束后，将酒醪装进布袋，放入一个方形木框内，然后再用石头压，使得红色酒液压滤

---

① 关于东汉壁画的讨论，见 pp. 86—87。
② 关于切面制作的讨论，见 pp. 484 和图 113。
③ 挂面的干燥见图 114。
④ 这种筒状泥火炉，在西至伊朗、东到新疆的中亚地区均可见到。
⑤ 关于红曲和红米酒制作的讨论见 pp. 192—202。

出来，然后倒入小酒坛内密封。剩余的红酒糟主要有两个用途，它是烹制鸡、猪肉和鱼所使用的常用调味料，赋予食物靓丽的红色和美味。同时它还广泛用作肉、鱼和蔬菜（如白菜、萝卜和生姜）的防腐剂和腌制剂①。用它腌制的嫩姜味道特别鲜美。

　　紧挨着"酿酒作坊"，还有另外一个制作豆豉和酱油（豉油）的作坊②。制作豆豉时，首先将大豆煮、蒸、晾凉，再混入少量已经发霉的大豆，然后铺撒进发酵罐内使其发霉。发霉大豆在少量盐水内进行酿制，直到呈现深褐色。豆豉主要用作早餐佐料。制作豉油时，在熟大豆内混进些面粉，然后使其像上述一样发霉，再加入大量的盐水酿制，最后收集其液体部分。其时，大豆的固体部分实际上已经完全溃解，残渣用来喂猪。制作的米酒和豆制品都在当地的店铺销售。

　　山上的祠堂下方有一个叫"茶行"的大建筑，内设有许多炉子，上面放着炒茶用的铁锅。在 19 世纪末和 20 世纪初，该地区曾是盛极一时的出口红茶加工中心③。但是，在印度取代中国而成为世界主要红茶加工主产地后，该行业就逐渐衰落了。到现在，这个茶行只是为当地市场需要而加工少量绿茶。印象最深的设备是，一个用单根茶树干做成的巨大楔式榨油机，它用于榨取茶籽油④。

　　很快到了 10 月，田里的水稻已经到了收获季节。在黎明，我曾几次去我家的田里观看割稻、脱粒和稻谷收集。稻谷运回村后，摊在席子上晒干，在泥砻内磨谷脱壳，后用扬谷机完成糙米和谷壳的分离过程。糙米被送到附近小溪边上的碾米坊，像《天工开物》中所介绍的那样，由一个大水轮驱动的捣碓来完成捣米精制过程⑤。

　　我所看到的加工过程之精巧给我留下了深刻的印象。对我而言，它们似乎都含有既合理又科学的道理。稻米经蒸煮可使淀粉膨胀，不仅易于被人类而且也易于被微生物所消化吸收。面团经揉捏可以产生面筋，赋予其良好的弹性及塑性，但是面团能够被拉伸到丝线一样的程度却令我吃惊。大豆加水研磨成乳状液是大豆中蛋白和脂肪的性质所致。最为令我迷惑不解的是，经过发酵，稻谷可以酿制成酒，大豆可以酿制成酱油。这些酿制过程相当复杂，需要渊博的知识和高超的技艺。它们的科学原理是什么？它们是如何发生的？它们起源于何时？它们是在多久以前发明的？当我询问做工的人们时，所得到的回答要么是它们已经存在很长时间了，要么是它们是由传说中的统治者、发现农业和医学的神农氏传下来的。

　　转眼间，对于一些问题的答案在我未想通前就得到了。在 11 月中旬，我收到了由中国工业合作协会发来的所有必需的旅行文件和旅行预付款。祖母用大麦（或小麦）麦芽和米饭给我做了些麦芽糖作为出行的礼物。12 月初，我离开了鹤塘，途经福建、江

4

5

①　关于红米酒糟作为防腐剂的讨论见 pp. 302、411、413。
②　豆豉和酱油的制作见 pp. 336—374。酱油在福建和广东称为豉油，但在中国大部分地区称为酱油。
③　红茶起源的讨论见 pp. 541—549。
④　关于中国的楔式榨油机的讨论见 pp. 441—451。亦可参见本书第四卷第二分册，p. 206 和图 463。
⑤　《天工开物》，第七十九至九十二页。关于该机器的讨论，参见本书第四卷第二分册，pp. 151—155 及 pp. 176—195。

西、广东、广西、贵州和四川，最后于 1943 年 2 月初到达成都[①]。但是，还没等我适应新的职位，4 月份就接到了一封来自李约瑟的信件，他最近从英格兰来到重庆，正在筹建中英科学合作馆（Sino-British Science Cooperation Office），询问我是否有兴趣作为他的秘书和翻译加入他的机构。经与中国工业合作协会协商后，我在 5 月即被聘为秘书，然后开始了我们的第一次旅程。我们从成都驱车到达乐山，接待我们的是武汉大学。在那里，我们遇到了植物生理学教授石声汉，他巧妙地用最为简单的材料建立起了可供教学科研用的全部实验设备。

在乐山停留一周后我们到了五通桥，一个化学工业中心。在那里我们访问了黄海化学工业研究社，他们正开展一个研究项目，改良霉菌种类，用于谷物转化为酒精过程中的糖化。就是在那里，我第一次在显微镜下看到了从中国曲中分离出来的曲霉菌（*Aspergillus*）的菌丝。下一站是乘船才能到达的李庄。我们先乘运盐船顺流到达宜宾，再乘汽轮到达了李庄。为了避免耽搁，石声汉决定过来为我们作向导。他的加入证明是最宝贵的，因为刚过了第一天，运盐船就发生了意外故障。经石声汉与一小船主商量，我们雇他送我们到宜宾，但在那儿却没有赶上汽轮，我们只好继续乘用这条小船前往李庄[②]。

石声汉是在伦敦帝国理工学院（Imperial College，London）获得博士学位的，能说一口流利的英语。他富有幽默感，很快便与李约瑟用英语说起了笑话，这使得我们在那拥挤狭小的地方，连续两天的谈话变得很从容而自然。我们谈到了很多话题，但最为关注的主题就是中国科学技术史。关于中国传统农业和食品加工技术的起源，石声汉的信息奇多。我便赶紧抓住机会，不断地向他请教有关半年前我在鹤塘所看到和思考过的食品加工方面的科学和历史问题。确实，我了解的许多技术都具有悠久的历史。事实上，有许多详细的内容都可以在一部公元 6 世纪时撰写的、名为《齐民要术》的书中找到。

石声汉和我们一起在李庄停留了两天。在同济大学的招待所里，我们住在同一房间，有关中国传统食品加工的话题我们一直谈到深夜。他很耐心地回答我的每一个问题。最后，我了解到，他不仅是一个有能力的科学家、一个研究中国古典名著方面的著名学者，而且还是一个著名的书法家[③]。在我们乘小船旅行期间，他热心地在两个小纸卷上写下了两首他介绍给我们的诗，后来我把它们装了框，悬挂起来。这两首诗一直鼓舞着我的研究工作，其中包括本书的写作过程中面对繁重的任务，使我能够始终保持有源源不断的灵感。

现在，回想起这半个世纪的经历，我感到非常幸运。在这些值得回忆的事件中我是

6

---

① 55 年后，直到 1996 年 1 月，我才又回到鹤塘。令我吃惊的是它已变成了一个有几条街道的繁忙小城镇，汽车来来往往，水泥结构的多层建筑，楼房里都用上了电。我 1942 年住过的古老房子依然存在，它恰巧坐落于标有保护标志的小部分旧街上。祠堂也保存良好，正在作为托儿所和幼儿园使用。旧茶行已经拆除。迷人的磨房和巨大的水轮也已拆掉。在原基督教堂旧址建设了一座礼堂，重建的基督教堂坐落在城外。在我短暂的访问过程中，印象最深的是我所遇到的每一个人（严格地讲是比我更年轻的人）都会说标准的普通话（至少与我相比），而 1942 年时根本没有人会说普通话。结合我在台湾的经历，显然追求一种全中国的通用语言已经成功地得到了支持，无论是在共产主义的中国，还是在民族主义的台湾，参见 Ramsey, S. Robert (1987)。

② 关于此次乘船旅行的详细情况见 H. T. Huang (1982)，p. 44—46。

③ 石声汉的一幅书法作品仍然悬挂在剑桥的李约瑟研究所（Needham Research Institute，Cambridge）。

其主要参与者。特别是在我写作这一分册的最近几年里，对往事的回忆表现出了其新颖的价值。在鹤塘的逗留，使得在现代技术大量涌入之前，我能够亲眼目睹到一个小村庄在日常生活中是怎样加工传统中国食品的。与石声汉的相遇，我得以有机会与这一领域第一流的学者探讨这些技术的科学原理和历史背景。正是我头脑深处对这些事情的记忆[1]，激励我在1984年末毫不犹豫地接受了李约瑟的邀请，负责起他的《中国科学技术史》系列中第40章——生化技术的撰写工作。

李约瑟在他的邀请中再三指出，这一章的重点应当放在发酵与食品加工技术的科学原理与历史背景上，这是中国膳食体系的支柱。尽管关于中国烹饪和饮食文化的书籍很多，但是由欧洲学者编写的有关中国食品加工技术方面的书籍却很少。结果是，将中文食品术语翻译成英语后，常常会造成严重的误解[2]。他也希望，我们能够顺便满足他个人在20世纪40年代初访问中国时，所遇到的大量不同寻常的食品起源和发展的好奇心。这些食品包括福州一带用于禽、鱼上色而呈现靓丽红色的红曲；广东一带赋予佛教信徒素食者炖菜风味的独特的腐乳；贵州的美味蒸馏酒；西北地区我们每天早餐用的豆浆以及使"奶油菜花"味道鲜美的"奶油"。后面这道菜，曾缓解了我们在甘肃走廊乘车途中遇到无休止麻烦而陷入困境时的情绪。

根据1954年出版的《中国科学技术史》总计划的最初设想[3]和1979年的调整计划，第40章由发酵（即利用谷物生产酒精饮料）一个大主题和食品加工技术（即利用大豆和谷物生产食品）及营养（强调营养不良疾病）两个小主题组成。我在开始写作的最初几年里，通过协商正式通过了对计划的两处调整。第一，基于李约瑟和鲁桂珍已经收集到了大量资料，食品加工技术部分因已很清晰而要大幅度地扩充，按1979年的设想所给予该部分的篇幅已不适当；第二，茶的加工与利用从第42章转到本章[4]。毕竟，茶和酒是中国膳食体系中两个主要饮品，因此茶的加工应当与酒的生产技术一起讨论。为了对代表李约瑟研究所出版董事会（the Publication Board of the Needham Research Institute）的匿名读者评价初稿时提出的建议有所交代，这些额外的调整和变动证明是必要的。最终形成的本章在1954年总计划的基础上进行了扩展，即包括一个大主题——发酵和一个小主题——营养；除此之外，增加了一个新的大主题——食品科学。

本书几乎涵盖了我1942年所目睹的食品加工技术的各个方面，还包括那些我在鹤塘时用餐中含有但并非当地生产的所有食品的加工技术。这些食品是从邻县购进的，如

---

[1] 事实上，对这两件事的记忆从未在我头脑中埋得太深。在我的专业生涯中，有许多年是从事美国发酵和食品工业研究与研究管理。我熟悉美国食品加工中使用真菌酶的生产与应用，如淀粉酶、蛋白酶、果胶酶、脂肪酶和微生物凝乳酶。但是，很少有人知道这些霉菌如曲霉（Aspergillus）、根霉（Rhizopus）和毛霉（Mucor），都是首先从古老的"曲"（中国和日本发酵过程中使用的主要发酵剂）中分离出来的。

[2] 康达维［David Knechtges（1986），p. 63］提出的观点，他指出将中文食品术语译成英语需要"严格的哲学和谨慎负责的科学"。

[3] 见本书第一卷，pp. xxxv—xxxvi。这个计划的修改见 Status of the Project，1979，Cambridge University Press，p. 32。

[4] 茶原本是由唐立（Christian Daniels）负责的第42章农产品加工的主题。在重新组织时，将茶划分成两部分，加工和利用成为本分册的一节。园艺和遗传学设置在第38章，作为"植物学"分册的续编，该分册由梅泰理（Georges Metailie）负责。唐立教授为之做出杰出贡献的第42章已于1996年出版，我在此为给他带来的不便致歉。

鱼酱油、腌鱼、咸鱼、咸猪肉和熏肉制品。在我开始本章写作时，对于若干年前许多自问的和李约瑟所重申的有关中国加工食品问题，就兴奋地憧憬着重新发现或调整答案。它们是怎样发生的？起源是什么？加工技术的科学原理是什么？与西方的加工食品怎样比较？而且，甚至在工作开始之前，我的头脑里就已出现了一些新的问题。中国加工食品传至邻近国家已经达到了什么程度？中国食品加工技术对于西方食品体系的发展是否有影响？加工食品的营养价值是什么？中国传统膳食的营养功能是什么？

　　为了给这些问题提供一个适当的背景，本书以导论作为开始，对中国古代的食品资源进行了综述，并归纳整理了食品的准备、制作和食用方式，还综述了本书所使用到的文献及其他资源，最后展开我们对传统中国食品加工技术的考查。第一个主题是，发酵技术，即谷物酒、红酒、蒸馏酒、药酒、果酒、蜂蜜酒及奶酒等，各种形式的酒精饮料的生产技术，还包括东亚与西方利用谷物生产酒精饮料的不同生产方法，比较并探究了这种差异的原因，最后以源于酒生产醋的技术结束。下一个主题是，以大豆为原料通过生物、物理、化学或微生物方法来生产味美营养食品的技术。人们或许从那些描述中获得最为深刻的印象是：众所周知的曲，普通谷物霉菌，曲霉（*Aspergillus*）、根霉（*Rhizopus*）和毛霉（*Mucor*）系列的培养菌，在中国食品加工中占有非常重要的地位。这在世界食品文化中，也是绝无仅有的。接下来要讨论如腌肉、腌菜、发酵鱼酱、咸鱼、咸肉、水果制品、菜油、麦芽糖、淀粉、面条及其他面食、面筋等，各种食品加工及保藏技术以及食品保藏中的冷藏技术，在这一节中曲的影响依然可见。有些场合，曲的作用由乳酸菌的活性而增强。当然，在西方的食品加工技术中乳酸菌的应用是众所周知的。再下一个主题是茶的加工。自从汉朝之前或期间，最初作为饮料保藏以来，茶的加工技术发生了一系列的变化。我们惊奇地发现，目前世界上消费最为广泛的茶，即西方和中国都熟知的全发酵"红茶"（black tea），直到 1840 左右才出现。1720 年到 1840年间，经销茶的东印度公司（East India Company）在海上贸易中所称的"红茶"实际上是部分发酵的乌龙茶。最后要讨论的是中国人对茶饮料保健效果的理解，其中，部分已被现代科学研究所接受。在关于营养的一节中，集中讨论了中国营养不良疾病的历史及通过膳食治疗的方式方法。在本分册中，还包括了大量的思考，涉及中国食品加工技术的发现、发展和应用全过程，以及它的失误与成就，并且包括谷物霉菌如何不知不觉地渗透到目前生产各种常见的加工食品的应用技术中，这些食品，在世界各地现代商店的货架上随处可见。

　　简单地说，我们所做的工作主要是从古代到 19 世纪期间中国涉及营养的发酵与食品科学的发展。在古代和中古代文献中，尽管其中很多都因分散而不易得到，但是它们拥有大量有用的信息。除了李约瑟在我们的讨论中提出的两个问题外，我还必须探究远在史前阶段的开发进展。为此，我别无选择，必须完全依赖于包括我们准备工作期间在内的新发现而发生了很大变化的考古文献。第一点是，东西方利用谷物制作酒精饮料的酿造。为什么中国利用谷物霉菌糖化谷物，而不是用发芽谷物作为糖化剂？为什么西方没有发现霉菌对谷物具有很强的糖化活性。如果不去探究在新石器时代早期农业革命来临之际，中国和西方各自的谷物加工方式，就无法回答这些问题。第二点是，尽管新石器时代乳用动物已经进入中国，但为什么乳及乳制品却没有能够在中国成为主要膳食？

如果不追溯到东西方动物驯化的早期阶段和游牧的田园式生活方式的起源，就无法讨论这些问题。虽然我给出了这两个问题中第一个问题的答案，但通过对遥远过去的探究，我们更为强烈地意识到，许多人们喜好的膳食活动、习惯和态度的历史也许比通常认识的历史更为久远。

本分册谨献给三位研究中国食品科学、饮食文化和营养学研究的先驱，以示纪念。对于石声汉所欠之情无须重申。非常遗憾的是从未有机会在篠田统有生之年与他见面。在我钻研他在本领域的广泛贡献时，他的学问之深广，思想之新鲜，都给我留下了深刻的印象。他的名为《中国食物史研究》的论文集，翻译出版后不久，就一直伴随着我。我悲痛地失去了鲁桂珍给我的支持和忠告，她以巨大的努力来回答我向她提出的问题，而且，即使是在她生前最后几年里，甚至是最后的几个月里，她都在不断地给我提供她认为对写作本分册有益的资料。

由于有许多朋友和同事们对本分册做出了很多贡献，所以在作者的话的最后，我要提到那些阅读过本章初稿并提出评论与建议的人们的尊姓大名。我必须在此名单中挑选出几位在本次工作中，花费大量时间和辛劳的同事们表示特别的谢意。最近去世的上海的吴德铎，从 1984 年到他去世的 1992 年，近 20 年间，我们一直保持着信件往来。他为我提供了大量有价值的中国书籍，其中包括北京中国商业出版社出版的全部涉及食品方面的最新经典文献注释本，以及有关蒸馏酒的起源、与本分册内容有关的许多资料。日本大阪府的石毛直道，他送给我许多他关于东亚食文化与技术方面的书籍，以及从国立民族学博物馆（National Museum of Ethnology）篠田文库里复印的论文。他是我关于发酵鱼产品和细面条（filamentours noodles）方面，获得信息和建议的主要来源。他非常礼貌地回答了我的所有问题，其中一些问题花费了他大量的时间。加利福尼亚拉斐特（Lafayette）的威廉·舒特莱夫（William Shurtleff），是我在大豆加工方面的主要顾问，他所收集的大豆加工方面的数据大概是世界上最多的，通过这个数据库，我随时都可以查找到我需要的相关材料。还有许多资料是由北京的洪光住和巴黎的弗朗索瓦丝·萨班（Françoise Sabban）提供的。最后是加利福尼亚里弗赛德（Riverside）的 E. N. 安德森（E. N. Anderson），他仔细地通读了全部书稿，提出了数以百计的改进和修正意见。

还有许多同事虽未读书稿，但却提供了有价值的书籍和建议，其中最重要的是上海的胡道静，通过他的努力，我从南京农业大学中国农业遗产研究室获得了缪启愉精心校释的《齐民要术》的副本。其他的还有北京的李经纬、席泽宗、郑金生、钟香驹和周嘉华；上海的曹天钦、谢希德、马承源、马伯英和钱雯；洛阳的钟香崇；南昌的陈文华；福州的陈家骅；香港的江润祥；大阪的田中淡；英国剑桥的何丙郁和德尔文·塞缪尔（Delwen Samuel）；华盛顿特区的陆迪利和安·冈特（Ann Gunter）；芝加哥（Chicago）的马泰来；费城（Philadelphia）的李惠林、内奥米·米勒（Naomi Miller）和卡门·李（Carmen Lee）；纽黑文（New Haven）的弗兰克·霍尔（Frank Hole）和文德安（Anne Underhill）；洛杉矶（Los Angeles）的戴维·希伯（David Heber）；锡米谷（Simi Valley）的约瑟夫·张（Joseph Chang）；圣莱安德罗（San Leandro）的艾达·余（Ida Yu）；盖恩斯维尔（Gainsvill）的乔治·阿梅拉戈斯（George Amelagos）；伊

10

利诺伊州卡本代尔（Carbondale，Illinois）的西里尔·鲁滨逊（Cyril Robinson）。还有，帮助我翻译日文的同事，他们是饶平凡、陈家骅、牛山辉代、洛厄尔·斯卡（Lowell Skar）、石毛直道和上田诚之助，担任韩文翻译的是全相运（Jeon San Woon）。对以上学者，我表示最衷心的感谢。

11　我同时要感谢国家科学基金会图书馆（Library of the National Science Fondation）和亚历山大图书馆伯克分馆（Burke Branch of the Alexandria Library）的帮助，是他们使得我多年来能够通过馆间借阅方式借到美国各图书馆数以百计的图书资料。我特别感谢李约瑟研究所东亚科学史图书馆（East Asian History of Science Library）馆长莫菲特（John Moffett），及他的同事高川、特蕾西·奥斯汀（Tracy Austin）和程思丽（Sally Church），以及他的前任梁连杼和卡门·李，他们为我查找与复制了我所需要的资料，他们为此花费了大量的时间和付出了巨大的努力。

虽然，我于20世纪80和90年代在中国旅行期间，寻找过仍然利用传统设备实行食品加工工艺的工厂，但可惜，我现在已经不知道这些厂家的确切地址了。当时所见到的，有的虽然采用传统工艺，但生产设备已经现代化了。尽管如此，我仍然非常高兴，获益匪浅。它们包括：

上海酿造六厂
　　酱油和豆瓣酱
上海中国酿酒厂
　　米酒、果酒、蒸馏酒
江南啤酒厂（上海）
　　啤酒、（砖曲）、蒸馏酒
福州的福建农业大学豆腐加工车间
　　新鲜豆腐，每天生产
福州第一酒厂
　　黄酒，使用红曲生产
福州酿造厂
　　酱油、豆酱、鱼酱油
古田红曲厂
　　红曲，向福建各工厂提供

我要感谢吴德铎，他为我安排了在上海的所有访问，感谢陈家骅对于豆腐车间和福州第一酒厂的安排，感谢陈家骅和饶平凡对于福州酿造厂和古田红曲厂的安排，感谢这些工厂中向我详细讲解了每一步加工工序的人们。对这些工厂的访问，使得我能够更深刻地了解到，通过现代科技可以提高传统工艺效益。在这里，我要感谢陈文华为我组织了难忘的旅行，即一起到河南密县打虎亭，参观了详细描述豆腐制作过程的东汉壁画。

当本计划在1985年启动时，我是华盛顿特区国家科学基金会（National Science Foundation，NSF）一个生物化学项目的负责人。我付出了我能够用于写作的所有业余时间，包括晚上、周末、假日以及征得基金会允许，利用10%的公务时间。在1988

年，我为写作本书，特地申请了 6 个月的休假。我要利用这个机会，感谢国家科学基金会对我在 1990 年退休前的尽心竭力的支持。在我退休后，本应加快写作进度，但却又介入了一个新合同。1990 年到 1994 年期间，我成为剑桥李约瑟研究所半日制副所长。此间，我有机会利用那里的图书馆，但也意味着我必须尽力做好所务工作，减少写作时间，放慢写作进程。结果直到 1995 年末，全部初稿才得以完成。天不作美的是，1996 年初我病了，必须接受做心脏手术，使得我 4 个多月无法工作。非常幸运的是，我的身体恢复得很顺利，不久就又投入了工作。当我意识到这部占用了我 10 年多时间的拙作接近完成时，我的心情真是无比地高兴。

在此，我要特别感谢以下好友和诸位学者，他们拨冗首先阅读了我的书稿并提出了许多有益建议，他们是：

安德森・E. N. （Anderson，E. N.） 美国里弗赛德（Riverside，CA）
阿伦森・谢尔登（Aronson，Sheldon） 美国昆斯（Queens，NY）
贝迪尼・西尔维奥（Bedini，Silvio） 美国华盛顿（Washington，DC）
卜鲁（Blue，Gregory） 加拿大维多利亚（Victoria，BC）
白馥兰（Bray，Francesca） 美国圣巴巴拉（Santa Barbara，CA）
张光直（Chang，K. C.） 美国坎布里奇（Cambridge，MA）
古克礼（Cullen，Christopher） 英国剑桥（Cambridge，UK）
周・玛里琳（Chou，Marilyn） 美国约克敦（Yorktown，NY）
英悟德（Engelhardt，Ute） 德国慕尼黑（München，Germany）
葛平德（Golas，Peter） 美国丹佛（Denver，CO）
郭郛 中国北京
洪光住 中国北京
许倬云 美国匹兹堡（Pittsburgh，PA）和中国香港
黄时鉴 中国杭州
石毛直道 日本大阪
刘祖慰 中国上海
麦戈文・帕特里克（McGovern，Patrick） 美国费城（Philadelphia，PA）
梅泰理（Metailie，Georges） 法国巴黎（Paris，France）
李约瑟（Needham，Joseph） 英国剑桥（Cambridge，UK）[①]
鲍威尔・马文（Powell，Marvin） 美国迪卡尔布（DeKalb，IL）
饶平凡 中国福州
罗伯逊・威廉・范（Robertson，Willam van） 美国蒙特雷（Monterey，CA）
萨班・弗朗索瓦丝（Sabban，Françoise） 法国巴黎（Paris，France）
舒特莱夫・威廉（Shurtleff，Willam） 美国拉斐特（Lafayette，CA）
希蒙斯・弗雷德里克（Simoons，Frederick） 美国斯波坎（Spokane，WA）

---

① 1995 年 3 月 24 日去世。

钱存训	美国芝加哥（Chicago，IL）
上田诚之助	日本熊本
韦杰·唐纳德（Wager，Donald）	英国剑桥（Cambridge，UK）
吴德铎　中国上海[1]	

他们的建议和观点是宝贵的，而书中的不足和差错，皆由本人负责[2]。

最后，我要深深地感谢已过世的李约瑟，是他感召和鼓励了我承担这个艰巨任务。我很感激我的夫人笠德（Rita），她充满爱心的体贴照顾和坚定不移的支持，帮助我完成了写作任务。

黄兴宗

于弗吉尼亚州亚历山德里亚（Alexandria，VA）

---

[1]　1992 年 2 月 29 日去世。

[2]　除特别说明外，书中中文引文的英文均由我自己翻译，我自己对于翻译中出现的错误负责。

第四十章　生物化学技术

（发酵与食品科学）

（a）导　　论

在本书前面的一些卷册中，我们已经追溯了中国农业、林业和畜牧业的起源与发展[①]。在本分册，我们将把对生物应用领域的研究拓展到其邻近领域——食品科学和技术[②]。我们将探求一些用于将农业产品加工转化成通常认为是典型中国传统饮食的特殊的食品和饮料的加工方法。在这些加工方法中，与生物化学关系最为密切的是发酵技术，用于黄酒、醋、豆酱、酱油和其他一些相关发酵产品的生产。事实上，这些技术就是现代生物技术的古代原型。而制作诸如豆芽、豆腐及面筋等其他产品，只需要简单的机械，合适的环境或化学的方法即能做成。介于上述两者之间的一个例子是茶[③]。茶的制作过程可以包括发酵，也可以不包括发酵。这些产品要么提供了维持健康以及生长所需要的基本营养物，要么提供一些调味品，加入普通平淡的膳食而提高他们的可口味道。下面我们将介绍这些产品的起源和发展过程，分析它们制作加工方法中的科学原理，并在可能的情况下，比较中国技术与西方或其它地区保留的相关方法的差异。

我们也会简略地讨论中国人如何利用食品来控制和治疗疾病的方法。像下面引自经典内科医学著作《黄帝内经·素问》（约公元前 2 世纪）（图 1）中的文字所表明的那样，古人早已认识到了不平衡的饮食会导致疾病和身体虚弱，并且发现，某些种类的食物可以治愈一些特殊的疾病[④]：

> 肝脏受到剧烈刺激的时候，应该立即吃一些甜品而使肝脏平和；
>
> 心跳变缓的时候，应该立即吃有收敛作用的酸性食物；
>
> 脾湿出现的时候，应该立即吃具有干燥效果的"咸［苦］"味食物[⑤]；

除非特别说明，本文所引用的中文文献全部由笔者翻译为英文，本人对此承担责任。

① 参见本书第六卷第二分册（第四十一章，农业）；本书第六卷第三分册（第四十二章，农产品加工和林业）以及即将出版的关于动物和畜牧业的分册。

② 一些现代的大学，特别是在美国，认为"食品科学"和"营养"的关系非常密切。因此，我们可以看到在这些大学中，在一个学科的院系中包含两个研究方向，即"食品科学"与"营养学"，诸如普渡大学（Purdue University）、麻省理工学院（Massachusetts Institute of Technology）、亚利桑那大学（University of Arizona）、佛罗里达（Florida）大学和明尼苏达（Minnesota）大学等，都有这样的院系。

③ 关于中国茶传说中美学方面令人愉悦的描述，参见 Blofeld（1985）。

④ Veith（1972），pp. 199—200，经作者修改。引文见《黄帝内经·素问·藏气法时论二十二》，第一九一页。

⑤ 在原文中指出"苦"的食品对脾脏有益处。注释指出的文本中有两个问题，一是"苦"出现了两次，而"咸"根本没有出现。第二是"苦"的描述和后文（第一九九页）有矛盾，后文指出"同脾脏和谐的颜色是黄色，适宜的食物应该是咸的"［Veith（1972），p. 205］。由此看来，"苦"是抄写错误，应该是"咸"。

15

图 1 三位传说中的帝王，伏羲、神农和黄帝，他们向人们传授了打鱼、农业和医术。采自日本 Seibe Wake（1798）卷轴画，Veith（1972），封面。

肺部及上呼吸道阻塞的时候，应该立即吃苦味食物，以使阻塞物分散，恢复呼吸通畅；

肾脏出现干燥的时候，应该立即吃刺激的辛味食物以使肾变湿润。

〈肝苦急，急食甘以缓之。

心苦缓，急食酸以收之。

脾苦湿，急食苦以燥之。

肺苦气上逆，急食苦以泄之。

肾苦燥，急食辛以润之。〉

因此，一些普通的食品原料及产品，例如小麦、大麦、小米、牛奶、麦芽糖、黄酒、豆芽、豆腐、生姜、韭菜、葡萄和其他很多的水果、蔬菜，都出现在了药典中。在人们看来，它们同那些经过数百年临床实践证实是有疗效的药物一样重要[1]。但是，在考察前面的文献资料，回答前面列出的问题之前，我们有必要先讨论一下这些特殊的加工技术和营养学观念产生，并发展成为中国膳食和烹饪体系的主要因素的背景，这一体系或可简单称为中国烹饪文化（Chinese cuisine）。

烹饪文化（Cuisine）是人们选择、准备、烹调、上席和进餐的特殊方式。现代人类学研究者定义它由四种因素组成[2]。第一是当地农业和畜牧业生产的食品原料；第二是指食品加工和烹饪方法；第三是为了增加食品风味，在烹饪过程中或烹饪之后添加调味料的种类；第四是指进餐指导原则，比如何时、何地、与何人进餐以及如何进餐等。在这里，我们将简单介绍古代中国烹饪文化的这四种因素，尤其是它们对食品加工技术及营养学观点的影响。本章主体将会对此进行深入讨论。

就我们所谈及的内容而言，古代中国是指从周朝开始至汉代结束的这一时期，也就是约公元前 1000—公元 200 年。不过，我们可能也会偶尔提到商朝，甚至更早的考古证据，还会参考《齐民要术》（544 年）中收集的公元 200 年之后的资料。这一时期资料的综述，将为我们的探究提供有用的参考框架，这是因为到了汉代结束的时候，许多原料以及烹饪和盛装食物的方法，它们后来成为完全成熟的中国饮食文化的特质，那时都已经出现了。为了便于论述的展开，我们将汉朝以后的中国历史分为两个阶段。首先是中古时期，即从汉代末期一直到元代末（约公元 200—1368 年），其次是近代阶段，即从明朝（1368 年）开始到公元 1800 年左右[3]。

17

（1）中国古代的食物资源

告诉我你最爱吃的，我就能说出你是何许人[4]。

---

① 例子参见《本草纲目》卷二十二、二十三、二十四；《千金翼方》卷三和卷四。

② Farb & Armelagos (1980), p. 185.

③ 我们将中国历史分为古代、中古时期和近现代的方法在顺序上和许倬云［（1991），第 2—6 页］提出的，基于 20 世纪早期的学者梁启超［（1925），第 34 章，第 25 页］的分类法相类似。简单地说，他们认为中国古代是中华文明在其中心地带自发建立的阶段，中国中古时期是指中国与周边亚洲国家交往繁盛的阶段；中国现代是指中国融入世界的阶段。

④ Brillat-Savarin (1926), p. xxxiii., 参见德国格言 "人如其食"（Mann ist was Mann isst）。

中国古代文献将食物分为四个基本类别，即谷物、蔬菜、水果和肉类（或者畜产品），这和我们现代营养学家对食品的分类基本相似。比如说，《黄帝内经·素问》中就建议人们要均衡食用谷物、肉类、水果和蔬菜四大类食物，以满足身体所需的各种营养素[①]。不过，很明显，这种基本的膳食模式不能满足帝王或封建君主的饮食要求。传说主管商朝宫廷饮食的主厨伊尹就在上述四种基本原料的基础上，添加了鱼、调料（"和"，即调味品）及水，并把它们作为御用厨房所需的单列的食物原料在全国范围内采购[②]。为了全面论述中国的食物资源，我们将从中国的营养和美食传统两方面入手。我们将首先从植物食物开始，即谷物、油料、蔬菜和水果（包括豆科植物和调料品），然后再讨论动物食物，即哺乳动物和家禽以及鱼和其他水生生物。

(i) 谷　　物

丰年多黍多稌。亦有高廪，万亿及秭[③]。

18

谷物曾经是（而且现在仍然是）中国饮食中的主要食物原料。中文中的谷，过去不仅仅指谷物（禾本科，Gramineae），还包括菽，即大豆（豆科，Leguminosae）和麻（通常情况下英文为 hemp；桑科，Moraceae）这类田间作物，种植这些作物也是为了收获种子。考古学的证据、甲骨文和其他文字方面的记录[④]都明确表明，在商朝和西周期间种植的主要谷物有稷 [Setaria italica (L.) Beauv]、黍 [Panicum miliaceum (L.) Beauv]、稻（Oryza sativa L.）、麦（包括大麦和小麦）和麻（Cannabis sativa L.）[⑤]。青铜器上的记录进一步表明，在西周早期已经开始种植大豆 [菽，Glycine max (L.) (Merrill)][⑥]。《诗经》是一部诗歌和礼仪颂诗的选集，其中包含有公元前 11—前 7 世纪期间关于中国植物和动物的丰富资料[⑦]。《诗经》中共提到了 6 种作物，提及频率各不相同。事实上，在《诗经》中就有一首诗是描述 6 种庄稼收获情形的。这首诗题名《七月》，不过这些描述出现在同一首诗的不同节里。在

① 《黄帝内经·素问·五常政大论七十》，第一九九页。

② 《吕氏春秋·孝行览第二·本味篇》；林品石注释（1985），第 370—374 页。

③ 译文："在那丰收的年景里，收获了大量的黍和稻谷；我们已经建好了高高的粮仓，可以盛装数万至亿担谷物。"采自《诗·周颂·丰年》；《毛诗》279，Waley 156。英译文见 Waley（1937），p. 161。为了方便读者查阅中文原文，所有引用的诗篇均按照《毛诗》的传统顺序标号为 "《毛诗》xxx"，以及韦利《诗经》英译本数字标号 "W xxx"。

④ Chang, K. C. （1977），pp. 26—27 和（1980），pp. 146—149；Li Hui-Lin （1983）；Hsu ＆ Linduff （1988），pp. 345—351。关于中国在新石器时代的食物资源和烹调方法方面的描述，参见杨亚长（1994）。

⑤ 麦可以解释为小麦或大麦，关于麦的特性将会在下文（p. 27）进一步介绍。

⑥ 胡道静（1963）。于省吾（1957）在其报告中提出商代甲骨文 "𠥼" 是 "菽" 的古体字的观点，这一观点还没有被绝大多数学者所接受。关于大豆和菽属（Glycine）其他种类之间的物种关系，参见 Kollipara, Singh ＆ Hymowitz（1997）。

⑦ 根据对原文的分析研究，著名学者梁启超 [（1955），第 109—117 页] 得出的结论是：《诗经》的创作年代跨越了周朝早期到孔子出生前的五百年的历史，即公元前 11—前 6 世纪。根据语言学的分析，多布森 [Dobson （1964）] 也得出了几乎相同的结论，《诗经》形成于公元前 11—前 7 世纪。大多数的现代学者，如余冠英 [（Yü Guanying （1983）] 和耿煊 [（1974），第 395 页] 都认可《诗经》的这一形成时间。

诗的第六节里我们可以读到①：

　　六月可以吃野生李子和浆果，七月可以烹锦葵和豆吃，八月可以干燥枣，十月是收获稻谷的时候，稻谷可以用于酿造春酒，春酒用于祈祷祝贺人长寿。

〈六月食郁及薁，七月亨葵及菽，八月剥枣，十月获稻，为此春酒，以介眉寿。〉

第七节中有：

　　九月要建好坚实的打谷场，十月将收获送到打谷场。不管早种还是晚种，黍用于酿酒，稷用于做饭。

〈九月筑场圃，十月纳禾稼，黍稷重穋，禾麻菽麦。〉

　　在这两节诗的原文中，豆是"菽"，即大豆。用于酿酒的是"黍"，用于做饭的是"稷"。最后一行中的"禾"，它通常用来描述多种作物。由于黍、稷、麻、黄豆和小麦全都是谷物的代表，所以将诗文中的"禾"理解为"谷物"并不合适。稻也是谷物的一种，因此将其理解为水稻更为合理。

　　到现在为止，我们将"麦"理解为"小麦"。这种理解方法简单易行，因为严格地讲，"麦"是小麦（*Triticum turgidum*）和大麦（*Hordeum vulgare*）的总称。小麦的形态比较"小"，而大麦比较"大"。我们无法断定，《诗·七月》中的"麦"究竟是指小麦，还是大麦②。然而，在《诗经》的另一首诗中，用"来"表示小麦，用"牟"表示大麦，表明当时人们已经能够识别小麦和大麦之间的明显差异③。现在我们可以确认，黍（*Panicum* Millet）、稷（*Setaria* Millet）、水稻、小麦（和大麦）、大豆和麻等，是《诗经》创作时期，中国的主要栽培作物（图2）。

　　关于这些作物的起源与历史的详细内容，读者可以参考白馥兰所撰的本书第四十一章④。我们现在所感兴趣的论题是，《诗经》中罗列的主要作物到汉代时是否仍在种植？为了回答这个问题，我们将《周礼》（前汉）中有关古代中国九州（见图3）的主要栽培作物（和家畜）的一些记载整理成表1⑤。在原文中，黍、稷、水稻和小麦是按照名称直接列出的，而大豆则是根据郑玄（2世纪）的注释推论出来的。郑玄的注释曾经提到，"五谷"已经在豫州和并州种植了。事实上，"五谷"这个特殊的词，在古典文

19

---

① 《毛诗》154（W159）；译文见 Waley（1937），经作者修改。

② "麦"在五首诗中都被提到，可见，麦是周朝早期的重要作物之一。一些权威的汉学家，如理雅各（Legge）、高本汉（Karlgren）和韦利在翻译《诗经》的时候，都遵循了传统译法，将"麦"翻译为"wheat"（小麦）。一些现代学者如篠田统（*1951* 和 *1987a*），天野元之助（*1979*），于景让（*1956a, b*）和耿煊（*1974*）则认为，在公元前 3 世纪或公元前 2 世纪之前，小麦还没有传入中国。我们倾向麦的传统来源看法，同时也承认直至公元前 3 世纪，小麦才成为主要栽培作物，见白馥兰（F. Bray）撰的《中国科学技术史》第四十一章（本书第六卷第二分册，pp. 461—463）。这个问题将在下文（pp. 462—463）进一步讨论。古代中国的小麦是四倍体的硬质麦（*Tritium turgidum*），这已经在马王堆汉墓出土的谷物中得到了证实。

③ 参见《毛诗》275、276（W153，154）。

④ 参见本书第六卷第二分册，pp. 434ff.；李璠（*1984*），第22—65页。关于汉代农业的介绍，参见 Hsu Cho-yun（1980）。

⑤ 《周礼·夏官下·职方氏》，第三四四页。

20

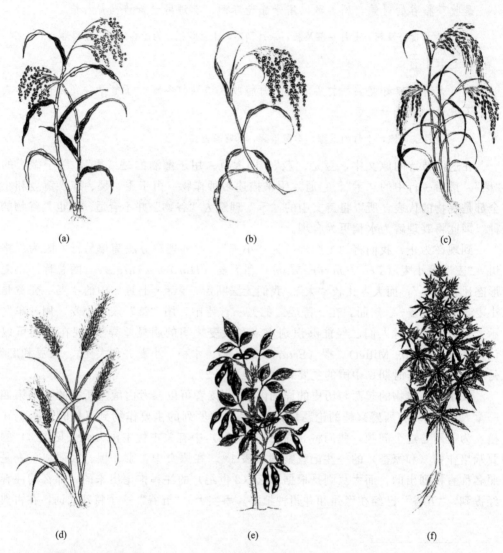

(a)

(b)

(c)

(d)

(e)

(f)

图2 古代中国的主要谷物：黍、稷、稻、大麦、小麦、菽（大豆）、麻（采自《金石昆虫草木状》）。(a) 黍；(b) 稷；(c) 稻；(d) 小麦；(e) 菽（大豆）；(f) 麻。

献中常用于描写陆地上种植的主要作物①。"五谷"一词的最早记载，始见于《论语》

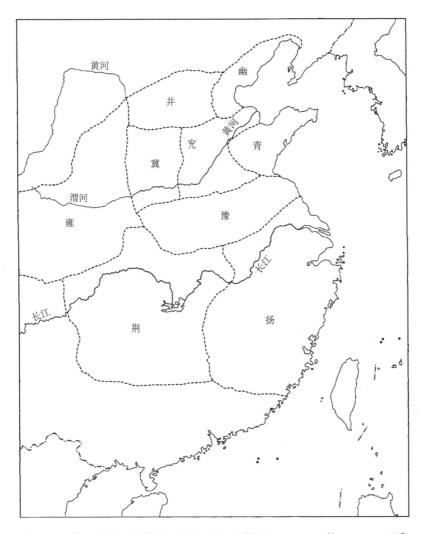

图3　《周礼》中关于古代中国九州的地图［林尹（1985），第 344—350 页］。

① 古代的中国人似乎很早就以为数目本身含有神秘的意义。他们喜欢用一个数目来暗示一些同类产品或观念。如在《诗经》中有"百谷"一词（《毛诗》154、212 和 277；W155、159 和 162），它估计也是用来描述所有农作物的一个集合名词，包括谷物、水果和蔬菜。《周礼》中经常提到"九谷"，如《周礼》（天官冢宰·大宰；地官司徒·廪人，仓人），根据郑玄的注解，"九谷"是指黍、稷、粱（另一种谷物？）、稻、麻、大豆、小豆、小麦和菰［野生稻，茭白（*Zizania caduci flora*）的种子］。程瑶田（约 1805）在他的《九谷考》中，接受了郑玄的观点，只是有一点不同，他认为"稷"应该是"高粱"，是后来中国广泛种植的一种作物，而不是"谷"。近年来，夏纬瑛［（1979），第 126—133 页］重新研究了这个问题，并将"九谷"解释为黍、稷、稻、麻、大豆、小豆、小麦、大麦和野生稻。我们也发现了"六谷"（《周礼》，天官冢宰·膳夫）和"八谷"（《星经》；见本书第三卷，p. 703）。但是，到目前为止，表示主要谷物最常用的词还是"五谷"。这也许是由于汉语词汇中，"五"这一数字的特殊意义。篠田统（1987a）发现，在西汉的一些文献中，"五谷"一词出现的次数不少于 75 次，这表明在中国古代，这一称呼已经非常普遍。事实上，"五"的使用是很普遍的。除了"五谷"外，在这一章中我们还将涉及其它一些与"五"相关的词（句），比如"五官"、"五味"、"五脏"、"五音"、"五色"等。

21　（公元前 5 世纪），在孔子师徒出行时，子路有一次掉了队，然后就去问一位老者是否见过他的老师，孔子。这位老者就反问他说："你的肢体不习惯辛劳工作；你不能分清五种谷子：谁是你的老师？"（"四体不勤，五谷不分，孰为夫子？"）①。在公元前 3 世纪，一次大洪水暴发的时候，孟子也曾经说过："五谷还没有成熟"（"五谷不登"），以及"后稷教会了人们如何耕地和种植五谷"（"后稷教民稼穑，树艺五谷"）②。由此可见，在孔子和孟子生活的年代，"五谷"已经是一个很普遍的俗称了。从那时起，"五谷"已成为汉语中主要粮食作物的代名词，而且，作为一种习惯用语，数个世纪以来，无论是普通百姓还是文人墨客，都在广泛地使用③。

22　　那么，"麻"的情况又是怎样的呢？它属于"五谷"或"主要栽培谷物"吗？有证据表明：它是。事实上，现存最早关于"五谷"的记载始见于公元前 4 世纪的《范子计然》④，书中指出："东部主要栽培的谷物是小麦（或大麦）和水稻，西部
23　是麻，北部是大豆，中部是禾（可能是谷子）"。即使是郑玄自己，在对《周礼》作注释时认为"五谷"是："麻、黍、稷、麦、豆"⑤。在该书另外一处，对应于上述"麻"的位置却被"稻"取代，而作为"五谷"之一（见表 1）。我们困惑郑玄前后不一致的同时，也充分意识到他在作注释的时候，可能考虑了不同地域或不同版本的文献⑥。另外，王逸（2 世纪）在《楚辞》（约公元前 3 世纪）的注释中，认为"五谷"是稻、稷、麦、豆和麻⑦。假如前后提到的"五谷"中的麻是同种东西的话，毫无疑问，这些文献都说明，至少汉代的时候一些学者认为，"麻"是古代中国主要栽培的作物之一。

　　在结束这个简短的讨论之前，还需要提到另一部中国古代经典著作对"五谷"的描述。在《逸周书》（约公元前 245 年）中，有以下描述⑧："麦种在东部，黍种在南部，水稻种在中部，粟种在西部，大豆种在北部。"（"凡禾麦居东方，黍居南方，稻居中央，粟居西方，菽居北方。"）这种说法引入了一个新的词——"粟"。显然，到汉末的时候，粟这一作物的重要性已经可以同远古的黍和稷相提并论了。

　　事实上，"粟"和另一种谷物"粱"已在《诗经》提到了⑨，并且在西汉时期的其

---

　　① 《论语·微子》；译文见 Legge (1861)，p. 335。

　　② 《孟子·滕文公上》；译文见 Legge (1895)，pp. 250—251。

　　③ 李长年（1982）指出，即使在今日中国，特别是在丰收以后，农民仍然用比较俗套的对联"五谷丰登，六畜兴旺"来祈祝丰年。使用这副对联的时候，已经不再过多地考虑究竟是收获了三种、四种、还是六种谷物，甚至有时可能其中的一种根本不是谷物，而是块茎，比如红薯，也称之为"五谷"。

　　④ 参见李长年（1982）；《初学记》卷二十七。

　　⑤ 《周礼·天官冢宰·疾医》，第四十七页。

　　⑥ 这种不一致性不仅仅出现在《周礼》中。在《黄帝内经·素问》中，关于"五谷"的描述也不尽相同，第四篇指出"五谷"是"麦、黍、稷、稻、豆"，而第五篇又说是"麦、麻、稷、稻、豆"。

　　⑦ 《楚辞·大招》。这种关于"五谷"的解释被当代的注解者所接受，如傅锡壬（1976），第 174 页；董楚平（1986），第 273 页。

　　⑧ 《逸周书》，采自《初学记》卷二十七。见胡锡文（1981），第 25 页。

　　⑨ "粟"，参见《毛诗》187（W103）；"粱"，参见《毛诗》187、121 和 211（W103、161 和 151）。

他著作中也偶尔提及①。"粱"和与之相关联的"粟"，都被认为是更新、品质更优良的"稷"（*Setaria italica* Beauv. var. *maxima*），在战国时期已经出现，而且很快就超过了抽穗更小、产量更低的稷（*Seteria italica* var. *germanica* Trin.），成为汉代初期的重要作物②。关于"粱"的描述并不是很明确的；一些学者相信它是高粱的古称③。不过，可以肯定的是，由于某些原因，自汉代以后，"粟"逐渐演化成指代稷的名称，并且一直沿用至今。其它一些引起混淆的词包括"秫"、"穄"、"秬"、"秠"等，也曾被用于表示不同品种的"粟"。这些用于描述中国谷物的易混淆词汇，已经由白馥兰尽力用表格

表 1　古代中国的主要栽培作物和家畜[a]

地区	位置	主栽作物	家畜
扬州	长江下游和南方	水稻	禽，畜
荆州	长江中游和南方	水稻	禽，畜
豫州	河南和淮河流域（？）	五谷[b]	六畜[c]
青州	山东东部	水稻、麦	鸡，狗
兖州	河南北部，山东西部，河北南部	四谷[d]	六畜
雍州	陕西，甘肃东部	黍、稷	牛、马
幽州	辽宁南部、山东北部、河北北部	三谷[e]	四畜[f]
冀州	山西南部	黍、稷	牛、羊
并州	山西北部、河北北部	五谷[b]	六畜[g]

a：根据《周礼·夏官下》中关于职方氏的职责描述整理（第三四四至三五〇页）。九个州是按其在文中出现的顺序排列的。该区域的关键地理特征是黄河的大弯曲，它先由北向南，后转向东一直流入中国海。根据文章的描述，冀州位于弯曲的内侧（河内），兖州位于弯曲东侧（河东），而豫州位于弯曲南侧（河南）。扬州在这个核心地区的东南，荆州在正南，青州在正东，并州在正北，幽州在东北。最后，雍州在河的正西方。关于它们的具体位置，在林尹对该书所做的脚注中，有更详细的描述（第346—350页）。

根据郑玄（127—200年）的注解，五谷、六畜等的区分如下：

b：五谷：黍、粟、大豆、麦和水稻；

c：六畜：马、牛、羊、猪、狗和鸡；

d：四谷：黍、粟、水稻和麦；

e：三谷：黍、粟和水稻；

f：四畜：马、牛、羊和猪；

g：五畜：马、牛、羊、狗和猪；

注：上文中的"麦"可以是小麦也可以是大麦。

---

① 参见《孟子·尽心上》，译文见 Legge（1895），p.463；《管子·重令》，第五十三页；《墨子·尚贤中》，第四十六页。

② 于景让（*1956a，b*），赵冈（*1988a，b*），第132页；亦可参见 K.C.Chang（1977），p.26。

③ 于景让，同上。即使高粱直到元代之后才广泛种植（见本书第六卷第二分册，pp.449—451），但是自从周朝和早期汉墓出土了一些碳化高粱之后，导致一些学者，如李长年（*1982*），李璠［（*1984*），第65页］，李毓芳［（*1986*），第267页起］等，认为"粱"不是稷，而是高粱（*Sorghum vulgare* Pers.）的古称。这种观点受到了于景让（*1956*）、缪启愉（*1984*）和黄其煦（*1983a*）等的置疑，只是至今仍然没有定论。见 Ho Ping-Ti（1975），pp.380—384。最近李璠等（*1989*）在甘肃公元前3000年新石器时代遗址中发现了高粱化石，因此，有关高粱的论据得到更强的支持。

列出并做出了解释①。值得庆幸的是，就我们的研究目标而言，我们可以不必陷入到谷物品种的迷魂阵中去。因为对于我们来说，只需认识到"黍"和"稷"两种主要的谷物在中国古代早有种植就足够了②。

上述中国古代作物种植情况的概述，从近 20 年来一系列汉墓挖掘的考古发现中得到了强有力的确证。在这些汉墓中，最壮观，也最有意义的当属在湖南长沙东郊发现的"马王堆一号汉墓"。墓主是第一代轪侯利苍（公元前 193—前 186 年在位）的夫人，死于公元前 168 年之后的几年。在开棺的时候，尽管她已被埋葬了 21 个世纪，尸体依然保存完好，这成为一个医学奇迹，墓主也因此而得到了相当高的名声。从我们研究需要的观点出发，我们应该对她表示特殊的感激，因为安排在她墓里的陪葬品是迄今为止，数量最多，种类最为丰富的，堪称是中国古代的食品仓库。而且在她的陪葬品中，还有一大批竹简，其中记载了很多未陪葬的食物名称，而更重要的是，还提供了一些关于食物原料制备和烹饪方法的宝贵资料（图 4、图 5）。在下面的章节中，我们将进一步对这些出土食物或写在竹简上的信息进行探讨。下面我们来看一下马王堆一号墓确认的谷物③：

黍（*Panicum milliaceum*）

稷（*Setaria italica*）

小麦（*Triticum turgidum*）

大麦（*Hordeum vulgare*）

稻（*Oryza sativa*）

---

① 本书第六卷第二分册，pp. 437—441。

② 从周朝早期到汉代末年，共经历了一千多年。正如我们前面（本书第六卷第一分册，pp. 463—471）强调指出的，许多《诗经》和其他早期著作中所提起的植物（和动物）的名称到了公元三四世纪时已经模糊不清了。而且，随着中国古代作者们不断创造新词用于描述同类而不同品种的作物，使得这种情形变得更糟。因此，直到现在，对这些植物"澄清并解释其原义"依然是一项持久的"学术界的工作"（同上，p. 463）。在这项工作中，关于"黍"和"稷"在中国古代的含义和它们同"粟"的关系一定是最令人烦恼和难处理的问题之一（参见本书第六卷第二分册，pp. 438—441）。考古学证据明确显示，狗尾草属的谷物，是中国古代两种主要的谷类作物（*Panicum* 和 *Setaria*），参见黄其煦（1983a）。中古时期和现代的学者都认为，"黍"是黍属（*Panicum*），"粟"是狗尾草属（*Setaria*），但是对于"稷"的确认，却还没有完全一致的认识。

那么"稷"是什么呢？一个学派认为："稷"就是一种简单没有黏性的黍（黍属）。从梁代的陶弘景到几个世纪后唐代的苏敬和明代的李时珍等，著名药学家们都持有上述这种观点。另一学派认为，"稷"是粟的同义词。这种观点主要见于一些农业论著中，开始于北魏的《齐民要术》，到元代的《农桑衣食撮要》和明代的《农政全书》。如张德慈［Chang Te-Tzu（1983）］所指出的，现代国内外学者也仍然就此分为不同学派。比如齐思和（1981）、于景让（1956 a，b）、邹树文（1960）、夏纬瑛（1979）、昝维廉（1982）和赵冈（1988a）等，都认为"稷"是"粟"的古称。而刘毓瑔（1960）、耿煊（1974）、何炳棣［Ho Ping-Ti（1975）］、陈文华（1981）、王毓瑚（1981）和李惠林［Li Hui-Lin（1983）］等，则同意"稷"是简单没有黏性的"粟"。为了打破这个僵局，游修龄（1984）对所有的相关文献进行了全面综合分析。他指出，可以令人信服地说，基于各种资料可以看出，稷和粟是同一种谷类作物（*Setaria italica*）。这种观点我们可以接受。

顺便提一下另一种值得提到的观点，那就是"稷"和"粱"的含义相同。粱是高粱的古称。这个概念首次是由元代的吴瑞（《本草纲目》卷二十三，"稷"）提出的，后被清代的程瑶田（1805）详述。当代一些学者也对这种观点进行了认真考虑，比如杨兢生（1980）。

③ 有关马王堆一号汉墓出土食物的研究，详细内容已经由湖南省农业科学院公开出版，参见湖南农学院（1978）。

菽（*Glycine max*）

麻（*Cannabis sativa*）

图 4　马王堆一号汉墓出土的残留食物（仅为图中的下面部分）。湖南省博物馆（1973），下
　　册，图版 11，第 9 页。

这些谷物与我们前面所谈到的，中国古代主要的谷物品种完全一致。

在新石器时代，尽管中国北方最早驯化成功的谷物是狗尾草属植物（"粟"、
"黍"、"稷"）但是相对于小麦、水稻和大豆而言，它们的重要性在汉代初期开
始逐渐下降。尽管如此，一些学者仍然铭记它们在中国农业史上的特殊地位。比
如，郑玄在排列"五谷"的时候，常把"黍"和"稷"列在麦、豆和稻的前面。
汉代以后，随着"黍"的地位降低，"粟"或是"稷"的重要性也开始上升了。
但是现在，中国仍然还在广泛种植的却只有"粟"了（俗称谷子）①。因此，在
后面章节中，所提到的关于谷子的加工，都是指粟属及其相关的种类，而不是指
黍属。

如前所述，尽管"麦"包含着小麦和大麦，但我们仍将麦译为小麦（wheat）。大
麦和小麦都是秋天播种、春天收获的，它们可能也都是在新石器时代末期从近东地区传

27

①　本书第六卷第二分册，p. 443。最近来自中国的资料表明［山西农业科学院（1977）］，1971 年，
谷子在中国种植面积大约占中国粮食种植面积的 5％。但是在中国的北方地区，谷子的种植面积却大约占
耕地的 15％—20％。

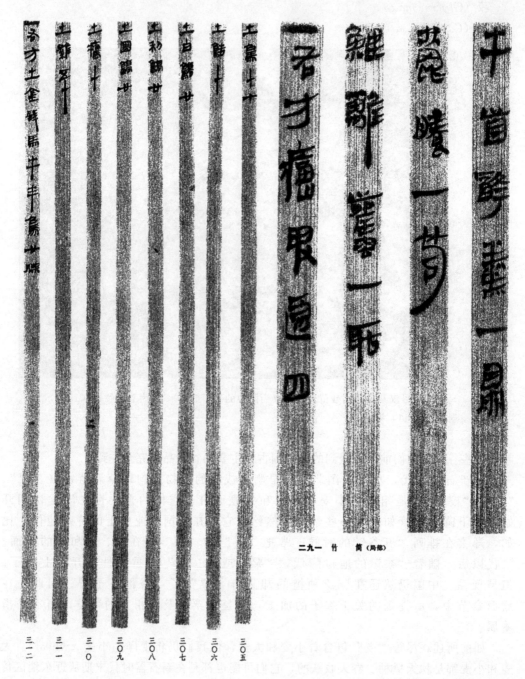

图5　马王堆一号汉墓出土竹简上的食物记载。湖南省博物馆（1973），下册，第243页，图版290。

到中国的[①]。令人奇怪的是，在汉代以前的文献中，我们经常只能见到"麦"这个字，却很少有小麦和大麦之分。在西汉的文献中，唯一提到大麦的文献是公元前 3 世纪的《吕氏春秋》[②]。而最早提到小麦的文献，是公元前 1 世纪的《氾胜之书》[③]。马王堆的考古研究结果确切地表明，小麦和大麦两者都是汉代早期的重要作物[④]。有关小麦和大麦在食品加工中的应用，我们将分别在（c）、（d）、（e）等节和（c）、（e）等节中讨论。

水稻是目前中国最为重要的作物，它是在新石器时代由中国首先驯化的[⑤]。稻在中国饮食发展过程中的特殊作用，我们将在本分册的后面讨论。用稻米酿造黄酒的内容，将在（c）节中探讨。

谷子、小麦（和大麦）和水稻，都是人类饮食生活中获得碳水化合物和少量蛋白质的主要来源。至于菽（大豆），它是属于豆类而不是谷物。大豆是蛋白质和脂肪的良好来源，它可能在周代初期（约公元前 1000 年）由中国人驯化成功的[⑥]。对此，我们将在本书的后面针对大豆加工和营养价值作出详细的描述。由于大豆在中国饮食文化中占有非常重要的地位，对大豆加工的相关内容我们将在（d）中探讨。

最后一种主要作物"麻"（*Cannabis sativa* L.），既不是谷物，也不是豆类。从新石器时代开始，作为纤维和食用作物的麻一直在中国种植。中国人很早就认识到，麻是一种雌雄异体的植物。雄株称为"枲"，种植的目的是获得纤维，雌株称为"苴"，种植的目的是为了获得种子。约公元 600 年以后，麻被其他粮食作物取代之前，"麻籽"在中国都是作为食品原料利用的[⑦]。对于我们讨论的题目来说，麻籽有着特别的意义，因为麻籽含有大约 30％的油脂，是一种非常有用的植物油资源。所以，我们将在油料一节中继续麻籽的讨论。

28

(ii)　油　　料

　　　　将炖好的肉末酱加到煮熟的旱稻米饭上，再混合融化的脂肪，称为淳熬。
　　　　将炖好的肉沫酱加到煮熟的小米饭上，再混合融化的脂肪，称为淳毋[⑧]。

---

① 本书第六卷第二分册，pp. 459—461。

② 《吕氏春秋·任地》，第八四四页；参见夏纬瑛（*1956*），第 47 页。

③ 《氾胜之书》，参见 Shih Sheng-Han（*1959*），p. 10。

④ 湖南农学院（*1978*），第 4—5 页。

⑤ 近期在河南贾湖，湖南彭头山、八十垱、玉蟾岩及其他一些地点的考古发掘成果使我们对中国农业起源的看法发生了革命性的变化。这些成果明确表明，最早在中国种植的谷物是水稻，它的驯化极有可能发生在公元前 11，500 年的长江中游地区。详细描述与参考文献，请参见河南省文物研究所（*1989*）、湖南省文物考古研究所（*1990*，*1996*）、谢崇安（*1991*）、向安强（*1993*）、刘志一（*1994*，*1996*）、张文绪和裴安平（*1997*）、严文明（*1997*）、Bruce Smith［（1995），Ch. 6］和 Normile（1997）。"水稻的种植起源于东南亚山麓地带"的老观点（参见本书第六卷第二分册，pp. 481—489）已不再站得住脚了。事实上，谷子在中国北方地区的种植可以追溯到七八千年之前，而水稻在长江流域的种植要比这早得多。也许和近东地区一万年前驯化大麦和小麦是同时代的。

⑥ 本书六卷第二分册，pp. 510—514；胡道静（*1963*）。

⑦ Bray（1984），pp. 532—555；Li Hui-Lin（1974）。

⑧ 《礼记·内则》，第四六七页；由作者译成英文，借助于 Legge（1885a），p. 468。

〈淳熬：煎醢加于陆稻上，沃之以膏，曰淳熬。淳毋：煎醢加于黍食上，沃之以膏，曰淳毋。〉

我们对中国从植物种子中提取油脂的早期历史了解甚少[①]。乍一看，这似乎会令人吃惊，因为正如我们现在了解的一样，在中国烹饪中，食用脂肪或者食用油是不可缺少的成分，而且，古代中国两种非常著名的作物——麻和大豆都是极好的油料资源。确实，大豆是当今世界上植物油的主要资源之一，但是在中国古代文献中，几乎没有用大豆提取油脂的任何记载[②]。在汉代以前的经典著作中，也没有关于从麻籽或其他植物种子中榨取油脂的任何记载。

然而，正如我们从上文引自《礼记》（约 1 世纪）的那两种烹调方法所知道的，中国古代烹饪必定大量使用油脂。只是当时使用的都是动物油脂，而不是植物油。在《周礼》中，关于庖人职责的相关记载也显示，使用的油脂被认为更为得当，它们都来源于畜禽类，比我们熟悉的现代西方人烹饪中所使用的种类更广泛。此外，对于最重要的仪式或者社交场合来说，只有当某种肉食与它自身独特的脂肪相配时，才能被认为是选用得当[③]：

庖人掌管着六种家畜、六种动物和六种家禽的屠宰、加工……春天，所呈送的是用牛油烹制的羔羊和乳猪；夏天，所呈送的是用犬油烹制的干野鸡和鱼；秋天，所呈送的是用猪油烹制的牛犊和幼鹿；冬天，所呈送的是用羊油烹制的鲜鱼和鹅。

〈庖人掌共六畜、六兽、六禽，辨其名物。凡用禽献，春行羔豚，膳膏香。夏行腒鱐，膳膏臊。秋行犊麛，膳膏腥。冬行鲜羽，膳膏膻。〉

因此，所有迹象表明，在汉代以前，人们还不知道从植物种子中提取油脂。为什么会这样呢？在后面的（e）中，当考虑用植物种子压榨油脂的技术发展时，我们将会讨论这个问题。现在，我们可以指出的是，确认植物种子中存在油脂的最早记录始见于《四民月令》（160 年）中。其中有"捣制"（擣治）苴的种子，制作烛的记载[④]。据推测可知，捣制后，稠厚的油状残渣具有蜡的特性。没有任何"捣制"是如何操作的记录。然而，到了 6 世纪，当《齐民要术》（554 年）问世时，在商业规模上加工获得油料已经是榨油作坊"压油家"的日常工作了[⑤]。

---

① 相反，榨油设备的发明和发展在西方国家却有很详细的文字记载；参见本书第四卷第二分册，p. 206。在（e）中将讨论榨油的历史。

② 本书第六卷第二分册，p. 519。

③ 《周礼·庖人》，第三十六页。

④ 《四民月令·二月》，第二十五页。书中记载："苴麻子黑，又实而重，擣治作烛"。尽管现在，"烛"明确地表示蜡烛，在此文中，将"烛"解释为"火把"更为恰当，因为正如我们所知，在《四民月令》撰写之时，蜡烛可能尚不为人所知。当时的烛是指将植物纤维扎起来，然后，浸泡在油脂中，让油缓慢地渗进去，而制成的可燃烧的火把。油脂可以来源于动物，也可以由捣制苴麻籽的方法得到。这一观点的详细讨论参见缪启愉编（1981），第 32—33 页。《四民月令·七月》（第七十六页）进一步记载枲耳（苍耳，*Xanthium strumarium*）籽（参见本书第六卷第一分册，p. 480）和《四民月令·八月》（第八十四页）记载了葫芦（*Legenaria Leucantha*）籽被用来制作火把的内容。确实，根据《氾胜之书》的记载，葫芦籽燃烧的火焰非常明亮，特别适合于制作火把，参见 Shih Shêng-Han（1959），p. 24。

⑤ 《齐民要术》（第十八篇），第一三三页。

在中国，大麻籽可能是最早用于榨油的原料，但是还没有找到直接的证据。毫无疑问，这里的"麻"即大麻（hemp），在中国古代作为纤维作物而广泛种植。但是，现在还不能确定，它就是同样作为一种食用作物，并被汉朝注解者认定为"五谷"之一的"麻"。人们普遍认为中国古代，直到汉代，大麻籽还作为一种食物，汉代以后，应用逐渐减少，直至最终消失[①]。然而，中国古代还种植着另外一种"麻"（图6）——芝麻（*Sesamum orientale* L.），最初称为"胡麻"（即"外来麻"）。相对于大麻籽来讲，芝麻籽作为食物要优良得多。正是《天工开物》（1637年）的作者宋应星首先注意到将大麻作为粮食类作物的内在矛盾。他指出[②]：

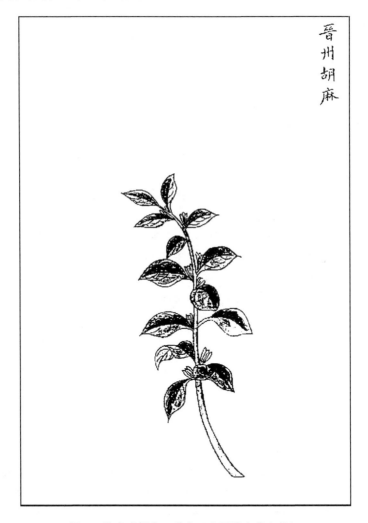

图6　芝麻或胡麻。采自《金石昆虫草木状》。

---

① 　Li Hui-Lin（1974）。
② 　《天工开物》卷一，第七页；参见 Sun & Sun（1966），p. 24。

只有两种麻可以用作粮食或者用于榨油，即火麻和胡麻。胡麻又称为芝麻，相传它于西汉从西方传入中国。古时候，"麻"是"五谷"之一，但是如果麻本身指火麻这自然是不恰当的……毕竟，火麻籽能榨出的油非常少，而且用火麻皮只能织粗布，价值低微。

〈凡麻可粒可油者，惟火麻、胡麻二种。胡麻，即脂麻，相传西汉始自大宛来。古者以麻为五谷之一，若专以火麻当之，义岂有当哉？……火麻籽粒压油无多，皮为疏恶布，其值几何！〉

在另一处，宋应星又指出：

芝麻口味鲜美而且营养丰富。说它是谷物之王也并不算夸张。一小把芝麻足以使一个人很长时间不饥饿。用少量芝麻撒在糕点、面饼或饴糖上时，可以使他们的风味明显改善，价值也随之提高。制成的芝麻油，可以促进头发生长，有益肠胃，增加肉制品的风味，同时还具有解毒的作用。

〈今胡麻味美而功高，即以冠百谷不为过。……胡麻数龠充肠，移时不馁。粗饵、饧饧得黏其粒，味高而品贵。其为油也，发得之而泽，腹得之而膏，腥膻得之而芳，毒厉得之而解。〉

近年来，芝麻这一主题被李璠重新提起并阐述。他指出，芝麻原产于中国，或者是在新石器时代传入中国的[1]。他引用了三个证据支持他的观点。第一个证据是考古学方面。20 世纪 50 年代后期，在浙江省两个新石器时代的考古遗迹发现了芝麻[2]。因此，关于芝麻是在西汉时期传入中国的说法非常可疑，其在中国的历史应该更为悠久[3]。第二个证据是植物学方面。在云南一些地方，野生芝麻相当普遍[4]。少数民族的人们将芝麻籽收集起来，用于榨油或者作为食物，这一点上，古代的中国人或许就是这么做的。第三个证据来自于文献记载。《神农本草经》（2 世纪）中记载了胡麻和麻蕡，陶弘景注释说，在所有八种主要粮食作物中，芝麻是最有价值的。此外，《氾胜之书》（公元前 1 世纪）中也简要地提到了胡麻，是在商代伊尹的传奇故事中，把芝麻作为一种作物，可在干旱季节种植在"区田"里[5]。在出现这些有说服力的论据的同时，我们需要考虑一个事实，即马王堆汉墓中发现的是大麻籽而不是芝麻籽。尽管如此，我们还是不能否认这样的可能性，芝麻在汉朝初期就已经是一种重要作物的可能性，而且芝麻作为食用油的原料，也许和大麻籽一样有着很长的历史。

作为油料的作物，芜菁（也叫蔓菁）可能与大麻、芝麻同样古老。中国的芜菁、蔓菁或菜籽（*Brassica rapa* L.），在《诗经》中称为"葑"。芜菁可能是中国古代最重要的芸苔植物（*Brassica*），人们种植它，是为了利用它的根、叶子或者种子。所以在讨论蔬菜时，我们还会提到它。然而，在南北朝时，芜菁作为油料作物的地位开始衰退。

---

① 李璠（*1984*），第 81 页起、第 240 页起。
② 浙江省博物馆（*1960* 和 *1978*）。
③ Laufer（*1919*），p. 293；参见本书第四卷第一分册，pp. 172—173。
④ 李璠（*1984*），第 84 页。
⑤ Shih Sheng-Han（*1959*），p. 41。

与它竞争的品种中，最重要的有来自不同种类的油菜作物芸苔、蜀芥、芥子和菘，这些品种后来也都得到发展。《齐民要术》（544 年）中记载了这四种作物的栽培①。它们可能是中古代中国菜籽油的主要来源。中国芸苔属作物的名称极其混乱。但是，按照缪启愉最近的分析，我们能够把中国近代作为油料的芸苔属植物分成三大类②。第一是芥菜类，来源于四川的蜀芥（Brassica juncea Coss），或中国芥菜（Brassica cerneu Hemsl）。第二是白菜类。它可能与芸苔（Brassica campestris L. var. oleifera）或油白菜（Brassica chinensis var. oleifera）有关。第三类源于甘蓝（Brassica oleracea L.），它可能是元朝时，从欧洲经新疆传入中国的。

（iii）蔬　　菜

七月食瓜，

八月断壶，

……

采葑采菲，

无以下体③。

32

　　汉语中的"菜"字由两部分组成，一部分是"艹"（草）字头，另一部分是"采"（收集的意思），这意味着蔬菜最早是从野生草搜集来的。而且，"菜"字也已经演化成描述一餐中与谷物"饭"相对应的名词。但是，在这里，我们只把"菜"当作蔬菜来进行讨论。尽管我们经常可以看到，在《诗经》中将"采"和蔬菜联系在一起，比如"采葑"、"采菲"、"采苢"、"采薇"等等，但这也不必一成不变地把蔬菜看成全部都是源于野生物种的④。蔬菜同水果一样，很早便开始在中国种植，可能是从新石器时代就开始

---

① 《齐民要术》（第十八篇和第二十三篇），第一三二至一三六页、第一四六至一四八页。

② 缪启愉（1982），第 147—148 页。

③ 译文："七月吃甜瓜，八月剪葫芦"，采自《诗经·国风·七月》，《毛诗》154（W159）。译文："拔萝卜的时候，不要扔掉下面的部分"，采自《诗·邶风·谷风》，《毛诗》35（W108），由作者译成英文，借助于 Waley，Karlgren（1950）和 Legge（1871）。下面的对句提供了将古汉语解释和翻译为外文的过程中陷入困境的一个恰当的例子。原文是：

采葑采菲，无以下体

我们现在知道，葑（芜菁）和菲（小萝卜）都是古代中国重要的蔬菜。对于这两种菜来说，如果意识到它们的根和叶子一样重要的话，那么这个对句含义也就很清楚了。也就是说，无论是拔芜菁还是萝卜，人们都不应该忘了其根部是可食的。参见《诗经稗疏》（1695 年）和江荫香编辑（1934），第二章，第 17—21 页。三位著名的汉学家对这两句的翻译分别如下：

理雅各	收获芥菜和瓜类的时候， 　因为它们有根而不扔掉
高本汉	收获葑和菲的时候， 　不用考虑其下面的部分
韦利	拔蔬菜和甘蓝的时候， 　不要根据它们的下面部分进行判断

很明显，三个人的翻译都误解了第二行的关键意思。

④ 《诗经·采苢》，《毛诗》178（W134）；《诗经·采薇》，《毛诗》167（W131）。

了。在商代的甲骨文中已发现了象形字——"甫"和"圃",看起来像是少量植物长在种植园里[①]。

甫（fu）𤰔　　　圃（yu）𤲬　　　圃（phu）

后来这两个字合起来形成"圃"字,即菜园或果园的意思。由此可见,在西周时期,园艺已经发展成为农业经济的重要组成部分了。

《诗经》中提到了不少于46种可以作为蔬菜食用的植物[②]。一些是野生的,另一些是种植的。《礼记》中记载了相当多的关于食品原料、加工和食用方法的信息,其中也提到了一些蔬菜。我们从以上两种古籍中,收集到了我们认为是中国古代广泛种植或食用的蔬菜名字。它们列在了表2中,对于那些在马王堆或其他汉墓中发现的,则加注了参考文献来源或出处。

33

表 2　《诗经》、《礼记》中提到的和汉墓考古遗迹中发现的中国古代蔬菜

中文名称	英文名称	拉丁名称	参考文献		
			《毛诗》[a]	《礼记》[b]	黄展岳[c]
瓜	Melon	*Cucumis melo*	154	内则	马王堆
瓠	Gourd	*Lagenaria leucantha*	154	—	马王堆
葑	Chinese turnip	*Brassica rapa*	125		马王堆
菲	Radish	*Raphanus sativus*	35		其他汉墓
蒲	Cattail	*Typha latifolia*	261	—	
芹	Oriental celery	*Oenanthe javanica*	299		其他汉墓
荷	Lotus	*Nelumbo nucifera*	145	—	马王堆
笋	Bamboo shoot	*Phyllostachys* spp.	261		马王堆
葵	Mallow	*Malva verticillata*	154		马王堆
蓼	Smartweeds	*Phygonum hydropiper*	289	内则	—
薇	Wild bean	Vicia augustifolia	167	—	—
苣	Lettuce	*Lactuca denticulata*	178	—	—
荼	Sow thistle	*Sonchus arvensis*	35	—	
韭	Chinese leek	*Allium ramosum*	154	内则	其他汉墓
葱	Spring onion	*Allium fistulosum*	—	内则	其他汉墓
薤	Chinese shallot	*Allium bakeri*	—	内则	
姜	Ginger	*Zingiber officiale*	—	内则	马王堆
小豆	Lesser bean	*Phaseolus calcaratus*	—	内则	马王堆
菱角	Water caltrop	*Trapa bicornis*	—	内则	马王堆
芝耳	Mushrooms	*Basidiomycetes*	—	内则	

a:《毛诗》中诗的编号。

b:《礼记·内则》。

c:黄展岳（1982）,《汉墓中食物残留汇总》,第77—79页。

---

① 林乃燊（1957）,第132页。

② 陆文郁（1957）;参见 Chang K. C.（1977）, p. 28.

表 2 中所列的瓠和瓜（图 7 和图 8）是两种葫芦科植物，是中国古代最重要的果菜。它们的嫩叶也可以当蔬菜食用。瓜（*Cucumis melo* L.），有时也叫"甜瓜"，作为水果食用。由于它导致了马王堆一号汉墓女主人的早逝而获得了某种程度的恶名。在她的食道、胃和肠中，发现了超过 138 个甜瓜籽，这种情况说明，女主人吃甜瓜的时候速度太快，以至于她顾不了吐籽，就将籽也吞下去了[①]。瓠（*Lagenaria leucantha* Standl），也就是葫芦，由于它可以制成很好的餐饮用具和容器而特别普及[②]。尽管《氾胜之书》（公元前 1 世纪）没有把葫芦籽列为油料，但是也阐述了葫芦籽加在火把中可以产生明亮火焰的事实[③]。这两种作物在 6 世纪的《齐民要术》中都曾有描述[④]，它们在当代中国也仍然是较为重要的作物。

34

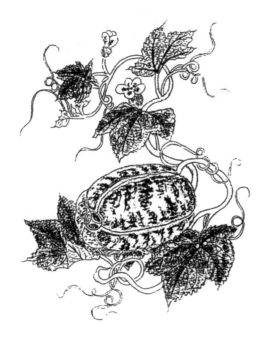 

图 7　瓜；采自《金石昆虫草木状》。　　　　图 8　瓠；采自《金石昆虫草木状》。

在《齐民要术》中，还提到了另外两种十字花科的植物，即菶（图 9）和菲（图 10）。我们在前面关于油料资源的章节中已经提到过菶（Chinese turnip），蔓菁或芜菁，以及其他的芸苔属（十字花科）植物（Brassica）。在中国古代，蔓菁是一种非常重要的蔬菜。在《吕氏春秋》（公元前 239 年）中，蔓菁被认为是陆地上最美味的蔬菜之一[⑤]。

①　湖南省博物馆（*1973*），上集，第 35—36 页；湖南农学院（*1978*），第 9 页。
②　Li Hui-Lin（1969），p. 256；Li Hui-Lin（1983），p. 48。浙江省文管会、博物馆（*1978*）。
③　Shih Shêng-Han（1983），p. 25。
④　《齐民要术》（第十四篇、第十五篇），第一一〇页、第一一八页起。
⑤　《吕氏春秋·本味》，文中指出最美味的蔬菜是来自"具区"，即现在江苏省太湖附近地区的蔓菁；另可参见 Harper（1984）。

直到中古代的时候古书上还很常见①。现在尽管还在种植蔓菁，但是由于芸苔属的新植物，如白菜（*B. chinese* L.），油菜（*B. campestris* L.）和芥蓝（*B. alboglabra*）等的出现，其重要性明显下降了②。虽然如此，蔓菁仍然被认为是当代中国主要叶菜，具有活力地芥菜类蔬菜的祖先。

35

图9　葑，又名芜菁；采自《金石昆虫草木状》。图10　菲，又名莱菔；采自《金石昆虫草木状》。

另一种十字花科植物——菲（radish），它通常被称为"萝卜、"芦菔"或"莱菔"（*Raphanus sativus* L.），其价值在于根部。在《尔雅》（公元前 300 年）中，它被称为"葵"，或"芦萉"，虽然它有很多名称，但是很明显，它在古代中国并不是主要蔬菜。在《齐民要术》中，它实际上只是在关于蔓菁的介绍后面作为补记被简单地提到③。具有讽刺意义的是，自那之后，萝卜的普及程度稳步提高了。现在，它已经是中国最为重要的蔬菜之一。

下面要介绍的是，长江流域湿润土壤中普通的三种水生植物④。第一种是菖蒲（cattail；*Acorus calamus* L. 或 *Typha latifolia* L.），属天南星科（Araceae），它细嫩的芽曾经是一种很普遍的蔬菜。现在中国有些地方仍然还在种植。至于"芹"，即水芹 [*Oenanthe javanica*（BL.）DC]，是伞形花科的叶菜类。在《吕氏春秋》（公元前 3 世

①　有一个传说，三国时期（221—265 年）著名的军事家和战略家诸葛亮是蔓菁的积极消费者，因此后来蔓菁也称为"诸葛菜"。北宋著名诗人苏东坡也喜欢吃蔓菁已众所周知。甚至，他还发明了"蔓菁羹"菜谱。南宋诗人朱弁为了颂扬蔓菁而将两个著名的历史人物结合起来写成了一副对联：

　　　　　　　　　　手折诸葛菜

　　　　　　　　　　自煮东坡羹

②　Li Hui-Lin (1969)，p. 259.

③　《齐民要术》（第十八篇），第一三三页。

④　Li Hui-Lin (1983)，pp. 43—44.

纪）中，产自云梦，被称为"芑"的芹菜，伊尹评价为当时国内味道最好的蔬菜之一[①]。现在水芹仍然作为叶菜类蔬菜在稻田里种植，但是它在很大程度上已经被在汉代传入中国的旱芹（*Aipum graveolens* var. *dulce*）所取代了。最后介绍"荷"或"莲"（*Nelumbo nucifera Gaertn.*），属于莲科植物（Nymphaeaceae），它是中国最早种植的植物之一。在郑州附近新石器时代遗址中出土的瓦罐里，就发现有莲子[②]。莲子以及被称为"莲藕"的块茎从古到今一直被作为食物。现在，莲子和藕已经被海外公认为中国独特的食品原料[③]。

另一种典型的中国蔬菜是笋，可能是由刚竹属（*Phyllostachys*）或者箣竹属（*Bamboosa*）发展而来的品种。在《尔雅》（公元前 300 年）和《说文解字》（121 年）中，都解释说笋是竹子的幼茎[④]。表 2 所引用的《诗经·大雅·韩奕》诗句中，竹笋被列为一个重要宴会的佳菜[⑤]：

> 显父举办了告别宴会
>
> 有清酒一百多壶。
>
> 还有什么佳肴呢？
>
> 有烤甲鱼和鲜鱼。
>
> 还有什么蔬菜呢？
>
> 有竹笋和菖蒲。

〈显父饯之，清酒百壶。其殽维何？炰鳖鲜鱼。其蔌维何？维笋及蒲。〉

很明显，竹笋（及芦苇芽）在古代中国有非常高的地位以至于被认为适合于设宴款待重要贵族。但是对于竹笋在汉代及以前的种植情况我们几乎一无所知。我们找到的，将竹子作为一种作物的最早记载，始见于《齐民要术》[⑥]。

下一种要讨论的植物是"葵"（*Malva verticillata* L.）（图 11），它是锦葵属的植物（*Malva*），可能是中国古代最常见的叶菜类蔬菜。在《四民月令》（160 年）中，有其种植情况的简单介绍[⑦]。在《齐民要术》（544 年）中，也有大量的详细描述[⑧]。为

---

① 《吕氏春秋·本味》，第三七一页；云梦在今天湖北省境内。
② 郑州市博物馆（*1973*）；Li Hui-Lin（1983），p. 43。
③ 例如，见 Gloria Bley Miller（1972），pp. 858—859。另外，荷花是中国公园中最受人们喜爱的花卉之一，是中国诗人和画家喜爱的主题。参见本书第六卷第一分册，pp. 133—136。另外，荷也是纯洁和神圣的象征，荷花在佛教的神话中占有一席之地，因为传说中的菩萨就是坐在莲花宝座上的。
④ 《尔雅·释草第十三》；《说文解字》卷五；参见本书第六卷第一分册，pp. 377—394。
⑤ 《诗经》，《毛诗》261（W144），英译文见 Waley。
⑥ 《齐民要术》（第五十一篇），第二五九页。
⑦ 《四民月令·正月》，第二页；参见 Hsu cho-yun（1980），p. 2. 17。
⑧ 《齐民要术》（第十七篇），第一二六至一三一页。

37

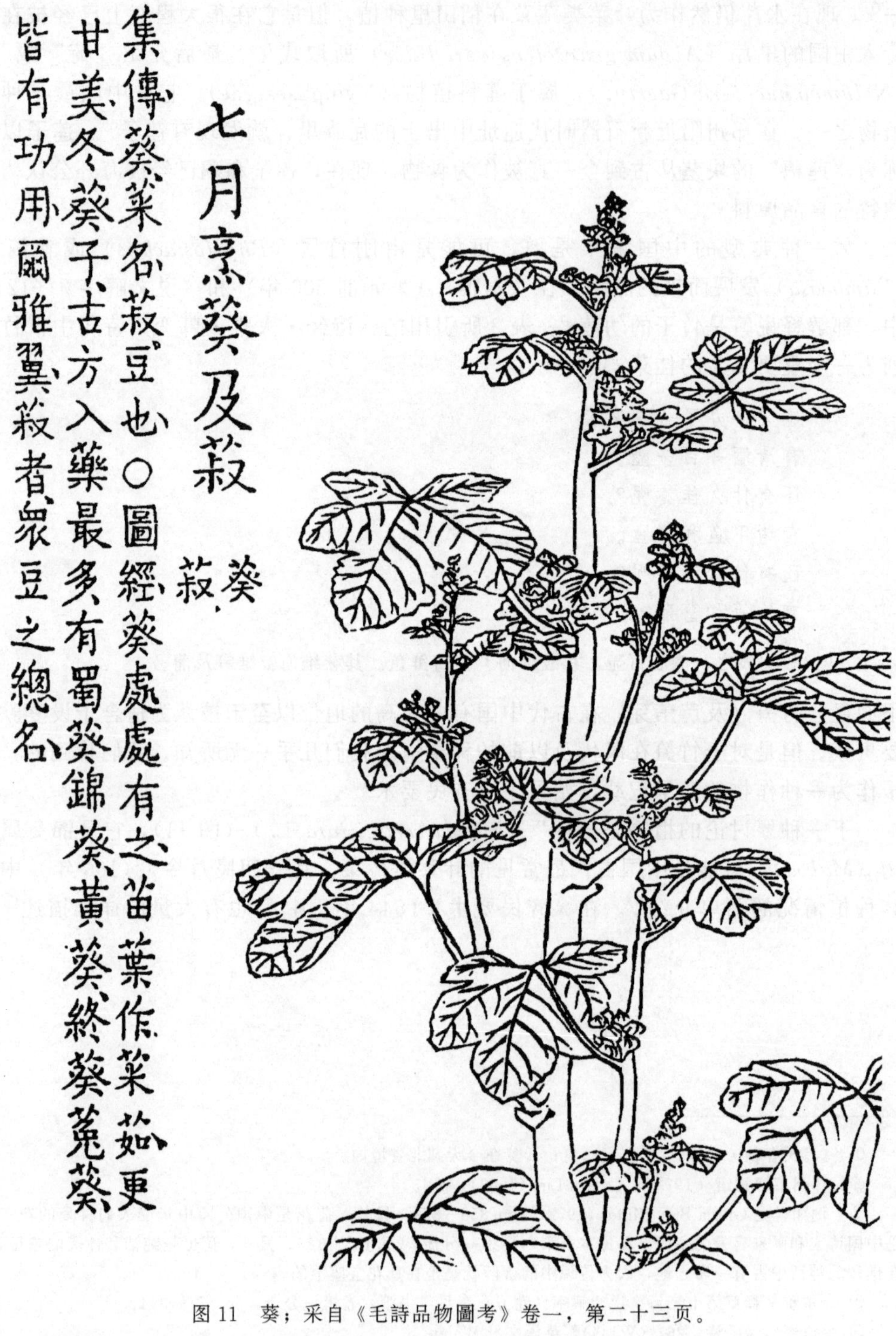

七月烹葵及菽

葵·菽·

集傳葵菜名菽豆也○圖經葵處處有之苗葉作菜茹更甘美冬葵子古方入藥最多有蜀葵錦葵黃葵終葵莵葵皆有功用爾雅翼菽者眾豆之總名

图11　葵；采自《毛詩品物圖考》卷一，第二十三页。

人所知的葵有多个品种，但是到了唐代以后，"葵"的重要性逐渐下降①。 到了明代， 由于李时珍对"葵"作为蔬菜的情况不是很了解，所以将其作为一种草药放在他的巨著《本草纲目》（1596 年）中②。 随着大白菜（*Brassica chinensis*）逐渐成为主要叶菜类蔬菜之后，"葵"的重要性更是日趋下降。食品加工技术和饮食习惯的改变很可能是导致这种变化的原因。按照李惠林的说法③，古代中国没有植物油，像锦葵这样含有黏液质的蔬菜叶子，如果与其他食物一起烹调时，就会起到混匀风味、增加汤汁黏稠度的作用，所以锦葵曾是饮食生活中的重要蔬菜。当从植物种子中提取油脂的技术开始大范围地应用以后，这种带黏液质蔬菜的特殊功能也就随之不需要了，锦葵也因此逐渐被其它更容易种植的叶菜作物所取代。

除了葵以外，还有其他四种植物曾作为中国古代的蔬菜，但现在它们都已经不再种植了。首先是"蓼" （*Polygonium hydropiper* L.），即水蓼，属于蓼科植物（Polygonaceae），在《神农本草经》④中曾有提及，而在《四民月令》⑤（160 年）中则作为种植作物进行了描述。其次是"薇" （*Vicia* spp.），属于豆科植物（Leguminosae），通常被描述成野生豌豆，它可能与作为饲料或者绿肥的巢菜是同种植物⑥。第三种是"苣"或"苢"，可能是油麦菜（*Lactuca denticulata* Maxim.），属菊科植物（Compositae），在《齐民要术》中顺便提到它是一种种植的作物⑦。最后是"荼"，或被称为"苦菜"，现在已经确认它是苣荬菜（*Sonchus arvensis* L.），属菊科植物（Compositae）⑧。最为能引起我们兴趣的是，"荼"也许是"茶"的古字原形，这一细节将在（f）中讨论。

现在我们转入对三种为人喜爱的，百合科植物（Liliaceous）进行讨论。这些植物以它们具有强烈的气味和辛辣的风味而著称。首先是"韭"（*Allium odorum* L.）。包括绿色的叶子和肉质的嫩茎，韭的整个植株都可以作为蔬菜消费。在中国，韭自古具有

38

---

① 锦葵在唐代仍然是一种普通的蔬菜，白居易题为《烹葵》（《白居易集》，第六十五页）的诗可以简单的说明这一点，他用诗描述了他所处时代的不幸生活，悲愤地写道：

贫厨何所有？
炊稻烹秋葵。

接下来，宋代诗人苏东坡和陆游也偶尔提到了葵，参见聂风乔（*1985*）。元朝的营养学专著——《饮膳正要》（第一六十页）甚至将它排在了蔬菜类的首位，但它的食用一直在下降。可是在近代人们对锦葵如此陌生，以致常常错误地认为它是从美洲引进的"向日葵"（*Helianthis Annus*），参见王毓瑚（*1982*），第 44 页。例如，最近罗郁正（Irving Y. Lo）翻译《诗·七月》（我们已经在上文引用，见 p. 18）时，将"葵"解释为"向日葵"，而且他称他所编辑的英文中国诗词选集为 *Sunflower Splendor*［Liu & Lo（1975），p. 10；《葵晔集》］。这是一个大错误，因为在向日葵传入之前，写"葵"的诗词在中国就已经存在了。何双全（*1986*）对于甘肃居延汉墓出土木简上的葵子也有类似的解释。参见本书第五卷第一分册，p. 30。

② 《本草纲目》卷十六，第一〇三八页。

③ Li Hui-Lin（1969），p. 259。《本草纲目》（同上）的注释，"葵"又叫"滑菜"，之所以这样叫是因为它的叶子具有分泌黏液的特性。

④ 《神农本草经》，在上药部分。亦可参见本书第六卷第一分册，p. 486。

⑤ 《四民月令·正月》，第二页；参见 Hsu Cho-yun（1980），p. 217。

⑥ 《辞海》（*1979*），第 613 页、第 1192 页。

⑦ 《齐民要术》（第二十八篇），第一五八页；Li Hui-Lin（1969），p. 259。

⑧ 陆文郁（*1957*），第 22 页。

40 很高的地位，古人将它同羔羊一起作为祭祀活动的供品①。第二种是"葱"（*Allium fistulosum* L.），可能是中国烹饪中使用最为广泛的调味蔬菜。共有两个品种，它们是收获于夏季的小葱和收获于冬季的大葱②。第三种是大家不太熟悉的"薤"（*Allium bakeri* Regal）。另外还有两种属于百合科的品种，《诗经》和《礼记》中都没有提到的，也是古代中国重要的蔬菜。一种是"小蒜"，或简称为"蒜"［*Allium scorodoprasum*；葫蒜（rocambore）]，它是一种原产于中国的植物③。另一种是"大蒜"（*Allium sativum* L.；garlic），或称为"葫"，它可能是由中亚传入中国的，是当今世界上应用

---

① 同上，第 89 页。将韭菜同羔羊一起作为祭祀活动的供品，参见《诗经·七月》，《毛诗》154（W159）。我们已经在上文（p. 18）引用了这部分的一些内容。第八章中，有"献羔祭韭"的诗句，也就是说将羔羊和韭菜作为神圣的礼物献给祖先。韦利将"韭"译为"大蒜"（garlic），高本汉 [Karlgren（1950）] 译其为"洋葱"（onion），理雅各 [Legge（1871）] 译为"葱"（scallion）。但是我们认为，他们所翻译出的这三种植物至少是属于同一属的。

② 《四民月令·正月》，第二页；参见 Hsu Cho-Yun（1980），p. 217。

③ 大蒜与小蒜的定义也是我们在解释古代植物名词时遇到的一个难以确定的问题。第一次遇到这个问题是在编写本书第六卷第一分册（pp. 478—508），在整理中国药典时，提到了具有杀虫效果的植物时，我们当时暂且认定了大蒜（*Allium scorodoprasum* L.）和小蒜（*Allium sativum* L.）。现在看来，当时的认定是错误的。最早使用"蒜"一词可能是《尔雅》（释草第十三），文中用"蒚"字，即"山蒜"。由此可以推断，在周朝后期，中国人可能已经知道了有一种蒜。关于大蒜和（或）小蒜的最早记载始见于《四民月令》（160 年），小蒜在六月、七月和八月中提到，大蒜只在八月提到。这些都说明小蒜更为古老，是本地产的，而大蒜是更近期从国外引进的。事实上，李时珍（《本草纲目》卷二十六）指出，"蒜"或者"小蒜"，是中国本地的植物，而"大蒜"或"葫"据说是张骞从西域带回中国的。石声汉 [（1963），第 20—21 页] 查阅了早期的文献，也基本同意这种观点。

那么什么是"大蒜"和"蒜"？贝勒（Bretschneider，Ⅲ，pp. 392—393）也许是给这两种植物进行现代植物命名的第一位西方植物学家。他在十九世纪后期已经得出了结论，"小蒜"或"蒜"是 *Allium sativum* L.，"大蒜"或"葫"是 *Allium scorodoprasum* L.。施维善和师图尔在 1910 年 [（Porter-Smith & Stuart（1910），pp. 27—28] 和伊博恩在 1937 年 [Read（1937），pp. 218—219] 也给出了类似的结论。仅在几年之后，在 1936 年，贾祖璋和贾祖珊 [（1955），第 1051 页] 确定了"葫"或者"大蒜"为 *Allium scorodoprasum*。近期，1976 年植物研究所出版的《中国高等植物图鉴》（第五卷）将古代的"小蒜"同"蒜"的植物学名称命名为"*Allium sativum* L."。因此，根据这样一些权威说法，人们很自然地得出结论："大蒜"是"葫蒜"（rocambore）为"*A. scorodoprasum* L."，"小蒜"是"大蒜"（garlic），为"*A. sativum* L."。

尽管有这些权威的参考文献，但是现在这个结论仍然受到质疑。因为，"大蒜"至今广泛种植，而且中国烹饪中也广为应用，而"小蒜"通常是收集野生的，而且烹饪中很少见。"大蒜"作为一种普通的农产品，已经非常容易用科学方法验证。正如我们现在所知道的，为了编撰诸如《中国土农药志》（1959），《中医大辞典》（1985）等，最近对这些物种进行了分类学研究表明，毫无疑问地，"大蒜"（*Allium sativum* L.）就是莫尔登克 [Moldenke & Moldenke（1952），p. 32] 和祖哈里 [Michael Zohary（1982），p. 80] 已经描述过的，古埃及人和犹太人早已认识的"大蒜"（garlic）。《中国土农药志》（第 176 页）将大蒜确定为"*Allium sativum* L. var, pekinese（Prokh）Maekawa"，在《中医大辞典》中，简称为"*Allium sativum* L."。"小蒜"在《中医大辞典》中，被认为是"葫蒜"（rocambole）或"*Allium scorodoprasm* L."。

为什么会出现这种分歧呢？我们怀疑这可能是由于错误认定的结果。我们知道，现在的"蒜"，被叫做"蒜头"，通常指"大蒜"，参见《中国土农药志》，第 176 页。但是在古文献中，如《名医别录》、《新修草本》及《本草纲目》等，"蒜"一直是指"小蒜"，而"葫"是指"大蒜"。也许最初的时候，"小蒜"指的是"大蒜"（garlic），而且根据龙鲍尔和贝克尔 [Rombauer & Becker（1981），p. 584] 的叙述，它是指"东方大蒜"。它原产于亚洲是无争的事实。它也可能原产于中国，或者在很早的时候，商朝或周朝前或者在期间，就已经被引入中国了。另一方面，"葫蒜"（rocambole）也称为"大蒜"（giant, topping garlic），是一种原产于欧洲的植物，也就是由张骞引入中国的"葫"。因此，这可能就导致了贝勒、施维善和师图尔认定"小蒜"为"大蒜"（garlic；*Allium sativum*）；而大蒜为"葫蒜"（rocambole；*Allium scorodoprasum*）。然而，在 20 世纪，"大蒜"（garlic）越来越重要，越来越普及，因此开始被人们称为"蒜"或"大蒜"，而"葫蒜"（rocambole）已经不再种植了，所以降级为"小蒜"。

最为广泛的蔬菜类调味品之一。《四民月令》中列出了包括韭菜、葱（大葱和小葱）、
薤、小蒜和大蒜五类葱属植物（*Allium*）的种植时间，表明这五种蔬菜（图 12）在汉
代的时候就已经被广泛种植了①。如果从《齐民要术》对这些蔬菜种植的详细描述来

41

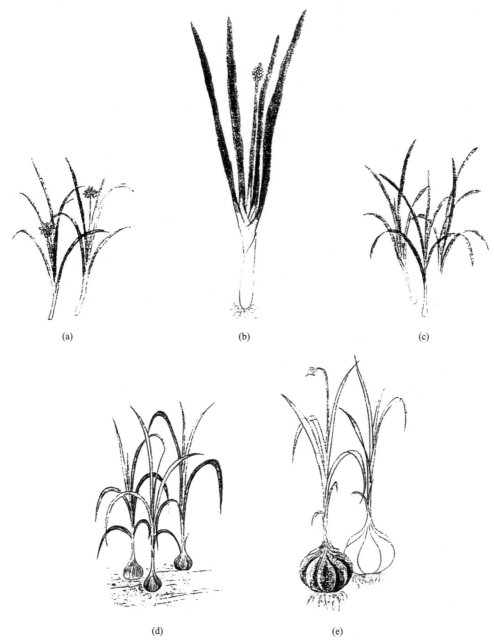

(a)　　　　　　　　　　　(b)　　　　　　　　　　　(c)

(d)　　　　　　　　　　　(e)

图 12　五种百合科蔬菜；采自《金石昆虫草木状》。(a) 韭；(b) 葱；(c) 薤；(d) 蒜或小
　　　蒜；(e) 葫（或大蒜）。

① 《四民月令》（"正月"、"六月"、"七月"、"八月"），第二页、第七十六页和第八十四页。

看，我们可以认为，从公元 2—6 世纪，这些蔬菜受喜爱的程度没有明显的减弱[①]。

表 2 中列出的另一种蔬菜是"姜"（*Zingiber officinale* Rosc.），属于姜科（Zingiberaceae），无疑也是中国烹饪中盛名的调味品之一。由于在北方种植的姜达不到理想的尺寸，因此主要在南方种植。《吕氏春秋》（公元前 239 年）记载，在传奇的伊尹命名的御厨房中，姜是具有崇高声誉的调味品（"和"）之一[②]。《四民月令》（160 年）中建议，姜应该在块茎上出芽之后的第四个月种植[③]。书中同时还提到了姜的近属襄荷（*Zingiber mioga* Rosc.）的种植[④]。襄荷也是中国古代相当重要的蔬菜之一，我们首次接触它是在本书第六卷第一分册中，当时是以"嘉草"出现的，它是一种有杀虫效果的植物。现在姜仍然和以前一样重要，而襄荷已经不在作为作物种植了。

除大豆之外，小豆或赤小豆可能也是中国最早种植的豆类。它是豇豆属（*Vigna calcaratus*，从前为 *Phaseolus calcaratus*）[⑤]。除《礼记》（表 2）外，在《氾胜之书》和《四民月令》中，也都提到了小豆[⑥]。《四民月令》中还简单地提到了豌豆（*Pisum sativum* L.）的种植，由于它可能是从中亚地区引入的，故又称为"胡豆"[⑦]。

表 2 的最后，是两种具有中国特色、大家都熟悉的产品。第一种是菱角，它是乌菱（*Trapa bicornis* L.）或者欧菱（*Trapa natans* L.）的果实，属柳叶菜科（Onagraceae），现在仍然在长江下游地区广泛种植[⑧]。它一直被称为"水栗子"（water chestnut）[⑨]。在国外，"water chestnut"常被用于表示"乌芋"（dark yam）或"地栗"（ground chestnuts），即荸荠（*Eleocharis tuberosa* Roxb.）的块茎。最后一个是芝栭，是蘑菇的种类名称。长在松软的土地上的蘑菇被称为"芝"，而长在木头上的蘑菇称之为"栭"。我们不知道《礼记》中具体的蘑菇指的是什么种类，在《神农本草经》中列举有六种"芝"和众所周知的"木耳"[*Auricularia auriculae* (L. ex Hook) Underw.][⑩]。

谈到中国古代蔬菜的同时，就必须简单地提一下"芋"（图 13）。芋（*Colocasia esculentum* Schott.），属于天南星科（Araceae），尽管在《诗经》和《礼记》中没有提及，但在《管子》（公元前 4 世纪后期）中，却指出它是一种重要的作物[⑪]。根据《氾胜之书》的说法，"芋"是由商代传说的伊尹推荐在干旱季节种植在低洼地的作物之一[⑫]。《四民月令》中提到了芋的种植，《齐民要术》中则对此作了详细介绍。《齐民要术》中也提到了"薯"（薯蓣；

---

① 《齐民要术》（第十九、二十、二十二篇），第一三七页、第一四一页、第一四三页和第一四四页。

② 《吕氏春秋·本味》；最好的姜据说产自四川阳朴。

③ 《四民月令·四月》，第四十七页。

④ 《四民月令·九月》；参见本书第六卷第一分册，pp. 473—474。

⑤ Li Hui-Lin（1983），p. 47。以前被误定为菜豆属（*Phaseolus*），一个美洲的类属，现在认为是豇豆属（*Vigna*）。许多误定为菜豆属（*Phaseolus*）的作物都改名为豇豆属（*Vigna*），小豆和赤豆（adzuki bean，来源不详）都属于豇豆属（*Vigna angularis*）。

⑥ 《氾胜之书》，参见 Shih Sheng-Han（1959），p. 21；《四民月令》（二月、四月），第二十六页、第四十七页。

⑦ 《四民月令》（正月、三月），第二页、第三十七页；戴蕃瑨（1985），第 1—10 页。

⑧ Li Hui-Lin（1983），p. 43。

⑨ Porter Smith & Stuart（1973），p. 440。

⑩ 《神农本草经》，属于上品和中品药物；参见曹元宇（1985），第 61—62、246—247 页。

⑪ 《管子》卷二十三，第二二二页。

⑫ Shih Sheng-Han（1959），p. 41。

Dioscorea opposita），中国南方的外来块茎①。这两种块茎作物，在发生饥荒的时候可以作为谷物补充，在中古时期的中国，曾经广泛种植。现在，芋仍然作为蔬菜种植，但是中国最主要的块茎作物现在是红薯［*Ipomeia batatas*（L.）Lam］，它是 16 世纪从美洲引入中国的。

图 13　芋。石涛绘制，约 1697 年；采自 Fu & Fong（1973），《道济的"万点恶墨图"》（*The Wilderness colors of Tao Chi*）。

从以上的论述可以明确看出，中国古代有着种类非常丰富的蔬菜资源。在表 2 所列的二十种作物中，有九种已经从马王堆汉墓的一些考古记录或者残存的遗物中得到了证实。它们是甜瓜、葫芦、萝卜、莲藕、竹笋、锦葵、红小豆、姜和菱角。另外，也发现了两种表 2 中未列出的植物——蘘荷（*Zingiber mioga* L.）和芋（*Colocasia esculentum* S.）。其它的四种蔬菜包括韭菜，小萝卜，葱，以及可能是水芹，其残存物已在其它的汉墓中被发现②。这些情况进一步证实了，表 2 中所列的蔬菜品种是中国古代种植和消费的可靠概括。

---

① 《四民月令·正月》，第二页，《齐民要术》（第十六篇）；参见 Bk 10, No. 27; pp. 121, 592。
② 黄展岳（1982），第 78—79 页。

（iv） 果 品

皇天嘉树，橘徕服兮。
受命不迁，生南国兮。[1]

正如我们前面提到的，在周代初期，果品和蔬菜已经是经济活动中重要的组成部分了[2]。事实上，从古代甲骨文"果"字的特征上看，我们可以推测到，早在商代的时候，水果就已经被认定为食品类而独立存在了。在《诗经》中，至少提到了十五种果树，在《礼记》中，还提到了其它几种。兹将这两部著作中提到的和汉墓发掘中得知的，相应重要的果树证据列在表 3 中。

古代 **罘** 现代 **果**

表 3 《诗经》、《礼记》及汉墓考古中的水果

中文名称	英文名称	拉丁名称	参考文献		
			《毛诗》[a]	《礼记》[b]	黄展岳[c]
桃	Peach	*Prunus persica*	24	内则	—
李	Chinese plum	*Prunus salicina*	24	内则	其他汉墓
梅	Chinese apricot	*Prunus mume*	20	内则	马王堆
杏	Apricot	*Prunus armeniaca*	—	内则	马王堆
枣	Chinese date	*Zizyphus jujuba*	254	内则	马王堆
榛	Chinese hazelnut	*Corylus heterophylla*	152	内则	其他汉墓
栗	Chinese chestnut	*Castenea mollissima*	156	内则	马王堆
木瓜	Chinese quince	*Chaenomeles sinensis*	64	—	其他汉墓
枳椇	Raisin tree	*Hovenia dulcis*	172	内则	—
梨	Pear	*Pyrus bretschneideri*	—	内则	马王堆
楂	Chinese hawthorn	*Crataegus pinnatifida*	—	内则	—
柿	Persimmon	*Diospyros kaki*	—	内则	马王堆
樱桃	Chinese cherry	*Prunus pseudocerasus*		月令	
花椒	Fagara	*Xanthoxylum simulans*	147	—	马王堆
桂	Cassia	*Cinnamomum cassia*	—	内则	马王堆

a：《毛诗》中诗的编号。
b：《礼记》"内则"篇或"月令"篇。
c：黄展岳（*1982*），"汉墓中食物残留汇总"，第 77—79 页。

---

[1] 译文："天地之间最美的树，橘适应此地的水土，这是命里注定，它不能在别处生存，而只能在我们南方的土地成长。"《楚辞·橘颂》。由柳无忌译成英文，见 Liu & Lo（*1975*），p. 15；亦可参见 David Hawkes（*1985*），p. 178。

[2] 参见文上 p. 32；参见林乃燊（*1957*），第 132 页。

桃（*Prunus persica* Batsch.）（图 14），蔷薇科（Rosaceae），是中国非常古老的一44
种水果。在浙江河姆渡（公元前 5000 年）和其它新石器时代的遗址中，都已经发现了
桃核的存在[1]。由于《诗经》和其他古典著作中经常提及，所以表明桃是中国古代的一
种主要水果作物[2]。在广为流传的神话故事中，桃被称为是神仙的食物（仙桃），长期
以来，桃也是中国传统文化中长寿的象征[3]。1884 年，德堪多（de Candolle）将中国列
为桃的发源地[4]。根据劳弗（Laufer）的说法，公元前 1 或前 2 世纪时，桃由中国传入
波斯（伊朗），然后进入欧洲，进而传到了美洲[5]。现在，桃在中国和世界范围内的温
带地区均有广泛种植。

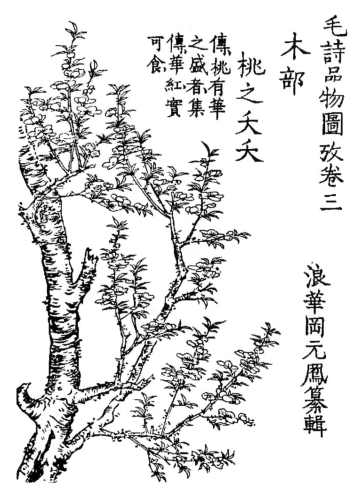

图 14　桃；采自《毛詩品物圖考》卷三，第一页。

---

①　李璠（*1985*），第 165 页；浙江省博物馆（*1960*），浙江省文管会（*1960*），浙江省文管会、博物馆
（*1978*）。

②　采自辛树帜（*1983*），第 53—54 页。

③　例如，在著名小说《西游记》（第五回）中，就有孙悟空偷吃王母娘娘蟠桃园中寿桃的故事。

④　参见 de Candolle（1884）。

⑤　参见 Laufer（1919）。

45   李（*Prunus salicina* Lindl（图 15），文学作品中时常与桃同时出现。桃和李都是为了观赏其花，食其果实而种植的树，下面《诗经》的句子就说明了这一点①，例如：

一个漂亮的女人，如桃花李花一般。

〈何彼秾矣？华如桃李。〉

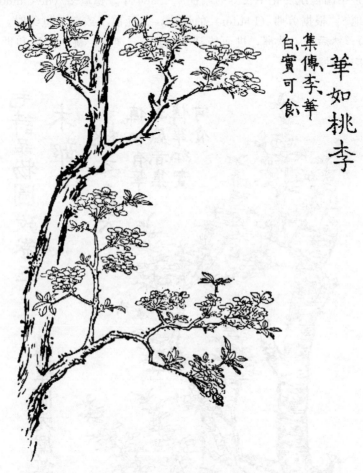

图 15　李；采自《毛詩品物圖考》卷三，第四页。

46   李的考古遗物已经在江苏、湖北、广东和广西的一些汉墓中发现②。这表明，李是中国古代的一种重要水果作物。在四川和西藏的东部已经发现了野生李品种，它们可能是现代李子的祖先。现在，李子在中国的种植非常广泛，北起黑龙江，南到广东和广西，西至西藏都有种植。

梅（*Prunus mume* Sieb. 和 Zucc.），对梅花的漂亮甚至有比桃花和李花更高的赞誉（图 16）。我们前面已经提到，梅花在诗歌和绘画作品中，历来被作为力量、坚强和纯

① 《诗经·何彼秾矣》，《毛诗》24（W84）。
② 黄展岳（*1982*），第78—79页；李璠（*1985*），第165页。

洁的象征[①]，因为梅花在早春开放，点缀着仍然有些单调而寒冷的风景，所以深受人们　　47
的欢迎[②]。在湖北江陵战国时期（公元前480—前221年）的古墓和马王堆及其它汉墓
中，都已经发掘到了梅核[③]。梅可能是中国古代北方和中原地区的一种主要水果作物。
依据《书经》（公元前5世纪）说：“如果要制得美味的汤，就需要用盐和梅”[④]，这说
明梅主要作为调料，赋予食品酸味。现在梅主要在江南地区种植，在《诗经》创作者的
故乡——黄河下游地区，几乎找不到梅的踪迹。这种变化可能有两个原因。一是商周时　　48
期，中国北方的气候比现在暖和得多[⑤]。到唐宋时期，北方气候开始变得很冷，不再适

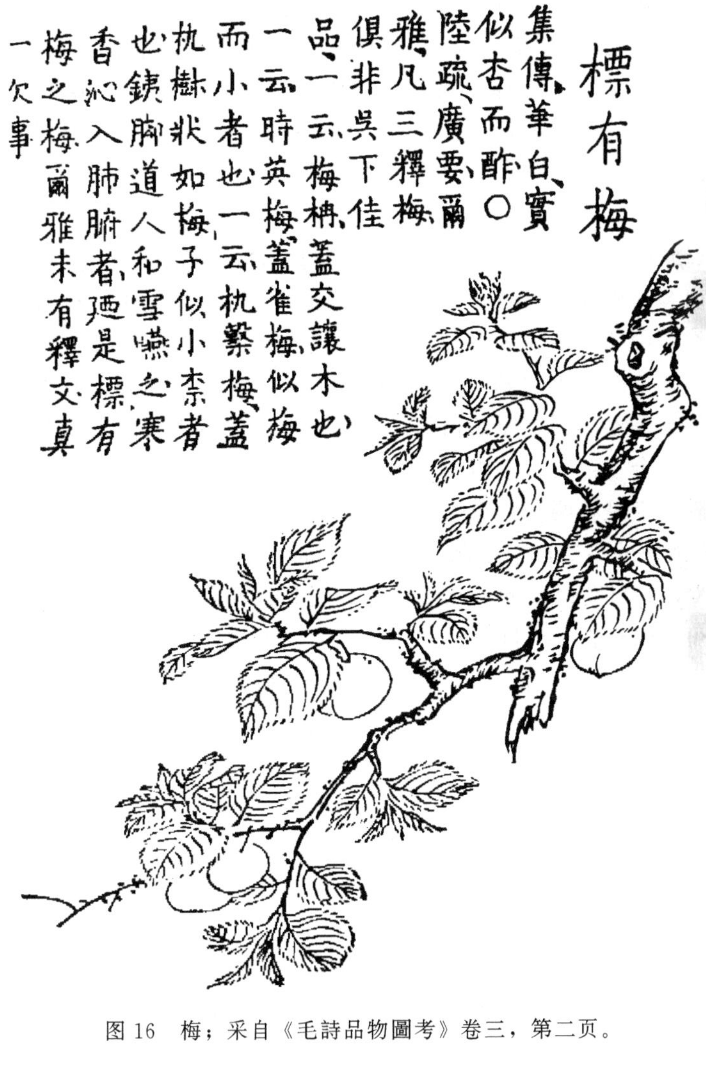

一欠事　梅之梅丽雅未有釋文真　也鎖脚道人和雪燕之寒　香沁入肺腑者廼是標有　一云時英梅蓋雀梅似梅　杌欔狀如梅子似小柰者　而小者也梅蓋交讓木也　品一梅栟　一云三釋梅　俱凡吴下佳　陸疏廣要爾　似杏而酢○　集傳華白、實　標有梅

图16　梅；采自《毛詩品物圖考》卷三，第二页。

---

① 参见本书第六卷第一分册，p.420。
② 参见本书第六卷第二分册，p.550。
③ 李璠（1985），第175页。
④ 《书经·说命下》：“若作和羹，尔惟盐梅”；由作者译成英文，借助于 Legge（1879），p.260。
⑤ Chang Kwang-Chih（1980），p.144；竺可桢（1973）。

合梅的生长，其种植区域也只好转移到了气候比较适宜的江南。第二，梅在北方也能很好地生长，但是其产量很低，只能用作食品酸味剂[1]。后来，随着醋的不断普及，再也不需要勉强地在中国北方种植梅了，于是在北方，梅就逐渐消失了。

杏（*Prunnus armeniaca* L.），表3中下一个李属水果。根据德堪多的说法，中国的北部、西北和东北地区都发现了野生杏的品种，这一现象说明，中国北方是杏的发源地[2]。但是在《诗经》中没有找到与杏相关的内容。很奇怪的是，梅这种南方植物在《诗经》中被提及了五次[3]，而杏这种具有重要经济价值的真正北方植物，却完全没有提到。在《夏小正》（一部被认为是在公元前7至前4世纪完成的著作）中有："四月，园子里可以看到杏花"（"囿有见杏"）的记载，由此可以看出，杏很早就被栽培了[4]。辛树帜分析认为，早期杏品种的果实风味比较平淡，因此不值得在《诗经》中记载[5]。后来随着种植品种的改进，杏也就成为一种水果被人们接受了。当然，在汉朝初期，杏已经是一种众所周知的水果了。在包括马王堆在内的一些汉墓中，都已经发现了杏核遗存[6]。

枣（*Ziziphus jujuba* Mill.），属于鼠李科（Rhamnaceae），是中国另一种很古老的水果。在河南裴李岗新石器时代的（公元前5000年）遗址中，已经发现了枣核[7]。在我们前面已经引用的《诗经·七月》中，就提到了枣[8]。一种与枣有关的带刺灌木，生成更小和酸的果实——棘（*Z. spinosa* Hu），在六首诗中提到的次数不少于八次[9]。由此看来，棘似乎是枣的野生原始祖先。因此，在有些诗里它们被认为是同义的，其相近关系也可以从两个"朿"字的组成看出。"枣"（棗）字就是将两个"朿"字上下叠在一起的，而"棘"字是将两个"朿"并列的。在马王堆和其他汉墓中，也已经发现了枣的遗存[10]。尽管最好的枣产自中国北方，但是目前枣在中国各地仍然广泛地大量种植。枣富含维生素C，其可食部分的糖和酸成分和无花果相似[11]。据说干制或者保存在糖蜜中的时候，枣可以保存很长时间。

下面介绍两种坚果，榛（*Corylus heterophylla* Fisch.），榛科（Corylaceae）和栗（*Castanea mollissima* Bl.），山毛榉科（Fagaceae）。栗子的考古学证据，已经在河南裴

49

---

① 辛树帜（*1983*），第11—12页。

② 参见 de Candolle（1884）。

③ 《诗经》；《毛诗》20，130，141，152，204（W17，181，69，231，165）。根据孔颖达对《诗经》的注释（《毛诗正义》，642年），《毛诗》130和204首中的梅，实际上可能是指月桂属（Laurel family）的楠树（*Phoebe nanmu* Gamble），而不是指梅树。关于这一点参见辛树帜（*1983*），第9—12页，以及陆文郁（*1957*），第73页、第79页。然而，尽管接受了孔颖达的观点，《诗经》中还有三处关于梅的叙述。

④ 辛树帜（*1983*），第14页。

⑤ 同上。

⑥ 黄展岳（*1982*），第78—79页。

⑦ 李璠（*1985*），第196—197页。

⑧ 《诗经》；《毛诗》154（W159）。

⑨ 《诗经》；《毛诗》32，109，131，141，152，219（W78，275，278，69，165，287）。

⑩ 参见前注中黄展岳和李璠的文献。

⑪ Church（1924），引自 Li Hui-Lin（1983）。

李岗和浙江河姆渡新石器时代的遗址中得到确认①。在西安附近的半坡村发现了碳化榛子，碳 14 测定的年代大约在公元前 4300 年②。榛子和栗子都是原产于中国的植物，也是中国古代重要的坚果类食品（图 17、图 18）。据《周礼》记载，栗子、榛子、大枣及干制的桃子和梅一起用作祭品③。此外，《左传》中已提到，枣、栗子和榛子可以作为期盼中的未婚夫送给未婚妻的相宜礼物④。两种坚果现在在中国都有种植，而且，栗子的种植范围比榛子广得多。

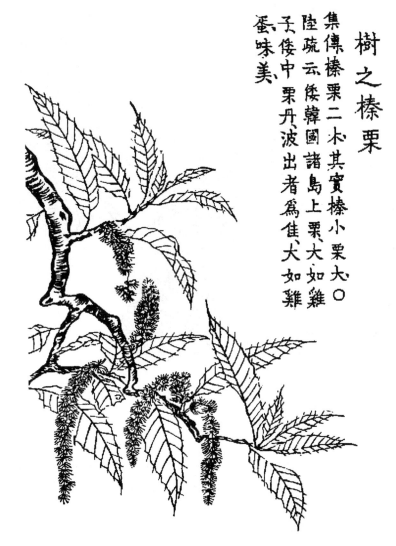

图 17　栗；采自《毛詩品物圖考》卷三，第六页。

---

① 李璠（1985），第 199 页。

② Li Hui-Lin（1983），p. 35；中国科学院考古研究所实验室（1972）。

③ 《周礼·笾人》，第五十四页。

④ 《左传·庄公二十四年》，第七十页；参见 Legge（1872），p. 108。

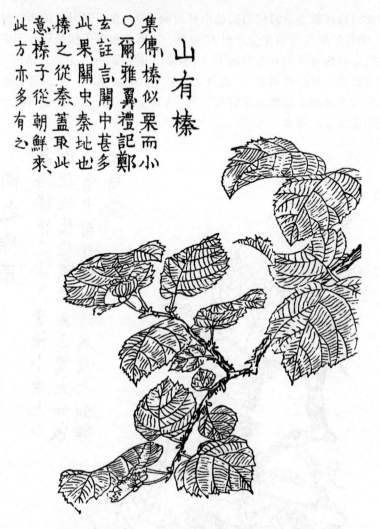

此方亦多有之
意榛子從朝鮮來、
榛之從秦蓋取此
此果關中秦地也
玄註言關中甚多
〇爾雅翼禮記鄭
集傳榛似栗而小

山有榛

图 18 榛；采自《毛詩品物圖考》卷三，第五页。

木瓜（*Chaenomenles sinensis* Koehne），属于蔷薇科，是杍树的果实，多数出现在长江以北地区[1]。关于它的种植，在《齐民要术》中占了独立的一篇，由此可以想象它在中国古代的重要性[2]。但是在现今的中国南方各地，木瓜通常是指番木瓜（*Carica papaya*）。同木瓜有关系的是"楂"，或称"山楂"（*Cratagus pinnatifida* Bge.），它是原产于中国的另一种植物。《尔雅》中称它为"梂"。这种深红色的浆果与原产于美国的蔓越橘（Craneberry, *Vaccinium macrocarpus*）的风味相似，有着宜人的酸味，可

---

[1] 参见 Porter-Smith & Stuart（1973），pp. 362—363，列为 *Pyrus cathayensis* 或 *Cydonia sinensis*；另可参见本书第六卷第一分册，p. 423。关于将楙认为是木瓜的讨论，详见辛树帜（1983），第20—26页。
[2] 《齐民要术》（第四十二篇），第二二三页。

用于制作美味的果酱①。椇，或称枳椇（*Hovena dulcis* Thunb.），属于鼠李科（Rhamnaceae），是中国北方和中原地区特有的一种水果。其可食部分是肥厚的花梗，具有可口的、黄色的浆果肉，果实很小。在《诗经》和《礼记》中均提到它（表3）。

尽管《诗经》中没有提到"梨"，但是却提到了梨的一些野生品种的古名。这些名字包括："杜"（*Pyrus phaeocarpa*）②、"甘棠"（*P. betulaefolia*）③、"樆"（*Pyrus* sp.）④，它们都被认为是中国沙梨（*Pyrus pyrifolia* Nakai）和白梨（*Pyrus bretschneideri* Rehd）的祖先⑤。事实上，在马王堆一号汉墓中也发现了沙梨遗存（表3）。因此，我们可以推断，从野生品种向种植品种培植的梨，是在周代早期到战国时期这一阶段中进行的，它们是庞大的梨族中东方品种的代表，同源自西方的西洋梨（*Pyrus communis* L.）有一定的区别。 **50**

也许西方国家比较熟识的是柿子（*Diospyros kaki* L.），属于柿树科（Ebenaceae），如今在中国北方和中原地区广泛种植。这是一种原产于中国的植物。野生品种油柿（*D. kaki* var. *sylvestris*）和相关联的品种黑枣（*D. lotus*）可能出现在战国时期，都对柿子的培植起到了作用⑥。在汉代初期，其栽培已经非常多，在马王堆的一个汉墓中，柿子已经是陪葬品之一⑦。 **51**

表中最后的水果是樱桃（*Prunus pseudocerasus* Lindl.），属蔷薇科（Rosaceae）。早春开花，夏天到来之前结果实。《尔雅》中将其称为楔或荆桃。《礼记·月令》中称之为"含桃"，并认为可以把它作为祭奠祖先的祭品。在裴李岗新石器时代遗址和湖北江陵战国古墓中都发现了其遗存⑧。 **52**

表3是以两种香辛料，而不是水果结尾的。将它们放在这里是为了方便，因为它们都是灌木或者是在树上收获产品的。第一种是花椒（花椒属，*Zanthoxylum*），果实来自花椒树，属于芸香科（Rutaceae）。有两种驰名的花椒品种，它们是产于四川的蜀椒（*Z. piperitum*）和产于陕西的秦椒（*Z. bungei*）⑨。在汉代胡椒（*Piper nigrum*）从印度传入中国之前，花椒是重要的"麻辣味"调料⑩。第二种是桂，由肉桂树（*Cinnamo*

---

① 由山楂糕的名称而来；参见 Porter-Smith & Stuart（1973）再版，p. 130。这种果酱在颜色、质地和风味方面都同蔓越橘酱相似，在美国感恩节和英、美国圣诞节晚餐上，蔓越橘酱与极受喜爱的烤火鸡一起食用。

② 《诗经》；《毛诗》169（W145）。

③ 《诗经》；《毛诗》16（W138）。

④ 《诗经》；《毛诗》119，132（W277，80）。

⑤ 李璠（*1985*），第183—185页。

⑥ Li Hui-Lin（1983），pp. 34—35，李璠（*1985*），第202—204页。

⑦ 黄展岳（*1982*）。

⑧ 李璠（*1985*），第176页。

⑨ Porter-Smith & Stuart（1973），pp. 462—463。还需要提到一种相关的香料是茱萸（*Zanthoxylum ailanthoides* Sieb. et Zucc.），其果实和花椒有类似的特点。在马王堆汉墓出土遗物中也发现有茱萸的遗迹。《齐民要术》（第四十四篇，第二二六页）中有专门叙述种植茱萸的内容。

⑩ 最早关于胡椒的记载出现在《后汉书·西域传》（公元25—220年）。根据李惠林［Li Hui-Lin（1979），pp. 46—53］的观点，《南方草木状》中的蒟酱，事实上是胡椒（*Piper Nigrum*），尽管后来有些学者认为是蒌叶（*Piper betle*）。

mun cassia Blume）的皮制成，属于樟科（Lauraceae），也是中国古代一种重要的香辛料①。在商朝伊尹的故事中，据说产自招摇的"桂"风味最佳，适合于御厨中使用②。在马王堆汉墓中，也发现了花椒和桂这两种香辛料的遗存（表3）。

这里还需要再提到另一种中国古代的水果，它没有被列在表3中，即醋栗（*Actinidia chinensis* Planch），属于五桠果科（Dillenaceae），也就是现在西方所熟知的猕猴桃③。在《诗经》中，它被称为"苌楚"，《尔雅》、《神农本草经》和《说文解字》中它被称为"铫弋"和"羊桃"等。在《食疗本草》（670年）和《开宝本草》（973年）及以后的大药典中，它被称为"猕猴桃"④。虽然猕猴桃自古代以来一直是人们熟知的一种药物，但却没有关于它作为食物的相关记载。从中国原始的醋栗这个名字，演变为猕猴桃这个国际通用的名字，其演变过程并不十分清晰，这是经济植物从一种文化演绎为另一种文化的过程中出现的典型例子⑤。

至此，我们所讨论的都是产于中国北方的水果。事实上还有一些重要的水果是产自南方和中原地区的，有几种在战国时期和汉代早期就非常知名⑥。第一种是枇杷 [*Eriobotrya japonica*（Thumb.）Lindl.]（图19），属蔷薇科（Rosaceae）。北方有很多熟知的水果属于蔷薇科。在《上林赋》（公元前2世纪）中提到了枇杷。郑玄（2世纪）在《周礼·场人》的注中注明，枇杷和葡萄是少有的美味珍品⑦。第二种是杨梅（*Myrica rubra* Sieb. et. Zucc.），属于杨梅科（Myricaceae）。《上林赋》中也提到了杨梅。《南越行记》（约公元前175年）和《林邑记》（公元前2世纪）都有引用，但是这

① 《南方草木状》中有关于不同种类桂的描述。参见 Li Hui—Lin（1979），pp. 83—84。

② 《吕氏春秋·本味》，第三七一页。

③ 应该感谢许倬云将我们的注意力吸引到《诗经》中的苌楚和新西兰（New zealand）现代猕猴桃的联系。关于苌楚的讨论参见陆文郁（1957），第 80—81 页。施维善和师图尔 [Porter-Smith & Stuart（1973），pp. 14—15] 提醒我们，醋栗曾被欧洲人认为是另一种中国水果阳桃（*Averrhoa carambola*），苌楚被理雅各 [Legge（1871），Bk，XⅢ，Ode 3，p. 217] 翻译为"阳桃"（*carambola*），而韦利 [Waley（1937），p. 21] 将其翻译为"羊桃"（goat's peach）。

④ 《诗经》，《毛诗》148（W200）；《尔雅·释草第十三》，第二十八页；《说文解字》，第十七页；《食疗本草》，第一〇二页；《开宝本草》，见于《本草纲目》第一八八七至一八八八页。

⑤ Schroeder & Fletcher（1967）。

⑥ 基于汉墓发掘出土的证据；参见黄展岳（1982）。

⑦ 《周礼·场人》，第一七页。据说枇杷的名字是源于其树叶的形状和中国的乐器琵琶相似。施维善和师图尔 [Porter-Smith & Stuart（1973），p. 164] 指出，"其西方名（loquat）是根据广东话枦橘（另一名字是金橘）发音而得。至于为什么这个名称会用于枇杷（*Eriobotrya*）的果实，现在还不明确，因为中文的书籍中没有介绍。然而这个名字现在在加利福尼亚（California）很流行，那里现在广泛种植着这种水果。"事实上，中国书籍上的记录是引起这种混淆说法的根源。枦橘和枇杷两者在《上林赋》中都提到了，而《吕氏春秋·本味》的注解者却指出，枦橘和枇杷是伊尹提到的美味之一——甘楂的不同叫法 [参见邱庞同、王利器和王贞珉（1983），第 63—65 页]。从那时起，枦橘的身份问题在中国就有了两个学派。一派是以李时珍（《本草纲目》卷三十，第一七九六页）的说法为根据，认为枦橘是金橘的另一名称（广东话分别发音为枇杷和金柑），是金橘（*Fortunella*；*F. margarita*，参见本书第六卷第一分册，p. 374）的一种小果实。另一派是以宋代诗人苏东坡为代表，认为枦橘和枇杷是一种。最近柯继承（1985）将这两种观点的文献进行了整理。尽管从历史的角度来看，李时珍的观点可能是正确的，然而苏东坡的观点直到现在还仍然为很多人所接受。枦橘和枇杷果的同一种的问题，最近从植物学的文献中再次得到了确认。参见俞德浚（1979），第 310 页。因此，像现在一样，枦橘是广东对枇杷的一个普通叫法。当然，这种叫法会很自然地被那些在十九世纪将它引入加利福尼亚的移民所使用 [参见 Sucheng Chan（1986）]。施维善和师图尔将它和金橘混淆了，金橘也是从中国传入加利福尼亚的。在美国，其名称（kamguat 或 cumguat）已为人们所熟知。

两部著作现在都已经失传。马王堆汉墓考古遗址中也发现了这两种水果的遗存①。

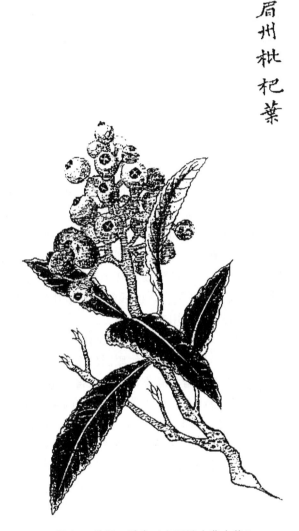

图 19　枇杷；采自《金石昆虫草木状》。

对西方人来讲，更为熟悉的无疑是橘（*Citrus reticulate* Blanco 或者 *Citrus nobolis* Lour.），还有同属的柑、橙，特别是柚（*Citrus grandis* Osbeck）。它们可能是中国南方最早培植的水果。我们已经在第三十八章详细介绍了柑橘和其它柑橘类水果在中国的起源和历史②。读者很容易被《晏子春秋》（公元前 4 世纪）中的一个动人的故事所吸引，它记叙了南方的"橘"成为北方的"枳"的转变③。在此我们必须指出，柑橘和柚子作为水果的古老历史，在中国古代曾得到过极高评价。例如《书经·禹贡》篇（年代

①　湖南农学院（*1978*），第 12 页。
②　本书第六卷第一分册，pp. 363ff.。
③　同上，pp. 106ff.。

在公元前 5 世纪或更早）中提到，在扬州和荆州（表 3）地区的橘子和柚子都是献给周朝宫廷的贡品。在《吕氏春秋》（公元前 3 世纪）中，伊尹也指出，产于江浦的橘和产于云梦的柚，是国王餐桌上最好的水果[①]。最后，马王堆汉墓中也有关于橘和柚的遗存[②]。这些陈述无疑都可以说明，在中国北部文明的核心地区，橘和柚虽然很难得到，但是它们仍然是众所周知的。

55

（v）畜禽产品

谁谓尔无羊，三百维群。
谁谓尔无牛，九十其犉。[③]

由表 1（p.21）可以看出，在古代中国的九州中，有六种驯化的动物已经作为家畜饲养，它们是：马、牛、羊、豕、犬（或狗）和鸡。这些动物在当时国家经济活动中的重要性，可以从古典文献中将其俗称为"六畜"，同家喻户晓的"五谷"相对应而表现出来。目前，考古证据都有力地证明，上述所列的六种禽兽到商朝的时候，已经很好地被驯养。例如在安阳殷墟的古墓中，已经发掘到了大量的猪、狗、马、牛、羊和鸡的残骸[④]。在这些动物中除了马以外，其他畜禽的残骸在垃圾中也有所发现，这就说明它们是作为食物被享用的。马大概是专门用来拉车的。

马（*Equus caballus*）属于马科（Equidae），列在六畜的第一位，但是几乎找不到将马作为肉食动物饲养的时期。马获得尊重的原因较多。自有史以来至中古代后期，在亚洲和欧洲文明中，马因为作为运输和战争工具而获得尊敬，只是附带地才作为肉食的来源。可能是在新石器时代后期，生活在大草原地区的游牧民族，他们首先将马驯化，并又把它引入中国各地[⑤]。但是，据传说，马是由商朝前部族首领之一的"相土"引入中国并利用的[⑥]。显然，由于马的军事价值，马很快就占据了"六畜"的最高地位。《诗经》中至少有四十二首诗提到了马，但通常都是作为运输中拉车、捕猎和战争需要出现的，没有一处是作为食用而被提及的[⑦]。在《周礼》中提到了马的饲养、照料和驾驭等各个方面的官职不少于七个，但没有一人是与祭祀屠宰有关的[⑧]。相反，管理其他四畜，牛、羊、狗和鸡的，却有一个人员，他的职责就是选取和饲养，并且在需要的时

56

---

① 《吕氏春秋·本味》；参见邱庞同、王利器和王贞珉（*1983*），第 11 页。
② 黄展岳（*1982*），第 79 页。
③ 译文："谁说你没有羊？给他看三百成群。谁说你没有牛？你的牛有九成是黑唇黄牛。"采自《诗经·小雅·无羊》，《毛诗》190（W160）。
④ Chang Kwang-Chih（1980），p.143；陈志达（*1985*），谢崇安（*1985*）。关于当今中国饲养动物的概况，见 Epstein（1969）。
⑤ Harris, Marvin（1985），p.90；Diamond（1993），pp.266—270 和 Mallory, J.P.（1989）。
⑥ Chang Kwang-Chih（1980），p.9；《世本八种》，第三五八页。
⑦ 比如，《毛诗》53，79，223（W179，118，268）。
⑧ 《周礼·夏官司马》，七种官员是：马质、校人、趣马、巫马、庾人、圉师和圉人。他们指挥着 198 人，其职责将在下文（pp.306，338—343）介绍。详细的介绍参见夏纬瑛（*1979*），第 63—72 页。

候进行宗教仪式的屠宰，及加工为食物[1]。这些管理者的职位相应的重要性，可由分派给他们各自人员的规模来衡量，见表 4。

表 4　《周礼》中管理家畜人员的数量

管理对象 管理人员	牛	鸡	羊[a]	狗
	牛人	鸡人	羊人	犬人
中士（二等）	2	0	0（0）	0
下士（三等）	4	1	2（2）	2
府（秘书）	2	0	0（0）	1
史（员工）	4	1	1（1）	2
胥（助手）	28	0	2（2）	4
徒（劳力）	200	4	8（8）	16
合计[b]	240	6	13（11）	25

　　a：除了羊人以外，还有一个相似的官职称为"小子"，他们负责屠宰羊以后的分割和烹调。括号中的数字表示"小子"人员的数目。

　　b：牛人的重要性，可以从其人数远远超过其他各类人员的数量总和而体现出来。

　　虽然不见有正式的条文禁止食用马肉，但是在社会生活中，假使肉类供应不足，而马肉又很容易得到时，很难想象不出现食用马肉的情况。事实上，即使是王室的餐桌上出现了马肉，大概人们也会认为是可以接受的。在《周礼》"内饔"职责的一段话中，就告诫说："如果马的颜色是深色的，而且脊背和前腿有花纹时，其肉会伴有昆虫般的令人不快的风味"（"马黑脊而般臂，蝼"），此肉不适宜食用[2]。《礼记》中也有类似的段落[3]。但是只有稀少和孤立的文献，这些内容并不能影响我们的总体印象，那就是马在中国古代并不是作为肉食的家畜。

　　牛（*Bos taurus domesticus* Gmelin），属于牛科（Bovidae），众所周知的是，牛既作为挽畜，也作为肉食动物饲养。商朝前部族的一个诸侯王亥，他被认为是中国养牛的创始人[4]。在商朝的时候，牛已经大规模群养了。根据甲骨文记载，在商朝各种典礼仪式上用牛作为供品的数目是很惊人的，例如，用牛 1000 头一次，500 头一次，400 头一次，300 头三次，100 头九次[5]。直到周朝，牛仍然是主要的家畜。在《诗经》中，有

57

---

　　① 管理牛、羊、狗和鸡四种动物的人，在林尹《周礼今注今译》中的页码如下："牛人"，第一二八页；"鸡人"，第二一一页；"羊人"，第三〇九页；"犬人"，第三八四页。很奇怪的是没有管理猪的人员（豕人）。事实上，《周礼》中只有一次提到了猪，和封人（圈养场的负责人）的责任有关，他们只是在需要的时候准备一下烤猪肉。

　　② 《周礼·内饔》，第三十八页。

　　③ 《礼记·内则》，第四六三页；译文见 Legge（1885），p. 463。该文章只是简单重复了《周礼》（同上）中的段落。

　　④ Chang Kwang-Chih（1980），p. 9；亦可参见关于水牛在商社会生活中的重要性（pp. 32，139，143）。

　　⑤ 胡厚宣（1944），第 5—6 页。这些数字着实给人很深的印象。它们比荷马（Homer）的《伊利亚特》（Iliad）和《奥德赛》（Odyssey）提到的数目大得多，参见 Homer（1985）（1&2）。尽管如此，相对于另一个时代的祭牲，周朝宗教仪式所牺牲家畜的数目更是黯然失色。在《圣经·列王纪上》（Kings I，8；63）说，所罗门（Solomon）和以色列（Israel）民众向耶和华（the Lord）献平安祭，用两万两千头牛和十二万只羊，这可能是世界上规模空前的屠宰动物场面。

十三首诗提到了牛，其中有八首诗同时提到了羊，大多数都是作为仪式或者宴会供应时提及的①。有五首诗单独提到了牛，其中一首歌颂的是牛作为挽畜拉车，其它的是作为优良肉类被提及的②。《周礼》中有很多关于牛的文献，通常这些文献的内容都与牛肉、小牛及牛油作为祭祀用品或者王公贵族的享受有关③。偶尔，牛也作为挽畜用于战争需要而被提及，如运输粮草和拉车等④。在《礼记》中，频繁提到用牛肉作为主要食品，并将牛肉列为烹饪著名"八珍"食品的一种原料成分⑤。

六畜中的另一种动物是羊（*Ovis aries* Linne），也属牛科（Bovidae）。如前所述，《诗经》有八首诗在提牛的同时提到了羊，这说明了这两种动物都属于反刍动物的亲近关系，中国人很早就已经认识到了。还有另外的七首诗单独提到了羊，其中有三首诗提到羊肉用于宗教仪式，另外四首诗是与富足家庭使用羔羊皮制作皮外套有关的⑥。在其中的五首诗中，都提到了一个"羔"字。当时人们认为，羔的皮和肉都是最好、最有价值的，这与现代的认识一样。在《周礼》的一些段落中提到了羊和羔，通常是关于它们在各种仪式中的用途和如何饲养可以高产⑦。同样地，《礼记》的"月令"和"内则"篇中，也提到了羊，而且周朝烹饪"八珍"时，羊肉是其中四种食物的原料之一⑧。

58

对于那些在欧洲或者美洲成长起来的读者来说，接触的中国菜很多都是受到中国南方，特别是广东烹饪方式影响的，他们对于羔羊或羊肉在中国古代作为重要的肉食之一感到惊讶。现在，羔羊肉主要是中国北方地区的食物，这一区域靠近大规模养羊的草原，只是偶尔在湖南菜或者四川菜中，也有一些羊肉菜。牛和羔羊都是人们首选的作为祭祀和社会活动的牲畜，但牛的级别比羊要高一些。这种情形在《孟子》（约公元前290年）一则关于齐宣王的故事中作了描述⑨：

> 王坐在宫殿上方，一人牵着一头牛到了殿下。王惊问："这牛去何方？"来人回答说："要用牛血祭新钟。""放了它吧，我不忍心看到它因恐惧而发出的尖叫声，就像一个无辜人奔赴刑场那样。""如果那样的话，祭祀仪式是不是就取消了？""那不成问题，用羊来代替牛好了。"

> 〈王坐于堂上，有牵牛而过堂下者，王见之，曰："牛何之？"对曰："将以衅钟。"王曰："舍之！吾不忍其觳觫，若无罪而就地死。"对曰："然则废衅钟与？"曰："何可废也？以羊易之。"不识有诸？〉

---

① 《诗经》，《毛诗》66, 165, 190, 209, 245, 246, 272, 292（W 100, 195, 160, 199, 238, 197, 220, 233）。

② "牛车"，《毛诗》227（W135）提到，其它的诗见《毛诗》291, 212, 210, 300（W158, 162, 200, 251）。

③ 比如，"庖人"、"内饔"和"食医"；参见林尹（1985），第36, 38和45页。

④ 《周礼·牛人》和《周礼·轺人》；林尹（1985），第128页，第435页。

⑤ 《礼记》，第四六七至四七〇页。

⑥ 作为食物，见《毛诗》154, 211, 165（W159, 161, 195）；作为毛皮，见《毛诗》18, 146, 80, 120（W6, 38, 119, 264）。

⑦ 《周礼》，第三十六、三十八、四十六、三〇八页，三〇九页起。

⑧ 译文见 Legge（1885），pp. 459, 461, 463, 468—469。

⑨ 《孟子·梁惠王上》；译文见 D. C. Lau（1970），pp. 54—55。

来人有些失望，他们可能认为国王是因为吝啬而用羊来代替牛①。孟子指出，如果齐宣王是由于不忍看到无辜的动物被屠宰，那么羊和牛又有什么区别呢？

毫无疑问，猪（*Sus scrofa domestica* Brisson）属猪科（boar），狗（*Canis famil-iaris* L.）属狼科（wolf），都是中国最早驯养的两种动物。在仰韶文化（公元前 4000年）和河姆渡文化（公元前 5000 年）这两个最古老的新石器时代的旧址里，都发现了这两种动物的残骸②。因此，这两种动物在商朝之前的很长时间里已经具有非常悠久的驯化史了。但是在《诗经》（公元前 11—前 7 世纪）中，却只有两处提到了猪，两处提到了狗（作为捕猎用猎犬）③。现代的饮食偏见可能会让我们这样来解释这种缺憾：在周朝时期，猪和狗可能已经很普遍而令人熟悉，以至于人们认为它们比较粗俗，不配用于在《诗经》中赞美的祭祀和庆典。但是这种观点很难说得通。在《墨子》（约公元前400 年）、《孟子》（约公元前 290 年）和《荀子》（约公元前 240 年）中，都有把猪和狗作为不错的肉食牲畜称赞的记载④。事实上，在《礼记》中也有这样的记载，即天子春天吃小麦和羊肉，夏天吃大豆和鸡肉，秋天吃麻籽和狗肉，冬天吃小米和猪肉等⑤。的确，在中国古代，除非人们认为猪和狗至少像羊和鸡一样有优质的肉食资源，否则，猪和狗肉是不会给皇帝享用的。

在上文（p. 28）我们已经引用了《周礼》中关于庖人职责的记载，在夏天，庖人负责为王室提供用犬油烹制的干雉和鱼，在秋天，提供用猪油烹制的小牛肉和小鹿肉⑥。《礼记》中也有几乎相同的内容⑦。很明显，在古代的厨房内，犬油和猪油已作为起松脆作用的油脂而用于日常烹饪中。《周礼》和《礼记》还建议："猪肉和稷粟一起食用，狗肉和粱粟一起食用。"⑧（"豕宜稷，犬宜粱。"）书中还警告人们说："狂躁而且腿内部发红的狗，狗肉口感比较粗糙；眼睛向上看而且闭上眼睛的猪，猪肉可能有囊虫"。⑨（"犬赤股而躁，臊"；"豕盲视而交睫，腥"）这些文献记载无疑说明，在周朝末年和汉代早期，狗肉和猪肉的确已经是肉类主要的来源了。

很明显，在汉代，民众把猪和狗作为家畜饲养的现象已经达到了一个高峰。把猪作为家畜饲养的普及经历了若干世纪之后，直至今日。中华民族一直而且仍然是个食用猪肉的民族。现在，每年猪肉的消费量约占红肉（red meat；哺乳动物肉）消费量的94％。据估计，在历史上有一年，全球猪的存栏数为 8 亿头，其中有 3 亿头，或者说其

59

---

① 他们可能有些失望。祭祀仪式结束后，牲畜要被分割，肉要被分给人们。当然，牛比羊大许多，也会有更多的肉。

② Chang Kwang-Chih（1977），p. 95, 513。

③ 关于猪，《毛诗》250（W239）；关于狗，《毛诗》103, 127（W258, 260）。

④ 《墨子·鲁问》，第三七三页；《孟子·梁惠王上》，第三章第四句；译文见 Lau（1970），p. 51；《荀子·荣辱篇》，第六十一页。

⑤ 《礼记·月令》，第二五七、二七二、二八五、二九六页。

⑥ 《周礼·庖人》，第三十六页。

⑦ 《礼记·内则》，第四五九页；Legge（1885），p. 461。

⑧ 《周礼·食医》，第四十六页；《礼记·内则》，Legge（1885），p. 461。

⑨ 《周礼·内饔》，第三十八页；《礼记·内则》，Legge（1885），p. 462。

中的 38% 产自中国[①]。

但是狗的情况就不同了。我们猜想，起初狗是作为家畜驯化饲养的，后来逐渐演变成了看门狗和狩猎犬。例如，在韦利（Arthur Waley）的《诗经》译本中，关于狩猎部分的七首诗里，就有两首诗提到了猎犬[②]。就像我们看到的那样，狗在绝大多数的文献中，都是用于祭祀仪式和作为食物时才提到的。事实上，屠宰狗已经获得了广泛的声誉以至于作为一种独立的职业。"狗屠"，在周末汉初就已经很普及了。那时几个重要人物，比如聂政、高渐离和樊哙，早期都是以屠狗为业的[③]。尽管如此，汉代期间，狗作为狩猎助手、可靠卫士和忠实宠物等，其优点已经超出了食用价值。在汉代以后的文献中，有关食用狗肉的内容几乎从文献中消失了[④]。到了唐朝的时候，人们就已经很鄙视食用狗肉了，以至于颜师古在他的《前汉书》注中，有如下的解释："那时，狗肉像羊肉和猪肉一样被人食用，因此有宰狗和专卖狗肉的屠狗者"[⑤]。（"时人食狗亦与羊豕同，故哙专屠以卖"。）

六畜的最后是鸡（*Gallusgallus domesticus* Brisson），属雉科（Pheasant），是中国最早驯养的家禽[⑥]。鸡的价值表现在两个方面，它既可以作为肉源，也可以作为早上叫人起床的闹钟，这个作用在农村相当重要。在《诗经》中，有四首诗提到了鸡，其中有三首诗提到了公鸡打鸣，却没有提到吃鸡肉的[⑦]。但是，《周礼》中记述了"鸡人"，鸡人的职责就是提供用于祭祀的鸡。《礼记》中也有几处提到了用鸡作为食物[⑧]。鸡和狗可能是中国古代最普通的家畜，即使在最贫穷群体的环境中也能见到它们。在《道德经》中仅提到了这两种家畜。在简单描述一个淳朴村落人们田园生活时，老子说：

> 他们以自己的方式幸福生活。
> 尽管他们相邻居住，
> 鸡鸣狗叫就在耳边，
> 却都是和睦相处，至死不相往来[⑨]

〈乐其俗，邻国相望，鸡犬之声相闻，民至老死，不相往来。〉

---

① Wittwer *et. al.*（1987），pp. 309—311。

② 《诗经》，《毛诗》103，127（W258，260）。

③ 聂政和高渐离：《史记》卷八十六；Yang & Yang（1979），p. 389—402。樊哙：《汉书》卷四十一，第一页。

④ 除了通俗小说，如《水浒传》（元末明初），有些英雄好汉不受当时社会礼仪的制约，随意食用狗肉（例如第四回）。事实上，马可·波罗（Marco Polo）曾提到，杭州（Kinsai）人"食用各种各样的肉，包括狗肉和其他野兽的肉"。参见 Latham（1958），p. 220。现在，在北京和广东的餐馆里，狗肉仍然作为美味食物公开享用。据张光直（K. C. Chang，私人通信）说，在北京的考古研究所旁边就有一家卖狗肉的餐馆。另见 Marvin Harris（1985），p. 180。

⑤ 《汉书》（注）卷四十一，第一页。

⑥ 张仲葛（*1986*）；谢崇安（*1985*）。

⑦ 《诗经》，《毛诗》82，96，90，66（W25，26，91，100）。

⑧ 《周礼·春官宗伯》，第二一一页；《礼记·月令》和《礼记·内则》，第二七一、三〇三、四五七、四六〇页。

⑨ 《道德经》第八十章；译文见 Fèng & English（1972）。

除了六畜外，《周礼》中还有"六牲"一词，指六种供屠宰的牲畜。传统观念认为，"六牲"是指牛、羊、猪、狗、雁和鱼[①]。从上文（p.55）的阐述可知，"六牲"不包括马不会感到意外，但以雁（goose，鹅）来取代鸡则稍感惊讶。也许是因为雁肉的档次比鸡高之故。"六牲"中包括了雁（goose，鹅）和鱼可以说明，在早期的中国历史上，打猎和捕鱼是非常重要的经济活动。没有证据表明，雁（*Anser. sp.*，鸭科 Anatidae）是在商朝和周朝时开始驯化饲养的。《诗经》中有四首诗提到雁，从上下文可以明确看出，它是捕猎来的，还不是饲养的[②]。《诗经》中提到的其他野生飞禽和哺乳动物还包括鹌鹑（一次）、雉（一次）、野鸭（两次）、野兔（四次）和鹿（六次）[③]。除了鸭子之外，其他所有的动物在《周礼》和（或）《礼记》中都提到了，这意味着在周朝和汉朝期间，狩猎仍然是获得肉食的一种重要手段[④]。

在长沙附近的马王堆一号汉墓也获得了关于公元前 170 年屠宰食用动物的一些极有价值的信息。例如，从盛装容器中发现的，可以确认的动物遗骸有，哺乳动物：牛、羊、猪、狗、鹿和兔子；禽类：鸡、鸭、雁、雉、麻雀和鹤[⑤]。

这一结果又一次证实了我们一直在说的观点，那就是狗曾经是一种重要的肉食动物，而马不是。其中出现的鹿、雁、雉以及其他的一些稀有动物，可以简单地说明，墓主人的社会地位很高，但不能说明那些是主要的肉类资源。在出土遗物中也发现了一些鱼的残存，但这是属于我们后面要探讨的内容。

（vi）水　产　品

> 猗欤漆沮，潜有多鱼。
> 有鳣有鲔，鲦鲿鰋鲤。
> 以享以祀，以介景福。[⑥]

鱼一直是中国餐饮中非常重要的食物。在黄河下游新石器时代的聚落遗址中，已经发掘出了很多渔具（矛、鱼叉、鱼钩）、鱼骨和鱼形纹饰陶器[⑦]。在商、周时期，捕鱼是当时经济活动中的重要领域。从安阳殷墟遗址出土的鱼骨中，经确认其中有 6 种遗骸

61

---

① 《周礼·膳夫》和《周礼·食医》，第三十四页、第四十五页。

② 《诗经》，《毛诗》82，78，159，181（W25，31，29，126）。

③ 《诗经》，鹌鹑，《毛诗》112（W259）；雉，《毛诗》70（W274）；野鹿，《毛诗》70（W274）；野兔，《毛诗》7，231，70，197（W117，189，274，297）；鹿，《毛诗》125，183，244，262，297，302（W156，161，242，180，197，257）。

④ 据《礼记·王制》记载，每年天子要打三次猎。第一次是为了提供适当的干肉以添满祭祀器皿。第二次是为了制备佳肴款待宾客。第三次是为了补充皇家日常肉品供应。因此，狩猎是为了增加肉品种类和肉品数量供应的一种很重要的途径。参见王梦鸥（*1984*），第 220 页。

⑤ 湖南农学院（*1978*），第 47—74 页。

⑥ 译文："哦，在漆水和沮水里，拥挤着有很多鱼：鳣鱼和鲔鱼，鲦鱼、鲿鱼，鰋和鲤鱼。给我们享用，让我们用于祭祀，得到很多祝福。"
《诗经·潜》，《毛诗》282（W223）。漆和沮是陕西周部落发源地的河流，现在它们的具体位置已经不明了。

⑦ Chang Kwang-Chih（1977），p.97，邱锋（*1982*）和吴诗池（*1987*）。

与现在河南北部地区仍在普遍食用的品种相似①。在《诗经》中，至少有十八首诗与鱼或捕鱼相关。其中至少提到了十三种不同的鱼。它们的原名（相应的英文名称已由韦利翻译）和科学名称已由成庆泰确认，请参见表 5。

《诗经》作者们描述了许多种的鱼类，表明在商周时期，黄河下游地区丰富的鱼类资源，以及作为获取食物的手段捕鱼作业的重要性。六科不同种的鱼列在表 5 中。其中，鲤鱼、嘉鱼（白甲鱼）、鳏鱼（鳡鱼）、鳟鱼（赤眼鳟）、鲂鱼（三角鲂）、鰋（鲇
62 鱼）、鲦鱼（刁子）和鲔（鲢鱼）等八个种源自同一个科，鲤科（Cyprinidae）。此事说明，在中国人的饮食生活中，鲤科具有特别重要的深远意义。至于其他五种鱼，则分别来自五个科：即鲟科（Acipenseridae；鳣）、匙吻鲟科（Psephuridae；鲔）、鲿科（Leiocassisidae；鲿）、鰕虎鱼科（Gobiidae；鲨?）和鳢科（Ophiocephalidae；丁鱥?）。鳣及与它比较近的鲔，现在通常被叫做“鲟”或“白鲟”，在中国现代仍属于具有较高价值的鱼类。

表 5 《诗经》中提到的鱼

中文名称	英文名称[a]	拉丁名称[b]	科	《毛诗》[c]
鳣	Sturgeon	*Acipenser sinensis*	鲟（Acipenseridae）	57
鲔	Snout fish	*Psephurus gladius*	匙吻鲟科（Psephuridae）	57
鲤	Carp	*Cyprinus carpio*	鲤（Cyprinidae）	170
嘉鱼	Lucky fish	*Varicorhinus simus*	鲤	170
鳏	Roach	*Elopichthys bambusa*	鲤	104
鳟	Rudd	*Squaliobarbus curriculus*	鲤	159
鲂	Bream	*Megalobrama terminalis*	鲤	159
鰋	Mud fish	*Culter erythroopterus*	鲤	170
鲦	Long fish	*Hemiculter leucisculus*	鲤	281
鲔	Tench	*Hypophthamichthys molitrix*	鲤	226
鲿	Yellow jaw	*Pseudobagrus fulvidraco*	鲿（Leiocassisidae）	170
鲨	Eel	*Rhinogobius giurnius*	鰕虎类（Gobiidae）	170
鳢	Tench?	*Ophiocephalus argus*	鳢（Ophiocephalidae）	170

a：依据韦利翻译。

b：根据成庆泰（*1981*）。

c：《毛诗》中的序号。

除了鱼的名称以外，《诗经》中还描述了各种各样的捕鱼方法。比如：

鱼竿：“竹竿多么地细长，用它可以在淇水中钓鱼。”②（“籊籊竹竿，以钓于淇。”）

① 吴献文（*1949*）。得到证实的种类是：黄颡鱼［*Pelteobagrus fluvidraco*（Richardson）］，鲤（*Cyprinus carpio* L.），黑鲩（青鱼）［*Mylopharyngodon aethiops*（Basil）］，草鱼（*Ctenopharyngodon idellus* C. & V.），赤眼鳟（*Squaliobarbus curriculus* Richard）和乌鱼（*Mugil* sp.）。除了乌鱼（*Mugil*）通常是在东南沿海海域外，其它都是有名的淡水鱼。

② 《诗经》，《毛诗》59（W43）。

　　鱼网："鱼网被撒了出去；一只野鹅被它缠住了。"①（"鱼网之设，鸿则离之。"）

　　鱼笼："别破坏我的大坝，别弄坏我的鱼笼。"②（"毋逝我梁，毋发我笱。"）

　　在中国水产养殖刚开始的时候，人们就已经懂得将用竹篾编成的鱼笼放在堤或坝出口的适当位置上进行捕鱼了。当然，也不难想象沿着江或湖的边沿建造一个沟渠，把水引入人工鱼塘。事实上，《诗经》中提供了最早的记录在案的水产养殖业实例。在《诗经·灵台》中，有当王游览灵囿的时候，鱼在灵台旁边的灵沼中"轻快地跳跃"的描述③。灵沼可能就是养鱼塘的原型。

63

　　在周部落生活中捕鱼的重要性和水产养殖的基本水平，也可以从《周礼》中"渔人"职责的描述来进一步说明。渔人管理着 14 个助手，30 个员工和 300 个劳力"照看沿着堤坝放置的鱼笼，以保证不同季节鱼的供应。春天，他们为王饮食提供新鲜的或者干制的鲔鱼和其它的各种鱼。也需要为各种庆典仪式提供新鲜的或者干制的鱼，用以款待宾客或者祭祀亡灵。他们负责渔业法令的实施和向渔民收税上缴国库"④。（"渔人，掌以时渔为梁。春献王鲔，辨鱼物，为鲜薧，以共王膳羞。凡祭祀、宾客、丧纪，共其鱼之鲜薧。凡渔者，掌其政令。凡渔征入于玉府。"）

　　正如我们上文提到的，在《吕氏春秋》中，传奇的主厨伊尹已经将鱼作为一种独立的食物类别，并称颂洞庭湖中的鲋和东海里的鲕是国内味道最美的鱼。鲋的确切含义还不明确。它也被写作鲒，可能是水生哺乳动物江豚（*Neomeris phocaenoides*）⑤。鲕最初的时候可能是指一种鱼，但是《说文解字》（121 年）指出它是指鱼卵。如果它可以解释为长江下游的大鲟鱼的卵的话，那是妙极了。

　　如果根据马王堆一号汉墓出土食物遗存中发现的鱼骨分析，则可以确认的鱼有六个品种⑥。它们是鲤鱼（*Cyprinus carpio* Linne）（图 20）、鲫鱼（*Carassius auratus* Linne）、刺鳊（*Acanthobromo simoni* Bleeker）、银鲴（*Xenocypris argentea* Gunther）、鳡鱼［*Elopichthys bambusa*（Richardson）］和鳜鱼（*Siniperca* sp.）。前五种鱼都属于鲤科，第六种属于鲐科（Serranidae）。我们发现"鲤"和"鳡"（更现代一点的名称是"鳜"）早在《诗经》中就已引用了（见表 5）。马王堆汉墓中出现的这些鱼，更进一步地证明了鱼类在古代中国人的饮食生活中具有较高的地位。在以后的世纪中，鱼的声望持续增长。实际上，在中古时期，随着经济重心的南移，国家最繁荣的地区，比如说长江下游地区，就成为了有名的"鱼米之乡"，即其含义和西方《圣经》中的"流奶与蜜之地"（land flowing with milk and honey）的含义相同⑦。

---

①　《诗经》，《毛诗》43（W77）。

②　《诗经》，《毛诗》35（W108）。

③　《诗经》，《毛诗》242（W244）。周苏平（*1985*）指出，灵沼本身事实上已经是一个水产养殖的例子了。中国最早的水产养殖的著作是周代陶朱公的《养鱼经》。事实上，其作者不详。这篇著作被收录在《齐民要术》（第六篇）（544 年）。

④　《周礼·渔人》，第四十二页。

⑤　邱庞同、王利器和王贞珉（*1983*），第 51 页。江豚通常出现在长江入海口处，但是它们也会逆流而上至宜昌，停留在洞庭湖。

⑥　湖南农学院（*1978*），第 74—82 页。

⑦　《圣经·出埃及记》（Exodus 3；17；13；5）。

必河之鲤

图 20　鲤鱼；采自《毛詩品物圖考》卷七，第三页。

　　然而，鱼并不是唯一可以作为食物的水产品。古代中国人情有独钟的一种动物是
鳖。《书经·禹贡》（约公元前 600 年）中就记载着，青州就把大龟作为贡品上供给王
室。在《诗经》中还提到了烤鳖（图 21），为了表示对来访贵族的敬意，在宴会上，烤
鳖和鱼被作为美味菜肴一起享用（参见上文 p. 36），后来还出现在庆祝战争胜利的酒会
上[1]。鳖［*Trionyx sinensis*（*Amygda sinensis*）］是一种软壳的淡水龟类，属于鳖科
（Trionychidae）[2]。《楚辞》中炖鳖是一道美味，据说它可以引导迷失的灵魂回归故里[3]。
《楚辞》中也提到了蠵（*Caretta caretta olivacea*），属于海龟科（Cheloniidae），是中国

64

65

――――――

① 《毛诗》261，177（W144，133）。
② Schafer, Edward H.（1962），pp. 214—216。
③ 《楚辞·招魂》；Hawkes（1985），p. 228。

南海的一种巨型龟①。另一种重要的龟是鼋（*Pelochelys bibroni*），个体庞大，软壳，属于鳖科（Trionychidae），在《左传》（约公元前 605 年）中已有记载②。所有的这些龟类都属于一类，俗称为"甲鱼"，它们在当今的中国仍然具有很高的地位。甲鱼在古代中国饮食文化中的重要性，在《周礼》中已有所反映。《周礼》中的"鳖人"，其职责就是为御厨房提供龟、鳖、蜃（蛤蜊）、蚳（牡蛎）、蠯和蚳（蚁卵）③。奇怪的是，有两

66

名木○肌箋南南
名名集出傳方有
則嵒出嘉水嘉
龜嘉嚴於嘉魚中魚
膾魚緇沔魚鯉有
鯉亦下南鯉鱒善
非文之鯕鰤魚
魚樛丙
木非穴

图 21　鳖；采自《毛詩品物圖考》卷七，第五页。

----

① 《楚辞·大招》；Hawkes（1985），p.234，译为 turtle（龟）。

② 《左传·宣公四年》，第一八四页。

③ 《周礼·鳖人》，第二页、第四十三页。《周礼》中也有龟人，他的职责是指导收集和照看龟，龟壳用于占卜。龟人有 6 个助手，8 个员工和 40 个劳力。参见 pp.185，254。

种众所周知的甲壳类水产品虾和蟹却不在其中，虽然这两类水产品在《神农本草经》中就已经提到了[①]。但是，鳖人的地位显然不如渔人高，因为他只有 8 个助手，16 个劳力[②]。

（2）中国古代的烹饪体系

在完成了对古代中国的食物资源的综合评述之后，我们的考察对象将转向烹饪体系的其他方面，也就是说，如何备料和烹调食物，使用什么调味料以及制作好的食物如何供人食用等。但是，在论述这些问题之前，我们首先归纳一下周代至汉代中国的主要食物资源。

谷物：北方主要的谷物是粟（稷和黍），南方是稻，而小麦、大豆和麻籽是次要的谷物。汉代末期，在大豆仍然占有重要地位的同时，小麦在北方的种植面积已经超过了粟。

油脂：在汉代以前用于烹调的主要是动物油（猪油、牛油、羊油或狗油）。从芜菁、芝麻和麻籽中大量榨取植物油可能是在汉代开始出现的。

蔬菜：主要的蔬菜有甜瓜、葫芦、芜菁、小萝卜、水芹、藕、竹笋、锦葵、荨麻、莴苣、韭菜、葱、冬葱、胡蒜、大蒜、姜、豌豆、红豆、芋、菱角和蘑菇。

水果：最主要的水果是桃、杏、梅、樱桃、梨、柿子、芦柑、橘子、柚子、枣、榛子、栗子、楄梓、花椒和肉桂等。

动物：陆地上的动物可以饲养作为食物的有牛、羊、猪、狗和鸡，通过打猎可以得到的野生动物有鹿、兔子、雁、鸭、雉和鹌鹑。鱼和鳖十分珍贵；蜃、蚌、蠃和其他甲壳类动物也被食用。

总而言之，上述内容给人留下了深刻的印象，它显示了食物资源的丰富程度，特别是那些源于野生物种，由古代中国人驯化、耕种或收获的农作物。在这些资源中，大多数农作物，其数量惊人，都起源于中国本土，只有很少几种是从西方引进的，例如小麦、芝麻（或许）和大蒜（或葫蒜）。正如瓦维洛夫（Vavilov）所描述的那样："种植植物在地方物种的丰富、种属和种类潜力的广泛程度等方面，与其它的植物发源地相比，中国明显突出。而且，这些物种是通过大量的不同植物种类和遗传形式表现出来的"[③]。上文提到的大部分作物，我们今天仍然可以在中国食品市场和世界其他地方的市场上看到。当然，也有些作物，如，葵、荨麻或水芹等，现在已经不常种植，或者已被国内外培育的新品种所取代。如今，无论在中国，还是世界的其它地方，如果想让人在就餐时是以"黍"为主食，以"葵"为蔬菜，以"狗肉"为大菜，这是令人难以想象的。许多新的作物从汉代开始传入中国，逐渐地它们在中国饮食体系中占据了稳固的地位[④]，并且对中国人的饮食生活产生了与日俱增的影响[⑤]。关于这些方面的内容，将在

----

① 《神农本草经》，蟹属于中品、虾属于下品药物。

② 《周礼》，第二页。

③ Vavilov（1949/50），p. 26。他接着在脚注中写道："如果我们考虑到，除了为食用而种植的作物，在中国存在有极大量野生植物，我们就不难理解成千上万的人们在这片土地上是怎样生存的。"

④ 例如：葡萄、苜蓿、黑胡椒、辣椒、甜薯和玉米。

⑤ Anderson（1988），pp. 112—148；Simoons（1991）。关于中国古代烹饪的讨论参见胡志祥（1994）和刘军社（1994a，b 和 1995）。

本书后续内容中分别介绍。现在我们要继续讨论的议题是，古代的中国人是如何将这些可以利用的食物资源转变成进餐时实际享用的食品和饮料的，换句话说，他们是如何加工和烹饪这些食物的。

（i）食物备料与烹调：作法和器具

> 或舂或揄，或簸或蹂。
> 释之叟叟，烝之浮浮[①]。

《诗经》（公元前1100—前600年）已经为我们提供了中国古代加工和烹调食物方法的最早文献记载。除了上述引用《生民》中提到的"蒸"的方法之外，《诗经》中还提到了其它的烹调方法，如煮、烘焙、烤和腌等。在其后的一些典籍中，例如，《楚辞》（约公元前300年）、《周礼》、《礼记》以及在长沙附近马王堆汉墓出土的两部文献。我们还可以找到一些与之相同或者稍有变化的方法。关于马王堆汉墓中的两部文献，一部是竹简（《马王堆竹简》），它详细记录了一号墓所储食物的清单，另一部是三号墓出土、写在丝绸上的手稿，现被称为《五十二病方》。尽管现存的《周礼》和《礼记》文本，分别在西汉和东汉的时候被重新编撰过，但它们中的大部分内容应该是属于东周时期的。此外，它们中还包含着东汉时期的学者们很有价值的注释。从马王堆一号汉墓的建造日期（公元前168年）看，我们可以推断《马王堆竹简》和《五十二病方》中所记录的信息，大概在公元前200年时就已经存在了。因此可以说，这五份资料共同为我们提供了中国从西周到东汉期间烹饪技术情况的合理概况。现在我们计划要做的是：第一，先将上述五份资料中描述的烹调方法罗列、综合；第二，将它们同这个时期考古记录的烹调器具联系起来；第三，对照现代中国烹饪方法的描述，确定当时已有的加工食品的类型。

但是，首先我们需要看一下食物原料在烹调之前的处理。从上文引用的《诗经·生民》中可以看到，米粒（可能黍粒或者稻米粒）在被蒸成饭之前首先要进行清洗和浸泡。普遍认为小麦由于其粒外皮韧性太强而不适于采用这种方法烹调[②]。对小麦而言，在加工成可食用的食品之前，必须先将其碾磨成面粉。从小麦籽粒到碾磨而制成面粉，再从面粉到加工制成馒头类制品或面条，这些加工过程本身就是一门学科，这部分内容将在（e）节中专门进行讨论。这种加工技术在汉代开始真正出现分化，并最终导致将中国分为两个不同的饮食区域：南方（包括北方小部分地区）粒食区，稻谷物以整粒的

68

[①]　译文："我们捣碎谷物，我们将它舀出，我们过滤，我们踩踏。我们洗米，我们将其浸泡，我们彻底地蒸它。"采自《诗经·生民》，《毛诗》245（W238），经作者修订。韦利对最后一行的解释是"我们煮它蒸汽腾腾"（We boil it all steamy）。但是，原文毫无疑问，谷粒可能是在"蒸锅"（steamer）中蒸熟的，参见 Karlgren（1950），p.201。《毛诗》［251（W173）］对蒸谷也有暗示，尽管没有明确的描述。

[②]　本书第四卷第二分册，p.461；篠田統（1987），第20页。

形式被烹调食用；北方面食区，小麦面粉制成的食品盛行[1]。但是，就我们所要讨论的大多数时期而言，整个中国可以被认为是以粒食为主的。

对于水果而言，一般是生食，蔬菜则是切细、烹调后食用。对于肉类，特别是大型动物的肉，烹调前的准备工作给烹饪过程增加了一个新的环节。动物被宰杀、剥皮之后[2]，须将其分割成足够小的部分，以便在厨房中进行进一步加工。这就需要像梁文惠君的屠夫那样，掌握熟练的操作技能。在《庄子》（约公元前290年）中有如下描述[3]：

> 文惠君的屠夫丁正在宰牛。他手的每一次击打，他肩的每一个起伏，他脚的每一下蹬踩，他膝盖的每一个撞击，丝裂肉的每一处声音，刀在骨肉关节间每一个飞动，都处在完美地和谐节奏之中，像舞蹈《桑林》（Mulberry Grove）的节奏那样合拍，像音乐《经首》的音符那样和谐。
>
> 〈庖丁为文惠君解牛，手之所触，肩之所倚，足之所履，膝之所踦，砉然响然，奏刀騞然，莫不中音。合于《桑林》之舞，乃中《经首》之会。〉

在厨房中，已经切好的部分再切成大量块状的"胾"，细长的片或条的"脍"；大片的"轩"；或剁成适合于腌制成醢的肉馅。薄片的鱼肉也被称为"脍"，大块的鱼则被称作"膴"[4]。切割加工本身被认为是烹饪过程不可缺的一个环节。实际上，《周礼》[5] 和《孟子》[6]（约公元前290年）中，烹饪技艺被称作"割烹"，也就是切割和烹调，这种说法后来传播到了日本，至今仍在沿用。《礼记》中曾告诫人们，准备"渍"（八珍之一）的过程中，切肉时刀刃应与纹理交叉，以便使肉片更嫩，制品更容易消化[7]。这一点无论在美食方面还是在营养学方面都很重要，因为肉有时候是被

---

[1]　篠田統（1987），第51页。关于对汉代面食发展的讨论，参见许倬云（1993）。关于粒食的含义，在东周时期的《墨子》中（第一九〇页）有注解，《礼记》（第二三〇页）中也有说明。各种证据都表明面食在战国时期就已经是饮食的一部分了。

[2]　牛或者羊的剥皮在《诗经》（《毛诗》209，第十五行）中提到："或剥或烹"。这些内容被高本汉翻译为"一些剥皮，一些煮"，但是韦利却回避了这一行（W199），描述为"现烤，现煮"。

[3]　《庄子·养生主》，译文见 Legge（1819），p. 198，本书第二卷（p. 45）采用；亦可参见 Lin Yutang（1948），p. 216，和 Watson（1968），p. 50。

[4]　这些注释来源于《礼记·内则》，第四五六、四五九、四六三页；以及《周礼·笾人》，第五十四页。

[5]　《周礼·内饔》，第三十八页。

[6]　《孟子·万章上》，第七章；Legge（1895），p. 361。

[7]　相关的段落在《礼记·内则》，第四九六页。它写道"腌肉：将牛肉从刚宰杀的动物上切下，然后切成薄片。切割的时候必须与肉的纹理交叉。将切好的肉片放入好酒里泡几天，吃之前用肉汤、李子汁和醋调味。"（"渍：取牛肉必新杀者，薄切之，必绝其理；湛诸美酒，期朝而食之以醢若醯醷。"）对于我们来说，这里的重点是切肉的时候，必须与纹理交叉着切。文献原文是"必绝其理"，而理雅各 [Legge（1885），p. 469] 翻译为"除去里面所有的线"。希尔曼 [Howard Hillman（1981），p. 52] 从烹饪的角度上解释了这种说法。在关于怎样切牛的后腹肉制作伦敦烤肉的时候，他说："切断纹理的意思是，以直角将连接的组织切成片。很明显，所切成的肉片越薄，连接组织的片断也越短。片断越短，肉就越易嚼烂，因此吃起来也就越嫩"。可以再加一点，因为连接组织对酶解的抵抗力比肌肉组织更强，所以交叉纹理的切肉比顺着文理切的肉更容易消化。

生吃的，特别是以"脍"的形式出现的时候①。《论语》（约公元前 450 年）中有大家熟悉的一段文字，是描述孔子对食物提出严格要求的态度的。据说孔子"他喜欢米春洗得越净越好，肉馅剁得越细碎越好"②（"食不厌精，脍不厌细"），并且"他不吃切割不正确的肉，也不吃调料相搭配不合适的肉"③（"割不正，不食。不得其酱，不食"）。我们认为，上述的译法并没有真正完全地反映出孔夫子的原始意图。在这些译文中，"肉馅"在原文中是"脍"，"切割不正确"的原文是"割不正"，字面上的意思是"切的不直"。如果"脍"是"肉馅"，那么很难设想会出现"切割不正确"的问题。但是假如"脍"的意思是小的肉片或者肉丝，那么整段文字的含义就变得很清楚了。切割不正确的肉，就是指切肉的方向不正确，是顺着纹理切的，而不是与纹理交叉切的，这样切的肉片或者肉丝，如果用于生吃就很难嚼咽和消化。同时，生吃的时候也必须用合适的调料来掩盖生肉味，否则的话，很难有愉悦的口感④。由此可见，这一段文字是关于孔子在烹饪技艺和全面营养实践方面的认识，而不是他对食物无端的挑剔。据我们所知，将鱼或者肉切成"脍"是中国古代饮食文化中特有的。这可能是中国烹饪文化发展中的一个重要因素。

70

　　表 6 列出了我们在上文已经提到过的周和汉代典籍中的烹饪方法。首先是"蒸"，这在《诗经》有关将谷物做成饭的文字中已经提及（见 p. 67）。米饭可能是用"蒸"所作成的最重要的一种食物，而且使用蒸的方法还可以烹饪很多其它食品，如《周礼》中称为"饵"的蛋糕或点心，《楚辞》中的蒸鸭，《礼记》中的蒸鱼，《马王堆竹简》中的蒸雏鸡，《五十二病方》中的蒸草药等⑤。另外，根据《孟子》中的描述，孔子不在家的时候，有人曾经送一道蒸乳猪给他食用⑥。

71

---

　　①　上面的叙述也表明，这肉实际上是用于生吃的。但是，现代许多有资历的学者认为处于孔子时代的中国人有时吃生肉这一现象令人难以置信。实际上王梦鸥在其《礼记》译注本（第 469 页）中，将《内则》篇相关段落中"渍"这种食物的加工方法翻译成现代汉语如下："将肉沿垂直肌肉纤维的方向切成薄片，然后烹调至熟透，再将熟肉片泡在好酒里"。"烹调至熟"这一步，在原文中并无可循之处。很显然，在周朝的时候，肉是先腌后吃的，不需要作烹调的注释。对于我们博学的注释者看来，吃生肉是非常不可思议的，因此他把原文中没有的烹调方法当作是原作者的一个简单失误，于是迫切地感觉到应当在他的注释中将错误更正过来。关于这段内容的讨论也可以参见孙重恩（1985）。

　　尽管食用经过一定处理，但未经过烹调的肉的习惯在汉代有所减少，但是，在后来的几个世纪中，此习惯仍然没有完全消失。例如，《齐民要术》（第四二二页）中的"生腤"过程，就有如下记载："取一斤羊肉和四两猪肉，将他们腌渍在干净的酱油中。将肉切成细丝，以姜和鸡蛋调味，如果是在春、秋季的时候，也可以用紫苏油和荨麻调味"。这道菜使人想起了"鞑靼牛排"（steak tartare），现在，它仍然是一种深受西方人喜爱的美食。

　　②　《论语·乡党》，第八章第一句，Legge（1861），p. 232。有关孔子饮食习惯方面的论述的含义有过广泛地讨论，可参见赵荣光（1990），第 20 页和马健鹰（1991），第 19 页。

　　③　同上，第三句，Legge（1861），p. 232。虽然原文是"割不正，不食"，考虑到上下文，我们同意理雅各的观点，即肉肯定是其中的食物之一。

　　④　《礼记·内则》列举了几种用于制作特定"脍"的调料，例如，牛肉脍用肉汁调味，鱼脍用芥末调味，新鲜鹿肉用肉汁调味。参见王梦鸥（1984），第 456 页、第 457 页。

　　⑤　《周礼》，第五十四页；《楚辞》，第一七二页；《礼记》，第四六〇页；《马王堆竹简》，第 125 简《五十二病方》中的第二十四、一一〇、一二八、一八四、二六六、二六九方。关于新石器时期出现的烹调方法的叙述，参见杨亚长（1994）。

　　⑥　《孟子·滕文公下》，第七章第三句；译文见 Legge（1895），p. 277；D. C. Lau（1970），p. 112。

表 6 周代和汉代典籍中的烹饪方法

文献名称 烹调方法	《诗经》 据毛亨	《周礼》据林尹	《楚辞》	《礼记》据王梦鸥	马王堆 《竹简》	《五十 二病方》
蒸	245	笾人，54	大招	内则，460	125	＋
烹	149	内饔，38	惜往日	礼运，367	－－－	＋
煮	－－－	烹人，40		－－－	－－－	＋＋
煎	－－－	内饔，38	大招	内则，467	126	＋
熬		舍人，178	－－－	内则，469	＋	＋
燔	231	－－－	－－－	礼运，366	－－－	＋＋
炙	231	－－－	大招	礼运，456	＋	＋
炮	231	封人，124	招魂	内则，468	－－－	＋
濯			大招	－－－	－－－	＋
渍	－－－	（＋）	－－－	内则，468	－－－	＋
脍	177	（＋）	大招	内则，456	＋	－－－

《诗经》：数字是《毛诗》中诗的序号。

《周礼》："笾人"、"内饔"、"烹人"、"舍人"、"封人"。数字为林尹（1984）编辑的《周礼今注今译》中的页码。

《礼记》："内则"、"礼运"。数字为王梦鸥（1970）编辑的《礼记今注今译》中的页码。

马王堆《竹简》：是基于马王堆一号汉墓出土的竹简整理的。数字系《长沙马王堆一号汉墓》（1973）中竹简的编号。"＋"表示不止一片竹简上发现该类食物。

《五十二病方》是指马王堆三号汉墓出土的关于五十二种疾病的药方。在这些药方中，采用了多种烹调方法用于膏剂和煎剂的准备。"＋"表示该方法出现过一次以上，"＋＋"表示该方法出现过二十次以上。

下一种方法是"烹"，即"煮"（或在水中加热），是一种最基本、最通用的烹调方法。"烹"字的古代写法是"亨"，一般也用于描述烹调。实际上，在周代的文献中，只有《诗经》中提到的"烹"是用于烹调"特殊食物"，鱼或锦葵；包括《周礼》、《楚辞》、《礼记》的其他所有文献，"烹"都只是一种一般的烹调方法。尽管马王堆《竹简》中没有提到"烹"，但是《五十二病方》中煮制几种煎剂时引用了它[1]。我们还发现《易经》中也提到了"烹"，是同"鼎"的使用相关的[2]。《道德经》中指出："治理国家就好像烹调（烹）小鱼一样"[3]（"治大国若亨小鲜"）。《春秋左传》中，"烹"是在描述烹调鱼汤（羹）时出现的[4]。

对于现代读者来说，用于表达用水烹调食物的更为熟悉的词是"煮"。据说"煮"源于《说文解字》（121 年）所列出的古体字"鬻"[5]。在《诗经》、《楚辞》和《礼记》

---

[1] 《诗经》，"烹"用于鱼，《毛诗》149（W149）；用于羊肉，《毛诗》154（W159）。《五十二病方》，第五十七、九十七、九十八、一二〇方。

[2] 《易经·鼎》，第二行，译文见 Legge（1973），考兹维书局出版（Causeway Books），p. 170。

[3] 《道德经》第六十章，第一行。

[4] 《春秋左传·昭公二十年》，第四〇三页；理雅各 [Legge（1872），p.684] 将"烹"翻译成"烹调"（cook）。

[5] 《说文解字》，第 63 页（卷三下，第六页）。

中，没有找到相关的记载。但是在《周礼》中，提到"烹人"职责的时候，有所涉及①。马王堆《竹简》也没有提到"煮"，但是在《五十二病方》中，"煮"用于描述煎药或制汤过程，是最频繁使用的一个词②。因此可以假设，"煮"在汉代早期就已经流行了，直到今天仍然是用于描述用水烹调食物的方法。事实上，中文文献中与烹调有关的最著名的一首诗就是以"煮"开头的。三国后期，在魏刚建立的时候，君主曹丕嫉妒弟弟曹植是一位被人尊敬和爱戴的诗人。有一天曹丕要求曹植以命做赌注，命令他在七步之内作出一首关于"煮豆"的诗。所有在场的人紧张得目瞪口呆，然而令人们惊喜的是，曹植真的作出了一首。这首诗如下③：

> 外边，豆子秆在熊熊燃烧，
> 而豆子在锅中痛苦地哭泣。
> 阁下，我们都来自于同一个种子，
> 却为何如此逼迫使我陷入困境？

诗中明确表明这样一个事实，曹丕和曹植是由同一个母亲生的，按照儒家道德标准来看，曹丕这样对待曹植是刻意的报复。曹丕感到很羞愧，只好让弟曹植自由自在地离去了。

在诗的最后一行，我们可以看到一个"煎"字，我们将它翻译成"逼迫"（press）。这个字在这里有"逼迫"和"使焦急"的意思。在烹饪中，"煎"是表 6 中的一个词，是指用少量的油浅炸或烤。在《方言》中，"煎"被解释为烹调食物直至干燥④。《诗经》中没有提到"煎"，但是《周礼》（作为内饔的职责）、《楚辞》（煎鳊鱼和煎雁肉）、《礼记》（煎碎肉用于淳熬）、马王堆《竹简》（煎雏鸡）和《五十二病方》中都提到了⑤。从汉代开始，"煎"已经成为中国烹饪中表达浅炸的一个通用词汇。

下一个字是"熬"（古语为"敖"），根据《说文》对其含义的解释，是不加油煎，即干煎⑥。《方言》中指出，"熬"就是加热干制（火干），就像干燥谷物一样⑦。《诗经》和《楚辞》中没有该字用于烹调的相关记录⑧。《礼记》中其含义也有些模棱两可。"八珍"之一的菜肴——"熬"，也是简单的风干肉。另外，上文（p.28）引用的"淳熬"，明显是加热煎⑨。因此，关于食物的"熬"制，我们除了知道没有加水，也许也没有加

72

---

① 《周礼·烹人》，第四十页。

② 《五十二病方》中提到"煮"一词的有 24 个方子，例如第十九、三十一、三十五、三十八、四十方等。

③ 原文："煮豆燃豆萁，豆在釜中泣。本是同根生，相煎何太急？"采自《世说新语》此诗删减的版本，第六十页。原诗作还多两行，但是其含义是一样的。参见 Gary Lee (1974)，p.122。

④ 《方言》卷七，第七页。

⑤ 《周礼·内饔》，第三十八页；《楚辞·大招》，第一七二页；《礼记·内则》，第四六七页；马王堆《竹简》，编号 126；《五十二病方》第十一、十二、二十、二十三、二十五、一七六方等。

⑥ 《说文解字》，第二〇八页。

⑦ 《方言》卷七，第七页。

⑧ "煎熬"同时出现在与烹饪无关的诗句中，《楚辞·九思·怨上》，第二五四页；参见 David Hawkes (1985)，p.309（第十五行），"我内心灼烤而燃烧"（"我心兮煎熬"）。

⑨ 《礼记·内则》，第四六七、四九六页；参见 Legge (1885)，pp.468—469，其中将"熬"翻译为"烤"（grill）。

73 油之外，对其含义还不是很清楚。在《礼记》的另一段落中，提到了在一些显贵的葬礼上，一篮经过"熬"制的谷物被安放在棺椁旁[①]。郑玄的注释说，"熬"就是"干煎"。《五十二病方》中也提到了"熬"，但是其含义也是模糊不清的[②]。尽管关于"熬"的含义存在上述的模糊不清之处，但是马王堆《竹简》的10片竹简中也列举出了包括兔子、雁、鸡、鹤、麻雀等在内的熬制动物肉，这些都足以说明，西汉时期，"熬"已经是一种很重要的烹饪方法了[③]。

　　至此，我们可以看出，上文论及的烹饪方法，食物都利用某种容器与热源隔开。下面将要讨论的是三种不用容器的古老的烹饪方法。第一种是"燔"，是将大块的肉或者整只的小动物直接悬挂在火焰上方烤，就像北京烤鸭的烤制方法那样。《诗经》[④]、《礼记》[⑤] 中多次提到了"燔"，《五十二病方》中也频繁使用"燔"。第二种是"炙"，是把小块的肉穿在扦子上，在炭火上烧烤，和西亚的羊肉串（shish kebab）或者烤肉串（shashlik）类似。在《诗经》中，"炙"通常和"燔"同时出现[⑥]。我们发现，《楚辞》中的"炙"肉是烤鹤肉，《礼记》中是烤牛肉、羊肉或猪肉，马王堆《竹简》中共提到了八种炙肉（三种不同部位的牛肉，两种不同部位的狗肉以及猪、鹿和鸡肉）[⑦]。《五十二病方》中也在多个药方中提到了"炙"[⑧]。最后一种方法是"炮"，是将肉用植物叶子包起来，再在上面涂抹泥，最后放在火里煨。煨好以后，去掉外面已经干了的泥巴，将肉切开就可以食用了。"炮"在《诗经》和《楚辞》（煨小山羊）中都被提到过[⑨]。"炮"也是制作《礼记》中八珍之一（炮乳猪）的方法[⑩]。马王堆《竹简》中没有提到"炮"，《五十二病方》也只提到了一次。而且，这一药方，建议用来治疗痔疮的，具有不同寻常的意义，值得我们全文引用[⑪]："以豆酱灌一只黄母鸡并使其窒息而死。用芒叶（miscanthus）将其包起来。将湿泥巴涂抹在外面，然后放进火里煨。当外面的泥巴干燥（而干透），鸡就可以食用了。鸡羽毛可用于烟熏会阴消毒"（"一、痔者，以酱灌黄雌鸡令自死，以菅裹，涂土，炮之。涂乾，食鸡，以羽熏纂"）。我们不知道这一药方的效果如何，但是，读者可以认为这就是世界上最早的"炮"鸡烹调方法，目前比较公认的称呼是"叫花子鸡"。现在，在东亚的一些中国餐馆中仍然可以见到这道菜。事实上，"炮"一直被认为是一种奇异的烹饪方法，这可能是因为在普通厨房中，使用这种方法

---

① 《礼记·丧大记》，第七三二页。根据郑玄的说法，"熬"制谷物的气味会使蚂蚁远离尸体。
② 《五十二病方》，例如第三〇、一三二、一六四、一七八、一八五、二〇三方。
③ 湖南省博物馆（1973），上集，第115—116页。
④ 《诗经》，《毛诗》231，238，245，246，248（W189，249，238，197，203）。
⑤ 《礼记·礼运》、第三六六、三六七、三六九页等。
⑥ 《诗经》，《毛诗》231，246，248（W189，197，203）。
⑦ 《楚辞·大招》，第一七二页；《礼记·内则》，第四五六页；马王堆《竹简》，湖南省博物馆（1973），上集，第134页。
⑧ 《五十二病方》，第三十六、一〇三、一二二、一三八、二〇一、二〇三方等。
⑨ 《诗经》，《毛诗》231（W189）；《楚辞·招魂》，第二六九页。
⑩ 《礼记·内则》，第四六八页。
⑪ 《五十二病方》，第一四九方（第二五八行）；译文见 Harper（1982），经作者修改。

需要做非常大量的工作①。

表6中列的下一种方法是"濯"，或者"燖"，是指在有水或汤的情况下，用文火烧煮 74
食物。"濯"源自于鬻，《说文解字》的解释是："在热菜汤或者肉汤中用文火煮"②。在四
部周代的文献以及马王堆汉墓出土的文献和文物中，没有发现这一方法的相关记录。马王
堆《竹简》中罗列了四种存放"濯"肉的容器（两种是放牛肉的，两种是放猪肉和鸡肉
的）③。另外，"黏"字是"燖"的异体字，《楚辞》中提到用它烹调鹌鹑，对它最好的解
释是用文火慢慢煮④。因此用文火慢慢煮可能是古代中国的一种重要的烹调方法⑤。

比文火煮更弱的方法是"渍"。关于"渍"，我们在上文引用的《礼记》中关于古代
中国八珍之一——"渍"的制作就是此法（p.69，注释）。《周礼》中间接地提到了
"渍"⑥。关于"渍"，最重要的做法是在酸性介质中浸泡，这种腌制方法称为"菹"。腌
渍食品在中国古代非常有名，《诗经》中提到了甜瓜菹，《礼记》中提到了三种菹，即鹿
肉菹、麋菹和鱼肉菹⑦。在《周礼》中的皇家标准食谱里，列有七种腌制蔬菜（菹）和
七种腌制肉类（醢）的食物⑧。马王堆《竹简》中列出了三罐"菹"的食品，分别是
姜、竹笋和甜瓜。在《五十二病方》中，在制备煎剂时提到了"渍"，但没有提
"菹"⑨。在（e）中我们还将详细介绍"菹"的技术。

表6的末项是"脍"。如上文（p.69）提到的，"脍"可以解释为细的肉片、肉丝或
者简单剁过的肉。"脍"既可以作为名词，也可以作为动词，《说文解字》中将"脍"解
释为"细细地切肉"⑩，《礼记》中则描述为"细切的新鲜肉"⑪。汉学家在翻译中国古代
经典时，一致将"脍"翻译为剁肉或者剁细的肉⑫。我们认为，"剁细的肉"是切好的
肉的一种，而它绝不是最令人满意的"脍"的解释。我们了解到的关于"脍"的准备过

① Harper（1984），pp.46—47。中文食品文献中很少有"炮"制方法的例子。一个有趣的不同情形是，《齐
民要术》（第七十七篇，第四七九至四八〇页）中，记载着一种切得很细的羊肉丝混合适当的调味料后，将它装进
羊的小肠里，然后放入热火中带灰煨。据说这种做法得到的制品味道鲜美。

② 《说文解字》，第六十三页。

③ 马王堆《竹简》，第五十一至五十四项，第一三五页。

④ 《楚辞·大招》，第一七二页；霍克斯［Hawkes（1985）］将燖译为"煮"。

⑤ 用文火炖的肉也可能经常用于祭祀。沈括在《梦溪笔谈》（卷三，第四十一页）中写到："有三种类型的祭品
（源于动物）：腥（未经加工的），燖（轻微加工的）和熟（完全加工的）"。

⑥ 《周礼》，第三十四页，第四十五页，涉及八珍。

⑦ 《诗经》，《毛诗》210；《礼记》，第四六三页。

⑧ 《周礼》，第五十五页、第五十七页。在菹的过程中，腌制前蔬菜切为长约四寸。文中还列举了另外五种腌
制的蔬菜，它们被称为"齐"，这些蔬菜切好后的尺寸要比菹小。

⑨ 马王堆《竹简》，湖南省博物馆（1973），上集，第142页；《五十二病方》，第三、二十、七十三、九十
九、一二〇、一三八方等。

⑩ 《说文解字》，第九十页，"脍，细切肉也"。

⑪ 《礼记·内则》，第四六三页，"肉腥细切为脍"。

⑫ 例如，孔子吃细切为脍的肉，《论语·乡党》，第八章；参见Legge（1861a），p.232和Lau（1979），
p.103。《孟子·尽心下》中将脍和枣搭配在一起；参见Legge（1861b），p.497和Lau（1970），p.202。《礼记·内
则》提到"脍"更早些，参见Legge（1885a），pp.459—460，462—463，463。《诗经》中脍被用作动词，《毛诗》
177（W133），参见第6节，"炮鳖脍鲤"。韦利和高本汉两人都将此句翻译为"烧烤鳖和剁切鲤鱼"（roast turtle
and minced carp）。也可参见《楚辞·大招》，"脍苴蓴只"被霍克斯［Hawkes（1985），p.234］翻译为"用姜调味
的肉末"（ginger flavoured mince）。

75　　程的惟一描述源于《礼记·少仪》，书中说："取一块新鲜的牛肉、羊肉或者鱼肉，将它薄切成（大）片，然后再细切，就可以得到脍"①（"牛与羊鱼之腥，聂而切之为脍"）。这一描述进一步证实："脍"是由鲜肉细切得到的，但是遗憾的是，书中并没有说明肉究竟被切成了怎样薄的程度，也没有进一步说明如何细切才算是将肉切成了更细小的条，或肉糜。综上所述，从烹饪的角度考虑，我们认为"脍"是细薄的肉片或肉丝，而不是肉糜。中国传统的制作肉糜的方法是："先按一个方向切肉，然后按另一个方向继续交叉切，直到最后看起来像机器绞碎的一样"②。这种方法比《礼记·少仪》中介绍的方法更简单和省力。如果最终的产品是要切成肉末的话，为什么还要先切成细小的条呢？事实上，一些现代的中国学者，如王梦鸥、樊树云、傅锡壬和石声汉等，都倾向于支持这一观点，即古代的"脍"与我们今天常见的用于炒菜的肉片或肉丝相类似③。遗憾的是，到了周代末期，人们食用生鲜"脍"的兴趣逐渐淡化。在汉代或汉代之后的其它文献中，没有发现关于制作"脍"的相关记载④。但是，值得注意的是，鱼肉制作的"脍"无论是在遥远的古代还是在当今社会都很普遍⑤。实际上，现在"脍"是指用于生吃的鱼肉丝或者鱼肉片⑥。

76　　　周末和汉初，"脍"可能是直接食用，或者在酒中浸泡后食用，食用时进行适宜的酱调味。在马王堆《竹简》中，记录了四种盛装"肉脍"用的容器，分别用于牛肉脍、

---

① 《礼记》，第五八八页。

② Miller, G. B.（1972），p. 42。米勒（Miller）进一步指出，现在人们常用绞肉机加工肉末，"那样做的话，会使一些连接组织被挤出来，损失掉一部分汁液，使食物口感变得粗糙。这也是为什么用手工剁好做成的猪肉丸子通常都比较松软的原因。"令人奇怪的是，在汉以前的一些文献中，通常都用"切"来描述切肉或者鱼等。在烹饪词汇里，也很少用"剁"或者"切碎"这样的特殊词汇进行描述。但是到了6世纪的时候，"切"和"剁"的区别就变得很分明了。在《齐民要术》中，"切"仍然用于表述切割，"剁"的表述则出现了一个新词"剉"。参见缪启愉（1982），第420—421页，第494页；石声汉（1984），第76页。

③ 王梦鸥（1984）《礼记今注今译》（第463页）将脍解释为"肉切成像丝一样细的条"。樊树云（1986）《诗经全译注》（《毛诗》177，第二七一页，注释三十七）关于鲤鱼脍的解释："脍是指被细切的鱼肉，特别是指用于生吃的鱼片"。傅锡壬编著［（1976），第172页］的《新译楚辞读本》将"脍苴蓴只"解释为："野生姜切成的丝"，同前面引用的霍克斯翻译的"姜味肉末"（ginger flavoured mince）不同。石声汉（1984）校释的《齐民要术》（第77页）中，将脍定义为非常薄的肉片或者非常细的肉丝。

　　基于以上的解释，上文（p.74）中引自《孟子》的内容的翻译就可以变得更恰当了。孟子曾被问及"脍炙与羊枣"更喜欢吃什么。理雅各将其翻译为"剁碎的肉和烤好的肉或者羊枣"（minced meat and broiled meat or sheep date）。刘殿爵（D. C. Lau）翻译为"剁碎的和烤好的肉或者枣"（mince and roast or jujubes）。这是一种奇怪的比较方法。假定孟子喜欢吃剁碎的肉，不喜欢枣，而且厌恶烤肉，那他会如何回答这个问题呢？在这段文字中，脍作为一个动词更为合适。孟子应该在细切的烤肉与枣之间作出选择，他的回答很显然是选择了细切的烤肉。事实上，几乎每一个人都会认为，细切的烤肉味道鲜美。这一点也可以从成语"脍炙人口"中得到说明。"脍炙人口"的意思是，某种美味食品深受所有人的喜爱，因此，此成语被广泛地引用或很受欢迎。

④ 食用生肉制作的"脍"的习惯，一直延续到公元6世纪。《齐民要术》（第四二二页）描述了这样一种菜肴，它的制作过程包括生羊肉丝和生猪肉丝的准备；并对肉脍使用的调味品作了说明（第四五〇页）。在后来的文献中，"脍"通常是指切好的用于烹调的新鲜肉，或者是烹制好的肉片，参见王仁兴编著（1987），第310页（牛肉，明：《宋氏尊生》）、348页（猪皮冻，元：《居家必用》）、275页（羊头，元：《饮膳正要》）。关于脍在中国饮食中的简单评价，可参见益民和光军（1984）。

⑤ 例如，《齐民要术》，第四二一页、第四五〇页；王仁兴（1987），第156页（唐：《大业拾遗记》，据《太平广记》卷二三四）、第366页（元：《饮膳正要》，第八十九页）、第381页（明：《多能鄙事》）。

⑥ 《辞海》（1979），缩印本，第1510页。

羊肉胾、鹿肉胾和鱼肉胾的盛装，但是没有提及"胾"的处理过程①。尽管如此，这些证据已经可以证明，"胾"是王公贵族祭祀或过节时候重要的食物。

在中国古代，其他重要的烹饪方法还有"脯"、"腊"、"醢"、"齐"。这些方法和"菹"一起，将作为食物加工和保藏方法的内容，在（e）中详细介绍。

对于没有经过专业训练的人来讲，源于世界各地，包括东亚、近东、北非和美洲的早期文化的不同的烹调陶器，其形状看起来都非常相似，但是，有一种古代陶器是例外，这种容器一看便知是起源于中国的，就是称为"甗"的蒸具。这种蒸具由"鬲"和"甑"组成。下面的鬲有三条膨胀的空心腿。在鬲上面坐着甑，甑的底部像漏勺一样有很多小孔（图 22）②。从下面鬲里沸水中产生的热蒸汽，通过"甑"底的小孔上升到"甑"里的食物中，将食物蒸熟。在六七千年之前的半坡（图 23）和河姆渡（图 24）新石器时代聚落，陶制的蒸锅都已经是人们很熟悉的器具了，这表明"蒸"是中国最古老的烹调方法之一。正如我们将在下文要论述的那样，蒸具的发明和持续应用，对中国食品烹调技术的发展有着非常重要的影响。

如果"鬲"的支撑腿由空心变成了实心，那么"鬲"也就变成了"鼎"（图 25），没有腿的"鼎"就是"镬"（或者"釜"）。现在，商周时期用青铜制成的这一类器具或类似的优美器具，今天正展示在世界各地重要的博物馆里③。但事实上，陶制的器具或许才是日常生活中制备食物时最常用的④。遗憾的是，有关周代烹饪器具的文献记载非常少⑤，但是目前已获得的大量考古学证据表明，"鬲"、"甗"、"甑"、"鼎"和"镬"（或"釜"）都是商周时期主要的烹调器具⑥。三脚式加热容器"鬲"、"甗"和"甑"的缺点是：在容器底部燃料燃烧时所产生的大部分热量都被无谓地浪费掉了。为了集中热量和保温，人们用砖或土坯在容器周围建造了隔热层，这一构造的进一步改进最终导致了"炉灶"的产生。"灶"的原型在《诗经》中称为"爨"⑦。虽然我们无法确定"灶"起初到底是什么样子，但是，到汉代早期，炉灶就已经演化成它的传统形式。汉墓中已经发现了大量的陶灶明器。图 26 就是一个典型的例子，是传统炉灶与中国现在的炉灶的比较。不难发现，两千年来，炉灶的基本设计变化不大。"灶"有一个矩形的平台，高为2.5—3.0英尺，深为2.5英尺，宽为4—5英尺，台里面的"窟窿"是灶膛，是

80

---

①　马王堆《竹简》，湖南省博物馆（1973），上集，第 135 页。

②　"甗"以及它的组成部分"鬲"和"甑"在本书第五卷第四分册（pp. 26—32）有描述。鬲具有中国独有的特征，顾立雅［Creel（1937），p. 44］对此作过解释。在泰国班高（Ban Kao）的新石器文化遗址中发现了一种类似的锅，它有三个锥形的中空支撑脚，参见 Flon（1985），p. 252。据我们所知，没有任何一种其他文化曾制造出甗形的蒸锅，这表明中国人是唯一大规模使用蒸汽制作食物的民族。

③　关于对庄严、优美的中国古代青铜器的介绍，参见 Fong, Wen ed.（1980）。对中国青铜器的详细研究，参见 Ma Cheng-Yuan（1986）和马承源（1988）。

④　我们在博物馆看到的青铜器是祭祀用的容器，它是权力和威望的象征。事实上，正如张光直［K. C. Chang（1980），p. 45］指出的那样，"从夏朝开始，在最高的层次上，特定的青铜器是一个王朝统治的象征，一个朝代改变时，它也就随之交接。"显然，这是普通人无法企及的。

⑤　《诗经》：鼎，《毛诗》292（W233）；釜，《毛诗》15，149（W76，149）；《周礼》：鼎，第三十四页、第三十九页；《楚辞·大招》：鼎；《礼记》：镬，第四六八页。

⑥　参见 K. C. Chang（1973）；亦可参见 Max Loehr（1968）和马承源（1988）。

⑦　《诗经》，《毛诗》209。

77

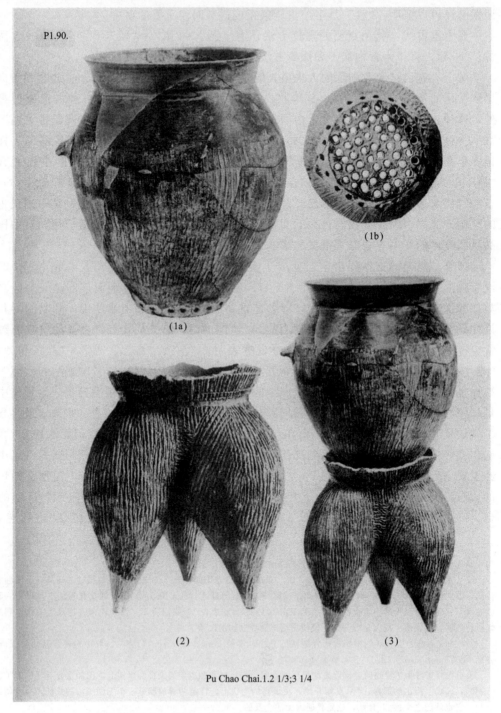

(1b)

(1a)

(2)　　　　　　　　　　(3)

Pu Chao Chai.1.2 1/3;3 1/4

图22　商代的陶甗，由鬲和上面放置的甑组成。采自 Anderssen（1947），pl. 90。（1a）甑；（1b）甑的漏孔底部；（2）有三个空心腿的鬲；（3）鬲和甑组成的甗。

(a)

(b)

图 23　陕西半坡出土的蒸具：（a）有煮具和盖子的原始蒸具；西安半坡博物馆（1972）。

（b）半坡博物馆中组装好的蒸具陈列（公元前 4000 年）；黄兴宗摄影，1979 年。

79

(a)   (b)

图 24　浙江河姆渡遗址出土的蒸具：（a）组装好的蒸具，包括煮具和灶，河姆渡（公元前
　　　　5000 年）；《中国烹饪》，1989 年第 9 期，封面。（b）蒸具和煮具的外观，浙江省文管
　　　　会（1978），第 76 页，图版 3，第 3 件。

图 25　半坡出土的三足陶鼎，采自 San Francisco Aisan Art Museum
　　　　（1975），Fig. 57。高 15 厘米。

(a)

(b)

图 26　传统的中国灶：（a）汉墓中的陶灶明器；云梦县文物工作组（1981），图版 10，图
　　　6。（b）在台湾省台北市看到的传统中国灶；黄兴宗摄影。

燃烧燃料的地方，前面有"门洞"，后面是烟囱。灶台上面有一个或两个圆形的开口，烹调用容器（如镬或釜）的上沿可以紧紧地嵌在里面。我们发现，大多数汉代形式的"灶"上都有"甑"，这表明，"蒸"这一烹饪方法在古代烹调中的作用是举足轻重的。有迹象表明铁制的"镬"和"釜"在汉代已很常见。它们的形状可能与图 25 中鼎的形状类似，但是没有腿[①]。由于铁制容器比陶器耐用，而且后来铁比青铜便宜，所以铁锅最终成为最受欢迎的炊具。"灶"是一种很独特的发明。它保温性能好，热量损失少；而且，通过调整灶膛里燃料的用量，可以随意地控制产生热量的多少。因此，控制灶膛里燃料的燃烧，也成为烹调技艺中不可分离的一部分，字面上讲"炊"有"吹火"的意思，它也时常用来指烹调全过程，如"炊饭"等。

正如我们上文提到的，"蒸"被用于做饭（大米饭或小米饭）。根据《逸周书》记载，第一个将"蒸"用于做饭的人是传说中的黄帝[②]。"饭"也被称为"食"，当孔子说："粗粮为食，泉水为饮，臂弯为枕——我仍然乐在其中"[③]（"饭疏食饮水，曲肱而枕之，乐亦在其中矣"），这里的"食"就是蒸熟的大米或小米饭。由于"饭"是中国饮食生活中的主要组成部分[④]，所以做饭也被认为是蒸具突出的功能。蒸熟的米饭（大米或小米饭）的典型特征是颗粒松散，可以很方便地盛到"簞"（竹制容器）里吃。这种吃饭的方式是孔孟时代的饮食习惯[⑤]。"蒸"也被用于烹制肉和鱼。汉代及之后，随着小麦制粉技术的提高，很多面食类产品，如馒头和糕条，也相继出现并发展起来，"蒸"的重要性进一步提高[⑥]。现在，"蒸"仍然是中餐与众不同的特色。

"鬲"、"鼎"、"镬"（或"釜"）都是用于烹调食物的容器，烹调方法除了"煮"以外，还有其他方法，比如"煎"、"炖"或"烘烤"。在周代早期的烹调中，"鬲"和"鼎"的地位比较高；但是，随着"灶"变得普及，"镬"和"釜"的使用也逐渐广泛[⑦]。在当今中国的大部分地区，放在炉灶上的大容器被称为"锅"。但是，某些古容器的名称在一些现代方言中仍然相传重用。例如广东话中，"镬"的发音是"wok"，这个发音目前在欧美的厨事活动中常常耳闻；福建（福州和厦门）方言中，"镬"被称作"鼎"，但发音为"tiang"。

传说黄帝还发明了煮粥的方法，即用大量的水煮米直到软烂[⑧]。这可能是一种比蒸更早的烹调方法。在新石器时代，除去谷物外壳的技术还相当落后，因此用糙米蒸熟的饭口感并不润滑。所以，即使是最硬的粮食，经过长时间的煮制之后，也可以得到为大

82

---

① 江西省博物馆（1978），第 158 页；南京博物馆（1979），第 424 页；礼州遗址联合考古发掘队（1980），第 1 页；扬州市博物馆（1980），第 5 页。

② 《逸周书》，采自《太平御览·饮食部》，第三二八页。

③ 《论语·述而第七》，第二十章第十四句；译文见 Legge（1861），p. 200。有关其他出现谷物类食物作"食"的章句，参见 K. C. Chang（1977），p. 40。

④ 其它食品是"膳"，即现代汉语中的"菜"。

⑤ 《论语》，译文见 Legge（1861），p. 188；《孟子》，译文见 Legge（1895），p. 170。

⑥ 这个专题将在下文（e）节中详细讨论。在此我们顺便要提到的是，"蒸"已经成为中国烹调文化中不可或缺的部分，它也被用于"蒸蒸日上"这样的表述中，用以表示情况的迅速改善或者日益繁荣。

⑦ 东汉，一直到北魏，独自站立的大鼎都用作烹调。参见田中淡（1985），第 258 页和第 273 页起。

⑧ 《逸周书》，见《太平御览·饮食部》，第四五〇页。

家所接受的粥。汉字"鬻"是"粥"的古体字，从字的构成上看，"粥"最早可能是在"鬲"里煮好的。"粥"又被称为"糜"，这表明粥中的米已经软烂到了散形的程度。在古代，较稠的粥称为"饘"，稀的简称为"粥"。《礼记》中曾数次提到过喝稀粥，例如，认为喝粥适合于老人对营养的需求；还认为经历了父母过世而服丧斋戒的人，第一餐最适宜的食物是稀粥[①]。在《五十二病方》中，提到了用高粱粥治疗蛇咬伤的事[②]。由此可知，在周汉时期，在用水和米煮粥的过程中，"锅"之类的器具无疑起到了很重要的作用。

　　毫无疑问，锅也用于"濯"，上文讨论过的烹调肉类食物的方法（表 6）。但利用罐里的水烹制而成的最有名的古代膳食是"羹"，羹的现代意思是"汤"。实际上，在翻译《诗经》中三首提到了"羹"的诗时也确是这样直译为"汤"的[③]。杜预在《左传》的注释里告诉我们："大羹不需要进行调味"（"大羹不致"），并进一步解释说"羹"是肉汁，即汤[④]。另外，《尔雅》（约公元前 300 年）中认为"肉就是羹"[⑤]（"肉谓之羹"），《仪礼》中说"大羹的汤在炉子上"[⑥]（"大羹湆在爨"）。由此可见，"羹"在中国古代可以用于表示不同的食物。既可以是清肉汤，清汤，也可以是口味清淡、浓重的炖菜、纯肉等任何东西。"羹"的原意可能是表示烹制或煮制的肉，制作时可以添加或不加蔬菜，水的添加量也可以不同，"羹"是一类与粮谷类截然不同的食物。《左传》关于"黄泉"的记载中，记录了公元前 721 年郑庄公跟他母亲疏远的故事[⑦]：

> 　　郑庄公然后把武姜（他母亲）关在颍城，并且发誓永远不想再见她，除非俩人在黄泉相遇。可随及他就对自己发的誓言后悔莫及……颍考叔是颍的地方官，他听说了这件事后，就进宫奉献一些东西给郑庄公。庄公在宫内款待颍考叔。在吃饭时，庄公发现颍考叔没舍得吃肉，于是就问颍考叔原因。颍考叔回答说："臣家中有老母，她喜欢吃我获得的最好吃的东西。她从来没有吃过君王的羹，恳请您同意我留下一些送给我的母亲"。

> 　　〈遂置姜氏于城颍，而誓之曰："不及黄泉，无相见也。"既而悔之。颍考叔为颍谷封人，闻之，有献于公。公赐之食，食舍肉。公问之，对曰："小人有母，皆尝小人之食矣。未尝君之羹，请以遗之。"〉

　　剩下的故事我们就比较熟悉了。在颍考叔的建议下，庄公命人挖地下隧道，直通到有泉水的地方，他和母亲在隧道里愉快地重逢了。这样，他既见到了母亲，又不违背自己的誓言。对我们而言，重要的是颍考叔从"君之羹"中留了一部分，留出来的无疑是肉，也许还有羹里的其它成分。从这个例子来看，其中的"羹"可能是炖出来的。但它

----

① 《礼记》，第八十八页、第一二○页、第二八九页、第七一八页、第九一八页、第一○一五页。

② 《五十二病方》，第九十二行，第五十六方。

③ 《诗经》，《毛诗》255，300，302；参见韦利、高本汉和理雅各的译文。

④ 《左传·桓公二年》。杜预的注为"'大羹'，肉汁也"。

⑤ 《尔雅注疏》卷六，第七十七页。

⑥ 《仪礼注疏》卷四，第四十二页。也可参见卷二十五，第三○二页；书中写到："羹中不用任何调味品"（"大羹不和"）。

⑦ 参见本书第五卷第二分册，p.84。源自《左传·隐公元年》，由李约瑟译成英文。

也可能是一般定义中的"菜"。

据《礼记》中有关"羹"和"食"的记录说明，当时"羹"的食用非常普及，无论是王公贵族，还是普通百姓都在食用，没有等级差异[①]。由此也说明，"羹"是一种人们很熟悉、而且经常食用的食物，可作为粮食类食物的佐餐。制作"羹"时可以用很多不同种类的肉。《礼记》中列出的有雉、肉干、鸡、狗肉和兔肉[②]。为了使汤汁变得浓稠，常常还要加入一些碎大米共煮，但不加蓼。《楚辞》里提到的肉有金莺肉、鸽子肉、鹅肉和豺肉[③]。另外，也有只用蔬菜作的"羹"。据推测，普通百姓食用的"羹"，其原料很可能只有蔬菜[④]。在《周礼》中，提到了祭祀和款待达官时使用的两种羹，即太羹和铏羹[⑤]。根据郑玄的说法，其制作方法是：肉或鱼煮好之后倒出来，放在特定的容器中的肉汤（湇）称为"太古之羹"[⑥]。为了保持肉汤风味的纯正，这种汤里不再添加任何调味品或蔬菜。如果汤里添加了调味品和蔬菜，就被称为"铏羹"[⑦]。在马王堆《竹简》中"羹"放在食物列表的首位，这说明了"羹"在中国古代饮食生活中的重要性。有二十四鼎"羹"，他们分别隶属于下列三大类：

1) 9 种酐羹：牛头、羊肉、狗肉、乳猪、猪肉、雉、鸭肉、鸡肉、加鱼肉的鹿肉（见图 5）[⑧]。

2) 7 种白羹：之所以称之为"白羹"，是因为添加了少量的碎大米或米屑（这些原料有时被称为"白"）而变得黏稠。这种羹有稀粥的色泽和稠度。用于做羹的原料有牛肉、加咸鱼和竹笋的鹿肉、加芋头的鹿肉、加小豆的鹿肉，鸡肉和葫芦、新鲜鲟鱼，加藕根和咸鱼的鲫鱼等。

3) 8 种蔬菜肉汤羹：这些羹看起来更像炖菜。其中的三种羹用芹菜（分别同狗肉、鹅肉和鲤鱼）炖成；另外三种羹用芜菁（分别同牛肉、羊肉和猪肉）炖成，最后两种羹用苦苣菜（sonchus）菜叶（分别同狗肉和牛肉）炖成[⑨]。

另外，还有一种用锅做的菜肴是"腼"，也称为"濡"或"臐"。其制作方法是将大块肉连汤汁在锅里以慢火煨煮。《礼记》中列出了几种制作"腼"的原料，它们是乳猪、鸡肉、鱼和鳖。根据郑玄和孔颖达的注释，乳猪内填满了蓼，用苦苣菜叶包起来，然后

---

① 《礼记》，第四六三页，译文见 Legge（1885），p. 464。

② 《礼记》，第四五七页。

③ 《楚辞·大招》。

④ 《仪礼注疏》卷四十二，第五〇〇页；卷四十六，第五四七页。参见 Steele（1917），Ⅱ，p. 118，154，提到苦苣菜、野豌豆、锦葵和芹菜制作蔬菜汤。

⑤ 《周礼》，第四十页。

⑥ 《仪礼注疏》卷二十五，第三〇二页，参见郑玄对"羹"汤的注释。

⑦ 关于羹在中国历史中意义的讨论，参见宋玉珂（1984）和王学泰（1985）。

⑧ "酐"字清晰地写在图 5 的竹简 1 上，在原始竹片上描述了第一组羹。马王堆发掘报告［湖南省博物馆（1973），第 130 页］将该字解释为"酐"。另一方面，唐兰［（1980），第 9 页］认为它应该是"赣"。但是这两种观点都一致认为这些羹是"太羹"，即清的肉汤，正如《礼记》、《周礼》和《仪礼》提到的。但是，也有一些怀疑的观点认为这种解释过于简单，如朱德熙和裘锡圭（1980），第 61 页。

⑨ 《仪礼》推荐用特定的蔬菜和肉制作羹，如用嫩的豌豆叶和牛肉，苦苣菜叶和羊肉，野豌豆蔓和猪肉。参见《仪礼注疏》卷二十六，第三一四页；以及 Steele（1917），I，p. 258。

煨煮熟，熟后全猪带汁上桌供食①。《楚辞》中在涉及烹调带肋骨牛肉、鳖、龟、鹊时提到了"脯"和"臛"，它还提到了"腤鸭"，是指一种用很少的汁烹调成而且可以解释为罐装的鸭②。

我们认为锅也可以用于干煎或熬。在《周礼》中，提到了用烹制好的米熬制"糗"③。因为中国古代不可能有烤箱，所以烤米的方法是将米放在加热的锅里搅动。搅拌可能用叫做匕的勺子或长柄勺来做。最早记录这种搅拌器具的文献是《诗经》。对于这种器具的使用，是这样描述的："锅里的炖肉翻滚着，弯弯的木勺不停地搅拌"④（"有饛簋飧，有捄棘匕"）。"匕"可以写成"枇"或"毕"，"匕"有各种不同的大小和形状，既可以用于烹调食物，也可以用于进餐。据《礼记》中记载，"枇"的长约三到五尺，既可以用于典礼仪式，也可以作为招待客人的器具⑤。《礼记》中也提到了形状不同、长度相同的"毕"，它们都是前端分两叉的叉子，之所以被称为"毕"，是因为它们与现在已被确定为金牛座（$Epsilon Tauri$）的星宿"毕"的形状很相似。后面将有更为详细的对勺和叉的介绍。

"毕"与"炙"有一定的联系，"炙"是将食物在火上直接烹调的三种方法之一。关于"燔"的知识，我们知道的很少，"炮"我们也没有详细介绍。而"炙"有很大的不同。我们已经发现关于"炙"细节的记载，最早见于《韩非子》，其中有关于厨师为晋平公"炙肉"的故事⑥。

> 在晋文公统治时期（公元前636—前628年），他在食用一道菜时发现烤制的肉上还有毛发。就把厨师叫来质问："你想噎死我吗？为什么烤肉上还有毛发？"厨师跪在晋文公前，边磕头边说道："大王，很显然，我犯了三项可恶的罪状，这每一项都可获得死刑的处罚！我把刀子在磨石上磨到剑一样锋利，尽管它切起肉来毫不费力，但是它却没有切断毛发，这是其一；我在仔细地将切好的肉穿到木叉上的时候，没有发现毛发的存在，这是其二；我将穿好肉的叉子放到炉上烤，炉内的木炭又红又热，尽管肉很快就烤熟了，但是毛发却没有烤焦，这应是我的第三罪吧！难道是宫内有人想故意陷害我吗？"文公回答道："对！"于是，他将侍从们叫来并进行了审问。后来，他终于找到了案犯并将其处死。

> 〈文公之时，宰臣上炙而发绕之。文公召宰人而谯之曰："女欲寡人之哽邪？奚为以发

① 《礼记》，第四五七至四五八页；Legge（1885），p. 460。

② 《楚辞》，见傅锡壬（1976），第161页、第172页；David Hawkes（1985），鼍，pp. 227—228，234。

③ 参见孙诒让的注解，《周礼今注今译》，第53页。糗是干制的烹调好的谷物，可以和水混合后直接食用，可能同现在的干制谷物相似。

④ 《诗经》，《毛诗》203（W203）。韦利将"匕"翻译为汤勺。但从上下文来看，它可能也就是一个简单的搅拌棒。后来匕逐渐演变为叉子。

⑤ 《礼记》，第六六七页。

⑥ 《韩非子·内储说下》，第八十六至八十七页，由作者译成英文；也可参见刘昌润（1986），第169—170页。事实上，对同一个故事，文中出了两种不同的说法。我们采用了第一种说法的结尾部分。栗禾（1986）也对这个故事进行了讨论。

绕炙?"宰人顿首再拜请曰:"臣有死罪三:援砺砥刀,利犹干将也,切肉,肉断而发不断,臣之罪一也;援木而贯窬而不见发,臣之罪二也;奉炽炉,炭火尽赤红,而炙熟而发不烧,臣之罪三也。堂下得微有疾臣者乎?"公曰:"善。"乃召其堂下而谯之,果然,乃诛之。〉

由此可见,"炙"肉就是用木叉串上肉块,放在烧着的炭火上烤成的。这和现在地中海东部国家很普遍的羊肉串或烤肉串完全一样。魏晋时期嘉峪关的墓画,也准确无误地画出了一支有三个分叉的叉子用于"炙"的情形。图 27 所示就是一个例子。同时,山东省诸城县东汉墓出土的画像石,也精细地描述了厨房的场景(图 28)。图中的内容表明,传统的单支串肉扦是汉代最流行的用于炙的工具[1]。

图 27　出自嘉峪关的用于炙烤的三分叉叉子。知子(1987),第 7 页。

图 28 的最上面是一排大钩子,上面挂着用于进一步加工的畜体和动物器官。可以看出它们是:鳖、鹿、两排鱼、一个猪头,以及牛、羊或猪的肩或肋。图中第二排左边,有一个摆满了大盘子的架子,一个人正在拿着一个大盘子朝那个方向走。架子右边,一个厨师在切鱼,另一个厨师在从带肩肉上切下一大块肉。第三排靠近中间的地方,是三个厨师忙着切肉,也许为"炙"作准备。他们的右边是两个人正在翻转放在长方形木炭火盆烤架上的肉。其中一人同时在给燃烧的木炭煽风。他们的下面,一个人正将块形的肉穿到扦上,另外一个人在等将串好的扦放到烤架上。在右下方,我们看到五种将被宰杀的家畜,鸡(关在笼子里)、山羊(替代了绵羊)、牛、猪和狗。有一个人正在用一个很沉的(金属)球敲打牛。图的左下方,一个仆人正从井里打水,一个大蒸笼放在烧着木头的炉灶上面,一个人正在往灶里添柴,另外一个人正用陶质的滤器或者滤布将发酵好的醪过滤以获取清澈的酒。中间,还可以看到一个鸡棚,一个人正在清洗鸡,另一个人在大盆里混合食物,还有一个人正在用斧子劈柴。再往下,是一个工头朝着一个衣冠不整,坐在地上的女仆挥舞着一个大勺,显然女仆没有很好地做工。在他的后面,一个人看起来已经准备好用棍子打女仆了。图片底部是一个发酵池和四个装水或酒的大储藏瓮。在最左边有两个小的缸,可能是用来腌肉和蔬菜的,这方面的内容将

---

① 田中淡(1985)复制了有三个分叉的叉子的图片,图 32 和图 33。参见任日新(1981)对山东诸城汉墓布局图的描述。其中发现了十三幅画像石,这些画像提供了大量东汉时期日常生活的图画。我们所说的这幅图是刻在一块长 152 厘米、宽 76 厘米、厚 23 厘米的石板上。毕梅雪[Pirazzoli-t' Sersteveus (1985)]对它进行了详细地分析,田中淡[(1985),图 31,第 269 页]和弗隆[Flon (1985, p. 27)]对该图进行了复制。

图 28　山东诸城出土的东汉时期的厨房场景。任日新（1981）。

在（e）节中详细介绍。

对于中国的烹饪术，古代的方法与现代的实践如何进行比较呢？我们制成了表7，把古代和现代的烹饪方法逐一列出，以致它们之间的相似与差异可以一目了然。表中现代烹饪方法，我们主要采用赵杨步伟（Buwei Yang Chao）著名的烹饪著作给出的术语。该书中确认了二十种不同的中国食物的烹饪方法[1]。基本上，烹饪的时候，需要将外界的热能转移到食物原料上，实现热能转移有四种不同的方式，它们是划分表7中不同烹饪方法的基础。

表 7 中国古代和现代烹饪方法对照表

古今方法 / 传热介质	古代		现代	
	方法	食物	方法	食物
蒸汽	蒸	大米、菜肴、馒头、糕、饼	蒸	大米、菜肴、馒头、糕、饼
水	烹	稀粥、稠粥	煮	稀粥、稠粥
	胹	汤、炖肉	炖	汤、炖肉
	臛	焖肉	卤	焖肉
	濯	水煮菜肴	汆	水煮菜肴
脂或油	煎	菜肴	煎	菜肴
		—	炸	菜肴，饼
		—	炒	菜肴
直接加热	熬	谷类、肉	爆	谷类
	燔	肉、禽类	烤	肉、禽类
	炙	肉	？	肉
	炮	肉、禽类	？	禽类
不加热	菹	肉、蔬菜	泡	蔬菜

第一种，用外来热能煮水，水煮沸后升起来的热蒸汽用于烹饪食物。"蒸"是中国古代一种非常重要的烹饪方法。现在亦然。首先人们用的是陶瓷蒸器，后改为木桶，到了宋代（960—1279 年）才应用竹笼。竹笼的发明使得"蒸"这种烹饪方法经久不衰，因为竹蒸笼重量轻，使用过程中容易取放[2]，竹笼最终取代了较为沉重的陶瓷和木制蒸笼，也使蒸的多功能性和方便性发挥得淋漓尽致。现在，"蒸"仍然是典型的中国烹饪方法（见图 29）。

第二种，加热能于水，再用热水烹饪食物。通过对供给水热量的高（快煮）、中（慢煮或炖）、低（不沸）和烹饪时间的控制，可以得到宽泛区域的烹饪结果。这些基本方法现在还在使用，上文已描述过，但是时常有不同的名称。"汤"取代了"羹"，"红

---

[1] Chao, Buwei Yang (1963), pp. 39—47。

[2] 关于木制的蒸笼，陆羽在其著名的《茶经》(770 年) 中提到了用于蒸茶叶。《夷坚志》(1170 年) 中提到了蒸酒（参见第二三〇页）。田中淡 [（1985），第 257 页，图 12、13a、13b] 复制于南宋古墓出土的砖壁画，壁画上画的是一摞竹制的蒸具置于火炉上的情景，参见陈贤儒（1955）和四川省博物馆（1982）。

(a)

(b)

图 29　中国的竹制蒸具：（a）甘肃南宋墓中壁画上的竹制蒸具；陈贤儒（1955）。（b）新疆
乌鲁木齐的竹制蒸具和灶；肯尼斯·许（Kenneth Hui）摄影，约 1985 年。

烧"取代了"胹"，"卤"取代了"臐"，"余"取代了"濯"[①]。由此看来，采用中国古代当时可用的原料和炊具，可以制作出这类现代食品中的大部分，或与它们差不多的仿制品。

但是对于第三种传热方式，我们绝对不能采用这样的说法。这种方法首先是将脂肪或油加热，再通过热油将热转移到食物上。利用这种传热方式的现代烹饪方法有三种：煎、炸和炒，而古代只有"煎"。正因为此，古代的中国人不可能制做出我们今天很熟悉的"炸"和"炒"的菜。"炒"可以认为是"煎"和"熬"的结合，古代的"熬"是一种还不清楚的烹饪方法，可能在一个加热的锅里快速地搅拌食物。

"熬"列在第四种传热方式中的第一位。这种方式不以蒸汽、水或者油脂为传热媒介把热直接传递给食物。类似现代所说的"爆"。可用于炒栗子，也可以用于膨化谷物，比如膨化大米后制作膨化米糕。"燔"现在的说法是"烤"，著名的"北京烤鸭"是一个很好的例子。"炮"是裹着泥土在火中煨，"叫花子鸡"是一道很少见的菜，只有在少数的餐馆中才能见到。"炙"是串在扦上烤的方法，在汉代非常普遍，现在几乎完全消失了。只在中国西北部的维吾尔族或者个别的少数民族生活区才可以见到，但对大部分现在生活在美国或者欧洲的中国人来说，当得知"炙"原本是一道中国的本土菜时，普遍都会感到很惊奇。

最后一种方法是"菹"，尽管它不需要加热，但也被列为一种烹饪方法。在现代烹饪中，它的地位没有古代那么高。"菹"可以用于加工肉和蔬菜。现代仅用于蔬菜的泡制。

总之，我们认为中国"蒸"和"煮"的烹饪方式和制作食物的过程古今基本相同。但是，"煎"和"烤"发生了较大的变化。古代，"串烤"是一种重要的烹饪方法，现在已经不是了。"煎"和"炒"在周和汉以前还未出现，现在却运用得非常广泛。事实上，"炒"堪称"中国烹饪方法中最有特点的方法"，许多西方研究者也同意这一观点[②]。也正因为如此，有人可能会问，中国古代的烹饪是否是真正的中国式烹饪？为了回答这个问题，我们需要介绍烹饪体系的其它内容，例如，使用调味料的种类以及它们如何对食物风味产生影响。

91

（ii）调味品和香辛料：材料和用法

谁给我们肉吃呢？我们记得在埃及的时候，不花钱就吃鱼，也记得有黄瓜、西瓜、韭菜、葱、蒜。[③]

我们非常同情古代可怜的犹太人。我们太庆幸我们的饮食中有韭菜、葱和蒜了。食物的滋味和口感虽然在很大程度上依赖于原料的种类和烹调它们的方式，但是调味品和香辛料却可以提供独特的滋味。它们促使取自单个配料的滋味谐调混合在一起赋予食

[①]　"余"并没有被列入赵女士的烹调书中，但是她称这个过程为"下"和"涮"。

[②]　Chao, Buwei Yang (1963), p. 43。

[③]　《圣经·民数记》（11：4）。

物，所以，被称为"和"（调味料）。在《吕氏春秋》中，传奇厨师伊尹告诉我们，最美味的调味品是阳朴（四川）的姜、招摇（湖南）的桂、越骆（可能在华南）的菌、鳝和鲔制作而成的鱼肉酱和大夏（在中国西北）的盐①。上面列出的五种调味品，有四种是天然产物，而另一种是鱼酱，是以天然产物加工成的。利用鱼、肉、大豆和蔬菜等制成的调味品，毫无疑问，在中国烹饪中具有非常重要的地位。关于调味品的加工过程我们将在（d）和（e）节详细讨论。

我们在享用食物和饮料时所感受到的五种基本味道就蕴含在这些调味料中。在中文词典中，"五味"是指苦、酸、甘、辛和咸②。味对健康的影响随季节而异。《周礼》和《礼记》建议，为了保证烹调的味的平衡，人们应该春季食酸，夏季食苦，秋季食辛辣，冬季食咸③。尽管有这样的律令，但是古代文献告诉我们有关特殊"苦味"调料的信息不多。除了在后面将要提到的一种苦味的料酒以外，我们现在能够确认的苦味产品是《诗经》中提到的两种既苦又辛辣的植物——"荼"和"蓼"（见表2）。很显然，"蓼"是《礼记》编纂者很感兴趣的一种蔬菜，因为在《礼记》中，"蓼"被提及的次数远比其它蔬菜多④。

我们在上文中（pp.46—47）已经提到了"梅"用于添加食物酸味，但是，作为酸味调料的梅子，很快就被"醯"取代了。"醯"是一种利用酒中微生物的氧化作用生产的醋，而古代中国人明显喜爱生产大量和品种多样的酒。《周礼》中记载有"醯人"，其职责就是确保君王在庆典或其他宴请活动中，有充足的醯菜肴供应⑤。"醯人"管理着2位助手，20位侍女和40个劳力。《礼记》中还描述了用醯浸泡葱和薤，它们可以用作两种"八珍"，烤肉（在黏土中烧烤乳猪）和卤肉（浸制的瘦牛肉片）的搭配调味品⑥。

中国古代有两种甜味品：饴和蜜。《诗经》中提到了饴糖，指出它可以作为甜味调料⑦。据《周礼》中介绍，食用甜食可以促进肌肉外表疾病的痊愈⑧。在《礼记》中则建议说，饴糖和蜂蜜制成的糖果适合作为礼物赠送老年人⑨。马王堆《竹简》记录了一号汉墓随葬物中的饴糖和蜂蜜⑩。根据这些文献记载推断，饴糖和蜂蜜作为甜味佐料，在中国古代烹饪中已利用。在马王堆《竹简》中也列有"盐"，当然，它是已故女主人厨房中不可缺少的一种调味料⑪。《周礼》中也记载着"盐人"，他管理着2位助手，20位侍女和40个劳力的机构⑫。在《礼记》中则记录了在一大块牛肉上撒盐的烧烤制作

①　《吕氏春秋·孝行览第二·本味》，第三七〇至三七一页。注释可参见邱庞同、王利器和王贞珉（1983）的注释，第58—59页。

②　《黄帝内经·素问》卷四，第八十六至八十七页；Veith（1949），p.112—113。

③　《周礼》，第四十六页；《礼记》，第四五八页。

④　《礼记》，第四五七页、第四六〇页、第四七〇页。

⑤　《周礼》，第五十七页。

⑥　《礼记》，第四六三页、第四六九页。

⑦　《诗经》，《毛诗》237，35，171（W240，108，169）。

⑧　《周礼》，第四十七页。

⑨　《礼记》，第四四四页。

⑩　马王堆《竹简》，麦芽糖，第138页，第97简；蜂蜜，第140页，第114简。

⑪　马王堆《竹简》，第139页，第104简。

⑫　《周礼》，第五十八页。

92

方法，这也是古代制作"八珍"的方法之一[①]。

在此我们将讨论"辛"。"辛"同苦、酸、甜和咸不同，它不是一种定义明确的单一滋味，而是一些相关滋味的综合，如辛辣味、苦辣味、胡椒味、辣椒味和热辣味等。这些滋味都可能会让我们的身体感到不适，咽喉灼痛、泪水迷眼和流鼻涕。但当用量恰到好处时，它赋予食物难以抗拒的强烈和刺激的滋味。上文我们已提到过的一些蔬菜（表2），如韭菜、薤、大葱、大蒜、小蒜、姜和蘑菇，某些果实（表3），如花椒、肉桂或桂皮等都可以用作辛味调料。《礼记》中也记载有关于烧烤肉的烹制方法，要在放盐之前，在牛肉上洒放一些切碎的桂皮和姜。书中进一步建议"制作细肉片时，应当春季用青葱，秋季用芥菜。烤乳猪时，应当春季用韭菜，秋季用蓼。用猪油烹调时，应当加些青葱；凡是用牛油脂烹调时应当加些薤；对于三种牲畜，则应该用花椒（faraga）调味。"[②]（"脍，春用葱，秋用芥。豚，春用韭，秋用蓼。脂用葱，膏用薤。三牲用藙。"）在马王堆一号汉墓出土的遗物中，能够分辨出来的辛味调料有姜、肉桂和两种花椒（faraga）；在云梦汉墓中，已发现的有韭菜和青葱[③]。由此我们可以推断，辛味调料已经广泛应用并成为中国古代烹饪的一个特征。

除了上面所述之外，人们还意识到不同的动物油脂（以及后来的植物油）都有自己独特的香味和滋味。牛油有乡味，狗油有臊味，猪油有腥味，羊油有膻味。可是，使用这些似乎令人厌恶的油脂有益于烹饪：羔羊和乳猪可以用牛油煎炸，干雉和鱼可以用狗油煎炸，小牛和小鹿则可以放入猪油烹调，鲜鱼和鹅可以用羊油烹调[④]。在烹饪中，动物油脂的香气和天然滋味与肉中成分（可能添加合适的调味品）相混合，产生新的滋味，使做好的菜肴具有良好的风味，令人愉悦，回味无穷。因此，如果从调和滋味的角度而言，中国古人已经非常明确地了解其真谛所在：那就是整体大于局部之和。

关于"调和"的另一作用我们还没有谈及，那就是"调和"对食物质地的影响。这种影响在做羹的时候特别明显。肉汤向来比较稀。为了增加入口时的浓稠感，《礼记》中指出，可以在肉汤中添加糁（碎米屑），使汤汁变稠。这个过程俗称为"和糁"[⑤]。所以，郑玄在注释中说："要做成味道鲜美的汤，就需要用五种调味料调味，并向其中添加一些碎米增稠"（"凡羹齐，宜五味之和，米屑之糁"）。还有一种方法可以使汤增稠，但同时也使得汤口感更"滑"，添加一些黏性的蔬菜，如"葵"，或"蓼"等。据《仪礼》记载，制作"铏羹"时就需要添加"滑"的蔬菜，这样有助于改善羹的质地[⑥]。

因此可以说，烹饪过程的全部目的就是要将具有特殊滋味和质地的各种相互独立的原料，通过烹饪过程使之融合为和谐的整体，这就是周代文献中时常明确表达

---

① 《礼记》，第四六九页。

② 《礼记》，第四六〇页。

③ 黄展岳（1982），第78，79页。有关马王堆，参见湖南农学院（1978），第28—33页，有关云梦，参见湖北省博物馆（1981），第15页。

④ 《周礼》，第三十六页；《礼记》，第四五九页。Legge（1885），p.462。

⑤ 《礼记》，第四五七页；参见《礼记注疏》郑玄注释。

⑥ 《仪礼注疏》卷二十六，第三一四页。

出的理想烹饪技艺的境界。例如，周代哲学家晏子就曾经用羹汤之美来比喻"和谐理念"：[1]

> 和谐就像做羹。你用水和火、醋、酱、盐和梅来烹调鱼和肉。用柴火烧煮，然后调配味道并混合各种成分，使各种味道恰到好处，味道不够就增加调料，味道太重就减少调料。

> 〈和如羹焉，水、火、醯、醢、盐、梅，以烹鱼肉，燀之以薪。宰夫和之，齐之以味，济其不及，以泄其过。〉

传奇厨师伊尹也曾经更为巧妙地表达过相同的意思：[2]

> 调味的事，人们必用甜、酸、苦、辣、咸这五味。放调料的先后和用料的多少——它们的平衡很是微妙，每件事都有它自己的特点。菜肴在锅中的变化，也是精妙而细微。无法用语言表达；无法用意识确定。就像箭术和马术的精妙，像阴阳的变化，四时的推移一样。这样，食物烹久而不败；熟而不烂；甜而不过；酸而不浓烈；咸而不涩嘴；辛而不刺激；淡而不寡味；肥而不腻口。

> 〈调和之事，必以甘、酸、苦、辛、咸。先后多少，其齐甚微，皆有自起。鼎中之变，精妙微纤，口弗能言，志不能喻。若射御之微，阴阳之化，四时之数。故久而不弊，熟而不烂，甘而不哝，酸而不酷，咸而不减，辛而不烈，澹而不薄，肥而不䐹。〉

这个观点当然与现代评论家林语堂对中国烹饪的评论观点一致，他说"中国的厨艺全在于具有高超的调和技术"[3]。从这个意义上来说，现代中国的烹饪技术是继承和发扬了 2500 年前伊尹所言的传统。

古代中国人是如何成功地将伊尹所言思想发扬光大的呢？《楚辞》的《招魂》和《大招》两首诗有表现中国烹饪技术成就的最好例子。这两首诗是为了向灵魂展示尘世间最大快乐，召唤消逝的灵魂返回肉身而写的。诗的一些章节对当时及在古代典籍中出现的食物和美味进行了最生动、最吸引人的描述。《招魂》中，灵魂被诱惑：[4]

> 米、高粱、早麦，掺杂着黄黍子，
> 苦、咸、酸、辣和甜五味俱全的菜肴。
> 肥牛的肋骨，炖得又烂又香，
> 酸味苦味相互调和进吴国的羹汤。
> 清炖甲鱼，烧烤羔羊，还有山芋汁调料，
> 醋烹鹅肉，罐装的鸭，煎炸大鹤。
> 炖鸡、红烧龟肉，滋味浓烈而不败胃口，
> 甜饼蜜糕和饴糖糖果，美酒如蜜，斟满了酒杯。

---

[1] 《左传·昭公二十年》，洪业等（1983），第 403 页。
[2] 《吕氏春秋·本味》，第三七〇页；译文见 Harper（1984），p. 41；亦可参见 Knechtges（1986），p. 53。
[3] Lin Yutang（1939），p. 340。
[4] David Hawkes（1985），p. 227—228。

沥去酒糟再冰镇，清澈的酒，又清又凉，

豪华的酒具已经摆开，闪着酒的光亮。

〈稻粢穱麦，挐黄粱些。大苦咸酸，辛甘行些。肥牛之腱，臑若芳些。和酸若苦，陈吴羹些。胹鳖炮羔，有柘浆些。鹄酸臇凫，煎鸿鸧些。露鸡臛蠵，厉而不爽些。粔籹蜜饵，有餦餭些。瑶浆蜜勺，实羽觞些。挫糟冻饮，酎清凉些。华酌既陈，有琼浆些。〉

《大招》中的精华之处是这样描述的：[①]

五谷堆起六仞高，还有菰属（zizania）的谷子。

锅里煮着食物，用各种原料调味，散发出诱人的芳香。

丰润的金莺肉，鸽肉和鹅肉，混入豺肉制作的羹。

啊，灵魂，回来吧！放纵你的食欲。

新鲜的鳖，小鸡调上楚国的酱。

菹猪肉，用茶烹调狗肉，和姜味的碎肉，

吴人以蒿蒌调羹成咸酸，其味不浓不薄。

啊，灵魂，回来吧！放纵你自己的选择。

烤鹌肉，蒸鸭，煮鹌鹑，

煎鱼肉，炖雀肉，烤小鹅，

啊，灵魂，回来吧！选择给你准备的东西。

四种不同的酒已经巧妙地混合，滑润入口：

芳香清醇酒要凉饮，贱役之人不可食。

吴人制酒，混合醴及白米，其清酒味道醇美。

啊，灵魂，回来吧！不要有什么担忧。

〈五谷六仞，设菰粱只。鼎臑盈望，和致芳只。内鸧鸽鹄，味豺羹只。魂乎归来，恣所尝只。鲜蠵甘鸡，和楚酪只。醢豚苦狗，脍苴蒪只。吴酸蒿蒌，不沾薄只。魂兮归来，恣所择只。炙鸹蒸凫，黏鹑敶只。煎鰿膗雀，遽爽存只。魂乎归来，丽以先只。四酎并孰，不涩嗌只。清馨冻饮，不歠役只。吴醴白糵，和楚沥只。魂乎归来，不遽惕只。〉

这些内容无疑表明，战国时期（约公元前 300 年），中国人在厨艺中的调和技术已经达到了相当高的境界。使用蒸汽烹调和混合风味烹调技术的应用，以及《楚辞》、《礼记》和马王堆《竹简》中关于茶、酸酱、生姜和卤汁等等的应用，都可以发现，在周和汉时期，古代的烹饪技术就已经具有很典型的中国特色了。

那么，同现代中餐烹调相比，在中国古代，调味料的用法有何不同呢？对于浓汤和酱汁，答案非常简单。精制的淀粉如今已经代替了碎米屑和黏性的植物。对于调味用料，它们重要的变化（表 8）是显而易见的。现今，植物性的苦味调料已很少见，但酒仍然是一种很重要的调味品。至于酸味，醋仍然是主要调料。在甜味剂方面，蔗糖已经超过饴糖或蜂蜜。作为咸味调料，盐仍然占据主导地位。但是在古代，盐也通过其它的含盐食物，如酱或醢等，间接地使用。相比较而言，现代烹饪技艺

---

① 同上，p. 234—235。

却特别依赖于几种增味调味品，如酱油、梅李、鱼、虾、蚝油和味精（monosodium glutamate；谷氨酸单钠）等，不过，相对于古代的产品来讲，现代的调味料是在很严格的条件下生产的。目前最重要的调味料——酱油，可能在汉代时还不为人知。其发展历史将是（d）节讨论的主题，至于其它的调味品的相关内容，将在（e）节中介绍。辛香调料的变化很大。洋葱类、肉桂类和姜现在仍然很常用，花椒稍差一些。一些新型的调味料，如芝麻、八角、茴香、丁香和黑胡椒等虽然由国外传入但是已经本土化了。然而，自美洲引进的辣椒（*Capsicum*）对中国烹饪文化却产生了巨大的影响。在中国，食用辣椒的人和量可能都已经超过了其它的辣味调料，而且，全世界可能也都是如此。如果没有辣椒的话，现在我们熟知的川菜和湘菜可能还仅仅是一些乡下小菜。我们已经介绍了很多的调味料，接下来我们要看一下，这些美味和谐的佳肴是如何被装盛、摆放和享用的。

表 8　中国古代和现代烹饪中使用的调味品

时代 味	古代	现代
苦	茶、蓼、酒	苦瓜[a]、蛇麻、酒
酸	梅、醋	醋、柠檬
甘	麦芽糖、蜂蜜	蔗糖
辛	葱类、生姜	葱类、生姜、芝麻、花椒[b]、桂皮、八角、茴香、丁香、胡椒[c]、辣椒
咸	盐	盐
酱	肉、鱼、豆酱和泡菜	酱油和豆酱、鱼、虾、蚝油、味精、泡菜

a：苦瓜（*Momordica charantia*），含奎宁，有薄荷味，爽口。作为蔬菜食用。

b：最多用于四川料理。

c：桂皮、八角、茴香、丁香和胡椒的混合物又称为"五香"。

（iii）饮食器具：盛具、餐具和用餐家具

> 或肆之筵，
> 或授之几。
> 肆筵设席，
> 授几有缉御。[①]

前文中，我们已经回顾了中国古代用于烹调一餐中粮食、肉类和菜的主要方法和用具。但我们还未涉及任何必定与食物一起享用的饮料。即便是最简单的一顿饭也需要有佐餐的饮料，正如孔子在《论语》中的描述："吃着粗粱饭，喝着水，用弯曲的手臂当

---

① 译文："为他们展开垫子，给他们摆好凳子。展开垫子和上层的坐垫，迈着碎步摆好凳子"；采自《诗经·行苇》；《毛诗》246（W197），译文见 Waley，经作者修改。

枕头，但却是怡然自得"①（"饭疏食饮水，曲肱而枕之，乐亦在其中矣"）。酒是众所周知的饮品，但它与西方的葡萄酒不同，它是用谷物为原料，采用特别古老的工艺酿造的。因此，酒这个题目将自成一个完整的章节（c），所以这里我们除了把酒作为进餐的一部分外，将不再有更多的涉及。

根据《周礼》的记载分析，我们发现当时为王室准备的饮料有下列六种：②

97

1) 水，白开水。

2) 浆，煮米、漏米、蒸饭过程的漏水。

3) 醴，经一天发酵后微甜的酒。

4) 凉，用烤干的谷物制得的茶。

5) 医，由李子汁制得的饮品。

6) 酏，非常稀的粥。

《礼记》中不仅提到了与上述相同的六种饮料，而且还提到了完全发酵的、过滤的和未过滤的酒③。水，表中第一项，毫无疑问是所有饮品中最古老的，因此，有时它被尊称为"玄酒"④。早期中国人饮用水的事实也是可以料想的。更令我们感兴趣的是，人们从什么时候开始喝开水，因为喝开水是一个非常重要的维系公众健康的习惯。可是它的起源还不十分清楚。在汉代以前或者甚至唐代以前，文献中都没有关于喝开水的记载。事实上，我们所掌握的最早的参考资料是在南宋时期。在《鸡肋编》（1133 年）中有一篇写到："即便普通百姓在旅行时，他们也谨慎地只喝开水"⑤（"纵细民在道路，亦必饮煎水"），当然，这并不意味喝开水的习惯始于宋代。我们推测，这种习惯在宋代以前很长时间就已经存在了。喝开水可能在汉代早期，作为沏茶的副产品已经开始了。也可能是古人发现，煮过的食品比生鲜食物更卫生，依此简单逻辑而推论出来的⑥。浆、凉、酏都是从谷物中获得的饮品。医在汉代文献中极少看到，而醴很明显地在商代就已经深受人们喜爱了⑦。但是，周代时人们更喜欢的是饮酒。《诗经》中有很多有关

---

① 《论语·述而第七》；Legge（1861），p. 200。

② 《周礼》，第三十四页、第五十二页；以及《周礼注疏》，第七十九页。康达维 [Knechtges（1986），p. 50，注释 2] 解释"浆"是醋。我们选择传统的解释，即"浆"是煮米和蒸饭过程的漏水。[传统蒸饭的方法是先煮米，米半熟时把米漏出来，放入蒸笼里蒸熟为饭；漏出来的水为浆。参见本册"作者的话"。——作者补注] 这浆水后来由乳酸菌作用变酸，俗称为"酸浆"。请看《齐民要术》，第五〇九页。"浆"可能经过了一些轻微的发酵。在宋代通常浆被用作酒发酵培养基，参见《北山酒经》卷三。

③ 《礼记》，第四五七页。在另一段文字中（第四八四页），提到了"五饮"，未提到第五种，"医"。

④ 《礼记》，第五三一页。"夏喜欢白水，商喜微甜酒而周喜清酒"（"夏后氏尚明水，殷尚醴，周尚酒"）。关于以水代酒，参见下文 pp. 368—369 以及 p. 973。

⑤ 译文见 Needham et. al（1970），p. 362，采自范行准（1954）的文章，尽管他们不能确定它的原始来源。我们现在可追溯到宋庄季裕著的《鸡肋编》（1130 年，卷一，第八页）。我们认为，自汉至宋文献中之所以没有见到喝开水的记载，是因为喝开水对于每一个人来说都是再普通不过的事，所以也就没有人兴趣在著作中谈论它。同样的理由，也可以解释为什么在所有的中国烹饪文化著作中，极少有做米饭的介绍。

⑥ 用火烹饪食物使食物消毒，这一概念极其久远。《礼纬含文嘉》是一部根据远古材料而成的汉代早期著作，其中说："燧人，首先钻木取火并且教会人们用火来烹饪生的食物，使人们不患胃病，并且使他们超过野兽"（"燧人始钻木取火，炮生为熟，令人无腹疾，有异于禽兽"）。李约瑟 [Needham et. al（1970），p. 364] 的注释写道："从这些典故中形成的一个谚语叫百沸无毒"。

⑦ 《礼记》，第五三一页，参见上文注释。

宴会和娱乐场合饮酒的记载，这些记载表明酒是周文化和饮食活动中的重要成分①。文献和考古学上的证据都表明，在汉代，酒的声名和流行程度仍然久盛不衰，仍然极受人们欢迎。

在通常情况下，一顿饭的定义可以包括两部分：食和饮。食和饮均可用作名词或动词，所以食也表示吃的意思，饮也表示喝的意思。在《礼记》中，食品进一步划分为饭（谷物食物、膳（食物）和羞（甜食或附加的佳肴）②。这几类食物我们将在后面做详细叙述。在这里，我们要讨论的是，使用餐饮器具和附属用品，即把摄入食物和饮料的举止转化成一种协作性、社会性的表现形式，此时所需要的餐饮器具。它们是：

1) 盛食物和饮料的容器。

2) 把食品从容器中送到用餐者口中的器具。

3) 在用餐者伸手可及的范围内用于放置容器的家具。

盛食物和饮料的容器

在所有中国古代艺术品中，没有一样能像商周时期的青铜器那样，受到了人们高度的赞誉。那些瑰丽的文物，由于其考古学上的重要性和艺术上的价值，以及曾经是作为烹饪和盛装食物的器具而一直备受人们广泛地研究。张光直根据考古学家对青铜器厨具的分类进行了总结和评价。为我们提供了在周代烹饪体系中，有关使用青铜器的各种类型和形状的令人耳目一新的观点③。在他所论述的各式各样的商周时期的青铜器的类型中，我们选出了用于烹饪食物原料的炊具，主要有：鬲、鼎、甗、甑、镬和釜（图22、图23、图24）。下面我们要讨论的就是用于盛食物和饮料的容器。在这些类型的器具中，最重要的可以参见图30。在通常情况下，同样类型的器具也一直是陶制、木制或偶尔是竹制的。表9简略地列出了各种已知类型器具的款式和它们可能的最终用途。

表 9　中国古代的餐饮器具

类型	陶器	青铜	木制/竹制	最终用途
鼎	商、周、汉	商、周	汉	汤、炖
簋	商、周、汉	商、周	—	饭[a]、粥
盂	商、周、汉	商、周	汉	饭、粥
豆[b]	商、周、汉	周	商、周、汉	食品
盘	商、周、汉	商、周	汉	水、食品

---

① 《诗经》中的例子：见《毛诗》77，26，218，261，279，290，171，221，164，165，217，246，209，210，248，302，298，292，255，299，180。

② 《礼记》，第四五六至四五七页。

③ Chang, K. C. (1973), p.503—504；(1977a)，p.34—35；(1977b)，p.366—370；(1980)，p.23—27。更多关于中国青铜时期的内容，参见 Mizuno (1959)，Fong (1980)，Ma Cheng-Yuan (1986) 和马承源编（1988）。

续表

类型	陶器	青铜	木制/竹制	最终用途
匜	汉	商、周	汉	水
卣	商、周	商、周	—	酒
壶c	商、周、汉	商、周、汉	汉	酒、饮品
尊	商、周、汉	商、周	汉	酒、饮品
觚	商、周	商、周	—	酒
斝	商、周	商、周	—	酒
爵	商、周	商、周	—	酒
盉	商、周	商、周	—	酒
觥d	商、周	商、周	—	酒
卮e	汉？	周	汉	酒、饮品
耳杯	汉？	—	汉	酒、汤？

a：这里的饭是指以颗粒状态煮蒸后的粮食。最初的饭，通常是装在竹制的箪或篓中进食的。

b：“豆”一般是木制的，可能通过一些处理使之能够防水。由竹篮制成的一种非常流行的豆叫做“笾”。陶制的豆被称为“登”。

c：方形的壶被称为“钫”，而具有大顶小底的被称为“罍”。

d：发音“guang”或“huang”。原来是犀牛（或水牛）角制作的；后来出现了青铜模仿产品。

e：最早的饮用器具可能是用葫芦剖为二半的瓢。周时仍然使用。

　　表中第一项列出的是中国青铜器中最著名的“鼎”，这是一种三条腿的烹饪器具，上文我们已经作为烹饪器具叙述过。《诗经》中分别提到了大鼎和小鼎，《周礼》中记载了君王用十二只鼎用餐[①]。马王堆《竹简》中记录了二十四件盛羹和炖汤的鼎，不过墓穴中发掘出的只有十一件，七件漆制和四件陶制的[②]。这些资料都充分证明鼎是中国古代一种重要的烹饪和盛装器具。下面两种器具是“簋”和“盂”，它们外观相似，功能也相近。《诗经》、《周礼》、《礼记》中都提到了簋，指出它是盛装粮食类食品的容器[③]。由于簋字上面是竹字头，它可能原初是用竹篾编制的，而且人们认为它与箪有关，箪是孔子和孟子提到的用于携带饭的竹器具[④]。《说文》中提到了盂是盛饭的容器，还谈到“盌”，这是碗的一种变型，是小型的盂。这些都意味着盂是现代中国碗的古老前身。其中，最有名的是“饭碗”，至少根据其隐喻说法，我们可以认它为现

99

[①] 《诗经》，《毛诗》292（W233）；《周礼》，第三十四页。

[②] 马王堆《竹简》，湖南省博物馆（1973），上集，第95页和第127页。

[③] 《诗经》，《毛诗》135，165（W279，195）；《周礼》，第五十四页、第一七八页；《礼记》、第三六九页。

[④] 《论语·雍也第六》，第九章，Legge，(1861)，p.188；《孟子·梁惠王下》，第十一章，Legge，(1895)，p.171。

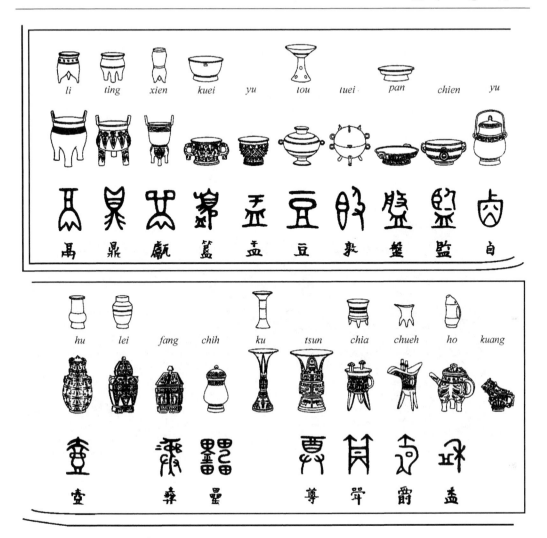

图 30　青铜制的餐饮器具。采自 Buchanan，Fitzgerald & Ronan（1981），pp. 158—159。

代中国最重要的餐具。

　　和鼎一样为人们所熟悉的容器是"豆"，它是一只浅碗或一只深盘子置于台 100
座上方的用具，它通常是木制的。竹制的豆被称为"笾"；陶制的称为"登"。豆
和登是用于盛装含有汤汁菜肴的，是肉或蔬菜佳肴的首选用具，而笾则用于盛装
干的食物。豆和笾在《诗经》、《周礼》，特别是《礼记》中常常被一起提及[1]。
孟子曾说，豆是炖制豆羹的容器[2]。汉代以后，豆尽管未真正消失，但是已经不
常见了。事实上，在英国和美国的粤系菜馆里，我们偶然间仍然可以看到使用陶
瓷或白镴豆餐具。

---

　　[1]　例如：《诗经》，《毛诗》158，245（W72，238）；《周礼》，第五十四页、第五十五页；《礼记》，
第三六九页、第三九四页、第四〇九页、第四一四页、第四二八页、第四八二页。
　　[2]　《孟子·尽心下》，第三十四章，Legge（1895），p. 469。

　　豆的衰落大概可以归因于"盘"的普及，盘起初是用作承接废水的容器。人们在用餐时，使用从匜中流出来的水净手，流下的废水用盘接住。盘实质上是没有基座的"豆"。我们可以看到，在战国时期，漆盘子太浅而不适宜于盛水，但却十分适合于装肉与蔬菜食品。马王堆一号汉墓中发掘出了一批保存良好、有着美丽花纹的漆盘（图31）。其中有些还有食物遗存在里面（图4），这些无疑表明在汉代早期，盘子已经和现代一样在每餐中盛装食物了[①]。

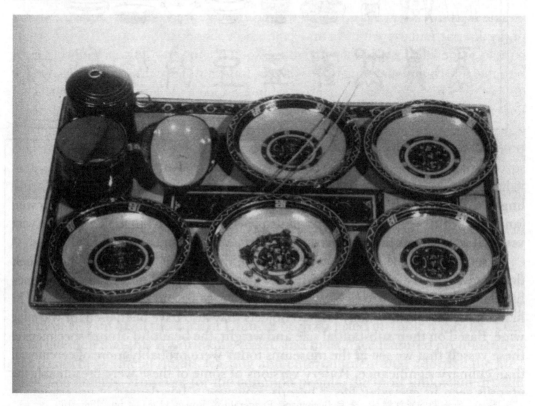

图 31　马王堆一号汉墓中出土的漆案及其中的五个盘子、两个酒卮、一个耳杯和一双筷子。湖南省博物馆（1973），下集，第 151 页，图版 160。

　　所以，古代中国盛装食物的主要器具是：用于羹和炖菜的鼎，盛熟饭的簋（或簠）和盂，盛菜的豆或盘子。表 9 中其余的器具用来装饮品。在这些装饮品的器具中，第一个是"匜"，即水罐，但不是饮水用器。匜是用餐器具中不可缺少的，因为它和"盘"一起，是贵宾们在接触食物前洗手用的。这种洗手习惯的重要性，在我们讨论进餐方式后就会不言自明。在马王堆和江陵的汉代早期墓葬发掘中，已发现有漂亮的漆匜，这表明，这种洗手习惯至少在西汉就已经非常流行了。

---

　　① 湖南省博物馆（1973），上集，第 88 页，图 82，下集，第 159 页，图版 167；江陵凤凰山 167 号汉墓发掘小组（1976）；和纪南城凤凰山 168 号汉墓发掘整理组（1975）。

　　下面要讨论的是"卣"、"壶"和"尊"。这是三种用于存放饮料，尤其是酒的容器。其中，卣和壶是有着花瓶一样外形的罐。卣是带把的壶，尊是一只外形像痰盂的容器（图30）。古代汉字"壶"的原始含义一直保持至今，我们将在（f）节中介绍更多为人所熟知的茶壶。《诗经》中记载了一场使用一百只酒壶的宴会①。在《孟子》中，壶被描述成装浆和米汤的器具②。稍不同于壶的是"罍"，它有着希腊瓮一样的形状③。壶通常是圆形的，也有被称做"钫"的方形壶。在马王堆、江陵和云梦的汉墓中，都发现了各种各样的漆制和青铜制的壶或钫④。据《礼记》记载，壶和钫是盛酒（或其它饮料）的容器⑤。尽管在《周礼》中尊作为酒器，但是在今天的汉语中，它已经不再表达这个意思了⑥。

　　为了方便喝酒，商周的古人设计了多种盛具。最常见的几种已列在表9中，它们是"觚"、"斝"、"爵"、"盉"和"觥"（图30）。在这些精雕细琢的器具中，前四种也可以用于温酒。基于我们现在在博物馆见到的那些漂亮的青铜器的实际尺寸和重量来考虑，它们更可能是用于庆典而不是作为日常生活的用具。此类器具的陶制品则可能是日常生活中所常用的。不过，这些容器的具体功用还有着很多不完全明确的地方。例如《诗经》中提到的斝和爵，它们是重要的酒器，但是从上下文来看，它们有的是直接用作饮具的⑦。《左传》中的一篇有关爵的文献也暗示爵被用作饮具⑧。在《礼记》的一些章节中，也提到斝和爵，但是那些容器的功能都没有清晰的表述⑨。这三种容器都可以作为滗析、温酒或作为饮具。周代文献中没有关于"盉"的记载，但"觥"是以"兕觥"为原型的青铜器，有着像水牛或犀牛角的形状，《诗经》中记载了觥被用作酒杯⑩。

　　显然角形杯在汉代是很普遍的酒杯。1957年在洛阳附近的一座西汉墓中，发现了一幅描绘著名的"鸿门宴"的壁画，画中可以清晰地看到有一位宾客右手握着一只角形杯（图32）⑪。在表9所列的中国古代青铜器中，最典雅的可能是"觚"。毫无疑问，这是一种喝酒用的器具，显然它必定在祭祀、宴会和娱乐场合上起重要作用，为周朝贵族

102

103

---

　　① 《诗经》，《毛诗》261（W144）。不过，韦利将"壶"翻译成为"杯"（cup）。

　　② 《孟子·梁惠王下》；译文见 Legge（1895），pp.170，171。

　　③ 《诗经》，《毛诗》3（W40）；关于它的形状的论述请参见 Chang, K.C.（1977a），p.174。

　　④ 湖南省博物馆（1973），上集，第95页，下集，图版158；纪南城凤凰山一六八号汉墓发掘整理组（1975）；云梦睡虎地秦汉墓编写组（1981），第57页和第64页。另参见《考古》（1981），第1期，第38页、第42页、第43页。

　　⑤ 《礼记》，壶，第三九五页；尊，第三九五页、第四〇六页、第四九五页。

　　⑥ 《周礼》，第四十九页、第二一二页。

　　⑦ 《诗经》，《毛诗》220，246（W297，197）。

　　⑧ 《左传》，昭公五年，第三五八页；庄公二十一年，第六十六页；哀公十五年，第四九二页；宣公二年，第一八一页。

　　⑨ 《礼记》，第三九五页、第四三九页、第四九四页、第五八五页。文中（第三九五页）提到其他三种容器即"散"、"觯"和"角"。郑玄的评注说道："一升容器是爵，二升是觚，三升是觯，四升是角，五升是尊"（"凡觞，一升曰爵，二升曰觚，三升曰觯，四升曰角，五升曰散"）。

　　⑩ 《诗经》，《毛诗》3，154（W40，159）。

　　⑪ Fontei, J & Wu Tung（1976），61号墓，p.23。

们的生活增色。可是，对于普通人来讲，在周代最重要的饮具是"瓢"，这种容器是将葫芦剖成两半后制成的。瓢，由于孔子赞扬（颜）回的话而著名："虽然只有一竹筒饭和一瓢饮品……那也不会影响他愉悦的心情"[1]（"一箪食，一瓢饮……回也不改其乐"）。

到了东周，出现了两种与商和周早期青铜原器样式完全不同的饮用容器，如图31所示。第一种是"卮"，这是一种外形像大啤酒杯或咖啡杯的圆筒状容器。有的有盖子。《史记》（约公元前90年）中关于"鸿门宴"的内容里，有将一卮酒递给贵客的侍从的描述[2]。马王堆、江陵和云梦的汉墓中，均发现了保存完好的漆卮[3]。第二种是"耳杯"，它似椭圆形的比较浅的碗，在口部两侧，有两个窄平的把手（图31）。耳杯可以很方便地用于饮用汤或酒。很奇怪的是，这种形状很独特的容器却没有一个独特的名字。从早期汉墓中发现了大量的漆耳杯，如马王堆一号汉墓中有80个，江陵汉墓中有84个，可以明显地看出，它是东周、秦和汉时期的主要饮用器具[4]。

图32　洛阳西汉墓中描述鸿门宴的壁画细部。左边是一位客人握着一个角形饮器。右边是一位厨师在炭火上用大叉子烤一只家禽。Fontein & Wu eds.（1976），Tomb 61，p. 23。

餐　具

我们已经看到对于"饮"，人们需要使用壶和钫来盛装饮品，而且用卮和耳杯或者一种精美的青铜器来饮用。但是，对于"食"来说，人们也需要有一种将食物送进嘴里的器具。从文字记载和考古发现来看，在中国古代人们使用三种类型的餐具：即筷子、勺子和长柄匕以及叉子。众所周知，筷子是最具中国特色的餐具。据司马迁所著的《史记》（公元前90年）记载：商朝的最后一位君王纣，

---

[1]　《论语·雍也第六》，第九章；译文见 Legge（1861），p. 188。

[2]　《史记》卷七，第三一二至三一三页；Yang 和 Yang（1979），p. 219。

[3]　关于马王堆，请参见湖南省博物馆（1973），下集，第95页；对于江陵，请参见长江流域第二期文物考古工作人员训练班（1974），第47页和纪南城凤凰山168号汉墓发掘整理组（1975），第5页；有关云梦，请参考云梦县文物工作队（1981），第44页。

[4]　湖南省博物馆（1973），下集，第95页；长江流域第二期文物考古工作人员训练班（1974），第52页。

是第一位使用象牙筷子的人。这就说明在商朝纣王之前（公元前 1100 年以前）
筷子就已经被使用了①。《史记》中的这则记载，经常被人们作为说明纣王肆意
挥霍而丢掉江山的例子。但是目前还没有文献或考古资料来证实司马迁的说法。
在云南大理东南的塔佛纳的一座古墓内，已发现了有筷子的最早证据。在发掘出
的青铜器中，有两双筷子和几把勺子。云南塔佛纳的这座古墓所处的年代为春秋
时期中叶（约公元前 600 年）②。

　　然而，正式称谓是"箸"或"挟"的筷子，到战国时期（公元前 500—前 300 年）
的应用肯定已经十分普遍了。在《礼记》的第一篇中，有两处关于该如何使用筷子的记
载。第一处出现在论述用餐礼仪时：③

　　　　当与他人一起吃同一道菜肴时，不要（匆忙地）吃得太饱；当与他人用同一只
碗一起吃米饭时一定要确保你的手洗干净；

　　　　不要（用手指）将米饭揉成团状；不要将（你已经取出来的）饭再放回饭
桶里；不要一下子就将你杯中的酒喝干；不要在吃东西的时候发出很大的声
音……

　　　　……不要用扇扇你（碗中）的饭（使之变凉）；不要用筷子夹米饭……

　　　　〈共食不饱，共饭不泽手。毋抟饭，毋放饭，毋流歠，毋咤食。……毋扬饭。饭黍毋以
箸……〉

　　要很好地理解上述规矩的关键是：当时吃饭的方式是用手抓的，这可能是
蒸成的饭松散之故④。筷子只有在吃菜肴时才使用。所以，当一个人与别人吃
同一碗饭时，他应该洗手。这是可以理解的，他也不应该将自己已经取出来的
米饭再放回公用碗中。这就解释了为什么在礼仪社会中，必须为食客们准备好
饭前净手的匜和盘的原因。饭前净手的重要性在《礼记》的其它篇章中也有所
提及。在第二十二篇的关于早餐饮食中写到，在斋戒之后，首先应该吃点粥，
然后再吃糙米饭并饮水。在此之后有一段非常有意思的警诫："从碗（盛）中
喝粥不必洗手。从篮（篹）中取饭吃必须净手"⑤（"食粥于盛，不盥，食于篹
者盥"）。显然，用勺子喝粥没有必要洗手，但如手取饭吃就必须先洗手了。
很有趣的是，作为指导贵族们行为礼节的《礼记》，也提到了用餐时用竹篮盛
装米饭。在中国古代，人们广泛使用竹篾制品来盛装熟饭的事，我们将在后面
的章节中进行详细论述。

　　在《礼记》第一篇的后半部，也记有餐桌上的规范，"汤（羹）中有菜时用筷子

105

---

　　① 《史记》卷三十八。涉及筷子的最早的文字资料大概见于《韩非子》（公元前 3 世纪初）（"喻老"，
第五十七页；"说林上"，第六十二页）。这些资料被推测在晚些时候被司马迁利用。

　　② K. C. Chang（1977b），p. 456；参见云南省文物工作队（1964）。

　　③ 《礼记·曲礼》，第二十九页、第三十页。

　　④ 王仁湘（1985）和沈涛（1987）。关于筷子历史和他们在中国食品文化中所扮演的角色，更进
一步的详细内容参见赵荣光（1997）和邢湘臣（1997）。

　　⑤ 《礼记·丧大记》，第七一八页。

（挟）；当汤中无菜时不用筷子（而用汤匙）"（"羹之有菜者用梜，其无菜者不用梜"）[①]。此论述再一次表明筷子仅是用于夹取固体食物的。这些文献表明在战国时代末期，筷子已广为人知。

在马王堆和江陵汉墓的遗物中，筷子很常见。最值得关注的发现是，马王堆墓中的一双竹筷子与四只盘子、一樽耳杯和两个酒厄一起都放在一个漆案中（图31），以及江陵167号墓里的一个竹制箱子，其中有二十一支竹筷子，这些竹筷子约为20—25厘米（6—10英寸）长，正好符合现代产品的规格[②]。筷子的使用在汉代以后迅速地扩大。随着饭碗变得越来越普及，从碗中取出米饭再送到嘴里的方式开始普及，而用手抓饭的习惯很快就消失了。尽管如此，为大家所熟悉的现代名词——筷子，其广泛使用却是后来的事情。无论如何，直到明朝初期（15世纪），才有使用筷子一词的文字记载[③]。

在描述用于搅拌锅中烹饪的食物的器具中，我们已经提到了长匙——"匕"（p.85）。小型匕同现代汤匙相类似，通常用于从容器中（鼎或碗中）取汤，并送入口中。更专门的汤匙是"勺"，它是为了把汤或酒之类的液体从大容器中舀到其他较小容器中而设计制成的。近年来，在中国已经发掘到了一大批古代"匙"和"勺"。最值得庆贺的考古发现无疑是，1968年在湖北随州发掘的楚国曾侯乙墓中找到的金碗内有一把制作工艺精美的金勺（图33）。它只有5英寸长，大概是缩小的模型[④]。马王堆一号墓中发现的实际使用的漆勺长为16—24英寸。

106

图33 曾侯乙墓出土的金碗和匙。Qian, Chen & Ru (1981)，p.45，Fig.58。

---

① 《礼记·曲礼上》，第三十三页。

② 对于马王堆，参见湖南省博物馆（1973），下集，图160，第151页；对于江陵，参见江陵凤凰山167号汉墓发掘小组（1976），第37页。

③ 《菽园杂记》。

④ Qian Hao, Chen Heyi & Ru Suishu (1981)，p.45。

　　"匕"（后来称作匙）在中国有着悠久的历史，从商代以来即为人所知。图 34 是从商到汉不同时期匙型不断演变的概要[1]。最古老的匕是用骨制成的。早期青铜制的匕上面有锋利的尖，这表明它可能曾用于切割肉类。到了春秋时期，它才开始变成了圆形，而到了战国时期，木质漆匙开始出现。在汉代，漆匙已经发展到了大众化的程度，而且人们特别重视用漂亮的造型装饰它们。早期汤匙（商和西周）可能很长，约有 25—30 厘米（10—12 英寸），后来变短了，约为 10—12 厘米（4—10 英寸），这正是便于就餐的长度。汤匙的中文正式名称叫"餐匙"，不过在加入嗜好的调味品之后，常用它来搅拌汤汁，所以现在人们总是称它为"调羹"，即一件调汤的器具。

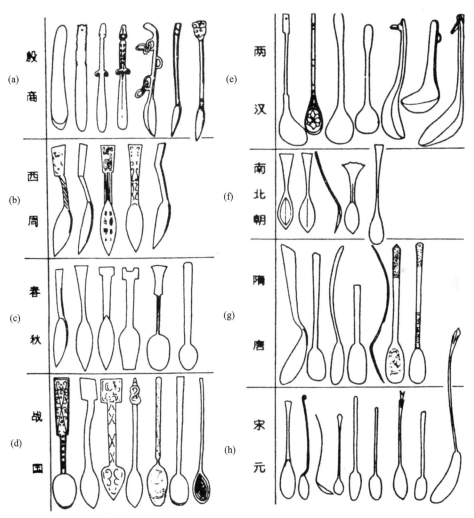

图 34　从商代到元代匙的演变，根据知子（*1986b*），第 22 页。（a）殷商；（b）西周；（c）春秋；（d）战国；（e）两汉；（f）南北朝；（g）隋唐；（h）宋元。

---

① 知子（*1986*）。

在通常情况下，人们很少将叉子与中餐餐具相联系，但是最近的考古倾向表明，叉子在中国古代可能扮演了餐具的角色。在上文（p.85）我们已经谈及《礼记》中所提到的有两分叉的长毕，也说到了用作炙肉串的有三个分叉肉扦（图27）。现在我们要谈论的是，与西餐桌上相似的但小些的叉子。有关中国叉子考古学的证据总结在表10中，它们的形状如图35所示[1]。所以，毫无疑问，叉子在古代中国确实是存在的，但他们是否被用作餐具呢？关于"毕"的文献记载极少。《仪礼》中有一处说明："宗人带毕先进"[2]（"宗人执毕，先入"），但我们却不知道它究竟有多大以及是用来做什么的。即便如此，在陕西北部绥德县大坂梁的东汉墓中，已发现了一块反映餐宴场景的画像石，其中有三把叉子挂在靠近用餐者头部的地方［图36（1）］[3]。同样的叉子还出现在另一处墓葬中，在发掘到的一只炉子的顶部，有叉子、钩子、勺子、葫芦和扫帚各一个［图36（2）］。这些图片引人入胜，它至少说明在中国古代的某个时期，人们已经在饮食中使用叉子了。

用餐家具及其附带用具

在古代文献中，几乎没有关于周代就餐时使用用餐家具的记载。我们能够确信的一件事是，当时没有桌子和椅子。人们坐在房屋地面上的席子上就餐。《诗经》中有最早的关于就餐过程的记载。在一首关于一次家族宴请的诗歌《行苇》中，我们读到：[4]

> 为他们摊开（竹）席，
> 为他们摆好凳子。
> 展开席子和上层的（苇）席，
> 迈着碎步摆好凳子。

〈或肆之筵，或授之几。肆筵设席，授几有缉御。〉

竹席被称为"筵"，芦苇席叫做"席"，而凳子叫做"几"。质地较好的芦苇席铺在粗糙的竹席上面。客人们可能是以跪的姿势坐在自己脚后跟上的。所以根本没有提及放置餐具的任何家具。"几"通常是指低矮的小凳子，它是用来让人倚靠的，而不是用来摆放食物的盘碟的。在《左传》中，有一段关于两国之间应当如何友好交往的文字，其中有人问楚王："如果你不倚靠几，为何要设置它呢？如果你不用爵喝饮品，为何要盛满它呢？"[5]（"设机而不倚，爵盈而不饮"）。《孟子》中也有一段提到，他靠在一张几上睡着了，很显然，几已是家庭中常用的家具了[6]。在《礼记·内则》中，几作为家具或辅助用具两次被提及，当家里的年轻人在服侍老人时，为了使老人舒适，经常要搬动这

---

① 知子（1986a）。

② 《仪礼注疏》卷四十五，第五二八页。

③ 陕西省博物馆（1985），图66，戴应新和李仲煊（1983），第236页。

④ 《诗经》，《毛诗》246（W197）。

⑤ 《左传·昭公五年》，第三五八页。

⑥ 《孟子·公孙丑下》，第十一章，第二句，译文见 Legge（1985），p.228；Lau（1970），p.93。

107

109

表 10　中国古代叉子的考古发现

年代	地点	数量	材质	长度[a]		图35 中的号	文献
				总长	前部		
西夏文化[b]	甘肃武威	1	骨	？	？	8	甘肃省博物馆（1960），图版 4，第 6 期
商[c]	河南郑州	1	骨	8.7	2.5	7	河南省文化局（1956），图 18
战国	山西侯马	2	骨	？	？	6	山西省文管会（1960），第 10 页图版，第 4 期
	山西侯马	1	骨	？	？	5	山西省文管会（1959），图 4，第 7 期
战国	河南洛阳	1	骨	18.2	4	4	洛阳博物馆（1980），图版 5，第 15 期
	河南洛阳	51	骨	12.1	4	1 和 3	中国科学院考古研究所（1959），图 98，图版 72
东汉	甘肃酒泉	2	青铜	26.3	7.5	9	甘肃省文物管理委员会（1959），图 17
东晋	广东始兴	4	铁	15	4	未标出	广东省博物馆（1982），图 13（7）

a：所有的长度都在 12—20 厘米。

b：三叉，其余均为二叉。

c：已损坏。

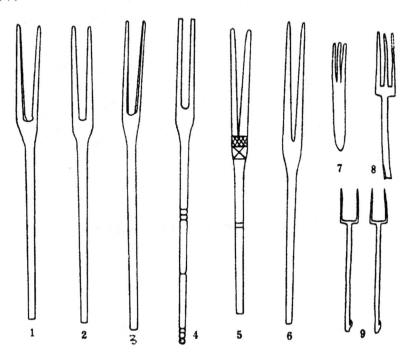

图 35　史前至元代叉子的样式，根据知子（1986），第 17 页。关于叉子
　　　的来源，参见表 10。

110

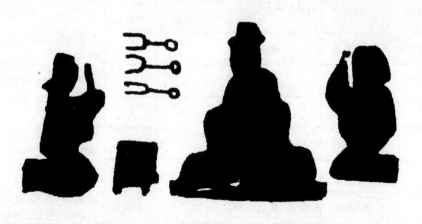

(1)

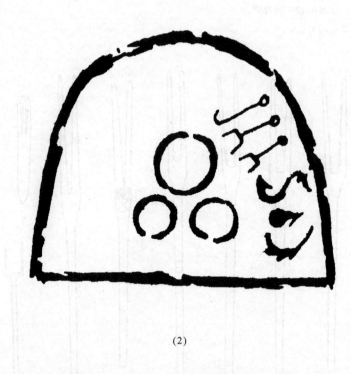

(2)

图 36 陕西北部绥德县东汉墓中的叉子：（1）壁画；陕西省博物馆（1958），图 66。
（2）灶的模型；戴应新和李仲煊（1983），图 4-1。

些家具①。在《周礼》中，有一种特殊的官员称"司几筵"，其职责是当王室需要时，要为各种场合安排好适当的凳子和席子②。《诗经》中有一首诗，是关于健壮的刘公爵上贡祭品的，我们读到③：

> 熟练而秩序井然地行走
> 人们铺开席子和摆好凳子，
> 他走上席子依靠在几上。

〈跄跄济济，俾筵俾几，既登乃依。〉

因此，所有证据都显示，"几"是供人倚靠的。几在帮助老人从跪姿站起来时可能　111
有非常大的作用。《诗经》中还有一首诗讲到④：

> 宾客各就各位（席子）；
> 左边，右边，他们有次序。
> 食物的篮子和盘子整齐摆着，
> 佳肴和果品陈列展示。

〈宾之初筵，左右秩秩，笾豆有楚，殽核维旅。〉

在宴会上，人们把食物篮子和碟子"整齐摆着"，摆在什么位置并没有说明。很可能摆放在客人前面或侧面的席上或地面上。既然将器皿摆放在地面上，那么应当尽可能将食物摆放在高度处以利于食客取食就可以理解。事实上也确实如此。人们用"豆"盛饭和用"鼎"盛汤。两者都高出地面很多。豆安置在基座上，而鼎有三条腿。

但是，人们不禁会问，既然几很容易得到，为什么不把食物放在"几"上呢？要这样做似乎是非常自然，也非常方便的事，除非早期的几太窄小不能放置任何东西。但是中国古人很早就已经意识到了这一点。例如在《礼记·曲礼》中，有一段文字表明，从战国时期开始，人们的就餐方式已经开始发生了改变："主人领着客人上供品（给烹饪术的祖先）时，他们将最先用他们先带进来的食物。然后是煮好的带骨头的肉，最后才奉上所有（其他的菜肴）"⑤（"主人延客祭，祭食，祭所先进，殽之序，遍祭之"）。

据唐初注疏家孔颖达说，古人在进行祭祀典礼时，是将小食品摆放在桌上菜肴间的。桌子在孔颖达所处时代已经是很常见的了，但他所指的古人所用的桌子是什么样子的，我们尚不明白。不过，孔颖达很明确地说，菜肴是摆放桌上的，而并非摆放在席子上或地面上。

不管怎样，《礼记》中有关于典型的周代就餐用品布置的详细指导⑥。基本上是，

① 《礼记·内则》，第四四六至四四七页；译文见 Legge（1885），p. 452—453。
② 《周礼》，第二一四页。
③ 《诗经》，《毛诗》250（W239）。
④ 同上，《毛诗》220（W267）。
⑤ 《礼记》，第二十九页。
⑥ 参见《礼记·曲礼》，第二十八至二十九页；《礼记·内则》，第四六三至四六五页；《礼记·少仪》，第八八四至八八八页。

一个贵宾用餐者跪坐在一张单独的席子上。食物和饮料器皿预先按顺序摆放在宾客附近席子上。其他用餐者依照官职大小和地位高低，被安排在与主人相对应的位置就座。关于这些特定安排描述的细节，读者可参考张光直的出色概括[①]。很遗憾，我们没有任何考古学上的资料来印证《礼记》的记述。但是，非常幸运的是，关于汉朝时期就餐用品的布置，从墓葬壁画和考古发现中我们获得了非常丰富的资料。

112 　　在战国时期或更早的某个时期，一种类似于现代的鸡尾酒桌的短脚托盘——案，已经出现在人们的生活中[②]。其最早的外形仅仅是一个有升起基座的托盘，例如从马王堆一号汉墓出土的漆案（见图 31）。虽然"几"也已经出现，不过根据湖北江陵西汉墓中出土的标本来看，它比"案"要窄，且更高一些[③]。在近些年发掘的汉墓中，已经出土了大量的形状不同的大小案，有木质的、涂漆的、青铜制、石制和陶制的。陈增弼对这些文物进行了总结和讨论[④]。从我们的角度来看，最有趣的一个发现是，在广东附近的一个东汉墓中出土了一组三件青铜案。一个为长方形的，另两个为圆形。在发掘这座墓的时候，发现其中的一个圆案上有两双筷子，鸡和猪的骨头，以及有明显可见的曾经放置过耳杯的锈斑，因此，可以毫无疑问地说，案是用来放置饮品和食物的[⑤]。

　　在汉墓中，还已经发现了许多食物备料、烹调、宴会和进餐等的内容场景。例如我们已经提到过的一个大型厨房的场景，它是从山东诸城的一座汉墓的画像石上临摹的（图 28），在画的左上方有七个长方形的案。这些案比我们在汉墓中发现的要大一些，但它们与在其他几个汉墓壁画中看到的样子很相似，特别是在辽宁辽阳、山东济南、内蒙古呼林格勒和四川彭县汉墓壁画[⑥]。其中，辽阳汉墓中的画，所描绘的是五个圆形案，它可能是那个时期比较流行的样子。

　　在汉代，案已经逐渐成为饮食生活中固定的器具。例如在《史记》中，记载了汉高祖途经赵国时，赵王张敖亲自搬案供高祖进食以示敬意[⑦]。同时，几的大小和重要性已发生了变化，几逐渐演变成为一种矮而长的桌子，供席地而坐的人们读书和写字之用。我们已知道"书几"或"书案"，它的图画及带有特征性雕花的支腿，在汉墓中的壁画上可以经常看到[⑧]。但是，案用于写作的功能显然并没有因为它的厨房用途而有所减损，因为盛放食物的更小的案可以放在更大、长、矮的桌子上。因此，汉代人用餐时，已经使用几，大案或小案了。

　　然而，还有另一种"案"，也发展成为饮食家具的一部分。《周礼》记录有一种职位叫"掌次"，他的职责就是要为国王和他的随从离开王宫远行时准备"案"和

---

① Chang, K. C. (1977), pp. 37—39。

② 例如，参见 Qian Hao *et al*. (1981)，p. 48。

③ 长江流域第二期文物考古工作人员训练班（*1974*），第 41—61 页。

④ 陈增弼（*1982*），包括那些汉代尚不为人知的桌子。

⑤ 广州市文管会（*1961*）。

⑥ 田中淡（*1985*），参见图 7、图 16、图 17 和图 39。

⑦ 《史记·田叔列传》（卷一〇四）。故事作为互相尊敬与和谐的典范，成为"举案齐眉"这个成语的来源。

⑧ 陈增弼（*1982*），第 92—93 页和图 4。

"邸"[①]。书中指出，案是矮且窄的一层平板，而邸是放置在床边的一块屏。这可能就是《诗经》和《礼记》中曾经提到过的"床"，它也可以用来坐[②]。《释名》认为它是榻的前身。

那么汉代用餐时家具设置是怎样的呢？我们已知道的信息都来源于东汉墓出土的正餐和宴会的场景壁画。现以其中一块经常被提到和引用的画像砖为例描述如下，这块画像砖画是在四川成都出土的，描绘的是正餐的场景（图 37）[③]：图上绘制了七个用餐者分组坐在三个席子上的场面。在他们面前放着两个案，一个长方形，一个正方形。在图下端的地上，立着一个大碗（盂），盛满了汤或饮品，里面放着一把勺子，旁边有一个耳杯。上方席子有一个用餐者端着一个盘子，另外两个人每人拿着一个卮。在图左下方席子上方的用餐者手里似乎握着一只耳杯。从这个场景中很难看出《礼记》中所描述的客人的座位安排顺序以及摆放食物的位置规则被遵循了。座位的安排看起来非常不正规，好像是聚在一起喝酒而并非是宴会。但是，辽宁辽阳出土的壁画表现了稍正规的用餐场面，图中描述的是一对富有的夫妇在用餐的场景（见图38(a)）。男人坐在榻上，

113

114

图 37　四川成都出土的描绘正餐或饮酒场景的东汉画像砖。根据 Wilma Fairbank (1972)。

---

① 《周礼·天官冢宰第一》，第六十一页。
② 《礼记·内则》，第四四六页；《诗经》，《毛诗》154，189（W159，257）。
③ 重庆市博物馆（1957），第 28 页；复制图采自 Fairbank（1972），p.179，K.C.Chang（1977），Fig.23；田中淡（1985），图 53，第 285 页。

两侧立有屏风，他的面前是一个窄低的几，长度和榻的长度相当[①]。在几的右端尽处竖立的东西看起来像一支毛笔。对面的女人也坐在低矮的榻上，立着屏风。只是她的榻和屏风都比男人的低。她的面前摆着一个放着杯子的圆案，而圆案直接放在地上。从辽阳出土的另一幅壁画中（图 38（b）），我们可以看到两个男人一起用餐的场面，他们坐在各自的榻上[②]。他们共用的几放在他们之间，看起来长而矮，几和榻的长度相当，一个装食物的圆案就放在几上。在这两幅从辽阳出土的壁画中，不仅都有侍从，而且有的端着食物和酒水，有的在撤下用过的器具，有的正在煽风，确保用餐者舒适凉爽。

(a)

(b)

图 38　辽宁省辽阳东汉墓壁画的正餐场景：（a）出自 1 号墓；李文新（1955），图 18。
　　　（b）出自 2 号墓；王增新（1960），图 3-6。

[①]　田中淡（1985），图 60，复制自李文新（1955），第 30 页，图 18。
[②]　同上，图 62，采自王增新（1960），图 3-6。

根据前面这些讨论可以看出，周代或汉代的正餐制度和中国现代的方式相比，有很大的区别。实际上，座位和用餐家具排列上可能使今天的观察者感到更像日本而不是中国。这并不足为奇，因为中国古代文明的许多东西传到了日本，经过多个世纪以后，在日本比在它们本土变化更少。不过，我们必须继续下面的章节，并提出两个尚需回答的有关中国古代"饮食"环境的问题，来结束本阶段的考察。首先，人们与谁一起吃饭？这个答案很简单，他们与亲戚或朋友一起吃。这种情况在《礼记》中有一定规矩，家人和客人就餐也有一定礼仪。其次，人们什么时候吃饭？这也很容易回答，大家每天吃三顿饭。在《周礼·膳夫》的注解中，郑玄说国王一日有三餐：即早餐、中餐和晚餐[1]。据《礼记·内则》记载说："粥，稠或稀，酒或酒醴，汤和蔬菜"是早饭的食谱；书中又说："豆、麦、菠菜、米、粟和黏性粟"是午餐和晚餐的食谱[2]。

综上所述，我们如果从食物的资源、食料准备的技巧、烹调的方法、调味品的种类、筷子和匙的应用、用餐的频率以及同谁共同进餐等方面分析，可知中国古代的烹饪体系已经具有了现代烹饪的风格。但是如果从盛放食物和饮品的容器以及用餐的礼仪形式来看，则古代的用餐体系与现代的习惯有许多不同之处。但是总的来说，我们可以认为它是中国烹饪文化的初始阶段（*in ststu nascendi*），而且我们希望，在我们探讨中华饮食加工技术时，对于那些辅助初始体系发展为现代成熟的中国烹饪文化的因素，能尽善尽美地体现出来。

---

[1] 《周礼》，第三十四页。

[2] 《礼记》，第四四四页；参见 Legge（1885），p.451。尽管胡新生（1991）承认我们的观点，但是他却认为大多数人的习惯是一日两餐。另一方面，黄金贵（1993*a，b*）认为，在前秦时期，大多数人是一日两餐。午餐只是简单地吃一点。

116

（b）文献和资料

　　随同我们的讨论一起，将书看到此处的耐心读者，已经逐渐熟悉了一些我们前面章节反复提到的中国古代文献的名称了。当我们发现自己埋头研究一大堆有关发酵、食品加工及健康与营养方面的专业论文时，我们的确将需要一次次地翻看这些著作。这些书籍可能是单行本，而更多的则是著名丛书中的一部分。因此，为了下面的任务，在进一步讨论之前，我们有必要停顿一下并且概述我们已经用到的或即将用到的主要文献的范围和类别[1]。为此，我们将相关文献划分为四部分：①涉及膳食体系分支的古代经典文献；②介绍食品和饮料加工和制作的书籍，即所谓的"食经"；③强调营养与健康关系的书籍，如《食疗本草》；④来自哲学著作、史书、百科全书、文学作品、植物与动物方面的专著等的增补文献。我们将依次简要介绍每个部分，最后以列出我们已经利用并引导到查阅古书的辅助资料的目录来结束。

（1）古代经典文献

　　表 11 列出了能够为我们提供饮食方面有用信息的，最重要的中国经典古籍。其中第一部就是《诗经》，它收集了自周朝建立到孔子诞生前的 500 年间（大约公元前1100—前 600 年）的诗、民歌、祭祀词。这 305 首诗歌内容几乎涉及了人生及日常生活的方方面面，例如，求婚、婚嫁、武士与战争、农业、节日、祭典、乐舞、王朝神话、狩猎、友情、道德忠告等。在所介绍的各种活动中，食物与饮料都属于不可或缺的必需品。尽管孔子和孟子早已经常引用，但是作为一直延续至今的五部儒家经典著作之一的《诗经》，是由西汉的毛亨传授的。正如我们在前面章节所见的那样，它是中国西周期间关于食品资源与烹饪方法资料的真正源泉。

117　　《诗经》之所以享有盛名，在于它对于所记录的事件是一个可以信赖的观察者。作为历史文献的可靠性，其中《十月之交》开篇的几行就可以作为特别的证明[2]：

> 在那十月（太阳和月亮）之会合，
> 朔望月的第一天，亦卯之日，
> 太阳有食，
> 这是一个凶险的前兆。

〈十月之交，朔月辛卯。日有食之，亦孔之丑。〉

----

　　[1]　有关本系列书籍中目前研究的相关文献导引，参见本书第一卷，pp. 47—51；第六卷第一分册，pp. 182—321；第六卷第二分册，pp. 47—93；第六卷第三分册，pp. 45—51 和 pp. 544—547。

　　[2]　《毛诗》193，译文见 Karlgren。虽然在索引中已列出（W293），但是并未出现在 1960 年版韦利的《诗经》译本（*The Book of Songs*）中。

表 11　载有烹饪资料的古籍

书名	成书时间（约）	内容
《诗经》	公元前 1100—前 600 年	食品资源、烹调方法
《楚辞》	公元前 300 年	佳肴
《周礼》	公元前 300 年	食品资源、烹调方法、器具
《礼记》	公元前 450—公元 100 年	食品资源、烹调方法、器具
《吕氏春秋》	公元前 240 年	烹饪理论、美味
《氾胜之书》	公元前 10 年	食品资源
《四民月令》	160 年	食品资源与产品
《黄帝内经素问》	公元前 2 世纪	膳食与健康
马王堆《竹简》	公元前 200 年	食品资源、烹调方法、佳肴、器具
《五十二病方》	公元前 200 年	食品资源、烹调方法、煎煮

　　现已知晓，"辛卯"日就是周幽王六年十月份的第一天。这一日期相当于公元前 776 年 8 月 29 日。中国和欧洲的天文学家已经发现在那一天的确发生过日食①。

　　《诗经》有两个优秀的英文译本。第一个译本是韦利的译本（*The Book of Songs*）。它是诗歌和学术的非凡统一。韦利努力把原文诗句中迷人的魅力转换成另外一种语言。第二个译本是由高本汉翻译的，采用的是逐字逐句直译。《诗经》作为中国周代早期社会生活和时势情况的阐述，在我们的研究工作中，这两个译本都是不可或缺的。当需要引出第三种观点时，20 世纪理雅各出版的两个译本用于参考也仍然是有帮助的。在大量的《诗经》注释与评注著作中，对于我们的工作尤其有用的有四本②。第一本是由向熹（*1986*）编写的《诗经词典》，这对于了解《诗经》中的古文词汇，它是一部极有参考价值的工具书。此书另一个优点是，它是第一本按在传统毛亨版本中的顺序用数码来标记每首诗的中文书籍。第二本是陆文郁（*1957*）的《诗草木今释》，对于《诗经》中提到的植物学名称，它是一部便利的指南。第三本是樊树云（*1984*）的《诗经全译注》，此书将原文翻译成为顺畅的现代汉语诗句，而且吸收了所有传统的注释后给出了学术的解释。最后一本是著名的《诗经译注》，它是由江阴香（*1934*）编写的，如果与樊树云的版本配套使用，那是有帮助的。

　　《楚辞》是为我们提供大量资料的另外一本古代诗集。它收集了多位战国末期（约公元前 300 年）诗人的 67 篇作品。与《诗经》相比，除了成书较晚外，该书还限于中国南方诗人的作品，但是比北方风格的《诗经》更为流畅高雅。主要作者为屈原（约公元前 340—前 278 年），是中国古代最为著名的一名诗人。他是一位楚国爱国者、有才

118

---

　　①　参见本书第三卷，pp. 409—410。实际上，在《诗经》写作期间辛卯日是十月一日的可能性有两次。朱文鑫（*1934*）、福塞林哈姆［Fotheringham（1921）］、哈特纳［Hartner（1935）］和韦利［Waley（1936）］倾向于公元前 766 年。另一方面，平山清次和小仓伸吉［Hirayama & Ogura（1915）］指出，公元前 766 年的日食，在华北只会遮住 1 度，肉眼不会看到，他倾向于公元前 734 年。但是，在云南 1980 年 1 月日食期间，席泽宗（私人通信，1989 年）通过用水盆的传统日象观测方法发现如此小的日食是可以观测到的。他认为是公元前 776 年。

　　②　向熹［（*1986*），第 923—934 页］列出了 1900 年前的这类著作有 197 部，1900 年后的有 41 部。

华的诗人，作为一位直言不讳的官员，其荐言并不被国王所重视。当楚国被秦国攻陷后，他悲痛至极，于五月五日投江自尽。此后，为纪念他的去世，设立了每年一度的龙舟（端午）节。传说楚国人用装满米饭的竹筒子投入江中以其诱引蛟龙离开屈原身旁。相传，这就是用菰属（*Zizania*）叶包米团而成为粽子的由来。这种粽子已经成为赛龙舟本身的重要组成部分。

《楚辞》也已由霍克思翻译成英文。读者可以看出，我们在上文（pp.94—95）所抄录的《大招》和《招魂》两篇诗中的段落，翻译得非常漂亮。原文中对于美味佳肴的特征描述，具有令人向往的惊叹和兴奋，这些在英文版本中似乎都已经成功地译出。对于中文原文和注解，我们主要根据最近出版的两部书，即董楚平（*1986*）的《楚辞译注》和傅锡壬（*1976*）的《新译楚辞读本》。

接下来要说的是两本有关礼仪和行为规范的书，即《周礼》和《礼记》。还有一本礼仪方面的书籍，就是《仪礼》，不过，后者给我们提供的相关资料不如前两本的多。三本书作为"三礼"而闻名。《周礼》，又名《周官》，是儒家的经典著作之一，传统上认为是周朝第三位天子的摄政者周公所著，孔子一直将周公视为服务国家而不注重自己个人的利益的最理想的官员。最近的研究表明，该书可能完成于战国时期，受到了阴阳家创始人驺衍的影响[1]。该书大约完成于公元前300年左右，阐述了理想化的周朝时期重要官员的职责，可能也包括了一些适用于西周早期情形的材料。所介绍的许多职责属于在此研究工作中能够引起我们兴趣的活动，例如农业、畜牧业、食品加工、酿酒、酱油酿造、烹饪、食疗和供祭祀与娱乐用的食品展示等[2]。目前，尽管1851年的毕瓯（Biot）法文译本可供参考，但是还没有英译的《周礼》。为此，我们很大程度上受益于1985年的《周礼》的现代版本，这个版本是由林尹翻译成白话文并注解的。

另一部著作是《礼记》，由西汉后期的戴圣根据战国时期儒家流行的公共与私人典礼活动和个人行为规范的材料而编写。由此可以推测，书中所描述的风俗习惯与社会活动的社会环境在东周后期就已存在了。考虑到其叔父也编写有相近的著作，即现在闻名的《大戴礼记》，因此人们称戴圣为"小戴"。我们所关注的是由小戴编写的《礼记》，即《小戴礼记》。该书包括有四十九篇，其中《曲礼》、《王制》、《月令》、《内则》、《少仪》、《丧大纪》等篇的段落涉及了饮食方面的相关内容。特别是《内则》一篇，有关贵族家庭制作和用膳方面的资料极为丰富。它介绍了"八珍"的烹饪法，是中国古籍中所见到的此菜肴唯一的菜谱。平常使用的还有理雅各［Legge（1885）］的英译本及《引得》的索引。本书使用的《礼记》版本是王梦鸥（*1970*）的《礼记今注今释》。

另一部书是《吕氏春秋》，它是由统一中国的第一位皇帝秦始皇的第一任宰相吕不韦，率领一批学者们编写的，书中有不少有关自然科学方面的内容。此书大约成书于公元前240年，内容包括了反映先秦时期各种思想学派的短论，共计26卷。我

---

① 夏纬瑛（*1979*），第3—12页。

② 篠田统（*1987a*，第47—56页）对于这些活动进行了总结和分析。

们最为关注的是卷十四中的《本味》篇，里面对于烹饪理论做了精彩的论述。我们还用到了卷二十六中四段有关农业的论述。通常引用的版本是 1985 年林品石的《吕氏春秋今注今译》，但是，对于我们最为有用的是，1983 年作为单行本出版的《吕氏春秋本味篇》，仅仅有《本味》篇一篇的内容，由邱庞同等详细译注。

有关农业的两部书是《氾胜之书》（约公元前 10 年）和《四民月令》（160 年）。由石声汉的《氾胜之书》辑本英译本具有非常宝贵的参考价值。对于《四民月令》，我们主要参考了许倬云的英译本和缪启愉的 1981 年注释本。

我们在本书的第一页就引用了《黄帝内经·素问》中的一段内容，后面还有多处引用到它。该书可能是由传说中的黄帝自己编写的。不过，现代学者倾向该书最早大约于战国时期完成[①]。一般认为，它是中国最为古老的医书。我们现在所见到的版本是由唐代王冰在 762 年整理的。该书分为 24 卷，共 81 篇。其中，有一部分涉及了膳食和环境对于健康与疾病的影响。因此，该书被认为是食疗传统，以及后来食疗文献丛书之滥觞。现已有法伊特（Ilza Veith）的部分英文译本及尚弗罗（A. Chamfrault）和吴更森（音译；UngKang-Sam）的法文全译本。对于我们的研究，我们所参考的主要是南京中医学院出版的《黄帝内经素问译释》（1981 年）。

最后，湖南长沙马王堆西汉古墓随葬品中发现的两部作品极有价值。我们在前面章节中已经遇到过，那就是在一号墓发现的马王堆《竹简》[②] 和从三号墓发现的《五十二病方》[③]。其中，前者包括 312 片竹简，有 164 片涉及了食品，59 片涉及了器皿和家具，其余的是乐器和家庭事务。在上文我们已经讨论了其中的一些食品，在后面关于食品加工的（e）节中还会参考到它。后者是将文字写在丝绸上，即所谓的《五十二病方》，是中国现存最为古老的药方。《五十二病方》中最为有趣的特征是，很多调理小病的药方，能够很容易地作为日常用餐中的菜谱实施。事实上，所提到的"药材"约四分之一是食品原料或食品成品。因而该书本身就是食疗概念及其应用方面的一个很好的例子。夏德安（Donald Harper）的配有序言的《五十二病方》英译本已于 1982 年出版发行。

（2）食经和食谱

我们都很清楚，食品方面的中文经典著作有两类：一是传统"食经"之类，是属于介绍食品制作技术和机理的书籍[④]，另一种是收录在"本草"中的"食疗"之类，

---

① 李经纬和程之范编（1987），第 165 页。另见 Veith（1949），pp. 4—8。

② 马王堆《竹简》，见湖南省博物馆（1973），上集，第十章，第 130—155 页。对于竹简的另外一次讨论和翻译，参见唐兰（1980）。

③ 参见《马王堆汉墓帛书》，第 4 卷，第 1—82 页。

④ 从陆羽《茶经》[第四十二页，参见下文（f）节]引证的传说中的《神农食经》开始，中国文献中有关烹饪的书籍就称为"食经"，大概表明对于饮食的高度重视。在篠田统和田中静一（1973）的书中，篠田统将这种看法进一步扩展到那些饮食内容虽然不多但却重要的著作，如《齐民要术》、《南方草木状》和《酉阳杂俎》等。我们在列举中国食经书目时也遵循了这个传统。

是属于介绍食品营养和治疗特性的书籍。一些学者们将这两类书籍视为"本草"类丛书的一部分[①]。因此，龙伯坚杰出的《现存本草书录》就是一部收录了在食物本草总标题下许多现存与食品和营养有关的书籍，在该目录下又划分为食品经典书籍中的"烹制方法"和食疗书籍中的"食物"两个子目录[②]。在"烹制方法"目录中列有13本书，而"食物"中列有32本。但是，由于没有收录关于酒和茶等饮料方面的书籍，所以有些学者并不认同龙伯坚的这种分类方法。如篠田统和田中静一，在他们编著的《中国食经丛书》中，共收集了36部1800年以前的书籍，其中至少有3部是食疗方面的书，在篠田统近来对于中国中古代和近代食经的精到研究中，他涉及了100多部书籍，其中也没有涉及任何有关酒或茶的专著[③]。如果撇开以农业、地理或文学为主题的书籍，真正关于食品和食疗方面的书籍就可能只剩下大约70部了。另一部有用的丛书是由娄子匡编辑、在台北出版的《民俗丛书》，丛书中有饮食专集，其中又依据食物的种类直接划分为茶、酒、蔬菜、水果等。在《民俗丛书》的74部书籍中，有23部是关于茶方面的，有关内容我们将在（f）节中单独讨论。庆幸的是，从1984年开始，北京的中国商业出版社以《中国烹饪古籍丛刊》的形式出版了以上各种书的单行本，并附有最新的注释，大都翻译成白话文。到目前为止已经出版了20多部，其中最为有用的是由陶文台等编辑的先秦典籍中有关食物和饮料的史料选辑。对于我们的研究而言，该丛书的出版时机恰到好处[④]。

因此，除去茶和酒的专著，我们约有70部著作可供研究参考。不过，这些书有的很薄，只有几页的篇幅。另外在它们之间还有大量的重复，因此要是对于它们逐一评述将会显得冗长乏味。根据在食品加工和营养方面的重要性，我们只讨论其中最为重要的书籍。基于这些出发点，我们将对下面列出的"食经"以及它们记载的"食谱"进行讨论。

（i）《齐民要术》

如同本书第六卷第二分册所指出的那样，尽管《齐民要术》（约540年）以其农业论著而闻名，不过，事实上它是一部反映5—6世纪中国北方日常劳作各个方面的综合性著作[⑤]。在该书的序中，作者贾思勰写到[⑥]：

---

①　参见本书第六卷第一分册，pp. 220ff.。
②　龙伯坚（*1957*），第100—116页。
③　篠田统（*1987a*），第99—230页。
④　不过，我们未能获得由中国商业出版社出版的这一整套丛书。其中，我们没有得到的两本综述书是由陶振纲和张廉明编著（*1986*）的《中国烹饪文献提要》和邱庞同（*1989c* 年）的《中国烹饪古籍概述》。显然，这些书的需求很多，印制后很快就脱销。令人遗憾的是，在剑桥大学图书馆（Cambridge University Library）或华盛顿国会图书馆（the Library Congress）都没有这两本书。只是在本书的初稿完成之后，我们才有机会看到它们的目录。虽然我们未曾见到少量几本鲜为人知的书，但是，我们并不认为会对于本章内容造成实质性的影响。
⑤　有关农业部分内容的讨论参见本书第二卷第二分册，pp. 55—59ff.；饮食部分参见 Shih Sheng Han（1958）、陶文台（*1986b*）、邱庞同（*1986a* 年）和 Sabban（1988a 和 1990b）。
⑥　《齐民要术》，缪启愉（*1982*），第5页，译文见本书第六卷第一分册，p. 56。

我从前人和当代的书籍、谚语、民歌中搜集素材；向有专长的人们咨询调查，还总结自己的经验体会。从耕种操作起到酱油醋的制作，凡是与日常生活所需的各种技术我都会尽力详细地写入书中。因此，将本书定名为《齐民要术》。全书共九十二篇，分为十卷。

〈今采捃经传，爰及歌谣，询之老成，验之行事，起自耕农，终于醯醢，资生之业，靡不毕书，号曰《齐民要术》。凡九十二篇，束为十卷。〉

作者声称日常生活所需的各种技术都会做详细介绍，其具体内容如表12所列。所涉及的主题包括农业（第一至十六篇）、园艺（第十七至三十四篇）、养蚕（第四十五篇）、畜禽与水产养殖（第五十六至六十一篇）、树木与竹的栽培（第四十六至五十一篇）、染料作物的种植（第五十二至五十四篇）、酿造、食品加工与烹饪（第六十四至八十九篇）。尽管在（a）节中我们所引用的参考文献仅限于园艺（蔬菜和果品），但是，对于我们此次研究而言，最为重要的是第六十四至八十九篇（见表12，发酵、食品加

124

表 12　《齐民要术》内容提示

卷	篇	内容主题
一	一	耕田
	二	谷物收获
	三	稷的种植
二	四—十三	谷物、豆类、麻类和芝麻种植
	十四—十六	瓜、葫芦和芋头种植
三	十七—二十九	蔬菜种植
	三十	月令
四	三十一	园篱
	三十二	栽树
	三十三—四十四	果树栽培和四川胡椒种植
五	四十五	桑树栽培与养蚕
	四十六—五十一	乘凉树、装饰树及竹的栽植
	五十二—五十四	染料作物种植
	五十五	伐木
六	五十六—六十一	畜禽与水产养殖
七	六十二	商业与贸易
	六十三	涂瓮技艺
	六十四—六十七	制曲与酿酒
八	六十八—七十九	豆酱、肉酱、醋和腌肉的制作
九	八十一—八十九	烤肉、面条、饺子、腌菜、糖等的制作
	九十一—九十一	胶、墨和毛笔
十	九十二	中国（北方）的外来作物

工和烹饪），这些内容我们将在（c）、（d）和（e）节中充分利用。它们包括中国文献中对烹饪方法的一些最易于理解和最详细的描述，并提供了对当时这些领域中技艺水平的一种有价值的记载，使之成为评价后来的成就的依据。因此，就发酵和食品加工发展史而言，《齐民要术》的重要价值无法言喻。

石声汉提供了一篇极有价值的《齐民要术》评述英文稿，以及一篇分析《齐民要术》成书的资料来源的论文。对于中文的原文解释，我们主要依据两个近年的版本：一本是石声汉于 1957 年编写的《齐民要术今释》，另一本是缪启愉 1982 年发表的《齐民要术校释》[①]。

根据石声汉的白话译文和注释，北京的中国商业出版社 1984 年将第六十四至八十九篇组织成独立的一集，作为《中国烹饪古籍丛刊》的内容出版发行。我们感到，它对于我们日常的使用简直太方便了，但是它缺少第五十七篇（养羊）中对于使用牛奶或羊奶制作乳制品的介绍。因此，仅仅依靠这个版本，可能会导致人们误以为乳制品从来就不是中国人膳食中的重要组成部分[②]。

(ii)　中古前期的食经

就我们而言，中古时期定为始于三国止于元朝结束的整个时期，即 200—1350 年。它还可以进一步划分为中古前期（200—900 年）和中古后期（900—1350 年）。虽然中古前期有许多书名都冠有食经，但是几乎都已经全部失传。在《汉书艺文志》中列有《神农食经》，《隋书经籍志》中列有 9 部食品经典书籍。其中有一部是《崔氏食经》，一般认为是北魏（拓拔）早期著名学者和宰相崔浩的母亲所著[③]。但是，篠田统认为还有一本由崔浩自己编写的"食经"，共有 9 篇，列进了《魏书》。保留下来的只有崔浩的序，其中写到[④]：

> 我成长过程中，我喜欢观看母亲和伯母们做家务。她们是烹饪高手。她们忠实地照顾长辈，每个季节都会为祖先提供祭品。尽管家里有许多佣人，但是她们还是愿意自己亲自做一些饭菜。后来有十年，国家发生了动乱和饥荒。我们食不果腹，母亲也没有机会烹饪好的饭菜了。早就注意到了晚辈在烹饪方面会有一无所知的可能，于是她决定用笔记录下她在烹饪方面的丰富经验和技术，以供晚辈分享。这就是构成了本书优雅而系统的九篇内容。

> 〈其自少及长，耳闻目见，诸母诸姑所修妇功，无不蕴习酒食。朝夕养舅姑，四时祭祀，虽有功力，不任僮使，常手自亲焉。昔遭丧乱，饥馑仍臻，饘蔬糊口，不能具其物用，十余年间

---

　　① 在该书准备过程中，缪启愉（1982）仔细地研究了宋代至今现存各种版本的《齐民要术》。他纠正了一些文字错误，并解释了长期以来一直含糊不清的词。他对于以前版本的批判性评述放在两处附录中，见第 733—858 页。

　　② 萨班［Sabban（1986a）］已经对乳制品在中国人膳食中地位的历史进行了回顾。对于中国制作乳制品技术的讨论，见下文 p. 248—256。

　　③ Shih Sheng-Han（1958），p. 28。

　　④ 篠田統（1987a），高桂林等译，第 101 页；采自《魏书》。

不复备设。先姑虑久废忘，后生无知见，而少不习业书，乃占授为九篇，文辞约举，婉而成章，聪辩强记，皆此类也。〉

根据上述文字，很难确定这本书是崔浩自己还是他母亲写作的。事实上，《隋书经籍志》中也许列有相同的书籍。但是，书中的内容显然不是抄自于其他书籍的，而是出自于一个技艺高超的实际操作者的经验。无论如何，不管是崔浩写就，还是他母亲著成，《崔氏食经》本身对于我们来说都具有很高的参考价值，其原因在于它一定是一部特点突出的经典著作，才能作为《齐民要术》在发酵和食品加工方面引用的资料来源。据石声汉的统计，抄录引用《崔氏食经》的地方有 33 处，而篠田统的统计为 37 处。其题材分为四个方面：①食品保藏；②食品加工，包括酿酒和腌菜；③烹调；④园艺，涉及促进果树结出美味果实的插条技术。

不幸的是，崔浩在晚年与北魏皇帝产生矛盾，在 450 年因"暴扬国恶"的罪名而遭满门抄斩。在随后几百年的北魏时期，他一直被视为叛逆。篠田统认为，可能正是这个原因，同时还因为贾思勰自己是北齐的官员，才使得《齐民要术》中从未提及崔浩的名字，也未特别提到他的"食经"[①]。

当然，在唐代又流行了大量的食经。宋代刊行的《通志》（约 1150 年），其《艺文略》中列有 41 部食品书籍（由 366 卷组成）。当然，其中 5 部已包括在《隋书经籍志》中，仅有很少的几部我们能够确认为宋代的作品。因此，估计大部分都是唐朝时期的作品。遗憾的是，大多数书籍都已失传，在食经书籍中能保留下来的中古前期的著作仅有 3 部。最早的一部是隋代谢讽的《食经》（约 600 年），接下来是韦巨源的《食谱》（约 710 年）和杨晔的《膳夫经手录》（约 857 年）。这三部论著都很短，每部不过 2—8 页。前两部列有精美的菜肴和食品产品，后一部记载了大量食物的有趣资料[②]。实际上，它们当中并没有任何关于烹饪或食品加工技术方面的内容。但是无论如何，它们是中国烹饪发展史上有价值的坐标，因为它们是关于菜肴和食物加工种类的唯一原始资料，像"天花饼馎"（蘑菇肉饭）、"见风消"（糯米什锦面糊）、"婆罗门轻高面"（笼蒸面）等，它们都属于唐朝时期上流社会烹调经验中的一部分[③]。

（iii）中古后期的食经

值得庆幸的是，在宋元期间成书的食经书籍中，保留至今的数量远远多于中古前期，表 13 中列出的是在我们的研究中参考较多的这类书籍。第一部是《清异录》，它收集了隋、唐及五代期间流行的话题及奇闻轶事，全书共有 648 个故事，其中 238 个涉及了饮食。这一部分后来作为《中国烹饪古籍丛刊》中的一种出版，书名依旧，其中设置了八个栏目，即佳肴、蔬菜、鱼、家禽、哺乳动物、酒、茶和水果。虽然《清异录》中

126

① 同上，第 104 页。
② 见邱庞同（1986b）的评论。
③ 丹波康赖在日本的《医心方》（984 年）中引证的一些失传的食经，参见篠田统（1987a），高桂林等译，第 109—112 页。

并未提及食品加工，但是通过阅读可以获得有关中国烹饪文化演变的引人入胜的线索。该书的重要性还在于，它完全引用了谢讽的《食经》和韦巨源的《食谱》两部书①。第二部通常并不归属于食经，它是选自《太平御览》的饮食资料汇编，作为《中国烹饪古籍丛刊》的一种于 1993 年单独出版，名为《太平御览饮食部》。该书在饮食方面的内容非常丰富，跨越了有文字记载以来到宋初的漫长历史。对于我们而言，它可以归于食经。它引用的很多书籍今已失传。在后面的四部书中，《食珍录》、《膳夫录》和《玉食批》是珍奇佳肴菜谱、食谱和轶事的短集；另一部是《吴氏中馈录》，它可以视为第一部给出确切度量的中国食谱②。这四部书籍表明宋代时期的烹饪技术水平已经达到了非常高的精致水平。实际上，追求卓越美食和稀有美味似乎没有尽头。正如《玉食批》的佚名作者所说的那样，结果近乎荒诞③：

> 哎呀！接受大地恩惠的人们应该首先寻求解除贫困之忧才是。否则，我们连获取最普通的家常便饭都不配，更不要说暴珍奢侈了。现举一二例为证：例如，仅使用羔羊脸、鱼的腮，螃蟹的腿来做菜，做馄饨或完整瓜汤时仅使用蟹钳肉。其余的就被抛弃认为不适合贵族饮食的。如果有人捡起，他就被叫做狗。

> 〈呜呼！受天下之奉必先天下之忧，不然素餐有愧，不特是贵家之暴殄。略举一二：如羊头签止取两翼，土步鱼止取两腮，以螯蜅为签、为馄饨、为桩瓮止取两螯，余悉弃之地。谓非贵人食，有取之，则曰：“若辈真狗子也！”噫！〉

如此无节制的饮食无疑会引来反击。因此我们发现，在《本心斋疏食谱》中所呈现出的相反趋势，即促进简单与雅致的素食。这种与追求奇异相反的倾向得到了《山家清供》强有力的支持。该书呈现了以各种素食原料为基础的独创性食谱，对于它们的由来作了有意义的注释。在两部著作之间还有一部《能改斋漫录》，它也是一部反映魏晋（220—420 年）到唐宋（618—1279 年）期间奇闻轶事的文集，涉及了日常生活的各个方面。这些涉及饮食的书籍大都被收进了《中国烹饪古籍丛刊》中，并以单行本形式出版。剩余的四部书是《居家必用》、《事林广记》、《云林堂饮食制度集》④ 和《易牙遗意》⑤，它们代表着食经体裁与格式走向成熟，而且延续到了明清时期。这些古籍都涉及了发酵和食品加工的方法。《居家必用》的全称是《居家必用事类全集》，在表 13 中，我们仅仅列出了其中有关饮食部分，它也被《中国烹饪古籍丛刊》作为一种出版。值得一提的是，《云林堂饮食制度集》是元代著名山水画家倪瓒的作品。如果要深入分析和评论这些书籍中出现的食谱和食品，读者可以参见篠田统关于中古时期和近代中国食经的内容详尽的论文，以及陶

---

① 《清异录》（《中国烹饪古籍丛刊》），第 5—16 页。

② 传说这部著作是宋代江苏的吴氏编写的。第一次出现在元代陶宗仪收集刊行的《说郛》中。使用确切度量的评论是林语堂在为林相如和林廖翠凤的书 [Lin & Lin (1969)] 所撰的序中最先提到的。还可以参见《中国烹饪古籍丛刊》版本的《清异录》的前言。

③ 《玉食批》收在《吴氏中馈录》（《中国烹饪古籍丛刊》）中，第 76 页；译文见 Lin & Lin (1969)，p. 37，经作者修改。

④ 有关这部著作的其他信息，参见邱庞同（1986c）。

⑤ 参见邱庞同（1986d）。

振纲、张廉明和邱庞同对中国烹饪文献的综述文章[1]。

表 13　中古代后期中国的食经和食谱

书名	全书页数	作者	成书时间	食事主题
《清异录》	147	陶　谷	960 年	食品轶事
《太平御览》	761	李　昉	983 年	皇家百科全书饮食部分
《食珍录》	3	虞　悰	北宋	菜单
《膳夫录》	7	郑　望	南宋	轶事
《玉食批》	5	佚　名	南宋	轶事
《吴氏中馈录》	28	吴　氏	宋	食谱
《本心斋疏食谱》	13	陈达叟	宋	轶事
《能改斋漫录》	148	吴　曾	南宋	轶事
《山家清供》	112	林　洪	南宋	轶事、食谱
《居家必用》	139	佚　名	元	食品加工、食谱
《事林广记》	30	陈元靓	1280 年	食品加工、食谱
《云林堂饮食制度集》	45	倪　瓒	1360 年	食品加工、食谱
《易牙遗意》	26	韩　奕	元	食品加工、食谱

（iv）前近代时期的食经

我们这里所指的前近代是指明代开始到清代晚期这段时间，即 1350—1850 年，这个时期所出版的主要食经列于表 14。第一部是《多能鄙事》，其作者刘基是明初著名官吏。第二部是《臞仙神隐书》，作者朱权是我们在本书其他分册已经提到的皇子周王朱橚的弟弟[2]。下一部是《宋氏尊生》，是巨著《竹屿山房杂部》中有关饮食部分的内容，由宋氏家族成员编写[3]。而后的《便民图纂》通常都被划归为农业类书，不过，其中包含了大量的食品加工工艺。在这四部书中，大多数内容都是抄自于表 13 所列的前人著作《居家必用》和《事林广记》的，而自己的贡献基本没有。下一部是《饮馔服食笺》，它由高濂的《尊生八笺》中的烹饪部分组成。它也是大量地抄录前人的食经，例如《吴氏中馈录》、《易牙遗意》和《多能鄙事》等。不过，其中也加进了一些有意义的新内容，可算是明代最重要的同类著作。《饮馔服食笺》本身也成为了后来问世的《食宪鸿秘》和《养小录》等书的抄录对象。高濂强调食品的营养价值，并避免过度寻求美食带来的刺激。他在书的自序中说到[4]：

129

130

---

　　[1]　篠田统（1987a），第 121—152 页；陶振纲和张廉明著（1986）和邱庞同（1989）。很遗憾，在本书的手稿完成之后，我们才看到陶振纲和张廉明著作的副本，而想获得邱庞同著作副本的努力却未获成功。后者显然非常畅销，一经印制便销售一空。还可参见陶文台（1986a）、黄祖良（1986）和戴云（1994）。

　　[2]　本书第六卷第一分册，pp. 332—333。

　　[3]　该书的另一部分是《养生部》，其中也包含有许多有助于我们研究的资料。

　　[4]　《饮馔服食笺》，第一页。

　　我们摄入食物是为了维持生命，所以我们应该追求简单和全面。我们不应该让吃下的东西伤害身体，也不要让五味去残害我们的五脏。对于生命的修养而言，这是最为基本的原则。在本章中我将首先介绍茶和水，其次是粥和蔬菜，然后简要介绍一下保藏食品、酒、面条、糕饼和水果。我主张实用为上，戒除奇异。

　　〈人于日用养生务尚淡薄，勿令生我者害我，俾五味得为五内贼，是得养生之道矣。余集，首茶水，次粥糜蔬菜，薄叙脯馔，醇醴、面粉、糕饼、果实之类，惟取适用，无事异常。〉

表 14　近代前期中国的食经和食谱

书名	全书页数	作者	成书时间	主题
《多能鄙事》	159	刘基	1370 年	发酵、食品加工、食谱
《臞仙神隐书》	200	朱权	1440 年	食品加工
《便民图纂》		邝璠	1502 年	食品加工
《宋氏尊生》	132	宋诩	1504 年	发酵、食品加工、食谱
《饮馔服食笺》	192	高濂	1591 年	茶、发酵、食谱
《野菜博录》	149	鲍山	1597 年	野菜
《闲情偶寄》	60	李渔	1670 年	食品物性、烹调
《食宪鸿秘》	162	朱彝尊	1680 年	发酵、食品加工、食谱
《养小录》	98	顾仲	1698 年	发酵、食品加工、食谱
《醒园录》	62	李化楠	1750 年	食品加工
《随园食单》	150	袁枚	1709 年	烹调术、营养、酒、茶、食谱
《调鼎集》	871	佚名	1760—1860 年	发酵、酒、茶、食谱
《中馈录》	18	曾懿	1870 年	食品加工

　　很有可能，《饮馔服食笺》中的这些章节当时是以小册子形式流行的。韦利在其编纂的著名的中国书目中指出，高濂关于饮食品的系列"短文"所涉及的内容有汤、粥、面条、饼和咸肉等，看上去与《饮馔服食笺》的内容十分接近，表明高濂的著作受到了烹饪界的高度重视[1]。

131　　《野菜博录》中列出了 435 种野菜，是同类书中内容最多的一部。它是受明初皇子朱橚发起的"食用植物学家运动"影响而形成的著作中的主要代表，本书曾在别处对它进行了详细介绍[2]。

　　下一部是大名鼎鼎的《闲情偶寄》，由李渔撰写。全书共分 6 卷，每卷都涉及民间生活的一些方面，有关饮食的部分已作为《中国烹饪古籍丛刊》中的一种单册出版。这部分是作者关于主要的三类食品的烹制和食用之道的学术性论议，依作者

---

　[1]　Wylie (1867), pp. 153—154.
　[2]　参见本书第六卷第一分册，pp. 331—348.

理解，其重要性的顺序是蔬菜第一、谷物第二、肉和鱼最后[1]。更为实用的书是朱彝尊的《食宪鸿秘》，其中讨论了膳食与健康，介绍了450个食谱，包括有大量的食品加工与保藏的内容，例如蔬菜的腌制、水果的储藏、发酵酱与醋的制作等。有些食谱使用了奇异的原料，如熊掌和鹿腱，有些则呈现出另一方向的奇异，如素食仿鳖和素食仿肉丸等。下面的两部著作是《养小录》和《醒园录》，涉及了食品加工和烹调[2]。尽管《养小录》的篇幅较长，而《醒园录》的说明却较为详细明了和易于效仿。后者是由著名学者和戏剧评论家李调元，根据他父亲李化楠的手稿编辑整理而成。在引言中，李调元写到[3]：

> 在他生命的最后，我父亲依然坚定认为凡事要做的适度。他自己吃的是最为简单的素食，而款待父母时则尽可能提供最好最可口的饭菜。在作为官员出行时，如去江浙一带，他常常有机会品尝精制的美味佳肴。于是，就会直接去拜访厨师，记录下食谱，并亲自到厨房一试。这样下来，经过许多年，他积累了大量的优秀食谱。

> 〈先大夫自诸生时，疏食菜羹，不求安饱。然事先大父母，必备极甘旨。至于宦游所到，多吴羹酸苦之乡。厨人进而甘焉者，随访而志诸册，不假抄胥，手自缮写，盖历数十年如一日矣。〉

由此可见，我们所看到的食谱，是已经过了既是有才干的作家又是厨艺高手的作者亲自验证的硕果。毫无疑问，这是书中的食谱清晰而详尽的原因。表14中的下一部著作是袁枚的《随园食单》，它大概是中国烹饪技艺书籍中最为著名的一部。书中首先讨论了烹调时人们应该和不应该做的事情，然后以故事的形式介绍了327个食谱，分为12种类型。利用现代厨房，林相如和林廖翠凤对于他的这些食谱进行了试验，构成了她们优秀食谱的物质基础[4]。不过，就食品加工而言，该书并不重要，对于我们来说，它不如表14列出的《醒园录》等有用。在清代的这类书籍中，最为综合的是《调鼎集》，这是一部长达871页的巨著，共有2700个食谱，关于发酵类及食品加工的内容分为250个条目。令人遗憾的是，该书的作者不明，至于何时成书也存在许多不确定性[5]。据说，其中有一部分在1765年以前已在流传，而其余的部分大概不会早于1860年。由于书中有许多食谱都曾出现于《随园食单》中，故而使得中国的食品史学家们对于该书的起源极感兴趣。很自然地会提出这样的问题，哪一部书更早？是谁抄了谁的？对于我们的研究而言，这是一部不可忽视的书。我们只能撇开这些争论。本表的最后一部是短篇书籍《中馈录》，由曾懿女士编写，其中只讨论了食品加工，总结了清代末期一些技艺的状况[6]。

132

---

① 参见刘松和叶定国（1986）。
② 邱庞同（1986e）。
③ 《醒园录》，第1—4页。
④ Lin & Lin（1969），另可参见周三金（1986）。
⑤ 对于《调鼎集》作者的讨论，参见陶文台（1986c）和邱庞同（1986f）。
⑥ 对于作者的介绍，见王竹楼（1986）。

（v）酿酒技术著作

尽管在我们上文已经提到的食经中，在一些章节里，有时有相当大的篇幅涉及通过发酵酿"酒"内容，[①] 但是依然出现了以"酒经"专门术语命名的优秀和独立的著述。《民俗丛书》的饮食卷收入了16种，其中有一半是作为美食家消遣而谈及饮酒历史和文学作兴的。另外8种列于表15。第一种是《酒经》，作者苏东坡是宋代最为著名的文学家，书中简洁地介绍了酿酒过程，表明作者自己对于所写的内容具有相当多的亲身体会。另外一种是宋代的《酒谱》，内容是关于酒的概念、历史及文学方面的，只涉及一点技术方面的内容。表15中最为重要的书籍是朱肱撰写的《北山酒经》（约1117年），它是《齐民要术》（540年）之后对于酿酒过程介绍最为详尽的一部专著。下一种《新丰酒法》，是南宋林洪《山家清供》（表13）中的最后一节，介绍了制作一种名酒的食谱。郑獬的《觥记注》所列出的是从远古到宋代的各种盛酒容器。《曲本草》，尽管题目如此，但是书中却并未介绍制曲，只是列出了宋初时一些有价值的酒的名目[②]。《酒小史》只不过罗列了估计是宋朝时期流行的酒名，其中的葡萄酒是从西域引进的。《酒史》收集了各种书籍和诗词中关于酒的沿革、轶事和引证，尽管其中并没有介绍酿酒技术，但是，对于查找涉及酒的作品，具有引导作用。

表 15　宋明时期的酒经

名称	页数	作者	成书时间	内容
《酒经》	4	苏　轼	1090 年	发酵过程
《酒谱》	38	窦　平	宋	历史、轶事
《北山酒经》	26	朱　肱	1117 年	发酵过程
《新丰酒法》	2	林　洪	宋	发酵过程
《觥记注》	12	郑　獬	宋	酒器
《曲本草》	6	田　锡	宋	酒曲
《酒小史》	8	宋伯仁	宋	酒名录
《酒史》	56	冯时化	明	历史和文字评论

我们在此必须要提到最后一种著作，它通常并不归类于食经，但是就其对于发酵和食品加工的重要性而言，它又确实应该纳入本研究的范围。该书就是宋应星著名的《天工开物》（1637年），书中包括有我们感兴趣的几卷：第一卷"谷物栽培"（乃粒）；第四卷"谷物加工"（粹精）；第六卷"糖的制作"（甘嗜）；第十二卷"油料加工"（膏液）

[①] 例如，《居家必用》第三十六至四十七页；《饮馔服食笺》第一二三至一三三页。

[②] 传统上认为写作约985年。刘广定（私人通信）最近认为应为晚些时候。

和第十七卷"酿酒"（曲糵）。我们已经在上文（pp. 29—30）抄录了一段关于"油料加工"的论述。《天工开物》的英文译本有两种，一种是由孙任以都和孙守全（E. T. Z. Sun 和 S. C. Sun）翻译的，另一个是由李乔苹等翻译的。在（c）和（e）节中，这部著作将是我们主要的参考书籍。在这一类中还有两部参考书，即方以智的《物理小识》（1664 年）和屈大均的《广东新语》（1690 年）。

134

（3）食疗（*Materia Dietetica*）经典

传说中，是神农帝发明了中国古代农业和草药，根据《淮南子》（约公元前 120 年），其描写如下[①]：

在古代，人们依赖植物和饮水而得以生存，从树上采摘野果，吃蛆蛴螬和蛤贝的肉。他们常常会生病，受到有毒食物的伤害。因此，神农帝就开始教人们种植（和收割）五谷……他试验了百余种植物的性能及水泉的质量，甘甜或苦；这样，他使人们知道了什么应该避免和什么应该接受。为了民众安危，当时神农氏用积极的原理在一天里遇到七十种植物。

〈古者，民茹草饮水，采树木之实，食蠃蚌之肉，时多疾病毒伤之害。于是神农乃始教民播种五谷……尝百草之滋味，水泉之甘苦，令民知所避就。当此之时，一日而遇七十毒。〉

或许，他发现了哪些植物适合用作食品、哪些植物可用作药品。因此，在医学著作中古代中国人更倾向于名言"医食同源"。因此，人们相信有些食品可以作为药品使用（而且反之亦然）。同时，就像我们在上文（p. 3）所提到的那样，许多食品原料或产品，都可以列进药典或博物志。例如，在从马王堆三号汉墓发现的《五十二病方》（表 11）中，大约有四分之一的药剂是食品原料或产品。在《神农本草经》（2 世纪）中这种传统是显著的。经过历代"本草"著作，一直到伟大的药典《本草纲目》（1596 年），这种传统继续流传和光大。这些著作在植物学上的重要性已经在本书第六卷第一分册中进行了详细的论述，而且在第六卷的后续分册中还将就其在医疗及医药方面的前景做进一步的讨论。但是，它们有不少强调了食物治疗，因而可将其作为食疗（*Materia Dietetica*）的组成部分独立地分类。这些书籍列入在表 16。

第一部是著名炼金术士葛洪的《肘后方》，其全称为《肘后备急方》。我们现有的版本是由陶弘景（约 500 年）和后来的杨用道（约 1000 年，晋代）订正和增补的。它包括八卷七十三篇。尽管是著名的医药文集，但它还涉及诸如营养不良症和食品的配伍禁忌这样的主题。下一部是苏敬编辑的《新修本草》，这是历史上第一部依圣旨而编纂的官方药典，配有大量的插图。有关这部伟大著作跌宕起伏的故事，在本书第六卷第一分册中已作了介绍[②]。原版中的插图已经全部失传。庆幸的是，在日本还残存有二十卷中的十卷，据知属于两种传写本。其中，有一种是由傅云龙发现的，并在 1889 年由他影刻

136

---

① 《淮南子》卷十九，第一页，译文见本书第六卷第一分册，p. 237。
② 本书第六卷第一分册，pp. 264—271。苏敬后来更名为苏恭。

135

表 16 中古和近代前期的食疗著作

名称	作者	时间	主题
《肘后备急方》	葛 洪	340 年	膳食与疾病、食品卫生
《新修本草》	苏 敬	659 年	食品的药用特性
《千金食治》	孙思邈	655 年	食品的药用特性
《食疗本草》	孟 诜	670 年	食品的药用特性
《外台秘要》	王 焘	752 年	食品的配伍禁忌
《食医心鉴》	昝 殷	晚唐	药膳配方
《食时五观》	黄庭坚	1090 年	食品与膳食的忠告
《寿亲养老新书》	陈直、邹铉	1080 年、1307 年	老年人的食疗
《政类本草》	唐慎微	1082 年	食品的药用特性
《饮膳正要》	忽思慧	1330 年	药膳配方
《饮食须知》	贾 铭	1350 年	食品的相克与配伍禁忌
《食物本草》	李杲、李时珍	1000 年 /1641 年？	食品的药用特性
《食物本草会纂》	沈李龙	1691 年	食品的药用特性
《老老恒言：粥谱》	曹庭栋	1750 年	健康型粥谱

出版，1935 年又再次印刷。另一种是由森立之收藏，1891 年被罗振玉购回中国，1981 年由上海古籍出版社影印出版①。令人振奋的不仅仅是表中列出的内容，而且还包括《新修本草》中的实质性部分，事实上就是《千金翼方》中的第二至四卷，它是对唐朝时期著名医生孙思邈的《千金要方》所做的重要补充。在这些残存著作的基础上，加上敦煌手稿和大量其他的"本草"类著作零星抄录，尚志钧能够辑复成一部近乎完整的古籍本《新修本草》的著作，并于 1981 年出版②。与《新修本草》大不相同，《千金要方》（三十卷）及其补充《千金翼方》（三十卷）都在中国保存得相当完好。两部合在一起成为真正意义上的，反映中国唐代医学和药品制备技艺的百科全书。《千金要方》还令我们特别感兴趣的是，有一整卷（第二十六卷）其所讨论的主题是食疗（"食治"）③。该卷已作为《中国烹饪古籍丛刊》中的一种，以《千金食治》为名（表 16）出版。

下一部著作是《食疗本草》，这是第一部专门讨论食疗的著作。根据丹波康赖的日文书籍《医心方》（984 年），《食疗本草》是由孙思邈的学生孟诜编写的，又经张鼎精心加工整理成《补养方》④。据说，这部书内记述了 227 个药膳产品，分为三卷。虽然

---

① 影印本在 1981 年以线装本形式印制。1985 年以书的形式出版，配有吴德铎的前言。

② 安徽科学技术出版社（1981）。

③ 对于《千金要方》和《千金翼方》中膳食部分的讨论，参见合毅和丁望平（1986）。

④ 对于此问题的讨论，参见篠田统（1987a），第 110 页。

已经失传了几个世纪，但是，《政类本草》存有其佚文，20 世纪初期在敦煌出土的文书中发现有这部书的残卷。目前流行的版本是以《政类本草》中的佚文和敦煌残卷为基础的整理复原本[①]。王焘的《外台秘要》更为幸运，它从未遇到过任何灾难而保存至今。由于其中蕴藏着大量唐朝以前医书的资料，而这些书籍又在宋朝建立后不久就失传了，所以《外台秘要》已成为一部极有价值的著作。该书的内容涉及食品配伍禁忌和食疗等。

昝殷的《食医心鉴》大概是 9 世纪中期的一部著作。按《周礼》中的说法，"食医"是照料王室的营养医生的官衔[②]。《食医心鉴》强调食物和食物产品治疗各种疾病的作用。该书宋代还在流行，但是后来很快就失传了。目前流行的版本是根据日文版本的《医方类集》整理而成的。《医方类集》是古代朝鲜的医药百科全书（1443 年），它包含采自一些中国现已失传的中国古代医书的内容[③]。

表中的第一部宋代著作《食时五观》是由著名的诗人和书法家黄庭坚撰写的。它是关于人们食用食品时应采取恰当的态度的随笔，作者从营养而不是美食的观点来看待食物。《中国烹饪古籍丛刊》在一个短文集中出版了它[④]。更为实用的一部书是《寿亲养老新书》，其中包括有四部分：第一部分由宋代的陈直撰著，独立的书名是《养老奉亲书》；第二到第四部分是由元代邹铉根据保留下来的古书的内容续增的。该书成为养生类文献的重要部分。书中包括与老年人的进食和照料有关的日常生活习惯忠告、用药方、食品食谱和奇闻轶事等方面的内容。目前流行的版本是在《中医基础丛书》中出版的。

现在，我们来了解一下著名的《政类本草》，其全称为《重修政和经史政类备急本草》（1204 年），是宋代主要的"本草"著作，通常称之为《政类本草》。就其食疗作用而言，它是值得注意的，因为其中包含了很多诸如《食疗本草》、《食性本草》和《食医心鉴》等失传著作中的内容。《政类本草》的历史背景及它在宋朝期间的多次修订，在本书第六卷第一分册中已经做了论述[⑤]。

下面两部书大概是中古后期食疗方面最为著名又最为重要的著作，那就是元代忽思慧的《饮膳正要》和元末明初贾铭的《饮食须知》。忽思慧是蒙古朝廷的饮膳太医，因此《饮膳正要》就是皇家的官方营养手册。它共有三卷：第一卷是佳肴和特色菜；第二卷是普通菜肴、饮料以及各种小病用药方；第三卷是食品的营养和药用特性。该书在中国食疗史中的地位，已经由鲁桂珍和李约瑟介绍给了西方的读者[⑥]。我们非常幸运，藏于日本的明刊本由张元济 1920 年在上海影印发行，现在《中医基础丛书》将这个影印本收入再次出版，使我们得以参考。该版中的一些插图经常被

137

138

---

① 由范凤源根据中尾万三注释的日文版本编辑，于 1976 年在台北重印。

② 《周礼》，第四十五页。

③ 根据 1861 年的日文刊本。目前流行的中文本是 1924 年由东方学会复原的。

④ 在《中国烹饪古籍丛刊》中，与《吴氏中馈录》（1987 年）一起出版。

⑤ 本书第六卷第一分册，pp. 281—294。

⑥ Lu & Needham（1951）。有关这部著作中烹饪方面的讨论，参见 Sabban（1986a）、Anderson（1984）和 Bruell（1986 和 1990）。

用作讨论中国烹饪和食疗方面文章的示图①。第二卷中用于治疗各种小病的 61 个食品药方，配以大量的注释后，以《食疗方》为书名，作为《中国烹饪古籍丛刊》中的一种出版②。

与《饮膳正要》强调食品治疗功能相比，《饮食须知》主要关注的是预防知识。该书已由牟复礼（Mote）在有关元明时期饮食的一篇论文中介绍给了西方读者③。在明朝建立时的 1368 年，作者贾铭已经到了德高望重的百岁高龄，并于 6 年后去世。因此，他本身就是他所宣扬的戒律效果的活证据。在序言中他说：

> 滋养身体依靠饮食。但是如果人们不知道食物有相反相忌的特性，相互杂乱配伍，无序进食，轻的会造成五脏功能失调，重的会立刻造成灾难性的后果。因此，各种滋养性食品也有可能随时产生伤害身体的作用。我对一些主要药典书的注释进行过鉴定，发现其中的每一种食物都可能产生伤害和有益两方面的效果，使人们很难适从。因此，我特地撰写这部书，选择一些相反相忌的食物，汇集成一编。这样一来，可以使那些注重身体健康的人们能够在日常饮食中使用这些知识。

> 〈饮食藉以养生，而不知物性有相反相忌，丛然杂进，轻则五内不和，重则立兴祸患，是养生者亦未尝不害生也。历观诸家本草疏注，各物皆损益相半，令人莫可适从。兹专选其反忌，汇成一编，俾尊生者日用饮食中便于检点耳。〉

该书共有八卷，内容包括：①水与火；②谷物；③蔬菜；④水果；⑤调味料；⑥鱼和贝类；⑦禽类；⑧畜类。该书的内容不平淡，它具有不少实用的材料和常识。但是，也同时存在着大量的迷信观念，无批判地从前人的书籍中抄录了部分内容。由于强调了有毒而需要避忌多种食品，加上相互间的配伍禁忌，所以《饮食须知》也有危言耸听的误导，留给人们一种吃食有高度危险的印象。《中国烹饪古籍丛刊》也已将《饮食须知》作为单册出版。

在这一时期，还有几部以《食物本草》为名的著作流行于世。最早的一部是由金朝人李杲（李东恒）编著的，但是现存版本声称是由李时珍参订，由姚可成在 1638 年刻印的。后来，还有庐和（约 1570 年）和汪颖（1620 年）的两部《食物本草》刊行。但是，由于它们形式不同，作者不同，编目相当复杂，超出我们的研究范围，所以没有作为参考之用④。我们此次参考的重点是，由李杲或李时珍所编著的《食物本草》，书中共分 58 部，2000 多个条目。书中对于矿泉水质量的讨论是中国古代最为全面的。

下一部是清初沈李龙编写的《食物本草会纂》，其格式使人联想到了《饮食须知》，书中各卷是水、火、谷物、蔬菜、水果、鱼、贝类、禽和畜。另外，这部书中还附录两卷：一卷是关于日常家务技艺方面的，如应急食物、膳食配伍禁忌、有毒食品和解毒药等；另一卷是关于号脉的。总之，《食物本草会纂》代表了对我们前面讨论过的唐、宋、

---

① 例如 Lu & Needham (1951)，Harper (1984)。
② 与《千金食治》编在同一册。由李春芳详细注释并译成白话文的新版已于 1988 年出版。
③ Mote (1977)，pp. 227—233；序言译文见 Mote，pp. 228—229，经作者修改。
④ 本书第六卷第一分册，p. 585；参见龙伯坚（1957），第 104—106 页。

元、明时期著作中有关食疗方面的主要观察和发现的一种总结，并表明了在 19 世纪西方新营养概念传入之前，中国的技术已经达到的水平。

表 16 中的最后一部书是关于粥的专著《粥谱》，它由曹庭栋于 1750 年撰写。这部古书实际上是五卷本《老老恒言》中的第五卷，是作者在 75 岁高龄时完成的，它可以用来指引老年人的日常饮食生活。《中国烹饪古籍丛刊》已经把《粥谱》从《老老恒言》中抽调出来，与另一种粥谱合成一个单册，以《粥谱》为名出版了。纵观中国历史，粥历来被中国人看作是老年人特别理想的食品，因此，90 岁去世的作者就将"食经"类和"食疗"类著作中最好的粥食谱，收集整理为一部书。《粥谱》在概要介绍了制作一些上乘粥的原理之后，将粥分为高、中、低三档，并把 100 种粥逐个从食疗及营养方面作出了说明与评价。该书并不是一部食谱手册，它没有介绍任何一种特殊粥的做法。该书具有强烈的素食者的倾向。在 100 种粥品中，80 种以上的配料来自于植物，在 36 种高档粥品中，只有鹿尾粥和燕窝粥两种使用到了动物产品。

（4）补 充 资 料

140

古人言，"所有的动物进食都叫饲养，只有人类进食叫做吃（和喝）"[1]。当然，吃喝是文明生活最为基本的需要。吃喝的方式是人们文化的识别特征之一，因此吃喝也必然会表现在文学艺术上。所以，中国的古典文献中，蕴藏着当时烹饪实践方面有价值的资料也是不足奇的。其中，最为重要的作品已经列在表 11 中，并且已经在本章的（a）（1）中进行了讨论。不过，它们绝不是我们在本次研究时参考的仅有文献。的确，我们已经有机会参考古代中国最为神圣的经典，如《易经》、《书经》、《道德经》、《庄子》、《论语》、《孟子》等，这些著作通常被认为是哲学文献，而不是日常生活指南。还有其他一些古典著作我们已经或将会参考，如《仪礼》、《左传》、《管子》、《墨子》、《韩非子》和《淮南子》。这些著作所代表的多种哲学流派，反映出了古代社会生活中膳食体系的普遍职能。在很多情况下，它们能够提供有价值的确凿证据，来支持表 11 中的主要著作所形成的观点。

在我们此次研究中，所遇到的一个反复出现的问题是，同我们在本书其他主题上所遇到的问题一样，就是古文字的含意如何正确理解[2]。如我们在上文（p.24）已经仔细研究了"稷"和"粟"，也深究了"几"和"案"（p.109，p.112）[3]。对于这类情况，查阅辞典或百科全书之类的书籍就是必须而适当的（de riguer）。这类著作包括《尔雅》、《说文解字》、《方言》、《释名》、《康熙字典》等，这些著作在本书第一卷中已经简要讨论过，在第六卷第一分册中也进行了详细的讨论[4]。1970 年以来，中国又出版了许

---

① Farb & Armelagos（1980），p.3。
② 本书第六卷第一分册，pp.463—471。
③ 参见上文 pp.109—112。
④ 本书第一卷，pp.47—51；第六卷第一分册，pp.182—186。

多优秀的字典，包括台北出版的《中文大字典》、四川出版的《汉语大字典》、上海出版的《汉语大词典》等①。

141　　当然，各个王朝史书所提供的是某特定历史时期内的日常生活资料，其中包括饮食方面的资料，所以也是有价值资料的源泉。这类著作的先驱和典范当然是司马迁的《史记》，它把国家和文化作为一个单元，记录了自传说时代到汉朝建立时期标志着中国社会发展的种种事件。《史记》所提供的格式，被《前汉书》和《后汉书》所承袭，也被后来各个朝代编史所沿用。《食货志》部分，以及某些主体叙事部分，常常记有当时烹饪状况，有的非常有用。不过，令我们最感兴趣的是另外一些民间笔记和传记，它们记录了特定地点和时间的社会和文化状态，如《西京杂记》（6 世纪中叶）中记载的是西汉时期西安城里发生的很多事。在这类著作中，最为著名的是孟元老的《东京梦华录》（1148 年）、吴自牧的《梦粱录》（1334 年）和周密的《武林旧事》（1270 年）。其中，通过《东京梦华录》，我们可以了解到在被金兵攻陷之前，北宋京都开封当时烹饪水平的状况。通过《梦粱录》和《武林旧事》，我们能够知道南宋京都杭州，当时已经处于最为和平繁荣的时期。对于南宋京都生活的其他印象，来自于《都城纪胜》（1235 年）和《西湖老人繁胜录》（南宋）。另外一部值得注意的著作是杨衒之的《洛阳伽蓝记》（547 年），它介绍了北魏时期洛阳的佛教寺庙和僧侣。

　　尽管对于本草类著作中的食疗部分，我们已经予以了特别的重视，但是，这并不意味着其他药物学（*Materia Medica*）著作，对于我们的研究就没有价值了。我们依然需要不断地查阅标准药典，如《神农本草经》（公元前 1 世纪）、《本草纲目》（16 世纪）和现代的《中药大词典》（1978 年）。有关本草类著作的演变，在本书第六卷第一分册

143　中已经经进行了详细的讨论，同时，对于另一部 16 世纪鲜为人知的，但是却有引人入胜故事的药典也做了评述②。这就是《本草品汇精要》，该书受明孝宗皇帝旨意编撰并于 1505 年完成。完成后一直以手稿的形式保存在太医院，直到现代才得以印制发行。这部手稿最为显著的特征是，文字写在精美的彩色插图周围。还有几部明清时期的手稿保存了下来，但是都没有复制插图③。虽然我们不清楚其具体形成过程，但是插图由明代著名画家文俶于 1617—1620 年间临摹的，整理成为《金石昆虫草木状》的线装本，并由她的丈夫、著名诗人和藏书家赵均用极其优美的楷书写了序言。其中没有文字，但是，从内容和顺序来看，他们无疑是准备将其作为《本草品汇精要》的插图。这个线装本现保存在台北"中央图书馆"④。在 (a) 图 2 中，我们复制了几张文俶的画，不过不是彩色的。在此，我们还在图 39 中复制出其序言的前两页。

---

① 这些已经替代了以前提到的《辞源》和《辞海》等旧版书。参见本书第一卷第一分册，p.49。

② 本书第六卷第一分册，pp.302—308。

③ 《本草品汇精要》的原始绘制手稿相信保存在大阪的田中医药公司。完整的复制本保存在北京的国家图书馆、罗马的"维托里奥·埃马努埃莱二世"国家图书中心（Biblioteca Nazionale Centrle Vittorio Emanuele II, Rome）和柏林的普鲁士文化遗产州立图书馆（Staats Preussicher Kulturbesitz），参见本书第六卷第一分册 p.302 和 Bertueccioli（1956）。

④ 有关这个线装本与已知的《本草品汇精要》插图手稿的比较，参见李清志（*1979*）。

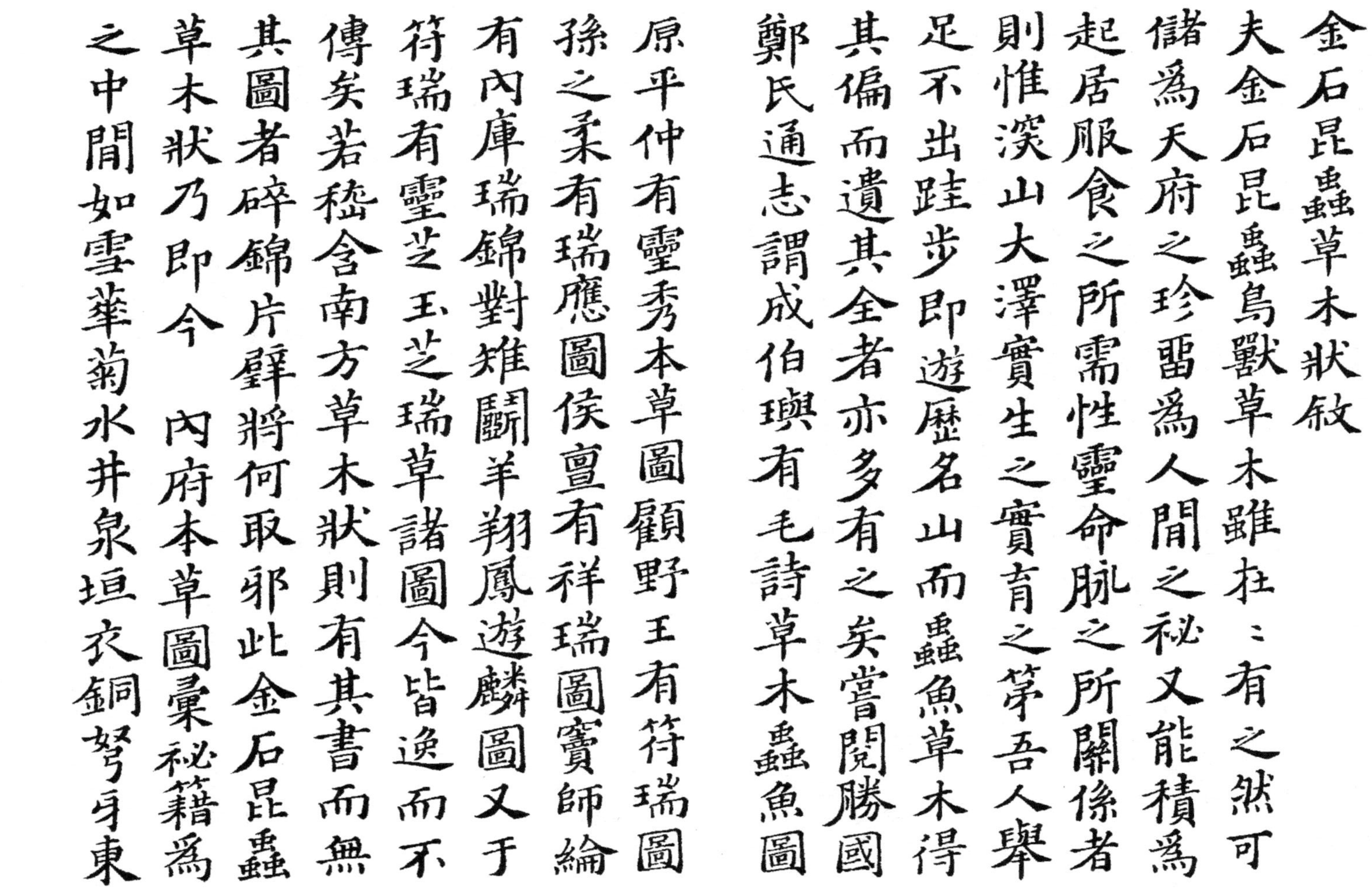
金石昆蟲草木狀敘
夫金石昆蟲鳥獸草木雖狂〻有之然可
儲爲天府之珍畱爲人間之祕又能積爲
起居服食之所需性靈命脉之所關係者
則惟溪山大澤實生之實育之苐吾人舉
足不出跬步即遊歷名山而蟲魚草木得
其偏而遺其全者亦多有之矣嘗閱勝國
鄭氏通志謂成伯璵有毛詩草木蟲魚圖
原平仲有靈秀本草圖顧野王有符瑞圖
孫之柔有瑞應圖侯亶有祥瑞圖竇師綸
有內庫瑞錦對雉鬬羊翔鳳遊麟圖又于
符瑞有靈芝玉芝瑞草諸圖今皆逸而不
傳矣若嵇含南方草木狀則有其書而無
其圖者碎錦片辟將何取邪此金石昆蟲
草木狀乃即今　內府本草圖彙祕籍爲
之中間如雪華菊水井泉垣衣銅弩牙東

图39 《金石昆虫草木状》叙的前两页，由赵均书写，采自台北“中央图书馆”。

同样，我们需要真诚地对待除《氾胜之书》、《四民月令》和《齐民要术》以外优秀的农业著作和历书，它们也包括了与饮食制作有关的不少有价值的资料。这些农业著作已经在第六卷第二分册中做了详细介绍[①]。在这些著作中，我们发现最为有用的是晚唐的《四时纂要》和明代的《便民图纂》，我们在上文（表 14）已经提到。经常查阅的还有三部元代的著名著作：即司农司的《农桑辑要》（1273 年）、鲁明善的《农桑衣食撮要》（1314 年）和王祯的著名《农书》（1313 年）。鲁明善是中国历史上一位不同寻常的人物，是能够在中原任高官、又是成功的汉语作家而闻名的极少数维吾尔族人之一。现在，新疆的维吾尔人都将其视为民族英雄。虽然他和王祯属于有着相同兴趣的同时代的人，但是，没有任何证据表明他们曾经见过面。明代最为主要的农业著作是徐光启的《农政全书》（1639 年）。对于我们的研究而言，特别值得注意的是，通过其中的《救荒本草》全文传达出了"食用植物学家"的倾向。书中蕴涵大量的果蔬加工方面的内容，主要抄自于前人的著作。我们需要提到的最后一部著作是，受皇帝的敕令在鄂尔泰指导下编写的《授时通考》（1742 年）。它的主要价值是，收集到了一些旧书中的材料，否则这些书不被人知。

现在让我们来看一下，针对特定作物或动物方面的专著或短文，这类著作是中国博物学作品中的一个重要特色。在本书的第六卷第一分册中我们已经介绍过这类著作，并且较详细地讨论了有关植物的书籍，但多数是观赏的植物[②]。与食物有关的两部代表作是韩彦直的《橘录》（1178 年）和赞宁的《笋谱》（970 年）。这两部著作都涉及了（e）节中的食品加工与保藏。

古代作者们最为感兴趣的主题无疑是荔枝（*Litchi sinensis*），中国最为美味的水果之一。我们在上文已经提到了两部有关这种植物的著作[③]，一部是蔡襄任福建巡抚时编写的《荔枝谱》（1059 年）和一部是张宗闵的《增城荔枝谱》（1076 年，现已失传）[④]。另外一部是有关广东荔枝的著作，那就是年代更近的清末吴应达编写的《岭南荔枝谱》。虽然流传下来的有关荔枝方面的著作不少于 15 部，包括蔡襄所著的在内，共有 6 部同样使用了《荔枝谱》这一书名[⑤]。在这些著作中，有两部包含了大量的加工与贮藏方面的资料，一部是徐𤊹所著，另一部是宋珏所著，两位作者均为明代人。有关荔枝的详细讨论，参见前面的第三十八章（《植物学》）。

并不普及的蘑菇是中国烹饪中的一种重要材料，目前所知道的相关著作有三部。最早的是陈仁玉的《菌谱》（1245 年），介绍了包括松菌（*Armillaria matsutake* Ito et Imai）在内的 11 种食用蘑菇。第二部是潘之恒的《广菌谱》（约 1550 年），介绍了 20 种真菌，其中有几种依然是现代中国厨房中常用的。例如，有 7 种木耳 [*Auricularia auricula* (L. ex Hook)]、香菌 [香菇，*Lentinus edodes* (Berk) Sing] 和西方厨房中

---

① 本书第六卷第一分册，pp. 55—72。中国农业书籍全部书录，参见王毓瑚（*1979*），最初于 1964 年出版。

② 本书第六卷第一分册，pp. 355ff。

③ 同上，pp. 359 和 361。

④ 王毓瑚（*1979*），第 70 页和第 73 页。

⑤ 同上，第 313—314 页，列有 13 部。其他两部列在《民俗丛书》的《果蔬》一书中。《荔枝谱》的作者，除了蔡襄、徐𤊹和宋珏外，还有曹蕃、陈鼎和邓道协。

也常用的蘑菇菌［四孢蘑菇（*Agaricus campestris* L. ex Fr.）］。前两种菌是中国烹调中的特色原料，在中国商店里都有干品销售。最后一部著作是吴林的《吴菌谱》（1683年），其中记载了康熙时代苏州附近地区的各种蘑菇。虽然根据现代真菌分类目录，我们只能够识别几种列出的真菌，但是，对于多种食用菌的详细介绍令人记忆犹新，标志着中国在鉴别和食用野生菌方面已取得了很大的成就。

还有几部关于食用植物方面的著作值得注意。元代柳贯的《打枣谱》，对于一种重要的水果资源提供了有用的资料，但是只有一些涉及关于加工方面的内容。明代黄省曾的《芋经》，介绍了这种本土块茎作物芋的栽培与食用。明朝人王世懋在其著作《瓜蔬书》中，对瓜和几种蔬菜的营养和烹饪价值进行了讨论，他还撰写了一部水果方面的著作《果书》。在这一类专著中最后还有一些梗概性作品需要提及。例如《群芳谱》，首先由王象晋撰写于1630年，后来又由王灏在1708年扩充为《广群芳谱》。后来完成的这部书《广群芳谱》包括了前一部的内容，共含11种"谱"，主题涉及蔬菜（5卷）、茶（4卷）、水果（14卷）、谷物、花卉等，并论述了许多产品的加工、贮藏和使用。

与植物形成对照的是，除海味外，触及动物产品的著作很少。最早的一部可能就是傅肱的《蟹谱》（1060年），后来是高似孙的《蟹略》（约1180年）。两部书中都包括有烹调和加工方法，说明中国烹饪高度重视这种甲壳类产品。对于清代褚人获的著作《续蟹谱》则少有兴趣，其中主要是关于吃蟹的奇闻轶事。

其他有关海味的书籍主要讨论的是鱼。《养鱼经》是明代黄省曾的著作。其中介绍了18种鱼，从高档的鲟鱼到美味但有毒的河豚（*Fuga vermicularis*），对于后者还介绍了保证食用安全的制作方法。由同时代腺园居士编写的《鱼品》讨论了长江三角洲的20种鱼。涉猎范围更为广泛的著作是《闽中海错疏》，是由屠本畯于1593年撰写的，而后经徐燉增补。其中列出了福建的246种海产品，还第一次提到了燕窝，它已经成为重要中式宴会上具有魅力和声誉的菜肴。尽管非常精通中国东南地区的渔业历史，但是两位作者对于燕窝的由来也并不非常清楚。他们说，燕窝是燕子在飞过南中国海时用嘴叼来的。当它太累时，就会降落下来并将燕窝放在海面上然后进行休息，恢复体力后再飞走[①]。屠本畯还写了《海味索隐》，收集了一些有关不同海味的奇闻轶事，提到了可供食用的海蜇（"鲊"），它现在常常作为中国宴席或餐桌上的一道开胃菜[②]。

最后，应该注意的是，最为有价值的信息是得益于过去35年间，中国大量的考古发现。这些发现包括保留下来的食品原料及制品、烹饪器具、食品和饮料的容器、餐具、竹简和丝绸上的文稿、描写烹饪和筵席情形的壁画等。有关这些发现的报告，一般可在中国各考古杂志上找到，如《考古》、《考古学报》、《文物》等。而有关这些发现的研究论文，会根据这些发现在食品资源、技术和文化方面的意义刊登在《农业考古》之类的杂志上。对于特别重要的考古发掘发现，如马王堆汉墓、云梦、满城等，为予以纪

146

---

① 《闽中海错疏》，见《四库全书》第五九〇册，第五二四页。对于燕窝历史及应用的说明参见江润祥和关培生（*1991*），第98—113页。亦可参见本书第四卷第三分册，p. 537。

② 尽管它在中国的其他地区及海外都已很常见，但这道菜在福建尤其流行。在福州方言中，"鲊"发音为"*ta*"。

念会出版有关专刊。① 对于那些缺乏文字记载、描写粗略或不完整的烹饪体系的了解，
这些资料都为我们提供了有价值的参考，就像我们将会在（d）和（e）节有关加工食品
的一些关键问题讨论时见到的那样。

（5）第二手资料

如果没有大量优秀的第二手资料作为向导，我们要从原始资料中跟踪众多相关资料
的线索将会极其困难。除了已经引用的大量学术论文外，还有一些我们在研究中特别感
兴趣的文献资源，也应该在开始下一节之前提及。首先是海外学者对于中国饮食文化和
烹饪技艺历史的开拓性研究著作。最早的就是篠田统的论著。他在这一方面的大量研究
论文，有一部分收集在 1974 年出版的《中国食物史》一书。书中的 11 篇论文，有 8 篇
已被高桂林、薛来运和孙音翻译成中文以《中国食物史研究》为名出版。有关中古和近
代前期中国食经的研究论文，对于指导我们的文献检索特别有用②。篠田统和田中静一
也编辑了一部《中国食经丛书》，其中包括 40 种最为重要的著作，它们是从日本保存的
150 种相关著作中精心挑选出来的。篠田统的研究得到了石毛直道及其同事们的继承，
并扩展到包括日本、中国、朝鲜、越南及其他东南亚国家饮食文化的比较研究。我很高
兴提到弗朗索·萨班（Francoise Sabban）的著作，他大概是中国饮食文化史方面唯一
的西方学者，其论著所提供的不仅是许多原始资料的有用参考，而且还有一些我们关于
调研中所遇到的一些问题的新观点。

下面是一些有关中国饮食文化、技术历史的中国出版物，它们提供了对这一研究领
域的有价值的综览。它们包括杨文琪的《中国饮食文化和食品工业发展简史》（1983
年）、陶文台的《中国烹饪史略》（1983 年）、洪光住的《中国食品科技史稿·上》
（1984 年）、王尚殿的《中国食品工业发展简史》（1987 年）、张孟伦的《汉魏饮食考》、
曾纵野的《中国饮馔史（第一卷）》（1988 年）、陈騊声精彩讨论中国传统发酵工艺史的
《中国微生物工业发展史》（1978 年）。还有一些讨论饮食历史的论著，一部是陈存仁的
《津津有味谭》（1978 年），另一部是王仁兴的《中国饮食谈古》（1985 年）。这些著作的
内容主要是轶事，显然是面向普通读者而不是专家的，因此在提及参考文献时，常常缺
少准确的引文。林乃燊、邱庞同、陶文台、知子、郭伯南和王仁兴等中国食品史专家们
撰写了许多有关烹饪技术史方面的短文，内容广泛，对于我们而言，它们的学术价值要
高得多，因而更为有用。它们是通俗杂志《中国烹饪》内文章的典范。1985 年以前的
文章汇编成了《烹饪史话》一书，它为我们提供了极大的方便，否则要我们自己去查找
会非常困难。

最后，让我们来看一看那些在我们研究中感兴趣和获益的中国烹饪及饮食文化方面
的英文书籍。第一部是赵杨步伟（Buwei Yang Chao）令人愉悦的烹调全书《中国食

---

① 湖南省博物馆（1973）、云梦睡虎地（1981）和中国社会科学院（1980）。
② 其他的论著和评注参见陶振纲和张廉明（1986）；邱庞同（1989c）；《中国烹饪百科全书》；第 423—426 页
和第 540—546 页；以及戴云（1994）。

147
148

谱》（*How to Cook and Eat in Chinese*，1945 年，1963 年修订）。她在绪言中介绍了膳食体系、进餐和烹调材料、准备和烹调方法等，是"分析与综合"的杰出著作①。该书是我们重构中国烹饪体系的良师益友。另一部具有较强学术性的烹调全书，是由林相如和林廖翠凤［Hsiang-Ju Lin & Tsuifeng Lin（1969）］编著的《中国食谱》（*Chinese Gastronomy*），结合古代和经典的烹调术介绍了现代菜肴，还对质量评价、调味和质地变化等中国烹饪特点的理论方面进行了深入地讨论。一部有价值的学术资料与原始文献参考书目的汇集是张光直［K. C. Chang（1978）］编写的《中国文化中的饮食》（*Food in Chinese Culture*），包含从人类学和历史学角度介绍由古至今的食品与文化的若干篇论文。具体包括由不同作者撰写的关于古代中国、汉、唐、宋、元和明、清、现代中国北方和现代中国南方的论文。最后需要提到的是 E. N. 安德森［E. N. Anderson（1988）］的《中国食物》（*The Food of China*）和弗雷德里克·西蒙斯［Frederick Simoons（1991）］的《中国食品：文化和历史探究》（*Food in China：A Cultural and Historical Inquiry*）。安德森在书中介绍了中国膳食体系从古至今的发展历程，西蒙则讨论了不同档次食品的历史、科学与文化。在这两部著作中，每本都有一篇出色的以西方语言写作的有关中国食品的文献目录。

---

① 胡适（Hu Shih），"赵女士烹调全书序"（Forward to Mrs Chao's cookbook；1963），p. xvi。

（c）酒精饮料的发酵和演变

　　史前，中国人已经用煮熟后的粮食生产一种叫做"酒"的酒精饮料，许多世纪以来直至今日，它在饮食体系中"饮"的部分仍然占据着主导地位。英语中没有与"酒"确切的对应词，按照惯例，将其翻译为"wine"[①]。早在 1664 年，"怀疑派"化学家波义耳（Robert Boyle）就确认，中国人生产出的是一种酒精饮料（wine）。他说[②]：

> 因为中国幅员辽阔，土地肥沃，由各种地理纬度的地域组成，所以人们并不酿造葡萄酒［象曾德昭（Semedo）告诉我们的那样］，而是酿造大麦"酒"（wine）；而且，北方地区酿造稻米酒，也有苹果酒；但是，南方只酿造稻米酒，而用的不是普通的稻米，它是一种特殊品种的稻米，只能用于酿造有多种用途的酒精饮料。

　　波义耳所说的"wine"自然指的是"酒"。但严格说来，"wine"是由葡萄汁发酵的产品。因此，把酒称作"wine"（葡萄酒）在语言学上有些牵强。因为酒是由谷物酿成的，它更类似于淡色啤酒或啤酒，而不是葡萄酒。实际上，我们自己及其他人曾建议称之为"beer"（啤酒）或"ale"（淡色啤酒）[③]。然而，这两种产品的生产工艺差异巨大，人们绝对不会将酒误认为是淡色啤酒或啤酒。事实上，就酒精含量（大于 10%）和总体感官特性来说，酒更像葡萄酒而不是啤酒[④]。因此，我们面临着困难的选择。我们怎样翻译"酒"呢？是 wine 还是 beer？直接称之为"酒精饮料"又显得太冗长。经权衡利弊，我们最终决定恪守传统，称其为 wine。在此我们有三方面的理由。

　　首先是烹饪方面的原因。与葡萄酒在欧洲烹饪中的使用方式相仿，"酒"也广泛地用于中国烹饪和餐饮。虽然啤酒和淡色啤酒也在日常用餐时饮用，但在正餐和宴会上却很少看见它，也很少用于烹饪。的确，从烹饪上来讲，东亚的"酒"与欧洲和新欧洲的"葡萄酒"是最为接近的对应产品[⑤]。

　　其次是宗教和礼仪方面的原因。在《诗经》、《周礼》和《礼记》中，我们常常看到"酒"被用作祭品来供奉诸神和祖先。在古希腊和罗马，葡萄酒有着相同的作用。在过去，葡萄酒是基督教圣餐仪式中的祭祀饮料，现在仍然如此。在正式的祝酒场合，中国

---

　　① 在中国经典著作的英文翻译中，汉学家一直将"酒"翻译为"wine"。例如，参见理雅各 ［Legge (1871)］、韦利 ［Waley (1937)］和高本汉 ［Karlgren (1950)］翻译的《诗经》。

　　② Boyle (1664)，Pt2，Sec. I，p. 88。

　　③ Temple (1986)，pp. 77—78；Anderson (1988)，p. 21；Simoons (1991)，p. 448。

　　④ Godley (1986)，pp. 385—386，其中提到，19 世纪到过中国的欧洲游客们常常提及"酒"和葡萄酒的相似性。德庇时 ［Davis (1836)，pp. 307—308，330］宣称当地的酒"是用米发酵酿成的……然而在色泽和风味上有点像我们的较淡的白酒"。像古伯察 ［Huc (1855) II，p. 322］19 世纪 30 年代在澳门对一位英国专业人士开玩笑所表明的那样，两种酒的共同之处如此之多，有时候连专家也无法分清它们。他说："我们突发奇想，要灌装几瓶中国酒，经仔细封口后，把它们送给了一位英国的品酒专家。这位专家在品尝之后，评价其品质优良，并说它是西班牙的著名葡萄酒"。

　　⑤ 克罗斯比 ［Crosby (1986)，pp. 2—3］定义新欧洲为欧洲人已经成功殖民的地区，即北美洲和南美洲、南非（South Africa）、澳大利亚（Australia）和新西兰（New Zealand）。

人喜欢用"酒"，正如西方人喜欢用"葡萄酒"一样。

最后是美学和感官方面的原因。酒或者饮酒已深深嵌入中国人的美学体验和感官享受中，以至于在他们的文学艺术尤其是诗歌中常常提及。从《诗经》中的民歌，到盛唐、宋代的诗词，直到现在，连续不断代代诗歌中都不难发现提及酒杯带来的愉悦（和悲苦）的内容[①]。在西方，诗歌中与酒对应的是葡萄酒，而不是啤酒或淡色啤酒。我们可以随意发现，在古希腊［荷马（Homer）]、罗马［维吉尔（Virgil）]以及英国的莎士比亚和爱德华·菲茨杰拉德（Edward Fitzgerald）的杰出著作中，提到的都是葡萄酒。今以本·约翰逊（Ben Johnson）的著名诗句为例说明如下[②]：

> 用你的眼波与我干杯，
> 我将明眸相随。
> 留一个吻在杯上，
> 我将不再寻找美酒的芬芳。

能否设想用"beer"（或 ale）来代替"wine"吗？当然不能。因此，就其全部文化内涵而言，我们认为英语中最好将"酒"翻译为"wine"。因此，在本书后面的章节中，"酒"一般就译作"wine"。当必须区别"酒"和欧洲的"wine"（即葡萄酒）时，我们将特别说明它是中国酒或将其还原为"酒"。翻译表述问题解决之后，我们再来探讨中国酿酒工艺的起源。

（1）中国酿酒的起源

> 他建了盛满酒的池子，悬挂肉在架上形成林子，所以他们整夜裸体追逐和狂欢[③]。

<以酒为池，悬肉为林，使男女裸相逐其间，为长夜之饮>

这段引文取自《史记》（约公元前 90 年），描述的是大约公元前 1050 年商纣王颓废糜烂生活的场景，这最终导致他将其王国葬送给周人。文中所言的酒，其贮存和饮用方式或许有些夸张，但是这段文字的确给人留下了商朝时期已经出现了大规模酿酒的印象。在上文（pp.98—100 和图 30），我们已经介绍了大量的饮酒和贮酒用青铜器皿，它们已经表明了酒始终在商代社会生活和礼仪中占有重要地位。1974 年，在河北藁城附近的台西村挖掘出了一个商代中期的酿酒遗址，获得了更多有关酿酒生产的直接证据[④]。在发现的陶器中（图 40 和 41），有一个广口的大瓮（见图 41a），其中装有 8.5 千

151

---

① 《诗经》中的很多诗是关于饮酒和盛宴的。饮酒是唐宋最伟大的诗人，如李白、杜甫和苏轼喜爱的题目。

② 采自《致西莉亚》（*To Celia*），见《牛津英诗选》（*The Oxford Book of English Verse，1250 – 1918*），Sir Arthur Quiller-Couch ed（*1939*），p.221。

③ 《史记·殷本纪》。

④ 邢润川（*1982*），Xing & Tang（1984），河北省文物研究所（*1985*），云峰（*1989*）和张德水（*1994*）。在遗址中发现了 46 个陶罐，包括瓮、罐、罍、尊和壶。文德安（Underhill；出版在即）描述了这个酿酒厂的主要特点。

克的灰白色残存物，经方心芳分析，表明其中含有死亡酵母的细胞壁[1]。另一种有趣形态的容器是所谓的将军盔（图 41b），估计是一种发酵容器[2]。第三种引人注意的容器是陶漏斗（图 41c），据推测它可能是用来转移或者过滤发酵醪的。在另一些罐内，发现了桃子、李子和枣的核，还有大麻和茉莉的种籽，这表明当时已经出现了某种果酒的生产，其中有些果酒是用草药进行调味的。但是，发酵的主要原料似乎是粟（setaria millet），因为 1985 年的挖掘期间，在这个酿酒遗址附近的一个酒窖中，发现了大量的碳化粟粒[3]。另外，1980 年在河南罗山县天湖村的商朝末期遗址中，发现了两个密封的青铜卣，里面仍然装有液体[4]。研究表明液体中含有酒精[5]。

图 40　河北藁城台西遗址第 14 号房子中出土的容器。河北省文物研究所（1985），第 31页，图 20。标尺 25 厘米。

这些酒的生产工艺是怎样的？它们是何时及怎样被发明的？由于中国酿酒传统工艺与古代地中海地区发展的葡萄酒和啤酒的生产工艺差异很大，所以这些仍然成为了食品科学和技术史上的一个谜。

---

① 河北省文物研究所（1985），第 204 页。方心芳没有发表详细的分析报告。根据云峰［（1989），第 261页］，材料可能代表来自于典型发酵的残渣，例如黄酒糟。未给出资料来源。

② 在将军盔的外面有烟灰。它可能也作为锅或蒸煮器，用于煮或蒸谷物基质，参见 Xing & Tang 及云峰，同上。在山东济南附近的一个遗址，同样出土有相同类型的容器，即有锥形、尖底的缸，参见山东大学历史系（1995），第 19 页，第 21 页。

③ 云峰（1989），第 262 页。

④ 河南省信阳地区文管会（1986），第 164 页。

⑤ 欧潭生（1987）和李仰松（1993），第 541 页。没有得到北京大学所做分析的细节。这个样品比钱浩等著作［Qian, Chen & Ru (1981), pp. 43］里记载的在战国时期中山墓里发现的名酒要早大约 800 年（图 55 和56）。

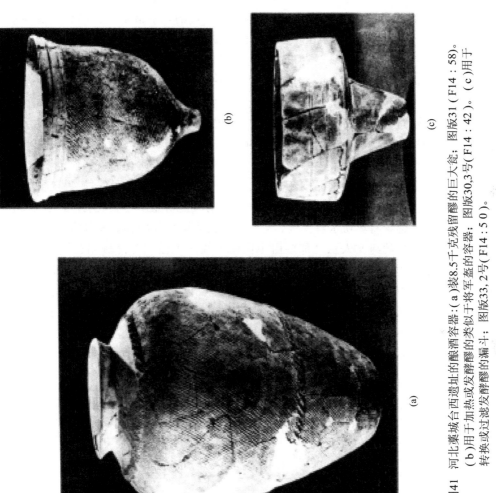

图41 河北藁城台西遗址的酿酒容器：(a)装8.5千克残留醪的巨大瓮；图版31（F14：58）。(b)用于加热或发酵醪的类似于将军盔的容器；图版30,3号(F14：42)。(c)用于转换或过滤发酵醪的漏斗：图版33,2号(F14：5 0)。

　　用葡萄（或其他果汁）来酿酒无须发明创造。事实上，它的产生是不可避免的[①]。果汁中含有易于被酵母利用而发酵成为酒精的葡萄糖和果糖，这些酵母通常依附在果皮上，好像是埋伏在那里等待俸禄似的[②]。当果汁从果实中榨出后，酵母立即投入了工作，将糖转化为酒精和二氧化碳。因此，除非采取一些措施，如将果汁加热，使酵母失活外，否则酒会自然而然地产生。葡萄酒酿造工艺的起源没有什么神秘可言，它就是在第一次压榨葡萄，并将汁液静置一段时间后偶然发现的，事情发生在约公元前 5000 年之前某时的美索不达米亚（Mesopotamia）或伊朗（Iran）[③]。

　　用谷物酿造酒精饮料要复杂得多，它不是以一种易于观察到的方式自然发生的。
154　它的生产工艺需要将两个独立的生化过程结合起来：①糖化作用：即谷物中淀粉水解为发酵糖类；②发酵作用：即酵母将糖类转化为酒精和二氧化碳。由于酵母在空气中无处不在，因此关键过程就是将淀粉水解为糖[④]。其中，第一种方法是利用发芽谷物中的淀粉酶，这是酿造啤酒时所使用的众所周知的方法。

　　另一种方法是利用人唾液中的淀粉酶。当人们咀嚼淀粉质食品，如面包、大米或马铃薯等时，片刻后会注意到食品逐渐变甜。很显然，古代东亚人了解这一事实，并用来制作酒精饮料。部落的妇女们以咀嚼方式，使淀粉质食物完全与唾液混合，然后将其吐到一个容器中，继续将淀粉水解为糖，空气中的野生酵母随即将糖发酵为酒精。据说公元前 5 世纪，日本的绳文人从"那些由中国南方横跨中国东部海域到达日本的非中国人"那里，学会了这种酿酒方法[⑤]。尽管朝鲜人和太平洋的岛民们也使用这种方法酿酒，但是公元前中国人没有使用这种方法的记录[⑥]。

　　然而，自从汉代（公元前 221—前 207 年）以来，中国传统的用粮食酿酒的工艺则建立在一个完全不同的理论基础之上。就是将煮熟的粮食与称为"曲"的微生物培养基一起在水中一起酝酿，"曲"中含有各种真菌酶、孢子、菌丝及酵母细胞。英语中没有确切的与"曲"对应的词，它被翻译成不同的词，如"barm"、"leaven"、"yeast"、

　　[①]　这个观点由戴维斯 [Tenny L. Davis (1945), p. 25] 提出。它由下面的故事（p. 245）来说明，即黄山上的猴子将水果和花收集在池子里，让它们发酵成为酒。但是，汁液不能过于暴露在空气中，否则酒会被氧化成为醋（参见 pp. 283—291）。罗斯 [Rose (1977a)，见 Rose, ed. (1977), vol. 1, pp. 1—41] 给出了酒精饮料发酵生产的历史和科学依据的总概述。葡萄酒发酵的详细说明见 Kunkee&Goswell (1977) 及 Benda (1982)；啤酒发酵的详细说明见 MacLeod (1977) 和 Hilbert (1982)。

　　[②]　发酵过程的基本反应是可发酵糖的转换，在正常情况下，葡萄糖或果糖可转换成酒精和二氧化碳，例如：

$$C_6H_{12}O_6 \rightarrow 2C_2H_5OH + 2CO_2$$

该反应由酵母中一系列的酶催化。通常，酿酒酵母（*Saccharomyces cerevisiae*）菌株是广泛分布在空气中、果皮上。

　　[③]　McGovern *et al.* (1996)；另可参见 Badler (1995)，McGovern&Michel (1995)。

　　[④]　淀粉是复杂的葡萄糖聚合物。由淀粉生产啤酒或中国酒时，关键是将淀粉水解成葡萄糖。

$$(C_6H_{10}O_5)_n + nH_2O \rightarrow nC_6H_{12}O_6$$

释放的葡萄糖再被酵母发酵成酒精。

　　[⑤]　上田诚之助（*1992*），第 133 页；另可参见篠田统（*1967*）。

　　[⑥]　《魏书·勿吉传》（卷一〇〇，第二二二〇页）；《隋书·靺鞨传》（卷八十，第一八二一页），Lee Hyo-gee (1996)。凌纯声（*1957*）描述了在冲绳（群岛）、台湾岛及其他太平洋岛屿中的部落里，用咀嚼酿造酒精饮料的方法。麦吉 [McGee (1984)，pp. 428—429] 讲述了由吉罗拉莫·本佐尼（Girolamo Benzoni）给出的在 16 世纪南美的秘鲁妇女（Peruvian）咀嚼谷物制作一种酒精饮料的说明。

"starter"，没有一个令人满意，而"ferment"可能是最好的表达，因为"曲"中同时含有各种酶和活体微生物[1]。在培养过程中，酶水解谷物中的淀粉后，孢子萌发，因菌丝体增殖而产生更多的淀粉酶，再通过酵母增殖，将就地（in situ）转化的糖发酵为酒精。这一过程称作边糖化边发酵生产工艺（amylomyces）或简称双边发酵工艺（amylo）[2]。其发现过程是一个令人着迷的事。对此，我们将在本分册下文加以阐明。

155

不过，在我们考虑这个问题以前，我们需要对经典著作中记载的中国双边发酵工艺有一个初步印象。按照《世本》的说法："在帝王女儿的要求下，仪狄首先制作出了酒醪；他还制出了五种不同风味的饮料。后来，少康用秫米制作出了酒。"[3]（"帝女令仪狄始作酒醪，变五味。少康作秫酒。"）这里提及的帝王是大禹，他是传说中夏朝（约公元前2000—前1520年）的缔造者，少康或杜康，是夏朝第六任国君。有关仪狄和杜康参与了酒的发明这一说法，在诸如《战国策》（秦或更早）及《说文解字》（121年）这样一些汉以前和汉代的典籍中都曾提到，这表明在夏朝建立之时（约公元前2000年），酿酒工艺已经为人所知[4]。因此，酒的酿造工艺一定是在公元前2000年之前的某一个时间发明的，但究竟早到什么时候却很难说清。自从20世纪50至60年代以来，这个问题已经引起了广泛的思索和讨论[5]。在龙山文化时期（约公元前2600—前1900年）的墓葬遗址中，出土的人工制品有尊、斝、盉等著名的商朝青铜酒具一样模式的陶器、发酵和过滤酒的大缸，这些导致张子高和方杨据此推测，谷物酿酒工艺是在龙山文化时期发明的[6]。不过，袁翰青和李仰松却认为，发酵过程本身的发明远远早于饮酒器具的出现，其推测认为酒产生于更早的仰韶文化时期（约公元前5000—前3000年）[7]。20世纪70至80年代据大汶口文化（公元前4300—前2600年）分布区域的考古挖掘结果，有人倾向于支持后一种观点。在山东的墓葬遗址中，已出土了一些可理解为发酵和饮酒的器具[8]。而且，在陕西半坡出土的仰韶文化时期的陶器中，也鉴定出有适合发酵

---

① 理雅各［Legge（1885），p. 303］和李乔苹［Li Chhiao-Phing et al.（1980），p. 427］将"曲"翻译为"leaven"；孙任以都和孙守全［Sun & Sun（1966），p. 289］把其翻译成"yeast"；黄子卿和赵云从［Huang & Chao（1945），p. 24ff.］把其翻译成"ferment"；而石声汉［Shih Sheng-Han（1958），p. 79］翻译成"starter"。石声汉还提到它也被翻译成"barm"。在这本书中，我们采用黄子卿和赵云从的译法，将曲翻译成"ferment"。"曲"还可以进一步划分，例如：砖曲、散曲、麦曲、米曲、神曲、笨曲和酒曲等。为便于强调决定曲活力的微生物特征，同样可以使用术语霉曲。换言之，曲与发音 koji 的日语"曲"有着相同的使用方法。因此，我们说米曲（koji）、大麦曲（koji）、豆曲（koji）等。

② 参见 Lafar（1903），pp. 94—95。

③ 《世本》卷一。

④ 《战国策·魏策》；《说文解字》，第三一一页（卷十四，第十五页）。

⑤ 袁翰青（1956），第99页；张子高（1960）；李仰松（1962），方杨（1964）；罗志腾（1978）；曹元宇（1979），第233页；陈騊声（1979），第29页；曾纵野（1986a, b, c）；王树明（1978c）；曾纵野（1988），第70—73页。

⑥ 张子高（1960）和方杨（1964）。

⑦ 袁翰青（1956）和李仰松（1962）。正如方心芳［（1980），第141页］指出的，我们这里所考虑的是发酵的起源，而不是它的广泛使用，二者之间的间隔可以用世纪甚至千年来度量。

⑧ 李建民（1984），云峰（1987），王树明（1987a, b, c）和李仰松（1993）。在苏兆庆等（1989）和山东省文物考古研究所（1991和1995）中报道了更多近来的考古挖掘结果。关于新石器时代发酵和饮酒用陶器及它们在葬礼上的运用的补充报道，参见 Anne Underhill（出版在即）。

156 和过滤酒的器具[①]。由此可见，中国用谷物酿造酒精饮料的发明几乎与近东（葡萄）酒和啤酒的发明一样久远。

史前新石器时代的中国人，实际酿造的是怎样的酒呢？或许，更确切的说法是"酒类"，因为最早的记录表明，商朝和夏朝时的中国人，或者他们的先人，至少酿造了四种类型的酒，即醴、酪、醪和鬯[②]。在上文（p.97）我们已经遇到了醴，它是《周礼》中提到的六种饮料之一。《礼记》中提到，醴是殷（商）人在祭祀中喜爱的饮品[③]。在商代的甲骨文中，经常可以见到醴的记载[④]。我们发现，在《诗经》（公元前 1600—前 600 年）、《楚辞》（约公元前 300 年）和《吕氏春秋》（约公元前 240 年）中也有关于醴的记载[⑤]。它常被解释为一种低酒精浓度的甜酒。我们推测，它最初是通过使用一种发芽的谷物作为糖化剂来生产的，但是到了东汉时，它常常是由一种常规曲与发酵醪共同发酵一夜而酿成的[⑥]。然而，酪的特性并不明确，在《礼记》的两个段落中，它都与醴相伴出现，据推测它可能是一种更为古老的发酵饮品，可能是一种用水果、谷物或牛奶酿造的酒[⑦]。《古史考》（250 年）中记载："在古代，有醴和酪，在禹之后才发明了酒"[⑧]。这句话表明，醴和酪比酒本身要古老得多。在前面段落中取自《世本》的引语里，我们已经遇到过醪，它就是自身混有酒糟的酒。现在，台湾的土著人仍然生产一种叫做"醪"的低度酒粥。将其生产工艺作为一种模式，将有助于我们了解双边发酵法的发明过程。鬯是一种礼仪用酒，它所用的曲在制备时辅助有一种植物原料。在商代的甲
157 骨文中经常提到鬯，在周代的《易经》中也曾有一处记载[⑨]。《诗经》、《书经》、《周礼》和《礼记》中，都记载着由一种黑黍酿造的鬯，被称作"秬鬯"[⑩]。因此，鬯一定是一种重要的饮品。今天，在台湾的土著民中仍然保留着古代鬯的制作方法[⑪]。

那么，新石器时代的中国人第一次酿造的是什么酒呢？根据以上粗略的资料，我们

---

① 王志俊（1994）。在出土陶器特点的基础上，云峰（1987）进一步推动了争论，认为在更早的裴李岗（公元前 6500—前 5500 年）时期，已经有酿酒生产了。

② 凌纯声（1958）详细地讨论了酒、醴、酪、醪和鬯的特性，方心芳（1980、1989）和张德水（1994）也对此进行了简要的讨论。在甲骨文中经常可以见到"酒"、"醴"和"鬯"字。有时，"酒"中的水字旁写在"酉"的右边，有时在左边。

③ 《礼记·明堂位十四》，第五三一页；Legge（1885），ch. 12。

④ 凌纯声（1958），第 890 页，列举了甲骨文中出现的四种"醴"，其中的"醴"被写作"豊"，即没有"酉"字旁，这表明醴是普遍使用的祭祀供品。

⑤ 《毛诗》180、279、290（W262、156 和 157）；韦利（W262）翻译醴为"重酒"，但是，在 156 和 157 节（W156 和 W157）中，翻译为"甜味液体"。《楚辞·大招》，霍克斯 [Hawkes（1985），p. 235] 翻译"吴醴"为"吴的酒醪"。《吕氏春秋·蒙春纪第一·重己》，林品石注译（1985），第 23 页。

⑥ 《说文解字》，"醴"，第三二一页（卷十四，第十六页）；《释名》卷十三，第八页。

⑦ 《礼记·礼运第九》，第三六七页；《疾医》卷二十四，第七五九页；在下文（pp.250—254），将讨论酪的特性。

⑧ 《古史考》，凌纯声（1958），第 885 页中引用。原句为："古有醴酪，禹时仪狄作酒。"

⑨ 商代甲骨，参见胡厚宣（1944）和凌纯声（1958），第 896—897 页。《易经》，参见卦 51，震卦；Legge（1899），Causeway edn.（1973），p. 173。

⑩ 《毛诗》262（W136，在这里被翻译成黑色的蜂蜜色）。《书经·洛诰》，参见屈万里等（1969），第 128 页。《周礼》，参见《鬱人》和《鬯人》，第二〇九页、第二一〇页。《礼记·礼器第十》，第三九四页。

⑪ 凌纯声（1958），第 903—904 页。

推测最早的酒是醴和酪；醴是以发芽的谷物作为糖化剂、用蒸煮的米或粟为原料酿成的，而酪则是破碎的新鲜水果与水混合酿成的。在这每个生产过程中，都有空气中野生酵母的参与，酵母在甜味溶液中繁殖，将糖转化成酒精。但是，前面所提到的标准酒生产用的双边发酵法又是怎样的呢？它的出现可能晚一些。这种新技术非常有效，它最终取代了发芽谷物的方法，到公元前 2 世纪时，已成为中国酒发酵的主导方法。正如我们所言，双边发酵法中的糖化剂是曲，因此，我们面临的关键问题是：曲是怎样被发现的？最早记载曲的文献是《书经》（公元前 500 年以前），其中记载道[①]：

> 若要生产酒或甜酒，你就必须使用曲糵。

〈若作酒醴，尔惟曲糵。〉

在这段文字中，有酒和醴（甜酒）。我们有意不将曲糵翻译出来，因为它的定义还存有争议。人们认为，它是指一个词"曲糵"，还是指两个独立的"词曲"和"糵"，对此没有达成共识。正如方心芳最近的综述所说，在汉语文献中，对曲糵的本质有三种解释[②]。它们是：

1）曲和糵是两个独立的词：曲是一种发酵曲制剂，而糵是一种发芽的谷物。这是周代的著作中持有的传统观点，近来又被袁翰青重新强调[③]。《左传》中记载有曲，《楚辞》和《礼记》中记载有糵[④]。《说文》中提到"糵是发芽的谷物"，《释名》（公元 2 世纪）中解释说"将麦粒（大麦或小麦）浸泡到发芽即得到糵。"[⑤]（"糵，缺也，渍麦覆之，使生芽开缺也。"）。根据推测，因为发芽的谷物本身仅仅能够糖化谷物而不能发酵糖，它必须和曲共同使用。

2）曲和糵是两个词：曲用于酿酒，糵用于制醴。这是宋应星持有的观点。他在《天工开物》（1637 年）中说："在古代，曲用来制酒，糵用于制甜酒。后来甜酒的生产停了下来，因为人们认为它的味道太淡，'糵法'由此而失传"[⑥]（"古来曲造酒，糵造醴，后世厌醴味薄，遂至失传，则并糵法亦亡。"）在现有的两个《天工开物》英文版本中，根据其传统的定义，糵被翻译为麦芽，糵法被翻译为制作糵的技术。但是，这种翻

158

---

① 《书经·说命下》。在《书经》的三个英文译本中，"曲糵"被理雅各翻译成"酵母和麦芽"［Legge (1879)，p. 260］；被麦都思翻译成"曲和含糖的成分"［Medhurst (1846)］；被奥尔德［Old (1904)］翻译成"糖的酵素"。

② 方心芳（1980），第 141 页，他也引用了山崎百治［（1945），第 20 页］的建议，即曲是饼曲，糵是粒状的散曲。

③ 袁翰青（1956），第 81 页；亦可参见曹元宇（1979），第 231 页。

④ 《左传·宣公十二年》。《楚辞·大招》，被霍克斯［Hawkes (1985)，p. 235］翻译成"yeast"（酵母）。《礼记·礼运》，第三八三页。

⑤ 《说文解字》，第一四七页（卷七，第二十一页）；《释名·释饮食第十三》，第八页。尽管《释名》中特别强调糵就是发芽的小麦或大麦，但是糵可以表示任何一种发芽的谷物，例如发芽的黍、稻、小麦或大麦。遗憾的是糵常常被翻译成"malt"（麦芽），因为在酿造的文献中，"麦芽"（malt）与发芽的谷物几乎是同义词。

⑥ 《天工开物》卷十七，第二八五页。由作者译成英文，借助于 Sun & Sun (1966)，p. 289, Li et al. (1980)，pp. 427—428。在每一篇中，"糵"都被翻译成"malt"（麦芽）。通常，英文中"malt"表示发芽的谷物，尤其常用来表示大麦芽，特别是当人们谈到啤酒酿造时。由于这种情况具有不确定性，所以，在本书的讨论中我们将尽可能地避免使用"malt"。当与酿造啤酒相关时，它表示的当然是发芽的小麦或大麦。

译有一个严重的问题。按照宋应星的说法，蘖的制作技术已经失传（"蘖法亦亡"），然而却没有证据表明从古代到现代，中国人曾经停止使用发芽的谷物生产麦芽糖。《诗经》和《楚辞》中都记载有麦芽糖，即饴或饧，这表明周代的人们已经知道怎样使谷物发芽并利用它来生产麦芽糖。[①]《齐民要术》（544 年）中详细记载了蘖（发芽的小麦）和饴（麦芽糖）的制备，在唐代和宋代的药典及明代的巨著《本草纲目》中，这两种产品都是标准的药品[②]。因此，按照传统的解释，宋应星的说法全然无法理解。

方心芳认为，宋应星所说的蘖不是一种发芽的谷物，而是一种活力较弱的发酵剂，即一种弱曲，它是新石器时代末或商代人为了制作甜酒精饮料而专门发明的产品[③]。当甜酒失宠之后，也就不再需要这种蘖的生产了。我们认为这种解释太过牵强。事实上，有更直接和简单的解释。宋应星说过"蘖法亦亡"，是表示"制作发芽谷物的技术也失传了"。正如我们前面所言，这种说法是完全错误的。但是，"蘖法亦亡"同样可以解释为"使用发芽谷物的技术失传了"[④]。根据推测，人们是在偶然间把谷物种子贮存在潮湿、阴暗环境中时，发现了这种发芽谷物"蘖"的，并很快发现了它能够将蒸煮后的谷物液化并产生一种甜味的液体。然而，早期的发芽谷物很可能被酵母（或其他微生物）污染。如果条件合适，酵母就能将糖质原料转化成含有酒精的液体。因此，仅仅利用史前的发芽谷物，就可以制作醴。在《吕氏春秋》（公元前 239 年）中，有一篇介绍清酒（即酏）和甜酒（醴）的文献。高诱的注释告诉我们，醴是由蘖和黍制作而成的，即在不加曲的情况下，由发芽谷物和蒸熟的黍即可酿成醴[⑤]。由于醴的制作可能仅仅经过短期发酵，其中很多糖没有发酵，因此，醴可能是甜的。但是，随着发芽谷物生产过程的改善，如使用更干净的谷物、卫生条件更好后，发芽谷物中具有发酵能力的微生物数量会急剧下降，直到最终发芽谷物没有任何发酵能力是，用这种发芽谷物酿造的其风味自然也就很淡了，不再为饮酒的人们所接受。由于发酵时间短，野生酵母没有充分的时间附着在物料上进行有效的发酵。由此可见，之所以出现这种误解，就是因为后来的学者们误解了宋应星的说法。事实上，传统的观点和宋应星的观点并没有根本的不同。

3）在中国史前晚期，即夏朝出现以前，曲蘖是单一的词。它是一个术语，用于表述以发芽谷物制备的曲，也就是说，它是被霉菌和酵母作用过的发芽谷物[⑥]。曲蘖中的"曲"是形容词，这两个字在一起表示一种发酵型的发芽谷物。事实上，它是被酵母作用过的蘖，且被推测将进一步被霉菌作用。但是，到了周代初期（约公元前 1100 年），曲蘖已经分化成为两个词，其中，曲是霉制的发酵剂，蘖是发芽的谷物。在《齐民要术》（544 年）中，作为一个术语，"曲蘖"仍然被用来表示同时具有水解淀粉和发酵能

---

① 饴，参见《毛诗》237，13 行（在 240 由韦利翻译成米饼，rice-cake）。饧，参见《楚辞·招魂》，由霍克斯翻译时 [Hawkes（1985）p.228] 更正为麦芽糖。

② 《本草纲目》卷二十五，第一五四八页，列举了发芽的黍（panicum）、稷（setaria）、米、小麦（或大麦）和豆。参见 Smith & Stuart（1973），p.256。"将谷物润湿，使之发芽。经足够长时间后，再将其在太阳底下晒干。经揉搓除去芽和壳后，将谷粒磨成粉，用于制饼。"

③ 方心芳（1980），第 140 页。

④ 这也是陈騊声（1979）的观点，第 38 页。

⑤ 《吕氏春秋·孟春纪第一》，第二十三页。参见上海古籍出版社 1989 年版，第 14 页，高诱的注释。

⑥ 方心芳（1980），第 140 页。

力的物料。在介绍用河东曲酿制酒的方法中（第六十四篇）写到："将与曲蘖（双边发酵活力）数量相当的蒸熟谷物分批装入发酵容器内。"[①]（"皆须候曲蘖强弱增减耳。"）

　　这种假设虽然有趣，却远不能令人信服。在商代的甲骨文中，并没有证据表明曲蘖一词的存在。所查到的周代的文献都表明，曲和蘖是两个独立的词。事实上，方心芳自己也认为在周朝建立之时，曲蘖已经分化成曲和蘖。这两种产品很快就呈现出不同的功能，其中，曲用于酿酒，而蘖（发芽的谷物）用于制麦芽糖，即饴，它是中国古代的主要甜味剂[②]。周代的著作记载，为蘖和饴的存在提供了充分的文字证据。有证据表明，在周代，也有不用添加曲而用蘖来作酒的。《礼记》中记载道："礼为人所用，如同蘖为酒所用"[③]，管子（约公元前 4 世纪）说："蘖可以用来作酒"[④]。这两段话都暗示，蘖本身可以用来发酵酿酒[⑤]。援引一种新的词"曲蘖"并不能解释前面引自《书经》中的关于酿酒的描述，"若作酒醴，尔惟曲蘖"。对于曲和蘖，如果我们倾向于认为它是两个不同的词，那么这个引述就可以用下列两种方式来解释：

　　1）酿酒时，必须使用曲；酿造甜酒（醴）时，必须使用发芽的谷物（蘖）。

　　2）酿酒或酿造甜酒（酒或醴）时，必须使用曲和发芽的谷物（曲和蘖）。

的确，我们很快就会看到，在周代后期，酿酒时常常将曲和蘖在一起使用。酒和醴之间的主要区别，在于发酵时间长短。然而，曲和蘖协同作用的概念已经深深嵌入作者们的意识中，以至于曲蘖这样一个表示具有淀粉发酵能力或活力的限定性术语，在曲和蘖作为两个不同的词获得认可以后的很长时间里，仍然出现在文献中[⑥]。实际上，在明朝灭亡之时，尽管文中没有任何地方提到蘖，但是宋应星却仍然在《天工开物》中，当论及曲的时候依然把卷十七的标题命名为"曲蘖"[⑦]。

　　如果在史前或新石器时代，发芽的谷物（"蘖"）一般都可以被酵母所利用，那么，当时中国人制作的最早的含酒精的饮料（"醴"）可能就是一种淡色啤酒和啤酒了。曲是源自于酵母蘖吗？或许是。但是，传统的观点认为，曲是采用另外一种方法生产的。在上文（p.156）我们已经提到过，中国古代有一种酒精饮料叫做醪。实际上，据《世

160

161

---

　　① 《齐民要术》（第六十四篇），第三六五页。河东是陕西南部一个辖区的统称。《史记・货殖列传》（卷一百二十九，第三二七四页）提到了曲蘖，石声汉（1957）解释它为发芽的谷物和曲，是两个词。但是陈駧声[（1979），第 35 页]认为，它只是具有淀粉发酵活力的另一种表示。

　　② 麦芽糖的制作在下文的（e）节（pp. 457－460）中描述。

　　③ 《礼记・礼运第九》，第三八三页。原文为："故礼之于人也，犹酒之有蘖也。"

　　④ 《管子》卷十七，第一六五页，"以鱼为牲，以蘖为酒"。从文字上看，这表示"用鱼作为动物的祭品，用蘖作为酒的供奉。"在《前汉书》（约公元 100 年）中，也可见到"蘖酒"这个术语，参见下文注释（p. 166）。

　　⑤ 原因将在下文（pp. 278－279）解释，用发芽的谷物制作的用作祭品的酒可能是一种醴，即酒精含量不超过啤酒（小于 3%）的一种酒。

　　⑥ 曲蘖的表达方式同样使用于下文（p.183）提到的《南方草木状》（304 年）、《投荒杂录》（835 年）和《太平寰宇记》（980 年）中；篠田统[（1973），第 382 页和第 298 页]注释的白居易（唐代）和苏东坡（北宋）诗中；以及《北山酒经》（1117 年），第一页。

　　⑦ 《天工开物》卷十七，第二八五页。孙任以都和孙守全[Sun & Sun (1966)，p. 289]把该书中曲蘖翻译成"yeast"，李乔苹[Li et al. (1980)，p. 427]翻译成"leaven"和"malt"。

本》记载，酒和醴是传说中的发明者仪狄和杜康首先酿成的酒精饮料[1]。在《黄帝内经·素问》中，醪和醴也是与汤及煎煮汁有关的两种酒精饮料[2]。醪通常解释为混有酒糟的酒。那么，酒（酒或醪）第一次是怎样生产出来的？晋代的江统（约公元300年）在他的《酒诰》中就有下列一番见解[3]：

> 酒是在古代帝王的要求下开发出来的。传说它是公主仪狄或王子杜康努力的结果。但是，也可能是将剩米饭放弃在野外。不久，米饭上长满了一层绿色的物质（微生物），再经过贮存得到了芳香的液体。这就是酒的起源，其中并没有什么奥秘可言。

> 〈酒之所兴，肇之上皇。或云仪狄，一曰杜康。有饭不尽，委余空桑，郁积成味，久蓄气芳。本出于此，不由奇方。〉

这个观点后来被《北山酒经》（1117年）的作者朱肱重申，他说[4]：

> 根据古人所述，当污秽的米饭和煮熟的黍或小麦一起发酵时，会得到醪，这就是酒的起源。《说文》中记载，"酒白叫做酨"。酨是指坏了的米饭，即被霉菌变性的米饭，它也表示放置时间较长的陈旧米饭。米饭陈旧后就会变化。如果米饭不坏，酒也不会甜。

> 〈古语有之，空桑秽饭，酝以稷麦，以成醇醪，酒之始也。《说文》酒白谓之酨，酨者坏饭也。酨者老也。饭老即坏，饭不坏则酒不甜。〉

后来，古代中国人又发现，坏了的（发霉的）米饭经干燥后贮存，其淀粉酶活力不会损失。由此，就诞生了曲，即霉菌曲。很快我们将会看到，这就是《齐民要术》中所记载的，最早的发酵方法中的制曲法。事实上，淀粉法酿酒完全是从头开始进行的，像古代一样，现在台湾土著部落仍然在使用这种方法。凌纯声指出，这种方法的第一步是制作一种曲发酵剂[5]。将剩余的熟黍或米饭铺在篮底，再用另一个竹篮盖在上面，悬挂在架子上，并保温。三至四天后，米饭上就会出现一层真菌菌丝，有一至三厘米长，菌丝为一厘米长时最好。如果继续培养，会有部分菌丝变黑，部分变黄和红，所得到的酒会有苦味。下一步是蒸些黍或米饭，使之冷却成柔软的颗粒，然后与培养出的接种物混合在一起。混合物放在香蕉叶编制成的藤条篮子里，再盖上香蕉叶。三到四天后，即得到可以食用的、方言中叫做醪的产品（黏稠度与酸奶相仿）。不过，更为常见的是将其

---

[1] 《世本》卷一。

[2] 《黄帝内经·素问》卷十四；Veith (1972)，p. 151。

[3] 《酒诰》。

[4] 《北山酒经》卷上，第四页。

[5] 凌纯声（1958），第895页。中国台湾土著民用米饭从头（*de novo*）酿酒的方法如果与埃及（Egypt）、苏丹（Sudan）农民由面包酿制布扎（*bouza*）啤酒的方法相互比较那很有意思，这两种方法都是自古流传至今的史前酿酒方法。实际上，根据近藤弘［Kondo (1984)，p. 13］所引用的日本地方历史，这也是日本发现米曲的过程。"……一旦一桶米饭被暴露在空气中，主人恐怖地发现米饭已经长霉了，他只能证明自己是一个粗心大意的人，而没有办法来处理这些米饭。几天后他发现那桶长霉的米饭已经转换成一桶美味的米酒"。这个故事表明，如果将米饭放置在适宜的环境中，它非常容易长霉和发酵。

在陶缸中与水混合，并用香蕉叶紧紧的封住陶缸口。四天后，用藤条槽过滤得到一种酒，叫 *sarano-lao*，滤渣叫 *lakare-no-lao*。将过滤的酒储存，备作客人饮用。滤渣与热水混合，可作为一种饮料使用。根据凌纯声所述，这种饮料味薄略酸。

土著人也制作草曲，在方式上有变化，它由剩米饭与植物提取液，尤其是芸香科（Rutaceae）、豆科（Leguminosae）、菊科（Compositae）及藜科（Chenopdiaceae）属的植物提取液混合而制成的。用这种曲酿成的酒类似于古代中国的礼仪用鬯。在下文，我们将更详细地介绍草曲（pp. 183，185—186）的内容。

现代台湾土著人制作发酵剂并用米饭酿酒方法的便利，极为有力的表明古代中国人发现霉菌曲并用蒸熟的黍或米，这是他们的主食，酿造作为膳食用酒的方法，可能是一脉相传的。我们可以说，中国酒精饮料起源于两种方法：第一，用带真菌或霉菌的发芽谷物酿造醴（甜酒），第二，用带真菌或霉菌的饭酿酒。但是，古代中国人从来都没有弄清楚，如何制作被适量酵母繁殖的发芽谷物，因而这种方法最终失传了。另一方面，在控制米曲中微生物活力和酿造优质酒的生产技术方面，他们的水平却在不断提高。从而，在周代早期，优质酒就已经成为人们日常生活和社交中的必备品了。

在《诗经》中至少有三十多首诗提到了酒，这表明了酒在周代人们生活中的重要性。像以下诗句表明的那样，酒已经成为了一种商品[1]：

> 我们有酒，我们就要喝，我们！
> 我们没酒，我们就去买，我们！
> 要抓住这次机会，
> 狂饮这清澈的酒。

> 〈有酒湑我，
> 无酒酤我。
> 迨我暇矣，
> 饮此湑矣。〉

但是，孔夫子不相信从市场上买到的酒（和干肉）的质量，这表明市售酒的质量很低[2]。然而，因为醉酒已经成为当时的一个问题，这又说明当时所生产的酒可能已经非常浓烈。《诗经》中的另一首诗就唱出了一位妇人的叹息声[3]：

> 当客人喝醉时，他们嚎哭、大叫，
> 摔碎了我的篮子和餐具，
> 跳跃、唱歌、举步蹒跚。
> 那是因为酩酊大醉之后，
> 他们的神志已经不清了。

163

---

① 《毛诗》165，W195。
② 《论语》，英译文见 Legge（1893），pp. 222—223。原句为："沽酒市脯不食"。
③ 《毛诗》220，W267。

〈宾既醉止，载号载呶。

乱我笾豆，屡舞傲傲。

是曰既醉，不知其邮。〉

遗憾的是，周代的文献中没有资料说明酿酒的方法。我们仅有的一处记载是，《礼记·月令》中提到[①]：

[冬季的第二个月，]天子下指令给监酒官说：黍或稻米必须备齐，曲和蘖必须适度，浸泡和加热必须干净；使用泉水必须甘冽，装贮陶器必须完好；酿造的温度必须维持恰到好处。

〈仲冬之月……乃命大酋，秫稻必齐，曲蘖必时，湛炽必洁，水泉必香，陶器必良，火齐必得。〉

这是生产优质酒必备的六个条件。尽管这些话描述了加工的基本原理，但是，接下来并没有告诉我们实际操作如何进行的任何信息，例如，使用多少物料、这些物料应当如何预处理、发酵持续多长时间、发酵物料保持多高温度等等。为了更好理解古人酿酒的方法，王琎将其与20世纪初著名的浙江绍兴酒的生产过程进行了比较，结果列于表17中[②]。从表面上看两种方法几乎一样，只不过周代的酿酒工艺过程，除了添加曲之外，还使用了蘖（发芽谷物），而绍兴的酿酒工艺过程中仅使用了酒药。我们不知道周代酿酒工艺中所用蘖的特性[③]，但可以推测饭、曲、蘖和水是混在一起发酵的。蘖首先释放出糖，以便于其中的酵母在大量新鲜的真菌酶产生以前能够激增和充分发酵。在绍兴酒酿造工艺中，作为一个单独的工序，酒药先与基质一起进行预培养，生产出富含酵母的发酵剂，再在主发酵器中将其与煮熟的谷物和曲混合。表17中没有列出这个预培养过程。

表 17 周代酿酒和现代绍兴酒的工艺比较

项目	现代绍兴酿酒工艺	古代周代酿酒工艺
时间	8月（阴历），出发曲	9月（阴历），出发曲
原料	糯米、曲、酒药、清澈的泉水	粟或米、曲、蘖、芳香的水
容器	大发酵缸	陶罐
发酵配料	蒸熟的米饭、曲、酒母[a]、水	饭、曲、蘖、水
温度控制	混合耙子	调整"火候"
保质方法	巴氏杀菌	干净的环境

a：由培育曲、酒药和基料发酵制备，直到产生丰富的酵母。

① 《礼记》，第三〇〇页，由作者译成英文，借助于 Legge（1885），p. 303。在这一段中，曲蘖被理雅各翻译成酵母块（leaven cakes），被王梦鸥（1984）解释成酵母。

② 王琎（1921），第 274 页。

③ 在《礼记》或汉代前的任何相关文献中，都没有记载曲或蘖的制备方法。就蘖而言，即发芽的谷物，我们推测，在古代中国它可能是由任一种收获的谷物，也就是黍、小麦或大麦，或稻米发芽而成。我们不知道由发芽的黍或米制作的是什么酒，但有趣的是，在早期的日本，发芽的稻米用于酿酒。近来，在熊本辖区这种方法已经被用来重新制作这种古代的饮料，参见 Ueda（1995）和 Teramoto *et al.*（1995）。我们感谢谢尔登·阿伦森（Sheldon Aronson）让我们注意到上田诚之助及其同事的最近的论文。

通过考查古酒的名称，我们可以更多地了解周代酒的加工过程。《周礼》中 164
记载有掌管酒供应的"酒正"和负责酒生产的"酒人"。从论述这些官员职责的
文字中，我们知道的酒有"五齐"和"三酒"，这些酒被王室用来供奉、消费和
娱乐。事实上，"齐酒"不是最终产品，而是发酵过程中的中间产物。但是，很
显然，在某些特定的场合，它们是合适和必需的饮料。王班将汉代注释者解释的
"五齐"和"三酒"的特点，与其相对应的现代绍兴酒的特点进行了比较，结论
如表 18 所示。表 18 表明，周代的酒商们可以非常熟练地鉴别出酒在最终酿成以
前所处的发酵阶段。"醴"是为了典礼的目的而从发酵产物中提取出来的"甜味
液体"，通过倾析或过滤可以得到"清酒"。

表 18　周代中国人生产的酒的名称

名称	用途	汉代的注释	现代对应酒	酿酒阶段
元酒	盛大典礼	平常的水	水	原料
五齐				
1. 乏齐	典礼	气体和固体升到表面	开始糖化和发酵	步骤1
2. 醴齐	典礼	液体变稠、翻涌	继续糖化和发酵	步骤2
3. 盎齐	典礼	液体翻涌，风味增强	继续发酵	步骤3
4. 缇齐	典礼	液体翻涌，变红	继续发酵	步骤4
5. 沉齐	典礼	酒糟沉淀	结束发酵，渣滓沉淀	最后步骤
三酒				
1. 事酒	饮用	残渣沉淀后尽快倾出	新酒	新酒
2. 昔酒	饮用	贮藏后的酒	老酒	老酒
3. 清酒	饮用	清澈的酒	老的、贮藏后的酒	老酒

《礼记·月令》同样告诉我们，在夏季的第一个月里，"天子用酎款待（他的大臣和
王子们）"（"天子饮酎"）。根据汉代和唐代注释者的注解可知，"酎"是通过发酵同一介
质中连续三批次的饭而得到的酒，酒精浓度很高[1]。文中认为，在原有的培养基耗尽
后，向发酵基质中添加新鲜饭的方法，已经是周代酿酒生产技术的一部分。同样，酒曲
制作工艺也是在周代稳定下来的。《月令》记载到，在春季的最后一个月，"天子向神圣 165
的统治者展示像桑叶一样黄的礼服"[2]（"天子乃荐鞠衣于先帝"）。这里，表示黄色礼服
的用词是"鞠衣"。这里使用的"鞠"在《尔雅》（约公元前 300 年）中也被写作"蘜"；
而在《说文》（121 年）中"曲"被写作"麴"（可能是"籟"的异体字）[3]。这些都表

---

[1] 《礼记》，第二七四页。英译文见 Legge（1885），p.271。由郑玄（127—200 年）和颜师古（581—645 年）
解释。连续的添加基质产生的酒精的量比葡萄汁发酵产生的酒精量多。这方面的技术在下文（p.279）将进一步讨
论。

[2] 《礼记》，第二六七页；英译文见 Legge（1885），p.263。《周礼·内司服》也提到了鞠衣，林尹（1985），
第 81 页。

[3] 《尔雅·释草第十三》，第二十六页；《说文解字》，第二十页（卷一，第十二页）、第一四七页（卷七，第
二十一页）。

明，此处所提及的颜色源自于曲中微生物孢子的颜色，可能是米曲霉（*Aspergillus oryzae*）。米曲霉为优势菌时，表明曲可能是松散的颗粒状[①]。

在马王堆一号汉墓的地下埋葬品中，发现有曲和酒的记载。马王堆《竹简》中列有两袋曲和八缸（资）酒，其中两缸是白酒（陈酿的浑酒）、两缸醴酒（多批次发酵的酒）、两缸肋酒（过滤的酒）、两缸米酒（可能是醴，淡色甜酒）[②]。目录中还有八个据说是用来装盛白酒、醴酒和米酒的漆器[③]。遗憾的是，经过长期的埋藏，墓葬中发现的多数袋子已经碎裂，残留的曲已无法识别。不过，从一些陶缸和漆器上的残留物中，人们仍然可以推断出原先酒类液体就贮存在这些容器中[④]。此外，在墓葬中发现的漆器里，有七只酒卮和四十只耳杯。这些手工艺品充分显示出，在汉代早期贵族们的生活中，酒占有重要的地位。

在西汉时，蘖仍然被用来制作醴，即蘖酒。据《前汉书》（公元前 206 年）记载，曾将米蘖和丝绸作为礼物，送给一直与汉朝有争端的北方游牧的匈奴部族[⑤]。一次，在准备迎娶一位汉宫姑娘时，在其礼物的清单中，匈奴的单于要求每年提供"一万担蘖酒"作为嫁妆[⑥]。事实上，在东汉时，酒的酿造技术已经传播了，可能已经从朝鲜传到了日本，在那里它取代了自公元前 5 世纪已经采用的咀嚼酿酒法[⑦]。从 2 世纪到 4 世纪，日本已经用发芽的稻谷和米饭混合生产出一种甜酒（醴）。显然，使用的发芽稻谷同样会被酵母繁殖，就像史前中国的蘖一样。近来，上田诚之助和他的合作者们已经用发芽的稻谷作为糖化剂再现了醴的发酵[⑧]。他认为日本曲源于将发霉的蒸熟后的大米偶然添加进发芽的稻谷。当时的情况可能是，将发芽稻谷放进了不经意放在一边的已经开始长霉的米饭中[⑨]。其结果是如此不同，酿酒师们意识到，米饭中一定有某些特别的东西。经过不断的实验，形成了米曲，成为日本酒（清酒）酿造中使用的主要配料，甚至在19 世纪现代微生物学出现以后依然如此[⑩]。

霉菌曲制作在汉代期间所取得的进展，由辞书《说文》、《释名》和《方言》（约公元前 15 年）中出现的各种类型的曲名可见一斑。方心芳按照三个准则将它们进行了分

---

① 方心芳（1980），第 143 页。

② 湖南省博物馆（1973），上集，第 139 页，竹简 108—111。报告认为米酒可能是醴，但是引用的证据并不令人信服。

③ 同上，第 143 页，竹简 168—177。

④ 同上，漆器，第 95 页，陶器，第 127 页。参见唐兰（1980），第 22 页、第 29—30 页。

⑤ 《前汉书·匈奴传》，参见第三七六〇页，关于"米蘖"（发芽的去壳麦粒）；第三七六三页，关于"秫蘖"（发芽的粟）。

⑥ 同上，第三七八〇页。此外，信中要求每年的礼物有五千斛（每斛约 35 升）去壳粟、一万匹的丝绸。原句为"取汉女为妻，岁给遣我蘖酒万石，稷米五千斛，杂缯万匹"。

⑦ 上田诚之助（1992），第 134—135 页。

⑧ Teramoto *et al.*（1993）。为了完成发酵，他们必须添加现代酵母。

⑨ 篠田统（1967）估计是受到了这样一个理论的影响，即大米的种植源于东南亚的山麓地区。他认为霉制大米的使用源于印度支那，经过长江流域和中国东部传到日本。20 世纪 80 年代和 90 年代的考古发现表明，在公元前 11 500 年以前，长江流域就已经种植水稻，因此，上述观点不能够成立。但是，正如我们今天所知道的，中国南部对霉菌曲发展的贡献是很大的。

⑩ 关于日本现代清酒酿造的技术说明，参见 Kodama & Yoshizawa（1977）。对清酒酿造及其微生物的解释，参见图文并茂的书籍 Hiroshi Kondo（1984）。

类，这三个准则分别为：①制曲所用的原料；②曲的物理形态；③表面菌丝生长的数量[1]。划分结果如表 19 所示。

表 19　中国汉代曲的类型*

名称	原料	形态	表面特征
䴷	大麦		
䴟	小麦		
䅦	小麦		
䴄	小麦？	饼状	
妭	小麦？	饼状	
䴣	小麦？	饼状	
䵃	小麦？	饼状	
籭		粒状	
䵂			有菌丝被膜
无衣麹			无菌丝被膜

* 以方心芳（1980），《方言》和《广韵》为依据。

有趣的是，所有名字都有"麦"（麥）字部首。这表明自汉代以来，小麦或大麦是作为制曲的主要原料，麦占有重要地位。目前，小麦依然是制中国酒曲的主要原料。第二个有趣的地方是饼曲的出现，自汉代以来它已经成为中国酒曲常用的形状。饼的内部条件有利于根霉菌（*Rhizopus*）的生长，而表面条件有利于曲霉菌（*Aspergillus*）的生长。这个发展是中国酿酒史上的一个里程碑。正因为如此，在大多数中国酿酒工艺中，根霉菌是决定曲中淀粉酶活力的主导霉菌，它赋予酒以无法模仿的、独特的口味。

遗憾的是，汉代既没有记载生产各种类型曲的方法，也缺乏酿酒方法的详细资料。不过，还是有一些零星的生产方法及半定量数据出现。如《前汉书》（100 年）告诉我们："用 2 斛（20 斗）糙谷米和 1 斛（10 斗）曲，可以生产出 6 斛 6 斗（即 66 斗）酒。"[2]（"一酿用糙米二斛，曲一斛，得成酒六斛六斗。"）也就是说，30 份体积的谷物（糙谷）可生产 66 份体积的酒。酿酒时添加大量的曲既是酶的来源，也是霉菌和酵母的来源。在《后汉书》（450 年）中有一条注文记载说："1 斗米可生产 1 斗优质酒；1 斗稷米可生产 1 斗中等质量的酒，1 斗黍可生产 1 斗普通的酒。"[3]（"稻米一斗得酒一斗为上樽，稷米一斗为中樽，粟米一斗为下樽也。"）到后汉末期，曹操（魏国的奠基者）描述了一种 9 个阶段发酵的酒生产工艺："用 30 斤曲和 5 石（或斛）活水。在十二月上旬浸泡曲。在一月用 1 斛稻米开始发酵，3 天后，再添加 1 斛熟的米，如此重复，直至用完 9 斛米。若产品有苦味，（可以添加）第 10 斛米，酒将会滋味甜美，醇香可口。"[4]

168

---

① 方心芳（1980），第 144 页。
② 《前汉书·食货志》卷二十四，第一一八二页。参见 Swann（1950），pp. 345—346。
③ 《后汉书·刘隆传》卷二十二，第七八一页。
④ 采自《齐民要术》（第六十六篇），第三九三页。

（"用曲三十斤，流水五石，腊月二日渍曲。正月冻解，用好稻米，滤去曲滓便酿。……三日一酿，满九石米止。臣得法，酿之常善。其上清，滓亦可饮。若以九酝苦，难饮，增为十酿，易饮不病。"）最后一句描述表明，经过 9 个阶段的发酵，尽管酒精含量不能抑制霉菌淀粉酶的活力，却可以抑制酵母的活力。添加的第 10 斛米可以产出较多的糖，但是酵母却已经无法将它们转化为酒精了。在这个例子中，30 斤曲的用量不足谷物总量的 5%，其主要作用只是接种微生物。从这些描述中，我们可以猜测，在汉代，至少有一些酒的生产是采用续加原料式发酵的，它们的酒精含量与现代西方葡萄酒的酒精含量相当[①]

（2）中国中古前期的制曲和酿酒

　　酒是神的礼物。统治者用它滋养天下万物，供奉祭品，祈求繁荣，扶持弱者，救治病人。对于百种祈福，酒是必须的。[②]

　　〈酒者，天之美禄，帝王所以颐养天下，享祀祈福，扶衰养疾。百礼之会，非酒不行。〉

这种对酒的好处有如此超凡浪漫和惊人天真的观点，可以证实它被汉代文人至尊至上的推崇。与其相反的是，大普林尼（Pliny the Elder）在地球的对面哀叹："用大量的辛劳和财富来换取能使人精神错乱并发疯的东西"[③]。实际上，在古罗马早就禁止妇女饮酒，违反规定者将被处死[④]。此外，普林尼告诉我们：根据加图（Cato）的记述，"妇女们的男性亲属要亲吻她们，是想知道她们是否有'酒味'（tipple，那时用来表示酒），'醉'一词（tipsy）即源于它"[⑤]。谁会想到这种彬彬有礼的行为却有如此低贱的由来呢？

来自汉代经典著作中的其他引述，进一步证实了曲和酒是汉代经济领域中的重要商品[⑥]。然而，除了前面章节里出现过少量的描述外，我们对曲和酒的制备知之甚少。从汉末（220 年）开始，到战乱的三国、晋和南北朝，酒越来越普及。但是，在这三百年中几乎没有酿酒技术发展的文献流传至今，似乎文献对增加这一内容没有一丝兴趣。幸运的是，在这段时期末，即 544 年，《齐民要术》问世了，这是中国食品科学技术史上最重要的事件，《齐民要术》是关于农业的有价值的鸿篇论文系列中的第一部，在随后的几个朝代中这些论著相继编纂和更新［见（b）节］。

在《齐民要术》中，有四篇（第六十四至六十七篇）介绍了曲和酒的制作。作者贾

---

①　关于汉代酒的产量的讨论，参见余华青和张廷皓（1980）。
②　《汉书·货殖志》卷二十四，第一一八二页；由作者译成英文，借助于 Swann（1950），p. 344。
③　Pliny，《自然史》（Natural History），英译文见 Rackham，Book XIV，p. 277。
④　同上，p. 247，89 行，文中描述到："迈滕努斯（Maetennus）的妻子因饮用大缸里的酒被其丈夫用棍棒打死，罗慕洛（Romulus）宣判马特那斯的谋杀无罪"。
⑤　同上，p. 247，90 行。
⑥　张孟伦（1988），第 8 章。第 9 章中记载了过度饮酒的种种恶行。也可参见陈驹声（1979），第 32 页。

思勰详细描述了九种曲的制作方法，记载了三十七种酒的酿造[①]。表20中列出了这九种曲。实际上，只有四种主要类型，即神曲、白醪曲、笨曲和白堕曲。笨曲中包括颐曲，用于秋天酿酒，白堕曲是一种特殊的曲饼。表20中列出了它们之间一些明显的区别。除了第九种曲是以稷为原料制成的之外，其他所有的曲均以麦为原料[②]。然而，即使是以麦为原料，随着曲种类的不同，原料处理的方法也有很大的不同。在生产神曲和白醪曲时，将麦分为三份，一份焙炒（实际上用旺火炒），一份汽蒸，一份仍为生料；生产笨曲时，将全部麦焙炒。成品曲的形状也有很大的不同。神曲和白醪曲为圆饼形，而笨曲为方形或砖形。为了说明曲的制作过程，我们将引用《齐民要术》中两种具有代表性的制曲全过程的全文如下。第一例是，描述五种制作神曲法中的第一种，即表20中的1号。

170

表 20　《齐民要术》中制曲方法

曲名序号	原料	草药	尺寸（厘米）
	汽蒸：焙炒：生料		（直径/高度）
1. 神曲	麦 1：1：1	无	5.5/2.0
2. 神曲	麦 1：1：1	无	11.0/3.3
3. 神曲	麦 1：1：1	无	6.6/4.4
4. 神曲	麦 1：1：1	有[d]	未知
5. 河东[a]神曲	麦 6：3：1	有[e]	未知
6. 白醪[b]中等	麦 1：1：1	有[d]	11.0/2.2
7. 笨曲，春	麦 0：1：0	有[f]	（22×22×4.4）[g]
8. 笨曲，夏	麦 0：1：0	有[f]	未知
9. 笨曲，白堕[c]	稷 2：0：1	有[e]	方型

a：河东，在山西西南部。

b：白醪，用于酿糯米酒最好的曲。

c：白堕，以北魏著名酿酒师刘白堕命名的曲。

d：苍耳属植物的叶子。

e：桑叶汤、苍耳、艾叶、花椒叶［可能为樗叶花椒（*Zanthoxylum ailanthoides*）］的比例为 5：1：1：1。

f：曲饼放在艾叶上培养。

g：1尺等于22厘米，1寸等于2.2厘米。

作三斛麦曲法[③]

蒸麦、炒麦和生麦（未做加工）各一斛[④]。当麦变黄时炒麦就应该停下来，当

---

①　加上用药草浸泡在成品酒里的两种药酒；参见缪启愉（1982），第393页，用刺五加（拟）（*Acantho-panax spinosa* Miq.）；第395页，用檴，不确定为何物。

②　Huang Tzu-Chhing & Chao Yun-Tshung（1945），p.36，发酵方法4，将"小麦"翻译成"黑麦"。没有给出这些奇妙翻译的理由。

③　《齐民要术》（第六十四篇），英译文同上，经作者修改。原文见缪启愉编（1982），第358—359页。

④　根据吴承洛［（1957），第58页］，写《齐民要术》时期，一斛即10斗，等于39.6升。"蒸"的意思很清楚，但那时，"炒"是指用锅焙烤的技术，即放在热的锅或镬里翻搅谷物直至谷粒烘干，参见下文（pp.171—172）描述的另一例子。现在，"炒"是众所周知的搅拌下用油煎炸的技术。当"焙烤"与"搅拌下用油煎炸"同义时，将会在文章中予以讨论。

心不要烧焦，生麦选品质优良的。将三种麦分别研磨成细粉，然后再混合在一起。

在农历七月（阳历通常在八月份）第一天日出前，让一个童子，穿着青衣，面向西方，汲二十斛水[①]。其他任何人不允许碰此水。如果水太多，可倒去不用部分，一定不能让他人使用。工人面向西方，将面粉与水和至坚硬[②]。只有男童可以制作曲饼，也要面向西方。不可用有污秽的人，曲房要远离人的住处。

171

制作生曲饼要在茅草屋里而不能在瓦房里[③]。地面必须打扫干净（坚固），没有污秽，也不能有潮湿的地方。在地面上划出方块，使形成四条巷道。将生曲混合物堆成人型，有的被堆成"曲王"，共有五个曲王，再将曲饼沿着巷道一个挨一个地铺开。从主人家选出一人为司仪，不能从仆人和客人中选。用下述的方法给曲王供奉酒和干肉：将曲王的手弄湿，当做碗，接取供酒、干肉和煮饼。

司仪念三遍祭文，每个人向曲王叩拜两次[④]。关上曲房木门，泥封，以防风吹入。七天后打开门，翻曲，再关门，泥封。再过七天，将曲饼叠放，泥封门。又过七天，将曲放入泥缸，盖好缸口，泥封。第四个七天后，在每个曲饼上打一个孔，用绳子串起来，悬挂在阳光下晒干，贮藏。每个曲饼直径约两寸半（5.5 厘米），厚约九分（约 2.0 厘米）。

〈作三斛麦曲法：蒸、炒、生，各一斛。炒麦：黄，莫令焦。生麦：择治甚令精好。种各别磨。磨欲细。磨讫，合和之。

七月取中寅日，使童子著青衣，日未出时，面向杀地，汲水二十斛。勿令人泼水，水长亦可泻却，莫令人用。其和曲之时，面向杀地和之，令使绝强。团曲之人，皆是童子小儿，亦面向杀地、有污秽者不使。不得令人室近。团曲，当日使讫，不得隔宿。屋用草屋，勿使瓦屋。地须净扫，不得秽恶；勿令湿。划地为阡陌，周成四巷。作"曲人"，各置巷中，假置"曲王"，王者五人。曲饼随阡陌比肩相布。

布讫，使主人家一人为主，莫令奴客为主。与"王"酒脯之法：湿"曲王"手中为碗，碗中盛酒、脯、汤饼。主人三遍读文，各再拜。

其房欲得板户，密泥涂之，勿令风入。至七日开，当处翻之，还令泥户。至二七日，聚曲，还令涂户，莫使风入。至三七日，出之。盛著瓮中，涂头。至四七日，穿孔，绳贯，日中曝，欲得使干，然后内之。其曲饼，手团二寸半，厚九分。〉

这个例子表明，正像预料的那样，曲的制作过程带有大量的神秘和迷信色彩。很显然，作者贾思勰是真正的专家，他对仪式中传统的迷信持保留的态度。在制曲方法 2 和 4 中，他说一些变化不会影响曲的质量，所以删除了由男童制曲、划通道、给曲王提供供品等带有迷信色彩的程序。事实上，草屋的门朝向东方也不是必需的。他说："是否

---

① "西方"的原文是"杀地"，即死亡之地。在中国传统中，"东方"表示出生之地，"西方"表示"死亡"之地。古代埃及人也是这种观点。在古代卢克索（Luxor），生活的城市在东岸，死去的法老（Pharoahs）的坟墓在西岸。

② 根据现代的实践，生曲中含有 18%—24% 的水分，参见缪启愉（1982），第 372 页。

③ 草（茅草）屋顶比瓦屋顶保温效果好。

④ 祈祷文和咒语念给东、西、北、南及正中间的曲王，用来抵挡虫害。内容没有译出，参见缪启愉编（1982），第 359—360 页。大概从古代开始，这些仪式一直是酿造过程的一部分。

供奉酒与干肉也没有很大差别，因此，这个过程可以省去"[①]（"酒脯祭与不祭，亦相似，今从省"）。为便于进一步的论述，图 42 列出了制曲工艺流程图。但现在，我们先

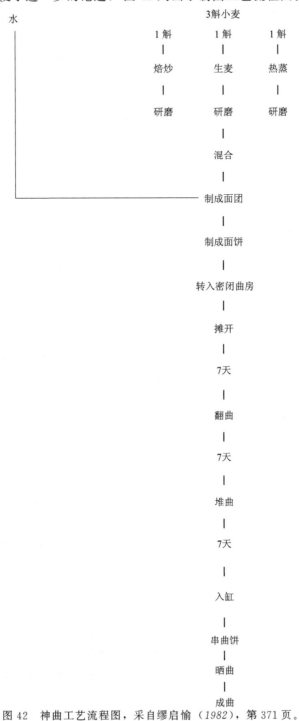

图 42　神曲工艺流程图，采自缪启愉（*1982*），第 371 页。

---

① 英译文见 Huang Tzu-Chhing & Chao Yun-Tshung, p. 37；《齐民要术》（第六十四篇），第三六二页。

介绍第二个例子，一种笨曲的制作方法。笨曲常用来酿造春酒，在表 20 中排在第 7 号。

制作秦州笨曲法[1]

在农历七月开始制曲。如果节气早，应在七月上旬，如果节气晚，则在七月下旬[2]。选取无虫、洁净、品质优良的小麦，在大锅中焙炒。焙炒方法如下：在炉子上方支一根柱子，用绳在上面系一长柄大勺。慢火炒，同时像摇桨一样迅速翻动小麦，不可有片刻停顿，否则，小麦易生熟不均。焙炒至小麦变黄，散发芳香气味，不应该烧焦。然后扬簸，去杂，研磨。不能研磨过细或过粗。研磨过细，难以滤酒；过粗，不易榨酒。

在制曲前几天，割些艾草（*Artemisia*），清洗干净，在太阳下晒干。用水和研磨的麦粉均匀拌和，面团坚韧质不黏就好。将面团放置过夜，第二天早上进一步揉捏，至期望的状态。用木模压面团成饼，每个饼大小一平方尺，厚两寸[3]。可以让强壮的男人压饼。制成饼后，在每个饼的中间穿一个孔。

在木框上竖一些由竹条隔成的架子（与养蚕的架子相似）。干艾草铺在架子上，将曲饼放在艾草上，再覆盖一层艾草。底层的艾草要比顶层的厚，（曲房的）门窗要关闭并泥封，像前面一样培养。经过三个七天后（共计二十一天），曲就制好了。打开门，检查曲饼。如果曲饼表面有五色衣生成，将其拿出，在太阳下晒干。如果没有菌丝，再将门封上，放三至五天，取出晒干。晒曲时，要翻曲几次。曲饼晒干后，堆积在架子上，贮存备用。一斗曲可以消化七斗（熟）米。

〈作秦州春酒曲法：七月作之，节气早者，望前作；节气晚者，望后作。用小麦不虫者，于大镬釜中炒之。炒法：钉大橛，以绳缓缚长柄匕匙著橛上，缓火微炒。其匕匙如挽棹法，连疾搅之，不得暂停，停则生熟不均。候麦香黄便出，不用过焦。然后簸择，治令净。磨不求细；细者酒不断粗，刚强难押。

预前数日刈艾，择去杂草，曝之令萎，勿使有水露气。溲曲欲刚，洒水欲均。初溲时，手搦不相著者佳。溲讫，聚置经宿，来晨熟捣。作木范之：令饼方一尺，厚二寸。使壮士熟踏之。饼成，刺作孔。竖槌，布艾椽上，卧曲饼艾上，以艾覆之。大率下艾欲厚，上艾稍薄。密闭窗、户。三七日曲成。打破，看饼内干燥，五色衣成，便出曝之；如饼中未燥，五色衣未成，更停三五日，然后出。反覆日晒，令极干，然后高厨上积之。此曲一斗，杀米七斗。〉

将生曲堆放在架子上而不是地上，这可以在一个曲房中培养更多的曲饼，因此，能进行规模化的制曲。这两种制曲方法基本上是相同的，仅在小麦预处理方法和曲饼的大小方面有区别。在制法上，部分熟麦被碾细，用水拌和，压成饼状，把饼放在密闭的曲房中培育，让霉菌和酵母菌等在饼上生长，至最适生长期时，即制成曲饼，晒干，贮藏

---

[1] 《齐民要术》（第六十六篇），第三八七页。

[2] 在中国历法中，一年分为二十四个节气。参见 Shih Sheng-Han (1959), p. 68.

[3] 根据吴承洛（1957），在《齐民要术》时代，1 尺约等于 24 厘米，1 寸约 2.4 厘米。

备用。

曲饼成熟后，它具有一种神奇的活力，能消化熟化的粮食并将其转化为酒，除此以外，贾思勰并不知道培养曲时其本质有何变化。但是，他注意到曲饼表面多彩衣的生成，而且多彩衣的生成是曲成熟的一个标志。总体而言，现在我们认为他的观点有一定的科学道理。将焙炒、蒸熟和生的小麦粉用水拌和，使曲饼中含有足够的水分，易于曲霉（*Aspergillus* spp.）、根霉（*Rhizopus* spp.）和酵母菌的繁殖，但又不至于使曲饼变成糖浆。因此，最终的曲饼坚实、干燥。尽管晒曲会杀死曲饼表面的菌丝体，但对曲饼内部微生物的伤害很小。在这种干曲状态下，微生物不会继续生长，曲饼可以保存三年仍有活性。用泥封好墙上的裂缝，用茅草覆盖屋顶，曲房成为一个很好的密闭室，在这种恒温恒湿条件下进行制曲，特别有利于微生物的生长。选择合适的季节制曲，如秋天，可以使曲房的温度不冷不热。重复使用同一曲房，曲房中固有的霉菌孢子和酵母菌细胞会自动接种到每一批生曲饼上，在培养结束时，使新曲饼与前一批曲饼含有相同数量和种类的微生物，酶活力也相同。

《齐民要术》中告诉我们每种曲活性的测定方法，即1斗曲消化谷物的斗数，而"消化"量的准确词是"杀"。由于谷物本身含有淀粉酶，加上微生物生长产生的淀粉酶，谷物在烹煮成饭以后，会在液态曲中液化。上叙四种主要曲（1斗）消化谷物（饭）的斗数如下[①]：

神曲：20—30

白醪曲：10

笨曲：7

白堕曲：15

在酿造过程中，总的消化和发酵力叫"曲势"，它是用来表达消化添加饭的能力，以及它本身的持泡力的。

有了具有活力的曲，酿酒实际上是一件相对容易的事情。《齐民要术》中记载了三十八种酒，主要是以米、糯米、黍和稷为原料。我们将全文引用四个酿酒的例子，作为探讨的依据。第一例，即表20中第5号神曲的使用。

神曲酿酒法（例1）[②]

以黍为原料。用一斗曲消化一石饭（即十斗）[③]。秫米只能酿成味淡的酒，不常使用。制曲饼时，曲饼的所有表面，包括边和孔的内侧必须削干净。然后，将曲饼破碎成枣或栗般大小，完全晒干。一斗曲用一斗五升（1.5斗）水浸泡。

在农历十月（阳历十一月份），当第一次霜冻、桑叶落下时，是为酿酒收集水

---

① 《齐民要术》（第六十四、六十五、六十六和六十七篇）；第三六一页、第三八三页、第三八七页和第四○一页。

② 英译文见 Huang Tzu-Chhing 和 Chao Yun-Tshung, pp. 41—44，经作者修改；《齐民要术》（第六十四篇），第三六五至三六六页。

③ 在此例中，1斗曲只消化1石（10斗）谷物。其他的例子表明，一斗曲可消化3—4石谷物。

的最好时间。为酿制品质优良的春酒，要在正月的最后一天（阳历二至三月份）取水。黄河以南的地方，气候温暖，在农历二月（阳历三月份）开始酿酒。黄河以北，气候寒冷，农历三月（阳历四月份）开始酿酒。一般来说，清明节前后是酿酒的好时间①。第一次结冰是在近年底时，此时，溪流开始结冰。这时的水可收集用来酿制春酒，其余月份收集的水必须煮沸五次，水冷却后，才能用来浸曲。任何偏差都会损坏酒的品质。农历十月（阳历十一月份）刚开始上冻时，气候还比较温暖，不必包裹（贮藏水的）陶缸。农历十一月和十二月，则必须用稻草将陶缸包裹好。

在冬天，曲要浸泡十天；春天，浸泡七天。当出现气泡，有芳香的泡沫出现时，曲就可以用来酿酒了。冬天较寒冷时，即使每天用稻草包裹缸，曲汤中的水也会结冰。出现这种情况时，应将冰晶取出，放在锅中加热使之融化，而水则无须加热。冰融化成液体后，再倒入缸中，并加入煮熟的黍。如果不这样做，酿酒就会受到影响。

如果缸可容纳五石谷物，第一次下酿时只能用一石谷物。谷物必须彻底清洗，直至清洗的水清澈。然后将它做成馈（半熟饭），放入一个空缸中，用煮沸的水浸没，水加至没过馈一寸多。缸口用盆盖住。当水被全部吸收后，馈即变软，可以用了。将馈摊在席上，使之冷却。汁液收集在盆里。用手把黍块捏碎，冷却后，倒入[存放有曲液的]缸中，用酒把搅匀。以后的步骤都这样。

然而，在农历十一月和十二月（阳历的十二月和一月），当天气寒冷、水结冰时，黍饭与人体温度一样时才可投料。如果是桑落酒或酿春酒，则需要投入冷饭。如果初次投料用的是冷饭，以后每次投料也用冷饭。如果初次投料用热饭，以后都用热饭。在同一酿造过程中，冷饭和热饭不能相混杂。

通常，第二次投料为八斗，第三次投料为七斗（未煮熟之前）。实际用量取决于曲势，没有绝对的数量值。一般情况下，应当将谷物分为两等份，一半用于制成热水浸泡的馈，另一半再蒸制成饭。如果所有的谷物均馈的形式投料，酒会浑。然而，若配以再蒸的饭，酒会亮而芳香。因此，建议将谷物分成两份。

冬天酿酒，需六至七次投料；春季酿酒，需八至九次投料。在冬季，需要将发酵的物料保温，春季则需要使之冷却。如果一次投料太多，会产生大量的热伤酒，影响酒的品质。春天时，用单布覆盖缸，冬季则用草席覆盖。在初冬，初次下酿时，可将燃烧的炭投入缸中，并用拢刀横放缸口，酒熟后取出。

冬季酿酒十五天成熟，春季酿酒十天成熟。到农历五月中旬（阳历六月），从缸中取出一碗酒，放在阳光下。优质酒不会变色，劣质酒会变色。劣质酒应尽早饮用，优质酒可以保存过夏天。过一会儿，发酵后的混合物会沉降，将酒倾出，这个过程可以持续到桑叶落时。若用地窖贮存酒，酒会有泥土气味。最好将酒存放在几层稻草屋顶的茅屋中。瓦屋顶会太热。制曲、浸曲、煮饭及酿造过程，都要全部使

---

① 节气之一。一般在四月五日左右，靠近复活节。

用河水。人力不够的家庭，可以使用甜井水代替。

〈造酒法：用黍米。曲一斗，杀米一石。秫米令酒薄，不任事。治曲必使表里、四畔、孔内，悉皆净削，然后细剉，令如枣、栗。曝使极干。一斗曲，用水二斗五升。十月桑落初冻则收水酿者为上时。春酒正月晦日收水为中时。春酒，河南地暖，二月作；河北地寒，三月作；大率用清明节前后耳。初冻后，尽年暮，水脉既定，收取则用；其春酒及余月，皆须煮水为五沸汤，待冷浸曲，不然则动。十月初冻尚暖，未须茹瓮；十一月、十二月，须黍穰茹之。

浸曲，冬十日，春七日，候曲发，气香沫起，便酿。隆冬寒厉，虽日茹瓮，曲汁犹冻，临下酿时，宜滤出冻凌，于釜中融之——取液而已。不得令热。凌液尽，还泻著瓮中，然后下黍，不尔则伤冷。

假令瓮受五石米者，初下酿，止用米一石。淘米须极净，水清乃止。炊为馈，下著空瓮中，以釜中炊汤，及热沃之，令馈上水深一寸余便止。以盆合头。良久水尽，馈极熟软，便于席上摊之使冷。贮汁于盆中，搦黍令破，泻著瓮中，复以酒杷搅之。每酘皆然。

唯十一月、十二月天寒水冻，黍须人体暖下之；桑落、春酒，悉皆冷下。初冷下者，酘亦冷；初暖下者，酘亦暖；不得迴易冷热相杂。次酘八斗，次酘七斗，皆须候曲蘖强弱增减耳，亦无定数。

大率中分米：半前作沃馈，半后作再馏黍。纯作沃馈，酒便钝；再馏黍，酒便清香：是以须中半耳。

冬酿六七酘，春作八九酘。冬欲温暖，春欲清凉。酘米太多则伤热，不能久。春以单布覆瓮，冬用荐盖之。冬，初下酿时，以炭火掷著瓮中，拔刀横于瓮上。酒熟乃去之。

冬酿十五日熟，春酿十日熟。至五月中，瓮别椀盛，于日中炙之，好者不动，恶者色变。色变者宜先饮，好者留过夏。但合醅停须臾便押出，还得与桑落时相接。地窖著酒，令酒土气，唯连檐草屋中居之为佳。瓦屋亦热。作曲、浸曲、炊、酿，一切悉用河水；无手力之家，乃用甘井水耳。〉

有两点值得注意。第一，浸曲实际上是酿酒的接种阶段。在此阶段，曲中的酶立即分解谷物中的蛋白质和淀粉，产生的营养物质促进了酵母的生长和霉菌的繁殖。几天后，基质中有充足的酶和酵母。此时，适于投入新鲜的熟化谷物，开始第一阶段的发酵。第二，作者充分意识到温度对酿造过程的重要性，很多措施被采用来确保发酵缸的温度不冷不热。正是由于这个原因，只选择秋季或春季来制曲和酿酒。在冬天，也可以酿造出一些优质酒，但在黄河以北地区很难。现在，我们看下一个酿酒的例子，它使用的是表20中第7号的笨曲。

笨曲酿春酒法（例 2)[1]

把曲饼清理干净，破碎，晒干。在正月（阳历二月至三月）的最后一天采集水，优选河水。井水太咸，不能用于清洗和蒸煮谷物。通常，当添加四斗水时，一斗曲可消化七斗谷物。通常可以按此比例关系，增减原料的配比。容量为十七石的缸，只能酿十石谷物。若投入谷物太多，则缸无法容纳酿造过程中产生的泡沫。根

---

① 《齐民要术》（第六十六篇），第三八七页。

据缸的大小，可计算出合适投料量。

当曲浸在水中七至八天后，开始快速发酵，酿酒过程也就开始了。如果总投料量为十石黍，则第一次投放料用两石。将黍蒸熟，摊在干净的席上冷却。将大块的黍饭打碎后下到发酵料中。当黍饭静止的浮在表面时，要待到第二天才用酒把搅拌，它们会自然的很容易分散开。如果搅拌过早，酒容易混浊。黍饭下完后，用席将缸口盖上。

此后，每隔一天下一次黍饭，方法与第一次相同。第二次投入一石七斗黍饭，第三次投入一石四斗黍饭，第四次投入一石一斗黍饭，第五次投入一石黍饭，第六次和第七次均投入九斗黍饭。当投满九石后，经验酒并品尝，如果酒的风味醇厚，则无需再投料；如果风味不佳，则再投三至四斗，几天后再品尝；若风味仍然不佳，再投料二至三斗。如果曲势强盛，酒仍然发苦时，投料可超过十石。重要的是酒要达到优质的风味，而不是为了投料满十石。但是，也应当小心避免投料过量，否则酒会太甜。在第七次投料前，每次投料都要仔细检查发酵醪。如果醪起泡强盛，曲势很强，投料量就应当多于推荐量，但决不能超过前一次的投料量。如果曲势呈弱，投料量可以减少三斗。曲势强盛时，若不增加投料量，不利于产生最佳风味；曲势呈弱时，若不减少投料量，会残存有未消化的黍饭。

如果一次酿五缸或更多时，为使黍饭能够及时投入到每个缸中，就应当准备足够的熟和冷黍饭，这点非常重要。如果只有一缸能够保证及时投料，其它的缸将错失同时投料的机会，则酿酒会失时。理想情况是，第二次投料应在寒食（清明节）前一天。过了寒食节，酿酒就有点晚了。如果遇到意外情况，不能及时酿酒，虽然春天的河水已有些臭气，也还可以使用。谷物必须淘得极干净，酿酒师的手必须勤洗，指甲也要剪干净，手上不能带有一丝汗迹；否则酒易变坏，不能过夏天。

〈作春酒法：治曲欲净，剉曲欲细，曝曲欲干。以正月晦日，多收河水；井水苦咸，不堪淘米，下馈亦不得。

大率一斗曲，杀米七斗，用水四斗，率以此加减之。十七石瓮，惟得酿十石米，多则溢出。作瓮随大小，依法加减。浸曲七八日，始发，便下酿。假令瓮受十石米者，初下以炊米两石为再留黍，黍熟，以净席薄摊令冷，块大者擘破，然后下之。没水而已，勿更挠劳。待至明旦，以酒杷搅之，自然解散也。初下即搦者，酒喜厚浊。下黍讫，以席盖之。

以后，间一日辄更酘，皆如初下法。第二酘用米一石七斗，第三酘用米一石四斗，第四酘用米一石一斗，第五酘用米一石，第六酘、第七酘各用米九斗：计满九石，作三五日停。尝看之，气味足者乃罢。若犹少味者，更酘三四斗。数日复尝，仍未足者，更酘三二斗。数日复尝，曲势壮，酒仍苦者，亦可过十石米，但取味足而已，不必要止十石。然必须看候，勿使米过，过则酒甜。其七酘以前，每欲酘时，酒薄霍霍者，是曲势盛也，酘时宜加米，与次前酘等——虽势极盛，亦不得过次前一酘斛斗也。势弱酒厚者，须减米三斗。势盛不加，便为失候；势弱不减，刚强不消。加减之间，必须存意。

若多作五瓮以上者，每炊熟，即须均分熟黍，令诸瓮遍得；若偏酘一瓮令足，则余瓮比候黍熟，已失酘矣。

酘，常令寒食前得再酘乃佳，过此便稍晚。若邂逅不得早酿者，春水虽臭，仍自中用。
淘米必须极净。常洗手剔甲，勿令手有咸气；则令酒动，不得过夏。〉

根据上面两个例子，我们将酿酒过程总结如下。酒曲要浸泡在干净的水中几天（7～10 天），直至获得发酵力为止[1]。在酿造容器中投入饭（黍或稻）之后，要使之全部液化（1～2 天），然后才能投入第二批料。依次重复下去，到曲势耗尽为止。一般需要投料七到十次，曲势耗尽时，饭被分解成糖，但还没有都被发酵成酒精。因此，此时的酒略带甜味。有经验的酿酒师能通过调整最后的投料量，来确保成品酒只略带甜味，而又不会太甜。淀粉酶比酵母有更高的耐受酒精能力，这表明，当酒精达到一定含量（大约 15％）时，可完全抑止酵母的发酵作用，酿酒过程将自然结束；然后静置发酵醪，需要时轻轻倒出酒液，或压榨使酒澄清。发酵醪也可以用合醅（不经过过滤分离残渣）的形式直接饮用。

在发酵过程中，应当确保发酵醪的温度适中。在凉爽的季节里酿酒，这点更值得注意；然而，控制温度的方法很有限。为了使发酵醪温度适中，要尽量保留发酵过程中释放的热。缸可用席子盖上，用砖块垫起，再用稻草包裹；还可以投入暖料，作为补救的方法，也可以将燃烧的炭投入发酵醪中。当需要使发酵醪降温时，可将缸外包裹物移去。投料时要添加松散的饭团而不是研细的饭，以此可以放慢发酵速度。

像例 3 展示的一样，在快速发酵中用笨曲来酿制夏天的酒。

酿夏鸡鸣酒法（例 3）[2]

取两斗稷米，彻底地蒸[3]，加入二斤研细的笨曲[4]，搅拌。再加五斗水，充分混合，封缸口。第二天早上鸡鸣时，酒就熟了。

〈作夏鸡鸣酒法：秫米二斗，煮作糜；曲二斤，捣，合米和，令调。以水五斗渍之，封头。今日作，明旦鸡鸣便熟。〉

这种酒的制作只需一次投料，而不是连续投料。所酿出的酒味较淡，仅供即食消费。最后一个例子是法酒的酿造，每次投料量是前一次的两倍。

粳米法酒（例 4）[5]

糯米是最理想的原料。农历三月三的清晨，取三斗三升井水。将三斗三升曲碾碎，过绢筛。量取三斗三升水稻米，如果没有，也可用旱稻米。蒸两遍稻米，摊开冷却。先投入水和曲，再投入饭。七天后，蒸煮六斗六升米，第二次投料。又过七

178

---

[1] 在第一个例子中，参见上文 pp. 174—175，作者指出，结冰前收集的水可用来酿酒。其他时间收集的水必须煮沸五次。很显然，《齐民要术》的作者非常清楚无污染的洁净水是酿制优质酒的保证。

[2] 《齐民要术》（第六十六篇），第三九五页，"鸡鸣"的意思是不言而喻的。

[3] 文中说把"米"蒸煮成"糜"，"糜"通常指粥。但在酿酒行业术语中，尤其在山东，"糜"表示"酒饭"，即是用于酿酒的蒸煮饭。在蒸煮时，不停的搅拌米，因此，蒸煮后比普通的饭要软。

[4] 1 斤是 1 斗的十分之一。

[5] 《齐民要术》（第六十七篇），第四〇八页，粳米酒法。

天后，第三次投料，用米一石三斗二升。有过七天后，第四次投料，用米二石六斗四升。发酵结束，酒风味达到最强。若酒以合醅（未经滤酒）的形式消费，则无需封缸。若要得到清澈的酒，要用泥封住缸口，放置七天后，酒即变清。倾出清酒，压榨残留物。

〈粳米法酒：糯米大佳。三月三日，取井花水三斗三升，绢篘曲末三斗三升，粳米三斗三升——稻米佳，无者，旱稻米亦得充事——再馏弱炊，摊令小冷，先下水、曲，然后酘饭。七日更酘，用米六斗六升。二七日更酘，用米一石三斗二升。三七日更酘，用米二石六斗四升，乃止——量酒备足，便止。合醅饮者，不复封泥。令清者，以盆盖，密泥封之。经七日，便极清澄。接取清者，然后押之。〉

这个酿酒过程有几个有趣的地方：最初的培育（浸）曲过程再次被省略；米与曲的比例（49.5∶3.3）是四个例子中最高的；米与最初的用水量比例（49.5∶3.3）也是最高的。由于发酵醪很稠，所以可认为是半固态发酵。

尽管上述酿酒方法及《齐民要术》中其他的酿酒方法都记载得很详细，但作者却没有告诉我们酿酒过程中最重要的定量问题，即一个典型过程的出酒率。这可能是因为，作者感兴趣的是酿酒主要作为满足家庭或庄园需求的一种家庭活动，而不是为了销售的企业生产。但是，他已经给我们提供了充足的资料可以估算出上述四种酿酒法中，最终发酵液的重量（和体积），以及理论上的酒精含量：

1）每升米或曲重为 0.8 千克[①]；

2）每千克米能煮出 2.5 千克含水量为 70% 的饭[②]；

3）曲中淀粉含量为 60%[③]；

4）原料（黍或米）中淀粉含量为 70%[④]；

5）80% 淀粉可以被水解，转化成酒精和二氧化碳，其中二氧化碳会自然逸出[⑤]。

表 21 对上述结果进行了总结。必须强调的是，所有数字仅是估算值，极不准确。

[①]　取决于精米商业样品的度量方法。

[②]　因为饭中的水分含量随蒸煮条件变化较大，所以，我们只能通过中古前期中国酒商的说法来猜测熟饭中的水分含量：为证实这点，我们采用了中央卫生研究院［（1952），第 10 页］发表的数值，其中描述普通蒸熟米饭（进餐的饭）中的水分含量为 70%。但是，这种推测同样表明，在清洗和蒸煮过程中，原料中有大约 25% 的固形物损失，这与现代酿酒出版物中记载的现代中国酿酒生产中的情况相同。例如：关于酒的技术见无锡轻工业学院（1964），第 78—79 页，第 176 页、第 190 页；关于驰名的绍兴酒见浙江省工业厅（1958），第 40 页；关于红酒见许洪顺（1961），第 22—23 页。在现代酿酒生产中，把清洗水和冷凝水收集好，再返回到酿造中，这样大部分洗掉的淀粉又回收利用了。这是上文文献中描述的酒精产量高的部分原因。但是，它不能解释从《齐民要术》中引用的四个例子，在《齐民要术》的方法中，被清洗掉的原料没有回收利用。

[③]　参见无锡轻工业学院（1964），第 57 页；王琎（1921），第 273 页；周新春（1977），第 32 页。

[④]　参见无锡轻工业学院（1964），第 66 页；王琎（1921），第 273 页；浙江省工业厅（1958），第 8 页。

[⑤]　这纯粹是一个猜想，没有任何数据可作为有根据的推测。无锡轻工业学院［（1964），第 176 页和第 190 页］，许洪顺［（1961），第 23 页］叙述的现代酿造中，报道出酒率＞95%。另一方面，根据陈驹声［（1979），第 65 和 69 页］在 19 世纪 30 年代南开大学的研究，以及孙颖川和方心芳的研究（1934），在高粱属的植物发酵中，只有 50% 的淀粉可以被利用。高粱淀粉中含有丹宁，比大米中的淀粉难以消化，所以，与推测的 80% 的出酒率不太一致。

这主要是因为蒸饭时所吸收的水分重量，当淀粉转化及生成二氧化碳时所消耗的重量，以及酿造的效果是不确定的。但是，这些数字看起来比较合理，它们可能在正确的范围内。《齐民要术》（第六十四篇）中所有使用神曲的酿酒工艺都已经用同样的方法进行了验证，发酵醪中最终的酒精含量为 10%—13%。另一个不确定的数字是，根本没有一点关于压榨或滤酒后实际所得到的酒糟量的记载。在《齐民要术》（第六十六篇）中，有一个给出相关数据的例子，其中表明一石米出一斗糟，但根据现代的酿酒经验，这个数据显然太低[①]。不管怎样，我们可以推测成品酒的酒精含量与最终发酵醪中的酒精含量基本相等，即 6%—11%。另一种测酒精含量的方法是，检测酒的稳定性。在《齐民要术》（第六十七篇）中，提到的最后一种酒是用白堕曲酿制的桑落酒[②]。在 5 世纪末的《水经注》中记载有制曲者刘白堕的业绩[③]。在《洛阳伽蓝记》（547 年）中，也有描述酿酒师刘白堕熟练技能的内容[④]。他酿造的酒，品质极其稳定，即使运送到千里以外也不变质。这表明他酿造的酒与《齐民要术》中描述的优质酒一样，酒精含量一定高于 11%。

表 21　《齐民要术》中酒醪的酒精产量

	曲料固形物 /千克（升）		添加水 /千克	原料中水 /千克	产酒量 /千克	终重量 /千克	酒精 含量/%
神曲 1 号	4 (5)	40 (50)	7.5	60	10.6	101.3	10.5
笨曲 2 号	11.4 (14.3)	80 (100)	57.2	120	22.2	247.4	9.0
笨曲 3 号	0.2	1.6 (2)	5	2.4	0.44	8.8	5.0
笨曲 4 号	2.6 (3.3)	39.6 (49.5)	3.3	59.4	10.2	95.2	10.7

计算实例：1 号。

总重量：111.5 千克。其中，4 千克（曲），7.5 千克（水），100 千克（蒸煮米）。

淀粉重量：$0.6 \times 4 + 100 \times 0.3 \times 0.7 = 23.4$ 千克。

产酒量：$80\% \times 23.4 \times 0.568 = 10.6$ 千克。

产 CO_2 量：$80\% \times 23.4 \times 0.543 = 10.2$ 千克。

最终重量：$111.5 - 10.2 = 101.3$ 千克。

因此，酒精的百分率是：$10.6/101.3 \times 100 = 10.5$。

　　然而，对于上述的描述我们仅仅是推测，因为，采用倾注或压榨的方法究竟可以得

[①] 《齐民要术》（第六十六篇）。根据缪启愉［（1982），第 403 页，数据 39］，现代酿酒中酒糟量一般在 20%—40%。无锡轻工业学院［（1964），第 103 页］给出的生产绍兴酒的酒糟量是 35%—40%；给出的厦门酒的酒糟量是 17%—23%（第 190 页）。

[②] 桑落酒在中古前期的中国是非常著名的，诗中经常引用到。它根据"桑落"河而命名，"桑落"河的确切位置无从知晓。参见《能改斋漫录》（表 13），第三十八页。

[③] 《水经注·集释订误》卷四，第十八页（《四库全书》第五七四册第七十页）。

[④] 《洛阳伽蓝记·法云寺》，第十五页。

到多少酒，我们没有确凿的证据。尽管李白、杜甫、白居易等杰出诗人的诗中有大量关于酒的描述，但是，自唐代以来，几乎没有有价值的酿酒技术资料留传至今[①]。据说，唐代早期（约 7 世纪）的王绩写了《酒经》和《酒谱》。据《清异录》（965 年，表 13）记载，王琏（唐?）撰写了《甘露经》，又说他的酿酒方法在当时备受推崇和仿效[②]。但是，这些书早已失传。下一部有关酿酒著作的出现，我们将不得不等到其五百多年后的宋代了。

181

（3） 中国中古后期和前近代时期的酿酒

> 花径不曾缘客扫，
> 蓬门今始为君开。
> 盘飧市远无兼味，
> 樽酒家贫只旧醅。
> 肯与邻翁相对饮，
> 隔篱呼取尽余杯。[③]

这首诗是唐代著名诗人杜甫所作。诗句表明，在杜甫所处的年代里，酿酒是很平常的家事。"醅"以及上文遇到的"合醅"（p.177），是指未经过滤的发酵醪。可以推测，每家都有一些酿酒缸，其中装有不同成熟阶段的酒，饮酒者在任何时候都可以根据需要取用[④]。《清异录》（960 年）中记载着一件趣事可以很好的说明这一点：

> 我经常听说诗人李太白（即李白）偏爱饮玉浮梁，但一直不清楚它究竟是什么。最近，我从吴地区雇了一个佣人，让她酿了一些酒。过后不久，我问她酒酿得怎样了。她回答说："还没酿好，正处于浮梁阶段。"她取了一杯给我看，表面覆盖着泡沫，像浮动的蚂蚁。顿时我醒悟到，李白饮用的只是处于浮梁阶段的发酵醪[⑤]。

> 〈旧闻李太白好饮玉浮梁，不知其果何物。余得吴婢使酿酒，因促其功，答曰："尚未熟，但浮梁耳。"试取一盏至，则浮蛆酒脂也。乃悟太白所饮，盖此耳。〉

浮梁阶段也叫浮蚁阶段，可能与《周礼》中记载的（表 18）乏齐或醴齐阶段相似。在后汉和唐代的诗中，浮蚁是常用的比喻词，用来表示酒处于某一发酵阶段的标志。我们引用另一位唐代著名诗人白居易的一首诗[⑥]：

[①] 篠田统（*1972a*），《中古代中国的酒》（《中世の酒》），见篠田统和田中静一（*1972*），第 541—590 页。

[②] 《清异录》，第一〇四页。

[③] 英译文见 Watson（1984），*The Columbia Book of Chinese Poetry*，p. 231 "A Guest Arrives"；参见《唐诗三百首》，"客至"，第二〇一页。译文如下："不曾为宾客扫过花径，我的茅屋大门开始为你开。至于菜肴——远离集市——已不知滋味，至于酒——我家贫苦——只有陈酿招待。你不介意与邻翁共饮，隔篱唤取饮尽杯中的酒！"

[④] 尽管官府对酿酒有很严的控制，但很多人仍在家里酿酒。参见王琏（*1921*），第 271 页。

[⑤] 《清异录》，第一〇五页。吴是江苏。

[⑥] "问刘十九"，参见《唐诗三百首》，第二五一页。"绿蚁"是酒名。另一个有关酒的"浮蚁"例子见篠田统（*1973a*），第 326 页；《能改斋漫录》，第五十四页。

> 绿蚁-新酿未过滤的酒，
>
> 红泥-正燃烧着的炭炉。
>
> 今晚似乎要下雪，
>
> 能否与我共饮一杯酒吗？

〈绿蚁新醅酒，红泥小火炉。晚来天欲雪，能饮一杯无?〉

酒中的糟显然不会妨碍唐代诗人沉浸于饮酒的欢乐中。很显然，酿酒在唐代已经广泛盛行。这是在《齐民要术》描述的酿酒工艺的基础上，酿酒技术得到了精炼和改进的结果。但是，正如我们上文所述（p.180—181），当时没有任何关于酿酒技术改进的记载被保留下来。在宋代杰出诗人苏东坡所著的《酒经》（约 1090 年）中，或许有一些相关记载[①]：

> 在南方，将米（糯米或粳米）和药草混合做成饼［制成药酒］。最好的曲饼，气味清香，味道辛辣，成品坚实而轻。小麦粉是"起肥"之用的[②]。用姜汁拌和［做成曲砖］，曲砖［放入曲房中］培养，至表面有线条状物出现时。用绳将曲砖串起，凉干。凉干的时间越长，曲砖就越有活力。
>
> 酿酒时，量取五斗米，分成五份。第一份三斗，其余每份均为半斗。三斗米作为起始培养基，接下来每批为半斗，依次投料。投料三次后，仍余半斗。开始时，取四两药曲、三两普通的曲，分散在少量水中。然后与米饭混合，再转入缸中，用适量水浸没。三天后，开始发酵，并可见气泡。早期的酿制物，味寡淡，略带苦涩。三次投料后，才能酿成好酒。酿造中，药曲曲势较强，普通的曲曲势温和。建议每次投料后，经常品尝发酵醪，根据其风味来确定下次投料量是增或减少。通常，三天后投入第一批料，九天后须把三批料投完。十五天后发酵完毕，添加一斗水。水必须煮沸、冷却。由于南方气候温暖，每次添加（煮沸的?）水或米饭时，必须先冷却。发酵醪可放置五天后再过滤，可得到三斗半酒，这是头批酒，过滤需持续半天。剩下的半斗米，用三倍量的水蒸煮，再与四两酒药、四两酒曲及过滤后的酒糟混合，继续发酵五天，又可得到一斗半酒，这是第二批。总共得到五斗酒。将两批酒混合并后熟五天，该酒醇厚、风味好。发酵醪过滤后得到的酒糟，立即与剩余的米饭一起发酵，否则酒糟会干，酿出的酒质差。如果整个发酵过程有条不紊地进行，酒的产量就高。若过于匆忙，则适得其反。所以，整个发酵过程通常是30 天。

〈南方之氓，以糯与粳，杂以卉药而为饼。嗅之香，嚼之辣，揣之枵然而轻，此饼之良者也。吾始取面而起肥之，和之以姜汁，蒸之使十裂，绳穿而风戾之，愈久而益悍，此曲之精者也。

米五斗为率，而五分之；为三斗者一，为五升者四。三斗者以酿，五升者以投，三投为止，

---

① 原著被很多著作引用，例如，在《民俗丛书》的《酒史》和陈駉声（1979），第 49 页，他把这部分内容翻译成现代汉语。

② 原著里是"起肥之"，照字面意思是作接养物，用以前做的曲来接种。

尚有五升之赢也。始酿以四两之饼,而每投以三两之曲,皆泽以少水,足以解散而匀停也。酿者必瓮按而井泓之,三日而井溢,此吾酒之萌也。

酒之始萌也,甚烈而微苦,盖三投而后平也。凡饼烈而曲和,投者必屡尝而增损之,以舌为权衡也。既溢之,三日乃投,九日三投,通十有五日而后定。既定乃注以斗水。凡水,必熟冷者也。凡酿与投,必寒之而后下,此炎州之令也。既水五日乃篘,得三斗有半,此吾酒之正也。先篘半日,取所谓赢者为粥,米一而水三分之。

操以饼曲,凡四两,二物并也。投之糟中,熟润而再酿之。五日压得斗有半,此吾酒之少劲者也。劲正合为五斗,又五日而饮,则和而力严而猛也。篘不旋踵而粥投之,少留则糟枯中风而酒病也。酿酒者,酒醇而丰,速者反是,故吾酒三十日而成也。〉

最后,我们得到一个确切的产量,即五斗米酿出五斗酒。但是,我们的喜悦很快变为无奈,因为,我们发现苏东坡没有说明整个酿造过程中水的用量,也没有告诉我们发酵醪过滤后剩下的酒糟量。因此,无法来估计最终发酵醪的体积或重量。然而,这个方法中最有趣的是,酿造中使用了药饼和笨曲。实际上,药饼即酒药,现在通常使用于日常的、非蒸馏酒或黄酒,像著名的绍兴酒等的酿造中,它的原料是米而不是小麦,曲的培养方法也与《齐民要术》中描述的,加药草提取物的曲的培养方法不同。实际上,酒药仅仅是简单变化了形式的曲,在中国有悠久的历史。据推测,在商代和周代时,它大概被用来制作芳香的鬯。最早记载以米为原料制作草曲的是《南方草木状》(304 年)。书中的条目十四说:

在南海,草曲很常见。酿酒不用曲蘖,而是用一种特殊的制品,即将米磨成粉,与许多种草药叶混合在一起,浸泡在冶葛(可能为钩吻,*Gelsemium elegans* Benth.)汁中,制成大小如鸡蛋面团,把它放在荫凉的蓬蒿中,一个月后,即成曲。用这种曲与糯米饭拌和来酿酒[1]。

〈南海多美酒,不用曲蘖,但杵米粉,杂以众草叶,冶葛汁潴溲之,大如卵,置蓬蒿中荫蔽之,经月而成。用此合糯为酒。〉

在唐代的其他著作,如房千里的《投荒杂录》(约 835 年)[2] 和刘恂的《岭表录异》(约 895 年)中,也有类似方法的记载[3]。在宋代早期乐史的著作《太平寰宇记》(约 980 年)中,也提到这种方法[4]。值得注意的是,除《岭表录异》外,在其他各种引用的文献里,曲蘖就是曲,这说明,曲蘖不仅早已成为发酵剂的一种古老的字面表达词,而且至少古代作者认为,在中国北方,那些发芽的谷物是与小麦曲一起用来酿酒的。但是,在中国南方地区,米是主要的培养基,而且成熟后的稻米草药饼被选择用于制成酿酒微生物剂是可能的。宋代朱肱所著的《北山酒经》(1117 年),是一部记载关于酿酒技术的最重要著作,在论述草药作为曲成分的突出作用中,这种观点得到了确证。

作者又名朱翼中,在杭州掌管一个酿酒厂,有丰富的酿酒经验,据推测,其酿酒技

---

① 译文见 Li Hui-Lin (1979),p.59,经作者修改。

② 《投荒杂录》。

③ 《岭表录异》,第五页。

④ 《太平寰宇记》卷一百六十九,有关儋州和琼州的条目。这三种文献均被凌纯声 [(1958),第 904 页] 引用。

术倾向于南方风格。这本书分为三卷。上卷论述了酿酒的历史背景和包括前面章节中我们从经典著作中引用的一些相同材料。这部分最有趣的内容是，作者给我们介绍了酿酒中一种酵母制剂的使用①。他说②：

> 北方人不用酵，他们只用洗米水，并把它称作信水。然而，信水不是酵。在寒冷的天气里，酿酒师们用酵使发酵更具活力，而没有酵时，发酵很难开始。如果起酵太晚，（发酵的）第一个阶段就会出现偏差。（获得酵的）最好方法是取一点有发酵活力的培养物。如果这很难做到，可在发酵充分时，撇取表层的发酵醪，用毛巾使固形物干燥，再分散在曲粉中，在悬挂的草篮中风干。所得就叫做干酵，保存备用。干酵的用量随季节而变。天气寒冷时，多用一些。天气温暖时，少用一些。通常，冬季时，酿酒师用较多的酵和较少的曲，夏季时，用较少的酵和较多的曲。

> 〈北人不用酵，只用刷案水，谓之"信水"。然信水非酵也。酒人以此体候冷暖尔。凡酝不用酵即酒难发；酵来迟则脚不正。只用正发，酒醅最良。不然，则掉取醅面，绞令稍干，和以曲蘖，挂于衡茅，谓之干酵。用酵四时不同，寒即多用，温即减之。酒人冬月用酵紧，用曲少；夏月用曲多，用酵缓。〉

朱氏的描述表明，酵普遍使用在南方地区的酿酒中，这可能是由于北方的酒曲制作中比南方的酒曲中含有较多的酵母。中卷，他记载了十三种药曲的制作法则。这十三种药曲可分为三类，见表 22。总的制法如下③：

> 当天气比较热时，即每年农历六月是制法曲的最佳时间。第一步是准备浸泡液。将一百斤苍耳，二十斤蛇麻草和二十斤辣蓼捣烂，加入装有三石五斗水的陶缸里，浸泡五至七天。如果天气阴，则浸泡十天。用盆将缸口盖上，每天用板子搅拌，并滤出足够的汁，用汁拌合小麦粉制曲。这是推荐的大规模制曲方法。较小规模的制曲，例如三百到五百斤面粉，则取（适量的）三种药草，在新取的井水中捣烂，取汁（与面粉混合）。草药赋予酒辛辣的风味……每一斤面粉能做出一斤四两曲饼。曲饼做好并干燥后，重量又变为一斤。

> 曲饼应压实。如果曲饼中存在空洞，曲饼则不均匀。如果曲饼含水量较高，则中间部分就会变甜变软。如果曲饼水分分布不均匀，则曲饼内部会变黑变绿。如果曲饼受热侵蚀，则中间会变红，如果曲饼受冷侵蚀，则微生物繁殖缓慢，曲饼变得沉重。优质的曲饼应重量轻、内部发白或发黄、表面有可见的彩条状的［菌］丝体。曲饼从原料到成熟，制作大约需要一个月。将曲饼堆在通风处，放置十多天。检查后，如果中间无可见的湿斑，则可将其晒干，放凉后收起来。曲饼要贮放在高于地面的干燥地方，以避免虫害和鼠害。四十九天后，曲饼就可以使用了。

---

① 《齐民要术》[（第八十二篇），第五〇九页] 第一次提到用酵作为馒头的发酵剂，而且，这也是酿酒中最早提到酵的记录。

② 《北山酒经》，第一部分；新兴书局编（台北，*1975*），第 1228—1230 页。

③ 《北山酒经》，第二部分；新兴书局编，第 1231 页；《四库全书》第八四四册，第八一七至八一八页。

〈凡法，曲于六月三伏中踏造。先造峭汁。每瓮用甜水三石五斗，苍耳一百斤，蛇麻、辣蓼各二十斤，剉碎、烂捣入瓮内，同煎五七日，天阴至十日。用盆盖覆，每日用杷子搅两次，滤去滓以和面。此法本为造曲多处设要之，不若取自然汁为佳。若只造三五百斤面，取上三物烂捣，入井花水，滤取自然汁，则酒味辛辣。内法酒库杏仁曲，只是用杏仁研取汁，即酒味醇甜。曲用香药，大抵辛香发散而已。每片可重一斤四两，干时可得一斤。直须实踏，若虚则不中造曲。水多则糖心，水脉不均则心内青黑色，伤热则心红，伤冷则发不透而体重。惟是体轻、心内黄白或上面有花衣乃是好曲。自踏造日为始，约一月余日出场子，且于当风处井栏垛起。更候十余日打开，心内无湿处方于日中曝干，候冷乃收之。收曲要高燥处，不得近地气及阴润；屋舍盛贮，仍防虫、鼠、秽污。四十九日后方可用。〉

表 22 　《北山酒经》中记载的曲

序号	类型	原料	草药号[a]	培菌过程或方法
1	罨曲	小麦	7	在密闭的黑屋里
2	—	小麦	4	—
3	—	小麦	6	—
4	—	小麦	杏仁	—
5	风曲	小麦：米（糯米）6：4	15	在通风处，用叶子裹好 放在纸包里
6	—	小麦：米（糯米）1：1	8	—
7	—	小麦：米（糯米）1：1	8	—
8	—	小麦：红豆 7：1	4[b]	—
9	醭曲	米（糯米）	6	在通风处
10	—	米（糯米）：米（粳米）1：3	6[c]	—
11	—	米（糯米）	9	—
12	—	小麦	姜	—
13	—	米（糯米）：小麦 2：3	姜	—

a：包括丁香，肉豆蔻，胡椒粉和桂皮等香料。

b：包括麦芽。

c：包括一种发酵接种体。

185 　　现在，我们对苍耳和辣蓼都已经很熟悉。但是，蛇麻（*Humulus lupulus*）作为中国酒曲中的一种成分，那是第一次碰到。根据曲饼的培菌方式，曲可以分为三类，见表 22。第一类中有四种曲，都是以小麦粉为原料的罨曲，在黑屋子里培养而成，推测可能与《齐民要术》（上文 pp. 170—171）中记载的制法相同。第二类是风曲，也有四种，其中三种是以小麦和糯米为原料（第 5、6 和 7 号），一种是以小麦和红小豆为原料的（8 号），培菌时，曲饼用叶（例如桑葚叶）包裹，置于纸袋中，挂于通风凉处。最后一类是醭曲，有五种，其中三种仅以米为原料（第 9、10、11 号），一种以米和小麦为原料（第 13 号），一种仅以小麦为原料（第 12 号），这五种都是置于通风的稻草或树叶上培菌的。实际上，风曲和醭曲的培菌方式与上述《南方草木状》里记载的草曲的制作方式相似（p. 183）。这也让人想起了台湾土著居民至今仍在使用的醪和曾酒的酿造方法[①]。

在所有制曲过程中，都使用了草药。一些曲中只使用了一种草药（如第 4、12 和 13 号）；有些曲中多达 15 种（如第 5 号）。它们包括有众所周知的药材，如人参（*Panax ginseng*）、川芎（*Ligusticum wallichii*）、白附子（*Jatropha janipha*）和防风（*Ledebouriella seseloides*）等，也有香料，如槟榔子、桂皮、丁香、姜、花椒和肉豆蔻。在第 8 号曲中，麦蘖（即麦芽，小麦或大麦发芽而得）也被列为其中的一种药草。要注意的是，在第 10 号曲中，预先制备的曲粉也是曲的一种成分。按照我们现在的认识，这种方法没有得到更广的普及是令人奇怪的[②]。人们还不很清楚这些草药的作用[③]。其中一些可能会抑制有害菌的生长；另一些可能会赋予曲独特的味道，并将这些味道带到酒里。

《北山酒经》的下卷涉及到酒的酿造过程。从酿造开始到结束，十四道工序中每一工序的说明都已给出。它们列在表 23 中。以其中内容和《齐民要术》酿造工序比较后，我们可以很明显看到它们有几个重要的区别。

表 23　《北山酒经》中的酿酒工艺

序号	工序	操作
1	卧浆	制备小麦浸泡水；使其变酸
2	淘糜	用活水冲洗糯米，到水清为止
3	煎浆	把浆水煮沸，到酸度和浓度适当为止
4	汤米	将洗净的米放入热浆中浸泡四到五天；沥干
5	蒸醋糜	蒸熟酸米，在桌上摊凉
6	用曲	将曲和熟饭拌和接种
7	合酵	取上层发酵醪，或用准备好的干料
8	酴米	准备发酵：将酸饭与麦芽、酵母拌和，放在坛子里发酵用浆水浸泡
9	蒸甜糜	蒸熟干净的、已洗好的甜米，放在桌上摊凉
10	投醪	根据季节的需要添加米饭
11	酒器	准备瓷酒坛，将它清洗，再涂上一层油
12	上槽	将发酵醪转移到槽里，为便于挤压
13	收酒	挤压，收集酒放入坛子里
14	煮酒	加热酒坛使酒品质稳定，然后慢慢冷却（再密封）
15	火迫酒	将密封在坛子里的酒放在热的房子里后熟

首先，起始投料的准备（工序 1—5）到发酵开始，比《齐民要术》更复杂了。小

---

① 凌纯声（1958），第 895 页、第 903—905 页。

② 苏东坡《酒经》中包含有菌种的用法。

③ 区嘉伟和方心芳（1935）研究了制酒曲时常用的十一种草药的作用。他们发现：（1）有些草药能抑制微生物的生长；（2）草药对淀粉的消化速度没有作用；（3）桂皮和橘子皮在浓度低时能提高发酵速度，浓度高时对发酵起抑制作用。陈驹声（1979），第 54 页。

麦用热水浸泡得到的稀汁液叫浆，浆要使其自然变酸再浓缩（工序 1 和 3）。用热水稀释浓缩汁后，用于浸泡第一批投料的米（工序 2 和 4），米吸收了很多的酸。将米沥干，蒸煮至软。可以在沸腾的水中添加油，防止逸出。此时的米叫醋糜[①]。将米饭放在桌上冷却。收集浸泡和蒸煮的浆，可继续使用。《齐民要术》中只有一个例子里记载了浆在酿酒中的使用，在其他的例子中，没有洗米水使用的记载。

《齐民要术》中，在添加米饭以前，首先是将曲浸泡在水中，直至具有强盛的发酵力。现在，将醋糜直接与麦芽、曲和一些酵母拌和，在酒坛中用浆水覆盖，开始发酵（工序 6、7 和 8）。添加麦芽不奇怪，但是，酵母的使用标志着酿酒技术真正的创新和进步。后面的投料（工序 9 和 10），不是先浸泡在浆中再蒸煮，叫甜糜。每隔三到四天投料一次，共投料六到七次，要根据天气而定[②]

发酵结束（从 7 至 8 天到 24 至 25 天）后，进行压酒（工序 12），收集在缸中（工序 13），加热（工序 14）。工序 12 是，将发酵醪转移到一个槽里，摊开在竹席或竹屏上，上面盖一块木板，在木板上加重物，使液体从醪中流出。据此描述表明，发酵醪是半固体状态，也有可能是糊糊状。换言之，除非用力压，否则酒汁不易从发酵醪中分离出来。遗憾的是，作者没有说明槽的形状和大小。挤出的酒汁放置三到五天，得到清酒后，轻轻倒进贮酒缸里收集（工序 13）。然而，从技术角度看，最有趣的工序是加热酒（工序 14）。在装有新酒的缸里，放两片蜂蜡、五片竹叶和半颗锯齿形的海芋[③]，用桑葚树叶盖上。放在加热器加热，直到里面的酒沸腾。蜡起消泡的作用，可防止酒起泡逸出。火熄灭时，将酒缸移开，放在石灰堆上，慢慢冷却。一定要酒清后再加热。加热时，不能动缸上的桑葚树叶。这可能是世界上最早的巴氏杀菌在酿酒工业上的应用。另一种加热酒的方法（工序 15），是将装有清酒的密封酒缸放在一个隔热的屋里，用几盆木炭加热。等到屋里足够热时，封上门，让它慢慢冷却。七天后，打开屋门，移出酒[④]。

接下来介绍十种特殊酒和两种曲的制作工序。令人好奇的是，这里也包括曲，因为它们显然属于中卷。工序的说明是针对单元操作的。作者无意描述从开头到结束的完整过程。令人失望的是，不管是各道工序里还是在特殊例子中，都没有精确的定量，特别是用水量方面。因此，尽管《北山酒经》中很详细记载了典型的酿酒工艺，我们仍然无法估算出酒的产量。虽然存在着这些不足，这本书仍是中国酿酒史上一部重要的著作。它详细记载了在发酵开始时浸米酸浆的使用方法，这种方法现在仍然是酿造绍兴酒的组成部分。发酵醪中的酸，虽然会抑制淀粉酶作用，却有利于酵母菌的生长。这可省略第一次投料前预制曲的步骤，就像《齐民要术》中的酿酒工艺一样。《北山酒经》是第一次记载酿酒中使用酵的中国文献。当然，自东汉以来，酵就已经被用作饼和馒头制作的发酵剂而被认识[⑤]。这表明，宋代的酿酒师们很清楚，酿酒中糖化和发酵之间是有区别

188

---

① 糜或糜也叫酒饭，见缪启愉编（1982），第 406 页，第 67 条。

② 此工序叫投醝，在《四库全书》中没有单独列出，可能是因为漏抄。

③ 锯齿状海芋叫天南星（*Arisaema consanguineum*）。

④ 参见本书第五卷第四分册，p. 146。

⑤ 《齐民要术》（第八十二篇），第五〇九页。

的。而且，他们知道将发酵醪上层的具有发酵活力的液体撇下来，干燥后备用。最后，据《北山酒经》介绍，加热酒能使酒质稳定，便于长期存放。这是一项真正的发明，它的发现非常有趣，因为这种现象是不明显的，也不是偶然就容易发生的，这可能与饮用温酒的风俗有关。在商代和周代的青铜器中我们已经介绍过使用饮酒和温酒的器具①。从古代以来，中国人一直有在斟酒和饮酒之前，把酒壶放在热水盆里加热的习惯。或许有一天，盆里的水非常热，足以对壶里的酒进行巴氏杀菌，又由于某种原因，壶被放置在一边，盖上盖子，被遗忘了。几天或几周后，有人发现并品尝了壶里的酒，发现酒的口味仍然很好。几次试验后，加热使酒性质稳定的技术终于被应用于实践中，并成为了酿酒工艺的一部分。

南宋林洪的《新丰酒法》（表 15）重申了酵在酿酒中的应用。它是题为《山家清供》（表 13）的一部汇集中的一个短篇，其中说②：

> 首先，取一斗小麦粉、三升米醋和两担水，加热至沸腾，添加一（??）芝麻油、花椒和葱白。用浆浸泡一石米。三天后，沥干水，将米煮成饭。将原浆加热至沸腾，撇去表面泡沫，加点油和花椒，再倒入坛中（冷却）。浆准备好后，搅拌下加入一斗米饭、十斤曲③粉和半斤酵母。第二天早上，将剩余的米饭分在几个坛子里，在每个坛子里添加适量的发酵醪，再将两担水和两斤曲粉分散加入，然后搅拌混合，盖上缸盖。一天后再搅拌，发酵三、四至五天即可……可以将新鲜的酵母从发酵醪中撇出，为下次酿造使用。

> 〈初用面一斗、糟醋三升、水二担，煎浆。及沸，投以麻油、川椒、葱白。候熟，浸米一石，越三日蒸饭熟。及以元浆蒸强半，及沸，去沫，又投以川椒及油，候熟注缸。面入斗许饭及面末十斤、酵半斤。既晓，以元饭贮别缸，却以元酵饭同下，入水二担、曲二斤，熟踏覆之。既晓，搅以木，摆越三日至四、五日，可熟。……每值酒熟，则取酵以相接续。〉

有意思的是，第一次使用了"酵母"术语，现在，在中国酵母是"酵母菌"的科学及常用术语。尽管酵的地位显著地提高了，但它后来没有被广泛用做酿酒的一种配料。令人奇怪的是，虽然《北山酒经》下卷极力称赞酵的优点，但是在它记载的十个酿酒例子中都未用到酵。或许，这些例子是事后补加到下卷中的，或者它们被后人修改了。但是，无论是哪种情况，人们都非常好奇地想知道，酵或酵母在《北山酒经》中出现后，它在各种酿酒工艺中的使用到底有多广泛。为了找到答案，我们需要查阅相关的文献，这些文献包括表 13 中列出的中国中古后期的食经，以及表 14 中列出的中国前近代时期的食经。我们需要特别关注的是，表 13 中列出的从元代开始的中古后期的最后四部经典，其中资料最丰富的是元代后期佚名作者的《居家必用》。在所记载的八种酿酒方法中，只有鸡鸣酒中使用了酵母制剂。在鸡鸣酒的

---

① 参见上文 pp.102—103，这道工序也可能是从观察加热食物能延长保质期受到启发。
② 《山家清供》，第 111—112 页。
③ 原文中是"面末"，可能是"曲末"的误写。

酿造工艺中，除了添加曲之外，也使用了麦芽①。毫无疑问，酵母和麦芽的促进作用使发酵可以很快的进行，一般夏季两天，春季三天，冬季五天。在《事林广记》（1283年）中记载了用谷物酿造八种酒，其中只有一种酒的酿造使用了酵母②。《云林堂饮食制度集》（1360年）记载的酿酒例子中也没有酵母的使用③。《易牙遗意》（元代后期）记载的七个酿酒例子中，只有两个使用了酵母④。表14中列出的中国前近代时期食经中记载的酿酒实例，也是类似的结果。因此，虽然人们已经认识到酵母在酿酒中的价值，但是它对成品酒的作用还不够显著。通常，优质的霉菌曲中含有充足的酵母菌，可以保证酿造的进行从而获得有效的浓度。添加酵母只在一些特殊情况下是必需的，如鸡鸣酒的酿造。

190

在明清时期，仍然沿用传统的方法制作酿酒用的标准曲。这个时期的技术水平，从《天工开物》（1637年）下列的记载中可以估测⑤。

　　　小麦、稻米或（面）粉都可用来制酒曲，这主要依当地的条件和南北方地域而定。但是，它们的制作原理是相同的。无论是小麦或大麦都可用来制"曲"。用井水清洗未脱壳的麦子，并在夏天晒干。磨成粉，与清洗的水拌和，做成饼。用构树（Broussonetia papyrifera）包裹饼，凉挂于通风处，或用稻草覆盖，使其变黄（即让黄色霉菌生长），四十九天后，即成曲。

　　　制"面曲"时，取五斤白（小麦）粉，黄豆五升用蓼汁煮软⑥，再与五两蓼粉和十两杏仁糊混合在一起，压成饼状。再如前所述，用桑叶包裹饼，并悬挂起来，或用稻草覆盖，让黄色霉菌生长。另一种（曲）是用蓼（Polygonum）汁拌和糯米粉做成曲饼，让霉菌在上面生长。无论是曲的制作方法，还是培菌时间，都与前面描述的相同。

　　　制曲时，可以使用大量的主料和辅料，也可用几种至上百种草药来改进风味。制曲的原料可以根据地域而改变，由于种类太多，很难详细描述。近年来，北京有用薏米（Coix lachryma）为主要原料入曲酿造薏米酒的；在浙江的宁波和绍兴，有用绿豆为主要原料入曲酿造绿豆酒的。有两种酒名列前茅（象在酒经和经典中描述的）⑦。

　　　在酿酒作坊里，酿酒过程中，如果霉菌生长不够旺盛，生产过程控制不好，或者酿酒器具清洗不彻底，那么，数丸劣曲就可以毁掉［酿酒师的］大量粮食。正因

---

① 《居家必用》，第四十四页。明代的《多能鄙事》和《宋氏尊生》两部著作中也记载了同样的操作。参见篠田统和田中静一（1973），第369页和第461页。

② 《事林广记》卷二，参见篠田统和田中静一（1973），第62—63页。

③ 《云林堂饮食制度集》，第20-21页。

④ 《易牙遗意》，1-7页。

⑤ 《天工开物》卷十七，译文见 Sun & Sun, Li Chhiao-Phing et al.，经作者修改。

⑥ 孙任以都夫妇［Sun & Sun (1966)］与李乔苹［Li et al. (1980)］等已经把这个句子翻译，表明是将面粉和豆子一起放在蓼液里煮沸。从技术角度考虑，这是很难实现的，由于面粉在水里的凝胶性将形成面团，豆子就很难被蒸煮。

⑦ 现在还不清楚宋应星说的那些特殊酒，但我们发现，《酒小史》（1235年）中列出了这些酒中的燕京（即北京）内法酒和金华（在浙江省临近绍兴）酒。

为如此，所以人们应该从享有美誉的制曲者那里购买酒曲。通常河北和山东，酿造黄酒所用的曲都来自安徽，那里制成的曲用船或马车运送到北方。南方酿造"红酒"所用的曲，也来源于安徽①。一般称为"火曲"，不同之处是，在安徽卖的曲是方形的，而在南方卖的曲是饼状或球形的。

蘖是曲的灵魂；而谷物是曲的躯体。[制曲时，]必须添加老糟，以使灵魂和躯体统一。人们不知道第一批酒糟产生于何时——但是，这个过程与煅烧明矾时必须添加旧矾渣的道理是相似的②。

〈凡曲，麦、米、面随方土造，南北不同，其义则一。凡麦曲，大、小麦皆可用。造者将麦连皮，井水淘净，晒干，时宜盛暑天。磨碎，即以淘麦水和作块，用楮叶包扎，悬风处，或用稻稿罨黄，经四十九日取用。

造面曲，用白面五斤、黄豆五升，以蓼汁煮烂，再用辣蓼末五两、杏仁泥十两和踏成饼，楮叶包悬与稻秸罨黄，法亦同前。其用糯米粉与自然蓼汁溲和成饼，生黄收者，罨法与时日亦无不同也。

其入诸般君臣与草药，少者数味，多者百味，则各土各法，亦不可殚述。近代燕京，则以薏苡仁为君，入曲造薏酒。浙中宁、绍，则以绿豆为君，入曲造豆酒。二酒颇擅天下佳雄（别载《酒经》）。

凡造酒母家，生黄未足，视候不勤，盥拭不洁，则疵药数丸动辄败人石米。故市曲之家，必信著名闻，而后不负酿者。凡燕、齐黄酒曲药，多从淮郡造成，载于舟车北市。南方曲酒，酿出即成红色者，用曲与淮郡所造相同，统名大曲。但淮郡市者打成砖片，而南方则用饼团。

其曲一味，蓼身为气脉，而米、麦为质料，但必用已成曲、酒糟为媒合。此糟不知相承起自何代，犹之烧矾之必用旧矾滓云。〉

这个方法与《北山酒经》（1117年）中记载的相似。对蘖的记载可能是放错了地方，因为，优质曲的制作中应该只用面粉，而不使用蓼。这部分引文中最有趣的部分是记载了"为使灵魂和躯体结合必须添加老糟"。这显然表明，在明代用接种体制曲可能是非常普遍的。我们已经注意到，在《北山酒经》中有一个制曲的例子，提到了接种物的使用。但是，在表13和表14列出的中古后期和前近代时期中国的食经里，在制曲方法中很难发现有接种物的记载。或许，它的应用比朱肱宣称的更普遍，因为对于用过接种物制曲的酿酒师来说，他用过这项技术后，它的好处是显而易见的。接种物制曲之所以没有被写进食经中，是因为这些作者们喜欢从前人的著作中摘抄，而对酿酒技术方面的内容不特别感兴趣。

尽管经历了明代和清代，《齐民要术》中所论述的和《北山酒经》里修订的标准的传统发酵理论基本上保持不变，但是在宋代一些改进已经发生了，中国的酿酒技术得到了很大的发展。观察这些变化的最好办法，是将《居家必用》（表13）（元，约1300年）记载的酿酒技术与《北山酒经》（表15）记载的酿酒技术相比较。我们很快就能发现元代酿酒技术上有两大创新。首先是红曲的发现，它是由曲饼中红曲属（Monascus）的红霉菌为优势菌而引起的。红曲导致了一种新型酒的酿造，即所谓红酒。其次是蒸馏

---

① 这是一个非常奇怪的陈述。因为，作者非常清楚地知道，正如《天工开物》（卷十七）同一卷后面段落中的描述一样，红酒是用红曲做的。

② 《天工开物》卷十一中有记述。

酒成为了一种商品酒，通常叫烧酒或白酒。因此，在宋代后期，中国酒分为了两大类，一种是发酵的酒，通常叫黄酒（红酒是变体）；一种是蒸馏酒，即烧酒或白酒。同样，我们也注意到，随着药酒越来越受到重视，它的地位发生了显著的变化。例如，在《酒小史》（1235 年）中，我们发现了一种以草药五加皮（*Acanthopanax spinosum*）命名的酒，在《居家必用》中的一个处方中将它与药酒合用[1]这些题目将在以后的三个部分中分别讨论。下面，我们首先讨论红曲的发现和发展，其次，蒸馏酒的演化，最后，是中国的药酒。

（4） 红曲和红酒的源流

在西域旅行期间，我经常需要找一个地方过夜，并吃一顿便餐。我曾经吃过一道用瓜州红曲制作的食物。它柔软、光滑、圆润、多汁，似乎能溶于口中[2]。

〈西旅游梁，御宿素粲，瓜州红曲，参糅相半，软滑膏润，入口流散。〉

这是引自汉末文学家王粲（177—217 年）的一首诗，被认为是中国最早记载红曲的文学作品，但是难以证实。首先，尽管在《洛阳伽蓝记》[3]（547 年）和《酉阳杂俎》[4]（860 年）中记载有红酒，但是，直到东汉后 700 年的五代时期，红曲本身才再次被提及。而且，从文中的记载看，很难认定红酒是用红曲酿造的。其次，红曲通常以大米为原材料，但是瓜州地区远在西北，不可能是首次记载发现红曲的地方[5]。然而，唐代诗人李贺（791—817 年）的诗，或许可以作为记载有红酒的可靠参考资料[6]：

在晶莹剔透的杯中，（亮丽）琥珀色的汁液醇厚，从小槽中流出的酒滴恰似红珍珠。

〈琉璃钟，琥珀浓，小槽酒滴真珠红。〉

正如我们在前面《北山酒经》中看到的一样，槽是用来把酒与酒糟分开的器具（上文 p.187）。如果这段引述确实表示一种真正"红酒"的话，那么"红曲"一定是在李贺所处的时代之前业已出现了。可是，直到之后某个时期，我们才在《清异录》（960

---

[1] 《居家必用》，第四十三页。

[2] 《初学记》卷二十六，第十二段，第二十四页。瓜州通常指今日敦煌一带。

[3] 《洛阳伽蓝记》卷三，第十一页；由洪光住［（1984a），第 80 页］及篠田统［（1972a），第 331 页］引用。

[4] 《酉阳杂俎》卷七，记载了三国时魏国贾家的一个仆人，使用从黄河中游采集的水酿造红酒。参见篠田统，同上。

[5] 在江苏地区也有一个瓜州，坐落在大运河和长江的交汇处，在南方的瓜州地区发现红曲可能是合理的。但是，王粲很清楚，他诗中的瓜州是坐落在西域地区的。

[6] 《昌谷集》，采自《酒史》，第三十五页；由作者译成英文；借助于李约瑟本书第五卷第四分册，p.144。这里，我们将"槽"翻译为"trough"（一种压酒器），而不是像从前一样翻译为"channel"（有把手的蒸馏用具）。

年）的一个条目"酒骨糟"中，发现有红曲的记载[1]：

孟蜀国掌管食典的人搜集了上百本关于厨艺的书[2]。其中有一篇是关于红色罐烤小羊羔的食谱。该方法用红曲炖肉，确保它完全浸泡在酒骨中。制成后，切成薄片，然后食用。注释：酒骨是酒醪压榨后的发酵糟，即酒糟。

〈孟蜀尚食掌食典一百卷，有赐绯羊。其法：以红曲煮肉，紧卷石镇，深入酒骨淹透，切如纸薄，乃进。注云：酒骨，糟也。〉

通常，煮干曲时，也会吸水形成发酵糟。这段不仅说明红曲是制酒的材料，而且还说到红色发酵糟可以用于烹饪，这种用途我们后面还将论述。当我们再次遇到红曲时是在宋代美食家、大诗人苏东坡（1036—1101年）的诗中，有两首诗是他在中国南方时写的，他写到[3]：

我为故友寻找土特产，匆忙送去了"薰制的糟"和"红曲"。

〈剩与故人寻土物，腊糟红曲寄驼蹄。〉

在另一首诗中，他遥望明月，思念朋友，自言自语地吟咏着[4]：

去年，我们一起享用着满盘嫩嫩的苜蓿菜；

今夜，我斟的是红似朱砂的闽产酒。

〈去年举君苜蓿盘，夜倾闽酒赤如丹。〉

"闽"是福建省的简称。因此，这些诗句表明"红曲"和"红酒"曾是南方的特产，现在依然是。这也解释了《北山酒经》（1117年）中既没有提到红曲也没有提到红酒的原因。大概是因为，作者朱肱是在北方获得的技术经验，他的论述主要是基于传统酒的制作。但是，在中卷记载的酒曲制作中，他确实观察到了，当曲饼受热损伤时中间会有部分变红的现象，说明曲饼中已有红色微生物繁殖了。这为红曲如何被首次发现提供了一个线索。唐代或者唐代以前，已有人注意到，曲饼内部有红色微生物生长，并认为它是在培养中出现的。于是人们会想知道，如果把它和新鲜曲混合在一起，并且在同样条件下培养，它是否还会继续生长？不久就发现，这些红色物质确实会繁殖，生成物还可以用来接种另一批培养基，这个过程可以继续下去。而且，如此获得的红色物质可以像传统曲一样，将蒸熟的米饭发酵成酒。于是，一种新曲诞生了。这是一个真正的发明。这个发明是通过对异常现象的观察引发的，受到好奇心的驱使，用一系列的实验来证实所取得的硕果。这可能是从混杂的有机体中筛选需要的微生物培养菌的最早例子，在现代发酵工业中，这项技术已经被大规模应用。

筛选成功的关键是红曲霉（*Monascus* sp.）的能力，与组成典型曲的微生物菌群中的其他谷物霉曲霉（*Aspergillus* sp.）、根霉（*Rhizopus* sp.）和酵母菌等相比，

194

---

[1] 《清异录》，第 31 - 32 页。

[2] 蜀是五代时的十个国家之一，由孟氏家族建立。

[3] "次韵钱穆父马上寄蒋颖叔二首"；参见篠田统（*1972a*），第 300 页。

[4] "八月十日夜看月"，《苏轼集》，第三七五页。嫩苜蓿作为一种蔬菜食用，参见《齐民要术》（第二十九篇），第一六二页。

红曲霉更耐高温（和耐低 pH）。在正常条件下，这些数量多、生长快的菌种，很快占据了曲饼中可利用的空间，完全挤占了红曲可能占有的位置。但是，当温度高于正常值时，普通微生物菌群的生长就会受到抑制，红曲霉就会取而代之，成为曲中的优势菌。为了使产品性质稳定，将红曲霉接种到另一批新培养基上，这样红曲霉就可以比在自然环境中，更加自由地，以超越其他普通霉菌的方式生长了。

在宋代，已有很多酒在商业领域中流通。在表 15 所列举的两本书中，《曲本草》记载了 14 种酒，《酒小史》中记载了 102 种酒。另外，《曲洧旧闻》（1127 年）里记载的，由名门望族、地方及饭馆自酿的酒 200 多种[①]。但是，在这三本著作中都没有提及红酒或红曲。一直到了元代，红曲和红酒已经成为非常流行的商品，并且在食物文献中找到了它们的踪迹。例如，在《农桑衣食撮要》（1314 年）中，红曲已经是生产米醋的一种原料[②]。在表 13 所列举的元代食经著作《居家必用》和《易牙遗意》中，都有红曲和红酒的记载。

《居家必用》可能是最早记载红曲和红酒制作过程的著作。但是，在制曲之前，需要准备曲母。曲母和红曲的制作过程如下[③]：

195

曲母的制作

做曲母，要清洗 1 斗糯米，并蒸成饭。就象酒的酿造一样，添加充足的水，与 2 斤优质红曲混合后放在瓮中。冬天发酵 7 天，夏天 3 天，春秋 5 天。然后，将其放在一个大碗中，搅拌成黏稠状。如若制作红曲，每斗粳米用 2 升这样的曲母。可制备出 15 斗优质红曲。

〈造曲母：白糯米一斗，用上等好红曲二斤。先将秫米淘净，蒸熟，作饭。用水升合，如造酒法。搜和匀，下瓮。冬七日，夏三日，春秋五日，不过，以酒熟为度。入盆中，擂为稠糊相似。每粳米一斗，止用此母二升。此一料母，可造上等红曲一石五斗。〉

红曲的制作

做红曲，取 15 斗粳米，充分清洗，浸泡过夜。第 2 天将米蒸至八成熟，然后分为 15 份，每份加入 2 斤曲母。用手搅拌直至曲均匀，并成一堆，用布覆盖。顶层再盖上席子，底层应铺上稻草。重要的是要明白此堆不能太热和不能太冷。如果堆温太高，这批将会损坏。当用手感觉热时，应把覆盖物拿开，把大堆分成小堆。当表面温度适中时，再把小堆重新合在一起，然后像原来一样盖好。如果温度适中，则不要动料堆。夜间必须有人监控。第 2 天中午，将料分成 3 堆，一小时以后再分成五堆，再过一至两个小时，重新合成一堆，然后，再过一至两个小时，再分成 15 堆。也就是说，根据需要，每隔一至两个小时就将料堆分开及再合并，不断重复这个过程。

[①] 《曲洧旧闻》卷七，《四库全书》第八六一册：第三二七至三二九页。
[②] 《农桑衣食撮要》，第九十二页。
[③] 《居家必用》，第 38 - 39 页。

第 3 天，新生的曲（*ferments in nascendi*）将分装到 5 至 6 个竹笤中，用新鲜的井水浸一下。然后，将曲料合并作一堆。再根据热量情况，每隔一至 3 个小时将料再分开、合并。第 4 天，再把曲料放到竹笤中，用新鲜的井水浸一下。如果不是所有的曲料都漂浮在水上，应该重新堆起，然后像前一天那样，重复操作一次。第 5 天，将曲料再重新浸一下，曲自然会全部漂浮在水上。最后晒干，备用酿酒。

〈造红曲：白粳米一石五斗。水淘洗，浸一宿。次日蒸作八分熟饭，分作十五处。每一处入上项曲二斤，用手如法搓操，要十分匀，停了，共并作一堆。冬天以布帛物盖之，上用厚荐压定，下用草铺作底。全在此时看冷热。如热，则烧坏了，若觉太热，便取去覆盖物，摊开。堆面微觉温，便当急堆起，依元样覆盖。如温热得中，勿动。此一夜不可睡，常令照顾。次日日中时，分作三堆，过一时分作五堆，又过一两时辰，却作一堆，又过一两时，分作十五堆。既分之后，稍觉不热，又并作一堆。候一两时辰，觉热又分开。如此数次。第三日用大桶盛新汲井水，以竹笤盛曲，作五六分，浑蘸湿便提起。蘸尽，又总作一堆。俟稍热，依前散开，作十数处摊开。候三两时，又并作一堆，一两时又散开。第四日，将曲分作五七处，装入笤，依上用井花水中蘸，其曲自浮不沉。如半沉半浮，再依前法堆起、摊开一日。次日再入新汲水内蘸，自然尽浮。日中晒干，造酒用。〉

这是比《齐民要术》和《北山酒经》中描述的，制作笨曲过程更繁复、更精细的过程。曲饭不能压成块，而呈疏松状态，这个过程需要极大的耐心。连续循环的堆大堆、分小堆的操作，足以使人疯狂。当然，制曲成功的关键是控制温度。因为微生物繁殖会释放热量，堆垛、分垛就是控制热量的保存和散发，以保持所需的温度。这需要一定的技巧，因为，中国古人没有测量温度的方法，工人们凭经验来衡量温度的高和低。有了红曲之后，《居家必用》中便对红酒酿造工艺进行了下列的描述[①]。

196

用红曲酿造酒的方法

以红曲两升、糯米一斗为原料，或再加酒曲 1 两半至 2 两。将米洗净。用 5 升水煮一把（handful）糯米，冷却，并将洗净的米浸泡其中，冷季浸两宿，暖季浸一宿。沥干，蒸熟。洗红曲，磨碎，浸于温水中，直到其发酵，然后放在发酵缸中。普通曲不用预培养，只磨碎，与米饭充分拌匀，转移到缸中。将混合物在洗米水中搅拌，将块打碎，如果有块，酒容易变酸。可根据需要添加水。2 天后搅拌，3 天后可压酒，或再等一两天后看香气是否改善。压榨后，可将槽倒回缸中，与用 3 升水煮过的一升糯米混合，酿制 2 天后，再压榨。这样得到的酒可以与前面的酒混合饮用。如果想贮存酒到第 2 年饮用的话，则最好不混合酒。如果需要，可将第 2 次压榨后的酒糟再用于发酵，酿造第 3 批酒。

〈每糯米一斗，用红曲二升，使酒曲两半或二两亦可。洗米净，用水五升，糯米一合。煎水四五沸，放冷，以浸米。寒月两宿，暖月一宿。次日漉米，炊十分熟。先用水洗红曲，令净，用盆研或捣细亦可。别用温汤一升发起红曲，候放冷入酒。曲不用发，只捣细，拌令极匀熟，

---

① 《居家必用》，第四十四页，同样的配方见《宋氏尊生》卷三；参见篠田统和田中静一（*1972*），第 461 页。

如麻睿状，入缸中。用浸米泔拌，用手擘极碎，不碎则易酸。如欲用水多，则添些水。经两宿后一一翻，三宿可榨，或四五宿可以香。更看香气如何。如天气寒暖，稍许之榨了，再倾糟入缸内。别用糯米一升，碎者用三升，以水三升煮为粥，拌前糟。更酿一二宿，可榨。和前酒饮。如欲留过年，则不可和。若更用水拌糟浸，作第三酒亦可。〉

需要注意的是，在这个过程中，除了使用红曲外，还应用了一些普通曲。在元代食经著作《易牙遗意》中，记载着建昌红酒的酿造法，其中也使用了普通曲和醪[①]。在明末高濂的《饮馔服食笺》（表 14）中，也记载了相同的配方[②]。遗憾的是，在以上 2 个例子中，无一能够为我们提供足够的资料说明成品酒的产量。但是，现代经验说明，在把谷物中的淀粉转化成酒方面，宋、元时期的红曲可能与当时的传统饼曲的活力有相同的效果。

在元代饮食名著《饮膳正要》和一些明代的著作中，常有一些红曲的记载。例如，《便民图纂》（1502 年）、《宋氏尊生》（1504 年）、《墨娥小录》（1571 年）、《本草纲目》（1596 年）和《天工开物》（1637 年）等[③]。《墨娥小录》和《本草纲目》中记载的红曲制作过程，事实上和上文《居家必用》中所记述的似乎一样，即在培养阶段，每隔一定时间就需要将红曲堆垛或分开。但是，在《墨娥小录》中，确实有两个新的建议：其一，在米饭中添加了醋（和 3 种草药），这可以降低米饭的 pH 值，并进一步抑制了有害微生物的生长；其二，建议操作者控制培养温度与其体温相同，因为实践已经证实，红曲霉（*Monascus* sp.）的最适生长温度为 38℃左右。

宋应星在《天工开物》中将红曲称为丹曲，其制作过程与古法有很大的不同。为了便于讨论，今全文引述如下[④]。

红曲的制作

红曲（丹曲）的制作方法，这是近代的一个创新。它的原理是从臭腐中提取神奇，它的技术是转化和精炼谷物的精华。鱼或肉是世界上最容易腐败的东西，将红曲薄薄涂于其上，即使是在盛夏，也可以使它保质。因为 10 天之久，不会有苍蝇接近，色泽和风味如鲜货的一般。丹曲确实是一种神奇的药剂。

早或晚普通籼稻米（非黏性）都可以用，去壳、精加工，用水浸泡 7 天[⑤]。待到其臭味难忍之时，采用流动的河水洗净。只能使用山中的溪水，不可以用大河中的水洗［图 43］。

水洗后，仍可能残留有余臭，但是蒸过之后，余臭会变成清香。将米蒸至半熟时，停止蒸。米不应该完全蒸熟。半熟的米饭立即浸入凉水中，冷却后再次蒸。这次蒸煮至熟。

---

① 《易牙遗意》，第 4 页。建昌位于四川西南地区。

② 《饮馔服食笺》，第 125—126 页。然而，《饮馔服食笺》和《易牙遗意》都没有给出制作红曲的方法。

③ 《饮膳正要》卷三，第一七六页；《便民图纂》卷十四，第八页；《宋氏尊生》卷三，在筱田统和田中静一（1973），第 461 页；《墨娥小录》，由洪光住（1984）引用，第 82 页；《本草纲目》卷二十五，第一五四七页。

④ 《天工开物》卷十七；译文见 Sun & Sun (1966)，p. 292—293，经作者修改，借助于 Li *et al.* (1980)。

⑤ 《居家必用》中，采用"粳米"。在分散的谷物中，非黏性的籼米可能更容易获得最终产品。

图 43 丹曲制备：用流动的溪水清洗米。采自《天工开物》，第二八八页。

　　将蒸熟的米饭堆成堆，几石一堆，然后加入曲母（信）。

　　曲母必须用上等红酒糟来做，配比为一斗酒糟配 3 升蓼汁，用明矾水混合。当米饭还在热的时候，凡每石米饭中加入 2 斤曲母，多人一起用手搅拌，直到米饭冷却。必须有人监视堆垛，以观察发酵活动。当发酵开始时，垛堆会微微变热。将米饭和信的混合物放入几个竹篮中，用明矾水浸一下，然后分放在几个竹匾中，置于通气屋中的架子上。此后，（在这个过程中）空气是决定性的因素，火和水几乎没有影响。

　　每个竹匾中放有五升米饭。［放置竹匾的］房间应该高大，这样房顶的热气才不会下来。房间应面向南，不要向西。每小时翻拌米饭 3 次。7 天之内，制曲工人要睡在竹匾附近，且不能熟睡，夜间要数次察看。

198 　　　起初，米饭是雪白色的，一或两天后，变成黑色，再变成褐色、赭色，然后变成红色，最后由深红变成微黄色。在气流的作用下，我们可以清楚地看到这些变化。这个过程称为生黄曲的培养。这样培养成的曲，其活力和价格都是普通曲的两倍。由黑变褐及由褐变红阶段都只用水洗一次，变红后就不再洗了。凡是制红曲的工人，手、筐及竹匾都必须非常清洁。一丝污染都会导致全过程失败。

　　　　〈凡丹曲一种，法出近代。其义臭腐神奇，其法气精变化。世间鱼肉最朽腐物，而此物薄施涂抹，能固其质于炎暑之中，经历旬日，蛆蝇不敢近，色味不离初。盖奇药也。

　　　　凡造法用籼稻米，不拘早、晚。舂杵极其精细，水浸一七日，其气臭恶不可闻，则取入长流河水漂净（必用山河流水，大江者不可用）。漂后恶臭犹不可解，入甑蒸饭则转成香气，其香芬甚。凡蒸此米成饭，初一蒸半生即止，不及其熟。出离釜中，以冷水一沃，气冷再蒸，则令极熟矣。熟后，数石共积一堆拌信。

　　　　凡曲信必用绝佳红酒糟为料，每糟一斗，入马蓼自然汁三升，明矾水和化。每曲饭一石入信二斤，乘饭熟时，数人捷手拌匀，初热拌至冷。候视曲信入饭，久复微温，则信至矣。凡饭拌信后，倾入箩内，过矾水一次，然后分散入篾盘，登架乘风。后此风力为政，水火无功。

　　　　凡曲饭入盘，每盘约载五升。其屋室宜高大，防瓦上暑气侵迫。室面宜向南，防西晒。一个时中翻拌约三次。候视者七日之中，即坐卧盘架之下，眠不敢安，中宵数起。其初时雪白色，经一二日成至黑色，黑转褐，褐转代赭，赭转红，红极复转微黄。目击风中变幻，名曰'生黄曲'，则其价与人物之力皆倍于凡曲也。凡黑色转褐，褐转红，皆过水一度，红则不复入水。

　　　　凡造此物，曲工盥手与洗净盘簟，皆令极洁。一毫滓秽，则败乃事也。〉

199 　　　制红曲过程中的主要创新，是将疏松的米粒分散在竹匾上，然后叠放在架子上（如图44、图45所示）。人们可以根据经验，通过调节每个竹匾上原料的数量和房间中的通气量，来达到热量产生与散失的平衡，使米饭保持在最适宜的温度。这比原来昼夜定时码堆、散垛的方法省力多了，尽管工人晚上仍然需要监控。

200 　　　根据《居家必用》、《墨娥小录》、《本草纲目》和《天工开物》所记载的四种制红曲方法分析，我们清楚地知道，制曲成功的关键因素主要有下列方面：

　　　　1）曲母或信的使用，要用前一次发酵成功的材料制备。

　　　　2）所有与曲接触的器具、材料和工人的手等必须洁净。

201 　　　3）在培养过程中，曲饭温度应接近于体温。

　　　　4）添加醋或明矾可以使曲饭偏酸性。

　　　　5）培养过程中要控制好米饭的湿度，以免过于干燥。

202 　　　根据我们现在对这个过程性质的认识，认为上述所有操作是成功制作红曲的关键。这些温度、酸度和湿度提供了所需的种菌和最适宜的条件，很适合红曲霉（Monascus sp.）和酵母菌在培养基上生长，而不利于其它霉菌繁殖。即使这样，这种制曲过程也仍然比普通制曲法有更多的要求。根据食经和药典的记载可知，普通曲可以随意制作，不需要使用预制的接种物。因此，当普通曲的制作已经遍及全中国时，在很大程度上，红曲一直（目前还）是中国南方，特别是福建省的一种特产。例如苏东坡红酒诗中的

"夜倾闽酒"，指的就是福建的地区性红曲酒。根据《丹溪补遗》记载，最好的红曲产于福建北部，例如松溪、政和、建瓯和古田县。如今，古田仍然是出产优质红曲的产地。在中国其它地区现在也有红曲生产了，包括中国台湾以及有较多福建移民的海外国家，如马来西亚（Malaysia）、新加坡（Singapore）和菲律宾（Philippines）。

与红曲本身一样有重要经济价值的是红糟，即酒醪压榨后的残渣。在前面引述的《清异录》（上文 p. 193）中，将红糟描述为"酒骨"。正如宋应星所观察到的，红曲可以使肉和鱼"在炎热的夏天保持新鲜色泽和风味"达"十天之久，且苍蝇不敢接近"。当红曲用作食品防腐剂、调色剂、风味添加剂时，使用红糟是首选之举。在后面的食品加工章节（e）中，我们将详细讨论这些应用。但是，"红酒"这个术语将逐渐被淘汰，

图 44　丹曲制备：米饭接种及平摊在竹圌、竹席上。采自《天工开物》，第二八九页。

现在人们已经把用红曲酿成的酒亦称作"黄酒"了。

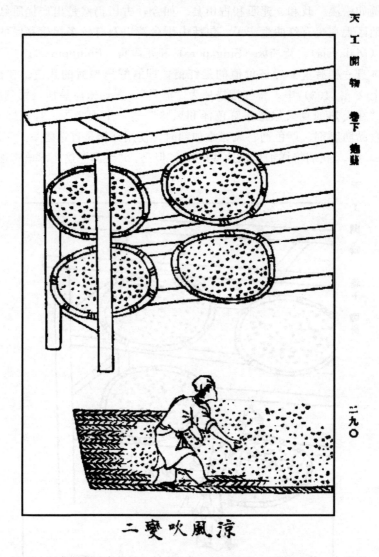

图 45 丹曲制备：在竹匾上制成红曲。采自《天工开物》，第二九〇页。

在《本草纲目》（1596 年）中，红曲或红酵母已经首次被列为药剂。自从那时起，红曲已成了中国药典中默默无闻的药物之一[①]。但是，这种情形可能将有戏剧性的变化。近年来，中国和日本的研究表明，红曲中含有一系列称做莫纳可林（monacolins）的化合物，它们具有使高胆甾醇动物血液中的胆固醇降低的能力[②]。现在，中国和美国的临床试验也表明，红曲同样具有降低人类血清中胆固醇的效果[③]。其中，主要活性成

---

① 《本草纲目》卷二十五，第一五四七——一五四八页。据说，红曲可以促进人体消化吸收和血液循环。
② Endo（1979）；Zhu, Li & Wang（1995，1998）。
③ 参见 Heber, *et al*.（1999），美国实验结果和中国临床试验汇总。

分是莫纳可林 K（monacolin K），是与洛伐他汀（lovastatin）同样的物质[1]，而洛伐他汀是近年来证明有降低胆固醇作用的首批斯达汀（statin）系列药物之一。这些令人激

(a)

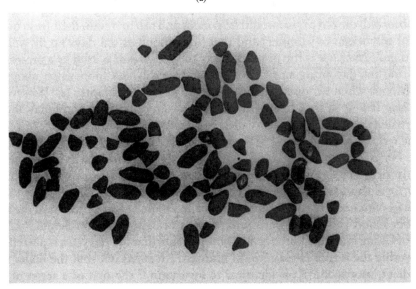

(b)

图 46 红曲米粒，陈家骅摄于福州。

---

① 洛伐他汀（loavstatin）最初是从土曲霉菌（*Aspergillus terreus*）株中分离出来的，化学名称为：[1S- [1α（R ＊），3α，7β，8β（2S ＊，4S ＊），8aβ]] -1，2，3，7，8，8q-hexahydro-3，7-dimethyl-8- [2-（tetra-hyrdo-4-hydroxy-6-oxo-2H-pyran-2-yl）ethyl] -1-naphthalenyl 2-methyl-butanoate。摄取后，这个内脂被水解成相应的 β-hydroxy 酸，一种 3-hydroxy-3-methyl-glutaryl 辅酶 A（HMG-CoA）还原酶的有效抑制剂，这种酶控制胆固醇合成中限速步骤的速率，所起的作用与所有汀类药物类似。

动人心的发现暗示了，几年后红曲可能成为一种非常受欢迎的膳食补充剂，用于降低普通人群冠心病及其它循环系统疾病的发病率。同时，这个发现还使人们对红曲在发酵和烹饪上的应用产生新的兴趣，即推进用红曲酿酒和促进红糟在食品加工中的应用，使之由地方特产地位发展成为全国消费和享用的产品。

(5) 中国酿造蒸馏酒沿革

> 新熟的荔枝，呈鸡冠色，
> 人们捕捉来自烧酒的琥珀般地初香。
> 多想摘枝荔枝，喝一杯酒！
> 可惜此时没宾客与我共分享①。

〈荔枝新熟鸡冠色，烧酒初开琥珀香。

欲摘一枝倾一盏，西楼无客共谁尝。〉

如今在中国，蒸馏酒就是南方的烧酒和北方的白酒。上文所引用的白居易（772—846 年）的诗是唐代有关烧酒的文献之一。这种"烧酒"是蒸馏酒吗？或者它仅仅是加热或温热过的酒？温酒是中国自古就有的一种传统喝酒方式。答案与酒精蒸馏的发明有重要关系，这是化学和化工技术史上的一个主要问题。蒸馏酒最早是以烧酒出现在中国（七至九世纪），还是 12 世纪中期以"燃烧之水"（aqua ardens）或"生命之水"（aqua vitae）出现在欧洲？十多年前，在本书第五卷第四分册中，我们以相当的篇幅对这个问题进行了探究②。但是，为了使讨论跟上时代，为分析新的发展提供足够背景，有必要概括一下以前著作中的一些重要观点。这个论题引起了中国 20 世纪 50、60 年代的袁翰青、曹元宇和吴德铎等科学史学家们的很多争论，近年来争论越来越大③。确实，这可能是中国化学和食品科学史上最具有挑战性的悬而未决的问题。

(i) 早期证据概要

中国蒸馏酒起源问题的争论，主要集中在明代博物学家李时珍《本草纲目》（1596年）中两个似乎相互矛盾的记载上。第一个涉及到烧酒（又称作火酒或者阿剌吉酒）的起源。李时珍说④：

---

① 采自《荔枝楼对酒》，译文见本书第五卷第四分册，p.143，经作者修改。参见《白居易诗选》，第三九三页。

② 本书第五卷第四分册，pp.121—158。

③ 参见袁翰青（1956）；曹元宇（1963，1979）；吴德铎（1966，1982，1988a，b）；刑润川（1982）；洪光住（1984a），第148—151页；孟乃昌（1985）；方心芳（1987）；刘广定（1987 和一篇未标注日期的手稿）；王有鹏（1987）；黄时鉴（1988，1996）；李斌（1992）；李华瑞（1990，1995b）。

④ 《本草纲目》卷二十五，第一五六七页；译文见本书第五卷第四分册，p.135，经作者修改。

烧酒的制作并不是一门古老的技术，此技术（法）最早始于元代（1280—1367年）。将浓酒拌糟混合，然后装入甑内，蒸馏烧至蒸汽上升，收集滴露在一个容器中。各种变酸的酒都可以用来蒸馏。现在，一般情况下，使用糯米或粳米、黍、秫或大麦蒸熟，拌曲后，装入瓮中酿制七天，然后放入甑中蒸馏。[产物] 像水一样清澈，但气味极浓厚。这就是蒸馏酒。

〈烧酒非古法也。自元时始创其法，用浓酒和糟入甑，蒸令气上，用器承取滴露。凡酸坏之酒，皆可蒸烧。近时惟以糯米或粳米或黍或秫或大麦蒸熟，和曲酿瓮中七日，以甑蒸取。其清如水，味极浓烈，盖酒露也。〉

许多中外学者欣然接受这权威的文字[①]；但是他们疏忽了一个同样重要的记载，在《本草纲目》中的同一章中，对葡萄酒本质的描述[②]：

事实上，有两种类型的葡萄酒。一种是发酵法生产的，具有非常好的滋味；另一种是用类似于烧酒法制得的，具有很强的（大毒）作用。像糯米发酵造酒的方法一样，酿酒者将葡萄汁与曲混合酿成。用碾碎的葡萄干也可提取汁液来用。魏文帝所说的葡萄酿成的酒比用曲和米制成的酒好，是因为葡萄酒醉人后会很快消失。蒸馏方法是，取葡萄数十斤，首先用大曲处理，像大曲酿醋一样，然后放到甑中蒸馏，用一个容器收集蒸馏液，酒色粉红可爱。古代西域早已用这样方法酿造这种酒，但是直到唐朝直辖高昌（即现在新疆的吐鲁番）后，这项技术才传到了中原。

〈葡萄酒有两样，酿成者味佳，有如烧酒法者有大毒。酿者，取汁同曲，如常酿糯米饭法。无汁，用干葡萄末亦可。魏文帝所谓葡萄酿酒，甘于曲米，醉而易醒者也。烧者，取葡萄数十斤，同大曲酿酢，取入甑蒸之，以器承其滴露，红色可爱。古者西域造之，唐时破高昌，始得其法。〉

公元 640 年，高昌被唐军统治[③]。因此，根据这篇文章，在 7 世纪时，中国人就已经知道蒸馏发酵醅以获得蒸馏酒的方法。这个技术是从吐鲁番传到东方，还是受吐鲁番的影响导致中国发明的技术，这并不重要。对于我们来说，重要的是这篇文章与李时珍前面的观点"（烧酒）的技术始创于元代"（"自元时始创其法。"）矛盾。回顾了这个问题最近的进展之后，现在我们可以试图解释这些矛盾之谜了。

遗憾的是，至今不见有唐代关于蒸馏葡萄酒或者谷物酒的记载[④]。然而，却可以收集到包括上文已经讨论过的文献，有很多关于烧酒或类似的表述。现列表如下[⑤]：

205

[①] 例如，在《三才图会》（1609 年）、《物理小识》（1664 年）、Laufer（1919），p.238 及篠田统（1957）中。

[②] 《本草纲目》卷二十五，第一五六八页；译文见本书第五卷第四分册，p.136。

[③] 实际上，在唐代以前，自汉代开始的不同时期，高昌就被中国人统治，参见黄时鉴（1994），第 90 页。

[④] 曹元宇 [（1979），第 551 页] 对唐代历史进行了全面研究，但是，没有找到任何资料证明李时珍关于蒸馏葡萄酒的观点。吴德铎 [（1988），第 85 页] 在唐代《太平御览》（卷八四四）、宋代钱易的《南部新书》（丙卷）中发现有和葡萄酒制作相似的记载。遗憾的是，没有一篇文献描述了从高昌获得的方法。李时珍的原始资料可能丢失了。

[⑤] 本书第五卷第四分册，pp.141—144。没有包括李贺的诗，因为，李贺诗中可能指的是红酒而不是蒸馏酒。

作者	年代（年）	表述内容
孟诜	670	多次蒸发酵醅[①]
李肇	810	烧春酒
白居易	820	烧酒
房千里	830	既烧酒
雍陶	840	烧酒
刘恂	880	烧酒，清酒[②]

另外，还可以引用一些宋代的相关文献。第一篇资料可追述到宋代初期，直接说明了蒸馏酒的存在。在《曲本草》（990 年）（见表 15）中，有二次烧暹罗（Siamese）棕榈酒的介绍，这种酒酒劲很大，能醉倒最有酒量的人[③]。第二篇在《梦粱录》（南宋）中，记载说早市上可以买到"水晶红白烧酒"，有温和的口味，入口后即刻蒸发[④]。但是，没有任何资料清楚地说明烧酒和蒸馏过程的关系。最后一篇资料出现在一首关于酒的豪放的《洞庭春色赋》（苏东坡，1036—1101 年）中，这种酒是通过发酵柑橘果汁而得，赋中写到[⑤]：

突然云汽冷凝像融化的冰，于是水滴像珍珠一样滴落。

〈忽云蒸而冰解，旋珠零而涕潸。〉

尽管那是诗人的想象，但是，人们还是可以得出结论，赋中描述的过程就是蒸馏。如果这样，那么，蒸馏酒在苏东坡的时代就已经为人知晓。奇怪的是，《北山酒经》（1117 年）中没有烧酒的记载。至于文章中提到的"火迫酒"的重要性，现在我们知道，它是指酒的巴氏杀菌，与蒸馏毫无关系[⑥]。

此外，值得注意的是宋代的化学药剂师已经知道可以用蒸汽蒸馏方法制备香水，即精炼油的提取[⑦]。下面三个记载都有一定的关联：第一个是蔡絛写的《铁围山丛谈》（1115 年），书中有关于玫瑰水的提取；第二个是张世南写的《游宦纪文》（1233 年），书中有关于柑橘油的提取；第三个是赵汝适写的《诸番记》（1225 年），书中也有关于玫瑰水的提取。蒸馏器具，如蒸汽锅是用白铁或锡做成的。既然宋代的工匠们已经知道

---

① 《食疗本草》，第一七八条，第一一一至一一二页。文中确实用了"蒸"字，但是，不能确定它是指"蒸馏"，参见刘广定（未出版手稿）。"蒸"的意思将在后面讨论。

② 本书第五卷第四分册，p.144。摘自《岭表录异》（890 年），"一些不燃烧的酒用来制作清酒"。在《岭表录异》的现存版本中没有发现这句话，在《太平御览》（卷八四五）中有这句话，原句为："亦有不烧者，为清酒也。"

③ 本书第五卷第四分册，pp.144—145。然而，田锡（940－1003）是否是《曲本草》的作者还有些疑问，参见刘广定（未注明日期的手稿）。在《民俗丛书》（第二版，台北出版）中，它被列为一本明代著作。

④ 本书第五卷第四分册，p.147，注释。原文在《梦粱录》卷十三，第一〇八页。

⑤ 由李约瑟译成英文，借助于 Hagerty，见本书第五卷第四分册，p.145；参见《图书集成·草木典》卷二十六；《酒史》卷一，第八页。

⑥ "火迫酒"可能是指蒸馏酒是由吴德铎 [（1966），第 54 页] 首次提出的；这个观点在本书第五卷第四分册（p.146）中有讨论。

⑦ 本书第五卷第四分册，pp.158—162。

可以用蒸汽蒸馏制取香水的方法，那么，他们没有理由不使用相同的设备和方法从发酵醪中制取蒸馏酒。

这些是早期检验蒸馏酒和蒸馏技术存在于唐代和宋初的主要证据。早些时候曾经说过，没有"一个文献是非常肯定的证据。有一些是较令人信服的，有些则不是。但会有这么一天，当可能性积累到一定程度时，从量变到质变，论证一个充满细节的结论"①。在我们试图根据最近依赖这些文献所作的争论，来重新评价这一观点之前，我们需要提到两个新发现。第一个发现是在苏东坡的《物类相感志》（约980年）中：有"当酒着火的时候，用一块蓝布焖熄它"的话②。除了蒸馏，没有其它方法可以制取能燃烧的酒。第二个发现是在《夷坚志》（1185年）中，其中有一个故事讲述了一个酿酒厂的工人，死于蒸酒过程中的一次重大事故③。"蒸酒"同样可以表示"蒸馏酒"的意思。吴德铎和李华瑞都引用了这个轶事，作为证明南宋时期已有蒸馏酒的制取技术，而且已经形成了一定的规模④。

但是，在我们进一步深入研究以前，我们应该注意《道藏》记载的和本书第五卷第四分册中评论的，中古代中国炼金术士设计和建造的蒸馏设备的种类⑤。建造唯一一种蒸馏装置准备使用的是《丹房须知》（1163年）记载的水银蒸馏器⑥。虽然这部古籍第一次是在1163年出版的，其中的材料也可以追溯到3世纪的葛玄（葛洪⑦的叔祖父）时期。在炼金术的著作中，没有提到使用这种器具提取蒸馏酒，但是，这是很明白的，这种器具很容易用于提取蒸馏酒。换言之，根据道士们的文献，自从3世纪以来，在中国炼金术士们可能已经具备蒸馏技术的实施能力，所以他们当时可能已经制取出蒸馏酒，由于他们具有强烈的保密倾向，除了同门中人以外，他们不向外透露一个字。遗憾

207

---

① 本书第五卷第四分册，p.146。

② 由作者译成英文；参见《物类相感集》，第六页。原文："酒中火焰，以青布拂之自灭。"根据《宋史》，它可能是由苏东坡同时期的僧人赞宁所著。曹元宇（1979a）首次提出这个引证［该文重刊于赵匡华（1985），第550—560页］。

③ 关于这个事故有两段文字。一段在《夷坚丁志》（卷四，第五六九页）中，其中简单地说到，"一酒匠因蒸酒堕火中"；另一段在《夷坚三志》（壬卷第九，第一五二六—一五二七页）中，其中讲述了一个故事：一个叫杨四的，喜欢吃鸡肉，但也喜欢用最残酷的方法杀鸡。他常常将两只鸡放在笼子中，用热水烫，鸡挣扎着，直到毛全都褪掉。然后再把鸡杀掉，悠闲的吃着。三十年以来，他吃了一万多只鸡。一天，当他蒸酒的时候，在炉子旁边睡着了。他用的蒸锅是一个能够容纳十多坛酒的大木桶，炉子烧的是稻草。突然蒸锅倒了，从破碎的坛中溅出沸水、蒸汽和热酒，洒在了杨四身上，就像被热烫的鸡一样，他跳了起来，两天后死了。

尽管，我们不能肯定杨四正在蒸一种酒的可能性，但是二个故事同样说明，其中的"蒸酒"可能与"煮酒"相同（工序14），都是用于稳定酒质的。

④ 吴德铎（1988b），第91页；李华瑞（1995b），第51页。在中国其他作者的最近报道中，另有两篇文献也是叙述宋代有烧酒的。一篇在《太平惠民和剂局方》（1178年）（第五页）中，朱晟（1987）引用它以说明"烧酒"是用来熔解颗粒制取"香墨"的。但是，吴德铎（私人通信）发现原文实际上是指"烧醋"而不是"烧酒"。因此推测，朱晟引用的文献有印刷错误。

第二篇文献首先被曹元宇（1985，1979）引用，记载在法医学著作的《洗冤录》（1247年）中，其中描述将一口烧酒喷在毒蛇咬过的地方用来解毒。然而，它不在《洗冤录》的原文中，只在修订版《补注洗冤录集证》（1796年）中（卷四，第十二页）。因此，对考察蒸馏酒在中国发明的时间没有价值。

⑤ 本书第五卷第四分册，pp.68—80，关于"中国炼金术家的蒸馏器"，图1452，p.77。

⑥ 同上，p.77，图1452。

⑦ 《抱朴子》的作者。

的是，当本书第五卷第四分册完成时，在已经发掘的中国中古时期的考古遗址上，没有发现这样一个蒸馏器的工作实例或模型。

迄今为止，我们发现炼金术著作中的文字证据都是模棱两可的。最简单类型的蒸馏器是，《道藏》中《金华冲碧丹经秘旨》（1225 年）所示的，能将朱砂炼成水银的蒸馏头（*ambix*）或石榴罐。罐子放在一个坩埚上，为了向下滴漏（*destillatio per descensum*），热量来自于上面[①]。1972 年，在西安附近何家村的一个唐墓中，在医用人造物品中发现了几个圆形罐子[②]。吴德铎认定它们是《道藏》中所描述的"石榴"罐。我们不赞成吴德铎的观点，即这种蒸馏器可以用来制取蒸馏酒。但是，这个发现巩固了在唐代蒸馏作为一个工序已经成为炼金术士所知晓的观点。

然而，近几十年来的其它考古学研究更有意义。正如上文所说的，李约瑟等人从甘肃安西万佛峡榆林窟的壁画上，发现了一副西夏时期（1032—1227 年）的蒸馏制酒图[③]。因为此图没有蒸馏器内部的结构图或说明，所以我们不知道其中是否有边管。如果有，它可能是中国人设计的，也可能是蒙古人设计的。但是，榆林壁画的重要性与最近令人兴奋的考古发现相形见绌。

(ii) 近期考古发现

第一个发现是 1975 年，在河北承德附近出土的金代（1115—1234 年）墓中发现了一套青铜蒸器[④]。它是一个典型甑，放置在用作冷却器的凸底敞口壶上。因此，它包括三部分，即釜（锅）、甑和冷凝器（图 47），中间有一个可能是由竹子做成的一次性箅子，将釜与甑分开。图 48 图示了容器整体的剖面图，它的尺寸列在表 24 中[⑤]。从图 48 我们可以看到，冷凝器的底部在甑的上面形成圆顶，与甑口部带有边管的环形槽暗合。工作时，水从釜的底部加入，中部的箅子上放置酒醅，冷却水在蒸馏器的顶部。当蒸汽从釜底上升时，加热酒醅，将酒精蒸汽带到圆形顶部冷却。蒸汽和酒精蒸汽冷却后，液体从圆形顶的边缘流到环形槽里，然后通过边管流入收集瓶中。

经过一批酒醅的蒸馏测试，蒸馏器的工作性能良好[⑥]。甑壁上的水迹强有力地证明了，这个容器就是用于蒸馏发酵醅制取蒸馏酒的。从甑锅底向上约 6 厘米，这个区域呈黑色，是接触沸腾液体的区域，随着蒸馏的进行，这部分沉积了发酵醅不溶性物质的数量越来越多。中间高约 10 厘米的区域，呈灰色，这部分空间是发酵醅存放的主要区域。

---

① 本书第五卷第四分册，p.58。

② 吴德铎（1982）。

③ 参见本书第五卷第四分册，pp.64—67，特别是图 1443，p.66。这些画出版在敦煌研究所的《榆林窟壁画》中，是段文杰（1957）在榆林窟所做的复制品。刘广定和其他作者（未标注日期手稿）认为这幅壁画出自于元代。

④ 在河北省；参见青龙县井丈子大队革委会（1976）和林荣贵（1980）。

⑤ 林荣贵（1980），第 66—71 页。

⑥ 青龙县井丈子大队革委会（1976）。做了两个实验。发酵醅体积：水体积＝1：1。8 斤发酵醅得 0.9 斤蒸馏物，6 斤发酵醅得 0.56 斤蒸馏物，蒸馏物中酒精含量约 9%。由于没有报道发酵醅的酒精含量，很难说明蒸馏的得率。

(a)   (b)

图 47　承德蒸馏器，采自青龙县（1976），图 1 和 2。（a）金代蒸馏器整体图，高度 41.5
厘米，最宽部分直径 36 厘米。（b）底部：容器作为釜或甑。顶部：带有凸起底部的
冷凝器。

表 24　金代青铜制蒸馏器尺寸：总高 41.5（尺寸单位均为厘米）

210

釜和甑		冷凝器	
总高	26.0	总高	16
颈高	2.6	拱顶高	7.0
口部直径	28.0	口部直径	31.0
釜的最大直径	36.0	底部直径	26.0
环槽　宽度　1.2，深度 1.0		排水管　约 2.0（已损坏）	
突出边缘　宽度　2.0			
排水管　长度　20			

最后，上层高约 10 厘米的区域，有非常明显的腐蚀痕迹，可能是因为这里是蒸汽、空
气和金属相接触的地方。如果容器是用于炼水银或炼制植物油的，则痕迹会大不一样。

　　更令人兴奋的是，上海博物馆在收购的藏品中发现了一件相似的青铜器[1]，另一件是由
南京附近安徽滁州文物局收集的[2]。这两套蒸馏器的制作年代都可以追溯到比南宋早 800 多
年的东汉时期。完整组装后的上海青铜器如图 49 所示，剖面见图 50。这套容器包括两个部
分，顶部是底下带有箅子的传统甑，底部是釜。甑上面的盖或者冷凝器已经丢失了。

---

　　[1]　在 1986 年 5 月澳大利亚悉尼召开的第四届国际中国科学史会议上，吴德铎首次报道过。在 1990 年剑桥召开的
第六届国际中国科学史会议上，马承源（1992）详细报道过，并在上海发表。

　　[2]　李志超和关增建（1986）。

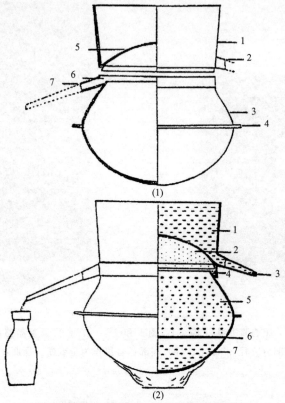

（1）1.冷凝器；2.排水导管；3.蒸锅；4.外表平环；
5.凸底；6.环槽；7.排水管
（2）1.冷凝水；2.酒蒸汽；3.塞子；4.浓缩酒；
5.发酵醅；6.多孔箅；7.沸水

图 48 承德蒸馏器剖面图，采自林荣贵（1980），图 5。

其功能的核心是，环绕甑内壁的箅子上方的环形槽（图 49（c）），与槽连接的是一个导流管，环形槽收集的液体通过导流管流入到一个收集器中（图 49（a））。一个奇怪的部件是锅上部的出口，其作用可以引出很多思考。如提取蒸馏酒时，发酵醅放在箅子上面，被锅中上升的蒸汽加热。推测起来，在应用时，出口被塞住，甑被一个盖子或者某种冷凝器（与青龙蒸馏器中的相似）密封，冷凝物沿着容器边缘流到环形槽内，通过斜管流入收集容器。

如图 51 的剖面所示，滁州青铜器的结构、尺寸与上海的相似，盖子也丢失了。锅上的出口被一个开口取而代之，开口可能与上海蒸馏器（图 49b）的出口有相同作用。上海蒸馏器的表面形状说明，如果甑上面的出口和锅上面的出口在同一平面上，彼此邻近，它们很容易被连接起来，这样，从环形槽出来的冷凝物可以流回到锅中。事实上，这个蒸馏器就像一个原始的索氏（Soxhlet）抽提器一样，可以连续蒸汽蒸馏放在箅子上的物质。滁州的蒸馏器也可以安排相似的连接。

(a)   (b)

(c)

图 49　上海蒸馏器，a、b、c 部分。（a）完整的蒸馏器；（b）釜；（c）甑及底部。摄影马承源。

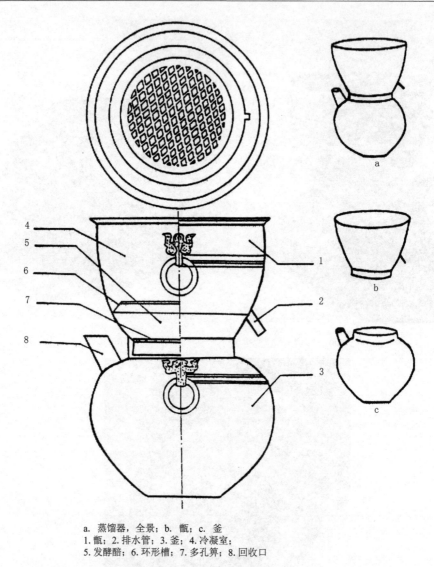

a. 蒸馏器，全景；b. 甑；c. 釜
1.甑；2.排水管；3.釜；4.冷凝室；
5.发酵醪；6.环形槽；7.多孔箅；8.回收口

图 50 上海蒸馏器剖面图。马承源（1992），第 174—183 页，图 1。1990 年
剑桥举行的第六届国际中国科学史会议上首次发表。

马承源和他上海博物馆的同事，已经用多种方法测试了这个装置[1]。共做了四个系
列的实验。除了第一个系列的实验外，其它都是用原件的青铜制复制品完成的，其结果
如下：

1）蒸汽蒸馏发酵醪。使用原来的甑，一个铝制壶作为蒸锅（釜），一个特别制造的
盖作为冷凝器。酒醪是上海酿酒厂用来提取七宝大曲牌蒸馏酒的。以糯米为原料酿酒，
蒸馏液的酒精含量为 20%—27%。

214

———————————

[1] 马承源（1992），第 181 页。现在已经知道很多中国古代青铜甑的盖子。这个甑盖子是依据已知样品的图
样设计的。在用青铜蒸馏器复制品做实验时，用一块湿润的滤布放在盖子上面，以降低冷凝器的温度。

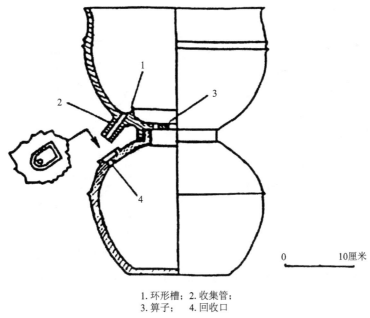

1. 环形槽；2. 收集管；
3. 箅子；   4. 回收口

图 51　滁州蒸馏器，剖面图。采自李志超和关增建（*1982*），图 1。

2）用酒直接蒸馏。器具是简单的蒸馏器，在一次实验中，酒精含量由 51.1% 提高到 79.4%；在另一次试验中，酒精含量由 15.5% 提高到 42.5%。

3）甑中堆积材料的作用。过去认为堆积材料可以分馏上升的液体，增加冷凝物中的酒精含量。实验过程中发酵酒醪为基质，在甑中，使用茴香、棉纱布、葫芦纱等为填料都可以增加蒸馏物的酒精含量。

4）香味成分的蒸汽蒸馏。将甑的喷管和釜的出口连接起来，把肉桂或者茴香放在箅子上。连续蒸汽蒸馏后，可以得到肉桂油（沸点 240—260℃）或茴香油（沸点 160—220℃）。

这些实验结果证明，自东汉以来，在中国已经有用清酒或者发酵醪制取蒸馏酒的技术了。而且，这个设备可以用于连续蒸汽蒸馏香水和香料。但是，正如本书第五卷第四分册中描述的，从蒸馏的历史来看，这些发现中最有趣的是，汉代和金代的蒸馏器都是利用环形槽来收集冷凝物的，是"希腊式的"而非"中国式的"[1]。因此似乎有必要对中国传统酿酒厂所采用的蒸馏器的起源进行重新评估。为了便于讨论，我们复制了两种类型的蒸馏器图，如图 52。遗憾的是，没有见到元、明、清时期商业用的蒸馏器的任何图片或者介绍，即使是外国研究者有所发现，也仅仅是填补了部分空白。例如，大约在 1780 年，耶稣会士韩国英（Cibot）确实看到了工作中的蒸馏器，他发现的中国蒸

[1]　本书第五卷第四分册，pp.80—121，参见 p.81，图 1454。带有环形水槽的蒸馏头，被认为是由公元前 3000—前 4000 年美索不达米亚（Mesopotamian）地区的镶边蒸馏器演化而来。如泰勒［Taylor（1945）］所示，在 1—4 世纪时，由希腊炼金术士使用。所以，它表明是"希腊式的"。

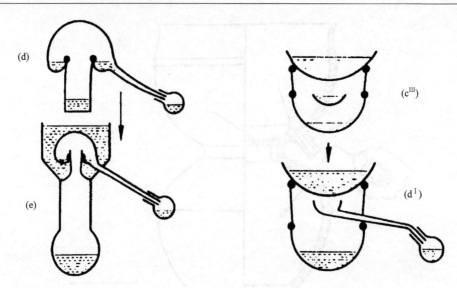

图 52　希腊式及中国式蒸馏器示意图；根据本书第五卷第四分册，p. 81，图 1454，
　　　　（d）、（e）和（c^Ⅲ），（d^Ⅰ）。

馏器太乡土了，以至于他"不知如何描述它们"①。然而，在 19 世纪 80 年代，格皮
（Guppy）描述了用于"三烧"（*samshu*）的蒸馏器，解释为中间有一个中国式的接受器
碗和侧导管②。另一方面，18 世纪日本的一种医药萃取的蒸馏器（*rangaku*），以前人
们认为是受西方影响而产生的蒸馏设备，现在见到它与图 47、图 48 中的金代青铜蒸馏
器相似③。推测它可能是起源于中国的。在本书第五卷第四分册中，复制了欧洲人画的
两张中国清代的酿酒蒸馏器，一幅出自于梅森［Mason（1800）］，另一幅出自于格雷
［Gray（1880）］，可惜没有剖面图，因而很难断定它们是属于"希腊式的"或"中国式
的"④。但是这些图可以与霍梅尔［Hommel（1937）］书中所介绍的，20 世纪初中国蒸
馏器的图片或照片相对比⑤。霍梅尔的蒙古式和中国式蒸馏器的复制图见图 53 中。近
来，方心芳发表了 20 世纪 30 年代中国不同地区用于蒸馏酒的"希腊式"和"中国式"
的工业用蒸馏器示意图⑥。因为这些设备是在工厂现代化改革之前被他看见的，所以它
们是明清时期使用的传统蒸馏器的代表（如果不计较结构细节，至少在总体设计上是可

215

---

①　本书第五卷第四分册，p. 149。

②　同上，p. 114。格皮［Guppy, H. B.（1884）］说，"把发酵粟拿出坛子后，放到大木桶或大木盆中，木桶
底部由某种箅子组成；木桶的下面放置一个煮水的大锅，大锅被旁边的炉子加热。蒸汽通过箅子上升，穿过发酵
粟，最后接触到一个装有凉水的圆筒；被冷却后酒滴流在小槽中，成为清澈的真正三烧蒸馏酒，通过一个长管口流
出。"

③　本书第五卷第四分册，p. 114，图 1488a，1488b。

④　同上，p. 67，图 1444；p. 68，图 1445。

⑤　同上，pp. 62—65，图 1436—1440；参见 Hommel（1937），p. 143，霍梅尔注意到蒙古人使用的是中间带
收集碗的蒸馏器，从酸马奶阿亦拉可（airak，类似马奶酒）中蒸馏出来的一种叫做阿剌吉酒（arrihae）。尽管，霍
梅尔的著作《劳作的中国》（*China at work*）是 1937 年出版的，但是，照片是在 1921—1926 年及 1928—1930 年间
拍摄的。

⑥　方心芳（1987）；亦可参见李乔苹（1955），第 209 页。

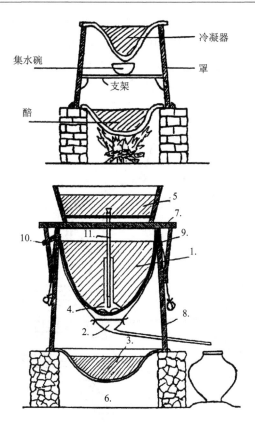

1. 冷却器；2. 带导管的白镴集水盆；3. 装有醅的铸铁碗；4. 白镴漏斗；5. 浅木盘；6. 火炉；7. 支撑浅盘的术架；8. 桶形罩；9. 填满砂子的棉布垫圈；10. 过盈管；11. 带有木塞的木质管，可将冷水导至冷却器中

图 53　复制蒙古及中国蒸馏器［根据 Hommel（1937）］。复制自本书第五卷第四分册，pp. 62—63：上：蒙古式蒸馏器；下：中国式蒸馏器。

信的）。这两种类型的蒸馏器都源于中国传统甑。为避免混淆，我们采用方心芳的术语，称"希腊式"的器具为"壶式"，"中国式"的为"锅式"。在河北唐山的一 216 个蒸馏酒厂就发现了一个壶式蒸馏器，如图 54 所示。事实上，环形槽是冷凝器的一部分而不是甑的一部分，它直接承袭汉代或金代青铜蒸馏器而来。我们不知道这个重要的变化源于何时，它之所以重要，是因为这种装置使得甑可以使用木制间架结构而制造成更大、更轻的甑，这是大规模生产中必需的创举。山西太原附近汾阳县中应用的一种锅式蒸馏器，如图 55 所示。这两种蒸馏器的主要区别是，"壶式"的冷却面凹陷，而"锅式"的冷却面凸起。在"锅式"中，环形槽被位于冷凝器下面的中心碗（带有侧导管）所取代。目前，人们对于这个简单而又美观的发明，依 217

然不知始于何时[1]。"壶式"蒸馏器主要出现在河北和东北地区，而"锅式"主要出现在中国其它地区一些著名的酒厂中，如山西、四川、贵州和新疆等地。锡制壶式冷凝器的形状（图 54）在多大程度上受西方摩尔（Moor）冷却器的影响，这是一个相当有趣的话题，值得进一步研究[2]。

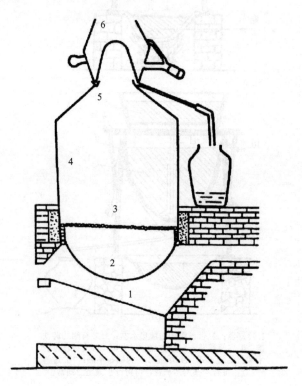

1.灶；2.釜；3.多孔箅，放置发酵醅；

4.甑；5.盖，带有导管的环形槽；

6.冷凝器，冷却面凸起

图 54　20 世纪初的"希腊式"或"壶式"蒸馏器，方心芳（1987），图 1。

但是我们必须回到主要问题上来，就是以东汉蒸馏器为例的这种技术什么时候第一次应用于制备蒸馏酒？这把我们带到了第三个考古发现上，即在四川出土的两方汉代的画像砖，一方在 1955 年出土于彭县，另一方在 1979 年出土于新都[3]。这两方画像砖几

218

---

①　参见本书第五卷第四分册，p. 97。

②　洪光住［（1984a），第 144 页、第 150 页］根据在青龙县发现的金代蒸馏器的尺寸（图 47），认为当用于蒸馏固体发酵醅时，它不可能很有效。洪光住认为，这种蒸馏器很可能主要用来蒸馏马奶酒，而不是用来制作中国蒸馏酒。最近，黄时鉴（1996）研究了上海、诸城和承德蒸馏器的意义。

③　刘志远等编辑（1958，1983）。

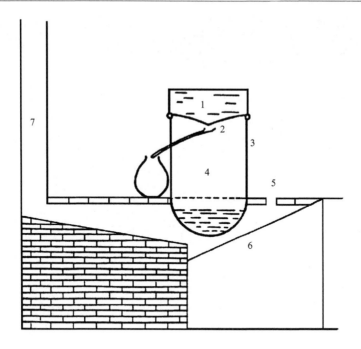

1.冷却水；2.收集碗和管；3.甑；

4.发酵醅；5.炉口；6.燃料；7.烟囱

图 55　20 世纪初的"中国式"或"锅式"蒸馏器，方心芳（1987），图 3。

乎一模一样。新都画像砖的照片见图 56[①]。近三十年来，这方画像砖所描绘的一直被认为是酿酒过程。事实上，所采纳的解释都是画像砖图片的说明。例如，1983 年的说明文字为[②]：

　　壁画描述了酒的发酵。在右侧［中间］是一个大的混合用的平锅［它置于"炉子"上面］。一位妇女左手扶着它的边缘，右手搅拌其中的东西，可能是在混合曲和培养基。她的左边是一位男子，似乎在帮助她。在平锅的前方是工作台，遮挡着三个发酵坛，发酵坛由一个螺旋管连接到工作台上面的开口处，通过螺旋管可以根据需要添加必要的培养基。

───────────────

　　① 蒙不列颠博物馆（British Museum）惠允使用。新都砖壁画宽 50 厘米，高 28 厘米。壁画的拓印品及照片已在中国发表，即，刘志远等编辑（1958），图版 9；刘志远等编辑（1983），图 49；王有鹏（1987），图版 1；日本，田中淡（1985），第 283 页，图 51。然而，复制品的质量差强人意。我们可能会对其中的一个复制品满意，而图 56 不在我们的兴趣内。1996 年 9 月中旬，我恰巧来到伦敦，有机会来到不列颠博物馆，参观题为"古中国之谜"（Mysteries of Ancient China）的中国考古学近代发现的一个展览。当置身于我浏览的这些精美工艺品中时，可以想象我的兴奋与惊讶。突然，我看到了这里讨论的这方汉代画像砖，它是如此的辉煌与精美。灯光恰到好处，使我们可以仔细的观看。在罗森 [Jessica Rawson（1996），p.199] 的目录中，它被列在第 103 号（No.103），借自成都四川省博物馆。

　　② 刘志远等编辑（1958），第 4—5 页；刘志远等编辑（1983），第 50—51 页。这段文字综合了 1958 年和1983 年的说明。

图 56 四川画像砖，很可能描绘的是酒的蒸馏，照片采自 Rawson ed. (1996)，p. 199。

图片说明的主要问题是，工作台下的"发酵坛子"太小了。事实上，图片中还有一个工人用普通的扁担挑着两个同样的坛子。许多汉壁画都描述了发酵工艺，如图28 所示著名的山东诸城的厨房场景，其中的发酵坛要大的多。一个人不可能挑起两个这样的坛子。上海汉代蒸馏器的发现，使人们对酒的蒸馏过程需要进行重新评价，并引出了王有鹏对这些四川画像砖事实上展现的是由发酵醅制取蒸馏酒的设想[1]。图片中间的大平锅，事实上是置于甑上面的冷凝器的顶部开口，釜在下面，甑和釜在图中看不到。平锅旁边的妇女正在搅拌必须随时更换的冷却水。平锅下面形成的冷凝物被（中心碗或者是环形槽）收集，沿着导管通过工作台开口处流入下面的小坛子中。需要用若干个坛子来收集从蒸馏器中流出的冷凝物，前面收集的酒精浓度要比后面收集的高。王有鹏发现，新都画像砖上的酿酒过程，与20世纪40年代在四川农村看到的提取蒸馏酒或烧酒的过程非常相似。在一般情况下，小酒厂称做烧坊。典型蒸馏器的剖面图如图 57 所示[2]。

然而，这个有争论的图片说明被禹明先反驳了，他认为图片描绘的是压榨发酵醅的过程，是表 23 中的第 13 个工序，正如《北山酒经》中所描述的酒的制作过程一样[3]。妇女正在用一个很重的圆形板从发酵醅上往下压，下面是在收集液体，而不是在搅拌冷凝器中的冷却水。收集部分的结构在图中看不到。如果是这样的话，

---

① 王有鹏（1987/1989），第 277—282 页。

② 该图已发表，同上，第 22 页；Rawson ed. (1996)，p. 199，翻印。读者将能识别它是上文（pp. 214—217）所描述的"中国式"，即"锅式"蒸馏器的乡村形式。

③ 禹明先（1993）。

发酵醅一定是固体或半固体状态。如果发酵醅是液态的，发酵醅可以很容易地被过滤，如山东诸城画像石上所示，见图 28。奇怪的是，用来压发酵醅的木板是圆形的，而通常情况下，压具是方形或者矩形的。而且，她右手中拿的工具看起来不够重到用作压榨发酵醅。

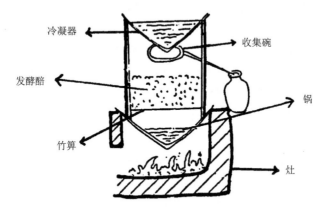

图 57　20 世纪 40 年代的传统四川蒸馏器，王有鹏（1987），第 22 页。

遗憾的是，画像石上没有显示出足够的细节，让我们在两种说明之间选择。我们还需要更多的资料来破译这些画像的真实意义。目前，我们只能说画像砖上可能描绘的是一种发酵工艺，这种工艺可生产出高酒精含量（可能是 15％—20％）的酒。这样就可以解释，那小坛子是用来存放产品的。但是，我们不能完全放弃汉代已有蒸馏酒存在的可能性[①]。在汉代的文献中，的确有表明蒸馏酒存在的两篇趣闻轶事。一篇出现在《后汉书》中[②]。书中讲述了一个叫赵炳的人，他"爬上了他主人家的房顶去点火做饭。主人非常担心，但是赵炳微笑着请他不要担心。在没有损害屋子的条件下，他终于做好了饭。"（"炳乃故升茅屋，梧鼎而爨，主人见之惊懅，炳笑不应，既而爨孰，屋无损异。"）推测起来，他所用的燃料可能是高酒精含量的蒸馏酒。第二篇记载出现在 4 世纪葛洪的《神仙传》中。叙述的是恒帝（147—167 年）统治时期，一个道教圣人王远告诉他的信徒说，"我给你们一种特殊的酒，它是在天宫厨房中做的，风味醇厚、强劲，常人不能直接饮用。它会使肠子腐烂，饮用前要用水稀释。"[③]（"吾欲赐汝辈酒，此酒乃出天厨，其味醇酿，非俗人所宜饮，饮之或能烂肠，今当以水和之。"）显然，这个道士擅长提取蒸馏酒。

基于上述证据可知，在汉代，提取蒸馏酒的技术已经存在了。或者说用这种技术提取蒸馏酒的可能性是不能忽视的。因为，这设备与上海博物馆中的汉代蒸馏器属于相同类型，而直至金代（1115—1234 年）依然使用着。

221

---

① 我们不赞同一些史学家认为的，酒的蒸馏在汉代很普遍的观点。例如 Huang，Ray（1988），p. 45；Rawson ed.（1996），pp. 199—200。

② 《后汉书·方术列传》，中华书局（1965），第 2742 页。

③ 《古今图书集成·博物汇编·神异典》卷二三二（或者《神仙列传》九），"王远传"，第六十二页，第一三九至一四〇页。

（iii）唐宋时期的蒸馏酒

在上文（pp. 204—208），我们已经总结了唐代文献中有关烧酒的零散资料。争论的中心是，唐代文献中的"烧酒"是否意味着蒸馏酒，或者仅仅是经过加温的酒，这个问题是近年来激烈争论的焦点[1]。可惜，唐代文献中没有烧酒或者蒸馏酒制作的记载。通常，酒通过热水浴加热，所以用表示燃烧的"烧"字来表示温酒过程很不恰当。然而，最近发现的一种直接用炭火加热酒的宋代温酒器，被李斌引作唐代的"烧酒"，应该解释为"温酒"的证据[2]。但是有一个问题，在中国，所有的酒都是热饮的，包括蒸馏酒。如果饮用前温酒是正常操作，那为什么要给温酒一个特殊的名字呢[3]？

而且，唐代文献中已有两个恰当的词表示温酒[4]。一个是元结诗句中的"烧柴为温酒"的"温"字[5]；另一个是出现在三首诗中的"暖"字，两首是白居易的："林间暖酒烧红叶"，"酥暖蒌白酒"；另一首是李贺的"不暖酒色上来迟"[6]。在这些诗句中，温和暖的意思是非常清楚的，而"烧"字也出现在这两篇文献中，毫无疑问它是表示"燃烧"的意思。在这些争论中，至今依然被忽略的这些文献，倾向于减少用"烧酒"来表示"温"或"暖"的可能性。

另一个矛盾之处在刘恂著的《岭表录异》（见上文 p. 205）中，其中说到："当酒成熟时，将其储藏在陶缸里，用木炭加热。若酒不加热，则作清酒用。"[7] 在这个例子中，很难将"烧"仅仅解释为"温"，因为"清酒"本身在饮用前也要经过"温暖"。但是，李斌创造性地提出，文中的"烧"是把酒加热到巴氏杀菌温度[8]。于是，这种解释可以翻译成"当酒没有用巴氏杀菌的时候，作为清酒使用"。他继续说明"既烧酒"（p. 205）中的"既烧"，可能是仅仅指经过巴氏杀菌的酒。总之，"烧"和"既烧"与上文《北山酒经》中（p. 187）的"火迫酒"的"火迫"是同义词。有人可能会问：如

---

① 特别是吴德铎（1988）、孟乃昌（1985）、刘广定（1987）及其一篇未标注日期的手稿，张厚墉（1987）、黄时鉴（1988 和 1996）、李华瑞（1990）和李斌（1992）。

② 李斌（1992），第 79 页。原始出土文物报道，见四川省文物考古研究所（1990），第 123—130 页。在第 128 页提及木炭温酒器。

③ 事实上，烧酒（蒸馏酒）本身也是热饮的。霍梅尔［Hommel（1937），p. 146］描述了一个蒸馏酒的温酒器。有趣的是，所用的燃料本身也是蒸馏酒。据我们所知，没有人把温热的蒸馏酒叫做"烧烧酒"。在西方，葡萄酒通常是冷饮的。把温热的中国酒称为"烧酒"，这类似于称冷的葡萄酒为"冷酒"或"霜酒"，并将它作为酒的一个独立类别了。显然没有必要这样做。

④ 我们应该感激篠田统（1972a），在《中国中古时期的酒》（第 137 页）中，四个相关文献中有三个是关于"温"和"暖"的。

⑤ 出现在诗《雪中怀孟武昌》中。

⑥ 前两个文献见前第二条注释。在白居易的第一首诗中。白居易的第二首诗是《春寒》，《全唐诗》，第五一二四页，其中有："酥暖蒌白酒"。

⑦ 《岭表录异》，采自《太平御览·饮食部》，第 120 页。原文："既熟，贮以瓦瓮，用粪扫火，烧之（亦有不烧者，为清酒也）。"括号中的话系原注。

⑧ 李斌（1992），第 80—81 页。

果"烧"表示加热酒以巴氏杀菌，那么，为什么它要另造"火迫"一词来表示同样的操作？值得注意的是，在所列举的例子中（见表 23，工序 15），"清酒"采用了加热处理。这可能说明，"清酒"也是经过巴氏杀菌的。那么，《岭表录异》中的记载说："如果酒不被加热，则作为清酒使用（也是经过加热）"，这种说法是自相矛盾的。遗憾的是，在唐代文献中没有明确表示，关于将烧酒与蒸馏酒、巴氏杀菌酒或者简单的温酒联系起来的记载。

223

幸运的是，在唐代的文献中，还有许多可以给这个问题带来光明的线索。这些文献表明，唐代市面上已有两种酒，一种是普通度数的酒，另一种是高度数的酒。第一个高度数酒存在的标志，即本书第五卷第四分册中研究过的有关"冻结酒"的记述[1]。蒸馏不是由发酵酒获得高酒精含量酒的唯一方法，采用冻结法也可以达到同样的目的。证据很明确，在唐朝时期，"冻结酒"是从西域地区运到中原的。这样，包括诗人和作家等权位高的人，就有机会享用到高浓度酒的醇厚口味了。当然，这种高浓度酒是非常稀有的商品。

第二个参考标志涉及唐代所用的酒杯。1958 年，张厚墉研究了西安附近韩森寨唐墓中发现的两个酒杯[2]。酒杯是瓷的，口径尺寸为 3.5 和 3.4 厘米，圆脚直径为 2.0 和 1.5 厘米，高度 2.7 和 2.3 厘米。这些小杯子在形状与尺寸上，都与明清时期及现在用于饮用烧酒的杯子相似。显然，用他们盛发酵黄酒太小，所以这些小酒杯的存在暗示了它们是用于盛烈性酒的，如果不是蒸馏酒，还能是什么？

第三，正如孟乃昌指出的，唐代显然有两种饮酒容器，一种大点，一种小点[3]。在《饮中八仙歌》诗中，杜甫谈到李白时说："李白一斗诗百篇"。在另一首表达思念朋友的诗中，他说李白敏捷诗千首，飘零酒一杯"。无论怎样，一斗都比一杯大许多倍。那么，怎么可能一斗酒能引出百首诗？仅仅一杯酒就能激发出千首诗呢？在《饮中八仙歌》中，杜甫进一步说明，因为一杯酒的效力比一或两斗另外一种酒的效力要大得多。但是，我们应该让李白自己来评价一下。在第二首诗《月下独酌》中，他说到："三杯同大道，一斗和自然。"如果看原文，"大道"多少与"自然"等同，所以从文字效果看，三杯与一斗的效力是一样的。除非三杯中含有高浓度的酒精（如蒸馏酒或冻结酒），而一斗是普通发酵的黄酒，否则效力是不可能相近的。

224

最后一个矛盾之处，是唐代文献中酒的价格。例如，李白在一首诗中说："金樽清酒斗十千"。然而，同时代的杜甫在另一首诗中写到："速来相就饮一斗，恰有三百青铜钱"。李白的酒每斗比杜甫的贵 30 多倍。这怎么可能呢？除非李白所说的是蒸馏酒，而杜甫所说的是普通发酵黄酒。

从这些因素我们可以推断，除了普通的发酵黄酒以外，确实存在着一种可能经过蒸馏而提取到的高度酒。这可能就是唐代诗人提到的"烧酒"，它浓烈、昂贵、数量有限。

---

① 本书第五卷第四分册，pp. 151—154。

② 张厚墉（1987）。

③ 孟乃昌（1985）。

这种酒可能是由蒸馏提取的唯一证据，就是上文引述过的，李时珍记载中的蒸发酵葡萄醪而获得的葡萄酒。我们缺少记载这个过程的唐代文献，在宋代，这种情况大概也没有明显地改变。对于上文提到的，支持蒸馏酒始于宋代的相关文献（p. 205）也存在着争论。我们可以将这些争论总结如下：

1）在《曲本草》（990 年）中，有一种来自暹罗（Siam）的二次"烧酒"（即蒸馏酒）的引述。现在，《曲本草》被认为是明代早期的著作，因此与我们的讨论已不再相关[①]。

2）在南宋的《梦粱录》中，记载了一个人可以买到"水晶红白烧酒"[②]。这个"烧酒"作为蒸馏酒解释在两点上受到了质疑。首先，据说烧酒是红色和白色的，然而蒸馏酒通常都是白色，不过这并不重要，因为在蒸馏过程中，原酒被溅上其它颜色是很平常的事情。可是，文章接着说酒味"有香软的口味，入口便消"[③]。因为蒸馏酒具有浓烈的口感，所以黄时鉴认为，被描述为"香软"的酒很难用蒸馏酒来解释[④]。事实上，对蒸馏酒鉴赏家来说，这是一个对优质样品应有地正确描述[⑤]。

3）《洞庭春色赋》非常迷人，除非蒸馏酒，否则很难解释其赋词。

4）《物类相感集》中关于酒着火的叙述，暗示了这种酒是蒸馏酒。然而李斌认为，这是瓶口处酒的蒸汽被木炭加热时着的火[⑥]。这当然是可能的，但是很不像，因为温盘中木炭的量不足以使酒沸腾。

5）在《夷坚志》（1185 年）中，记载有酿酒厂工人在蒸酒时被烫伤并且死亡的事件，这个例子被吴德铎和李华瑞作为是提取蒸馏酒的真实证据[⑦]。但是，如果我们仔细考察这个故事，我们可以发现两个有趣的事实：首先，甑由一个大木桶组成；其次，甑中放置了十多坛待蒸的酒（可能是在算子上）[⑧]。因此，文中的"蒸"可以解释为"蒸馏"，也可以解释为"蒸汽煮"，像进行巴氏杀菌的"煮酒"，正如前面引自《北山酒经》中的描述那样[⑨]。

另一方面，只要给大木桶匹配一个合适的蒸馏头，它很容易制造成为一种用于提取蒸馏

[①] 刘广定（未注日期的手稿，第 1—2 页）和黄时鉴 [（1988），第 162 页] 认为这个文献有两处问题。首先，宋代书目中没有田锡《曲本草》的记载；其次，书中所用的"暹罗"（Siam）一词直到 1349 年才出现。因此，这篇文章就蒸馏酒普及方面的意义是值得怀疑的。

[②] 《梦粱录》，第一○八页。

[③] 同上，原文："其味香软，入口便消。"

[④] 黄时鉴（1988），第 160—161 页。篠田统 [（1972a），第 360—361 页] 最先将《梦粱录》中的这篇文章作为蒸馏酒存在的证据。

[⑤] 例如，文景明和柳静安（1989）。在赞美汾酒（一种著名的蒸馏酒）时，汾酒被说成"入口绵，落口甜"。同样的赞美词也用于其它闻名的中国蒸馏酒；参见李华瑞（1995），第 56 页。

[⑥] 李斌（1994），第 80 页。应该指出，阿拉伯化学家贾比尔（Jabir，12—13 世纪）曾经注意到，当酒被加盐或者煮时，瓶口会着火，参见 al-Hassan & Hill（1986），p. 141。

[⑦] 参见上文（p. 207）注释。

[⑧] 《夷坚三志·壬》，第一五二七页；原文："用大桶作甑，可容酒坛十余。"参见上文（p. 207）注释。

[⑨] 参见 pp. 187—188，表 23，工序 14。《北山酒经》，《四库全书》第八四四册，第八三○页，其中说：煮酒时，酒坛放在蒸器的算子上再加热。

酒的设备。有关话题我们将在下文进行讨论。事实上，李华瑞在宋代文献中发现的两首诗中，其中的"蒸酒"可以看成是表达一种产品而不是一道工序。这两首诗分别出自苏舜钦和秦观之手①。因此，通过"汽蒸"或直接加热进行巴氏杀菌可以使酒的品质稳定，这是酿酒过程的一个基本环节，对于我们来说，把"蒸酒"解释为"蒸馏酒"当然更确切些。

226

从这些资料中，我们可以认为，上面 5 方面争论中 1）是无效的；2）和 4）是有说服力的；3）和 5）有一定说服力。但是，我们依然没有文字证据可以表明，蒸馏加工和高度酒有关。

（iv）中国酿造蒸馏酒沿革

在考虑到目前为止关于蒸馏酒在中国起源的全部证据时，我们还能说些什么呢？首次发明或者提取蒸馏酒是起源于汉代、唐代还是宋代呢？是在元代时得到发展还是从外国引进的呢？在我们试图得出结论前，让我们简要概括一下我们已有的关键性证据。

首先，发现了两个追溯到东汉（25—220 年）和一个追溯到金代（1115—1234 年）的青铜蒸馏器。它们的存在表明，在东汉时，生产蒸馏酒的技术已为中国人所知，这些蒸馏器的构造是独特的中国式的②。事实上，它们是在中国青铜甑的口部加上一个环形槽演化来的。通过釜上的导管与甑的出口连接，这个蒸馏器可以按索氏抽提的方法进行间歇式蒸汽蒸馏。

汉代和金代蒸馏器的大小说明它们是实验用的，而不是规模化生产用的设备。至今尚未见到有力的证据可以说明，汉代的蒸馏酒已是饮用酒，尽管炼金师们已经完全有可能生产并饮用了少量的蒸馏酒。

其次，有大量间接证据表明，唐代已有两种酒，一种是一般浓度的发酵黄酒，一种是高度酒，后者可能就是唐代诗人所说的"烧酒"。此外，在《本草拾遗》（725 年）中，蒸馏水（"甑气水"）已被列为一种药剂③；在《外台秘要》（752 年）中，已有使用蒸汽蒸馏从药物中提取香料的记载④。采用现存的汉代的蒸馏器操作，两种蒸馏过程很容易实施，这些在上文已有详尽的讨论。这些文献清楚的表明，在唐代，中国人已经掌握了从发酵醅或者成品酒中提取蒸馏酒的技术。

最后，尽管在宋代文献中没有提取蒸馏酒过程的描述，但是有证据表明，烧酒已经在京都的市场上销售了，而且遇火时会燃烧。此外，宋术的炼丹术士已经非常熟练，

227

---

① 李华瑞（1995b），第 51 页。苏舜钦，参见《苏学士集》卷六，一首为陈进士送行的诗："时有飘梅应得句，苦无蒸酒可沾巾"。秦观，参见《淮海集》卷二，在回忆刘全美的一首诗中，他写到："素冠长跪蒸酒殽，云是刘郎字全美。"我们认为，在这些句子中，"蒸酒"应该解释为"蒸馏酒"，即本身就是一种产品，而不是经过加热的酒。

② 尽管在本书第五卷第四分册（p.81）的术语中，它们被归为希腊式的蒸馏器，但是没有证据表明它们的发展受西方影响。

③ 《本草拾遗》，引自《本草纲目》卷五，第四〇九页，原文"以器乘取"，即用一个接收器收集［水］。这是本书第五卷第四分册（p.62）最先注意到的。

④ 《外台秘要》卷二十九，关于"集验去黑子及赘方"；《四库全书》第七三七册，第二二九页。用于蒸汽蒸馏的术语是"蒸令气溜"，字面意思是"蒸馏，让蒸汽冷凝"。刘广定首次引用了这个文献（未标注日期）。

采用蒸汽蒸馏技术提取花露[①]。

因此，关于汉代到宋代的蒸馏技术的综述，可以到此为止了。那么元代呢？按照李时珍所说，提取蒸馏酒的技术在元代时已经得到了发展（参见 p. 204）。在元代文献中，有两篇资料与我们的讨论有关。一篇是取自元朝宫廷营养学家忽思慧所著的《饮膳正要》（1330 年），书中说："阿剌吉酒：气味甜和辛辣，强烈地热和毒。消除冷的阻塞，去寒气。用好酒熬取露。这就是阿剌吉酒。"[②]（"阿剌吉酒，味甘辣，大热，有大毒。主消冷坚积，去寒气。用好酒蒸熬，取露成阿剌吉。"）很显然，阿剌吉（蒙语中 araki）是用成品发酵酒直接蒸馏提取的。这种蒸馏是如何实现的呢？这把我们带到了第二篇文献上。在《居家必用事类全集》（约 1300 年）中，有标题"南番烧酒法"的方法[③]。标题的注解说，产品就是外国名字"阿里乞酒"。尽管上文已经引述过这种酒，但是，因为它是我们讨论的中心，所以我们需要再次引述它。

任取一种不够标准的酒，甜、酸或平淡口味的都可以。将其注入一锅中，至锅容积的 80%。另取一锅，扣在前一锅上，两锅口对接，但要有轻微角度。在空锅一侧钻一孔，孔中插一支空竹管作为排出管，竹管另一端放在另一空锅中，充当接收器。用碎瓷片或陶瓷填充两锅口空隙处，然后用纸纤维和石灰混合封口 [使蒸馏在密封状态下进行]。盛酒的锅被牢固地放在一个大的装有纸灰的缸里。在锅周围放入两三斤燃烧着的木炭。锅中酒很快开始沸腾，蒸汽上升到上面的空锅中，沿内侧冷凝，冷凝液流入竹管，进入收集器中。得到的是无色液体像纯水一样。酸酒的蒸馏产物刺激、味甜，清淡酒的蒸馏产物味甜。大约可以获得原酒体积的 1/3 优质 [蒸馏] 酒。

〈右件不拘酸甜淡薄，一切味不正之酒，装八分一瓶，上斜放一空瓶，二口相对。先于空瓶边穴一窍，安以竹管作嘴，下再安一空瓶，其口盛住上竹嘴子。向二瓶口边，以白磁碗碟片遮掩令密，或瓦片亦可。以纸筋捣石灰厚封四指。入新大缸内坐定，以纸灰实满，灰里烧熟硬木炭火二三斤许，下于瓶边，令瓶内酒沸。其汗腾上空瓶中，就空瓶中竹管却溜下所盛空瓶内。其色甚白，与清水无异。酸者味辛，甜淡者味甘。可得三分之一好酒。此法腊煮等酒皆可烧。〉

图 58 是器具的图解。粗略一看，即可知道这是最基本的阿拉伯风格的曲颈瓶，图 59 是一个样本。曲颈瓶可以用于简单的蒸馏，不像我们上文所讨论的汉、金代青铜蒸馏器，它们不能用于发酵醅的汽蒸和油的连续蒸汽提炼。因为中国的蒸馏酒主要是从汽蒸发酵醅中提取的，很少由成酒蒸馏而得，因此这种原始的、粗糙的蒸馏阿里乞酒的装置，对中国的蒸馏技师们来说无参考价值。

事实上，元代文献中还有另一篇关于蒸馏酒制作的参考文献，即朱德润在一位高官

229

---

①　参见本书第五卷第四分册，pp. 158—162。

②　《饮膳正要》卷三，第一二二页。

③　《居家必用》，第 47 页。由作者译成英文，借助于 Needham *et al.*；参见本书第五卷第四分册（pp. 112—113）的引述。这是一种"锅和枪桶"型蒸馏器的例子。实际上，也可以认为它是一种最原始的阿拉伯蒸馏器。因为，它从南方部落中流传到中国，所以很可能是经印度文化区传过来的。

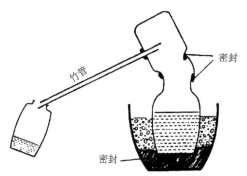

《居家必用事类全集》（1301年）描述的"锅和枪桶"蒸馏器的再现。印度或者西方的设计，
盏或者侧管不是用于冷却。

图 58　《居家必用事类全集》中描述的蒸馏器示意图。复制自本书第五卷第四分册，p.113。

图 59　阿拉伯曲颈瓶，10—12世纪。伦敦科学博物馆照片。

将这种酒作为礼物赠送给他以后所写的《轧赖机酒赋》（1344 年）[①]。但是，其中有太多诗人的想象，使我们无法解释赋中描述的蒸馏器的实际构造。正如黄时鉴解释的，蒸馏物可能是收集在环形槽中的[②]。如果这样的话，那么，这个蒸馏器是承袭上文描述的汉代和金代青铜蒸馏器而来，很难被认为是元代的发明。既然这样，阿剌吉酒是从成品酒而非发酵醪蒸馏而来。

我们只能总结出，在元、明、清时期，用来蒸馏发酵醪的蒸汽蒸馏器有"壶"式或"锅"式。换句话说，蒸馏器是由中国传统的甑演化而来，与阿拉伯式曲颈瓶毫无关系。根据 18 世纪、19 世纪外国学者及 20 世纪初方心芳的研究得知，自从元代以来，中国普遍使用的蒸馏器似乎都是"锅"式的，而不是"壶"式。毫无疑问的是，元代及元代以后，蒸馏酒非常普及。

在考察所有证据后，对蒸馏酒在中国的发展情景，我们倾向于提出以下的设想。对于发酵醪的汽蒸及冷凝物的收集，很可能最初是用上海博物馆中发现的东汉青铜蒸馏器实现的。虽然已能提取了实验用量的蒸馏酒，但是这种技术是被道教炼丹家牢牢掌握的秘密。在唐代，蒸馏酒已有限量生产和出售，但仍然是稀有产品，价格昂贵，内行们称其为"烧酒"，但这一名称处于变化状态。在唐宋期间，蒸馏技术已得到了改进。到了宋代后期或元代初期，酒蒸馏技术有了重大突破，使蒸馏酒成为廉价买卖商品，并开始朝着大规模生产和消费的方向发展。总之，蒸馏酒发明于汉代，发展于唐宋时期，到了元代已获得了商业上的成功。对于读者来说，一种食物产品的发展经历了如此漫长的过程似乎是不可思议的。但事实上，正如我们在下文中要展示的那样，与中国其它加工食品的发展历史相比，这是正常的。在（h）中，作为感想的一部分，我们将详述这个问题。

这个发展情景的设想与李时珍《本草纲目》中两个矛盾的陈述将如何调解呢？首先，应当考虑的是李时珍的论断，即唐代采用的是甑蒸汽蒸馏发酵葡萄醪得到高度酒；其次，应当为李时珍的结论提供论据，即阿剌吉酒的生产技术在元代得到发展。为了解释我们的考虑，我们暂时离开主题，简要地回顾一下蒸馏器在中国的发展历史。

从汉代到宋代，我们知道的唯一蒸馏器是"壶"式或希腊式的蒸馏器，以汉、金青铜蒸馏器为例。这些蒸馏器具有甑内沿有环形槽的特点（如图 50 所示），我们所有的样品都是用于实验的小模型蒸馏器提取的，推测起来，用于生产的比较大型的蒸馏器可能是用青铜或陶制造的。青铜的制作成本高，陶制成的使用起来笨重。所以，在唐代和宋代初期，蒸馏酒是稀有和昂贵的商品。但是，宋代时发生了非常重要的变化，诞生了一种新型蒸馏器，使元初的蒸馏技术得以革新，开始广泛应用于蒸馏酒的商业化生产。这些变化是怎样发生的呢？

上文我们已经知道，汉、金青铜蒸馏器是由中国普通厨房用具，蒸锅（甑）演化而来的。这种情况，在汉代的壁画和出土文物中，常见到大型陶制蒸锅是位于陶制釜上的[③]。但是，汉、宋期间厨房用具的设计发生了较大的改变，镂形的大铁锅取代了陶制

锅，并成为坐在炉子上的釜。烹饪用的陶制蒸锅被较轻的木质或竹制蒸器所取代，它们可以彼此叠放在一起。图 29a 是一张带有釜和一叠竹制蒸笼宋代灶的壁画。直到现在，在中国的厨房中仍然可以见到这样的蒸笼，但是，它们不适合于发展为蒸馏器。

　　另一种方法是，用一个无底的木桶取代了大型陶制蒸锅。一端开口放在釜上，木质或者竹制的箅子放在靠近下面的敞口处，用来放置待蒸的材料。在《夷坚志》中，就有这种类型的蒸桶记载，在宋代它是用以蒸酒的（p.225）。根据陆羽著名的《茶经》记载，在唐代的制茶过程中，已经用木质蒸桶来蒸新鲜的茶叶①。将这样的蒸桶转变为蒸馏器，难点是提供一个桶上部带有收集装置的冷凝器。我们猜测，在唐宋时期，这是制约中国制酒技师独创性和发明性的主要障碍。一个解决方法是将环形槽组合到凹形冷凝器上，结果得到我们在 20 世纪初方心芳描述的"壶式"蒸馏器（图 54），它与西方摩尔头的器具相似。最终成功了，然而，我们不知道是在那一年代，同时发现了一个更简单的方法，就是在凸形冷凝器的下面中心位置放一个收集碗，这是现在所谓的蒙古式蒸馏器。玛高温（MacGowan）博士认为它是用来制取羊奶酒的，霍梅尔（图 53a）认为它是用来制取马奶酒的②。这种蒸馏器的主要缺点是，每当中间收集碗快要满时，在蒸馏物被收集之前，需要将上部的冷凝器移走。若把一个导管连接在中心碗上，将收集的蒸馏物导出到蒸桶外面的收集器中，这个缺陷就得到了矫正。这就是 18、19 世纪外国学者观察到的所谓"中国式蒸馏器"（图 53b）③。这种蒸馏器简单易造。我们猜测第一个"蒙古式蒸馏器"是在晚唐或宋初时建造的，第一个"中国式蒸馏器"是在宋代后期建造的。因此在元代，中国式蒸馏器的使用使商业化生产蒸馏酒的发展成为可能。当李时珍说："（制烧酒的）方法是从元代发展起来的"时④，我们猜测，他不是指一般的蒸馏方法，而是特指用中国式蒸馏器蒸馏的方法，这种蒸馏方法在元代已被普遍使用，当然，当时尚未被古人所珍重而载入史册。

231

　　这种被方心芳称为"锅式"的中国式蒸馏器，是一种本土（或者中一蒙）的发明。正如《饮膳正要》中记载的，尽管这种装置可以较方便的应用于阿剌吉酒的蒸馏，但是，它不可能是从西方传来的。因此，我们可以说，在上文（p.204）中引述的李时珍的两个论述都是正确的。首先，虽然蒸馏酒并不是仅由葡萄醪蒸馏而来，可是在唐代已为人所知。其次，一种新型、便利的酒蒸馏技术，以中国式蒸馏器为例，在元代已被商业化推广了。这种"技艺"（即方法）虽然尚未被古人所珍重，但却已经经历了元代、明代和清代成为由来已久的商业生产蒸馏酒的方法了。

---

　　① 参见上文（p.225）注释。在《茶经》（卷二，第七页）中，提到了蒸新鲜茶叶的木制甑的使用。也可参见下文 p.521。

　　② Hommel（1937），p.143。玛高温（MacGowan）博士所描述的 19 世纪蒙古式蒸馏器的结构，参见羊奶酒的制备，pp.237—238。尽管有这样的名字，蒙古式蒸馏器不一定由蒙古人发明，但是，蒙古人普遍应用它蒸馏马奶酒或酸马奶（airak）。蒸出的酒叫"阿里赫（arihae）"。蒸馏器类型的地理分布讨论，参见本书第五卷第四分册，pp.103—121。

　　③ 见上文（pp.214—218）的讨论与注释。

　　④ 《本草纲目》，第一五六七页。原文："自元时始创其法。"也就是说，推测起来，在元代，中国技师发展了这种技术，没有说这种方法来自国外。

232

（6）药　酒　考

　　申叔展问还无射："你有麦曲吗？"他答道："没有！""你有山鞠穷吗？""没有！""那么，当你胃疼的时候你怎么办呢？"[①]

　　〈叔展曰："有麦麹乎？"曰："无。""有山鞠穷乎？"曰："无。""河鱼腹疾，奈何？"〉

　　上文采自《左传》或《春秋左传》，其中含有最早将曲作为药用的记载。人们可以推断酒在很早以前就已经用于治疗疾病了。确实，《周礼》中指出，用以表示医术的"醫"字，本身就是用稀粥发酵成酒的名字[②]。但是，在酒中添加草药或其他药材的习俗可能始于用酒鬯祭祀，我们已经知道鬯是中国古代最早的酒之一（p.156）。在商代的甲骨文和周代的金文中，经常可以看到鬯的记载。在青铜器上，鬯经常和"鬱"联系在一起，后来"鬱"被鉴定为植物郁金草（*Curcuma aromatica* Salib.），姜科[③]。在《书经》、《诗经》和《左传》中，我们同样可以见到词语"秬鬯"，表明鬯是由黑黍（panicum millet）制作而成[④]。《周礼》中记载有鬯人，他是监管祭祀用酒的管理者，其职责是提供祭祀所需的酒和其他全部用品。在《周礼》中还记载了郁人，他是监管祭祀用草药的管理者，其职责是将鬯酒和郁金草混合，并确保提供适当的容器将混合好的郁鬯酒包装好[⑤]。据《礼记》记载，只有天子才有资格将鬯酒作为礼物使用，并几次提到了郁鬯是用于祭祀和招待的，它是一种气味芳香的香酒[⑥]。

　　已有的文字证据表明，鬯是最早的香酒，其后是秬鬯和之后不久的郁鬯。周代文献中还提到了鬯草，即芳香的酒草药，推测它是用于制作草曲的，与后来《南方草木状》（304 年）、《岭表录异》（约 900 年）和《太平寰宇记》（约 980 年）中记载的制作方法一样[⑦]。鬯草的本质不得而知，但是，它可能是制曲中配合使用的某种植物原料。至少

233 一些鬯草药酒是来自中国南方或更遥远的其它地域的[⑧]。凌纯声认为，直到近来，台湾的土著居民在不添加任何前期培养物的情况下，仍然使用多种植物原料，直接用煮熟的谷物制作曲和鬯酒。正如我们上文（pp.161—162）已经提到的，台湾土著居民甚至在不添加其他植物原料的情况下，用蒸煮的谷物也能够制曲和酿成一种名为醪的酒。远古人用最简单的工具可以制作鬯或醪的事实，强有力的证实了这一可能性，添加或不添加草药的最早酒曲之一起源于中国南方。

---

　　①　《左传·宣公十二年》（公元前 597 年），第二〇〇页。《左传》记录了公元前 722 年至前 453 年期间发生的事情。

　　②　《周礼》，"酒正"，第四十九页；"浆人"，第五十二页。

　　③　凌纯声（*1958*），第 896—897 页；参见江苏新医学院（*1986*），第 1316 页和第 1735 页。

　　④　《书经·洛诰》；参见屈万里等（*1969*），第 187 页。《毛诗》262，韦利（W136）翻译为黑色的蜂蜜酒。《左传·僖公二十八年》，第一三三页；《左传·昭公十五年》，第三八九页。

　　⑤　《周礼》，第二〇九页至第二一〇页。

　　⑥　《礼记》，第七十六页、第二一九页、第三九四页、第四三五页和第七五八页。

　　⑦　凌纯声（*1958*），第 900 页。

　　⑧　《说文解字》，第一〇六页。

在中国，人们很早就认识到了酒有治疗作用。事实上，表示医学的"醫"字，其下面的部首"酉"字，就是表示酒的。在《黄帝内经·素问》中有下列一段记载[①]：

> 古代的智者做好了药剂和酒以备不时之需，但通常情况下只是准备而已，很少会用到。然而到了中古代时期，人们偏离了正确的生活模式，疾病盛行，人们只好采用摄入酒和药剂的方法来保持健康。

> 〈自古圣人之作汤液醪醴者，以为备耳，夫上古作汤液，故为而弗服也。中古之世，道德稍衰，邪气时至，服之万全。〉

酒进入人体后会产生热量，刺激身体机能，驱散沮丧和寒冷。《博物志》（290年）中记载了三个人在寒冷有雾的早晨长途跋涉的故事[②]。一个人既没有食物也没有饮品，另一个人只带了一点儿食物，第三个人有酒。天气比他们预料的更加变幻莫测。第一个人因空腹而死；带了一点儿食物的人病了；只有第三个有酒的人毫发无伤。《前汉书》的作者班固被故事情节深深地打动了，以至于说酒是百药之长[③]。酒除了可以作为一种药来发挥它的功效之外，酒同样是促进其它药物吸收的良好助剂。《神农本草经》说[④]："依据其自身的特性，药物有的做成丸药，有的做成疏松的粉末，有的放入水中煎煮或酒中浸泡然后取汁或以药膏的形式服食。"（"药性有宜丸者，宜散者，宜水煮者，宜酒渍者。"）这表明，酒是帮助其它药物进入人体重要器官的良好载体。还有什么比将各种草药混合于酒中，并因此制成药酒更自然的呢？

除了祭祀用香酒郁鬯外，最早提及的药酒是《楚辞》（约公元前 300 年）中的肉桂或桂皮酒[⑤]。但是，制作药酒的最早处方记载，出现于马王堆三号汉墓出土的两卷帛书《养生方》和《杂疗方》中，即可以追述到公元前 200 年。《养生方》中列举了六个处方，其中有草药与黍或稷或大米一起发酵酿成的药酒。《杂疗方》中列举了一个处方，所使用的草药中包括常用的牛膝（*Achyranthes bidentata*）和蒿本（*Lingusticum sinense*），但是所提到的其它古药名有待于将来破解。帛书残损严重，以至于许多关键加工步骤的描述失逸。然而，有一个处方保存较好，可以让我们重见其主要步骤。因为它是一种中国特有的发酵工艺（约公元前 200 年）的最早记载，所以很值得全文引述[⑥]：

234

> 制醪（一种混浊的酒）：分别取一斗泽漆和地节，切碎，浸泡在五斗水中。过滤，弃去残渣，用汁煮紫葳，过滤得到滤液。将一斗×曲和麦曲（由小麦或大麦发

---

① 《黄帝内经·素问》第十四篇，第一一五页；参见 Veith（1972），p.152。
② 《博物志》卷十（《汉魏丛书》本），第十二页。
③ 《前汉书》，第一一八三页；参见 Swann（1950），p.348。
④ 《神农本草经》，曹元宇等（1987），第 11 页。
⑤ 《楚辞》，董楚平等（1986），第 44 页；译文见 Hawkes（1985），p.102。
⑥ 整理后的原文见马继兴（1985），第 571 页。原文中佚失的部分用"×"表示。初步确认，泽漆为 *Euphorbia helioscopia* L.，地节为 *Polygonatum odoratum*（Mill），紫葳 *Campsis grandiflora*（Thunb.）Loisel。

酵制成）分散在水中；放置过夜后过滤。各取一斗×粟和×米，分别煮熟得到熟谷物。将两种熟谷物合并，与正发酵的酒醪混合，像在米饭上加汤一样，进行发酵。碾碎三片乌头、五片姜、×片焦牡，将其混合。将混合物放在罐底部，然后加入醪。倒入过滤好的草药汁，混拌均匀。最后，倒入十斗澄清后的酒，重复三次。[使发酵彻底直到完成]。每天下午3至5点间饮一杯[药酒]。如果有瘙痒的感觉，是好现象。连续饮用一百天后，[病人]会视力清楚，听力敏锐，四肢强壮、灵活。因此，×病会被治愈。

〈为醪：细斩漆、节各一斗，以水五□×××，浚；以汁煮紫威，×××××××××，又浚；×藓，麦曲各一斗，×××，卒其时，即浚。×××黍、稻×，水各一斗；并，沃以曲汁，瀹之如恒饭。取乌喙三颗，干姜五，焦牡×，凡三物，甫××投之。先置×罯中，即酿黍其上，××汁均沃之，又以美酒十斗沃之，如此三。而××，以餔食饮一杯。已饮，身体痒者，摩之。服之百日，今目明，耳聪，末皆强，××病及偏枯。〉

即使治愈的特殊病症已不可考，但是所陈述的总的好处是真确的，就像今天鼓吹饮用药酒一样。然而，文献中的确记载了许多使用酒治疗特殊疾病的例子，其中有一个故事涉及西汉名医淳于意[1]。菑川王的一名妾在分娩时难产，淳于意为她诊治，开了一剂药，用一杯酒送服莨菪（可能是天仙子，*Hyoscymus niger* L.）。很快，她产下一名健康婴儿。另一个故事提到唐代名医孙思邈，他被请去医治一位神经失调的和尚[2]。开始，他让病人在睡觉前吃一些非常咸的食物，半夜时病人非常口渴，就叫醒他请求帮助。孙思邈开的处方是：一剂朱砂、枣核和乳香（孟买乳香树脂；Bombay mastic），用一升酒送服。后来，他又开了一个方子：剂量比上述药物少，用半升酒送服。于是，病人熟睡了，两天后，病人醒来，病已彻底痊愈。

传统观点认为，酒不但能治疗疾病，还能驱赶导致传染病的恶魔。最有名，可能也是最古老的一个例子就是屠苏酒。据说它是东汉后期和三国时期（208年至?）名医华佗发明的。这种酒就是用许多种草药浸泡在酒中制成的。其准确的配方可能随着时代的变迁而改变了。李时珍的屠苏酒药方由如下药物组成：大黄、桂枝、橘梗、防风、蜀椒、菝契、乌头和红小豆[3]。据说在农历新年的第一天全家人喝这种酒，可以使每个人在后来的日子里身体健康。其他的保健酒有每年端午节（农历五月初五）饮用的雄黄酒，重阳节（农历九月初九）饮用的茱萸酒。

最有名的药酒之一是菊花酒，由菊科植物菊（*Chrysanthemum morifolium*

---

① 《史记·扁鹊仓公列传第四十五》卷一〇五。扁鹊是春秋时期人，但是，该卷的大部分内容是有关西汉名医淳于意的功绩的。

② 故事引自孙文奇和朱君波（1985），第 4 页。根据施维善和师图尔［Porter Smith & Stuart（1973），p. 71］，江苏省新医学院［(1986)，第1379页］，乳香可能是橄榄科植物卡氏乳香树（*Boswellia carterii* Birdw）。

③ 《本草纲目》卷二十五，第一五六一页。草药鉴定为：大黄为药用大黄（*Rheum officinale*）；桂枝（*Cinnamonium cassia*）；橘梗（*Platycodon grandiflorum*）；防风（*Siler divaricatum*）；蜀椒（*Zanthoxylum* sp.）；菝契（*Smilex china*）；乌头为薄叶乌头（*Aconitum fischeri*）。

Ramat. ; 旧名 *C. sinensis*) 的花蕊等部分制成, 最早记载始见 6 世纪中叶的《西京杂记》, 相关内容记载如下[1]:

> 当菊花盛开的时候, 将花、茎和叶子收集起来和熟粟混合、发酵。第二年九月九日成熟。即可饮用, 称之为菊花酒。

〈菊华舒时, 并采茎叶, 杂黍米酿之, 至来年九月九日始熟, 就饮焉, 故谓之菊华酒。〉

但是就古代郁鬯 (p. 156) 来说, 菊花酒也可通过将菊花浸泡在未酿好的郁鬯酒中制成, 如《千金翼方》(660 年) 中所记即是。确实, 这是一种比重新 (*de novo*) 发酵制作药酒方便得多的方法。《齐民要术》(540 年) 中记载了三种药酒的制备, 都是用成品酒来浸泡草药的。在一种药酒中, 草药是众所周知的五加皮 (*Acantho-panax spinosum*, 刺五加), 这可能是中国文献中, 出现五加皮酒的最早记载; 在另一种药酒中, 草药是姜、黑胡椒和石榴汁; 在第三种药酒中, 草药是姜、黑胡椒、辣椒和丁香[2]。在《千金翼方》中有二十种制作药酒法, 但只有两种方法是采用从头发酵工艺的, 其它方法都涉及采用酒浸泡草药, 成分含量最多达 45 种的是丹参酒[3]。《食疗本草》(670 年) 中列出了 13 种药酒, 每种药酒都是以其中的主要草药成分命名的, 但是没有指明药酒是通过浸泡还是采用发酵制作的[4]。在宋、元和明代的食经或食疗巨著中, 例如《曲本草》(985 年)、《寿亲养老新书》(1080 年)、《证类本草》(1082 年)、《北山酒经》(1117 年)、《酒小史》(1235 年)、《饮膳正要》(1330 年)、《居家必用》(元代后期) 以及《本草纲目》(1596 年) 等, 书中提到的很多酒中都含有药物成分。

在上述很多药酒中, 草药成分都不仅一种。例如在唐代的丹参酒中, 草药数量达 45 种, 其数可说是无与伦比的。它似乎容纳了过度的精华。《北山酒经》中记述了与制曲相关的相同的常见草药和香料, 例如人参、山菊穷、甜木薯、肉桂、姜、肉豆蔻等, 都可以看成是药酒成分 (pp. 185—186)。但是, 大多数药酒都是以其中的主要药物成分命名的, 包含一至两种 (有时是有三种) 草药。表 25 中列出了 10 种药酒, 它们都是经历了很多世纪以后仍然流行的品种, 其中每一种药酒至少在经典著作中提及三次。唯一例外的是, 用肉桂调香的酒, 它最先记载于《楚辞》中, 后来在苏东坡的诗中仍然受到了赞誉[5]。肉桂是很多种酒的成分, 包括上文提到的古代屠苏酒。大多数的草药是常见药材, 例如牛膝、地黄、枸杞, 甚至非常普遍的五加皮。表 25 中还列举了两种含有动物性成分的药酒, 即尊贵的虎骨酒和珍贵的羊羔酒。虎骨酒至今仍然被人们推崇备至, 但是羊羔酒似乎已经失去了吸引力[6]。

237

---

① 《西京杂记》卷三, 第十页。

② 《齐民要术》(第六十六篇), 第三九三页, 浸药酒法; 第三九四页, 胡椒酒法; 第三九五页, 和酒法。

③ 《千金翼方》卷十六, 第一八一至一八四页。

④ 《食疗本草》, 第一○八至一○九页。

⑤ 周嘉华 (*1988*), 第 86—87 页。

⑥ 孙文奇和朱君波 (*1985*), 列出了 1 种羊羔酒 (第 14 页), 但有 8 种虎骨酒 (第 34 页起)。

表 25 食品和药品文献中记录的普通药酒

文献 年代 药品	齐民 要术 540	千金 翼方 655	食疗 本草 670	曲 本草 985	寿亲 养老 1080	北山 酒经 1117	酒小史 1235	饮膳 正要 1330	居家 必用 元	本草纲目 1596
菊花	−	+	−	+	+	+	−	−	+	+
牛膝	−	+	−	+	−	−	−	−	−	+
地黄	−	+	−	+	−	−	−	+	+	+
姜	+	−	−	−	−	−	−	+	+	+
虎骨	−	−	−	−	−	−	−	+	+	+
枸杞子	−	+	−	−	−	−	+	+	+	+
桂	−	−	−	−	−	+	+	+	+	+
白羊	−	−	−	−	−	+	+	+	+	+
天门冬	−	+	−	−	−	−	−	−	+	+
五加皮	+	−	−	−	−	+	+	+	+	+

236　　　　"+"表示在相应的著作中有提及。

　　虽然中国人制取羊羔酒时将羊肉作为一种成分进行发酵，但是，蒙古人制取这种酒的工艺包括蒸馏过程，1873 年玛高温（MacGowan）博士发表了这种工艺。因为它包含了我们所知的 19 世纪蒙古人如何建造蒸馏室的详尽描述。因此，我们现在全文引述如下[1]。

　　　　以下是配料：1 只羊、40 斤牛奶威士忌、1 品脱脱脂酸凝乳、8 盎司红糖、4盎司蜂蜜、4 盎司龙眼汁、1 斤葡萄干、半打药材其重量约为 1 斤。羊必须是两岁的不能多也不能少，而且是已阉割的公羊。

　　　　必备蒸馏的设备：1 个大锅（铸铁）、1 个底部半边开口的木桶[2]，1 个小锅（铸铁）、1 个陶罐以及毡带、牛粪、炉火。

238　　　　加工过程：将博尔赫尔（boorher）放在大铁锅上，首先用纸填充，然后在外面涂抹牛粪和灰。使拨合外层完全被牛粪密封。

　　　　倒入酒，加入一半（8 盎司）切碎或碾碎的葡萄干、一半红糖、1 品脱阿亦拉可和羊膝盖以下的腿骨并把它们打开。

　　　　对其它的羊骨，要用剔掉全部脂肪和大部分肉，要保持新鲜。将其悬挂在拨合内，使最低处超过威士忌的液面，最高处低于锅的内表面。将药材破碎成小片状（不要碾碎），放入陶罐中，再放入蜂蜜、白糖、龙眼和剩余一半的红糖和葡萄干。把陶罐悬挂于博尔赫尔中间，放在大锅上方，接缝处用纸、布、毡子密封。火烧大锅，当上面的锅触摸有温热时，注入冷水并搅拌。当水摸着烫手时，倒掉热水，再换上冷水。当第二锅水摸着又烫手时，即可以灭火，拿掉上面的锅，就可以看到陶罐中充满

---

① Dr MacGowan (1871—1872), p. 239.

② 同上，(p. 239) 脚注："它大约两英尺高，锥形。底部足够大，可置于大铁锅的边缘上；顶部足够小，小锅放在上面不会掉下来。被叫做博尔赫尔（Boorher）。"所记载的蒙古蒸馏器基本上与霍梅尔所示的相同（图 53a）。

了剧烈沸腾的深褐色的肮脏液体。拿出陶罐，倒掉其中的液体，将陶罐和上面的锅放回原位。加满冷水，当锅中水变热后，整个过程就结束了。陶罐又半满了，倒出液体，冷却。经适当冷却后，将其倒入罐中，用公牛或羊的膀胱膜覆盖①。

这样制取得到的液体，据说具有"浓郁的羊肉香气；味道甜美且富含油"，酒精浓度大约为 9%。

需要指出的是，表 25 所列出的药酒只是药酒家族中最显著的品种，从古至今，这一家族中的成员稳固增长。在马王堆出土的帛书（约公元前 200 年）中记有 7 种药酒；《千金翼方》（655 年）中记载了 20 种药酒；《本草纲目》（1596 年）中记载了 67 种药酒；现代《药酒验方选》[孙文奇和朱君波（1985）]中记录了 361 种药酒。然而，在中国药酒中，草药和香料的实际应用远不只这些。即使不是一成不变地，但是我们上文已经注意到，药草和香料广泛地使用在制曲中，这些曲在发酵过程中提供了最基本的淀粉发酵活力。这是《齐民要术》和《北山酒经》中记载的事实，就像现在中国制作商业曲一样②。因此，曲中的这些辅助成分被带入成品中，在很大程度上对酿酒商酿造出的许多别具特色的中国药酒的微妙香味有着重要的贡献，这是显而易见的。

然而，在酿造酒精饮料过程中，使用香料和草药绝非中国特有现象。古希腊人在椰枣酒中加入桂皮叶和香油，埃及医生在啤酒中添加羽扇豆、泽芹、芸香、曼德拉草等提炼物都创造出了特有的类型③。大普林尼曾描述了用许多草药和香料对酒进行调味，包括用没药、芦笋、欧芹籽、青蒿、小豆蔻、肉桂花、藏红花、甜灯心草等④。最有意义的是，他报道了啤酒花是当时伊比利亚（Iberian）啤酒中的一种成分，但是在古代，这种植物主要作为药用，嫩芽作为蔬菜食用⑤。根据福布斯（Forbes）报道，这种非常重要的与酒精饮料相连的草药，直到中世纪后期（大约 13—14 世纪）才得到广泛使用⑥。啤酒花作为一种防腐剂和调味料被引入，现在它已是众所周知的赋予啤酒特有苦味的成分。如果啤酒中没有啤酒花成分，这是不可思议的。直到 1400 年，英语中才出现了"hoppe"（啤酒花）一词。它出现的时候便产生了下面的歌谣：

> 《圣经》清教徒，啤酒啤酒花，
> 来到英伦岛，全于一岁间。

据此推测起来，清教徒的反对无法阻止随后的世纪里，啤酒（和淡色啤酒）在英格兰的普及。

关于"药酒"的探讨介绍就这么多，但是故事并未就此结束。在汉语词典中，任何

239

---

① 接下来的描述为："注释：大部分的新鲜羊肉和所有的脂肪未被使用。所有的腔骨被劈开。头骨没有被打开，舌头也未从头骨中取出。在加工结束时，骨头上的肉被煮熟，但是，味道差。放进去的褐色龙眼（hoieu nood）变白。在［低的］锅中，牛奶酒的数量没有减少很多，但是酒味消失了，剩余的部分只能丢弃。"

② 无锡轻工业学院（1964），第 42—52 页。

③ Forbes（1954），pp. 277，281。

④ Pliny the Elder（1938），vol. IV，Bk 14，pp. 249，257。

⑤ Forbes（1954），p. 141；参见 Pliny 同上，vol. VI，Bk 21，p. 222。

⑥ 同上。

用非谷物酿造的酒都被认为是"药酒"。例如在中国文献中，由水果（例如葡萄）、蜂蜜和牛乳酿造的酒通常都归为药酒。这些产品的历史和科技价值是相当可观的，对于这些内容，我们将在下文（pp.239—257）中进行逐一的讨论。

（7）　果酒、蜂蜜酒和奶酒

甜美的葡萄酒在白玉酒杯里闪烁着；

当我想畅饮时琵琶却催我上战马。

如果我醉倒在战场上，请不要笑我；

因为自古以来从战场有几人能安全回来？

〈葡萄美酒夜光杯，欲饮琵琶马上催。

醉卧沙场君莫笑，古来征战几人回。〉[①]

这是唐代诗人王翰（约713年）所写的一首题为《凉州词》的诗，可能是所有中国文献中最著名的咏颂美酒的诗。然而，令人不解的是诗中所赞美的是葡萄酒，而不是常见的谷物酿造的酒。这表明，在唐代葡萄酒已经是一种引人入胜的美味了。事实上，当时，葡萄酒在中国已经有800年的历史[②]。但是，葡萄不是除谷物外唯一用于酿酒的原料，酒也可以用蜂蜜和牛奶酿制。现在，我们将研究来源于非谷物原料的酿酒史，首先是葡萄酒，接着是蜂蜜酒和奶酒。

（i）　葡萄酒和其他果酒

在《史记》（约公元前90年）中，有下列一段记载：当时在大宛（Ferghana，费尔干纳）及其周边地区"有用葡萄酿酒的，富贵人家藏酒可多达一万余石，保存时间可长达二、三十年都不坏。依据当地风俗，人们喜欢喝酒的程度就如同马喜欢吃苜蓿草一样"[③]。（"宛左右以葡萄为酒，富人藏酒至万余石，久者数十岁不败。俗嗜酒，马嗜苜蓿。"）约在公元前126年，使节张骞将葡萄种籽从中亚带回中国，作为一种水果和药材种植于京城附近[④]。显然，葡萄在甘肃部分地区，即陇西、五原和敦煌，培育的十分成功[⑤]。汉代的《神农本草经》中记载，酒可以用葡萄酿制而成[⑥]。三国时期（约220

---

① 译文见 Hsiung Deh-Ta（1978），p.172，经作者修改。参见《唐诗三百首》，第二六三页。出自《凉州词》。

② 参见本书第五卷第四分册，pp.136—141，pp.151—152。

③ 译文见本书第五卷第四分册，p.152；参见《史记》卷一二三，第十五页。相似的叙述见《博物志》，第七页。郑玄关于场人的注释中（《周礼·场人》，第一七七页）将葡萄列为皇室种植的美味之一。但是，在中国也有一种野生葡萄蘡薁（*Vitis thunbergii*），在引用的《诗经·七月》（《毛诗》154；W159；上文 p.18）中，我们将它翻译为浆果（berry）。根据《本草品汇精要》（1505年）（卷三十二，第七七二页）中记载，蘡薁也可用于酿酒。

④ 参见本书第一卷，pp.174ff.。葡萄二字已经发生了一系列的变化。在《神农本草经》中写作蒲桃，《新修本草》中写作蒲陶，《艺文类聚》中写作蒲萄，《千金要方》中写作蒲桃，《千金翼方》中写作葡萄。

⑤ 《名医别录》，尚志钧（1981），第87页；在《新修本草》（卷十七，第二二五页）和《本草纲目》（卷三十三，第一八八五页）中被引用。

⑥ 《神农本草经》，曹元宇（1987），第317页。

年），魏文帝曹丕写道："葡萄可以发酵酿酒，其口味比用曲和曲蘖发酵（谷物）酿成的酒甜；当人们饮用葡萄酒过量时，较容易清醒过来"①。（"且复为葡萄说…又酿以为酒，甘于鞠蘖，善醉而易醒。"）

　　这个简要的叙述没有告诉我们葡萄酒是怎样酿造的，所以原因我们后面还要讨论到，我们可以推测葡萄酒的酿造与酿造谷物酒是在同一种曲的辅助下进行的②。据《洛阳伽蓝记》（547年）记载，在一座寺院的花园中，所生长的葡萄和枣一样大③。据《北齐书》（550—577年）记载，约550年时，李元忠向皇帝进贡了一盘葡萄酒④。但是，从汉代直到唐代初期（约公元前100—公元600年），葡萄一直是一种新奇的美味水果，葡萄酒是一种稀有的外来饮料。值得我们注意的是，在《齐民要术》（540年）中，尽管有一整卷是关于紫花苜蓿栽培的内容，据说苜蓿和葡萄都是由张骞同时从西域引入中国的，但是葡萄只是在种桃这一卷中的附录里才被提及⑤。

241

　　唐代，随着640年对高昌（吐鲁番）的征服，葡萄和葡萄酒开始流行起来，正如前面引文中所见，李时珍已间接地提到了⑥。另一项记载出现在《太平御览》（983年）中，其内容如下：

　　　　在西部国家，葡萄酒总是非常珍贵的。以前，人们有时将葡萄酒（作为贡品）赠送。但是直到中国征服高昌后，才得到了马乳葡萄种籽，种植在御花园内。人们也获得了酿造酒的方法（酒法）。皇帝还亲自参与酿造，酿成后，酒呈八种颜色，带有浓郁的香气，象春天的气息；有的滋味象醍盎（乳清）。（瓶装）葡萄酒被当作礼物送给官员，所以京城的人们才真正认识了它的风味⑦。

　　　　〈蒲桃酒西域有之，前代或有贡献。及破高昌，收马乳蒲桃实，于苑中种之，并得其酒法。上自损益造酒。酒成，凡有八色，芳香酷烈，味兼醍盎。既颁赐群臣，京师始识其味。〉

　　所以我们很难说以上记载中的内容是否印证了李时珍的看法，即这一时期的蒸馏酒也是用葡萄酿成的，因为我们不能确定上述记载中的"酒法"是什么。但是有一种可能性，就是这些葡萄酒是由在葡萄皮上自然生存的酵母发酵酿成的。无论如何，这段文字告诉我们，在唐代，葡萄酒已经在逐渐流行了。与球形草龙珠葡萄相比，著名的马乳葡萄形状较长，而且这些品种已种植在御花园外面，所以诗人韩愈（768—824年）用下面的诗句，哀叹着一片被忽视的葡萄园的命运：

---

　　① 《全上古三代秦汉三国六朝文·全三国文》，第六卷，第四页；由李约瑟译成英文，经作者修改；参见本书第五卷第四分册，p. 138，其他文献入于脚注。
　　② 参见袁翰青（1956），第99页。
　　③ 《洛阳伽蓝记》（《汉魏丛书》本）卷四，第十四页；译文参见 Jenner（1981），p. 232。
　　④ 《北齐书·列传第十四》（卷二十二，第三页）。令人好奇的是，除非指用于端葡萄酒的托盘，文中应指葡萄酒一盆。但是，在《太平御览》（卷七十二，第三页）和《渊鉴类函》（卷四〇三，第五页）中，"酒"字在一个相似的段落中被省略。
　　⑤ 《齐民要术》，第三十四篇，第一九一至一九二页，关于葡萄；第二十九篇，第一六一至一六三页，关于紫花苜蓿。
　　⑥ 参见上文 p. 204。
　　⑦ 本书第五卷第四分册，p. 139；《太平御览》卷八四四，第八页。

　　新枝没长全，一半是枯枝。

　　高架已倒塌零乱，扶起重搭要加固。

　　如果想马乳葡萄丰收满筐又满箩，

　　莫推辞添竹修架方能藤茂龙须多①。

　　〈新茎未遍半犹枯，高架支离倒复扶。

　　若欲满盘堆马乳，莫辞添竹引龙须。〉

　　葡萄在甘肃许多干旱地区能生长的十分茂盛，那里盛产王翰诗中所赞美的，西部地区（凉州）的葡萄酒。很显然，在山西太原附近地区的葡萄园中，马乳葡萄的长势也非常好，那里已经成为中国唐代葡萄酒的生产中心②。因此，在刘禹锡（772—842 年）的诗中，出现了赞美太原马乳葡萄酒的诗句，其中，描述了葡萄在典型葡萄园里的生长：

　　现在野外种植着葡萄，

　　它爬满木支架。

　　支架格的影子带着碧绿，

　　构成怡人的庭院遮帘③。

　　〈野田生葡萄，缠绕一枝高。

　　……

　　移来碧墀下，张王日日高。

　　扬翘向庭柯，意思如有属。

　　为之立长架，布濩当轩绿。〉

诗的结尾对马乳葡萄酒进行了赞誉：

　　我们都是山西人，葡萄如此美好，

　　种它就象宝石一样珍贵；

　　我们酿美酒，

　　让人喝不够。

　　如果你有一斗葡萄酒，

　　可以换得凉州刺史做。

　　〈自言我晋人，种此如种玉。

　　酿之成美酒，令人饮不足。

　　为君持一斗，往取凉州牧。〉

---

① 译文见 Schafer（1963），p.143；原文参见《韩昌黎集》卷九，第二十九页。

② 现在，太原是山西省的省会。薛爱华［Schafer（1963），p.144］注释说，唐代时葡萄酒是作为贡品从太原送到皇宫的。

③ 由谭训（Sampson, Theos）译成英语，引自 Schafer（1963），pp.144—145。诗名为《葡萄歌》。原文参见《刘梦得文集》卷九，第五—六页。晋就是现在的山西。《齐民要术》（第三十一篇，第一九二页）记载，葡萄是一种蔓生植物，需要木架的支撑。"怡人的庭院遮帘"很容易蔓延形成藤架，如古埃及人［Forbes（1954），p.290，图 285］以及现在新疆吐鲁番的维吾尔族人所做成的那样。

　　从这些零星的记录中，我们认为，自西汉以来，葡萄（vinifera）和葡萄酒已为中国人所知。几个世纪以来，作为贡品或贸易商品，葡萄酒被从中亚带入中国。在甘肃的少数地区，葡萄被作为一种珍贵水果种植，一些葡萄酒是用传统的中国曲酿成的。但是，中国酿造的葡萄酒似乎在质量上无法与来自中亚的葡萄酒相媲美，也不及中国传统粮食酿造的酒[①]。葡萄酒是一种稀有、奇异的饮料。唐代初期，由于从高昌引进了马乳葡萄，以及利用葡萄自身的野生酵母进行发酵的"新工艺"，所以酿酒业得以繁荣。显然，马乳葡萄在太原地区生长良好，用其酿造的葡萄酒得以普及。在唐朝时期，我们首次感受到了唐代诗歌中许多赞美葡萄酒的魅力，以及不用传统中国曲也可以酿造葡萄酒的事实。据《新修本草》（650 年编写的一部新药典）记载，"与粮食酿酒不同，葡萄酒和蜂蜜酒不需要用曲"（"作酒醴以曲为，而葡萄、蜜等，独不用曲"）"酿造葡萄酒时，只需将葡萄汁静置，它会自然发酵成酒"[②]（"葡萄作酒法，总收取子汁酿之自成酒"）。然而，葡萄酒的普及只持续了很短的时间，在随后的几个世纪直至现代，葡萄酒在中国仍然是一种奇异的商品和药剂。为什么呢？

　　我们发现有两种可能的原因。其一，在中国中部地区种植的是源于中亚的葡萄（vinifera），从来没有获得其潜在的最佳产量和质量。葡萄（vinifera）开花结果并形成浓郁的风味，需要有温暖的冬季和较长、炎热、干燥的夏季，如同西亚和欧洲的地中海地区一样的气候条件。然而，在中国北方，冬季寒冷，夏季多雨。因此，虽然葡萄栽培偶尔获得成功，但是，在古代及中古时期的中国，葡萄没有成为一种重要的经济作物。

　　其二，在中国，葡萄汁酿酒技术未得到发展。我们曾说过，葡萄酿成酒是不可避免的，实际上也可能就是如此。但是，酿造出真正的"好"酒却是完全不同的一回事，它需要注意上千个只能通过实践或经验才能学到的细节。最初，中国人使用曲酿造葡萄酒，也就是说，采用传统酿造谷物酒的方法。发酵剂是合适的，但发酵底物却不相配，曲中真菌产生的霉味对最终产品的风味损害非常严重。而且，真菌的生长会消耗掉一些糖分，而这些糖本来是可以转化成酒精的，因此必然会导致减产。据说，640 年征服高昌之后，人们获得了新的"一种酿造葡萄酒的方法"，但是没有说明这种新方法是什么或是怎样获得的[③]。然而，到了 650 年时，《新修本草》告诉我们，让葡萄汁自然发酵即可以制得葡萄酒。推测起来，这就是上文提到的，源自《太平御览》引文中所记载的新方法。但是毫无疑问，没有进一步精炼，很难制得有稳定质量的优质酒[④]。

　　尽管唐诗中有一些关于葡萄酒的记载，但是因不见有如何酿造葡萄酒的细节，所以宋、元时期的史料也并不比唐代丰富[⑤]。著名诗人苏东坡[⑥]饮用过一种葡萄酒，在《北山酒经》（1117 年）中也有关于葡萄酒的记载[⑦]。那种葡萄酒根本不是真正的葡萄酒，

---

　　① 《后汉书》（卷八十八）记载：产自撒马尔罕附近粟弋（国）的葡萄酒特别好。

　　② 《新修本草》卷十九，第二八七页，关于酒；卷十七，第二二五页，关于葡萄。

　　③ 参见本书第五卷第四分册，pp.136—137。

　　④ 自然发酵，是完全依赖于收获水果时附着的野生酵母起作用的，这就是美索不达米亚和埃及最初酿造葡萄酒的方法，参见 Forbes（1954），p.282。但是，在后面的章节中我们将发现，远在葡萄和葡萄酒传入希腊并在当地巩固发展之前，将酵母作为发酵剂进行发酵的工艺已经成为一种规范性操作了。

　　⑤ 参见篠田统（1972a），第 333—334 页，其中涉及李白、王绩、白居易的诗文。

　　⑥ 篠田统（1972b），第 301 页。

　　⑦ 《北山酒经》卷三。

只是添加一些葡萄汁后发酵的常见米酒，作者将这种所谓的"葡萄酒"归入药酒类。直至现在，这类酒仍然经常被列为药酒[①]。

根据马可·波罗（Marco Polo）的记载，在元朝时期，太原地区是栽培葡萄以及酿造葡萄酒的中心[②]。在元朝的正史中，也有一些葡萄酒的资料。《元史》中记载，1251年的一个法令废止了安邑葡萄酒的进贡，1296年的一个法令废止了太原和平阳葡萄酒的进贡[③]。1331年，西域王国将葡萄酒作为贡品送给元朝宫廷，进贡途中护送葡萄酒进京的队伍遭到了野蛮盗匪的抢劫[④]。根据《新元史·食货》记载，在1231年，主管酒和醋税收的部门解释："因为葡萄酒不用谷物曲发酵，所以不应该按照普通白酒那样高的税率来征税"[⑤]（"葡萄酒不用米曲，与酿造不同，仍依旧例"）。

很显然，一些葡萄酒已经被蒸馏制成了白兰地。根据《饮膳正要》（1330年）记载："葡萄酒有很多不同等级，最强烈的来自哈喇火，其次来自西域部落（西番），再则产自平阳和太原。"[⑥]（"酒有数等，出哈喇火者最烈，西番者次之，平阳、太原者又次之。"）值得注意的是，蒙古人称蒸馏酒为阿里赫（*arrihae*）。哈喇火（*ha-la-huo*）可能是阿里赫（*ar-ri-hae*）的讹音。我们猜测，在蒙古宫廷，蒸馏的葡萄酒是一种流行的饮料。但是，在唐、宋或元时期的文献中，没有蒸馏葡萄酒的记载。

实际上，直到现在，我们对使用或不使用曲将葡萄汁发酵的任何记载的搜寻都是徒劳的。我们能找到的酿造葡萄酒的唯一方法见于《饮馔服食笺》（1591年），其记载如下："取一斗压榨好的葡萄汁，在缸中混入四两曲。封缸口，当奇异的风味出现时，即［这些汁］酿成了葡萄酒。"[⑦]（"用葡萄子取汁一斗，用曲四两，搅匀入瓮中封口，自然成酒，更有异香。"）

最令人奇怪的是，直到这时，仍没有迹象表明中国人采用酵母（酵）酿造葡萄酒。但是，在同一著作《饮馔服食笺》中，至少有三个酿造米酒的方法中使用了酵母。自埃及和美索不达米亚古文明以来，西方人已经熟知酵母的使用与可发酵糖能转化为酒精之间的关系，为什么中国人没有发现这个简单的关系呢？在最后的章节中，我们将讨论这一疑点。

在明、清时期，人们对葡萄酒的兴趣明显降低了[⑧]。但是，葡萄作为一种水果得到

---

① 孙文奇和朱君波（1986），第28页。

② 马可·波罗《游记》（*The travels*），英译文见 Latham, R.（1956），p.165。关于太原，马可·波罗说道："这里有许多非常好的葡萄园，生产大量的葡萄酒。除太原地区以外，山西省的其它地方不生产葡萄酒，葡萄酒由太原运送到全省各地。"

③ 《元史》卷四，第十四页；卷十九，第三页。平阳是太原西南的一个辖区，安邑是平阳的一个镇。

④ 《元史》卷三十五，第十九页；卷四十一，第十二页。

⑤ 《新元史》，第72卷，第1页。

⑥ 此引文出自《本草纲目》（卷二十五，第一五六八页）。参见本书第五卷第四分册，p.137，由李约瑟译成英文，经作者修改。《饮膳正要》（卷三，第一二二页）中的文字与之略有差异，其中只说其它酒的味不如哈喇火。

⑦ 《饮馔服食笺》，第一二七页；也可参见第一二五页、第一二六页和第一二七页中的方法，其中发酵时使用了酵母（酵）。

⑧ Huc（1855），I，p.322。古伯察（Huc），法国人，1838—1852年间在中国旅游观察到："每个朝代都饮用葡萄酒，直到十五世纪……然而，现在的中国人不再大面积的种植葡萄，也不酿造葡萄酒，葡萄仅作为水果鲜食或干食。"

了普及。18 和 19 世纪的外国人赞赏在北京和天津地区出产的葡萄品质优良[①]。或许，经过几百年的选育后，在那儿种植的葡萄（*vinifera*）品种已经很好地适应了中国北方的土壤和气候了。但是，没有迹象表明这些适应了北方环境的葡萄品种，对 20 世纪山东半岛上现代葡萄酒工业的兴起有何作用[②]。

245

酒也可由其它的水果酿制。一种是"橘子"酒，它因宋代诗人学者苏东坡的《洞庭春色》而闻名[③]，据说它优美的风味可与葡萄酒相媲美。但是，没有记载这种橘子酒的酿造方法。另一种是《癸辛杂识》（约 1300 年）中记载的酒，作者周密在密封的坛子中储存了一百个梨，六个月后发现，梨变成了一种酒精饮料[④]。但是，这些实际上只是奇闻轶事，它们在中国的地位从来没有达到苹果酒或梨酒在欧洲的地位。还有用花蜜酿造的酒。《旧唐书》中记载了用椰子花汁发酵酿酒[⑤]。更让人吃惊的是明代《蓬栊夜话》中记载的故事，其中第一次讲述了黄山的猴子酿造一种芳香浓郁的酒[⑥]：

> 黄山有很多猴子。在春天和夏天，他们采集各种各样的花和水果，并储存在岩石的裂缝中。这些花和水果会及时地发酵成酒，百步之外就可以闻到酒香。一个冒险深入森林深处的伐木人发现了这些酒。但是，他不能喝的太多，以免猴子发现剩下的酒减少了。猴子将会躺在那里等着窃贼，将其玩弄折磨至死。

> 〈黄山多猿猱，春夏采杂花果于石洼中，酝酿成酒，香气溢发，闻数百步。野樵深入者，或得偷饮之。不可多，多即减酒痕。觉之，众猱伺得人，必嬲死之。〉

根据最近旅行者的经历，黄山中明代猴子的后代显然没有忘记它们祖先非凡的成就[⑦]。这一现象表明，在史前纪元的早期，人们就已经知道花和水果中的糖可以发酵成酒了。很有趣的是蜂蜜，一种蜜蜂采集的花蜜浓缩物，它可能是所有糖源中最古老的。

---

① 柏尔（John Bell, p. 142），苏格兰人，在 1719—1722 年间从圣彼得堡（St. Petersburg）来到北京，在北京，他发现葡萄"外形漂亮，味道好"。郭士立［又名郭施拉；Charles Gutzlaff（p. 102）］，在 19 世纪 30 年代沿中国海岸线航行时，对山东半岛最东部和天津地区的葡萄质量留下了深刻的印象。他非常惊讶，"人们没有用北河（译音）岸边和构成这个国家最好水果地区生长的大量品质优良的葡萄酿造葡萄酒"。我们感谢 Michael Godley（1986），p. 383，提供这些有趣的文献。

② 中国现代葡萄酒工业的早期历史，参见 Godley（1986）。

③ 在上文（p. 206），我们已经提到了赞美这种酒的赋词。如果我们的解释是正确的，这种酒一定是类似于橘味白酒或橙味烈酒。苏东坡是品酒行家，对他著作中描述或涉及的各种酒的讨论，参见周嘉华（1988），重刊于黎莹（1989），第 175—190 页。

④ 《癸辛杂识》，附录一，第十四页，也介绍了回族人不用曲发酵葡萄。谢国桢［（1980），上册，第 186—188 页］记载的明代尚存的水果酒，包括梨、枣、椰奶、荔枝、西瓜和柿子酒。现在，酒也用菠萝和番木瓜酿制，参见 Nakayama（1983）。

⑤ 《旧唐书》卷一九七。安德森［E. N. Anderson（1997），私人通信］指出"椰子花蜜不是很多，不值得用。这里明显倾向的是棕榈酒，由椰子花柄的汁液制得。可将花柄砍下，使汁液流入罐中。"这就是锡兰（Ceylon，今斯里兰卡）棕榈酒的制法，棕榈酒再被蒸馏制得亚力酒，参见 Nathanael（1954）。

⑥ 《蓬栊夜话》，采自《说郛续》卷二十六。

⑦ 戴永夏（1985）。其后，林衍经（1987）记录，在探险黄山中偏僻树林时，他和一位同事确实发现在岩石中发现了这样一个裂缝。他们在几步之外就闻到酒香。他们喝了一些，发现滋味醇美。很显然，当地居民熟知这个现象，称之为"猴子酒"。

246　当蜂蜜用水稀释后，它很容易被酵母发酵成酒。这些酵母是环境中广泛存在的，产生我们现在知道的古代饮料——蜂蜜酒。

（ii）蜂　蜜　酒

　　蜂蜜，可能是新石器时代唯一的发酵基质[①]。但是，它在中国的历史却较短。在《楚辞》（约公元前 300 年）中，蜂蜜被称为甜味剂[②]，在《五十二病方》（公元前 200 年）中为药剂[③]，西汉的《神农本草经》将其列为石蜜[④]。然而，直到唐代才出现蜂蜜酒（蜜酒）的最早文献。《食疗本草》（670 年）中记载，蜜酒对治疗皮肤溃烂有益[⑤]；《新修本草》（659 年）中记载，蜂蜜可不用曲发酵成酒[⑥]遗憾的是，后者没有说明，如果不用曲，使用什么来促进发酵。

　　中国文献中关于蜂蜜酒的最著名记载，我们再次归功于宋代的诗人、美食家苏东坡。1080 年，他从一位朋友那里学会了如何用蜂蜜酿酒，并写了一首诗赞美它。在诗的序言中，他说："四川西部道士杨世昌是酿造优质蜂蜜酒的专家。我从他那里得到了酿造方法，这首诗谨作纪念。"（"西蜀道人杨世昌，善作蜜酒绝醇酽，余既得其方，作歌遗之。"）但是，这首诗缺少述及酿造的细节。幸运的是，张邦基编著的《墨庄漫录》（1131 年）中记载了这种方法，其内容如下[⑦]：

　　　　在黄州，苏东坡经常酿造蜂蜜酒。他写了一首关于蜂蜜酒的诗，但是，他的技术仅为少数人所知。[他的方法如下。] 加热四斤蜂蜜，混合于热水中，得到一斗溶液。将二两优质麦曲和一两半南方米曲在一起碾碎，放入薄的丝绸袋中，在一个密封缸中，悬挂于蜂蜜溶液中。气候炎热时，要冷却容器；气候凉爽时，要将容器保
247　温；气候寒冷时，要加热容器。一两天后，发酵开始，持续数天直至停止起泡，酒将澄清，即可饮用。开始时，酒会残留一些蜂蜜的滋味，但是，半月之后，酒的风味将丰满浓郁。当刚开始起泡时，加入半斤凉蜂蜜，能酿出优质蜂蜜酒。我自己试着酿制了，发现酒香甜、醉人，但是，酒量大的人会觉得其酒劲不足。

　　〈东坡性喜饮，而饮亦不多。在黄州尝以蜜为酿，又作《蜜酒歌》，人罕传其法。每蜜用四

---

　　①　Forbes（1954），p. 275。

　　②　参见 Hawkes（1959/1985），p. 228，"用米粉做的油炸蜂蜜糕"和"酒色碧绿，味如蜂蜜"。

　　③　钟益研和凌襄（1975），第 60 页。

　　④　《神农本草经·上品药》，参见曹元宇（1987），第 275 页。陶弘景解释说，在岩石峭壁上发现了这种蜂蜜，因此称之为石蜜。《博物志》[约190年] 卷十，第十二页] 大概记载了中国养蜂业的线索，比欧洲晚很多。到约公元前 28 年，当维吉尔（Virgil）完成《田园诗》（Georgics）第四部分关于养蜂的叙事诗时，欧洲的养蜂业已经成为稳固的产业。

　　⑤　《食疗本草》，第一〇八页。

　　⑥　《新修本草》，第二八七页。偶尔，韦利《诗经》译本的读者会发现诗 [《毛诗》262；W136] 中记载了蜂蜜酒，可能会得出错误的结论：周朝时，中国人已经知道蜂蜜酒。实际上，在这个特殊的例子中，蜂蜜酒是"矩邕"的误译，应改为"黑粟米酒"。

　　⑦　由鲁桂珍译成英文，经作者修改。周嘉华 [1988，第 82—83 页] 完整地引用并讨论了《墨庄漫录》（卷五，第十五页）中的这段文字。

斤，炼熟入熟汤相搅，成一斗。入好面曲二两，南方白酒饼子米曲一两半。捣细，生绢袋盛，都置一器中，密封之。大暑冷下，稍凉温下，天冷即热下，一二日即沸，又数日沸定，酒即清可饮。初全带蜜味，澄之半月，浑是佳酎。方沸时，又炼蜜半斤，冷投之，尤妙。予尝试为之，味甜如醇醪，善饮之人，恐非其好也。〉

假设有 80％ 的糖转化为酒精，采用上文表 21 中列出的计算粮食酒的方法，可以估算出成品蜂蜜酒中的酒精含量，我们估算的度数大约为 13.1％，这可能是可获得的最大产量[1]。这种酿造方法看起来非常简单。但是，据报道，有一次，苏东坡在几番实验失败后放弃了这种方法[2]。基于目前的发酵技术，我们可以发现两个问题。一个是保持加工温度低于或接近 30℃，因为，如果温度超过这一最佳值偏大时，蜂蜜水容易腐败[3]。另一个问题是使用曲引起的，以葡萄汁为例，即使曲的质量非常好，曲也会将令人不愉快的霉味带入成品酒中。

毫无疑问，苏东坡的兴趣使得蜂蜜酒在中国成为广为人知的酒精饮料。在南宋，有两部著作，《续北山酒经》和《酒小史》，记载了蜂蜜酒[4]。酿造蜂蜜酒的方法，在明代的食经和医药文献中已有记载，如《饮馔服食笺》（1591 年）说[5]：

> 将一斗水和三斤蜂蜜加热，将溶液转入瓶内冷却，然后加入二两碾碎的曲和二两白酵，混合后用湿纸封住瓶口，并将它置于干净的地方。春季和秋季放五天，夏季放三天，冬季放七天，即形成优质酒。

> 〈用蜜三斤，水一斗，同煎，入瓶内候温，入曲末二两，白酵二两，湿纸封口放净处。春秋五日，夏三日，冬七日，自然成酒，且佳。〉

在这个例子中，确实使用了酵母（酵），然而是和曲共同使用的。然而我们发现，《本草纲目》（1596 年）中记载了另一种方法，曲仍然被单独使用，这种方法是建立在唐代著名药剂师孙思邈的一个方法基础上的。其中写道："将一斤浅黄色蜂蜜、一升蒸熟的糯米、五两麦曲与五升热水混合，在密封的缸中培养七天。"[6]（"用沙蜜一斤，糯饭一升，面曲五两，熟水五升，同入瓶内，封七日成酒。"）

自然，蜂蜜和糯米相配，会使蜂蜜酒的滋味与普通米酒滋味相近。在这个方法中，蜂蜜是一种添加物，产品自然是另一种药酒了[7]。总之，在中国，蜂蜜酒从来没有获得充分发展，达到在中世纪以及现代欧洲盛行的程度。

248

---

① 根据吴承洛（1937），程理俊修订（1957），第 58—60 页；宋代一斗＝10 升（市制）＝6.64 升（公制），一斤＝596 克。蜂蜜的总体积为 6.64 升（公制），重量为 4.5 斤或 2.68 千克。按含糖量 80％ 计算，发酵底物的糖量为 2.14 千克，如果转化率为 80％ 的话，可得到 $1.09 \times 0.8 = 0.87$ 千克的酒精。因此，产品酒精含量大约是 $(0.87/6.64) \times 100 = 13.1\%$。

② 《避暑录话》，采自周嘉华（1988），第 83 页。

③ 关于蜂蜜酒酿造的简要讨论，参见周嘉华（1988），第 83 页。更详细的叙述见黄文诚（1985）。

④ 《续北山酒经》，李保著；《酒小史》（1253 年），宋伯仁著，第四页。

⑤ 《饮馔服食笺》，第一二七页，关于葡萄酒。

⑥ 《本草纲目》卷二十五，第一五六四页。

⑦ 孙文奇和朱君波（1986），第 136 页。

(iii) 马奶酒和其他发酵乳制品

在古代，另一种技术上更复杂、更有趣的加工方法是马奶酒（koumiss 或 kumiss；译作"忽迷思"）的制备。马奶酒也称"马潼"，由马奶发酵而成。马奶在中亚游牧民族生活中的重要性无论如何形容都不为过分[1]。显然，马奶酒的酿造是一种古老的工艺。李时珍指出，汉代有一种酒由马乳酿造而成，但是他没有说发酵的方法[2]。《前汉书》中列举有挏马官，根据应劭的注解，他是负责为皇室收集马奶并将其加工成挏马酒或其它皇室食品的[3]。但是，书中没有清楚的记载马奶酒的制作方法。除了唐代著名诗人杜甫的一首诗中有一种乳酒的记载外，在汉末至宋初的文献中，几乎没有提到马奶酒[4]。《齐民要术》（544 年）和唐代的《食疗本草》中记载了几种由奶加工的产品，例如酪、酥和醍醐，它们的制法将在下文述及[5]。在中国，直到蒙古人进入中原，马奶酒才为人们所熟知，当蒙古人退出中原后，它又没落了。但是，它是蒙古人最喜欢的酒精饮料，据说过度沉溺于马奶酒的癖好是加速元朝灭亡的原因之一[6]。

用奶酿造酒精饮料的工艺比蜂蜜或果汁的发酵工艺更为复杂。与牛奶相比，马奶含有较少的脂肪、蛋白质和较多的乳糖。它的酪蛋白含量较低，在酸性条件下不会像牛奶一样形成凝乳。在加工过程中，一些脂肪作为奶油被分离，蛋白质不变化，乳糖被转化为乳酸或发酵成酒精。因此，加工中有两个发酵过程同时进行。大约在 1253 年，一位到中国的西方旅行者鲁布鲁克（William of Rubruck）为我们提供了马奶酒制作的最生动的描述，他说[7]：

> 马奶酒是蒙古人和亚洲其它游牧民族的传统饮料。马奶酒的制作方法如下。取一个大的马皮袋和一根中空的长棍。将袋洗净，装入马奶。加入少量酸奶［作为接种物］。当它起泡时，用棍子敲打，如此循环直至发酵结束。每一位进入帐篷的访客，在进入帐篷时都被要求敲打袋子数次。三至四天后，马奶酒即成。

---

① Tannahill（1988），pp. 131—132。马奶中富含维生素 C，否则，游牧民族的饮食中会缺少它。

② 《本草纲目》卷五十，第二七六九页。

③ 《前汉书》卷七十九，第七页；参见 Bielenstein（1980），p. 34，关于汉朝官员挏马令（熟练的挤奶工），其职责之一是将马奶发酵为酒。应劭是《风俗通义》的作者。李奇注解道，马奶酒通过撞击乳制成的（"撞挏乃成也"），参见徐祖文（1990）。

④ 原文："山瓶乳酒下青云。"写在一名道士所赠一瓶马奶酒的赠言中，采自篠田统（1973a），第 334 页。

⑤ 薛爱华［Schafer（1977），p. 106］将酪解释为马奶酒，酥为凝固的奶油，醍醐为澄清的牛油。另一方面，蒲立本［Pulleyblank（1963），pp. 248—256］将酪解释为"煮沸的或酸的奶"，酥为牛油，醍醐为"澄清的牛油"。读者很快将发现，我们对这些产品的认识更接近于蒲立本而不是薛爱华。

⑥ 袁国藩（1967）。

⑦ 由作者译成英文，根据袁国藩（1967），第 14 页；原文出自柔克义（Rockhill）编辑的《鲁布鲁克东行记》［*"The Journey of William of Rubruck to the Eastern Parts of the world*，1253—1255"，见 Rockhill（1900），p. 66］和平克顿（J. Pinkerton）编辑的《鲁布鲁克鞑靼和中国行记》［*"The Remarkable Travels of William de Rubriquis … into Tartary and China*，1253."，见 J. Pinkerton，平克顿的书收于《航海和旅游全集》（*"A general Collection of Voyages and Travels"*，1808—1814，vol. Ⅶ，p. 49）（采自 Tannahill（1988），p. 123）。《黑鞑事略》（约 1237 年）中描述了相似的工艺；参见《黑鞑事略笺证》，第九十三页。

据推测，经过几代选育后，接种物中含有酵母和乳酸菌。马奶灌满袋后，只有顶部的马奶暴露于少量的空气中。乳酸菌水解乳糖，将一些降解的葡萄糖转化成乳酸，乳酸使 pH 值降低，但是马奶中的蛋白质没有凝结，仍为溶液状态，马奶处于相对厌氧的环境中，有利于酵母的繁殖、水解并将乳糖发酵成酒精。通过敲打皮袋，可震动马奶使软质的奶油漂浮到顶部。最后，撇去奶油，剩下的奶状液体——马奶酒[①]。据说它有一种"与新鲜发酵的葡萄酒近似的刺激滋味。人饮用一口后，留有像杏仁奶的滋味，这种酒使人兴奋、陶醉，并且利尿。"[②]

令人好奇的是，马奶酒有醉人的声誉。尽管现代的马奶中糖（乳糖）含量比牛奶高，却也只有 6.2%。如果这些乳糖全部水解发酵成酒精，酿成的酒中酒精含量也只能达到 3.3%，与啤酒中酒精含量相似。然而这是能达到的最高限，因为一些乳糖转化成了乳酸，所以毋庸置疑，大多数马奶酒中酒精的含量会低于这个值。马奶酒和白酒、葡萄酒、蜂蜜酒相比，马奶酒是柔和的。但是，蒙古人大量喝马奶酒，所以他们常常会喝醉[③]。

无论如何，马奶酒或更为准确地说是奶酒，没有在中国完全消失。在 19 世纪，当欧洲人开始研究中国药典时，他们发现马奶酒和其它奶酒是一些药酒的成分。这些酒被粗略的译成"牛奶威士忌"[④]。尽管蒙古人、藏族人和中国西北部的其它少数民族确实在酿造和饮用相似的奶酒，但是现在奶酒并没有列在药酒的著作中。

然而，有另一种由乳发酵的饮料，远比奶酒更经常被记载在中国的文献中，即酪[⑤]。"酪"字在中国有着起伏交错的历史。最初，它可能是表示由水果制成的一种酒精饮料的术语。例如，《礼记》[⑥] 中"醴酪"的"酪"，但是它很快有了另外两种意思：一种表示由谷物制成的饮料[⑦]，另一种表示由乳制成的饮料。因此，自古代起，中国就有三种形式的酪，即水果制成的果酪、乳制成的乳酪和谷物制成的米酪。到了唐代，"酪"几乎成为专门用于表示一种由乳发酵制得产品的字。

---

① 在苏联，现在仍然大规模地生产马奶酒，制作方法与中古时期蒙古人使用的方法类似。据斯坦克劳斯等人 [Steinkraus *et al.* (1983), p. 276] 的描述：将奶放入一个木质容器中，和少量已经酿好的马奶酒混合，放置 15—24 小时。"如果需要加速发酵，可适当的加热和搅拌。当奶完全变酸并在表面形成厚厚的凝块时发酵结束。然后，敲打或搅拌直至'凝块'完全散开，形成黏稠的液体。再盖上，继续发酵 24 小时或更长时间，搅拌，直至非常均匀。"关于用奶制作马奶酒的更多的资料，参见 Kosikowski (1977), pp. 42—46；Prescott&Dunn, 4th edn (1982), pp. 158—159；Campbell-Platt (1987), p. 108—109。

② Rockhill (1900), p. 67。

③ 根据鲁布鲁克，蒙古人有四种酒精饮料：葡萄酒、粮食酒、马奶酒和蜂蜜酒，引自袁国藩 (*1967*)，第 143 页。

④ MacGowan (1871—1872), p. 238。

⑤ 在现代词典中，"酪"的发音为 lao。在《说文》和《康熙字典》中，"酪"的发音均为 luo。这表明，纵观大部分中国历史，luo 为常用的发音。根据这种情况，我们采用 luo 的发音。其他西方的中国食文化史学家，例如萨班 [Sabban (1986a), pp. 31—65] 在其关于中国乳制品历史的精彩论述中，将"酪"发音为 lao。读者可以从她的文章中了解中国食品的乳制品文化及烹调方面的更多的资料。

⑥ 《礼记·礼运第九》，第三六七页；《礼记·祭义第二十四》，第七五九页。

⑦ 关于这一问题的讨论，参见凌纯声 (*1958*)，第 888—889 页。

在《楚辞》的诗句中有"酪"字的记载："新鲜的海龟，多汁的鸡肉，配上楚酪。"[①]（"鲜蠵甘鸡，和楚酪只。"）朱熹注解说，"酪就是奶浆"[②]（"酪，乳浆也"）。西汉时期，酪已经是家喻户晓的产品。《史记》（公元前90年）中记载，中行说劝告匈奴说："所有的中国食物都不像乳及乳产品那样方便、味美。"[③]（"得汉食物皆去之，以示不如湩酪之便美也。"）《后汉书》（450年）中记载了乌桓部落，说他们"吃肉喝酪"[④]（"食肉饮酪"）。《说文》将酪定义为"乳浆"（"乳，浆也"）。《释名》中说："酪肥腻，由液体乳制成，它可使人长胖、增加［面色］红润。"[⑤]由这些注释我们可以推断，酪是由乳发展而来的饮料，但是至今，我们不清楚它的味道如何或者它是怎样制作的。

251　　　　到南北朝（420—580年）时，在游牧部落侵入后所建立的王朝统治下的中国北部地区，酪成为一种主要的饮料[⑥]。由此推测，贾思勰非常熟悉用牛奶或羊奶制作酪的方法，并将它记录在《齐民要术》（544年）中。其中，很多描述出自放牧管理和何时以及如何挤奶的一般告诫[⑦]。例如[⑧]：

　　　　收集的奶置于平底罐中，用文火加热。如果火过大，罐底部凝结的奶会烧焦。建议在一、二月份收集大量的牛、羊粪便进行干燥。这种粪便是加热奶的最佳燃料。燃烧草料会使灰尘落入奶中；使用柴火容易使奶烧焦。干粪燃烧温和，没有这些缺点。用［木制的］长柄勺不断搅拌，以免沸腾溢出。过一会儿，用长柄勺彻底上下搅动。不要沿边搅拌，这将抑制凝乳。不要吹奶，这样会导致牛奶分离[⑨]。沸腾四至五次后，停止加热，将奶倒入浅底容器中，勿搅动。当奶冷却到一定程度时，剥离表面形成的奶皮，置于另一容器内，则制成了酥。

　　　　将木条弯曲成环状，用以撑开丝袋，作为过滤器过滤温热的奶，并用发酵的陶瓶收集过滤奶。如果使用新瓶收集过滤奶，则装奶前无须热处理，如果使用旧瓶，应先将它们置于热灰火中灼烧，以除去瓶壁上的浊水。在加热过程中，一定要在灰

---

①　译文见 Hawkes（1959/1985），p.234；参见"大招"，董楚平（1986），第274页。酪在这里被翻译为"酱汁"（sauce），不能确定它是否是乳制品。

②　《汉语大词典》，第1403页引用；也可参见傅锡壬（1976），第172页，注释28。

③　译文见 Latttimore（1940/1988），p.488。参见《史记·匈奴列传》（卷一一〇，第二八八八至二八八九页。在汉朝宫廷中，中行说是品级很高的太监。他被迫护送去匈奴和亲的公主。由于违背他的意愿，他宣称，"他将是汉朝的灾难"。这段表明，乳和酪是匈奴人的主要食物。

④　《后汉书·乌桓传》（卷九十，第二九七九页）。

⑤　《释名》卷十三，第八页，"酪，泽也，乳汁所作使人肥泽也"。

⑥　参见下文［（f），p.511］酪浆和茶的比较。

⑦　《齐民要术》（第五十七篇，第三一五页）关于养羊，有如下忠告：①在挤奶时，要留有三分之一的母奶给小牛或小羊，这是十分重要的。②收集制酪的乳应在三月末或四月初，这时有茂盛的牧草饲养产奶的动物。到八月末时，加工要放慢，最后全部停止。③母畜和幼子在夜间要分开，清晨将它们放出，吃布满新鲜露水的草。然后将羊赶回圈，挤奶。挤奶后，让牲畜呆在一起，再次赶到牧场吃草。按照这样的方法，挤到的奶量最多，母畜和幼子都会得到很好的饲养而健康。

⑧　同上，第三一五至三一八页。

⑨　原文："吹则解"。这句话的意思不明，也使石声汉［（1958），第407页］迷惑。

中转动瓶子，使之受热均匀。如果瓶壁上有水残留，将导致酪断裂无法成型[1]。在发酵过程中，必须控制温度。理想的温度应该是温的，略高于体温。如果温度过高，酪会变酸，温度过低，则无法形成酪。[在发酵之前，]最好先加入过滤过的热奶预先制成的甜酪作为发酵剂（酵）。每升奶中加半勺发酵剂。发酵剂放于长柄勺中，用小勺搅匀。然后，加入过滤后的奶中，用长柄勺混合均匀。用毛毯或丝毯包裹瓶子，以便保温。过一段时间，用一块布代替毯子保温。第二天早上，酪即成了。

如果远离城市或没有预先加工好的酪，可用酸米水作为发酵剂[2]。每斗奶中加一勺酸水，混合均匀。如果发酵剂是酸的，发酵产品也是酸的。如果发酵剂是甜的，且用量过大那也会使产品变酸。

〈作酪法：捋讫，于铛釜中缓火煎之——火急则着底焦。常以正月、二月预收干牛羊矢煎乳，第一好：草既灰汁，柴又喜焦；干粪火软，无此二患。常以杓扬乳，勿令溢出；时复彻底纵横直勾，慎勿圆搅，圆搅喜断。亦勿口吹，吹则解。四五沸便止。泻着盆中，勿便扬之。待小冷，掠取乳皮，着别器中，以为酥。

屈木为棬，以张生绢袋子，滤熟乳，着瓦瓶子中卧之。新瓶即直用之，不烧。若旧瓶已曾卧酪者，每卧酪时，辄须灰火中烧瓶，令津出，回转烧之，皆使周匝热彻，好干，待冷乃用。不烧者，有润气，则酪断不成。……其卧酪待冷暖之节，温温小暖于人体为合宜适。热卧则酪醋，伤冷则难成。

滤乳讫，以先成甜酪为酵——大率熟乳一升，用酪半匙——着杓中，以匙痛搅令散，泻着熟乳中，仍以杓搅使均调。以毡、絮之属，茹瓶令暖。良久，以单布盖之。明旦酪成。

若去城中远，无熟酪作酵者，急揄醋飧，研熟以为酵——大率一斗乳，下一匙飧——搅令均调，亦得成。其酢飧为酵者，酪亦醋；甜酵伤多，酪亦醋。〉

在《齐民要术》中，还有下列几种有趣的制酪法：

作干酪法：在七、八月份制干酪。将酪日晒，当顶部形成脂肪膜时，将其除去。重复这一过程，直到不再形成脂肪膜为止。当收集了1斗脱脂酪后，把它放入平底锅中加热，再倒入浅底盘中。进一步晒干，直至黏稠适中时，滚成梨大小的球形，晒干。干酪可保存数年不坏，是长途旅行的理想食物。

作漉酪法：将优质的酪放入布袋中悬挂放置，使水沥出。当乳清全部沥出后，在平底锅中用文火加热，再放于盘中，日晒。当不再感觉湿时，将其滚成大小如梨的球形物。漉酪也可保存数年。将其切成小块可加入粥或汤中。漉酪风味优于干酪。虽然加热会略微损害漉酪的风味，使其风味略逊于生酪，但是保质期却得到了延长。未经热处理的酪易生虫，无法度夏。

---

① 文中"断"的意思也含糊不清。文中继续记述："如果反复加热瓶子，酪会破裂，作坊可能受到蛇或青蛙的侵袭了。这种情况下，可以提前点燃一些人的头发或牛、羊的角，散发的气味会将害虫赶走。"因为我们进行的是乳酸发酵，"断"可能意味着缺菌的产物，因此，无法形成凝块。乳酸菌一定被抗菌素污染了，它可溶解细菌。参见 Barnett（1953），pp. 77—78。

② 原文是"醋飧"。飧是浸泡在水中的熟饭。由于乳酸菌的作用，水经常变酸。《齐民要术·飧饭》用一整篇记述了飧，参见第八十六篇，第五二四页。

　　作马酪酵法：将2至3升驴奶和（数量不限的）马奶混合。发酵成酪后，取下来沉淀，然后摇成球并晒干。可用做第二年制酪的发酵剂。

　　〈作干酪法：七月、八月中作之。日中炙酪，酪上皮成，掠取。更炙之，又掠。肥尽无皮，乃止。得一斗许，于铛中炒少许时，即出于盘上，日曝。泡泡时作团，大如梨许。又曝使干。得经数年不坏，以供远行。

　　作漉酪法：八月中作。取好淳酪，生布袋盛，悬之，当有水出滴滴然下。水尽，着铛中暂炒，即出于盘上，日曝。泡泡时作团，大如梨许。亦数年不坏。削作粥、浆，味胜前者。炒虽味短，不及生酪，然不炒生虫，不得过夏。干、漉二酪，久停皆有喝气，不如年别新作，岁管用尽。

　　作马酪酵法：用驴乳汁二三升，和马乳，不限多少。澄酪成，取下淀，团，曝干。后岁作酪，用此为酵也。〉

　　在本书英文版的上述段落中，我们故意避免翻译"酪"这个词为英文，因为我们根本不能确定在西方是否有与之相对应的乳制品。"酪"已有各种英文译法，例如：cheese（干酪）、sour milk（酸乳）、koumiss（马奶酒）、yoghurt（酸乳酪）或 fermented milk（发酵乳）[①]。根据《齐民要术》中记载的制作方法，清楚表明酪是经乳酸发酵而成的。除了用马奶制成的马酪以外，没有迹象表明酪是使人醉的饮料。奶先被加热，再冷却。在冷却过程中，大量的脂肪被分离除去。随着较多酸的产生，一些蛋白质特别是酪蛋白凝结。这是一个短短的过夜发酵，没有记载酪像什么。因为酪是作为饮料消费的，所以它应该是液态的。因此，与酸乳酪相比，酪更类似于酪乳或酸的奶。其中含有悬浮的固体，这些固体可以用丝袋过滤从乳清中分离出来制成漉酪。也可将酪晒干丧失水分制成干酪。实际上，这些产品都是乳奶酪[②]。酪的风味和黏度很大程度上是由其中存在的微生物决定的，推测是乳酸杆菌（*Lactobacillus*）和链球菌（*Streptococcus* spp.）。在酪的发酵剂中几乎没有酵母菌，但是在加工过程中，其中的一些乳糖被水解，有迹象表明，可生成甜酪和酸酪。

　　从上述讨论中，我们大概可以看出，酪是一种脱脂的酸乳、液态的酸奶或酪乳，其中的蛋白质仅有轻微的凝结[③]。我们猜测，唐、宋文献中记载的大多数酪，除了马奶制成的酪以外，即便含有酒精，其含量也很低。除酪以外，中国文献中经常记载的还有另外三种乳制品：酥、醍醐、乳腐。在佛教文献中，酪、酥和醍醐经常在一起出现暗示玄奥等级的产品，代表灵魂发展的三个过程[④]。在《名医别录》（510年）中，酥和牛奶、羊奶及马奶列在一起。在《新修本草》

---

　　① Cheese（干酪）：Shih Shêng — Han（1958），pp. 88—89；Sour milk（酸乳）：Pulleyblank（1963），pp. 248—256；Koumiss（马奶酒）：Schafer（1977），p. 106；Yoghurt（酸乳酪）：Anderson（1988），pp. 50，55，虽然文中没有直接指出酪就是 yoghurt（酸乳酪），参见 Sabban（1986a），pp. 36—37。

　　② 参见上文（p. 251）注释，Barnett（1953），p. 61。

　　③ 此翻译效仿蒲立本 ［Pulleyblank（1963）］。我们将使用的另一种翻译是"酸乳饮料"（yoghurt drink），依据 Jenner（1981），p. 215。《洛阳伽蓝记》中的原文使用词语"酪浆"，可解释为酪的一种液态形式，事实上，这是常见的酪。

　　④ 薛爱华 ［Schafer（1977），p. 106］解释酪是代表初等，酥是中等，醍醐是上等灵魂的发展——本注文系原著者审订译稿时增补。

（659 年）引用的佛教经文中，说由乳可以制成酪，酪可以制成酥、酥可以制成醍醐[①]。在《食疗本草》[②]（670 年）及其以后历代的重要药典中，也都记有乳及其演化的三种乳制品。《齐民要术》告诫我们，当冷却加热后的奶制作酪时，表面形成的膜移去可以用于制酥。但是，这并不是制酥的唯一方法。《齐民要术》还给我们一种用酪制酥的方法[③]：

> 抨酥法：首先，用榆木制成搅乳的棍。取一块榆木碗，去掉其上半部，在四边低处各剜一个直径为一寸的圆孔。在碗底的正中间装上一根长柄，制成类似于搅拌酒醪用的耙子。酸酪和甜酪都可以作为制酥的基质，即使是很酸的酪也可以使用。将酪放入大小合适的瓮中，放置于阳光下，从清晨开始直到夕阳西下（即黄昏）。然后，用搅乳棒搅拌，要确保让耙子时常到达瓮底。一餐饭的时间后，加热一些水，直至烫手。将热水到入瓮中。加水的量是瓮中物料量的一半。继续搅拌直至油状的酥开始分离。加入同热水量一样的冷水并继续搅拌。这一次，耙子不一定必须伸至瓮底，因为酥已经飘浮在上面，再加入一些冷水。当油腻的酥开始变为固体时停止搅拌。

> 在瓮边放一盆凉水。用手将凝固的酥从瓮中取出来放入盆中，最终全部将酥揭完。脱脂、稀释的酸乳残渣可以调和凉的熟饭或粥。当盆中的水变凉时，所有漂浮的酥都会凝成固体。干燥（捏掉水），用手接取出来作成球状，存放于铜器里或防水的陶器中。大约过了 10 天左右，当收集到了足够的球酥时，用慢慢燃烧的牛粪或羊粪火加热干燥。这个过程类似于［《齐民要术》中］从花或香辛料中提取香味物质的方法[④]。当天，随着加热的进行，酥中残留的奶和水分就会迅速蒸发，并发出象大雨打水的声音。当所有都安静了，此时酥也就煎成了。

> 〈抨酥法：以夹榆木碗为耙子——作耙子法：割却碗半上，剜四厢各作一圆孔，大小径寸许，正底施长柄，如酒耙形——抨酥，酥酪甜醋皆得所，数日陈酪极大醋者，亦无嫌。

> 酪多用大瓮，酪少用小瓮，置瓮于日中。旦起，泻酪着瓮中炙，直至日西南角，起手抨之，令耙子常至瓮底。一食顷，作热汤，水解，令得下手，泻着瓮中。汤多少，令常半酪。乃抨之。良久，酥出，复下冷水。冷水多少，亦与汤等。更急抨之。于此时，耙子不须复达瓮底，酥已浮出故也。酥既遍覆酪上，更下冷水，多少如前。酥凝，抨止。

> 大盆盛冷水着瓮边，以手接酥，沈手盆水中，酥自浮出。更掠如初，酥尽乃止。抨酥酪浆，中和飧粥。盆中浮酥，得冷悉凝，以手接取，搦去水，作团，着铜器中，或不津瓦器亦得。十日许，得多少，并内铛中，燃牛羊矢缓火煎，如香泽法。当日内乳涌出，如雨打水声，水乳既尽，声止沸定，酥便成矣。〉

文中继续说，在制酪过程中，当加热后的乳冷却时收集的奶油皮可用同样的方法加热制成酥。阅读上文时，细心的读者会注意到，在"酥"字的使用上有模糊不清之处。"酥"

① 《新修本草》卷十五，第一七一页。
② 《食疗本草》，第二九至三〇页。
③ 《齐民要术》（第五十七篇），第三一七至三一八页。
④ 同上，第五十二篇，第二六三至二六四页。

254

用于表示搅乳后从酸乳中分离的奶油状物质，也用于表示生酥在罐中加热后得到的产品。从这些叙述中看，酥很可能仅仅是黄油。那么醍醐是什么？令人惊讶的是，几乎没有文献记载介绍醍醐的制作。我们所有的资料是《证类本草》（1108 年）中的一段叙述，它引用了苏敬（约 670 年）的说法："醍醐是酥的精华。一石优质的酥中含有三到四升的醍醐。加热、搅拌和提炼酥（"热、抨、炼"）后，置于罐中直至凝固。拨开软滑的结皮，醍醐就可以分离出来，并将其倾出。"（"醍醐，此酥之精液也。好酥一石有三四升醍醐。熟抨炼，贮器中，待凝，穿中至底，便津出得之。"）

　　这个叙述表明，醍醐仅仅是澄清的黄油或黄油脂肪，与中东烹调中常见的精制奶油（*samna*）和印度烹调中常见的酥油（*ghee*）相似。我们认为，酪、酥和醍醐分别是酸乳、黄油和澄清的黄油脂肪。这与蒲立本（Pulleybank）和萨班（Sabban）的解释相吻合①，但是与薛爱华（Schafer）的看法不同。薛爱华认为酪是马奶酒，酥是凝固的奶油，醍醐是黄油②。根据《齐民要术》中记载的方法我们认为，当时加工的条件有利于乳酸发酵，而不是乳酸和酒精的混合③。总的看来，古代和中古时期中国的酪不像马奶酒，而更近似于酸乳。

　　《齐民要术》中制酪和制酥方法，其简要内容出现在《臞仙神隐书》（1440 年）中，并在《本草纲目》（1596 年）中重现④。元代《居家必用》中记载的制酪方法更流行，但是在此后的古籍中，制酥的方法出现了包括用羊脂或猪油制作的成分⑤。这表明，元代以后的"酥"已经不再是纯黄油了，而是一种松脆的基于动物油脂的产品。

　　那么乳腐是什么呢？在唐代，它是一种乳食品。在谢讽的《食经》（约 600 年）及孟诜《食疗本草》（670 年）中，都列举有乳腐⑥。在《唐书·穆宁传中》，穆宁的四个非常成功和优秀的儿子被比作四种乳制品，老大是酪，次子是酥，三子是醍醐，四子是乳腐⑦。尽管乳腐通常也被叫做乳饼，在后来的食品文献中经常被提及，但是我们要等到元代的《居家必用》（1271—1368 年）才能见到它的制作方法的最早记载⑧。

　　　　制乳腐：用丝袋子将一斗牛奶过滤到罐中。煮沸三到五次。用少量水稀释。加醋使之凝固，就像做豆腐一样。当乳完全凝固后，放在丝袋中沥水，用一块石头

255

---

①　Sabban (1986a), pp. 36—40；Pulleyblank (1963)，参见上文（p. 252）注释。

②　Schafer (1997)。弗里曼 [Freeman (1977), p. 156] 采用了薛爱华的解释，即酪是马奶酒。

③　根据现在的知识，用马奶或牛奶生产奶酒，要求接种物（10%—39%）含有在约 28℃条件下培养的。有活性的正生长的乳酸菌和圆酵母（*torula*）或酵母菌（*Saccharomyces*）。乳酸发酵制酸乳酪或酸奶需要添加 5% 的接种剂，培养温度为 38℃ 或更高。例如，参见 Kosikowski (1977), pp. 45—49。《齐民要术》中推荐的温度略高于体温，接近于 38℃，有利于乳酸发酵。

④　《本草纲目》卷五十，第二七八八至二七九○页。

⑤　《居家必用》，"造酪法"，第 136 页；"煎酥法"，第 135 页。这提示我们，在后来著作中记载有酥的配方中，我们不能假定使用的酥是牛油。

⑥　《清异录·食经》，第 15 页；《食疗本草》，张鼎增补，谢海洲（*1984*），第 62 页，人民卫生出版社。

⑦　《旧唐书》卷一五○，第四一一六至四一一七页；《新唐书》卷八十八，第五○一六页。穆宁生活于 8 世纪安禄山之乱年间。

⑧　《居家必用》，第 137 页。同一配方见《臞仙神隐书》和《本草纲目》卷五十，第二七九二页。

压。加入盐，在罐底贮放凝乳。

〈造乳饼：取牛乳一斗，绢滤入锅。煎三五沸，水解，醋点入乳内，渐渐结成。漉出，绢布之类裹，以石压之。（入盐，瓮底收之。）〉

这段叙述与同书中另一种用酪制乳团的方法接近。

从这种情况来看，中国似乎有两种类型的凝乳，一种是乳腐或乳饼，使用醋作为凝固剂；另一种是利用天然形成的乳酸凝固作乳团。这两种凝乳就是西方家庭干酪（cottage cheese）的变体，它们也代表与豆腐相对的乳制品。关于豆腐我们将在（d）节中讨论。自《齐民要术》（544 年）以后，加工乳品的内容通常记载于农学专著或食经和食谱中[1]。很显然，在宋朝京都的市场上，它们是十分常见的食品[2]。为了便于了解中国乳制品的使用范围，我们现将那些载有乳制品内容的古籍，列于表 26 中供参考，其中包括食疗经典（Materia Dietetica）的几部著作[3]。在这些著作中，乳及乳制品既被看作是药，也被认为是食品。在其它著作中，只有乳被应用于烹饪中时，才会有所介绍。据表 26 表明，乳制品在唐、宋、元时期的中国是常见但不是重要的食品。酥相当流行，是制作面包卷和糕饼的起酥油。但是，到元代，正如上文已经提到的，在《居家必用》中，由于牛、羊油脂和猪油的掺杂致使酥的生产开始走向没落之路。到了清初，酪的含义发生了变化。据《食宪鸿秘》（1680 年）和《养小录》（1698 年）记载，乳酪的制作已经从酪转变成为一种奶制布丁了[4]。好像是有意贬低乳腐大名似的，在古籍《食宪鸿秘》和《随园食单》（1790 年）中，通常表示凝乳的说法被改称为发酵豆腐[5]。人们应该承认，到了清代乳制品已不再是中国人饮食中的重要食品了[6]。

回顾了上述所有资料后，我们得到了两个意外的考察结果。其一，虽然 6 世纪以来，奶乳（包括马奶、牛奶和羊奶）是本草或食疗经典中记载的产品，但是在中古时期和前近代时期中国人当饮食消费的只有加工的乳制品（如酪、酪浆、干酪、酥和马奶酒），而不是乳或奶本身。实际上，一直到 1080—1307 年（宋至元），《寿亲养老新书》问世后，食品文献中才首次出现了鼓励饮奶的建议，其中明确指

256

---

① 《四时纂要·七月》，第一七七页；《农桑衣食撮要》，四月，第七十九页；五月，第八十五至八十六页。

② 《东京梦华录》，第十七页、第四十三页和第六十一页。杭州的南城有个张姓人家，以制作乳酪的专家闻名；《梦粱录》，第一三五页和第一三七页。弗里曼 [Freeman（1977），p.156] 宣称"马奶酒是宋代普遍消费的饮料之一"，这可能是一种错误。很显然，他沿用了薛爱华的解释，认为酪是马奶酒的同义词。他引用的北宋百科全书《事物纪原》（约 1080 年）[卷九，第七页] 关于马奶酒的起源实际上是关于醴酪的起源。因此，如果我们将马奶酒替换为"加工的乳制品"，他所述"马奶酒"的盛行就是正确的。

③ 《食疗本草》、《饮膳正要》和《饮食须知》。表 26 是由萨班 [Sabban（1986），p.65] 提供的更广泛的表改写而成。

④ 《食宪鸿秘》（第十三页）和《养小录》（第七页）给出了制作乳酪的相同配方："一碗牛（羊）奶加入半杯水，混入三勺小麦粉并过滤，在罐中加热至沸腾。加入粉糖，当牛奶沸腾时用木勺快速搅拌，然后过滤到碗中备用。"很难确认这一产品是真正的酪。

⑤ 《食宪鸿秘》，第一六三页；《随园食单》，第一一九页。

⑥ 但是，乳制品并没有完全消失，如在牛皮中制作凝结奶油和乳饼的方法，它们被记载在《醒园录》（第三十九页）中，晚清《调鼎记》（第二三七至二三八页和第二六二至二六三页）中也抄录了这个方法。《调鼎记》的作者似乎只是简单的抄录了《醒园录》中的方法。

表 26　中国食品文献中记有乳制品的参考资料[a]

古　籍　名　称 ＼ 乳品名称	乳	酪	酥	醍醐	乳腐[b]
《齐民要术》（544 年）	＋	＋	＋	－	－
《食经》（600 年）	－	－	＋	－	＋
《食疗本草》（660 年）	＋	＋	＋	＋	＋
《食谱》（700 年）	＋	＋	＋	－	＋
《东京梦华录》（1148 年）	＋	＋	＋	－	＋
《梦粱录》（1334 年）	＋	＋	＋	＋	－
《饮膳正要》（1330 年）	＋	＋	＋	－	＋
《云林堂饮食制度集》（1360 年）	－	－	－	－	＋
《居家必用》（1360 年）	－	－	－	－	＋
《饮食须知》（1368 年）	－	＋	＋	－	－
《臞仙神隐书》（约 1440 年）	＋	＋	＋	－	＋
《饮馔服食笺》（1591 年）	＋	＋	＋	－	＋
《食宪鸿秘》（1680 年）	＋	＋？	＋	－	＋
《养小录》（1698 年）	＋	＋？	＋	－	＋
《醒园录》（1750 年）	＋	－	＋	－	＋

　　a：根据 Sabban（1986），p. 65。

　　b：包括乳饼。

257　出，饮用牛奶非常有益于老年人[①]。在明代的《饮馔服食笺》（1591 年）中，这个建议得到了重申[②]。但是到了晚清中国人还没有接受乳奶为直接食用的饮料。这种态度历来被西方人认为是中国饮食文化中一个难解之谜。现在我们猜测，真正的原因可能是中国人和他们北方邻居的游牧民族，自古至今患有乳糖吸收障碍。他们不能消化鲜奶中的乳糖，但是可以消化乳糖发酵后转化的乳酸（或酒精）。所以历来中国人不喜欢喝鲜奶，而愿意食用发酵乳制品[③]。

　　其二，值得注意的是，对于中国人，特别是中国北方亚洲大平原的游牧民族来说，乳是主要的饮食资源，但是他们从来没有学到利用皱胃酶凝乳制作干酪的

---

　　① 《寿亲养老新书》卷一，第三十页。虽然这部书是在 1080 年编纂的，但是，在 1307 年有过重要的增补。因此，这一建议的准确日期在这两个年份之间。然而，在唐代乳已被作为一种和其它食疗成分相混合的煎剂使用。薛爱华［Schafer（1977），p. 105］引用了《全唐诗》（卷三十，第四页）中白居易（772—846 年）的《春寒》，诗中叙述说："在寒冷的早晨，没有什么比用乳煎煮地黄更使他愉快。"（"酥暖蒌白酒，乳和地黄粥。"）《寿亲养老新书》（第二十九页）也推荐了一种用乳、黑胡椒（荜茇）和水制成的饮料。

　　② 《饮馔服食笺》，第一七一页。

　　③ 参见 H. T. Huang（2002）——此句正文及注释系原著者审订译稿时增补。

方法，因此，没有机会尝到真正干酪美妙的味道。应用皱胃酶制作的干酪是欧洲最负盛名的膳食中不可缺少的材料。鉴于从汉代到明代，丝绸之路早已架在中国和欧洲之间，有相当的贸易交流，可是为什么西方的这一秘方却没有传入中亚或东亚，真是令人深思①。

（8） 东方和西方的酒精发酵

> 诺亚作起农夫来，栽了一个葡萄园。他喝了园中的酒便醉了。在帐棚里赤着身子②。

上段文字出于《创世记》（Genesis），根据犹太人的传说我们知道，在西亚大洪水过后不久，人们就酿造了葡萄酒。在中国，传说"酒"是在大禹女儿的指导下发明的，大禹是治理了洪水并且建立了夏朝的帝王③。如果不过分苛求真实的话，这些传说与现代考古发现是一致的，这表明，在西方和东亚人类历史的早期，酒精饮料已为人所知，很可能是在新石器时代，于各自的区域里独立发明的。虽然其中所涉及的基础化学是相似的，但是，两种文明下的发酵技术却沿着截然不同的路线发展。是什么原因导致了这种差异？我们认为，答案在于这两种文化之间具有特定的和截然不同的自然条件和人文环境。当人们首次发现了可发酵糖能转化为酒精这一过程时，这些不同就存在于各自的社会中了。其中，首要的原因是可获得的发酵底物的原料种类不同；其次是当时具备的处理这些原料的烹饪技术方法不同。

我们已经回顾和分析了中国粮食酒发展的历史过程（pp. 154—162）。在西方，早期的美索不达米亚和埃及社会里，生产两种类型的饮料，一种是葡萄酿造的酒，另一种是粮食酿造的啤酒或淡色啤酒④。这里的葡萄指的是用于酿酒的葡萄（*Vitis vinifera*），它是公认最早在里海（Caspian Sea）南部被驯化栽培的品种⑤；这里的粮食指的是大麦和小麦，它最初种植于亚洲西南部的某些地区⑥。从葡萄汁向葡萄酒的转变，几乎不需

258

---

① 迈尔-瓦尔德堡［Mair-Waldburg（1974）］讨论了史前近东人发现皱胃酶的两个假设。其一，当不经意用小牛胃制作的袋子贮存牛奶时发现的；其二，当幼仔牛喂奶后离开母亲不久就被屠宰时发现的。不管是那一种假设，它的发现是一个非常偶然的事件，很难在其它地方再现。东亚和中亚草原上的游牧民族不知道这个技术。在罗马帝国初期，皱胃酶的使用已广为人知了，参见洛布（Loeb）版的 Columella（1968），p. 285。

② 《创世记》，第9章，第20句（Genesis 9：20）。《圣经》中有关葡萄酒培养菌的讨论，参见 Sasson（1994）。

③ 参见上文 p. 161，《酒诰》，引文见胡山源（*1939*），第 266 页；杨文骐（*1983*），第 7 页；张远芬（*1991*），第 360 页。犹太年代学认为，诺亚生活在公元前 2000 年，中国人的记载表明，夏朝建于公元前 2000 年左右。酒精饮料出现的年代可能更早，参见 pp. 155—156。我们现有的知识表明，在远早于公元前 2000 年以前，人们就知道酒精饮料。

④ Partington（1935），p. 303。

⑤ Bianchini & Corbetta（1976），p. 160。更多最新的讨论，参见 Zohary（1995），Olmo（1995），Badler（1995）和 McGovern & Michel（1995）。更多的资料，参见 McGovern，Fleming & Katz 编辑（1995）的其它文章。

⑥ 关于小麦，参见 Harlan（1981）和 Feldman，Lupton & Miller（1995）；关于大麦，参见 Harlan（1995）。关于近东地区植物的驯化，见 Roaf（1990）；Naomi Miller（1991）；Bar-Josef（1992）；Naomi Miller（1992）；Zohary & Hopf（1993）；Valla（1995）；Grigson（1995）和 Hopkins（1997）。农业起源的讨论，参见 Smith，Bruce（1995），Miller（1991），pp. 135—137 和 Hawkes（1983），pp. 27—46。

要人为干预。确实，这个过程事实上是不可避免的[1]。在美索不达米亚地区，关于葡萄酒和啤酒的最早记载可追溯到公元前 2000 年[2]。但是，所有资料表明，这两种发酵饮料在新石器时代早期已经出现，葡萄酒的出现早于啤酒[3]。葡萄汁到葡萄酒的发酵不需要加热，可以在动物皮、木头或石头制作的最简单的容器中进行。在大约公元前 8000 年葡萄（*Vitis vinifera*）被栽培种植以前，葡萄发酵就已经被发现了[4]。

259　　另一方面，以小麦或大麦为原料酿造发酵饮料，例如淡色啤酒或啤酒，其制作过程是相当复杂的，类似于中国以粟米和稻米为原料酿造酒和醴。然而，最终被采纳用于酿造中国酒的方法，已证明与西方采用的酿造啤酒的方法截然不同。为什么呢？为了寻求这个答案，我们需要查询历史记载，试探着寻找史前的中国和西方的证据，即粮食发酵为酒精是如何起源的。

（i）中国醴和酒的起源

当仔细考虑上文（pp. 154—162）所收集和调查的资料时，我们会得出结论：在中国，"酿酒"的发展，即使不是决定性的，但是也必然受到可获得的粮食和他们本身消费和烹饪方式的影响。谷物中的淀粉以颗粒形式存在，不易被消化酶水解，但是放入水中煮熟后，淀粉颗粒被破坏，淀粉变为胶状容易被酶水解。在《礼记》中，有一段熟知的文字记载了新石器时代早期中国人是如何使谷物变为可消化的，这段记载如下[5]：

　　　　典礼初，他们以饮食作为开端。他们烤黍米和肉；他们在地上挖出一个缸
　　形状的坑，用手从中舀出水；他们用芦苇做成鼓槌，用地做为鼓……从前，古
　　代君王没有房子，冬天他们住在挖好的洞中，夏天住在搭建的巢穴里。他们不

---

　　① 酿酒葡萄是最好的（*par excellence*）发酵底物，它的皮薄而韧，能够很容易地榨出大量汁液。葡萄汁含有 18％—22％的可发酵的葡萄糖和果糖，远高于其它已知的任何水果。产品是 10％—11％酒精含量的葡萄酒，在合适的储藏条件下，足以使葡萄酒具有长期的稳定性。葡萄汁的弱酸性（pH3.1—3.7）有利于酵母菌将糖转化为酒精，在一定程度上，还抑制了污染细菌的生长。此外，葡萄皮上存在有丰富的野生酵母菌，当葡萄被挤压破碎后，它们会立即发生作用。参见 Benda（1982），p. 311。

　　各种水果中糖含量的比较，参见 Fowles（1989），"国内高级葡萄酒酿造者"，《新科学家》（*New Scientist*）（1989-9-2），p. 39，表 1。除葡萄之外，大多数水果中糖含量为 5％—10％，唯一例外的是成熟的香蕉，糖含量高达 18％。确实，在许多热带地区，都有香蕉酒生产（安德森私人通信）。

　　② 帕廷顿 [Partington（1935）] 引用了古埃及纸草书（pp. 195—197）和苏尔美的资料（pp. 303—304）中有关啤酒的一些文献。有人可能会疑问，现在的啤酒是指用大麦芽酿造、用啤酒花增香的，古代粮食酿造的酒是否能称作"啤酒"？此外，古代的啤酒也用小麦酿造，但是为了简便起见，我们仍把它称作"啤酒"。这样做的原因是，这个词已被考古学家和食物史学家广泛采用。

　　③ 最近，米歇尔等 [Michel, McGovern & Badler（1992）] 发现，早在公元前 3500 年到前 3000 年的戈丁泰佩（Godin Tepe），已有用大麦酿造啤酒的化学证据。此外，麦戈文 [McGovern（1996）] 等人指出，在公元前 5400 年到前 5000 年的北扎格罗斯山脉（Northern Zagros mountains）地区，葡萄酒已有相当规模的生产。

　　④ Olmo（1995），p. 487 及 McGovern *et al.*（1996），p. 36。另一方面，祖哈里 [Zohary（1995）] 认为，直到红铜时期（约公元前 3700—前 3200 年），才有种植酿酒葡萄的确凿证据。

　　⑤《礼记·礼运》，第三六六页，译文见 Legge（1985），pp. 368—369，经作者校改。完整的引文，参见 K. C. Chang（1977），pp. 44—45 及 Anderson（1988），pp. 34。

知道火的力量，只是吃草木的果实、鸟兽的肉，喝它们的血，吞咽它们的皮毛……后来，圣人出现了，人类学会了利用火。他们铸金属［做工具］，烧陶［做陶器］，用于建造有结构的塔，搭建有门窗的房子。他们炮、燔、烹、炙，他们酿造醴和酪。

〈夫礼之初，始诸饮食，其燔黍捭豚，汙尊而抔饮，蒉桴而土鼓……。昔者先王未有宫室，冬则居营窟，夏则居橧巢。未有火化，食草木之实，鸟兽之肉，饮其血，茹其毛；……后圣有作，然后脩火之利，范金，合土，以为台榭、宫室、牖户。以炮以燔，以亨以炙，以为醴酪。〉

我们同意袁翰青的看法，即一种最基本的酪（一种初级的果酒）可能是新石器时代中国最早酿造的发酵饮料[①]。但是，与葡萄（*vinifera*）不同，中国本土的水果不太适合酿酒，就在此时，随着醴和稍后出现的酒成为商、周时期人们喜欢的饮料，人们对酪的兴趣消退了。这是怎么发生的呢？传说黄帝"发明了陶罐和蒸笼"、"蒸谷做成饭，煮谷做成粥"[②]。中国大量的考古发现表明，在裴李岗与公元前6000—前7000年的相关文化发现的陶器中，用于烹调的三脚陶罐很常见，而在仰韶及河姆渡文化遗址（公元前4000—前6000年）中，陶制蒸器也很常见[③]。由于考古证据表明，煮罐比蒸器至少早出现一千年，所以我们可以推测，做粥要远远早于做饭。

对我们来说，幸运的是，稻米和粟米的谷粒较软，谷壳容易去除[④]。这意味着，这两种粮食很容易煮成粥或蒸成饭，所以史前中国南北方的烹饪技术得以沿着相似的线路发展[⑤]。在中国古代，用蘖酿醴，用曲酿酒。传统观点是，曲起源于已馊的饭。但是人们对于蘖的起源一无所知。蘖的糖化过程是怎么发现的呢？我们猜想，这可能与煮粥有关。例如，试想一下下面的场景：一些谷物被储藏在阴暗潮湿的地方，在脱壳以前已经发芽[⑥]。当谷物在水中加热煮粥时，火突然熄灭，悬浮物被不经意地置于半加热状态一段时间，部分淀粉就会变成胶体状，被淀粉酶水解为麦芽糖[⑦]，结果得到一种美妙甜味

---

① 袁翰青（1956），第79页。确实，如上文注释（p.153），郑州附近台西的一个古代"酿酒厂"遗址的陶罐中发现的桃核、李核和枣核表明，在商代中期，仍然有果酒的生产，参见 Xing & Tang（1984）和 Underhill（即将出版）。

② 《古史考》，陶文台［（1983），第10页］引用，其中记载"黄帝作金甑"，"黄帝始蒸谷为饭，烹谷为粥"。

③ 参见 Chang, K. C.（1986），Fig. 54，p.99，考古发现中的烹调陶罐与裴李岗文化以及上文我们对半坡及河姆渡陶制蒸笼的讨论（p.76）。顾立雅［Creel（1937），p.44］认为鬲与甑是所发现的中国商代最有特色的陶器，这些陶器是中国文化所特有的。有关新、旧石器时代中国人饮食的讨论，参见曾纵野（1988），第1卷，第1—92页。

④ 在可以追溯到大约公元前5000年的河姆渡史前遗址中，发现了大量的稻壳，参见浙江省博物馆（1978），第107页，游修龄（1976），及 Chang, K. C.（1986年），p.210。这自然表明，与西方新石器时代早期颖苞紧裹的小麦和大麦相比，公元前5000年的中国稻米品种具有较易去除谷壳的优点。

⑤ 在中国，如今仍采用两种相同的方法烹饪稻米：慢火煮粥和蒸饭。在中国北方，通常把粥叫做稀饭。在欧洲及美国的中国餐馆中，尽管蒸器不是必需的，米饭通常称为"蒸饭"。

⑥ 这种情况在中国中部和南部温暖湿润的春夏季中是很普遍。

⑦ 条件与酿造啤酒时糖化（mashing）麦芽（即大麦芽或小麦芽）是相似的。糖化通常在70—80℃进行，谷物淀粉酶是耐热酶之一，在此温度下仍能保持活性。事实上，在20世纪早期，在大于80℃条件下，它们被用来使布退浆。

的汤。再持续一段时间后，悬浮物会变成一种有芬芳酒气的物质，中国人称此为醇[①]。
这就解释了蘖、蘖米、饴和醴是怎样发现的问题。进一步的实验表明，用蘖接种饭更利
于醴的制取。

用蘖可以将饭酿成醴表明，蘖已经被酵母菌利用。当然，史前的中国人不清楚
这种可能性，他们也许认为将麦芽糖溶液转变成具有醇香汁液的能力是蘖固有的本
性。因为酵母菌的量是不确定的，所以，达到的发酵程度也不确定，他们也没有发
现在发酵混合物中添加前一次的发酵液可以解决这个问题。然而，当人们意识到用
蘖酿醴的结果不确定性时，由于曲在发酵中的作用出现，这个问题就已经没有实际
意义了。曲是酵母菌和霉菌的载体，这是周代蘖和曲常常一起使用于酿酒的主要
原因。

上文（p.161—162）已经说过，当有人不经意间将一篮子蒸饭露天放置数天后成
为曲时，将这些发霉物干燥可能就是制曲的最早原型。最终，人们发现，将谷物粉与水
混合制成块状物后，同样可以使霉菌生长[②]。最后，这种米曲在中国北方被叫做曲，在
南方被称作酒药[③]。那么，在汉代，古代最初的米（粟）曲是怎样被写作"麹"（麦字
旁）的呢？为什么在后来，它通常用麦而非米作为原料呢？

实际上，根据《说文》（121年），"麹"最初被写作"籁"，即在表示菊花的
字上面加一个竹字头[④]。事实上，在《马王堆竹简》中，它被简单地写做"鞠"，
这是汉代初期的麹（曲）字写法[⑤]。因此，在语源学上，"麹"与"籁"的最初概
念是一致的，即当熟饭露天放在竹篮中时，有时它会获得黄菊花的颜色。尽管
《方言》（约公元前15年）中有"麹"字的记载，但是，在《说文》中它不是以
单独的词条列入的[⑥]。这说明，直到汉代之后"麹"才取代了较老的写法。

因而，很有可能在公元前两千年，中国北方的籁同南方的酒药一样都是由蒸
稻米（粟米）饭或稻米（粟米）粉制得。直到公元前两千年中期，当麦（小麦）

[①] 因此，最初部分液化、发酵的粥可能被认为是古代醪粥的起源，其现代对应产品是中国台湾的醪、中国内
地的醪糟、日本的浊酒（doburoku）、印度尼西亚的"打培"（tapeh）以及菲律宾的"噶斯"（gasi），参见 Frake
（1980），pp.167。今天这种产品如何生产的一个例子，见 Wang & Hesseltine（1970），pp.574—575。

[②] 很显然，霉菌在未蒸煮过的谷物（即使谷物已经发芽）表面生长缓慢。《齐民要术》[（544年），第534页]
给出了用蒸饭制曲，即女曲的做法，参见下文 p.366。在这个方法中，将稻米蒸煮，压成小块，然后在艾叶中培
养。这可能被认为是制备古代酒药的方法。

[③] 《南方草木状》（304年）最早描述了如何从稻米粉制曲的方法，关于"草药发酵剂"，参见 Li Hui-Lin
（1979），p.59。在此法中，用各种草药汁将稻米粉做成生面团，放在茂密树丛的树阴下。一个月后，即为成曲（推
测面团长满菌丝）。这个方法表明，米粉（未经蒸煮）饼需要很长时间才能被霉菌利用。在中国南方以外的地区，
这个方法可能不容易采用。事实上，在日本，生的米粉饼（叫做粢，shitogi）已经被用作各种神殿的一种传统贡
品。最近，上田诚之助（1996）检测了在志贺町地区小野神殿摆放数天的粢样品，但是，未检测出任何相关霉菌
的生长。为了加速制曲过程，制作绍兴酒酒药时，使用了接种物。在接种前，米粉与荨麻粉和预制成的酒药混合，
参见浙江省工业厅（1958），第10—11页。

[④] 《说文解字》，第147页（卷七上，第二十一页），另见第61页（卷三下，第二页），其中说"鞠"
同"籁"。

[⑤] 马王堆《竹简》，第146条，湖南省博物馆（1973），上集，第142页，第146和147条。编者比
较了"鞠"和洛阳一个西汉墓的碑铭，认为麹与鞠相同，鞠是最终用来表示霉菌曲的"麹"字的演化。

[⑥] 《方言》卷十三，第十二页。

和䅘（大麦）作为栽培作物引入时，情况才开始有所改变①。这两种谷物的外壳太硬，不容易做成粥或蒸饭。所以，直到约公元前 300 年旋转手推磨的出现，便于将谷物磨成细粉后，它们才完全进入中国的饮食体系。对此，我们将在下文中（pp. 466—470）做详细介绍。很有可能在周代的某一时期，用发芽的小麦和大麦代替蒸米或粟米饭来酿制饴和醴，制饴是很容易成功的，但是制醴却比较难一些②。于是，小麦芽或大麦芽成了制作饴的优选原料。

我们猜想，发芽小麦和大麦制饴能成功地提示周代的酿酒师：在这些谷物中，一定含有某种能够促进酿酒的特别物质。由此，他们可能首先试着用蒸制的小麦或大麦制曲，结果并不令人满意。于是，他们决定将谷粒磨成粉，与水轻轻混合制成小块。也可能在露天放置以前，进行了蒸制，若干天以后，面块上会覆盖着细丝，布满一层黄色粉状物。这就是《齐民要术》（544 年）中所描述的，小麦或大麦曲的起源。人们发现，用这种方法制作的麦曲干燥后，其活性可保持数年。至此，小麦成为中国北方制曲的优选底物。正如在曲名字里"麦"字旁的出现所提示的，除了一种曲以外，表 19（p. 167）所列的各种汉曲都被认为是以小麦为原料的。小麦在制作霉曲中的统治地位，反映了小麦作为一种作物的重要性不断提升以及中国北方作为中华文明的政治和文化中心的重要标志。

对于我们所作的猜测，现在可以总结如下：史前中国酒精饮料的发明受两个因素影响：首先，基础农作物稻米和粟米，它们的谷壳相对较软；其次，用于烹饪的陶罐与陶蒸器不断发展。在水中轻微加热的谷物不经意间发芽，即"蘖"，首先导致了饴的发现，进而是醴。偶然将蒸制的谷物露天放着，导致了酿酒用的霉菌曲（鞠，之后麹）被发现，因此在酿酒中，霉菌曲完全取代了发芽谷物（蘖）。汉朝灭亡（220 年）后，醴逐渐失宠，并从中国饮食体系中消失。

但是，醴没有消失。在汉代或稍晚时期，由蘖制醴的技术经朝鲜传入日本（在那里，蘖被称作 *getsu*，醴被称作 *rai*③）。在中古时期，当日本人学会了制作米曲，并利用它酿造日本米酒（*saké*，清酒）时，蘖（*getsu*）同样被取代了。然而，利用短暂的一夜培养的酒曲（*koji*）、醴（*rai*）继续被作为一种特殊的饮料生产，这是在圣典中用于供奉神灵的祭祀饮料（图 60）。现在，人们仍然可以在日本茶馆中品尝到取名为甘酒（*amazaké*）的醴（*rai*），尽管其中含有极少量或没有酒精④。

可是，故事并没有结束。在 20 世纪后期，在长寿运动中，甘酒作为健康食品补充剂传到了美国。多年来，它只是对长寿人群有吸引力的一种特色饮品。自 1980 年以来，作为一种以米为原料的非乳饮料，它得到了热衷于自然和有机食品者的广泛青睐。如

263

---

① 小麦和大麦如何传入中国仍有争论。小麦和大麦何时在中国种植的讨论，见 Ho Ping-Ti（1975），pp. 73—76；本书第五卷第二分册，pp. 459—465。有可能大麦原产于中国，参见 T.-T. Chang（1983），p. 78，而小麦很有可能从西亚传入。

② 寺本等指出，［Teramoto *et al*.（1993）］大麦芽中的淀粉酶活性高于发芽的稻米。然而，由大麦芽酿制的米酒的风味不及发芽稻米酿制的米酒。我们猜想，小麦芽的淀粉酶活性也要高于发芽稻米。

③ 由于日语中没有 L 的发音，所以 *lai* 发音为 *rai*。

④ 上田诚之助（1992）。

264

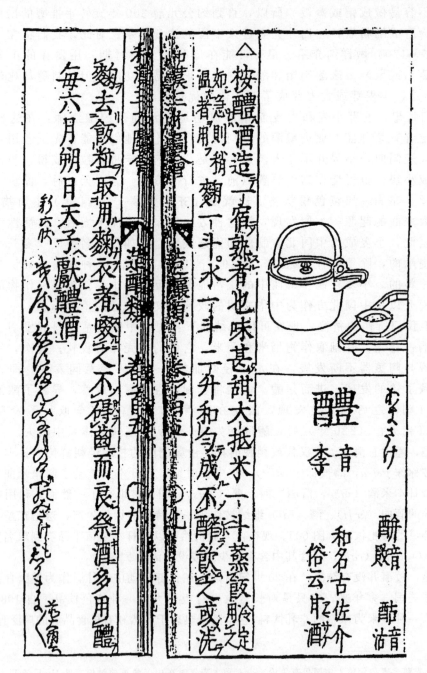

图 60 《和汉三才图会》（1711 年）中醴的定义。

今，它已经进行了商业化生产，在提供水果和蔬菜的健康食品店和超市里它随处可见[①]。人们情不自禁地会惊叹，文化传播的螺旋上升和迂回曲折，使古代中国的一种模糊的、长久被人们遗忘的饮料，终于在离开它的发源地不管是时间和空间上都是如此遥远的异国获得了再生，并展示在现代科技社会的货架上。

(ii) 西方啤酒的起源

啤酒的酿造也取决于发芽谷物中，淀粉在酶的作用下水解成了可发酵糖。因此，它与史前和古代中国酿造醴是相似的。由于谷壳的硬度大，所以大麦和小麦很少以整粒的 265
形式蒸煮。通常，在麦粒被加工成可消化食品以前，先将其磨成粗粉或面粉[②]。此外，大约公元前8000年最先培育的小麦和大麦，因具有紧密包裹的颖苞或谷壳，所以很难将内部可食用部分与谷皮分开[③]。在通常情况下，先烘烤麦穗使谷壳松动，然后在两块石头间摩擦，将穗与谷粒分离，并将谷粒磨成粉[④]。加热可以使淀粉颗粒变性，使之更易消化，但是同样可能使已经呈现出来的发芽前谷物产生的酶失活，使谷物中麸质的前体物质失活，导致了不适合于制作面包的缺点。

当粗粉与水混合时，会形成面糊或稀粥，这可能是后来希腊大麦饼（*maza*），罗马面粉羹（*puls*）以及后来西藏糌粑（*tsamba*）的前身；当细粉与水混合时，会形成生面团，在炉底石上烘烤后会成为扁面包，这可能是现今近东及中亚广泛生产的扁面包的前身。在这些条件下，从粥或面包进化为发酵饮料似乎是不可能的。但是，啤酒是现代西方人日常生活中非常诱人的商品，以至于一些学者试探着认为，新石器时代早期的谷物驯化目的，主要是为了提供一种啤酒原料，而不是食物原料[⑤]。这个诱人的观点表明，

① 舒特莱夫和青柳昭子［Shurtleff & Ayoyagi (1988b)］中讲述了甘酒在美国的情况。典型的甘酒产品如“米梦”，呈乳液状，含有糊精、麦芽糖和稻米中其它可溶成分，它也被做成冰淇淋似的甜点，在德国很畅销，参见与英悟德（Ute Engelhardt）的私人交流。除甘酒之外，很显然，当古代中国饴传入了日本时，伴随的有发芽的稻米。麦芽糖（叫做*ame*），写作“飴”，以米糖果或糖浆的形式，仍使用大麦芽作用于蒸煮米上进行生产。“飴”的糖浆形式叫做“水飴”（*midzu-ame*），是一种与中国的麦芽糖类似的常见糖果，参见下文p.457页，另见Oshima, Kintaro (1905), pp.22—23。

② 根据莫里茨［Moritz (1985), p.xxv］的观点，“碾谷大概是全人类最古老的技术：它几乎毫无疑问地可以追溯到从野生植物收获谷物的年代。从那时以后的漫长年代里，毫不夸张地说，‘每日的碾磨’在令人烦腻地家务中是非常突出的。”事实上，臼、杵和磨是在旧石器时代和新石器时代早期遗址中发现的最早的石具，参见Cohen (1977), p.134；Howe (1983), p.62；Hole (1989), p.102和Valla (1995), p.173。

③ 近东地区新石器时代小麦和大麦栽培物种的起源及进化的记录，参见Zohary & Hopf (1993), pp.18—64。

④ 从野外收获的粗糙的大麦和小麦怎样“烘烤”，从颖苞中释放谷粒的记录，见Tannahill (1988), pp.22—26。对此更精深的论述见Hillman, G. (1984 & 1985)，作者可能仿照苏美尔人文献中描述的操作，通过最近在土耳其进行的实践，研究了古小麦的加工过程。在19世纪60年代，云南的少数民族部落仍然使用这种方法：他们收集野生小麦，烘烤，在臼中敲打去掉谷壳，再进一步加工，参见金善宝，李播［(*1984*)，第42页］引用。赵荣光［(*1995*)，第255页］记述了在文化大革命时期的中国农村，也用相似的方法烘烤新麦。事实上，古代稻米也同样被烧、烤，以便于去掉谷壳，正如《广韵》(1011年) 中“煸”的定义所示“烧带壳的稻米来获得谷粒”(“烧稻作米”)。

⑤ Braidwood *et al*. (1953) 和Katz (1987)。有趣的是，在1935年，中国著名历史学家吴其昌也提出了同样的看法，见袁翰青 (*1956*)，第82页。吴说“当我们的祖先驯化粟米和稻米时，他们的主要目的是为了酿酒而不是做饭……吃饭的习俗产生于饮酒。”这些想象的问题在于，没有用于加热发芽谷物的防水容器，酿造啤酒是非常费力的。因此，直到耐热烹饪陶罐出现，即大约在公元前6000年的近东和早期的中国，啤酒酿制才成为可能。

在农业出现以前，啤酒已经存在。那些学者没有考虑这样一个棘手的问题，只有陶器发明以后，才会有耐热和防水的容器，没有这种容器时，啤酒怎能酿造出来。

266　　但是，大约到了公元前 6000 年，这些障碍全部消除了。人们培育出了不用烘烤即可将大小麦粒脱壳的新品种[①]。陶罐的发明将新石器时代的技师们带到了新的领域，在那里他们的技能和想象力得以充分发挥。现在，他们拥有能够用来炖煮的陶罐和能够当烤炉使用的缸[②]。这些先进技术使制粗粉和面粉成为可能，因此，可以用未经烘烤的谷物做成粥和面包了。那么这个阶段处于把谷物转化成发酵饮料的生产工艺的演进阶段。

　　我们现在不能直接知道这些生产工艺是怎么演进而来的。据说，它可能发生于正常做粥或面包时的一个偶然事件。首先，让我们来考虑一下做粥的方法[③]。一种方法是，人们做粥首先将生的大麦或小麦粉在水中慢慢加热，如果所用麦粉是由已经发芽的谷物制成的[④]，那就与前面提出的史前中国酿制饴和醴的过程相似[⑤]。另一种做粥的方法是，将预先烘烤过的谷物磨成粉再与水或酒混合煮[⑥]。如果偶然将一些已经发芽的谷物粉，与一些烘烤后的谷物粉与热水混合，放置数天后，同样会得到与史前中国制饴和酿醴时相似的发酵醪。

　　人们虽然无法判断哪种情况更有可能，但是一旦人们认识到，发酵醪散发出使人联想到葡萄酒的芳香和风味，我们很容易想象到进一步发展就是顺理成章的了。例如，如267　果在发酵混合物中加入具有活性的葡萄酒醪，发酵就会进行得更迅速和更猛烈。酿酒师们最终就会发现，发芽的大麦或小麦（即麦芽）本身，无论脱壳与否，当放入水中加热时，都会成为一种可发酵的汤液[⑦]。这就是现代啤酒加工的前身。在此过程中，麦芽独自作为发酵底物和催化剂产生了糖，当被酵母菌作用后产生了酒精。

　　尽管这个情景假想看似真实，但是，我们确实发现其中存在着很大的困难。如果这是啤酒或淡色啤酒酿造方法的起源，那么，在其演变过程中，麦芽糖（饴）一定是一种

---

　　① 最终，带谷壳的品种会被免脱壳的品种所取代。驯化的大麦、小麦新品种的简要讨论，参见 Hopkins (1997)；更详细的资料，参见 Harlan（1995），Feldman, Lupton & Miller（1995），Zohary & Hopf（1993），pp. 18—82，Miller（1992）和 Harlan（1981）。

　　② 我们猜想，烤炉的最早形式之一是筒状泥炉（*tandoor*），它是一种简单的大泥缸，部分埋在地下，或用大块泥土包裹。木炭在烤炉底部燃烧；生面团黏在炉壁上，焙烤后即取出。这是近东和全中亚地区仍然在使用的烘制扁平面包的方法。埃及第十八王朝时期的墓葬壁画上有这样一个烤炉的描绘，参见 Forbes（1954），p. 278，Fig. 180，约公元前 1500 年，其它同时代的壁画和木制模型上也有描绘。

　　③ 啤酒的粥起源，见 McGee（1984），p. 420，James 和 Thorpe（1994），p. 332。布拉斯韦尔 [Brothwell & Brothwell (1969), p. 166] 指出，啤酒可能起源于面包或者稀粥。

　　④ 如福布斯 [Forbes（1954），p. 278] 所指出，"麦芽不是被发明用于酿造的，它比烤制大块面包的历史悠久：它的发明是为了使谷物及其它种子或果实更加美味。延长食品原料在水中的浸泡时间，使之发芽，可使得食品更加诱人、易消化。"科兰 [Corran（1975），p. 16] 强调了同样的观点，他指出，"伴随着发芽的生物化学变化，产生了维生素及其它诱人的营养物质，同样使得谷物，除去壳以外，更易于被人体吸收。"

　　⑤ 没有直接证据表明，在史前的近东曾经用这样的方法制作粥 [鲍威尔（Marvin Powell），私人通信]，然而，不排除这种可能性。

　　⑥ 很显然，这是古典时期地中海地区做大麦粥的方法。例如，在《伊利亚特》（*Iliad*）中，赫卡墨得（Hecamede）女士用大麦和酒做浓汤，用蜂蜜、洋葱和奶酪调味，参见《伊利亚特》，英译文见 E. V. Rieu, p. 214。值得注意的是，西藏的糌粑是用相似的方法制成的，参见 Tannahill（1988），p. 25。

　　⑦ 在现代啤酒加工中，麦芽是由带壳的大麦制成，使用时不去壳。我们猜测，古代大麦芽也是带壳的。很可能是，当可以脱壳时，脱壳的大麦优先用于制粉。在新石器时代早期，二粒小麦可能是新东方最普遍的小麦品种。在谷粒被制粉以前，发芽的二粒小麦需要脱壳。

关键的媒介。然而，这与中国的情况有所不同。在早期的苏美尔或埃及文献中，甚至古希腊或罗马文学中，都没有用麦芽处理谷物得到一种甜味产品的记载。一种可能的解释是，史前近东已经有了很好的诸如蜂蜜、大枣或葡萄等，还有其它甜味料，所以有关另外的甜味料的存在，没有引起人们很多的关注。

在面包存在的基础上，啤酒或淡色啤酒的起源是怎样出现的呢？正如帕廷顿[Partington（1935）]和福布斯［Forbes（1954）］总结的那样，古埃及和苏美尔文献中所表明的面包，经常被视为啤酒起源的前身[1]。据推测，啤酒可能最先是由面包酿制的，就像"布扎"（booza，啤酒）至今仍在埃及和苏丹农村生产一样，其加工方法与古埃及墓穴中发现的大量壁画和木制模型上描述的方法相同[2]，其中一个例子见图61。帕廷顿的描述如下[3]：

> 将谷物浸湿，使其发芽，然后放入臼中碾捣，用水湿润，和酵素一起揉成块状，轻微焙烤成内部是生的面包。将面包揉碎，放在一盆（水）中发酵约一天，挤压的液体用滤网过滤。

这就是啤酒起源的方式吗？如果是，我们就可以谈论埃及的啤酒。长期以来，埃及被认为是发酵面包的发源地[4]。在苏美尔，情况可能略有不同，那里的面包大多数由大麦粉制得[5]。因为大麦含有较少的麸质，所以，大麦粉不是制作发酵面包的良好原料，在大麦生面团中有意识地加入酵素是不太可能的，但是，只要面粉是由发芽谷物制得，生面团就很容易被酵母菌利用，尤其是当碾磨和焙烤操作离酿制葡萄酒的大桶很近时更易发生。当生面团经过轻微焙烤、弄碎、再浸泡在水中时，淀粉就会被水解成糖，糖被发酵成酒精。那时，苏美尔人可能发现，向发酵物中添加麦芽和正发酵的酒就会提高面包向啤酒转化的速度。

269

这一情节解释了为什么在早期的苏美尔酿造啤酒的方法中，"巴琵尔"（bappir，通常译为啤酒面包）和麦芽一起使用[6]。例如，在公元前约2600年的一个方法中，记载了谷物、巴琵尔和巴格鲁（buglu，大概是麦芽）的使用。酿造100西拉（sila，40升）

---

① Partington（1935），pp. 195—197，303—305；Forbes（1954），pp. 277—281。参见 Corran（1975），pp. 16—17；Darby，Ghalioungui & Grivetti（1977）II，pp. 529—550；MacCleod（1977），p. 45，Tannahill（1988），pp. 48—49。

② 戴维斯［Tenny Davies（1945），pp. 26—27］引用了古王国时期（公元前2686至前2181年）阿海特-海泰普-海尔（Achet-hetep-her）陪葬墓中的一副壁画；其它例子见 Corran（1975），p. 33，Darby *et al.*（1977），p. 536，Wilson（1988），pp. 10，18。

③ Partington（1935），p. 196。

④ 例如，见 Jacob（1944），pp. 26—34，37，参见《出埃及记》（Exodus12：34），其中说："百姓就拿着没有酵的生面，把抟面盆包在衣服中，扛在肩头上"。这说明以色列人在旅居埃及期间学会了怎样做发酵面包。

⑤ 美索不达米亚的早期文献表明，大麦是一种比小麦更重要的粮食作物。如哈伦［Harlan（1995），p. 143］所说，"苏美尔有大麦神，但是，没有小麦神。"

⑥ 最近，斯托尔［Stol（1994）]和鲍威尔［M. A. Powell（1994）］批评了将巴琵尔（bappir）解释为"啤酒面包"。然而，他们的确同意巴琵尔是麦芽的一个产物，也就是发芽的谷物，它是在炉内烹煮的。因而，方便起见，我们可以认为巴琵尔是一种假定的"啤酒面包"，它起着和苏美尔酿制啤酒方法的传统解释中真正的"啤酒面包"的相同作用。

268

(a)

(b)

图 61 埃及面包和啤酒制作的木制模型，不列颠博物馆：(a) 45196 号模型展示出
女仆在啤酒制作时搅拌醪。存放发酵液的坛子放在前面的地上。出自中王
国时期（约公元前 1900 年）的艾斯尤特（Asyut）。(b) 40915 号模型展示
的是制作面包和啤酒的大型作坊。图中的女仆正在碾磨大麦，另一些女仆
在揉生面团，有的在将面团做成块状。酿制啤酒时，将轻微焙烤的面团弄
碎，用水浸泡，再发酵。出自代尔拜赫里（Deir el-Bahri），第 11 王朝，约
公元前 2050 年。

啤酒，需要 72 西拉脱壳的二粒小麦、12 西拉巴琵尔和 96 西拉巴格鲁[①]。这也解释了后来密藏在给女神宁卡茜（Ninkasi）的赞美诗（约公元前 1800 年）中的一个方法，即把麦芽和巴琵尔放在一起捣碎，经过分离和发酵后，"麦芽汁"与酒泥混合在一起作为酵母的一种来源[②]。

在古埃及，脱壳的二粒小麦是小麦粉的主要来源[③]。当用含酵母的和发芽的二粒小麦粉做成的生面团放置一段时间后，由于糖发酵释放出来的二氧化碳被包裹在面筋网状的团中，所以面团会膨胀。新石器时代的厨师们当然会注意到这一令人惊奇的现象，她们会很高兴地发现用这种生面团烤制的"发酵面包"，不仅美味而且质地比"普通"面包更疏松、细腻和柔软[④]。当把这种轻微焙烤的发酵面包悬浮在水中时，它会逐渐发酵成"啤酒"。

但是，像在中国酿造醴的过程一样，发芽面粉中酵母作用的程度是变化和不确定的。随着发芽二粒小麦加工技术的提高，在面粉中混杂的酵母菌可以下降到忽略不计的水平。此时，技师会认识到，一块正发酵的生面团可以用做酵素，并激发下一次面团的发酵。很快，她会发现，一块有活力的生面团是怎样保持活性，并用于下一批面包的制作与焙烤的。凉爽、潮湿的储存环境会促进乳酸杆菌和酵母菌的生长，这可能就是著名的酸面团被发现的原因[⑤]。如果碰巧酸面团的活性丧失了，用正发酵的酒泥做为酵素，

270

---

① Partington（1935），p.304 引用。关于古代苏美尔啤酒文化和啤酒经济的详细资料，参见米拉诺 [Milano（1944）] 编辑的专题论文集中的如下作者的论文：P. Michalowski，M. A. Powell，M. Stol，H. Neumann 和 C. Zaccagnini。

② 卡茨和梅塔格 [Katz & Maytag（1991）] 拷贝了西维尔 [Civil（1964）] 翻译的赞美诗，1989 年，他们在旧金山的一个现代酿酒厂（锚酿酒公司，Anchor Brewing Co.）酿制了一批宁卡茜啤酒（Ninkasi Beer）。使用的巴琵尔是经过两次焙烤的大麦面包，这会杀死所有残留的酵母菌。因而，与早期苏美尔方法不同，发酵中必需添加外源酵母菌。简要地，他们使用的方法如下：

1）巴琵尔（啤酒面包）的制备，可能以大麦为原料；麦芽的制备（发芽大麦）。
2）在水中将巴琵尔和麦芽捣碎。
3）从用过的谷物和谷糠中分离"麦芽汁"。
4）添加酵母菌发酵麦芽汁。

如果他们的解释是正确的，苏美尔人在公元前 1800 年就已经知道酿酒包含两个阶段：第一，面包中胶状淀粉的糖化；第二，甜味溶液发酵成酒精饮料。此工序与哈特曼和奥本海姆 [Hartman & Oppenheim（1950）] 的美索不达米亚人酿造术语表也是一致的，例如黑啤酒（dark beer）、浑浊啤酒（turbid beer）、泡沫啤酒（beer with a head）、啤酒面包（beer bread）、澄清麦芽醪（clarified mash）和绿麦芽（green malt）。

③ Harlan（1981），p.7。根据费尔德曼等人 [Feldman et al.（1995），p.189] 的说法，"二粒小麦是近东地区早期农庄的最主要的谷类粮食"。

④ 塞缪尔 [Samuel（1996b）] 的近期工作支持了这个情景假定。她用扫描电镜分析了公元前 2000 年到前 1200 年埃及古墓中的面包样品，认为"有意发芽"的二粒小麦粉被用来焙烤一些类型的发酵面包。有可能是，到大约公元前 2000 年，这种类型的面包已经有很长的历史了，在史前，它可能被用做啤酒酿造的早期原料。关于古埃及小麦粉和面包是怎样制作的进一步细节，参见 Samuel（1989）。

⑤ 在现代社会有商业化的新鲜酵母菌以前，自古以来，旧世界的面包都是用酸面团发酵的，参见 Wood ed.（1996a），p.5。伍德 [Wood（1996b）] 同样指出，将一碗泡在水中的面粉露空放置，可以容易的制作酸面团发酵剂。

总是可以激发起新的生面团之活性的[①]。

在水中浸泡发酵面包制作啤酒是一种简单、方便的方法。尤其是焙烤面包成为日常家务事时，其操作的简单性解释了为什么直到现在，在埃及乡村，这种史前工艺仍然在用于制作布扎啤酒（booza）[②]。然而，由于要分别进行发芽谷物的脱壳、生面团发酵、成型和焙烤，所以，大规模的操作是一个繁重费力的过程。不久，啤酒酿造师会认识到，重要之处不是面包本身，而是其背后的因素，即加热或烹制的谷物（如粗粉或面粉）、麦芽（发芽谷物）和酵母（来源于葡萄酒或啤酒发酵）。人们还认识到，这个过程包括两个阶段：第一，糖化作用（谷物颗粒的溶解和甜味溶液的产生）；第二，发酵作用（溶液起泡产生具有葡萄酒风味的饮料）。此外，向糖化混合液中添加新鲜麦芽会加速糖化作用，添加新鲜酵母菌会加速发酵作用。这些发现促进了两步酿造啤酒法的发展。塞缪尔（Delwen Samuel）用扫描电镜研究了古埃及面包和啤酒的残渣，她的这种开创性研究为两步法是怎样发展的，提供了一个线索[③]。

271　　　　根据塞缪尔对代尔麦地那（Deir el-Medina，公元前 1550—前 1307 年）和阿马尔奈（Amarna，约公元前 1307 年）啤酒渣的检测结果推测，在公元前第二千年的中期，埃及的两步酿制啤酒法如下："首先，将谷物发芽、加热，产生糖和风味，再将其与发芽但未经加热的谷物在水中混合。将得到的水和淀粉溶液倾析，用［酵母菌］发酵生成啤酒"[④]。纽卡斯尔市（Newcastle）的苏格兰–纽卡斯尔（Scottish and Newcastle）酿酒厂的研究人员验证了塞缪尔的方法，得到了令人惊奇的诱人产品。

乍一看，塞缪尔重现的酿酒方法与啤酒起源于面包没有什么关系。但是，如果我们分析她的方法，仔细考虑它是怎么发生的，我们就会发现，它事实上是原始的发酵面包方法的一种，是合乎逻辑的延伸。当比较已讨论过的三种啤酒酿制方法（布扎、宁卡茜和塞缪尔工艺）时，我们很清楚地看到，每种工艺都可以分解为下列三个显著的反应，即：

---

① 帕帕斯［Pappas（1975），p.3］提出，埃及面包是"用发酵葡萄酒上层富含酵母的泡沫发酵而成的"。坦纳希尔［Tannahill（1988），p.52］提出，当用淡色啤酒代替清水来混合生面团时，膨胀面包才出现。然而，此说法与她前面的结论（p.48）互相矛盾，即淡色啤酒来源于面包的制作。

麦吉［McGee（1984），p.273］提出了另一个面包起源的理论："面包出现以前，谷物或是在滚烫的石头上烘烤，或是煮成面糊或稀粥。这两个发现开创了一个新纪元，第一，面糊也可以焙烤——因此，得到扁面包——第二，被放置几天的面糊会发酵并充满气体——因此，得到膨胀面包"。参见 Panati（1987），p.400。这个假设的主要问题在于，当这种面糊暴露于空气数天后，很可能，面糊长满霉菌，而不是酵母菌。

② 在俄罗斯和芬兰也有面包啤酒的酿制，分别为克瓦斯（kvas，淡啤酒）和卡尔亚（kalja），感谢安德森提供此资料。根据史密斯和克里斯琴［Smith & Christian（1984），p.74］的说法，"如今家庭制作的克瓦斯由发芽的黑麦、大麦或小麦和黑麦，小麦或荞麦粉，馅饼、面包或甜面包干制成；用糖蜜、各种水果、浆果和草药来调味"。这与埃及布扎（booza）加工方法的相似性是毋庸置疑的。

③ Samuel（1989，1993，1995，1996a & 1996b）。

④ 新闻报道，见 Science，（1996），273，p.432。此结论基于这样一个观测结果：塞缪尔［Samuel and（1996b），pp.489—490］检测的大部分啤酒残渣不含有酵母菌的痕迹。她发现，"大片谷壳和粗糙的谷物碎片占优势。微观结构由形态未变的淀粉颗粒、有凹痕和凹陷但并未被破坏的淀粉颗粒及破碎的淀粉组成。这是典型的粗糙碾磨蒸煮和未蒸煮麦芽的混合物。高比例的谷糠和不含酵母菌这一事实说明，这些物质是用过的谷物，是经过漂洗后剩余的残渣，即来自于被加工麦芽的糖、糊精和淀粉"。"这些发现表明，发酵开始于过滤大量谷壳后得到的富含糖和淀粉的溶液。"

　　1）加热使天然淀粉变性或凝胶化；

　　2）麦芽糖酶糖化淀粉生成糊精和麦芽糖；

　　3）酵母菌发酵糖生成酒精和二氧化碳[①]。

在布扎工艺中，淀粉在焙烤啤酒面包的过程中变了性，反应2）和3）在同一个操作中同时进行。由于生面团中的一些麦芽糖酶和酵母菌在反应1）中因热已经失活，所以此工艺可能不是很有效。在宁卡茜工艺中，淀粉在焙烤巴琵尔的过程中也变性了，但是反应2）和3）是分别进行的，反应2）在麦芽糖酶的催化作用下进行，所以反应3）是在酵母菌作用下进行的。因此，宁卡茜工艺可认为是布扎工艺的延伸。在塞缪尔工艺中，淀粉在加热发芽谷物的过程中变性，但是反应2）和3）同宁卡茜工艺相似。事实上，它就是用加热的、发芽的小麦粉取代巴琵尔的宁卡茜工艺[②]。

　　那么，公元前1500年前后的埃及酿酒师们，是怎样加热这种用于啤酒酿造的发芽小麦粉的呢？我们猜测，当时人们可能是将它与少量水揉和在一起，放在黏土模具中，在热灰中焙烤的[③]。根据反应2）的需要，将得到的"面包块"与新鲜麦芽一起捣碎。这一说明就解释了为什么公元前第二千年的似乎在描述酿制啤酒过程的埃及壁画和木制模型中，那块假定的"面包"块（实际上是面包模）起着显著的重要作用[④]。

272

　　根据上述理由，我们可以认为啤酒起源于西方，是在做粥或面包时偶然操作而得到的。我们倾向于它来自面包，原因有三。首先，它解释了为什么麦芽糖溶液不被当作发酵过程的一种媒介和作为甜味剂浓缩使用。其次，它解释了两种已知的公元前第二千年中酿制啤酒的方法［卡茨和梅塔格（Katz&Maytag）解释的宁卡茜工艺以及塞缪尔重现的埃及工艺］是怎样演化的。最后，它解答了一个令人迷惑的问题。因为在公元前第二千年的宁卡茜工艺和塞缪尔工艺中，麦芽已经成为碾磨步骤中的成分，为什么古代酿酒师没有认识到，在热水中碾磨麦芽可以很容易地获取麦芽汁呢？我们认为，在室温的水中对巴琵尔（啤酒面包）进行碾磨，长久以来一直被实践着，以至于公元前第二千年的酿酒师们对此的认识已根深蒂固了。当麦芽作为糖化步骤中的一种成分被引入时，酿酒师们只是简单地依照传统，在碾磨操作中将麦芽加入到"面包"中。大约距上述1000年后，有人已经认识到了碾磨麦芽本身是一种获取令人满意的麦芽汁的方法。

---

　　①　到了公元前第二千年，埃及人已经对酵母菌有了很深入的了解。《埃伯斯纸草文稿》（Ebers Papyrus）（第12—13王朝，公元前1991—前1633年）记载了葡萄酒酵母、啤酒酵母、梅斯塔-酵母（mesta-yeast）、正生长的酵母、底部酵母、酵母液和酵母水，参见Partington（1935），p.197。

　　②　发芽小麦（即小麦芽）可能在没有脱壳的情况下被碾磨。塞缪尔［Samuel（1996a）］对发芽和未发芽二粒小麦的碾磨做了彻底的研究后发现，将小麦芽或大麦芽做成精致的无糠粉是费力费时的工作。

　　③　伍德［Wood（1996）］引用了马克·莱纳（Mark Lehner）发现的公元前第三千年的埃及厨房，其中面包是放在置于热灰中的黏土模具中焙烤的。他描述的制作过程与科兰［Corran（1975），p.16］描述的过程非常相似，即"碾磨的麦芽揉进面团，不需要提供过多的水。若在50℃下焙烤，面团会慢慢干燥，形成一层褐色的外表皮，饼的内部足以干燥到利于面团的运输"。这种饼（或啤酒面包）粉碎后，与新鲜麦芽和温水混合，可制得麦芽浆。

　　④　Darby，Ghalioungui&Grivetti（1977），2，pp.537，542；Forbes（1954），pp.270—271，278—279。温霍尔德［Weinhold（1988）］讨论了焙烤、酿造和葡萄醪发酵之间的紧密联系。

(iii) 东方和西方的谷物发酵

在上述讨论的基础上，我们可以用图解的方法描绘出西方葡萄酒和啤酒的起源了。请参见图 62。其中，将葡萄酒与啤酒联系在一起的一个重要因素是酵母菌。由于葡萄酒早于啤酒出现，相距大约有 1000—2000 年，我们猜测，首次用于啤酒发酵的酵母可能来自于葡萄酒。在扎格罗斯山脉地区，公元前 5000 年时，葡萄酒已经大规模地生产了[①]。到啤酒出现时，来自于正发酵着的葡萄酒桶的酵母菌，已经弥漫在近东地区各种厨房设施周围。如图 63 所示，当一块由发芽谷物和酵母发酵制得的面包块浸泡在水中时，啤酒也就问世了。那时，此工艺非常简单。发芽、碾磨、生面团制作、发酵和焙烤等中间步骤，在不同程度上被简化了。最后，麦芽被简单地在热水中捣碎，酵母菌加入到过滤后的麦芽汁中。

274

在中国，古代同样有两种发酵饮料，即醴和酒的生产。但是，它们都是用谷物酿成的，例如粟米和稻米，其起源如图 63 所示。最初，利用酵母菌混杂的发芽谷物（蘖）的米制得醴，中间产物麦芽糖，饴被分离当作一种甜味剂使用。汉代，此工艺被放弃了，而用曲进行一夜发酵法制得醴。最终，醴停止生产，酒成为中国主要的酒精饮料，并延续至今。

图 63 中的关键因素是霉曲。起初，曲是与蘖共同使用的，但是，周朝后期（公元前 6—前 3 世纪）时，人们发现单独使用曲就能糖化淀粉，并发酵糖分为酒精。我们在上文（p. 161—162）已经指出，这个独特的发明得益于偶然间将熟饭袒露在空气中[②]。由于熟饭数天后开始散发出一种引起技师们注意的芳香，他们认识到，霉菌丝体能够产生出一种令人愉快的效果，使得他们没有丢弃这些被发酵过的熟饭。这种微妙的成功关键是，空气中的真菌能够在蒸过的粟米和稻米生长，为曲的发明铺平了道路。

我们可以看到，在西方酒精发酵的起源和发展中，同样的因素在起作用。所涉及的原料一方面是酿酒葡萄，另一方面是小麦和大麦。由葡萄酿造葡萄酒的过程必然发生不需多加评论。更重要的是，葡萄酒发酵提供了一种既得的酵母资源，而不需要其他的微生物了。此外，发酵过程直接来自原料的特性，小麦和大麦本身即是这样。在小麦和大麦脱壳、磨粉以前，促使谷物的前期发芽是坚硬的麦粒。当酵母进入面粉中时，残留的糖发酵了，释放的二氧化碳被小麦中的麸质成分包裹着，从而使面团膨胀起发。焙烤发酵面包作为一种常规烹饪技术的使用，为"啤酒面包"的制作铺平了道路。将啤酒面包浸泡在水中，必然会相应地产生出一种酒精饮料。

[①] McGovern *et al*. (1996)。葡萄酒发酵的久远很容易解释为什么埃及人在大约公元前 1500 年已经有相对纯的酵母制剂，参见 Partington (1935)，p. 197。

[②] 自从新石器时代起，人们已经蒸煮粟米和大米，制成柔软、蓬松、极其美味和容易吸收的干饭。然而，蒸煮的饭粒同样是空气中霉菌生长的优良基质。第一，它们为孢子的着生和生长提供了很大的表面；第二，谷物中的淀粉已经胶质化，易于被霉菌生长并被释放出的酶水解。水解产生的糖诱发了酵母菌的生长，酵母菌反过来将其中的一些糖发酵为酒。

273

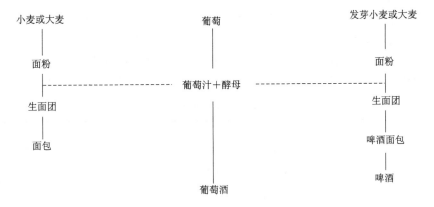

图 62　西方葡萄酒和啤酒的起源。

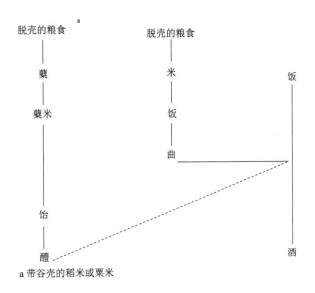

a 带谷壳的稻米或粟米

图 63　曲、蘖和酒的起源。

275　　关于古代东西方各类发酵工艺特征的比较请参见表 27。葡萄酒是一个特殊的例子，在中国没有相应的产品。在汉代，麦芽制醴的方法被放弃了，因此表 27 中比较的产品是西方的啤酒和中国的酒。我们可以说，啤酒的出现可能是面包制作技术的一种延伸，中国酒的出现可能是蒸煮脱壳谷物的一种结果。在中国，淀粉糖化为糖和糖发酵为酒精前后是在一个容器中发生的；在新石器时代的西方相同的情形也发生了，到第二个千年的苏美尔和埃及，糖化和发酵是作为两个独立的步骤按顺序发生的。在西方，酵母菌是酿造葡萄酒和啤酒时唯一参与的微生物；在中国，霉菌和酵母菌以"曲"的形式混合培养是中国酒发酵最基本的微生物条件。

表 27　古代酿制酒精饮料的发酵工艺比较

产品	西方		东方	
	酒（葡萄）	啤酒	醴	酒
原料	酿酒葡萄	小麦，大麦	发芽的谷物	大米，粟米
烹饪背景	—	面包（粥）	饴	饭
糖化剂	—	麦芽糖淀粉酶	谷物淀粉酶	真菌淀粉酶
发酵剂	酵母菌	酵母菌	酵母菌	酵母菌
微生物培养	单菌种	单菌种	混合菌种	混合菌种
工艺	液态发酵	液态发酵	液态发酵	半固态发酵

　　所有迹象表明，谷物发酵成酒精饮料在中国和西方是独立出现的，但是一个奇特的巧合揭示了两种文化之间存在着理念传播的可能性。我们查阅了双耳尖底陶瓶（amphora）在酿制和储存葡萄酒及啤酒中的使用。众所周知，双耳尖底陶瓶是古典时期地中海海上贸易时使用的盛装葡萄酒、橄榄油和鱼酱油的容器，在古代的美索不达米亚和埃及，它们是用来酿造和储存啤酒的。在有关酿造活动的埃及壁画和模型中，经常可以看到双耳尖底陶瓶形状的容器[①]。事实上，苏美尔的象形文字（图 64（a））也表明，酿酒师的大桶容器也是双耳尖底陶瓶的形式。人们不太了解的是，在新石器时代中国的仰

277　韶文化（公元前 5000—前 3000 年）时期，双耳尖底陶瓶（图 65）有着同样的制作和使用表现，然而这种独特形状的容器的作用几乎没有受到关注[②]。大多数中国考古学家可能会认同曾纵野的说法：它是用来收集池水或河水的[③]。但是，很显然，双耳尖底陶瓶涉及了谷物酿酒。正如甲骨文所示，酵字的部首"酉"最初被写作双耳尖底陶瓶的形状（图 64（b））。我们特别感兴趣的是，在大汶口和龙山文化后期（约公元前 3500—前 2000 年），双耳尖底陶瓶在中国突然消失了，取而代之的是大口的圆锥形容器[④]。甲骨

---

　　① Forbes（1954），pp. 283，290；Forbes（1956），p. 32；Corran（1975），pp. 23，33；Darby *et al.*（1977），pp. 541，558；Wilson（1988），pp. 10，57。

　　② Chang, K. C.（1977），p. 123；同上（1986），pp. 126，129-131，Ho Ping-Ti（1975），p. 130。没有一个作者论述了双耳尖底陶瓶的作用。

　　③ 曾纵野（*1988*），第 64 页。

　　④ 这些可能被看作是上部切掉的双耳尖底陶瓶。这种容器的图例，参见 K. C. Chang（1986），p. 171，苏兆庆等（*1989*），第 108 页，图 11，4 号和 11 号，以及文德安（即将出版）的说明，图 3。上文 [p. 151，图 41（b）] 所示的"将军盔"，可以看作是双耳尖底陶瓶设计的一个应用。应该指出的是，具有尖底的容器是根本不稳定的，需要支撑才能站直。它一定具有非常合意的、独特的作用，才会如此。

(a)　　　　　　　　　　　　　(b)

图 64　苏美尔和中国对发酵罐的描绘　　(a) 苏美尔发
　　　　酵罐的象形文字，根据 Forbes（1954），p.280；
　　　　(b)　"酉"　（发酵）的甲骨文，根据徐中舒
　　　　（1981），第 563 页。

图 65　西安半坡仰韶文化时期的双耳尖底陶瓶，旧金山亚洲艺术博物馆 [San
　　　　Francisco Asian Art Museum（1975）]，图 28，高 43 厘米。

文的"酉"可以追溯到公元前约 1500 年，就是基于双耳尖底陶瓶或其衍生容器的[①]。这表明，谷物发酵饮料的起源可以从龙山文化时期延伸到了仰韶文化时期。双耳尖底陶瓶是由东方传入西方或是由西方传入东方？或者中国和近东地区在同一时期都发展了这种容器是一种巧合？答案是不可知的，除非有关东西方双耳尖底陶瓶的起源资料被进一步地挖掘出来。

我们已经指出，霉菌曲来源于对蒸稻米或粟米的偶然处理，自汉代以来，它主要用小麦制作而成。事实上，据《齐民要术》记载，制曲时，小麦被烘烤或蒸，碾磨成粉，做成块状，再暴露于空气中让真菌和酵母菌繁殖（上文 pp. 170—174）。换句话说，这样处理小麦的方式与古代美索不达米亚人和埃及人使用的制作粥或面包的方法有多处相同。那么，为什么西方没有相应的霉曲的发明呢？我们认为，答案取决于两个因素：首先是大自然，其次是技术。

对于大自然，我们是指种植的谷物特性及其被利用的环境。在中国，粟米和稻米这些谷物具有较软的外壳，能够直接进行蒸煮。夏季气候炎热潮湿，这两种谷物残渣易于被曲霉（*Aspergillus*）、根霉（*Rhizopus*）或毛霉（*Mucor*）属霉菌利用。结果，在新石器时代的中国，空气中充满了这些真菌的孢子，环境条件利于孢子在蒸过的谷粒上找到合适的场所，落下、萌发和生长。另一方面，在古代的苏美尔和埃及，谷物主要是小麦和大麦，在蒸煮前必须将坚硬的谷粒磨成粉。光滑的粉糊接受空气中真菌孢子的表面有限。然而，湿粉为真菌的生长提供了合适的基质。事实上，塞缪尔检测的酿制啤酒中消耗谷物的残渣虽然能够很好地支持霉菌的生长，但是她发现没有显著的霉菌繁殖痕迹[②]。我们猜测，在新石器时代近东的气候干燥，空气中缺乏所需的真菌[③]。但是，可能还有另外一个因素，就是技术。

在古代西方，即使湿粉或啤酒糟上长满了丰富的真菌，人们会因其污染而厌恶并把它扔掉，因此在发霉的谷物中他们不会想到利用任何有价值的东西。幸运的是，在新石器时代的中国，蒸制不仅使米粒或粟米粒柔软蓬松，而且使熟米富含大量水分而膨胀。由于水分含量高，一旦米粒上长满了真菌菌丝，它们就会开始液化，有利于酵母菌的生长。人们不仅可以看到霉菌的生长和谷物的液化，更重要的是，他们闻到了液化物散发出来的芳香气味。因此，中国人的发现不仅取决于大自然，如谷物的软化、环境中有适量的真菌，也取决于技术，如上文所言，陶质蒸具的制作以及用陶器蒸谷粒使它充分吸水的技术等。

---

① 徐中舒（1980），第 563 页；方心芳（1980），第 142 页。双耳尖底陶瓶是用于从发酵醪中分离清酒用的理想容器。因为，残渣能够沉淀，并以最小的表面紧紧堆积在尖状的底部。这可能也是，尽管需要多余的劳力来使它保持垂直，但在古典时期的西方，它被广泛用来储存葡萄酒的主要原因。另一方面，商代以后，当发展了好的过滤方法以后，对尖底容器的需求不再是迫切的了，它们就从厨房用具中消失了。

② Samuel（1996a），p. 7。

③ 作者曾试图重现台湾土著居民日常以大米为原料酿造酒的过程。在湿热的夏季，作者在弗吉尼亚州亚历山德里亚（Alexandria, Virginia）的公寓中，将蒸的褐色大米置于碟中（不可以用竹筐），敞口放在阳台上，如果在台湾，三、四天后就会有明显可见的菌丝体生长（参见 pp. 161—162），但是等到一周后才看到明显的菌丝生长。通常发生的是，米粒最终变得非常干燥，没有自养真菌生长的条件。很显然，当地的空气中太缺少真菌孢子了。由于太干燥而不能重现在台湾所发生的过程。

(iv) 中国方法的特征

使用"曲"的一个值得关注的作用是，使中国的酿酒师们克服谷类酶的限制，充分利用了使用真菌淀粉酶时固有的优势。其原理如下：麦芽含有 α-淀粉酶和 β-淀粉酶，这两种酶都参与淀粉的水解；α-淀粉酶能将直链淀粉键剪切成较小的低聚合物，因而暴露出了许多新的非还原性末端[①]；β-淀粉酶能将非还原性末端的第二个葡萄糖残基切除，释放出一个麦芽糖分子；直到直链淀粉被完全降解后，水解才会停止。酵母菌中的麦芽糖酶将麦芽糖水解成两个葡萄糖单元，葡萄糖再发酵为酒精。然而，麦芽糖是 β-淀粉酶的抑制剂，所以一旦抑制剂浓度达到 7％，麦芽糖产率会急剧降低。因此，在通常情况下，啤酒中的酒精浓度大约保持在 3％—4％。曲中的真菌群会产生 α-淀粉酶和淀粉葡萄糖苷酶（*amyloglucosidase*）。淀粉葡萄糖苷酶作用非还原端的葡萄糖残基，释放出葡萄糖分子，葡萄糖直接被酵母菌发酵。葡萄糖不会抑制淀粉葡萄糖苷酶的作用，所以发酵基质中可以积累高浓度的葡萄糖。同样，淀粉葡萄糖苷酶对酒精的敏感度小于谷物 β-淀粉酶，因此不断地在基质中添加新鲜培养基，如上文（pp. 174—176）所示的熟大米或熟粟米等，就有可能增加基质中葡萄糖的浓度，并因此提高醪中的酒精含量到较高的水平。唯一的限制因素是酵母菌对酒精的敏感度。一般说来，当介质中酒精浓度达到 11％—12％（葡萄酒正常的酒精含量）时，酵母菌的发酵作用会停止。如表 21（p. 180）所示，在酒精含量方面，《齐民要术》中记载的几种酒与同时代中亚地区的葡萄酒是相当的。

若干世纪以来，酿酒师通过提高基质中酵母菌的数量反复地提高曲中酵母菌的活力，他们无意中筛选了当酒精含量达到 15％—16％时仍保持活性的酵母菌菌株，这就是著名的绍兴酒[②]和福建黄酒[③]（也是日本清酒[④]）的平均酒精含量。即使某些中国酿酒师没有考虑接种体的优势而继续从原料重新制备曲[⑤]，但是在培养之前，这些曲作为种曲来接种新一批原料的曲，那么，在曲中携带的酵母菌之间，筛选一定发生了。总之，《齐民要术》中记载的制曲方法演化成现在的四种主要类型（表 28），仅仅经历了较小的变化。其中，真正具有创新意义的是宋代以前红曲的发明[⑥]。

当然，古代和中古时期的中国人，一定不清楚曲中有什么物质使曲具有了曲势或糖化

---

① 淀粉酶水解淀粉的化学反应，见 Kulp（1975），pp. 62—81。

② 浙江省工业厅（1958），第 47—49 页，报道了三个等级的绍兴酒中酒精含量为 16.7％、17.4％和 19.4％。

③ 根据徐中舒（1961），第 23 页，福建黄酒酒精含量为 14.5％—16.1％。

④ Kodama & Yoshizawa（1977），p. 460，指出，日本清酒平均酒精含量为 15.0％，v/v。但是，在发酵过程中，醪中酒精含量可达到 20％。

⑤ 根据周新春（1977），第 1—5 页，19 世纪 50 年代，在金门岛上一个用高粱制作蒸馏酒的现代工厂，使用了传统的制砖曲方法，即类似于《齐民要术》中砖曲的制作方法。小麦是主要成分，接种前不添加任何接种体。曲中的微生物及时地被分离和鉴定。尽管没有发现特殊的微生物，最合意的真菌和酵母菌被筛选出来，用于培养后面的曲。如浙江省工业厅［（1958），pp. 14—17 及无锡轻工业学院和河北轻工业学院［（1964），pp. 54—56］所示，绍兴酒生产中，制曲时不使用预制的接种体。1987 年 9 月份在上海江南啤酒厂，作者看到了类似的方法，即制曲砖时，不使用预制的接种体。

⑥ 参见上文 pp. 192—202。

280 发酵力[1]。但是我们现在知道，这些活性来自于曲中的真菌和酵母菌。通过 20 世纪 30 年代和 50 年代对微生物学的研究，中国曲中的微生物已经被鉴别出来，主要情况如下[2]：

霉菌：米曲霉 (*Aspergillus oryzae*)，黑曲霉 (*A. niger*)，黄曲霉 (*A. flavus*) 等
　　　米根霉 (*Rhizopus oryzae*)，德氏根霉 (*R. delemar*)，日本根霉 (*R. japonicus*) 等
　　　高大毛霉 (*Mucor mucedo*)，鲁氏毛霉 (*M. rouxii*)，爪哇毛霉 (*M. javanicus*) 等
　　　紫红曲霉 (*Monascus purpureus*)，青霉 (*Penicillium*)，犁头霉 (*Absidia* spp.)

酵母菌：酿酒酵母 (*Saccharomyces cerevisiae*)，东北酵母 (拟) (*S. mandshuricus*)
　　　　毕赤酵母 (*Pichia*)，威氏酵母 (拟) (*Willia*) 和从梗孢菌 (*Monilia* spp.)

细菌：　醋酸菌 (*Acetobacter*)，乳杆菌 (*Lactobacillus*) 和梭状芽孢杆菌 (*Clostridium* spp.)

表 28 中列出了当今中国主要生产的传统曲类型。在图 46 中，我们已经看到红曲曲粒的图片，而图 66 所示是曲砖图片。每种曲中的微生物菌群都是非常复杂的。霉菌通常占大多数，其次是酵母菌，最后是细菌。霉菌释放水解淀粉的淀粉酶，酵母菌发酵糖为酒精，细菌产生影响酒芳香和滋味的微量化合物。每种曲中微生物的分布随制曲地点的特殊条件变化很大。毫无疑问，这些变化决定了各种目前仍在中国生产和消费的，著名餐桌酒和蒸馏酒的独特品质。

281　　尽管从曲中分离出来的霉菌和酵母菌，通过纯培养已经证实的确是使用在制曲和酿酒的过程中，但是有迹象表明，中国大多数的酿酒师仍然趋向于使用传统的混合培养产品[3]。然而，《齐民要术》(上文 pp. 169—178) 和《北山酒经》(上文 pp. 183—188) 中记载的古代工艺没有发生重大变化的说法是不正确的。现在制曲时，在培养之前将曲粉接种到熟的培养基上是常见的做法。另一个值得注意的创新点是，在主发酵阶段，已使用富含酵母菌的预先培养物[4]。正如上文表 17 (p. 164) 中所示，酿造绍兴酒时，在发酵罐中是将三种物料与亲水介质混合在一起投入的：第一是底物，即蒸的糯米；第二是曲；第三是酵母菌培养物，叫做酒母或酒娘[5]。酒母本身的制备是通过培养一批带有曲

282 和酒药的底物，进行糖化和发酵直到产生大量酵母菌为止的。酵母菌的添加极大地减少了主发酵罐中酒精生产的滞后时间。在日本，这个基本工艺过程也被用于酿造日本酒。在主发酵罐中，同样使用了这三种相同的物质：第一，蒸米；第二，日本酒曲；第三，酵母菌培养物，称作酛或酒元。但是，当中国继续依靠混合培养来生产曲和酒母时，日本已经完全采用了纯培养菌种来制作日本酒曲 (从米曲霉中，*Aspergillus oryzae*) 和

---

① 《齐民要术》(第六十六篇)，第三八八页。

② 陈驹声 (1979)，第 51—53 页；周新春 (1977)，第 9—24 页；周恒刚 (1964)，第 76—88 页；无锡轻工业学院和河北轻工业学院 (1964)，第 49 页，第 57—59 页。

③ 无锡轻工业学院和河北工业学院 (1964)，第 57 页；徐中舒 (1961)，第 8 页，第 11—12 页；洪光住 (1984a)，第 89 页；浙江省工业厅 (1958)，第 14、16 页。

④ 人们不清楚这个创新是何时用在绍兴酒等餐桌酒制作中的，它可能是清代的一个创新。但是，我们不能排除它是 19 世纪末或 20 世纪初由日本传入中国的可能性。日本对谷物酿酒采用现代微生物学的研究要比中国早的多 (日本始于 19 世纪后期，中国始于 20 世纪 30 年代)。明治时期，人们尝试着与西方酿造啤酒技术相结合，这无疑引起了对酵母菌在糖发酵过程中的主要作用作正确评价，参见 Kodama & Yoshizawa (1977), pp. 45—49。

⑤ 作为酒精发酵产物的一种成分，酒娘被列在清代汇编的《调鼎记》卷八，第六五六页。然而，没有酒娘如何制作的记载。

酰（从酿酒酵母中，Saccharomyces cerevisiae）了[1]。

表 28　当今中国传统曲类型[a]

类型	原料	形状	主要微生物	用途
大曲	小麦、大麦、豌豆	砖形	根霉亚种（Rhizopus spp.）、曲霉亚种（Aspergillus spp.）、酵母菌	蒸馏酒
小曲[b]	大米、米糠、草药	粒形	根霉亚种（Rhizopus spp.）、毛霉亚种（Mucor spp.）、酵母菌	餐桌酒
麦曲	小麦、大麦	块形	米曲霉（Aspergillus oryzae）、根霉亚种（Rhizopus spp.）、酵母菌	餐桌酒
红曲	米	粒形	紫红曲霉（Monascus purpureus）、酵母菌	餐桌酒

a：根据周恒刚（1964），第75—88页；洪光住（1984），第89页；晋久工（1981），第65—95页。

b：小曲也称作酒药。

图 66　上海江南酿酒厂的曲砖，黄兴宗摄影。

因此，我们看到，在中国（和日本），淀粉糖化和糖发酵在同一发酵罐中同时进行的古老操作方法保持不变。但是，在西方，可能早在埃及古王国后期，人们就已经认识到，这个过程是由两个截然不同的阶段糖化和发酵组成的，它们分别进行。后来，人们发现，麦芽本身碾磨后能够为第二步的发酵提供合适的底物。这可能就是从中世纪早期

---

[1]　加工细节，参见 Kodama & Yoshizawa（1977）。

以来啤酒的生产方法①。

然而，直到西方现代科学传入东方后，人们才清楚地明白谷物酿酒过程中糖化和发酵有区别。这是令人奇怪的，因为至少从周代开始，人们就用发芽的谷物制取饴。从汉代开始，人们就知道用酵作为蒸馒头中使用的酵素②。我们已经注意到，可以从正发酵醪的泡沫中提取酵。确实，《北山酒经》（1117 年）③ 中有添加酵来加速发酵过程的记载，后来的文献（上文 pp. 188—190）中也有若干酿酒工艺记载间接地提到了这种方法。此外，人们知道，稀释的蜂蜜和葡萄汁（上文 pp. 243，246）在没有曲参与的情况下可以自行发酵。但是，没有一个人曾经考虑过，向这些可发酵底物中添加酵，观察酵是否能将它们转化为酒。这是已经错过的机会中的一个，我们可以在总结篇章中讨论④。

---

① 酿造啤酒的细节，参见 MacLeod（1977）。一步发酵过程的主要问题是糖化和发酵的最适温度不同。糖化的最适温度为 60—70℃，发酵的最适温度上层酵母为 20℃，下层酵母为 10℃。在一步发酵过程中，必须有一个折中，所以，糖化和发酵都不能在最适温度进行。

② 值得指出的是，中国最早的发酵面包，尽管是蒸制、未经焙烤的，现在被叫做馒头，可以通过在小麦粉面团中加入正发酵的醪，用同样的方法精确制得，参见 p. 469 页及注释。

③ 《北山酒经》，第八页，介绍了将具有活性的起泡醪的泡沫与曲粒混合，干燥后制备干酵母粉。将其与曲和底物一起培养，得到富含酵母的培养基，用于主发酵。这大概是"酒母"的最早记载。

事实上，即使在曲制剂中，酵母菌的数量相对较少，很难从发酵力中分离糖化力，因为，虽然速率很低，但大多数真菌本身能够发酵糖为酒精。

④ 作为本小节最后的注释，在下面取自《蠡海集》（约 1400 年）（第七三一至七三二页）的引文中，读者会看到中国人认为酒中有活力组分的本质是什么。如下：

有人说："酒的酿制，与制备毒药，如乌头（*Aconitum fishcheri*），遵循着相同的作用；因为它可使人醉。"另一个客人反驳他，说："根本不是这样。怎么能说乌头醉人呢？这是因为酒酿来自相互对立的稻米和曲（通常来自小麦）。稻米花开在白天，而小麦花则开在夜晚。这样，它们象午夜和中午一样相反。这就是酒能够使人醉的原因。"但是我不满意并反对说："在南方，人们几乎一直用稻米和小麦制醋，那么，为什么醋不使人醉呢？而且，在北方，有葡萄酒、梨酒、枣酒、马奶酒，而南方有蜂蜜酒、树汁酒、椰浆酒——所有这些酒都能使人醉。那么这些事实如何从稻米和小麦的相反来解释呢？"所以两个人看上去都很沮丧。

然后我说："酒品尝既辛辣又甘甜；它来自于小麦和稻米各自的精华。这是因为它如此纯粹和浓缩着阳气，以至它能够直接通过脉搏（脉管）而进入器官。酒从嘴进入，但并没有在胃中停留，而是立刻在百脉循环，这是为什么人醉和呼吸急促和深沉、面色红润的原因。能饮者可以喝数斗而且仍然有空间。如果所有的酒都停留在胃中，胃不可能盛下。醋不会使人醉，酸味属于阴性，有停止和结束的本性。人们饮醋不仅不会喝醉，而且他们也不愿意多喝。至于所有其他的酒，尽管它们不是酿自稻米和小麦，但它们都属于纯阳性，而且它们都有辛辣和甘甜的口味；因此，它们能使人醉。酿酒的各种原料中，除了椰浆和树汁以外，均不可使人醉，早已有着某种本性在其中。"

〈或问：酒因毒药乌头之类以酿造故能醉人？客驳之曰：非也。乌头之类何尝醉人乎！盖酒因米曲相反而成。稻花昼开，麦花夜开，子午相反之义，故酒能醉人。予难之曰：南方作醋亦多米麦而造，缘何醋不醉人乎？况又北方有葡萄酒、梨酒、枣酒、马奶酒；南方有蜜酒、树汁酒、椰浆酒，皆得醉人，岂米麦相反而然耶。

或人与客咸自愧，因谓之曰：酒味辛甘，酝酿米麦之精华而成之者也。至精纯阳，故能走经络而入腠理，酒饮入口未尝停胃，遍循百脉，是以醉后气息必粗，瘢痕必赤。能饮者多至斗石而不辞，使若停留胃中，胃之量岂能容受如许哉。醋不能醉人，因其味酸属阴性，收敛止蓄不惟不能醉人，亦不能多饮。

其他诸物之酒，皆不由米麦，然悉系至精纯阳之性，不离乎辛甘之味，故可使人醉也。且葡萄、梨、枣、蜜不酝酿成酒，则不能醉，马奶未成酒亦不能醉人，惟椰浆及树汁独不须酝酿，是自然之性也。〉

(9) 醋 的 酿 造

醯人，掌管七种酱菜，五种酸味酱菜和其他酸味的食物，这些可以用于祭祀和款待客人[1]。

〈醯人：掌共五齐七菹，凡醯物。以共祭祀之齐菹，凡醯酱之物。宾客亦如之。〉

当酒暴露于空气中时，它很容易被环境中普遍存在的醋酸菌，如醋酸杆菌（*Acetobacter*）所氧化成为醋，其总的化学反应式如下[2]：

$$C_2H_5OH + O_2 \rightarrow CH_3COOH + H_2O$$

因此，一旦人们认识了酒，醋的发现就只是时间问题了。醋的首次出现可能就是将酒搁置一边，然后变酸的结果。事实上，英语中的 vinegar（醋）是由法语中的 *vin*（酒）和 *aigre*（酸）演变而来的。所以，人们自然会想到，在中国和西方，醋的历史与酒的历史一样悠久。可能也应当如此，然而，奇怪的是，尽管酸是众所周知的中国古代烹饪中的五味之一，但是在西汉以前的文献[3]中几乎没有提到醋[4]。最早涉及到酸调味品的是梅，这在本书上文我们曾经间接提到过，但是在春秋时期，它的使用似乎消逝了。是什么取代了"梅"呢？大多数学者认为，它被"醯"取代了，醯显然是战国和西汉时期使用的主要酸味剂。事实上，"醯"被认为是"醋"的古字，"醋"是自 6 世纪以来通用的名称。"醯"字最早见于《论语》[5]。在《周礼》和《礼记》中也有记载[6]。更重要的是，在马王堆三号汉墓中发现的帛书《五十二病方》中，有 11 个处方将醯作为一种成分[7]。这显然说明，在汉代早期，醯已经明确用做调味料及药物载体了。但是，这些文献没有告诉我们醯是如何制作的。

据《说文》（121 年）称："醯味酸，从粥酿制的酒而来。"[8]（"醯，酸也，作醯以粥以酒。"）这似乎很清楚醯的由来了。但是，其它文献记载表明，醯通常是指变酸的肉汁

---

① 《周礼·醯人》，第五十七页。

② 酿醋生产技术的讨论，见 Nickel（1979）。

③ 《书经》的孔氏传注［Legge（1879），p. 128］中，有一处提到醋，但是，它似乎是作为酸的形容词而非名词使用的，参见洪光住（*1984a*），第 114 页。而且，该字出现在被认为是伪造的一段文字中，所以醋的真实性值得怀疑。奇怪的是，在古埃及和苏美尔人的文献中，几乎没有提及醋。达比、加利温朱伊和格里韦蒂［Darby, Ghalioungui & Grivetti（1977）II, p. 617］悲叹道，"令人失望的是，尽管古代埃及人不会忽略醋的应用，但是在我们所知道的文献中他们没有留下一点点关于醋的信息"。也可参见 Partington（1935），p. 197。

④ 最早提及五味的可能是《道德经》（约公元前 450 年）第十二章。《楚辞》（约公元前 300 年），译文见 Hawkes（1985），记载了一种酸味调味品（p. 228，《招魂》："和酸若苦"）和一种酸的吴国色拉（p. 234，《大招》："吴酸蒿蒌"）；《韩非子》（约公元前 3 世纪）卷十八，（第一四九页），提到酸、甜、咸和无味；《黄帝内经素问》，译文见 Veith，经常把酸列为五味之一，例如卷五（p. 118）、卷九（p. 139）、卷二十二（p. 206）。

⑤ 《论语·公冶长第五》；译文见 Legge（1861a），p. 182，将醯译为醋。

⑥ 《礼记·内则第十二》，第四六○页、第四六三页、第四六九页；译文见 Legge（1885a），解释醯为酱菜，p. 462；解释为盐水，p. 463；解释为醋，p. 469。

⑦ Harper（1982），处方 29、30、94、112、121、132、140、145、158、185 和 260。帛书的整理和原文注释，见《马王堆汉墓帛书》（1985 年）。

⑧ 《说文解字》，第一○四页（卷五，第二十页）。

调味料的总称[①]。《说文》中还记载了另外两个表示酸味调味品的字：酢和戴，使情形变得更加混乱[②]。在约公元前 40 年的《急就篇》和 160 年时的《四民月令》中，都记载有酢[③]。在约公元前 200 年的《五十二病方》[④] 中，有四个处方用到了戴，并在一个处方中描述了一种苦酒[⑤]。此外，《说文》中提到了醋，但是，认为它是一种祝酒的形式，用于表达客人对主人的尊重[⑥]。因此，汉代的醋字并非指真正的醋，当时对酸味品的文字表述至少有四种：醯、酢、戴和苦酒。人们会疑惑，为什么同一种调味品会有这么多的名字呢？这可能是，在某一时期一个表达方式实际上代表一种特殊方法制备的一种特定产品。遗憾的是，能够区分它们的知识早已不复存在了。

可以肯定的是，种种迹象表明，从孔子的时代（约公元前 6 世纪）开始，一种赋予食品酸味的人工调味料已经为中国人所知。尽管在周代后期和汉代，醋已有几种不同的叫法，但是它主要是一种形态的醋，即由谷物酿酒进一步加工制得。古文献中几乎没有记载这一过程的细节。事实上，直到 6 世纪宝贵的《齐民要术》（544 年）出版时，才有了酿醋的最早记载。由此时上溯，醋在中国至少已有 1000 年的历史了。

《齐民要术》描述了 24 种酿酢的方法，作者注释当时酢就是醋[⑦]，除一种外，其余方法都出现在第七十一篇[⑧]。在 8 个方法中，其标题中即用"苦酒"；6 个方法，其最终产品称为"醋"。酿醋用的原料包括蒸熟的黍、大米、小麦和大麦，煮过的糠麸，酸酒、普通酒、酒糟、蜂蜜以及过熟的桃子等。第七十一篇是一个非凡的章节，其中囊括了 6 世纪酿醋科学技术方面的详实内容和客观的记录。为了便于对书中内容进行讨论，今按照这些方法出现的顺序，我们对其进行了编号。如果按照使用原料性质区别，则这些酿醋法可分为四类：①用蒸煮的粮食为原料酿醋；②用成酒或未经过滤的酒酿醋；③在②的基础上，用添加草药或其它辅料的方法制醋；④由蜂蜜等可直接发酵的底物为原料酿醋。现将这四类不同酿醋方法分别整理讨论如下：

例一　大麦醋的制作（方法七）[⑨]

制醋应从农历七月七日开始。如果这天不能做，收藏所有原料，包括初七日收取水，所以每样东西准备好，在七月十五日这天做。除了这两天以外，其它时间都做不好醋。

---

①　例如，《释名》中说，醯是带有大量汁液的盐渍碎肉。有关这一问题的讨论，参见洪光住（*1984a*），第112—117 页。

②　《说文解字》，第三一三页（卷十四，第十八页），两字均出现。

③　《急救篇》，第三一页；《四民月令》，"四月"和"五月"，1981 年版，第 47、53 页。

④　Harper（1982），处方 8、208、210 和 253。

⑤　同上，处方197。陶弘景（约510 年）注释说：因为醋有苦味，故又称苦酒。参见《本草纲目》卷二十五，第一五五四页。

⑥　《说文解字》，第三一二页（卷十四，第十八页）。

⑦　《齐民要术》（第七十一篇），石声汉（*1984*），第 86 页；缪启愉校释（*1982*），第 429 页，有些内容的陈述，他怀疑是南宋人增写的。

⑧　第三十四篇中唯一的例子，描述了由过熟的桃子向醋转化的过程；参见缪启愉校释（*1982*），第 191 页。

⑨　《齐民要术》（第七十一篇），第四三一页，方法七。

醋瓮放在屋里，靠近主门边。用料比例是：1 石小麦麨（颗粒麦曲），按量配 3 石水和 1 石粗糙大麦（称'造'）①。因为不是用来做饭吃的，所以可以使用粗制的米。首先将料簸扬除去谷壳，淘洗干净，彻底蒸透。把热饭摊在合适的表面冷却，当冷至像人的体温时，放入发酵瓮里。用杷将其搅拌均匀，然后用丝绵蒙住瓮口。

3 天后，物料即开始沸腾、起泡，此时要经常搅动。如不搅动，液体表面就会生"白醭"，使产品变劣②。用野枣树干彻底搅动。如果头发落入瓮中，也会使醋变劣，清除头发后，醪的质量随之恢复正常。

在第 6 或第 7 天，取 5 升粟米，粟米不要太精细，淘洗干净后蒸熟。摊开冷却，当冷至体温时，投入发酵瓮中，用丝绵蒙住瓮口。

3 至 4 天后，检查看看。如果米已经全部消化了，则搅拌后品尝。如果味道甜美，则置之一边；如果味苦，再煮约两三升粟米，分批量投入瓮中。根据经验，酌情加减。两周后，醋即可食用；但三周后，醋才真正成熟。那香美浓厚的酽醋，一小杯即使加一碗水，照样优美可食。八月中旬时，轻轻倒出清液，装入另外洁净的瓮里，盖上盖并泥封起来，此醋可以保存数年。

在发酵过程中，要根据散热需要，每隔两至三天，用冷水淋瓮外引去热气，但不要让生水进入瓮内。如果使用黍米或秫米作为发酵底物酿醋也行，也可以用白粟米或黄粟米酿醋。

〈大麦酢法：七月七日作。若七日不得作者，必须收藏取七日水，十五日作。除此两日则不成。于屋里近户里边置瓮。大率小麦麨一石，水三石，大麦细造一石——不用作米则利严，是以用造。簸讫，净淘，炊作再馏饭。㧁令小暖如人体，下酿，以杷搅之，绵幕瓮口。三日便发。发时数搅，不搅则生白醭，生白醭则不好。以棘子彻底搅之：恐有人发落中，则坏醋。凡醋悉尔，亦去发则还好。六七日，净淘粟米五升，米亦不用过细，炊作再馏饭，亦㧁如人体投之，杷搅，绵幕。三四日，看米消，搅而尝之。味甜美则罢；若苦者，更炊二三升粟米投之，以意斟量。二七日可食，三七日好熟。香美淳严，一盏醋和水一碗，乃可食之。八月中，接取清，别瓮贮之，盆合，泥头，得停数年。未熟时，二日三日，须以冷水浇瓮外，引去热气，勿令生水入瓮中。若用黍、秫米投弥佳，白、苍粟米亦得。〉

例二 a　用未过滤酒制醋法（方法九）③

凡是酿酒时不得法使味道偏酸的酒，或者开始时是好的，但后来变酸还没有压出来的，都可以转酿醋。例如，一般配料比例是：将 5 石未过滤的酒加入 1 斗粉曲、1 斗麦麨曲和 1 石洁净井水，放入瓮里发酵。再加入 2 石蒸熟并冷却至像人体温那样的粟米饭，搅拌均匀。用丝绵蒙住瓮口。每天搅拌两次。春夏两季，醪约 7

---

① 小麦麨是一种富含米曲霉（Aspergillus oryzae）和黄曲霉（A. Flavus）的粒状米曲。小麦麨的制备参见下文（p.335）[《齐民要术》（第七十篇，第四一四页）] 黄衣的制作方法。1 石等于 10 斗或 100 升，北魏时期，1 升＝396.3 毫升，参见吴承洛（1957），第 58 页。"造"是特指粗制的米，参见缪启愉校释（1982），第 439 页，注释 11。因为大麦的外皮坚硬，所以，使用部分粗"造"米要比用精米经济实惠。

② 参见石声汉（1958），第二版，第 82 页。

③ 《齐民要术》（第七十一篇）第四三二页，方法九。

天成熟；秋冬两季，时间稍长。醋香、口感好，易沉淀。一个月后，分离上面的清液，装在另一个瓮里贮存即可。

〈回酒酢法：凡酿酒失所味醋者，或初好后动未压者，皆宜回作醋。大率五石米酒醋，更著曲末一斗，麦𦮼一斗，井花水一石；粟米饭两石，掸令冷如人体，投之，杷搅，绵幕瓮口。每日再度搅之。春夏七日熟，秋冬稍迟，皆美香。清澄后一月，接取，别器贮之。〉

例二 b　清酒做醋法（方法十）[①]

春酒压滤后变酸而不能饮用的，可用于酿醋。例如，将 1 斗酒和 3 斗水混合，放入瓮里。让瓮在太阳下晒着。下雨时，要用盆盖住瓮口，防止雨水流入；晴天时，揭开盖。

7 天后，溶液会发出恶臭，表面会生成一层膜衣。但不必担心。最重要的是，不要挪动瓮或搅动物料。数十天后，醋即酿成了，膜衣也沉下去了，醋反而变得芳香可口。

〈动酒酢法：春酒压讫而动不中饮者，皆可作醋。大率酒一斗，用水三斗，合瓮盛，置日中曝之。雨则盆盖之，勿令水入；晴还去盆。七日后当臭，衣生，勿得怪也，但停置勿移动、挠搅之。数十，醋成，衣沈，反更香美。〉

例三　作小豆千岁苦酒法（方法十七）[②]

泡透 5 斗生小豆，置于发酵瓮中。在小豆上盖上一层黍米熟饭。再加入 3 石酒。用丝绵蒙住瓮口。20 天后，即成醋。

〈作小豆千岁苦酒法：用生小豆五斗，水沃，著瓮中。黍米作馈，覆豆上。酒三石灌之，绵幕瓮口。二十日，苦酢成。〉

例四　蜂蜜做醋法（方法二十二）[③]

将 1 斗蜜溶解在 1 石水中，搅拌均匀后，用一片丝绵封住瓮口，置于太阳下晒。20 天，醋就成熟了。

〈蜜苦酒法：水一石，蜜一斗，搅使调和，密盖瓮口。著日中，二十日可熟也。〉

从上述例子中我们可以看出，根据使用原料的性质，醋的制备可分为三种基本类型。在第一类（例一，方法七）中，原料是粮食，制作过程分为三步：(a) 淀粉转化为糖的糖化作用；(b) 糖发酵为酒精；(c) 酒精氧化为醋酸，即

$$淀粉 \rightarrow 糖 \rightarrow 酒精 \rightarrow 醋酸$$
$$(a) \quad (b) \quad\quad (c)$$

---

① 同上，第七十一篇第四三二页，方法十。
② 同上，第七十一篇第四三四页，方法十七。
③ 同上。

287

在第二类（例四，方法二十二）中，原料是糖，只需要（b）和（c）两个过程。值得注意的是，原料中没有加入曲或酵母。推测起来，当蜂蜜被稀释后，寄居在其中的酵母能够立即繁殖，将糖发酵为酒精，酒精再被醋酸杆菌（Acetobacter）氧化为醋酸。如果添加了酵母，这个过程会更快。在第三类（例二a和b，方法九和十）中，原料是成品酒或非成品酒，制醋过程只是简单的（c）。在这种情况下，草药或香料可以与酒一起加入，产品就是中国最早制作的"药醋"。

根据第七十一篇中的方法说明，在中古时期早期，中国酿酒者对从酒到醋转变的技术因素已有很好的认识。例如，他们知道制醋过程成功的关键因素是发酵温度、底物浓度和通风的重要性。我们现在已知，在中国传统酿醋过程中，醋酸杆菌（Acetobacter）的最适发酵温度大约是25—35℃，但是在一些传统的制醋过程中，温度可高达45℃[①]。《齐民要术》介绍了两种控制温度的方法：第一，可在春季或秋季开始制醋，让室内的冷空气冷却发酵容器[②]，第二，如果瓮的温度太高，用冷水淋瓮，如果温度太低，用稻草裹瓮或用热水淋瓮[③]。

影响制醋的另一个因素是，醋中的酒精浓度。在某种程度上，酒精是醋酸杆菌的抑制剂，若希望氧化反应在合适的速率下进行，酒精浓度最好保持在7%以下[④]。尽管《齐民要术》的作者贾思勰可能不知道酒精是什么，或不知道怎样测定酒精浓度，但是他显然知道这样的事实，如果酒太烈，酒向醋转化速度就慢。所以在例二b"方法十"中，他建议先将一体积的酒与三倍体积的水混合，然后再将醅露天放置，这样空气中的醋酸杆菌就能很好地起作用。此外他指出，用粮食酿醋时，水料比应比第六十四篇至第六十七篇中记载的酿酒时的水料比高[⑤]。自然，这样做也是为了降低酿醋时的酒精浓度，以便于酒精更能氧化成醋。

第三个关键因素是通风。醋酸杆菌生长和酒精氧化生成醋酸时都需要空气中的氧气，所以在所提及的方法中，至少体系中的三个步骤都应当保证有足够的氧气供应。第一是简单的搅拌基质，使气液态交换流畅，氧易于溶解到液体中去。但是，在以粮食为原料的酿醋过程中，糖化和发酵作用会发生在酒精氧化之前，这两步都不需要氧的参与。因此直到发酵作用结束（会有气体放出），才需要对醅进行搅拌。或许令人惊讶的是，这正是《齐民要术》中记载的几种酿醋方法中采用的方法，即装料后，在对物料按

288

---

① 根据发酵的实质，最适发酵温度可以在很大范围内变化。尽管屈志信（1959，第27页）认为，用谷物作为底物的传统酿醋过程中，氧化温度可以高达44—45℃，但是，洪光住（1984，第113页）说，在滴滤型（trickling filter-type）过程中，最适温度是25—35℃。另外，尼克尔［Nickel（1979），p.165］指出，在现代液态发酵过程中，"操作温度大约为30℃……但是，当温度高于38℃时，大多数（为醋酸杆菌）的菌种会死掉"。这些现象表明，现代中国醋酸杆菌比西方目前使用的醋酸菌具有较高的耐热性。

② 农历七月七日（大约在阳历八月份的第一到第三周）或农历五月五日（大约在阳历六月的第一到第三周）正是最佳时间。

③ 《齐民要术》（第七十一篇方法十四），总结说："夏季酿醋时，需要用冷水淋（瓮）；春秋季节时，需要保持（瓮）温，可根据需要将其包裹在布里，或用热水淋瓮。"

④ 洪光住（1984a），第113页。

⑤ 门大鹏（1976），第100页。

规定的计划进行搅拌以前，将瓮静置数天[1]。

第二种是提高醋中氧含量的方法，那就是不要把发酵瓮捂得太严。为此，这些方法聪明地建议，要用丝绵封口[2]。这样既可以防止灰尘落入瓮中，又恰好不会影响空气与醋之间的气流交换，而且醋未受损失。第三种是采取保留氧气的方法，向醋中添加麸糠。当醋中有厚密的沉淀物时，这种方法特别有效[3]。多孔渗水的麸糠颗粒，便于细小气泡穿过，这当然可以增加醋中的氧气含量。如今，在中国，这种方法仍然应用于一些酿酒过程中[4]。

从例二 b 和例三（方法十和方法十七）中，我们可以推断出，在中古时期早期，中国人已经意识到没有曲的辅助作用，酒可以转换成醋。尽管他们不知道引起这个转变的内在本质，但是他们的确认识到了，它是一种环境中普遍存在的物质。并不存在一个操作必须向另一个操作的转移。因此，在《齐民要术》中，没有一种方法提到使用上一批醋来加速下一批底物的转化。但是酿醋者明白，当酒向醋转化发生时，某种非凡的东西正在起作用。

据例二 b（方法十）记载，稀释的酒露天放置 7 天后，随着恶臭的出现，会同时在表面形成"衣"[5]。但是，不必惊慌，这"衣"最终会沉淀下去，并得到芳香的醋。什么是衣？我们同意门大鹏的观点，在这种情况下，它或许是醋酸杆菌（*Acetobacter*）形成的膜衣[6]。由于醋是静止的，只有在表面的醋酸菌才能接触到空气中的氧气，生长并氧化了底物，所以这就解释了为什么这个过程会如此之慢。文中说，这个过程要花费几十天的时间。如果方法中推荐对醋进行搅拌，这个过程可能会较快地完成[7]。

据方法七（例一）和方法十二记载，粮食醪在发酵了两至三天以后，会在其表面形成"白醭"。"白醭"的出现预示着醋将损坏，补救措施是将它们清除（方法十二）或搅拌醋醪。很显然，"白醭"与上文提到的"衣"看起来有很大不同。那么，白醭是什么？石声汉认为，它是一种醋酸杆菌膜[8]。但是，我们刚说过，"衣"就是醋酸杆菌。门大鹏提出，白醭是一层酵母菌[9]。这个说法也不能令人满意。在酿造过程的前三天，主要反应是糖化作用和发酵作用，醋醪中有足够的糖供酵母菌发酵生成酒精，酵母细胞会被带到发酵的泡沫中，而不会被强迫在液体表面形成白醭。另一种可能性是，白醭是由一种特殊的醋酸杆菌形成的，例如木醋杆菌（*Acetobacter xylinum*），就是一种常见的产

---

[1] 《齐民要术》（第七十一篇）。在方法二中，醪静置七天后搅拌，在方法七中为三天。但是，所采用的搅拌方式是不一致的。在方法六中，从第一天就开始搅拌，在方法十中，以稀释酒为发酵底物，建议不进行搅拌。有人猜测，在每种方法中，作者只是复制了经验丰富的酿酒师提供的酿醋简介，很少注意到这四个方法中矛盾的建议。

[2] 同上，方法一、二、三、七和九等。

[3] 同上，方法十三。

[4] 屈志信（1959），第 37—39 页。

[5] "衣"字经常用来表示发酵物表面形成的菌丝膜及孢子。例如，做酱油时使用的散状曲粒叫黄衣；参见 p. 335。

[6] 门大鹏（1979），第 99 页。这种方法没有告诉我们膜衣有多大，但是，它能够覆盖整个醋的表面。膜衣下面的环境有些缺氧，因此，有利于臭味代谢物的形成。

[7] 根据 Nickel（1979），p. 165，在采用搅拌的现代液态发酵过程中，酿造一批浓度为 12％的醋只需 35 小时。

[8] Shih Sheng-Han（1958），pp. 82—83。

[9] 门大鹏（1979），第 99 页。

黏液的菌，经常覆盖在滴醋器（trickling vinegar generators）的表面上，使正常工作被
迫停下[1]。因此，白醭的存在会大大地抑制有益醋酸杆菌的作用。但是，所记载的内容
太粗略，不能对其进行明确的定性。回答这个问题的唯一办法是，重复例一和例二 b
（方法七和方法十）记载的工艺过程，让白醭和衣形成，再用现代微生物学的方法进行
鉴定。

    继承《五十二病方》中所见到的惯例，在《新修本草》（659 年）、《食疗本草》
（670 年）、《证类本草》（1082 年）和《本草纲目》（1596 年）等药典中，醋经常作为
一种药剂出现。尽管人们知道醋可以用粮食（粟米、小麦、大麦和大米）、酒糟、
酒、蜂蜜、桃子、葡萄、枣、樱桃等不同原料酿成，但是最好的药醋是用大米酿制
的。[2] 可惜关于药醋的记载甚少，只在《本草纲目》中有简要记载。《齐民要术》中
所描述的方法被人们广泛接受，在隋、唐和宋代，这些方法被视为酿醋的标准方法。
直到元代，文献中才又出现了不少酿醋方法的记载。在《居家必用》中有十种方法，
《事林广记》中有三种方法，《易牙遗意》中有三种方法，农学著作《农桑衣食撮要》
中有三种方法[3]。

    然而，这些方法大多数是《齐民要术》中的老作新编，其中有两种方法是值得
关注的。第一种是《居家必用》中的方法七[4]。它描述了用麦芽糖酿醋的方法。在
瓮中，将一小份白曲与液态麦芽糖溶液混合，瓮上面用纸紧紧覆盖，放到太阳下
晒。二十天后，表面可见白醭。这种方法也警告说不要搅动白醭，让它最终沉到瓮
底时，醋就可以酿成。第二种是《农桑衣食撮要》中的方法一，它描述了用大米酿
制陈醋的方法[5]。在瓮中，将蒸饭与散曲、红曲混合后静置，不能搅拌，二十天
后，表面可见白衣，白衣后来会自动沉到瓮底。如果白衣不沉，当水酸味很强时，
要将其清除。看起来上述白醭和白衣的作用与《齐民要术》方法十（例二 b）中的
衣相似，而不同于方法七中的白醭[6]。

    在表 14（上文 p. 129）所列的明清时期食经中，《多能鄙事》（1370 年）中有酿醋
法十四种，《宋氏尊生》（1504 年）中有二十一种，《食宪鸿秘》（1680 年）中有五种，
《养小录》（1698 年）中有三种，《醒园录》（1750 年）中有四种，《调鼎集》（约 1760—
1860 年）中有十八种。这些方法并无新奇之处，在很大程度上是抄袭前人书籍来的，

290

291

---

    ① 尼克尔［Nickel（1979），p. 158］说到，"超过 100 个种、亚种和变种的醋酸杆菌被分类。在这些菌中，除
了产大量黏液的木醋杆菌（A. xylinum）外，许多种或许都可以用于酿醋"。滴醋器是很多西方工厂酿醋的机器
（此句系原作者审订译稿时增补）。

    ② 参见《新修本草》，第二九一页；《食疗本草》，第一一九页；《证类本草》，第二十页和《本草纲目》，第
一五五四至一五五五页，其中提出优先选择两至三年的陈酿米醋。

    ③ 《事林广记》（约 1280 年），《农桑衣食撮要》（1314 年）。其他两部通常被认为是元代末年的作品，它们
确切的出版日期不详，参见《中国烹饪古籍丛刊》中各自的出版序言。

    ④ 《居家必用》，第五十一页。

    ⑤ 《农桑衣食撮要》，第九十二页。

    ⑥ 《齐民要术》（第七十一篇），第四三一至四三二页（方法七和方法十）。由于这些术语从来没有明确
过，所以混乱现象并不令人惊奇。这个人所指的"衣"可能是另一个人所指的"醭"。我们再次感到，这种情
况只能通过实验研究才能明白。

而那些汇编也是以《齐民要术》为基础的。没有一个作者或编者想到要改进酿醋方法或者了解酿醋过程的变化本质与现象[①]。

因此我们发现，直到19世纪现代微生物学传入中国时，记载于公元560年的《齐民要术》中的传统酿醋方法，实质上仍然没有改变。事实上，直到今天，人们仍然采用这些基本工序生产中国名醋，如山西老陈醋、江浙和甘肃香醋及四川保宁醋[②]。在每种醋的生产过程中，高粱、糯米或者小麦等原料必须经过糖化（霉菌作用）、发酵（酵母菌作用）和氧化过程（细菌作用）。所需霉菌和酵母菌由专门制作的曲提供，而细菌则来自空气[③]。这些反应可能同时发生，也可以一步步地连续进行，是一个费时费力的工艺过程。但是，这种工艺的主要优点是，每个工序产生的微量代谢产物仍然留在发酵醪中，并被带入产品中。正是这些代谢产物与醋酸的混合，所以使醋具有了独特的滋味与芳香。几百年来，在中国美食家的厨房和餐厅里，各种醋都受到了高度的赞美。

---

① 这种复制的最好例证是所谓的"乌梅醋"（一种无水的酸味调味品）的制作。制作方法是：将新鲜乌梅（参见上文 p. 48）浸泡在浓醋中，晾干后碾成颗粒状，颗粒可以用水配制成"醋"。《齐民要术》（第七十一篇，方法二十一）中首先记载了这个方法，有时逐字地，有时稍加润色地在《居家必用》（第五十一页）、《事林广记》[见篠田统和田中静一（1973），上，第267页]、《多能鄙事》（第三七二页）、《宋氏尊生》（第四七一页）、《调鼎集》（第三十页）中重现。

② 有关这些醋的生产记述，见洪光住（1984a），第120—128页。

③ 尽管大多数新鲜的曲含有某些醋酸杆菌，参见周恒刚（1964），第159、173页，但是在储存过程中，菌会死亡。因此，将酒精转化为乙酸的细菌大概来源于空气。

（d） 大豆加工工艺及发酵

在中国古代的五谷中，大豆在西方栽培的历史最短[①]。尽管粟（小米）、小麦、大麦和水稻，在古代和中世纪的西方不同地域均有种植，但是直至本世纪，大豆才被作为一种农作物在东亚以外的地区种植[②]。在 19 世纪初，它被第一次引入欧洲时，被当作园艺珍品种植在巴黎的植物园（Jardin des Plants）和伦敦的丘园（KewGardens）。在 1765 年，它传到了新大陆，作为一种饲料和绿肥，被种植在佐治亚州（Georgia）萨瓦纳(Savannah)附近的塞缪尔·鲍恩（Samuel Bowen）种植园[③]。但是，在这之后的一个多世纪都没有引起人们的注意。直至第一次世界大战，由于食用油的短缺，大豆才被当作潜在的油料作物受到关注。20 世纪 30 年代之后，大豆受到越来越广泛的重视，在如今的美国，大豆已成为继玉米和小麦之后的第三大农作物[④]。收获后的大豆用于榨油，剩余的豆粕主要被用作动物补充饲料的蛋白质补充料。

在 20 世纪，大豆作为一种经济作物快速增长，但其利用方式与中国和其它东亚地区的数千年来传统利用方式不同。在现代西方，大豆主要作为食用油和高蛋白动物饲料的原料。而在东方，它一直是，而且现在依然是人们膳食中许多普通而又重要的大豆加工食品的原料。将传统东亚大豆食品介绍到西方的努力，仅仅是一个无关紧要的成功和经验，但却提出了一个有趣的案例研究：在一定文化下的饮食产品和饮食习惯，为什么不能简单地完全搬到另一种饮食文化中去。

对于传统的中国人来说，传统的大豆食品是将大豆制成适应中国人饮食习惯的美味食品。尽管大豆被富有激情的西方鼓吹者赞为"那个不可思议的，那个高贵的作物，那个绝妙的植物，大豆"[⑤]，但对于古代中国人，"大豆最主要的好处是，即使在贫瘠的土地上也能长得好，它不耗尽土地营养，在荒年也保证了好的收成，所以它是一种有益的

---

① 参见 pp. 27—28。若想了解大豆在中国的历史，参见本书第六卷第二分册，pp. 510—514；以及 Hymowitz（1970 & 1976）。

② 古代地中海地区就有小麦、大麦、小米和大米，参见 Darby，Ghalioungui & Grivetti（1977）Ⅱ，pp. 457—499。

③ Hymowitz & Harlan（1983）。另可参见 Wittwer，et al.（1987），p. 184。

④ Cater，Cravens，Horan，et al.（1978），pp. 278—279。从二战后中国就失去了大豆生产的霸主地位。20 世纪 80 年代前期，全球每年约生产大豆 8 千万吨，美国为 5 千万吨，巴西 1 千 5 百万吨，中国 1 千万吨，墨西哥、印尼和阿根廷就更少一些。

⑤ Anderson & Anderson（1977），p. 346。特别参见 Platt（1956），文中引用了下面赞美大豆的诗：

　小小黄豆你是谁？生长在那遥远的中国？
　我是驾驶你汽车的方向盘，我是你装盛雪茄的杯子。
　我让狗儿长得可爱又胖胖，我帮你把羽毛粘在帽子上。
　我吃起来味道很鲜美，我是奶酪、牛奶和肉。
　我是香皂帮你洗盘子，我是油脂帮你煎鱼肉。
　我是油漆装扮你的房，我是你衬衣上的扣子。
　你可以剥开豆荚吃到我，我可让你在草地上翻筋斗。
　如果不幸你患了糖尿病，我保证能够及时帮你治。
　你看到的一切几乎都有我，可我还是一颗小小的黄豆。

济荒作物"[①]。尽管大豆有很好的营养组成[②]，但它远称不上是理想的食品。除了未成熟的大豆可作为蔬菜被直接食用外，收获和贮存的成熟大豆直接作为食品都有很严重的缺陷。首先，大豆蛋白难于消化。大豆中含有多种蛋白质，如胰蛋白酶抑制剂，它能抑制人体消化系统中蛋白酶的活性。除非充分加热使胰蛋白酶抑制性失活，否则由于难消化，会导致生长抑制、胰腺营养异常（hypertrophy）和增生（hyperplasia）[③]。其次，大豆碳水化合物中含有棉子糖（raffinose）和水苏糖（stachyose），这 2 个 α-半乳糖苷型寡糖（α-galactosides）都不能被人体内消化酶分解，它们进入结肠后，被那里的厌氧细菌消化导致产气和胀气[④]。当然，其它豆科作物也存在这两类缺点。但是，大豆的这些不良影响更引人关注——因为在古代中国，大豆作为粮食比其它任何一种仅作为蔬菜的豆类消费量都大。最后，大豆中含有一种令人不愉快的所谓的"豆腥味"，这成为大豆油能够商品化大批量生产之前的一个主要困难。"豆腥味"仍然是使大豆蛋白融入西式食品的主要障碍[⑤]。

294 　　在古代，中国人经过经验积累，发现将大豆放入水中经过长时间煮沸，可以做成可口且更易吸收的豆粥[⑥]。这是当时经常处理和食用大豆的方法。值得注意的是，这种处理方法确实使蛋白质毒素失活，降低了豆腥味的产生，从而减少了由寡糖类引起的胃胀，使原料大豆变成了有益健康和易于消化的食物[⑦]。大豆粥一定是口感细腻，因为在西汉文献中，记载的食用大豆的方式描绘成"啜菽"，其字面意思是"啜饮或吸取大豆"。例如，《礼记》中提到"啜菽饮水"，《列子》中有"啜菽茹藿"（啜饮大豆粥并咀嚼叶子）[⑧]。

　　① 本书第六卷第二分册，pp.514，和 Yu Yingshih（1977），p.73。据公元前 1 世纪的《氾胜之书》记载："大豆在荒年也能有好收成，因此古人很自然地种植大豆来抵御饥荒。以人均 5 亩来计算大豆的种植面积，即每户最低的种植面积。"（"大豆保岁易为，宜古之所以备荒年也。谨计家口数，种大豆，率人五亩，此田之本也。"）〔译文见 Shih Sheng-Han（1959），pp.18—21。〕

　　② 以干基计，大豆含有大约 40％的蛋白质、20％的油脂、20％—30％的碳水化合物、3％—6％的纤维素和 3％—6％的矿物质。其蛋白质含量是肉、其它豆类或坚果的两倍，并且是硫胺素、核黄素、维生素 A、铁和钙的良好来源。参见 Witwer, et al.（1987），p.188；Anderson & Anderson（1977），pp.347—348；Platt（1956）。

　　③ 关于老鼠对于豆类毒素的蛋白质消化能力的评述，参见 Rackis, Gumbman & Liener（1985）。然而根据利纳〔Liener（1976）〕的意见，并不是所有的负面作用都归因于胰蛋白酶的抑制性。未变性的大豆贮存蛋白本身就不容易被胰蛋白酶所作用。

　　④ 棉子糖是 α-D-吡喃半乳糖（1→6）-α-D-吡喃葡萄糖-β-D-呋喃果糖苷。水苏糖是 α-D-吡喃半乳糖-α-D-棉籽糖。卡洛韦等〔Calloway et al.（1971）〕和拉克斯〔Rackis（1975, 1981）〕阐述了这些寡糖和胀气间的关系。这些糖在不同豆类中的含量，其测定方法参见 Sosulski et al.（1982）。

　　⑤ Cater et al.（1978），p.287。也可参见 Platt（1956），p.835。产生不良的味道和气味的原因是大豆中多不饱和油脂被脂肪氧化酶作用而氧化。在完整的大豆中，酶和其底物是被分隔开的，但当大豆组织受破坏后，二者很容易互相接触而发生反应。

　　⑥ 《东观汉记·冯异传》和《后汉书·冯异传》（列传七）中记载了在一场艰苦的战役中军队处于又冷又饿时，冯异是怎样为东汉开国皇帝汉光武帝制作豆粥的。《晋书·石崇传》（列传三，第十二页）里也提到了豆粥的制作，石崇发现制作豆粥是一项很费时的工作。《荆楚岁时记》（第二页）记载，在正月十五制作豆粥是新年祭祀典礼的一部分。以上文献在李长年（1958），第 58—59 页、第 64 页、第 69 页中均有引用。

　　⑦ 关于钝化大豆毒素，见 Liener（1976）；关于降低与胀气有关的糖，见 Pires-Bianchi et al.（1983）。

　　⑧ 《礼记·檀弓下第四》，第一七九页；《列子·杨朱第七》（《列子译注》，第 187 页）。名词"啜菽"也见于《东观汉记·闵贡传》以及张翰的《豆羹赋》（约公元 3 世纪），和《尔雅翼》（1174 年）关于"菽"的论述。参见李长年（1958），第 58 页、第 63 页、第 81 页的引文。

"啜"是一个在食品词典中不常用的专有名词，用来形容半吃半饮的摄取食物方式。大豆是迄今为止唯一用这种吸啜或啜食来形容烹饪食用方法的谷类。即使对于小米或小米粥，在《礼记》中也仅仅是用"食"这个字而不是"啜"来形容[①]。

但是，采用同小米和大米一样的方式，也可以将大豆蒸成豆饭。例如，据《战国策》(秦) 和《史记》(公元前 90 年) 记载，"豆饭"和"藿羹"(豆叶汤)，就是当时普通百姓的食物[②]。然而，实际结果并不令人十分满意，豆饭在很长的一段时间内仅被作为一种粗加工的下等食物[③]。在著名的《僮约》(公元前 59 年) 中，描绘了雇工"仅可食饭豆和饮水"的艰难生活。当听到这些和其它的侮辱性的言行将要在协定中强加于他时，这个穷人不由得精神崩溃并失声痛哭了[④]。此外，人们已经认识到，吃太多的大豆对人体健康有害。《博物志》(约 190 年) 警告说，在连续食用三年大豆之后，腹部下坠 (肿胀?) 且行动迟缓[⑤]。在《养生论》(约 260 年) 中也有类似的观点[⑥]。另外，《晋书》(公元 265—419 年) 中也提到了大豆非常难于烹饪是众所周知的，即"豆至难煮"，大意是需要很长时间才能做成可以接受的食品[⑦]。

为了解决这些问题，中国人采取了多种方法加工大豆，使大豆食品健康、诱人和有营养。在汉代之后的几个世纪，无论是做豆饭还是煮豆粥的重要性都渐渐下降了。而大豆逐渐被加工成：①豆芽，②豆浆、豆腐及相关制品，③整粒发酵豆、豆酱和酱油。这些大豆食品的起源和发展将在本章中介绍。

(1) 大 豆 芽

大豆长出的黄色卷芽。味道甘甜平和。可用于治疗关节、肌肉和膝盖的麻痹[⑧]。

〈大豆黄卷：味甘平，主湿痹、痉挛、膝痛。〉

以上内容引自《神农本草经》，它被认为是最早记载有关大豆芽的古代文献。正文把它称为"大豆黄卷"，其书面意义是大豆长出了黄色卷曲芽。由于发芽的谷物称"蘖"，比如大米，小米或大麦长出的芽，自古以来就为人们所共知，并被用来生产麦芽糖，所以采用同样方式加工大豆也就毫不奇怪了[⑨]。但是很难说出，从何时开始泡发大豆芽，并被用于充当药物或食品。尽管《本经》是以周秦时代的文献为素材，可是直到

[①] 例如，《礼记·檀弓下第四》，第一六六页；《礼记·丧服四制第四十九》，第一〇一五页。
[②] 《战国策·韩策一》；《史记·张仪列传》(卷七十)；李长年 (1958)，第 38 页、第 48 页引用。
[③] 《论衡·艺增第二十七》，第八十六页，认为大豆和小麦 (整粒烹饪) 是粗粮而且不好吃。原文是"食豆麦者，皆谓粝而不甘"。参见李长年 (1958)，第 55 页。
[④] 《僮约》，译文见 Hsu Cho-Yun (1980)，p. 233，文中将吃豆饭译成"吃豆子"。相关段落引自李长年 (1958)，第 49 页。
[⑤] 《博物志》(汉魏丛书) 卷四，第六页，"食忌"。这一观点在《格物粗谈》(980 年) (卷二，第二十二页) 中再次提到。
[⑥] 《养生论》(嵇康著，三国时期)；引自李长年 (1958)，第 61 页。
[⑦] 《晋书·石崇传》(列传三，第十二页)；引自李长年 (1958)，第 64 页。
[⑧] 《神农本草经》，中品，第三三七页。
[⑨] 有关蘖和曲的讨论，见上文 pp. 157—161。

汉末（约公元200年）才成书①。现在已没有办法知道哪些是汉代之前就有的，哪些是在汉代引入的了。另一方面，由于在《五十二病方》（公元前200年）中，已载有大豆产品，所以我们相信至少在公元前2世纪时，这些产品已经存在了。在四个处方中均提到了"菽"，同时提到了"蘖米"（发芽小米）和"秫米"（脱壳的小米籽粒）②。但是没有提及"大豆黄卷"（大豆芽）③。综合起来考虑，这两部文献都告诉我们，大豆芽第一次作为药用可能始于汉代。

从那之后，"大豆黄卷"经常在药学文献中被引用。《吴氏本草》（约235年）中注释大豆黄卷仅是让大豆萌发的大豆幼芽④。陶弘景（约510年）进一步解释黄卷是由黑大豆芽长到半寸时干燥而成的⑤。之后，大豆黄卷在所有的标准药典中都有描述，从《名医别录》（约510年）开始，《新修本草》（659年）、《千金要方》（660年）、《食疗本草》（670年）、《证类本草》（1082年）、《本草品汇精要》（1505年）、《本草纲目》（1596年），直至现在的《中药大辞典》，它的作用是通便，消减肿胀和使皮肤生润泽⑥。

在南宋的《山家清供》中，以"鹅黄豆生"为标题，记载了最早制作和利用大豆芽作食物的方法。

在农历7月15日之前的几天，人们将黑豆浸入水中让其露芽。用谷糠铺在浅盘上，上面盖上沙子，中间种上露芽豆子，然后用木板压在上面。当豆子长芽［拿去木板并］用一个［反相］桶盖住。每天早晨掀开桶，让豆芽晒一点太阳。这样可以使豆芽均匀生长。但是要避免强烈风吹日晒。在十五那天，将浅盘连同豆芽供在祖宗牌位前。三天后，去掉盘子，将豆芽清洗干净，用油快速炸一下，然后拌以食盐、香醋和香辛料，即可以成为美味佳肴。如果用芝麻饼卷豆芽菜吃，那就更美妙了。由于豆芽菜食品色泽浅黄，很象天鹅脖，故名"鹅黄豆生"⑦。

〈温陵人家，前中元数日，以水浸黑豆，曝之及芽，以糖秕实盆中，铺沙植豆，用板压，及长，则覆以桶，晓及晒之。欲其齐不为风日损也。中元，则陈于祖宗之前。越三日出之，洗，焯以油、盐、苦酒、香料，可为茹。卷以麻饼尤佳。色浅黄，名"鹅黄豆生"。〉

在宋代，大豆芽显然是一种普通的食物。在《东京梦华录》（1149年）中，孟元老回忆了牙豆（豆芽）作为一种食品原料，在北宋京都开封的普通集市可见到⑧。但在这

---

① 根据中国人的习惯，《神农本草经》简写为《本经》。

② 《五十二病方》，处方39、211、279、281。

③ 钟益研和凌襄（1979），第58页。

④ 《吴氏本草》（也称《吴普本草》），谷物部分，第八十三页。

⑤ 李时珍的《本草纲目》（卷二十四，第一五○七页）中引用。

⑥ 《神农本草经》说，可用于减轻因水肿失去知觉、抽筋、膝盖痛等病症；《名医别录》推荐用于治疗消化紊乱、修复皮肤和头发的干脆、增强机体活力。参见 Porter-Smith & Stewart（1973），p.190。

⑦ 《山家清供》，第83—84页。阴历7月15日是夏节"中元"，要上贡祭祖。具有黄色尖端的一根长的黄豆芽就象天鹅的脖子和黄色的嘴，因此称之为鹅黄豆生。除了将发芽的豆子用阳光照射外，其它制作过程与以后的其它文献记载基本相同。其后的文献都记载将豆子置于暗处，防止产生叶绿素和苦味。

⑧ 《东京梦华录》卷三，第二十五页；卷八，第五十四页。

个时期，其它豆芽也已开始用于烹饪。实际上，孟元老提到的就是街头小贩出售的绿豆芽和小豆芽。《本草图经》（1061 年）描述道："从绿豆里长出的白芽，是一种味道很好的蔬菜"[①]，它比大豆芽好得多。实际上，在元代出版的《居家必用》中，第一次使用了"豆芽"这个现代称呼，而开始制作豆芽的原料是绿豆[②]。

> 洗净绿豆并在水中浸两个晚上。当豆开始膨胀时，用清水冲洗后完全控干。将地打扫干净，用水喷湿，上面铺几张纸。将豆均匀撒在纸上再用盘盖上。每天用清水清洗浅盘两次，当豆芽长到一寸长时，淘洗去豆皮。用开水略煮一下豆芽，拌入佐料姜、醋、油和食盐，即成一道鲜美的菜肴。

> 〈绿豆拣净，水浸两宿。候涨，以新水淘，控干。扫净地，水湿，铺纸一重。匀撒豆，用盆器覆。一日洒水两次。须候芽长一寸许，淘去豆皮。沸汤焯，姜、醋、油、盐和，食之，鲜美。〉

事实上，在另一部元代著作《易牙遗意》中，也有烹饪豆芽的记载，只是它还建议采用肉丁炒熟的方法[③]。《饮馔服食笺》（1597 年）中复述了这一方法，该书还提到了也可以用寒豆和大黄豆为原料发豆芽[④]。但是，豆芽通常作为穷人的食品。在表 14 所列的大部分明清食经和食谱中，忽略了对豆芽的记载，甚至在清代配方大全《调鼎集》（1760—1860 年）中，也不见提及。然而，在《闲情偶记》（1670 年）中，豆芽却被放在了很重要的位置，书中写道："在所有蔬菜中，最纯净的就是竹笋、蘑菇和豆芽。"[⑤]（"蔬食之最净者，曰笋，曰蕈，曰豆芽。"）清代著名的美食家袁枚在《随园食单》（1790 年）中是这样描述豆芽的："尽管很普通，但它的价值无可估量，轻视它的人没有意识到，豆芽就像谦卑的隐士是最有资格辅佐皇帝和国王的。"[⑥]（"然以其贱而陪极贵，人多嗤之，不知惟巢、由正可陪尧、舜耳。"）

从这些资料我们可以大致推测出，至少不晚于汉代大豆黄卷就已经入药了。但直到宋代，才有食用豆芽的证据。我们相信其原因是人们一直认为，大豆黄卷是药材而非食品。作为药材，直到现在其通常的做法是，让豆芽长至半寸时再进行加工[⑦]。此时，大豆仍然保持原状并紧紧与外壳相贴[⑧]。换句话说，用做中药材的大豆芽是刚刚出芽的大豆，它主要是豆和一点点芽（尤其是在被干燥以后）。从烹调的角度来看，它仍保留了原料大豆的缺点而不具有豆芽的很多优点，因此豆芽称为发芽的豆更确切一些。实际

---

① 《本草图经》，李长年（1958），第 272 页引用。李时珍在《本草纲目》（卷二十四，第一五一六页）中也有同样的观点。

② 《居家必用》，第七十三页。

③ 《易牙遗意》卷上，第二十九页。

④ 《饮馔服食笺》，第八十九页、第一二二页。无法确定寒豆到底是什么，它可能是蚕豆（*Vigna faba*）或豌豆（*Pisum sativum*）。

⑤ 《闲情偶记》，第十页。

⑥ 《随园食单》，第一〇四页。原文最后一句话说："正是巢和由是有资格陪尧和舜的人。"尧和舜是传说中在禹之前的两位统治中国的帝王，禹是夏朝的开创者。尧要把王位传给隐士巢，但巢拒绝了。舜想把他的王位传给由，也被拒绝了。

⑦ 参见陶弘景，《本草纲目》卷二十四，第一五〇七页引用；参见《食疗本草》，第一〇六页。

⑧ 对大豆黄卷作为中药的进一步了解，参见江苏新医学院学报（1985），第 147 页。

上，从外观上来看，大豆黄卷根本不像现在中式菜肴中所使用的豆芽，做菜的豆芽有大而粗的芽而只有小小的豆粒[1]。

从大豆黄卷向黄豆芽的转变，可能发生在唐代至宋代初年期间的某个时候，此时也发现了绿豆可以长出既可口又易于消化的芽。绿豆（*Vignna mungo* var. *radiata*），一种栽培种，可能是在汉代后期从印度或东南亚传入中国的，在《齐民要术》（544年）和《食疗本草》（670年）中均有记载[2]。像我们上文所提到的（pp. 296—297），在《图经本草》（1061年）中，绿豆芽被作为一种蔬菜而受到了高度的评价，说明它早在宋代初期，就已经是一种家喻户晓的重要烹饪原料了。绿豆芽的制作方法也同样地被应用到了其他豆类，其中包括大豆。为了与药用豆芽相区别，在宋末，所有的食用的豆芽均称为豆芽，而医用豆芽则仍然延用"大豆黄卷"的称呼，直至今日[3]。

今天，大豆和绿豆仍然是生产豆芽的最主要原料，大豆芽在北方占优势，而绿豆芽主要在南方。豆类萌发出的芽通称为豆芽，但在中国南方，特别是广东，绿豆芽被称为芽菜[4]。制作豆芽的方法，体现了一种简单而方便地将坚硬的大豆变成清脆、可口且富有营养的蔬菜的方法。在大豆发芽的过程中，有毒的蛋白质和导致肠胃胀气的寡糖受到破坏，同时抗坏血酸维生素 C（ascorbic acid）、核黄素（riboflavin）和烟酸（nicotinic acid）含量增加[5]。豆芽可以常年制作，特别弥补了冬季蔬菜供应不足所造成的短缺。豆芽可烹调后食用，也可以拌在沙拉中生食。事实上，作为沙拉配料，北美和欧洲人已经开始接受豆芽。

299

（2）豆腐及相关产品

种豆，豆苗稀疏，

我的体力已耗尽，我的心已厌倦。

如果我熟悉淮南技艺，

我能够悠闲地坐着收获[6]。

---

[1] 在如今的东方食品市场上，见到的黄豆芽长度可达 3 英寸，绿豆芽长度大约是 1 英寸。想更好地了解豆芽的生长过程，请参见 Miller, G. B.（1966），pp. 822—823。

[2] 《齐民要术》（第三篇），第四十三页。《食疗本草》，第一一八页。戴蕃缙（*1985*）认为，做绿豆芽法是在唐代前期传到中国的。

[3] 中国饮食史学家，如程剑华 [*1984*]，第 376 页] 经常把大豆黄卷和豆芽搞混，认为它们是同义词。正如我们所知道的，实际上并不完全是那样。

[4] Anderson & Anderson（1977），p. 327。

[5] Platt（1956）。关于谷物和豆类在发芽过程中营养素的变化，参见 Finney（1983），Khader（1983）和 Suparmo & Markakis（1987）。

[6] 参见《物理小识》（1643 年）卷六"饮食类"，第十三页，引自朱熹（1130—1200 年）的一首赞美素食食品优点的诗。

朱熹在他的评论中说："根据传统看法，豆腐是淮南王刘安发明的"（"世传豆腐本为淮南王术"）。因此朱熹认为制作豆腐是一件轻松容易的事情，这也许有些天真，但事实是，即使在宋代也和现在一样，食品加工也比耕作赚钱多。

〈种豆豆苗稀，力竭心已腐；

早知淮南术，安坐获泉布。〉

第二种加强豆类营养价值的方法是，通过机械和化学方法处理。将大豆加水后研磨制成豆浆，再经过凝固形成豆腐，然后进一步加工，如压制、干燥、烟熏、油炸和发酵等制成许多的豆制品。

在一系列豆制品中，中心以及最知名的成员毋庸置疑是豆腐。对于现代消费者来说，已经意识到高质量植物蛋白对于人体健康更有益。豆腐的发明无疑是中国食品体系对世界最有意义的贡献。可是，至今仍无法确定第一块豆腐是在何时以及如何制作的。事实上，豆腐的起源问题至今仍然是中国食品科学和营养历史上一项悬而未决的谜。但也不总是这样认为，如在上文引用的宋代哲学家朱熹的观点，豆腐早在西汉时期（公元前 179—前 122 年），就已经由淮南王刘安发明了。这一观点也在明代许多著作中出现，如罗颀的《物原》（15 世纪）和叶子奇的《草木子》（1378 年）等[1]。李时珍在《本草纲目》中明确指出："制作豆腐的工艺始于淮南王刘安。"[2]（"豆腐之法，始于前汉淮南王刘安。"）在宋、明、清和民国初期，人们普遍接受了"豆腐是在西汉时期发明的"观点[3]。在安徽淮南地区，人们一直沿用所谓刘安的原始工艺制作，至今仍在生产著名的"八公山豆腐"，这一事例也增强了这一观点[4]。据说，八公山是刘安及其追随者进行炼丹以期获得长生不老药的地方[5]。

事实上，直至 20 世纪 50 年代初，人们才开始怀疑上述传统观点。袁翰青认真研读了《淮南子》（约公元前 2 世纪），未发现有关于豆腐及其别名"黎祁"、"来其"的记载[6]。他进一步仔细查阅了大量宋代之前的文献，在唐代以及之前的文献中也未找到记载"豆腐"的任何证据。在诸如《说文解字》、《释名》、《方言》、《齐民要术》、《太平御览》等典籍里面亦无记载。只有在 11 世纪晚期的寇宗奭著《本草衍义》中有"种植大豆，磨制它做成豆腐，可以食用"（"生大豆，又可硙为腐，食之"）的记述[7]。因此袁翰青获得结论是：在宋代豆腐已很常见，豆腐很可能发明于 11 世纪初而不可能在唐代之前。

在 1968 年，日本篠田统发表的一篇关于豆腐起源的文章中[8]，指出五代（907—

---

[1] 《物原》，第二十六页。《草木子》卷三，第八十一页。

[2] 《本草纲目》卷二十五，第一五三二页。

[3] 李荞苹（1955），第 154 页。

[4] 郭伯南（1987a），第 373—377 页。

[5] 卢苏（1987）引用了八公山名字起源的另一个传说。传说刘安炼丹很长时间后没结果，身心疲惫的他有一天徒步上山，遇见八个老人向山下走来。刘安见他们步伐矫健，精神抖擞，知道他们一定不是一般凡人。刘安向他们请教长生不老之术，老人们马上教他怎样磨豆子制豆浆，再怎样将豆浆凝固成豆腐。因此他把那个地方叫做八公山，以纪念那八个仙人。这一传说表明，道教的炼丹术师们在发明豆腐和后来将豆腐发展成为一种加工食品方面，起到了关键性的作用。

[6] 袁翰青（1954）在回应 1953 年李涛和刘思职（1953）的文章时说，他重申豆腐是淮南王刘安发明的。另见袁翰青（1981）。

[7] 《本草衍义》卷二十，第三页。

[8] 篠田统（1963），中译文见于景让（1971）；参见篠田统（1968）。

960 年）时期，陶穀所著《清异录》中的一段描述[1]："时戢在青阳做县丞时，在人民中，他强调节俭的美德，劝阻吃肉，而促进了豆腐的销售，因此豆腐获得了小宰羊的绰号。"（"时戢为青阳丞，洁已勤民，肉味不给，日市豆腐数个。邑人呼豆腐为'小宰羊'。"）

因此，篠田统推测豆腐在唐代末期已经生产并销售。这一论述将豆腐的发明时间又向前推进了至少一百年。这个问题似乎告一段落了。在这之后的二十年里，很少有学者关注淮南王与豆腐的发明是否有关[2]。但是到了 20 世纪 80 年代，一些饮食史学家再一次思考这一问题，感到或许传统的观点被遗弃得太草率了。这一议题由洪光住重新提出，他查阅了几乎所有的前唐文献，包括字典、农业目录、药典、食经、历史记载、杂记以及著名文学家李白、杜甫、白居易、韩愈、柳宗元等的文学作品。一些迹象表明，豆腐可能在唐代或唐代以前就已出现[3]。

他没能找到比《清异录》更早的文献。但他指出，在宋代，"豆腐"这个名词在文献中出现的频率增加很快。除了朱熹的诗中和上文引述的《本草衍义》中的论述以外，许多参考资料均表明，在宋代豆腐确实是一种常见且重要的食物。例如，《物类相感志》（约 980 年）中说，"用豆油炸成的豆腐是一道美味菜"[4]（"豆油煎豆腐，有味"）；南宋诗人陆游在《老学庵笔记》（1190 年）提到，"东坡喜爱将蜜和豆腐、面筋、牛奶一起吃"（"豆腐、面筋、牛乳之类，皆渍蜜食之"）；一位嘉兴人"在他的书房附近开了一家豆腐脑店"[5]（"嘉兴人……书籍行开豆腐羹店"）。据吴自牧所著《梦粱录》（1334 年）记载，在京城临安（今杭州）的酒店里有兼卖豆腐脑和煎豆腐的，在面食店和素食店中也有兼卖煎豆腐的[6]。在南宋林洪所著的《山家清供》中，有两道菜是由豆腐制成的：一种叫"雪霞羹"，由芙蓉花和豆腐一起烹饪而成；另一道是"东坡豆腐"，由紫杉果、大葱、油和酱油做成[7]。南宋陈达叟在《本心斋蔬食谱》中说，豆腐可以切成条状再加上作料调味[8]。但真正引起洪光住注意的是，杨万里（1127—1206 年）的杂记《诚斋集》中有《豆卢子柔传》，副标题为"豆腐"。必须加以说明的是，豆卢是一个在唐和五代时期显赫的姓，并且"柔"只是"鲋"或"腐"的隐喻。因此，"豆卢子柔"仅是豆腐的另一种称谓。在文章中有很多双关语很难翻译，但是简要地说，我们可以肯定其意义是描写豆卢之子豆卢鲋的生活故事[9]。他的祖籍在河南东北部的外黄县。他的名字与研磨（或烹饪）大豆同义。他的

---

① 《清异录》、《说郛》卷六十一，第五页。青阳在安徽南部，离现在的淮南不远。建县于公元 742 年。我们不能确定时戢在那里做地方官的年代。

② 参见曹元宇（1985b）。

③ 洪光住（1984a），第 48 页。

④ 《物类相感志》，第十二页。

⑤ 《老学庵笔记》卷七，第三页；卷一，第八页。

⑥ 《梦粱录》卷十六，"酒肆"，第一三页；"面食店"，第一三六页。

⑦ 《山家清供》，第八十三页、第九十四页。

⑧ 《本心斋蔬食谱》，第三十六页。

⑨ 《诚斋集》卷一一七，第三一五页；《四库全书》第一一六一册，第四八七至四八八页；洪光住（1984a），第 49—50 页引用。

颜色洁白，流出的芳香让人回想起古代的"大羹"或"玄酒"。他的组织状态与乳制品的醍醐、酥和酪相似。他第一次出现可追溯到汉末，在绝迹数年之后，再次出现在魏朝末年（约530—550年）。

在故事里，说不清制作豆腐的人豆卢鲋和豆腐产品是什么关系。对于洪光住而言，这一记述不仅再一次证实豆腐最初是在汉代发展起来的说法，而且指出这项发明直到魏朝晚期才广泛流传①。他坚信，作者杨万里并没有凭空编造这个故事之意，而是基于在那个时期的事实写出来的。虽然缺少文献记录支持他的观点，但也不能说这没有根据。首先，在中国漫长的历史中，千万种书籍的写作、刊印传抄，流传一段时间后，最终流失。现有尚存的书籍仅仅是当时曾经流传的很少的部分。在汉唐文学中，可能有很多我们不知道的有关豆腐的资料。第二点，根据权威字典，从《说文》、《释名》直到《康熙字典》，"腐"通常的意思是"朽了"或"腐烂"，没有与食品相关的意思。实际上，"豆腐"这个词直至10世纪后才被普遍使用。如果豆腐是在汉代发明的，很有可能并不被称为"腐"。如果"豆腐"在过去有一个完全不同的名称，即使现代学者仔细阅读现存的文献，也很难避免出现疏漏。

洪光住从唐代和唐之前的文献中搜寻"豆腐"的别名也未获成功。但是他在《唐书·穆宁传》中找到一篇关于"乳腐"的介绍，是一种在隋代（589—618年）谢讽的《食经》及唐初（670年）的《食疗本草》中都曾经提到的酸凝固的奶块或奶酪②。这些引文证明了唐代人们已经大量用"腐"这个字来称呼食品了。也只有从那时开始，才用"豆腐"这个词来称呼现在的豆腐。在那之前，豆腐已经出现但似乎另有其名。因此，传统观点认为豆腐起源于西汉的说法很可能是正确的，只是我们还未能找到它在唐代以前的书中有相应的名称罢了。

（i）豆腐的起源

正如洪光住调查的那样，20世纪60年代末，考古界发掘出了一个更确切的证据。在讨论这个重要的发现之前，首先有必要思考一下：文章中究竟是如何描述传统制作豆腐工艺的？

对于制作工艺最早的描述可能出现于陆游（1125—1210年）的诗中，其内容是"检查手推磨转动，然后洗净锅以煮豆腐。"③（"拭盘堆连展，洗釜煮黎祁。"）这里用"黎祁"称呼豆腐，陆游自注说，四川人才称黎祁为豆腐。这一简述在后来元代的女诗人郑允端的另一首诗中被再次证实："转动磨盘让玉液流出，煮浆让液体鲜亮。"④（"磨砻流玉乳，煎煮结清泉。"）尽管这些字句几乎都没有系统完整地描绘制作豆腐的过程，

---

① 洪光住（1984a），第50页。

② 参见谢讽的《食经》，抄录在《中国烹饪古籍丛刊》的《清异录》第15页和《食疗本草》第62页。在《唐书》（28开本）卷一〇五，第三页，穆宁的四个儿子被比作以下产品：酪、酥、醍醐和乳腐。乳腐出自牛奶，而豆腐出自豆浆。进一步了解这些产品，参见 p.254。

③ 这一诗句经常被引用以说明豆腐的起源，例如在洪光住（1987），第13页。

④ 参见洪光住（1984a），第54页；洪天赐（1983），第32页。

但告诉了我们制作豆腐需要：①在水中研磨大豆制成豆浆；②煮浆和凝固，再从凝块中沥出清水。直至明末李时珍才清晰地论述了做豆腐的具体工艺。他说①：

> 做豆腐方法源自淮南王刘安，所采用的原料是黑豆、黄豆、白豆、泥豆、豌豆、绿豆等。步骤是：
>
> 1）浸豆［在水中］；
>
> 2）磨豆［制成豆浆］；
>
> 3）滤浆［滤去粗渣］；
>
> 4）煮浆［均质］；
>
> 5）加盐卤、山矾叶子、或醋凝固浆液；
>
> 6）得到豆腐。
>
> 另外一个生产豆腐的方法是用罐子装入热豆浆与石膏粉混合搅拌。各种各样的盐、盐卤、酸或辛辣原料也可以用来凝固豆浆。如果在制造过程中在豆浆的表面形成了膜，则收集后干燥即成豆腐皮。这种豆腐皮本身也是一种美味的食品原料。

> 〈豆腐之法，始于淮南王刘安。造法：凡黑豆、黄豆及白豆、泥豆、豌豆、绿豆之类，皆可为之。水浸，硙碎。滤去渣，煎成。以卤汁或山矾叶或酸浆醋淀，就釜收之。又有入缸内，以石膏末收者。大抵得苦、咸、酸、辛之物，皆可收敛耳。其面上凝结者，揭取晾干，名豆腐皮。〉

上面所描述的生产工艺与现在的豆腐生产方法基本相同②。尽管在《本草纲目》中没有细节描述，但是我们可以推测，李时珍时代所用的生产方法与现在中国农村传统制作豆腐的方法相似。洪光住详细描述了这一制作过程并配以图画说明③（见图67（a）—（f））。李时珍也列出了相同的凝固剂，即沿用至今的盐卤、山矾、醋和石膏④。盐卤是制盐工业的一种主要副产品，为食盐形成结晶后剩余的母液。其主要成分是氯化镁、硫酸镁和氯化钠⑤。山矾（山明矾）是九里香属芸香科（*Murraya exotica* L.），以前我们把它作为杀虫的植物介绍过⑥。

以此为背景，我们现在可以来评价有关豆腐在中国起源的最近一些证据的重要性了。

---

① 《本草纲目》卷二十五，第一五三二页。

② 洪光住（*1984a*），第57—61页和（*1987*），第1—7页；Shurtleff & Aoyagi (1975), pp. 76—112；以及市野尚子和竹井惠美子（*1985*）。

③ 洪光住（*1984a*），第58—60页。然而图67f不一定是典型的豆腐的压榨方法。在1942—1944年、1987年和1981年，我在中国见到的是用方形或矩形的木箱，里面装上豆腐脑后压榨。根据舒特莱夫和青柳昭子[Shurtleff & Aoyagi (1983), pp. 100, 304] 的记述，在日本农村也用木箱做豆腐。

④ 《物理小识》（卷六，第十二页）介绍了用石膏凝固豆浆；也可参见汪曰桢（1813—1881年）的《湖雅》。郭伯南［（*1987a*），第337页］提到最近日本人用 δ-葡萄糖酸内酯作为凝固剂。据卢苏［（*1987*），第380页］报道，这种凝固剂已被用来制作最好的古代淮南国一带的八公山豆腐。

⑤ 在日本，盐卤叫做"卤水"（*nigari*）。在中国古代，盐卤也可以是山盐（或矿盐）。《史记·货殖列传》中说："山东边的人吃海盐；山西边的人吃山盐。"（"山东食海盐，山西食盐卤。"）

⑥ 本书第六卷第一分册，p. 500。洪光住（*1984a*），第55页，解释山矾叶就是明矾[$Al_2(SO_4)K_2SO_4 \cdot 24H_2O$]。

① 泡 豆

(a)

② 磨 豆

(b)

③ 过 滤

(c)

④ 煮 浆

(d)

⑤ 点 卤

(e)

⑥ 豆制品

(f)

图 67　制作豆腐的传统方法，采自洪光住（*1984a*），第 58—60 页：（a）大豆浸泡，图①；（b）用盘磨磨浆，图②；（c）过滤豆浆，图③；（d）煮豆浆，图④；（e）凝固豆浆，图⑤；（f）压榨豆腐和加工得到的产品，图⑥。

在 1959—1960 年间，一支河南省考古队发掘了两座位于密县打虎亭村的东汉墓[①]。两座墓均已被盗光。除了 1 号墓里的画像石和 2 号墓里的壁画外，几乎没有留下什么有价值的陪葬品。1972 年出版了一个发掘报告[②]。在报告中，用几何图案组成的装饰雕刻画大量记载了不同居室的布置，有厨房和起居活动。但没有任何关于豆腐的描述。然而，在 1981 年纪念河南考古发现 30 周年的一个册子中，披露了一个未曾发表过的似乎是在制作豆腐的画像石场景[③]。由于该发现构成了东汉时期已有豆腐生产的确定性证据，所以很快引起了中国饮食史学家的极大兴趣。这种论点被程步奎和黄展岳再次提及，被郭伯南求证过，并被包含在日本搜集整理的中国饮食文化历史大事年表中[④]。但由于没有发表图片、示意图或对原始场景的详细描绘，因此无法对感兴趣的地方进行考证，也无法对这一论点的价值进行评估。在 1990 年，当陈文华发表了描绘该场景的线画和图片，并对图中的每一部分的含义进行了详细讨论后，这种状况最终得到了改变[⑤]。

306　　　　1 号墓是密县打虎亭两个墓中较大的一个。26.46 米长，最宽处 20.68 米，顶最高处 6.32 米。内部结构是由墓门、甬道、前室、中室或主室、后室、南耳室、东耳室和北耳室组成[⑥]。我们主要关注的是东耳室。在它的天花板上雕刻有当时的家畜和家禽以及各种几何图形。在墙上雕刻有与准备食物相关的各种各样的活动，例如杀鸡和宰小牛、吊挂肉、烹饪菜肴、酒发酵、豆腐的制作等。另外，图画中表现了各种各样的厨房设施和器具，包括炉子、凳子、浅盘、低桌、柜橱、碗、盘子、瓮、罐、坛子、盒子等。

　　在东耳室南壁上有两幅石刻壁画。东侧的一幅描绘了各种各样的厨房活动。西侧的一幅分为上下两块板：上块宽板刻画有酒的发酵，下面一块窄幅板描绘了豆腐制作的场
307 景。长 130 厘米，高为 40 厘米。如照片（图 68）和线画（图 69）所示，这一场景被分成 5 个片段。为了便于讨论，以序号 1）至 5）从左至右标注，简要地，其图画所示内容如下：

　　1）两个人站在一个大盆后。

　　2）一个人右手拿着一个长柄大勺，向前伸向一个石头制的圆磨。

　　3）两个人在一个大缸上撑起一个网或是一块布，像是在从一种混合液中粗滤出一些东西。一个大长柄勺漂在缸的上面。另有一个人站在左侧像是在指导操作。

　　4）一个人用一根杆搅拌一个小盆里的东西。在他的右侧有一个罐，猜想是盛了一种在操作过程中所需的添加物。

---

　　①　密县位于河南省会郑州西南约 40 千米。打虎亭在密县西 6 千米。

　　②　安金槐和王与刚（1972）的发掘报告包括厨房的场景（图 11）和用餐的场景（图 12），余英时［Yu Ying-Shih（1977）］对此进行了讨论和复原。

　　③　由贾峨推测，见河南省博物馆（1981），第 284 页。

　　④　黄展岳（1982），第 72 页；程步奎（1983）；郭伯南（1987），第 375—376 页；中山时子编（1988），第 560 页。

　　⑤　陈文华（1990）的文章是参加 1990 年 8 月 2—7 日在英国剑桥召开的"第六届国际中国科学史会议"的论文，并刊登在《农业考古》（1991 年），第 1 期，第 245—248 页。我感谢陈教授 1991 年 9 月陪同我参观密县打虎亭一号汉墓。基于我自己对壁画的观察，我对图 69 忠实地反应了壁画所描绘的场景非常满意。

　　⑥　如想了解墓室的细节，请参见安金槐和王与刚（1972），第 49—50 页。其宽大的侧壁和众多的装饰说明墓主人是一个非常富有的人。

5）一个大箱子被支起来，上面有一块大板子。一根杆子一端钩在箱子边，另一端挂上重物，压在大板子上。大箱子左侧靠近底部有一个出水口，下面有一个坛子接着流出的液体。

图 68　河南密县打虎亭汉墓出土的制作豆腐的画像石（黄兴宗摄影）。

河南省密县打虎亭漢墓東耳室画像石製豆腐図

图 69　河南密县打虎亭一号汉墓墓室画像石场景图，陈文华，《农业考古》（1991 年），第 248 页。

　　因为画像石上没有标题，在同一石板上的这一组图是否和描绘酒发酵的另一幅图一样，首先，需要证实这些片段所显示的场景是否真的和酒的发酵有关。但是在传统中国酒的发酵过程中，并不需要用磨或布过滤发酵的糟。所以这一场景不大可能表现的是酿酒过程。与醋或酱油的制作也不相似。另一方面，它与李时珍所描述的，现在中国乡村仍沿用的豆腐制作过程非常吻合（图 67（a）—（f））。陈文华分析了画像石上的场景并与传统加工豆腐的过程进行了比较，具体如下：[①]

① 陈文华（1991）。

308

1）浸豆（图 67（a））：大豆（5 千克）浸入 15 千克水中约 5—7 小时（25℃时 5 小时，15℃时 7 小时）。不加调味品。浸泡到豆子凹边变平。浸豆的目的是使蛋白组织膨胀柔软以利于进一步加工。画像石场景中的片段（1）与此非常吻合。

2）磨豆（图 67（b））：豆子被磨成豆浆。每 5 千克豆子加入 30 千克水。水必须与豆均匀混合。在研磨过程中，磨将豆子打碎，其中的蛋白质被溶于水中。片段（2）描绘了这一过程。猜想石磨由手推动。画像中一个雇工的右手指向片段（1），仿佛准备舀起一些浸豆准备磨。磨的外形与打虎亭近郊现今所使用的磨相似。

3）过滤（图 67（c））：磨好的豆子倒在一块布上去除不溶颗粒。片段（3）很好地描绘了这一操作。两个人拿着包有粗滤渣的布准备将它从大缸上移走。在顶部附近漂着长柄勺说明缸几乎是满的。在缸左边的第三个人好像是在指导操作。在缸一侧靠近他站立着一个高支架的器具，也许是一盏灯。或许它盛着此操作过程需要的原料。我们知道为了减少大量的泡沫，在河南乡村人们习惯在研磨的豆子中添加一些食用油。容器中的原料可能是需要时作为减少泡沫而用的食用油。

4）煮浆（图 67（d））：在锅中加热过滤后的豆浆，以均质煮沸并去除生大豆的豆腥味。这一操作在打虎亭 1 号墓中并未画出来。省略这一步的原因将会在下文讨论。

5）点浆（图 67（e））：在煮沸 2—3 分钟后熄灭火或者将豆浆倒入一个坛中。乳浊液可以慢慢冷却。当温度达到 75—80℃时，放入凝固剂，用规定的方式慢慢搅拌豆浆。当颗粒慢慢开始成型时，停止搅拌豆浆。将坛盖上以减缓冷却速度。静置后颗粒将逐渐凝固。片段（4）表现的是雇工搅拌凝乳。他左侧的坛子可能用于装凝固剂。

图 70　20 世纪 80 年代河南密县附近农村的豆腐压榨箱照片，陈文华摄影。

6）镇压（图 67 (f)）：用一块布收集软的凝乳，放入一个木箱挤压除去黄浆液。挤压后的凝乳切成小块作为豆腐出售。画像中片段（5）清楚地表现了装有凝乳的箱子被挤压和黄浆液的收集。非常有趣和值得一提的是，所需的箱子、绳子、悬挂的重物几乎全部与20世纪80年代打虎亭乡村附近所用的压豆腐的工具一样[①]（见图 70）。

从以上例子，我们不得不承认从整体上讲，画像与李时珍所形容的以及目前中国乡间还在采用的加工豆腐步骤非常一致。片段（1）、（2）、（3）和步骤1）、2）、3）对应，片段（4）、（5）与步骤5）和6）对应。仅有的不同是，图中缺少第4步——煮浆。这是为什么？一个可能的解释是，在汉代没有特别容器用于煮豆浆。在这一组图的背景里和附近的图画中，已有大量与厨房设施和烹饪活动相关的设备，将煮制这一通用的烹饪活动也画入煮豆浆操作里被认为是多余的[②]。因为每个人都知道，豆奶在凝固前是需要煮沸的。当然这不是个令人满意的理由。毕竟，艺术家理应将整个豆腐的生产工艺全部刻在石板上。如果煮浆这一步已被认为是与豆腐生产不可分割的话，他完全没有必要省去这一步而留下一个不完整的图画。

人们考虑了图中没有煮浆这步骤的几种原因。第一个原因是，没有足够的空间将全部的步骤画入图中。由于必须省略一些东西，所以没有了煮浆这一过程。但这明显不是理由。实际上，还有很多没有必要的内容被刻了进去，以将背景填满。另外还有一个原因是刻画的主人想要故意将这一关键步骤省去，以保住生产豆腐工艺的秘密。第三个原因可能是，在汉代发明豆腐制作技术之初，第4步煮浆还不是工艺中的一步。换句话说，最早的豆腐制造没有煮浆这一步。这一假设当然是建立在默认不用煮浆也可以制成豆腐的这一原理之上的。但是从可查的文献中没有确凿证据证明这一假设是否成立。众所周知，不论是古代还是现代，生产豆腐时煮浆这一步是必不可少的。还没有发现有谁曾尝试过用未煮过的豆浆制成豆腐的记录[③]。从普遍的科学观点看，加热可以使豆浆的物理性状改变，以利于凝固，因此必不可缺[④]。但资深的豆腐生产从业人员给出了相矛盾的意见。一些人说未煮的豆浆可以制成豆腐，而另一些人则持有相反的观点[⑤]。为了解决这一疑惑，我们于1991年决定做一系列试验，验证未煮过的豆浆是否可以凝固成

[①] 陈文华，私人通信（1990）。

[②] 陈文华，私人通信（1990）。

[③] 在《食宪鸿秘》（约1680年）中（第六十页），制作豆腐的描述没有煮浆这一步骤。但这段文字中也建议表皮（在煮豆浆时在表面形成的皮）不要扔掉，虽然没有明说，但从中也能看出有加热的步骤。

[④] 杨淑媛等［（1989），第70—71页］和姜汝涛［（1991），第21—22页］对加热豆浆的理由用我们掌握的当代化学的角度进行了阐述。他们认为，靠离子基团的相互作用和大量亲水基团与水形成的氢键的作用，使大豆蛋白在水中形成溶液。加热到沸点破坏了一些氢键，暴露了自由巯基，使蛋白子分子间相互作用。这时豆浆处于一种前凝固状态。凝固剂将疏水基团暴露出来，降低了蛋白子基质的溶解性，并让他们从水相中凝固出来形成凝胶。豆浆如果不加热，蛋白质只能简单的从溶液中沉淀形成絮凝物。

[⑤] 陈文华咨询了中国的豆腐制作者，而笔者咨询的是中国以外的专家。给我特别帮助的是舒特莱夫和青柳昭子，他们是大豆食品的大力倡导者，也是著名论著《豆腐手册》（*The book of Tofo*）（1975年）的作者；高川，李约瑟研究所（Needham Research Institute）的同事，她在剑桥自己的厨房里定期做豆腐已经有几年了；以及曾茂吉，夏威夷檀香山《程太太大豆制品》（*Mrs Cheng's Soybean Products*，Honolulu, HI.）的社长。

豆腐。具体步骤在脚注内说明[1]。

图 71 豆浆的凝固实验；（左）：用煮过的豆浆，（右）：未加热的豆浆。1991年，于李约瑟 研究所摄影，黄兴宗。

311

总体上讲，我们发现利用现代化厨房设备和传统中式工艺，可以很容易制成豆腐。但豆浆必须先被煮沸。没有煮制或没有加热到沸点的豆浆，加入凝固剂后呈现絮状沉淀，而不是坚硬的有弹性的凝胶。这由图71中可以看出。尽管絮状沉淀也可以被压成豆糕，但产品的弹性或硬度与典型的豆腐相差甚远（图72）。这种原始豆腐

---

[1] 1991年春天在英国剑桥西尔韦斯特（Sylvester）路2B号进行了第一次系列试验。高川帮助设计并操作了整个试验过程，谨此深表谢忱。试验中使用的是一般英国家庭厨房中常用的器具。大体的过程如下：

1）浸泡。125克大豆浸泡于600—800毫升水中，室温为17—19 ℃，放置14—16小时。

2）磨浆。浸泡好的大豆漂洗后分成两份。每份加400毫升水，在韦林氏（Waring）搅切器（1夸脱容量）中搅打1分15秒。最后打成分散性的豆糊。

3）过滤。两批豆糊合并，用厨房毛巾过滤。大约可以得到400毫升豆浆。

4）煮浆。豆浆分成两份，每份大约200毫升。（a）将A份在锅中加热，并不断搅拌，直到出现泡沫，继续加热（温度大约94℃）。然后倒入一玻璃容器，冷却到大约75℃。（b）将B份倒入玻璃杯中，保持室温。

5）凝固。将大约0.5克石膏用1毫升水混合。一半加入A中，一半加入B中。每次加入都要用茶匙搅拌约1分钟。玻璃容器用透明塑料膜覆盖后静止放置。半小时后A开始凝固而B呈絮状沉淀。4小时后照相（图71的两个玻璃杯），这时A的凝胶完全充满玻璃杯，而B的絮状沉淀占杯子体积的一半。

6）压榨。由A得到的凝胶坚实而有弹性，具有标准的软豆腐的品质。清洗后可以切成块并继续压榨，或者可以直接食用。通常用煎锅煎一下，再用热芝麻油调味。将B的金黄色乳清排出，剩下的沉淀收集到一块布上然后压榨，得到一块湿的豆糕，就像照片（图72）中的那样。它看起来像一块豆腐，但没有豆腐的结构和弹性，用手指就可以将它捏成散碎状。也可以煎，但没有豆腐典型的爽滑的口感。它怎么也不像和正常豆腐一样的产品。

仍然有豆腥味，根本不如普通豆腐好吃。这一试验在豆制品工厂重复之后，也得到了同样的结果[①]。显然，加热豆浆对胶束（micelle）的特性有着重要的影响，可以使不溶的大分子蛋白和脂肪结构悬浮于水中形成乳化液。在没有加热时，豆浆内的胶束间几乎没有相互作用，当加入凝固剂时，它们变得不稳定，同时不溶性蛋白质从水溶液中析出来。加热后，胶束间的作用大大加强。当蛋白质加热后变得不稳定的时候，胶束间的空间作用加强，它们的"触角"相互连接，整体（en masse）形成网状结构脱离水相最终变成凝胶。另外，加热沸腾可破坏生豆浆中绝大部分脂肪氧化酶（lipoxidase）的活性，因此可以去除豆浆或豆浆制成的产品中由于该酶的存在而产生的豆腥味[②]。

312

图 72　未加热的豆浆沉淀后制成的豆糕，黄兴宗摄影。

　　以上实验的结果可以部分支持这样的想法：在打虎亭 1 号墓建成的时候，像图 68 和 69 图所描述的那样，将豆浆煮沸还不是制作豆腐必不可少的一步。没有加热煮沸这一步，所制成的原始豆腐无论从物理性质还是从口感方面考虑，它都不如现在的豆腐产品。即使将豆浆加热而未达到沸点，其产品也不稳定和不能很好凝固。因此，它从未成为一种被广泛接受的食品[③]。确实，自汉代这种原始豆腐发明之后，作

313

　　① 1991 年冬天，在夏威夷檀香山《程太太大豆制品》车间进行了第二次系列试验。公司用有机培育的大豆加工豆浆和豆腐。磨浆后取出一些豆浆样品用于我们的试验。结果与前面的第一次系列试验结果相同。感谢曾茂吉先生（社长）的协助与合作。

　　② 关于豆浆加热过程中物理和化学变化的讨论，参见杨淑媛等（1989），第 70—71 页；姜汝涛（1990），第 21—22 页。

　　③ 根据杨淑媛等［（1989），第 72—72 页］的结论，加热到不同温度后的凝固效果是：70℃，未凝结；80℃，软凝结；90℃，20 分钟，得到有豆味的凝块；达到 100℃可以得到典型的豆腐凝块。

为稀有珍物徘徊于主流烹饪系统之外数百年，直到人们第一次通过加热煮沸豆浆的方法得到美味高档的豆腐时，它才得到了进一步的发展。今天，我们很容易认为，在整个做豆腐过程中，加热煮沸只是一个小小的改进。但实际上它可能代表了一次非常大的创新。可能当时工人还不知道如何将豆浆煮沸，而且不使泡沫溢出。将豆浆煮沸的原理听起来很简单，但实际操作起来并不容易。每一个煮过牛奶的人都知道，需要锻炼极大的耐心，才能保证沸奶不溢出。煮豆浆的道理也一样。除非使用消泡剂，否则的话，将一大锅豆浆安全煮沸是一件非常不容易的事。现在我们还不知道在汉代中国人是否已经找到了一种具有消泡沫能力的物质。上文我们提到的在图 69 和第三片段中，大缸左侧有一个支架，不知道它是一盏灯还是一个装诸如食用油之类消泡剂的容器。如果它是一盏灯，那就不可能是用来盛消泡剂的，也就是说当时中国尚未掌握消泡技术。从各方面来讲，无论什么缘故，由于在当时还没有"将豆浆煮至沸点"这一步，因此，图 68 中也就没有描绘。遗憾的是，没有煮沸这一步，无法生产出表面光嫩、味道鲜美的豆腐。直到唐代晚期，人们才掌握了加热豆浆的技术并应用到了豆腐生产中去[①]。当做豆腐的方法很快传播之后，它终于成为了穷人富人都很喜爱的一种食品。

如果对豆腐历史的这一推理是正确的话，那么对于另外两个关于豆腐是在汉代发明的事实的解释就变得容易了。第一个是，在过去的三十年中从汉末、魏及晋（公元 20—400 年）墓葬中出土的文物，关于餐饮的壁画和画像石不下 36 组，但只有本文讨论的那幅有关于豆腐的描绘[②]。很明显，当时只有少数厨艺圈里的人才掌握和使用这一技艺。第二个事实是，在经典著作《齐民要术》（544 年）中，没有提到豆浆或豆腐的制作，作者号称"从犁耕到种植，再到酱、醋的制作，我只对日常生活有用的技艺做详尽描述。"[③]（"起自耕农，终于醯醢，资生之业，靡不毕书。"）这显然表明在 6 世纪时，制作豆腐的地位尚不高，还没有被人们当作是一种对生活有用的"技艺"。

像我们上文所提到的那样，在中国古代，大豆通常是作为一种谷物直接煮成豆饭或豆粥来食用的，没有一种制品美味到吸引人。豆饭不易被消化而豆粥需要很长的烹饪时间。于是古代的厨师就想用新办法，将这一有价值的原料制成餐桌上可口美味的食品。在这一背景之下，人们发明了豆浆和豆腐。汉代出现的这一发明，我们相信源于两个因素的汇合，一个是技术的，一个是文化的。第一个因素，那个时期已经广泛使用磨谷物的技术，如磨小麦。现在有大量考古资料表明，石盘磨在西汉（公元前 206 年）已被广

314

---

① 洪光住［（1987），第 3 页］提醒说，在加热时要防止沉淀粘在锅壁，同时要控制泡沫猛增。在乡村制作豆腐的经验是，煮浆前在整个锅壁上涂上一层植物油，这一方法不是很容易就能被发现的，也许经历了几个世纪的实践才找到这一方法。也许道士中的高手或和尚中的皈依者寻找肉和鱼的素食替代物的过程，推动了这一发明的出现。

② 田中淡（1985）从这一时期的 19 个墓葬中汇集并复制了 40 幅画，这些墓葬的分布从西部的宁夏、甘肃一直到东部的山东，没有一个有制作豆腐的场景。

③ 《齐民要术》序；缪启愉（1982），第 5 页。

泛使用[1]。这一技术的发展无疑刺激了小麦成为中国北方主要农作物。如上文所述（pp. 68，265），小麦很难直接烹饪，它必须被磨成面粉后，才能做成可口的食品。一旦利用盘磨将小麦磨成粉的技术被普遍使用，人们就会使用同样的技术将另一种难于食用的硬谷物大豆也磨成粉，这只是时间问题罢了。但结果令人失望的是，汉代人最初制成的是豆片而不是豆粉[2]。但探索并未停止，当某个人可能试图用同一方法煮沸这些豆片想做成豆粥时。如果他是一个敏锐的观察者，他可能发现这些豆片与水混合后，部分固体小颗粒会溶在水中形成乳浊液。这将促使他想到将大豆与水直接混合后可以磨成浆，使绝大部分的固体变成了乳浊液。这样一来，豆浆终于诞生了。

我们认为，在整个工艺步骤中最关键的发明就是制作豆浆，即将大豆放入水中磨成浆。人们使用了当时已经完善的技术制成了独特的异乎寻常的产品。在中国汉代，其它谷物如小麦、大麦、大米和小米等，用同样的加工方法是得不到相同乳液的。的确，豆浆有着与人和动物的乳汁相似的特点：珍珠似的外观、光滑细腻的结构。诗人曾经充满激情地描写它的可爱。由于将豆子研磨后在制成的豆浆中带有豆腥味，所以东汉时富人中间，豆浆还不能成为即饮的食物。此外，和普通牛奶一样，豆浆不能长时间保鲜，如果放置长了，它将很快变质，甚至腐败而不适宜于再饮用。那么，怎样才能够使豆浆成为一种更可口或产品保存期更长的食物呢？

接下来是促使人们进一步发明豆腐的第二个因素。在汉代，中原地区的人民与北部游牧民族的交往越来越频繁，中国人开始作为一种重要的食品来熟悉来自家畜的乳及乳制品，如酸奶、奶油、黄油和马奶酒等。《史记·匈奴列传》记有"蔑视汉式食品的行为，认为其品质低劣不如奶和酸奶（湩酪）好。"[3]（"得汉食物皆去之，以示不如湩酪之便美也。"）严世芸认为，"湩"就是指乳汁[4]。同时，汉代的中国人从来未将食用乳制品的习惯照搬到他们的饮食结构中，只是简单地学习了一些制作奶制品的方法。这样，一旦他们认识到"乳"可以由大豆加水研磨来代替，机智的厨师就会很自然地按照加工家畜乳的方法将大豆加工成类似乳制品的产品。或许第一次的豆腐仅是偶尔获得，当他或她添加各种调味品，如醋或粗盐等加入到豆浆中以改善口味的时候。正如李时珍所指出的，那些咸、苦、酸味和涩味的物质就是非常有效的凝固剂[5]，实际上，第一块

315

---

[1] 过去的30年里，在东汉或西汉的墓葬中发现了很多石头或泥做的盘磨模型，参见李发林（1986），第146—167页；卢兆荫和张小光（1982），第90—96页；陈文华（1987），第112—113页。这也有力地说明这些器具在汉初就广泛应用了。这方面的问题较详细的讨论，见本书第四卷第二分册，pp. 185—192。用盘磨磨制小麦粉方面的内容将在下文（pp. 463—465）中介绍。

[2] 当生大豆被磨碎后，细胞结构被破坏，但由蛋白质、脂肪和碳水化合物组成的基质由于脂肪含量很高，仍然粘在一起，形成黏稠物。结果是形成了海绵状的片状结构。现代的豆粉工艺是在磨浆前将大豆在高温下烘烤，基质成分的变性可以使大豆在磨浆机的研磨作用下破碎成很细的颗粒。当有水存在时，大豆的成分由于细胞结构的破坏而释放出来，溶解或成为乳化液而形成豆浆。

[3] 《史记·匈奴列传》卷一一〇，第二八九九页。或许，用"湩"指称奶有更早的文献见于《列子·力命》（第一五八页）。在《汉书·杨雄传》（第三五六一页）中，有一篇关于燻蠡的文献，根据张晏的解释是干酪。酪和其它乳制品的含义已在上文（pp. 248—257）讨论。

[4] "乳汁"这一词汇可能最早出现在马王堆一号墓出土的汉代帛书《五十二病方》第180方中；参见 Harper（1988），p. 479。接着提到这一词汇的是《名医别录》（约510年），载于《证类本草》卷十五，第三页。

[5] 《本草纲目》卷二十五，第一五三二页。

316 豆腐的凝固可能是偶然发生的[①]。正如第一批酸奶的出现可能是由于牛奶中固有的乳酸菌发酵偶然形成的，所以第一块豆腐的发明也许是外来的生物体与豆浆作用产生的。但这些都是推测。重要的一点是，汉代的中国人发现豆浆有时候可形成与牲畜酸乳不同的外观，但凝块却相似。这一发现激励了他们改善加工过程的稳定性和产品的美味。正如对乳制品的兴趣一样，产生对豆腐的兴趣起初仅是一种浮浅认识，其进步缓慢。游牧民族所采用的生产奶制品的工艺，如马奶酒、奶油、黄油和酸奶等通常都不必加热，所以生产豆腐的加热方法应当是在加热牛奶的方法之后出现，即大约在 6 世纪时，人们才开始用煮沸技术生产奶酪[②]。从那时起，才会有人试图将豆浆煮沸再加入凝固剂凝固。至少，经过数百年不断演化之后，人们才创造出一种可靠的生产工艺。遗憾的是，我们根本无法考证明白，从原始发明豆腐到实用的经济生产这一过程，其间的细节是如何不断完善的。

但是，我们知道，大豆在中国食物体系中的地位变化主要发生在汉末至唐末这一时期。在汉代，中国大豆仍然被当作一种谷物，作为主食。将它做成豆饭或豆粥成为膳食基本构成。但到了唐代，尽管大豆在中国食物体系中仍然占有独特和非常重要的一席之地，但是它不再是主食，而成为副食。豆饭和豆粥以及"啜菽"这个专门用于形容吃豆粥的特殊词汇，在 6 世纪之后逐渐从文字记载中消失[③]。这些变化说明，在汉末唐初的动乱时期中，大豆的主食地位逐渐被小麦所取代，逐步成为一种重要的原材料，被用于制作营养极为丰富和美味优质的副食产品，如大豆芽、豆腐、豆酱和酱油等。特别有趣的是，一旦豆腐的地位稳固建立之后，它又成为一系列加工产品发明的起点，为中国饮食增添了高营养、活力和多样性。与此同时，豆腐的生产技术向东跨过中国海传到了日本，在那里它不仅成为了本地食品体系中的一个主要部分，而且同时开发出了许多新品种，无论在风味或口感上都可与它的发源地最好的产品相媲美。在接下来的三节中，我们将首先介绍豆腐是如何从中国传入日本的，然后介绍以豆腐为原料制作成的几种豆制品的演变过程，包括腐乳的发展，最后我们将对中国饮食体系中的豆腐与西方的奶酪进行比较。

317 ## （ii）豆腐传入日本

西方人都知道日本和中国一样，豆腐是日常生活中很重要的一种食品。大家都有一种共识，就是豆腐源于中国，但都不能肯定它是在什么时候以何种方式传入日本的。近年来这一课题引起了众多中国的饮食史研究学者的兴趣[④]。之所以希望探明这一问题的部分原因，是它可能会有助于回答有关豆腐在中国的起源问题。有两个说法比较盛行：

---

① 洪光住（1984）的《豆腐身世考》指出，豆浆煮后可自然地凝固，但过程非常缓慢。即使不煮，通过内源细菌把糖氧化成酸，人们也会发现豆奶在室温下最终也会凝固，但过程更慢、更不容易控制。

② 参见 p.251；《齐民要术》（第五十七篇），第三一六页。

③ 李长年（1958），第 69 页。关于豆饭和豆粥的最后参考文献有 6 世纪中叶的《荆楚岁时记》和《梁书》（635 年）的"啜菽"。在以后的文献中，经常出现豆饭和啜菽，都是对早期文献的引用。

④ 耿鉴庭和耿刘同（1980），洪卜仁（1986），胡嘉鹏（1986），郭伯南（1987）。

第一种是在日本比较流行的传统观点，认为豆腐是由中国以鉴真为首的东渡佛教僧侣们于 754 年传过去的[①]；第二个观点是，认为由（佛教）禅宗僧人隐元大师于 1654 年带过去的[②]。两种说法似乎都没有很多的证据。毫无疑问，在隐元到达日本时豆腐已经是一种普遍的食品了。但是，隐元非常惊奇地发现当时日本豆腐与在中国通常见到的非常不同。当隐元在京都南部创建了著名的万福寺后，他给和尚及当地制作豆腐者传授了如何制造中国式压制豆腐的方法。据舒特莱夫（Shurtlett）和青柳昭子记载说："虽然这种硬豆腐在之后的一个多世纪里非常流行，但现在日本只有一家豆腐厂生产和在万福寺附近的一家精进料理供应"[③]。可能是由于隐元的推动，中国式豆腐在日本的普及使中国学者错误地把他当作是将豆腐传入日本的使者[④]。

尽管认为豆腐是由鉴真传入日本的传统观点似乎很有道理，但至今没有文献证明这一说法是可信的。篠田统对日本古籍进行了仔细研究，但他找不到唐代已有豆腐制作的任何参考资料[⑤]。他发现的最早资料是一名朝廷官吏，神主中臣佑重的日记，在 1183 年的天皇的菜谱中写有"唐腐"（即豆腐）。大约 50 年后的 1239 年，在一封来自著名佛教僧人日莲上人的感谢信中使用了"*suridofu*"一词，虽然它的确切含义不清，但据猜测是一种豆腐。13 世纪再没有其它关于豆腐的记载，但是到了 14 世纪，关于豆腐的记载明显增加。篠田统从 1338—1534 年的资料中，发现了 12 条相关记录。在这一时期，豆腐有多种叫法，如唐腐、唐布、毛立和白壁。而"豆腐"这一名称直至 1489 年才出现。自 16 世纪以后，在日本的食品文献中豆腐经常被提及，屡见不鲜。

篠田统查阅了日本中古时期有关制作豆腐的资料，发现了两个有趣的现象。他注意到，在 15 世纪时期，做豆腐通常是在冬季进行的。如在《御汤殿上日记》中，记载着从 1477 至 1488 年的 12 间有 46 次制作豆腐，其中 10 批是在 10 月份生产的，4 批是在 12 月份生产的，32 批在 11 月份生产。没有豆腐在夏季生产的明确记载。在其它有关古籍中，制作豆腐也是在冬季进行的。据此，我们可以推测出，所制产品的贮存稳定性可能是关键因素。为了保证豆腐在一定的长时间内保持新鲜，最好的办法是只在冬季生产[⑥]。第二个现象是，在中古时期的日本僧院和寺庙里，豆腐的生产最为活跃。这很正常，因为通常认为豆腐最初是由佛教僧侣从中国传入日本的。正如所料，僧院也是豆腐技术的中心。和尚不允许吃肉，在他们的食物中特别需要一种以植物为原料的蛋白质，

318

---

　①　耿鉴庭和耿刘同（*1980*）指出，1963 年在奈良举行的纪念鉴真圆寂 1200 周年的大会上，参会的最大团体是大豆加工者，尤其是豆腐加工者，这表明，鉴真已被尊为将豆腐传入日本的使者。也可参考胡嘉鹏（*1986*）和郭伯南（*1987*）的文章。关于日本豆腐的通俗简史（英文），参见 Shurtleff & Aoyagi（1975），修订版（1979 年），pp. 114—118。

　②　参见洪卜仁（*1986*）。

　③　Shurtleff & Aoyagi（1975），p. 115。

　④　洪卜仁（*1983*）。

　⑤　篠田统（*1968*），第 35—36 页。篠田统文章的这部分已被译成中文，载于洪光住（*1984*），第 65—68 页。后面的讨论大部分也是基于篠田统的工作。

　⑥　篠田统［（*1968*），第 36 页］也得到了同样的结论，这个结论来自于室町时代（1392—1568 年）中期一幅京都妇女卖豆腐的画。画面上的题字说，豆腐从 30 千米外的奈良运来。这说明此时一定是在冬天，因为如果在夏季，由于天气炎热豆腐不可能运那么远还保持新鲜。

豆腐非常吻合这一需求[①]。因此，在日本各阶层中，和尚自然而然地成为倡导者，推动着用这种营养丰富的高植物蛋白食品以替代肉。

从这些记载中可以看出，豆腐很可能是在唐末或宋初传到日本的。从良好的加工豆腐技术在中国确立，到该技术在一个陌生的地理和文化环境中成功地发展起来，这至少用了 100 年的时间。它很可能是由佛教僧侣带入两国间宗教和文化交流的一部分[②]。鉴真 754 年到达日本时，豆腐生产技术还处在发展阶段，没有非常成熟，如果那时就将它作为僧侣代表团的随行厨艺，显得有点为时过早。但我们的确不清楚，也没有足够的证据证明或否定鉴真是否对其传入有贡献。

我们知道，14—15 世纪的日本豆腐具有典型的日本特征，比中国的产品更柔软、洁白和鲜美。但中国的豆腐发展也未停滞不前，像我们将要看到的，有很多发明以豆腐技术为中心，开发出了一系列新食品，这更进一步使得豆腐在中国人日常饮食中变得越来越重要。实际上，闵明我（Friar Domingo Fernandez-Navarrete）已于 1665 年提及，在中国有许多以豆腐为原料做成的食品。他很可能是第一位记载这些中国食品的欧洲人。他在日记中写道[③]：

> 在我准备进入下一章前……在此我简要对一种最常见、普通和廉价的中国食品进行介绍，在这个国家中所有人，从皇帝到平民百姓都吃它，皇亲国戚将它作为美食，百姓也将其当成必须品。它被称为豆腐，是菜豆酱……他们将菜豆的浆取出，从中搅拌后制成象奶酪状的大蛋糕，与大筛子大小相仿，五至六指粗。所有块状象雪一样白，看着没有东西比它更嫩。它可以生食，但通常煮过之后加入香草、鱼或其它东西。单独食用淡而无味，但涂抹黄油和油渣后味道很好。最佳的食用方法是干燥烟熏后，再拌以芝茴香籽。它在中国的消费量大得惊人，无法想象那里有这样多的菜豆。

除了错把大豆当菜豆以外，他的观察是非常可信的。

（iii）与豆腐相关的产品

在 19 世纪，大批由豆浆衍生出的产品已得到蓬勃发展。记录这些成果最全面的著

---

① 由隐元的谚语中看出，豆腐在僧侣生活中非常重要。参见阿部孤柳和辻重光（1974），第 4 页，其中写道：

まめで

四角で

软で

每一行都有双重意思，舒特莱夫和青柳昭子［Shurtleff & Aoyagi（1975），p. 94］将此诗从两方面进行了翻译，内容如下：

由大豆制成，	或 勤劳，
方块，整齐切割，	正义与诚实，
而且柔软，	而且有一颗善心。

② 差不多在同一时期，豆腐传到了朝鲜，在那里，豆腐也成了朝鲜饮食体系中重要的组成部分。

③ F. Dominick Fernandez Navarette（1665），pp. 251—252。

作是汪曰桢所撰写的《湖雅》（约 1850 年）。他对豆腐产品有下列分类[①]：

> 豆腐是［加水］磨黄豆为细浆，入锅用水煮沸，再用石膏或盐卤凝固。
>
> 凝结前的豆浆叫豆腐浆。
>
> 用一块布包起来放入一个木盒子中，将多余的水沥出，成块。
>
> 柔软的产品被称为水豆腐。
>
> 那种不能够整块成型的最柔软的产品被称为豆腐花或豆腐脑。
>
> 将凝固后的豆腐放在一层层布之间压实后生产出的叫千张或百页。
>
> 《本草纲目》说，在加热豆浆时，将豆浆表面形成的膜揭起来，得到的片叫豆腐衣，或叫豆腐皮。
>
> 将小块豆腐油炸，在外部形成硬壳而内部较空的食物，被称为油豆腐。
>
> 把挤压和干燥过的豆腐切成小块用酱油煨，可以得到豆腐干。当加入五香粉时，就得到五香豆腐干。
>
> 不加任何调料干燥的豆腐叫白豆腐干。
>
> 用木屑熏过的豆腐干则变为熏豆腐。
>
> 将豆腐干泡入腌芥卤中发酵，产品被称为臭豆腐干。

〈豆腐按：磨黄豆为粉。入锅水煮，或点以石膏，或点以盐卤成腐。未点者曰豆腐浆，点后布包成整块曰干豆腐，置方板上曰豆腐箱，因呼一整块曰一箱。稍嫩者曰水豆腐，亦曰箱上干。尤嫩者以枸挹之成软块亦曰水豆腐，又曰盆头豆腐。其最嫩者不能成块曰豆腐花，亦曰豆腐脑。或下铺细布泼以腐浆，上又铺细布夹之，旋泼旋夹，压干成片曰千张，亦曰百叶。其浆面结衣，揭起成片曰豆腐衣。《本草纲目》作豆腐皮，今以整块干腐上下四旁边皮批片曰豆腐皮，非浆面之衣也。干腐切小方块油炖，外起衣而中空者曰油豆腐，切三角者曰三角豆腐，切细条者曰人参油腐。……干腐切方块用布包压干清酱煮黑者曰豆腐干，有五香豆腐干、元宝豆腐干等名。有淡煮白色者曰白豆腐干，木屑烟熏白豆腐干成黄色曰熏豆腐干。腌芥卤浸白豆腐干使咸而臭曰臭豆腐干。〉

上述这些豆制品至今还在中国以类似的名称生产。为了便于讨论，今用图 73 的流程表示豆腐及相关产品的生产关系[②]。图中的流程结合了近年来在中国各种普遍认同的多种产品的传统工艺。所谓"热提取"的原理就是将鲜磨豆浆（包括沉淀物的粗浆），有时也称为细浆，在过滤前迅速加热。相比之下，在传统的"冷提取"过程中，鲜豆浆是在加热前先被过滤的[③]。在中国，这两种提取方法现在都在使用[④]。本流程图描述了豆浆、豆腐皮、豆腐花或豆腐脑、豆腐本身（如果是块状就是一般的豆腐，如果是片状就是千张）之间的衍生关系。在此我们应该指出，尽管豆腐在英文中写作"bean curd"

---

① 《湖雅》，篠田统和田中静一（1973），下，第 497—515 页。这一段由洪光住〔（1987），第 23—24 页〕翻译和整理。王士雄〔（1861），第 63 页〕也举了相似的例子。

② 根据市野尚子和竹井惠井子（1985），第 135 页。

③ 想了解中国、日本和朝鲜两种提取方法的应用情况，参见市野和竹井（1985），第 141 页。

④ 洪光住〔（1987），第 46 页〕认为"热提取"过程中大豆有害酶的钝化比"冷提取"的过程快的多，而且得到的豆浆豆腥味小，更适合人的口味。而且，"热提取"的热豆浆比冷豆浆更容易过滤。另一方面，加热生豆浆比过滤后的豆浆要消耗更多的能量。

320

（大豆凝结物），但严格讲，它应被称为"pressed bean curd"（压过的大豆凝结物），或更精确的讲，是"pressed bean curd in blocks"（块状压过的大豆凝结物）。实际上，没有一种简单的或优雅的方式可将豆腐翻译成恰当的英文，但"*tou fu*"（豆腐）之名已在英文中被广泛接受，我认为不必再翻译了[①]。

在挤压之后，大块豆腐通常被切成小块，在销售之前放入冷水中。如图 73 所示，小块豆腐通过干燥可以加工成豆腐干，经熏制可得到熏豆腐，经冷冻可制成冻豆腐，用油炸可制得豆腐泡，经发酵可制成腐乳。表 29 中列出了所有与豆腐相关的食品。第一项是豆浆或豆腐浆，因为在制作其它豆制品之前必须先得到豆浆，所以它被首先列出。很长时间以来，豆浆只是作为豆腐生产的中间产物，很少作为一种食品或饮料而引起人们的注意。实际上，直到元代末年的《易牙遗意》书中才第一次出现了"豆浆"这个

321

322

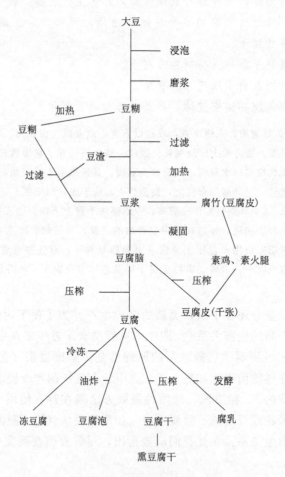

图 73　豆腐制作流程，摘自市野和竹井（1975），
第 135 页。

---

①　舒特莱夫和青柳昭子 [Shurtleff & Aoyagi (1979)，p. 112] 指出，把豆腐看作大豆干酪也不合适。的确，干酪由牛奶的凝块制成，这和豆腐由豆浆的凝块制成一样，但干酪还要加盐、发酵和后熟，而豆腐在豆浆凝块经压榨后不再进一步处理。

表 29　豆腐的相关产品

产品名称	生产方法
豆浆	将大豆用水磨细，过滤，煮熟
豆腐皮	从热豆浆中获取的薄皮
豆花	将豆浆凝固，洗净不成块
豆腐	用布将豆花包裹着，压榨成块
千张	用多层布料将豆花包裹，压榨成薄片
冻豆腐	冷冻豆腐，然后解冻
豆腐泡	油炸小块豆腐
豆腐干	风干（日光）干燥豆腐
薰豆腐	用烟熏干豆腐
豆腐乳	发酵豆腐

词，它是在讲罂粟籽里割出的"黏稠的腐"和绿豆粉时顺便提到的[1]。据说煮罂粟籽的提取物采用与豆腐浆相似的处理方式。书中指出，豆腐浆或豆浆已经存在很多年了。进一步说，尽管豆浆早已存在，但它作为一种食品并未引起人们的兴趣。直到清代后期，街上小贩叫卖出售豆浆才非常普遍，引起了艺术家们的关注，并为后人画了（图 74）这一动人景象。

　　在东亚，以到处可见的豆浆和油条作为早餐的人们，可能会对豆浆被发现之后并未被马上当成一种日常食物而感到奇怪。其实，很容易解释为什么当时它没有流行起来。首先，当大豆破碎时，由于自身的脂肪被脂肪氧化酶氧化，产生了不愉快的豆腥味。第二，大豆含有蛋白酶抑制物及难降解的寡糖，使得豆浆不易消化。加热豆浆可以使大部分脂肪氧化酶和蛋白质抑制剂失活，但仍留下了不能吸收的寡糖[2]。这使我们想起，正是由于牛奶中含有乳糖成分，才使其没有被中国人作为日常食品的原因。用煮过的豆浆做豆腐的好处是，大部分的寡糖在挤压、脱水和清洗过程中被除去了。

　　表 29 中的第二项是豆腐皮，现在通常被称为腐竹。可能是由于它的最终产品有长纹，呈浅黄色，形状像竹子的条纹故称腐竹。正如上文（p. 303）提到的，《本草纲目》（1596 年）说，当加热豆浆时其表面会形成一层膜，将它取出后干燥即可得到豆腐皮。人们可能会猜测，在李时珍之前至少 200 年人们就已经开始生产豆腐皮了。但是，直到了《本草纲目拾遗》（约 1765 年）和几部清代文学著作中才提到过此事[3]。在表 29 中，

323

---

　　[1]　《易牙遗意》，第五十二页。下一条文献在《本草纲目拾遗》（1765 年），第三六五页中。

　　[2]　经过长达 90 分钟的加热，大部分棉籽糖和水苏糖被去除，参见 Pires-Bianchi et al. (1983)。也许清代中国人就已发现，长时间的加热可使豆浆更容易消化。这为豆浆成为一种可接受的食品打下了基础。

　　[3]　《本草纲目拾遗》，第三六五页。李调元（约 1778 年）在他的一首关于豆腐的诗中描述了煮过的豆浆的上表面可以像布一样折叠。在清代吴敬梓（1701—1754 年）的著名小说《儒林外史》（第二十二回）和李汝珍（1763—1830 年）的《镜花缘》（第二十三回）中，提到豆腐皮直接作为一道菜，而在曹雪芹所著的《红楼梦》（第八回）中，豆腐皮则用作饺子皮。这四种文献的引用见于洪光住（1987），第 30—32 页。

腐竹是这一系列产品中含水量最少的，它在无冷藏条件下可以保存很长时间，因而成为佛教徒多种流行素食的原料[1]。

图 74 贩卖豆浆图，清·姚文瀚作，台北故宫博物院。

324　　　　豆花或豆腐花是刚凝固仍未进一步加工的豆腐，也称为豆腐脑。我们见到最早的豆花出现在由著名清代饮食学家袁枚所著的《随园食单》（大约 1790 年）中。他在关于芙蓉豆腐的食谱中写道："将腐脑放入井水中加热至沸腾三次去除豆腥味，然后放入鸡汤中煮至沸腾。食用前加紫菜和虾点缀。"[2]（"用腐脑，放井水泡三次去豆气，入鸡汤中滚；起锅时加紫菜、虾肉。"）值得一提的是，"腐脑"首先煮沸去除豆腥味同时除去难消化的寡糖，说明鲜豆花需要通过处理才能变得吸引人。现在人们通常尽可能地除去豆腐花中的水分，然后将它泡在糖浆里做成清凉点心。

　　自宋代之后，到了元、明、清时代，豆腐已成为《饮食须知》（1350 年）、《易牙遗意》（元）、《饮馔服食笺》（1591 年）、《食宪鸿秘》（1680 年）、《养小录》（1698 年）、《醒园录》（1750 年）和《随园食单》（1790 年）等食经中的常见食物了，故在此不必赘述[3]。至于压制而成的千张或百页的历史，我们所知甚少。它们第一次出现始于 19 世纪汪曰桢的《湖雅》和王士雄的《随息居饮食谱》中。豆腐皮通常被切成细条状或作为外皮，就像面团皮那样被用于制作馅饼。

　　下一个豆制品是冻豆腐，它第一次被提到的是在《食宪鸿秘》（1680 年）中，书中

---

　　① 僧人基本素食谱中，腐竹也译成干豆腐条，见 Miller, G. B（1966），p. 624。

　　② 《随园食单》，第一〇〇页。

　　③ 《饮食须知》，第五十一页；《易牙遗意》，第五十二页；《饮馔服食笺》，第一〇四页；《食宪鸿秘》，第六十至六十四页；《养小录》，第二十至二十一页；《醒园录》，第十三至十六页；《随园食单》，第八十六页、第九十至一〇一页。豆腐一词在一些通俗小说中也经常出现，如《水浒传》（元—明）（第十三回）；《西游记》（明）（第五十五、六十一回）；《儒林外史》（清）（第二、十六、十九、二十回和第二十一回等），以及《红楼梦》（清）（第八、四十一和六十一回）。

说道：①

> 在严寒的冬季，把豆腐置于盆水中，放在户外过夜。尽管豆腐可能不结冰，但水会结冰。但是豆腥味会被洗去，豆腐的风味会大大提高。另一种是不加水，任其自冻成冻豆腐，当其融化后整块看起来象个小蜂巢。将它冲洗透，放入美味汤中煮或用油煎，无论如何烹饪，这盘菜都是非同寻常的美味。

> 〈严冬，将豆腐用水浸盆内，露一夜。水冰而腐不冻，然腐气已除，味佳。或不用水浸，听其自冻，竟体作细蜂巢状。洗净，或入美汁煮，或油炒，随意烹调，风味迥别。〉

同样的菜谱被《养小录》（1698 年）重新记录。《醒园录》（1750 年）则建议，将一整批冻豆腐块缓慢融化贮存起来放在凉爽的地方待夏季食用。在《随园食单》（1790 年）的食谱中，建议冻豆腐放入汤中煨之前，要先将其融化于水中除去残存的豆腥味②。这说明在袁枚时代，人们已知即使是最好的豆腐可能也有豆腥味。在中国北方，冬天制作冻豆腐是一个简单坐收渔利的方法，它可以将豆腐做成有趣的海绵状结构，为有经验的素食厨师提供了美不胜收的天赐原料③。

在下面尽管接下来要讨论的豆腐泡或油豆腐在很久以前就为人们所熟知，但它直到 19 世纪的《湖雅》中才有了文字记载。如前所述，豆腐泡是由小块豆腐经油炸而成④。尽管煎的工艺自古已有，但炸的技术在很长的一段时间内并未流行，可能是到了宋代才开始应用的。在《东京梦华录》（1148 年）和其它类似的著作中，经常提到用油炸的食物不少⑤。但我们没有在权威的明清食经中，见到过油炸豆腐的方法，但下面我们马上就要讨论到的是，《食宪鸿秘》（1680 年）中已明确说到油炸"臭豆腐干"的制作。

下面将要介绍的是豆腐干的历史，它更为人们熟悉，其字面的意思是"干豆腐"。尽管通过尽力挤压和风干的方法可以除去多余的水分，但实际上它的水分含量仍然高达 70%（表 29）。更确切地说，人们只能做成脱水或半干的豆腐。这种情况在《食宪鸿秘》中就第一次被间接地提到了，在谈到熏豆腐制作时，它说⑥："尽可能地将豆腐的水挤干，用盐水腌过。取出来清洗干净后，放在阳光下晒干［得到豆腐干］。在干腐上涂上芝麻香油，用烟熏成；另一种方法是：腌在盐水中、洗净、在太阳下晒干，然后放入汤盆中煮，再用柴火烟熏成。"（"豆腐压极干，盐腌过，洗净，晒干。涂香油，薰之。又法：豆腐腌、洗、晒后，入好汁汤煮过，薰之。"）

在《养小录》（1698 年）中，收录有豆腐干和熏豆腐，在《随园食单》（1790 年）

---

① 《食宪鸿秘》，第六十三页。

② 《养小录》，第二十页；《醒园录》，第十六页；《随园食单》，第一〇一页。

③ 根据洪光住［（1987），第 482 页］和市野尚子与竹井惠美子［（1985），第 136 页］的了解，现在中国和日本已用低温冷冻设备生产冻豆腐。

④ 见 p. 320 的引文。洪光住［（1987），第 51 页］指出，现在制作豆腐泡经常在豆浆凝固前加一些小苏打（碳酸氢钠）。这可以帮助豆腐块在油炸时快速膨胀。

⑤ 《东京梦华录》，第十七页；《都城纪胜》（1235 年），第七页；《西湖老人繁胜录》（南宋），第七页、第十七页；《梦粱录》，第一三三至一三七页。

⑥ 《食宪鸿秘》，第六十二页。

中，再次记录了豆腐干①。在其他古籍中，另有一种豆腐干是将其放入含五香粉的酱油中炖煮，成品称五香豆腐。豆腐泡、豆腐干和其它产品的优点是，它们比豆腐本身的保存期长，而且可以作为素菜的各种配料。

(iv) 腐乳的制作

在表 29 中，最后一项是腐乳。这是一种久负盛名的特殊美食之一，长期食用它的人无法割舍，而没有接触过的人却厌恶它的气味。从技术上说，它是所有由豆腐派生出来的产品中最有趣的一类。也正因为如此，它需要比其它产品更加烦琐的生产工艺。最早关于发酵豆腐的资料见于李日华（1565—1635 年）所著的《蓬栊夜话》，其内容如下：②

326

　　　　黟县地区的人们，很喜欢在秋季（醢制）发酵豆腐③。他们等到豆腐变色并长出厚毛后，将毛仔细擦除并缓缓地晾干。然后放入热油中炸，象做糕点"馓子"那样。从油里取出来后，沥去油。发酵豆腐也可以与其他食物烹调食用。据说成品有鲥鱼的口味

　　　　〈黟县人喜于夏秋间醢腐。令变色生毛，随拭去之。俟稍干，投沸油中灼过，如制馓法。漉出，以他物芼烹之，云有鲥鱼之味。〉

在《食宪鸿秘》（1680 年）中，有关制作豆腐乳的论述更加详细：

　　　　如做福建豆腐乳的方法，尽可能将豆腐里的水挤压干。或者用细棉纸包裹起来，放在新炉灰中吸水干燥。将大块豆腐切成小方块，一排排地放入竹蒸笼内的架子上，装满后加上笼盖蒸。［做腐乳的最佳时间］是在春天 2 月或 3 月进行或者是在秋天的 9 月或 10 月进行。将豆腐坯的架子放在通风处，5 至 6 天后［豆腐上］就会长出长毛，随后毛渐变黑或红绿色。取出来，用纸擦去毛，小心不要损坏外皮。腌制时，每一斗黄豆制作的［豆腐］，加入 3 斤酱油，1 斤炒盐。（如果不用酱油，用五斤盐。）磨细 8 两鲜红曲，挑选干净的茴香、花椒、甘草，混合盐和酒。将豆腐放入缸中，加入料酒，用泥土密封缸口，如果放置 6 个月，则腐乳香气浓郁，味道很美。④

---

① 《养小录》，第二十至二十一页；《随园食单》，第一一八页。

② 《蓬栊夜话》，第五页，洪光住（1987 年），第 84—85 页引用。

③ 这里使用的术语是"醢腐"，醢是指用自溶方式制作酱的古字。毛发生长明显地指真菌的菌丝。"黟"在安徽的南部。

④ 《食宪鸿秘》，第六十一至六十二页。原文还有注释，在注释中解释了在浙江加工的另一种不同的制作方法。这些注释让文章有点读不懂，因为它们未被翻译出来。然而，根据这些注释我们也可以设想出浙江式制作方法的过程如下："把豆腐块放入蒸笼中进行蒸制，当蒸笼还热的时候把蒸笼放在稻草上，周围上下全用稻壳覆盖。做这项工作时应在一个避风处进行。5 到 6 天后把豆腐块取出。把长出的毛压平。［这样做可以使产品新鲜。］然后把豆腐块按层放进坛子里。在每块豆腐上撒一些盐，直到所有的表面都均匀地撒上盐。这样每层豆腐都有一层盐。等到盐自溶后，把坯子取出来放在阳光下晒，到了晚上把它浸泡在混合卤汁中［如福建式制作过程所述］。持续日晒夜浸直到把汁液收干为止。把豆腐块码成层放进罐子里，然后加入料酒。用泥将罐口封好。把罐子放置 6 个月，就可以获得非常好的风味。"

〈建腐乳：如法豆腐，压极干；或绵纸裹，入灰收干。切方块，排列蒸笼内，每格排好，装完，上笼盖。春二三月，秋九十月，架放透风处。五六日生白毛。毛色渐变黑或青红色，取出，用纸逐块拭去毛霉，勿触损其皮。每豆一斗，用好酱油三斤，炒盐一斤入酱油内，鲜色红曲八两。拣净茴香、花椒、甘草，不拘多少，俱为末，与盐、酒搅匀。装腐入罐，酒料加入，泥头封好，一月可用。若缺一日，尚有腐气未尽。若封固半年，味透，愈佳。〉

在《食宪鸿秘》中，另外还有两段文字也与此有关。一个是描述了生产糟乳腐的方法，即利用"发酵糊"再熟腐乳："将过咸的乳腐或陈腐乳取出，放入另外容器内，在乳腐各层之间添上发酵好的糊状物，层层装入，如此做即可以得到具有独特风味的产品。"[①]（"制就陈乳腐，或味过于咸，取出，另入器内。不用原汁，用酒酿、甜糟层层叠糟，风味又别。"）另外一种是制作"豆腐脯"（一种炸的"臭"脱水豆腐）法："取质量好的豆腐在油中煎，用布盖好以防苍蝇和其它昆虫进入。当发出'臭'味时，投入'沸'油中再煎一遍，［产品］风味极佳。"[②]（"好腐油煎，用布罩密盖，勿令蝇虫入。候臭过，再入滚油内沸，味甚佳。"）

在这些段落中有两点非常有趣。第一是，在《食宪鸿秘》（1680 年）出版的时代，腐乳和乳腐很明显都是发酵豆腐的同义词。"腐"这个词现在的意义是一种胶或奶油冻，是由可食的作为食品原料的悬浊物或乳化物制成的，而乳是任何一种奶或由豆浆制成的产品。第二点是，尽管没有用"炸"这个词，但毫无疑问第二段中在"沸"油中煎这个过程说明，炸在明代是一个非常普通的烹饪方法。

在清代中期，腐乳在全国一些地方开始赢得了盛誉，如苏州腐乳和广西白腐乳。《随园食单》中就有记载[③]：

乳腐：腐乳以苏州温将军庙附近［店铺］所售的特别好。黑色、味道鲜。有干的和湿的两种。有加虾子的味道也很好，但有些鱼腥气。广西白腐乳也非常出众，特别是王库官家做的也很妙。

〈乳腐：乳腐以苏州温将军庙前者为佳，黑色而味鲜。有干湿二种。有虾子腐亦鲜，微嫌腥耳。广西白乳腐最佳。王库官家制亦妙。〉

从技术上说，腐乳制作最有趣的记述见于《醒园录》（1698 年）。其中记有五种配方，两大类制作方法。一种是使用磨碎的小麦发酵剂，其具体内容如下[④]：

如前方法，先将黄麦曲做好研成细粉。取出 10 斤鲜豆腐和 2 斤食盐。把豆腐切成薄扁块，在每层豆腐上撒一层盐。把豆腐浸在盐水中。腌 5、6 天后取出来，留下汁液待用。将豆腐块整齐码放在蒸笼内蒸熟。连蒸笼一起放入一空房里约半个月，候豆腐长出繁茂的真菌毛。把毛抹倒晾干，再将豆腐与干黄曲对配。将腌豆腐时剩余的上面清汁倒出来，与干曲调配成酱糊。在豆腐上面每层加一层曲糊和香油，放上几粒花椒，如此层层放入缸内。将缸口用泥密封好，在白天放在阳光下

327

---

① 《食宪鸿秘》，第六十三页。
② 同前，第六十四页。
③ 《随园食单》，第一一九页。
④ 《醒园录》，第十四页。

晒，一个月后就可以上餐桌吃了。

〈酱豆腐乳法：前法面酱黄做就研成细面。用鲜豆腐十斤，配盐二斤，切成扁块，一重盐一重豆腐，腌五六天捞起，留卤候用。将豆腐铺排蒸笼内蒸熟，连笼置空房中约半个月，候豆腐变发生毛。将毛抹倒微微晾干，再秤豆腐与黄对配。乃将留存腐卤澄清去浑脚，泡黄成酱。一层酱一层豆腐一层香油，加整个花椒数颗，层层装入罈内，泥封固，付日中晒之。一月可吃。〉

另外一种方法是，使用谷物发酵酿酒的剩余物制豆腐食品[1]。一般来讲，制作腐乳的工艺有两种类型。第一种类型有两个步骤：①是将豆腐切成小块，然后蒸再冷却，并把它暴露在空气中利用真菌进行自然发酵，②是使用酒曲来后熟。步骤①相当温和；步骤②，后熟的过程，大部分风味逐步显示出来。第二种类型是，利用红曲（和一些白曲）进行直接发酵熟成，不同的方法会产生不同的风味。在各种中式工艺中，将豆腐变为腐乳的微生物已经被分离研究出来。最重要的菌包括豆腐毛霉（*Mucor sufu*）、鲁氏毛霉（*Mucor rouxanus*）、五通桥毛霉（*Mucur wutuongkiao*）、总状毛霉（*Mucor racemosus*）[2]、放射毛霉（*Mucor sinensis*；后被确定为雅致放射毛霉 *Actinomucor elegans*）和散布毛霉（*Mucor dispersus*）[3]。产品通常被包装成正方形，3英寸宽，3/4英寸厚。它的松软度类似法国布里白软奶酪（Brie）。由于腐乳的含盐量很高，它通常被作为米粥或其它味道较淡的食物的增味食品。现在，中国仍然使用自然接种的方法生产腐乳，但许多工厂已经改用纯培养菌种接种发酵的方法进行生产[4]。日本生产了一种类似的产品叫"豆腐の味噌渍け"（豆面酱的豆腐），是将豆腐放入味噌（日本豆面酱）中制出来的。在菲律宾、越南、印度尼西亚和美国也有少量腐乳生产[5]。

（v）豆腐与奶酪的比较

现在，我们日常生活中所提到的"奶酪"，一般是指皱胃酶（凝乳酶）奶酪，由凝乳酶凝固牛奶而制成的。在这方面，虽然奶制品是南北朝及唐宋饮食中的主要食品，但从来没有证据显示，中国当时曾经制作过奶酪[6]。19世纪奶酪传入中国的时候，它是一种全新和外来的食品，是中国烹饪体系中的"异类"，直到目前它还未进入中国厨房[7]。

---

[1] 同上，第十五页。

[2] 洪光住（1987），第78页。

[3] Wai, N. (1929), (1964); Hesseltine (1965), (1983); Wang & Hesseltine (1970)。

[4] 洪光住（1987），第79—84页。腐乳的五个基本种类列在第105页。

[5] Shurtleff & Aoyagi (1975), pp. 358ff.。在菲律宾称作 *tahuri*，在越南叫 *chao*，印尼叫 *taokoan* 或 *takoa*。五种类型的中国腐乳在美国都有生产。

[6] 参见上文（pp. 248—256）对中国乳制品的描述。坦纳希尔［Tannahill (1988), p.126 页］提到了唐代的一种"凝块"奶酪，但她没说清凝块奶酪的定义。

[7] 虽然在中国饮食中，牛奶、奶油、黄油等乳制品已经很常见，但一直把奶酪拒之门外。即使现在，安德森［Anderson (1988), p.146］还听到对它如此的描述："那就像老牛肠子里的黏液，流出时已是腐烂的了。"

同样，正如 1665 年闵明我所观察那样，在马尼拉（Manila）的华人社会中已可以轻易获得豆腐，但欧洲人决不品尝[①]。要将豆腐引入已经发展完善的西式烹饪中，并不是一件简单的事。直到 20 世纪后期，随着素食者重视植物蛋白来源后，豆腐在欧美才开始被认为是可口及营养丰富的食品而得到接受[②]。

豆腐通常被翻译为"soybean curd"（大豆凝块）或"soybean cheese"（大豆奶酪），但两者都不确切。毋庸否认，豆腐与来自于牛奶的奶酪的确很相似[③]。豆腐是豆浆凝固成为凝胶而产生的，正如奶酪是由牛奶凝固而产生的一样。但是，两者也存在着显著的差异。豆腐凝固是因添加了化学品（硫酸钙、盐卤、酸等），破坏了豆浆中胶束的稳定性，而导致蛋白质之间相互结合后形成的。然而，动物奶凝块是由一种酶（凝乳酶，从小牛胃内提取）水解酪朊产生不溶解蛋白物——聚酪朊而形成的。豆腐只是一种简单压榨而成的大豆凝胶，它口味清淡且容易腐败。而奶酪是压榨后的牲畜奶凝块，再经过加盐及利用微生物熟成，不但味咸而且风味独特，具有较长的保存期。表 30 比较了两者的制造方法。

329

表 30　豆腐和奶酪工艺过程比较

工艺过程 品名	原料	凝固剂	压榨法	后加工	保存期
豆腐	由大豆和水制豆浆	化学物质如硫酸镁，硫酸钙等	重压榨	除非衍生产品，无，参见表 29	短
奶酪	动物奶	犊牛胃酶	轻压榨	添加食盐。靠微生物成熟，经 4—6 个月或更长时间	长

除此之外，也有单纯添加酸而形成凝胶的奶酪，比如家庭奶酪或乳清干酪（ricotta），与之相对应的豆制品就是鲜豆腐。豆腐也有加盐并混入微生物处理的产品，那就是发酵豆腐，或称腐乳。这些才是真正的与奶酪相对应的豆制品。从作为加工食品的重要性来说，中国豆腐在中国饮食中的作用与西方饮食中的奶酪相似。

在中式烹饪中，豆腐的食用方式与肉或鱼一样。如果适当地加入一些调味料，豆

---

① 　F. Dominick Fernandez Navarette（1665）。

② 　参见 Shurtleff & Aoyagi（1979），《豆腐手册》，这本书在豆腐制作方面非常有影响，在欧美地区知名度很大。20 世纪 50 年代，在伦敦或纽约，人们必须到处找东方市场买豆腐。现在美国很多超市中都卖豆腐。1991 年，笔者惊喜地发现在英国剑桥的鲁滨逊学院（Robinson College）的学生自助餐菜谱中，有豆腐炖蘑菇和南瓜，而且得知许多学生都是素食主义者。

③ 　实际上，豆腐在欧洲常被译成"奶酪"。据报道，约翰·萨里斯（John Saris）船长在 1613 年说过："他们有很多的奶酪。不生产黄油，也不吃任何奶，因为他们把它看作血液"。此外，把豆腐当成奶酪的文献，可参见 Franklin（1770），pp. 245—246，《印度农学家》（加尔各答）[The Indian Agriculturist (Calcutta)]，（1882），12 月 1 日，pp. 454—455 和 Church, Arthur H.（1886），pp. 140—144；译作 fromage（干酪）的，参见 Baron de Montgaudry（1855），pp. 20—22，Duméril（1859），p. 106 和 Champion, Paul（1886）；或译作 kase（干酪）的，参见 Stoeckhardt & Senff（1872）和 Dr Ritter（1874）。我们感谢舒特莱夫的帮助，从他的大豆数据库中，我们找到了这些有趣的论述。

腐也可以单独食用，但它通常是与其它调味料通过标准的中式烹饪方法制作的。虽然豆腐是一种廉价的肉类替代品，但它却同时受到帝王及农夫的推崇[①]。奶酪可以作为开胃食品、甜品单独或夹入三明治中食用，也可以广泛应用于烹饪中，不仅只是一种调料，同时还是一种多用途的增味剂，比如，意大利的烤宽面条（Italian lasagna），希腊的茄合（Greek moussaka）或法国乳蛋饼（French quiche）。在意大利，奶酪还是一种与盐及胡椒一样的佐餐调料。在意大利餐馆用餐时，人们总是喜欢把大量磨碎的罗马诺干酪（Romano）或波萝伏洛干酪（Provolone）撒在意大利面条上面。

330

　　表 31 是豆腐与奶酪（切达干酪，cheddar）的营养价值比较。可以明显看出，豆腐

表 31　每百克豆腐与干酪的营养价值比较

成分名称 ＼ 产品名称	普通豆腐	发酵豆腐	家庭奶酪	切达干酪
水（克）	84.5	70	80	37
能量（千卡）	76.0	116	85	403
蛋白质（克）	8.1	8.2	17.3	25
碳水化合物（克）	1.9	5.1	1.85	1.28
脂肪（克）	4.8	8.0	0.4	33
粗纤维（克）	0.1	0.31	0.0	0.0
灰分（克）	0.7	8.7	0.7	3.9
矿物质（毫克）				
钙	105	46	32	721
铁	5	2.0	0.2	0.7
镁	103	52	4.0	28
磷	97	73	104	512
钾	121	75	32	98
钠	7	2873	13	620
脂肪（克）				
饱和	0.69	1.16	0.27	21.1
单不饱和	1.06	1.77	0.11	9.4
多不饱和	2.7	4.52	0.02	0.94
胆固醇（毫克）	0	0	7	105

　　资料来源：《美国农业部手册》（USDA handbook）：食物组成. No. 816, 1986 年 12 月, pp. 148, 152; No. 8—1, 1976 年 11 月, 01—009, 010014。

---

　　① 参见 p. 300，关于豆腐代替羊肉的文献记载，《说郛》（卷六十一）中《清异录》（卷六，第五页）。来新夏（1991）讲述了明朝开国皇帝及清朝的两个皇帝康熙和乾隆，如何把豆腐作为食品推崇到了最高地位。1488 年，中国的一个地方官把豆腐送给滞留在中国的朝鲜官员崔溥作为礼物。参见《崔溥日记》（*Ch'oe Pu Diary*），英译文见 Meskill（1965），p. 73。

中的脂肪：蛋白质的比例（4.8/8.1＝0.57）远比奶酪的（32/25＝1.28）低。再者，豆腐中60%的脂肪是多不饱和脂肪，只有15%是饱和脂肪。奶酪不含多不饱和脂肪，而且73%油脂属于饱和脂肪。除此之外，豆腐不存在胆固醇，而100克的奶酪却含有105毫克的胆固醇。最后，奶酪的含盐量比豆腐高。需要控制血脂及胆固醇的人们综合考虑所有的因素后，无疑会觉得豆腐是比奶酪更健康的蛋白质来源。当豆腐纳入西方烹饪体系并得到发展和普及之后，它在欧美的重要性肯定会增加[①]。

（vi）补　遗

　　在中国，关于上文（pp. 306—309）东汉画像石的临摹是否是描述豆腐制作的问题，近来曾有激烈的辩论。这些争论源自有关打虎亭汉墓拓片的正式报告（图75），以及整个画像石的临摹线图[②]。虽然它们证明了陈文华的下壁草图（图69）有一些细节是错误的，但这些错误并不被认为是严重的，因而没有引起注意。1996年，孙机对陈文华的诠释提出了强烈的异议，并坚持认为画像石的场景是酿制酒的过程[③]。他提出了4个主要的反对论点：第一，图中第二片段被认为不是石磨的器具而是一个大钵（碗）；第二，第三片段中撑在盆上的是一块平板而不是滤布；第三，图中最后片段的"压块"并不是用于压制豆腐的，这是因为它不符合洪光住（图67e）所描绘的豆腐"压块"；最后，图中无法找到最关键的煮豆浆步骤。根据他所说，这些片段是《齐民要术》中描述的酿制酒过程：第一片段，显示了把煮熟的谷物加入到发酵器里；第二片段，装有酵母的碗；第三片段，在煮熟的谷物中加入捣碎的煮熟了的谷物块团以继续发酵；第四片段，在加入煮熟的谷物后，搅拌发酵；第五片段，挤压酒糟以提取清澈的酒。在1997年，两名记者在发行很广的国家报纸上报道了这一观点，他们也质疑了陈文华的学术水平并指责他散布了误导性的资料[④]。这些指责引起了陈文华和贾峨激烈的书面回应[⑤]，并与原始的批评一起刊登在1998年的报纸上[⑥]。

　　在检查了报告里的插图及重新查核了该画像石之后，陈文华和贾峨两人依旧坚信第二片段中的表现是一个转轮石磨而不是一个大钵[⑦]。陈文华承认，他在原来的第三片段

---

　　① 舒特莱夫和青柳昭子［Shurtleff & Aoyagi（1979），pp. 143—198］已经开发了许多把豆腐用于西式菜肴中的菜谱，如调料、抹料、蘸料、沙拉、汤、蛋奶酥等。

　　② 河南省文物研究所（1993），第133页、第134页和图版34。图版34的拓图具有特殊的价值。人们第一次可以详细地见到画像石上雕刻的线条，展示了盘磨外形、木质的擦板和盆子上的装饰。这在我的照片里是不可能看到的（图68）。甚至当我亲身来到墓中，由于灯光过于昏暗，我也无法清楚地辨认出图版34上描绘的细节。编辑们在评论画像石内容时（第128页和第132页），一些人说是酒的发酵，一些人说是制作豆腐的场景。

　　③ 孙机（1996）。

　　④ 董晓娟和闻悟（1997）。

　　⑤ 贾峨是第一个提出画像石下部的嵌板可能是描绘豆腐制作的场景的。参见河南省博物馆（1981），第284页。

　　⑥ 贾峨（1998），陈文华（1998），孙机（1998），董晓娟和闻悟（1998）。

　　⑦ 陈文华再次访问打虎亭，并在较好的光线下观察壁画，这比我们1991年改进了很多。贾峨是河南考古研究院的研究员，去墓室很方便。

图 75　画像石全图（内容见 pp. 306—309）。摘自河南省文物研究所（1993），图版 34。

的描述中存在错误。在经过修改的版本中（图 76），一个人正手握着长方形的擦板，而
另一个人则把一个布袋提在盆的上方，这一幕暗示了若干过滤正在进行中[1]。他们两人
都展示了一些照片，以表明与洪光住的绘图相比，中国小作坊中传统的豆腐压榨机与打
虎亭的样式更为相似。他们指出，尤为重要的是，《齐民要术》中清楚地记载了用于酿
酒的容器，是一种瓶口窄小名为"瓮"的罐子，而画像石的下方所画的容器却全是开口
宽阔并不适宜用于酿酒的缸[2]。因此，孙机认为画像石下方所见的是发酵槽的说法含有

333

---

[1]　陈文华（1998），第 288 页。

[2]　《齐民要术》（例如第三六三页、第三六四页和第三六五页）建议发酵容器在冷天用稻草或稻壳保温，在热
天装凉水降温。用瓮可以很容易实现这个过程，因为它口小，暴露到外面的部分相对于它的体积来说较小，生成的
乙醇蒸发少。相反，缸很难保温，里面的液体表面积相对于它的体积大。生成的乙醇很容易挥发。根据朱晟（图
28）著名的厨房图画中，发酵的容器是瓮，而缸用于收集用布过滤果汁得到的酒。正如我们下一节将要看到的，缸
形的容器主要用于培养基为半固体的豆酱或酱油等发酵，这种情况不担心水分蒸发，甚至还要故意让它蒸发一些
水分。

严重的瑕疵。我们同意陈文华和贾峨的看法，那就是把所有的因素考虑进去后，对画像石下部最恰当的理解是，表现了制作豆腐的过程。虽然画像石中欠缺了煮豆浆工序令人困惑，但是它也表明我们看到的是一项尚未发展完善的工艺，仍然在经历发展中的一个阶段。

图 76　画像石下部第三片段的修订图。陈文华（1998），第 288 页。

（3）豆豉、豆酱和酱油

醓醢以薦，
或燔或炙。
嘉殽脾臄，
或歌或咢[1]。

上面的诗句采自《诗经》中一个部落庆祝节日的诗篇。诗句中的"醓"和"醢"是两个已经不再使用的名词，我们在译文里把它们分别译成"汁"和"酱"。那么，醓和醢是什么呢？根据郑玄的注释说："醢即肉酱，稀的称作醓醢，而醓则是醢的汁液"[2]。《释名》（2 世纪）中记载："稀汤态的醢即为醓。"[3]（"醓多汁者曰醢。"）因此，醢可以解释为黏稠的肉汁（肉酱），醓为稀薄的肉汁（肉酱）。但是，酱又是什么？《说文》告诉我们："酱就是醢，它是用肉和酒混合制成的"[4]。从这种零星的描述中，我们只能得到有关醢及其制作方法的模糊概念。幸运的是，我们

334

---

① 《诗·大雅·行苇》（W197），第 4 节。译文如下："买来肉酱汁和肉酱，可用于烧烤肉。神圣的佳肴，还有内脏和口唇肉。拌着唱歌和击鼓。"

② 《毛诗正义》，约 640 年，《毛诗》246。注释说，"醓醢，肉汁也"。见《周礼·醢人》，林尹等（1985），第 55—56 页。

③ 《释名·释饮食》卷十三。

④ 《说文解字》（卷十四，第九页），第 313 页。

还可以从古代其他著作中，获得了制作醢或肉酱的详细资料。例如《周礼》提到"醢人"，郑玄作注说[①]："作醢时，把肉切割成片，在太阳下将肉晾干，然后切成细条，加入食盐和曲，渍以上好的美酒，密封在瓮里，100天醢就做成了。"（"作醢及鬵者，必先脯干其肉，乃后莝之，杂以粱曲及盐，渍以美酒，塗置甄中，百日则成矣。"）

在厌氧条件下，曲中的霉菌和酵母在含盐、酒精和无糖的培养基中，不易生长繁殖。然而，曲中的蛋白酶和淀粉酶以及肉中残余的酶均保持有足够的活力，能够使肉中的蛋白质部分水解生成水溶性的肽或氨基酸，这些成分对酱汁的风味具有决定性的作用。在《周礼》的同一段落中，还提到了用鹿肉、蜗牛、牡蛎、蚂蚁的卵、鱼、兔肉和鹅肉等也能制作"醢"和"醢醢"。《周礼》中还说："膳夫"在御膳房中储存了120缸酱，而"食医"负责监控100种酱的质量，以供帝王食用[②]。

在《礼记·内则》中，提到了由青蛙、兔子和鱼制作的醢，还有用鱼卵、芥菜制作的酱，以及其他醢酱[③]，估计都是一种酱状的美味食品。《礼记》中还有一些段落告诉我们，人们在节哀时应该避免吃醢酱，但是它应该和蔬菜一起吃[④]。正如我们在上文（pp. 283—285）所看到的，醢是一种原始的醋，因此我们可以推测，醢酱可能就是一种由酱和醋混合而成的酸酱[⑤]。这些记录表明，酱是一个笼统的名词，它是用各种食品原料制作的发酵或腌制的调味品；醢是用动物原料制作的酱，而醢是从成熟的醢中取出的汁液。

孔夫子说过，他吃饭时必须配有适宜的酱，因此我们可以推测他所说的酱，可能是用细碎易消化的肉或其他食物制作成的一种液体或胶质的调味品[⑥]。这些酱汁是中国汉代以前的主要调味品，它的制作估计一直延续到汉代以后的几个世纪。在（e）节中我们将对它们的生产技术作更多的说明。但是，它们在烹饪上的重要地位很快就被大豆，也就是豆豉、豆酱或酱、酱油或豉油等发酵大豆调味品取代了。

发酵调味品的加工，是由中国人发明的利用大豆制作美味食品的第三种方法。毫无疑问，用大豆制作调味品的灵感源于古代的肉酱制作。然而，没有制曲的发明，豆酱的生产是不可能实现的。在周代末期，曲已经成为食物体系中稳定而常见的用料。制曲技术为后来三种主要发酵大豆食品的开发奠定了基础，其中，最先被开发出来的可能是豆豉，然后很快就开发出了豆酱，豉油或酱油的出现则要晚得多。制曲技术在不含酒精食品中的应用，也促进了各种有助于将大豆制成发酵大豆食品的

---

① 《周礼·醢人》，第五十五至五十六页。注文进一步提到：醢醢是来自于肉的汁。洪光住 [（1984a），第91—92页] 用精瘦猪肉在三个单独的实验中验证了郑玄的方法，证实可以生产出具有优美风味和香气的肉酱。

② 《周礼·膳夫》，第三十四页；《周礼·食医》，第四十五页。

③ 《礼记·内则》，第四五七页。在芥末酱中，像今天的芥末酱油一样，它也可以同样表示在水介质或油介质中分散的粉料。

④ 《礼记·内则》，第四五七页；《礼记·丧大记》，第七一八页；《礼记·间传》，第九一八页。

⑤ 《仪礼注疏》，第四十二页。郑玄的注释说：醢酱是酱和醋的混合物；参见林巳奈夫（1975），第58—59页。

⑥ 《论语·乡党第十》，第八章，第三句；Legge (1861a), Dover (1971), p. 232.

发展。因此，在研究这三种大豆食品的历史之前，我们需要首先来了解一些特定的曲，不仅包括用于大豆发酵的曲，而且还包括用于在（e）节中论述的很多其他食品在加工和保藏中所用到的曲。

（i）制　　曲

在《齐民要术》（540 年）中，列举了该类型的三种制曲法，即黄衣或麦䴵、黄蒸和女曲。它们的制作方法如下：

1）黄衣（黄衣曲）：在六月时，取一批麦粒，洗净，在缸中用水浸泡，直至水变酸。沥干水，蒸熟麦粒，然后将熟麦粒摊在由木排架空的席子上，麦层为 2 寸厚，并覆盖上薄薄一层前一天采集的嫩芦苇（*Miscanthus sacchariflorus*）叶。如果没有苇叶，可以使用苍耳（*Xanthum strumarium*）叶，但必须确保所用野草叶是清洗干净的，且没有露水残留在叶子上。

7 天后，当麦粒上形成茂密的黄衣时，就算做成了。将麦曲晒干，切记只需除去苍耳叶，而不得扬簸麦曲上的黄衣。齐人常常将在风中扬簸麦曲以去除黄衣，这是一个大错误。当将麦曲（也称麦䴵）用于发酵时，是黄衣提供了大部分的发酵活力。如果黄衣被扬簸掉，活力将严重受损[1]。

〈作黄衣法：六月中，取小麦，净淘讫，放瓮中以水浸之，令醋。漉出，熟蒸之。槌箔上敷席，置麦于上，摊令厚二寸许，预前一日刈䔬叶薄覆。无䔬叶者，刈胡枲，择去杂草，无令有水露气；候麦冷，以胡枲覆之。七日，看黄衣色足，便出爆之，令干。去胡枲而已，慎勿飏簸。齐人喜当风飏去黄衣，此大谬：凡有所造作用麦䴵者，皆仰其衣为势，今反飏去之，作物必不善矣。〉

2）黄蒸（黄霉曲）：在六月或七月间，取生麦粒，磨成粉。加水混合，蒸熟面粉，再铺开在席子上冷却，同加工麦䴵（黄衣）一样，盖上芦苇叶。在制备好后，不要扬簸，以免损失其发酵活力[2]。

〈作黄蒸法：六、七月中，師生小麦，细磨之。以水溲而蒸之，气馏好熟，便下之，摊令冷。布置，覆盖，成就，一如麦䴵法。亦勿飏之，虑其所损。〉

3）女曲（黏米曲）：取 3 斗黏米，洗净，蒸煮米粒至软化。完全冷却后，在曲模中将软化的米粒压成饼，再将饼放在床上，盖上一层艾属叶。同生产麦曲一样进行培养。三乘七（21）天后，揭开叶子，观察，如果饼周围是形成黄衣，则结束培养。如果三乘七天未形成黄衣，继续培养，直至形成茂密的黄衣。将饼取出、晒干，即可使用[3]。

336

---

① 《齐民要术》（第六十八篇），第四一四页。
② 同上。术语"黄衣"和"黄蒸"很难翻译，为了避免混淆，我们分别用"黄衣曲"（yellow coat ferment）和"黄霉曲"（yellow mould ferment）表示。
③ 《齐民要术》（第八十八篇），第五三四页。"女曲"字面意思为"女性曲"，该名的来由不明。为了表达本意，我们将其译为"黏米曲"（glutinous rice *ferment*）。

〈女曲：秫稻米三斗，净淅，炊为饭——软炊。停令极冷，以曲范中用手饼之。以青蒿上下奄之，置床上，如作麦曲法。三七二十一日，开看，遍有黄衣则止。三七日无衣，乃停，要须衣遍乃止。出，日中爆之。爆则用。〉

从这些方法中，我们可以发现：黄衣和女曲是一种表面长满霉菌孢子的粒曲和饼曲，而黄蒸则是一种近乎于粉状的曲。值得指出的是，作者贾思勰非常清楚，发酵活力就存在于曲粒表面的黄粉内。然而，他却从未更进一步地将这些黄粉分离出来，对其本质和特性进行研究。如果他继续研究下去，他将会发现，那些细粉是制备新曲的理想接种体。在下文中，我们将对此进行更多的叙述。下面我们将详细介绍豉、酱和酱油的历史。

(ii)　豆　豉

"豉"是一种储存在陶缸中的食品，在马王堆一号汉墓发现的竹简上就列有"豉"[①]，在该竹简上，豉被写作"杖"。《说文》中提到它是由大豆拌盐后培菌而成[②]。在秦（公元前221—前209年）以前的文献中没有发现关于豉的文字记载，但毫无疑问，在西汉后期，豉在经济领域中已经成为主要商品。《史记·货殖列传》（约公元前90年）中，作为商品提到了"糵曲盐豉千荅"（数千缸糖化霉曲和盐腌发酵大豆）。[③]《急就篇》（约公元前40年）提到"芜荑盐豉醯酢酱"（腐臭榆树籽，盐腌发酵大豆，盐汁、醋和酱）[④]。《前汉书》中提到，当时的七个最富有的商人中，有两个是以做豉的贸易而致富的[⑤]。

《释名》（2世纪早期）中，将"豉"定义为"嗜"，即使人愉快并诱人的东西，它是当时非常流行的一种食品[⑥]。事实上，在汉、魏时期豉贸易非常广泛，这无疑表明豉已经成为当时人们日常生活中的必需调味品。在公元前173年，当淮南王（传说中豆腐的发明者）因煽动反叛其兄汉文帝而被流放时，他及其随从照样可以供给像柴、米、盐、豉和烹饪器具等生活必需品[⑦]。豉也被用作药物。在《吴氏本草》（约210—240

---

①　储存于126号和301号罐内的物料被鉴定为豉，参见湖南省博物馆（1973），上集，第127页。竹简被湖南省博物馆马王堆考古队列在101号，同上，第138页。在唐兰［（1980）第25页］文章中，同一竹简被列在第139号。马王堆考古队解释竹简上的字符为豉。这个观点被林巳奈夫认同［（1974），第58页］。但是唐兰认为它是一种鱼制成的酱。我们赞同马王堆考古队的观点。

②　《说文解字》（卷七，第一页），第一四九页。

③　《史记·货殖列传》（卷一二九），第三二七四页。文中的陈述有两种解释。第一，视为四种产品，即糵、曲、盐和豉；第二，视为两种产品，即糵曲和盐豉。我们赞同第二个观点。

④　《急就篇》，第三十一页。注释说豉是用大豆发酵而成。在《本经》中，乌衣被列为中品药。它是臭榆的种籽（*Ulmus macrocarpa* Hance），参见 Bernard E. Read (1936), p.195, item 607, Poter-Smith & Stuart (1973), p.448 和曹元宇（1987），第245页。

⑤　《前汉书·货殖卷》（卷六十一），第三六九页，报告说七个最富有的商人中有两个是做豉生意的。

⑥　《释名》卷十三。

⑦　《史记·淮南衡山列传》（约公元前90年）（卷一一八），第三〇七九页。其它一些资料已经被张孟伦［（1988），第108—109页］引用，例如《三国志·曹真传》（约290年），《三辅决录》（约153年），《世说新语》（约440年）第二十一页，《后汉书·董卓传》（约450年）。

年）中它被列为一种药品，在《名医别录》（约 510 年）中被列为中品药，指出豆豉"味苦，寒，无毒"[1]。然而，这些文献中没有一篇告诉我们豉的具体制作方法。对加工豆豉的最早描述，要等到《齐民要术》（544 年）问世，在其第七十二篇中，通篇都在介绍豆豉的加工制作方法。

尽管《齐民要术》（第七十二篇）介绍了四种制作豆豉的方法，但其中的一种方法是用小麦为原料制作的，与大豆为原料的豆豉相比，它的食用价值较低。在其它的三种方法中，有两种方法（方法 1 和 3）是关于淡豉的制作，一种方法（方法 2）是关于盐豉的制作，其中淡豉是既可入药又可用作食品的一种温和产品，盐豉是用于食品调味的咸味产品。我们将详细介绍方法 1 和方法 2。在此之前，我们需要首先了解作者认为的制作好豆豉应该具备的条件[2]。

必须选择遮光、温暖和地面干净的小屋作为培养室。在方法 1 中，需要在小屋的一侧挖一个深 2 至 3 尺的地坑，小屋应采用茅草屋顶，不宜使用瓦顶房。用泥封住所有窗门，以防气流、老鼠或昆虫进入。（在门上）开一个小洞口，恰容一人通过。在使用小洞口期间，应使用厚厚的稻草帘将其封住。培养室的理想温度应和人的腋窝温度一样。最适宜作豉的时间为晚春四月（农历，下同）或早夏五月，其次是早秋七至八月天，也可以选择其它的时间。但是，应该注意，如果天气太热或太冷，则将很难保持理想的培养温度。

1）制作淡豉法[3]

取簸后干净的大豆 10 石（约 400 升），在大釜中蒸煮，当在指间感觉柔软时停止蒸煮，沥干、冷却。

当大豆冷却到适宜的温度时，即手感为冬暖夏凉，将其在培养室的地面上堆成圆锥形。每天检查两次，将手插进堆内，当感觉堆内温度和腋窝温度一致时，则应该进行翻堆，这意谓着将堆内层大豆翻出来，将堆外层大豆翻进去。当翻堆 4—5 次后，堆内和堆外温度一致，并开始出现白衣（菌丝）。每次翻堆时，将堆顶压下，经过 4 次或更多的翻堆后，堆的高度降低到 6 寸。黄衣（孢子）开始出现，将豆摊开成 3 寸厚，静置培养 3 天。当豆上长满茂密的黄衣时，将霉制的大豆移到小屋外面，扬筛除去松散的孢衣，浸泡于水中，然后放在篮子里，用水彻底的清洗，再在席子上风干。

---

① 《吴氏本草》（第八十四页）说它宜气，《名医别录》（第二〇五页）推荐它治疗"感冒、头疼、寒战、发热、疟疾、口臭、过敏、忧郁、衰弱、呼吸困难、脚痛发冷，以及为怀孕家畜等解毒"。英译文见 Poter-Smith & Stuart（1973），p. 193。

② 《齐民要术》，第四四一页，由作者编辑和节略。

③ 同上，第四四二至四四三页。在这一段的最后，文章继续说："该方法很难掌握，不小心整批大豆都会废掉。发酵过程的控制非常重要。如果发酵没有得到很好的控制，而造成温度过高时，大豆会腐烂成泥发出臭味，连猪和狗都不愿去碰。如果培养温度太低，即使后来的升温也仍然会影响豉的风味。因此，必须密切观察温度，以控制在适当的范围内。这一点很难做到，实际上，它比酒的发酵更难以控制。"（"豉法难好易坏，必须细意人，常一日再看之。失节伤热，臭烂如泥，猪狗亦不食；其伤冷者，虽还复暖，豉味亦恶；是以又须留意，冷暖宜适，难于调酒。"）

选一个地窖，用稻草席衬上，以谷壳松散的填至 3 尺高。将豆放入其中，一个人用脚踩，使豆尽可能的压实，用席子盖上，再在席子上放上栗壳，同样将其踩踏下。

夏季制成豆豉需要 10 天左右，秋季需要 12 天，冬季需要 15 天。如果培养时间太短，则豆豉色淡；培养时间过长，则会形成苦味……豆豉晒干后，可以保存 1 年而不腐败。

〈净扬簸，大釜煮之，申舒如饲牛豆，掐软便止，伤热则豉烂。漉着净地掸之，冬宜小暖，夏须极冷，乃内荫屋中聚置。一日再入，以手刺豆堆中候看：如人腋下暖，便须翻之。翻法：以杷杴略取堆里冷豆为新堆之心，以次更略，乃至于尽。冷者自然在内，暖者自然居外。……凡四五度翻，内外均暖，微着白衣，于新翻讫时，便小拨峰头令平，团团如车轮，豆轮厚二尺许乃止。……第四翻，厚六寸。豆便内外均暖，悉著白衣，豉为粗定。从此以后，乃生黄衣。复掸豆令厚三寸，便闭户三日。……后豆着黄衣，色均足，出豆于屋外，净扬簸去衣。……扬簸讫，以大瓮盛半瓮水，内豆著瓮中，以杷急抨之使净。……漉出，著筐中，令半筐许。……漉水尽，委着席上。

先多收谷蘱，于此时内谷蘱于荫屋窖中，掊谷蘱作窖底，厚二三尺许，以蓬蒿蔽窖。内豆于窖中。使一人在窖中以脚蹋豆，令坚实。内豆尽，掩席覆之，以谷蘱埋席上，厚二三尺许，复蹋令坚实。夏停十日，春秋十二三日，冬十五日，便熟。过此以往则伤苦；日数少者，豉白而用费；唯合熟，自然香美矣。若自食欲久留不能数作者，豉熟则出曝之，令干，亦得周年。〉

<h3>2）制作盐豉法[1]</h3>

取 1 石（约 40 升）大豆，冲洗干净，在水中浸泡过夜，第二天蒸豆，用手指搓豆粒，如果豆皮裂开，就可以了。

将大豆摊开在地上成 2 寸厚——或如果地面不合适，可摊在席子上，进行冷却。覆盖上约 2 寸厚的灯心草。三天后，检查大豆是否变黄［即长黄色菌丝］。如果长满黄色菌丝，则揭去灯心草，将大豆摊得更薄。用手将豆层开沟成垄。重复此操作，即将豆重新摊开成薄层，再分割成垄，每天三次，共需进行三天。

同时，再蒸煮一定量的大豆得到浓厚的豆汁。取 5 升女曲和 5 升精制食盐，将其与黄色霉制大豆混合，洒上豆汁，用手揉捏直到手指间有汁液析出，然后将它们装入陶缸。如果缸不满，可用野桑叶填满，再用泥巴封口。将缸在庭院中间放置 27 天。其后，取出发酵后的大豆，并晒干。然后进行蒸煮，并洒上野桑叶汁。经蒸煮后，摊晒。蒸、晒三次后，即制得最后产品。

〈率一石豆，熟澡之，渍一宿。明日，出，蒸之，手捻其皮破则可，便敷于地——地恶者，亦可席上敷之——令厚二寸许。豆须通冷，以青茅覆之，亦厚二寸许。三日视之，要须通得黄为可。去茅，又薄掸之，以手划之，作耕垄。一日再三如此。凡三日作此，可止。更煮豆，取浓汁，并秫米女麹五升，盐五升，合此豉中。以豆汁洒溲之，令调，以手搏，令汁出指间，

<hr>

[1] 同上，第四四三至四四四页，英译文见 Shih Sheng-Han（1962），第 2 版，p.87，经作者等修改和编辑。这个配方取自《食经》。根据吴承洛（1957），第 58 页，在北齐时，1 升＝公制，0.4 升。

以此为度。毕，纳瓶中，若不满瓶，以矫桑叶满之，勿抑。乃密泥之中庭。二十七日，出，排曝令燥。更蒸之时，煮矫桑叶汁洒溲之，乃蒸如炊熟久，可复排之。此三蒸曝则成。〉

从上述两个例子我们可以看出，制作豆豉的过程包括两个主要阶段：①野生霉菌在煮熟的大豆上面培养；②在密封环境中大豆成分被酶解。在第一个阶段中，大豆被浸泡、清洗、蒸煮、冷却、摊开，使空气中的霉菌孢子落在上面并生长。这个阶段与上文（pp.170—173）描述的中国酿酒中所使用的霉曲加工过程相似。事实上，这时的产物可以认为是一种豆曲。在第二个阶段，用水冲洗除去霉制大豆上松散的孢子，再添加或不添加辅料（曲和/或盐），放在基本厌氧的环境中制作。实质上，豆曲本身便是其真菌酶的基质。在水解完成后，将发酵的大豆蒸、太阳下晒干，豆豉便可以根据食用需要来储存。在干制的过程中，部分释放出来的芳香氨基酸或其中的肽，被氧化生成黑色素赋予豉的深黑色。

在第一个阶段，当孢子萌发、菌丝增生扩散时，霉菌即产生水解大豆中的蛋白质酶、碳水化合物和脂肪酶。尽管该作用可以使大豆具有更少的毒性和更好的消化性，但是，蛋白质水解产生的一些肽会使豆豉具有一些苦味，而且汉代的确有人用“大苦”这个名称来描述豆豉[1]。可以推测，正是由于这个原因，所以霉制的大豆在进入下一个工序前要用水彻底地冲洗。但是，清洗后的豆曲一定要仍然保存有显著数量的残留酶，甚至菌丝。在第二个阶段，近乎厌氧的环境条件不利于真菌进一步生长，而残留的酶却可以继续水解大豆中的蛋白质和碳水化合物。但是，由于受到水分活性的限制，水解程度不足以破坏豆曲的形态和内部结构，所以释放出来的各种糖会有益于乳酸菌的生长，进而会抑制其它不受欢迎的细菌的生长。如果有盐或其它调味料的存在，在发酵时，它们同样会渗透到豆曲中，赋予其风味。令人好奇的是，淡豉制作的第二个阶段是在窖中进行的。可以肯定的是，窖与外界环境是严密隔绝的，这样可以保证豆曲发酵是在平稳的温度下进行。不过，用人工送进原料和取出产品的过程肯定是非常困难的。没过多长时间，这种方法就从文献中消失了。

340

的确，我们发现后唐韩鄂的《四时纂要》中描述制作淡豉时，已经指明在第二阶段是用缸代替窖来发酵的[2]。除了这个变化外，这本书中记载的淡豉和盐豉的制作法，可以认为是《齐民要术》中描述作豉法的简洁、缩写的版本。在宋、元和明代的文献中，不时有豉生产的记载。《吴氏中馈录》（南宋，年代不详）中记载了两种豉的制作方法[3]。它们仅描述了加工中的第二个阶段，关键的原料是黄子，可能是一种黄色的霉制大豆，但没有记载它是如何制作的。很显然，到宋代，黄子已经是一种可以直接获得的加工食品的原料，其它各种组分，如酒、酒糟、蔬菜及各种香料等，也被添加进来，其余的操作同传统加工程序一样。《居家必用事类全集》（元末）、《多能鄙事》（1370年）、《饮馔服食笺》（1591年）等，也记载有制作豉的简要方法[4]。但是，

① 王逸在《楚辞·招魂》的注释中解释大苦为豉。见傅锡壬等（1976），第161页。
② 《四时纂要》，六月，第四十、四十一、四十二条；缪启愉校释（1981），第161—162页，给出三种制豉方法：淡豆豉、盐豉和麸豉。
③ 《吴氏中馈录》，第二十六页。两种发酵都是在缸中进行。发酵时加盐表明产品是咸的。
④ 《居家必用》，第五八至五九页；《多能鄙事》，第三七二页；《饮馔服食笺》，第九十六页、第一〇一页。

再后面关于制作豉的详细描述，就只有等到李时珍编著的《本草纲目》（1596 年）时候才出现了。他说[①]：

　　　　豉可以由各种大豆制成，由黑豆制作的豉更适宜于入药。豉分为两种类型，淡味的淡豉和有咸味的盐豉。医疗上使用的是淡豉或咸豉的煎煮汁。做法：

　　　　淡豉：在六月天，取 2 至 3 斗黑豆（20—30 升），扬筛干净，水中浸泡过夜。将大豆蒸熟，摊在席子上。冷却后再盖上艾草叶。每三天检查一次，当表面长满并不茂密的黄衣时，晒干并簸净。加水润湿大豆，其程度以用手铲时手指间有湿润的感觉为宜。将它们装进缸里，压实，盖上 3 寸厚的桑葚叶，用泥巴封住缸口。日晒 7 天后，将豆取出，日晒 1 小时，用水润湿后再装回缸内。这样重复 7 次。再将豆蒸透、冷却、干燥后，储存在缸中。

　　　　盐豉：取 1 斗大豆，浸泡 3 天，将其蒸透，然后在席子上摊开（如前所述）。当大豆表面长满黄衣时，扬筛、浸泡、沥干、晒干。在缸中，将四斤大豆混合 1 斤盐、半斤上好的姜条和胡椒、桔皮、紫苏、茴香和杏仁组成的调味料混合，添加水，使高出混合物表面 1 寸，用叶子盖在表面并封口。日晒 1 个月，即成。

　　　　〈豉，诸大豆皆可为之，以黑豆者入药。有淡豆豉、咸豉，治病多用淡豉汁及咸者，当随方法。

　　　　造淡豉法：用黑大豆二三斗，六月内淘净，水浸一宿沥干，蒸熟取出摊席上，候微温蒿覆。每三日一看，候黄衣上遍，不可太过。取晒簸净，以水拌干湿得所，以汁出指间为准。安瓮中，筑实，桑叶盖厚三寸，密封泥，于日中晒七日，取出，曝一时，又以水拌入瓮。如此七次，再蒸过，摊去火气，瓮收筑封即成矣。

　　　　造咸豉法：用大豆一斗，水浸三日，淘蒸摊罨，候上黄取出簸净，水淘漉干。每四斤，入盐一斤，姜丝半斤，椒、橘、苏、茴、杏仁拌匀，入瓮。上面水浸过一寸，以叶盖封口，晒一月乃成也。〉

　　在原理上，李时珍的方法和《齐民要术》中描述的方法是相同的，并在《四时纂要》中重申，同样的加工程序在李化楠的《醒园录》（1750 年）中有四个配方再次复述[②]。尽管第一个阶段霉制大豆（或豆曲）的生产保持不变，但是在第二阶段的发酵中，一个配方或多个配方中添加了各种辅料，如花椒（fagara）、糖、酒、瓜汁、瓜肉、瓜子、甘草、薄荷、木兰树皮、球茎贝母等。毫无疑问，这些香料或草药的使用使不同的产品具有其独特的芳香风味。

　　我们早已注意到（pp. 336—337），在汉、魏时期，豉是重要的加工食品。《齐民要术》中记载了将豉作为调味品使用的一些例子[③]。《新修本草》（659 年）中注解

　　① 《本草纲目》卷二十五，第一五二七页。在这一点上，李时珍解释说豉心（用在一些药方中）是指从一批产品的中心部位取出的豉，而不是指去除皮后得到的裸豆。

　　② 《醒园录》，第十一至十三页。

　　③ 《齐民要术》，第七十六篇，焖野兔肉；第七十七篇，蒸鸡肉，焖羊肉，蒸熊肉，蒸鱼；第八十篇，烤鸭。

说[1]："豉被广泛用作食品，在春夏季节里，当天气不稳定时，豉是很好的美味食品，既可以蒸，也可以用平锅煎，还可以浸泡在酒里。"（"豉，食中之常用。春夏天气不和，蒸炒以酒渍服之，至佳。"）《食疗本草》（670 年）中记载了相同的食用方法[2]。《千金要方》（655 年）、《能改斋漫录》（南宋）、《东京梦华录》（1187 年）、《梦粱录》（1275 年）和《饮膳正要》（1330 年）等都有豉的记载。《授亲养老新书》（1080—1307 年）中记载了一种豉心粥[3]。《食宪鸿秘》（1680 年）中记载了用豉炖豆腐干和竹笋的有趣方法[4]。

在加工豉的第一个阶段，蒸煮后的大豆通常是在不添加辅料的情况下放在空气中进行培养的，但是，有时候在发酵前也拌入一些面粉，这样，可以加速空气中自然真菌的生长。这种方法的最早描述始见于《农桑衣食撮要》（1314 年）中："黑豆洗净，煮熟，沥干，与一些均匀面粉混合，在席子上铺开。冷却时，用桑叶覆盖，使生成黄子。当大豆长满黄衣时，晒干。"[5]（"大黑豆淘净，煮熟，漉出，筛面拌匀，摊于席上。放冷，用楮叶盦成黄子。候黄衣上遍，晒干。"）

在加工的第二个阶段，瓜条和茄条与霉制大豆一起发酵。发酵结束后，即可制得腌制瓜条、茄条和发酵大豆。在《养小录》（1698 年）中制豉的配方与《醒园录》中四个制豉的配方中，各有一个配方简要说明了使用面粉[6]。当面粉的数量较多时，其加工过程与我们后面要讨论的豆酱相似。但是，在讨论豆酱以前，我们愿意将另一个重要的大豆加工食品"天培"（tempeh）介绍给读者。在某些方面，天培的制作程序和文献中酿制豆豉的第一个阶段相似。尽管在中国和日本，天培鲜为人知，但是，其生产和消费在印度尼西亚却非常普及，被视为一种重要的大豆制品。

人们对天培异常感兴趣的是，它是唯一起源于中国或日本以外地区的主要大豆制品。它的具体起源尚不清楚。在爪哇（Java），它的生产历史至少已经有几百年了，但是没有资料表明它的起源时间和地点。它的制作非常简单。大豆用水浸泡、脱壳、煮熟、冷却、干燥，然后和前一批的天培一起发酵。用香蕉或其它大片树叶

342

---

① 《新修本草》卷十九，第二八○页。在后来的药典中，例如《本草品汇精要》卷三十六，第八三三页，以及《本草纲目》卷二十五，第一五二八页。该句出自陶弘景。然而，在新近由尚志均（1986）辑校的《名医别录》中并未出现。

② 《食疗本草》，187 条，第一一七至一一八页。

③ 《千金要方》卷二十六，见《千金食治》第六十三页。亦可见《能改斋漫录》，第十九页。《东京梦华录》，第二十二页、第二十四页。《梦粱录》卷十六，第一三八九页。《饮膳正要》卷三，第二四○页。《授亲养老新书》卷二，第四十七页。

④ 《食宪鸿秘》，第一六二页。

⑤ 《农桑衣食撮要》（6 月），第九十三页。进行第二个阶段时，文中继续说："取 2 斤瓜条和茄条。每斤（蔬菜），加 1 两干净的盐、适量切碎的姜、橘皮、紫苏、时萝、胡椒和甘草。将它们混合在一起，静置过夜，第二天筛去霉制大豆中的游离菌丝，将豆和蔬菜在缸中混合，再拌入蔬菜汁，在上部放上竹叶，用砖或石头压实，最后用纸和泥封口。日晒一个月后，取出豆、瓜条和茄条并晒干，收集、储存。"（"用瓜、茄切片。二件每一斤用净盐一两入生姜、橘皮、紫苏、莳萝、小椒、甘草。切碎、同拌一宿。次日，将豆黄籭去，黄衣同入瓮内。用元汁匀拌，上用箬叶盖覆。砖石压定，纸泥密封。晒干，半月后可开，取豆、瓜、茄，晒干，略蒸汽透，再晒，收贮。"）

⑥ 《养小录》，第十九页；《醒园录》，第十一页。

将柔软的大豆包裹住，然后在温暖的地方放置 24—48 小时 ［图 77 （1—4）］。当茂密的白色菌丝将大豆裹成坚实的饼时，天培即已制作完成，可用来烹调和食用了[1]。这个过程有点像《本草纲目》中所记载的淡豉、盐豉制作曲和豆黄的制作过程[2]。

令我们深感兴趣的是，大多数天培的出发菌株是少孢根霉（*Rhizopus oligosporus*），它是一种霉菌，与中国酿造酒发酵剂中普遍含有的米根霉（*Rhizopus oryzae*）或其变种属于同一种。这种巧合产生了两个问题。首先，天培和中国之间有联系吗？吉田集而认为，豆黄（豉）是天培的起源，因为这两个产品都是在植物叶的帮助下生产的[3]。石毛直道指出，从语源上来说，天培这个词可能来源于汉字"豆饼"[4]。但是这些观点很难将中国与天培联系起来，构成有说服力的证据。最早记载天培的爪哇语文献是《瑟拉特·森蒂尼》（*Serat Centini*）（约 1815 年），其中提及"洋葱和未经蒸煮的鲜天培（témpé）"[5]。印度尼西亚关于大豆的最早记载，可以追溯到荷兰植物学家伦菲乌斯（Rumphius，1747 年）的报告，他指出大豆可以用做食品和作为绿肥料[6]。这说明，在 1747 年大豆已经传到了印度尼西亚，但是我们不知道它是何时被加工成食品的。

第二个问题是：既然生产天培的程序与加工豆豉的第一个阶段是如此相近，那么，为什么中国人错失了天培这种产品的生产？我们认为，很大程度上是由于技术方面的原因。中国人的目的是制作一种稳定的、可以用作药品、美食和调味的发酵大豆产品。因此，所设计的加工豆豉的工艺，既控制霉菌的生长，又抑制酶的活力，以便于保护大豆结构的完整性，所得产品可以用于蒸制、干燥和储存以后使用。生产高品质豆豉的条件恰巧不利于天培的生产。通过比较豆豉和天培的制作过程，我们发现它们有两个显著的不同点。首先，大豆浸泡后的处理方式不同。生产豆豉时，包括种衣在内的整粒大豆被直接蒸和使用，但在天培生产中，大豆用水浸泡、脱壳、煮熟，并沥干水。脱壳更有利于霉菌丝的生长，排除蒸煮水可以抑制生产中那些阻碍天培成为高品质的物质[7]。其次，霉菌生长的培养条件显著不同。在豆豉加工中，（带壳的）大豆松散的堆放在一起，因此，其周围环境中含有充足的氧气和传导性，有利于孢子繁殖。而天培加工中，煮脱

---

① 印度尼西亚农村生产天培的传统方法，见 Burkhill （1935），p. 1080—1086；Stahel （1946）。现代的生产方法见 Hesseltine （1965），pp. 154—163，Wang & Hesseltine （1979），p. 115—119；Djien （1986） 和 Winarno （1986）。天培的烹饪方法，参见 Soewitao （1986）。

② 《本草纲目》卷二十五，第一五二七至一五三一页。

③ 吉田集而 （1985），第 168—169。

④ 石毛直道，私人通信，（1993）。

⑤ Shurtleff & Aoyagi （1985），p. 10。《瑟拉特·蒂尼》（*Serat Centini*），用诗歌写成叙事文，讲述"学生"在农村调查真相时因迷路遇险的故事。在一个招待会的情节中，列出了各种食品，其中包括"洋葱和未经煮的鲜天培"。

⑥ Rumphius, G. E. （1747），p. 338。

⑦ 王 （译音）和赫塞尔廷 ［Wang & Hesseltine （1965）］发现在蒸煮过程中，少孢根霉（*Rhizopus oligosporus*）中一种蛋白酶合成的热-稳定抑制剂可以被水抽提出来，因此，在天培制作过程中，成功制作的关键步骤是必须用过量的水煮大豆，然后再将煮水去除。

343

(1)

(2)

344

(3)

(4)

图 77　巴厘（Bali）岛乡间天培的制作，黄兴宗摄影：（1）在油桶中煮大豆；（2）等待接种
商品孢子粉的沥干并脱壳的大豆；（3）接种后的大豆分装在平的塑料包中；（4）在
大架子的托盘上发酵的包。

壳后的大豆被紧紧的挤压在一起，并用香蕉叶包裹，这种条件不利于孢子的繁殖，而有利于霉菌菌丝的生长，并允许生长的菌丝穿透并包裹大豆而成为天培①。但是，天培极易腐烂，所以一旦菌丝的生长达到最佳水平时，就必须立即食用。因此，对任何制豉的人来说，不可能会因偏离制作豆豉的工艺标准而偶然制作出类似天培的产品②。天培是由一些事前不知道应该怎样加工大豆的人们发明的，他们只是不经意地将发酵技术以一种新颖的非传统方法应用到了大豆上，与中国人的经验毫不相关。

346

（iii）豆　　酱

在马王堆一号汉墓中，酱是储存在陶罐中和竹简上记载的食品之一③。"酱"字还出现在马王堆三号汉墓出土的帛书《五十二病方》中④。这表明，到西汉时酱字已与其古字原意有了微妙的变化，逐渐用来专门表示由大豆生产的发酵酱。从那时起，除非有其它的说明，"酱"通常是用来表示豆酱的，即用大豆制作的"酱"。同样，除非有特定的说明，"豆"通常表示"大豆"。当"酱"字被用于表示特定类型的发酵酱油或酱时，在它前面加某个原料的代名词，就能表明制作该酱的原料种类。因此，除了酱本身外，马王堆竹简上同样列出了肉酱、雀酱、鲋酱（一种鱼酱）、醯和鱼醢⑤。由动物原料制作的酱将被单独地放在（e）节中讨论，而用植物原料制作的酱，如麦（面）酱、榆仁酱、大麦酱等将在本节中的后面简要介绍。

《急就篇》（约公元前40年）是最早记载酱为发酵豆酱的文献。其注释说，大豆和面粉混合在一起生产⑥。《五十二病方》中提到了发酵豆酱，如菽酱⑦；王充的《论衡》（82年）中提到了豆酱⑧。《四民月令》（约160年）中建议在一月份制作以大豆或燕麦为原料酿制的发酵酱（或酱汁）⑨。这些早期的文献没有准确的告诉我们酱的制作

347

---

① Wang & Hesseltine (1979), p.118。他们发现"过多的通氧会形成孢子，造成大豆干燥，结果生长不良"，据推测，这意谓可能为菌丝生长不良。

② 在中古代的中国，开发天培这种产品的动机可能根本就没有出现过，因为他们已经用大豆开发出了一种非常美味的、蛋白质丰富的食品，就是豆腐。如果品尝过天培和豆腐，就烹饪角度而言，我猜测大多数东亚人可能更喜欢豆腐，而不是天培。

③ 湖南省博物馆（1973），上集，第139页，第106简。在唐兰［(1980)，第27页］的文章中，此简编号是第150号。

④ 《五十二病方》，第143方、149方；Harper (1982)，pp.412，428。

⑤ 第90、91、93、94简。第98简"鲋酱"被马王堆考古队释为马肉酱，但是，唐兰［(1980)，第25页（第140简）]解释单字"鲋"左边有"鱼"，表明它是一种鱼。由于有吃马肉的禁忌，因此，唐兰的解释可能是正确的。

⑥ 《急就篇》，第三十一页；由颜师古（7世纪）注释。

⑦ 《五十二病方》，第143方，菽酱的残渣被用来作为治疗痔的药膏。

⑧ 《论衡·四纬》（卷二十三），第226页，上海古籍出版社，1990年。王充提到，在听到雷声时，也就是在春雨到来以后，忌讳制作豆酱。制酱的最好时间是一月，因为天气寒冷，田间不能劳作，所以有足够的劳力可以使用。

⑨ 《四民月令·正月》。"人们可以制作各种酱，在这个月的头10天里，烤大豆；在第二个10天里，煮大豆；使用碾去壳的燕麦制备末都（一种酱），在六月和七月交接处，可以用来贮藏瓜、制备鱼酱、肉酱和酱油"。（"可作诸酱。上旬炒豆，中旬煮之。以碎豆作末都；至六七月之交分以藏瓜，可以作鱼酱、肉酱、清酱。"）译文见 Hsu Cho-yun (1980)，经作者修改。此处，酱油所用术语实际是清酱。下文我们将更详细的说明（p.364），"末都"被缪启愉［(1981)，第23页］和洪光住［(1984)，第93页］解释为发酵酱油。

方法。为得到制作酱的相关资料，我们再一次查阅了《齐民要术》（544 年）中的有关章节。

上文我们已经注意到（p.9），在豆豉制作的一些配方中，添加了少量的面粉以加速微生物的生长。生产酱时，使用更多数量的面粉和大豆混合，将其与象黄衣、黄蒸和女曲等预制成的曲霉一起培养，可以更进一步的加速微生物的生长。第七十篇的第一种配方中，就是使用这种方法的，今引述如下：

制作酱（豆酱）的方法①

制作酱的最佳时间是在 12 月或 1 月，其次是 2 月，但不要超过 3 月。要使用不漏水的缸。如果水可以从缸里渗漏出来，酱将会腐败。要避免使用曾经用于做醋或腌菜的缸。应当把缸放在太阳下，必要的话可以放在大石头上晒。在夏天的雨季时，要确保缸底不会泡在水中②……

要使用春播黑豆作原料。春播大豆的个体虽小，但大小均匀；晚些时候播种的大豆个体虽大，但大小不均。将干豆放入蒸笼蒸煮，蒸了半天后，将豆卸出，然后再重新装进蒸笼，使原来在顶层的豆料翻到下层，而原来下层的豆料则翻至上层。否则，部分豆料已被蒸熟，部分豆料依然还生着；豆料生熟会不均匀。[继续蒸煮，]直到所有豆料都被蒸熟为止③……

磕开一粒大豆，观察其内部是否颜色已经变深和熟透，好则收起豆料，晒干。到夜间，应将它堆起来并加以覆盖，不要让它受潮。如果要脱壳，将大豆再放进蒸笼里，用旺火蒸煮，然后取出，日晒 1 天。第二天早晨，簸净。挑选出好的豆料，放满白[舂捣]，这样做豆料烂而不碎。如果不经过二次蒸煮，舂捣时豆料很可能会破碎，而且很难除净豆皮。

簸净豆皮，除去碎粒，然后将其浸泡在大盆热水中。过一会儿，冲洗除去黑皮……沥干，蒸④。蒸的时间与蒸米饭一样。将豆料[从蒸笼中]取出，摊在洁净的席子上进行冷却。

同时，取精白盐、黄蒸、蒿叶和麦曲（笨曲），在太阳下晒透⑤。如果盐

348

---

① 《齐民要术》（第七十篇），第四一八至四二○页。

② 在这一点上，文章继续说："取一个生锈的铁钉，由背向岁煞方向的人……将铁钉放在座缸的石头上。采用这种方法，酱即使被孕妇食用过，剩下的也不会腐败。"（"以一生缩铁钉子，背'岁杀'钉著瓮底石下，后虽有妊娠妇人食之，酱亦不坏烂也。"）

③ 文章继续说："用灰压住火，让火整夜焖烧不熄灭，最好的燃料是干牛粪。堆牛粪，使中间架空，它能够象木炭一样燃烧，如有可能，收集足够的量，用它来生火，既不产生灰尘，火也不会太旺，比使用干柴好得多。"（"以灰覆之，经宿无令火绝。取干牛屎，圆累，令中央空，燃之不烟，势类好炭。若能多收，常用作食，既无灰尘，又不失火，胜于草费矣。"）

④ 文中劝诫到："水可以根据需要添加，不要更换洗水，如果水被换掉，一些豆的风味就会丧失，酱的质量变差……用洗水煮碎的豆至干，将它加工成酱的副产品立即食用。冲洗水不要使用在主要原料上。"（"汤少则添，慎勿易汤；易汤则走失豆味，令酱不美也。……淘豆汤汁，即煮碎豆作酱，以供旋食。大酱则不用汁。"）

⑤ 根据缪启愉校释（1982），第 426 页，注释 6，蒿是一种植物产品，但是不知道它是什么。注释 7，文中说麦曲，但这儿它被解释为笨曲，是与下一段叙述的神曲相对。

的色发黄，酱就会有点苦味；如果盐潮湿，就会导致酱腐败[1]。黄蒸的使用，将使产品着红色，并改善它的风味。黄蒸和笨曲应碾碎成粉末，用马尾箩过筛。

大致配比是：3 斗蒸好的脱壳熟大豆，1 斗笨曲粉，1 斗黄蒸粉，5 升白色精盐，用 3 个手指捏取尽可能多的蘦叶一撮。如果盐的用量少，酱就会变酸，以后再加盐也没有用。如果使用神曲，因其具有较高的消化力，1 升可以代替 4 升笨曲。取豆料时，料在斗内自然堆放着，其顶部的尖量不拨平；另一方面，取盐和曲时，料在斗内松散地放着，其顶部要拨平。在一个大盆中，将量取的各组分用手充分地搅拌，使所有组分干湿均匀。进行这个操作时，要面向木星，以确保酱不会生蛆。将上述混合料装入缸内，压紧，装满为止。如果只装了一半，则酱难成熟。将缸盖上，用泥巴封口，使缸内与外部隔绝。

当发酵结束（12 月需 35 天，1 月和 2 月需 28 天，3 月需 21 天），揭开缸盖，里面的发酵醅有大的裂缝呈现，并从缸壁收缩，随处可见黄衣的孢子和菌丝。将它们从缸内取出，打碎，再把 2 个缸中的酱醅分装成 3 份（以便下一步装三个缸）。

在日出前，打上井水。将 3 斗盐溶解在 1 石（10 斗）水中，搅拌，静置，倾倒出澄清的溶液以备使用。在小盆中，用盐水浸泡黄蒸，揉搓颗粒，得到黄色的［孢子和菌丝］悬浮液。弃掉残渣，再添加进些盐水，将悬浮液倒入缸中。例如，100 斗霉大豆，添加 3 斗黄蒸和适量的盐水。因为混合物中的发酵豆能够吸收大量水，所以重要的事情是将混合物制得象稀粥一样就好。

将缸敞开口放在太阳下晒。［正如谚语所说，"萎黄的锦葵，晒干的酱"都是极好的产品。］在头 10 天里，每天要上下彻底搅拌几次；在第 10 至 30 天里，每天搅拌 1 次。遇到下雨时，要将缸盖上，不要让雨水进入缸中。雨水进入会容易生蛆。每次下雨后都要进行彻底搅拌。20 天后，酱就作好了，但是酱获得所有风味，需要 100 天的时间[2]。

349

〈十二月、正月为上时，二月为中时，三月为下时。用不津瓮，（瓮津则坏酱。尝为菹、酢者，亦不中用之。）置日中高处石上。（夏雨，无令水浸瓮底。）用春种乌豆，（春豆粒小而匀，晚豆粒大而杂。）于大甑中燥蒸之。气馏半日许，复贮出更装之，回在上者居下，（不尔，则生熟不多调均也。）气馏周遍，以灰覆之，经宿无令火绝。

……啮看：豆黄色黑极熟，乃下，日曝取干。（夜则聚、覆，无令润湿）。临欲舂去皮，更装入甑中蒸，令气馏则下，一日之曝。明旦起，净簸择，满臼舂之而不碎。（若不重馏，碎而难净。）簸拣去碎者。作热汤，于大盆中浸豆黄。良久，淘汰，挼去黑衣，……。漉而蒸之。一炊顷，下置净席上，摊令极冷。

---

[1] 令人奇怪的是，见到在第一次发酵中使用了盐。这可能是加工过程如此慢的另一个原因。而在后来的文献中，再没有看到这个方法的使用。

[2] 作者注释："若有可能损坏酱的孕妇出现，将枣（*Ziziphus spinosus*）叶放在缸中，酱就会得到补救。也有一些人使用'孝棒'搅拌酱或烤缸，酱虽可以复原，但会失去胎儿。"（"若为妊娠妇人坏酱者，取白叶棘子著瓮中，则还好。俗人用孝杖搅酱，及炙瓮，酱随回而胎损。"）

预前，日曝白盐、黄蒸、草蒿、麦麹，令极干燥。（盐色黄者发酱苦，盐若润湿令酱坏。黄蒸令酱赤美。草蒿令酱芬芳；……曲及黄蒸，各别捣末细筲——马尾罗弥好。）

大率豆黄三斗，曲末一斗，黄蒸末一斗，白盐五升，蒿子三指一撮。（盐少令酱酢，后虽加盐，无复美味。其用神曲者，一升当笨曲四升，杀多故也。）豆黄堆量不槩，盐、曲轻量平槩。……搅令均调，以手痛授，皆令润彻。亦面向太岁，内著瓮中，手接令坚，以满为限，半则难熟。盆盖，密泥，无令漏气。

熟便开之，（腊月五七日，正月、二月四七日，三月三七日。）当纵横裂，周回难瓮，彻底生衣。悉贮出，搦破块，两瓮分为三瓮。日未出前汲井花水，于盆中以燥盐和之，率一石水，用盐三斗，澄取清汁。又取黄蒸于小盆内减盐汁浸之，接取黄沈，漉去滓，合盐汁泻著瓮中。（率十石酱，用黄蒸三斗。盐水多少，亦无定方，酱如薄粥便止：豆干饮水故也。）

仰瓮口曝之。（谚曰："萎蕤葵，日干酱。"言其美矣。）十日内，每日数度以杷彻底搅之。十日后，每日辄一搅，三十日止。雨即盖瓮，无令水入。（水入则生虫）。每经雨后，辄须一搅。解后二十日堪食；然要百日始熟耳。）

从上叙描述中我们可以看出，酱的生产过程可以分为三个阶段：①大豆原料加工处理；②第一次发酵；③第二次发酵。图 78 所示的是上述三个阶段的工艺流程图。第一个阶段是制备易于真菌生长的大豆，与上文讨论的制豆豉法不同。在这个过程中，大豆经过了脱壳、蒸处理。事实上，大豆必须蒸三次才能使种衣疏松到易于破碎去除的程度。这种处理方法效率低，效果差。洪光住评论说，这道工序应该在大豆收获后随即进行。根据他的经验，陈豆的种衣不易去除[1]。

第一次发酵（②阶段）旨在生产适合于使用的霉制大豆，作为第二次发酵的培养基。这种霉制大豆后来被叫做"酱黄"[2]，它和豆豉加工中的第一个阶段生产的"黄子"类似。将两种曲（黄蒸和普通酒曲）混合培养后作为接种体的方法，它可以大大加速微生物的生长速率。同样地，在混合培养的两种曲接种物中，添加面粉可以为微生物生长提供更多的营养素。第二次发酵（③阶段）时，添加高浓度食盐水会抑制真菌的生长，但是不希望严重影响酱基质中水解蛋白酶和碳水化合物的真菌酶活力，这不利于香甜鲜美风味和酱状物的形成。

将这个过程与豆豉的制作过程相比（见 pp.338—341），我们可以发现一些不同。首先，大豆是通过蒸汽来蒸熟和脱壳的，而豆豉生产中，大豆仅仅被蒸。这使得大豆更易于被真菌"消化"。但是，这种脱壳的方法繁杂而费时，一定还有更有效的方法可达到同样的目的[3]。其次，第一次发酵是在接近厌氧的条件下进行的，而豆豉加工是在有氧条件下进行的。大豆在装满且封口的缸中进行发酵，氧很快被消耗尽，微生物的生长缓慢。难怪，即使大量接种，并添加作为额外营养物的面粉，发酵仍然需要进行 20—30 天的时间。《齐民要术》中所记载的其它霉制接种物，如生产酒和发酵食品用的曲（黄

350

---

①　洪光住（1984a），第 96 页。

②　酱黄文献见《天工开物》卷十七，第二八六页；《醒园录》，第七页。也可查阅缪启愉校释（1982），第 427 页，注释11。

③　蒸、日晒和脱壳要花费 4 天。例如，将大豆脱壳方法与传统的天培加工相比，天培的加工时间不足 1 天。

1. 原料加工处理

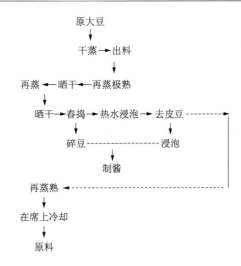

2. 第一阶段发酵

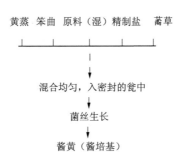

3. 第二阶段发酵

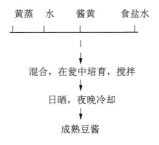

图 78 《齐民要术》中制酱工艺流程图

衣、黄蒸和女曲）以及黄子，都是暴露于空气中进行培养的，所以，选择一个厌氧的条件进行第一次发酵令人好奇[①]。再次，第二次发酵时，发酵混合物是浸没在水中的，常常加以搅拌，而豆豉加工中，除了残留在大豆中的水外，几乎不添加额外的水，混合物是静置发酵的。因此，在酱的加工过程中有足够的水和机械搅拌的作用，所以产品易于成为浆状；而豆豉加工中，只有有限的水供水解，而且没有强制搅拌来破坏大豆的结

351

---

① 《齐民要术》（第七十篇，第四二〇至四二一页）中描述的黄衣和黄蒸在制作各种肉酱和鱼酱中的使用内容将在（e）节中讨论。

构。最后，很难发现在酱（如黄蒸，p.348）及盐豉（如女曲，p.339）的生产中，第二次发酵时添加大量曲的实际目的是什么？培养基本身已经存在有足够的酶、孢子和菌丝，例如酱黄或黄子。在任何情况下，培养基在高浓度食盐水中，孢子萌发、菌丝生长繁殖都是值得怀疑的，而蛋白质和碳水化合物的水解，在很大程度上取决于培养基中残留酶的作用。

很自然地，后人的很多工作都在设法改进上述工艺中的主要不足之处。我们发现，韩鄂的《四时纂要》（一部后唐著作）中，制作豆酱法已经有了显著的变化。其中，制"十日酱法"的描述如下：

> 酱黄：取1斗黄豆，清洗3次（除去杂质），用水浸泡、沥干，将豆蒸到烂熟为止，放到平板上。与2斗5升面粉混合，要确保每一粒豆都裹上面粉。而后再蒸，直到将面粉蒸熟，摊开冷却到人体温度。在地上平整地铺上谷物叶子，将豆铺在上面，再覆盖上一层谷物叶。培养3至4天，豆即被茂密的黄衣裹住，晒干、储藏完成的酱黄。

> 酱培：要制作酱时，准备水和酱黄各1斗。在人体温度下，溶解5升精盐，在缸中将过滤后的盐溶液与酱黄混合。紧紧封口，7天后搅拌。在布袋中装入3两胡椒，将其悬挂在缸中。添加1斤凉的熟［食用］油和10斤酒，10天后酱即成熟[1]。

> 〈十日酱法：豆黄一斗，净淘三遍，宿浸，漉出，烂蒸。倾下，以面二斗五升相和拌，令面悉裹却豆黄。又再蒸，令面熟，摊却大气，候如人体。以谷叶布地上，置豆黄于其上，摊，又以谷叶布覆之，不得令太厚。三四日，衣上，黄色遍，即晒干收之。

> 要合酱，每斗面豆黄，用水一斗，盐五升。并作盐汤，如人体，澄滤。和豆黄入瓮内，密封。七日后搅之，取汉椒三两，绢袋装，安瓮中。又入熟冷油一斤，酒一升。十日便熟。〉

尽管上叙描述较粗略，但是我们可以发现，加工过程已经更为简洁流畅。生产过程采用了用于酿造酒和制作豆豉的常规体系。像酒和豆豉的加工过程一样，第一阶段是在有氧气的情况下培养的，第二阶段是在适度厌氧的液态深层中发酵的。这些变化使得加工过程更为有效。即使不使用已培养好的接种体，第一个阶段也只需要4天，而不是30天，第二次发酵仅需要10天，而老方法需要20天以上。尽管没有暗示大豆在使用以前已经脱种皮，但文中说大豆被蒸至烂熟，即软、熟、嫩，这表明豆粒的内部结构已经受到了破坏，因此，它们更容易被增殖菌丝体所"消化"。

关于酱生产的相关记载，还出现于约晚四百年的《农桑衣食撮要》（1314年）中。今将生产方法的全文抄录如下[2]：

> 盒酱法：取1石（100斤）大豆，炒熟，磨去皮，煮软，沥干，趁热均匀拌入60斤白面，在矮桌上铺满箬叶，将大豆、面粉混合物摊在箬叶上，约两指厚，冷却后，盖上桑叶或苍耳叶，以便颗粒表面形成黄衣。除去桑叶，冷却一天后，第二

---

① 《四时纂要》，缪启愉等校释（1981），"七月"，第52条，第185页。
② 《农桑衣食撮要》（六月），第九十一页。"火日"是指日历中的"热"天。

天开始晒干［酱曲］。将结块打碎、簸净。

将［酱曲］与40斤盐和2担雨水混合。如果太稀，炒一些白面，冷却后适量添加（使达到适宜的稠度）；如果太稠，用盐水熬煮欧亚甘草，冷却后根据需要将所得盐水加到混合物中（使达到合适的稠度）。在"火日"的夜晚，借助于灯光将上述混合物装入（缸中），这样不易生蛆。加入些莳萝、茴香、甘草、青葱和花椒，所得产品将具有芳香和丰富的风味。

〈盦酱法：用豆一石，炒熟，磨去皮，煮软捞出，用白面六十斤，就热搜面，匀于案上，以箬叶铺填，摊开约二指厚，候冷，用楮叶或苍耳叶搭盖。发出黄衣为度，去叶凉一日，次日晒干，簸净捣碎。约量用盐四十斤，无根水二担，或稀者用白面炒熟，候冷，和于酱内。若稠者，用甘草同盐煎水，候冷添之，于火日晚间点灯下酱，则不生虫。加莳萝、茴香、甘草、葱、椒物料，其味香美。〉

我们可以注意到上述加工过程有二处创新。首先，大豆是焙炒、碾碎以脱壳的，这样有利于第一次发酵时微生物的生长；其次，在第二次发酵时添加香料可以提高酱的风味。但是，作者对第二次发酵应该怎样进行没有给出详细的说明，我们仅仅可以猜测，其发酵条件与前面所引述的《齐民要术》和《四时纂要》中的记载相似。在这些设想的基础上，我们可以建立一个加工工艺流程图，即图79。

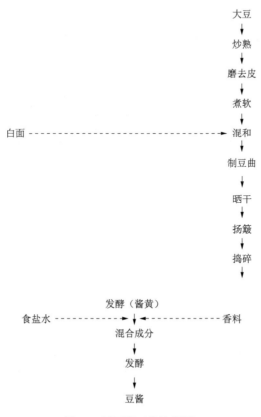

图79 制豆酱工艺流程图。

　　该生产过程中的一些变化，出现在元、明、清作酱方法的文献中。在元代后期无名氏的著作《居家必用》中，记载了由大豆制酱的两种方法，一种是制熟黄酱，另一种是制生黄酱①。事实上，这两个名称会产生误导，因为"熟"和"生"是指第一次发酵时大豆与面粉混合前被处理的方式，而不是指最终产品。在生产熟黄酱时，大豆被焙炒，碾磨成粉；在生产生黄酱时，大豆被浸泡过夜，煮至软烂。第一次发酵后的产品叫做"黄子"，也叫"酱黄"。在《事林广记》（1289 年）②、《易牙遗意》（元代后期）③、《多能鄙事》（1370 年）④、《臞仙神隐书》（约 1400 年）⑤、《宋氏尊生》（1504 年）⑥ 和《本草纲目》（1596 年）⑦ 中，都发现有微小变化又相似的制酱法。为利于发酵，大豆的处理方法有几种：焙炒脱壳，干燥脱壳，或者简单的用蒸或煮直至大豆软烂。重要的是，它们被更彻底的熟化，因此，比豆豉加工中的大豆更易于被真菌侵入。令人好奇的是，在上述所有的加工中，当预制接种物已经准备好时，第一次发酵也总是将固态酱基暴露在空气中接受野生微生物。尽管《齐民要术》中记载了制酱的最早描述，利用了预制接种物来制备酱黄，但是，中国的技师却一般都不使用预制的接种物来制曲（最初培养基）。他们似乎觉得预制培养基中正在消失的野生菌有一定的神秘性。只是在 20 世纪初，中国发酵大豆食品的生产企业才开始认识到，用预制接种物可以大幅度地提高工效及产品质量⑧。

　　《汉书·货殖传》中所记市场上交易的醯酱数以千缸计，一个商人靠卖酱变得非常富有。因此，毫无疑问，酱在汉代的经济中是重要的商品⑨。酱同样被用作药品。《名医别录》（约 510 年）中它被列为下品，其中记载到："酱味咸、酸，性寒，散热，抑虑，解药物的毒副作用、热汤和水、清热"⑩（"酱：味咸，酸，冷利。主除热，止烦满，杀百药、热汤及火毒"）。《新修本草》（659 年）中记载："酱通常由大豆制作而成，少量由小麦制成。也有一些酱是由肉和鱼制作而成，被称做'醢'，不能用作药。还有一些酱由中华榆或臭榆的种子制作而成。"⑪（"酱多以豆作，纯麦者少。……又有肉酱、鱼酱，皆呼为醢，不入药用也。又有榆人酱……"）但是，酱的主要价值还在于作为调

---

①　《居家必用》，第五十四页、第五十六页。
②　《事林广记》卷四，篠田统和田中静一（1973），第 267 页。
③　《易牙遗意》，第九页。
④　《多能鄙事》，篠田统和田中静一（1973），第 372 页。
⑤　《臞仙神隐书》，篠田统和田中静一，同上，第 428—429 页。
⑥　《宋氏尊生》，篠田统和田中静一，同上，第 467 页。
⑦　《本草纲目》卷二十五，第一五五二页。
⑧　陈駧声（1979），第 77—81 页。
⑨　《汉书·货殖传》（卷九十一），第三六八七页，记载：在交易的商品中有上千缸的醯酱，这里醯和酱可以表达为醋和酱两种产品，也可以简单的作为醯酱（一种酸酱）一种产品。后一种观点受到林巳奈夫［（1975），第 58—60 页］的赞同。另一方面，根据《货殖传》（第三六九四页），张氏因做酱的贸易而富有，表明酱以自身的价值成为重要的经济商品。
⑩　《名医别录》，第三一四页。
⑪　《新修本草》，第二九二页，根据曹元宇［（1987），第 226 页和第 245 页］，中国榆（Ulmus campestris Sm. var. laevis. Planch），臭榆是大果榆（Ulmus macrocarpa Hance），也可参见 Porter-Smith 和 Stuart pp. 448—449。

味品, 用作提高和协调食品的风味。颜师古 (7 世纪) 曾提到: "酱对食品的作用, 就好比将军对军队的作用一样。"[1] ("酱之为言将也, 食之有酱, 如军之须将。") 陶谷在《清异录》(960 年) 中说: "酱是八珍的主人, 醋是它们的管家"[2]。("酱, 八珍主人也; 醋, 食总管也。") 因此, 他认为作为调味品, 酱的价值高于醋。然而, 在魏、晋和唐代, 几乎没有关于酱在烹饪中运用的详细资料。《齐民要术》中提到, 在烹饪一种瓜时一种香酱是其中的配料[3]。谢讽的《食经》(约 610 年) 中提到了一种酱[4]。南宋的《山家清供》中, 记载了至少九种使用酱的方法, 包括著名的东坡豆腐[5]。《梦粱录》(1334 年) 中, 列举了用酒和酱做成的五味螃蟹[6]。尽管现在保存下来的关于酱的文献资料不很多, 但可以肯定, 从汉代到宋代, 酱是中国烹饪体系中普遍使用的调味品。确实, 《梦粱录》中另一段文字说: "人们每天不可缺的东西, 柴、米、油、盐、酱、醋、茶"[7]。("人家每日不可缺者, 柴米油盐酱醋茶。") 因此, 在宋代, 酱被认为是人们生活中公认的 "七种生活必需品" 之一, 而且在后来的几个世纪里, 它仍然保持着极其重要的地位。

实际上, 我们发现自从南宋衰落以来, 酱在烹饪文献中被提及的频率更高。南宋《吴氏中馈录》中记载了酱作为调味品使用的五种方法[8]。但是, 在稍后一些的《居家必用》(元代) 中, 记载酱的使用方法已经不下二十种了[9]。酱在一些一流烹饪著作中经常被提到, 如《易牙遗意》(元/明)[10]、《饮馔服食笺》(1591 年)[11]、《食宪鸿秘》(约 1680 年)[12]、

---

[1] 《急就篇》中关于酱的注释, 第三十一页。

[2] 《清异录》, 第二十八页。《礼记·内则》记载的八珍; 参见 Legge (1885a), pp. 468—470。现在这个术语是用来表示被认为是最珍贵的东西。

[3] 《齐民要术》(第八十七篇), 第五二九页。

[4] 谢讽的《食经》, 在《清异录》中被采用, 第十五页, 另可参见篠田统和田中静一 (1973), 第 116 页。

[5] 《山家清供》, 第三十八页、第四十八页、第五十五页、第七十三页、第七十七页、第八十一页、第九十四页、第九十七页、一〇四页页, 在兔、鱼、家禽、大豆和蔬菜的配方中, 除了知道作者林洪生活于南宋时期外, 其准确年代不详。

[6] 《梦粱录》, 第一三三页。

[7] 同上, 第一三九页, 译文见 Freeman (1977), p. 151 页, 经作者修改。弗里曼 (Freeman) 将酱翻译为 "soybean sauce"(酱油), 这种译法可能不正确, 至少从本书角度而言, 它会使人迷惑不解。如我们在下文看到的, 在宋代的烹饪体系中酱比酱油更为重要。我们偏向于直接采用音译, 而不用意译。根据《通俗编》[(1751 年) 第五九八页], 《梦粱录》中最初的记载是 "柴米油盐酒酱醋茶", 当它在元曲中流行时, 由于每句中只用七字, 酒就被去掉, 剩下了现在众所周知的七个必需品。

[8] 《吴氏中馈录》, 第七页 (鱼)、第十一页 (肉)、第十五页 (瓜)、第十六页 (蒜酱油) 和第二十一页 (蔬菜)。

[9] 《居家必用》, 第七十一页、第七十七页、第八十三页 (面)、第八十四页、第八十八页、第八十九页、第九十六页 (榆仁)、第九十九页、第一〇〇页、第一〇一页、第一〇二页、第一〇五页、第一〇六页、第一〇七页、第一一九页、第一二〇页、第一二二页、第一三二、第一三三页。

[10] 《易牙遗意》, 第二十页、第二十三页、第三十页、第三十二页、第四十一页、第四十九页、第五十页、第五十三页。

[11] 《饮馔服食笺》, 第七十四页、第七十七页、第八十一页、第八十四页、第八十五页、第九十七页、第九十八页、第一〇三页、第一一四页、第一一五页、第一一九页、第一二〇页、第一四九页、第一五〇页。

[12] 《食宪鸿秘》, 第五十页、第七十页、第九十三页、第一〇二页、第一二六页、第一四五页、第一五七页; 另见 "甜酱", 第七十二页、第一〇七页、第一二〇页、第一三一页、第一三六页。

《醒园录》（1750 年）①、《随园食单》（1790 年）② 等，这些著作代表了中国古代烹饪艺术的最高水平。

尽管豆酱已经成为中国烹饪中优秀的酱型调味品，但是用其它植物原料制作的酱也同样可以获得了一定程度的认可。像我们上文提到的那样，《新修本草》告诉我们用小麦和榆仁也可以制作酱，这种情况在经典的烹饪配方中，都能找到关于它们的记载。《齐民要术》（540 年）是最早记载制作麦酱和榆仁酱的文献。现引述如下③：

> 作麦酱法：取 1 石小麦，浸泡过夜，[如前所述]煮熟和培养，使熟料生出黄衣。用 1 石 6 斗（即 16 斗）水加热溶解 3 升盐，将 8 斗澄清的盐水放在瓮中，与黄衣混匀，日晒、搅拌，10 天后即成酱。

> 〈《食经》作麦酱法：小麦一石，渍一宿，炊，卧之，令生黄衣。以水一石六斗，盐三升，煮作卤，澄取八斗，著瓮中。炊小麦投之，搅令调均。覆著日中，十日可食。〉

> 作榆仁酱法：取 1 升榆仁，碾磨和筛成细粉，将其与 1 升清酒和 5 升酱混匀，发酵 1 个月即成酱。

> 〈作榆子酱法：治榆子人一升，捣末，筛之。清酒一升，酱五升，合和。一月可食之。〉

在榆仁酱的制作中，榆仁粉是培养基，酱（推测为豆酱）是曲，以酒代替了水。因为发酵时，酱比榆仁的量多，因此，我们认为实际上产品是具有榆仁风味的酱。很遗憾，在经过了七百年的时间，我们才找到下一个相关的记载。其中，《事林广记》（1280 年）中记载了面酱的制作④，《居家必用》（约 1350 年）中记载了由面粉、大麦、小豆、刀豆和榆仁制作的酱⑤。《饮膳正要》（1330 年）说豆酱食品具有优于面酱的解毒功效⑥，这表明"面酱"这个词已经代替了《齐民要术》中的"麦酱"。

在《多能鄙事》（1370 年）⑦、《臞仙神隐书》（1400 年）⑧ 及《宋氏尊生》（1504 年）中⑨，同样的方法常常被逐字地抄录过来。《本草纲目》（1596 年）将上述方法进行了重组，并第一次向我们介绍了甜面酱⑩。表 32 概括了这些加工方法。

357

---

① 《醒园录》，第二十一页、第二十八页、第三十一页、第三十七页；另见"甜酱"，第二十一页、第二十六页。

② 《随园食单》，第五十三页、第五十八页、第六十二页、第七十六页、第七十七页、第八十六页、第八十七页、第九十一页、第九十二页、第九十四页、第一〇四页、第一〇六页、第一〇八页、第一二〇页。另见"甜酱"，第四十七页、第五十二页、第一〇七页、第一一五页，"面酱"，第五十五页、第五十九页。袁枚对中国烹饪的贡献，见 Lin & Lin (1969)。

③ 《齐民要术》，第四二一页。

④ 《事林广记》卷四，篠田统和田中静一（1972），第 267 页。所给出的工艺实际上与豆酱的制备相同。作者可能并不清楚豆酱和面酱制作上的差异。

⑤ 《居家必用》，第五十五至五十六页。

⑥ 《饮膳正要》，第一二一页。

⑦ 《多能鄙事》，篠田统和田中静一（1972），第 372 页。

⑧ 《臞仙神隐书》，篠田统和田中静一，同上，第 429 页。

⑨ 《宋氏尊生》，篠田统和田中静一，同上，第 469 页。

⑩ 《本草纲目》，卷二十五，第一五五二页。

总之，原材料既可以彻底煮熟，也可以经过磨粉、制面团、蒸熟等，再切片。有时候，在进一步加工前，将它们与面粉混合。第一次发酵时，培养基直接与空气中的真菌接触，直到长成茂密的菌丝为止；第二次发酵时，部分发酵的酱基在与《齐民要术》记载的制作酱的同样条件下，在强亲水性的盐水中进行酶水解。产品通常是黏稠的酱状。

表32表明，酱可以用多种豆类和谷物为原料制作而成。令人好奇的是，尽管面酱和甜面酱被列为不同的产品，但是，它们的生产工艺实际上却是一样的①。有时候，甚至连豆酱和面酱之间的划分也并不明确②。人们会产生这样一种印象，一些一流烹饪著作的作者们对所介绍的产品缺乏实际制作经验，他们通常只是简单和盲目地抄录前人的著作。在元、明、清的烹饪著作里③，面酱和甜面酱（有时候称甜酱）都被列为调味味。

表 32　各种酱的加工过程

酱的种类	大豆酱	面酱	甜面酱	小豆酱	刀豆酱	大麦酱	榆仁酱
出现时间	13世纪	13世纪	16世纪	13世纪	13世纪	13世纪	13世纪
参考文献	《居家必用》	《居家必用》	《本草纲目》	《居家必用》	《居家必用》	《居家必用》	《居家必用》
第一次发酵	空气中真菌体的生长						
主要原料	大豆（整粒或粉）	麦粒或粉	面粉	碎豆	整粒豆	整粒大麦	——
辅料	面粉	——	——	麦曲	面粉	面粉	——
酱基	豆曲	麦曲	麦曲	小豆曲	豆曲	大麦曲	
第二次发酵	蛋白质和碳水化合物水解						
酱基	豆曲	麦曲	麦曲	小豆曲	豆曲	大麦曲	脱壳榆仁和面曲
配料	精盐	精盐	精盐	精盐	精盐	精盐	精盐
	水	水	水	水	水	水	水
盐和酱基的比例	1：4	1：4	3：10	1：3.2	1：4	1：5	1：5

①　确实，《本草纲目》（同上）在同一页中介绍了甜面酱和面酱的制作方法，除了面粉暴露在空气真菌孢子中以前面粉的处理方法上有区别外，这两个方法的工艺过程几乎相同。在甜面酱制作中，面粉是先制成面团，再切成条、蒸熟；而在面酱制作中，面粉是先和水混合，再制成饼。这些表述会使得读者产生误会，以为甜面酱制作使用的是熟面粉，而面酱制作使用的是生面粉。而《居家必用》中记载的面酱制作方法中，第一次发酵时，面粉也是被制成面团、切成条，再蒸熟的。产品的名字似乎就取决于作者一时的兴致。

②　《事林广记》（第二六七页）记载的面酱制作方法，实际上与上文（p.352）引用的《农桑衣食撮要》中记载的酱（豆酱）的生产方法相同。我们怀疑，明清的面酱制作常以大豆作为主要辅料，参见《食宪鸿秘》（第五十页）中记载的甜酱制作方法。

③　使用面酱的食谱见：《居家必用》，第八十三页、第九十六页、第一〇一页、第一二三页；《多能鄙事》，第三八五页；《食宪鸿秘》，第一六二页、第一六三页；《醒园录》，第二十一页、第二十四页；《随园食单》，第五十五页、第五十九页；甜酱或甜面酱的使用食谱见：《饮馔服食笺》，第八十一页；《食宪鸿秘》，第七十二页、第一〇七页、第一二〇页、第一三一页、第一六三页；《养小录》，第八十三页；《醒园录》，第二十一页、第二十六页；《随园食单》，第四十七页、第五十二页、第一〇七页、第一一五页。

在食品文献中，几乎没有关于小豆、刀豆、大麦或榆仁酱使用方面的记载，据此，我们可以推测它们所起的作用非常微小。毫无疑问，从汉魏到清代早期，在中国烹饪中豆酱是一种主要的调味品，但是，这种情形到 18 世纪中期就结束了。现在，这个荣誉归功于酱油了，它是三个中国大豆调味品中最后出现的一个产品，也是我们下面要讨论的内容。

358

<h2 style="text-align:center">（iv）酱　　油</h2>

　　酱油（或豉油）被公认为"中国食品中最为重要的调味品"[①]，也是日本、朝鲜和越南的支柱调味品，而且在如今的西方社会里，毫无疑问它是最广为人知和最广泛使用的中国大豆食品。乍看上去，似乎很显然酱油取自于酱或豉。然而，尽管我们非常清楚酱和豉的起源，但是，对于酱油的首次制作和使用时间及方式却不十分了解。

　　酱油这个术语最早出现在宋代后期的两本著作中。林洪的《山家清供》记载有以酱油调味蔬菜和海产食品的四种方法[②]，《吴氏中馈录》中记载了酱油在烹调肉、螃蟹和蔬菜中的使用方法[③]。但是，这两部著作中都没有关于酱油制作方法的介绍。当然，这并不一定就说明酱油是在宋代才出现的，而只能表明，作为一种从酱或豉获取的液体调味料的名称，"酱油"在宋代已经被人们所接受。就酱油产品本身而言，大多数学者都认为它和酱有着同样悠久的历史。但是，有关宋代称其为酱油之前的称呼却存在着争论[④]。

　　事实上，令人奇怪的是，利用酱制取的汁液竟被称做"酱油"。纵观汉语历史，油总是表示来源于动物、蔬菜或其它矿产品资源中的非水溶性油腻物质，例如猪油、牛油、菜油、香油、桐油、石油等。酱油（或豉油）是一个特例，它是含有多种成分的水溶液（或悬浮液），无论如何想象也不可能把它称为"油"[⑤]。然而，"酱油"一词在宋代就已被接受，而且其语言地位如今仍然不可动摇，这可能表明它在中国人民日常生活中扮演着非常特殊的角色。因此，我们感到非常惊奇，作为该产品的名字，英语用词"soy sauce（来源于大豆的汁）"比它原本的汉语用词"酱油（来源于酱的油）"更为合理。

359

---

　　① Chao, Buwei Yang（1963），p. 27。接下来，她还提到："对于在任何美国连锁商店里所能买到的食品，均可使用酱油来烹饪出各种形式的中国菜。"

　　②《山家清供》，第三十四页，酱油、姜丝和少量的醋可用于炒嫩葱；第四十七页，酱油、芝麻油、盐和胡椒可用于炒春笋、蕨叶、鱼或小虾；第六十六页，酱油和芝麻油、胡椒以及盐一起可用于凉拌嫩笋、蘑菇和雪果籽的调味；第九十八页，酱油和醋可用于漂烫百合的调味。

　　③《吴氏中馈录》，第八页，在炒菜前，用酱油腌泡生肉；第十页，加酒、酱油、醋、酒糟和芝麻油来清蒸螃蟹；第二十一页，酱油、芝麻油、醋和胡椒可用于各种蔬菜的调味、调色。

　　④ 实例见：洪光住（1984a），第 94 页；张廉明（1987a，b）；郭伯南（1989）。

　　⑤《永乐大典·医学集》（1408 年）［（1986），第 618—619 页］，列有 26 种油，但并没有提及酱油。但是，"酱油"这个词的使用有助于用"油"这个字来表达其它调味汁，如"麦油"［从发酵小麦中提取的水基调味汁（water-based sauce）］；《醒园录》（1750 年），第八—九页，笋油；《随园食单》（1790 年），第一○八页，虾油。现在更多的例子是"蚝油"，这是粤菜中常用的调味料。

文献中记载有几种与酱和豉有关的产品，它们可能是古代的酱油，即在宋代流行的"酱油"的前身。最早的产品是《四民月令》（公元40年）中记载的清酱，在上文我们已经接触过（p.347，注释）。一些作者认为"清酱"是"酱油"的古名[1]。从字面上看，"清酱"表示澄清的酱，这是对酱油合适的描述。另一方面，在所引述的段落中，清酱首先表示的是鱼酱和肉酱，因此，人们很难肯定清酱实际上是指澄清的豆酱，而不是另一种风味酱[2]。

在《五十二病方》（公元前168年）中，偶然发现了一个支持上述观点的证据，其中有一个治疗痔的药膏中提到了"菽酱之滓"（豆酱之渣）的使用[3]。如果有残渣，肯定有被分离出来的相应澄清液。或者说，渣的存在表明澄清酱汁的存在，它可能被叫做"清酱"。

《齐民要术》（540年）在涉及食品加工的几篇中，记载了"酱清"、"豉汁"和"豉清"三种调味料，它们被认为可能是酱油的前身。"酱清"是"清酱"的反写词，可能表示同样的产品，有五个食谱将它用做调味料[4]。更为常用的是"豉汁"（发酵大豆的水提取物），使用它的食谱至少有26个[5]，而"豉清"（澄清的发酵大豆）出现在3个食谱中[6]。尽管，我们很幸运地在一个炖鱼和蔬菜的食谱中看到了关于用水熬煮豆豉方法制取豉汁的简单陈述，但遗憾的是，《齐民要术》中并没有说明"酱清"和"豉清"的制作方法[7]。

很显然，豉汁是汉代众所周知的调味料。在至少早于《齐民要术》约350年前，《释名》（2世纪）中就已经记载有豉汁，其中叙述到[8]："烤干肉：在糖、蜂蜜和豉汁中腌泡肉，然后烤至成干肉。"（"脯炙，以锡蜜豉汁淹之，脯脯然也。"）

再者，根据洪光住和郭伯南所述，我们在上文（p.72）已经间接提到过的曹植著名的关于煮豆的诗（约220年），也说明了豉汁是由过滤豉汤制备而成的[9]。诗的头两行可以这样解释：

360

---

[1] Hsu Cho-Yun (1980)，p.217；洪光住（1984a），第94页；王尚殿（1987），第468页，都解释清酱为酱油。

[2] 缪启愉等［（1981），第24页］和郭伯南（1989）认为清酱是稀的酱油，没有真正酱油的味道。

[3] 《五十二病方》，第143方，参见 Harper（1982），p.142。没有给出这种豆酱（菽酱）如何制作和酱渣如何分离的资料。

[4] 《齐民要术》，酱清：第七十篇，第四二二页；第七十六篇，第四六四页；第七十七篇，第四七九页；第八十七篇，第五二九页。

[5] 《齐民要术》，豉汁：第七十六篇，第四六三页、第四六四页、第四六五页、第四六六页、第四六七页；第七十七篇，第四七八页、第四七九页、第四八〇页；第八十篇，第四九四页、第四九六页；第八十二篇，第五〇九页；第八十七篇，第五二八页；第八十八篇，第五三二页。

[6] 《齐民要术》，豉酱：第七十六篇，第四六六页、第四六七页；第七十七篇，第四七八页。

[7] 《齐民要术》，第七十六篇，第四六五页，文中记载："豉汁，是在单独的罐中用水煮［豉］，使之沸腾，沥干豆豆，汤静置后，倒出澄清的溶液。煮豉时，不要搅拌，搅拌会使煎煮汁浑浊，沥干豉后，汁液不会澄清，当水的色泽为琥珀亮棕色时，停止蒸煮。不要使色泽太深，以免汁苦。"〈豉汁于别铛中汤煮一沸，漉出滓，澄而用之。勿以杓捝，捝则羹浊——过不清。煮豉但作新琥珀色而已，勿令过黑，黑则醶苦。〉

[8] 《释名·释饮食第十三》。

[9] 洪光住（1982）；郭伯南（1989）。

将豆用水烧煮可得到豆羹,把水豉沥干可得到豉(汁)[①]。

〈煮豆持作羹,漉豉以为汁。〉

这种豉汁制作方法称为过滤法。在一定程度上,这种方法比《齐民要术》中所描述的直接熬煮方法更复杂些。我们怀疑无论哪一种方法得到的汁液都是汤而不是一种汁,它不可能有较长的保存期。因此,在《齐民要术》的方法中,豉汁可能是每次使用前制作的。然而,在曹植的诗歌后,豉汁过滤制作法又沿用了 1000 多年。《居家必用》(元代)和《本草纲目》(明代)中记载了非常相似的生产方法[②]。所有这些证据都倾向于支持豉汁是豉的煮汁或过滤汁的观点[③],因此它不可能是我们要寻找的酱油的前身或原型。

但是,这不是故事的结尾。唐代的著作《食疗本草》(670 年)提到了豉汁,其中评论了陕西一带豉汁的优点,并简略的描述了它的制作过程[④]:

陕西一带的豉汁要优于常见的豉。生产时,大豆发酵成黄蒸,每斗 [黄蒸] 加 4 升盐、4 两胡椒 [在水里发酵],春季 3 天,夏季 2 天,冬季 5 天即成半成品。加 5 两生姜,产品风味爽净、鲜美。

361　　　〈陕府豉汁甚胜于常豉。以大豆为黄蒸,每一斗加盐四升,椒四两,春三日,夏二日,冬五日即成。半熟,加生姜五两,既洁且精。〉

这个粗略的介绍是我们所发现的唐代豉汁制作方法的唯一描述。有两个阶段。在第一个阶段里,书中说大豆经发酵成为黄蒸,而通常,如上文所述(p. 336)黄蒸是由小麦制成的松散产品。在这里,可能是将生产豆豉的培养基"黄子"误抄作为"黄蒸"。第二个阶段和生产豆豉的过程一样,但描述很不详细。可以想象,如果添加了足够多的水,发酵结束后会游离出液体调味品,可称之为豉汁。这样一种液体是发酵的直接产物,它与豆豉在水或汤中浸提得到的产品有很大不同。再者,《本草拾遗》(739 年)中注释说由陕州得到的豉汁可以保存数年而不变质[⑤]。这些资料表明,由陕州得到的豉

---

① 《世说新语》,第六十页,由作者译成英文。

② 《居家必用》,第六十页。文中记载:"成都豆豉制作方法:在 9 月至次年 2 月间,取 3 斗品质好的大豆,将清芝麻油加热至有油烟逸出,在豆豉中加入 1 升加热后的芝麻油,在蒸笼中蒸熟,把豆子铺开、冷却、晒干。此蒸、晒过程重复 3 次,与 1 斗精盐混合,将 [可能形成的] 块团打碎。加入 3 至 4 斗水后进行过滤。将滤液放在干净的罐中,用碾碎的辣椒、胡椒、姜、桔皮条(各 1 两)和青葱调味,煮沸蒸发掉 1/3 的水。装入防水的瓷缸中储存。一定要用清芝麻油。产品有芳香和美味。"("造成都府豉汁法:九月后二月前可造。好豉三斗,用清麻油三升熬,令烟断香熟为度,又取一升熟油,拌豉,上甑熟蒸,摊冷,晒干。再用一升熟油拌豉,再蒸,摊冷,晒干。更依此,一升熟油拌豉,透蒸,曝干。方取一斗白盐,匀和,捣令碎,以釜汤淋,取三四斗汁,净釜中煎之。川椒末、胡椒末、干姜末、桔皮(各一两),葱白(五斤)。右件并捣细,和煎之,三分减一,取不津,磁器中贮之。须用清香油。不得湿物近之。香美绝胜。")《本草纲目》(第一五二七页)原封不动地抄录了这个方法。

③ 洪光住 [(1982),第 99 页] 指出:在中国北方酱油有时候被叫做"淋油",是指一种 [从水豆豉中] 沥得的酱汁。

④ 《食疗本草》,第一一八页。方括弧中的字,尽管不是原文,被添加用来保持译文的意思。

⑤ 引文见于:《食疗本草》,卷二十五,第十七页;《本草品汇精要》(1505 年),第八三三页;《本草纲目》,第一五二七页。

汁，可能是唐代常用的"豉汁"，是一种经发酵制得的产品，和现代的酱油有着相同品质。这种发酵得到的"豉汁"可能是宋代后期酱油的前身。

《齐民要术》中提到的第三个产品是"豉清"，没有文献提及它的制作方法，推测它与豉的关系和酱清（或清酱）与酱的关系类似。重温一下《齐民要术》给出的制作方法，很容易得到这样一个印象，即这三种产品可以相互替换使用。是否有可能它们是同一产品的不同名称呢？答案是：否。有两个例子，酱清和豉汁同时出现在一个配方中；还有一个例子，豉汁和豉清用来烹饪同一道菜肴[①]。这些例子毫无疑问的表明，这些名字确实代表着三个不同的产品。

另一个我们要讨论的证据是，在《四时纂要》（晚唐）中发现的加工豉的方法。其中说到[②]：

> 生产盐豉时：清洗1斗黑豆，去除残豆，蒸至软熟。按通常的方法发酵使豆生成黄衣。簸净黄衣，用煮沸的水冲洗，沥干。每1斗豆配5斤盐、半斤切成细条的姜、1升青椒。将盐溶解在水中，确保盐水温度与人体温度相近，将豆等放在坛中，加一层椒，然后加一层姜，再加盐水使之浸没5至7寸。用椒叶盖在上面，用泥巴封住坛口。14天后，取出豉，将其晒干。剩余汁液部分单独煮沸和贮存，这是用于素食非常好的调味品。

> 〈咸豉：大黑豆一斗，净淘，择去恶者，烂蒸。一依罨黄衣法，黄衣遍即出。簸去黄衣，用熟水淘洗，沥干。每斗豆用盐五升，生姜半斤切作细条子，青椒一升拣净，即作盐汤如人体，同入瓮器中：一重豆，一重椒、姜，入尽，即下盐水，取豆面深五七寸乃止。即以椒叶盖之，密泥于日中著。二七日，出，晒干。汁则煎而别贮之，点素食尤美。〉

这种剩余汁液应该具有我们现在特指的酱油的特性。因此，它是宋代之前文献中关于原始酱油制作方法的最早记载。遗憾的是，《四时纂要》没有告诉我们这种剩余汁液的称谓。因此，我们不能将其与豉汁或豉清明确地联系起来。用同样的方式，也可以从酱发酵过程中的酱醪里分离出一种汁液，这可能是古代最初发现清酱或酱清的原因。

根据上述文献，我们可以推测，酱油的原型来源于酱和豉。在中古时期早期的中国，酱油有多种不同的名字，它们都是在第二次发酵中，当使用了过量的水后，从酱和豉中分离出来的。人们对这些副产物的兴趣缓慢而稳定地增长着[③]。到宋代，凭它们本身的特点，分别都成了重要的烹饪调味品，由于通常均以酱为中间产品，因此统称为"酱油"。我们不知道为什么改用术语"油"而不是采用原先的名字"汁"和"清"来表达这个产品[④]。尽管"酱油"这个名字很快获得了广泛的认可，但事实上酱油仍是

362

---

① 《齐民要术》，"酱清"和"豉汁"，第四六四页和第四七九页；"豉清"和"豉汁"第四七八页。
② 《四时纂要》，缪启愉校释（1981），"六月"，第41条，第161页。
③ 《唐书·百官志》中记载："发酵部门雇佣23个技师制酱，12个制醋，12个制豉"（"掌醢署……酱匠二十三人，酢匠十二人，豉匠十二人"）。这个记载表明，在唐代的晚期，酱油还没有获得作为一种由专门人员来生产的独立地位。
④ 王尚殿［（1987），第468页］指出：在清代，酱油通常是指清酱。例如，《顺天府志》（清）［卷五十，食货志二，物产三十六］说："清酱即酱油"。在中国北方，酱油常常叫做"清酱"或简单的叫"酱"。实际上，在不久前的北京，很多餐馆的每张桌子上放两小瓶调味品，一瓶是醋，一瓶是酱油。酱油瓶上标有"清酱"或"酱清"。

作为酱和豉加工中的一种延伸产品生产了几个世纪。在中国的大部分地区，酱油来源于酱，但在南方地区，尤其在广东和福建，在当地方言中酱油一直被叫做"豉油"。至今，一些最好的酱油，其商业化生产仍然是以生产豆豉的延伸方式进行的[①]。

豆豉作为酱油前体的功用，在我们掌握的酿制酱油的第一个详细文献中得到了进一步的证实。这就是见于元代著名画家倪瓒的《云林堂饮食制度集》（1360 年）中的一段文字[②]："每 1 官斗黄子，加 10 斤盐和 20 斤水。在伏天将其 [在瓮中] 混合、发酵。"（"每黄子一官斗，用盐十斤，足秤，水廿斤，足秤。下之须伏日，合下。"）

363   这段描述虽然太简短，不能用来说明酱油的制作过程，却为我们提供了感兴趣的内容，即初发原料是黄子，而不是酱黄。黄子通常是指制豉的基质，而酱黄则是制酱的基质。因此，我们可以说，元代南方的江苏地区，酱油同样是由豆豉衍生生产来的，这一观点在元代韩奕的《易牙遗意》中也可以再次得到了证实[③]：

> 清洗豆黄，去除其表面的衣（孢子），将 1 斗豆与 6 斤盐和超常（制酱）用量的水混合、发酵。当成熟后，残豆沉于容器底部，酱油澄清在上面。

> 〈黄豆挼去衣，取一斗净者，下盐六斤，下水比常法增多。熟时其豆在下，其油在上也。〉

再一次，这里使用的基质依然是霉制后的大豆，但是生产中也可能使用面粉。在这里，未水解的大豆，即豉，沉在底部，酱汁很容易被倒出。在《本草纲目》（1596 年）中，更详细地介绍了酱油的制作。不过，它是以豆油的生产方法来介绍的，这里的"豆油"显然是酱油的同义词[④]："豆油。水中煮 3 斗大豆直至软化，与 24 斤面粉混合，培养至黄色酱基生成。将 10 斤酱基与 8 斤盐和 40 斤井水混合，在缸中发酵、日晒至成品。"（"豆油法：用大豆三斗，水煮糜，以面二十四斤，拌罨成黄。每十斤，入盐八斤，井水四十斤，搅晒成油，收取之。"）

尽管这一段没有告诉我们酱油是如何从发酵醪中分离出来的，但可以肯定的是，其加工过程是以制酱为基础的，而产品被称为豆油。有关酱油加工的下一个描述出现在距本例大约 100 年后的《养小录》（1698 年）中。下面是其中三个概略记载的方法中的一个[⑤]：

> 煮黄豆（或黑豆）直至软化。将豆与白面粉和煮汁混合，揉捏至面团变硬，制成平整的饼，或做成窝窝状，用艾草盖在上面直至茂密的黄色霉菌长成。将黄衣覆

---

① 这点与坂口谨一郎（1979）的观点一致，即：日本"豆酱"（miso）的起源是中国的酱，日本"酱油"（shoyu）的起源是中国的豆豉。对于这个观点的讨论见 Shurtleff & Aoyagi（1976），p. 224。

② 《云林堂饮食制度集》，第一页。黄子是用于制豆豉的霉制大豆。根据，"干支纪日法"，伏天是夏季三庚日之一。这表示生产豆豉应在天气温暖时进行。

③ 《易牙遗意》，第十页。

④ 《本草纲目》，第一五二页，作为"酱"的注解。严格地说，"豆油"是表示来自于大豆的油，但是，有时候（例如这里）这个术语也用来表示酱油。

⑤ 《养小录》，第十一至十二页。

盖的霉饼磨碎，装入缸中，在盐水中发酵。于太阳下晒，直至形成［稀］豆酱，用一个细密的竹箅放在一个大敞口缸的下半截沥清，豆酱及渣留在箅上面，而酱油被收集于底部。

〈黄豆或黑豆煮烂，入白面，连豆汁揣和使硬，或为饼，或为窝。青蒿盖住，发黄磨末，入盐汤，晒成酱。用竹密篦挣缸下半截，贮酱于上，沥下酱油。〉

《醒园录》（1750 年）中更为详细地记载了这一工艺过程，但它是作为制作清酱的一种方法来介绍的[①]。

清洗 1 斗黄豆，煮至豆变软、色变红。将豆、开水和 24 斤的白面均匀混合。摊在竹或柳［叶］圌上，按坚实，并盖上稻草，将圌放在无风的房间，发酵 7 天直至长成茂密的菌丝。移开稻草，白天日晒，夜间移至房内，晒足 14 天。如果白天下雨，则日晒时间需要补足到 14 天。霉制的豆应该彻底干燥。这就是制作酱黄的方法。

在缸中，每 1 斗酱黄配 5 斗井水。在竹篮里准确放 15 斤粗盐，悬挂竹篮并将其浸入水中，使盐溶解在水中，最后弃掉竹篮里的残渣。将酱黄加到水中，日晒保温 3 天。在第 4 天早晨，用木耙兜缸底转（当缸在太阳底下时，不要搅拌）。2 天后，再搅拌。重复上述操作 3 至 4 次，约 20 天后，清酱成熟可食用。

提取清酱的方法是：用竹丝编成一个两头开口的圆筒形五底滤器，南方人称其为酱篘（圆酱筛），在京城（北京）当地市场可以买到。在这一市场上还可以买到各种尺寸的缸盖。当酱制好以后，将圆筒形酱篘插入缸的中心，将其压下至缸的底部。将酱篘内的酱醪掏尽，直到露出缸底为止。在筒的顶部压上砖，以防竹筒浮起流入浑酱。清澈的酱汁会从酱醪中流入到竹筒内部，第二天早晨，竹筒内就会充满清酱汁。用碗将澄清的清酱汁转移到一个干净的坛中，用布将坛子盖好，以防苍蝇飞入。再日晒半月。若要多做清酱，可以照数增加原料的用量。当清酱制备好以后，可以用筛子将浮在表面的豆渣捞起来，晒半干后，即成美味香豆豉。

〈每拣净黄豆一斗，用水过头，煮熟，豆色以红为度。连豆汁盛起。每斗豆用白面二十四斤，连汤豆拌匀。或用竹笤及柳笤分盛，摊开泊按实。将笤安放无风屋内，上覆盖稻草，霉至七日后，去草，连笤搬出日晒，晚间收进。次日又晒，晒足十四天。如遇阴雨，须补足十四日之数，总以极干为度。此作酱黄之法也。

霉好酱黄一斗，先用井水五斗，量准，注入缸内。再每斗酱黄用生盐十五斤，称足，将盐盛在竹篮内，或竹淘笋内，在水内溶化入缸，去其底下渣滓。然后将酱黄入缸晒三日，至第四日早，用木耙兜底掏转（晒熟时切不可动）。又过二日，如法再打转，如是者三四次。晒至二十日即成清酱，可食矣。

至逼清酱之法：以竹丝编成圆筒，有周围而无底口，南方人称酱篘，京中花儿市有卖。并盖缸篦编箬絮，大小缸盖，俱可向花儿市买。临逼时，将酱篘置之缸中，俟篘坐实缸底时，将

---

① 《醒园录》，第六至八页。这是该书中记载的三种制清酱方法中的第二种。之所以选摘这种方法，是因为它所记载的最终酱油的制取过程最为详细。应该指出的是，第一种方法（第六页）中每 1 斗豆仅和 3 至 5 斤的面粉相混合，与之相比，这个例子中使用面粉的量似乎大得多。

篘中浑酱不住挖出，渐渐见底乃止。篘上用砖头一块压住，以防酱篘浮起，流入浑酱。至次早启盖视之，则篘中俱属清酱，可用碗缓缓挖起，另注洁净缸罈内，仍安放有日色处，再晒半月。罈口须用纱或麻布包好，以防苍蝇投入。如欲多做，可将豆、面、水、盐照数加增。清酱已成，未篘时，先将浮面豆渣捞起一半晒干，可作香豆豉用。〉

毫无疑问，从上面这一段中，我们可以看出清酱确实是酱油的同义词。图 80 所示为酱油加工工艺流程，根据洪光住所述，除了用开水调和豆和面粉外，图中所示的加工过程与他在中国乡村所看到的酱油生产过程基本相同（见图 81 和图 82）。更有趣的是，这种使用圆筒形竹编滤器来收集液体酱油的方法，在著名的福建琯头酱油生产中仍在使用［见图 83（1）和（2）］[1]。事实上，《醒园录》中记载的酱油加工过程和 20 世纪早期格罗夫（Groff）在广东看到的酱油生产过程非常相似[2]。她所看到的过程是：

1）煮豆至软化，沥干水。图 84（蒸煮罐）

2）将冷却的豆与面粉混合，使得每粒豆都粘满面粉；豆：面粉比大约为 7：6。

3）在托盘上将豆粉料摊开；在黑暗的房间中培养 1 至 2 周，直到生成黄色的霉菌。图 85（培养托盘）

4）在一个大广口缸中，将大约 70 斤霉制豆曲与 40 斤盐和 150 斤水的盐水混合。每一个缸上有一个圆锥形笠盖。图 86（笠盖和缸）。

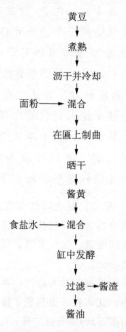

图 80　《醒园录》酿制酱油工艺流程图。

①　洪光住（1984a），第 106—109 页（参见图 4 和图 5）。琯头是省会福州东边的一个城镇，它是用制豆豉技术延伸方法制取豉油（酱油）的故乡，其中在第一次发酵时不添加面粉。根据舒特莱夫和青柳昭子［Shurtleff & Aoyagi（1976），p. 222］，日本小型企业也使用相似的（尽管不完全相同）圆筒形竹编酱篘滤器，从发酵醪中提取酱油。关于近年来中国使用的传统豉油加工的描述参见陈騉声（1979），第 75—76 页。

②　Groff, Elizabeth（1919）。工厂在西南（镇），大约在广州西南 50 里。

图 81　传统酱油加工过程——第二次发酵中的缸和笠盖。采自
洪光住（*1984a*），第 108 页。

图 82　酱油发酵时的缸和盖。福州，1987 年，黄兴宗摄影。

367

(1)

(2)

图 83 传统酱油加工——圆筒形竹编滤器收集酱油：（1）采自洪光住（*1984a*），第 108 页；（2）缸和圆筒形竹编滤器，福州，1996 年，黄兴宗摄影。

图 84　20 世纪早期传统酱油的酿制过程——煮大豆的煮器。Groff
（1919），Pl. 1。

369

图85 20世纪早期传统酱油的酿制过程——真菌体培育的接种匾。Groff
(1919)，Pl. 2，Fig. 2。

5) 缸放置在院子中，日晒数月①。在 3 至 4 个月间第一次抽取（虹吸）酱油。参
见图 87。在残余物中加入新制的盐水，再次日晒，直到第二次抽取。重复操
作，一般可以抽取酱油四次。

6) 将抽取的酱油放在干净的缸中，日晒后熟 1 至 6 个月，即为成品。

因为在这个过程中，发酵的大豆并不溃解，汁液很容易从酱醪中分离出②。正是由
于这个原因，在广东话中酱油常常被叫做"抽油"。一抽的稀酱油叫"生抽"，后面抽取
的浓酱油叫"老抽"③。

从图 80 的流程图中我们可以看出，传统的中国酱油生产过程包括两个主要阶段：
①表面发酵生产霉变带面粉大豆基质（称为酱黄或黄子）；②在盐水的液态中发酵，使
前一个阶段的发酵基质进一步水解，这有利于液态调味料从残留未溶解的基质中分离出
来。酱和酱油加工过程的主要区别在于，后者的第二次发酵是在较多的盐溶液中和较少
的搅拌次数下进行的。因此，很多残留的豆仍然是完整的，可以重新用来做豆豉食用。

尽管豆豉和豆酱已被收入药典，但是酱油却从未被正式列入。然而，有证据表明酱
油有时也被用作药剂。《外台秘要》（752 年）中记载："治疗溃疡时，可以使用清酱和
硫磺粉"④。《千金宝要》（1124 年）中记载："治疗被狗咬伤者时，可以在咬伤的地方涂
抹上酱油（豆酱清）三至四天"；"对手指或脚趾抽搐的人，用热的酱油和蜂蜜涂抹"
（"以豆酱清涂之，日三、四"；"手足指掣痛，酱清和蜜温涂之"）⑤。当然，酱油主要是
作为一种调味品来使用的。但是，酱油是何时成为烹饪体系中主要的调味品？在中国历
史的不同阶段，和酱及豆豉相比，酱油的重要性如何？为了回答这些问题，我们在表
33 中列出了从汉代到清代，豆豉、酱和酱油在食物文献的烹饪食谱中出现的次数。让
我们来看看表格告诉我们些什么。

《四民月令》中清酱出现的次数、《释名》中豉汁出现的次数以及《五十二病方》
（p.359）中非直接证据有力地表明，自从汉代开始，作为酱或豉加工的副产品，已经
获得的一些大豆液体调味品，它们被称为清酱、酱清、豉汁和豉清。然而，术语"豉
汁"主要用来表示豉的水提取物，它也可以认为是从豉发酵衍生物中获得的汁液。关于
这三类产品的制作方法，我们没有任何资料。但是就表 33 而言，我们认为它们都是酱
油的前身或酱油前身的原型。表中还列出了宋及宋以后的文献中酱油的其它同义词，如
酱汁、酱水、豉油、豆油和秋油等。

正如我们上文所注意到的（pp.337，353），在西汉的经济活动中，酱和豉是重要
的商品，至今它们仍然是中国烹饪中重要的调味料，而酱比豉更重要。由于很多相关文
献资料的丢失，现在很难度量它们在汉代至唐代的相对重要性，但是根据表 33，我们
可以认为，在《齐民要术》（544 年）的年代里，豉虽然被广泛地用作佐料或调味品，

366
371
373

---

① 尽管格罗夫并没有这样说。据推测，内容物在液态发酵时需要不时地搅拌。不过，搅拌不能太激烈，因为
一抽时，大豆仍然保持着其原有的形状，参见图 84。

② 酱油可以用圆筒形竹编滤器虹吸收集，或者借助于靠近缸底部壁上的管子收集。

③ "生抽"和"老抽"是读者在美国或欧洲的东方食品市场购买中国酱油时可能会遇到的术语。

④ 王尚殿［（1987），第 468 页］引用《外台秘要》。

⑤ 《千金宝要》（1134）卷三，第六十八页；卷五，第一〇六页。

370

图86　20 世纪早期传统酱油的酿制过程——缸和笠盖。Groff（1919），
　　　Pl. 3，Fig. 2。

图87　20 世纪早期传统酱油的酿制过程——用虹吸第一次抽提酱油。Groff
　　　（1919），Pl. 3，Fig. 1。

表 33　从汉代到清代食谱中出现的酱油调味食品次数

调味品名 / 古籍序号	酱	酱清	清酱	酱油	酱汁	酱水	豉	豉汁	豉清	豉油	豆油	秋油
1	——	——	1	——	——	——	——	——	——	——	——	——
2	2	5	——	——	——	——	20	26	2	——	——	——
3	9	——	——	3	1	——	——	——	——	——	——	——
4	5	——	——	3	——	——	——	——	——	——	——	——
5	2	——	——	——	——	——	——	1	——	——	——	——
6	1	——	——	——	——	——	1	——	——	——	——	——
7	17	1	——	——	——	——	——	——	——	——	——	——
8	3	——	——	1	——	2	——	——	——	——	——	——
9	10	——	——	1	——	1	——	——	——	——	——	——
10	5	——	——	——	——	——	——	——	1	——	——	——
11	20	——	——	5	1	——	4	1	——	——	——	——
12	8	——	1	37	2	1	4	2	——	——	——	——
13	14	——	——	11	——	——	1	——	——	——	——	——
14	4	——	5	1	——	——	——	——	——	——	8	——
15	15	——	24	2	1	6	2	——	——	——	——	62
16	58	——	4	138	——	2	2	——	——	——	——	——
17	33	——	——	66	1	1	1	——	——	——	——	——

对应的古籍序号及名称

1：《四民月令》（160 年）；2：《齐民要术》（540 年）；3：《三家清供》（宋）；4：《吴氏中馈录》（宋）；5：《梦粱录》（元）；6：《事林广记》（1280 年）；7：《居家必用事类全集》（元）；8：《云林堂饮食制度集》（1360 年）；9：《易牙遗意》（元）；10：《多能鄙事》（1370 年）；11：《饮馔服食笺》（1591 年）；12：《食宪鸿秘》（1680 年）；13：《养小录》（1698 年）；14：《醒园录》（1750 年）；15：《随园食单》（1790 年）；16：《调鼎集》（清，卷三，肉）；17：《调鼎集》（清，卷七，蔬菜）。

但是它的普及程度已经开始逐渐萎缩了。从宋代至今，尽管豉仍然很重要，但是它的使用量始终较少。另一方面，在《齐民要术》中，酱比豉的使用量要少，可是它后来很快超过豉，成为中国烹饪中一种最为重要的调味品。在表 33 中，所列出的从宋代到清代的主要烹饪著作中，所有食谱中都包含了酱。

宋代通过改良酱和豉的加工过程，所得到的各种酱汁被统称为酱油，它作为鲜美的调味品从此开始在中国人的膳食中流行。然而，在明和清的食品文献中，仍不时地看见豉汁和清酱等术语。明代，酱油的重要性开始与酱抗衡，在清代早期，酱油在烹饪中的使用已经超过了酱。在明代的最后一本食品著作《饮馔服食笺》（1591 年）中，出现酱的配方有20 个，而酱油仅有 7 个（5 个为酱油，1 个为酱汁，1 个为酱水）。但是，在清代的第一本食品著作《食宪鸿秘》（1680 年）中，有 8 个食谱提到了酱，而 41 个食谱提到了酱油[1]，酱油的使用远远超过了酱。在《养小录》（1698 年）中，有 14 个食谱提到了酱，而8 个提到了酱油。在《醒园录》（1750 年）中，有 4 个食谱提到了酱，而 14 个提到了酱油（5 个为清酱，1 个为酱油，8 个为豆油）。在 18 世纪的最后一本食品著作《随园食单》（1795 年）中，作为中国食品中的主要调味品，酱油已经拥有了现在的显赫地位，酱油被使用了 95 次，而酱仅 15 次。很显然，袁枚不喜欢酱油的称谓。与酱油这个术语相比，袁枚更喜欢使用清酱或秋油这种雅致得多的叫法。根据 19 世纪中期王士雄所著的《随息居饮食谱》，经过夏季而在秋天获取的酱油叫秋油[2]，如今这个术语已很少使用。我们以所谓 19 世纪中国烹饪艺术综述巨著的《调鼎集》为例，并以其中两卷比较数据来结束对表33 的讨论。其中有 212 个条目谈及关于酱油及相关产品，而只有 91 个条目与酱有关，酱油的主导地位被重申，不过酱仍然是食品体系中重要的调味品，现在依然如此[3]。

由此，我们可以看到，尽管在前汉时人们就已经知道一些大豆发酵产品的汁液，但是，它的调味料地位在宋代以其特有的方式得到认可之前，仍然用了一千年的时间来酝酿。我们将在（h）中探讨为什么这个发展过程会用如此长的时间。在宋代，制备酱油的方法得到了精练和统一；在元代和明代，它在食品中的应用缓慢但稳步地发展；在清代早期，酱油成为中国食品体系中使用最为普遍的调味品；今天，不仅在中国，在日本及其它东亚国家，酱油都是卓越的调味品。由此，它将带我们进入下一个要讨论的话题，即大豆发酵技术从中国到日本的传播。

（v）中国和日本的大豆发酵产品

通常认为，在中国和日本进行食文化活跃交流开始以前，日本人通过腌制咸鱼、贝类和肉已经独立地开发了风味酱汁。这些调味料叫做"酱"（hishio）。当日本人将中国的书写体系引入到他们的语言中时，"酱"（hishio）被写做汉字"酱"。在《万叶集》中有长奥

---

[1] 事实上，在一个食谱中（第五十六至五十七页），酱油本身被用做豆豉制作的添加剂。

[2] 王士雄的《随息居饮食谱》（约 1850 年），第 39 页。

[3] 根据《中国烹饪大百科全书》（第 285 页），中国生产的酱的主要类型有豆酱、面酱、豆瓣酱。实际上，"豆瓣酱"这个术语不够明确。在美国典型的东方食品市场中，人们会发现"豆瓣酱"列在"刀豆酱"的标签上，更常常被列在"辣豆酱"的标签上。有关市场上可见到酱的种类，见 Shurtle & Aoyagi（1976），p. 245。

麻吕（686—707 年）做的一首诗，诗中"酱"（hishio）一词作为"酱"被提及①：

> 我想吃红笛鲷
>
> 需要涂有蒜末和醋酱（hishio），
>
> 所以不要给我韭汤。

《万叶集》中记载的其它种类的"酱"（hishio）是由螃蟹、野味和鹿肉制作成的。在奈良时期（710—794 年），文献中开始出现不同种类的"酱"，有些来源于谷类和豆类，例如酱（misho）、味酱（miso）、米酱（rice hishio）和豉（shih）②。很显然，酱是以液态形式获得的，这表明它是酱油的早期的原型③。这些文献进一步表明，《齐民要术》（544 年）中所记载的酱和豉的制作方法已经传播到了日本，并且被日本人用当地可获得的原料来开始生产大豆发酵食品了。人们还不清楚这项技术是怎样传播到日本的。一些学者认为，它是由中国直接传到日本的，也有一些学者认为它是经朝鲜传到日本的④。

按照惯例，由大豆制作的最初的味酱（即酱），是将蒸煮后的豆料暴露在野生霉菌包围中，然后将霉制大豆放入盐溶液中发酵而成的，因此，可以将味酱的谱系追溯到中国汉代的豉（而不是酱）⑤。不久，在制酱技术的基础上其它类型的味酱也相继开发出来。而且，日本人逐渐地将味酱发展成与中国原产品在质料和口味上具有显著不同的新产品。如前所述，中国生产豉或酱包括两个阶段，在第一阶段，煮后的大豆（带面粉或无面粉）在空气中培养成为霉制大豆，即黄子（没有面粉）或酱黄（有面粉）。在第二个阶段，霉制大豆在盐溶液中被水解生成豉或酱风味的产品。日本人对第一阶段进行了调整，用霉制米或大麦（即米曲、大麦曲或日本酒曲）来代替霉制大豆。在第二个阶段，日本将酒曲与蒸煮后的大豆放在盐水中一起培养，蛋白质和多糖水解生成味酱风味的物质。这里，酒曲提供了所需的酶，但底物是蒸煮后的大豆和曲，结果使产品比中国传统酱的色泽略浅，滋味略甜。味酱已成为独特的日本产品。确实，在平安初期，出现了一种味酱的新写法，它包括两个字符，一个是"味"（日语发音 mi），表明风味；另一个是"噌"，它没有对应的汉语意思⑥：

味（mi）　噌（so）

因此，味酱不再写做"酱"。这个发展可以看作是"味噌"从中国原产品中独立出

---

① 《万叶集》卷十六，第四十四首，英译文见 Pierson, Shurtleff & Aoyagi（1976），p. 219。《万叶集》是一部日本早期的诗歌总集，收集了从公元 315 至约 760 年间的日本歌曲和诗。全书共 20 卷，由皮尔逊（Pierson，1929—1963）译成英文。根据石毛直道（私人通信），在奈良和平安时期（794—1185 年），"酱"（hishio）也被写作醢。"酱"（汉字）主要用来表示有蔬菜制成的产品，当"酱"（hishio）是以鱼、肉等动物原料制备时，在"酱"的前面常常加上前缀，例如"鱼酱"或"鹿酱"。《延喜式》（927 年）中记载："肉酱曰醢"。这可以理解为，"醢"仅仅表示由动物原料制备的产品。

② 龟甲万（1968），第 69—70 页，引自藤原不比等的《养老律令》（718 年）和东大寺正仓院档案（730—748 年）。

③ 关根真隆（1969），第 193 页。但是，没有记载这种豉（hishio）的制取方法。

④ 田中静一，中译文见霍风和伊永文（1991），第 74—75 页。

⑤ Shurtleff & Aoyagi（1976），pp. 38，218。石毛直道在朝鲜农村见到，煮后的大豆悬挂在屋檐下直到它们长出霉。这种霉制后的大豆叫"黄豆饼"（meju），它可能是像形成日语中的"味噌"那样形成的。

⑥ 根据龟甲万（1968），第 71 页]，《扶桑略记》（938 年）第一次出现了"味噌"的新写法。关根真隆[（1969），第 202 页]认为在奈良时期，味噌更经常的被写做"末酱"。

来的一种宣言。味噌很快就得到广泛的认可。在平安时期著名的史诗《源氏物语》中，我们发现味噌和酱（hishio，肉和鱼的酱汁）在很多宫廷菜肴中用做调味料①。味噌被列在最早的日语词典《和名类聚抄》（903—908 年）中，其中提到在乡村和首都到处均有味噌生产②。

在镰仓时期（1185—1333 年），味噌成为日本膳食中的主要构成，受到富人和穷人的普遍喜爱。正是在这个时期产生了著名的味噌汤③，它已成为日本膳食中使用味噌的主要方式，是日本特有的并且直到现在也不为中国烹饪所熟悉的一种食品④。通常认为，它是在镰仓中期（约 1255 年），由佛教僧人觉心和尚从中国带到日本的，他在金山寺学到了制作一种新品种味噌的方法。金山寺是宋朝著名的禅宗中心。和歌山县的汤浅很快就成为生产这种金山寺味噌的中心。现在，味噌是将大麦曲和煮后的大豆一起制曲，用搅碎的茄子、姜、白瓜、海带和牛蒡调味生产而成⑤。

日本最早的酱油（たまり，tamari）出现于 13 世纪时期的汤浅，它是生产金山寺味噌时残留在缸底部的一种深色香味液体。起初，"酱油"（tamari）一词是用两个汉字"豆油"写成，表明来自于大豆的油或酱。后来，"酱油"（tamari）被赋予了一个不同

---

① 《源氏物语》，采自 Shurtleff & Aoyagi（1976），p. 221。

② 《和名类聚抄》（934 年）。

③ 郭伯南 [（1989a），第 15 页] 记载：在宋朝佛教僧人惠洪（1070—1128 年）对一位来访的日本僧人表示敬意的诗中提到了一种红酱（miso）汤。这表明味噌汤发明在镰仓时期时期以前的某个时间。很明显，一些中国佛徒也知道味噌汤的存在，但是它没有成为中国烹饪的一部分。在《东京梦华录》（1148 年，第二十二页）和《都城纪胜》（1235 年，第七页）中记载了类似的汤，由盐豉制作的盐豉汤。这个产品在宋代以后的食品体系中也消失了。

④ 舒特莱夫和青柳昭子 [Shurtleff & Aoyagi（1976），p. 231] 估计：1983 年在日本，大约有 80%—85% 的味噌是以味噌汤的形式消费的。

⑤ 金山寺在长江岸边镇江的西面。在《居家必用》中（第五十八页），记载了一种金山寺加工豆豉的方法。其中描述说：

取适量的大豆，浸泡过夜，彻底地蒸透。冷却后，均匀与面粉与麦麸混合。在一个干净的房间里，将其铺在席子上成 2 寸厚，盖一层草、麦杆或苍耳叶子，5—7 天后 [在大豆附近] 生成黄衣。扬簸除去麦麸等，并用水冲洗与晒干。

每 1 斗霉制大豆添加 1 斗辅料，准备一个洁净的缸。辅料有：新鲜瓜果（切成 2 寸的块状）、新鲜的茄子（切成 4瓣）、干净的桔皮、莲子（泡软、分成一半）、新鲜的姜（大片）、花椒、茴香（略炒过）、甘草（切碎）、紫苏叶和大蒜（丁香中）。将它们混合均匀。在缸底铺一层霉制大豆，然后一层辅料，再撒一层盐，依此顺序重复，直到缸满。压实、盖上竹叶，用泥巴封住缸口，将缸放在太阳下晒制。半个月后取出里面的混合物，搅拌后重新装回缸中，用泥巴封住，晒 49 天。不要添加水，瓜果和茄子中会渗溢出足够的溶液。盐的用量可以 [根据口味] 加以调整。

〈金山寺豆豉法：黄豆不拘多少，水浸一宿，蒸烂。候冷，以少面掺豆上拌匀，用麸再拌。扫净室，铺席，匀摊，约厚二寸许。将穰草、麦秸或青蒿、苍耳叶盖覆其上。待五七日，候黄衣上，搓揉令净，筛去麸皮。走水淘洗，曝干。每用豆黄一斗，物料一斗，预刷洗净瓮候下。

鲜菜瓜（切作二寸大块） 鲜茄子（作刀划作四块）

楮皮（刮净） 莲肉（水浸软，切作两半） 生姜

（切作厚大片） 川椒（去目） 茴香（微炒）

甘草（剉） 紫苏叶 蒜瓣（带瓜）

右件将料物冲匀。先铺下豆黄一层，下物料一层，掺盐一层，再下豆黄、物料、盐各一层。如此层层相间，以满为度。纳实，箸密口，泥封固。烈日曝之。候半月，取出，倒一遍，拌匀，再入瓮，密口封泥。晒七七日为度。却不可入水，茄瓜中自然盐水出也。用盐相度斟量多少用之。〉

我们不知道这是否就是觉心和带回日本的方法。据石毛直道（私人通信）说，尽管在日本，普遍认为是"金山寺"，其实这是一个错误。觉心和尚到访的寺庙实际上是浙江省会杭州市的"经山寺"。觉心和尚的方法经过很多年以后，可能已经发生了很多变化。

的字"溜"，在汉语中它表示"流动"或"滴"的意思（但是日语中表示收集，像水收集在池子中一样）[1]。

Tamari 豆油 溜

溜（*tamari*）起源的故事应能使我们回忆起上文（p. 361）已经说过的一个同样的经验，就是唐末《四时纂要》中记载的，残留在造豉发酵缸中的液态调味品。自那时以来的几个世纪里，汤浅先是成为日本生产金山寺味噌的中心，而现在它已是生产日式酱油的中心了。

日本提到"酱油"的最早文献是《易林本节用集》（1597 年）[2]。在此之前，酱油的生产可能已经由中国传到日本[3]。因此，日本生产酱油的方法实际上和中国生产酱式酱油的方法是一样的。另一方面，没有证据表明，中国人试图采用日本生产味噌的方法来生产新型酱产品。因此，尽管日本酱油和中国酱油在感官特性上非常相似，但是日本的味噌和中国的酱却是各具特色的不同产品。

经过室町（1336—1568 年）和江户（1600—1853 年）时期，味噌在数量和种类上已经很多。从根本上说，味噌主要有三类：①由米曲生产的米味噌；②由大麦曲生产的麦味噌；③由豆曲生产的豆味噌[4]。同时，随着酱油重要性的提高，酱油也分化成两种不同的类型：①溜（*tamari*）型，主要以大豆为原料，少量添加或不添加小麦；②酱油（*shoyu*）型，以大豆和小麦为原料。追根求源，溜（*tamari*）可以由大豆味噌追溯到豆豉，而酱油（*shoyu*）可以由酱油追溯到酱[5]。日本人也生产发酵风味大豆（即豉；叫做 *kuki* 和 *hamanatto*），但是该产品的历史不明。

当前，日本是世界生产大豆发酵食品的领导者。因为在东亚，它是第一个工业化的国家，是将现代技术成功地应用到传统酱油（*shoyu*）和味噌生产中的先驱[6]，他们对酱油和

---

① Shurtleff & Aoyagi (1976), p. 222。这个传说受到怀疑，因为"溜"（*tamari*）是由大豆制作的酒曲（*koji*）而来，和中国生产豆豉和豉油的方法相同。现在，"溜"（*tamari*）被认为是一种不使用小麦或其它谷物生产的酱油。它的相关生产的描述见 Shurtleff & Aoyagi (1980)。

② 一部日文辞典。

③ 参见世川临风和足立勇（1942）；洪光住（1982），第 102 页；田中静一（1991），中译文见霍风和伊永文（1991），第 74—76 页；足立严（1975）和郑大声（1981）。通常认为觉心和尚将酱油从中国带到日本，见 Johnstone (1986), p. 38。

④ 根据含盐量，这三种类型的产品进一步分为甜、微咸和咸。根据色泽，又分为白、浅黄和红。舒特莱夫和青柳昭子 [Shurtleff & Aoyagi (1983) pp. 30—44] 引述了这三种主要类型产品的生产比例是：米味噌，81%；大麦味噌，11%；豆味噌，8%。

⑤ 见坂口谨一郎（1979）的讨论。他认为味噌是由酱而来，酱油（*shoyu*）来源于豉。横塚 [Yokotsuka T. (1986), p. 325] 持有相同的观点。对我们来说，这是很清楚的，即酱油（*shoyu*）来源于酱，溜（*tamari*）来源于豉，而味噌既来源于酱又来源于豉。现在，酱油（*shoyu*）占到日本酱油产量的 97%，而溜（*tamari*）少于 3%，见 Shurtleff & Aoyagi (1983), p. 49。

⑥ 根据 Sumiyoshi, Y (1987)，在 20 世纪 80 年代，日本年产 120 万吨酱油（*shoyu*），75 万吨味噌。这意味着每人每年消费 10.2 升酱油（*shoyu*）和 6.7 千克（约 15 磅）的味噌。大企业生产的味噌产量达到 58 万吨，据估计还有 18 万吨是由家庭和小企业生产的。见：Wang & Hesseltine (1979)，Ⅱ, pp. 98, 105。

这些数据比中国人消费的酱油和酱的数量高得多。王尚殿 [（1987），第 474 页] 估计，中国每年生产 200 万吨酱油和 30 万吨酱。年人均消费量酱油少于 2 升，酱少于 300 克。这些数据可能被低估了，因为农村家庭及小企业的产量并没有在国家的统计数据中，人口数量也计为 10 亿。

味噌在发酵过程中的微生物学和生物化学反应进行了大量的研究，并用英文对这些研究进行了卓越的综述[1]。日本人对中国酱油和酱的发酵也做了很多应用研究[2]。从这些研究中我们可以清楚地看到，各种传统的加工过程几乎都是相同的，都涉及两个连贯的阶段：

第一阶段：蒸煮整粒大豆（混配或不混配小麦），米或大麦用来支持米曲霉（*Aspergillus oryzae*）的表面繁殖[3]。

378

第二阶段：独立的或混合熟大豆的合成的霉培养菌，在盐溶液中发酵，使蛋白质酶解生成肽和氨基酸，碳水化合物水解成糖，脂肪水解成脂肪酸和甘油等[4]。

通过改变原材料的数量和类型及培养条件，相同的两个阶段的加工可以生产出不同质料和味觉特性的产品，即酱、味噌、酱油和日式酱油（*shoyu*）（表34）。这些由大豆和谷物为原料生产的美味、廉价产品，堪称为古代最富有想象力的、最有效的微生物技术应用典范。但是，大豆发酵食品的传播并不仅限于日本。在朝鲜（*jang*，酱；*doen jang*，大酱）、越南、泰国、印度尼西亚（*taucho*，酱；*kechap*，鱼酱）和马来西亚（*taucheo*，酱），我们都可以看到类似的产品。这些都归功于古代制曲（或包括日本曲）的发明，如（c）节所述，这些曲起初被开发用于酿造以谷物为原料的酒精饮料。然而，真菌技术的应用也并不仅限于大豆食品。在肉酱和鱼酱的生产和蔬菜的保藏中，曲也发挥着作用。这些内容是食品加工技术的一部分，将在下一节中继续讨论。

表34　中国和日本大豆食品发酵的基本要素

大豆食品　　工艺技术	酱	味噌	酱油	日式酱油（*shoyu*）
第一阶段				
原料	蒸煮大豆、小麦粉	大米或大麦	蒸煮大豆、小麦粉	蒸煮大豆、碎小麦
暴露在空气中	米曲霉（*A. oryzae*）培养			
产品	酱曲	米曲或大麦曲	酱曲	豆麦曲
第二阶段				
原料	酱曲 — 盐水	米曲或大麦曲 煮熟的大豆 食盐	酱曲 — 盐水	豆麦曲 — 盐水
厌氧分解	适度搅拌	静置	适度搅拌	适度搅拌

---

[1]　例如，Wang & Hesseltine (1979)，Yong & Wood (1974)，Yokotsuka, T. (1986)。

[2]　Chiao, J. S. (1981) 和 Hesseltine & Wang (1986)。

[3]　当霉菌繁殖时，它产生一系列的水解酶。基质中的蛋白质和碳水化合物水解后，为真菌提供了生长所需的氮源和能量。主要过程与酿酒生产中的制曲相同。

[4]　部分糖被乳酸菌（*Pediococcus halophilus*，嗜盐球菌；*Streptococcus* sp.，链球菌）转化成酸，因此，使pH值从中性降到4.5，以利于酵母（*Saccharomyces rouxii*，鲁氏酵母；*Candida* sp.，假丝酵母）的酒精发酵。一些脂肪酸与低分子量的醇被酯化为酯，这可以由酵母发酵产生的酒精和三甘油脂之间的转酯化反应产生。油可以除去，并用在塑料工业中，见 Wang & Hesseltine (1979)，p. 103 及 Shillinglaw (1957)。这个问题已经被解决，因为在大多数的日式酱油（*shoyu*）生产企业，脱脂大豆已经代替了整粒大豆。令人感兴趣的是，在明清文献所记载的酱油制作详细工艺中没有发现这样的方法（参见 pp. 363—365）。这可能是因为自然发酵霉制的大豆比纯种米曲霉（*A. oryzae*）发酵霉制的大豆具有更高的降解脂肪活力。

（e）食品加工与保藏

在完成对于大豆加工技术的综述之后，现在我们将目光转向动物产品、水果、蔬菜、油料和除大豆外的其他谷物加工与保藏技术上来。正如我们上文所提到的那样（pp. 17—65），古代中国的食物资源极为丰富，但是，处于原始状态的这些材料一般不是人类理想的食品。其中，肉和鱼极易腐败，水果和蔬菜又属于季节性产品，它们的保存期都非常有限；而油料和谷物一般都需要经过复杂的加工之后才能够供人们食用。为此，在寻找保藏食物原料或将它们转化为可食且质优食品的加工方法方面，中国人民进行了长期而艰苦的努力。为了这些目标，开发出了大量的方法，其中包括了微生物或生物化学方法，化学或物理方法。这些方法在食物原料，即动物产品（尤其是肉和鱼）、蔬菜、水果、油料和谷物（尤其是小麦）等上的应用，就是本节的主题。本节所要讨论的内容包括三个部分：第一，发酵肉和鱼制品及腌制果蔬；第二，食品保藏和加工中的物理和化学方法；第三，油料和谷物加工转化为称心如意且富有营养的食品。

（1）发酵调味品、泡菜和腌制品

发酵或腌制肉、鱼、果品和蔬菜，在中国汉代之前就已广为人知。例如，《周礼·醢人》中指出，"为保证供皇室家用，主厨应当备齐发酵调味品和保藏品共六十坛，装入五齐（五种薄片腌肉或蔬菜）、七醢（七种去骨肉酱）、七菹（七种粗切腌菜）和三臡（三种带骨肉酱）"[1]（"王举，则共醢六十瓮，以五齐、七醢、七菹、三臡实之"）。对此，郑玄注释说（约公元160年），腌菜五齐的原料有菖蒲根、肚、蛤肉、猪臀尖和水灯心草嫩芽；去骨肉酱七醢的原料包括（猪）肉、蜗牛、牡蛎肉、鱼肉、青蛙肉、兔肉、鹅肉；酱菜七菹的原料包括游细香葱、芜菁、水锦葵、锦葵、芹菜、小竹笋、竹笋；带骨肉酱三臡的原料包括三种鹿（即鹿、麋鹿和雄狍）肉。马王堆《竹简》中列有醢（肉汁和鱼汁或鱼露）罐、三个肉酱（肉、雀和鲌——可能是一种鱼）罐和三个菹（襄荷或指野姜、笋或指竹笋、瓜）罐。由此可见，用多种动植物原料制作的发酵调味品和腌制食品，是中国古代膳食的一种重要特征。

（i）发酵肉和鱼制品

在这些制品中，最为著名，或许也是最为古老的，就是用动物原料制作的醢或酱（糊或稠汁）。正如我们上文（p. 333）所言，在《诗经》和《礼记》中就提到了醢[2]。醢豚，就是腌渍的调香乳猪，《楚辞》（公元前300年）视之为一种美味食品[3]；在《吕

---

① 《周礼·醢人》，第五十五至五十七页。
② 《毛诗》246（W197）；《礼记》，第四五七页。
③ 《楚辞·大召》，傅锡壬编，第172页；Hawkes（1985），p. 234，第35行，"醢豚"。

氏春秋》（公元前239年）中，将用鲟鱼（鳣）和大喙（鲔）制得的醢列为当时最为美味的一种调味品[①]。在《四民月令》（160年）中，曾提到了用鲷鱼制作的鱼酱[②]。关于古人制作这些鱼酱的方法，我们所知道的唯一资料是上文（p. 334）所引述的郑玄《周礼·醢人》的注文。文中说，在制作醢时，需要在切得很碎的肉中拌入盐、曲和上好的酒，然后放置100天。在该过程中最值得注意的是，腌料中添加了曲，它赋予该过程以显著的中国特色。

就原理而言，不添加预制曲，而仅仅使用自身的内源酶作用于底物肉或鱼中的蛋白，也能够制作成咸味发酵酱或酱汁。这一过程，在现代生物化学中被称为"自溶"（autolysis）。它非常简单，估计最早的醢就是采用这种方法制作出来的。当然，这也是古希腊和古罗马利用鱼制作调味品鱼露（garum）和佐料鱼酱（salsamentum）的方法。还可以想象到，古代日本人在发现曲（koji）之前，用鱼、贝类和肉制作酱（hishiho）或酱汁的情形。我们可以看到，使用外源曲进行发酵具有两个优点：第一，它可以提供活性强的真菌酶来促进蛋白的降解；第二，制曲时残留的淀粉可水解成葡萄糖，再由乳酸菌转化成乳酸，所产的酸可防止病原菌和腐败菌的污染。因此，

381　利用微生物曲是超越原始古代技术的一大进步。如果这种观点正确的话，我们不禁会面临两个问题：其一，中国是在什么时候开始在这一过程中使用曲的？其二，《周礼》和《礼记》中所提到的蜗牛、青蛙、兔、鱼等醢（肉酱），也是用同样的方法制作的吗？我们只能够推测出第一个问题的答案，而对于第二个问题的答案，我们也许只能够基于经验提出猜测了。

《齐民要术》（544年）再次为我们提供了相关的资料。除了豆酱外，第七十篇（酱的制作方法）还给出了8种利用肉、鱼和贝类制作肉酱的方法，其过程特征见表35。作为制作肉酱的典型方法有多种，今举一例，全文如下[③]：

发酵肉酱制作法

　　牛肉、羊肉、鹿肉、雄狍肉和兔肉均可使用。使用刚刚屠宰后的上等新鲜肉，剔除掉脂肪和砍劈整齐。不应该用已经干燥的陈肉。如果肉中脂肪太多，肉酱会呈现油腻味道。将微生物曲晒干，粉碎并过细孔筛网。将1斗（即10升）切碎肉、5

382　升曲粉、2.5升食盐、1升黄蒸搅拌均匀。黄蒸也需要晒干、粉碎和过筛。

　　将上述材料放在料盘内，混合均匀后装入坛内。如果使用［带骨］肉，则应斩碎后再装坛。骨头内的骨髓会造成脂肪过多，使得肉酱油腻[④]。［当坛装满后］坛口用泥巴密封，而后日晒。如果该过程在冬季进行，则需要用谷糠将坛子埋起来。14天后，开坛检查，如果曲的臭味已经消失，说明酱已制好，可以食用。

---

①　《吕氏春秋》卷十四，"本味"，第三七一页。

②　《四民月令》，"四月"。一月被认为是制作鱼酱和肉酱最佳时节。

③　《齐民要术》，第四二〇页。

④　在《齐民要术》中还有另外一个制作肉酱的方法，但是作为制作胖的方法提及的，参见第八十一篇，第五〇五页。与肉相连的骨头应与肉一起切碎，所得产品既是臡，也是醢。"胖"一词仅在《齐民要术》的该段文字中出现，其来源不明。

　　买一只新屠宰的野鸡，［经脱羽后］进行彻底熬煮，直到所有的肉都融入汤内为止。拉出骨头，晾凉肉汤，然后用其冲淡［上述的］肉酱。也可以使用家鸡汤［代替野鸡汤］。重要的是，开始时不要使用陈肉，否则，会造成肉酱呈现油腻味。如果没有野鸡或家鸡汤，也可使用上等好酒来冲淡肉酱。肉酱冲淡后，再重新放置到露天，在阳光的加热环境里成熟。

　　〈肉酱法：牛羊獐鹿兔肉皆得作。取良杀新肉，去脂，细锉。（陈肉干者不任用，合脂令酱腻。）晒曲令燥，熟捣，绢筛。大率肉一斗，曲末五升，白盐二升半，黄蒸一升，（曝干，熟捣，绢筛。）盘上和，令均调，内瓮子中。（有骨者，和讫先捣，然后盛之。骨多髓，既肥腻，酱亦然也。）泥封，日曝。寒月作之，宜埋之于黍穰积中。二七日开看，酱出无曲气，便熟矣。买新杀雉煮之，令极烂，肉销尽，去骨取汁，待冷解酱。（鸡汁亦得。勿用陈肉，令酱苦腻。无鸡雉，好酒解之，还着日中。）〉

　　由此可见，这个方法是东汉郑玄所介绍方法（p.334）的补充，其中主要的不同在于，这个方法中没有将酒（和用其他的稀汁添）加到发酵料中。由于高盐分阻止蛋白水解酶的作用，而水这一关键反应物也很有限，所以使得底物水解过程非常缓慢。由于所得产品是一种稠酱，因此，在使用前必须用鸡汤或酒来予以冲淡。如果产品中骨头较多，

表 35　《齐民要术》中用动物产品制作的酱

物料做法 / 序号	原料[a]	曲[b]	辅料	盐	配比[c]
1	牛、羊、鹿、兔和野鸡肉细丝（10）	曲粉 A（5）B（1）	无	（1）	10：6：0：1
2[d]	牛、羊、鹿、兔和鱼肉细（10）	曲粉 A（5）B（1）	酒（10）	（1）	10：6：10：1
3[e]	大鱼薄片或小鱼整体（10）	曲 B 块（1）粉（2）	无	（2）	10：3：0：2
4[f]	干鲻鱼，在水中浸泡，整体（10）	曲粉 A（4）B（1）	无	（2.5）	10：5：0：2.5
5	薄鱼片（10）	曲（5）	酒（2）	（3）	10：5：2：3
6	虾（10）	无，米饭（3）	水（5） 无	（2） +++	10：0：5：2
7	鲦鲚鱼内脏	无	荨麻		
8	糖渍螃蟹	无	煎煮	++	

a：括号内的数字为所用原料量（升）。

b：曲 A 为酒曲，曲 B 为黄蒸。使用两种曲的原因不明。

c：各种配料用量（升）的配比：原料：曲：溶剂：盐

d：在该方法中，发酵坛子埋放在灰内加热，制品一天即可完成。

e：本配方还需要加 1 升干姜和 1 两橘皮。

f：若没有黄蒸，可用麦芽粉。

"++"表示用盐量随意不限；"+++"表示用盐量较大。

多，则产品是醯而不是醯。冲淡后的肉酱，可看作接近稠汁或泥。相同的方法用于含有鱼的方法 2、3、4 和 5 时，所得结果相仿。在方法 2 和 5 中，酒是发酵基质的一种配料，使得降解速度非常快，一般一天即可获得产品。上述观察到的情况间接表明，《周礼》和《礼记》中所介绍的各种肉酱，肯定可能，或者也许可能采用了同样的制作过程。

利用曲酶使原料中的蛋白质水解，是汉代到《齐民要术》（公元 544 年）时代，利用畜产品制作发酵肉酱的主要方法，但不是该期间制作肉酱和鱼酱的唯一方法。例如，方法 7 就是采用其他方法，制作有名的"鳢鮧酱"，照字面的意思是"逐夷"酱，其全文如下[①]：

383

在汉武帝（公元前 140—前 88 年）追击蛮夷到海边时，他闻到一股强烈而怡人的香气，但却不知是从何方而来。于是，他派了使者去调查。一个渔民说，那是来自于堆着一层层鱼内脏的壕沟，用土覆盖也无法阻止气味逸出的结果。汉武帝品尝了一下，非常欣赏其滋味。这种肉酱后来被称为"鳢鮧酱"，以示纪念它是在追击蛮夷时获得的。其实，它不过就是利用鱼内脏发酵制得的一种酱。

作鳢鮧法：取黄鱼、鲨鱼和鲻的肠、肚、鱼鳔，洗净，拌入适量的盐，装入坛内，密封严实，在露天发酵。夏季需 20 天、春季或秋季需 50 天、冬季需 100 天发酵，即可。

〈作鳢鮧法：(昔汉武帝逐夷至于海滨，闻有香气而不见物。令人推求，乃是渔父造鱼肠于坑中，以至土覆之，香气上达。取而食之，以为滋味。逐夷得此物，因名之，盖鱼肠酱也。)取石首鱼、鲨鱼、鲻鱼三种肠、肚、胞，齐净洗，空着白盐，令小倚咸，内器中，密封，置日中。夏二十日，春秋五十，冬百日乃好熟。〉

在该制作过程中，无须使用微生物曲或酒，而完全依赖于自溶作用，即鱼内脏中的酶对于自身蛋白的作用[②]，所采用的高盐可防止腐败菌的污染。但是，方法 6 绝非一个例外。自溶的使用在《齐民要术》的另一个方法中得到了应用，它出现在第七十五篇（干肉和干鱼），其中介绍了制作浥鱼的方法。照字面的意思，"浥鱼"就是湿盐腌的"干鱼"，其全文如下[③]。

浥鱼制作法：在任何季节中，除六须鲇和其他无鳞鱼外，所有的活鱼均可用于制作浥鱼。除去鱼鳃，切开鱼腹，沿长度方向将鱼劈成两半，并彻底洗净。不要除去鱼鳞。在夏季可适当多加些盐，而在春季、秋季和冬季，可根据味道要求确定加盐量，但其味道均应偏咸。然后将两半合在一起形成一条整鱼。在冬季，可将鱼用苇席包裹。在夏季，可将鱼堆叠装入坛内，坛口需进行密封以防苍蝇进入产卵。坛

---

① 《齐民要术》，第四二二页。此处，"夷"是指在汉人从中原到来之前，从古代吴国和越国到山东半岛的中国沿海地区的少数民族。山东和东北沿海的"夷"称为"东夷"，南部的则称为"南夷"，参见 Pulleyblank（1983）。

② 人们发现鱼内脏中的蛋白酶在水解鱼蛋白非常有效。参见 Beddows & Ardeshir（1979）；Noda *et al*.（1982）和 Itoh, Tachi & Kikuchi（1993），p. 179 及 Knochel（1993），p. 219。

③ 《齐民要术》，第四六〇页。

底应开出孔洞，平常需将其堵住，需要时，利用该孔洞排出鱼露[1]。当肉色变成红色后，咸鱼即已制作完成。在食用时，需要洗去盐，这种鱼可采用炖、蒸或烤等烹调方法。它的味道要超过鲜鱼。这种咸鱼还可以进一步加工成鱼酱或鲊（腌鱼），也可以烧烤和油炸。

> 〈作浥鱼法：（四时皆得作之。）凡生鱼悉中用，唯除鲇、鳠（上，奴嫌反；下，胡化反）耳。去直腮，破腹作脉，净疏洗，不须鳞；夏月特须多着盐；春秋及冬，调适而已，亦须倚咸；两两相合。冬直积置，以席覆之；夏须瓮盛泥封，勿令蝇蛆。（瓮须钻底数孔，拔引去腥汁，汁尽还塞。）肉红赤色便熟。食时洗却盐，煮、蒸、炮任意，美于常鱼。（作鲊、酱、燻、煎悉得。）〉

鳢鲍酱和浥鱼的制作方法表明，自溶作为鱼产品加工手段，在公元 6 世纪仍在使用。事实上，它们可能代表了古代中国早期（公元前 1500—前 500 年）广泛使用且保留下来的技术。该过程与古希腊和古罗马的"伽鲁姆"鱼露（*garum*）和鱼酱（*salsamentum*）制作方法所依据的原理相同[2]，与目前东南亚制作各种发酵鱼产品的方法相仿[3]。

说到浥鱼制作中的鲊，使我们想到另一种肉的保藏技术，它以乳酸菌的使用作为基础。在表 35 的方法 6 中，用米饭代替曲，添加到发酵料内。米的淀粉可在虾中酶的作用下水解成糖，有些糖可转化为乳酸，从而降低了介质的 pH 值。酸能够阻止蛋白的水解，有助于虾只的完整并抑制有害微生物的生长。在方法 8 中采用了同样的原理，它实在应该配上这样一个标题——"蟹的保藏方法"。正如篠田统在其对于鲊的历史进行的杰出研究中所指出的那样，这种方法在公元 6 世纪就已经是保藏鱼的主要方法了[4]。事实上，用这种方法保藏下来的产品非常重要，以至于对其专门规定了名称"鲊"，并在《齐民要术》中单独列出了一篇——第七十四篇——来介绍鲊的制作。在《尔雅》（公元前 300 年）中，鲊是作为鮨（一种用鱼制作的醢）提到的[5]。根据《释名》（2 世纪），"鲊是一种利用盐和米发酵［物］而获得的，一种适合食用的腌制食品"[6]（"鲊，滓也。以盐米酿之，如菹，熟而食之也"）。"鲊"字是由"鱼"字旁加上右边的"乍"构成，其中"乍"是一种原始的醋，而鲊就是一种在酸性介质中保藏的鱼。"鲊"字在《周礼》和《礼记》中未见介绍。它大概起源于汉初，那时鲊是中国食品中的主要产品。

《齐民要术》第七十四篇"鱼鲊"给出了 8 个制作鲊的方法，经整理后列入表 36，

---

[1] 如果发酵仍需要继续进行，则对于收集发酵产品中的鱼露所使用的器具要求很高。

[2] 古希腊人和古罗马人生活中鱼酱和鱼露的制作方法，参见 Curtis（1991）。

[3] 参见 Lee, Steinkraus & Reilly（1993）ed.。

[4] 篠田统，"鲊的考察"论文集，论文 1—10，1952—1961 年。石毛直道编（1989），I，第 10—11 页。我们特别感兴趣的是第一篇论文（1952）"鲊考—中国鲊的变迁"，已由于景让（1957）译成中文，以及第九篇论文（1957）"中国鲊的年表"。

[5] 《尔雅·释器第六》指出："鮨鱼而醢是肉"（"鱼谓之鮨，肉谓之醢"），意思是说鲊是一种酱。

[6] 《释名·释饮食第十三》。篠田统（1952，译文见 1957）提出用米发酵鱼的技术起源于中国南部，因为东汉时北方的主要谷物是谷子、大麦和小麦。但是，我们必须记住，"米"的本意不一定就是指稻米，米可以是任何脱壳的谷物。

该表中还包括了第八十篇中给出的一个制作猪肉鲊的方法①。其中对制作方法介绍的最为详细的是方法（1），这里全文引述②：

> 鱼鲊的制作方法：取新鲜鲤鱼，越大越好，瘦些比肥些的更好。虽然肥鱼可能味道更好，但不易保藏。如果鱼长度超过1.5尺，则其皮韧性强，鱼骨结实，故不适于切片制作鲙，但仍能用于制作鲊③。

> 当除掉鱼鳞后，将鱼切成5寸长、1寸宽、半寸厚的鱼块④，放进水盆中。将鱼块放入水内是为了洗净鱼血。当所有鱼切片和清洗后，沥净水，再次放入到净水中，重新洗净并沥干。将鱼片放置到板上，与精盐混合均匀，装入篮内，再将篮子放在水平石板上，沥出鱼片的水。随着盐被鱼片吸收，鱼肉内的水被驱赶出来，因此，我们将所使用的盐称为"逐水盐"。如果鱼肉内的水不彻底沥净，鲊的货架期会较短，一整夜的沥水已相当安全。当沥水完毕后，通过烤制鱼片来检查盐分含量。如果不足够咸，可在糁（即米饭形式的淀粉质）中多加些盐；如果太咸，则无须再加盐。加入糁之后，再在发酵料表面撒上一层盐。

> 糁应使用非糯米饭制作。冷却后的米饭应偏硬，不宜太软。如果太软，所得产品易于腐败。在米饭中混入整粒的山茱萸籽、细碎橘皮及少量优质酒。米饭中米粒的黏度最适为它可粘到鱼块上。香辛料的功能是增强产品的香气，因此，使用量很少。如果没有橘皮，可使用草橘子代替⑤。酒用来防止污染，也改善鲊的品质，加速其成熟。通常，一斗鱼块需要添加半升酒。

> 将鱼块叠放装坛，一排鱼块，一排糁，直至装满。最肥的鱼块应尽可能靠近坛口，因其易于腐败应首先食用。另加一些糁覆盖最上层的鱼块。在料表面先覆盖上一层宽竹叶，然后再交叉地覆盖上一层整齐的竹叶，依此一共覆盖八层竹叶。如果没有宽竹叶，可用菰米叶或芦苇叶代替。在冬季和春季，因没有竹叶，可用芦苇秆代替。最后，劈出细竹藤，用它们交叉摆放形成一个坛子的盖。如果没有竹子，可用荆条替代。将坛放置于室内，不要将其放置于露天或靠近火的地方，否则易于腐败，破坏风味⑥。在冷天，应用草包裹住坛子，避免结冻。当红色汁液从覆盖层渗出时，应将其除掉。当渗出的是清汁，且呈酸味时，说明产品发酵完毕。食用时，要用手撕开鱼块，如果用刀切会导致出现鱼腥味。

385

386

---

① 第七十四篇中包括了七个方法，其中六个为鱼鲊，一个为猪肉鲊。第八十篇为介绍炒制，但其中有一个猪肉鲊的作法。

② 《齐民要术》，第四五四页。

③ 鲙是一种薄鱼片，参见上文（pp.69—74）关于其鉴别问题的讨论。

④ 接下来文为："每一块鱼肉上均应附带有皮。如果鱼片尺寸太大，表层就会过热，限制产酸，只有中心部分好吃。紧挨骨头的肉会太生并有鱼腥味而不宜食用。通常，仅三分之一可以食用，因此以成熟较为均匀的小块较好。鱼块的尺寸可作为食用的参照规格来用，但不是一成不变的。鱼脊椎应直接劈开。在肉较厚处，鱼皮可窄些。而在肉较薄处，鱼皮可宽些。每一块鱼肉均应带皮，加工时不带皮的鱼肉块不要使用。"（"臠大者，外以过熟伤醋，不成任食；中始可啖；近骨上，生腥不堪食；常三分收一耳。臠小则均熟。寸数者，大率言耳，亦不可要。然脊骨宜方斩，其肉厚处薄收皮，肉薄处，小复厚取皮。臠别斩过，皆使有皮，不宜令有无皮臠也。"）

⑤ 草橘的具体定义不明。

⑥ 作者似乎在这一点上出现了矛盾。在另一个方法中，表36的方法6，曾要求将发酵用坛放置在露天。

〈作鱼鲊：……取新鲤鱼，（鱼唯大为佳。瘦鱼弥胜，肥者虽美而不耐久。肉长尺半以上，皮骨坚硬，不任为脍者，皆堪为鲊也。）去鳞讫，则瓒。瓒形长二寸，广一寸，厚五分，皆使瓒别有皮。……手掷着盆水中，浸洗去血。瓒讫，漉出，更于清水中净洗。漉着盘中，以白盐散之。盛着笼中，平板石上，迮去水。（世名"逐水"。盐水不尽，令鲊瓒烂。经宿迮者，亦无嫌也。）水尽，炙一片，尝咸淡。（淡则更以盐和糁，咸则空下糁，不复以盐按之。）炊粳米饭为糁，（饭欲刚，不宜弱，弱则烂鲊。）并茱萸、橘皮、好酒，于盆中合和之。（搅令糁着鱼乃佳。茱萸全用，橘皮细切：并取香气，不求多也。无橘皮，草橘子亦得用。酒，辟诸邪，令鲊美而速熟。率一斗鲊，用酒半升，恶酒不用。）布鱼于瓮子中，一行鱼，一行糁，以满为限。腹腴居上。（肥则不能久，熟须先食故也。）鱼上多与糁。以竹蒻交横帖上，（八重乃止。无蒻，菰、芦叶并可用。春冬无叶时，可破苇代之。）削竹插瓮子口内，交横络之。（无竹者，用荆也。）着屋中。（着日中、火边者，患臭而不美。寒月穰厚茹，勿令冻也。）赤浆出，倾却。白浆出，味酸，便熟。食时手擘，刀切则腥。〉

表 36　《齐民要术》中关于鱼及肉鲊的制作

原料与做法　序号	原料	米饭	盐	香辛料	发酵方法[a]
1	鲤鱼，大块	有	有	有[b]	鱼和米饭分层装坛
2	鱼块	有	有	有/无[c]	用荷叶包裹
3	鲤鱼块	有	有	无	发酵过夜
4	鲤鱼块				
	第一阶段	无	有	无	埋在盐中
	第二阶段	有	无	无	装坛
5	鱼块				
	第一阶段	无	有	无	埋在盐中
	第二阶段	有	无	无	浸在水中
6	鱼块	有	有	有[d]	加料混合后装坛
7	复水干鱼块	有	有	有[e]	分层加料
8	熟猪肉块	有	有	有	混合加料
9	生猪肉块	有	有	—	同方法 1

a：不作特别说明时，加料的发酵均在室温或阳光下于密封坛内进行。除方法 9 见第八十篇外，其他方法均见第七十四篇。

b：混有米的山茱萸籽、橘皮和优质酒。

c：如果有的话，可添加山茱萸籽和橘皮。

d：使用酒、生姜、橘皮和山茱萸籽。

e：用山茱萸叶铺衬坛壁，用山茱萸籽与米混合。

作者贾思勰清楚，当用盐腌鱼时，随着盐被鱼肉组织吸收，水将会渗出。在这种情况下，由于鱼肉内的活性水很少，自溶的程度受到限制。由淀粉质糁转化的糖将被乳酸菌转化为乳酸，从而导致发酵基质的 pH 值降低。实际上，鱼块通过在酸咸环境中的腌制而得以保藏。应注意，这种作法并不仅限于鱼，也可以用于肉。在同一标题下，第七十四篇中还介绍了一个使用猪肉作原料的制作方法（表 36 中方法 8），只是在盐介质中与淀粉底料一起发酵前，猪肉已先被煮熟。而在方法 9（见第八十篇）中，猪肉无须煮熟。在后来的文献中，鲊的范围进一步扩展，除鱼和肉外，还包括了腌菜。

正如我们已经看到的那样，肉酱和鱼酱是汉代之前中国的主要调味品，直到《齐民要术》的 6 世纪依然受到重视，但其重要性却因发酵豆制品的崛起而逐渐降低。在宋代，发酵豆制品已成为中国烹调体系中占有统治地位的调味品。在宋代之后的几个世纪里，发酵的肉酱和鱼酱依然保持着一定的地位。我们发现，直到晚清为止，肉酱和鱼酱的制作一直都出现在各种主要食品经典书籍之中，如《四时纂要》（晚唐）[①]、《吴氏中馈录》（南宋）[②]、《事林广记》（1283 年）[③]、《居家必用》（元代）[④]、《多能鄙事》（1730 年）[⑤]、《臞仙神隐书》（1440 年）[⑥]、《饮馔服食笺》（1591 年）[⑦] 和《食宪鸿秘》（1680 年）[⑧]。鱼头酱在《梦粱录》（1334 年）中曾被两次提到[⑨]。但是，包括从宋代到清代的其他食品经典著作在内，这些书籍中都未提及它们在烹饪中的应用。我们所找到的仅有的例子出现在《齐民要术》的第八十篇中，其中，使用鱼酱的有一个方法，使用鱼酱汁的有五个方法[⑩]。显然，发酵肉酱和鱼酱很少用于烹饪。如同《周礼》和《礼记》中所介绍的那样，它们更多地是作为辅助主食的佐料使用[⑪]。在《食宪鸿秘》之后，食品文献已极少提到发酵肉酱或鱼酱[⑫]。似乎是从清代早期起，它们已不再是中国食品中的主要因素。

在《齐民要术》以后的几个世纪里，与肉酱和鱼酱相比，腌鱼（鲊）受欢迎的程度更为热烈。在隋代及唐代的文献里散布着很多关于鲊的介绍，而《梦粱录》中至少提到了 12 种南宋京城市场上所见食品鲊[⑬][⑭]。在宋代、元代和明代权威的食经著作中，对鲊

[①] 《四时纂要》，"十二月"，介绍了兔肉酱和鱼酱的作法。

[②] 《吴氏中馈录》，肉酱，第十一页；鱼酱，第九页。

[③] 《事林广记》，鱼头酱、鱼片酱和鱼兔肉混合酱，第二六八页。

[④] 《居家必用》，肉酱，第五十六页；鹿肉酱（醢），第五十七页；鱼酱，第八十一页。

[⑤] 《多能鄙事》，利用猪肉、禽肉和兔肉制作的酱，第三七八页；鹿肉醢，第三七八页；鱼酱，第三七八页。

[⑥] 《臞仙神隐书》，肉酱，鹿肉醢，第四二八页。

[⑦] 《饮馔服食笺》，鱼酱，第七十九页。在第八十四页介绍一肉酱制作过程，细切肉与酱一起发酵，所加酱可能是鲜豆酱，它可提供曲和盐。

[⑧] 《食宪鸿秘》，鱼酱，第一○一页。书中还提到鱼子酱（第五十页）和鸡醢（第一一四页），但它们不是发酵产品，不属于我们讨论的范围。

[⑨] 《梦粱录》，第一三四页和第一三九页。

[⑩] 《齐民要术》（第八十篇），鱼酱，第四九六页；鱼酱豉，第四九五页有三个方法，第四九六页有两个方法。

[⑪] 见《周礼·醢人》（第五十五页）和《礼记·内则》（第四五七页）。例如，《礼记》讲到食用肉条时应配以青蛙醢、肉汤、兔肉醢、薄肉片、鱼醢、薄鱼片、芥末酱。

[⑫] 在清代的三部主要烹饪著作《养小录》（1698 年）、《醒园录》（1750 年）和《随园食单》（1790 年）中并没有提及肉酱或鱼酱。但是在《调鼎集》中（第四○四页和第四四九页）确提到了鱼酱和虾酱。

[⑬] 篠田统（1957），第 45—46 页。

[⑭] 《梦粱录》，第一○九页、第一一一页、第一三四页和第一三八至一三九页，关于所提及的各种鲊。参见《清异录》，第三页，关于芍药形鱼鲊；篠田统（1957），关于其他文献。

制作方法的介绍最多，如《吴氏中馈录》（南宋）[①]、《事林广记》（1283 年）[②]、《居家必用》（元代）[③]、《易牙遗意》（元明时期）[④]、《多能鄙事》（1370 年）[⑤]、《饮馔服食笺》（1591 年）[⑥]、《食宪鸿秘》（1680 年）[⑦] 和《养小录》（1698 年）[⑧]。所用的原料包括猪肉、羔羊肉、鹅肉、麻雀、各种鱼、虾、蛤贝和蛤蜊。有些还提到了对于基本制作过程所做的某些调整，其中一个出现在《吴氏中馈录》里，所提及的是用霉菌曲替代米饭来制作著名的黄麻雀鲊[⑨]。在《居家必用》关于鱼鲊的另外一个方法中[⑩]，同时使用了曲和米饭，而在《养小录》关于鱼鲊的方法中，曲和米饭均不使用[⑪]。尽管在集 19 世纪食谱大全的《调鼎集》中，介绍了三种鱼鲊的方法，但是在《醒园录》（1750 年）和《随园食单》（1790 年）中，未见有关于鲊的内容[⑫]。

　　根据这些记载，我们推测，畜禽产品的发酵酱和鲊由公元 18 世纪初开始从中国食品舞台逐渐退出，而且至今似乎已完全退出。在中国的市场上已经看不到相关产品，在当代烹饪书籍中也看不到其使用方法的相关内容。就肉酱和鲊而言，该结论确实是对的，但是对于发酵鱼产品而言则并非那么简单。虽然鱼酱和鱼鲊在现代中国烹饪词汇中很少出现，它们仅在中国少数地区幸存，但是在东南亚和朝鲜地区却依然有生命力并盛行，发酵鱼产品仍然是该地区数百万人们餐饮中的主要食品[⑬]。这种状况直接引出了两个问题：第一，为什么发酵鱼产品和肉制品失去了其魅力？第二，东南亚地区流行的发酵鱼产品与中国传统的鱼酱和鱼鲊之间有什么关系？

　　第一个问题的答案非常清楚。我们已经提到，随着发酵豆制调味品名气的不断提升，发酵鱼和肉制品的重要性持续下降，发酵豆制调味品最终将发酵肉和鱼制品赶出了市场。但是，这却引出了另外一个问题，根据《齐民要术》用于介绍它们的篇幅，我们认为在 6 世纪时发酵的豆豉和豆酱就已经开始替代发酵肉制品及腌制品了[⑭]。然而，直到 17 世纪末，经过了 1200 多年，发酵豆制品才完全取代了发酵肉制品。那么，为什么

388

---

　　① 《吴氏中馈录》，肉，第六页；黄麻雀，第十二页。

　　② 《事林广记》，黄麻雀、猪、羔羊、鹅、鸭、鲤鱼，第二六五页；羊、虾，第二六八页。

　　③ 《居家必用》，四种鱼、黄麻雀、蛤和鹅，第八十四至八十六页。

　　④ 《易牙遗意》，鱼，第十五页。

　　⑤ 《多能鄙事》，五种鱼、黄麻雀、猪、羔羊、鹅、鸭、羊肉、虾，第三七四至三七五页。许多方法逐字抄自《事林广记》或《居家必用》。

　　⑥ 《饮馔服食笺》，肉，第七十页；鱼、猪、羔羊，第七十三页；贻贝，第八十二页；黄麻雀，第八十四页。

　　⑦ 《食宪鸿秘》，鱼，第九十七页；贻贝，第一〇二页；鸡、猪、羔羊，第一一三页。

　　⑧ 《养小录》，两种鱼，第七十四至七十五页。

　　⑨ 《吴氏中馈录》，第十二页。在这种情况下也添加红曲。

　　⑩ 《居家必用》，第八十四页。使用红曲和米饭。

　　⑪ 《养小录》，第七十三页。实际上，这是制作发酵咸鱼片，一种腌鱼或盐辛（shiokara）的方法，参见下文 pp. 392—393。

　　⑫ 《调鼎集》，第三七二页、第三七四页、第三九二页。鱼鲊在汪曰桢（1872）的《湖雅》中也有提及，见篠田统和田中静一，第 510 页。

　　⑬ 参见 Lee, Steinkraus & Reilly eds. (1993)。

　　⑭ 将《齐民要术》中介绍发酵豆制品的第七十篇和第七十二篇的篇幅与介绍发酵肉和鱼制品的第七十篇和第七十一篇的篇幅作比较。

需要如此之长的时间？要找出问题的答案，我们必须分析比较各种产品的功能。尽管豆豉也偶尔用作佐料，但豆豉和豆酱还主要是用作调味品。而对于肉和鱼，虽然发酵酱作为调味品使用，但是发酵腌制品（鲊）却主要作为佐料使用。因此，关于鲊我们不在此处讨论，而仅对豆豉和豆酱与发酵肉酱和鱼酱进行比较。

在我们用肉酱和鱼酱与大豆调味品进行比较时，马上就会想到一个因素，即原料间成本的差异。大豆是一种并不昂贵的农产品，而肉和鱼则是相对昂贵的动物产品。同时，大豆可以长期贮存，而鱼和肉则易腐败，更适于鲜用。因此，肉酱和鱼酱必然比豆酱更加昂贵。另外，由于肉和鱼是一种高度异源的物料，除了在那些鱼和贝类，如虾和牡蛎等这类资源丰富的地区以外，肉和鱼的加工过程很难实现标准化或规模化。另一方面，肉酱和鱼酱也许具有豆酱无法替代的味觉特性。估计就是基于这些原因，发酵肉酱和鱼酱才能够从宋代持续制作和使用到明代，它获得了有限但是稳定的市场份额。如果不是因为出现了另外一个因素的影响，这种状况应该能够持续下去，那就是大豆酱油被认为是一种独立且理想的大豆调味品，因而在后来的几个世纪里慢慢地得以流行，逐渐从酱这种半固体调味品转向酱油等液体调味品。到 17 世纪末，酱油已经成为中国占主导地位的调味品，而豆酱则下降到次要地位。肉酱和鱼酱的特长已不足以使得它们再保留下来。动物源制品中仅有鱼露（其字面的意思是"鱼的露水"）能够存活到今天则并非偶然，有关鱼露的讨论稍后进行。

在探讨鱼露的历史之前，我们首先看一下鲊的情况。既然肉和鱼的发酵产品已经与发酵豆酱和酱油无法相提并论，那么，为什么鲊在 18 世纪末也在中国失宠？答案也许就是人们更为偏爱发酵豆制品[①]。鲊是一种用盐和米饭为原料发酵腌渍的肉或鱼，但是，并非所有的腌制品都是采用这种工艺制得的。在宋代初期，制作肉、鱼和蔬菜腌制品的新工艺已经流行，其中一种就是在糟（酿造酒的残渣）中腌渍，另一种是将原料放置在发酵好的豆酱内腌渍[②]。显然，到 18 世纪末，利用酒糟和豆酱的腌渍技术已经替代了鲊的制作方法。关于酒糟和豆酱在食品保藏中应用的详细讨论，将在本节的后面进行。现在我们转向第二个问题，确定鱼露、鱼酱和腌制品（醢、酱和鲊）制作技术与东南亚现代发酵鱼产品之间可能存在的关系。

根据我们所收集到的汉代及其以前的文献，中国的发酵鱼和贝类产品制作技术的发展历程可以划分为：

1）自溶法：咸鲜鱼是一种在封闭空间内腌制得到的产品，依处理时间的长短，具体包括发酵咸鱼（淹鱼）、鱼酱（醢）和鱼汁（醢）。这种最为古老的技术大概发明于公

---

① 石毛直道和拉德尔（Ruddle）[（1990），第 44 页] 指出了加快鲊衰退的另一个原因，就是历经几个世纪，中国人逐渐从生食习惯转变到熟食习惯的大趋势。这样，以肉脍和鱼脍 [我们已在上文（pp. 69—70 及 pp. 74—75）讨论] 形式食用生肉或鱼的古老习惯，已经几乎完全从中国烹饪中消失。于景让在其翻译的篠田统（1957）关于鲊的论文中提到，当他在早些时候访问日本时，第一次吃到一点 narezushi（鲊）时，差一点就呕吐。后来，他收到了篠田统关于中国鲊历史的论文单行本，当他知道该产品与中国有关时感到非常吃惊，于是决定将论文翻译成中文与同胞共享。

② 《清异录》，第三十一至三十二页，"糟"被称为酒的"骨骼"；《吴氏中馈录》，第九页、第十七页和第二十二页。

元前 10 世纪，记载最早的发酵鱼（和肉）食品，即《诗经》中的醢和醓，就是采用这种方法制作的[①]。这种方法很简单，所使用的唯一腌料就是在公元前 2000 年中国文明之初就已开始使用的盐[②]。但是，这种制作方法在西汉期间被更加有效的曲发酵技术所取代。

2）曲发酵法：使用碎块鱼，经加盐和霉曲（有时加酒）腌制来制作醢，能够通过挤压制得鱼露或鱼汁（醓）。这种制作方法大约发明于公元前 6—前 10 世纪之间。为区别于自溶制作的膏状发酵制品，使用新技术制作的产品称为"酱"，它是公元前 6 世纪孔夫子的弟子们相当熟悉的一个名词。根据郑玄的注释，曲发酵工艺方法用于制作《周礼》和《礼记》中列出的以动物产品为原料的酱和醓[③]。

3）乳酸发酵法：用盐和米饭与鱼块发酵来制作腌制品"鲊"。可以推测，这是用于腌菜"菹"的制作技术，它在《周礼》和《礼记》中曾被多次提到，约在公元前 1—前 3 世纪间的某个时期用于鱼和肉的加工[④]。新名词"鲊"就是指采用这种方法制作的腌肉或鱼[⑤]。

上述三种制作方法在《齐民要术》中均有介绍，尽管其中利用自溶的几个例子（方法 1）可能只是已经过时的制作方法。原料的准备方法是决定最终产品品质的关键。如果制作膏状产品，原料需要按方法 2 的介绍进行细切碎；如果产品为腌制鱼，则应按方法 3 的介绍切成大块。尽管《周礼》在"醓"中提到肉或鱼露，而且马王堆一号汉墓竹简也有记载，但是，汉代以后的饮食著述中却很少反映出对于发酵鱼酱油制作的兴趣[⑥]。因此，在汉代到宋代期间，发酵鱼产品的状况与我们所看到的发酵大豆产品的状况相仿[⑦]。所流行的发酵鱼制品是鱼鲊和鱼酱，而流行的发酵大豆制品也为豆豉和酱。我们已经介绍了酱油（pp. 358—362），凭其本身的特点而作为调味品使用始于宋代，并在清代上升为中国烹饪中的主要调味品。发酵鱼制品的发展是否也与此相仿呢？根据宋代到清代期间权威的食经著作，答案显然是"否"。而且，在王士雄的《随息居饮食谱》（1861 年）、曾懿的《中馈录》（1870 年）和无名氏的《调鼎集》（19 世纪）等清代晚期的烹饪书籍中，对于鱼酱油根本

391

---

① 最早的以动物为原料的发酵酱和酱汁分别称为"醢"和"醓"，见《诗经》，《毛诗》246（W197），参见上文 p. 333。这说明这些产品流行于公元前 1100—前 700 年期间。如果它们是利用自溶制作的，则该制作方法应该在公元前 1000 年之前已很完善。

② 在商代，盐是一种重要的生活用品，参见 Chang Kwang-Chih（1980），p. 258。

③ 参见本书 pp. 333—334。所提出的年表基于两个假设。第一，直到周代中国曲作为一种独立的烹调用料才获得了认可，这一假设的依据在上文（pp. 157—162）已经进行了讨论。因而，在周代之前曲不太可能用于制作发酵肉酱。第二，当一个新的术语产生时，意谓着不是开发出了一种全新的产品，就是开发出了制作原有产品的新方法。"酱"字最早见于孔子（生活于公元前 6 世纪）的《论语》。因而，以动物为原料的用曲发酵的方法，可能出现在曲应用在食品上已日渐成熟和"酱"字出现期间的某个时间，即公元前 11—前 6 世纪。如果是这样的话，在依公元前 300 年之前流行素材而形成的《礼记》和《周礼》中，用动物产品制作的酱和醓就可能是采用曲发酵的方法加工制作的。

④ 菹的特性将在下文讨论，见 pp. 402—404。

⑤ 在这种情况下，新词可能标志着菹技术用于一些新原料。

⑥ 《周礼注疏·醢人》（第六篇），第八十八页；马王堆《竹简》，第 90 项，参见上文 p. 380。

⑦ 参见上文 pp. 371—373 的讨论。

就没有介绍。

　　然而，鱼露，也称为鱼酱油或鲕油，是目前中国东南沿海一带城市的一种知名调味品。《中国烹饪百科全书》介绍说，鱼露是浙江、福建、广东和广西一带，用廉价杂碎鱼（trash fish）制作的一种产品。虾油（shrimp sauce）在这些省份的沿海地区也很知名[①]。据说这两种调味品已经使用了数百年。那么，为什么在 18 世纪和 19 世纪的经典烹饪著作中根本就没有提到鱼露呢？一个可能性是仿照用豆豉和豆酱获取酱油，在明清期间就开始从发酵鱼和鱼酱中析出鱼露，但其发展仅限于那些可从海里稳定捕获廉价杂碎鱼的地区。因此，鱼露仅作为一种区域性的产品而保留下来，并游离于中国北方和中部地区的主流烹饪文化之外，于是被明清主要食品著作的编撰者们忽略了。的确，洪光住付出了相当大的努力去探寻现代鱼露与中国古代和中古时期的鱼酱及腌鱼制品（鲊）之间的谱系，但是却未发现它们之间有什么联系[②]。

（ii）东亚的发酵鱼制品

　　可是，对于现代中国鱼酱油的起源还可能有另一个解释。用小型鱼（以及虾或贝类等）制作鱼（和虾）露，可能是 17 或 18 世纪期间从东南亚传到中国的。石毛直道根据其对东亚地区发酵调味品民族地理学的广泛研究，从烹饪角度将东亚划分为两个地区（图 88），其中北部地区以大豆制品为主，而南部地区则以鱼制品为主[③]。但他还发现，在大豆制品主导地区存有局部特例（见图 89），如日本、朝鲜、山东半岛及华南的沿海地区，鱼露依然是这些地区人们餐饮的重要构成部分[④]。他指出，即使在鱼制品主导的地区，鱼露也仅在印度尼西亚、加里曼丹（Kalimantan）和菲律宾的局部地区使用。鱼露文化的核心地区在东南亚大陆地区，包括越南、老挝、柬埔寨、泰国和缅甸。为了了解东亚地区发酵鱼调味品，尤其是鱼露的传播过程，研究一下这些产品的地理分布情况对于我们来说是有益的，参见表 37 所列[⑤]。

　　东亚地区制作和食用的盐腌以及发酵鱼制品五花八门，我们可以将它们分为四种类型（表 37）：①发酵腌鱼；②鱼酱；③鱼露；④卤鱼[⑥]。在石毛直道的文章中，划分为

392

---

　　① 《中国烹饪百科全书》（1992 年），第 707—708 页。另见石毛直道和拉德尔（1985）和（1990）。

　　② 洪光住（1984a），第 180—187 页。对于我们而言，鱼酱油通常称为鱼露是特别贴切的。如果按照豆酱和酱油的关系，鱼露就应称为鱼酱油。而鱼露这个名称则意味着现代中国鱼酱油不是从传统的，用盐和酒曲腌渍鱼片得到的鱼酱中提取出来的。我们的论点是，鱼露是从东南亚，最为可能是越南，在 19 世纪传入中国的。

　　③ Ishige（1993），p. 22，fig. 6。

　　④ Ishige（1993），p. 20，fig. 4。

　　⑤ 摘自石毛直道和拉德尔（1993），第 182—183 页，并根据下述文献进行了调整：Lee. S. W.（1993）；Mabesa & Babaan（1993）；Mohamed Ismail Abdul Karim（1993）；Putro（1993）；Myo Thant Tyn（1993）；Phithakpol（1993）；Itoh, Tachi & Kikuchi（1993）；Cherl Ho Lee（1993）。我们感谢金（Kim Vogt）和乔杜（译音）（Khien Du）关于越南各种发酵鱼产品的论文。其中的大多数产品在美国弗吉尼亚州亚历山德里亚（Virginia, Alexandria）的东方食品市场中均有销售。

　　⑥ 例如，B. Phithakpol（1993），pp. 157，pp. 161—163，此文献列出了泰国的 22 种发酵鱼虾产品，而 Cherl Ho Lee（1993），p. 190，列出了 31 种同类的朝鲜产品。

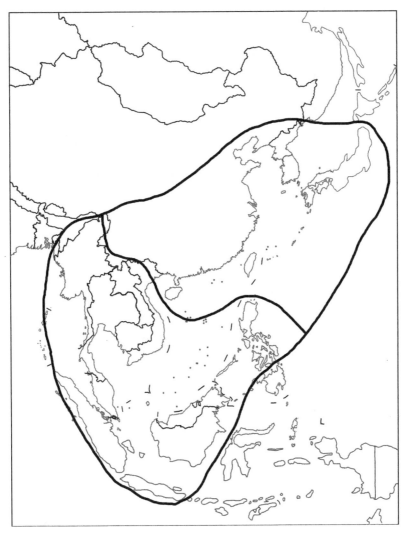

图 88　东亚地区发酵调味料的分布，北部以大豆制品为主，而南部以鱼制
品为主。据 Ishige（1993），Fig. 6，p. 22。

①盐辛（*shiokara*）①、②盐辛酱（*shiokara paste*）、③鱼露、④鲊（*narezushi*）。这些制品是按我们上文（p. 390）所讨论的方法制作的。第一类制品包括利用有限自溶制作的产品，因此其鱼的原始形状依然保留（见方法 1，p. 12）。在第二类制品中，鱼体的自溶更广，而且可磨碎成酱。第三类制品的鱼体自溶更为充分，直至肌体全部液化。第四类制品是与米饭一起发酵，利用所产生的乳酸来保藏（方法 3，p. 390）。需要指出的是，并非表 37 中所有的制品到现在依然还在制作和食用，有些过去很重要的制品现在已很少看到。例如，湿鱼类的盐腌发酵鱼（中国称为腌鱼，日本的典型制品为盐辛），

393

———————————

①　"盐辛"一词意为咸的和辣的。

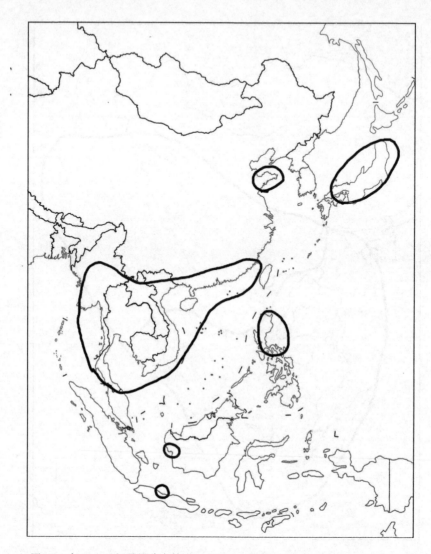

图 89 东亚地区鱼露的分布情况。据 Ishige（1993），Fig.4，p.20。

它在中国最后一次记载出现在《齐民要术》（544 年）中。除了那些可以方便地在家中将其作为鱼露副产品制作的某些地区外，实际上它已经被人遗忘。大约从 19 世纪开始，鱼酱和鱼鲊实际上已从中国烹饪文化中消失[1]。盐辛（*shiokara*）和鲊（*narezushi*）以前在日本曾很重要，而现在仅仅是魅力有限的地方特产了[2]。在朝鲜，鲼鲑（*jeot-cal*）

394

395

---

① 参见 pp.10—11。湿发酵咸鱼已不再作为一种商品生产，但是，干咸鱼作为调味品或佐料目前在中国依然极为流行。

② 石毛直道［Ishige（1993），，pp.17，29］指出，盐辛（*shiokara*，即中文的腌鱼）是一种中国的古老食品，依然制作这种产品的一个产地就是福州及其附近的几个沿海县。根据陈家骅（私人通信），用重量比例 20%—30% 的盐混入整条的鲭鱼中，在室温条件下腌渍约两个月。所得产品的肉呈粉红色，很容易与鱼皮和鱼骨分离开。对于那些从小就长期食用这种产品的人们，它是一道佳肴。

和食醢（*sik-hae*）15 世纪时曾非常有名。现在食醢（*sik-hae*）已很少使用，但是鳀鲙（*jeot-cal*）仍然在很大程度上被保留下来，用作疯狂流行的泡菜（*kimchi*）中的一种配料[1]。很正常，在这三个国家 1800 年前的文献中都没有提及鱼露。显然，鱼露在日本、朝鲜和中国制作与使用的流行始于近代。

和东北亚大不相同，发酵鱼制品（表 37）至今在东南亚国家仍然广泛制作并食用。

表 37　东亚地区的咸鱼发酵制品

国家 ＼ 鱼制品	咸鱼制品			
	发酵鱼	酱	汁（鱼露）	腌制品
中国	浥鱼	鱼酱	鱼露，鲯油，鱼酱油	鲊
日本	盐辛	盐辛（酱）	*shiojiri ishiru ikango*	鲊
朝鲜	鳀鲙	鳀鲙（酱）	*joet-kuk*	食醢
越南	*ca kho mam*	*mam nem*	*nuoc mam*	*mam tom chua*
柬埔寨	*prahoc*	*prahoc*	*tuk trey*	*phaak*
老挝	*pa daek*	*pa daek*	*nam pa*	*som pa*
泰国	*pla deak pla ra*	*kapi*	*nam pla budu*	*pla rap la som*
缅甸	*ngapi kong*	*ngapi*	*ngan-pya-ye*	*nakyang khying*
马来西亚	——	——	*budu*	*kasam ikan masin*
印度尼西亚	*terasi ikan*	——	*kecap ikan*	——
菲律宾	*bagoong*	——	*patis*	*burong isda*

发酵鱼（腌鱼或盐辛）是越南、柬埔寨、老挝、泰国、缅甸和菲律宾的吕宋岛（Luzon）及米沙鄢群岛（Visayas）一带流行的佐料[2]。腌鱼（鲊）也是这些国家的一种主要食品[3]。鱼露在东南亚大陆及中国东南沿海地区、山东、朝鲜和日本的村落最

---

[1]　Lee Sung Woo（1993），pp. 36—37，38—40。

[2]　Ishige（1993），p. 17。

[3]　同上，第 15—17 页。

为流行[①]。根据石毛直道的研究，在制作某些腌鱼和鲊时需要向咸鱼中添加微生物发酵剂（曲），这让人想起了制作中国鱼酱时添加曲[②]。这表明中国的发酵鱼制作技术与东南亚的技术有明显联系。但还不能确定这种联系就意味着发酵鱼调味品的发源地就是东亚国家。

令人遗憾的是，我们还没有发现东南亚地区发酵鱼食品早期历史的确切资料，期望该领域的食品史学者们能够在不远的将来弥补这个不足。根据我们所掌握的资料，可以得到下述结论：

396

1）利用自溶制作的发酵咸鱼可能是在东亚各国分别出现的，包括北部的中国、日本和朝鲜以及南部的越南、老挝、柬埔寨、泰国和缅甸。捕鱼是人类最早的获取食物的活动之一，盐渍鱼的技术和使鱼发酵很简单。除去鱼外，其他的主要用料就是盐，在新石器时代，盐可以通过礁石沉积获得，也可通过海水蒸发获得[③]。盐渍是一种古老的全世界不同食文化中人们保藏食品的通用技术[④]。如果咸鱼偶然在其干燥之前随意摆放，自溶现象就会自动发生，一个敏锐的观察者就会发现该咸鱼具有新的诱人风味，促使他（她）再次试做。也就是说，咸鱼发酵是一项在等待中便出现的发明。这样，腌鱼制品大概在史前已被东亚各民族地区的人们广为了解。

2）利用腌鱼和米饭发酵产生乳酸制作鲊的技术，大概是在自溶技术的应用已被广泛认可之后才出现的。石毛直道认为，该项技术发源于中国西南的澜沧江流域及其相邻的缅甸、泰国和老挝的高原地区，与灌溉水稻生产和稻田渔业同时发展而成[⑤]。这种想法固然很诱人，但是却缺乏直接的证据。至少到现在，我们不能忽视这样一个事实，《尔雅》[⑥]（公元前 300 年）最早提及了鲊，并且不能不考虑到中国中南部也是该项技术的一个可能的发源中心[⑦]。我们感觉这种技术大概只有一个发源中心，想必是从中国中南部地区传到东南亚国家，反之亦然。总之，这项技术大概是通过商业和文化交流，以及如《齐民要术》之类的著作传播，从中国传到了朝鲜和日本的。

3）通过添加霉曲来制作发酵鱼制品的技术起源于中国，然后向南传到了越南、

---

① Ishige（1993），p. 19。

② 同上，第 19 页和第 29 页。

③ 同上，第 25—26 页。

④ 用盐腌渍鱼是古埃及人的一种加工方法，参见：Darby、Ghaliungui & Grivetti（1977），p. 369；Tannahill（1973，1988），p. 53—54。经盐渍和干燥后，作为干咸鱼贮藏起来。

⑤ Ishige（1993），p. 15。一些学者认为，这一带的山区最为可能是水稻驯化中心，参见本书第六卷第二分册，p. 486。这种想法使人联想到篠田统（1970），他在早些时候曾经提出鲊是中国南方苗族人发明的，而后在汉代传到了中国的北方。但是，最近的考古发现表明，水稻的驯化是在公元前 8500—前 7500 年的长江中游一带进行的，参见 Bruce Smith（1995），pp. 128—132；最近的新闻报道，见 [Normile（1997）]。更为详细的内容参见上文（p. 27）注释中的引文。

⑥ 参见下文 p. 384。马王堆一号汉墓发现的食品目录也列有鲊。而且，在中国，乳酸菌发酵首先用于蔬菜的盐渍，而后才用于肉和鱼。正如我们在上文（p. 379）提到的那样，腌菜在《周礼》中被称为菹。在马王堆目录中列有三种菹。而制作菹的具体方法在很晚以后才有介绍（《齐民要术》的第八十八篇）。

⑦ 参见注⑤。

柬埔寨和泰国①。这一传播过程大概发生在汉代初期，当时越南是汉帝国的一部分。如在《饮食谱》（公元 18 世纪）和《五州衍文长稿》（1850 年）中所见到的，朝鲜明显已经接受了食醢（sik-hae）的制作技术②。不过，朝鲜人已将一种新的技术引进到了制作过程，即添加了麦芽。现在，曲已经完全被遗忘了，而添加麦芽的方法却依然在食醢（sik-hae）的制作中使用。值得注意的是，在《齐民要术》给出的一个制作鱼酱的方法（表 35，第 4 项）中，也使用了小麦芽，但是这项技术未能在中国获得进一步的发展。

4）上文我们已经提到，尚未发现 19 世纪之前中国、日本和朝鲜有关于鱼露的记载。的确，根据石毛直道的研究，在东亚"发酵鱼制品的历史上，鱼露的制作生产是一项较新的进展"③。就像酱油最初只是豆豉的副产品一样，鱼露也可能是作为发酵咸鱼（腌鱼）的副产品开始被发现的。既然东南亚大陆地区国家的发酵鱼制品生产最为活跃，说明该地区最有可能是美味鱼露制作技术的发源地。在制作腌鱼时，先取出鱼的内脏，必要时切开，加盐后盐渍发酵，其自溶过程缓慢，因而制品一般保持着原有的形状。鱼肠含有强烈而耐盐的蛋白酶，通常被分别盐渍和酵解，这使人联想到《齐民要术》（表 35）中的鳓鲑酱。但是，当大量的小型鱼，诸如鳀类，采用与内脏一起整体盐渍和酵解时，自溶速度必然快得多，经过适当的一段时间后鱼肉将会水解，从而形成稀汁和鱼骨。目前，泰国、越南和中国东南沿海某些村落，制作鱼露就是采用这种方法的。我们不清楚这种制作方法是何时首先使用的，但是从越南很容易北上传到中国的东南沿海的广州、香港、汕头、厦门和福州，当地称其产品为"鱼露"或"鲯油"④。

---

① 在这种传承关系中，有趣的是，泰国制作腌鱼（泰语为 pla-paen-daeng，其中 daeng 的意思为红）时，将红曲（angkak）添加到米饭中，参见 Phithakpol（1993），p. 160。在菲律宾，红曲有时用来制作腌鱼（burong isda）（表 37），参见 Mabesa & Babaan（1993），p. 87。后者还报告了，用木瓜蛋白酶、菠萝蛋白酶和从米曲霉（Aspergillus oryzae）和黑曲霉（Aspergillus niger）提取的酶缩短腌鱼（burong isda）腌渍时间的试验。用曲（koji）加快鱼露发酵速度最近在日本获得成功，参见 Itoh，Tachi & Kikuchi（1993），p. 180。

② Lee Sung Woo（1993），p. 42。李进一步指出，在制作沙鱼（sandfish）的"鲊"（sik-hae）（即日文的 narezushi，中文的鲊）时，可用曲（koji）代替麦芽。事实上，sik-hae 为中文的两个古字构成，其中 sik（shik，食）为米饭，而 hae（hai，醢）为发酵肉酱。

③ Ishige（1993），p. 30。但是，在该文献中见到了一些鱼酱油的历史原型，如《齐民要术》（第三八七页）中的由鱼酱得到的汁液（鱼酱汁）。石毛直道（私人通信）在公元 10 世纪的《延喜式》和 1669 年的《本朝食鉴》中发现了有关类似原型的资料。

④ 鲯是一种小型鱼的名字，在福州用其制作鱼酱油。"鲯"，在所有的字典中都找不到这个字。根据陈家骅（私人通信）的说法，制作福州式鲯油的方法是："将洗净的整条鲯鱼（鲳鱼？）以其重量比例为 25%—30%的盐混合在一起。将加盐的鱼逐层装入坛内，用竹盖子盖好。放置在露天的地方，并经常搅拌。经 3—6 个月，所有的肉即全部液化。将汁液取出并过滤。剩余的残渣，几乎全部是鱼骨，收集起来作为肥料使用。"这种制作方法与石毛直道和拉德尔［（1985），第 194 页］所介绍的汕头和福州制作发酵鱼酱油的方法相似。

就像豉油有时称为豉汁一样，鲯油有时也称为鲯汁。按福建方言中，鲯油读作 kieh you，而鲯汁读作"kieh chiap"。"kieh chiap"具有常用英语单词"ketchup"（番茄酱）原词的特征，该英语单词所指的现代物品可能是现在美国最为流行的调味品。根据《牛津英语大词典》（Oxford English Dictionary），"ketchup"一词是从"koe-chiap"或"ke-tsiap"（厦门方言）演变而来，意思是"腌鱼或贝类的咸味汁液"。显然，称为"kieh chiap"的鱼露是 18 世纪沿华南沿海地区航行的外国船上工作的中国水手最为喜好的调味品，对于西方的船员，"kieh chiap"听起来非常像"ketchup"，从而出现了"ketchup"一词。但是，该词却已经引申到了与原意完全不同的程度。

398 　　鱼露制作的关键显然是依赖于肠内酶酵解过程的。野田等人 [Noda *et al.*（1982）] 指出，从沙丁鱼幽门获得的 3 种碱性蛋白酶，当盐浓度为 20％时，水解鱼蛋白的活性依然保留了 40％[①]。因此，这是在中国的鱼酱做法中，使用微生物曲降解鱼肉片中的蛋白质，其水解度无法达到基质的高度液化的原因。所以使得在采用中国方法制作发酵鱼酱时，我们不会看见出现美味的鱼露。我们现在所见到的鱼酱油首先发源于东南亚，而后传到中国东南沿海村落，当地称其为鱼露，这表明它与已经从膳食系统中消失的传统发酵鱼酱毫无关系。

（iii）古希腊和古罗马的鱼酱油

　　当东南亚的鱼酱油尚未流行之前，在古希腊和古罗马，当地分别称为"伽鲁姆"（*garum*）或"利夸门"（*liquamen*）的咸发酵鱼酱油，却早已利用肠内酶的协同作用成功地制作出并流行了[②]。通过盐渍鱼所得的主要产品是咸鱼，称为鱼酱（*salsamentum*）。利用内脏、血和鱼鳃这些鱼的下脚料及整条小型鱼为原料盐渍，并通过自溶发酵，是可以制作鱼酱油的。古罗马制作的发酵鱼酱油主要有 4 种，即"伽鲁姆"（*garum*）、"利夸门"（*liquamen*）、"缪里亚"（*muria*）和"阿莱克"（*allec*）。其中，"伽鲁姆"是一级产品，"利夸门"和"缪里亚"分别为二级和三级产品，而"阿莱克"为制取鱼酱油后的糟渣。令人遗憾的是，尽管在经典罗马文献中频繁提及鱼酱油，但是关于发酵过程的可靠记述却没有保留至今[③]，其制作过程最好、最为完整的描述出现于 10 世纪的希腊著作《论农业》（*Geoponica*）中，据称，该书是源自 6 世纪的拉丁论文。现抄录如下[④]：

399 　　　　"利夸门"制作方法：将鱼肠装入坛内并加盐腌渍。小型鱼，不论是最好的胡瓜鱼，还是小鲻鱼、西鲱鱼、狼鱼，或其他小型鱼，全部盐渍在一起，并不断地摇动，将其放置在露天进行发酵。

　　　　在热量减少后，即可用这种方法得到"伽鲁姆"。将一个坚固的大篮子放入前述的盐渍坛内，让"伽鲁姆"汁液进入篮内。采用这种方法，通过篮子抽出所谓的"利夸门"，而剩余的残渣就是"阿莱克斯"（*alex*）。

　　　　比提尼亚人（Bithynians）所采用的制作方法：最好使用小的或大的西鲱鱼，如果没有，也可以使用狼鱼、马鲛鱼、鲐鱼、甚至二粒小麦（alica），并全部混合，将它们装入面包房揉面用的面槽内。在 1 斗（modius）的鱼中加入

　　① Beddows & Ardeshir（1979），pp. 603，613；Noda *et al.*（1982），pp. 1565—1569。

　　② 柯蒂斯 [Curtis（1991）] 指出，希腊和罗马古时的"伽鲁姆"（*garum*）和"利夸门"（*liquamen*）是东南亚鱼酱油的对应产品。现代亚洲制作鱼酱油的方法要点和有关这种产品的营养价值的讨论参见 pp. 19—26。

　　③ 同上，pp. 9—12，指出，公元 1 世纪的罗马作家马尼利乌斯（Manilius）、大普林尼（Pliny the Elder）和科卢梅拉（Columella）提供了鱼酱油本身的介绍，但是，没有制作"伽鲁姆"的具体方法。

　　④ *Geoponika*，20，46，1—6，英译文见 Curtis（1991），pp. 12—13。另可参见欧文 [T. Owen（1806）] 翻译的卡西阿努斯·巴苏斯的希腊文本（Greek of Cassianus Bassus），第二卷，第 20 分册，第 46 章，pp. 299—300。

2 意大利的塞克思塔瑞（sextarii）的盐，彻底混合均匀，为了增强盐的浓度。放置一夜后装坛，敞口置于露天放置一到三个月，定期用棍子搅拌，然后取出汁液，封存。

有些则添加 1 塞克思塔瑞鱼，2 塞克思塔瑞陈酒。

接下来，对于立即食用的"伽鲁姆"，即不经露天发酵，而需经熬煮。熬煮按下述方法进行：先检测盐渍液，应能够使得放入的鸡蛋处于漂浮状态（如果鸡蛋下沉说明盐量不足），然后将鱼放入泥坛内的盐渍液中，加入一些牛至（oregano），用火加热直至沸腾，使其量略有减少；有的再放入一些熬稠的果汁；然后取出熬煮后的汁液，用滤布过滤两三遍，从而得到清澈的汁液，最后封存起来。

"海马提昂"（Haimation；最好的"伽鲁姆"制作方法：取出金枪鱼的内脏及鱼鳃、体液和鱼血，撒上足够的盐，在坛内放置最长 2 个月，打开坛子，即可获得称为"海马提昂"的"伽鲁姆"。

在上述介绍中有几个有趣的地方。通常，从大鱼取出的内脏一般都混有小鱼，小鱼（主要底料）中残留的酶会因加入了内脏中的酶而得以强化。这些酶的协同作用能够使底料的蛋白质完全水解而获得鱼酱油，这种鱼酱油实际上是盐渍液中的水解蛋白浓缩液。制作过程中再次强调了内脏酶的主要作用。事实上，最好的鱼露"伽鲁姆"，即"海马提昂"，在制作时仅使用内脏、鱼鳃和鱼血，而不是使用鱼最理想部分的鱼肉。在这种特定情况下，制品的制作过程需要两个月。其过程实际上与上文（pp.382—383）所讨论的鲦鲚酱制作过程相同。中国古代显然不会将醵解时间延长到足以将底料水解到液态的程度，而且至少在西汉时，他们从未对于从发酵酱中提取汁液感兴趣。非常巧合，利用竹篓置于液化底料中提取产品的方式与《醒园录》中所介绍的，从豆酱中获取酱油（pp.363—364）的方式相仿。底料与盐的比例为 1 斗（modius）对 2 塞克思塔瑞（sextarii），即 8：1，比东亚配方中的加盐量略少。但是，由于咸鱼是暴露在阳光下的，所以蒸发后鱼酱油的最终含盐量接近于现代鱼酱油的大约 20％—25％ 水平。因此，可以说，古罗马制作"伽鲁姆"（garum）和"利夸门"（liquamen）的方法与现在东亚地区制作鱼酱油的方法非常接近。

400

对于成功的制作咸鱼产品中心，应有三点基本要求：第一，必须有充足的鱼；第二，必须有清洗鱼的净水；第三，邻近必须有盐可用。地中海沿岸有许多满足这些条件的地区[①]。由于鱼极易腐败，所以在捕获后必须尽快加工，以减少腐败菌的繁殖。但是，即使在最好的条件下，一定程度的延迟也是不可避免的，因而腐烂鱼的特殊臭味将渗透到器具内，再进入产品。不过，鱼酱油的特殊诱人香气是它的魅力，也是它的祸害，它招致了 1 世纪时高贵的罗马作家们的冷嘲热讽。例如，马尼利乌斯（Manilius）在描述其制作过程时说道："混在一起的都是些腐烂脏乱的东西"（*illa putris turbae strages confunditur omnis*）[②]。与上述相仿，对于"伽鲁"的

---

① Curtis（1991），p.46—47。

② 马尼利乌斯，《天文学》（*Astronomica*），5：670—674，采自 Curtis（1991），p.11。

评价，大普林尼（Pliny the Elder）将它称之为"腐烂物之汁液"（*illa putrescentium sanies*），塞涅卡（Seneca）则称之为"昂贵的孬鱼汁"（*pretiosa malorum piscium sanies*）[①]。

尽管存在着这些对鱼酱油特殊香气的轻蔑评论，但是"伽鲁姆"（或"利夸门"）却一直是古罗马受欢迎的调味品。公元1世纪罗马著名美食家马库斯·阿皮西乌斯（Marcus Apicius）在《论烹调》（*De re cocquinaria*）中，列出了将近350个用鱼酱油调味的食谱，而用盐调味的只有31个[②]。由于鱼酱油的价格昂贵，所以使用时都非常审慎与珍重。"伽鲁姆"还用于作为人用与兽用的药品[③]。相反，在东亚不见有鱼酱油作为医药的报道[④]。

希腊可能早在公元前5世纪就已开始制作和食用咸鱼和鱼酱油了。但是，全盛时期是在罗马统治的1世纪到3世纪间[⑤]，当时鱼酱油在罗马帝国的经济活动中是一种重要的日常食品，仅次于葡萄酒、橄榄油和谷物。此后，其流行的速度变缓，然后又逐步下降，在以后的几个世纪里，有关鱼酱油的文献很稀少。到了公元1000年时，鱼酱油几乎已经从地中海地区人们的生活中消失了。在公元1世纪和2世纪盛行的"伽鲁姆"，后来也衰落和消失了，此变化至今仍然是食品文化史上一个悬而未决的重要课题[⑥]。

柯蒂斯（Curtis）认为，这种衰落可能与早期基督教徒对将鱼酱油作为膳食用料持消极态度有关。这可以从5世纪的帕科米乌[⑦]（St Pachomius）和圣杰罗姆[⑧]（St Jerome）等禁欲主义者所宣布的禁令公告中反映出来。《旧约·利未记》（Leviticus）中所描述的犹太人膳食指南的规定对基督教徒们有巨大的影响。关于"伽鲁姆"等鱼酱油是否能吃的问题上，他们相信"凡在海里、河里，并一切水里游动的活物，无翅无鳞的，你们都当以为可憎。……你们不可吃他的肉"（《旧约·利未记》11：10—11）；"无

---

① 大普林尼，《自然史》（*Historia natura*），31.93；塞涅卡，《书信集》（*Epistula*），95.25，采自Curtis（同上）。当他提到"当代印度尼西亚令人厌恶的鱼酱油"时，薛爱华［Schafer (1977)，p.115］随后介绍了它的特殊传统。

② Curtis (1991)，p.29。在费林［Vehling (1977)］翻译的阿皮西乌斯《论烹调》中，他并没有明确"伽鲁"和"利夸门"的特征和差异。因食谱中的清汤、汤料和肉卤，而呈现出许多不同类型。在爱德华兹［Edwards (1984)］根据现代厨艺调整阿皮西乌斯的食谱时，他将发酵鱼酱油称为罗马腌鱼汁，在其食谱中将它们作为原汁或鱼原汁使用。

③ Curtis (1991)，p.27—37；有关这个主题的文献资料见迪奥斯科里德斯（Dioscorides）的《药物论》（*De materia medica*）、盖仑（Galen）的《论食物的特性》（*De alimentorum facultatibus*）和希波克拉底全集（Hippocratic corpus）。

④ 在中国食品书籍里提及的三种发酵干鱼产品中，只有腌鱼（鲊）被列进了药典。参见《本草纲目》卷四十四，第二四三〇页、第二四三六页、第二四四二页和第二四八四页。

⑤ Curtis (1991)，pp.2，46—48、64—65、99、178。

⑥ 12世纪末，北欧桶腌鲱鱼业的兴起可以被看作是地中海地区的鱼酱（*salsamentum*）的再生。但是，在寒冷的北方，鲱鱼的自溶无法达到制作鱼酱或鱼酱油所需的程度。主要的产品就是盐辛（腌鱼）。参见 Knochel (1993)，p.213；White (1976)，p.19。

⑦ Curtis (1991)，p.35，引自帕科米乌的《帕科米乌条规45》（*Regula Sancti Pachomii* 45）；但是，《帕科米乌条规46》（*Regula Sancti Pachomii* 46）指出，患病的修道士除外。

⑧ 同上，p.35，引自圣杰罗姆的《书信集》（*Epistula*）108：17。

论什么活物的血，你们都不可吃，因为一切活物的血就是他的生命。凡吃了血的，必被剪除"（《旧约・利未记》17：14）。

由于制作鱼露"伽鲁姆"的原料有鱼血和整条小鱼，一般都没有鳞，所以很容易被虔诚的基督教徒们将这种产品说成是"可恶的"而不适合于人类食用。但是，基督教徒们有时也是自相矛盾的。例如帕科米乌在自己生病时就食用"伽鲁姆"，于是公元7世纪的其他教士们也将其视为可接受的调味品添加在食物中[①]。

也许，比起基督教的反对来说，5世纪到10世纪之间，政治和文化巨大的变动震撼着地中海地区，这可能是造成发酵鱼酱油衰落的更为重要的原因。西哥特（Visigoths）、匈奴（Huns）、汪达尔（Vandals）和法兰克（Franks）等北方地区的野蛮人部族，从5世纪到6世纪侵入了罗马帝国的中心地带。激进的伊斯兰新教派信徒在7世纪和8世纪时从阿拉伯入侵到中东、北非和西班牙。这些入侵导致了两个重要的改变，一个是政治上的，另一个是文化上的改变。随着罗马帝国的崩溃，分成不稳定的王国，供罗马帝国上等人食用的鱼酱油生产与贸易终于无法再支撑下去了。所以，很难想象，从北欧和东阿拉伯来的新主人他们能够不厌恶使人不愉快的气味而欣赏"伽鲁姆"[②]。这样，人们对于鱼酱油的兴趣便随着罗马帝国的崩溃而下降，鱼酱油也很快地成为只有那些精通希腊和罗马古典文献的学者们才知晓的古董了。

402

（iv）腌菜和其他食物

除肉酱和鱼酱（醢和臡）外，作为保藏以供皇室使用的发酵食品，《周礼》还列出了菹和齐[③]。菹和齐通常解释为腌渍食品，尤其是腌渍蔬菜[④]。"菹"是一个古词，最早出现在《诗经》，现抄录如下[⑤]：

> 田野中央有一座茅草房；
> 地头田埂爬满了葫芦。
> 人们晒干、腌渍，
> 把它供上献给伟大祖先。

〈中田有庐，疆场有瓜。是剥是菹，献之皇祖。〉

---

① Curtis，同上，pp.184—190。

② 就其对不熟悉该产品的人的效果而言，鱼酱油的香气可与成熟的干酪相媲美，有些人无法拒绝它，而有些人则厌恶它。"口味难言好坏"（*de gustibus non est disptandum*）。柯蒂斯（同上，p.189）引用了拜占庭（Byzantine）时期的区域划分方法，其中规定，由于气味不佳，禁止在距城不到三英里的范围内设立鱼酱油作坊和干酪作坊。

③ 《周礼・醢人》，第五十五页。

④ 虽然《周礼・醢人》中记述的七种菹都是用蔬菜制作的，但是，五种"齐"中却有三种是用动物产品制作的，这说明菹也可以用于动物产品。

⑤ 《毛诗》210，W200。

原文中的"菹"（也写作"俎"）原意为"盐渍"，即腌渍[1]。上述引文表明，在公元前 1100 年前的周朝初期，腌渍技术就已经发明了。但是，"菹"所涵盖的内容很多，解读成"腌渍"虽不确切但也无可非议[2]。从"醢人"一篇可知，对于不同的仪式，每种蔬菜菹都配有其特定的发酵肉调味品[3]，例如：

403

菹	调味品
细香葱	肉酱汁/肉酱
菖蒲根	麋鹿肉酱
蔓菁	鹿肉酱
水锦葵	狍肉酱

但书中并未告知如何搭配。它们是混合在同一只盘内，还是分别放在不同盘内食用？

在注释该段时，郑玄解释了肉制调味品（醢和臡）的制作方法（参见 p. 380），但却没有给出菹的制作方法。不过，他解释道："制作菹时需要将昌蒲根切成长 4 寸的段"[4]（"昌本，菖蒲根，切之四寸为菹"），又解释道："若用醯酱（酸味调味品）调和后，细切菜称为齐，而粗切菜或整菜的称为菹"[5]（"凡醯酱所和，细切为齐，全物若牒为菹"）。这些表述使得菹的解读变得明白了，它不过是指切成段的蔬菜。每一种菹用其特定的酱或酱汁调味后，再放到祭坛或餐桌上。确实，洪光住用了相当大的精力进行论证，其结论是，在汉代之前文献中的"菹"与腌渍根本没有关系[6]，它不过就是指切成长四寸以上的蔬菜或肉。

---

① 这种观点被一些权威的注释所接受，包括唐代孔颖达的《毛诗正义》、宋代（朱熹）的《诗集传》和宋代（严粲）的《诗辑》。它还获得了现代杰出学者夏纬瑛（1980）的支持。康达维［Knechtges (1986)，p. 50］也同意，但是，他接受了毕瓯（Biot）的观点，认为"齐"属于腌渍品。

② 根据《汉语大词典》，在不同的用法中，"菹"的字义有：①腌渍品；②肉酱/肉酱汁；③古代的一种刑罚；④干草；⑤香蕉；⑥草席；⑦沼泽地。

③ 《周礼·醢人》，第五十五页，全文如下：

醢人：根据四种不同仪式的要求，负责将适当的食物放入容器（豆）内。对于第一种仪式，细香葱菹配以肉酱汁/肉酱，菖蒲根菹配以麋鹿肉酱，蔓菁菹配以鹿肉酱，水锦葵菹配以狍肉酱。对于第二种仪式，锦葵菹配以蜗牛酱，牛肉菹配以牡蛎酱，蛙菹配以蚂蚁卵酱，猪前肘肩菹配以鱼酱。对于第三种仪式，芹菹配以兔肉酱，菖蒲菹配以肉酱，春笋菹配以野鹅肉酱，冬笋菹配以鱼酱。对于最后一种仪式，容器内装稀粥或肉粥。这里所介绍的各种食物，都是常规祭祀仪式上使用的。对于丧礼和宴请贵客也是如此。他还负责国王、王后和王子的全部的食物。对于重要的仪式，应提供 60 瓮发酵食物，包括五种齐、七种醢、七种菹和三种臡。为款待宾客，应准备 50 瓮发酵食物。其他场合所需食物也属其责任范围。

〈醢人：掌四豆之实。朝事之豆，其实韭菹、醓醢，昌本、麋臡，菁菹、鹿臡，茆菹、麋臡。馈食之豆，其实葵菹、蠃醢，脾析、蠯醢，蜃、蚳醢，豚拍、鱼醢。加豆之实，芹菹、兔醢，深蒲、醓醢，箈菹、雁醢，笋菹、鱼醢。羞豆之实，酏食、糁食。凡祭祀，共荐羞之豆实，宾客、丧纪亦如之。为王及后、世子共其内羞。王举，则共醢六十瓮，以五齐、七醢、七菹、三臡实之。宾客之礼，共醢五十瓮。凡事，共醢。〉

本段原文中的"豆"是指台上的一种浅钵，为木器，更多为漆器。参见 p. 100。

④ 郑玄对于上段文字的注释，参见《周礼注疏》，第八十八页。

⑤ 同上，第八十九页。郑玄在注释"醢人"时说道，"要使得五种齐和七种菹的味道充分，还需要加入醋。"（"据此，五齐七菹皆须醯酱所和。"）

⑥ 洪光住（1984a），第 158—162 页。

这一观点得到了《礼记》的支持，在切肉时，"麋鹿肉和鹿肉用来制作菹"[①]，而传统的解读为"麋鹿肉和鹿肉呈切片形式盐渍"[②]。但是，如果"菹"表示盐渍肉和蔬菜，那么为什么在汉代之后成为盐渍蔬菜广为使用的术语呢？在洪光住的解释中，这个问题得到了解决。该句现读作"麋鹿肉、鹿肉和鱼肉被切制成大片"。事实上，这种解读早些时候王梦鸥[③]已独立地在其《礼记》注释中采用了。

另一方面，《周礼·醢人》告诉我们，一共有七种坛藏的菹（并有五种齐、七种醢和三种臡），随时可用于祭典或宴会[④]。如果"菹"只是代表新鲜蔬菜切成 4 寸以上的段和"齐"表示切成 4 寸以下，则将它们保藏在坛内就显得没有什么价值了，因为它们很快就会枯萎腐败。但是，还有另外一种解释。解决这个矛盾的关键可能在于郑玄的注释，其中解释说，每种齐和菹都"与醢酱调和在一起"（"凡醢酱所和"），它也许可解读为"用醋和特定的肉酱/汁补充调和"[⑤]。例如，细香葱用醋和肉酱来调和，昌蒲根用醋和麋鹿肉酱来调和等等。用调味品"和"，可用来表述象在食用前用调味品调制沙拉一样，在食用之前为蔬菜调味，也可用来表述鲜切蔬菜、醋及调味品调和后再保藏很长时间。实际上，它相当于把原料在预先形成的酱或汁中进行腌渍。这种蔬菜、醋和肉酱的混合物可以贮藏在坛子里（即培育），需要时能够随时取用。事实上，这种熟化很有可能改善产品的品质。这样，在《醢人》篇中，原料与预先形成的酱的调配，可解读为把蔬菜段在相应的调味品中腌渍。不管各种材料是刚刚调配一起的，还是经过一段时间熟化的，所得产品均称为"菹"[⑥]。

还有一些汉代的文献应该提及。《说文》（121 年）讲道："菹是腌菜（酢菜）"[⑦]。《释名》（2 世纪）告诉我们："菹就是阻，即停止。生食物经过发酵使其在室温下贮存也不会腐烂。"[⑧]（"菹，阻也，生酿之，遂使阻于寒温之间，不得烂也。"）《四民月令》

404

① 《礼记》：本句出现在《内则》篇（第四六三页）和《少仪》篇（第五八八页）中。其译文如下：

《内则》："将鲜牛、羔羊和鱼肉切片，再切后制作脍。麋鹿肉和鹿肉切作菹。野猪肉切作轩，它们均只切成片而不再切成条。狍肉和兔肉切片后再切成条，用来制作脍。大葱和冬葱应在酸汁（醯）中进行切割，这时它们的质地较软。"（"肉腥细者为脍，大者为轩，或曰麋鹿鱼为菹，麇为辟鸡，野豕为轩，兔为宛脾，切葱若薤，实诸醯以柔之。"）

《少仪》："如果鲜肉切片，并再切成细丝，即用于制作脍（细条）；如果切成厚片，即用于制作轩。麋鹿肉、鹿肉和鱼用来制作菹。狍肉和兔肉用来制作脍，野猪肉用来制作轩。大葱和冬葱应在切割后浸泡在酸汁（醯）中，以使它们的质地变软。"（"牛与羊鱼之腥，聂而切之为脍；麋鹿为菹，野豕为轩，皆聂而不切；麇为辟鸡，兔为宛脾，皆聂而切之。切葱若薤，实之醯以柔之。"）

② 这是理雅各对"菹"的译法，参见 Legge（1885），Ⅰ，p. 463 和Ⅱ，p. 80。

③ 王梦鸥编（1970），第 463 页和第 588 页。

④ 《周礼·醢人》，第五十五页。参见上文注。

⑤ 《周礼注疏》，第八十九页。原文为"醢酱所和"，可译为"用醋和酱调和"，也可翻译为康达维提议的"用腌泡汁泡"，参见 Knechtges（1986），p. 50。

⑥ 见《齐民要术》，参见表 38；方法 5 中的大多数方法非常适合于这种理解。虽然在《齐民要术》中，"菹"被赋予了突出的地位，但是，在 6 世纪后，该字已经在中国的烹饪词汇中消失。相反，"齐"在食谱中的使用一直保持到了宋代。

⑦ 《说文解字》，第 24 页（卷一下，第二十页）。

⑧ 《释名·释饮食第十三》给出了鲊和菹的定义。

（约 160 年）建议锦葵菹应在九月制作①。它们都坚持这样一个观点，即古代的"菹"就是腌渍蔬菜（或动物产品）。而且，《释名》中的另一句话，对于如何制作菹类，给了我们很好的启发。书中说道②："鲊是用盐和米饭通过发酵（酿）制得的，所形成的产品是一种适合于作为食物的腌制品。"（"鲊，滓也，以盐米酿之，如菹熟而食之也。"）换句话说，鲊是一种菹，它是通过与盐和米饭一起发酵而获得的。这就清楚表明，菹是由乳酸发酵制得的。

从这些文献中看出，在制作菹时，蔬菜的腌制是通过在酸性介质中腌渍或利用乳酸发酵而完成的。但是，我们仍然不知道古时候"作菹"的制作过程是如何进行的。对于相关信息，我们又一次等到《齐民要术》（544 年）的出版，它使用了一整篇（第八十八篇）来介绍，这就是"菹制作方法和生菜贮藏方法"（"作菹、藏生菜法"）。

在第八十八篇中，给出了大量有关 6 世纪蔬菜腌渍或保藏方法的资料。但是，**405** 在我们对此进行分析之前，还需要提醒读者，《齐民要术》还有一篇，其标题中含有"菹"，就是第七十九篇的"菹绿"③。在这一篇中，"菹"是指用香料和醋调味的切片、煮制肉。至于"绿"，它也是一种煮熟的肉，更多的相关内容将在后面讨论。

我们将第八十八篇所介绍的相关方法分类和整理成表 38。为便于讨论，依其在原文中出现的顺序进行了编号。当在一个方法中包括了不止一种制作方法时，不同方法的区别将用后缀字母来划分，例如 34a 和 34b。据我们统计，该篇中共有 36 个方法④，但是并非所有方法都是关于腌菜（或水果）的。方法 16 介绍的是我们在上文（p. 336）已经提到的稻米曲（女曲）的重要制作方法⑤。方法 5 介绍了一种土埋的蔬菜保藏方法。在方法 19 中，介绍的是"菹消"法，一种用于煮制羊肉和猪肉所用的调味品菹⑥。在方法 14 和 30 中，将瓜贮藏在由栎树皮和李子干中提取的汁液中。在方法 33 中，作为美味蔬菜对蕨菜做了介绍，该菜生吃时味甜质脆，但未说明如何加工⑦。其他 30 个方法，是根据腌渍所用材料归纳为表 38 中 8 种方法的，腌渍材料包括盐、曲、糟（酒糟）、酒、淀粉质和醋，它们可以单独使用，也可以混合使用。在这些方法中，有 26 个的名称中含有"菹"字，其他 4 个为蔬菜贮藏方法，但所采用的方法实质上与制作菹的方法相同。这 4 个方法的标号带有括号，分别为（12）、（13）、（15）和（34）。

---

① 《四民月令》，第九十四页。

② 《释名·释饮食第十三》。

③ 《齐民要术》，第四八八至四九九页。该标题相当含糊。所提到的肉包括鸡、鸭、鹅、猪和蝉。"菹"是指经切片和以香料和醋调味的熟肉。"绿"好像也是指同样的食物。

④ 方法的数量因"方法"的定义而不同。据王尚殿〔（1987），第 235 页〕统计，第八十八篇的方法有 29 个，其中有 23 个是制作盐渍型菹的方法。

⑤ 《齐民要术》，第五三四页。

⑥ 比较第七十九篇所介绍的方法"菹消"，它实际上与第八十八篇中的"菹消"相同。

⑦ 《齐民要术》，第五三七页，参见第五四五页的注释四十七，认为该植物是蕨（*Pteridium aquilinum* Kuhn），属于一种蔬菜，其嫩叶称为蕨菜，根茎可制作淀粉。

表 38　《齐民要术》中腌菜（菹）的制作方法

序号 \ 做法	腌渍料	蔬菜名称	方法号
1	盐、曲、淀粉质	锦葵、白菜叶、芜菁、蜀芥	1，3
2	盐、糟[a]	整个瓜、瓜片、生姜、蕨、梨	(13)，17[b]，18，29[b]，(34b)
3	盐、曲	白菜	7b
4	盐、淀粉质	锦葵、蒿、莲、瓜	6，8，(12a)，(12b)，(15)，(34a)
5	盐、醋	锦葵、白菜、芜菁、蜀芥、芥菜籽、芹菜籽、瓜、芜菁和水萝卜、竹笋、海藻、水芹等	2，19，20，21，22，23，24，25，26，27，28，31[b]，32[b]，35
6	盐（盐水）	白菜	7a
7	淀粉质	锦葵、白菜	11
8	醋	菖蒲，水锦葵[c]	4，10，36

a：糟，指酒醪榨出酒后的残渣，其黏稠度与稠酱相同。

b：特殊方法：

　　方法 17，用发酵酒醪保藏瓜。

　　方法 29，经无盐酒糟腌渍，而后清洗，再保藏在蜂蜜中的生姜。

　　方法 31，梨子先放在水中腌渍（可达一年），然后再用蜂蜜调味。

　　方法 32，木耳拌入豉汁和酱清，不加盐，并用生姜和胡椒调味。

c：确定为荇菜（*Nymphoides peltatum*），缪启愉（*1982*），第 538 页。韦利［Waley（87）］将这种植物翻译为 "water mallow（水锦葵）"。

对于表 38 中未列出的方法的注释：

　　方法 5，用埋在土内的方法保藏蔬菜。

　　方法 9，该方法中，用菹作为炖猪肉和羊肉的调味品。

　　方法 14，瓜保藏在栎和梅汁中。

　　方法 16，该方法是介绍米曲（女曲）的制作。

　　方法 30，本方法同 14。

　　方法 33，本方法中未介绍任何加工；该蔬菜可能是中国莴苣，参见缪启愉（*1982*），第 545 页。

表 38 中的方法可以分为两大类：（A）有微生物参与活动的，包括方法 1、2、3、4 和 7；（B）很少或没有微生物参与活动的，包括方法 5、6 和 8。作为 A 类方法 1 的实例，今将方法 1 全文引述如下[①]：

　　锦葵、白菜、芜菁和蜀芥的盐渍制作法：选取优质的菜叶，用蒲草捆扎起来；准好足够咸的盐水；确定它们确实是咸的。用盐水洗菜，然后装入坛里。如果先用净水洗菜，蔬菜会很快腐烂。洗过菜的盐水澄清后倒入坛内，淹没过蔬菜就好但不要翻动蔬菜。这样腌渍的蔬菜颜色依然是绿色的。取出来后，洗去盐汁子后再烹制来吃，其味道与新鲜蔬菜一样好。

　　蔓菁、蜀芥两种制菹：在［盐水中］浸泡三天才［从坛子中］取出来。把黍米

---

① 《齐民要术》，第五三一页。

（*panicum* millet）磨成粉并将其煮成粥，然后倒出粥的稀汁。把麦麸（小麦曲）磨成粉后用绢筛筛理。［装坛时］放一层菜，薄撒一层曲粉，再浇上一层热稀粥，依此类推进行装料，直到将坛子装满为止。铺菜时，每层的菜应该并排放置，首尾相接，等等。然后，［在封坛之前］将原有的盐水倒进坛内。所得腌菜呈黄色，味道上好[①]。

〈葵、菘、芜菁、蜀芥咸菹法：收菜时，即择取好者，茎、蒲束之。作盐水，令极咸，于盐水中洗菜，即内瓮中。若先用淡水洗者，菹烂。其洗菜盐水，澄取清者，泻著瓮中，令没菜把即止，不复调和。菹色仍青，以水洗去咸汁，煮为茹，与生菜不殊。

其芜菁、蜀芥二种，三日抒出之。粉黍米，作粥清；捣麦麸作末，绢筛。布菜一行，以麸末薄坌之，即下热粥清。重重如此，以满瓮为限。其布菜法：每行必茎叶颠倒安之。旧盐汁还泻瓮中。菹色黄而味美。〉

[407] 我们可以看出，制作过程包括两个阶段：第一阶段，用盐水浸泡蔬菜，使得蔬菜组织吸收盐分，并排出水分。第二阶段，浸盐后的蔬菜再用盐、曲和淀粉液进行腌渍。曲将淀粉水解为糖，并由乳酸杆菌（*lactobacilli*）将糖转化为乳酸。该过程与上文（p. 384—385）介绍的鱼鲊的制作方法非常相似，它进一步说明了《释名》所表达的鲊与菹之间的紧密关系[②]。做法2、3、4和7的方法表明，这种制作过程有许多不同的实施方法。在做法2中，有我们所见最早的使用酒糟保藏食品的方法。这种技术后来发展成为食品保藏的主要方法之一，不仅用于蔬菜，也用于肉和鱼。对此，我们将在后面给予更多的讨论。

做法5、6和8的方法属于B类，其中，很少或没有微生物参与作用。我们现在抄录一个例子如下，即做法5中的方法2，作为讨论之用[③]：

热烫腌菜制作法：大白菜和芜菁叶适合本法。选择上等菜，放入开水内漂烫一下取出来。如果菜已经变蔫了，用清水洗净取出来，沥水后，放一夜，让菜恢复新鲜样，保持。然后再次漂烫。

漂烫后，将其浸入冷水中漂洗后取出。拌入盐和醋，并加入一些熬过的麻油调和。所得到的成品芳香而清脆。如果大批多作，也能保藏到春天而不会腐烂。

〈作汤菹法：菘菜佳，芜菁亦得。收好菜，择讫，即于热汤中煤出之。若菜已萎者，水洗，漉出，经宿生之，然后汤煤。煤讫，冷水中濯之，盐、醋中。熬胡麻油著。香而且脆。多作者，亦得至春不败。〉

显然，做法5是一种流行的蔬菜烹制食用或保藏方法，在表38中其方法数量最多，占总数30个中的14个。在整个过程中，有两个方面需要强调说明。第一，在进一步加工之前，蔬菜需要在开水中漂烫，并且在冷水中冷却，但瓜（方法19）、紫菜（方法21

---

① 该方法没有具体介绍封坛的方法及腌渍的时间，估计需要几个月。或许，到此处，作者已经介绍了许多类似的制作过程，参见第七十篇、第七十一篇、第七十二篇和第七十四篇，他认为读者对其基本过程已经非常熟悉了。

② 《释名·释饮食第十三》，"鲊"的释义。

③ 《齐民要术》，第五三二页。

和 28）和梨（方法 31）属于例外。当今，制作沙拉或罐藏、冷藏之前，处理蔬菜就是采用这种方法的[①]。第二，许多菹显然是用盐和醋调制后立即就食用的（即方法 2、20、22、24、26 和 32），因此，它们属于沙拉而不是贮藏食品。令我们惊奇的是，在 6 世纪的中国，沙拉已是一种流行菜肴，但自《齐民要术》之后却逐渐衰落了。由于使用足够多的盐和醋，可以使蔬菜持久保藏，所以菹菜变成了腌菜。

我们还应当特别注意一下做法 6。在这种方法中，只列有一个方法（方法 7a），蔬菜只是用盐水腌渍。但是，这是在中国食品文献中第一次介绍蔬菜的湿盐保藏。在随后的几个世纪中，这种技术成长为食物保藏的主要方法。最后，在做法 8 中有 3 个方法，蔬菜腌渍在醋中，而不使用盐。所有三个 B 类保藏方法，即做法 5、6 和 8，其原理为化学和物理作用。它在蔬菜保藏史上的意义，将在本节后面作进一步讨论。

408

在 A 类中，做法 1、3 和 4（和 7）属于同一类型中的不同方法。实际上，做法 1 是做法 3 和 4 的组合，它可能是最为古老的一种方法，因为，在上文引述的《释名》"鲊"一段中已隐含有它[②]。做法 2 中使用了酒糟，它代表了食品保藏技术的一个重要的发明，它的应用可能开始于汉代末年。但是，在 A 类做法中，还有另外一种是从 B 类的一种方法中发展来的，那就是用寄生在木料上的真菌或木耳制作菹的方法 32（做法 5）[③]。木耳经漂烫、冷却和切碎后，配以香菜和大葱，再混入醋、豉汁和酱清，直到获得理想的口味，并用生姜和胡椒粉调味。这种菜是立即食用的，但无疑也可以较久保藏，而成为腌木耳。这个方法可以看作是另外一种流行的中国食品保藏技术的前身，即用酱腌渍蔬菜、肉或鱼。

这样，从表 39 中，我们能够看出 6 世纪所使用的三种食品保藏技术，它们包含有微生物活动：

1）用盐和淀粉质（含有或没有微生物曲）腌渍，以便产生乳酸；

2）用酒糟腌渍；

3）用酱腌渍。

所有三种技术均可以用于蔬菜和动物性原料产品（肉和鱼）。技术 1）已经在上文结合用肉或鱼制作鲊的方法中讨论了（pp.384—385）。这里，我们关心的是它在蔬菜上的应用，如表 38 所示。技术 2）使用酒糟作为保藏食物的介质，在《齐民要术》中有多个这种方法，但它都是在早些时候就已经被开发出来的。"糟"一词出现于公元前 300 年《楚辞》的《渔父》中[④]。在《晋书》[⑤] 中，有使用糟保藏肉的论述，此事说明

---

① 例如，参见 Rombauer & Becker（1975），pp.154，803，825。对于花茎甘蓝和菜花等带有粗茎的蔬菜，如果用来制作沙拉，漂烫非常重要。

② 《释名·释饮食第十三》"菹"和"鲊"的释义。

③ 《齐民要术》，第五三六至五三七页。

④ 《楚辞》，董楚平译（1986），第 215 页，第 5 行。霍克斯［Hawkes（1985），p.206］将"糟"译为"dregs（残渣）"。"糟"还出现在《周礼·酒正》（第四十九页）和《礼记·内则》上，但是，在这些段落中，"糟"就是指未经过滤的酒，而不是酒糟。

⑤ 《晋书·孔群列传》，第二〇六一页。

这种方法可能始于晋代（265—419 年）以前。技术 3）使用酱来保藏食品，在《齐民要术》中有所表明，它可能出现得较晚，大概是从唐代开始的。

411 　　在《齐民要术》以后的几个世纪里，这些保藏技术在中国膳食体系中起到了怎样的重要作用？为了回答这个问题，我们收集了 6—19 世纪的烹饪文献，查出了这些技术应用领域的有代表性的数据，并整理成表 39。关于技术 3），它是用盐和淀粉质腌渍食物的，加或不加微生物曲，有在鱼和肉方面应用的数据，虽然这些内容在上文已经讨论过了，但是仍然列出，以便将三种技术的应用形式放在一起能够一目了然地进行比较。

　　在元明时期，有大量著名的食经著作我们没有收进来，如《事林广记》（1280 年）、《云林堂饮食制度集》（1360 年）、《易牙遗意》（元代）、《多能鄙事》（1370 年）等等。这样做的原因是，它们所提供的资料，通常重复了表 39 中所列文献中已有的内容。这种省略对于表中所列的技术应用类型，不会产生影响。然而，我们收进了《清异录》（965 年），因为在该书里面有用糟保藏蟹和用酱保藏蔬菜的最早记载。

　　首先，我们比较一下表 39 中保藏蔬菜的三种技术应用。尽管《齐民要术》中给予足够的重视，但是在宋至明期间，用淀粉质（或曲）腌渍食物只是偶尔使用，而且，在清代几乎渐渐完全消失了[①]。这使得我们联想到，发生在用相似的方法制作鱼鲊上的情形[②]。可是，它依然保留至今，著名的四川泡菜所采用的就是这种方法。另一方面，尽管宋至清期间酱渍技术发生了很大的变化，但是同期用酒糟腌渍的技术却一直保持得很好。

　　在使用酒糟腌渍过程中，添加盐可以使其增加酒精含量，添加酒或白开水可以使其稀释。所以蔬菜洗净后，切成适宜的长度，然后装坛，用酒糟埋没。有些方法建议，原料蔬菜在切割之前要用开水漂烫，然后再将其冷却[③]。有些方法则建议，蔬菜应该用冷的石灰水和明矾水浸泡[④]。腌渍品一般历经 3—7 天即可食用，然而保存期可以达到数月至一年。采用这些方法腌渍的产品，最为流行的原料有生姜、茄子、萝卜和叶菜[⑤]。

　　酱渍技术的情况较为复杂。《清异录》中最早提到酱渍，但未说明制作方法。尽管表 39 中所有腌制品据说都是用豆酱腌渍的，但实际上是用一系列不同方法制作的。确412 实，其中有些是用豆酱腌渍的[⑥]，但有些则是使用发酵中的酱[⑦]，有些使用甜面酱[⑧]，有

[①] 详细制作过程的例子，参加表 38，方法 1 和 pp.407—408。

[②] 参见上文 pp.384—386。

[③] 《居家必用》，第六十六页，茄子。

[④] 《饮馔服食笺》，第一〇二页，萝卜、菰（zizania）茎、竹笋、瓜和茄子。

[⑤] 根据洪光住［（1984a），第 176 页］，用糟保藏的蔬菜在北方很少见，但是在长江流域和南方却非常流行。南京的糟茄子和扬州的糟瓜全国闻名。就个人体会，作者可以说用红酒糟保藏的嫩姜是一种非常可口的餐前小吃或调味品。

[⑥] 《居家必用》，第七十一页，瓜条；《随园食单》，第一二一页，生姜。

[⑦] 《吴氏中馈录》，第二十页，茄子；《居家必用》，第七十一页，茄子。

[⑧] 《养小录》，第三十五页，瓜。

表 39　有微生物参与活动的食品保藏方法

古籍名称 \ 腌渍料	淀粉质		酒糟		豆瓣酱	
	蔬菜	动物产品	蔬菜	动物产品	蔬菜	动物产品
《齐民要术》（544年）	锦葵、白菜、芜菁、蜀芥	6个配方，其中1个为猪肉，5个为鱼，参见表36	瓜、生姜、蕨	肉	木耳	—
《清异录》（965年）	—	鱼	生姜	蟹、羊肉	瓜、叶菜	—
《吴氏中馈录》（晚宋）	萝卜、菰茎、胡萝卜	肉、黄麻雀、蛤贝	茄子、萝卜、生姜、瓜	蟹、猪头、猪腿、鱼	瓜、芥菜、梨、香橼、面筋、海藻	蟹
《居家必用》（元）	竹笋、菰茎、胡萝卜	黄麻雀、4个鱼、鹅肉、蛤、蟹	瓜、叶菜、茄子、竹笋、生姜	鱼、蟹、羊肉	瓜、瓜片	蟹
《饮馔服食笺》（1591年）	菰茎	鱼肉、猪肉、羊肉、黄麻雀、蛤贝	萝卜、叶菜、竹笋、茄子、菰茎、生姜	蟹、猪头、鱼	瓜、蒜薹、梨、柑橘、面筋	蟹
《食宪鸿秘》（1680年）	—	鱼、蛤贝、鸡肉、猪肉、羊肉	瓜、叶菜、竹笋、生姜	鱼、蟹、鹅蛋	瓜、茄子、蘑菇	蟹、猪肉、猪肘
《养小录》（1698年）	—	2个为鱼	生姜、茄子、竹笋等	鱼、蟹、鸭蛋	瓜、茄子、蘑菇	蟹
《随园食单》（1790年）	—	—	叶菜	猪肉、鸡肉、鱼	瓜、生姜	猪肉、鸡肉
《调鼎集》（18—19世纪）	菰茎、胡萝卜、萝卜	3个为鱼	竹笋、萝卜、叶菜、茄子	羊肉、猪肉、猪脏器、家禽肉、蟹、鱼、蜗牛	瓜、茄子、叶菜、生姜	鸡肉、鹅肉、蟹、蛋、鱼

410

古籍名称　腌渍料	淀粉质		酒糟		豆瓣酱	
	蔬菜	动物产品	蔬菜	动物产品	蔬菜	动物产品
《齐民要术》（544年）	第八十八篇，参见表38	第七十四篇，参见表38	第八十八篇，参见表38	第五〇六页	第八十八篇	—
《清异录》（965年）	—	第三页	第三十二页	第十六页，第三十一页	第四页，第五页	—
《吴氏中馈录》（晚宋）	第十九页，第二十三页	第六页，第十页，第十二页	第十七页，第十八页，第二十二页	第五页，第六页，第九页，第十三页	第十七页，第二十页	第十三页
《居家必用》（元）	第六十九页，第七十页	第八十四页，第八十五页，第八十六页	第六十六页，第六十七页，第六十八页	第八十页，第八十一页，第八十二页，第八十三页	第七十一页	第八十四页
《饮馔服食笺》（1591年）	第九十二页	第七十页，第七十三页，第八十二页，第八十四页	第八十九页，第九十页，第九十一页，第九十八页	第七十二页，第七十九页，第八十三页，第八十五页，第九十九页，第一〇二页	第八十八页，第八十九页	第八十三页
《食宪鸿秘》（1680年）	—	第九十七页，第一〇〇页，第一〇二页，第一〇三页	第七十页，第七十八页，第八十四页	第一〇一页，第一〇八页，第一一一页，第一一九页，第一五四页	第七十二页，第七十四页，第七十七页，第八十页，第八十九页	第一〇九页，第一三一页，第一四五页
《养小录》（1698年）	—	第七十三页，第七十四页	第三十七页，第三十八页，第四十三页	第七十七页，第八十二页，第八十三页，第九十一页	第三十五页，第四十页，第四十一页	第八十二页
《随园食单》（1790年）	—	—	第一一八页	第五十九页，第七十六页，第八十八页	第一二〇页，第一二二页，第一二三页	第五十九页，第七十一页
《调鼎集》（18—19世纪）	第五四六页，第六〇三页	第三二七页，第三四七页，第三九二页	第九十页，第五二三页，第五三七页，第五三八页，第五五七页，第五九九页	第一四九页，第一五〇页，第一七九页，第一九二页，第一九五页，第二〇四页，第二〇七页，第三三一页，第三四一页，第三五〇页，第三五七页，第三五八页，第三五九页，第四三七页，第四四八页，第三一四页，第二八〇页，第五〇六页	第四九四页，第四九五页，第四九七页，第五二二页，第五三五页，第五四七页，第五五八页，第五六四页，第五八七页，第八五七页，第八一五页，第八五五页	第一四九页，第二八一页，第二八二页，第二九九页，第三一三页，第三一四页，第三一五页，第三四一页，第三九四页，第四三八页

些只是简单地使用酱油①。这些方法说明，从宋代到清代期间，酱渍方法一直在不断地发展着。最为有趣和不同寻常的是，使用豆酱保藏水果、梨和两种香橼（以及海藻和面筋）。在《吴氏中馈录》（晚宋）中，首次介绍了这种非常简单的方法，在《饮馔服食笺》（1591 年）和《调鼎集》（19 世纪）中，又重新提及②。用咸甜辣味介质腌渍带有酸味或甜味的水果，使得具有诱人风味的水果蜜饯之类独特产品得以崛起③。

在现今中国，用酒糟和酱腌渍蔬菜，在制作保藏食物方面依然占有重要的地位。在 20 世纪，酱渍似乎已经追上并超过了酒糟腌渍。它目前的显赫地位反映了这样的事实，保藏蔬菜和腌制蔬菜现在统称为"酱腌菜"，其字面意思是用酱和盐腌制的蔬菜。实际上，酱腌菜涵盖了三种腌制蔬菜：首先是酱菜，用酱和酒糟腌渍；第二是腌菜，只是用盐腌渍；第三是酸菜，用包括乳酸发酵和添加醋两种④。所有这些方法，均可以从表 39 中《齐民要术》第八十八篇的方法中发现它们的踪影。所有腌菜和部分酸菜的制作，均包含有很少或没有生物化学或微生物学的作用。这方面的内容，将分别在"食品保藏中的化学和物理方法"中讨论。现在，我们转向用上述这些方法，保藏动物产品方面的讨论。

如同我们上文（pp.384—385）中介绍的那样，使用诸如米饭等淀粉质可以腌渍鱼（或肉）制作鲊，这种技术可能起源于汉代。到了 6 世纪时，它是加工和保藏鱼和肉的一种重要方法。根据表 39 可知，这种方法的重要地位在宋代、元代和明代期间始终保持稳定。但是到了 18 世纪，其影响迅速下降，例如在《醒园录》（1750 年）或《随园食单》（1790 年）中均未提及，即使是在 19 世纪的大型著作《调鼎集》中，也仅有 3 种方法提及这种技术。现今，鱼鲊作为保健食品在东南亚依然很盛行，但是在中国，鱼鲊和肉鲊却已经几乎完全被人们遗忘了。

根据表 39 可知，使用酒糟保藏肉品的最早方法出现于《齐民要术》的第八十一篇，其"鱼制品制作"过程如下⑤：   413

> 用酒糟保藏肉的方法：这种方法一年四季均可使用。向酒糟内添加水稀释，直到使其达到粘粥的程度，然后加盐使其足够咸。［在缸中］将烤肉串浸入上述的糟汤内，放置于屋内的阴晾处进行腌渍。所得产品，饮酒或吃饭时，都可以烤制搭配食用。即使是夏天，所得糟肉 10 日内也不会坏。
>
> 〈作糟肉法：春夏秋冬皆得作。以水和酒糟，搦之如粥，着盐令咸。内捧炙肉于糟中。着屋

---

① 《食宪鸿秘》，第七十七页，茄子；第八十页，蘑菇。

② 《吴氏中馈录》，第十七页；《饮馔服食笺》，第八十九页；《调鼎集》，第八一五页、第八五五页和第八五七页。

③ 并非所有的水果都是甜的，与其成熟度有关。萨班（私人通信）指出，"在盐水中保藏生水果在台湾（和中国大陆）是一种常见的方法"。在欧洲，著名的"芥末奶油"（mostardadi Cremona）就是一种甜辣味传统的芥子，既辣同时又甜，其中混有水果。咸梅果，称作"李姓梅"（li hing mui）已经成为夏威夷（Hawaii）小吃重要成分，参见 Laudan（1996），pp.80—83。

④ "酱腌菜"一词，在《调鼎集》或 19 世纪前的其他食谱书籍中均未发现，推断可能是 20 世纪新创的。该词最好翻译成"pickled vegetables"（腌渍蔬菜）。本文所采用的分类方法基于谭耀辉（1982）提出的系统，并做了些调整。

⑤ 《齐民要术》，第五〇六页。

下阴地。饮酒食饭，皆炙啖之。暑月得十日不臭。〉

这种制作糟肉的技术，在隋唐期间日渐流行，从宋代到清代，它一直保持着虽然并不显赫但却稳重不轻的地位。在《梦粱录》（1334 年）中，列出了南宋都城杭州市场上热销的糟羊腿、糟蟹、糟鹅和糟猪头肉等[①]，最受欢迎的是糟蟹。糟蟹在《清异录》（965 年）以及后来的大多数现存食品著作中均有记录[②]。糟蟹是如此流行以致《居家必用》中的诗句给出了食谱[③]：

三十母蟹无公蟹，　　　　　（洗净，沥干）
五斤酒糟四两盐，　　　　　（拌在一起）
半斤好醋半斤酒，　　　　　（进行稀释，腌渍）
七日腌渍用一年。

〈三十团脐不用尖（水洗，控干，布拭），
糟盐十二五斤鲜（糟五斤，盐十二）。
好醋半升并半酒（拌匀糟内），
可餐七日到明年（七日熟，留明年）。〉

这首诗后来又被抄录于《食宪鸿秘》、《养小录》、《调鼎集》和明代的农业技术手册《便民图纂》（1502 年）中[④]。鱼和蟹通常以生鲜状态用酒糟腌渍的，而猪头和猪蹄则要先煮熟，挤压（剔除骨头后），再把肉腌渍在酒糟内。这两种方法如今在中国依然使用[⑤]。大多数的动物产品（鸡、鸭、猪蹄和脏器）在盐渍时，也使用各种调味料调味，包括花椒、茴香、桂皮和橘皮调味。最为有名的生鲜腌渍品就是浙江的糟渍鸭蛋，轻轻磕裂蛋壳后，将鸭蛋放在盐和酒糟内腌渍五至六个月。另外一个有趣的应用是，用酒糟制作发酵豆腐，即糟豆腐乳，这是我们在上文（pp.327—328）中已经讨论过的事。凭借自身的特点，糟豆腐乳是目前中国烹饪中很重要的佐料和调味品[⑥]。

与酒糟相比，豆酱用于保藏肉和鱼的技术出现得很晚（表 39）。这种保藏方法最早的例子出现于南宋时期，在《吴氏中馈录》中提到了酱渍蟹。而后，很快就在元414朝的《居家必用》中出现了这种保藏方法的方法，后来又被抄进了《饮馔服食笺》、《食宪鸿秘》、《养小录》和《调鼎集》中[⑦]。但是，从表中可以看出，用豆酱保藏肉和海产品的技术，从未达到过使用酒糟保藏的水平。尽管 19 世纪的《调鼎集》中，也有几个题目是酱渍肉和鱼的配方，但是实际上，有些是使用酱油而其中另一些使

---

① 《梦粱录》，第一〇九页、第一三四页、第一三六页和第一三八页，用糟保藏羊爪、蟹、鹅肉和猪头。
② 《清异录》，第十六页。隋炀帝在位（605—616 年）访问江苏扬州时，糟蟹是敬赠的一种礼品。
③ 《居家必用》，第八十三至八十四页。
④ 《食宪鸿秘》，第一一〇页；《养小录》，第八十三页；《调鼎集》，第四三八页；《便民图纂》卷八，第九页。同一方法也见于《多能鄙事》［1370 年），第三七八页］和《臞仙神隐书》［1440 年），第四三八页］，但是，不是以诗的形式出现的。
⑤ 后面的详细内容见《中国烹饪百科全书》，第 720 页。
⑥ 参见 pp.326—328。
⑦ 还见于《多能鄙事》（1370 年），第三七八页；《臞仙神隐书》（约 1440 年），第四三八页；《便民图纂》（1502 年），卷八，第十页。

用甜面酱作为腌渍介质的[①]。所有例子均采用生鲜原料，在贮藏之前，它们都需要在空气中干燥或煮熟。

在 20 世纪，以酱渍为基础的肉类保藏方法发生了重大的变化，它已经扩展到了烹饪中的卤制，使用酱油、酒所构成的原汁和糖、生姜、茴香、桂皮、花椒等各种调味品，采用文火煨煮 8～9 个小时出成品。换句话说，现在是在无生命的介质中加热，而取代了将生鲜材料腌渍在活的环境中，即酶和微生物能够起作用的酱或酱油中。这种方法通常称为酱卤法，它只包含有物理和化学的作用，但是没有生化作用。酱卤法实质上已经取代了原来的传统腌渍法。腌渍法只有在那些仍然依靠家庭作坊生产酱油的偏远农村才能见到。

"卤"一词英语可译为"pot-stewing"（在锅内用文火慢慢煨炖），而规模较大时可译为"red-cooking"（红烧）[②]。卤制首先出现在《梦粱录》的烹饪文献中，其中提到了咸鱼店卤虾的销售[③]。《食宪鸿秘》、《养小录》、《随园食单》和《调鼎集》中列有卤鸡[④]。卤也可以指原汁或腌泡汁，它在炖肉中应用的起因并不清楚，有可能是由《齐民要术》（第七十九篇）"菹绿"中的"绿肉法"发展而来[⑤]。"菹绿"中的"菹"如同我们在上文讨论过的腌菜（或渍肉），而"绿"则是指绿色。"绿肉法"的制作过程是："将猪肉、鸡或鸭切成一寸见方的块。在豉汁和盐中将肉煮熟，用葱、生姜、橘皮、芹菜和蒜调味，然后加醋。切成食用的肉片即称为绿肉。"[⑥]（"绿肉法：用猪、鸡、鸭肉，方寸准，熬之。与盐、豉汁煮之。葱、姜、橘、胡芹、小蒜，细切与之，下醋。切肉名曰'绿肉'。"）

就字面而言，"绿肉"意思是绿色的肉，多少代学者们都对使用"绿"字表示不解。通过对《齐民要术》中关于绿肉制作方法一段的考查，发现它与现代制作卤肉的方法非常相似[⑦]。因此，"绿肉"作法中的"绿"字是现代卤肉中"卤"字的古体。现在所使用的酱卤作法，允许使用大块的牛肉、羔羊肉、鸡肉、鸭肉等，然后在原汁中进行文火慢炖。炖熟的肉再依要求切片，可制作出上好的开胃菜或小菜，类似于西式熟肉[⑧]。

415

（2）食品保藏中的化学和物理方法

易坏食品的腐败主要有两个原因，一个是不良微生物的污染，另一个是原料自身残

---

① 《调鼎集》，第一四九页，酱油和酒渍猪肉；第三一四页，酱油渍鸭肉；第二八二页，甜面酱渍鸡肉；第三一五页，面酱渍鸭肉；第三四一页，面酱渍鸡肉；第三九四页，面酱渍鱼肉。

② 赵杨步伟 [Chao, Bu Wei Yang (1963), pp.40—42] 解释了红烧和卤之间的不同。

③ 《梦粱录》，第一三九页。

④ 《食宪鸿秘》，第一一三页；《养小录》，第八十六页；《随园食单》，第七十五页及第八十页，卤鸭；《调鼎集》，第二八七页。

⑤ 例如，参见《吴氏中馈录》，第二十页、第二十二页和第二十五页，关于盐腌菜的制作方法。当蔬菜浸泡进盐水时，"卤"就是指腌菜取出后留下的腌渍液，可用来腌渍下一批蔬菜，过程与以前完全相同。

⑥ 《齐民要术》（第七十九篇），第四八八至四八九页。

⑦ 《中国烹饪百科全书》，第 350 页。

⑧ 同上，第 286 页。

留酶的持续作用。食品保藏的目的，就是阻止微生物的污染，以及采用副作用最小的方法来抑制或控制酶的作用。到此为止，在我们所讨论的达到这些目的的方法中，都涉及到了某种形式的微生物侵入。这些方法主要是基于利用霉曲或其产物，如酒糟（用谷物酿酒的副产品）和酱（用小麦和大豆制作酱油时的伴随产品）的作用。在其变异的方法中，曲被米饭类的淀粉质取代，从而促进了乳酸菌的繁殖和乳酸的产出。所有这些方法都是直接或间接由曲发明而来的。稍后，我们将对曲在中国食品加工和保藏技术的发展中的作用进行讨论。

现在，我们将注意力转向其他没有微生物参与的传统食品保藏方法方面，主要是从化学方法或物理方法入手。这些方法主要包括：

1）盐渍：食盐，即氯化钠，它大概是人类所知道的最为古老的生鲜肉、鱼和蔬菜的化学保藏剂。在高浓度时，它能够减缓食品中酶的作用，并析出微生物细胞内的水，致使其脱水死亡。

2）醋渍：提高介质的酸度可以抑制酶的活性，也可以消除有害微生物的活动。

3）干燥：干燥可以脱除微生物细胞内的水分。主要方法是，将物料暴露在空气中、阳光下、人工热源中，或用烟火烘烤来完成。

4）糖渍：可以将水果中的糖分提高到能析出微生物细胞内的水分的程度。

5）气调：用增加空气中二氧化碳浓度的方法，来减缓水果内导致组织破坏的新陈代谢的进行。

6）冷藏：在低温环境中，食品内的各种代谢活动均会减缓。

416　　在蔬菜、肉和鱼的保藏中，通常采用的是综合方法。例如，腌菜用盐渍和醋渍，咸猪肉用盐渍和干燥，果脯用糖渍和干燥等。因此，在依次讨论各种保藏方法之前，我们应当考虑这些方法在某种特殊食物上的应用：第一是蔬菜，第二是肉和鱼，第三是水果。最后我们将要介绍的是由中国人开发的冷藏法，这种方法可以用于所有食物的保藏。

（i）蔬菜的盐渍和腌制

在我们上文讨论过的三种控制微生物繁殖的食品保藏方法中，已经分别提到了使用酒糟、豆酱和淀粉质，盐是每个工序中必不可少的成分。因而，盐渍是这些产品的一个有机组成。在使用酒糟和淀粉质时，盐的浓度可以很低，因为盐的作用被酒糟中的酒精或淀粉质产生的乳酸增强。当然，如果盐的浓度足够高时，单靠其本身也可以阻止微生物的生长和抑制酶的活性，从而不使食品腐败。事实上，我们上文已经引证了一些用盐作为唯一防腐剂的保藏方法，包括鱼的保藏（p.383）和蔬菜的保藏（p.407）等。

对于蔬菜，《诗经》（公元前 1100—前 600 年）中所列出的最早的腌菜"菹"，非常可能就是采用盐渍方法制作的[①]。事实上，咸菜就是最简单的菹。郑玄在其《周礼·亨

---

① 根据郑玄的注释，《周礼》和《礼记》中的"菹"是用醯（醋）酱（酱/酱油）腌渍蔬菜，参见《周礼注疏》，第八十九页。在《诗经》形成时，还没有醋。因此，《诗经》中的"菹"是用其他方法制作的。

人》的注释中指出："大汤不加五味，而祭汤用盐菜调味。"① 正如我们上文所指出，《礼记》和《周礼》中的菹是用醋和可口的调味剂腌渍的，而《释名》（2 世纪）中的菹是用淀粉质腌渍的②。这两种菹可能都是一种简单的咸菜改进产品。制作这三种产品的例子，在《齐民要术》（6 世纪）中都有记载。因此，我们倾向于蔬菜盐渍在周代就已经很成熟的观点。

在《齐民要术》（第三十八篇）中的方法七（表 38）介绍说，使用白菜制作菹时，应当将其浸在 4 斗（16 升）水加 3 升（公制，1.2 升）盐的盐水里，但是没有说明浸泡的时间或产品收集的方法③。与单独用盐相比，更为流行的方法是同时使用盐和醋，表 38 中列有几个使用这种方法的制作"菹"配方。因此可以说，使用盐水或盐水加醋来腌渍蔬菜的方法，在 6 世纪时已经是一种被接受的蔬菜保藏方法了。

令人奇怪的是，在《齐民要术》之后的食品文献中，很少见到"菹"这个字。作为腌菜的"菹"，我们所找到的最晚的文献可能是《食疗本草》（公元 670 年），在提到草蒿时，该书介绍说："在盐和醋中进行腌渍以制作菹"④（"醋淹为菹"）。该短句不但标志着"菹"字的退场，同时也标志着"淹"字的上场。"淹"是指盐制，包括用盐覆盖或浸渍。"淹"字有时也写作"醃"，这种情况在《齐民要术》中相当常见⑤。在《说文解字》中，"淹"字写为"腌"，定义为"渍肉"⑥。显然，"淹"字有三种写法，即"腌"、"淹"和"醃"。大概在唐代，"淹"演化成一个最佳的术语来表示包括盐渍过程和盐渍产品，如腌鱼（咸鱼）、腌肉（咸肉）和腌菜（咸菜）。在宋代，盐渍方法达到了很高的普及程度，并一直保持至今⑦。

为了使我们对于从宋代到清代期间的盐渍法制作腌菜的意义有一个整体的认识，我们将此期间主要食品著作中相关方法整理成表 40。数据说明，所有的普通蔬菜均可以采用此方法加工，其广泛应用已经持续了近千年，比用三种微生物导向技术（表 39）保藏的腌菜"菹"更受欢迎。不像用淀粉质盐渍的鲊的衰落那样，在 18 和 19 世纪时，对于腌菜（咸菜）的兴趣却一直未见减退。尽管通过加入醋或加入醋与酒偶尔可以强化盐渍效果，添加其他调味料也可以改善风味，但是简单的盐渍法，仍然是一种最为常见的方法。作为典型制作过程的例子，现将南宋《吴氏中馈录》中的"干闭瓮菜"法抄录于下面作参考⑧：

417

---

① 《周礼·亨人》，第四十页。《周礼注疏》中郑玄的注中说（第六十二页）："大羹，不致五味也，鉶羹加盐菜矣。"

② 参见 pp. 402—404。

③ 《齐民要术》，第五三二页。溶液的含盐量取决于盐晶粒的尺寸。氯化钠（NaCl）晶粒的比重为 2.17，如果食盐的比重＞1.5，那么，1.2 升食盐的重量＞1.8 千克，则盐分＞1.8/40 或 4.5％。

④ 《食疗本草》，第十二页。"醃"字也出现在第七十页，是指"醃或保藏在酒糟中"的白鱼。

⑤ 《齐民要术》，以"醃"字出现在第四五五页的第二和第三段；以"淹"字出现在第四九四页、第五○五页、第五二九页、第五三三页和第五三七页。

⑥ 《说文解字》，第 90 页（卷四下，第十四页）。

⑦ 最早出现"腌"字的宋代食品著作是《山家清供》（第一○○页）。

⑧ 《吴氏中馈录》，第二十页。

418

表 40 宋代到清代期间的蔬菜盐渍方法

腌渍配方 资料来源	腌渍剂			
	盐	盐＋醋	盐＋醋＋酒	醋
《吴氏中馈录》 （南宋）	瓜、茄子、大蒜、叶菜、葱 第十六页、第十八页、第二十页、第二十二页、第二十四页	冬瓜与大蒜、叶菜 第十九页、第二十三页	大蒜与瓜 第十五页	—
《居家必用》 （元）	生姜、瓜、葱2个、叶菜 第六十三页、第六十八页、第七十页	茄子、瓜2个、冬瓜 第六十五页、第六十七页、第六十七—六十八页	—	生姜 第六十七页
《饮馔服食笺》 （1591年）	瓜、芥2个、叶菜2个、茄子、葱 第八十七页、第八十八页、第九十六页、第九十八页、第九十九页、第一○○页、第一○二页	—	大蒜与瓜 第八十六页	—
《食宪鸿秘》 （1680年）	白菜2个、叶菜、蜀芥、瓜 第六十六页、第六十七页、第六十八页、第七十四页	生姜和蔬菜 第六十八页	碎白菜 第六十七页	—
《养小录》 （1698年）	白菜4个、叶菜、蜀芥 第三十页、第三十一页、第三十二页、第三十三页、第三十四页	—	芥菜片 第三十一页	生姜 第三十八页
《醒园录》 （1750年）	瓜、李子[a]、杏、萝卜、花生3个 第五十一页、第五十二页、第五十三页、第五十六页、第五十七页	生姜[b]、大蒜[a]、绿芥[c] 第五十页、第五十二页、第五十六页	蜀芥[d]、白菜[d] 第五十七页、第五十九页	—
《调鼎集》 （19世纪）	萝卜、白菜、蜀芥、芹菜、生菜、生姜 第四十六页、第五三八页、第五三九页、第五五○页、第五五六页、第五六八页、第五七○页、第五七四页、第五八○页、第五八一页、第五八七页、第五九六页、第五九八页	菜籽 第五五○页	萝卜 第五三八页	生姜 第四十五页

a：最终腌渍时添加糖。

b：不使用醋，而用酸李子汁；也添加糖。

c：在替代工艺中，用酒取代醋。

d：在配方中，没有添加醋。

干闭瓮菜：将 10 斤蔬菜和 40 两炒盐装入瓮内。每层蔬菜上面都覆上一层盐 [而且反之亦然]，腌渍三天。取出并将蔬菜放置在盆内，轻轻揉搓菜茎，而后装入 另一瓮内。回收盐水（卤）供以后使用。再腌渍三天后，取出蔬菜，揉搓后再装入 另一个新的瓮里。同样，盐水依然回收供以后使用。这个加工过程共重复九次。在 最后一次处理完成后，将蔬菜装入瓮内。每层蔬菜上面撒一层花椒和小茴香，当一 层一层装满后，压实。每一瓮灌入三碗前面回收的盐水。用泥巴密封住瓮口。到春 节时，腌菜即可使用。

〈干闭瓮菜：菜十斤，炒盐四十两，用瓮腌菜。一皮菜，一皮盐，腌三日，取起。菜入盆 内，揉一次，将另过一瓮。盐卤收起听用。又过三日，又将菜取起，又揉一次，将菜另过一瓮。 留盐汁听用。如此九遍完，入瓮内。一层菜上，洒花椒、小茴香一层，又装菜如此。紧紧实实 装好，将前留起菜卤每瓮浇三碗。泥封起，过年可吃。〉

这些方法为我们提供了腌菜制作过程的大量细节。有趣的是，这里的"腌"是指盐 渍，而"卤"是指回收的盐水。对于浸渍液中卤的使用及重复使用，在其他一些方法中 也有这种情况①。我们上文提及用酱油炖肉时已经说到了卤（p. 415）。显然，到 12 世 纪，"腌"和"卤"已经成为烹饪专业名词。在后来的几本食品著作中，这些方法又被 一字不变地抄录进去②。有些方法中用糖或调味料进行了调味③，而有些方法则进行了 干燥，即腌菜以干腌菜形式保藏④。在这些食品文献中，"腌"字的写法变来变去⑤，我 们怀疑是抄写错误。在旧的版本中，写成"淹"、"醃"或是"腌"，只是取决于抄录者 的兴致。在现代版本文献中，统一写成"腌"。人们可能会说，到宋代蔬菜盐渍技术已 经非常成熟。在后来的几个世纪里，腌菜的基本技术没有发生变化，只是有少量调整而 已。在现代中国，腌菜业依然活力十足⑥。

（ii）脯和腊，干肉和干鱼

干肉 [脯（音 fǔ）或腊（音 xī）] 的制作，是中国一种非常古老的技艺。最早出现 "脯"字的是《诗经》。提供各种食物给亡灵，拜祭的人们吟诵道⑦：

你的酒已经滤好，

---

① 《吴氏中馈录》，第二十二页和第二十五页；《饮馔服食笺》，第九十八页和第九十九页。

② 例如，《饮馔服食笺》（1591 年），第八十七页；《养小录》（1698 年），第三十一页；《醒园录》（1750 年），第五十六页和《调鼎集》（19 世纪），第五六八页。

③ 例如，《吴氏中馈录》，第八十七页；《养小录》，第五十至五十一页、第五十二页。

④ 《饮馔服食笺》，第八十七页和第九十九页。

⑤ 在《多能鄙事》（1370 年）和《臞仙神隐书》（1400 年）中为"淹"；篠田统和田中静一（1972）收录的 《居家必用》中为"醃"，而在 1986 年编辑的《中国烹饪古籍丛刊》本中则作"腌"。在《醒园录》（1750 年，第五 十一五十一页）中，有时在配方标题中写作"醃"，但是在叙述时又写作"腌"。关于《多能鄙事》（第三七六—三 七七页）和《臞仙神隐书》（第四三八页）中的情况，参见篠田统和田中静一（1972）。

⑥ 洪光住 [（1984a），第 167 页] 列出了 18 种仍在生产的盐腌蔬菜，其中并不包括干品和半干品。参见《中 国烹饪百科全书》[（1992），第 663 页]，其中列出了现今常见的盐腌蔬菜。

⑦ 《毛诗》248，W203。高本汉 [Karlgen（1974）] 将一行翻译为"你的食物被切成片"。

你的佳肴已经做好。

〈尔酒既湑，
尔肴伊脯。〉

在原诗中，"你的佳肴已经做好"的原文是"尔肴伊脯"，字面的意思是"你的菜肴，干肉片（脯）"。"腊"字最早出现于周代早期的《易经》中，第 21 卦"噬嗑"的第三行："咀嚼干肉（腊），遇到毒物"（"噬腊肉，遇毒"）。这些语句表明，"脯"和"腊"已经是周代早期人们日常烹调的一部分[1]。但是，过了一千年后，我们才理解清楚"脯"和"腊"的具体内容。从《说文》（121 年）中我们了解到，"脯"就是干肉，而"腊"也是干肉。这些解释证实了我们对于古代文献中脯和腊的理解是对的。

我们参考的第二个文献是《论语》（公元前 5 世纪），书中提到孔子"不吃从市场上买来的酒和干肉（脯）"[2]（"沽酒市脯不食"）。这说明在孔子所处的时代，脯已经是一种商品。在《周礼》中，脯出现了几次，例如"膳夫"、"外饔"、"笾人"和"腊人"等。在"腊人"一节中，强调了腊（干肉或干鱼）在周朝宫廷礼仪和日常生活中的重要地位[3]。郑玄注释说："当将干肉切成薄片，则称之为脯，整只的小动物干燥后称为腊。"[4]（"薄折曰脯；腊，小物全干。"）在"外饔"的监察下，用鱼制作的腊被列入菜谱。在《庄子》（约公元前 290 年）中也有提及，其中记载了任公子将捕到的鱼拉上岸后，将其切开，制作成腊（干鱼）的事[5]。

"脯"和"腊"也见于《礼记》。在《曲礼》篇中，脯是作为饭桌或仪式中的菜肴出现的[6]。《内则》篇在一长串的菜单中提到了几种脯，它告诉我们，在官事正餐中，切片鲜肉（脄）或干肉（脯）都会用到，但两者不会同时使用。如果使用了一个，就不会使用另一个[7]。在《丧大记》，鱼腊（干鱼）被列入葬礼上棺材旁边摆放的食物[8]。

但是，所有这些文献实际上都未说明脯和腊的制作方法。可以肯定的是，我们知道肉需要进行切片和干燥，但是，并不了解其详细加工过程。后来，我们再次等到《齐民要术》的出现才获得了它的资料，其用了一整篇（第七十五篇）的篇幅介绍了脯和腊的制作方法。在前述的七个方法中，方法 7 "浥鱼"（湿咸鱼）已经在本书讨论鱼的保藏时列举过了（p.383）。为了鉴别制作过程，我们现在将方法 1 全文抄录如下[9]：

---

① 译文见 Wilhelm（1968），p. 489。谢大荒（1959），第 184 页。

② 《论语》，译文见 D. C. Lau，p. 103。

③ 《周礼》，"膳夫"，第三十四页；"外饔"，第三十九页；"笾人"，第五十四页和"腊人"，第四十三页。

④ 《周礼注疏》，第六十五页。

⑤ 郭庆藩编（1961），第二十六篇，《外物》，第 925 页。译文见 Burton Watson（1968），p. 296，经作者修改。

⑥ 《礼记》，第二十八页、第七十二页和第七十六页。

⑦ 《礼记》，第四五九页和第四六〇页。

⑧ 《礼记》，第七三二页。

⑨ 《齐民要术》，第四五九页。

　　五味脯制作方法：最佳制作时间为一月、二月、九月或十月。牛、羊、狍、鹿、野猪、家猪等的肉均可使用。将肉切成条或片，其切割方向应顺着肉的纹理，而不要横向[1]。切好后分开放置。

　　将（牛、羊等）骨头捣成碎块，经过一段时间的熬煮后，倒出清汤，撇掉表面漂浮物，让汤静置澄清。取上等豆豉，用冷水洗去杂质，再放入骨头汤中熬煮。当汤的颜色和味道合适后，取出，并滤掉豆豉。晾凉后，添加适量的盐调味，不要太咸。细切葱白，并与花椒粉、生姜和橘皮一起加入到汤里。添加量依自己的喜好而定。将肉片浸入汤里，用手揉搓，直到调味料全部吸收进肉内。

421

　　腌渍三夜之后，收集肉片脯。对于肉条，需要经常品尝味道，味道适当后，取出，用绳穿过肉片，挂到房屋北侧的屋檐下，让肉风干。当达到半干时，用手揉挤肉条。肉脯制作好后，贮藏在空闲安静的房间里，如果房间里有烟，脯的味道会变苦。脯片应装入纸袋悬挂起来，否则，放在坛子里容易腐败，而不覆盖纸又会落上苍蝇。在腊月制作的脯条称为"瘃脯"，其保质期可以过夏天。在食用干肉时，应先食用较肥的，因为脂肪油腻，容易变质不耐久。

　　〈作五味脯法：正月、二月、九月、十月为佳。用牛、羊、獐、鹿、野猪、家猪肉。或作条，或作片，罢，（凡破肉，皆须顺理，不用斜断。）各自别椎牛羊骨令碎，熟煮取汁，掠去浮沫，停之使清。取香美豉，（别以冷水淘去尘秽。）用骨汁煮豉，色足味调，漉去滓。待冷下：盐；（适口而已，勿使过咸。）细切葱白，捣令熟；椒、姜、橘皮，皆末之，（量多少。）以浸脯，手揉令彻。片脯三宿则出，条脯须尝看味彻乃出。皆细绳穿，于屋北檐下阴干。条脯浥浥时，数以手搦令坚实。脯成，置虚静库中，（着烟气则味苦。）纸袋笼而悬之。（置于瓮则郁浥；若不笼，则青蝇、尘污。）腊月中作条者，名曰"瘃脯"，堪度夏。每取时，先取其肥者。（肥者腻，不耐久。）〉

　　从上述介绍，我们可以看出，该制作过程包括三个步骤：首先，将肉沿其纹理方向切成片或条；然后，将它们浸渍到用骨头和豆豉熬煮，用盐和调味料调配的汤里；最后，用绳挂起来风干。其他五个方法的制作过程也可以仿照这个方法进行调整。例如：

　　方法 2，白脯：用简单的盐水浸渍，半干时轻轻拍打以除去残留水分[2]。

　　方法 3，甜脯：切片肉直接风干，无需盐渍，无需加盐。

　　方法 4，鱼脯：盐水强制注入整鱼的腹腔，然后风干。当鱼干燥后，取出内脏，用醋腌渍。

　　方法 5，五味腊：把鹅、鸭、鸡、兔、鱼等，清洗后，按方法 1 制作过程制作。

　　方法 6，白腊：肉洗净后，用开水煮熟，然后风干。

　　上述各项的制作过程最好安排在十二月份，即腊（臘）月。这可能是后来的几个世纪里，将干腌肉普遍称为腊（臘）肉的原因。这个名词是南宋陈元靓在他的《岁时广

----

　　[1]　此处的告诫与上文（pp. 60—70）所讨论的《礼记》中的说法恰好相反，那里是要将肉切成片来制作脍。而此处，切肉时要求沿着肉的纹理，以便使肌肉纤维更多地保留完整。这种肉条或片能够经受得住更多的加工处理。就坚实程度而言，脯很像现代西方的牛肉干。

　　[2]　由于周代初期，豆豉尚未发明，最早的脯很可能就是采用这里所介绍的方法制作的，即用盐水作为腌渍液。

记》里首先使用的[①]。后来，在文献中，由"臘（音 la）"取代了"腊（音 xi）"。腊和脯在《四时纂要》（晚唐）、《武林旧事》（1280 年）和《梦粱录》（南宋）中都有提及[②]，在《东京梦华录》（1147 年）里提到了脯[③]。在宋代以后的文献里很少提到腊，而脯在 18 世纪末之前还能偶尔见到。

在《吴氏中馈录》中，在标题为"脯和鲊"的一节里，介绍了一种干咸肉制作法（盐肉法）和一种风干咸鱼制作法（风鱼法）[④]。在《居家必用》（元）、《饮馔服食笺》（1591 年）、《食宪鸿秘》（1680 年）和《醒园录》（1750 年）中，相关配方的数量增加到了 10 个左右[⑤]，它们的加工过程或特征都包含有腌（盐渍）、脯（干制）或腊（臘，干腌）。这类制作过程，都包括揉盐，盐渍，涂抹调味料、添加酒或酒糟或醋，以及风干、晒干、烤干或熏干。前一批用后的盐水，一般都再用作腌渍液。如果用料太硬，则要通过压榨使其中的水分溢出。这种加工方法所适用的原料有猪肉、羔羊肉、牛肉、鹿肉、狍子肉、猪口条、猪肘、牛口条、鸭肉、鸡肉、鹅肉以及各种鱼等。

在这类产品中，最为著名的是金华火腿。制作这种火腿的技术，是从制作腊肉方法中衍生而发展来的。该方法最早出现在《居家必用》的"婺州腊猪法"中，现转录如下[⑥]：

> 每批以三斤猪肉为宜。每斤猪肉需要揉进一两盐。装缸用盐渍数天，每天翻动两到三次。再将它们放到少量酒和醋中，再腌渍三到五天，每天翻动三到五次。取出肉块控干。准备一锅滚烫开水和一壶香油。分开大块的猪肉，将各肉块逐一浸入开水中，然后迅速取出来。趁热将香油均匀涂抹在肉上，并把它挂在炉子的上方进行烟熏。一天之后，再用浸渍液和醋涂在肉上，再腌渍十天。然后取出肉块，挂在炉子上方进一步烟熏。如果普通的炉灶不能产生足够的熏烟，可以用稻笼糠闷烧使其产烟，烟熏十天即可，但此其间应该昼夜连续熏不要停顿。用同样的方法也适合于制作腊羊肉。

> 〈婺州腊猪法：肉三斤许作一段。每斤用净盐一两，擦令匀入缸。腌数日，逐日翻三两遍。却入酒醋中停，再腌三五日，每日翻三五次。取出控干。先备百沸汤一锅、真芝麻油一器，将肉逐旋各窝，略入汤蘸，急提起，趁热以油匀刷，挂当烟头处熏之。日后再用腊糟加酒拌匀，表裹涂在肉上。再腌十日。取出挂厨中烟头上。若人家烟少，集笼糠烟熏十日可也。其烟当昼夜不绝。羊肉亦当依此法为之。〉

---

① 《中国烹饪百科全书》，第 316 页。

② 《四时纂要》，第十二月；《武林旧事》卷六（第一二四页）、卷九（第一七二页）；《梦粱录》卷十三（第一〇九页和第一一一页）、卷十六（第一三四页）。

③ 《东京梦华录》卷八，第五十三页。

④ 《吴氏中馈录》，第八页。

⑤ 《居家必用》，第七十四页、第七十五页、第七十六页、第七十七页和第八十二页；《饮馔服食笺》，第七十页、第七十一页、第七十六页、第七十八页和第八十二页；《食宪鸿秘》，第九十八页、第一〇三页、第一〇七页、第一一四页、第一二二页、第一二三页、第一二四页和第一二五页；《醒园录》，第一十八页、第一十九页、第二十页、第二十二页、第二十三页、第二十四页和第三十四页。

⑥ 《居家必用》，第七十四至七十五页。

制作火腿（包括金华火腿）时，制作方法调整的详细内容在《饮馔服食笺》、《食宪鸿秘》、《醒园录》和《调鼎集》中均有介绍[①]。其中的一种创新是，在腌渍期间，用大块石头通过竹帘压在猪肘上，毫无疑问，这有助于其排出水分和吸收盐分。现在制作火腿主要在工厂里进行，制作顶级火腿的工厂全国至少有 15 座。但是，金华火腿仍然被认为是最好的[②]。

尽管我们能够找到从远古到现在腊肉和肉脯加工技术发展的脉络，但是，有些怪圈却破坏了记录的连续性，如香肠（旧称灌肠）的历史就是这种情况。将细切肉充填于肠内做成香肠，可能就是一种古老的技艺[③]，但是，我们所发现的最早配方，其记载始于《齐民要术》（544 年）中的第八十篇[④]。在北宋都城开封及南宋都城杭州的市场上，灌肠是精致的加工食品[⑤]。据推测，当时也有肉灌肠。但是，在宋、元和明期间，我们只在元代的《居家必用》中发现了一个灌肠配方，即将羊血灌入肠衣内制成灌肠，此配方也出现在《多能鄙事》（1370 年）中[⑥]。直到四百年后我们才又发现了另一种灌肠配方，它出现在《醒园录》（1750 年）中[⑦]。但是并未提到血肠。在这个配方中，介绍了猪肉灌肠的制作方法以及灌肠的风干。猪肉灌肠的制作配方及方法也被收进了《调鼎集》（19 世纪）内[⑧]。现在，一般称肉灌肠为香肠，它是肉品工业的重要产品之一[⑨]。广东的腊肠，在全国及世界各地华人社区都享有盛名。

另一个怪圈出现在称为"鲞"的半干腌鱼产品的发展历程上。在《齐民要术》中，尽管介绍了浥鱼（上文 p.383）等腌鱼产品，却没有使用"鲞"这个词。同样，《梦粱录》（1320 年）记录了当时南宋都城的状况，其中告诉我们杭州有一个鲞业商贩常常聚集的特殊街区，共有一二百个经营鲞的商店，其买卖范围涉及杭州城内外[⑩]。商品包括 16 种以上的鲞及各种加工海产品。显然，鲞是南宋时一种重要的食品。但是，在我们所查阅到的宋代之前或宋代之后的食品文献中，却极少提及它。

另一方面，一种独特的加工食品却被写进了食品著作，那就是细研瘦肉或鱼制品的"松"，这种产品在西式食品中没有与之对应的品种。"松"的字面意义就是疏松、宽松或松懈。《食宪鸿秘》（1680 年）、《养小录》（1698 年）和《随园食单》（1792 年）中有一个鸡松的制作方法，《醒园录》（1750 年）中有几个猪肉松和鱼肉松的制

423

424

----

① 《饮馔服食笺》，第七十一页；《食宪鸿秘》，第一二二一一二三页；《醒园录》，第一十八一一十九页；《调鼎集》，第二一六一二一七页。

② 《中国烹饪百科全书》，第 256 页。宣威火腿紧随其后，列第二。

③ 达比等人 [Darby, Ghalioungui & Grivetti (1977), p.161] 也悲叹缺少古埃及和地中海地区香肠情况方面的资料："有关这种食品制作的历史记载奇缺；我们未获得王朝期间（Dynastic Period）的任何有关记载来讨论它。但是，在埃及的拜占廷时期晚期（Late Byzantine Period），即 641 年征服阿拉伯之前，在埃及中部香肠产业正值兴旺时期，这可能表明其具有比记载更为久远的历史"。

④ 《齐民要术》，第四九四页。将切碎和适宜风味的羊肉填充进羊肠内，生香肠烧烤后再使用或贮藏起来。

⑤ 《东京梦华录》卷三，第二十二页；《武林旧事》卷六，第一二二页。

⑥ 《居家必用》，第九十七页；《多能鄙事》，采自篠田统和田中静一编（1973），第 381 页。

⑦ 《醒园录》（第二十四页）使用猪肉片、调味料和猪小肠，通过风干制成腊肠。

⑧ 《调鼎集》，第一九八至一九九页。

⑨ 《中国烹饪百科全书》（1992），第 634 页。

⑩ 《梦粱录》，第一三九页。

作方法①。为了描述典型的制作过程，现将《醒园录》中的一个猪肉松制作方法抄录如下供参考②：

> 取一整块猪腿肉，[在水中]用热火彻底熬煮。斜向切成大块，加入香菇，并在原汤中继续熬煮，直到肉块开始软烂。取出瘦肉，用手将其撕成碎丝。在肉丝中加入甜酒、酱油、八角粉和少量糖，使用慢火在炒锅内烘烤。加热过程中应不断搅拌，直到所有的水分全部蒸发掉为止。取出并保藏起来。

> 〈做肉松法：用猪后腿整个，紧火煮透，切大方斜块，加香蕈，用原汤煮至极烂，取精肉，用手扯碎。次用好甜酒、清酱、大茴末、白糖少许，同肉下锅，慢火拌炒至干，取起收贮。〉

这些文献的数据说明，制作肉松的技术可能完善于明末或清初，其产品很快就得到了消费者的青睐，并延续至今。这种产品的保存期长，是一种特别受欢迎的早餐吃粥佐料③。

（iii） 水果的保藏

中国保藏水果或延长水果保存期的传统方法有三种：干制、糖渍和贮藏于人为控制的环境中。其中，干制是最为简单的方法，无疑也是最为古老的方法。《周礼》在周朝宫廷祭祀上由笾人提供的美食中就有干制的水果④。汉代及其之前的文献中，没有其他有关保藏果品方法的介绍。但是，所有这三种方法的实例均可以在《齐民要术》（544年）中有关果树栽培（第三十三至四十二篇）中找到。首先，我们看一下干制。在第三十三篇中，有介绍干制枣子的方法⑤：

> 晒干枣法：先清理好地面，否则地面上的藜草会造成枣带臭味。搭建起支架，并铺设上竹帘。将枣散放在竹帘上面，用无齿刮板整理成堆，然后再均匀摊开。每天重复进行这种操作20次。在夜里，仍然是摊开状态，夜间的冷风有助于加快干燥。在雨天，应当用草帘覆盖好。经过五六天后，分别捡出[已几乎干燥的]红软枣，将它们放到高层的竹帘上，在阳光直射下干燥。当干燥好后，即使是堆成一尺厚的堆也不会坏。挑选出有腐烂征兆的枣，这些枣晒不干，只会污染好枣。那些尚未干燥的枣，依照上述方法继续晒。

> 〈晒枣法：先治地令净。（有草莱，令枣臭。）布椽于箔下，置枣于箔上，以杌聚而复散之，一日中二十度乃佳。夜仍不聚。（得霜露气，干速，成。阴雨之时，乃聚而苫盖之。）五六日后，别择取红软者，上高厨而曝之。（厨上者已干，虽厚一尺亦不坏。）择去胮烂者。（胮者永不干，

---

① 《食宪鸿秘》，第一一四页，该方法也适用于制作鱼、猪肉和牛肉松；《养小录》，第八十六页；《醒园录》，第二十二页和第三十四页；《随园食单》，第六十九页。
② 《醒园录》，第二十二页。
③ 在华南和台湾地区较好的饭店里，早餐中常见有这种形式的肉松或鱼松制品。
④ 《周礼·笾人》，第五十四页。
⑤ 《齐民要术》，第一八三页。这种方法很像中国河北现在所采用的方法，参见缪启愉（1982），第189页，注释22。在《名医别录》（510年）中，称为大枣的干枣被列为上品药。参见《本草纲目》卷二十九，第一七五六页。

留之徒令污枣。）其未干者，晒曝如法。〉

在另一个经过改进的方法中，先将枣切成片，然后干燥，制成枣脯。沙果脯（柰）也是采用同样方法制成的[①]。当然，水果也可以用火烤干，有一种干柿子就是采用烤法的[②]。水果加工还可以采用烟熏法，所谓的乌梅，就是鲜果经烟熏制得的产品，它主要作为药品使用[③]。还有一种方法，首先将梅在盐水里浸泡一夜，然后在太阳底下干燥，如此重复 10 次，即得到干"白梅"[④]。用类似的方法，可以制作干"白李"[⑤]。

也许是由于技术简单，所以在宋代到清代的主要食品著作中，很少见到讨论水果干制的记载。但是，在蔡襄的《荔枝谱》（1059 年）中却有提及，书中介绍了两种制作干荔枝的方法[⑥]，在王祯的《农书》（1313 年）中，也介绍了制作干柿子（通常称为柿饼）的方法[⑦]。

第二种方法是，用糖浸渍水果，它与用盐浸渍蔬菜、肉和鱼相似。在《齐民要术》中，有几个应用实例，其中葡萄干的制作方法如下[⑧]：

> 收集整串熟透的葡萄后，用刀除去梗，但是应当注意不要让果浆流出来。用两分蜂蜜和一分脂（葡萄汁?）混合，然后将葡萄粒放进去，用文火熬煮四五次。捞出葡萄粒，然后风干就完成了。采用这种方法所获得产品，不仅味美，而且可以贮藏过夏季也不会腐烂。

〈作干葡萄法：极熟者——零叠摘取，刀子切去蒂，勿令汁出。蜜两分，脂一分，和内葡萄中，煮四五沸，漉出，阴干便成矣。非直滋味倍胜，又得夏暑不败坏也。〉

一个有趣的调整是：在四川制作梅的方法中，有用糖浸渍之前先用盐浸渍水果

425

---

① 《齐民要术》，第二一五页。
② 《齐民要术》，第二一八页。
③ 《齐民要术》，第二〇〇页。在第八十八篇中，这种乌梅的提取物可用来保藏瓜，参见表 38。
④ 《齐民要术》，第二〇〇页。
⑤ 同上，第一九七页。
⑥ 《荔枝谱》，第三页，其中记载了两种方法：

第一种为红盐法："在乡下，人们将红芙蓉花浸泡在咸李子汁中，得到红煎汁。然后将荔枝果浸泡在里面，再在露天晒干，所得产品呈红色，味酸甜，可保存 3—4 年不变质。但是，其味道与天然荔枝的味道不同。"（"民间以盐梅卤浸佛桑花为红浆，投荔枝渍之，曝干色红而甘酸，可三四年不虫。"）

第二种为白晒法："在强烈阳光下晒干水果，直到果肉变硬为止。将其在密封的坛内贮藏约 100 天，该过程称为'出汗'，出汗后的荔枝具有较长的保存期，否则一年内就会腐烂。"（"正尔烈日干之，以核坚具止。畜之瓮中密封百日，谓之出汗。去汗耐久，不然逾岁坏矣。"）

在 1630 年的《群芳谱》［采自王尚殿（1987），第 204 页］中，介绍了上述方法的改进方案。李时珍在《本草纲目》（卷三十一，第一八一七页）中强调："荔枝果肉，鲜时呈白色，干后呈红色。可晒干，也可用火烤干。"

⑦ 王祯，《农书》；转引自王尚殿（1987），第 206 页，其中说道：

制作柿饼的方法："削去柿子的表皮，压扁并然后晒干，再将其装入坛内保藏。当其表面形成霜粉后，即可食用。它属于一种凉食品。"（"生柿揽去厚皮，捻扁，向日曝干，内于瓮中，待柿霜具出可食。甚凉。"）

根据王尚殿（同上）说，当今山西和陕西一带依然采用这种方法制作柿饼。在明代小说《西游记》中，作为一种精美果品提到了柿饼，参见第七十九回（第九〇八页）、第一〇〇回（第一一二六页）。

⑧ 《齐民要术》，第一九二页。

426 的^①；用蜂蜜作为腌渍剂，在《荔枝谱》（1059 年）中扩展运用到了荔枝上，而在《橘录》（1178 年）中运用到了柑橘上^②。这种用蜜渍法保藏水果获得的成品用前缀"蜜煎"称呼，后来称为"蜜饯"，可翻译为"honeyed sweetmeat"（蜜渍甜食）^③。"蜜煎"一词首先出现于《三国志》中（约 290 年），其中提到了蜜煎莲子、竹芋片和冬瓜条^④。根据《辽史》记载，在契丹送给宋朝皇帝的贡品中就有蜜煎^⑤。根据《东京梦华录》（1147 年）记载，在北宋都城开封的市场上，已有贩卖雕成花朵形状的蜜煎，即蜜煎雕花^⑥。《武林旧事》（1280 年）指出，各种蜜煎，也包括蜜煎雕花，它既可以用于皇宫，也可以在杭州市场上贩卖^⑦。综合这些资料可知，用蜂蜜浸渍水果的方法可能是在东汉时期被人们知晓的，而在宋代普及并成为一种流行食品。

我们发现，在宋代，蜂蜜已开始被蔗糖所取代并应用于水果保藏中了^⑧。在元代，随着蔗糖更加容易获得，这种取代的发展趋势一直持续着^⑨。在《居家必用》中，标题中含有蜜煎配方的就有六个^⑩，其中一个是制作普通水果蜜煎的，其他分别是制作冬瓜、生姜、竹笋、青杏和竹芋蜜煎。在普通水果蜜煎配方中，对于酸水果，建议在用蜂蜜熬煮之前，使用朴消（crude solve）进行处理^⑪。在"蜜渍"配方中，有五个"糖渍"甜食配方，分别是糖渍脆梅、椒梅、杨梅、竹芋和木瓜，所采用的制作程序与蜜渍甜食相同，只是蜂蜜被换成了蔗糖。对于草莓和温梨，其产品是晒干的，而后贮藏。在明清时期的食品著作中，已有加蜜和加糖两类产品的配方^⑫。

① 同上，第二〇〇页。全文如下：

《食经》中介绍的方法：取大梅杏，剥皮，[盐] 腌后晾干，但不要将其暴露在风中。经两夜后，洗去表面的盐，放到蜂蜜中浸渍。每月更换一次蜂蜜。在一年内，它们都仍然新如鲜果。

〈《食经》曰："蜀中藏梅法：取梅极大者，剥皮阴干，勿令得风。经二宿，去盐汁，内蜜中。月许更易蜜。经年如新也。"〉

② 《荔枝谱》，第四页；《橘录》，第十三页。《本草纲目》（卷三十一，第一八一七页）把这种方法称为"卤浸蜜煎"。

③ 《便民图纂》卷十四，第十四页。

④ 《三国志》；引文见王尚殿（1987），第 205 页。

⑤ 《辽史·地理志》；引文见王尚殿（同上）。

⑥ 《东京梦华录》卷二，第十五页。

⑦ 《武林旧事》卷六，第一二三页；卷八，第一六三页；卷九，第一七一页。

⑧ 参见，例如：《东京梦华录》（卷二，第十五页）中的香糖果子；《武林旧事》（卷六，第一二三页）中的糖脆梅和乌梅糖；《梦粱录》（卷十六，第一三七页）中的糖蜜果食。

⑨ 甘蔗加工技术详见本书第六卷第三分册。

⑩ 《居家必用》，第三十至三十二页。

⑪ 《居家必用》，第三十页。本组的其他配方可能建议用开水漂烫或用石灰水、盐水或碳酸铜溶液进行预处理。根据李约瑟等在本书第五卷第七分册（pp.100ff）中对于硝石及其相关产品建议的命名原则，将"朴消"翻译为"crude solve"。

⑫ 例如：《多能鄙事》（1270 年）卷三；篠田统和田中静一编（1973），第 388—391 页；《臞仙神隐书》（1400 年），第三、四、六和七月；篠田统和田中静一编，同上，第 418 页、第 421 页、第 432 页；《便民图纂》（1502 年）卷十四，第十四页；《食宪鸿秘》（1680 年），第九十一页、第九十二页、第九十五页和第九十六页；《调鼎集》（19 世纪），第八〇一页、第八〇二页、第八〇八页、第八一七页、第八一八页、第八二七页、第八三三页、第八四四页和第八四六页；《养小录》（1698 年），第六十四页、第六十五页、第六十六页、第六十九页。在《醒园录》（1750 年）或《随园食单》（1792 年）中很少看到加工水果，而主要集中在美味菜肴制作方面。不过，这种产品在当今中国烹饪体系中依然占有重要地位，参见《中国烹饪百科全书》，第 376 页。

427

延长水果（也包括蔬菜）保存期的第三种方法是，将其贮藏在人为控制的环境中。《周礼》记载说，"场人"在不同季节收获珍果，将其贮藏起来，但是，并未说明贮藏的方法①。我们只能推测，古人所用的方法与《齐民要术》（544年）中记载的方法相似。在这本无价之大全古书中，介绍了三种长期贮藏水果的方法。

第一种是，在低温的封闭空间内贮藏水果，应用于葡萄贮藏②：

> 葡萄贮藏方法：葡萄完全成熟之后，卸下整架葡萄藤。在屋内挖出一坑，并在地面附近的墙壁上开出一个孔洞。将葡萄藤插进孔洞中并压紧。用土把坑覆埋好。这样，葡萄在整个冬季都能够保持新鲜。

〈藏葡萄法：极熟时，全房折取。于屋下作荫坑，坑内近地凿壁为孔，插枝于孔中，还筑孔使坚，屋子置土覆之，经冬不异也。〉

用同样的方法可以贮藏梨③：

> 梨的贮藏方法：在第一次下霜之后，立即将梨采摘下来。如果被霜打太多，则无法贮藏到夏季。在屋内挖出深阴坑，但是坑底不得太潮湿。将梨藏入坑内，但是不要覆盖。这样做的梨可以贮藏到夏季。采摘时必须仔细小心，不要造成损伤。

〈藏梨法：初霜后即收。（霜多即不得经夏也。）于屋下掘作深荫坑，底无令润湿。收梨置中，不须覆盖，便得经夏。（摘时必令好接，勿令损伤。））〉

地坑贮藏具有两个条件，可以帮助减缓引起水果腐烂的新陈代谢活动。第一是温度：中国北方的典型温度接近冰点，较低的温度就意味着较低的新陈代谢。第二是控制气体流通量：在贮藏过程中，水果在不断地进行着呼吸，即吸入氧气，呼出二氧化碳。但是，由于水果贮藏在一个空气不流通的封闭坑内，使得空气中的氧气含量不断减少，进一步阻碍了新陈代谢活动。如果坑内湿度适宜，则水果不会脱水变干。当这些条件确定后，贮藏成功与否，很大程度上取决于水果的完整程度。如果它们有损伤，那么它们很容易受到微生物的污染。所以，作者特别强调梨子在摘取的时候不要受到伤害。对于葡萄来说，由于采取整架葡萄收获和贮藏，人手不会接触到葡萄粒。

第二种方法是，以惰性材料包裹，用贮藏板栗为例④："鲜栗贮藏方法：将栗放进容器里。填入晒干了的细沙，用瓦盆覆盖住器口。到第二年的第二个月，即使全部都发芽了，也不会生虫子。"（"藏生栗法：着器中；晒细沙可燥，以盆覆之。至后年五月，

428

① 《周礼·场人》卷四，第一七七页。
② 《齐民要术》（第三十四篇），第一九二页，由作者译成英文，借助于 Shih Sheng-Han (1958), p. 60。我们的翻译与石声汉的译法有几处有些不同。首先，在石声汉的版本中，葡萄是"按单独的串"（in separate clusters）收获的，我们则译为"以卸下整架"（a whole vine）收获的；第二，在石声汉的版本中，坑壁开出"几个"孔洞，而我们认为只有"一个"孔洞；最后，根据石声汉的译法，最后一步是"用土充填和封盖地坑"（fill and cover the pit with earth），我们认为应该是"用土封住坑口"（fill the opening to the pit with earth）。参见缪启愉所作的注释（1982），第195页，注释33。
③ 《齐民要术》（第三十七篇），第二〇五页，由作者译成英文，借助于 Shih Sheng-Han (1958), p. 60。
④ 《齐民要术》（第三十八篇），第二一〇页，同上。根据缪启愉〔（1982），第212页〕所作的注释，板栗通常贮藏到下一年的"第二个月"，而不是石声汉翻译版本中的"第五个月"。

皆生芽而不虫者也。"）

因埋没在沙子中，板栗的呼吸速度很低。但是，这种方法可能是干傻事，仿佛把板栗栽种在土里一样，最终它们都会全部发芽。不管怎么说，这种方法可以被视为空气调节法的一个极端的例子。

第三种方法，是我们在表 38（p. 406）中已经讨论过的制作梨菹的方法[①]。在这里，我们只关心制作方法的第一部分，即制作溲。其中，将小梨浸泡在装有水的瓶子里，可从秋季贮藏到第二年的春季。要食用时，先削去皮，切成片，再用蜂蜜调味。

在后来的文献中，很少有应用第一种方法的实例，但是有一些模仿的做法，水果贮藏时所使用的是密封大瓮，而不是地窖。《居家必用》（元代）介绍了用锡镶坛罐贮藏橄榄，其中，装满以后再用纸密封起来[②]。在《便民图纂》（1502 年）和《食宪鸿秘》（1680 年）中，又再次提到了这种方法[③]。在《食宪鸿秘》中，在坛口处设置了一环形水槽，用瓷碗封盖。在水槽中装入 80％ 的水，必要时，可不断地予以补充水。这种密封方法可保持坛内的气密状态，所产生的湿气可防止水果脱水变干。《居家必用》中还有另外一个例子，利用陶罐来贮藏石榴。石榴在采摘时需要保留果柄，装入陶罐后，用纸密封[④]。

《居家必用》介绍的用水浸泡的第三种方法，尤其适用于绿色水果的贮藏[⑤]。书中建议使用十二月份收集的水（腊水），并喷入铜青末（碳酸铜）强化。适合于用这种方法贮藏的水果有李子、枇杷、苹果、枣、葡萄、菱角、甜瓜和橄榄。《便民图纂》中重复介绍了这种方法[⑥]。《食宪鸿秘》中介绍了一种改进的方法，即使用薄荷醇和明矾代替了铜青末[⑦]。这种完整的贮藏过程在《调鼎集》中也再次提到[⑧]。

食品文献中最为重视的是第二种方法。《橘录》（1178 年）建议，柑橘采摘后应贮藏在气密的房间内，周围用稻草围住[⑨]。该房间应当尽量远离有酒的地方，这一点非常重要。一旦发现有受损伤的柑橘，应及时挑出来，以免污染其他好果。《多能鄙事》介绍了这种方法的三个不同的实施方案[⑩]：一个是将柑橘贮藏在松枝内，第二个是埋在绿豆中，第三个是在锡镶坛罐中将柑橘埋在芝麻里。第二和第三个方案又出现在《便民图纂》中，并强调，由于稻米会加快腐烂，因此柑橘不得接触稻米[⑪]。将柑橘贮藏在松枝

429

---

① 《齐民要术》（第八十八篇），第五三五页。

② 《齐民要术》，第三十六页。

③ 《便民图纂》卷十四，第十二页。《食宪鸿秘》，第八十九页。

④ 《齐民要术》，第三十五页。另可参见《食宪鸿秘》卷十四，第十二页。

⑤ 《齐民要术》，第三十五页。铜青（碳酸铜）估计是用作杀真菌的。

⑥ 《便民图纂》卷十四，第十三页。

⑦ 《食宪鸿秘》，第九十六页。

⑧ 《调鼎集》，第八一六页，文中重申了在水中添加铜青（碳酸铜）、薄荷醇或明矾。

⑨ 《橘录》，第十二页。

⑩ 《多能鄙事》，见篠田统和田中静一（1973），第 12 页。

⑪ 《便民图纂》卷十四，第十二页。石声汉指出王尚殿（1987），第 207 页，水果采下后其代谢受到了乙烯和乙醇的抑制。因此，避开酒进行贮藏有其科学道理。脱壳稻米有害的原因并不在于稻米本身，而是寄生在谷物上的微生物。另一方面，芝麻和绿豆需要涂敷蜡膜，以避免其表面的微生物污染。

内或埋在绿豆中的方案，在《养小录》、《醒园录》和《调鼎集》中都被重新提到①。

《齐民要术》所给出的用沙子贮藏板栗的方法，在《居家必用》和《便民图纂》中又再次提到，但是，在清代后期的文献中却不见提及②。在《居家必用》中还将这种方法扩展到了贮藏另外两种水果，一种是将枣贮藏在秫秸中，另外一种就是将梨和萝卜根混在一起贮藏③。每个梨子带完整的柄一起摘下，将梨的果柄插入萝卜，然后用纸包裹起来。据说，这种方法也适用于柑橘。

一些资料表明，上文所提到的各种方法，在宋代到清代期间得到了广泛应用。但是，随着 19 世纪末从西方引进了制冷贮藏技术后，传统的水果贮藏方法便使用得越来越少，在城市尤其如此。然而，在像陕西黄土地区那样的农村里，天然窑洞很多，采用控制环境贮藏水果法，可能仍然是延长生鲜水果保存期的一种方便和经济的方法。

制冷贮藏是一种现代技术，但是用冰贮藏食品却不是。正像我们将会看到的那样，它实际上是中国人所知道的最为古老的食品贮藏方法之一。

（iv）冷　藏

据我们所知，贮藏天然冰的最早资料见于《诗经》中。我们在上文（p. 18）已经提到，在著名的《豳风七月》这首诗里，其最后一节前两行如下：

> 二月日子里，他们丁当做响劈开了冰凌，
> 三月日子里，他们把冰送到了冷房。

> 〈二之日凿冰冲冲，
> 三之日纳于凌阴。〉

其中，原文中的"凌阴"指"冷房"，根据郑玄的注释，意为"冰室"④。在《左传》中有记载说，鲁昭公统治期间的人们，已有采集、贮藏和使用冰的活动⑤。《周礼》中列出了"凌人"一职，表明冰在周朝宫廷生活中已经是一种重要的日用品，凌人的职责如下⑥：

> 凌人：主管与冰相关的事务。每年十二月命令切割冰块，估计共需要收集三次并贮存于冰屋。在春天，应准备大瓮（鉴）去冷藏食物。宫廷内外官员膳食所用的食物、酒和饮料均应贮藏在鉴内。冰冷藏用于祭祀所用食物，也用于国宴的宾客用

---

① 《养小录》，第六十四页；《醒园录》，第六十一页；《调鼎集》，第八四三页。

② 《居家必用》，第三十四页；《便民图纂》卷十四，第十三页。

③ 《居家必用》，第三十五页；贮藏梨的同一方法还见于《便民图纂》卷十四，第十三页。

④ 《毛诗》154，W159。"二"指的是第十二个月，而"三"指的是第一个月。关于古代中国贮冰职责的讨论参见单先进（1989），还可参见卫斯（1986）、陈洪（1987）、王赛时（1988）、郭伯南（1989b）和邢湘臣（1989）。

⑤ 《左传·昭公》（第四年，第二段）说，在公元前 538 年，冰是在山里采集的，然后运回首都，贮藏在冰窖内。冰不仅仅用于冷藏食物和作为饮料，而且还用于丧礼前皇家尸体的按摩和降温，期待长时间地保鲜到葬礼结束。

⑥ 《周礼·凌人》，第五十三页。

食物，还用于天子或王后的丧事中供奉的食物。在夏季，应将冰作为礼物赠与获奖官员。所有这些活动均归凌人管理。在秋天，他应清理冰屋，开始新一轮冰的采集和贮存。

〈凌人：掌冰，正岁十有二月，令斩冰，三其凌。春始治鉴。凡外内饔之膳羞，鉴焉。凡酒浆之酒醴，亦如之。祭祀，共冰鉴；宾客，共冰。大丧，共夷槃冰。夏颁冰，掌事。秋刷。〉

"鉴"可能是一种类似于现在冰盒的容器。装好了要保存的易腐败食物后，小型容器放置于中型的鉴内，外侧用冰包围，而鉴本身则贮存在冰屋内。在春秋战国时期的古墓中，中国发掘出的青铜鉴已有 20 多个[1]。其中，最有价值的是从曾侯乙（约公元前450 年）墓中发现的那个美丽的鉴，如图 90 所示[2]。冰的收集与贮存在《礼记》中也有提及[3]。为管理好凿冰贮藏工作，凌人配备有两名书吏、两名监管、两名助理监管、八名领班和八十名工人[4]。冰的管理是周朝宫廷中一项重要的事务，除了天子，别人不可支配。每个冬季必须收集如此大量的冰，人们所使用的工具设备是什么？文献中并没有相关的记载。不过，幸运的是，中国最近的考古发现为此问题提供了重要的参考资料。

图 90　曾侯乙（约公元前 400 年）墓中的冷藏青铜鉴，湖北省博物馆，Qian，Chen & Ru (1981)，p. 58。

---

① 陈洪（1987）。
② Qian Hao, Chen Heyi & Ru Suichu (1981)，p. 58。
③ 《礼记·月令》，第三〇四页。
④ 《周礼》，第二页。

在陕西省雍城附近的凤翔古迹中发现了春秋时期秦国的冰窖遗址，其夯实土质的平台中心处有一个大坑，平台的东西方向16.5米，南北方向17.1米[①]。矩形大坑2米深，其上口10米×11.5米，坑底8.5米×9米。该坑由至少3米厚的夯土墙所支承着。坑底铺着石条，衬有泥质管道的隧道从西墙引出，可以使融化的冰水从冰窖的地面流到附近的河里。冰窖的房顶是铺瓦结构，估计该冰屋可贮存190立方米的冰。在冰室的墙边，发现有大量干燥的和腐败的植物遗迹，可能是用作隔热材料的谷草。冰窖的示意图见于图91。

431

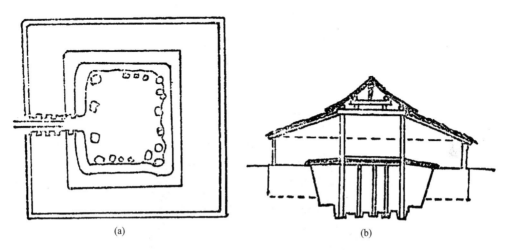

(a)   (b)

图91 春秋时期（约公元前500年）陕西凤翔的冰窖结构。据单先进（1989），第297页：
   （a）地基图；（b）复原图。

从战国宫殿位置处，还发掘出了几个不同造型的冰室遗址，取得了令人激动的硕果。其中，最为著名的是在河南新郑韩国都城发现的冰室。该冰室为矩形，南北28.5尺，东西8.2尺，高约7尺[②]。沿东墙有五个井，直径在30到38寸之间，深69到97寸。每个井均由环形陶圈上下叠放构成，井所占面积约为冰室面积的三分之一。在井中发现的东西，有砖瓦和厨房用具残片，包括碗、盘、锅、蒸具、管子，还有猪、牛、羊、鸡骨头等。在所发现的人工用具制品中，大概三分之二是动物骨头。在瓦片上发现有"公"和"株"等字样，分别被解释为"宫"和"厨"，所以"公株"就是"宫厨"的古文写法。因此，据这些人工制品说明，这些井并非属于供水系统，而是贮冰库房的组成之一。在咸阳的秦宫殿一号建筑地基处，也发现了七种相仿的冰井[③]。在这些井中发现了很多家畜骨头，说明它们是冰贮存系统的一部分。这种井，在燕国都城下都发现了三座，在楚国都城纪南发现了十八座[④]。所发现

432

  ① 陕西省雍城考古队（1978）。另见安金槐（1992），第344—345页。这种结构的冰室使我们想起了郭伯南（1989b）文中介绍的在北京所见的传统冰窖。的确，它与依然展示在弗吉尼亚州蒙蒂塞洛（Montecello，Virginia）18世纪托马斯·杰斐逊（Thomas Jefferson）庄园美国的冰窖相仿。
  ② 马世之（1987）。
  ③ 张厚墉（1982）；参见秦都咸阳考古工作站（1980）。
  ④ 河北省文化局文物工作队（1965）；湖北省博物馆江陵纪南城工作站（1980）。

的冰井，结构均一样，都是用大陶圈上下叠罗构成。冰井的纵断面如图 92 所示。在纪南的一个冰井底部发现了一个大瓮。当这些井初次发掘时，对于这些井的用途考古专家没有作出解释。现在，我们有理由确信，这些井就是具有良好隔热性能的，用于贮冰的地窖。

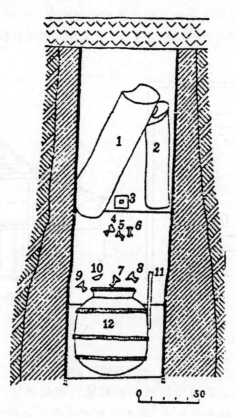

图 92　公元前 4 世纪的楚国都城纪南的冰井截面图。湖北省博物馆（1980），第
　　　　43 页。比例：30 厘米。冰井中发现的物件及其位置：1、2. 圆木；3. 其
　　　　他物件的木座；4、5、6、8、9. 陶斗（带底座的盘子）；7. 碎斗；
　　　　10. 碗；11. 碎犁；12. 陶罐。

　　冰室或冰井在《邺中记》（约 4 世纪）、《水经注》（约 5 世纪）、《洛阳伽蓝记》（530年）和《新唐书》中均有提及[1]。《太平御览》（983 年）指出，"宝井"用于贮藏珍贵的物品和食物[2]。宋代以后的文献很少提到冰井的情况。但是，在后来的几个世纪里，冰的应用却不断地增长。

　　除了用于贮藏食物外，冰还可能被直接用于作为冰饮料，这种饮料主要是为统治阶层享受用的奢侈品。在《楚辞》（公元前 300 年）的《招魂》中，当企图说服逝去的灵魂重返肉体的动机中，列有"加冰液体和滤出杂质后的清新凉爽的透明

433

　　① 《邺中记》（陆翙著），第一页；《水经注》（郦道元著），第二十页；《洛阳伽蓝记》卷一，第二页和第六页；《新唐书·百官志》，第一二四八页。
　　② 《太平御览·居处部》卷一八九，居处部十七，第九一七页。

酒"① （"挫糟冻饮，酎清凉些"）。在北齐期间（550—577 年），王子高睿在炎热的夏天率领一万军兵奔赴长城，其间他就收到了当地官员赠送的一车冰食品。但是，这些礼物不足以供应大军全体享用。由于不愿意撇开将士们而独自享受，他任由冰块融化掉了②。

在唐代，官员们都以收到了皇帝赏赐的冰为巨大荣耀③。诗人白居易在受到这种赏赐后，写了一首诗表示感谢④。但是，冰不再是皇宫所独有。杜甫曾在一首诗中提到，他在出游期间享受到了冰水和冰莲藕条。宋代的情形与此相仿。在 6 世纪时，北宋都城开封的市场上有冰雪和凉水贩卖⑤。据《梦粱录》记载，盛夏时，在南宋都城受召见的官员们，有时收到了来自皇宫的冰雪礼物，为他们缓解闷热的酷暑⑥。当时，杭州的一些茶馆里，竟然贩卖着冰梅花酒⑦。但是，冰价非常昂贵，据说夏冰贵如金⑧。

用冰冷冻的方法显然已经用到了乳品上。在北宋，在梅尧臣（1002—1060 年）的一首诗中提到了冰酥（冰黄油或奶油），在南宋杨万里（1127—1206 年）的一首诗中提到了冰酪（冰酸奶）⑨。我们不清楚冰酥和冰酪是否为一种食品，也不清楚它们的制作方法。冰酪是元朝皇宫中的一道佳肴。大学士陈基在收到顺帝赏赐的冰酪后，写了一首诗以示庆祝⑩。在宋代和元代，冰酪在达官贵人阶层中盛行，可能是中国发明了冰淇淋和 13 世纪马可·波罗（Marco Polo）将其从中国带回意大利这个传说形成的起因⑪。元代之后，冰酪在中国的食品中消失了。

用冰保藏鱼的方法，是在《吴郡志》（1190 年）中首次出现的⑫。这种方法在明代依然使用，在从长江地区沿大运河用船运到北京皇宫的途中，用冰保藏像鱼这样的易腐败食品⑬。到清代，冰已经成为非常普通的物品，小贩沿街叫卖加冰饮料和加冰食品的现象，在北京街头随处可见，无疑在其他主要城市也是如此⑭。关于贮冰室和用冰保藏鱼等易腐败食物的方法，历史资料很多⑮。但是，关于冰的收集、

434

435

---

① 《楚辞·招魂》，译文见 Hawkes（1985），p.228，第 103 行。关于冰饮的进一步情况，参见刘振亚和刘璞玉（1994）。

② 《北齐书·赵郡王》（636 年），中华书局版（1972），第 13 卷，第 171 页。

③ 《唐语林》卷四。

④ 《白居易》，引文见王赛时（1988），第 17 页。

⑤ 《东京梦华录》卷八，第五十三页。

⑥ 《梦粱录》卷四，第二十二页。

⑦ 《梦粱录》卷十六，第一三〇页。

⑧ 《岁时广记》卷二，第十七页，《四库全书》第四六七册，第二十页。

⑨ 引文见郭伯南（1989b）。

⑩ 同上，相关的诗句为："色赢金盆分外近，恩兼冰酪赐来初。"

⑪ Panati, C.（1987），p.418；另可参见郭伯南（1989b）和 Frances Wood（1995），p.79—80。

⑫ 《吴郡志》卷二十九，"土物"。

⑬ 牟复礼［Mote（1977），p.215］从顾起元的《客座赘语》中抄录了一段，介绍用于调节大运河上食物和其他物料运输的采购系统。指出，对于鲥鱼，应采用冷冻船运方式从南方运到北京。另可参见郭伯南（1989b），第 11 页，他引述了一段明代赞美用冰运输鲜鱼的诗句。

⑭ 《燕京岁时记》，引文见王赛时（1988），第 18 页。

⑮ 邢湘臣（1989）从当地史书中引用了一些冰窖和冰藏鲜鱼方面的文献。但是，并未介绍冰的制作和收集方法。

贮存和销售的方法，其文献却很少。令人惊讶的是，此类最为详细的资料却来自于外国侨民。1884 年，在中国长期观光的观察者福钧（Robert Fortune）从他在宁波的家中写给《园丁记事》（*Gardeners' Chronicle*）的信中，有下列一段精彩的描写，现推荐如下[①]：

中国的冰库。在我离开英格兰前不久，你在《园丁记事》上刊登了大量有关冰库建设的信件和计划。但是，我记得，似乎根本没有介绍到中国式的冰库。我现在可以介绍一下。在宁波河（甬江）的左岸，从清拜镇要塞上行，以及在中国北方的其他地区，我看到了这些冰库。当我去年（1843 年）冬天第一次考察它们时，发现其结构和情形，与我在英国通常见到的冰屋显然有很大的不同，我对它们的功效非常怀疑。但是现在，1844 年 8 月末，还有许多冰库装满着冰，似乎是要给我直接的答案。从我以前的介绍里，你也许已经了解到，宁波座落在一块平原的中心地带，横跨 20 到 30 英里。这些冰库就位于河边，在该平原的中部，完全暴露于太阳底下—这里的阳光与我们在英格兰所体验的完全不同—它清澈、凶猛和灼热，可以用来考验我们英格兰最好冰屋的功效，也可以用来考验一个在中国的英格兰人的体质。

冰库的地面与周围地面的高度差不多，一般为 20 码长，14 码宽。墙体是用泥和石头砌成的，很厚，约 12 英尺高，事实上，与其说是墙，不如说是堤。一侧有进出用的门，另一侧有用于扔进冰块的坡道。在墙体或者堤顶部有一竹架高台，上面覆盖着厚厚的茅草，整体看上去象是英格兰的干草堆。这种简单的结构，在中国夏季里的炎热阳光下，能够很好地贮存冰块。

一般精巧的中国人，能够用很简单的方法和微薄的费用来填充他的冰库。在其冰库的周围，有一小块平地，在冷天来临之前的冬天日子里，他在该地面上灌满水，这些水冻结后，就可以就近供给冰块了。春天，这块地又将犁耕，种上水稻。冰库底部排出的水可以通过专门设计的排水结构送到稻田里。当然，象英格兰一样，冰块装入冰库后，也用厚厚的茅草仔细地将冰块覆盖好。这样，中国人用很少的花费构建冰库，用经济的方式充填，从而可以在炎热的夏天里确保了保藏鱼所需要的冰块。我相信，这是该地区冰块应用的唯一，至少是主要的目的，而从不象我们在欧洲那样，用冰来冷却酒、水或再制作冰块。

的确非常幸运，我们获得了福钧这封理解深刻的信件。他的极具吸引力的解释回答了，至少是部分回答了我们对清代商业活动中冰的收集及贮存方法的问题，有效地解释了在中国城市里，冰如何成为一个随时取用和广泛应用的产品。在福钧的信中，附有一张冰库的图，即图 93。福钧关于冰块从不用于冷却酒或制作冰所作的判断，如果是针对一般情况的话，则显然是错误的；如果仅仅是指宁波地区他停留期间的情形，那么他可能是对的。在任何情况下，冰屋里将饮用水单独冻结和贮存都是一件很简单的事。我们不清楚这种巧妙的系统是什么时候发明的。但是，我们知道在福钧信件之后的一百年

436

里，冰库已经从中国膳食体系中消失了，它在与从西方引进的机械制冷技术的竞争中失宠了。

图 93　19 世纪中国宁波的冰库草图。Fortune（1853）I，p. 82。

（3）　油脂、麦芽糖和淀粉的生产

到此为止，我们对于中国加工食品技术的讨论，已涉及了用谷物酿制酒和醋、用大豆转化为多种豆制品以及肉、鱼、蔬菜和水果的腌渍和保藏。现在，我们将完成对那些技术的考察，这些技术就是将油料、稻米、小麦和其他谷物加工成营养的和诱人的食品的过程。尚需探讨的项目有：用油料作物榨取油脂、用谷物制作麦芽糖和淀粉、用小麦制作糕点和面条、用小麦制取面筋等。我们要首先讨论前 2 个项目，另外的项目将在下文讨论。

（i）用油料作物籽粒榨取油脂

记录南宋都城杭州日常生活的《梦粱录》（1275 年）中写道："盖人家每日不可阙者，柴米油盐酱醋茶"①。显然，到宋代，食用油已经发展成为生活谚语中的"七项必需品"之一了。然而，正如我们在上文介绍的那样（pp. 28—29），用作物油料榨油在汉代以前的中国还不为人知。在《周礼》和《礼记》中，烹调用油是动物油脂，或用现代的说法是"荤油"，与之对应的是植物油"素油"。较软的动物油脂称为"膏"，而较硬者称为"脂"②。事实上，古代文献中并没有"油"这个词，《说文》（121 年）中关于"油"的唯一资料是，将其定名为一条河的名称"油水"，该河发源于武陵附近③。在《氾胜之书》（约公元 10 年）中指出，掺入葫芦籽，火把可燃烧得明亮④。我们已经知

437

① 《梦粱录》卷十六，第一三九页。见弗里曼 [Freeman (1977)，p. 151] 的讨论。
② 值得注意的是，现代词汇中的"油"涵盖了动物油和植物油两种油脂。例如，猪油和牛油的传统表达形式分别为"猪膏"和"酥"。
③ 《说文解字》，第 226 页（卷十一上，第五页）。西汉的武陵包括了湖南、湖北和贵州交界地区。
④ 《氾胜之书》，译文见 Shih Sheng-Han (1959)，p. 24—25。

道，在《四民月令》（公元 160 年）中，提到了大麻籽、苍耳籽和葫芦籽碎末可用于火把上[1]。《释名》（2 世纪）中也介绍了柰仁和杏仁碎末以及用"油"涂抹丝绸[2]。但是，这些资料都未指明是否已从这些碎末中分离出油液。接下来出现"油"字的，是晋代的《博物志》（约 290 年），书中提到了加热麻籽油（麻油）以除去残余的水，又提到了仓库里存有上万担油，会有失火的危险[3]。

因此，古代中国人非常清楚，某些作物的籽粒中含有液体脂肪，即油。但是，作物籽粒榨油的实际应用，直到汉代后期才出现。非常惊奇的是，我们发现利用作物籽粒榨取油脂的技术进入实用阶段，地中海地区几乎早了两千年。据考古文物表明，在米诺斯（Minoan）文化早期和基克拉泽斯（Cyclades）文化早期，橄榄油在希腊已经投入使用[4]。最早的橄榄油压榨机遗迹（公元前 1800 年—前 1500 年）是在希腊的克里特岛（Crete）发现的。杠杆式橄榄油压榨机（公元前 1600—前 1250）是在基克拉泽斯群岛的一个岛屿上发现的[5]，在公元前 6 世纪的一个希腊瓶上的装饰画中就有这种压榨机的作业图（图 94）[6]。在公元前 3 世纪的《农业志》（De Agri Cultura）一书中，加图首次用文字介绍了杠杆式压榨机（图 95）[7]。这就是大普林尼（Pliny）在《自然史》（Natural History）中所提起压榨机中的一种，其他的是两种杠杆式和一种螺杆式压榨机。希罗（Hero）描写了两个杠杆和两个螺杆压榨机，在庞培（Pompeii）的韦蒂（Vettii）房内有一幅楔式压榨机的图[8]。大普林尼还介绍了一种用于破碎橄榄的辊式破碎机（mola olearia）[9]。这些事实说明，在作物油料压榨的设备方面，西方远早于中国。出现这种情况的原因是一个有趣的问题。但是，在我们回答问题之前，需要首先了解中国榨油技术的发展历程。

无论如何，在《齐民要术》成书的公元 544 年，用蔓菁榨油已经成为一种稳定的商业活动，但是没有蔓菁油如何使用的任何情况[10]。不过，我们还是见到了下列关于使用荏籽（紫苏，Perilla ocymoides L.）榨油方面的较多资料[11]：

> 荏籽收获后，经压榨可以得到油，油可以用来烙饼。这种油呈可爱的绿色，具有诱人的香气。但是用于做炒饼，不如胡麻油（香油）好却优于麻籽油。麻籽油有

---

① 参见 p.29 和注释。

② 《释名·释饮食第十三》，第九页。

③ 《博物志》卷三，第六页。油菜籽压榨已经作为典型的中国农用工艺简单介绍过，参见本书第六卷第三分册，pp.7—11。

④ Vickery（1936），pp.51—52。

⑤ Forbes（1956），pp.112—118。

⑥ 同上，p.113。

⑦ 加图（Cato），《农业志》（De Agri Cultura），x-xiii，（1934）pp.26ff.，32ff.。

⑧ Pliny（1938），vol.v，pp.387ff.和 vol.iv，p.2901。希罗（Hero），《机械学》（Mechanica），III，ii，13—21。对于这些原始资料的翻译参见 Drachmann（1932）。

⑨ Pliny（1938），vol.Ⅱ，p.640。

⑩ 《齐民要术》（第十八篇），第一三三页。文中指出，"从 100 亩田中收获的 200 担蔓菁卖到油坊榨油"，注释称该量的蔓菁的价值约相当于 600 担脱壳稻米或小米。

⑪ 《齐民要术》（第二十六篇），第一五四页。"荏"写作"白苏"。本篇中还提到了"紫苏"（Perilla fruutescens Brit. var. crisp Dence）和"水苏"（Stachys aspera Michx. var. japonica Maxim），均可食用。

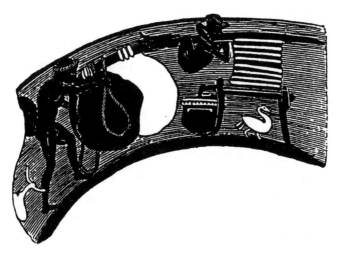

用于榨取橄榄油和葡萄汁的简易杠杆式压榨机。杠杆装在右侧墙的凹孔内（未画出）。用人和无生命物体的重物加载，对束起在榨床上的水果进行挤压，榨出的汁液收集到榨床下面的瓮中。采自于第6世纪的希腊瓶。

图 94　杠杆式压榨机：公元前 6 世纪希腊瓶上的装饰画，根据
　　　　Forbes（1956），p. 113。

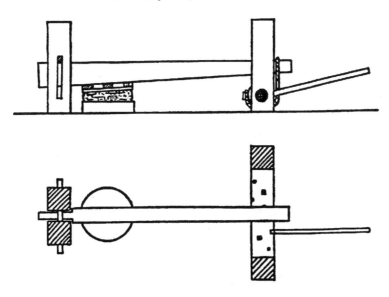

　　加图介绍的杠杆式压榨机：侧视图和俯视图。加载的杠杆左端压在穿过两立柱的横杆下方。葡萄或破碎的橄榄装在很结实的加载杠杆下方。通过绕在右侧转鼓上的绳索为杠杆加载，转鼓铰接在两立柱之间，通过拉动可拆卸加力杆驱动转鼓转动。杠杆可长达50英尺。

图 95　大普林尼描述的加图杠杆式压榨机，根据 Forbes（1956），p. 114。

一种不良气味。荏油不宜用来滋润头发；否则会造成头发枯萎。如果把荏籽研碎来作浓汤中，那比麻籽油强多了。荏籽用来做火把，效果好……用这种油来涂油帛更好。用于涂油帛优于麻籽油[①]。

〈荏：收子压取油，可以煮饼。(荏油色绿可爱，其气香美，煮饼亚胡麻油，而胜麻籽脂膏。麻籽脂膏，并有腥气。然荏油不可为泽，焦人发。研为羹臛，美于麻籽远矣，又可以为烛。）为帛煎油弥佳。(荏油性淳，涂帛胜麻油。)〉

这一段文字告诉我们两个重要的事实：第一，荏油可用于烹饪；第二，作为烹饪油，荏油不如胡麻油，但优于麻籽油。有关胡麻籽和麻籽的压榨，《齐民要术》中都没有提到，但是，在其他地方提到了这两种油的使用方法。为了便于对植物油的使用范围有个整体的认识，我们将相关的资料整理为表 41。根据表的内容，我们推断，它们在公元 6 世纪时已广泛地用于烹饪、点灯、做油布和美发了。胡麻油被认为是最好的烹饪用油，其次是荏油，最差的是麻籽油[②]。我们不能确定，作为唯一一种大规模生产的油，蔓菁油的生产是靠什么达到规模化的。

表 41 《齐民要术》中关于植物油的文献

植物名称	《齐民要术》篇：页	是否提到压榨？	用途
蔓菁	第十八篇：第一三三页	是	—
荏	第二十六篇：第一五五页	是	烹调、照明、油布、美发
	第八十七篇：第五二九页	否	烹调
杏仁	第三十六篇：第二〇〇页	是	—
胡麻	第二十六篇：第一五五页	否	烹调
	第五十二篇：第二六四页	否	化妆
	第八十八篇：第五三三页	否	蔬菜调味品
大麻	第二十六篇：第一五五页	否	烹调、油布
	第八十篇：第四九四页	否	烹调
	第八十七篇：第五二九页	否	烹调
不明确	第八十七篇：第五二八页	否	烹调

然而，似乎在那个时候，动物油脂依然是最为受欢迎的烹调用油。例如，在旋转架上制作烤乳猪时要求在火上翻转烤的过程中，食谱要求在胴体上涂抹酒和猪油。如果没有猪油时，才可以使用麻油[③]。还有，在制作炸鱼和油酥面点的食谱中，指定使用膏油、膏脂或脂膏等，如牛油和羊油等动物油，而不用植物油[④]。在上文（c）和（d）节

---

① 虽然并未介绍胡麻籽的压榨，但在第十三篇（第一〇八页）指出："白胡麻"产油较多。对于中国种植的不同麻，包括大麻、胡麻和苎麻等，参见本书第六卷第一分册，p.171。

② 麻籽油作为一种日常食用油，其颜色通常用来标定酒的颜色，参见《齐民要术》（第六十五篇），第三九一页。

③ 《齐民要术》（第八十篇），第四九四页。

④ 《齐民要术》，有关鱼，见第七十八篇，第四八五页；有关各种小麦粉糕点，见第八十二篇，第五〇九至五一〇页。

中，介绍酿酒、制作酱和腌渍品等时，要密封其所使用的陶制坛罐和瓮时，作为密封用油，古人认为动物油优于植物油[1]。

除了表 41 中列出的这部分资料外，我们没有任何其他关于油籽压榨取油方法的资料。不过，非常清楚的是，在 6 世纪时，植物油已经成为经济生活中的重要组成部分，而且其重要性在唐代仍然在不断提高。在晚唐的《四时纂要》中，榨油（"压油"）属于每年农历四月里所要进行的作业之一。到了宋代，植物油已经成为一种重要的日用品，全国各地均有制作和销售。关于这一点，在《鸡肋编》（1130 年）中就有下列的描写[2]：

> 油脂可以用于食用和照明，但是最好的油脂来自胡麻，俗称"脂麻"或者"芝麻"。胡麻据说具有八个古怪的特点：如果阴天多雨，则其产量很低；如果遇到干燥气候则产量高；其开花下垂；而结果实后上扬；如果把籽粒炒熟，则压榨后可以得到生油。如果作为车轴的润滑剂，则可以使车轴运转更加轻盈；（涂抹）锥子和针头，则会变涩。但是，在河东一带，人们食用大麻油，这种油具有令人不快的气味，与苴油相仿，只适合于用来制作雨衣。在陕西，人们食用杏仁油、红蓝木槿籽和蔓菁籽油，这些油也用于点灯照明。祖珽（6 世纪的政治家）用蔓菁籽烟薰眼睛而导致失明，但是近来未听说过有类似情况。在山东，人们使用苍耳籽榨油，它可以用于治疗伤风感冒。在江湖地区，胡麻不多，点灯照明大多使用桐树（*Aleurites fordii*）籽油，但油烟浓烈肮脏，如果旁边有书画和雕塑饰物，尤其要注意避开它[3]。被这种油弄脏的衣服，只能使用冬瓜来进行清洗才能除去。这种油的色泽清澈，味道发甜，人们误食后会出现呕吐和腹泻现象。饮酒或茶将清除它，由于南方的酒含有大量的石灰。曾经出现过妇女误用这种油涂抹头发的情况，结果粘结成堆毫无办法，只好将头发剪掉。还有一种旁毗籽油，这种植物的根茎就是乌药（*Lindera strychnifolia*），村民们用它作火把，其油烟味道难闻，所以城市里很少使用。乌桕（*Sapium sebiferum*）树的［果实］油质地生硬，可用来制作蜡烛[4]。这种油在广南随处可见……在颍州，人们还吃鱼油，但是腥气较重。

〈油，通四方可食与燃者，惟胡麻为上，俗呼脂麻。言其性有八拗，谓雨旸时则薄收，大旱方大熟，开花向下，结子向上，炒焦压榨才得生油，膏车则滑，钻针乃涩也。而河东食大麻油，气臭，与苴子皆堪作雨衣。陕西又食杏仁、红蓝花子、蔓菁子油，亦以作灯。祖珽以蔓菁子薰目以致失明。今不闻为患。山东亦以苍耳子作油，此当治风有益。江湖少胡麻，多以桐油为灯。但烟浓污物，画像之类尤畏之。沾衣不可洗，以冬瓜涤之，乃可去。色清而味甘，误食之，令人吐利。饮酒或茶，皆能荡涤，盖南方酒中多灰尔。当有妇人误以膏发，粘结如椎，百治不能解，竟髡去之。又有旁毗子油，其根即乌药，村落人家以作膏火，其烟尤臭，故城市罕用。乌桕子油如脂，可灌烛，广南皆用，处、婺州亦有。颍州亦食鱼油，颇腥气。〉

---

[1] 有关陶罐的密封的方法，见《齐民要术》，第八十三篇和《四时纂要》，四月。

[2] 《鸡肋编》卷上，第二十五页；译文见 Mark Elvin (1970)，载于 Shiba Yoshinobu, pp. 80—81。

[3] 参见本书第六卷第一分册，pp. 490—492。

[4] 同上，p. 498。

　　有如此多的植物油品种表明，从植物油料中提取油脂的技术当时已经达到了很高的水平。沈括指出，北方人喜欢用大麻油炸制食品[①]。根据《梦粱录》所述，榨油作坊在南宋都城杭州到处可见[②]。所有的事实都表明，植物油的生产和贸易已是宋代经济的重要组成部分，但是依然没有发现有任何关于当时榨油方法的记载[③]。直到元代王祯的《农书》（1313 年）中，我们才发现了下列相关的内容，这也是中国文献中第一个提到榨油作业的记载[④]。

　　　　油榨–生产油脂的设备。取四根坚硬的大木料，每根约十尺长、周长五尺[⑤]。将它们叠在一起，象一个大圆木卧置于地上。其上表面需要砍制出一个缝隙，底面加工成［圆形］沟槽，下方用一个木板支承[⑥]。沟槽［底部］凿出一圆形沟，并通过导管连接到收集器。在榨油前，用一大锅搅拌炒制麻籽，直到炒熟为止（图98）。然后，将它们用碓白捣碎（图 99）或用石碾压碎（图 100）。再用蒸笼蒸熟，并用谷草包缠成圆形饼块，侧向叠罗放入［榨机］沟槽内。用木块将沟槽填满挤压，在木块间插入一长楔木，在高处用木锤或木槌向下捶打楔木。随着木块的压紧，油脂开始从沟槽中流出。这种水平结构的油榨称为卧式油榨（卧槽），而竖直结构的油榨称为立式油榨。在立式油榨中，压榨力可利用水平楔木或水平梁获得，这种油榨的出油速度很快。

　　　　〈油榨，取油具也。用坚大四木，各围可五尺，长可丈余，叠作卧枋于地；其上作槽，其下用厚板，嵌作底盘；盘上圆凿小沟，下通槽口，以备注油于器。凡欲造油，先用大镬爨炒芝麻，既熟，即用碓舂或辗碾令烂，上甑蒸过；理草为衣，贮之圈内，累积在槽，横用枋桯相拶；复竖插长楔，高处举碓或椎击，擗之极紧，则油从槽出。此横榨谓之"卧槽"；立木为之者谓之"立槽"。傍用击楔，或上用压梁，得油甚速。〉

　　根据本段文字，还很难确定榨油机的结构，而其中给出的插图，即图 96，与文字之间也没有直接关系。事实上，在徐光启的《农政全书》（1639 年）中，在抄录完全相同的这段文字时，却使用了完全不同的插图（图 97）[⑦]。不过，这段文字和插图给我们一种感觉，中国一直使用的是楔式榨油机[⑧]。楔式榨油机的原理已在本书较早出版的分册中讨论。最为常见的中国楔式榨油机是用大树干制作的，开有缝隙油道和孔洞。在宋应星的《天工开物》（1637 年）中，就有下列详细的文字描写[⑨]：

---

　　① 《梦溪笔谈》卷二十四，第二四四页。

　　② 《梦粱录》卷十三，第一〇五页。

　　③ 关于宋代植物油的生产和贸易情况的讨论，参见 Shiba Yoshinobu，译文见 Mark Elvin (1970)。参见漆侠（1987），下卷，第 663—665 页。

　　④ 《农书》卷十六，中华书局（1956），第 16 卷，第 296 页。

　　⑤ 这种说法令人费解。每根周长为 5 尺的圆木，其自身就已足够大，可以开榨油机油槽（参见《天工开物》中的叙述）。

　　⑥ 这句话很难理解。原文为："其上作槽，其下用厚扳"。这里并未提及凿出圆柱形压榨室。

　　⑦ 《农政全书》卷二十三，第五七六页。该段逐字录自王祯《农书》，但未注明。

　　⑧ 参见本书第四卷第二分册，pp. 206—210。特别看图 463 的空心圆木的油榨。

　　⑨ 《天工开物》，第十二卷，第二一〇页；译文见 Sun & Sun (1966)，p. 216，经作者修改，借助于 Li Chhiao-Phing (1980)，pp. 311—314；也可参见潘吉星（1993），第 48—49 页。

图96 榨油机，采自王祯《农书》，卷十六，第一二六页。

图 97 榨油机，采自《农政全书》卷二十三，第五七六页。

用来制作油榨的木材必须有一人合抱粗，然后将其中心掏空。樟木最好，檀香木次之，再次为桕木。（如果地面潮湿，桕木很快就会腐烂。）这三种木材的纹理是圆形和螺旋形的，而不是沿木材长度方向的顺丝。因此，即使是在中心重重地插入楔木，这种木头也不会开裂。制作榨油机不要使用那些有顺丝纹理的木材。在中原和［长］江以北地区，如此大的木材非常稀少，可以用铁箍将四根木料合并在一起使用。木头的中心部分掏空作为压榨室；在这种情况下，一些小块木材也能够作为大块木材使用了。

圆木内压榨室的容量依圆木大小而定，其范围在一石到五斗之间。在开凿压榨室时，首先应在［圆木］表面开出长缝，然后用弯凿子掏凿出圆形沟槽。在沟槽的底部，掏出一圆形透孔，并连接到一个承接油脂的油器中。根据圆木的形状，所开出的平面窄缝（即与榨油腔相通的孔洞）一般约三四尺长、三四寸宽[①]，依据木材形状而定。没有一个标准的尺寸压榨用楔木和捶打臂，一般用檀香木或橡木制作，而其他木材并不适用。楔木应使用斧子砍切而成，而不要刨平。其表面应粗糙些，如果表面光滑，［在楔入后］易反弹滑出。楔木和捶打臂均应当用铁箍捆好，以免崩裂。

至此油榨已经制造完成（图 101）。下一步，像胡麻籽或油菜籽等油料在炒锅

445

446

447

---

① 我们此处介绍的油榨制造过程，明显有别于孙任以都夫妇［Sun & Sun (1966), p. 218］，李乔苹［Li Chhiao-Phing ed. (1980), p. 312］和潘吉星［(1993)，第48—49页］等所作的介绍。

内用文火搅拌炒制（凡是乌桕树籽和桐树籽等树生油籽应碾碎后蒸熟，而无须炒制）直到溢出香味为止。然后磨碎或捣碎［使用图 99 所示的碓、图 100 所示的石磨或图 102 所示的石碾］成碎粉，最后再蒸熟[①]。对于胡麻籽和油菜籽，应使用平底锅炒，其锅深度不要超过 6 寸，油料炒制时，必须进行快速搅拌。如果锅底太深，或搅拌太慢，油料会炒焦，降低出油率。炒锅应固定安在灶上，其形状与蒸煮用锅不同（图 98）。

448

449

图 98　加工油籽时所用的蒸笼和炒锅，《天工开物》，译文见 Li Chhiao-Phing
　　　　et al. (1980)，Fig. 12—4，p. 320。

---

①　关于碓、磨和碾历史的讨论，参见本书第四卷第二分册，pp. 50—52 和 pp. 108—206。还可参见下文 pp. 462—466。

图 99　破碎油籽壳获取籽仁时所用的碓臼，《天工开物》，译文见
Li Chhiao-Phing *et al*. (1980)，Fig. 12—3，p. 319。

　　[双沿的] 碌碾的槽固定在埋入地内的基座上。(用木材制作的沟槽表面覆盖有
铁板) 沟槽的上方是一个铁质滚子，中心安装有一木轴，由两个相向坐立的人来回
(沿沟槽方向) 推动。对于规模较大的作坊主，可以使用牛牵引的石碾。就工作量
而言，一头牛相当于 10 个人 (图 102)。对于象棉籽这类的油料，应使用石磨 (图
100) 而不是石碾。

　　碾碎的油料经筛理后，粗粒应返回重新破碎，而细粉放入蒸笼蒸熟 (图 98)。
当充分蒸熟后，取出，并包缠上麦秸或稻草形成圆饼，最后用铁箍或藤条捆扎起
来。圆饼的尺寸应与榨油机的榨油腔尺寸一致。

图 100 破碎油籽壳获取籽仁，《天工开物》，译文见 Li Chhiao-Phing *et al*. (1980)，Fig. 12—2，p. 318。

　　由于细粉在蒸熟过程中能使得油脂释出，如果蒸熟后的细粉处理不当，就会造成蒸汽挥发，从而导致出油量减少。因此，熟练的工人都会快速将细粉从蒸笼中取出，并快速包缠和快速捆扎。这是获得高产油量的诀窍，有些工人干了一辈子都没有注意到这一点。捆扎好后，将圆饼放入榨油机的压榨室内，直到装满为止。然后插入楔木，用捶打臂进行击打，使油脂受到挤压后而呈泉水一般地流出来。榨油机内剩下的油渣被称为枯饼。胡麻、蔓菁或油菜枯饼应再次碾碎成粉，经过筛理除去茎秆和油籽壳。由此所得到的饼粉，再次经蒸熟、包缠、捆扎和压榨［进行二次榨

450

油]。二次榨油所得到的油脂量相当于第一次的一半。但是，对于乌桕树籽和桐树籽来说，经过一次压榨之后即可以将全部油脂榨出来，因而枯饼不需再次进行压榨处理。

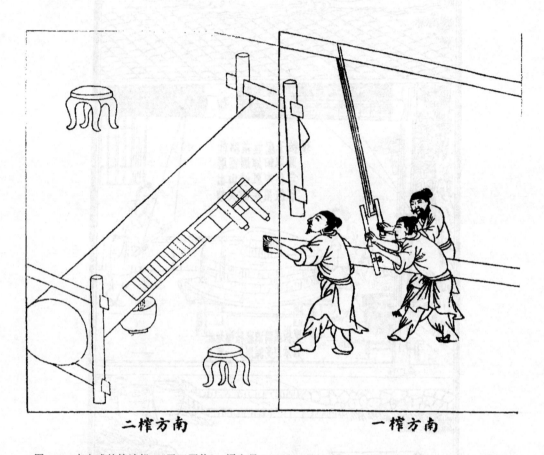

二榨方南　　　　　　　　一榨方南

图 101　南方式的榨油机，《天工开物》，译文见 Li Chhiao-Phing *et al.* (1980)，Fig. 12—1，p. 317[*]。

〈凡榨木巨者，围必合抱，而中空之。其木樟为上，檀与杞次之。（杞木为者，防地湿则速朽）。此三木者脉理循环结长，非有纵直纹。故竭力挥椎，实尖其中，而两头无璺拆之患，他木有纵纹者不可为也。中土江北少合抱木者，则取四根合并为之，铁箍裹定，横栓串合而空其中，以受诸质，则散木有完木之用也。

凡开榨，空中其量随木大小。大者受一石有余，小者受五斗不足。凡开榨，辟中凿划平槽一条，以宛凿入中，削圆上下，下沿凿一小孔，剜一小槽，使油出之时流入承藉器中。其平槽约长三四尺，阔三四寸，视其身而为之，无定式也。实槽尖与枋唯檀木、柞子木两者宜为之，他木无望焉。其尖过斤斧而不过刨，盖欲其涩，不欲其滑，惧极转也。撞木与受撞之尖，皆以铁圈裹首，惧披散也。

榨具已整，则取诸麻菜子入釜，文火慢炒，（凡柏、桐之类属树木生者，皆不炒而碾蒸。）透出香气，然后碾碎受蒸。凡炒诸麻菜子，宜铸平底锅，深止六寸者，投子仁入内，翻拌最勤。

---

[*]　原著者审订译稿时对此图做了更换。

图 102　两条驴牵引的磨碎油籽的石碾，《天工开物》，第九十七页。

若釜底太深，翻拌疏慢，则火候交伤，减丧油质。炒锅亦斜安灶上，与蒸锅大异。凡碾埋槽土内，（木为者以铁片掩之。）其上以木杆衔铁陀，两人对举而推之。资本广者则砌石为牛碾，一牛之力可敌十人。亦有不受碾而受磨者，则棉籽之类是也。既碾而筛，择粗者再碾，细者则入釜甑受蒸。蒸汽腾足取出，以稻秸与麦秸包裹如饼形。其饼外圈箍，或用铁打成，或破篾绞刺而成，与榨中则寸相稳合。

　　凡油原因汽取，有生于无。出甑之时，包裹怠缓，则水火郁蒸之气游走，为此损油。能者疾倾疾裹而疾箍之，得油之多，诀由于此，榨工有自少至老而不知者。包裹既定，装入榨中，随其量满，挥撞挤轧，而流泉出焉矣。包内油出渣存，名曰枯饼。凡胡麻、莱菔、芸苔诸饼，皆重新碾碎，筛去秸芒，再蒸、再裹而再榨之。初次得油二分，二次得油一分。若柏、桐诸物，则一榨已尽流出，不必再也。〉

上述这段文字的介绍简洁明了。另外，其中图101配有的说明清楚地表明，这是由一根大木头制造而成的一台南方式的榨油机，被两个木架支承而离开地面。我们可以看到，榨油室中部上的窄长缝隙油道（三四尺长，三四寸宽）。压榨室内排满的是圆形油料饼，填充压榨室的木块、油道上方插入的两个楔木以及悬挂着的用以击打楔木尾端的是油榨旁的捶打臂。最后，我们还可以看到，油脂从榨油机底部的孔洞滴进了下面的油槽内。该段文字也重申了油料的预处理（翻炒、破碎和蒸熟等），与《农书》（1313年）中所介绍的完全一致。这样，我们可以说，1637年宋应星再次描写的方法实际上就是王祯在1313年所介绍的方法。也可以推测，大概是同《齐民要术》（544年）中所应用的方法一样。

图103是20世纪初农用榨油机的照片，它是用一根原木制造的。从照片中可以看出，右侧有用竹蔑捆扎的圆形油料饼，左侧有填充压榨室的木块。榨油机外缘处放有一个楔木。这种榨油机在20世纪40年代的中国很容易见到[1]。在20世纪50年代后期，四川的万县仍在使用这种榨油机，只不过其结构较为复杂而已（图104）[2]。

图103　用一段原木制造的农用榨油机，摄影采自 Hemmel (1937)，p. 91。

---

[1]　参见本书第四卷第二分册，p. 206，注释。1942年作者在福建省福州附近的乡村见到过类似的榨油机，用来榨茶籽油。随着近年来中国的现代化运动的开展，这种设备可能已经很难看到。

[2]　粮食部油脂局加工处（1958），第1卷，第12页。

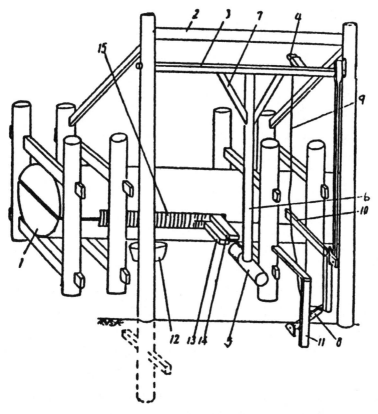

1.撞榨, 2.木架, 3.滚筒, 4.翘板, 5.飞锤, 6.飞锤杆, 7.扯牵, 8.脚踏板,
9.绳子, 10.升降杆, 11.保护栏, 12.油池, 13.下尖, 14.上尖, 15.饼

图 104　基于传统设计的现代榨油机。粮食部（1958），第 12 页。

在《天工开物》中，对于采用上述方法榨取的油脂，有下列描述和评价[①]：

> 就食用而言，芝麻、萝卜籽油、大豆油和白菜籽油最好，荏油、油菜籽油次之，茶籽油再次之，下面是苋菜籽油，质量最差的是大麻油。最好的灯油是乌桕树籽油，然后是菜籽油、亚麻籽油、棉籽油、芝麻油（作为灯油燃烧太快），而桐树籽油与乌桕树籽油混合最差。（桐树籽油之毒气味令人作呕，而用乌桕树籽壳及仁制作的混合油，质地发硬且色泽浑浊。）

> 〈油品：凡油供馔食者，胡麻、莱菔子、黄豆、菘菜籽为上，苏麻、芸苔籽次之，攒籽次之，苋菜籽次之，大麻仁为下。燃灯则柏仁内水油为上，芸苔籽次之，亚麻籽次之，棉花籽次之，胡麻次之，桐油与柏混油为下。（桐油毒气熏人，柏油连皮膜则冻结不清。）〉

每石（约 120 斤）油料产油量（斤）如下：

芝麻、蓖麻、樟脑　　　　　　　40

---

① 《天工开物》，第二〇九至二一〇页；译文见 Sun & Sun（1966），pp. 215—216。

萝卜籽	27
油菜籽	30—40
茶籽[①]	15
桐树籽	33
乌桕树籽（壳）	20
乌桕树籽（仁）	15
乌桕树籽（壳仁混合）[②]	33
冬青籽	12
大豆	9
白菜籽	30
棉籽	8
苋菜籽	30
麻籽、亚麻籽	20

452

　　《天工开物》还提醒我们[③]，"除了用榨油机，其他方法也可以从油料中取得油脂。蓖麻和荏油可以用煮的方法制备。"在另一段，我们读到[④]："采用熬煮方法时，需要设置两个锅。蓖麻籽或荏籽经破碎后，放入锅内，用水进行熬煮。当泡沫油升到顶部时，用杓将它撇取出来并放入另一个干锅内，用慢火将水分蒸发掉，即可以得到成品油脂。但是，采用这种方法所获取的油脂数量［与压榨法相比］产量较低。"（"若水煮法，则并用两釜。将蓖麻、苏麻籽碾碎，入一釜中，注水滚煎，其上浮沫即油。以杓掠取，倾于干釜内，其下慢火熬干水气，油即成矣。然得油之数毕竟减杀。"）

　　由宋应星在 1637 年和王祯在 1313 年所介绍的中国传统楔式榨油机，直到 20 世纪，一直都没有什么变化[⑤]。它与 19 世纪阿尔布雷希特（Albrecht）介绍的欧洲用来榨取菜籽油的楔式榨油机很相近（图 105）[⑥]。第三种形式的楔式榨油机是日本独特的设计。图 106 是记载于 1836 年的《製油録》中的，用于榨取菜籽、芝麻和荏籽的榨油机[⑦]。该书使用活字木刻印刷。其中，油料在装入麻袋后，放进金属环内，使用专门的大石块压载来进行压榨。在石块上方放有一根特制木杠，从压榨室每一侧的坚固木桩上的窗口内穿过。将一个楔木同时插入每个窗口内，使得木杠紧紧地压住石块和麻袋，油脂即从油料中流出来。

---

　　①　在明代版本［引文见潘吉星（*1993*），第 46—47 页］中，有一关于茶的注释，讲道，"这种树高十尺以上，树籽类似于金樱子（*Rosa lavigata*），在榨油之前应去除其外壳"。该注在商务印书馆的版本（1987 年重印）中被删掉。而在该处配上了另外的注，"其油的味道与猪油相似……可用作灯油或药（毒死）鱼"。这说明，有些茶籽油有毒。

　　②　乌桕树籽壳、乌桕树籽仁油、乌桕树籽壳仁混合油的回收方法，在《天工开物》中有相关介绍，第二一一至二一二页；译文见 Sun & Sun (1966), pp. 219—220。

　　③　同上，第二一〇页；译文见 Sun & Sun (1966), p. 217。

　　④　同上，第二一一页；译文见 Sun & Sun (1966), p. 219。

　　⑤　有关西方榨油技术在 19 世纪引入中国的介绍，参见 Brown (1979) 和 (1981)。

　　⑥　Albrecht (1825), pp. 60—62。

　　⑦　Okura Nagatsune (1974), fig. 18。

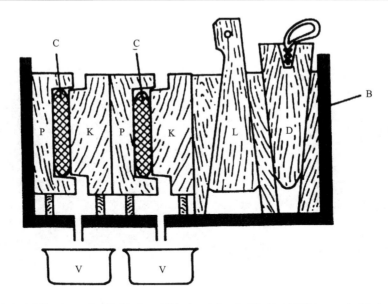

　　阿尔布雷希特所介绍的楔式榨油机榨取油菜籽油。破碎、炒过的油籽用马鬃布（C）包裹起来后，放到榨槽（B）内的压榨板（榨盘）（P）和（榨头）（K）之间，然后插入垫木和楔木，用木槌捶打加压木楔（D）使之楔入，由此而形成的压力将油籽里的油脂压榨出来，此状态保持一段时间以便油脂渗出并流到下面的容器（V）内。捶下卸压木楔（L），拆掉榨板后，取出油渣饼。

图 105　19 世纪榨取菜籽油的欧式楔式榨油机，根据 Albrecht（1825），pp. 60—62。

图 106　日本式榨油机，采自大藏永常（1836），译文见 Carter Litchfield（1974），图 2。

454

(a)

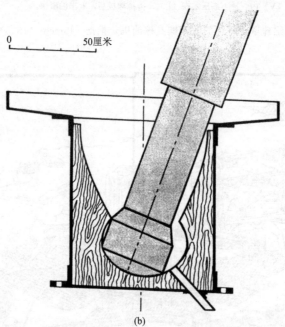

(b)

图 107 "加尼"——印度的传统油磨。采自 Achaya（1993），封面和 p.42：
（a）加尼的照片；（b）碓臼横截面。

顺便提一下，还有另外一种与东亚及欧洲所用的楔式榨油机工作原理完全不同的油磨，那就是"加尼"（Ghani）——印度的传统油磨[①]。它实际上就是一个改装的杵臼，破碎和压榨都用它来完成。其设计、结构和操作见图 107a 和 b。据说，从公元前 7 世纪到现在，它一直用于芝麻、油菜籽、椰子和蓖麻油的榨取。值得注意的是，据说这种榨油设备从未传到印度的邻国去。

根据表 42 对欧洲、中国和日本的方法进行比较，可知除了压榨设备有些不同外，所有三个步骤都非常相似。事实上，中国和日本的方法是相同的。由于两种楔式榨油机在设计方面还存在着一定的差异，所以人们还不能确定日本方法是从中国传去的。那么，这三种方法都是独立发展起来的吗？我们也还没有足够的资料来证实。因而只能说，要使油脂从油籽中释放出来，必须满足一定的条件。一个是脂肪细胞中的蛋白质必须凝结，另一个是油籽中的其他结构也必须被破坏。这两个目标可以通过加热（炒制和蒸熟）和破碎等方法来实现。在对细油籽进行挤压时，必须使油脂细胞中的小油滴释放出来，并与其他成分分离。在工业化前，由于欧洲和东亚都能够独立满足这些技术条件，所以，两大陆分别独立开发出来的加工方法如此相似并不奇怪。所以，整个步骤的设计，实际上，如果不是巧合，主要是由原料的性质来决定的。人们也许会问，与西方长期用的压榨橄榄油的榨油机相比[②]，楔式榨油机为什么更适用于榨取油菜籽油？其答案可能是很专业的。从破碎的橄榄中榨油比从破碎的油菜籽和其他蔬菜籽中榨油更为容易。油脂在橄榄（及其他水果籽仁）中与其他成分的连接，不像在蔬菜子实中那么紧密。榨出蔬菜籽中的油脂所需的压力很高，而在 20 世纪以前，楔式榨油机是获得如此高压力的最为有效的手段。

455

456

表 42　欧洲、中国和日本植物油榨油方法的比较

工序	欧洲	中国	日本
来源	阿尔布雷希特 1825 年	宋应星 1637 年	大藏永常 1836 年
干燥[a]	+	（+）	+
炒制[b]	+	+	+
破碎[c]	+	+	+
蒸熟[d]	?	+	+
压榨[e]	+	+	+
精制[f]	+	—	+

a：抑制新陈代谢和微生物侵染。在中国，油籽是在贮存前自动干燥的，不过宋应星并未提及。

b：除去更多的水分，凝结脂肪细胞内的蛋白质，形成油滴，将细小油滴聚集成大油滴。

c：破坏细胞结构，以释放油脂。

d：进一步凝结蛋白质。

e：从碎油籽中挤出油脂。

f：添加灰和石灰中和使游离脂肪酸形成肥皂。

---

① Achaya（1993）。

② 埃及在拉美西斯二世（Ramses II）时期［参见 Darby, Ghalioungui & Grivetti（1977），II, p. 784］，爱琴海地区在米诺斯文化早期和基克拉泽斯时期，人们就应用橄榄油了［参见 Vickery（1936），p. 51］。

我们现在可以回到前面提到的问题，为什么榨油机在中国出现如此之晚。这句话可以用另一种方式来说，就是为什么西方开发榨油机如此之早？答案可能包括文化和技术两个方面。橄榄油一直被称作"古代的肥皂、黄油和灯油"，它是早期地中海文明经济产业中最为重要的商品之一①。甚至，又不仅仅是一种商品。奥林匹克运动会（Olympic Games）的优胜者会收到橄榄枝做成的花环②。以色列国王被涂上［橄榄］油，以表示他得到了神的拥护③。这种标志说明，一般的植物油，特别是橄榄油，除了具有实用价值外，它还是一种神秘和宗教力量的象征。因此，古希腊和古罗马有着强烈的紧迫感，毫不迟疑地发明更为有效的橄榄油榨油机。到公元元年，那种公元前6世纪的简单杠杆式榨油机（pp.437—439）终于被加图的榨油机所取代了，还有几种榨油机，包括螺杆式和楔式榨油机，也都被开发出来了④。然而，古代中国的情况则大不相同，油脂作为一种相当世俗的物品，它是用于点灯和烹调的。到秦代，动物油脂显然非常富足，成为用于点灯和烹调的俗物。无论如何，在战国时期（公元前480年—前220年）之前，动物油脂是用于点灯和烹调的。在汉代以前，高效榨取植物油的方法是受欢迎的，但是人们并没有把它看作是急需解决的问题。结果，到了公元1世纪，榨油技术在地中海地区比在中国进步很多。

尽管从宋应星所处时代到20世纪，中国榨油技术并未发生什么变化，但是在中国，生产植物油所用的油料作物，却发生了几个重要的变化。第一个是，油菜上升为最重要的油料作物；第二个是，在16世纪从美洲引进了花生⑤；第三个是，通过欧洲，从美洲引进了另一种作物向日葵⑥。这些美洲作物很快就发现中国是肥沃的土地，让它们茁壮生长。现在，花生与油菜籽相匹敌，成为中国最为重要的油料作物。而且，作为油料作物，向日葵也似乎已经超过了芝麻。在1985年，这四种主要植物油的产量（百万吨）分别为：油菜籽油5.6、花生油5.6、向日葵油1.9和芝麻油0.7，而后是亚麻籽油、豆油、大麻籽油、紫苏籽油、棉籽油和蓖麻油⑦。花生和向日葵这两种作物，在中国油料作物中所形成的这种优势，只不过是新世界种植作物对旧世界人们的生计产生巨大冲击中的一个例子而已。

457

（ii）用谷物制作麦芽糖

古代中国两种主要的甜味剂是"饴"（麦芽糖）和"蜜"。在人们认识甘蔗以后，经

---

① Bowra, G. M. (1965), p.65。

② 同上，p.134。

③ 《圣经》，撒母耳记（上），10：1；16：13。中世纪时这种礼仪还被许多欧洲国家继续采用。

④ 关于大普林尼时代使用的各种榨油机的总结，参见 Pliny (1938), vol.IV, pt.2, pp.206—210。

⑤ Ho Ping-Ti (1933)。

⑥ 向日葵原产于北美，于1510年左右传入欧洲。中国的最早记录是在王象晋的《群芳谱》（约1621年）中。

⑦ Wittwer et al. (1987), pp.241—251。有关大豆的情况值得做一下简要评述。虽然，大豆在中国作为主要作物已经有3000年的历史，但是，却从未被视作一种重要的油料作物。其原因就是大豆中的脂肪与细胞结合太紧密，用传统的中国榨油技术很难将其榨出。事实上，大豆的油脂产量可能是《天工开物》中所列出的油料中最低的（见上文 p.452）。但是，19世纪的西方榨油技术也并不占有明显的优势，参见 Brown（1979和1981）。只是随着20世纪溶剂浸提技术的发展，高效获取大豆中的油脂商业化生产才成为可能。现今，大豆已经成为美国最为重要的植物油原料。但是，在中国它还不是最为主要的油料作物。

过几个世纪才找到了从甘蔗汁里提取蔗糖的方法[①]。"饴"字首次出现在《诗经》的一首祝贺周人开国的诗中[②]：

> 周朝中原如此肥沃，
> 菫和茶甜似麦芽糖。

〈周原膴膴，
菫荼如饴。〉

最初的麦芽糖是"饴"，一直认为是利用"蘖"（发芽谷粒，如谷子、稻米、小麦和大麦）糖化煮熟的谷物所得到的甜味产品。《礼记》里面有一段忠告儿子的文字写道，在给父母奉上食物时，用"用枣、栗子、蜂蜜和饴糖使菜肴变甜[③]（"枣栗饴蜜以甘之"）。在《楚辞》（约公元前 300 年）的《招魂》中，提到了蜂蜜、麦芽糖及甘蔗汁（蔗浆）[④]。但是，饴不是表述麦芽糖的唯一用字，还有另外一个古字"饧"（也发 xíng 音）。《急就篇》（约公元前 40 年）写道："消化去壳的米，析出汁液并煮熟。当产品柔软时，称作饴。当产品坚硬时，称作饧。"[⑤]（"以蘖消米，取汁而煎之。澳弱者为饴，厚强者为饧。"）《方言》（约公元前 15 年）告诉我们，"饧指的就是怅煌"，据郭璞的评注，即为"干饴"。而且，有些地区"将饴称为饧"，另外一些地区，"将饧称为糖"[⑥]。后来，"饧"写作"糖"，成为表达甘蔗糖的字而固定下来。在《四民月令》（160 年）中，对于饴和饧的制作方法均作了介绍[⑦]。据《释名》（2 世纪）指出，饧是用消化（即水解）稻米制作的，而饴不过就是软质的饧。还有另外一个古字表述麦芽糖，就是"餔"或"哺"，根据《释名》记载，它是一种带云纹的饧[⑧]。《说文》（121 年）也告诉我们，"饴是利用麦芽（蘖）糖化脱壳谷粒（米）制作的。"[⑨]（"饴：米蘖煎也。"）根据这些文献，我们坚信所谓的饴、饧和餔都是麦芽糖的古称。我们还可以推断，到东汉时，利用谷粒制作麦芽糖已经具有一千年以上的历史了。但是，对于其具体的制作方法，我们还不清楚。为此，我们不得不再次等待《齐民要术》（544 年）的出现。

458

首先，我们应当了解如何制作发芽小麦，其具体过程在第六十八篇（《齐民要术》

---

① 有关中国甜味剂的历史，参见 Sabban（1988）。

② 《毛诗》237，W240，第三段的前两行；由作者翻译成英文，借助于 Waley（1937）和 Karlgren（1950）。其中，菫是一种野生植物，有时也用作蔬菜，其分类尚未确定。荼有多种不同的解释，包括雌蓟、荨麻或者茶的前身。韦利将"饴"译为"稻米饼"（rice-cake），而高本汉译为"蜜饼"（honey-cake）。就技术方面而言，两种译法均不正确。

③ 《礼记·内则》，第四四四页；参见 Legge（1885），I，p. 451。

④ 《楚辞译注》，董楚平（*1986*），第 258 页。在该版本中，"蜜"即为蜂蜜，"怅煌"即为麦芽糖，"蔗浆"即为甘蔗汁。参见 Hawkes（1985），p. 228，霍克斯将"蜜"译为蜂蜜，"怅煌"译为麦芽糖，而将"蔗浆"译为洋芋汁。

⑤ 《急就篇》，第三十二页。

⑥ 《方言》卷十三。

⑦ 《四民月令》，十月，第九十八页。

⑧ 《释名·释饮食第十三》，第八页。

⑨ 《说文解字》卷五下，第三页（第 107 页）。

中有描述，全文如下[1]：

　　发芽小麦的制作方法：农历八月，小麦在盆中浸泡后，沥出多余的水，然后放在阳光下晾晒。每天至少一次，用水冲洗，而后排掉水。当小麦开始发芽时，将它们摊在一块布上，约二寸厚。每天浇水一次，当小麦全部生芽后，随即停止。收集起松散的发芽麦，进行干燥。注意不要让它们形成饼，一旦形成饼，它们将不好利用。这种发芽麦粒适用于制作白麦芽糖。若要制作黑麦芽糖，则应等到麦芽开始变绿，让它们形成饼，切成片后进行干燥。若要制作成琥珀色的麦芽糖，那就应当使用大麦芽做，而不能用小麦芽。

　　〈作糵法：八月中作。盆中浸小麦，即倾去水，日曝之。一日一度著水，即去之。脚生，布麦于席上，厚二寸许。一日一度，以水浇之，牙生便止。即散收，令干，勿使饼；饼成则不复任用。此煮白饧糵。若煮黑饧，即待芽生青，成饼，然后以刀劖取，干之。欲令饧如琥珀色者，以大麦为其糵。〉

麦芽（即发芽麦）制备好了之后，就可以开始制作麦芽糖了，其方法是在第八十九篇"饧餔"中。其中，第一个方法是制作白饧[2]：

　　白麦芽糖的制作方法：使用白而疏松的麦芽才能获得最佳的产品，而缠绕成饼的麦芽则不宜使用。使用表面光洁的锅，否则所得到的麦芽糖就会是黑色的。锅的表面必须彻底刷洗到白净，不得有任何油腻。在锅的上方要放上蒸笼（甑），以防止沸腾溢出。

　　一份干麦芽可水解二十份的米。米必须经过多次舂制和彻底洗净，然后蒸熟成米饭，并散开冷却到微温程度。当麦芽和蒸熟的米饭混合均匀后。将物料装入底部带孔的瓮中，不要用手压实，而让它们处于疏松状态即可。用棉被覆盖好瓮，以便使其保持较高的温度，在冬季还要围上谷草。如此之后，大约冬季需要经过一天，而夏季经过半天，多数的米饭就会液化里。

　　此时，烧开［一大锅］水灌入瓮中，使水位高过物料的表面约一尺。搅拌瓮中物料之后，约经过一餐饭的时间，打开堵住孔洞的塞子，让糖浆从孔中流出来，收集到锅中并予以加热。每当糖浆开始沸腾时，加入两满杓（勺）稀糖浆降温。火应该弱而且稳定，火太急会使糖浆炭化，呈现焦糊味。当所有的糖浆都添加到了锅内以后，不再起泡时，拿开蒸笼。让一人用桨连续搅拌沸腾的糖浆，一刻也不要停下，否则，［锅底的］糖浆就会炭化。一旦熬煮完成，就要将火熄灭，待糖浆充分冷却后，才可以将它掏出来[3]。如果使用质量上乘的粱米做，则麦芽糖就会呈现出晶莹透亮之美[4]。

　　〈煮白饧法：用白牙散糵佳；其成饼者，则不中用。用不渝釜，渝则饧黑。釜必磨治令白

---

①　《齐民要术》（第六十八篇），第四一四页。由作者翻译成英文，借助于 Shih Sheng-Han (1958), p. 77.

②　同上，第八十九篇，第五四六页，由作者译成英文，借助于 Shih Sheng-Han (1958), pp. 78—79.

③　在此时，糖浆依然处于较高温度且柔软状态，可拉成棒糖，有时呈螺旋形。

④　《齐民要术》，第五四六至五四七页。

净，勿使有腻气。釜上加甑；以防沸溢。干蘖末五升，杀米一石。米必细师，数十十遍净淘，炊为饭。摊去热气，及暖于盆中以蘖末和之，使均调。卧于酺瓮中，勿以手按，拨平而已。以被覆盆瓮，令暖，冬则穰茹。冬须竟日，夏即半日许，看米消减离瓮，作鱼眼沸汤以淋之，令糟上水深一尺许，乃上。下水浃迄，向一食顷，便拔酺取汁煮之。每沸，辄益两杓，尤宜缓火，火急则焦气。盆中汁尽，量不复溢，便下甑。一人专以杓扬之，勿令住手，手住则饧黑。量熟，止火。良久，向冷，然后出之。用粱米、稷米者，饧如水精色。〉

在第八十九篇中，还有一些制作方法，包括①利用麦芽饼作为糖化剂制作黑饧；②利用大麦芽制作琥珀饧；③制作饧（稠麦芽浆）；④制作饴（麦芽糖）。所用原料包括：粱米、稷米、黍米和普通的米，可以是稻米或其他脱壳谷粒[1]。

上述各种饧的制作方法基本相同，主要包括三个步骤：

1）用麦芽糖化蒸熟的米饭，麦芽中的 α 和 β 淀粉酶将米饭中的胶态淀粉水解成水溶性低聚糖和麦芽糖，使粉质液化。

2）用开水将粉质中的可溶性糖溶解，并将提取物收集到盘中。

3）加热并搅拌提取物，直到获得合格糖浆为止。根据糖浆中的水分含量，可凝结成多种软糖。如果糖浆中混入空气，就可以凝结成硬糖。

该制作过程非常简单[2]。唯一的特点是，麦芽和基质是在半固态环境中进行反应的。除了谷粒吸收水分外，不再额外添加水，所释放的糖总是保持在浓缩状态中的。较高的渗透压可有效地防止糖分被空气中弥散的酵母菌所利用。当使用少量的开水将糖溶化后，如果再将水蒸发掉，得到的就是麦芽糖。这种制作过程，在利用水和燃料方面非常经济，很适合于家庭作坊的小规模生产。

在晚唐的《四时纂要》中，制作饴（麦芽糖）安排在农历三月，是当时的重要作业之一[3]。但是在唐代，麦芽糖的重要性地位已经被甘蔗制糖技术的出现而有所削弱了[4]。到了宋代，蔗糖已经成为中国膳食中占有统治地位的甜味剂。这种地位之高，可以用王灼《糖霜谱》（1154 年）的出现来证实。"糖"（蔗糖）和"蜜"（蜂蜜）这两个字，在反映与回忆宋朝都城日常生活的著名回忆录中屡见不鲜，如北宋的《东京梦华录》，南宋的《梦粱录》和《武林旧事》等[5]。但是，在元代、明代和清代，同类著作或食品书籍中，有关饴或饧的麦芽糖很少见[6]。当然，这并不一定意味着，麦芽糖在宋代已经完全被蔗糖所取代。

460

---

① "粱"、"稷"和"黍"是按照本书第六卷第二分册（pp. 440）给出的中国谷物名词术语翻译的。

② 这一工序相当于现代酿造啤酒时的糖化过程。制备麦芽汁时，底物和麦芽都是悬浮于水中进行糖化的。采用这种方法得到的"麦芽汁"或糖液通常含有 10％的碳水化合物，若蒸发其中的水分来生产糖浆，其成本一定很高。

③ 《四时纂要》，三月，第四十条。

④ 用甘蔗生产精制蔗糖技术的历史及其对于经济发展的影响，参见本书第六卷第三分册"农业技术"中所作的介绍。

⑤ 《东京梦华录》卷二，第十四页、第十五页、第十八页；卷八，第五十三页；《梦粱录》卷十三，第一〇九页和第一一一页；《武林旧事》卷六，第一二二至一二三页；参见上文有关使用糖保藏水果的讨论，pp. 425—426。

⑥ 同上。

事实上，麦芽糖，即饴糖，在《名医别录》（510 年）第一次出现后，就一直是标准药典中的一项内容[①]。《新修本草》（659 年）、《食疗本草》（670 年）、《证类本草》（1082 年）、《饮食须知》（1350 年）、《本草品汇精要》（1505 年）和《本草纲目》（1596 年）等都将其收入书中[②]。另外，在《千金要方》（655 年）中也列有饴，在《饮膳正要》（1330 年）中则列有饧，书中称，其味甘、中温、无毒、补虚、强肌、通气、利咽[③]。

在《天工开物》（1637 年）中，对于甜味剂的讨论也包括麦芽糖，证明其在中国膳食中仍然占有重要地位，书中说道[④]：

> 制作麦芽糖的方法，将小麦及稻米等之类的谷物［在水中］浸湿，从而使小麦发芽，然后晒干，煮熟和加工，最后得到的就是麦芽糖。最好的品质是白色，红色的，类似于琥珀的产品称为"胶饴"（胶质麦芽糖），入口应可融化，曾是皇宫一时喜欢的时尚美味。在南方地区，制作糕点的人称麦芽糖为"小糖"，以有别于蔗糖浆。

> 麦芽糖的制作方法数以百计，制作者可满足人们的不同嗜好。麦芽糖的品种不胜枚举，其中有一种称为"一窝丝"的，为皇家独享。这种糖的制作方法很可能将传几代。

> 〈饴饧：其法用稻麦之类浸湿，生芽暴干，然后煎炼调化而成。色以白者为上。赤色者名曰胶饴，一时宫中尚之，含于口内即溶化，形如琥珀。南方造饼饵者谓饴饧为小糖，盖对蔗浆而得名也。

> 饴饧人巧千方，以供甘旨，不可枚述。惟尚方用者名"一窝丝"，或流传后代，不可知也。〉

这段文字清楚地告诉我们，蔗糖是最为重要的甜味剂，蜂蜜次之，第三是麦芽糖。这种状况直到现在也没有改变。麦芽糖从来就没有发展成为全国流通的商品。在农村，它依然是穷人的"蜂蜜"，是一种利用当地原料，工序经过持久考验，可以在家中制作的甜味剂。很少有人知道，麦芽糖的制作方法也属于《齐民要术》的悠久遗产[⑤]。

461

（iii） 淀粉的制取

我们上文已经提到，《礼记》（约公元前 300 年）中有用稻米或碎粟米做浓汤和炖肉

---

① 《名医别录》，第九十八页；尚志钧辑校（1986）。

② 《食疗本草》，第一七一条，第一〇五页；《新修本草》卷十七，第二七八页；《政类本草》卷二十四，第八页；《饮食须知》卷五，第五十一页；《本草品汇精要》卷三十五，第八一五页；《本草纲目》卷二十五，第一五五〇页。

③ 《千金要方》（载于《千金食治》等合集）卷四，第六十一页；《饮膳正要》，第一二〇页。

④ 《天工开物》卷六，第一三〇页；译文见 Sun & Sun (1966) p.130，经作者修改。

⑤ 在 20 世纪 40 年代，中国的很多小镇和村庄都生产麦芽糖。在 1942 年，作者荣幸地在福州（福建省会）附近的一个村子里，看到了从大麦发芽和蒸煮开始的麦芽糖制作过程，其程序与《齐民要术》中所介绍的相同。尽管福建是中国的甘蔗和蔗糖主要产地之一，但是，当地人却还保持着制作精美麦芽糖的传统。

的（p.93）。如今，淀粉是增稠最合适的用料，但是一般用马铃薯、红薯或玉米淀粉为原料，古代中国人还不了解这三种作物。在 16 世纪引进新世界作物之前的很长时间里，中国人一直在寻找从谷物中提取淀粉的方法。目前，我们还不清楚这项技术的起始年代，但是关于它的最早描述出现在《齐民要术》中[①]：

米粉的制作方法：最好用粱米，其次是粟米。（只使用一种谷物，而不使用混合谷物。）将其捣碎成细粉。（除去粗粉。）应该选用一种谷类。用杂米，糯米、小麦、黍米、稷米制作，所得产品质量较差。用水将谷粉调和，然后装入木槽连续用脚踏，10 遍后净淘，直至上层洗液清亮为止。再将谷粉装进一个大坛子，用大量的冷水浸泡。无须换水（春秋季浸泡 30 天，夏季 20 天，冬季 60 天），泡得味道越臭越好。到时间后，将新的井水倒入坛子，用手搅动，洗掉发酸的液体。重复操作，直到洗除所有不良气味为止。将所剩余的部分在粗糙的泥钵中碾碎，而后加热水并搅拌。最后将白色粉浆装进绢布袋子，使粉浆流进收集瓮中。留在袋子里的粗粉再重新倒回钵中碾碎、加水搅拌，而后再重复上述操作。当所有粉粒都充分粉碎后，用杷子强烈搅拌收集瓮中［所有粉浆］一段时间，然后静置。慢慢倒出上层清液，将沉淀物倒入大瓮中，用木棒连续搅拌 300 圈以上，要始终沿同一个方向搅拌，千万不要更换方向[②]。盖好瓮盖，以防灰尘落入。待静置完毕后，用勺将上清液舀出，在粉饼表面覆盖三层细布，再撒上一层谷糠，最后撒上一层干灰。干灰一旦变湿即清除掉，重新铺一层干灰，直至干灰不再变湿为止。［揭开细布。］用刀沿粉饼各个方向将表层刮掉。这些粗糙而没有光泽的部分应作为普通用料单独存放[③]。（由于它们来自于谷物的外层，所以缺少光泽。）但是其碗形中心部分平滑而有光泽，就像鸡蛋的蛋清一样的白，它俗称为粉英（面粉的精华）。粉英来自于谷粒的核心部位，因而平滑且光亮。如果天气晴朗无风，将粉英平铺在平台上，用刀切成梳齿大小的片状。放在太阳下晒，完全晒干后，用力揉搓。（用力揉搓是为了使淀粉变得更细，不经揉搓，它仍然呈粒状。）将得到的产品做成饼，送给尊敬的客人，也可以作为化妆品或体粉的基料使用。

〈作米粉法：粱米第一，粟米第二。（必用一色纯米，勿使有杂。）師使甚细，（簁去碎者。）各自纯作，莫杂余种。（其杂米、糯米、小麦、黍米、稷米作者，不得好也。）于木槽中下水，脚踏十遍，净淘，水清乃止。大瓮中多着冷水以浸米，（春秋则一月，夏则二十日，冬则六十日，唯多日佳。）不须易水，臭烂乃佳。（日若浅者，粉不滑美。）日满，更汲新水，就瓮中沃之，以酒杷搅，淘去醋气，多与遍数，气尽乃止。稍稍出着一砂盆中热研，以水沃，搅之。接取白汁，绢袋滤，着别瓮中。粗沉者更研，水沃，接取如初。研尽，以杷子就瓮中良久痛抨，然后澄之。接去清水，贮出淳汁，着大盆中，以杖一向搅——勿左右回转——三百余匝，停置，盖瓮，勿令尘污。良久，清澄，以杓徐徐接去清，以三重布帖粉上，以粟糠着布上，糠上

---

① 《齐民要术》（第五十二篇），第二六四页；译文见 Shih Sheng-Han（1958），pp.75—76，经作者修改。

② 根据大小和重量，这个动作可提供一离心力使固体局部沉降。

③ 这种淀粉的"普通"用途之一可能就是纸的上浆，这一应用在中国文明史上非常重要；参见本书第五卷第一分册，p.73。参见潘吉星（1979），第 61—62 页。

安灰；灰湿，更以干者易之，灰不复湿乃止。然后削去四畔粗白无光润者，别收之，以供粗用。（粗粉，米皮所成，故无光润。）其中心圆如钵形，酷似鸭子白光润者，名曰粉英。（英粉，米心所成，是以光润也。）无风尘好日时，舒布于床上，刀削粉英如梳，曝之，乃至粉干。足（将住反）手痛挼勿住。（痛挼则滑美，不挼则涩恶。）拟人客作饼，及作香粉以供妆摩身体。〉

这个制作方法，让人联想起罗马作家加图在《农业志》（约公元前180年）中介绍的用小麦制取淀粉的方法，书中介绍说[1]：

> 淀粉的制作方法：彻底清洗饱满的麦粒，然后倒入钵内，每天加两次水。第十天时将水倒出，完全压榨，放入干净的浅口盘中进行充分的混合，使其变得象酒糟一样。然后将部分装入空亚麻袋子，压出乳白色浆料流入一个新的锅或碗里。所有部分都采用这种方法处理，并且再次挤压。最后将锅或碗放在太阳下，进行晒干。

古罗马人和中古时期早期的中国人，所采用的制作方法其基本原理是相同的，即利用细菌来破坏细胞结构以使淀粉颗粒得到释放，最后将粉浆收集、干燥[2]。但是，《齐民要术》所介绍的制作方法，提出了几处改进措施。第一，将谷物碾碎成粉末，使谷物的内部结构更易于破坏；第二，采用环流搅动悬浮液，促使微粒能够在离心力的作用下进行分离；第三，用吸湿剂除去高嗜水饼体内的水分。这些创新，使得中国人能够既生产出适合化妆品用的高纯度淀粉，又可以同时生产出可用于造纸、纺织业、做浆糊以及用于烹调的粗淀粉、增稠剂。[3]

在中国，还可以从菱角、竹芋和藕以及野葛藤中提取淀粉[4]。目前，我们仍然能够看到，用这些植物制得的专用淀粉。但是，实际上，如今商业贸易中的主要淀粉都是用玉米、红薯或马铃薯制得的。这三种美洲作物是明代传到中国的。在这一点上，它们已经取代了中国的本地作物原料，成为现代中国经济领域至关重要的物质基础。

（4）面粉及面食制作

我们上文已经提到（pp.18—20，68），古代中国人的主要食物是煮熟的（最好是蒸熟的）米饭，即各种粟米、大米，可能还有大麦。然而，小麦外皮质地太硬，很难用同样的方法熟制。它需要先磨成面粉，然后才能加工成多种可口的食品，如饼、面包、糕点和面条[5]。因此，小麦的利用与将麦粒碾磨成粉的旋转磨的出现密切

463

---

① Marcus Porcius Cato，1979年再版，p.89。

② 这一原理是现今制玉米淀粉的大型"湿磨"工业的基础。这一过程的成功之处在于天然的淀粉颗粒对酶分解较有抵抗力，所以能在微生物破坏谷物的内部结构时存留下来。只有当淀粉（加热）变成凝胶时，它才容易受到动物、谷物或微生物淀粉酶的影响。

③ 《齐民要术》（第五十二篇），第二六四至二六五页，做化妆品基料的方法。

④ 王尚殿（1987），第414—422页。

⑤ 关于这一问题的讨论见本书第六卷第二分册，pp.461；天野元之助（1962）和篠田统（1987），第20—23页。

相关①。虽然鞍形磨在中国新石器时代就已经出现了（图108），但是直到战国时期才出现了旋转磨（图109）②。这种旋转磨在西汉时期逐渐流行，到了东汉时期就已经完全普及（图110，图111）③。在汉代，面粉作为主食得到了迅速发展，与此同时，旋转磨也得以快速普及运用。这一发展过程经历了三国时代，一直到了唐代，最终在中国形成了两个膳食区：南方（以及部分北方地区）主要是米食，即"粒食"（谷粒食品）；北方主要是用小麦面粉做食品，即"面食"（面粉食品）④。

465

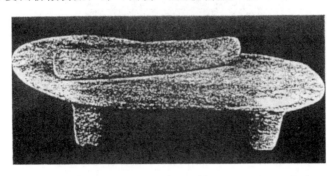

图108　河南新郑沙窝李发现的新石器时代的鞍形手推磨，
中国社会科学院（1983），图版2，图5。

　　面粉包含有籽粒谷物常见的所有成份，包括淀粉、蛋白质（包括酶）、脂肪和糖类。但是，面粉内的蛋白质有些特殊，共包含四类，水溶性的白蛋白和球蛋白，非水溶性的麦醇溶蛋白和麦谷蛋白。当面粉与水混合时，麦醇溶蛋白和麦谷蛋白结合形成特殊的蛋白质多聚体，称为面筋。在揉面的过程中，面筋形成包围淀粉和水分子的基质，面团变硬，同时获得塑性和弹性这两个重要特性。当面团中加入酵母后，酵母就会将糖类分解为乙醇和二氧化碳。恰到好处的塑性和弹性可以使面团捕捉住所释放出的二氧化碳，从

466

---

　　①　持这种观点的有天野元之助和篠田统（同上），以及余英时［Yu Ying-Shih（1977）p. 81］、邱庞同（1998a 和 1998b）及陈绍军和吴兆苏（1994）等中国学者。但是，值得指出的是，在中国发明旋转磨之前，小麦就已经实现碾碎成面粉了。在中东，鞍形手推磨出现也很早，但不早于公元前1000年，在此之前，古埃及人和美索不达米亚人就是使用鞍形手推磨将小麦粒磨成粉制作发酵面团的。在商代和周代，只是制作些小吃或点心等面类食品，鞍形手推磨的效率很低，显然只适合于提供制作这些食品所需的少量粟米粉或大米粉。直到小麦成为重要的农作物之后，提高磨具磨粉效率的问题，才真正成为影响小麦利用率的一个主要因素。李约瑟等人在本书第四卷第二分册（pp.185—192）中已经详细地讨论了旋转磨（石磨）的发明。

　　②　秦国都城栎阳，参见陕西省文物等（1966），第14页。

　　③　例如，西汉：屠思华（1956），第37页；洛阳考古队（1959），第206页；洛阳发掘队（1963），第22页；满城发掘队（1972），第9页；扬州博物馆（1980），第424页；东汉：黄展岳（1956），第46页；葛家瑾（1959），第46页。还有些例子参见李发林（1986）和陈文华（1983、1989 和 1995）。旋转磨在战国时期已经出现，这个事实反驳了篠田统关于汉帝国向外扩张才使旋转磨传入中国的假说，参见邱庞同（1988）和曹隆恭（1983）。

　　④　这样的划分当然也是片面的。这并不意味着在面食区域内就没有粒食地区，反之亦然，参见上文提到的篠田统（1987）。现今世界，并不是所有的小麦都做成面食（也就是面粉制品）。用粗粒麦粉（硬质小麦的燕麦）蒸熟可得到蒸粗麦粉（couscous），它是北非的一种主要食品；小麦胚乳（麦心）做成的麦片粥在北美是很常见的早餐谷物食品。萨班［Sabban（1990）］称，这些产品是"未成形的"小麦食品，与之相对的面包、面条是"成形的"小麦食品。

464

图 109 战国时期的石碾，陕西省文物管理
会 (*1966*)，图版 8。

图 110 西汉时期的旋转手推磨，中国社会科学院等 (*1980*)，满城
报告，下册，图版 106，第 2 和第 3（参见上册，第 143 页）。

图 111　东汉时期的旋转手推磨，Rawson ed.（1996），Fig.84。一人在操作旋转手推
　　　　磨的模型。

而使面团呈蓬松状态，我们通常称之为发酵面包或面包[1]。一位现代西方美食家评价面包时说[2]："它是最让人满意的食物；新鲜的黄油配上好的面包，那就能构成最好的宴会。"在所有的谷物中，只有小麦能产生足够多的面筋来，用它可以做成各种奇妙的食物。黑麦也能提供面筋，但面筋太弱而无法使用。因此，小麦是西方文明中最重要的谷物。

　　众所周知，面包在中国膳食体系中的地位远不如其在西方的地位显著，但是这并不意味着，面筋对中国烹饪业的发展中没有产生影响。实际上，我们很快就会看到，是面筋使面团具有一些特性，如面团可以辊轧成片状，可以伸展，可以抻拉，可以用多种方法成型，从而形成一系列的中国面食。实际上，面筋本身是从面粉中分离出来的，可以作为一种单独的蛋白资源使用。与豆腐一样，面筋也是传统中国膳食中重要的蛋白质来源。但是，在我们追溯面筋的历史之前，我们有必要知道，中国人是怎样用面粉制作我们所熟悉的面食的。

（i）面食和面条

　　根据中国膳食结构，与"菜"类相对应，"面食"和"粒食"属于"食"类的部

---

　　[1]　面筋成形、面团行为和面包制作科学原理的通俗解释，参见 McGee（1984），pp.273—315，相关的中文内容参见吴稚松（1993）。

　　[2]　Beard（1973），p. xi。

分①。在汉代，"粒食"就是蒸熟的大米或其他米；不管是哪一种米，做出来的食物都被称为饭。现今，饭几乎就专指蒸熟的大米饭。作为一个特别重要的字，在日常口语中，"饭"还泛指餐②。因此，"吃饭"，按字面意思是吃大米饭，实际是指进餐。至于"面食"，其情况更为复杂。据《说文》（121 年）说，"面"就是小麦粉③。将其与水调和即可得到面团，再用不同方法熟制，所得产品称为"饼"。但是现今，在南方的"粒食"地区，"面"只是指面条，或者特别指细长的面条。而在北方的面食地区，"面"可以特指细长的面条，也可以泛指所有用面粉制得的食物④。至于"饼"，在汉代，显然是指所有用小麦粉面团制作的食物，即面食。而现在"饼"指一块饼、饼干或一种糕点。为了避免混淆，我们先来说明一下本文将要讨论的"面"和"饼"时采用的译文含义：

产品	汉代及中古时期初	清代末期及现在
面	仅指小麦粉	小麦粉或面条
饼	面食	饼和糕点

因为在晚清，面既指面粉或面条，或者更特别地指细长的面条。在西方文献中，面条常常翻译为 noodle，但是 noodle 这个词本身也不明确。有人以为 noodle 就是面食（pasta）*。《牛津英语大词典》（*Oxford English Dictionary*）将面条解释为"用小麦粉和鸡蛋做的条状或球状面团"（a strip or ball of dough made with wheat flour and egg）。美国的词典中倾向于把"noodle"定义为"细丝状（或带状）的面食"[a filamentous (or ribbon-shaped) pasta]⑤。在本书里，我们采用中国和美国的普通说法，即将"noodle"定义为面条。因此，我们谈及马可·波罗把"noodle"从中国带回到意大利的历史传说时，照我们的意思他所带的是"面条"，而不是西方作家一般理解⑥的"面

---

① 张光直 [Chang, K. C. (1977)，p. 40] 和赵杨步伟 [Chao, B. Y. (1972)，p. 3] 强调了普通中餐的饭（谷物食品）和菜之间的区别。《礼记·内则》（第四五六页）中出现了饭和膳（参见上文 p. 98），说明这种划分在周代晚期就已很明显。

② 因而，一个人被邀到家里去"吃饭"，他可能享受了一顿美餐，但并没见到一粒米饭。

③ 《说文解字》，第 112 页（卷五下，第十三页）。

④ 洪光住 [(1984a)，第 30 页] 指出，现今，"面"作为小麦粉的意思主要用于书面表达。在日常的谈话中，面几乎就是指面条。如果一个人在中国餐馆（无论在中国，还是在其他地方）点一份面，他所得到的就是面条。同样地，在东方的食品店中，一包面指的就是一包面条。

⑤ 《韦氏第三版新国际英语词典》（*The Webster's Third New International Dictionary*）中称面条（noodle）为"加有鸡蛋的面食，通常为带状"（a food pasta made with egg and shaped typically in ribbon form），《蓝登书屋英语词典》（*Random House Dictionary*）中定义面条为"窄条形未经发酵的加鸡蛋面团，它经过辊轧变薄和干燥，通常煮熟后，在汤或砂锅等中食用；一种带状面食"（a narrow strip of unleavened egg dough that has been rolled thin and dried, usually boiled and served in soups, casseroles etc.；a ribbon shaped pasta）。除了加鸡蛋这一点外，对中国面条的其它定义都是可以接受的。我们在下文会接触到中国的鸡蛋面条。

⑥ 由于我在粒食习惯的中国南部长大，在我看来，"面"就是"面条"，"面条"（noodle）就是"细长的面条"（filamentous noodle）。所以，当我与卜鲁（Gregory Blue）讨论马可·波罗把"noodles"从中国带到了意大利这个传说的时候，我脑子里想的自然是面条。卜鲁对这个题目很感兴趣，所以花了大量的时间查阅了多种版本的马可·波罗的书。当他写信告诉我他的调查结果的时候，我很惊讶地读到他没有发现任何证据能够证明"马可·波罗曾把'pasta'（面食）从中国带到了意大利。"很明显，对他而言，"noodle"就是面食。但对我来说，它只是面食的一种。参见 Gregory Blue（1990 & 1991）。

食"（pasta）①。另一方面，中国作家一般的意见，承认马可·波罗带回意大利的是"面条"而不是泛指的"面食"②。我们在下文还要详细讨论这个传说。

现在，又出现了两个问题。汉代中国人的哪些面食或饼是由小麦面粉制作的？早期的"面"（面粉）是什么时候、又是怎样引申为双重意义的"面"（面粉或面条）？我们首先试着回答第一个问题。

"饼"这个词最早出现在《墨子》（公元前 4 世纪）中，书中认为它可能是某种糕点③。用大米粉制得的饼或糕点在战国时期就已经出现了。例如：《周礼》中列出的"饵"和"粢"就是祭坛上贡篮"笾"内摆放的两种食物④。根据郑玄的注释，它们都是由大米粉或粟米粉做成的，蒸熟的产品叫"饵"，而煮熟的叫"粢"。在《礼记》和《楚辞》里也都提到过饵⑤。因此，在汉代以前，古代中国人就已经掌握了，将粟米和大米碾碎成粉并将粉做成食物的方法了。

"饼"这个词在《急就篇》（约公元前 40 年）里，一个很短的加工谷物食品清单中再次出现，该清单还包括用小麦或大麦蒸制的米糕和豆米片粥⑥。在《方言》（约公元前 15 年）中，"饼"被称为"饦"，"饵"被称为"糕"或"粢"⑦。我们在下文还会提到"饦"。《说文》（121 年）提到，"饼是用小麦粉制作的粢"，"粢是用大米粉制作的饼"，"糕是一种饵"⑧。更让人大开眼界的是《释名》（2 世纪）中的一段话⑨："饼是将面粉与水混和后做成的；胡饼的外形与'大漫汩'相仿，因其表面撒有胡麻（芝麻）而得名⑩。蒸饼、汤饼、蝎饼、髓饼、金饼和索饼都是因它们的外形而得名"。（"饼，并也。溲面使合并也；

---

① 麦吉［McGee（1984，p. 316）］怀疑马可·波罗是否从中国带回了"noodles"，但是他似乎也将"noodle"（面条）当作了"pasta"（面食）的同义词。詹姆斯和索普［James & Thorpe（1994），p. 311］也认为"pasta"与"noodle"是可以互换的。考查马可·波罗是否将"pasta"从中国带到了意大利这个问题，可参见 Tannahill（1988），p. 234，Root（1971），p. 369 和 Anderson & Anderson（1977），p. 338。从萨班等人［Sabban et al.（1989）］写的一系列论文中也可以看到这一问题。

② 从邱庞同［（1988），第 16 页；（1989b），第 9 页］、王仁兴［（1985），第 66 页］和杨文骐［（1983），第 74 页］的这些例子以及我们和许多中国朋友的交谈经验中看出来的。但是，王文哲［（1991），第 8 页］比较含糊地认为面食是马可·波罗从中国带回意大利的。

③ 《墨子》（第四十六篇），第三三七页。

④ 《周礼》卷二，第五十四页；《周礼注疏》卷五，第八十二页。

⑤ 《礼记·内则第十二》，第四五七页；《楚辞译注·招魂》，第二五八页。

⑥ 《急就篇》，第三十页，四部丛刊本。

⑦ 《方言》（汉魏丛书）卷十三，第十二页。

⑧ 《说文解字》，第 107、108 页（卷五下，第三页和第六页）。

⑨ 《释名·释饮食第十三》（汉魏丛书），第八页。金饼的特性不为人知。

⑩ 邱庞同［（1992b），第 7 页］中提供了"胡饼"这个词的三种解释：第一，胡饼是由西部，也就是"胡"地传过来的，"胡"作为前缀是说它的来源；第二，饼的上面撒有芝麻（胡麻），因此它就成为了"胡饼"；第三，饼的样子就像植物"大漫汩"的叶子，其形状像海龟壳。但"大漫汩"也可以是一大块扁平面包的意思。我们怀疑胡饼原本就是"馕"的一般叫法，"馕"是中国西北和亚洲中部的一种大块扁平面包。"馕"通常是用瓮状泥炉–筒状泥炉（tandoor）烘烤出来的。"tandoor"这个词及它的变形形式是用来表示烤炉，包括在下列众多语言中：希伯来语（Hebrew）、法尔西语（Farsi）、库尔德语（Kurdish）、亚拉姆语（Aramaic）、亚述语（Assyrian）、波斯语（Persian）、土耳其语（Turkish）和亚洲中部其他突厥诸语言［哈萨克语（Kazakh）、乌兹别克斯坦语（Uzbek）、吉尔吉斯语（Uighur）、维吾尔语和土库曼语（Turkmen）］。参见 Alford & Duguid（1995），pp. 29—37。我们认为，胡饼有可能是在西汉时传入中国的。关于胡饼的更多资料可参见陈绍军（1995）。

胡饼作之大漫沍也，亦言以胡麻着上也，蒸饼、汤饼、蝎饼、髓饼、金饼、索饼之属皆随形而名之也。"）如果是这样的话，索饼应该是目前所知最早的一种面条。

在汉代，饼因深受欢迎，已经被作为在街上贩卖的加工食物[①]。但是，《四民月令》（160 年）提醒人们，"进入秋天后，不宜再吃煮饼或溲饼。"[②]（"距立秋，毋食煮饼及水溲饼。"）作者后来在一条注释中解释说："在夏天，如果人们在吃饭的时候喝水的话，这两种饼就会在水中变硬，因而很难消化。如果有人不小心吃到不新鲜的饼，就会生病。这一点可以通过将这两种（或其他）饼浸泡在水中得以证实，其中只有一种用面粉与酒混和制得的饼，在水中会碎裂。"（"夏月饮水时，此二饼得水，即坚强难消。不幸便为宿食作伤寒矣。试以此二饼置水中，即见验。唯酒溲饼入水即烂也。"）这段话很难理解，因为我们并不知道这些饼的制作和保藏方法。通常，好的煮饼是很容易消化的。如果一个人习惯吃冷的饼的话，那么就会出现问题了[③]。要是饼做得太干，而在吃之前又没有经过蒸或煮补充水分的话，它们就会变得不易消化。这段话还是很有意义的，因为它至少向我们介绍了一种饼，这种饼是通过在面粉中混入酒（和酵母）形成面团而制成的，这就是现代中国烹饪中我们非常熟悉的馒头的祖先了[④]。

饼在中国膳食业中的地位，在汉代以后有所提升[⑤]。饼是如此的受欢迎，西晋（265—317 年）的作家束皙甚至郑重地写过一首《饼赋》[⑥]。他在赋中介绍说，先将面粉过筛两遍，面粉就变得像雪花一样的细白。里面还提到了十多种外来名字（大部分破译不出来）的饼，其中有一种名字可辨识，就是"曼头"，它特别适合在不冷也不热的春天食用。另一种就是"汤饼"，赋中指出，在口鼻结霜的刺骨冬天里，没有比吃一碗热气腾腾的汤饼更好的东西了。汤饼的普及情况在有关何晏的故事中也有所表现，他是魏明帝（227—237 年在位）手下的一个相貌堂堂的官员[⑦]。魏明帝怀疑何晏使用了某种粉体化妆品才使他的面色如此白皙，于是，在一个非常炎热的夏天召见他，让他吃一碗汤饼。可怜的何晏吃得大汗淋漓，不停地用袖子擦额头和脸上的汗，但是他的面色依然如故。

到此时，我们还是只有极少或根本没有中古时期早期，中国人制作各种饼的方法。我们又要等到《齐民要术》（544 年）的出现，才能见到书中第八十二篇关于这一主题

---

① 《汉书》卷九十九，第四一二三页。《后汉书》卷六十三，第二〇八五页；卷六十四，第二一二二页；卷八十二，第二七三七页。也可参照尚秉和（1991），第 89 页。

② 《四民月令·五月》；缪启愉（1981），第 54 页，见第 61 页、第 66 页的注释。

③ 这是一个合理的假定，因为饼仅仅是面粉制作的饵和粢。而饵和粢都是煮熟的食物，吃的时候不需要再加热或煮。王仁兴［（1985），第 62—63 页］指出煮饼的一段（摘自《四民月令》）说明"煮饼"可以用油炸，这样的话，产品很有可能不需要再煮就可以吃了。如果放一段时间，它就会变硬、腐败、很难消化。如果是这样的话，我们现在就可以解释清楚东汉时的汉质帝在公元 146 年吃煮饼样品而死这个离奇的故事；参见《太平御览》（卷八六〇）中的"饼"及缪启愉（1981），第 66 页。

④ 《周礼·醢人》中提到了一种叫作"酏食"的食物，据《周礼注疏》（2 世纪）卷六（第六十六页）中郑玄的注释，它是用发酵酒做的一种饼，这可能是最早、最基本的发酵面团食品（或面包）。

⑤ 洪光住（1984a），第 20—46 页；王仁兴（1985），第 52—61 页；邱庞同（1989a）、（1989b）、（1992a）和（1992b）；陈绍军和吴兆苏（1994）。

⑥ 《饼赋》，见严可均编（1836），第 2 册，全晋文卷八十七，第 1962—1963 页。有关赋中所提到的各种饼的讨论，参见 Knechtges（1986）和 Sabban（1990）。

⑦ 《世说新语》卷五，第一五一页；《荆楚岁时记》（汉魏丛书），第三十六页。

表 43　《齐民要术》中制作饼的方法

470

编号	面食	面粉	基料	酵母	原料形态	烹饪方法
1	酵	小麦	水	＋	面团	无
2	白面	小麦	水	＋	面团	作原料
3	烧饼	小麦	水	＋	面团＋填料	烘烤
4	髓饼	小麦	水＋骨髓＋蜂蜜	？	面团	烘
5	粲	大米	水＋蜂蜜	—	面浆	油炸
6	膏环	大米	水＋蜂蜜	—	面团	油炸
7	鸡子饼	无	无	—	无	油炸
8	细环饼	小麦	水	？	面团	油炸
9	馆输	小麦	水	＋	面团	油炸
10	水引	小麦	水	—	面团	水煮
11	馎饦	小麦	水	—	面团	水煮
12	棋子面	小麦	水	—	面团	蒸
13	䊨䊚	小麦、粟	水	—	面团	蒸
14	粉饼	淀粉	水	—	面浆	水煮
15	豚皮饼	淀粉	水	—	面浆	摊烙

的内容①。为了便于讨论，表43列出了书中概括的15种制作方法。我们删掉了最后的作法（16），因为它不是介绍面食的制作方法，而是介绍从精面粉中去除泥砂杂质的方法。在保留的这些制作方法中，作法1和2都不是直接介绍一种特殊饼的制作方法的，而是介绍制作发酵面食所需发酵剂的制备方法。因而，具有很重要的意义，故全文抄录如下②：

471

　　制法1：在制作饼酵时，取一斗已发酸的米水，将其熬煮浓缩到七升；然后将一升粳米放入酸水中，用文火熬成粥③。在夏季，一石面粉需要添加两升这样的饼酵，冬季则需要四升。

　　〈作饼酵法：酸浆一斗，煎取七升；用粳米一升着浆，迟下火，如作粥。六月时，溲一石面，着二升；冬时，着四升作。〉

　　制法2：制作白饼（发酵面团）时，对于一石面粉，取7—8升白大米熬煮成粥，加入6—7升白酒作为发酵剂后，将其放置在火炉旁边。当它像酿酒那样出现大的泡沫时，将滤出的液体部分，与面粉混合。当面团涨起来后，就可以制作饼了。

　　〈作白饼法：面一石。白米七八升，作粥，以白酒六七升酵中，着火上。酒鱼眼沸，绞去滓，以和面。面起可作。〉

在这里，我们将"白饼"解释为一种发酵面团，它就像一张白纸，可以制作成多种产品④。除去前两种，剩余的是介绍13种饼的制作方法；其中有5种（作法3、4、7、8、9）小麦面团是在油中通过烘、烤或煎炸加工的；有4种（作法10、11、12、13）是煮熟或蒸熟的，剩下的4种（作法5、6、14、15）面团是用大米粉制得的。现在，我们对各组依次加以讨论。

在第一组的5种作法中，有两种是明确使用发酵面团的：做"烧饼"的作法3和做馉馇的作法9。用发酵面团包上熟［碎］羊肉，大葱、豉汁和盐调味品做成的馅，然后放在盘中烤熟，所得到的产品就是"烧饼"（肉饼）。一斗面粉和成的面团需要两斤羔羊肉，这种"烧饼"听起来就像如今的包子经烘烤而得到的产品，而与现在中国北方烹饪中常见的烧饼（芝麻饼）有很大的不同⑤。我们还不清楚"馉馇"的特征，可能是某种油炸制品。制作时，先将发酵面团揉成块，再进行油炸，熟透

---

① 《齐民要术》，第五〇九至五一一页。

② 同上，第五〇九页。这个制作方法让人想起大普林尼［Pliny（1938），《自然史》XVIII，xxvi. 102-xxvii105，英译文见 Rackham，p. 255］所介绍的制作方法。

③ 据推测，这样的稀粥为野生酵母和可能是乳酸杆菌的生长提供了一个很好的培养基，所以经过很短的时间，就可以作为制作发酵面团的发酵剂。

④ 一张空白的纸称为"白纸"。在西方，发酵面团只用来做面包，因而一些读者可能会反对将发酵面团的产品称为饼。两者间的界线并不总是很明确，不是所有的面包都经过发酵，如挪威扁面包，也不是所有的饼都不需要发酵，如比萨饼。

⑤ 猪肉馅的包子是以它的广州人叫法"叉烧包"被许多西方人所熟悉的。而赵杨步伟［Buwei Chao（1972），p. 203］将"烧饼"译为"sesame-sprinkled hot biscuits"（表面撒有芝麻的热饼干）。

后将会漂浮在油的表面①。"让它自己在油中漂浮起来"这句话暗示了需要用很多油，所以所得产品是深度油炸的。如果是这样，它就是中国饮食中关于深度油炸的最早记载了。我们并不是很清楚面团是如何成型的，但我们确实觉得这种面食是现代中国人特别喜欢的早餐食品油条的前身。

472

作法 4 讲的是"髓饼"。面团是用小麦粉、骨髓、水和蜂蜜和成的，通常用胡饼烤炉进行烘烤。遗憾的是，我们一点也不了解这种烤炉的样子②。作法 7 和 8 都不完整，遗漏了重要资料。在作法 7 中，产品是一种"蛋饼"（鸡和鸭），制法中简单的介绍道："打一个蛋放入碗中；加一点盐，在平底锅中油炸，得到二分厚的圆饼。"③（"鸡鸭子饼：破写瓯中，不与盐。锅铛中膏油煎之，令成团饼，厚二分，全奠一。"）这种情形无法想象，因为如果我们就按字面意思逐步来做的话，我们得到的就是一个油炸鸡蛋或炒蛋，很难称之为面饼。我们怀疑，可能是作者贾思勰忘了交代，在油炸之前蛋与面粉或发酵面团间有调合过程。也有可能是作者的原稿中有这一步骤，但是抄写人不小心把它漏掉了。作法 8 的目标是做"细环饼"，也叫"寒粔"④。原文介绍如下⑤："将面粉、水与蜂蜜调和制得面团，如果没有蜂蜜的话，可以用红枣熬成的汁来替代，还可以用牛脂或羊脂。用牛奶或山羊奶加到面团中得到的效果会更好，这样做成的饼脆而可口。"（"皆须以蜜调水溲面；若无蜜，煮枣取汁；牛羊脂膏亦得；用牛羊乳亦好，令饼美脆。"）遗憾的是，作法中并没有说明如何烹调面团的方法。有一种假设就是，这一步骤广为人知，所以作者觉得没有必要将其记载下来⑥。因而，我们只能猜想"寒粔"是通过烘烤或油炸得到的。

在第二组的作法中，"水引"和"馎饦"这两种产品（作法 10 和 11）是在沸水中煮熟的，"棋子面"和"䅘䴾"面（作法 12 和 13）是蒸熟的。"水引"被认为是一种细

---

① 缪启愉［（1982），第 514 页，注释 13］将"馉馏"归类为一种圆形油炸馅饼。

② "胡饼"通常被认为是烧饼的前身，参见王东风编，《简明中国烹饪辞典》（1987），第 352 页；《中国烹饪百科全书》（1992），第 96a 页。参见上文注释（p.468）。我们怀疑，做胡饼的烤炉就是从伊朗到新疆沿线的亚洲中部国家随处可见的筒状泥炉，参见 Alford & Duguid（1995）和 Marks（1996）。在 50 年前的中国北方，可以见到人们用这种筒状泥炉来烘烤普通的烧饼。现如今，新疆的维吾尔人仍然用它来做馕和"戈德赫"圆饼（gerdeh），福建北部的汉人也用它来做光饼。"戈德赫"圆饼是一种百吉饼，它带有一个用面团薄片覆盖的洞，而光饼就是只有一半大小的百吉饼。制作这两种饼时，面团都是先蒸后烘的；它们的味道都特别像百吉饼。百吉饼传到新疆和福建去的途径一直让人们困惑不解。抑或是欧洲的百吉饼是从亚洲中部传过去的？福建北部的移民把它带到了马来半岛，因而，在我的烹饪经验中对于光饼很熟悉。在 50 年前，我第一次吃百吉饼时，我非常惊讶。我的第一反应就是：光饼是怎么传到美国来的呢？

③ 《齐民要术》（第八十二篇），第五〇九至五一〇页，由作者译成英文。在这个句子中，缪启愉校释本说"无须用盐"，而石声汉的校释本说"要加一点盐"。在这里，我们选择了石声汉的版本。

④ 也叫"蝎（he）子"，即"蝎饼"，《释名》（参见上文 p.468）中指出它是一种蠕虫状的饼。这个名字相当于意大利的"线面"（vermicelli；小蠕虫），同样，"索饼"（细绳或绳索状面食）相当于意大利的"细面"（spaghetti；像绳子）。

⑤ 《齐民要术》（第八十二篇），第五一〇页。这是一种少见的制作方法之一，其中牛奶作为一种配料添加，表明在 6 世纪的中国北方，牛奶已可得到的。

⑥ "寒粔"仍然是中国烹调历史中难以理解的一个产品。《本草纲目》（1696 年）（卷二十五，第一五四一页）说到，据林洪的《山家清供》记载，做寒粔（具）时，先用小麦粉和粘米粉混和做成面团，然后再在大麻油中炸熟。然而，林洪所说的寒具所有的制法仅仅就是必须用到蜂蜜和油。参见《山家清供》，第十五页，《中国烹饪古籍丛刊》本。但是，他没有说它是怎么烹饪的。关于寒具的进一步讨论，参见 Knechtges（1986），p.55。

面条，而"馎饦"是我们下文要讨论的一种食品。先将面团辊轧成筷子粗细，后切成一个个小段，再在蒸锅中蒸熟，得到的就是"棋子面"。在吃这种面之前，要把它重新煮一下后再加入汤料。它之所以叫作"棋子面"是因为它的每一段都像棋子那样的大小[1]。尤其感兴趣的是将这种产品称为"棋子面"，这是第一次将"面"这个字用到饼的名称上。至此，对于"面"和"饼"的含意已经有了一个含糊的界定。这一组中的最后一个产品是"粆粑"（作法13），在它的作法中，面团是用小麦粉与熟粟米和成的，把它挤压过一个疏松编织的竹筛子，得到豌豆大小的面片，经过蒸熟、晒干后贮藏备用[2]。

　　最后一组作法（作法5、6、14和15）用到的原料都是大米粉或淀粉。制法6[3]，"面团是用糯米粉、蜂蜜和水和成的。面团中的水分含量与做汤饼用的面团的水分含量相同。将面团辊轧成8寸长，扭曲后将两头接到一起，再放入油锅中。"（"用秫稻米屑，水、蜜溲之，强泽如汤饼面。手搦团，可长八寸许，屈令两头相就，膏油煮之。"）得到的产品叫作"膏环"或称"粔籹"。所用配料与作法5做"粲"相同，但是不用面团，而是加足够多的水使之形成面糊，再使其穿过底部带有无数个孔眼的竹碗后进入热油锅[4]。"粉饼"的作法14也有这一步骤，但是不需要加蜂蜜，而且面糊是用精制大米淀粉和水和成的，面糊经牛角的孔进入沸水锅中，所得产品一般需拌入可口的浓汤或甜芝麻汤后再食用[5]。作法15所用到的面糊最好更稀一些，将铜锅浮在一个大锅内的沸水中，随着将一勺面糊倒入铜锅，拨其快速旋转。面糊在离心力的作用下散开，最后覆满整个锅底形成一层薄面皮。然后把铜锅取出，揭下面皮。这种薄面皮或称为薄烤饼看起

---

　　[1] 我们这里涉及中国古代的一种棋艺叫做围棋，它以它的日文名字"碁"（go）而为西方人所知。不管是白棋还是黑棋，尺寸都很小。

　　[2]《齐民要术》，第五一一页。这是我关于原文的说明，文中说："尽力压面团使其通过扬谷用的笆筹（簸箕），得到豌豆大小的面疙瘩。"（"以手向簸箕痛挼，令均如胡豆。"）但是，除了孔眼之外，还有更多的说法。这个过程的关键在簸箕的特性，也就是说竹编的扬谷用的笆筹的特性。参见本书第六卷第二分册，p. 363。这个笆筹可能编得很紧，也可能编得比较疏松。如果是后者的话，它就是筛子了。由于没有竹编笆筹或筛子，用平木盘和金属滤锅，我曾经用熟粟米和小麦粉做的面团进行过挤压试验，试图弄明白文中所表达的意思。我发现，如果"笆筹"编得比较紧的话，怎么也不能让面团压出来而得到豌豆大小的面疙瘩。另一方面，如果"笆筹"编得比较疏松，面团可以从孔中压过而得到与孔径大小相对的面疙瘩。因此，我们的这种解释似乎是所要表达的情形。棋子面和面疙瘩就像意大利面食中的"米粒状面食"（orzo）或"调味饭"（riso），其大小如大米粒，通常用来替换细面条的一种面食。

　　据我们所知，在现今中国已经见不到簸箕有做面疙瘩的功能。但是，超乎了我的想象，"粆粑"却没有完全失踪。近来，我看了一个关于烹调介绍的电视节目，我感到非常惊讶，节目上，一个日本厨师将一个球形面团挤过一个（直径为一英尺的）小竹筛子，得到了筷子粗细、大约一英寸长的面食。然后把它们放到油锅中炸，做成松脆、甜的小吃。我立即给我东京的朋友牛山辉代打电话，问她是否知道这种面食是什么。她好心地专门去了一趟饮食文化的素之味图书馆，询问了一些关于这种面食的问题。它原来是一种叫做"花林糖"的著名甜食，牛山辉代在日常生活中经常吃，却根本不知道它的制作方法。而且，素之味的图书管理员认为，它应该与《齐民要术》（第八十二篇）中描述的一种产品有关。由此可见，这是又一例在中国已经失传，而在日本却仍然保留下来的中古时期烹调技术。

　　[3]《齐民要术》，第五〇九页。

　　[4] 同上。

　　[5] 在原理上，作法14与做鸡蛋面疙瘩（spätzle）相同，只不过不像鸡蛋面疙瘩，它不需要在面团中加鸡蛋。参见 Rombauer & Becker（1975），p. 204。

来就像乳猪皮①。

尽管书的整个结构松散，且作法中也有一些不确定的因素，但是，第八十二篇中依然充满引人注目而值得展现的内容。例如，我们从中了解到，小麦粉和大米粉在使用之前，都要用丝织的绢筛筛过（作法 5 和 10）；做胡饼所用的烤炉，而胡饼可能是我们现代人所熟悉的烧饼（即芝麻饼）的前身。我们还了解到，就像现代的漏锅，（用竹子或牛角制作的）带孔的容器，用来让面糊通过后落入热油或沸水，最后得到软的面疙瘩。还有，尽管其中没有用到"炸"这个字眼，但是我们首次接触到深度油炸这种烹饪方法。我们还知道，将面团压过带孔的竹器后，可以得到块状面食。

确实，正如在该篇里所展现的，6 世纪时中国的"饼"是一个很宽泛的谷物食品概念。用小麦粉做成的面团使用时，可发酵，也可不发酵；可以炸、烤、蒸，也可以煮；可以与骨髓、脂肪、蜂蜜和蛋混合来改变成品的质地和风味；可以做成从圆形到虫形等不同的形状②；还可以在其中包入肉馅和一些别的馅。但是，对于我们来说，最感兴趣的是，尽管《说文》和《释名》中特别说明了饼是由面（小麦粉）制得的，但是表 43 中列出的 13 种制法里却有 4 种的原料是用大米粉而不是小麦粉。这表明，在汉代、魏和晋代的时候，正如用小麦粉做的很多种新型面食出现一样，用大米粉做的一系列相同食品也发展起来了。然而，在汉代，"饼"专指用小麦粉做的面食，直到 6 世纪，饼的含意才拓宽到包含所有用谷粉做出来的食品，其中包括小麦和大米（粟米）。

我们上文已经特别交代过（p. 472），作法 12 的产品叫做"棋子面"，原文还介绍了它的另一个名字"切面粥"。在这里，"面"实际就是"饼"，原料已经成为了产品。事实上，后来的"切面"成为在中国最受欢迎的一种面条的名称。这也提醒了我们，"面"和"饼"的命名依然沿用《齐民要术》时期的名称，而它们各自的含意直到几个世纪以后才稳定下来。我们在作法 12 中所见，可能标志着"面"字最终命名面条类食品这一趋势的开始。

除了作法 7（鸡子面）的作法不完整、作法 4 和 6 中提及的胡饼和汤饼的制作方法也不全外，现存版本《齐民要术》的第八十二篇中至少还有两点重要的遗漏。《北户录》（875 年）列出了几种饼，包括"曼头饼"和"浑沌饼"③。除了面条外，现代中国还有两种很受欢迎、很重要的面食。"曼头"是中国北方的面食地区代替大米作为主食的蒸熟面食；"浑沌"就是在现代中国餐馆普遍都有的"馄饨"。而《北户录》中的注释说，这两个面食在《齐民要术》中都有记载。这就说明，馒头和馄饨在唐代版本的《齐民要术》中是有的，但是不知为什么，从唐代到宋代期间就丢失了④。这一点很重要，因为

---

① 《齐民要术》，第五一一页。这种薄烤饼切碎后可加到可口的汤或甜芝麻（或水果）汤中。现代形式的"乳猪皮"在福建的烹调法中依然可见。在福州地区，有一盘很受人喜爱的菜叫做"鼎边糊"，它是通过将大米浆涂在大镬边上面，把干后的薄膜刮起再放入镬中的汤里。在福建南部地区，用大米粉做的薄圆烤饼叫做"薄饼"，它是在平底锅上做成的。再包上肉馅和蔬菜，就变成了春卷。将它们用油煎之后，就像在美国的中国餐馆中随处可见的鸡蛋卷了，只不过皮比用面粉做的更薄。

② 《齐民要术》，作法 8，第五一○页。

③ 《北户录》卷二，"食目"，第十五页。

④ 在唐代崔龟图的注释中，我们发现参考了《齐民要术》。

它表明，在 6 世纪的中国，馒头和馄饨就已经很有名了。我们现在可以回答我们在上文
（p. 467）提出的第一个问题了，即除了馒头和馄饨外，从东汉到北齐的所有面食的作
法，都已经列进了表 43 中[①]。鉴于它们独特的意义，在我们研究面条之前，我们将依
次讨论馒头和馄饨。

（ii）馒头的起源

馒头的最早形式可能就是《释名》（2 世纪）中记载的"蒸饼"。"曼头"这个词最
早出现在《饼赋》（约 300 年），赋中介绍"曼头"是在春季节日宴会上才有的。传说
中，"曼头"是三国时期著名的谋士诸葛亮发明的，当时他正在带领军队平抚蜀国（现
在的四川）南蛮人[②]。按照当地的风俗，为了保证战争胜利，需要一个人头当作祭品。
他拒绝这样做，而是用一个人头的模仿品来代替，模仿品是用发酵面团包裹一块羔羊肉
和猪肉做成的，然后在蒸包的表面画上人脸。从此之后，这种蒸包以"蛮头"（野蛮人
的头）为名而广为人知，后来又改称为文雅些的"馒头"。

因为那个时期的正史并没有记录这个故事，所以我们很难知道这段传说的可信度如
何。但是，它可以说明，中古时期早期的馒头是一大块包有肉馅的面食，因而很像我们
现今的大包子。"包子"这个词最早出现在《清异录》（965 年）中[③]。我们不能把它理
解为"馒头"的别名，因为"馒头"和"包子"在《东京梦华录》（1147 年）、《武林旧
事》（1280 年）和《梦粱录》（1334 年）中都是作为不同的食品来提及的。似乎，"馒
头"是指大块面食（有馅或没有馅），"包子"是指小块面食（有馅）。《居家必用》（元
代）和《饮膳正要》（1330 年）都提到了包子[④]，而在明代和清代的食经中，却没有提
及[⑤]。另一方面，《饮膳正要》（1330 年）、《云林堂饮食制度集》（1360 年）、《居家必
用》（元代，1370 年的《多能鄙事》中有抄录）、《易牙遗意》（元代）、《食宪鸿秘》
（1680 年）和《随园食单》（1790 年）中却一直将馒头描述成一种有馅的制品[⑥]。让人
觉得奇怪的是，可能除了《随园食单》外，没有一本著作说馒头是没有馅的[⑦]。最先明
确定义馒头是没有馅的书是 19 世纪的《调鼎集》[⑧]。现如今，馒头毫无疑问是没有馅
的，有馅的总是被称作包子。

---

① 全部的面食，包括大米粉做的饼和糕点，现在统称为面点。

② 胡志孝（1984）；唐荒（1988）；陈绍军和吴兆苏（1994），第 221 页；陈绍军（1995）。

③ 《清异录》，第三十页。

④ 包子，参见《东京梦华录》，第十八页和第二十八页；《梦粱录》，第一三四页和第一三七页；《武林旧事》，
第一二五页。馒头，参见《东京梦华录》，第五十三页；《梦粱录》，第一一一页和第一三七页；《武林旧事》，第一
二一页、第一二五页和第一七二页。

⑤ 《居家必用》，第一二〇至一二一页；《饮膳正要》，第四十三页。

⑥ 《饮膳正要》卷一，第四十二页；《云林堂饮食制度集》，第六页；《居家必用》，第一一八页；《多能鄙事》，
篠田统和田中静一（1973），第 384 页；《易牙遗意》，第二十四页；《食宪鸿秘》，第六页；《随园食单》，第一二八
页、第一三七页和第一三九页。

⑦ 《随园食单》第一二八页，提到一种"千层馒头"，它就是我们现在的花卷，并没有馅。

⑧ 《调鼎集》（第七四五至七四七页）介绍了有馅和没有馅的馒头。

袁枚在《随园食单》一书中指出，做好馒头的秘诀在于酵（发酵剂）的质量[1]。遗憾的是，在各种食经书籍中，作者们关注最少的就是酵的成分。例如，《居家必用》在介绍馒头的制作方法时说[2]："两斤半面粉需要一杯酵。在干面粉中间挖一个坑，然后将液态酵倒入其中，和面并揉面至面团变软，［如果需要］加入新的面粉。最后让面团在一个温暖的环境下醒发。"（"每十分，用白面二斤半。先以酵一盏许，于面内刨一小窠，倾入酵汁。就和一块软面，干面覆之，放温暖处。伺泛起……。"）

所有这些告诉我们，酵是液体或粉状的，却没有说明它是如何制作的。当面团部分醒发后，将其擀成皮，用于包适当的馅。在蒸制前，允许半成品进一步醒发。

我们上文已经提到，《齐民要术》中介绍了做发酵饼使用的两种发酵剂（表43，作法1和2）。一种是发酵酒，另一种是酸米水。但是，我们还不知道，在北宋和南宋的都城里，人们是否使用这两种酵来做出售的馒头和包子[3]。事实上，直到元末明初，我们才发现另一种制备酵的方法。《易牙遗意》在介绍"大酵"的作法时说[4]：

> 准备5升上好白糯米，3两细曲和4两红曲将其制成（酒）糟。先将米倒入水中熬成粥，再打碎曲，用温水稀释糟，在瓷罐里［将两种成分与粥］混合。将瓷罐置于温暖的地方或浸在热水中。大约一个星期后，混合物即充分发酵，过滤除去固体残渣，收集得到的［汁液］酵。酵越浓越有效，如果酵太稀的话，就要将其与固体残渣再混和在一起，加热，并再次过滤。冬天的时候，混合物发酵需一周半。

477

> 〈凡面用头罗细面，足秤。十分上白糯米五升、细曲三两，红曲、发糟四两。以白糯米煮粥，曲打碎，糟和温汤，同入磁钵，置温暖处。或重汤一周时，待发作，滤粕取酵。凡酵稠厚则有力，如用不敷，温汤再滤榛足。天寒水冻，则一周时过半盖，须其正发方可用面。〉

这个过程表明，所获得的酵是液态的。这与《齐民要术》作法2（表43）所介绍的一样，只是它不需像做法2中那样要求与酒一起发酵。这可能就是制作宋代文献中所说的以"饼"命名的馒头、包子和其它面食所用的酵。这一过程可以简化，就是将酒糟与面粉混和，干燥后贮藏。使用的时候，取适量的干面团浸泡在水中，它就会发酵，再过滤，滤液就可以当作酵使用[5]。

《易牙遗意》中还介绍了做发酵面团用的"小酵"[6]。"小酵"也就是"硷"，一种碱和碱性碳酸盐的混合物，做面团时，通常将其与水、面粉混和在一起。当面团中微生物产酸时，部分碳酸盐被分解为二氧化碳并置留在面团内。《饮膳正要》中一种"蒸饼"的作法用到了"硷"[7]："蒸饼制作方法：取酵子、食盐和硷，用热水调匀，然后加入面粉调和成面团。第二天，再加些面粉，揉成更大的面团。每斤面粉做成两个，然后放在

---

① 《随园食单》，第一三九页。
② 《居家必用》，第一一八页。
③ 参见上文注释。
④ 《易牙遗意》，第三十三至三十四页。
⑤ 同上，第三十五页。
⑥ 同上，第三十四页。
⑦ 《饮膳正要》，第44页，"蒸饼"写为"餖饼"。在《人人文库》中，"硷"写为"盐减"。

蒸笼里蒸熟。("钲饼:用酵子、盐、硷、温水一同和面。次日入面接肥,再和成面。每斤作二个,入笼内蒸。")

这里提到的酵子到底是什么东西呢?据王仁兴所说,在中国北方农村,一块新鲜的发酵面团通常切成很多小块(约1两大小),然后风干[①]。需要用的时候就取出一小块,将它浸在温水中溃解,然后就可以作为发酵剂使用来制作新的面团。这种小块称为"酵子"。有趣的是,正如上文提过的,元代作法中所说的"酵子",通常与盐、碱性碳酸盐结合起来用。食盐有助于强化面团中的面筋,碱性碳酸盐在微生物产酸时将生成二氧化碳。因此,硷中的碳酸盐能提高酵中酵母菌的活动能力。

总之,我们已经提到了一共四种在中国做发酵面食时,所用的发酵剂。第一种,也就是最早的一种,它是从酒发酵基质中分离出来的霉(表43,作法2);第二种是,从米水中得到的酸醅(表43,作法1);第三种就是干燥发酵面团,易于贮藏,待用时再复水;最后一种是碱性盐,就像烘烤用的苏打,它可以单独用作酵,也可以与干的发酵面团结合起来使用。

(iii) 馄饨的起源

馄饨可能也是起源于汉代。《方言》中说,"饼"也可以称为"馄",《饼赋》中的"牢丸"可能就是一种馄饨[②]。如果我们接受《北户录》(873年)中崔龟图的评注,那么在《齐民要术》的年代,"浑沌饼"已经成为一个稳定的面食品种。崔龟图还进一步指出,浑沌在《广雅》中写作"馄饨",而据颜之推所说,馄饨是月牙形的、人人都爱吃的一种食品[③]。但是,1959年考古学家在新疆吐鲁番附近阿斯塔那的唐墓中发掘出的文物,却意外地证实了崔龟图的说法。人们在墓中发现了干馄饨和饺子样品,虽然它们的年代久远,但是形状依然保持完好(图112)[④]。在唐代,显然馄饨已经是很出名的一种面食。韦巨源在《食谱》(约700年)中列出了24种御用馄饨,而且《食医心鉴》(9世纪中)中有两个处方用到了馄饨[⑤]。

馄饨一词的起源目前尚不清楚。一些学者认为它是由《庄子》中的"浑沌"衍生而来的,"浑沌"是中原地区一个虚构的帝王的名字,字面的意思是"混沌"[⑥]。当它用做面食的名字后,左边的三点水就改成了食字旁。这个名字的意思可能是,"世界开始时

---

① 王仁兴(1985年),第53—54页。

② 《方言》(约公元前15年),第十二页。我们同意康达维[Knechtges(1986),p.62]将《饼赋》中的"牢丸"解释为一种"饺子"(dumpling)的说法。所以,汉代人们可能就已经知道馄饨了。在《北户录》[卷二,"食目",第十五页]中,"牢丸"是与"浑沌"一起提到的,这可能就是谭旗光(1987)说唐代的饺子称为"牢丸"的理由,他还告诉我们,在明代,"浑沌"称为"扁食"。在中国历史上,"浑沌"显然有多个不同的名称。在现今中国,馄饨在广东称为"云吞",四川称为"抄手",福建称为"扁食"。

③ 《北户录》,同上。我们在《四库全书》的《广雅》中没有找到崔龟图的引用语。

④ 谭旗光(1987)。馄饨3厘米长、1.9厘米宽;饺子5厘米长、最宽处1.5厘米,估计它们都比原始尺寸小。样品像一轮新月的就是饺子。

⑤ 《食谱》,参见《清异录》,第七页;《食医心鉴》,第二十五页、第二十九页。

⑥ 《庄子集释》,第三○九页;译文参见Burton Watson(1968),p.97。

的星云混乱状态"①。中国广州人把馄饨写作"云吞"，因为一碗馄饨汤会让人联想到空中的层层白云②。馄饨的一种变形是"饺子"（或角儿），馄饨是用方形的薄面皮（馄饨皮）做的，而饺子则是用圆形的厚面皮包馅。这两种产品都可以看作是从"汤饼"衍生出来的。馄饨通常是在汤中煮熟的，而饺子可以蒸熟、煮熟或用平底锅煎熟，煎出来的饺子叫做"锅贴"。现已知道的，最早制作馄饨的方法出现在南宋的《吴氏中馈录》中，其内容如下③：

479

> 取一斤细白面粉，加三钱食盐，再加水和成面团。将面团揉捏上百次之后分成很多小面球，再用擀面杖将小球擀平。应使用绿豆粉为扑面以防止面皮间粘连。要保证面皮的边缘很薄，然后在面皮里包上馅，最后将面皮捏合。

> 〈白面一斤，盐三钱和，如落索面，更频入水搜，和为饼剂。少顷，操百遍，掰为小块，擀开平。绿豆粉为扑，四边要薄，入馅，其皮坚。〉

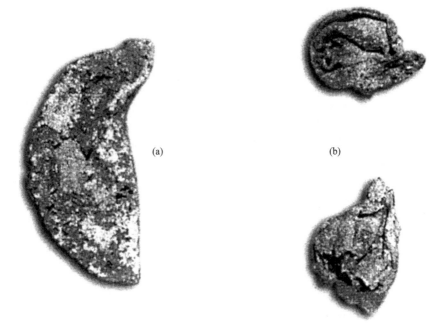

(a)   (b)

图 112　1959 年在吐鲁番附近唐墓中发现的干饺子（a）和馄饨（b）。采自谭旗光（1987），《中国烹饪》（Ⅱ），第 12 页。

①　参见 Buwei Chao（1970），p. 211，脚注；参见潘振中（1988）和阿英（1990）。

②　Zee（1990），p. 70—71，他对馄饨的名字提出了一个有趣的解释，不过，他错误地以为"浑沌"源自于"馄饨"的读音。而事实可能正好相反。

③　《吴氏中馈录》，第三十一页。对比现代食谱中给出的这个过程。"做馄饨时，将馅放在方形面皮（大约 4 寸×4 寸）的中央，将面皮对角折起，形成三角形，再用打好的鸡蛋把边缘封上。将尖角捏合起来，再用鸡蛋封住。做饺子时，将馅放在圆形面皮的中央，折叠成半圆形，用鸡蛋将其封合。"参见 Miller, G. B.（1970），pp. 698—701；Buwei Yang Chao（1972），pp. 211—216。在西欧和美国的东方食品店中，可以买到馄饨皮；在大多数中国餐馆中也可以吃到饺子和锅贴。

在一些以思念宋朝都城开封和杭州生活为背景的著名回忆著作中，如《东京梦华录》、《梦粱录》、《武林旧事》和鲜为人知的《西湖老人繁胜录》等，书中都提到了馄饨[1]。"饺子"则以"角儿"的名字出现在《武林旧事》里[2]。在宋代、元代、明代和清代的经典食品书籍中，都记载有制作"馄饨"或"角儿"的方法[3]。我们在《随园食单》（1790年）中，发现有一点很奇怪的事，书中有将包肉馅的饺子命名为"颠不棱"的话，这明显是从英语单词"*dumpling*"音译过来的。此外，作者袁枚说他在港口城市广州吃过蒸"颠不棱"，称其味道美妙。他还认为好吃的原因在于肉馅。这件事也说明，到1790年的时候，中国与英国在烹饪方面的交流已经相当多。实际上，"*dumpling*"是对饺子或馄饨的一种不错的译法，不过，最为接近它们的欧洲烹饪术语是意大利的"*ravioli*"（小方饺）。由此可知，作为中国食品的一部分，馄饨至少已经有1500年的历史，饺子至少也有1000年的历史。现如今，馄饨通常被当作快餐来吃，而饺子则可以单独作为一餐饭。

（iv）面条的起源和发展

在西方中国餐馆里，今天最流行的面食是"馄饨面"，即将面条放入馄饨汤里烹饪而成。在这里，"面"就是指面条。这又把我们带回到了上文（p. 469）所提出的第二个问题，汉代的"面"（小麦粉）是怎样转变成今天的"面"（面条）的呢？为了回答这个问题，我们必须首先弄清楚面条的起源，它是中国和日本的食品历史学家们非常关心的一个问题[4]。绝大多数学者认为，《释名》（2世纪）里的"索饼"是中国文献中提及的最早的面条。另外一些学者却认为，实际上汤饼才是面条的前身。但是，这两种观点并不相互排斥，"索饼"就是"汤饼"的一种。尽管"汤饼"常常被解释为是薄的生面团片，就像今天的馄饨皮一样，其中一些薄片可能加工成长薄丝形，有了面条的性质[5]。最早的面条制作方法是《齐民要术》的做法10，即"水引"（湿拉面，见表43）。它写道[6]：

> 水引（拉面）或博饪（薄拉面）的制作方法：用丝绢筛过筛的面粉。用肉汤清汁经冷却后与面粉混合。在制作水引时，用双手揉搓面团使其不粗于筷子样，然后将其切割成一尺长，备一盆水，将条形面团放入水中浸着。在靠近锅边上用手将面

---

[1] 《东京梦华录》，第二十九页（馄饨店）；《梦粱录》，第一〇八页和第一三六页；《武林旧事》，第五十一页；《西湖老人繁胜录》，第六页。

[2] 《武林旧事》，第一二二页和第一二五页。

[3] 《山家清供》，第八十二页；《吴氏中馈录》，第三十二页；《居家必用》，第一一八页、第一二六页和第一二七页；《饮膳正要》，第四十二页；《云林堂饮食制度集》，第五页；《易牙遗意》，第四十九页；《饮馔服食笺》，第一四六页和第一四八页；《食宪鸿秘》，第三十六页；《养小录》，第二十七页；《随园食单》，第一二七页和第一三七页。

[4] 洪光住（*1984*），第30页、第32页；王仁兴（*1985*），第62页和第66页；邱庞同（*1988*）；Ishige Naomichi *et al.*，*Foodeum*，1988年夏季，no. 1，p. 4—13。

[5] 王仁兴，同上；耘枫（*1987*）；邱庞同（*1988*），第15页。

[6] 《齐民要术》（第八十二篇），第五一〇页。

条揿到象韭菜叶厚薄，用沸水煮熟。

〈水引、馎饦法：细绢筛面，以成调肉臛汁，待冷溲之。水引：揿如箸大，一尺一断，盘中盛水浸，宜以手临铛上，揿令薄如韭叶，逐沸煮。〉

按照上面的方法，我们最后得到的条形面团可能是比"宽条面"（*fettucini*）稍宽。可以想象，如果直接煮长长的筷子一样粗细（或者揉得更细一些）的条形面团，所得到的就是"索饼"。因此，这个短小的制作方法，实际上告诉我们两种面条的作法：圆的"索饼"和扁平的"水引"。尽管没有明确表达，但是在《齐民要术》中，方法14"粉饼"（米线）的作法隐含着水引的另外一种制作方法。其具体操作如下：把一块汤匙形状的牛角缝在丝绸袋的底部，牛角上钻了一些洞，将柔软的大米面糊倒入袋中，然后把面糊挤过小洞让它落入盛有沸水的锅里。做法中提到，如果想得到水引形状的产品，则可以在牛角上开出狭缝孔口。在"馎飥"（面疙瘩）的作法13中，粟麦面团是被挤压而通过筐箩筛底的。由此可见，在《齐民要术》年代，厨师们就已经知道，用挤压面团通过适当小孔的方法是可以制作"水引"甚至"索饼"。在《齐民要术》之后，"水引"这个词很少见到，而"索饼"在文献中仍然使用着。《膳夫经》（857年）在比较"馎饦"的同义词"不托"时，曾经提到了"索饼"，视其为一般面食。书中说"'不托'可能是薄而宽的形状，也可能像米粒一般大小；可能长似丝带，也可能宽如叶片，如果很厚还可以切成片"[1]。在晚唐时期的《食医心鉴》中，其食疗食谱里有六种"索饼"用法，并指出"索饼"就是著名的细面条[2]。这些文献表明，到唐朝时，面条曾有索饼、水引、汤饼和馎饦等几个名字，其制作方法包括将大块面团揉搓成长绳或细丝状、将大面片切成长丝和挤压软面团使其通过小孔成条状等。

我们在上文（pp.472—473）中已经提到，在《齐民要术》"棋子面"（表43，作法12）中的"面"这个字的含意从原料"面粉"转变为了成品"面食"。显然，又经过了一段时间后，"面"的含意进一步转变成了"面条"。这种转变是什么时候发生的呢？在谢讽的《食经》（约600年）中，列有名为"浮萍面"的面食，在《清异录》（965年）的餐馆菜谱中，列有"萱草面"[3]。这两种"面"都指的是成品，而且肯定是面食。"面"很可能指面条，也应该包括相关的面食，例如"棋子面"。这些文献都清楚地告诉我们，在唐朝结束的时候，"面"字已有了双重意思：面粉及面粉做成的面食。

据《东京梦华录》（1147年）记载，在北宋京城的一些食品店里，有六种"面"和一种"棋子"[4]。这些"面"的名字虽然听起来有异国风味，但是很清楚它们的主要成分的确都是由面粉做成的。它们是一种独立的、不同的面食，不是"棋子"，更像是面条。如

481

482

---

① 《膳夫经》，第五页，见篠田统和田中静一编（*1972*），第115页。"不托"这个词源自于《方言》，书中说到"饼"也称为"飥"（"饼谓之飥"）。在《饮膳正要》（1330年）中，"飥"这个词依然用来表示一种面条，见第八十六页。

② 《食医心鉴》，第二页、第十页、第十一页、第十二页、第十八页、第二十三页和第二十五页。馎饦也出现在一个药方中，第十三页。

③ 《食经》（谢讽），见篠田统和田中静一编（*1972*），第116页；《清异录》，第三十一页。

④ 《东京梦华录》卷四，第二十九页。在面制食品中包括有软羊面和插肉面。有关宋代的面食和面条的进一步讨论，参见Sabban（1989a）。

果是这样的话，面条使用"面"这个词写入食经中是从宋代开始的，并一直沿用至今。原文中还进一步介绍了一种用肉与面混合做成的面食："以前是用勺子吃，而现在是用筷子。"[1] 这就是说，用筷子吃细面条要比用勺子吃容易得多。关于"面"字作为"面条"的这种用法与《梦粱录》（1334年）记载的回忆是一致的。该书记载说，在南宋都城的面食店里有十六种"面"和七种"棋子"[2]。这些"面"在烹调时或在做好后，都可以添加细鸡肉丝或爆炒鸡肉、猪肉、羊肉、鱼、鳗鱼肉和竹笋等。这种面条在现今中国餐馆中的确仍然存在。"棋子"（棋子面）面片也被认为是一种"面"，因为它们实际上是一种特别短的面条。后来，这种面条逐渐失去了人们的青睐，并在元代以后退出了历史舞台[3]。因此，"面"这个词既指面粉，又指面粉做成的面条。对于我们上文（p.467）提出的第二个问题，现在的回答是，在宋朝时"面"这个词包含了"面条"。

然而，"面"作为面粉的概念沿用至今。尽管如此，在中古时期末，"饼"这个术语作为面食或面条，它的用法仍然偶尔出现。例如《山家清供》（南宋）中"萝菔面"的内容说，用白萝卜与面粉混合得到面团，而其产品称作"饼"。另有一个食谱叫做"百合面"，其产品依然被称为"汤饼"[4]。这似乎说明，"面"和"饼"是可以互换的。另外，在"玉延索饼"的食谱中，其产品包括"索饼"和"汤饼"，这说明"索饼"和"汤饼"是不同的面食[5]。在这个食谱中最有趣的是，在做"索饼"时，将山药面粉（估计是薄面团）装入竹筒，再从竹筒底部的洞中流出落入平底锅内的沸水中，这也是《齐民要术》中作法5和作法14（表43）所描述的制作"粲"和"粉饼"的方法。因此，这种作法后来应用于面条制作也是很自然的。

现有最早做面条的方法出现在南宋《吴氏中馈录》中，名为"水滑面法"，其内容如下[6]：

> 取细白面粉，[与水]混合，再揉成面团。一斤[面粉]可得到十块面团，将生面团放入水中醒面（即获得良好的塑性和弹性）。然后取出一块；拉伸形成宽薄片，接着在沸水中煮熟，[在面条中]再加入香油、杏仁油、咸竹笋干、（多种腌

---

[1] 《东京梦华录》卷四，第二十九页。原文："旧只用匙，今皆用箸矣。"

[2] 《梦粱录》卷十六，第一三五至一三六页。

[3] 我们现在还不能确定"棋子"的类别，参见洪光住（1985），第33页；邓广铭（1986a，1986b）。

[4] 《山家清供》，第七十三页、第二十三页。

[5] 同上，第七十八页。在唐代和宋代的文献中，"汤饼"通常用来表示面条，它总是在人们的生日时吃，象征着长寿。唐代诗人刘禹锡的朋友为庆贺生了男孩举行宴会，他应邀前去祝贺，在宴会上吃汤饼面时，他写了一首举世闻名的好诗：

> 当他们开始悬挂起弓箭，你来到世上，很荣幸作为你生日宴会上的宾客。
> 我挥动着筷子吃面条，并为一个超凡的麒麟赋诗祝贺。

> 〈"忆尔悬弧日，余为座上宾。
> 举箸食汤饼，祝辞添麒麟。"〉

译文见 Knechtges（1986）。在宋代著名诗人陆游和苏轼的诗中也提到了汤饼；参见耘枫（1987）。"汤饼"这个词仍然用来作为生日宴上"面条"的书面用语。

[6] 《吴氏中馈录》，第三十一页。

菜)^①……或是加入熟肉。这样就成了一道特别美味的菜。

　　〈用十分白面，揉、搜成剂。一斤作十数块，放在水内，候其面性发得十分满足。逐块抽、搜，抽搜得阔薄乃好，下汤煮熟。麻腻、杏仁腻、咸笋干、酱瓜、糟茄、姜、腌韭、黄瓜丝作码头，或加煎肉尤炒。〉

用于表示拉和伸的术语是"抽"和"搜"。据推测，薄片都是先用手工成型再煮熟的，而且最好是长条，就像《齐民要术》中的"水引"。这个做法被《易牙遗意》（元代）和《饮馔服食笺》（1591 年）一字不动地抄录进去^②。在元代的《居家必用》中，有一个与之相似（但不完全相同）的配方，书中共介绍了七种制作面条的方法^③。所有方法的第一个基本步骤都是将面粉和水混合、充分揉捏以形成面团。有的还将盐、油和碱（碱性碳酸盐）加到面团里，然后根据成品的不同类型来选择不同的加工处理方法。

1）水滑面：（用擀面杖）滚压和揉捏面团直至醒面完成，再用手将面团做成手指大小的薄片（或长条）。然后在水中浸泡两个小时，待面条变硬后即可放入沸水中煮熟^④。

2）索面：在一块块面团的表面上涂油，然后用手将其搓成筷子粗细的绳索状。接着将其绕在两个木棒上，再将木棒尽量向两边拉抻直到中间得到一条非常长而细的面线为止^⑤。最后放进锅里煮熟。

3）经带面：用擀面杖反复辊轧面团直到成为很薄的面片儿为止，再将薄面片［用刀］切成长带形，备用。

4）托掌面：先把面团分成很多个小面球，辊轧小面球得到浅口杯口径大小的圆薄片，然后下锅煮熟^⑥。

5）红丝面：在这里，面团是用清虾汤而不是用水揉成的，接着将面团擀薄后切条。所得到的面条呈红色。

6）翠缕面：和面用的汁液来源于槐树嫩叶。面团擀薄后切成条。

7）萝菔面^⑦：用熬出的萝卜汁和面，再将面团擀薄后切成条。

在以上七种面条制作方法中，有四种（3、5、6 和 7）要用刀将扁平薄面片切成面

484

---

①　里面包含有酱瓜（在发酵豆酱中）、糟茄子（在酒糟中）、生姜、腌葱和黄南瓜丝。

②　《易牙遗意》，第五十至五十一页；《饮馔服食笺》，第一四六页。《饮膳正要》，第三十二页（第 41 种）提到了"细水滑"。

③　《居家必用》，第一一三至一一七页。相同的作法在明代早期的《多能鄙事》（1370 年）中一字不差的抄录。其中也有"山药面"的制作方法，将山药碾碎成粉，做成薄皮，然后再切成面条。它不需要用到面粉。

④　这个作法比前面在《吴氏中馈录》中引用的"山药面"制作方法要详细一些，尽管如此，我们仍不是完全清楚具体的操作和产品形状。

⑤　据洪光住［（1984a），第 43 页］所指，这可能是挂面的制作过程，因为产品特别细。在这个过程中，面团需要经过揉搓、拉伸成筷子粗细的绳形。然后，将尾部接起来形成一个环，许多这样的环构成一组，将其缠绕在两个木棒上。让一个木棒保持静止，尽量拉远并略微扭转另一个木棒。最后，将细面条晒干。在现今福州附近的农村，这种面条挂在架子上晾干的现象依然很常见（图 114）。

⑥　这个名称很难翻译。"托"与古代面食名称"饦"同音。就是我们上文（p. 481）注释过的来自于《方言》（第十二页）："饼谓之饦"。

⑦　其原始名称是"勾面"，但很难解释。我们遵从洪光住［（1984a），第 44 页］的说法，将其译为"Chinese radish noodle"（白萝卜面）。

条。这种面条统称为切面，它可能是宋朝时期最为常见的一种面条[①]。作法 1 和 4 不需要切割，但它们最终的产品也是像面条一样的细丝形，被认为可能属于《释名》（2 世纪）列出的"索饼"中的一种。作法 2 的产品可能就是现在的"挂面"[②]，"挂面"这个词首次出现在《饮膳正要》（1330 年）中[③]。尽管"挂面"是餐饮面食中的主要成分，但是书中并没有对挂面是由什么做的进行任何介绍。不过，《饮膳正要》中还是有一些有趣的地方非常令人注目。例如，书中有用白面（面粉）做面（面条）这样的句子[④]。对于一个不是很了解面食双重含义的人来说，这样的陈述很容易使人混淆。在书里面还提到了"面丝"和把白面（面团的形式）切成细面条的做法[⑤]。尤其特别的是，"面条"这个词最早是出现于一个药膳的食谱里[⑥]。

　　挂面的制作过程有一个问题，就是它需要大片的地方。另一种有趣的面条叫"抻面"，更多地俗称为"拉面"，它是后来发展起来的做法。用两手将环形的面团拉开，再折回成两个环，然后再拉开，反复重复这个操作直等到成百条细绳状面条出现为止[⑦]。最初提到"抻面"（撑面）的是《竹屿山房杂部》（约 1500 年），宋诩及其家人简单描述了抻面的做法[⑧]。

485

　　基于以上说明，我们可以说面条是汉代发展起来的一种面食。最早的面条是"索饼"和"汤饼"，它们可能就是小的薄片。在唐代，人们发现可以用刀把薄面片切成长面条，出现了最初的切面。在宋代，人们发现手揉和的面团通过拉伸能得到极细的线形产品，产生了"挂面"，也叫"线面"，后来的衍生物又称为"抻面"。《齐民要术》（见表 43，作法 13）中描述了一种方法，就是将面团从孔中挤出以得到细丝形产品，这项技术在宋代用到了山药面的制作，而在元代，人们开始利用它来做荞麦面条。

　　这些传统面条的制作方法在中国现在还依然存在。切面仍然是最常见的一个品种（图 113），挂面主要在福建（图 114），拉面在中国北方（图 115），手搓的"索面"在西北地区依然可见（图 116）。将面团或面糊从多个孔中挤出得到的面条叫"河漏面"或"压面"，在东北较为常见（图 117）。这项技术最早的描述出现在《齐民要术》里的

---

　　① 《云林堂饮食制度集》（第一页）中有一种做"煮面"的方法，产品属切面类。明代和清代的食经中，提到面条制法技术的很少。我们在《随园食单》（第一二四至一二五页）中找到了 5 个面条食谱，但是，对于面条是如何制作的讲得很少。

　　② 见上文（p.483）注释。在福建，这样的细拉面在当地方言中也叫"线面"。

　　③ 《饮膳正要》卷一，第三十页，第 37 种。为了便于鉴别，我们将 95 种作法按它们在原文中出现的顺序来排序。萨班［Sabban（1986b）]从烹饪角度分析研究了这些作法。

　　④ 《饮膳正要》卷一，第二十四页，第 18 种。

　　⑤ 同上，第二十七页，第 26、27 种；第三十页，第 34、35 种。

　　⑥ 同上，卷二，第八十七页。直到晚清的《素食说略》中，"面条"这个词才再次出现。

　　⑦ 看一位有经验的厨师在几分钟内使手中的一块面团变成上千条细面条，这就像是亲眼目睹了一个小奇迹。看了几次以后，我能够明白了，为什么近几年到中国的游客对做拉面的艺术是如此感兴趣。

　　⑧ 《竹屿山房杂部》卷二，"养生部"，第二节，参见《四库全书》第八七一册，第一三〇页。另可参见邱庞同（1988），第 16 页。"抻面"（又称"桢条面"）是薛宝辰［（1900），第 49 页]描述面条时提到的。虽然作者尽力渲染制作过程的趣味性，但是他并没有给出具体细节。这个过程描述起来很难，但是亲眼看过一遍之后，就很难忘记。

486

图 113　加工切面，S. T. Liu 摄影。

图 114　抻挂面，S. T. Liu 摄影。

489

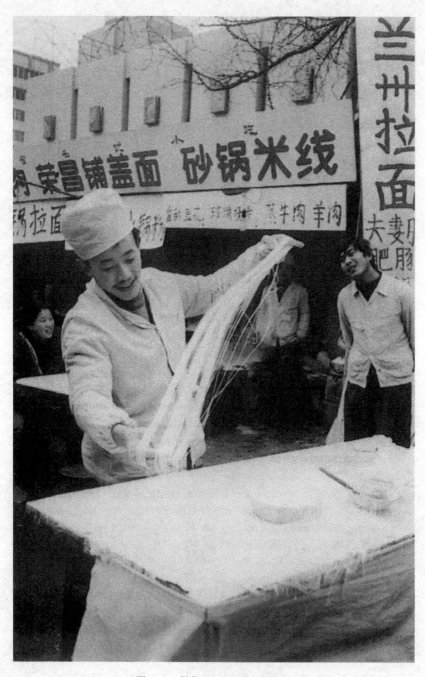

图 115　做拉面，王渝生摄影。

图116 做索面，王渝生摄影。

作法5、13和14（表43），它更多的是用于米粉和荞麦面条的制作[1]。

许多住在大城市里的西方人喜欢著名的广州早茶（早中饭），除了一杯接一杯的茶水外，还有一系列的小饺子、蛋糕、糕点，甚至还有面条。这可看作是中国版本的、令人愉快的英国下午茶，所不同的是在中午。广州人称这种早茶为"饮茶"，提供的食品称为"点心"[2]。除了各种包子、饺子和馄饨这些用面粉做的食品外，人们还喜欢用大米面（米粉）制作的类似食品。并不出人意料，如同古代的面（面粉）逐渐发展为现代的面（面条）一样，古代的米粉（大米粉）也逐渐变成我们今天所熟悉的米粉（大米面条）。由于大米揉不出面筋，所以与小麦粉做的面团相比，用大米、荞麦或绿豆做的面团不同，它缺少塑性和弹性，因此无法将其辊轧成片或绳形，也没有办法像小麦粉那样制作切面、拉面和挂面。但有一个补救办法，就是在粉中加入面筋，就像日本的"荞麦面"（soba）面条那样，可以将凝聚的面团迅速地挤到沸水里去，通过迅速加热过程使淀粉胶质化，使面糊变成坚韧的面线。

这类面条叫作"饸饹面"或"河漏面"，在陕西和山西用这种方法制作荞麦面条。这种荞麦面条最早出现在王祯的《农书》（1313年）中[3]。在中国南方，用这个方法制作的大米面条过去叫作"米榄"，但现在称为"米线"或"米粉"[4]。与切面对应的米粉

488

---

① 作法14所用到的原料是粉英，它是用前面介绍过的方法精制出的大米淀粉，参见上文 pp. 461—462。《齐民要术》的某些版本所提及的并不是绿豆粉，参见缪启愉编（1982），第513页，注释16。

② 据《能改斋漫录》[（1190年），第二十六页]的记载，"点心"这个词最早出现在唐代。《梦粱录》（第一〇八页、第一三四页和第一三七页）多次提及。参见木公（1986），第455—456页。

③ 《农书》卷七，第六十一页，关于"荞麦"。

④ 邱庞同（1987）和朱瑞熙（1994）。

489

图 117 做压面，王渝生摄影。

产品也已经开发出来。用水浸泡后的大米磨碎可得到粉浆，将它在平底锅中薄薄地摊开后蒸干，得到的半透明薄片就是"粉片"。粉片经过切割、成型、填充可制作成多种"点心"，就像我们在广州吃早茶时见到的那样。但是对于我们来说，最有趣的是，这些薄面片可以切成宽条，这就是广东人俗称的"河粉"，福建人叫"粿条"①。

490

面条，也就是古称的"饼"，在中国面食家族中的地位如图 118 所示。面粉可以制成四类面食：煮制品、蒸制品、烤制品和炸制品②。石毛直道根据他对于面条文化和技术从中国传到邻国的研究，提出了精辟的分类方法。石毛直道对面条的定义是，"谷物粉、豆粉和马铃薯粉做成的线形制品，经煮熟后才能食用"。对于我们的研究来说，这是一个方便且实用的定义。

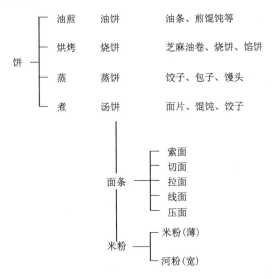

图 118　中国面食系统（据石毛直道）。

面片和面条通常被认为是"汤饼"类制品。正如我们所知，面团可以滚轧成一个个适当大小的薄片，用来包馄饨和饺子；还可以做①切面、②拉面、③线面和④压面或河漏面。"鸡子面"首次见于《竹屿山房杂部》（约 1500 年）中，在制作时，先将鸡蛋加到面团里，按通常一样的加工过程，最后切成细丝③。这种改进使最终产品变得更有味道，加快了面条的普及。最后，上述中的制品④和①，后来扩展到了用于米粉的制作并形成了一系列食品的生产，如"米粉"和"河粉"。④

491

①　林浩然编（1985），第 72 页。

②　主要的"蒸饼"就是我们在上文（pp.475—478）提到的馒头。据《东京梦华录》（第三十页）记载，在北宋都城，有一些食品店专门做"胡饼"和"油饼"。现代"胡饼"的一个例子就是"烧饼"，"油饼"最好的例子就是现在中国早餐中很常见的油条。

③　《竹屿山房杂部》卷二，"养生部"，第二节，参见《四库全书》第八七一册，第一二九页。著名的"伊府面"为先煮后炸的细鸡蛋面条，它可能是在清代传入的。把它放到汤中，就是相当著名的一道菜，在正式宴会的菜单中很常见。参见王仁兴（1985），第 163 页。

④　用绿豆制得的淀粉做成面团，把面团压过小孔，再放入沸水中加热，可以得到很细的产品叫做"粉丝"。第一次接触到"粉丝"的人都会为它的强吸水性（不崩裂）感到惊讶。

　　由于人们对面条的多样性和广泛的需求，面条制作技术迅速传到中国的邻国和亚洲中部国家，那是非常正常的。

（v）面条在亚洲的分布

　　由上述可见，中国各种面条（除"河粉"外）的起源和沿革都有很完整的文字记载。毫无疑问，面条是中国发明的。它们在不同时期从中国传到日本、朝鲜、中亚以及东南亚。遗憾的是，除了日本以外，我们很少知道面条传入其他地方的方式和时间。

　　中国的面食和面条很有可能是在唐代传到日本的[①]。"索饼"是《和名类聚抄》（930 年）中所列的八种"唐果"（中式小吃）之一，也是《厨事类记》（约 1090 年）里介绍的九种中国食品中的一种。与在中国的命运不同，"索饼"这个词在日本一直沿用至今。像《释名》中记载的"索饼"一样，它开始时如筷子粗细，叫做"麦绳"（muginawa），它可以适当拉伸，但是干燥后就会失去弹性。在面团上涂油这一技巧，是在 14 世纪时从中国南部传出去的，它使日本人做出的"素面"（即索面）与现代中国人做出的"线面"一样细[②]。

　　但在日本，"索饼"并不是面条的唯一先驱，另一种被引入日本奈良的唐食就是馄饨，有段时间被写为"温饨"，读作 udon，估计是薄面皮的。利用切割薄面片制作面条的方法可能是在 15 世纪从中国传过去的，用这种方法制作的面条当时称为"温饨"（udon）。还有一种传入日本奈良的唐食是"馎饦"（hakutaku），我们还不完全清楚它准确的特征，一些学者认为它是"素面"的前身。荞麦粉加少量小麦面粉增强弹性制得的面条称作"荞麦面"（soba）。"温饨"（udon）和"荞麦面"（soba）从 17 世纪开始一直都深受欢迎。另一方面，直到元代，"馒头"才传到日本，它是在 1349 年由林净因带到日本去的，直到现在，日本人还称他为馒头之父[③]。

　　据《饮食知味方》记载，17 世纪时，"河漏面"和"线面"传到朝鲜[④]。将荞麦粉和绿豆淀粉混合成浆糊状，然后将其通过底部带有多个小孔的葫芦瓢，直接落入沸水中，即可得到荞麦面条。此后，有时用马铃薯淀粉取代绿豆淀粉来做荞麦面条。荞麦面条在现在的朝鲜东部和北部称为冷面。我们还不知道"线面"传到朝鲜的具体时间，它只在种植小麦的南部地区流行。切面在韩国称为"*kál kuksu*"。

　　"拉面"，也就是"抻面"，在中亚、蒙古和西藏是很有名的。拉面可能是在清代传到这些地方的，那正是他们与大清帝国交好的时候。拉面被认为是"*lagman*"的前身，"*lagman*"是维吾尔语的细面条，中亚的其他民族也使用这个词。拉面在西藏被称为"*menshhitshi*"。令人奇怪的是，做拉面的技术仅仅向西传播，而没有向东传到日本，也没有向南传到东南亚。与此相对应，切面传到了西部、东部和南部，成为亚洲消费最

[①]　田中静一（1987），中译文见霍风和伊永文（1990），第 59—71 页；石毛直道（1995）。
[②]　我们上文已经提到，这种很细的挂面在福建当地的方言中，仍然叫做"索面"。
[③]　在奈良有一个纪念他的神殿，参见林正秋（1989）和胡嘉鹏（1989）。
[④]　关于面条从中国传到亚洲其他地区的描述主要根据石毛直道（1990）和（1995），第 9 章。

广的一种面条。

　　在明代，福建和广东移民对面条技术向东南亚传播起了很大的作用。移民不仅带去了"米粉"和"河粉"，这些用大米粉做成的"面条"，还带去了面条和线面。当然，它们仅仅是中国人饮食生活中的一小部分，不过，当地的非中国人也都普遍接受了面条[①]。"米粉"逐渐成为当地贸易中的一种商品，它在柬埔寨叫"*Numbanhchock*"，泰国叫"*sen mee*"，马来西亚和印尼叫"*bihun*"。

　　面条技术的最大一次革新发生在 20 世纪，但不是在中国，而是在日本。那就是我们提及的 20 世纪 50 年代末"方便面"的开发[②]。现如今，"方便面"的流行地区不仅有东亚，还有欧洲、美洲和世界其它地方。

(vi)　面条和马可·波罗

493

　　有一个不争的事实，就是横跨欧亚的大陆，以面条作为主食的国家只有远东的中国及其邻国和欧洲唯一的国家意大利，在他们中间的许多国家没有一个是采用面条为主食的。这是什么原因呢？中国和意大利有什么特殊的联系？一个仅有的答案就是与马可·波罗有关，他是一个 1271 年到达中国、1292 年回到意大利的威尼斯（Venice）商人。他在中国期间是元朝皇帝忽必烈的谏官，游历了中国很多地方。在热那亚（Genoa）战争中，可能他被关监狱期间，比萨城（Pisa）的鲁思提契诺（Rustichello）一起合作，撰写了一本有关他自己旅行经历的书，并且起了一个雄心勃勃的名字《寰宇记》（*Divasament dou Monde*）。这本书以其英文版本《马可·波罗游记》（*The Travles of Marco Polo*）最为著名。尽管原著是法文，但是很快就出现了绝大多数欧洲国家语言的译本[③]。在将近两个世纪里，这部作品激发了几代欧洲探险家们的想象力。哥伦布（Christopher Columbus）发现新大陆的那次划时代航行时，在随身携带的书籍中就有这本书[④]。

　　我们不知道传说中的马可·波罗是什么时候、怎样把中国的面条带回到意大利的。但是，我们知道这个故事在中国和西方都世代相传（图 119）[⑤]。看上去好像是一个很真实的故事，但却没有证据来证明。莱昂纳多·奥尔施基（Leonardo Olschki）提出此传说只是基于拉穆西奥（Ramusio）著作的意大利版本《百万》（*Il Milione*）中的一段文字，现抄录如下[⑥,⑦]：

---

　　①　关于面条从中国传到亚洲其他地区的描述主要根据石毛直道（*1990*）和（*1995*），第 9 章。

　　②　将面条用油炸再干燥，调料单独包装，然后再包装在一起，得到的就是方便面。在食用时，只需要向其中加入热开水，面条就可以吃了。

　　③　进一步讨论这本书的多种手稿和版本可参见 Latham（1958），pp. 24—27 和 Blue（1990 & 1991）。最权威的版本，见 Moule & Pelliot（1938），书名《寰宇记》（*The Description of the World*）。

　　④　Blue（1990），p. 40。

　　⑤　在西方，一些油画热衷于表达这个传说，图 119 就是其中之一。在现今，它在中国可能比在西方更为流行一些。著名杂志《中国烹饪》（1987 年第 4 期，第 3 页）的评论版上重复了这个传说。一些人认为，从美食角度来说，很容易将中国面条与意大利通心粉混淆在一起，参见 Teubner、Rizzi & Tan（1996）。

　　⑥　Olschki（1960），p. 177，n. 100。

　　⑦　Marsden，William（1908），英译和编辑，Wright 再版，p. 209。

至于食物，那里并不匮乏，因为那里的人们，尤其是鞑靼人（Tartar），契丹人（Cathaian）或者是蛮夷人（中国南部省份的居民），大多数地区都是以大米、黍、粟为主要粮食。至于这三种谷物的产量，在当地，每一穗都达百余粒。而小麦确实没有这么高产，因此他们不用小麦加工面包，只是用它来做<u>细面条</u>（*vermicelli*）或<u>面团食品</u>。

图 119　马可·波罗在忽必烈汗的皇宫品尝面条。采自 Julia della Croce（1987），《面食名吃》（*Pasta Classia*），Chronicle Books，p.11。

在其他译本里，上述的下划线字用短语译成：

　　"所介绍的面条（vermicelli）和面团食品"[1]
　　"用面团做的通心面（macaroni）和其他食品"[2]
　　"面条和其他面团食品"[3]

这些引文都不能支持奥尔施基的假说，但也表明马可·波罗在去中国之前就已经对条形面食很了解了。

494　　其实，早在马可·波罗著名的旅行之前，条形面食在意大利已为众人所知。阿拉伯流浪者伊德里西（Idrisi）在 1154 年写道，在西西里岛（Sicily）的巴勒莫（Palermo）附近的小村庄特拉比亚（Trabia），"人们以面粉为原料制作了线形食品"（cibo di farino in forma di fili）[4]。条形面食在中东地区也能见到，在 1226 年的巴格达（Bagdad），这

---

①　Yule & Cordier（1975），英译和编辑，p.438。
②　Moule & Pelliot（1938），英译和编辑，p.244。
③　Latham（1958），英译，p.152。
④　伊德里西，阿布·阿卜杜拉·穆罕默德·伊本·穆罕默德·伊本·伊德里西（Idrisi, Abu Abdallah Mohammad ibn Muhammad ibn Idris），《一个想周游世界者的愉快旅行》（*Il diletto di chi appassionato per le perigrinazioni attraverso il mondo*）。另可参见 Amédée Jaubert，《伊德里西的地理志》（*Geographie D'edrisi*），巴黎（1840），p.78。

种面食是两个伊斯兰食谱的主要品种，其中一个食谱如下[①]：

> "里什塔"（*rishta*）——将肥肉切片成中等大小，放入炖锅，加水浸没。放入桂皮，少量盐，一把剥皮鹰嘴豆，半把扁豆。然后煮熟，接着再加水，完全煮沸。再加意大利细面条（spaghetti；*rishta*——先加水揉面，擀成薄片，而后切成四个手指长的细线面条）。放在火上煮面，直到匀滑为止。最后，温火一小时，取出。

在"里什塔"（*rishta*）中的制备方法无疑就是我们制作面条的方法。另外一个食谱名为"*itrīyya*"，即"通心面"（macaroni），但是没有给出制作方法。另外，伟大的阿拉伯学者和物理学家伊本·西那（Abu Ali al-Husein Ibn Sina），西方人更多地称他为阿维森纳（Avicenna，980—1037 年），也介绍了在布哈拉（Bukhara）的一种食物"通心面"（*itrīyya*）。他说[②]：

> 通心面（*itrīyya*），面食：产品呈条形，用未经发酵的面团制作，煮制时加肉与否均可，在我国称之为"里什塔"（*rishta*）。它热且含水较多，因未经发酵，食后消化慢且引起胃胀。不加肉煮会好一些，不过，他们也许是错了。如果想在面中加一点胡椒粉和杏仁油，其实并不难做到。当人吃了它，非常有营养，而且可以治疗咳嗽和咳血，如果煮的时候加进马齿苋，效果会更明显。它还能放松胸腔。

众所周知，伊本·西那出生在布哈拉附近的阿芙莎纳（Afshana）。他的老师是伟大的亚里士多德（Aristotle）注释者法拉比（al-Farabi）。他们师生俩都在巴格达工作。然而，他们在这里所提到的"在我国"很有可能指的是伊朗和布哈拉周边地区。显然，在 1200 年波斯建国前，"里什塔"（*rishta*）已成为许多风行的阿拉伯食品之一[③]。而且，在位于意大利因佩里亚（Imperia）蓬泰达西奥（Pontedassio）的面条博物馆（Spaghetti Museum）里保存着一些分别注明 1240 年、1279 年和 1284 年日期的文献资料，它们表明在 1292 年马可·波罗回到意大利之前，意大利的面食、通心面（maccheroni）和细面条（vermicelli）已经是很流行的食品了[④]。图 120 就是引自于其中

495

---

① Arberry, A. J. (1939), p. 45。阿伯里（Arberry）解释说，"*Rishta* 是波斯语'线'的意思，后来泛指意大利式面条（spaghetti），在原始手稿中写作 '*Rāshtā*'。"

② 采自 Rosenberger, B. (1989), p. 80，它复述了勒克莱尔（L. Leclerc）法文本《医方汇编》（*Recueil de simples*）, vol. , no. 100）中伊本·西那的食谱，该食谱来自贝塔尔（Ibn al-Baytar）的《医方汇编》（*Gami al-mufridat*）一书，英译本见 G. Blue，译自法文本。罗森贝格尔［Rosenberger (1989), pp. 81—82］还从匿名的《烹饪全书》（*Kitab-al-tabih*）中得到了"通心面"（*itriyya*）的另一种制作方法，显示可以用多种方法来制作。

③ Rodinson (1949), 特别见 pp. 150—151。他（p. 138）还提到了在《以食会友》（*Kitab al-Wusla ila i-Habib*）一书中两种"里什塔"（*rishta*）的制作方法，此书大约 1230 年（早于马可·波罗）。在脚注 9 中，罗丹松（Rodinson）说黎巴嫩（Lebanon）和叙利亚（Syria）仍然在制作"里什塔"（*rishta*），通常与小扁豆一起煮制。

④ 意大利面条博物馆见 Waverley Root (1971), pp. 369—370。文件有：（1）公证人佩尔多诺（Givanuinus de Perdono）在 1244 年 8 月 1 日发表的关于面食的声明；（2）热亚那国家档案馆（The National Archives in Genova）保存的 1279 年 2 月 4 日的一份遗嘱，它是关于一个叫巴斯托内（Ponvio Bastone）的士兵想将一篮子"通心粉"留给他的亲戚；（3）1284 年 2 月 13 日的一个涉及"细面条"（vermicelli）的文件。我们要感谢约翰逊（Patrick Johnson）博士和夏普（Angela Sharpe）女士，他们去了一趟意大利面条博物馆，并得到了这些文件的拷贝，它们现在存档在英国剑桥的李约瑟研究所（Needham Research Institute, Cambridge, England）。非常遗憾，意大利面条博物馆现在已经关闭了。

496 的一篇文献。所以，马可·波罗把面条从中国带回意大利的传说是完全没有根据的[①]。还有两个问题有待说明。第一，12 世纪和 13 世纪意大利所见的细面条的起源是什么？是当地的发明还是来自中东伊斯兰教国家？第二，为什么所有欧洲和地中海地区国家，只有意大利把面条作为主食。

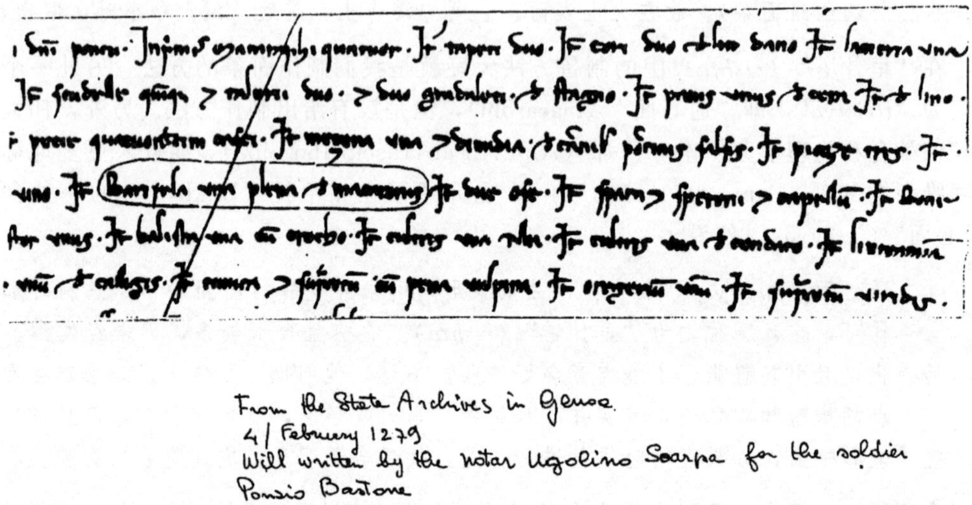

From the State Archives in Genoe.
4/ February 1279
Will written by the notar Ugolino Scarpa for the soldier
Ponsio Bastone

图 120　保存在热那亚档案馆，名为士兵巴斯托内写于 1279 年 2 月的一份遗书，其中包括，将
　　　　一篮子"通心面"留给他的亲属　承蒙意大利因佩里亚蓬泰达西奥的面条博物馆提供。

罗森贝格尔（Rosenberger）和石毛直道曾指出，"里什塔"（rishta）这种细面条 10 世纪时在布哈拉就已经流行，并且布哈拉就位于中亚的丝绸之路上[②]。我们可以回顾一下，在上文引用的 1154 年伊德里西的报告中，"人们以面粉为原料制作了线形食品"（cibo di farino in forma difili）的阿拉伯原文术语就是"itriyya"（通心面），和我们所看到的一样，"itriyya"（通心面）实际上和《烹饪全书》（Bagdad Cookbook；Kitabal-tabih）中译为"spaghetti"（意大利面条）的"rishta"（里什塔）一词意思相同。因此，面条的概念极有可能像造纸术一样，途经中亚和阿拉伯国家从中国传到了欧洲[③]。石毛直道认为，造纸术是以直接传递的形式传播的，而面条则是以逐渐渗透的形式传播的。大概在西西里岛归顺阿拉伯人后，阿西拉伯人把面条带到西西里岛，面条再从西西里岛登陆意大利半岛。这就直接把我们带到了第二个问题。为什么面条只在意大利风行？很显然，土耳其人和阿拉伯人从来都不

---

① Sabban（1989b），pp. 99—100，"结论"。我们当然同意她所作的结论，即马可·波罗并没有把"面食"从中国带到意大利。

② Rosenberger（1989），p. 93；Ishige Naomichi（1995），pp. 361—372。

③ 罗森贝格尔（Rosenberger，同上）发现"里什塔"（rishta）这个词是伊斯兰教占领之后从萨珊王朝波斯（Sassanid Persia）阿拉伯人那里借用过来的，面食（包括面条）可能是沿丝绸之路经呼珊珊（Khurassan）传到波斯的。石毛直道（Ishige Naomichi，同上）进一步引申了这个概念，他强调阿维森纳和布哈拉之间的联系，认为面条的传播途径可能跟造纸术是一样的。造纸术的传播可参见本书第五卷第一分册，pp. 293ff.。

特别喜欢面条[①]。同时，他们所征服的大多数地中海国家的人们也一样不是特别喜欢面条。除意大利外，地中海沿岸国家的人们对于面条也没有很大兴趣。

卜鲁（Gregory Blue）所观察到的也许暗示了这个问题的答案，他注意到马可·波罗对班卒王国（Fansur Kingdom）的一段叙述，马可·波罗在返回意大利的途中曾游览过此地[②]。马可·波罗在谈到西米棕榈粉（sago palm）时这样说道，"他们用这种面做了许多很好吃的蛋糕和其他的食物[③]。"卜鲁发现了原始的拉丁文手稿，上面这句话其实是这样说的："…*fiunt ex ea lagana… diuerse epule que le pasta fiunt que sunt ualde bone*"。[④] 他建议翻译如下："并且，他们用它制作烤宽面条（lasagna）和其他面团食品，它们都非常好吃。"[⑤]

卜鲁接着说：

497

"先来想一下烤宽面条（*lagana*）的历史，它好像发源于古希腊"，是一种用面粉和油做成的面食。这种面食很显然是从古代引进到大希腊（Magna Graecia）的。根据语源学研究，拉丁文的"*laganum*"（油煎饼）、后来的"*lasania*"（千层饼），以及转为意大利语"*lasagna*"（烤宽面条）［还有卡拉布里亚（Calabrian）方言的"*lagana*"］都来源于这个词。尽管许多古代有"*laganum*"语义的烹调用词都不是很清楚，但是贺拉斯（Horace）还是在他一个讽刺文学作品里提到了一种含有青蒜、鹰咀豆和"油煎饼"（*laganum*）的菜，阿皮西乌斯也在其3世纪烹饪手册里多次提到"面团食品"和"油煎饼"（*laganum*）。费林（Vehling）将阿皮西乌斯手册中的"*laganum*"解释为用面粉和油做成的小型烤饼[⑥]。博纳西西（Buonassisi）认为古罗马人把它做成长条，面团经烘烤后再添加一些其他成分来食用[⑦]。很明显，中世纪时在一些非专业的观点看来，煮面团而不是烤面团是一次创新。马可同时代的人，托迪的雅各布（Iacopone da Todi，约1240—1306年）最早证明了意大利语中使用"*laganum*"这个词。

卜鲁的评论表明，意大利做烘烤"面食"有着自己独立的传统，与中国毫无关系。这个传统起始于罗马帝国时代。尽管是很有名气的食品，但"面食"却不是罗马的主流

---

① 正如土耳其和中东一些国家的烹调书所说，见 Roden（1974），Najor（1981），Arto der Haroutunian（1984）和 Algar（1991）。虽然它们中的一些书提及了"里什塔"（*rishta*）和"通心面"，（*itriyya*）但它们仅仅是现存众多食谱中的一小部分。无论是多尔比（Andrew Dalby）所撰写的希腊食品和美食的历史，还是查克拉瓦蒂［Chakravarty（1959）］和潘贾比［Panjabi（1995）］关于印度烹调的书，都没有提及面条（或面食）。所以，我们为傅海波［Franke（1970），p.16］中的断言感到迷惑，这个断言是在对《饮膳正要》（1330年）中非中文文字的研究的基础上得出来的，他断言，像面条和"混沌"（ravioli）这样的面食"并非起源于中国，只可能是在蒙古（Mongol）时代从近东传到中国的。"吴芳思［F. Wood（1995），p.79］最近又重申了这个观点。这样的一种观点与我们在这一节内所收集的有关悠久中国面食历史的所有事实完全相反。

② Blue（1990），pp. 41—45。

③ Moule & Pelliot（1938），vol. 1，p. 170。

④ 同上，p. lxviii。

⑤ Blue（1990），p. 44。

⑥ Vehling ed.（1977），p. 289；另可参见 Andre（1965）的译本，p. 111。

⑦ Buonassisi（1977），p. 7。相似观点见 Algar（1991），p. 173。

食品。从欧洲中世纪黑暗时代（Dark age）到文艺复兴，"面食"都没有引起足够的注意。当面条的概念传到意大利，很容易，比如"*laganum*"（油煎饼）本身，就进入了本土面食圈。即便是这样，直到 15 世纪意大利干面条压面机（the Tagliatele press）的出现，面条才成为了食品体系中可见到的部分。其实，直到 18 世纪，与番茄酱搭配起来的意大利面条（spaghetti）才开始流行[①]。在烹饪历史上，这肯定是一个最为巧妙的结合。新世界水果丰富的风味和口感，给沉静的旧世界面食带来了新的生命。意大利面条的流行一路飙涨，而且到目前为止，加番茄酱的意大利面条仍然是最典型的、也是最著名的意大利食品。很遗憾，马可·波罗与这个令人振奋的发展并没有关系。严格上说，这是旧世界的沉静和新世界的妩媚之间的联姻。

（vii）面筋的生产和应用

近几年，西方人访问中国时，有可能在佛教寺庙或精美的素食餐馆里享受过美妙的餐饮。这样一顿饭不同寻常和令人吃惊的地方是，所有的菜名与我们在一般餐馆所见到的并没有什么不同，比如甜酸鱼、蘑菇鸡片、炒虾仁等等。一个人如果闭上眼睛很容易想到实际吃的的确是鱼、鸡或虾仁[②]。然而，这些菜里根本就没有用到动物原料，所有的原材料都是蔬菜。这怎么可能？答案很简单。这些鱼、鸡和虾仁"仿制品"菜肴的秘密就在于巧妙地将淀粉及植物根茎（如中国的山药）与豆腐或面筋混合在一起，用适当的大豆调味品、蘑菇和香料来调配风味做成的。如果没有面筋，这些美味的素菜肴将不可能做成。是面筋提供了质地和咀嚼性，使得鱼、肉和虾仁"仿制品"变得真实可爱。

即使是每一个以面粉作为食品原料的民族都非常了解面筋，但是，只有中国人分离出了面筋并用它作为肉和其他动物产品的替代物，也因此把蔬菜食物烹饪创新提高到了新的水平。所有这些都是怎么发生的呢？面筋从何而来？关于后一个问题，大约在 1596 年，伟大的博物学家李时珍就谈到了这个问题，他说[③]：

> 面筋属甘、凉且无毒……那是在水中捏合和冲洗小麦粉或麸皮而得的。古人不知道面筋，而现在面筋已经成为素食的重要原料了。面筋最好采用煮制。而现在人

---

① McNeill（1991）。没有番茄，就不可能有我们今天所知道的美妙的意大利菜肴。麦克尼尔［McNeill，p. 41］指出，"现今意大利生产的番茄有北美所有的一半之多，人们对此毫不意外。"

② 素食厨师把素菜模拟成肉菜的一个特别好的例子来源于著名明代小说《金瓶梅》，书中［第三十九回，第二九四页］有一个情形是描述几个尼姑和虔诚的女信徒吃斋饭。这些素菜做得特别像肉菜以至于一个视力不好的老信徒都不敢相信这些菜是不被禁止的。

　　月娘将一些糕点放在小金盘子中，递给杨大娘，再递给两个尼姑。"多拿一点，施主"，她对杨大娘说道，但杨大娘坚持说她已经够了。"盘子里有一些骨头"，她说，"师傅，请将它们拿走，否则我可能会误食的。"听了之后，大家哄堂大笑。"大娘"，月娘说，"这是做得像肉的素食，是从寺庙里拿来的，吃了不会有什么不便。"〈月娘连忙用小描金碟儿，每样拣了点心，放在碟儿里，先递与两位师父，然后递与杨姑娘，说道："你老人家陪二位请些儿。"婆子道："我的佛爷，老身吃的够了。"又道："这碟儿里是烧骨朵，姐姐你拿去，只怕错拣到口里。"把众人笑的了不得。月娘道："奶奶，这个是庙上送来托荤咸食。你老人家只顾用，不妨事。"〉［译文见 Egerton（1939），pp. 179—180］

③ 《本草纲目》卷二十二，第一四五五页。

们却常常采用油煎，那样所做成的食品性"热"。

〈面筋：甘、凉、无毒。……以麸与面水中揉洗而成者。古人罕知，今为素食要物，煮食甚良。今人多以油炒，则性热矣。〉

接着他引用了寇宗奭（约 1116 年）说过的话[1]："当咀嚼白面时，会得到面筋，它黏得可以用来捕获昆虫和鸟。"（"生嚼白面成筋，可粘禽、虫。"）看此原文，有人可能会觉得，人们是在宋代发现面筋的。其实，至少在此之前 500 年，面筋可能就已经被分离出来了。《格致镜原》（1717 年）引用了黄一正在《事物绀珠》里的一句话，这是一部明代作品，现已经失传，大意是这样："古代人们不知道面筋，是由梁武帝发现的"，梁武帝在位时间是 502—549 年[2]。尽管这种说法没有其他文献佐证，但是我们确信把它归功于梁武帝有一定的合理性。下文我们将说明，面筋的制作在《齐民要术》（公元544 年）中已有记载，这至少说明比梁武帝早 50 到 100 年前，人们就已经发现了面筋。

为了弄清面筋制作方法，必须重新回到《齐民要术》第八十二篇，表 43（p. 470）中列出的作法 10 的"水引"和作法 11 的"馎饦"。从这些制作方法中可以看出，"水引"无疑是用手拉成的细面条。然而，"馎饦"却使学者们困惑了几个世纪。由于"馎饦"是通过将制作"水引"（拉面）的面团进一步加工出来的，于是，我们就将其翻译成"细拉面"（thin drawn paste）。作法 11 的原文如下[3]：

馎饦：[将做水引的]面团拉到拇指粗细，切成 2 寸长，浸于水中。沿着盆的侧壁捻制面段，使之尽可能地薄。在沸腾热水中煮面。这种面条不仅看上去表面白净、亮泽，而且吃起来滑润甘美。

〈馎饦：挼如大指许，二寸一断，着水盆中浸，宜以手向盆旁挼使极薄，皆急火逐沸熟煮。非直光白可爱，亦自滑美殊常。〉

我们再仔细看一下制作过程。当面团浸在水中时，贴着盆的侧壁捻制面段，实际上就是在水中揉捏面团。在此过程中，淀粉会被洗掉，最后保留下来的薄面片几乎完全都是纯面筋了[4]。难怪贾思勰提出要特别注意面条的白净以及甘美口感。事实上，上述方法就是从小麦面团中提取面筋的最早描述。然而，当时绝大多数学者并没有认识到这一点，他们仍认为"馎饦"只是另外一种"饼"或面条[5]。直到今天，关于"馎饦"的身份仍然还有争议。[6] 可是，如果 6 世纪时有人按照《齐民要术》中所描述的方法将"馎饦"继续做下去，他迟早会发现所得到的产品性质与"汤饼"或"索饼"差别很大。可

① 《本草纲目》卷二十二，第一四五五页；参见《证类本草》卷二十五，第十四页。
② 《格致镜原》卷二十五，第一页；《四库全书》第一〇三一册，第三四五页。
③ 《齐民要术》（第八十二篇），第五一〇页。
④ 这一点是篗明（1988）最先提出来的。按《齐民要术》（表 43）中的作法 11，我在我家厨房里做了一下"馎饦"。毫无疑问，产品是带状薄片面筋。
⑤ 据宋代作家程大昌所言，曾经认为"馎饦"是一种用双手掌挤压而成薄面片。因此，"馎饦"也叫"掌托"（也就是手捏）。后来，当引入了擀面杖和刀后，再也不需要用手处理面团，又改叫"不托"（不用手捏），参见《演繁露》，引自缪启愉编（1982），第 515 页，注释 18。
⑥ 李斌（1991）提出"馎饦"是从中亚传到中国的一种食品。王龙学（1991）反驳了此观点。

能厨师或直接在厨房工作的人对这种产品很清楚。最后，由于洗掉柔软（的淀粉）后，所剩下的部分是面粉的精华，所以人们就把它叫作"面筋"，也就是面粉的腱。

然而，在食品文献里，人们仍然不断地把"馎饦"当作面食提及。例如在《山家清供》中列有一种用药品地黄和面粉做成的产品"怀饦"，据说可以驱除肠道蠕虫，但是书中并没有介绍其制作方法[①]。在《事林广记》（1283 年）中，除了只是提到需要在面粉中混入虾汤来制备面团外，也没有介绍制作红丝"不托"的详细内容[②]。在《居家必用》（元代）中的两个食谱里仍然可以见到"馎饦"这个词，一个是山药面条，另外一个是表面带有孔眼的面片[③]。很显然，它们都属于残留的过时术语，必然会很快从食品词汇中消失。

北宋时期，"面筋"一词已经完全确立。"面筋"最早出现在沈括的《梦溪笔谈》（1086 年）中的关于铁和钢的文章里，书中说："钢之于铁的关系就如面筋之于面。只要彻底冲洗面团，面筋就会暴露出来。"[④]（"凡铁之有钢者，如面中有筋，濯尽柔面，则面筋乃见。"）再次见到"面筋"的是在《老学庵笔记》（约 1190 年）里："把豆腐、面筋和牛乳浸没在蜂蜜之中，绝大多数客人都不喜欢这样吃，但苏东坡喜好甜食，他非常满意这种吃法。"[⑤]（"豆腐、面筋、牛乳之类，皆渍蜜食之，客多不能下箸。惟东坡性亦酷嗜蜜，能与之共饱。"）

同时，面筋的表达还有另外一个词——"麸"，麸的原意是糠。不知道"麸"是什么时候、怎样成为面筋的代名词的。《太平御览》（983 年）引用《苍颉解诂》说"精洗过的小麦面团称为'麸'"[⑥]。《夷坚志》（1185 年）写道，在平江城的北部，周家靠卖"麸"和"面"（面食）为生[⑦]。在南宋时期，"麸"作为面筋的代名词很快就被广泛接受。《梦粱录》说砂锅羊肉麸、龙虾麸、五味炒麸和烤麸是面馆里的几盘菜[⑧]。《武林旧事》提到京城杭州市场上有卖"麸"和"面"的货摊[⑨]。

最早详细介绍面筋作法的是《事林广记》（1325 年），题目是洗面筋[⑩]：

> 称一秤面粉和四两盐，加足够的温水，混合后搅拌至形成面团。醒发一段时间，接着将面团放入冷水中挤压（好象冲洗）直到面筋形成。更换冷水重复上述操作直到淀粉全部洗掉。切割面筋做成球形。蒸煮。

> 〈用白面一秤，入盐四两，温水和，带软。候水脉停当少时，入冷水一桶，从慢至紧，搓洗

---

① 《山家清供》，第十九页。地黄（*Rehmannia glutinosa*）是中国北部的一种玄参科植物的根茎；参见《本草纲目》卷十六，第一○九一页。

② 《事林广记·别集》卷四。参见篠田统和田中静一（1973），第 270 页。

③ 《居家必用》，第一一六至一一七页。在第二个食谱中，扁面条里添加了羊脂。在煮面时，脂肪融化，因此留下了一些孔眼。明初的《多能鄙事》描述了与此相同的食谱。

④ 《梦溪笔谈》卷三，第四十二页，56 条。

⑤ 《老学庵笔记》卷七，第四页。这是宋代将牛乳用作食品的少数文献之一。

⑥ 《太平御览》，王仁湘编（1993），第 397 页，589 条。

⑦ 《夷坚志》，采自夔明（1988）。

⑧ 《梦粱录》卷十六，第一三六页。

⑨ 《武林旧事》卷六，第一三六页。

⑩ 《事林广记·别集》卷十，第二十四页。秤可能是宋代的斗，大约 6.6 升。

得成面筋。再行汀了第二番面水，更用新水一桶择洗，出衡正面筋。作团，案上放；要热，于笼床内烝是也。〉

在宋朝，面筋在食品体系中已经确定相当地位，以至于当时还有诗歌称颂其特点。王炎写了下面的诗句来称颂"麸筋"[①]：

> 它有酸奶的色泽，
> 风味胜过鸡肉或猪肉。

> 〈色泽似乳酪，
> 味胜鸡豚佳。〉

道士葛长庚称赞"麸筋"[②]：

> 嫩豆腐是美味的食物，
> 而麸筋更为清爽。

> 〈嫩腐虽云美，
> 麸筋最清纯。〉

501

这些诗句无疑出现了大量破格，然而，却证明了面筋在宋代文学界享有很高的声誉。在《事林广记》之后，有关面筋制备的新资料很少。《饮食须知》（1350 年）简洁地说到，"经洗麸可制取面筋。它甘甜而清凉，但是油煎后会变为热性；不易消化，小孩和病人勿食。"[③]（"麸中洗出面筋，味甘性凉，以油炒煎，则性热矣。多食难化，小儿病患勿食。"）估计这些是源自于李时珍的文献。《本草纲目》之后再次提到面筋提取方法的文献是晚清的《随息居饮食谱》（1861 年），它增加了妙用面筋的内容[④]："如果有人不小心吞下一枚硬币，取面筋，烘烤但不要破坏其形状，磨成粉，用热水服下。如果硬币卡在喉咙，会咳嗽出来；如果在胃里，会随大便一起排出体外。"（"误吞钱者，以面筋放瓦上灸。存性，研末，开水调服，在喉者即吐出，入腹者从大便下。"）

马可·波罗在旅行中很可能听说过面筋。他在报告里这样说道[⑤]：

> 有另一种宗教信仰的人，他们有着自己的习惯，当地口音称他们为"sensin"。我要告诉你们，他们按照自己的习惯，非常节俭，过着困难而艰苦的生活。你们可能非常清楚，在他们一生中吃的就是粗粒面粉和糠麸，即生产小麦粉剩下的外皮。而且，他们做饭的方法特别像我们准备猪食；他们吃粗粒面粉，即糠麸，他们把糠麸放在热水里使之变软，放置一段时间，直到全部谷粒脱去

---

① 王炎（1138—1218 年），《双溪集》，转引自刘峻岭（1985）。
② 葛长庚，《琼琯先生集》（宋）。转引自刘峻岭，同上。
③ 《饮食须知》卷二，第十五页。
④ 《随息居饮食谱》，第二十九页。
⑤ Moule & Pelliot（1938），p. 191。参见 Yule & Cordier（1903）和 Latham（1958），p. 111。"Sensin"可能是"神仙"的音译。此资料倾向于支持马可·波罗的确去过中国这一说法，尽管他没有提及长城和中国的饮茶风俗。

皮。然后，再取出来吃，象这样洗法没有任何味道。

尽管上述描写有点含混不清，但是，的确传达了这样一个印象：古时僧侣们吃的就是面筋。正如明代的《西游记》（1570 年）和清代的《儒林外史》（1740 年）等名著所述，面筋已被佛教皈依者以外的人广泛接受[①]。从元代至清代的主要食经里都能找到烹饪面筋的食谱，我们将这些食谱整理为表 44。我们看到，面筋可以煮制、煎制、腌制，也可以做成丝。煮熟的面筋可以混合其他烹调原料做成各种各样的菜。其中，有些菜公布在集 19 世纪烹饪大全的《调鼎集》[②] 素食菜谱里，有些收录在 20 世纪的《素食说略》[③] 的食谱里。

502

表 44　元代到清代的面筋食谱

文献来源	面筋名称	烹饪方法	文献（页码）[a]
《易牙遗意》（元）	麸	腌，煎炸	第五十二页
《居家必用》（元）	面筋	鹿肉干，仿真发酵豆制品，烤肉串	第一三二至一三三页
《饮馔服食笺》（1591 年）	麸	腌，煎炸	第一四八至一四九页
《食宪鸿秘》（1680 年）	麸	腌，仿真肉，深度油炸，烟熏	第三六至三七页
《养小录》（1698 年）	面筋	煎炸，烟熏	第二十一页
《随园食单》（1790 年）	面筋	油炸，煮，切丝	第一〇七页

　　a：《中国烹饪古籍丛刊》中的页码。

虽然如此，直到 20 世纪 50 年代，用面筋制作的质量上乘的素菜，一直被佛教寺院和少数美食餐馆所特有。但是在 20 世纪后期，做了大量工作以后才使普通百姓也能吃到这种加工食品。由于成功地运用了现代科技来大量生产这种产品，不仅中国，就连亚洲和美洲的海外华人，也都很容易吃到以面筋为基料的食品了。的确，面筋发展至今走过了一条很长的路，从《齐民要术》里的"馎饦"到美洲和欧洲，东方人的市场上出售的冷冻或罐装用面筋仿真的鲍鱼、虾、鸡等[④]。

---

　　① 《西游记》，第一百回，第一一二六页；第八十二回，第九三七页；第六十八回，第七七四页。《儒林外史》（第二回），第三十页。

　　② 《调鼎集》，第一一九页和第八十六页。

　　③ 《素食说略》，第43页。

　　④ 我们已经吃过许多这类产品。冷冻的仿制虾肉和罐装的仿制鲍鱼肉特别好吃。

(f) 茶叶的加工与利用

503

　　我们现在已经追溯了中国主要食品和饮品加工的历史，这有助于了解中国饮食的特色与风味。尽管大部分中国饮食产品在东亚很出名，但只有少数品种能引起西方人的关注。然而，茶是一个例外。茶由亚热带植物茶树［Camellia sinensis（L.）O. Kuntze］（图 121）的嫩芽制成，是中华饮食中唯一得到世界广泛认同的产品。现在，茶已不仅仅是中国或东亚的饮品，而且已经成为一种真正的全球性饮料。但是中国早已不是世界上最大的茶叶生产国（表 45）。自从 20 世纪早期起，印度的茶叶产量便已独占鳌头[1]。如今，最狂热的嗜茶者也不是中国人，而是爱尔兰人（Irish）和英格兰人（表 46）。据说仅伦敦一个城市，每天就要消耗茶品两千万杯[2]。

504

　　中国是茶的故乡，这一点无可置疑[3]。但是茶叶制成的汤剂何时成为药物和饮品却无法确定。这种不确定性导致了两种关于茶叶起源的传说。第一种传说认为，茶是由神农氏精选出来的众多植物中的一种。神农氏是中国史前三皇之一，被认为是农业、畜牧业、药剂学和医学的鼻祖。本书第六卷第一分册中，转录了由淮南王著成的《淮南子》（约公元前 120 年）中神农氏的丰功伟绩[4]。关于这个传说，还有另外一种说法："在一天里，神农体验了一百种植物，七十种有毒。他发现茶是一种有效的解毒剂。"[5] 这就是茶叶药用的起源。后来人们发现饮茶后神清气爽，茶遂逐渐成为一种饮料。这个传说也被陆羽，中国第一部著名的茶学著作《茶经》的作者所引用。

506

　　第二个传说可能来源于佛教禅宗［在西方，它的日语音"禅"（Zen）更广为人知］信徒们的杜撰。根据这个传说，禅祖是一位印度王子，后改变信仰成为一名佛教圣僧的菩提达摩（Bodhidharma），约在 526 年的时候，到中国传扬佛法。佛法认为静坐冥想可使人得

---

　　[1]　参见陈宗懋等（1992），第 726 页起和第 732 页。可是在 1987 年，中国茶叶种植面积为 1567 万亩，是同时期印度种植面积（621 万亩）的 2.5 倍。这说明当时印度茶叶生产效率是中国的 3 倍。

　　[2]　Smith, Michael（1986），参照书前"说明"。我们怀疑这个数据可能被低估了。因为史密斯（Smith）没有解释如何得到这个数据。根据《中国茶经》［陈宗懋等（1992），第 755 页］，英国在 1988 年进口了 16.27 万吨茶叶。当时英国人口为 5600 万，那么，每人每年的茶叶消耗量应为 2.9 千克。冲一杯茶大概需要 2.2 克茶叶，因此，每人每天就消耗了 3.6 杯茶。假设伦敦大约有一千万人口，那么伦敦每天消耗 3500 万杯茶的数据也许更为可靠。

　　[3]　19 世纪 20 年代，阿萨姆邦（Assam）发现野生茶树，参见 Bruce（1840）。这一发现导致了一些西方学者认为，茶叶的起源地在印度，而非中国。正如加德拉指出［Gardella（1994），p. 22］，严格说还没有最终结论，因为没有证据显示"早于那个时期，茶叶在印度农业生产和饮食中起到过任何作用"。对此进一步的探讨可参见陈椽（1984），第 22—44 页和（1944），第 2—14 页，陈宗懋等（1992），第 5—7 页，以及何昌祥（1997）。云南西南部的野生茶树目前状况可参见李光涛等人（1997）和黄桂枢（1997）。

　　[4]　本书第六卷第一分册，p. 237.

　　[5]　据说，《神农本草经》中记有这段文字，但该书现存本中没有记载。茶学泰斗陆羽，在其著作《茶经》（第四十二页）中也引用了这段文字，表明的出处是《神农食经》，《神农食经》现已失传。令人遗憾，近年来，这个神话在中国被频繁引用，以致现代茶学刊物将这段神话当成事实。参见：例如陈椽（1984），第 2 页和王尚殿（1987），第 487 页。周树斌（1991）对这种现象提出了批判。但具有讽刺意味的是，在《农业考古》的相关文章中，无论是发表于周树斌文章之前还是之后的论文，都引用了这段神农的神话，并将其作为中国饮茶历史开始于 4700 年前的论据。参见赵和涛（1991）和欧阳小桃（1991）。事实上，正如吴家阔（1993）所述，这段传奇仍然在乡间广为流传。

茶树叶，茶花和茶籽，图片为野生描绘图
左下方的分枝已完全成熟。右下方的分枝上的嫩芽已可采摘。最左方的是茶籽、茶花雌蕊和茶籽串。图中标本为茶（*Thea sinensis*（L）Simms），阿萨姆邦品种。

图 121　茶树［*Camellia sinensis*（L.）O. Kuntze］，采自 Ukers（1935）I，封面。

表 45　1950 年和 1988 年世界茶叶产量　　　　　　　　单位：千吨

国家	1950	1988
中国，大陆	62.2	545.4
中国，台湾	9.7	23.6
印度	278.5	701.1
斯里兰卡（Sri Lanka）	139.0	228.2
孟加拉（Bangladesh）	23.6	42.6
印尼	35.4	135.6
日本	44.1	89.8
土耳其	0.2	153.2
肯尼亚（Kenya）	6.8	164.0
苏联	——	120.0
其他[a]	14.1	275.3
世界总量	613.6	2,478.8

资料来源：陈宗懋编（1992），第 728 页起和第 732 页，表 2。

a：包括伊朗（Iran）、越南、马拉维（Malawi）、坦桑尼亚（Tanzania）、罗安达（Luanda）、南非（South Africa）、津巴布韦（Zimbabwe）、阿根廷（Argentina）和巴西（Brazil）。

表 46　1984—1987 年世界茶叶人均年消耗量[a]

国家或地区	消耗量/千克		国家或地区	消耗量/千克	
	1984—1986	1985—1987		1984—1986	1985—1987
卡塔尔（Qatar）	3.74	3.21	阿富汗（Afghanistan）	0.63	NA
爱尔兰	3.03	3.09	南非	0.56	0.53
大不列颠	2.94	2.81	苏丹（Sudan）	0.55	0.56
伊拉克（Iraq）	2.72	2.51	印度	0.55	0.55
土耳其	2.65	2.72	丹麦（Denmark）	0.46	0.45
科威特（Kuwait）	2.55	2.23	瑞典（Sweden）	0.36	0.35
突尼斯（Tunisia）	1.81	1.82	美国	0.36	0.34
新西兰（New Zealand）	1.77	1.71	中国	~0.35（1988 年）	
香港	1.69	1.63	瑞士（Switzerland）	0.29	0.27
沙特阿拉伯（Saudi Arabia）	1.69	1.40	联邦德国（Germany, Federal Republic of）	0.26	0.25
埃及（Egypt）	1.54	1.44			
巴林（Bahrain）	1.52	1.45	阿尔及利亚（Algeria）	0.24	0.22
斯里兰卡	1.43	1.41	挪威（Norway）	0.21	0.22
叙利亚（Syria）	1.43	1.26	坦桑尼亚联合共和国（Tanzania, united Republic of）	0.20	0.21
澳大利亚（Australia）	1.31	1.22			
约旦（Jordan）	1.12	1.12			
伊朗	1.05	NA	芬兰	0.17	0.19
摩洛哥（Morocco）	0.99	0.97	法国	0.17	0.17
日本	0.94	0.99	民主德国（Germany, Democratic Republic of）	0.16	0.16
智利（Chile）	0.91	0.93			
巴基斯坦（Pakistan）	0.90	0.86	奥地利（Austria）	0.16	0.15
苏联	0.85	NA	捷克斯洛伐克（Czechoslovakia）	0.14	0.14
波兰（Poland）	0.81	0.86			
肯尼亚（Kenya）	0.80	0.76	比利时/卢森堡（Belgium/Luxemburg）	0.13	0.13
加拿大（Canada）	0.68	0.62			
荷兰（Netherlands）	0.65	0.65	意大利	0.06	0.06
			葡萄牙（Portugal）	0.02	NA
			西班牙（Spain）	0.02	NA
			泰国	0.01	0.01

a：采自国际茶叶协会（International Tea Committe）（1989）。

采自国际肿瘤研究中心专刊（IARC；The International Agency for Research on Cancer），vol.51，p.216。

NA：没有记录。

到超脱。在菩提达摩年复一年，无休无眠地静坐冥想过程中，一天他猛然意识到自己差点儿入睡。恼怒之余，他割掉了自己的眼皮扔在地上。哟，你瞧！眼皮马上生根发芽，长成世界上第一棵茶树，其叶子可使冥想者长时间保持清醒不睡[1]。这个迷人的传说在佛教信徒中广泛地世代流传，甚至有一名中国现代诗人受此激发写出了一首诗[2]：

> 据说
> 当僧人惊醒时，
> 荒山雪坡上
> 纵横交错的足印
> 那是他梦的轨迹在眼前浮现。
> 如此的忏悔和困倦，
> 从他胡子浓密的脸
> 割下了沉重、瞌睡的眼皮。
> 传说，在一个夜晚，
> 苦茶灌木开始生长；
> 他们可以平息世人的燥热
> 和僧人对爱的渴求。

> 〈据说那个僧人一觉醒来
> 梦的痕迹在他眼前
> ——展现———像荒山雪领
> 一行行错落凌乱的足印；
> 他一烦心，便悔然在于思的满脸
> 剪下长长催睡的睫毛；
> 据说一夜之间
> 一株株的苦茶就长出来了—
> 并且能收敛
> 在家的火气。〉

　　尽管这些只是传说，不能信以为真，但它的确体现了茶在中华文化中悠久的历史和宗教内涵。令人遗憾的是，神农氏的传说在中华文化中尤为根深蒂固，并常常被引用，作为饮茶历史开始于公元前 3000 年的论据[3]。也许，这个传说确有可信之处。如果确实如此，那么我们在查阅早期中国茶学文献时，便会发现它的相关论据。因此撰写本节有三个目的：第一，探讨中国茶字的起源和文献；第二，追溯历代茶叶加工技术的发展；第三，考查中国人对饮茶与保健的看法。至于茶的植物学、植物地理学、遗传学和园艺学以及茶向西方的传播等方面，将由梅泰理（Georges Metailie）博士在本卷的园

507

---

① Blofeld, John (1985), p. 1; Maitland (1982), p. 8。

② Chang Tsho (1987)。

③ Ukers (1935) Ⅱ, p. 501,《茶叶年表》开始于公元前 2737 年，即传奇人物神农发现茶的年代。哈迪 [Hardy (1979), p. 120] 将公元前 3254 年作为中国开始种植茶树的年代。埃文斯 [Evans (1992), p. 10] 认为茶史开始于公元前 1600 年。也参见《中国茶经》[陈宗懋等（1992），第 677 页] 中的茶叶年表。

艺学部分中论及。

（1）茶的语源学及茶文献

直到唐代才在汉语中确定下来的"茶"字，成为专指茶的术语已经有几百年了。许多学者认为，在唐代以前，有很多表示茶的汉字，其中最早使用，也最为重要的便是"荼"字[①]。将"荼"字去掉一横就可以得到"茶"字。我们在上文（p. 457）引用的《诗经》中，已经见过"荼"字[②]。《楚辞》（约公元前 300 年）中，也有两首诗提到了"荼"[③]。

不过，有些学者却认为荼字与茶字并无关联[④]。他们认为，《诗经》（以及《楚辞》）中提到的荼，实际上是一种类似苦苣菜（sowthistle）或水蓼的苦菜。这种观点来自陆机所著的《毛诗草木鸟兽虫鱼疏》（约公元 245 年）中对荼的注解[⑤]。"荼"字也出现在《周礼》中，在所记载的官衔中有"掌荼"，其职责就是确保满足皇室祭祀期间对"荼"的需求[⑥]。但没有任何迹象显示，荼像我们理解的那样，是中国古代祭祀中不可或缺的部分。从这个角度来看，《周礼》中提到的荼很有可能与《诗经》中的荼是同样的意思。实际上，在《神农本草经》中，苦菜被列为上品药物。该书编纂于汉代，其中大量引用了西周时期的资料，其文中提到苦菜也叫"荼菜"[⑦]。也就是说，荼是一种苦菜。

实际上，这两种说法都是正确的。在古汉语中，"荼"字至少表示两类植物。一类是苦菜，例如苦苣菜、水蓼等；另一类则表示木本植物，例如茶。对于这种一分为二的说法，《尔雅》一书中有出色的解释。在其"释草第十三"提到，"'荼'是一种苦菜。"（"荼苦菜"），但在"释木第十四"却说，"'槚'是一种苦荼。"[⑧]（"槚苦荼"）。更有趣的是，在之后郭璞的注释本（约 300 年）中，对槚的描述如下[⑨]：

> 这种植物是类似栀子（山黄栀，*Gardenia jasminoides* Ellis）的一种小型树

---

① Bretschneider（1892），vol. Ⅱ，Pt Ⅱ，pp. 130—131；Ukers（1935）Ⅰ，pp. 492—493；Bodde（1942）；陈椽（1984），第 2—9 页；李璠（1984），第 158 页。

② 引用的诗中，即《毛诗》237（W240），韦利将"荼"翻译为苦苣菜（sowthistle），在《毛诗》35 中也出现过"荼"字，韦利（W108）再次将其理解为苦苣菜（sowthistle）：

<blockquote>
谁说苦苣菜草苦，
它比荠菜更甜。
〈谁谓荼苦？其甘如荠。〉
</blockquote>

但这不是《诗经》中唯一一首提到荼的诗。我们发现在《毛诗》291（W158）中，荼被认为是野草的意思，《毛诗》39（W36）中为灯芯草，《毛诗》155（W231）中为灯芯草花。但是这些荼的解说对我们目前讨论的问题是无足轻重的。

③ 《楚辞》，傅锡壬编辑（1967）；参见第 4 卷，"悲回风"，第 122 页，第 17 卷，"伤时"，第 260 页。霍克斯〔Hawkes（1985），p. 180，line13 和 p. 315，line5〕将荼一概翻译成苦草药。

④ Dudgeon, John（1895），p. 4；Blofeld, J.（1985），p. 2；矢野仁一，采自陈椽（1984），第 5 页。

⑤ 《毛诗草木鸟兽虫鱼疏》，第 1 卷，第 14 页，中华书局（1985）。

⑥ 《周礼》，第一六七页；参见《周礼注疏》中郑玄的注释。

⑦ 《神农本草经》，曹元宇辑注（1987），第 325 页。

⑧ 《尔雅》，第十三篇，第二十四页；第十四篇，第四十页。

⑨ 同上，英译文见 Derk Bodde（1942），经作者修改。

木，在冬天其树叶煮成的汤可以饮用。现在，早期采集的树叶叫荼，晚期采集的则叫茗，或又名荈，蜀（现四川）民则叫他们苦荼。①

〈树小似栀子，冬生，叶可煮羹饮。今呼早取为荼，晚取为茗，或一曰荈，蜀人名之苦荼。〉

这是现有文献中对茶树和如何利用茶叶的最早描述。然而，文献中"荼"确信是表示茶的，最早记载可能是《僮约》（公元前 59 年）。其中提到奴仆的职责包括客来奉茶（"烹荼"），以及去武阳买茶。②（"武阳买荼"）。客来奉茶是中国优秀的文化传统。而去离主人住地有一定距离的地方武阳买荼，则说明茶在当时已经是一种具有较长货架期的加工食品，可用船运往各地进行买卖而不变质③。文中的"荼"，除了茶，别无他解。

在《华阳国志》（347 年）中有几段叙述进一步证实了《僮约》的说法。《华阳国志》是一部记载四川上至公元 138 年的历史地理书籍。其中提到从古代开始，茶就已经是进奉朝廷的贡品；还提到了著名的茶叶生产地，其中包括我们刚刚提到的《僮约》中的武阳，以及我们将要再次参考的，《齐民要术》（540 年）中提到的涪陵④。

另一部关于茶品的参考文献是《三国志》（约 290 年）中的《韦曜传》。韦曜是吴国的一名史官，当时吴国国君孙皓以嗜酒放荡闻名。韦曜经常被国君召去整天陪宴，席间每位宾客至少都要喝七升酒。由于韦曜身体虚弱，在这方面他很难取悦主子。为了帮助他，"有人便悄悄地将他的酒换成了茶⑤"（"或秘赐荼以当酒"）。

另一本同时期的古籍是《博物志》（约 290 年），其中提到了"喝真茶令人少睡⑥"（"饮真荼令人少眠"）。值得注意的是，引言中提到的是"真茶"，这说明当时市面上流通的"茶"不止一种，而且这句引言出自书中的《食忌》卷。这说明，当时茶使人少睡的作用并不受人欢迎。从这一点可以进一步证实，荼就是茶。

在上叙四本著作中，各有两本提到了荼和茶。但是，由于印刷时很有可能将"茶"

509

---

① 高本汉 [Karlgren (1923)，《中日汉字分析词典》（*Analytic Dictionary*）no. 1322，p. 373] 给出了"荼"的两条古老的发音"d'uo，苦荬菜，苦草药，较苦；d'a，用来制作苦味饮料的茶树叶子，茶叶"。

② 参见 Hsu, Cho-Yun (1980)，pp. 231—234，其中有这份合同的英文全文翻译。我们在本书（d）节（pp. 294—295）中已经了解了富路德和韦慕庭 [Goodrich 和 Wilbur (1942)] 对译文的讨论。一些文章中，"武阳"也写作"武都"。

③ 这份合同草拟于四川成都。根据陈椽 [（1984），第 6 页]，武阳是距离成都西北方向 30 多千米的彭县附近的一个茶叶生产地。周文棠（1995）认为，合同中的茶不是指茶，而是水蓼这种蔬菜。这种观点遭到方健（1996）强有力的反驳。而我们倾向于后者。因为一般来说，蔬菜的生长和买卖都具有地区性，完全没有必要到30 千米外的地方去买。

④ 尽管《华阳国志》为 347 年左右的著作，囊括了从 138 年周朝时四川地区的记事。《汉魏丛书》版本中很多处（第二页、第四页、第十一页、第十二页、第十六页）都提到了茶叶，第四页还提到涪陵，而武阳则在第十二页中提到。一些学者引用这些文字来证明茶早在周代就已经被列为贡品，但我们认同朱自振在《中国茶经》[陈宗懋等（1992），第 12 页] 中的观点，即这种说法没有依据，而且茶可能是在战国时期首次成为商品的。

⑤ 《三国志·吴书》卷二十，"韦曜传"，第一四六二页，译文见 Bodde (1942)，p. 74。卜德（Bodde）认为这是伯希和 [Pelliot (1922)，《通报》（*T'oung Pao*）21，436] 引用的最早的茶文献。尽管引文中出现了"茶"字，但是不能确定原文中是否的确含有"茶"字，因为在抄本中仅仅遗漏一横就可以使"荼"字变为"茶"字。在《续博物志》（卷五，第九五一页）中同样提到了这个故事。

⑥ 《博物志》卷四，第六页，参见 Bodde (1942)，p. 75，注释 5。

字漏掉一横，所以我们需要谨慎地对待《华阳国志》的文献和《三国志》轶闻中的"荼"。而且，由于《僮约》和《博物志》的后期版本中，"荼"几乎都被"茶"字取代了，所以在查阅从三国鼎盛时期到隋朝大统一期间（3—6世纪）的历史记录时，我们也要谨慎地对待文章中提到的"荼"。例如《广雅》（230年）[①]、《广志》（4世纪后期）[②]、《世说新语》（440—510年）[③]、《魏王花木志》（515年）[④] 以及《晋书》（646年）中的"荼"[⑤]。前四本著作中的《魏王花木志》早已散失，而《广雅》、《广志》和《世说新语》中涉及到"荼"的相关内容在现存版本中没有发现。983年汇编的《太平御览》一书中倒是引用了这两个字，不过那时茶的正式表达方式早已采用了"茶"字。因此，我们不能确信相关章节中涉及的"荼"就一定是茶，而非"荼"的讹用。

　　在《齐民要术》（544年）的第十卷中，叙述了"非中国北方出产的物品"（"非中国物产者"）。其中记载了与我们现在讨论相关的两个词条：即第53条的"荼"（苦菜）和第95条的"槚"（茶或荼）[⑥]。很显然，为"荼"加上偏旁"木"，是为了区分作为草药苦菜的"荼"与作为木本植物茶的"荼"。第95条包括三条引言，我们已经见过其中两条，即《尔雅》中的"槚"和《博物志》中关于饮茶和睡眠的叙述。第三条来自《荆州土地记》（可能为4世纪），其中讲到"浮陵的茶最好。"（"浮陵茶最好。"）尽管第95条中用的是有"木"字旁的新字"槚"，但是这就是所有三条引言中发现的"荼"。由此可知，当时茶的命名仍然处于摇摆不定的状况。"茶"字是6世纪人们寻找正名过程中的产物。

　　在这个时期，仅次于荼的被经常用来代表茶的字是"茗"。据《茶经》记载，"茗"最初是出现于《晏子春秋》（约公元前4世纪）中，但茗的出现可能是出于"苔"字的抄写错误[⑦]。《说文》（121年）中有"荼，苦荼"（"荼是苦荼"）和"茗，荼芽"（"茗是幼芽。"）的记载[⑧]。徐铉对这句10世纪的注释解释说："荼，就是我们今天所说的茶。"

510

511

---

　　① 《广雅》的现存本中已没有这段文字记载，但幸运的是，《太平御览》（卷八六七，第三八三四页）中保存了这段记载，这将在下文（p.510）提到。

　　② 原文已经散失。这段文字转录于陈祖槼和朱自振（1981），采自《太平御览》卷八六七，但在李约瑟研究所图书馆的中华书局版本（1960年）中，没有这段文字记载。书中说叶子煮后便为荼（茗荼），而茗是荼的另一个名称。

　　③ 《太平御览》（卷八六七，第三八四四页）同样引用了相关内容。以下是贝勒［Bretschneider，《中国植物学》（Botanicum Sinicum），Pt Ⅱ（1893），pp.30—31］引用的文字。"王濛（晋哀帝的岳父）喜欢饮茶，逢人就强请喝茶。他的下属对他的这种要求非常的无奈。一旦有人不得不去觐见他，就会戏言'唉，我们今天又要忍受水的苦行了。'"（"王濛好茶，人至辄饮之，士大夫甚以为苦，每欲候濛，必云今日有水厄。"）陈祖槼和朱自振［（1981），第206页］也引用了这段文字。

　　④ 原本已经遗失。相关文字被保存在《太平御览》卷八六七，第三八四五页，其中记载："荼：叶片与栀子叶相似，煮后可饮用。老叶名为荈，嫩叶为茗。"另可参见陈祖槼和朱自振（1981），第207页。

　　⑤ 《晋书》卷七十七，"陆纳传"，第二〇七页和卷九十八，"桓温传"，第二五六七页。

　　⑥ 《齐民要术》卷十，第53条，第六四五页和第95条，第六九〇页。文中的"浮陵"可能与《华阳国志》中的涪陵是同一个地方。见上文注释。

　　⑦ 《茶经》（卷七，第四十三页）讲到："当婴（也就是晏婴、晏子）做齐景公的丞相时，经常吃满满一碗米饭，五个鸡蛋和一些茶叶、蔬菜"，译文见Ross Carpenter（1974），p.123。下划线的原文为："食脱粟之饭，炙三戈、五卵，茗菜而已。"关键词"茗菜"被翻译成"茶叶和蔬菜"。但是在《晏子春秋》的现存本中，"茗"被"苔"替换了。然而"茗菜"和"苔菜"可能都是茶叶的意思，因为茶树又叫"苔茶树"。

　　⑧ 《说文解字》，"荼"，第26页，"茗"，第27页（卷一下，第二十四页和第二十六页）。

（"此即今之茶字。"）除上文引用的《魏王花木志》外，《广州记》（4 世纪）①，《南越志》（约 460 年）②，可能是汉代著作的《桐君药录》③ 以及《名医别录》（约 510 年）④ 等都提到了"茗"。但是除了《广州记》，其他文献的原文均已失传，所有资料都采自《太平御览》（卷八六七）。

在《洛阳伽蓝记》（530 年）中，有很多以"茗"的方式记载了茶的趣闻⑤。据载，王肃被迫逃离他的家乡齐后，北上投靠效忠于北魏。最初，他忍受不了当地普通饮品——酪浆的味道。王肃嗜好"茗汁"（即茶），一次就可喝掉一斗。他的随从戏称他为漏壶（漏卮）。

几年后，王肃习惯了北方生活，已经可以从容地饮用酪浆。于是皇帝问王肃："茶（茗汁）和酪浆，哪种好呢？"（"茗汁何如酪浆？"）王肃开玩笑地回答说："茶并不能令人满意，只配做酪浆的奴隶"（"唯茗不中与酪作奴。"）之后，"酪奴"便成了茶的戏名。

文中还提到，尽管在北魏时期，茶（"茗饮"）已然成为正式庆典仪式中的一种饮品，但并不受士大夫们的喜欢，只有从南方过来不久的人才会饮茶。事实上，北方人还幽默地称茶为"水厄"。由此看来，在 6 世纪初，尽管茶已经在南方盛行，但在中国北方，茶仍然被视为外来饮品。

《经典释文》（约 600 年）注释了《尔雅·释木第十四》中的"茶"、"茗"和"荈"⑥。其中提到"茶"也写作"槚"，是四川居民的一种饮品。在反切系统中，"槚"的发音为 chih＋ch（ia）＝chi-ia（即音 jia）。现在，我们已了解"茶"作为苦菜和作为"茶"在发音与字形上的差别。

512　　　在《新修本草》（569 年）木部中，茗被列为中品草药⑦。条目称："茗，也作苦茶。味甜、苦。性寒但无毒，可减轻皮下脓肿和发炎症状，可利尿、去痰、解渴、提神。秋季收采……作饮料加山茱萸、青葱和生姜等。"（"茗，苦茶。味甘苦，微寒，无毒。主瘘疮，利小便，去痰、解渴，令人少睡，秋采之。苦槚，主下气，消宿食。作饮加茱萸、葱、姜等。"）毫无疑问，这里描述的是茶。但菜部中又列举了苦菜或荼草（苦药），并且也提到了令人少睡的功效⑧。虽然编辑认为苦菜也许是茗的另一个名称，但茗不可能既是木本植物又是草本植物，由此看来，唐代初期时苦菜与茶之间的区别还是非常混乱的。

在《食疗本草》（约 670 年）中，又有下列记载⑨："茗叶可促进肠动力，可消暑、解

---

① 《广州记》，现仅存于 1618 年编辑的《唐类函》（卷一七八）中的引文中。其中给出了茗南方品种的名称，参见《太平御览》，第 867 卷，第 3845 页，中华书局（1960 年）。

② 《南越志》（约 460 年）中讲到茗味苦且辣，在当地以"过罗"闻名，参见《太平御览》，第三八四五页。

③ 《桐君药录》中记载了几个种植"茗"的地名。原书已经失传，但在《太平御览》[卷八六七，第三八四五页] 保存了与"茗"相关的记载。

④ 《名医别录》中认为茗茶可使人脱胎换骨。现存本中没有这段文字的记载，采自《太平御览》（卷八六七）。

⑤ 《洛阳伽蓝记》（汉魏丛书）卷三，"正觉寺"，第十一至十二页。这段趣闻出现在 Jenner（1981），pp. 214—215。

⑥ 《经典释文》对《尔雅·释木第十四》的解释。对反切系统的解释，参见本书第一卷，pp. 33—34。

⑦ 《新修本草》卷十三，第一一六页。注释："茶"也作"槚"，即加了一个"木"字边旁，但没有草字头。以后的著作中都没见到这个字。

⑧ 同上，卷十八，第二五〇至二五一页。

⑨ 《食疗本草》，条目四十四，第二十三页。

痰，煎煮后得到的汤汁用来煮粥效果良好。"（"茗：茗叶，利大肠，去热解痰。煮取汁，用煮粥良。"）它又继续说[1]："茶可消除肠胃胀气，缓解疖子和瘙痒，并可隔夜保存。以鲜叶为原料可制成顶级茶叶。而经蒸和揉捻处理后，茶叶可长时间保存，以便日后取用。茶叶过陈会诱发肠胃胀气。有人便将其与槐树或柳树的新鲜芽叶混和使用。"（"茗，茶主下气，除好睡，消宿食，当日成者良。蒸，捣经宿。用陈故者，即动风发气。市人有用槐、柳初生嫩芽叶杂之。"）文中没有论及茶和茗之间的关系，这一点令人感到非常遗憾。但我们从中获得了有关加工方法的最早描述：茶叶经蒸后，再进行揉捻。这两部药典还使我们了解到，茶中常加入青葱和生姜等调味料，并用于烹煮成粥的方法。

从《本草拾遗》（约 725 年），《证类本草》（1108 年）到巨著《本草纲目》（1596 年），茶都以"茗"的形式作为一种药物记载在标准的药典中[2]。但作为一种饮品，从 8 世纪开始，"茶"与"茗"这两种名称基本上都被摒弃了，唯有"茶"这种称谓被沿用下来。我们是如何知道这种名称转换的历史过程的呢？最可靠的依据来自唐代石碑上碑铭。在顾炎武著作《唐韵正》（1667 年）中，有以下记载[3]：

> 游历泰山期间，我有机会考察了许多刻有茶和荼的唐代碑文。在 779 年（茶被作为药物使用时期）和 798 年（茶被用来宴请宾客的时期）的碑文上刻有"荼"字……并且字形上没有变化。但自 841 年和 855 年起碑文刻的都是"茶"字，即将"荼"字去掉一横所得到的汉字。因此，名称上的转变一定是发生在唐代中期。

> 〈愚游泰山岱岳，观览唐碑题名，见大历十四年刻荼药字，贞元十四年刻荼宴字，皆作荼。又李邕娑罗树碑、徐浩不空和尚碑、吴通微楚金禅师碑荼毗字、崔琪灵运禅师碑荼碗字，亦作荼，其时字体尚未变。至会昌元年柳公权书《玄秘塔碑铭》、大中九年裴休书《圭峰禅师碑》荼毗字，俱减此一划，则此字变于中唐以下也。〉

从这些叙述中，我们倾向认为，茶叶的药用或饮用可能在汉代之前的每个时期在四川开始的。《诗经》中几乎列举了中国古代所有的经济作物，却没有提到茶。因此可能会有人认为茶的"发现"始于周朝建立（公元前 1000 年）之后。另外，因为四川远离黄河下游的中国文化中心地带，那么《诗经》中忽视茶的存在就一点儿也不会叫人惊奇了[4]。茶最初很有可能是由野生茶树的树叶加工而成[5]。之后随着茶叶的普及，就有必要确保茶叶的来源，因此导致了易于种植的矮灌木种的茶树改良种的发展和种植。而且，据上文提到的《华阳国志》（pp. 508—509）中有关贡茶的记载，四川自战国时期（公元前 480—前 221 年）开始，就已开始种植和加工茶叶了。另外，正如《僮约》（公元前 59 年）所载，公元前 1 世纪，饮茶已然是四川达官贵人们

513

---

① 《食疗本草》，条目四十四，第二十三页，原文为"蒸捣经宿用"。

② 《本草拾遗》，保存于《证类本草》卷十三；《本草纲目》卷三十二，第一八七〇页。

③ 《唐韵正》［采自陈祖棨和朱自振（1981），第 345—346 页］认为这种转变可能是大约 800—820 年间由皇帝决定的。

④ 四川可能至今都被认为是中国文化发展的一个独立中心，四川广汉近期的三星堆考古发现也显示了这一点。参见 Bagley（1988 & 1990）。

⑤ 埃文斯［Evans（1992），p. 10］描述了古代四川居民为了采摘茶叶而砍伐野生茶树。这不是不可能，但人们很容易想到有更为经济的获得嫩叶的采摘方法，例如，让人攀上长有嫩芽的树干摘取。

的日常的生活习惯。因此，茶，作为加工好的茶叶已经成为城市中可以买到并可以以此为生的一种商品。

总而言之，茶是在汉代，由四川传入中国北方平原的居住中心和扬子江下游流域的。周世荣认为，马王堆《竹简》上记录的物品之一"槚"，就是茶的古名，这种见解很令人振奋①。因为如果这种解释成立的话，我们就可以断言，茶早在公元前200年就已经传到了湖南。随着茶作为饮品，被人们日益接受，茶树的种植也开始向东部扩展。上文（p.509）提到的有关韦曜的轶事，说明大约在公元260年时，饮茶就已经深受南京吴国朝廷的青睐。茶种植园更是在湖北、湖南、江西、安徽、浙江和福建等适宜茶树生存的区域普遍建立。几个世纪以来，茶主要被认为是南方的特产。从茶的俗名"水厄"和"酪奴"就可推断出，北方人并没有完全接受饮茶的习惯②。

515　　佛教徒的增加，特别是上文（p.506）提到的禅宗信徒的增加，是促进茶在北方传播的一个因素。饮茶能够使僧侣在长时间的静坐冥想中保持清醒，因此很受佛教徒们的欢迎③。在北朝的第二个时期（479—581年，见中国年代表），有几个皇帝都信奉佛教，这无疑使饮茶在王公大臣之间成为了时尚。随着饮茶人口在北方的增加，南方茶树种植面积必然进一步扩大。到了唐代初期，茶叶贸易已经成为国家一项重要的经济活动，它对于这个辉煌朝代的宗教、文化和艺术生活都做出了重要的贡献④。

陆羽所著《茶经》（760年）的问世，标志着茶繁盛时期的来临⑤。《茶经》是第一部关于茶的专著（图122），同时也是后来从唐代到清代，不断频繁出现的"茶书"的范本。它们对中国农业发展所起作用之重要，可以与"农书"（见本书第六卷第二分册）相媲美。据估计，公元1800年前出版的茶书约有100种之多，但大部分已经失传⑥。这些都是研究中国茶文化发展史，包括茶叶加工和利用的主要资料。其中对研究最具价值的书目列于表47中⑦。

---

① 参见周世荣（1979）。这一项被列为马王堆《竹简》中的第135号，湖南省博物馆（1973），上，第141页。清单中有争议的字是："枏"，湖南省博物馆［（1973）上，第141页］的马王堆《竹简》编辑，以及唐兰［（1980），第20页］将其解释为"薁"（即郁李，一种樱桃）。之后朱德熙和裘锡圭［（1980），第67页］将其重新解释为柚子。我们认为，周世荣将其理解为"槚"，认为是茶的一个名称，非常具有说服力。对此进一步的讨论可参见周世荣（1991）和曹进（1992）。但是方健（1997）提出了不同的观点，他认为既然那张竹简（第133—136）中还列有枣、梨和莓等水果，那么"枏"也有可能是一种水果。另外，在下一张竹简（第137—139）中，我们发现竹笋与两种莓被放在了一起。所以，将茶（一种植物产品）与水果（同样也是植物产品）混合是侯爵夫人的厨师们的得意厨艺，为了夫人后世的享乐，他们安排了这样的食物组合同她随葬。

② 见上文注释。有关唐代之前饮茶传播的简要说明，参见Ceresa（1996）。

③ 佛教徒对茶饮的推动作用，参见《茶经》，第五十七至五十八页；《封氏闻见记》（8世纪后期），采自陈祖椝和朱自振（1981），第211页，以及王玲（1991）指出在晋和南北朝期间（4—6世纪），道教信徒同样促进了茶的饮用。

④ 顾风（1991）论述了唐代期间的茶叶文化和经济。《封氏闻见记》首次提到了在唐代期间，茶可以作为易货商品来与北方游牧民族交换马匹，采自陈祖椝和朱自振（1981），第212页。

⑤ 《茶经》出版年代的讨论，参见傅树勤和欧阳勋（1983），第91页。其他学者，比如《中国茶经》（第595页）和陈祖椝和朱自振［（1981），第1页］认为，758年才是《茶经》完成的年代。

⑥ 《中国茶经》，第595页。陈祖椝和朱自振（1981）中列举了58种茶书。

⑦ 陈祖椝和朱自振（1981）中罗列了所有这些书中相关内容的全文或摘录。对中国主要茶书的报导，参见《中国茶经》，第595—599页。表46中的许多书目在喻政的《茶书全集》（1613）中。

图122 陆羽《茶经》的前两页，采自明代版本？

516

表 47 中国茶书

书名	作者	年代（年）	内容
《茶经》	陆羽	760	园艺、加工、茶艺、历史和文献参考
《煎茶水记》	张又新	825	水源与水质
《十六汤品》	苏廙	900	沸水种类
《茶谱》	毛文锡	925	各地茶类
《荈茗录》	陶穀	960	茶叶趣闻
《茶录》	蔡襄	1051	制茶、点茶、饮茶的技艺
《东溪试茶录》	孙子安	1064	福建建安的茶叶生产
《品茶要录》	黄儒	1075	建安的茶叶加工
《大观茶论》	赵佶	1107	园艺、加工、饮用等总论
《宣和北苑贡茶录》	熊蕃	1121	宣和年间北苑、建安的贡茶年产量
	熊克	1125	
《北苑别录》	赵汝砺	1186	北苑、建安的茶文化和制茶工艺
《茶具图赞》	审安老人	1269	茶具图本
《茶谱》	朱权	1440	制茶、泡茶、饮茶的技艺
《茶谱》	钱椿年	1539	茶的种类、冲泡与饮用
《煮泉小品》	田艺蘅	1554	茶的种类与饮用
《茶说》	屠隆	1590	茶的种类、加工、储藏与饮用
《茶考》	陈师	1593	茶叶加工与饮用概论
《茶录》	张源	1595	加工、储藏与饮茶艺术
《茶经》	张谦德	1597	茶叶总论、品质与茶具
《茶疏》	许次纾	1597	茶叶加工、制茶、储藏和饮茶
《茶解》	罗廪	1609	加工工艺、用途与茶具
《茶笺》	闻龙	1630	茶叶加工
《岕茶牋》	冯可宾	1642	罗岕茶叶的加工与饮用
《续茶经》	陆延灿	1734	茶叶百科全书

参考书目：陈祖櫆和朱自振（*1981*），《中国茶经》（*1992*）、《说郛》和《民俗丛书》。

当然，在这些书籍中，首当其冲的应是陆羽的《茶经》①。尽管该书只有寥寥十篇，却全面叙述了 8 世纪茶文化和加工的各个方面。这十篇的篇名分别如下：

1）茶的起源、特点、命名和品质。

2）采摘和加工茶叶的器具。

3）茶叶的采摘和加工。

4）煮茶和饮茶所用器皿。

5）煮茶方式。

6）饮茶艺术。

7）历代茶叶文献。

8）各地名茶。

9）可以省略的茶具。

10）将本书拓在丝卷上的方法。

其中第八篇明确指出，在陆羽所处时代，茶叶生产的中心已经由四川转移到了东部的沿海省份。实际上，最优质的茶历来被认为是产自位于江苏和浙江交界附近的顾渚山。顾渚山也是第一个为唐代黄帝和宫廷生产"贡茶"的地方②。《茶经》中还说明了在哪儿可以找到最优质的煎茶用水，以及应如何烹茶饮用。《煎茶水记》和《十六汤品》中更为详细地记载了相关方面的内容③。

接下来是《茶谱》和《荈茗录》。《茶谱》中描述了不同地区生产的茶叶种类，《荈茗录》则汇集了《清异录》（960 年）中收录的有关茶叶保存的趣闻。随后是宋代第一部茶书，即由著名茶学家蔡襄所著的《茶录》。该书介绍了如何鉴定、储藏茶叶，以及如何置茶和煎茶，并描述了如何选用适宜的器皿④。蔡襄还特意描述了福建西北建安所产茶叶特有的品质，他认为陆羽忽视了这个地区。或许正是由于蔡襄的举荐，建安随后不久便成为宋代另一个"贡茶"生产中心，提供宋朝黄帝和宫廷的需求。接下来的两部著作是《东溪试茶录》和《品茶要录》，都以建安茶叶生产为主题，前者描述了该地区茶叶的种植地域，后者则对茶叶加工过程中易出现的问题提出了应对措施⑤。

在这一系列著作中，最令人瞩目的可能就是《大观茶论》⑥。该书作者是中国 1101

---

① 陆羽享有极高的声誉，死后被尊称为"茶神"和"茶圣"。陆羽生平简述，参见 Blofeld（1985），以及傅树勤和欧阳勋（1983），第 75—90 页。其中再版了《新唐书》（卷一九六）中的《陆羽传》全文和《全唐文》（卷四三三），并附有注释。《茶经》英文节译本见 Ukers（1935），I，pp. 13—22，英文全译本，参见 Carpenter（1974）。

② 该地区位于今江苏宜兴和浙江长兴西面。据记载，到 8 世纪为止，有 30 000 名劳力和 1 000 技术人员从事"贡茶"生产，参见陈宗懋（1992），第 30 页，以及 Blofeld（1985），pp. 6—7。

③ 《十六汤品》的原本已经散失。但作为《清异录》（卷四）的一部分被保存下来，同样也保存在表 47 的《荈茗录》中。

④ 蔡襄是著名的茶学家，之前我们在本书第六卷第一卷（p. 361）已经知道他是《荔枝谱》的作者。关于蔡襄的一些事迹，参见 Blofeld（1985），pp. 16—20。

⑤ 建安即为今建瓯。位于著名武夷山南边，和武夷一样，为 18 世纪与 19 世纪著名的乌茶（红茶，Bohea）出口贸易地区。福钧［Fortune（1848），p. 220］称其为"福建最大的红茶之乡"。

⑥ 《大观茶论》摘录的英译文，参见 Blofeld（1985），pp. 28—31。

518　年到1125年间至高无上的统治者宋徽宗。"大观"为其1107年到1111年的年号。《大观茶论》简要而精辟地阐述了北宋时期茶叶的科学及艺术。宋徽宗虽以饱学之士、诗人、书法家和茶叶鉴赏家著称，但作为远离世俗的"天命之子"，能如此通晓茶叶文化、加工和器皿，的确是非同寻常的。在后面的论述中，我们会不时地参考这本著作。《宣和北苑贡茶录》和《北苑别录》进一步说明了建安茶叶的重要性，并指出北苑是建安最好的茶叶种植地之一[①]。书中对这一时期的贡茶品质进行了详尽的描述，其精于茶叶之道的水平和热衷的程度，不由地令人联想到现代葡萄酒鉴赏家对西方葡萄酒的品质的讨论。

　　下一部著作《茶具图赞》，是专门介绍各种茶具的。随后的三部为明代介绍烹茶及饮茶的著作。其中两本分别是朱权和钱椿年的同名著作《茶谱》，另一部就是《煮泉小品》。相比而言，后面的八部著作：《茶说》、《茶考》、《茶录》、《茶经》、《茶疏》、《茶解》、《茶戈》和《岕茶牋》对我们更有助益。这些茶书都是综合性著作，是陆羽《茶经》和宋徽宗《茶论》的延续，记载了明代茶叶加工的珍贵信息。最后一部著作是《续茶经》（1743年），尽管书中大部分是前人著作的汇集，但可贵的是，其中含有已失传的一些著作的摘录。还有一部《茶史》（1669年）没有列入表45中。该书也是汇集了大量前人著作的。令人奇怪的是，清朝期间没有出现一本原创茶书。为了掌握和了解这一时期的重大进展，就只能参阅其他文献[②]。在开始论述下一个主题之前，我们要感谢对我们的研究深有裨益的三部现代茶书。第一部是陈祖槼和朱自振（1981）编写的《中国茶叶历史资料选辑》，这本书对中国文献中记载的茶叶历史作了详尽的概述。第二部是陈宗懋（1992）编写的《中国茶经》，这是一本中国茶叶资料的百科全书，其中包括茶叶历史、地理、园艺学、加工技术、健康功效和文

519　化等。第三部是由吴觉农（1990）编写的《中国地方志茶叶历史资料选辑》，对不含中国地方茶叶历史的《中国茶叶历史资料选辑》而言，这是一本极具价值的姊妹书。另外，《中国农业百科全书》中的茶叶卷，以及《农业考古》中有关茶叶的专刊，也是本书有用的资料来源。

（2）茶 叶 加 工

　　谈到"茶"，令我们想到的不外乎两件事：其一是茶叶本身，我们可以从商店购买到茶叶这种商品，保存在家中，以便日常饮用。今天，茶是以散茶、粗茶粉或袋茶的形式出现在西方市场。其二，茶是一种饮料，可举杯畅饮；它是由茶叶和开水冲泡制成。根据茶的不同种类来调制茶汤，我们既可直接饮用（如中国），也可将茶汤与牛奶和（或）糖调和后饮用（如英国），还可以与柠檬和糖混合饮用（如俄国）。本书将涉及茶叶的加工工艺和茶汤的冲泡技艺。首先，我们来追溯从唐代到19世纪末期，茶树鲜叶从采摘到加工成"茶"成品，其加工工艺的演变过程。随后，将涉

---

①　宣和也是宋徽宗的年号，在1119—1125年间。

②　例如，其他地方志和外国文献。

及茶汤的冲泡技艺。

（i）唐代的茶叶加工

据上文述及（p.512）的《食疗本草》（670 年）记载可知，最初，"茶饮"的方法可能是将水和新鲜的树叶煮沸，以其汤汁作为一种药物饮用。照中华传统处理草药的方式，茶叶大概经过自然干燥后当草药保存起来以备日后使用。但是由于"茶"不久就成为一种为人们所享用的饮料，而不是一种人们需要忍受的药汤，中国人便开始寻找更好的加工方法，不仅能保留鲜叶中的宜人品质，而且还可使茶叶的风味更加浓郁。这是一个持续不断的目标，从中古代早期至今，就一直在消耗制茶技师们的时间和才智。确实，自唐代以来，每个朝代的茶叶加工工艺都有重大的改进，以至于民众所消费茶叶的种类，可突出表现各个朝代的特点。

尽管经历了从汉朝初期（公元前 206 年）到唐朝建立（618 年）的几个世纪，理应当积累了大量茶叶加工的资料，但是我们唯一获得的有关文献资料却只有《广雅》（230 年；《尔雅》的增广本）上的下列记载[①]：

> 在荆州和巴郡，人们采摘茶叶制成饼茶。如果叶子太老，就配以米糊使其粘成饼状。在泡茶前，人们先将饼茶烤至红色，然后再将饼茶捣成粉状，放入陶器，浇上开水。最后还要加入葱、生姜和橘子［核］。这样调好的茶汤不但能醒酒，还能提神。

520

> 〈荆巴间采叶作饼。叶老者，饼成以米膏出之。欲煮茗饮，先炙令赤迹，捣末，置瓷器中，以汤浇覆之，用葱、姜、橘子芼之。其饮醒酒，令人不眠。〉

文中没有提示如何将叶子制成饼茶。据刚刚提到的《食疗本草》记载，叶子可能先经蒸青，而后捣碎，再压制成饼。实际上，这有可能就是西汉和三国时期茶叶加工的方法[②]。蒸青，在中国的第一部茶书，即陆羽的《茶经》（760 年）中，被视为茶叶生产加工过程中不可或缺的步骤，并给予了详细的描述。初读《茶经》给人的感觉是，即便是如此经典的著作，也几乎没有对陆羽时代的茶叶加工进行详细描述。在第三篇论述茶叶收获和加工的相关段落中，也只有下列简单的描写[③]：

> 茶叶必须在每年的二、三或四月采摘。肥沃土壤上生长的嫩茎应达到四至五寸。当它们呈现出野生大豆或蕨的形状时，就可以采摘了。采摘的叶片应带有露水。嫩芽需往树梗密集的地方寻找，并选取四、五梗中最嫩的枝条上的嫩

---

① 《茶经》（第七篇），第四十三页，由作者译成英文，借助于 Carpenter（1974），pp.122—123 和 Smith（1991），p.60。尽管《广雅》的现存本中无法找到相关文字，但《太平御览》［卷八六七，引自陈祖槼和朱自振（1981），第 203 页］中保存了相关记载。"荆"包括四川东部和湖北西部，而"巴"则指四川西部。泡茶时加入生姜、芝麻和其它风味物质的传统方法流传至今，参见 Blofeld（1985），p.140，和曹进（1991），曹进描述了湖南省湘阴县的"姜盐茶"——一种含有生姜、盐、大豆、芝麻和茶等佐料的茶汤。

② 正如《僮约》，《三国志·韦曜传》中所载。分别参见 pp.508 和 pp.509。

③ 《茶经》（第三篇），第十二页、第十三页。原文中的"薇"和"蕨"分别指野生大豆和蕨。

芽采摘。不要在雨天或晴天有云的时候进行采摘，而须在天气晴朗的时候进行。叶子经过<u>蒸、捣、模具成型、低温干燥、自然晾晒和密封</u>[①]，即成为茶叶成品。

〈凡采茶，在二月，三月，四月之间。茶之笋者，生烂石沃土，长四、五寸，若薇蕨始抽，凌露采焉。茶之芽者，发于丛薄之上，有三枝、四枝、五枝者，选其中枝颖拔者采焉。其日，有雨不采，晴有云不采；晴，采之、蒸之、捣之、拍之、焙之、穿之、封之、茶之干矣。〉

下划线中的简洁字句就是《茶经》中我们获得的涉及加工鲜茶叶仅有的记载，几乎没有任何具体操作的描述。幸运的是，第三篇并不是《茶经》中论述茶叶加工的唯一篇章。第二篇却记录了大量有用的信息，其中记载了茶叶加工和收获时所用器具的名称，并解释了它们的功能。为简便起见，所有的器具，每一种作为一项，都列在了表 48 中，并附有简短的描述[②]。第 1 项是竹篮，是用来盛装刚刚从茶园采摘下来的茶叶送往加工

表 48　《茶经》中列举的茶叶加工所用器具

1. 籝或篮	竹篮，用来盛装采摘下来的茶叶，容积为 5 升到三斗不等
2. 灶	内置锅（釜），锅以有沿为宜，是蒸具的蒸汽发生器
3. 甑	木制或陶制蒸具，用竹篮作格（箅）
4. 杵臼	研钵和研槌
5. 规或棬	铁制的模具，用来将捣碎的茶叶压制成饼，有圆形、方形或其他花式
6. 承或砧	石砧或半埋入地下的木砧
7. 檐	盖在砧子上的油布，上放模具
8. 芘莉	在两根各长 3 尺的竹竿上，用竹篾交叉编织而成的竹席。长宽分别为 2.5 尺和 2.0 尺。竿子多余的 5 寸作为手柄
9. 棨	带有坚实木质手柄的锥刀，用于茶饼穿眼
10. 扑	细竹签，可用来将饼茶穿成串，以便搬运
11. 焙	干燥茶叶用的烤焙炉子，由挖掘 2 尺深、2.5 尺宽、10 尺长的地沟构成。沟上两边砌有 2 尺高的矮墙，沟面全部用泥涂抹平整
12. 贯	2.5 尺长的竹条，用来穿潮湿的饼茶，便于放在炉子上烘焙
13. 棚	木质的两层架子，层间间隔 1 尺。干燥饼茶时使用。成串的饼茶先放在低层上，而后再移到高层
14. 竹穿或串子	最后晾干时，用于将饼茶穿成串用的长竹条
15. 育	木质的干燥室，外围用篾条编织覆盖，室内分隔的上层隔间具有盖，下层具有底，烧以文火，并开有一门

---

① 原文为"蒸之、捣之、拍之、焙之、穿之、封之"。

② 参见傅树勤和欧阳勋等（1983），第 6—12 页。亦可参见 Ukers（1935）I，pp.16—17 和 Carpenter（1974），pp.62—69。

地点的用具。这些竹篮的容积从半斗到三斗不等①。第 2 项至第 15 项是各主要加工步骤中的各种器具。通过对《茶经》中的这些记载进行考察研究，我们可以将制茶的每一步细节重现如下②：

1）蒸青：第 2 项和第 3 项是炉灶、釜以及蒸具，其形状及尺寸与我们上文（p.81 和 p.87；图 26a 和图 28）中看到的汉代模型和壁画所显示的相同。蒸具为陶制或木制，每个蒸具都可以装下一大批（3 斗）鲜叶。文中虽然没有指出每次蒸青的时间，但是它说明经过蒸青的叶子应当及时摊放（以便冷却），否则一些珍贵的凝胶物质（膏）便会流失。

2）捣碎：正如本书第四卷第二分册（图版 128，图 358、图 359 和表 56）所述，第 4 项杵臼可能是由研钵和研槌或杵锤组成的，它用于破碎叶片组织和细胞结构，使叶片柔韧，便于压制。

3）压模：将经捣碎的茶叶放入铁模（第 5 项，规）中压制成型。细胞中渗出的黏性凝胶足以将叶片粘在一起，并且压成与模具相同的样子。文中除了讲到模具是放在铺有一块油布（第 7 项）的砧子（第 6 项）上外，没有说明模具是否具有盖或底。压制后，饼茶被摊放在竹席（第 8 项）上干燥。每块饼茶都用锋利的锥刀（第 9 项）刺了一个眼，然后用一根长竹签（第 10 项）穿成串，移至烘炉烤。

4）干燥：烘炉（焙，第 11 项），为一矩形地沟，四周有墙壁，顶部有一木架（棚，第 13 项）。干燥时，穿有潮湿饼茶的竹条横跨于木架（贯，第 12 项）上。大概，地沟底部燃烧或闷烧的木炭床就是用来干燥茶的热量来源。烘炉和架子的尺寸确保了饼茶距离燃烧的木炭至少有 4 尺高。因此，干燥的过程很缓慢而温和。

5）穿茶：干燥时，用细竹条（穿，第 14 项）将饼茶穿成串悬挂在一起。在扬子江下游流域，使用的是细竹条。而在四川、湖北地区，使用的则是树皮做的绳子。每一串代表一个计量单位③。

6）贮藏：贮藏室（育，第 15 项），其尺寸没有详细说明。每逢春雨时节，会在贮藏室内放上炭炉烘，以防饼茶霉变。

521

522

---

① 据吴承洛［（1957），第 58 页］，唐代一斗等于今 5.94 升。

② 《中国茶经》［陈宗懋（1992），第 31 页］中也有类似的复原。所有这些器具中，有两种器具值得特别注意：第 8 项竹盘，"芘莉"，以及第 11 项加热槽，"焙"。后世常将竹盘置于加热槽上方干燥茶叶，而非放入炉中。这种原始的方法显然流传到了印度，并被第一次在喜马拉雅山南麓建立茶叶加工厂的英国种植园主采用。企业创立初期，采用的正是这种工艺过程，使用的也都是中国技术人员及从中国带去的设备。根据尤克斯［Ukers (1935) I，p.469］，"按照普遍流行的习惯，将一个柳筛插入一个名为'多尔'（dhool，茶坯窨制）的竹框中，并将竹框置于烧有炭火的地坑上"。卷曲的茶叶被放在柳筛上干燥。距陆羽死后一千多年，在距离他家乡如此遥远的国家看到"芘莉"和"焙"的再生，非常令人惊奇。

③ 这步解释起来有些难度。卡彭特［Carpenter (1974)，p.68］将"穿"解释为"结"，尤克斯［Ukers（同上），p.16］将其解释为茶叶成品的包装。但是"穿"通常被认为是穿（动词）或串（名词）。因此"穿"在本文中，很有可能是指用来穿成串的"串"。地域不同，"穿"代表的计量单位也不同。据《茶经》记载，扬子江下游通常是一大串为一斤，一中串为半斤，而一小串为 4—5 两。但在四川地区，一大串重 120 斤，一中串重 80 斤，而一小串重 50 斤。这说明，扬子江下游的饼茶相对较小，而四川的较大。"穿"的正式写法为"钏"，发夹的意思，参见傅树勤和欧阳勋（1983），第 11 页。

饼茶无疑是唐代时期，中国亚热带省份，即从西部四川到东部浙江的主要茶类[①]。以上步骤的复原也只说明了饼茶的制作。但从《茶经》第六篇，我们知道了茶叶还有"粗茶，散茶和末茶"的形式[②]。很遗憾，没有发现唐代关于散茶、粗茶和末茶的加工工艺记载。在唐代诗人刘禹锡（772—842 年）的一首诗中，对此给了我们仅有的提示，即[③]：

> 我斜靠芬芳的灌木，摘取鹰嘴，
>
> <u>叶子翻炒后</u>，室内便弥漫着茶叶的香气，
>
> 〈自傍芳丛摘鹰觜，
>
> 　斯须<u>炒成</u>满室香。〉

诗中暗示了翻炒是加工鲜叶的一种方法，也许是加工散茶的方法。在毛文锡的《茶谱》（约 935 年；表 47）中，记载了四川生产优质散茶的几个地区，这说明在唐代，散茶已经是一种具有重要经济价值的产品[④]。

(ii) 宋代的饼茶加工

在《茶经》中描述茶叶加工的工具中，最具特色并且阐述得最为详细的是烘炉（焙）。当时"焙"字不仅仅代表烘炉，还代表整个茶叶坊，即完成所有的加工工序的地方。经"焙"生产的茶叶要明显好于其它茶叶，一批批茶叶的品质常常是由加工该茶叶的"焙"来鉴别的[⑤]。据《东溪试茶录》（1051 年）统计，建安地区有 32 家属于朝廷所有的茶叶加工坊（官焙），而福建西北的建溪也有 32 家[⑥]。这些加工坊，大多是宋代最具声望的茶叶加工坊，当时有名的、进贡皇室的贡茶也多产于其中。

这些著名的宋代贡茶是如何生产出来的呢？表 47 中列出了北宋主要的茶书，有许多茶叶加工方面的资料散见于其中。比如蔡襄的《茶录》以及《东溪试茶录》、《大观茶论》和《宣和北苑贡茶录》等，但最为详尽的记载当属《北苑别录》，表 49 中扼要地叙述了这部著作中记载的步骤[⑦]。其中提到了在开工前，加工坊必须为新一季的活动做好准备，值得注意。这一步名为"开焙"，字面意思即为开炉或打开加工坊。大概，开焙的目的是为了确保所有的工具设备各就各位，水及木柴（或木炭）的供应必须充足，所

---

　　① 傅树勤和欧阳勋（同上），第 68—72 页；Carpenter（1974），pp. 143—148。唐代时，中国所有的亚热带地区，即从西部四川到东部浙江都有种茶园地。最负盛名的是浙江顾渚山地区（今长兴西北）生产的紫笋。在贞元年间（785—805 年），据记载［参见陈祖槼和朱家振（1981），第 212 页］顾渚山每年都征募 30 000 名劳工生产茶叶，以进贡给长安的皇宫。

　　② 《茶经》（第六篇），第三十八页；Carpenter（1974），p. 116。

　　③ 采自陈祖槼和朱家振（1981），第 214 页。鹰嘴表示嫩芽，嫩芽张开的形状正如鹰嘴一般。

　　④ 《茶谱》，引自陈祖槼和朱家振（1981），第 24 页。

　　⑤ 现代葡萄酒的鉴定也是采用同样的方法，即由酿造该葡萄酒的厂家和产地来对其进行鉴定。

　　⑥ 《东溪试茶录》，引自陈祖槼和朱家振（1981），第 34—38 页。我们从中还了解到建安一共有 1336 家茶叶加工坊，其中 32 家为官府所有，大部分（1302 家）为私人所有。这些数据说明了茶叶在宋代经济中的地位已经上升。

　　⑦ 《北苑别录》，引自陈祖槼和朱家振（1981），第 84—88 页。

有人员都处于待命状态。这一切准备通常是在惊蛰前三天开始，即约公历三月五号前三天就要全部完成。这个时期是加工优质茶叶采摘鲜茶叶的最佳时期。

表 49　北苑宋代贡茶的加工工艺

1. 采摘（采茶）
　　采茶必须在破晓前，趁叶片上还留有露珠的时候开始，日出后结束。采摘时必须用指甲，而不能用手指，以免体汗污染鲜嫩和纯净的叶子。
2. 分级（拣茶）
　　茶叶片按以下顺序分级：小芽，中芽（一芽一叶），紫芽（二叶），一芽二叶和乌蒂（顶部有梗者）。只有前两级的叶子可以用来加工贡茶。
3. 蒸青（蒸茶）
　　叶片要彻底清洗干净，置于蒸桶里，而蒸桶放于爆沸的水上方。蒸茶要掌握好尺度。如果过度，便会色黄而味淡。但如果蒸的不够，便会色青而质沉，且有青草气。
4. 压榨（榨茶）
　　蒸青后的叶子，今谓之"茶黄"，用水冲洗以冷却。之后轻轻压榨以去掉表面水分，再重压，尽可能地榨出茶叶组织中的汁液（膏）。
5. 揉捻（研茶）
　　茶叶被放在陶盘中用木杵揉捻，之后加入适量的水使叶子分散。碾茶必须在叶子被蒸干和压干后进行。
6. 成型（造茶）
　　将碾过的叶子放在模具中使其成型。通过模板，茶叶的铭牌被压在茶饼表面。之后将饼茶放置在垫子上干燥。
7. 烘烤（焙茶）
　　这一步也叫"过黄"（使茶变黄）。先用热火烘烤饼茶，然后用热水淋洗，如此反复三次。之后将饼茶放在火上使其温度慢慢升高。时间的长短取决于饼茶的厚度，薄的饼茶需要 6—8 天，厚的饼茶则需要 10—15 天。完成后，用扇使饼茶冷却，然后存放在不透风的密室中。

从表 49 可以看出，宋代贡茶的加工方法与上文论及的陆羽《茶经》中所描述的唐代加工茶叶的方法相比有明显的不同。

首先，唐代的采茶（第一步）是在艳阳天进行，而宋代却要确保太阳不会对鲜叶造成任何程度上的"干燥"，因此采摘必须在日出前结束。相对数量而言，茶叶的质量备受重视。《大观茶论》告诫人们："叶片发白，形似雀舌或玉米种子的是最上等的。一芽一叶（小芽）为完美；一芽二叶（中芽）次之；叶片再多生产出来的茶叶便会流于下品。如果叶子上沾有泥灰，一定要立刻投到刚汲取的新鲜水中，而且这些水必须由采摘者们随身携带。"[①]（"故茶工多以新汲水自随，得芽则投诸水。凡芽如雀舌谷粒者为斗品，一枪一旗为拣芽，一枪二旗为次之，余斯为下。"）事实上，采茶是一项复杂的团队工作，需要熟练的技工、有序的组织和精确的时间安排[②]。

① 《大观茶论》，引自陈祖椝和朱家振（1981），第 44 页，译文见 Blofeld（1985），p.29，经作者修改。实际上，还有一种鲜叶的级别比小芽还高。根据《北苑茶录》，在某些情况下，小芽经蒸青并分散在水中时，剥掉叶片外层后，会出现一种针心形状的叶子，名为"水芽"。水芽制成的茶叶可能是所有茶叶中最好和最昂贵的品种。1139 年著成的《鸡肋编》（卷下，第九页）中，就记载了这种特殊的小芽是如何在暴风雨后，在十多尺高的茶树上萌芽的情况。

② 《北苑别录》，引自陈祖椝和朱家振（1981），第 84—88 页，为了一个凤凰山茶叶种植区的特殊的采摘任务，在破晓前，250 名采摘者被召集了起来。五点时分，铜锣敲响的时候，监管官员给每个采摘者都分配了一个进入种植区的通道。日出前，铜锣再次被敲响。所有的采摘者都必须带着他们的收获去加工坊。采摘者们都受过训练，不仅了解如何采摘，还知道应该采摘什么。

　　第 2 步叶片分级，目的是确保可以用同样的鲜叶，加工出最高品质的贡茶，比如蔡襄的"小龙团"。据欧阳修（1107—1072 年）说，每斤这种茶叶价值二两的黄金[①]。

　　第 3 步蒸青，据推测使用设备的类型与唐代相同。

　　第 4 步压榨，这是宋朝茶叶加工工艺中的一个创新。该步骤的目的显然是尽可能多地榨出蒸青后叶片中的汁液。这与唐代加工中的捣碎工艺形成了鲜明的对比。唐代捣碎的目的是要尽可能使茶叶组织中的汁液不致流失。处理方法的差异，有可能体现出了茶叶的不同特性。唐代加工方法主要是针对诸如顾渚山和位于福建以北的罗岕山（江苏、浙江一带）等地的茶叶加工而言的。这些鲜叶不如生长在南方的茶叶多汁，内含物也少，因此唐代的加工方法是要尽量保留胶体或汁液。而宋代福建建安地区的情况则恰恰相反，鲜叶中的内含物过于丰富。正如《大观茶论》中记载："如果（鲜叶）压榨太轻，茶叶会色暗且苦。[②]"（"压久则气竭味漓，不及则色暗味涩"）。可惜的是，没有发现对轻压和重压的详细描写。

　　第 5 步揉捻（研茶），这一步骤被确认为与唐代加工中的捣碎（捣茶）处理方法完全不同，其动作好像与揉捏、滚动面团相似。目的是软化叶片内部结构而不破坏叶形。这样才有可能使叶片分散在水中，并洗掉压榨出来的，仍然停留在叶子表面上的汁液，以减少苦味成分。

　　第 6 步成型，与唐代加工方法相同。即将揉捻和清洗的叶子去掉多余的水分后，放入模具中压制成所需要的形状。不过在宋代的加工过程中用到一种模板，使饼茶表面烙下标明贡茶身份的皇室徽章。《宣和北苑贡茶录》（1125 年）中给出了北苑种植区所用的各种模板的图章设计图[③]。图 123 为其中的两种图章设计。成型后的饼茶便被放在席子上自然晾干。

526　　第 7 步，也就是最后一步烘青（焙茶）。包括清洗饼茶和将饼茶置于文火上方干燥（或烘烤）。所采用的方法不会损坏饼茶表面的皇室徽章。与唐代加工方法不同的是，宋代的饼茶没有穿眼，因此不能穿成串放在火炉上干燥。那么干燥是如何进行的呢？遗憾的是，《北苑别录》中并没有对烘炉进行描写，但可以肯定的是，与陆羽《茶经》中记载的有很大不同。对于宋代用烘炉干燥的首次披露来自蔡襄的《茶录》（1051 年），在该书中有关于茶具的部分。我们发现有如下记载[④]："茶焙：茶焙是用竹篾编织而成（一种篓子），并覆盖了一层芦苇（蒻）使其耐热，还须放在离热源至少一尺的高度上。此外加热还要均匀，以保持茶叶的颜色和风味。"（"茶焙编竹为之，裹以蒻叶，盖其上以收火也。隔其中以有容也。纳火其下，去茶尺许，常温温然，所以养茶色香味也。"）

　　在宋徽宗的所著作的《大观茶论》（1107 年）中，有一段叙述可以进一步证实了上述记载。在其名为"藏焙"（干燥茶叶的储藏）的段落中，可以发现有以下叙述[⑤]：

　　① 欧阳修，《归田录》（约 1070 年），参见陈祖槼和朱家振（1981），第 235 页。
　　② 《大观茶论》，引自陈祖槼和朱家振（1981），第 44 页。
　　③ 《宣和北苑贡茶录》，引自陈祖槼和朱家振（1981），第 55—82 页。
　　④ 蔡襄的《茶录》，引自陈祖槼和朱家振（1981），第 31 页。
　　⑤ 《大观茶录》，引自陈祖槼和朱家振（1981），第 47 页。

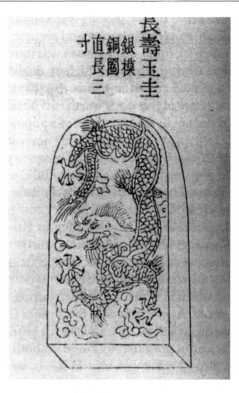

(a)　　　　　　　　　　(b)

图 123　宋贡茶上的图章设计图，陈祖槼和朱自振（1981），第 70—71 页。

如果干燥茶叶过度（数焙），表层便会褶皱，香气也会减弱。如果干燥不彻底（失焙），则茶色不匀，风味消散。初生新芽通过干燥，可以驱散来自水、陆地和风湿气的不良水分。将燃火移入炉中，用轻灰盖住火焰的十分之七，其余十分之三则任其裸露。也有用灰弄熄火焰的情况。将干燥用的竹篓（焙篓）置于火焰上方以蒸发水汽。然后将饼茶分散地放入竹篓，使每块饼茶都能得到所需的热量。如果火焰太大，可以用更多的灰覆盖。火焰的大小应与该炉的饼茶尺寸相称。手置于火源上方，感觉热而不烫为好。

〈藏焙：数焙则首面干而香减。失焙则杂色剥而味散，要当新芽初生，即焙以去水陆风湿之气。焙用熟火置炉中，以静灰拥合七分，露火三分，亦以轻灰糁覆，良久即置焙篓上，以逼散焙中润气。然后列茶于其中，尽展角焙，未可蒙蔽，候火速彻覆之。火之多少，以焙之大小增减。探手中炉，火气虽热，而不至逼人手者为良。〉

以上两段文字中的饼茶，都是置于火炉上方的竹篓中干燥的。为了避免竹席被点燃，加热时应该温和。可以看出，这里的"焙"字已经与其原意（干燥火炉）相去甚远。宋代的"焙"可指加工坊、整个干燥过程、或干燥用的竹篓。一些新的词汇也被用来表示"焙"过程中使用的专用设备。例如，"炉"表示火炉，"焙篓"表示干燥用竹篓。令人遗憾的是，没有发现有关于"炉"和"焙篓"尺寸的记载。

527

　　尽管宋代的茶书只专注于介绍贡茶的生产，但仍有资料明确表明，茶已经作为大众饮品，在普通群众中得到了迅速发展。实际上，北宋时期，茶叶是一种被广泛生产和销售的日用品[①]。茶馆（茶肆），如著名的宋代画卷《清明上河图》（图 124）中描绘的一座茶馆一样，遍布北宋都城开封[②]。根据《梦粱录》（1334 年），可知南宋（1127—1279年）都城杭州的茶馆更为普遍。到了这一时期，茶已经与柴、米、油、盐、酱、醋一起，被列为日常生活中公认的七大必需品之一[③]。当时市面上有两种茶可供选择，即饼

图 124　北宋的茶馆图，采自《清明上河图》（*City of Cathay*），图版 7，第 5 卷轴，台北故宫博物院 [National Palace Museum, Taipei (1980)]。

---

　　① 朱重圣 [（1985），第 131—147 页] 估计南宋时期的茶叶年产量大约为 3700 万斤。根据吴承洛 [（1957），第 60 页]，宋朝的一斤大约等于 0.6 千克。因此，年产量大约为 2200 万千克。也参见陈椽（1984），第 57—66 页。
　　② 《清明上河图》（*City of Cathay*），台北故宫博物院 [National Palace Museum, Taipei (1980)]，图版 7，第 5 卷轴。本文依据宋代原本（1736）的清代模本。
　　③ 《梦粱录》卷十六，第一三〇页描述了茶店；第一三九页叙述了日常生活的七大必需品。

茶（片茶）和散茶。饼茶包括常规的"片茶"以及蜡茶（上过蜡的饼茶）。根据《宋史·食货志》（1345 年）可知，片茶常规的制作方法是"在模具中将经过蒸青的叶子压制成型，而后将饼茶穿成串"，而蜡茶的制作则与贡饼茶的加工相同①。根据有些文章表明，散茶可能是炒制而成的，这种技术在唐代刘禹锡的诗中已被首次提及，不过有关宋代炒制茶叶的细节已不可考②。

通过对加工工序的观察，唐和宋饼茶加工工艺的主要区别在于茶叶被置于模具中压制之前，宋代工艺为揉捻，唐代为捣茶。宋饼茶仍然保持了叶片的形状，而唐饼茶的叶片都已经碎裂至无法辨认。揉捻工艺在民间的盛行，为元、明时期散茶取代饼茶铺平了道路。

528

（iii）元代和明代的散茶加工

实际上，早在南宋时期，散茶就已经取代了饼茶的重要地位。到了元代（1271—1368 年），散茶则已经成为全国茶叶的主流品种。据王祯《农书》（1313 年）记载，当时流通的茶有三种类型，即茗茶、末茶和蜡茶，前两种可能是散茶，而后者则为饼茶。王祯还进一步告诉读者，蜡茶是三种茶中最贵重的，也是最难加工的一种，多作为贡茶储备，在市面上很少见到③。王祯还给出了最早的关于散茶制作方法的记载④。

529

> 茶叶应该在清晨早早采摘，最适宜的时间是清明和谷雨之前……然后将茶叶置于蒸桶中微蒸。蒸完后，将茶叶散放于竹盘上，趁其湿润，进行揉捻。之后将竹盘放入微热的室中干燥，要避免叶片焦干。用箬叶包裹茶叶，使热量缓慢散失。

> 〈采之宜早，率以清明、谷雨前者为佳，过此不及。……采讫，以甑微蒸，生熟得所。蒸已，用筐箔薄摊，乘湿略揉之，入焙匀布，火烘令乾，勿使焦。编竹为焙，裹箬覆之，以收火气。〉

与唐、宋饼茶的加工工艺相比，这种工艺显然要简单得多。1391 年，明代（1368—1644 年）第一位皇帝废除了上贡饼茶的制度，而将散茶，即所谓芽茶或叶茶列为贡茶⑤。表面上看来，颁布这项法令是为了减轻茶农上贡饼茶的沉重负担。但究其真正的原因，可能是由于散茶品质的极大改善所以在饼茶加工中需要投入大量的人力显得

---

① 《宋史·食货志》卷一八三，第一七九五页起。对于片茶，原文为："实棬模中串之"。而蜡茶则是在饼茶表面涂上诸如"脑子"的蜡油，这样的饼茶表面光滑，模板留在上面的印记就会清晰可见。

② 参见上文注释（p. 523）。

③ 王祯《农书》卷十，第一一三页。这篇文章还简单提及了唐、宋饼茶的制作，但由于叙述粗糙简略，而被作者从略。

④ 同上，第一一二至一一三页。清明大约为 4 月 5 日，谷雨大约为 4 月 20 日。《农桑衣食撮要》也记载了类似工序，"二月"篇，第四十页。

⑤ 中国中古时期，散茶的命名非常混乱，参见陈宗懋编（1992），第 26—27 页。宋代，散茶的名称有：散茶、草茶和末茶。而在明代，首选名称为芽茶和叶茶。

不可取。然而，明代茶书中有关散茶制作工艺的记载相对较少。我们能找到的只有毫无体系可言的只言片语，不像《茶经》（760 年）和《北苑别录》（1186 年）中的记载的那样。

明代的第一本茶书（表 47），即朱权的《茶谱》（1440 年）中甚至都没有提及加工工艺，但记载了储藏方面的趣闻：[①]

> 茶叶最好贮存在箬叶［制作包装容器的材料］中。贮藏环境以温暖干燥为宜，忌讳湿冷。放入焙中。焙用木制成。茶叶置于顶端，燃火（热源）处于下，茶叶要再用箬叶盖住，以保存热量。应当每隔三天烘烤一次，其最适宜的烘烤温度如人的体温。这样有助于防潮和茶叶保鲜。火焰不宜太大，以免茶叶焦化。没有在焙中定期烘烤的茶叶，应当保存在箬叶制成的容器中，并将容器置于高处。

> 〈茶宜箬叶而收。喜温燥而忌湿冷。入于焙中，焙用木为之，上隔盛茶，下隔置火，仍用箬叶盖其上，以收火气。两三日一次，常如人体温，则御湿润以养茶。若火多则茶焦。不入焙者，宜以箬笼密封之，盛置高处。〉

530 因为中国南方春天气候普遍寒冷和极度潮湿，我们认为这种"加热"处理非常必要。"加热"（焙）的目的是为了防潮，以免茶叶发生霉变。幸运的是，现存的很多明代茶书（表 47）中都有记录茶叶加工的相关信息。表 50 列出了其中的相关文献和关键词句。我们可以依次快速浏览一遍。

表 50　明代茶书中加工茶叶的相关文献及内容

作者姓名	书名	年代（年）	页码	相关内容
钱椿年	《茶谱》	1539	第一二五页	炒焙适中
田艺蘅	《茶谱》	1554	第一三〇页	火作者为次，生晒者为上
屠隆	《茶说》	1590	第一三四页	日晒茶……胜于火炒
张源	《茶录》	1595	第一四〇页	侯锅极热，下茶急炒
许次纾	《茶疏》	1597	第一五一页	旋摘旋炒；岕茶不炒，甑中蒸熟
罗廪	《茶解》	1609	第一六六页	炒茶，铛宜热。焙，铛宜温
闻龙	《茶笺》	1630	第一七四页	炒时须一人扇之

资料来源：陈祖椝和朱家振（1981）

从钱椿年的《茶谱》（1539 年）中，我们首次了解到了现存制茶过程中都必不可少的一道工序——炒青。鲜叶经热锅炒制后，置于炉子或烘室中干燥。根据田艺蘅的《茶谱》（1554 年）记载，我们知道日晒也经常被利用；实际上，这是一种比在热锅中翻炒更为优越的方法。在屠隆的《茶说》（1590 年）中也有同样的叙述。然而这些著作中几乎都没有任何关于茶叶加工细节的有价值的记载。接下来是张源的《茶录》（1595 年），

[①]　陈祖椝和朱家振（1981），第 122 页。之前，在本书第六卷第一卷（p. 332），我们已经认识了这位作者，即名著《救荒本草》（1406）作者朱橚（周定王）的弟弟。

其内容则颇具参考价值。兹引述如下:[①]

> 将新采摘下来的茶中将老叶和小段枝梗、碎屑拣掉。用于炒茶的锅宽二尺四寸,可翻炒约一斤半茶叶。放入茶叶前,锅温应当极热,且要迅速翻炒。火不得变小。茶叶炒好后,方可减火。之后将茶叶分散放入竹筛中,反复抛洒几次。然后再将茶叶放回锅中。这时需要渐渐熄灭锅火,同时不停翻炒茶叶,直至茶叶完全干燥。

> 〈新采,拣去老叶及枝梗、碎屑。锅广二尺四寸,将茶一斤半焙之,俟锅极热,始下茶急炒。火不可缓,待熟方退火,彻入筛中,轻团数遍,复下锅中,渐渐减火,焙干为度。〉

这个时期,炒青已然成为至关重要的一步加工工序。其作用有二:其一使叶子萎缩,内含物受热变性,而叶片又不致烤焦;其二为不停搅动萎凋的叶片,直至完全干燥。锅可能为一种凹形锅,尺寸与图 26b 和图 127 中所示相近。许次纾的《茶疏》(1597 年)中详细介绍了炒青这道工序,告诫道:[②]

> 刚摘下来的茶叶,香气没有散发,通过加热可释放叶片中潜在的香气。至于炒青,最劣等的用具是新铁铛,因为生铁味会破坏茶香。千万不能使用粘有污垢或油腻的铛,油腻的破坏作用比生铁味更甚。最为理想的是使用炒制茶叶的专用铛。铛不要用于其他用途。燃料必须采用树枝,而不能使用树干或树叶。树叶燃烧太快,火熄灭的也快。铛应当进行仔细清洗。鲜叶从种植地运到后,立刻进行炒青。一次仅能翻炒四两茶叶。先以文火使叶片萎凋,再用旺火促进灭活变性。用木铲快速翻炒叶子,使其半熟,香气也部分得到释放。之后就可以将茶叶转移到一个干燥篮子(笼)里。在篮底铺上棉纸后,篮子被放到火炉上方。茶叶干燥、冷却后,保存于罐中。如果人力充足,可以几铛同时翻炒,几篮同时干燥。由于炒青快,而干燥耗时久(炒速而焙迟),所以尽管人手不足时,仅有一到两个炒铛在工作,也需要四到五个干燥篮。

> 〈炒茶:生茶初摘,香气未透,必借火力以发其香。然性不耐劳,炒不宜久。[多取入铛,则手力不匀,久于铛中,过熟而香散矣。甚且枯焦,尚堪烹点。]炒茶之器,最嫌新铁。铁腥一入,不复有香。尤忌脂腻,害甚于铁,须预取一铛,专用炊饭,无得别用。炒茶之薪,仅可树枝,不用干叶。干则火力猛炽,叶则易焰易灭。铛必磨莹,旋摘旋炒。一铛之内,仅容四两。先用文火焙软,次用武火催之。手加木指,急急钞转,以半熟为度。微俟香发,是其候矣。急用小扇钞置被笼,纯绵大纸衬底燥焙,积多候冷,入罐收藏。人力若多,数铛数笼。人力即少,仅一铛二铛,亦须四五竹笼。[盖炒速而焙迟。燥湿不可相混,混则大减香力。]〉

引文最后一句"炒速而焙迟"清楚地表明,这时的茶叶加工包括了两道工序:"炒"和"焙",虽然还不明确如何用篮(笼)干燥茶叶。根据推测,可能是采用将茶叶放在

531

---

① 陈祖槼和朱家振(1981),第 140—141 页。《茶录》在描述茶叶加工前,推荐茶叶的采摘期为谷雨(约 4 月 20 号)的前五天。最好的为紫芽(嫩芽紫叶);轻微皱褶者次之;接下来的就是那些有一定程度粗老的叶子,而如竹叶般光滑的叶子则为最下等。

② 陈祖槼和朱家振(1981),第 151 页。

"焙"（干燥炉或室）中。《茶疏》中继续讲到，在"岕"地，茶叶在干燥前要先经过蒸青，而非炒青[①]。王祯《农书》（1313年）中也叙述了类似的工序（见上文 p.529）。

在张源所描述的工序中，叶片的"杀青"和"干燥"都是在炒锅中进行的，而据许次纾的叙述，只有"杀青"是在炒锅中进行，而干燥则在"焙"中进行。罗廪的《茶解》（1609年）对这两种工序则都有阐述[②]：

第一法：

> 炒茶应用热铛。干燥茶叶，则宜用温铛。炒茶应当快。趁铛烫手时，倒入茶叶。当叶子发出噼啪声时，用手快速翻炒。之后将茶叶摊放在竹席上薄摊，用扇扇使其快速冷却。略加揉捻（揉授）茶叶后，再重复翻炒。然后将茶叶转移到铛中，用文火加热，并翻炒至茶叶完全干燥。<u>茶叶成品的颜色为暗绿色</u>。如果炒青后，不用扇子扇凉茶叶，茶叶就会变色。

> 〈炒茶，铛宜热。焙，铛宜温。凡炒，止可一握，候铛微炙手，置茶铛中，札札有声，急手炒匀。出之箕上薄摊，用扇扇冷，略加揉授，再略炒。入文火铛焙干，色如翡翠。若出铛不扇，不免变色。〉

532　第二法：

> 采摘的鲜叶，味香多汁，需用旺火翻炒来释放茶叶的香气，但火也不宜过猛。最糟糕的事情是只将茶叶热至半干。茶叶不能放在铛中干燥，而应放在篮子中，用慢火干燥。茶叶炒熟后［干燥前］，就应该进行揉捻［可能用手］，揉捻有助于混合叶中的汁液，以致味道更容易在热水析出。

> 〈茶叶新鲜，膏液具足，初用武火急炒，以发其香，然火亦不宜太烈。最忌炒至半干。不于铛中焙燥，而厚罯笼内，慢火烘炙。茶炒熟后，必须揉授，揉授则脂膏镕液，少许入汤，味无不全。〉

这两种方法均含有以下三步：①通过杀青热熟和萎缩茶叶；②揉捻萎缩的茶叶；③干燥处理茶叶。需要特别提到的是，工艺中的第二步揉捻被重新设置为必须工序。在王祯的《农书》（1313年）中也提到了这一步，但表50里的五本珍贵明代茶书中都遗漏了这一步。第一法强调了揉捻前要用扇扇，使炒青后的茶叶快速冷却的重要性。这样茶叶便会呈现出宜人的暗绿色。在闻龙的《茶笺》（1630年）中，也重申了炒青后要扇凉茶叶的重要性。其叙述如下[③]：

> 炒青［茶叶］时，须有一人准备好扇子从旁扇它，以快速驱散热气。否则，茶叶的色泽和香气都会遭到损害。依本人亲自试验而言，经扇凉的茶叶呈翠绿色，否

---

① "岕"（或罗岕）地区在浙江，靠近著名的顾渚山。

② 陈祖椝和朱家振（*1981*），第166页。

③ 同上，第173—174页。《茶笺》重复了《茶疏》（参见 p.531）中的告诫，即生铁器皿不能用来炒青。《茶疏》中推荐用松针作为燃料来加热炒青锅，但《茶笺》与其叙述相矛盾。《茶笺》中同样建议手工炒茶。手工炒茶不仅可以使茶叶受热均匀，还可以感觉到铛温。初炒目的为炒熟或萎凋茶叶，铛温烫手时，炒青需要精湛的技术。但当翻炒的目的仅仅是为了干燥茶叶时，炒青铛几乎保持温热就可以了，这时的操作容易多了。

则为黄色。茶叶一经从铛中转移到大瓷盘时，亦必须立刻扇凉。当茶温降至人手可触之际，用人工进行揉捻。之后回铛，以文火翻炒干燥，然后放入焙中进一步干燥。揉捻释放出茶叶组织中的物质，冲泡时，香气和风味物质就容易散发出来。据《茶谱》（1554 年）的作者田艺蘅叙述，经阳光晒制，而不经炒青或揉捻的茶叶亦具有优越的品质，但我没有尝试过这种加工方法。

〈炒时须一人从旁扇之，以祛热气。否则色、香、味俱减。予所亲试，扇者色翠，不扇色黄。炒起出铛时，置大瓷盘中，仍须急扇，令热气消退。以手重揉之，再散入铛，文火炒干。入焙，盖揉则其津上浮，点时香味易出。田子以生晒不炒不揉者为佳，亦未之试耳。〉

闻龙继续论述了他的焙的结构。在重复《茶经》中有关唐代焙的描述后，他指出没有必要继续沿用陆羽的方法并说到[1]：

我曾建造了一个焙，高度不超过 8 尺；方形的每边小于 10 尺。焙壁与室顶垂直。四周上下用厚实的绵纸紧紧糊住，不留一丝缝隙。室内布置了三到四个火缸，缸内放有竹席，并衬有刚刚漂洗的麻布。将萎凋、揉捻后的茶叶分散地放在竹席上，密封焙室，使茶叶干燥。因为处于此阶段的茶叶仍然很潮湿，所以茶叶上不能覆盖，否则会闷黄。干燥要持续两三个时辰[2]。当茶叶接近干燥时，用竹盖住茶叶[干燥还可继续]。当茶叶完全干燥后，再出缸冷却，而后储藏。如果茶叶需要再次干燥，仍可以沿用此法。

〈予尝构一焙室，高不逾寻，方不及丈，纵广正等。四围及顶绵纸密糊，无小罅隙。置三四火缸于中，安新竹筛于缸内，预洗新麻布一片以衬之。散所炒茶于筛上，阖户而焙，上面不可覆盖，盖茶叶尚润，一覆则气闷罨黄。须焙二三时，俟润气尽，然后覆以竹箕。焙极干，出缸待冷，入器收藏。后再焙，亦用此法。〉

根据这些记载，我们可以将明代加工茶叶的程序简要地总结如表 51 所示。加工工艺基本上由三个步骤组成。第一步为杀青（萎凋伴随变性）。经炒青、蒸青或晒青之后，叶片变得柔韧，易手搓揉成型了。炒青和蒸青不但能使叶片萎凋，同时还能使叶组织中的酶变性失活。日晒可以使叶片萎凋，但热量不足会使酶失去活性。接下来我们会了解到，日晒会以一种特殊的方式影响茶叶的品质。第二步为揉捻。叶片必须揉搓至需要的程度，有些茶书中遗漏了这一步骤。据我们推测，这种遗漏并非有意之为，因为这个步

表 51　明代加工茶叶的程序

加工步骤	操作方法		
1. 萎凋、变性	炒	蒸	晒
2. 揉捻	揉捻	—	—
3. 干燥	炒	焙	晒

---

[1]　同上，第 174 页。陆羽《茶经》中焙的描述，见 p. 522。参见上文注释（p. 520）。

[2]　中国一个时辰表示两小时。参见本书第三卷，p. 313。关于中国时间的度量方法，参见 Bedini（1994）。

534

骤对茶叶加工者来说太熟悉了，所以无庸赘述。最后一步是干燥，可用小火在锅中翻炒，或经焙烤、日晒来完成。采摘不同种类的鲜叶，在第一、三步骤中采用不同的处理方法，可以生产出奇妙的类别的茶叶。值得注意的是，福钧（Robert Fortune）在 1848 年[1]和尤克斯（William Ukers）在 20 世纪早期，几乎使用完全相同的工序生产茶叶[2]。尤克斯甚至记载了鲜叶与热锅接触时发出的噼啪声和搅动声，以及干燥时的扇风声等细节（包括用脚揉捻炒后的茶叶，见图125）。

总而言之，明代茶叶的加工方法要比宋代饼茶的加工方法简单。事实上，有些明代作家对宋代加工者们所青睐的制作工艺持批评态度。例如，许次纾在 1597 年对制作著名的顶级北苑茶时，只用雀舌芽心的做法表示不满，他说[3]

　　一块饼茶的价钱为四十万钱，茶量仅够数杯之饮，究竟为什么会如此昂贵呢？当茶叶撕裂，用水浸时，茶的天然风味已然丧失，又外加香气物质进一步掩盖茶叶本身的风味。这种制作的产品根本不能与我们现在焙制叶相比。因为茶叶一经采摘

---

① 福钧 [Fortune (1852), pp. 276—278] 描述了 19 世纪 40 年代中国绿茶的加工。哈迪 [Hardy (1979), p. 60] 对其叙述的简要译文如下：

叶子被搬运到干燥加工室时……炉上放置了干燥用的铁制圆形浅锅，可以说，形状与当地煮饭用的锅相同或者相似。锅成排地镶嵌在砖制的灶中……当暖气开始在锅下烟道中循环时，锅便很快变热了。之后，大量的茶叶从筛子或篮子中转移至锅中翻炒。叶子立刻受到热的影响。这个过程大约持续五分钟，在这期间叶子由易碎变得柔韧。然后将茶叶取出置于上部为竹条编制的桌子上。……三到四个人围着桌子，将茶叶分成同数量的小堆，每人都尽可能多的握住茶叶，并开始揉捻。没有其它动作比这一动作更像面包师揉面团了……这部分工序同样持续五分钟左右，这期间大部分的绿汁被压榨出来。

揉捻结束后，将茶叶撤离桌面，同时这也是最后一次抖动茶叶……将茶叶散放在空气中。不柔韧的茶叶会被再次放进干燥锅中进行第二次加热处理。炉旁需要一人来看火，保持文火稳定。其他人回到不同的干燥锅边，继续他们的工作（每次一人），开始翻炒茶叶，以便所有的茶叶受热均匀，不被烤焦。

② 尤克斯叙述的 20 世纪早期绿茶制作工艺有了一点变化，参见 Ukers (1935)，I, pp. 303—304。

炒制绿茶用的锅被安放在高及腰部、砖砌的灶上，且比灶表面低大约五寸。锅的直径大约为 16 寸，而锅深大约为 10 寸……蒸青时，木材将锅烧成近乎红色后，烧火工人投入大约半磅的茶叶。快速翻炒茶叶时会发出噼啪声，并有大量蒸汽产生。工人频繁地将茶叶抓过灶顶，再将其从手掌中抖落，以分散茶叶，便于蒸汽的散发。如此反复。最后，经过二到三次轻快的投掷，工人将茶叶聚拢成堆，并非常敏捷地一次性将茶叶扫至由另一工人准备好的篮中。

蒸过的茶叶从锅中转移至铺有席子的桌上，开始揉捻……茶叶揉至球状后，将其抖散，用手掌揉捻；当右手传递到左手，左手增加点力度，当它返回时再放松。顺着一个方向，有节奏地轻轻揉搓茶叶。揉捻结束后，将茶叶放在筛上，使其在短时间内冷却；之后，茶叶又被放回锅中进行第一次翻炒（也就是炒干）。这段时间火候被大大减小，为了避免烟熏，燃料也由木材改为木炭；但是锅仍然很烫，手指一接触锅体，就必须马上抽回。火候必须严格控制，此工作由专人负责，而另一人在整个过程中都要用扇子扇茶叶。

炒干茶叶至少要重复两次，直至茶叶呈现蓝色。三次炒干大约需要 10 小时。加工劣等屯溪茶，用脚揉茶时的情况，也见 Mui & Mui (1984)，采自 Ball (1948), pp. 233ff。

③ 《茶疏》，1597 年，陈祖槼和朱家振（1981），第 150 页。

就迅速进行炒青与干燥。茶色与茶香都保留了下来，人们能够品尝到茶叶的真正风味。

〈一夸之值至四十万钱，仅供数盂之啜，何其贵也。然冰芽先以水浸，已失真味，又和以名香，益夺其气，不知何以能佳。不若近时制法，旋摘旋焙，香色俱全，尤蕴真味。〉

明代茶叶鉴赏家们对茶叶的储存也有更高明的见解。关于这方面，罗廪的《茶解》（1609 年）中有如下叙述[①]：

茶叶应该贮存在阴凉干燥的环境中。如果环境潮湿，茶会变味和丧失香气。如果储藏在高温处，茶会变黄，味道也会变苦。蔡襄（宋代《茶录》的作者，参见表 47）曾错误的认为茶叶喜热。现在大都将茶叶放入大瓮内，置于楼上，而且瓮口要用箬叶密封，不能敞口儿。封口能使茶叶免受［空气中］有害的气体侵入。如果遇到晴朗干燥的天气，最好将茶叶分装入小容器中贮藏。

〈藏茶宜燥又宜凉，湿则味变而香失，热则味苦而色黄。蔡君谟云：茶喜温，此语有疵。大都藏茶宜高楼，宜大瓮，包口用青箬，瓮宜覆，不宜仰，覆则诸气不入。晴燥天，以小瓶分贮。贮茶之器，必始终贮茶，不得移为他用。〉

图 125　在中国，茶叶用脚揉捻，采自 Ukers（1935）I，p.468。

---

① 《茶解》，陈祖槼和朱家振（1981），第 167 页。

535

（iv）乌龙茶的起源与加工

　　我们迄今为止所讨论的散茶都属于"绿茶"，绿茶现在仍然是中国最受欢迎的茶类[①]。如上文所叙，在明代发展的茶叶加工工艺，从 16 世纪到 20 世纪早期都没有发生实质性的改变[②]。绿茶长期的统治地位，可能也正是清代（1644—1911 年）茶书作者们放弃叙述当时绿茶的科技发展，而着力于对前人著作进行整理汇编的原因。"不幸"的
536 是，正是在清代，有两种新型茶叶——乌龙茶和红茶（red tea，但出口贸易中称其为"black tea"）异军突起，与绿茶一道成为海上贸易的三大巨头。这些令人兴奋的革新显然没有吸引清朝资深茶叶鉴赏家们的兴趣，他们仍然沿袭根据茶叶出产地来鉴别茶叶的传统习惯[③]。事实上，尽管早在 17 世纪后期"green tea"（绿茶）、"black tea"（红茶）就已经出现在欧洲茶商的词汇中，但直到 19 世纪后半叶，中国文献中才出现绿茶、乌龙茶和红茶的字眼。

　　为了方便进一步讨论，我们从 20 世纪早期加工红茶和乌龙茶的传统方法开始，叙述关于这方面的信息。因此，我们有必要再次参考尤克斯的论述，他的个人考察结果简述如下：

　　　红茶[④]：鲜叶经分选后，被分散置于大竹垫子上，并放置在室外进行日晒萎凋。如果雨淋，致使叶子成团，可将茶叶置于竹盘中，于干燥室中干燥。干燥室中放有数个燃有炭火的炉子。干燥的时候需要用手不时翻炒茶叶，并抛撒，<u>以防止过度发酵</u>[⑤]。

　　　萎凋后，待茶叶在竹盘中冷却，然后检查发酵效果。当茶叶散发出淡淡的香气，用手掌大幅度揉捻约十分钟，之后再次翻炒和投掷约半小时。如此反复揉捻和翻炒三到四次，直到茶叶颜色变暗，质地变软。

　　接下来的工序与绿茶加工工艺相同。

　　　乌龙茶[⑥]：炒青前叶片先经轻度萎凋，同时伴有轻度发酵。为了发酵，茶叶被堆放于大竹篮中三到四寸厚，并置于阴处持续翻动茶叶四到五小时。这期间茶叶的

---

　　① 《中国茶经》[陈宗懋编辑（1992），第 132—254 页] 列举了中国目前生产的 138 种绿茶，10 种红茶和 13 种乌龙茶。另外还有 4 种白茶，10 种黄茶和 5 种黑茶。尽管累计列举了 176 种茶叶，但是其中有 138 种，也即 78％ 都属于绿茶。

　　② 参见上文注释（p533 和 p534）。此外还有一种中国茶需要略述一下。云南普洱茶由灌木宽叶为原料，不经发酵制成。参见 Blofield（1985），pp.75—77。《中国茶经》[陈宗懋编辑（1992），第 238 页和第 438 页] 指出，普洱茶经常以饼茶和砖茶的形式出现，并将其归入非酶氧化黑茶类。他们以富含营养闻名，在中国南方很受欢迎。

　　③ 例如四川蒙顶、杭州龙井、安徽松萝、长兴（浙江）罗岕、福建武夷等。参见《本草纲目拾遗》（1765年），采自陈祖槼和朱家振（1981）中，第 374—375 页。

　　④ 尤克斯 [Ukers（1935）Ⅰ，pp.302—303] 关于红茶加工的叙述。关于工夫茶（congou）和小种红茶（souchong）制作的论述，参见 Balfour（1885），vol.Ⅲ，p.831。英文中并没有"red tea"这个名词，中文"红茶"翻译成英文为"black tea"。

　　⑤ 我们认为也许尤克斯犯了一个错误。因为抛撒茶叶会促进而不遏制"发酵"。

　　⑥ Ukers（1935）Ⅰ，pp.293、305。台湾乌龙茶加工可参见 pp.334—337。

温度为华氏 83°到 85°。茶叶颜色变化和散发出类似苹果香气，是最终判断干燥时是否需要进一步发酵的标志。

接下来的工序也与绿茶相同。

叶片在最初的萎凋处理期间，水汽蒸发，叶形皱缩，细胞壁对化学成分来讲透气性增强。当叶片暴露在空气中与氧气接触时，细胞中的儿茶素被酶促氧化成茶黄素和茶红素（图 131），从而赋予了红茶独特的色泽，同时散发出芬芳。早期对茶叶化学性质的研究认为，这些反应与酵母和其它微生物有关[1]，因此这个过程被称为"发酵"（fermentation）。尽管我们知道这其实是用词不当，但由于长期以来茶叶生产者和贸易商都使用这个名称，所以"发酵"也就成为茶叶文献中的适用词组。通过揉捻使细胞破裂，内含物混合，同时也可以提高叶子进一步暴露在空气中的发酵速率。

表 52 中比较了红茶、乌龙茶和绿茶加工工序中所涉及到的步骤（表 51）。对这三种茶叶来说，第 3、4 和 5 步都是相同的。差别就在于第 3 步开始之前，对叶子的处理方法不同。生产红茶时，叶子经萎凋（第 1 步）、揉捻（第 2 步），整个过程允许深度发酵（第 2a 步）。由于叶子已经过萎凋和揉捻，所以第 3 步炒茶的主要作用就在于钝化酶的活性，以及干燥揉捻后的茶叶。第 4 步为二度揉捻，它使滞留在叶片上的汁液进一步渗出，并使叶片最后成型。在现代加工方法中，常常省去第 4 步，第 3 步和第 5 步则合而为一。

表 52　红茶、乌龙茶和绿茶传统加工工艺的比较

加工步骤	绿茶	红茶	乌龙茶
1. 萎凋（伴随发酵）[a]	无	有	部分
2. 揉捻[b]	无	有	无
2a. 发酵	—	有	—
3. 加热灭活[c]，即杀青	有	有	有
4. 揉捻	有	有	有
5. 干燥	有	有	有

a：日晒萎凋后，置于阴凉处，以便细胞中化学成份的氧化。

b：如果揉捻（2）和发酵（2a）完成彻底，便可省略第 4 步，而第 3 步和第 5 步可合为一步同时进行。

c：通常为炒青。在茶叶贸易中，这一步骤被称为"烘青"。

对乌龙茶来说，鲜叶经萎凋（第 1 步）但不揉捻，因此仅仅发生部分发酵。而加工绿茶时，鲜叶采摘后立刻进行高温萎凋，细胞中的酶类被迅速钝化，根本无发酵可言。因此我们说，绿茶不发酵，红茶是全发酵，乌龙茶是半发酵或部分发酵。所以乌龙茶的品质特点也就介于红茶和绿茶之间。通过调节加工条件，乌龙茶发酵程度从 15% 到 60% 不等。红茶与其它茶类之间的最大不同点是红茶在"烘青"前就经过了萎凋、揉捻

---

[1]　对这个现象的论述，参见 Yamanishi ed.（1995），pp. 461—467，也参见 Ukers（同上），pp. 526—534，以及陈椽（1984），第 266—267 页。

和完全发酵。

通过以上分析，我们可以看出如果在绿茶加工过程中，鲜叶被意外地长时间地置于阴处或太阳底下，那么在炒青之前，自然会发生一定程度的萎凋和发酵。成品茶叶经过了轻度发酵，可能获得了相当的发酵风味，造成其与按照正常方法加工出来的绿茶，有本质上的不同。可能正是这个意外，才导致了乌龙茶的出现。而这件事的发生地一定是在福建西北部的某个地方，它是中国宋末明初，部分发酵（乌龙）茶的故乡。

让我们回顾一下，最负盛誉的宋代饼贡茶来自建州（今建瓯）附近的北苑。之后随着散茶的普及，茶叶生产中心向北移至武夷山。武夷山便成为福建首要的茶叶生产地。事实上，《闽大记》于 1582 年能够断言，武夷茶是福建的顶级茶叶。许次纾《茶疏》（1597 年）中也载了相同的话[1]。17 世纪早期徐渤有如下记载[2]：

> 山中的土壤和气候都很适宜茶树生长。九曲之内有数百家生产茶叶的厂家，每年的茶叶产量达数十万斤。通过水陆运输，茶叶被运往各地，而武夷茶也就成为海内最负盛誉的了。

> 〈然山中土气宜茶。环九曲之内，不下数百家，皆以种茶为业。岁所产数十万觔，水浮陆转，鬻之四方，而武夷之名，甲于海内矣。〉

《闽小记》（1655 年）、《广阳杂记》（1695 年）和《聪训齐语》（1697 年）等，都对武夷茶赞誉有加[3]。根据这些文献，我们可以推断出 17 世纪的时候，福建武夷茶已经成为享誉全国的品牌了。中国和欧洲之间的茶叶海上贸易也开始于这个世纪，武夷茶成为重要的贸易商品之一。据托马斯·肖特（Thomas Short，1690—1772 年）记载，"欧洲人最初订购绿茶；之后'武夷茶'（Bohea）便取而代之。"[4]

"Bo-hea"是厦门方言中武夷的发音。17 世纪后叶向欧洲出口茶叶的中国商人大都来自厦门。"Bohea"（武夷茶）便很快成为茶叶贸易中的惯用语。肖特在其考察报告中指出：较之绿茶，欧洲人更喜欢武夷茶 [也称为红茶（black tea）]。二者之间的风味相差很大。事实上，一些欧洲人甚至有这样的印象，武夷茶 [即红茶（black tea）] 与绿茶是由不同种类的植物加工而成的。林奈（Linnaeus）建议用 *Thea viridis*（绿茶）作为绿茶植物，而 *Thea bohea*（武夷茶）代表武夷茶植物的名称。而与外国商人谈判交易的中国商人，很有可能也不清楚这两种茶叶的来源。

---

[1] 《闽大记》，引自陈祖槼和朱家振（*1981*），第 302 页；《茶疏》，引自陈祖槼和朱家振（*1981*），第 149 页。耶稣会学者杜赫德 ［du Halde（1736）Ⅰ，pp. 13—14］也陈述了相同的内容，参见 Gardella（1994），p. 30。

[2] 《茶考》，陈祖槼和朱家振（*1981*），第 317 页。九曲溪的九曲是武夷山的特色风景。1849 年福钧游历了武夷山，并记录了九曲，参见 Fortune（1852），p. 240。武夷地区茶叶进一步的信息可参见鞏志和姚月明（*1995*）以及陈行一（*1995*）。

[3] 引自陈祖槼和朱家振（*1981*）：《闽小记》（第 341 页）、《广阳杂记》（第 354 页）和《聪训齐语》（第 355 页）。

[4] Short，Thomas，《论茶叶、糖、牛奶、蜂蜜酒、葡萄酒、神灵、潘趣酒、烟草等并附痛风病人简明守则》（*Discourses on Tea，Sugar，Milk，Mead，Wines，Spirits，Punch，Tobacco etc. with Plain Rules for Gouty people*）；采自 Ukers（1935）Ⅰ，p. 29。

到 18 世纪早期为止，中国文献中没有发现关于武夷茶加工工艺与绿茶加工工艺之间的区别记载。《随见录》（1734 年）第一次略微提示了这种区别的本质所在，据书中叙述说，大多数茶叶遭到日晒时，风味便会受到破坏；而武夷茶经过日晒，风味却会增加①。这说明制茶的某些阶段，日晒处理是有益的。《王草堂茶说》（1734 年）中对此有进一步的阐述。兹引文如下②：

> 武夷茶的采摘期从"谷雨"开始到"立夏"（约为 4 月 20 日到 5 月 20 日）。约隔 20 天再采摘一次。第一次采摘叶子粗大且味浓，第二次和第三次采摘的叶子要小一些，味道淡且苦味重。夏末秋初时，再进行一次采摘，名为秋露。这时的叶子香浓味美，品尝宜人，但不能采摘无度，因为这时过多采摘会损害来年叶子的质量。

> 采摘下来的叶子被放在竹筐中，使经风吹日晒，这一步名为晒青（日晒萎凋）。当叶片绿色渐褪，再进行炒焙。一些精品茶叶，比如阳羡片只蒸不炒，用炉火干燥（焙）。象龙井其他茶叶，只炒不焙，故其茶叶才会呈现纯色。只有武夷茶才炒焙皆用，完成后茶叶的颜色半青半红。绿色来自翻炒之妙，红色来自炉火干燥。

> 〈武夷茶自谷雨采至立夏，谓之头春，约隔二旬复采，谓之二春，又隔又采谓之三春。头春叶粗味浓，二春、三春叶渐细，味逐薄且带苦矣。夏末秋初，又采一次，名为秋露，香更浓，味亦佳。但为来年计，惜之，不能多采耳。采茶后，以竹筐匀铺，架于风日中，名曰晒青。俟其青色渐收，然后再加炒焙。阳羡芥片，只蒸不炒，火焙以成。松萝、龙井皆炒而不焙，故其色纯。独武夷炒焙兼施，烹出之时，半青半红，青者乃炒色，红者乃焙色也。〉

尽管作者错误地认为绿色是经炒制而成，红色是经炉火干燥而成，但对茶叶的描述无疑使我们获得了乌龙茶基本加工过程的简略概括。与当时常规绿茶相比，晒青正是当时武夷茶的独特之处。风吹日晒可以导致叶片萎缩，并致使细胞内含物"发酵"或"酶促氧化"（即表 52 中第 1 步）。之后风味上发生的变化显然倍受一些茶叶鉴赏家们的关注。这也正是 1554 年田艺蘅和 1590 年屠隆关于日晒加工茶叶的品质高于热加工茶叶的评价的基础（见表 50）。现在我们已知，任何包括日晒萎凋叶子的工序，都会发生一定程度的发酵。但是日晒（以及风吹）成为武夷茶加工方法的一个步骤，第一次出现于何时我们对此一无所知。可能是宋代末年的某个时期，即散茶取代饼茶的主流地位时期③。

540

---

① 《随见录》，佚名，已失传。但陆延灿《续茶经》（1734 年）采用了原文，《四库全书》第八四四册，第六九七页，引自陈祖椝和朱家振（1981），第 362 页。

② 《王草堂茶说》，佚名，已失传，但《续茶经》（1734 年）中采用了原文，《四库全书》第八四四册，第六九五－六九六页，引自陈祖椝和朱家振（1981），第 363 页。

③ 关于这方面，梁章钜《归田琐记》（1845 年）中的评论或可一阅，引自陈祖椝和朱家振（1981），第 401—402 页。他告诉我们，据明代吴拭的著作《武夷杂记》[陈祖椝和朱家振（1981），第 336 页] 记载，茶学家蔡襄在约 1050 年就已经意识到武夷茶的长处，但其后的作家并不赞成他的观点。"这并非因为宋代时期武夷不产 [好] 茶，而是当时没有相当的加工工艺。因此武夷茶在当时并不突出。直到元朝初期，两名茶叶官员被派到武夷。这里有 202 个茶种植园。四曲溪成立了新的加工坊……这时候，武夷不仅广受四方欢迎，其船运还取道广东，运往海外。"梁章钜认为武夷茶于元朝开始身名鹊起。当地气候也因茶叶试验和革新而获益匪浅。采用日晒作为加工工序的一部分很有可能就发生在这个时候。

有两点可以证实 18 世纪武夷茶与普通绿茶之间是有差别的。例如《本草纲目拾遗》（1765 年）中有如下记载[①]：

> 武夷茶产自福建崇安，色黑而味酸，饮之有助消化，并有祛风之效。还可以刺激脾胃，缓解宿醉。据单杜可说：凡茶叶都性寒。胃虚之人应停饮茶叶。但武夷茶性暖，不会造成胃部不适。所以不能饮［绿］茶之人可以饮武夷茶，不会对人体造成损害。

> 〈武彝茶：出福建崇安，其茶色黑而味酸，最消食下气，醒脾解酒。单杜可云：诸茶皆性寒，胃弱者饮之多停饮，唯武彝茶性温，不伤胃，凡茶癖停饮者宜之。〉

在袁枚的《随园食单》（1790 年）中，记载了更为惊人的信息[②]。

> 武夷茶：我一向不喜欢武夷茶，对我来说，这种茶的味道太浓太苦，饮茶如同饮药。1786 年秋［我的看法改变了］。我到武夷山游览，并参观了曼亭峰、天游寺。那里的僧人很热情，请我饮茶。茶杯小如核桃，茶壶也不比橘子大。［他们建议我］饮茶时不要马上吞入肚，应先闻其香，再尝其味，在口中慢慢品尝茶的味道，然后再喝下。这样果然清香扑鼻，舌留余甘。一杯之后，再饮一两杯，只觉立刻释燥解烦，获得了一种舒适和满足得感觉。这时候我才真正觉得，龙井茶虽然清纯，阳羡茶虽然佳丽，但都不及武夷茶的风味。正如翡翠之比石英，品格迥然不同。至此我才认识到武夷茶的确名不虚传，即使连续冲泡三次，其味犹然未尽。

> 〈武夷茶：余向不喜武夷茶，嫌其浓苦如饮药。然丙午秋，余游武夷到曼亭峰、天游寺诸处。僧道争以茶献。杯小如胡桃，壶小如香橼，每斟无一两。上口不忍遽咽，先嗅其香，再试其味，徐徐咀嚼而体贴之。果然清芬扑鼻，舌有余甘。一杯之后，再试一二杯，令人释躁平矜，怡情悦性。始觉龙井虽清而味薄矣，阳羡虽佳而韵逊矣。颇有玉与水晶，品格不同之故。故武夷享天下之盛名，真乃不忝。且可以瀹至三次，而其味犹未尽。〉

对于熟知中国茶文化的读者，袁枚的这段文字描写显然是指功夫茶艺而言。这种茶艺中的茶汤味浓，故所用茶杯很小[③]。福建南部、台湾，广东东北部的饮茶爱好者，散居东南亚的华侨，大多数人所采用的普遍都是功夫茶艺。这种茶汤的味道比一般绿茶的味道浓烈很多，就像品尝利口酒（liqueur）而非葡萄酒一样。一般情况下，冲泡这种茶汤所使用的都是乌龙茶。根据这些参考文献，我们可以推断出，18 世纪出口到欧洲的武夷茶或"红"茶，实际上多是如今的乌龙茶。而直到 1857 年，施鸿保注意到一种产于武夷南部沙县名为乌龙的优质茶叶，这个"乌龙"词语

541

[①]《本草纲目拾遗》，第二五二页；参见陈祖椝和朱家振（1981），第 374 页。可将这段叙述与《饮膳正要》（第五十八页）"总而言之，茶叶味甘且苦，性微寒，无毒"（"凡诸茶，味甘苦微寒，无毒。"）这句话进行比较。

[②]《随园食单》，第一四四至一四五页；引自陈祖椝和朱家振（1981），第 383 页。

[③] 功夫茶的进一步资料，参见 Blofeld（1985），pp. 133—140。施鸿保《闽杂记》（1857 年）中同样描述了功夫茶，引自陈祖椝和朱家振（1981），第 408 页。

才在书面记录中出现①。作为一种地方茶，《闽产录异》（1886 年）中再次提到了乌龙茶②。

在 19 世纪 60 年代，台湾茶商首次使用了"乌龙"作为武夷（即部分发酵）茶的代名词。这些中国种茶人可能来自福建地区种植和加工乌龙茶的地方。据尤克斯记载，台湾乌龙茶向西方出口始于 1869 年，而且很快就成为台湾经济中的一大要素③。有趣的是，1892 年一名到台湾的大陆游客在其日记中写到④："台北附近的山上种满了茶叶。其中品质最高的是乌龙茶，深受西方人的喜爱。"（"今台北近山种莳几满，其最佳者名乌龙茶，泰西人酷嗜之。"）

根据这段叙述，临近 19 世纪末，"乌龙"还没有成为中国人的常用词汇。但到了20 世纪早期，"乌龙"就被公认为部分发酵茶的代名词。这样，乌龙茶的来历就非常清楚了。乌龙茶的加工始于鲜叶，首先进行日晒萎凋，之后便进入绿茶加工工序。乌龙茶至迟在明代初期就以武夷之名名扬四方。但是红茶（red tea）的情况又是怎样的呢？它起源于何时？这已经是所有问题当中最令人感兴趣的问题了。

（v）红茶及其海上贸易

一个多世纪以来，中国生产并通过海上贸易出口了三种类型的茶叶，即绿茶、乌龙茶和红茶（red tea）。绿茶属于不发酵茶，乌龙茶属于部分发酵茶，而红茶（red tea）是全发酵茶。但是，英文中，绿茶被译为"green tea"，红茶则被译为"black tea"。实际上，自 17 世纪后半叶起，茶叶贸易中就已经使用"black tea"来表示福建西北武夷地区出产的暗色茶了，即"Bohea tea"（武夷茶）。如今"black tea"已成为发酵茶的代名词，而且自 17 世纪开始，"black tea"就已经有商业交易，西方⑤以及中国的学者们也经常认为，临近明代末年的时候，中国就已经生产制作发酵茶（即红茶）了。中国著名的茶叶史学家，例如陈椽⑥和吴觉农⑦，历来将出现在欧洲茶叶贸易文献中的"black tea"译为红茶。

我们开始查阅中国茶文献时，也认为 17 世纪的"black tea"等同于中国现代的"红茶"。但是当我们回顾这些文献时，我们惊奇地发现，早在 1860 年前印刷的文献中，

542

---

① 《闽杂记》，同上。

② 《闽产录异》，引自陈祖椝和朱家振（1981），第 425 页。

③ Ukers（1935）Ⅱ，p.230。

④ 蒋师辙，《台游日记》（1892 年），引自陈祖椝和朱家振（1981），第 429 页。

⑤ Gardella（1994），p.30，有如下叙述："16 世纪发酵茶的发展引起了所谓的'红茶'（black tea）的出现。红茶是闽北（即福建北部）出口西方的主要产品……。"可参见本书第六卷第三分册，"两种工艺都源于明代，包括红茶制作工艺有四种左右独特的加工工序：萎凋、揉捻、氧化和干燥。"

⑥ 陈椽（1993）在他撰写的中国茶叶出口历史书籍中，使用"红茶"来表示 1790 年到 1840 年间"black tea"的出口，参见第 294 页、第 297 页、第 303 页和第 304 页。

⑦ 吴觉农［（1987），第 91 页］叙述到，尤克斯在他英译本《茶经》（All About Tea）中，红茶被译"black tea"和"Bohea tea"。当两者同时出现时，"红茶"被译为"black tea"，而"武夷茶"被译为"Bohea tea"。

几乎没有出现过"红茶"这个词汇[①]。当达·克鲁兹神甫［Father Gasper da Cruz］报道他在 1560 年的中国之行时，提到了中国人招待客人时，有"一种饮品茶，味苦色红，且有药效"[②]。这个报道被陈椽引用，作为红茶 16 世纪就出现在中国的证据[③]。同样，《片刻余闲集》（约 1753 年）中也提到了一种名为江西乌的茶叶，其干茶色黑，而茶汤色红[④]。我们并不赞同，这两本文献暗示了 16 世纪和 18 世纪红茶的存在，一般半发酵茶，比如武夷茶都是外表色黑，茶汤色红，这是中国饮茶人都很熟悉的一个事实。

"红茶"一词首先出现于汉语文献《崇阳县志》（1866 年）中，其中有如下叙述："约 1850 年的时候，广东商人来这里买茶。他们要求我们采摘幼芽，日晒萎凋后揉捻，不要［用锅］炒青。如果遇到下雨天，则要求用炭火焙制干燥……。这种茶出口海外，名为红茶[⑤]。"（"道光季年岁，商履集采细叶，曝日中揉之，不用火焙，阴雨则以炭焙干，收时碎成末，贮以枫柳木作箱，贮内裹薄锡，住外洋卖之，名红茶。"）之后，《巴陵县志》（1872 年）中也有如下叙述："1843 年，条约中规定对外开放的港口开放后，广东商人投入资金以促进红茶加工。茶叶日晒后，颜色变为微红色。因此名为红茶[⑥]。"（"道光二十三年与外洋通商后，广人挟重金来制红茶，［农人颇享其利外销，农民颇享获利。］日晒，色微红，故名"红茶"。"）另外还有两本地方志提到红茶，即《安化县志》[⑦]（1872 年）和《义宁州志》（1873 年）[⑧]。尽管红茶的发源地普遍认为在福建，但奇怪的是，同时期福建地方志并没有发现载有"红茶"这个词汇[⑨]。

"红茶"的称谓，以及加工红茶的方法在《种茶说十条》（约 1874 年）中均有记载。兹引文如下[⑩]：

> 红茶加工：雨前开始采摘茶叶。之后将叶片铺在席子上日晒，萎凋后，将茶叶

---

① 陈祖槼和朱家振［（1981），第 23 页］提到，早在明代食经《多能鄙事》中，有两个食谱中提到了红茶。他们引用了这两个食谱（第 290 页）。我们发现这两个食谱都引用于一本元代早期的著作，即现在我们都很熟悉的《居家必用》。我们查阅了篠田统和田中静一［（1972），第 397 页和第 335 页］引用的《多能鄙事》和《居家必用》中的相关食谱，结果发现两个食谱中都没有"红茶"这个词汇。陈祖槼和朱家振（1981）进一步提到《武夷山志》（1846年）中记有红茶的加工方法。我们没有办法从吴觉农［（1990），第 324—326 页］的相关引文中核实这种说法。

② 引自 Ukers（1935），Ⅰ，p.25。达·克鲁兹神甫是一名葡萄牙耶稣教会的传教士，曾于 1556 到 1560 年在中国工作。

③ 陈椽（1984），第 194 页。

④ 《片刻余闲集》，刘靖著，约 1753 年著作，引自陈祖槼和朱家振（1981），第 367 页。《中国茶经》［陈宗懋（1992），第 114 页］也引用了这段引文。

⑤ 《崇阳县志》（1866），引自吴觉农（1990），第 401 页。崇阳位于湖北南部，靠近江西和湖南边界。鞏志（1996）中也引用了这段文字，以证明红茶的加工于 1753 年就已经开始。

⑥ 《巴陵县志》（1872 年），引自吴觉农（1990），第 435 页。巴陵即今湖南北部岳阳。

⑦ 《安化县志》（1872 年），引自吴觉农（1990），第 488 和 490 页，安化同样位于湖南。

⑧ 《义宁州志》（1873 年），引自《中国茶经》，陈宗懋（1992），第 215 页和吴觉农（1990），第 248 页。文中提到"道光年间（1821—1851 年），宁州地区茶叶盛行。每个乡村都有茶叶种植点。产茶品种包括绿茶（青茶）、红茶、乌龙茶、白茶、花茶和砖茶。"义宁即今江西西北部修水。

⑨ 吴觉农（1987），第 90 页。

⑩ 宗景藩，《种茶说十条》，引自陈祖槼和朱家振（1981），第 417 页。"雨前"可能表示"谷雨"（一般为 4 月 20 日）前。"上汗"为 19 世纪中国人用来表示"发酵"的一个词汇，有时也称为"发汗"。文中所描述的方法并不是促进物质发酵（实际上是一个氧化的过程，需要空气参与作用）的最有效的方法，但是操作容易，所需设备简单。这说明作者对过程的实质不能正确认识。

堆成堆。用脚揉踩，使苦液流出来。踩后再次进行日晒处理，当用手指揉搓叶片，不再有黏滞感时，可将茶叶装入紧密的袋中。大约三个小时后，茶叶的温度升高，颜色也发生变化，这一步称之为上汗（产汗）。上汗后，茶叶再次进行日晒处理，直至完全干燥为止。

〈做红茶：雨前摘取茶叶。晒用垫铺晒，晒软合成一堆。用脚揉踩，去其苦水。踩后又晒，至手捻不粘，再加布袋盛贮筑实。需三时之久，待其发烧变色，则谓之上汗。汗后仍晒，以干为度。〉

20 世纪早期，尤克斯仍然发现存在用脚揉踩萎凋叶子的情况（图 125）[1]。我们从上文的引文可以发现，早在 1870 年，中国就已经开始大范围地生产红茶了。但我们仍然不清楚红茶的加工是何时开始的，以及怎样开始的。在描述峒地制茶历史时，《纯浦随笔》（1888 年）中有如下叙述[2]：

红茶的加工始于道光（1821—1851）年间后期。江西有经纪人到义宁地区收集茶叶，并访问了峒地。他们教当地居民制作红茶。仅有一种茶树生长，雨前采摘的叶子称为头茶，它们被加工成一种实验性的乌龙。不采摘的茶树被保留下来作为茶种。夏天采摘的茶叶名为"荷花"，夏季最后一批茶叶名为"夏露"。茶叶有晒青和蒸青区别。若制作红茶，则叶片先晒处理，趁热时盖上一块布，叶子变红后，在经日晒干燥。整个过程不必用火。

〈红茶起自道光季年。江西估客收茶义宁州，因进峒。教以红茶做法。茶仅一种，大约雨前为头茶，名乌龙肆。生者为子茶，夏季为禾花，又曰荷花。最后为秋露。红茶以晒蒸分。红茶光晒，乘热覆以布，色变红，再晒不过火。〉

很显然上述文字表明，红茶的加工方法与上文（pp.536—537）提到过的尤克斯报道的方法相同，即表 52 中描述的方法。同样可以表明，茶叶经纪人具有明显的推动茶发展和商业化的作用。这种变革究竟始于何时何地？为了回答这个问题，我们将尤克斯描述的中国茶叶贸易中最受欢迎的红茶名称，以及它们第一次出现在中国原始文献中的时间列于表 53 中[3]。从表中内容分析或许可以得到一些推论。首先，红茶成为主要产品应当在 1850 年到 1860 年间，并且几乎是同时发生在几个省。这说明红茶开始加工的时间更早，也许始于 1830 年。其次，来自广东的茶叶商人，说服生产者将加工方法改变为红茶的加工方法，对制红茶的发展起到了推动作用。他们的行为无疑是对国外茶叶购买者需求的一种回应，也相应地代表了英国和其它欧洲国家对茶叶消费的偏好。因此，红茶是一种为了出口而特别开发的产品。最后，令人感到有趣的是，福建最成功的红茶产品都出自诸如白琳、坦洋和政和等福建西北地区，而上文提到的生产优质绿茶或乌龙茶的中心并不包括这些地区。因此，红茶地位的上升并没有影响绿茶和乌龙茶的发

544

---

① Ukers（1935）Ⅰ，p.468.

② 叶瑞廷（1888），《纯浦随笔》，引自陈祖槼和朱家振（1981），第 428 页。据推测，峒可能是靠近今峒鼓某地的名称。这里提到的红茶加工过程没有涉及揉碾。我们认为这是被作者忽视了。

③ 尤克斯［Ukers（1935）Ⅰ，pp.228—233］描述了 19 世纪茶叶贸易全盛时期，中国生产的不同种类的红茶。

展，但是促进了福建省整体经济的发展。

表 53 19 世纪末期中国贸易中主要红茶的发源地

种类[a]	贸易用名	产地[b]	参考资料最初来源[c]
中国北方	Keemuns	祁门	1875 年，工艺来源于福建
工夫茶	Ningchows	宁州	约 1845—1850 年，工艺由江西商贩带入
	Ichangs	宜昌	约 1840 年，由广东商贩促进
中国南方	Paklins	白琳	约 19 世纪 50 年代，由广东商贩促进
工夫茶			工夫茶
	Panyongs	坦洋	1851 年由当地企业家开展
	Chingwos	政和	19 世纪中叶

a：贸易用名来自尤克斯命名法，Ukers (1935) Ⅰ，pp. 228—229。这些名称来自广东话、厦门话和普通话的聚合，并且被中国贸易茶商广泛使用。"Congou" 为 "工夫" 的英文形式。

b：祁门位于安徽南部，宜昌位于湖北扬子江边的武汉西面。宁州位于江西西北。生产中国北方工夫茶的这三个地方，实际上位于中国的中心地带。三种中国南方工夫茶全产于福建。白琳为福鼎南边的一个村庄，坦洋位于福安市，政和位于福建北部。

c：基于《中国茶经》[陈宗懋 (1992)，第 213 页，第 215—218 页] 提供的资料。

545 但是，如果中国红茶直到 1850 年之后才出现，那么在此之前的 150 年间，海上贸易中的 "black tea"（红茶）又当如何解释呢？在这个时期，大部分出口到欧洲的茶叶都来自两个地区，即绿茶来自安徽松萝山，乌茶（black tea）来自福建武夷山（图

546 126）[1]。正如上文所述（p. 539），17 世纪末期，武夷地区主要出产半发酵的武夷茶。因此，上文提到的海上贸易中的乌茶或武夷茶都是一种半发酵茶，也即一种乌龙茶。

另一方面，1786 年到 1833 年间，福建出产的名为 "工夫" 和 "小种" 乌茶（souchong），已经取代了武夷茶的地位，成为出口贸易量最多的茶类[2]。中国不见有如何制作这些茶的记录[3]。因此，不能排除贸易中存在着全发酵红茶的可能性。

---

① Mui & Mui (1984)，p. 4。松萝是 18 世纪和 19 世纪早期海上贸易中熙春和屯溪绿茶的故乡，而武夷则是工夫茶、小种乌茶（souchong）和原始武夷乌茶的故乡。

② Mui & Mui，同上，附录一，pp. 146—147，信息基于东印度公司（East Indian Company）的报道。"工夫" 的意义可能在于说明这种产品的加工需要特别的仔细小心。"小种" 为生长在武夷地区的一种灌木种茶树，参见 Ukers，(1935) Ⅰ，p. 229。最著名的小种为 "正宗小种"（lapsang souchong）。据尤克斯 [Ukers (1935) Ⅱ，p. 510]，武夷茶最初被誉为最上等的红茶，但后来沦为次级红茶了，这可能是由于广东伪造武夷茶的出现。

③ 由于外国商人称之为 "black tea"，一些中国学者便自动认为他们是一种 "红茶"，尽管中国文献中没有关于如何制作这些茶叶的记录。例如巩志 [(1996)，第 260 页] 叙述到 "小种红茶" 是在 18 世纪早期武夷山区桐木村茶叶贸易术语中首次出现，但是没有任何文献可以证明。骆少君 [Yamanishi ed. (1995)，p. 431] 也提到 "小种红茶可追溯至 17 世纪"。巩志 (1996) 和《中国茶经》[陈宗懋 (1992)，第 220 页] 记载了一个流传中的关于红茶在福建北部崛起的轶事。1842 年五口通商条约中的港口开放后，大批西方茶叶贸易公司在福州建立了办事处，从内地购买茶叶。太平军叛乱时的一个晚上，崇安（位于武夷山）的一个茶叶加工坊被叛军占据为兵舍，并用装有新鲜茶叶的袋子为床。他们离开后，茶叶加工坊的社长惊奇地发现叶子已经变暗，并散发出独特的香味。他毫不犹豫地对这些茶叶进行加工，抱着最坏的打算，干燥后用船运往福州。他惊喜地发现外国人非常喜欢这种茶，并且希望有更多同样的茶叶。他走了小运，之后年年收到同类茶叶的固定订单。他将这种情况告诉了白琳、坦洋和政和地区的茶树种植人，很快这些地区便成为全省首位的红茶基地。

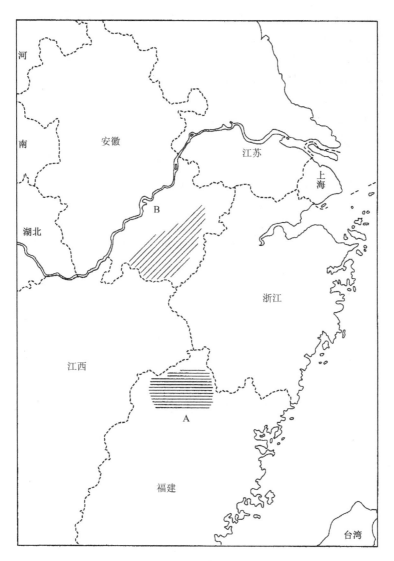

图126　中国东南部茶乡图，（A）福建武夷乌茶和（B）安徽松萝绿茶。在
　　　　18 世纪和 19 世纪早期的海外贸易中，这些地区出产的茶叶往南取
　　　　道江西，在广东装船出口。

　　为了解开这个疑团，我们努力探索了 1700 到 1850 年间海上贸易乌茶的加工方法。
从中国方面，找不到相关的信息。而在 18 世纪，由于茶叶种植区不允许外国人参观，
因此他们的记载也没有补益。不过，19 世纪初期，一些西方人想方设法终于冲破禁锢

获得了资料，为后人提供了有关乌茶制作方法的信息。首先是塞缪尔·鲍尔（Samuel Ball）①。他于 1804 到 1826 年间，从广东接触到的中国人那里收集到了资料，发现顶级小种乌茶的加工方法包括四个步骤：①叶子萎凋，并于空气中抛撒；②烘青灭活（即炒青）；③手工揉捻；④文火干燥。其次是福钧，他于 19 世纪 40 年代乔装成中国人，亲自参观了茶乡松萝和武夷乌茶产地②。他证实了鲍尔的考察报告是正确的，并认为绿茶和乌茶种植区的树种属于同一个品种。鲍尔和福钧的调查报告证实了 1850 年之前，商业贸易中的"black tea"（乌茶）术语，的确是部分发酵茶（即乌龙茶），而非全发酵茶（即红茶）。

此外，鲍尔发现在茶叶炒青加工之前，叶子的预处理包括三步，他命名为：①凉青、②倒青和③沤青③。"凉青"字面上的意思为冷却叶子，即将叶子分散铺在竹盘上，并置于室外或通风性能好的房间内，使其完全与空气接触。"保持上叙状态，直至叶子开始散发轻微的香气为止……'倒青'是指用手上下抛撒茶叶。"这种动作需要重复三百到四百次。"沤青"时，叶子被堆成堆，并盖上一块布。鲍尔的叙述如下④：

> 立升（音译，Lap Sing；鲍尔的资料提供者，广东人）说："这只是一种经过沤青处理的普通茶叶，主要在江南苏州一带销售。"这是事实，我的确见过一种特别的名为"红茶"（或 red tea）的普通茶叶。据说在这种红茶的加工过程中，沤青的时间持续较长。这正是他所说的茶叶。

这段叙述值得注意有多种原因。首先，值得注意的是，最早记载中国产品"红茶"一词的文字是英文（1848 年），早于中文记载出现的时间（1866 年）。这是英国商人勤劳的

---

① 鲍尔［Ball（1948）］于 1804 年到 1826 年间，在东印度公司任职。他对这方面的说明概括，见 Mui & Mui（1984），p.5，其叙述如下：

> 乌茶中最优质的是小种乌茶，用精选于灌木茶树上采摘下来的鲜叶为原料。多汁和极敏感的叶子于晴天中最热的时候采摘。之后，叶子便被简单地放置，与空气接触。一旦叶片上出现红色斑点或叶边开始变红时……叶子被烘青。有时有必要对次级叶子进行日晒处理。……烘青后，所有的叶子用手揉捻。在加工优质茶叶时，烘青和揉捻都要反复很多次……最后一步是在干燥设备中干燥揉捻的叶子。干燥设备的形状如同沙漏，顶部直径大到足以放置一个竹篓，竹篓中分散放置了茶叶。干燥时的火势很小且稳定。

进一步的细节，参见 Ball（1848），第 6 篇和第 7 篇，pp.103—53。尽管鲍尔没能到广州附近以外的地方考查，但他设法取得新鲜绿茶叶片并使用中国设备进行了如何加工茶叶的试验。

② 福钧［Fortne（1852）］于 1848 年和 1849 年乔装成中国人到茶乡旅游，住中国客栈，吃中国食物，饮用当地的茶叶，并亲身观看了茶叶加工过程，他无疑对出口乌茶的性质非常熟悉。他对乌茶制作的叙述（pp.278—281）与鲍尔的非常吻合，仅有少数内容和鲍尔不同。他的评论简述如下，"将即将要制成乌茶的叶子收集起来后——第一步，摊开铺在场地上；第二步，不停地抛撒直到叶片变软，再堆成堆放置；第三步，烘青几分钟并揉捻，将叶子置于柔软潮湿的地方，在空气中几个小时；第四步，最后置于炭火上方缓慢干燥。"从他的调查结果说明，当时出口贸易中的乌茶的确是一种半发酵茶。同时他也否定了绿茶由绿茶植物（*Thea viridis*）制得，红茶由红茶植物（*Thea bohea*）制得的说法。

③ Ball（1848），pp.109—114。应该明确的是鲍尔的罗马化系统并不遵循韦氏拼法（Wade-Giles，当时尚未被发明）。参考《中国茶经》［陈宗懋（*1992*），第 422—424 页］提及"炒青"和"揉捻"前，茶叶预处理时所用的词汇之后，以及说广东话的朋友对这几个词的发音，我暂定"Leang Ching"为"凉青"，"To Ching"为"倒青"，"Oc Ching"为"沤青"，这些是广东茶叶加工者通常使用的词汇。其它地区也许更喜欢使用别的词汇。

④ Ball，同上，p.114，脚注。

547

成就；他们孜孜不倦搜寻和记录所有他们所能学到的，中国茶叶栽培和加工方面的知识，无疑为他们在印度和锡兰（ceylon，现斯里兰卡），建立茶叶工业雏形提供了关键的信息。其次，这说明当鲍尔完成他的著作时（1848 年之前的某个时期），红茶已经进入流通领域。由于沤青处理是在叶子干燥和揉捻之前进行，所以正如文中所说，我们怀疑鲍尔所看见的红茶可能是一种发酵程度较高的半发酵茶。鲍尔的其它记载认为，在 1848 年的时候，中国人已经完善了真正的红茶加工工艺[①]。最后，这说明 19 世纪 40 年代的红茶加工发展迅速，而且其加工方法源于广东，而非人们普遍认为的福建[②]。这就解释了早期福建地方志中没有关于红茶记载的原因，以及 19 世纪 40 年代，为什么是广东的商人为湖北崇阳、湖南巴陵的居民传授了红茶加工方法[③]。这些记录清楚地表明，造成 18 和 19 世纪中英贸易中，英方巨额贸易逆差的是茶叶，主要是乌龙茶（即部分发酵茶），而非红茶（即全发酵茶）。这种贸易逆差导致了鸦片战争的不幸爆发，也造成了中国现代史的重创。

　　1850 年后，红茶逐渐取代了半发酵茶在"乌茶"（black tea）对欧洲出口中的贸易地位。1850 年前，几乎所有出口的"乌茶"（black tea）都来自福建。到了 1880 年的时候，江西、湖南、湖北和安徽已经与福建一起，成为名为"红茶"（black tea）的出口红茶的生产地[④]。到了 1850 至 1880 年间，在商业活动中，区分红茶、半发酵茶和绿茶的定夺，已经变得非常有必要。红茶、乌龙茶和绿茶这些词汇，从此开始了广泛使用。1880—1888 年是中国红茶出口贸易的黄金时代。1888 年之后，由于来自印度和锡兰（斯里兰卡）的茶叶组织的竞争，出口量开始下降[⑤]。实际上，约在 1835 年，印度就已经开始了以中国品种为基础的茶树栽培。而且 1839 年，第一批印度试产茶叶就出现在了英国。然而从中国引进的茶树品种不适应于印度的土壤，而且加工又牵扯到劳动力问题，所以直到 1890 年，印度的制茶工业才能够生存并开始盈利。成功的原因取决于两次革新：第一，把从中国引进的茶树品种替换为从阿萨姆邦找到的野生茶树（或将中国

548

549

---

　　① 来自鲍尔［Ball（1843）］的其它茶叶制作记录。例如，见 pp. 148—149，加工第一步，他描写了观看来自离广东约一天路程的村庄，一个村民加工茶叶的情景。叙述了村民是如何进行日晒萎凋叶子，手工揉捻叶片，之后又再次将捻过的叶子进行日晒处理，重复揉捻日晒两次以上，并经过日晒使茶叶完全干燥。鲍尔还指出在伦敦茶叶市场，一英镑这种茶叶可卖 3 先令 10 便士（一个很公道的价钱）。在另外一次巧遇（p. 150，第 4 项）中，除了最后一步在锅中翻炒干燥外，他发现同一个村民用同样的方法加工茶叶。这些加工方法与上文提到的《种茶说十条》（1874 年）（见上文 p. 543 脚注）和《纯浦随笔》（1888 年）（见上文 p. 543 脚注）中所描写的大致相同。很明显，与鲍尔有联系的那位广东制茶技术人员所使用的方法，接近于具有商业价值的"红茶"的加工方法。

　　② 吴觉农（1987），第 90—91 页。福建是红茶起源地的说法，可能是基于认为武夷茶是一种红茶的错误理解，即武夷茶来自福建，传统上认为武夷茶的英文说法为"black tea"。在这种联系中，值得注意的是，当 1849 年晚春福钧［Fortune（1852），pp. 159—301］游览武夷地区的时候，在福建北部他也没有见到任何名为"红茶"的茶叶。这似乎表明，"红茶"的加工是后来从另一个地区，或许从广东进入福建的。

　　③ 《崇阳县志》，采自上文 p. 542 和注释；《巴陵县志》，采自上文 p. 542 和注释。必须指出"Hong Cha"和"Hung Cha"都是表示红茶的罗马词汇的不同表达方式。

　　④ 由于"黑茶"已经另有所指，中国人不能称新的全发酵茶为"black tea"（既"黑茶"），参见下文 p. 551。

　　⑤ 根据陈椽［（1984），第 480—481 页］，中国在 1871 到 1887 年间每年出口了 8 千万到 1 亿千克的红茶。到 1896 年，总量已经下降到了 5500 万千克，1917 年是 2800 万千克，1932 年降到了 900 万千克。加德拉［Gardella（1994）］详细描述了福建茶叶贸易的涨落。

与阿萨姆邦的品种进行杂交改良）；第二，建立加工系统流水线和实现生产机械化[①]。很快，印度就取代了中国成为国际商贸中"红茶"（black tea，即中国命名的红茶）的主要供应商。

那么印度早期制茶工业出品的茶叶是什么类型的呢？根据我们得到的有限资料推测，印度早期生产的，也即 1838 到 1860 年生产的茶似乎是一种半发酵茶或乌龙茶。有两条证据可证明这种观点。第一，19 世纪 30 年代由中国技术人员传入阿萨姆邦的加工工艺，是由下列步骤组成的[②]：

1）干燥——叶子被置于既平又大的竹匾中进行日晒处理。

2）萎凋——叶子被置于阴处，直至叶子变软。

3）入锅——叶子被放入暗红色的锅中翻炒。

4）揉捻——手工揉捻茶叶。

5）干燥——这一步于沙漏状的竹篮中完成。叶片被置于铺有纸的竹篮上层的锥体中，下层锥体内放有一炭炉。

在以上文字中还附有图 127（采自 Ukers，I，p.464），所示的是加工中使用的工

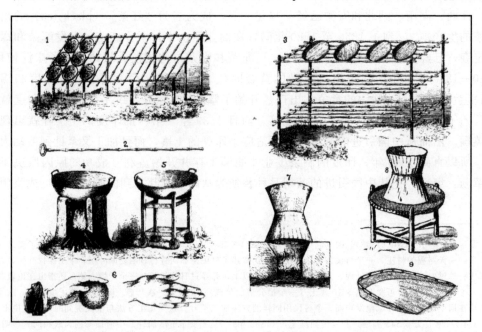

图 127　印度茶叶加工中使用的中国式工具，采自 Ukers（1935）I，p.464。

① 尤克斯［Ukers（1935）I，pp.133—172］讲述了印度制茶工业崛起的传奇。也可参见 pp.467—474，其中描述了 1854 到 1880 年之间发明的茶叶加工机械。现在普遍认为，印度种植的所有茶种都是普洱茶（大叶茶，*Camellia sinensis* var.*assamica*）。实际情况并非如此，根据 Yamanishi *et al.*（1995），p.390，"在著名的大吉岭（Darjeerling）地区，生产的茶叶具有奇特风味。其茶树源自中国树种"。据推测，这些树种有着巨大的适应和灵活性，都是 19 世纪 40 年代末福钧从中国偷带出境的树种的衍生品种。

② Ukers，同上，p.466。也可参见 Jacobson，J.I.L.L.，*Handboek voor de kulture en fabrikatie van thee*，Batacia，1843，tr.1873，采自 Ukers，同上，pp.465—466。

具设备图。第二条是 1837 年，布鲁斯（C. A. Bruce）如何加工第一批在印度生长茶叶的描述[1]："他们利用日晒萎凋叶子，手工揉捻叶片，将叶子置于炭火上方干燥。"叶子揉捻后，不经二次发酵处理，这种加工工序与中国加工乌龙的方法一致，与绿茶或红（即 black）茶的加工方法完全不同。

但到了 19 世纪 80 年代末，印度茶叶对中国茶叶贸易构成了巨大的威胁。印度无疑已经大量生产红茶或发酵茶，尽管英国继续称其为"black tea"[2]。据推测，中国红茶的加工方法被迅速地传给了英国茶叶种植者。传播发生的具体细节，也许被收藏在 1840 年到 1880 年间印度茶叶种植区和工厂的档案文件中。这些事已超出了我们的研究范围。

图 128 中的流程概括了中国茶叶的加工史。最初，鲜叶（或干叶）被直接饮用。由于作为一种提神饮品，茶叶受到喜爱，便开始致力于将叶子加工成一种稳定的成品，以便在需要时制成"茶饮"。这样导致了汉代饼茶的出现，之后又被精制成了唐代饼茶，然后就是宋代的饼茶。元、明时期，工艺发生了重大变化；加工后的散茶取代了饼茶，

550

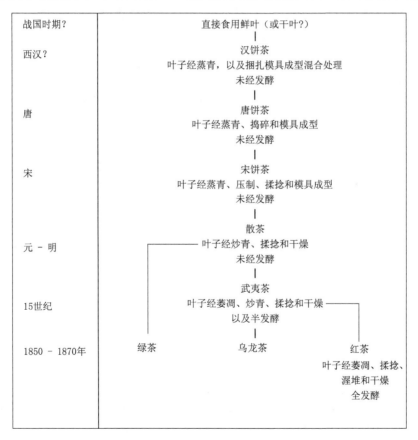

图 128　中国主要茶叶谱系。

---

① Ukers，同上，p. 146。

② 尤克斯［Ukers，同上，pp. 374—415］表明，19 世纪 80 年代商业中的印度"black tea"为全发酵茶，即红茶。

并成为现在中国最受欢迎的茶类。到此为止，所有的茶叶都未经发酵。明代期间，福建武夷地区生产的一种部分发酵茶逐渐获得了全民认同。这种武夷茶（Bohea tea；外国商人称其为"black tea"），很快受到了海上出口贸易的喜爱。这种由发酵产生的风味，明显符合西方茶饮大众的口味。这种趋势的进一步发展是，导致了19世纪后半叶全发酵"红茶"的出现。

（vi）白茶、黄茶、黑茶、紧压茶和花茶

除了我们上文所谈论的绿茶、红茶和乌龙茶外，中国还另外加工三种茶，即白茶、

551　黄茶和黑茶（dark tea）[①]。白茶是福建的特产，由长满白毫的幼芽制成，茶叶因此而得名。这是一种轻度发酵茶，叶片经日晒萎凋和干燥，不经揉捻，可能起源于明朝[②]。黄

552　茶是安徽和湖北的特产，其制作过程与绿茶相似，只是炒青和揉捻之后，叶子被渥堆，保存在潮湿和温暖的条件下较长一段时间后，使叶子发生非酶氧化而变黄。据说黄茶的加工自唐、宋时期就已经开始[③]。黑茶的加工方法与绿茶相同，叶片在揉捻之后干燥之前，把它置于潮湿温暖的环境中长时间堆积。堆放期间，灰绿曲霉菌（*Aspergillus glaucus*）、酵母（*Saccharomyces*）和其它微生物自然生长，叶子颜色变黑[④]。人们相信黑茶原型制作于宋代，但是"黑茶"之名直到明代才在文本当中出现[⑤]。

现将中国各类茶叶的加工工艺概述如下[⑥]：

绿茶：鲜叶 → 炒青 → 揉捻 → 干燥

黄茶：鲜叶 → 炒青 → 揉捻→ 闷黄 → 干燥

白茶：鲜叶 → 萎凋 → 干燥

黑茶：鲜叶 → 炒青 → 揉捻 → 渥堆 → 干燥

---

① 黑茶（英文字面意思为 black tea）被译为"dark tea"，因为"black tea"已被用来表示红茶。有关这些茶叶加工的进一步信息，参见骆少君［收入 Yamanishi（1995），pp. 421—426，Luo］，以及《中国茶经》，陈宗懋（*1992*），第 236—248 页。白茶和黄茶都是年产量仅约 1000 吨的精品茶。

② 参见田艺蘅，《煮泉小品》（1554 年），引自陈祖槼和朱家振（*1981*），第 130 页。其中叙述到"极品茶叶经日晒处理，而不经翻炒"。屠隆，《茶说》（1594 年）也表达了同样的意思，引自陈祖槼和朱家振（*1981*），第 134 页。根据闻龙，《茶笺》（1630 年）认为"极品茶叶经日晒，不经翻炒和揉捻"，引自陈祖槼和朱家振（1981 年），第 174 页。这些参考文献说明在明代中期，白茶已然为人所知。参见《中国茶经》，陈宗懋（*1992*），第 236 页，和陈椽（*1984*），第 198 页。

③ 《中国茶经》，陈宗懋（*1992*），第 238 页。这篇参考文献不能令人完全信服，因为文中没有陈述黄茶的加工方法。黄变步骤称为"闷黄"，参见 Yamanishi ed.（1995），p. 422。

④ 堆放步骤被称为"渥堆"。这种情况下，"炒青"强度被有意识的减弱，以便保持酶的活性。因此发生了一定程度的"发酵"和微生物氧化作用。

⑤ 根据《中国茶经》［陈宗懋（*1992*），第 246—247 页］，宋代四川就已经开始加工这类茶了。茶叶被加工成砖茶，并用来与藏民和其他游牧民族交换马匹。"黑茶"这个词汇第一次出现在陈讲（1524 年）的回忆录中，叙述茶叶在马匹交换贸易中的使用。茶马贸易的细节，参见 Paul Smith（1991）。湖南黑茶的历史可参见施兆鹏、黄建安（*1991*），四川砖茶，参见刘勤晋（1991）。

⑥ 根据骆少君［收入 Yamanishi ed.（1995），p. 417，Luo］，只是"炒青"（firing）代替了"操作"（fixing）。传统中国加工中"炒青"一般通过翻炒完成，但现在可能是通过机器完成。中国现在茶叶的年产量大约为 54 万吨，各类茶所占份额分别如下：绿茶 60%，红茶 20%，黑茶＞10%，乌龙茶＜10%，白茶和黄茶＜1%。

乌龙茶：鲜叶 → 萎凋（旋转）→ 炒青 → 揉捻 → 干燥

红茶：鲜叶 → 萎凋（旋转）→ 揉捻 → 发酵 → 干燥

　　经过以上工艺过程的茶叶称为毛茶，毛茶再经过筛选、切制、炒青、再次揉捻、精选、干燥、混合和包装就成为成品茶叶[①]。成品茶再经加工，就可得到紧压茶或花茶。当然，紧压茶与唐宋饼茶（或片）相似。尽管明代紧压茶受到散茶的排挤，但四川和中国西南部仍然继续生产紧压茶，销给藏民和其他亚洲内陆地区的牧民[②]。中国文献中几乎没有关于明清时期如何加工紧压茶的记载，但现在的紧压茶基本上是通过对毛黑茶进行再加工获得的，而且有小部分是由红茶和绿茶加工制得。加工步骤包括蒸青，压制和模具做成希望的形状[③]。云南的普洱茶是最具盛名的紧压茶，而且早在 18 世纪便闻名于世[④]。

　　关于花茶的历史，我们了解的较为详细。实际上，约在 1050 年，茶学家蔡襄就已有如下评说：

　　　　茶叶有自身香气，但为了增加茶叶的天然芬芳，贡茶经常与少量的龙涎香和膏混在一起。但当建安居民自斟自饮时，并不添加其它物品，以保持茶叶的真实风味。烹茶时使用水果和草药，对茶味的破坏更大。这种烹茶方法应该屏弃[⑤]。

　　〈茶有真香。而入贡者微以龙脑和膏，欲助其香。建安民间皆不入香，恐夺
　　其真。若烹点之际，又杂珍果香草，其夺益甚。正当不用。〉

　　然而，蔡襄的忠告并没有使宋代茶叶鉴赏家们放弃将茶叶与异国香料混合在一起的做法，改变了茶叶的香气和风味。

　　元代有一本食经《居家必用》，书中有将加工后的茶叶与婆罗洲（Borneo）樟脑或麝香放在一起，制作花茶的配方。用同样的方法也可利用肉桂、茉莉、橘子或其它花朵，通过窨制工序来制取花茶[⑥]。《多能鄙事》（1370 年）中详细叙述了窨制过程[⑦]：

　　　　脑子茶：高档茶叶碾碎后，将裹有一片婆罗洲樟脑的薄纸埋入茶叶中。过夜后，茶叶便吸收了一些樟脑的芳香。饮之令人愉快！

　　〈脑子茶：好茶研细。以薄纸包梅花片脑埋茶中，经宿则有脑子气味，极妙。〉

---

　　① 精制过程称为"二次加工"，而将叶子加工成毛茶则称为"原加工"，参见 Yamanishi ed. (1995), p. 416。18 世纪和 19 世纪早期，为了出口贸易，将毛茶精制为熙春茶、皮茶和雨前茶的情况，参见 Mui & Mui (1984), pp. 6—8。

　　② 《续博物志》（12 世纪）[引自《中国茶经》，陈宗懋（1992），第 248 页]陈述："从唐朝以来，西方民众就已经开始饮用普茶"。（"西藩之用普茶，已自唐朝。"）据说普茶就是现在著名普洱茶的原型。

　　③ Yamanishi ed. (1995), p. 424，《中国茶经》，陈宗懋（1992），第 438—444 页。

　　④ 《本草纲目拾遗》（18 世纪）（第二四九页）叙述到普洱茶是云南普洱区的产品，性温、气味芬芳，可以消脂、促进消化，以及祛痰。（"普洱茶出云南普洱府，……普洱茶味苦、性刻，解油腻、消食化痰，祛瘀，清胃生津。"）

　　⑤ 《茶录》（1051 年），蔡襄著。参见陈祖槼和朱家振（1981），第 30 页。亦可参见《宣和北苑贡茶录》（1125 年），引自陈祖槼和朱家振（1981），第 49 页。

　　⑥ 《居家必用》，第五页。

　　⑦ 《多能鄙事》，篠田统和田中静一（1973），第 399 页；亦见陈祖槼和朱家振（1981），第 290 页。

553

　　熏花茶：用白蜡打造成的连盖四层圆型容器一个。最底层里装入半层好茶。中层的底部要钻上几十个洞，并铺上一张薄纸，装入满满的一层花。顶层的底部也要钻上孔隙，铺上一张薄纸，装入茶叶，而且装入时要使茶叶间疏松留有间隙。之后盖上白蜡盖子，用纸密封容器，放置过夜。[第二天] 弃旧花，换入新鲜花，如此换了三次后，花茶就制成了。

　　〈熏花茶：用锡打连盖四层盒一个。下层装上上等高江茶半盒。中一层钻筋头大孔数十个，薄纸封，装花。次上一层亦钻小孔，薄纸封，松装花。以盖盖定，纸封经宿，开。去旧花，换新花。如此三度。四时但有香无毒之花皆可。只需晒干，不可带湿。〉

　　朱权《茶谱》（约 1440 年）中叙述了与此相似的窨茶工序[①]。钱椿年《茶谱》（1539 年）中也对花茶进行了论述，其中提到用橘子皮、莲花、桂花、茉莉、玫瑰、兰花、橘子、栀子和李子来熏制香茶[②]。他认为应趁花半一开时进行采摘。理论上，熏制时茶叶与花的比例以三份茶叶，一份花瓣为佳。一层茶叶一层花瓣，直至装满瓷罐。

　　尽管茶叶纯味主义者们如田艺蘅（1554 年）等，极力反对和蔑视用李子、菊花和茉莉花等熏制茶叶，但明清时期花茶仍旧得到了认可[③]。现在中国最受欢迎的花茶之一是茉莉花茶。最著名的茉莉花茶中有一种产于福建福州，那里的土壤和气候特别适宜栽培茉莉灌木（*Fasminium sambac*），本书第六卷第二分册，曾经介绍过这种灌木。事实上，茉莉花茶在中国茶叶中占据着独特的地位，并拥有一个特别的名称"香片"。

　　其它著名的花茶包括兰香、荔枝和玫瑰工夫茶。茉莉和兰香属于绿茶，荔枝和玫瑰工夫属于红茶（*black tea*）。此外还有一些不含任何茶叶（*Camellia sinensis*）的茶，如菊花茶，它完全由菊花的干花制作而成。在中国南方，菊花茶是一种非常受欢迎的夏日饮品。

（3）茶饮与健康

一碗喉吻润，二碗破孤闷。

三碗搜枯肠，惟有文字五千卷。

四碗发轻汗，平生不平事，尽向毛孔散。

五碗肌骨清，六碗通仙灵。

七碗吃不得，唯觉两腋习习清风生。

　　[①]　朱权《茶谱》，引自陈祖槼和朱家振（1981），第 122 页。其中陈述到："制作花茶时，可以使用任何种类的花瓣。花盛开的时候，用纸密封一个两层的竹篮，将茶叶放置在上层，花瓣放入下层。密封要做到密不透风。一晚过后，用新鲜花瓣替换旧花。重复制作几天后，茶叶吸入了花香便会达到饱和。使用同样的方法，利用婆罗洲樟脑也可以窨作花茶。"（"百花有香者皆可。当花盛开时，以纸糊竹笼两隔，上层置茶，下层置花，宜密封固，经宿开换旧花。如此数日，其茶自有香气可爱。有不用花，用龙脑熏者亦可。"）

　　[②]　钱椿年《茶谱》，引自陈祖槼和朱家振（1981），第 126 页。

　　[③]　《煮泉小品》，引自陈祖槼和朱家振（1981），第 131 页。

蓬莱山，知何处？[①]

这首诗采自嗜茶人卢仝的《走笔谢孟谏议寄新茶》，写于约 835 年，该诗空前绝后完美地表达出了饮茶的魅力和愉悦。如果用比较平实的语言来解释这首诗，我们可以说：茶能消除我们的干渴，提生我们的精神，敏锐我们的思想，帮助我们在物欲横流的世界得到安宁，并赐予我们安康的感觉。但在讨论产生这些观念的原因，以及它对我们生理和心理健康的意义之前，对中国人烹茶的方法进行简要的回顾对于我们是有益的。

（i）泡茶与饮茶

555

即使是偶然间，熟读了中国茶书，会给人留下这样的印象，与茶叶加工相比，茶书的作者们更在意的是如何享受饮茶。饮茶是一件主要的活动。较之饮茶，茶叶的采摘和加工都仅仅是前奏。比起茶叶这种产品的加工步骤，文献资料更注重描写烹茶所用的茶具和工序，以及泡一壶好茶所需的水源。那些发现泡茶和饮茶的艺术是中国艺术和茶文化关键的西方人，同样也对茶艺产生了浓厚的兴趣[②]。

我们本节的目的不是进一步详述茶叶在美学和艺术上的价值，而是要明确中国历史上是如何用茶叶泡制茶汤这种饮品的。同时我们还要找出茶叶物理和感官方面的特征与茶艺之间的相互影响。正如郭璞在《尔雅》的注释本（约 300 年）中指出的，最初，鲜叶从树上采摘下来后直接被煮沸制成汤剂作为药用[③]。一旦茶叶药用或饮用的价值被发现后，人类便很自然地希望能够用一种方法来保存茶叶，以便随时随地都能饮用。据《僮约》（约公元前 50 年）记载，茶叶早在西汉时期便已经是一种加工产品，可用船运往各地。《僮约》中使用"烹茶"来描述制备茶饮的方法，"烹茶"字面上的意思为将茶叶煮沸[④]。可以推测的是，这很可能就是表示把茶叶与水一起煮沸。另外，从韦曜和王肃的轶事也可发现，在三国和南北朝期间，茶叶已经作为饮品而被广泛地大量饮用了[⑤]。

这种茶饮是如何制备出来的呢？《新修本草》（569 年）中提供了一个线索。其中说到烹茶（"茗"）时可能会添加山茱萸（籽）、葱和生姜[⑥]。《食疗本草》（670 年）进一步告诉我们，茶汤"是煮粥的良好汤剂"，"顶级茶叶由鲜叶制成，经过蒸青、捣碎后，可

[①] 陈祖槼和朱家振（*1981*），第 215 页；译文见 Chow & Kramer (1990)，pp. xiii 和 xiv。蓬莱是山东海岸的一个岛，传说是神仙的住所。其诗译文如下："第一杯滋润干裂的嘴唇和喉咙，第二杯打破孤独和苦闷，第三杯在我心灵干涸的小溪搜寻，发现书文五千卷。第四杯往昔不如意的悲伤都从毛孔中消失。第五杯肌肤和骨骼激浊扬清。第六杯通神仙。第七杯给我从未有过的快乐。两腋习习清风生。如我飞入蓬莱山。"

[②] Blofeld (1985)；Hardy (1979)；Smith, M. (1986)。一个日本人对茶文化的见解，也可参见 Okukura Kakuzo (1906)。

[③] 参见上文 p. 508 和《尔雅》（第十四篇），第四十页。

[④] 参见上文 p. 508 的注释。

[⑤] 参见上文 p. 509 和 p. 511，和注释。

[⑥] 《新修本草》卷十三，第——六页。

以保存起来日后享用"[①]。这些参考文献显示，即使在唐代开元时期，鲜叶也仍然被直接用来烹茶，但同时也证实了茶叶可以加工成性质稳定的产品。到了陆羽《茶经》(760年)问世，茶叶加工工序和烹茶的方法都已被标准化了。

556

我们已经知道唐代生产的是饼茶。《茶经》中已经详细说明了，用饼茶烹制茶汤以及饮茶的方法。其中，第四篇详细地描述了烹茶过程所用到的茶具，请参见表54，有关各种茶具的功能。作者都或多或少已经进行了自我诠释。在第五篇中，介绍的是烹茶技术，第六篇则是饮茶艺术。《茶经》中泡茶和饮茶的步骤简述如下：

1) 用钳子 (表 54，第 4 项) 夹住饼茶，放在火 (第 1 项) 上烘烤[②]。

表 54 陆羽《茶经》中使用的泡茶茶具

1. 铜、铁或黏土制风炉，状似古鼎。
2. 1尺2寸高，口径为7寸的竹篮。
3. 1尺长的六棱铁制拨火棍。
4. 一对铁或铜制钳子，1尺3寸长，用来夹火炭。
5. 烧水用水壶，铁制或陶制，或最好的为银制。
6. 壶垫。
7. 1尺2寸长的一个竹夹，用来烘烤饼茶。
8. 用厚实白纸制的纸包。
9. 木碾，用来碾碎饼茶。
10. 罩有一层薄纱的竹筛。
11. 海贝、竹、铜或铁制的计量器。
12. 木制水罐，容积为1斗，缝隙上刷有油漆。
13. 水囊，丝制，外框为金属制。
14. 瓢，用葫芦或木头制成。
15. 一对木棍，1尺长，两端用银包裹。
16. 瓷制盐篡，口径4寸，带有一个竹勺，4寸长，1寸宽。
17. 瓷罐 ("熟盂")，盛沸水用 (容积为两升)，也作茶罐用。
18. 茶碗 ("碗")，产地为越州或鼎州。
19. 白蒲编成的篮子，可以装十个碗。
20. 棕榈皮制成的一个刷子，状似一支巨大的笔。
21. 木制溢水盘，可盛8升水用来清洗茶具。
22. 一个用来盛渣滓的5升容器。
23. 两个2尺长的毛巾，用来洗擦各种器具。
24. 放置各种器具用的橱柜。

2) 将烤热的饼茶放入纸包 (第 8 项) 中冷却。

3) 用木碾 (第 9 项) 将冷却的饼茶碾碎。

4) 将茶末过筛 (第 10 项)。

---

① 《食疗本草》，第二十三页，第 44 条。也可参见上文 p.512。
② 烹茶前烤制饼茶的原因不明。也许唐朝茶没有完全干燥，或者是为了除掉储藏时吸收的水分。最后它们产生腐味，通过烤饼可能能够消除。大概到了宋朝早期，干燥和储藏饼茶的技术得到改进后，烹茶前就不在需要烘烤饼茶了。

5）在［罐］中煮水，直到水开始剧烈沸腾[①]。

6）将沸水注入装有茶末的碗（第 18 项）中。或者将水注入装有茶末的茶罐中（第
17 项），并静置片刻[②]。

7）保持茶碗中的泡沫，那是茶叶的精华。

《茶经》进一步毫不掩饰它的蔑视，公开评论，"有时将葱、生姜、枣、橘皮和薄荷
与茶一起煮制，并且撇去茶沫的方法。煮制出来的茶汤与废水无异，这种恶习至今还在
继续。"（"或用葱、姜、枣、橘皮、茱萸、薄荷之等，煮之百沸，或扬令滑，或煮去沫，
斯沟渠间弃水耳，而习俗不已。"）考虑到中国医学有将几种中药一起煎制来获得药剂的
习惯，所以这种烹茶方法也许是古代把茶作为药用而遗留下来的做法，但这显然不是唐
朝士绅们所希望的烹茶方法。

在宋朝期间饮茶更加普及。"天子"宋徽宗在《大观茶论》（1107 年）中记载了自
己煎茶的方法，表 55 中列出了他所用到的器具。煎茶的程序如下[③]：

1）切下所需要量的饼茶。

2）将饼茶碾碎成细小的粉末。

3）将茶末过筛数次。

4）将茶末放入戋，即泡茶和饮茶的碗中。

5）用瓶（瓶状的水罐）烧纯水。

6）向碗中注入适量沸水，并用竹制炊帚（筅）搅拌汤液。

7）用碗饮茶，饮时避开茶渣。

8）向茶渣注入更多的水，搅拌后饮用茶汤；如此再重复六次。

表 55　皇帝宋徽宗煎茶用具

1. 碾：银制或铸铁制的碾子，用于将饼茶碾碎。
2. 罗：筛子，编织精密结实。
3. 戋：泡茶和饮茶用的茶碗，碗深且大，颜色为暗蓝色。
4. 筅：竹制搅拌器，混合茶汤用。
5. 瓶：一个细长茶壶，带有一个长的弯曲壶颈，金制或银制。壶口必须高于瓶的其他部位，以免水沸腾时，发生溢出。

以上程序与陆羽描述的步骤非常相似，但仍存在一些微小的差别。饼茶使用前不再
经烘烤，茶末可用水冲泡七次[④]。我们已经知道水在瓶状的水罐中煮沸，据宋徽宗记

---

　　①　令人奇怪，尽管《茶经》第五篇中详细描述了水沸的三个阶段，以及在第一沸后要加入一撮盐，但对煮水
的容器没有半点说明。

　　②　傅树勤和欧阳勋（*1983*），第 34 页和 Ukers（1935）Ⅰ，p. 19。第二种方法是基于第六篇，傅树勤和欧阳
勋（*1983*）第 38 页，Ukers（同上）p. 20。完整的引文如下："至于饼茶，先削下一片，烘烤，碾碎，放置于碗
中，再注入沸水。此即为泡茶。"（"饼茶者，乃斫，乃熬，乃炀，乃舂，贮于瓶缶之中，以汤沃焉，谓之痷茶。"）

　　③　《大观茶论》，引自陈祖槼和朱家振（*1981*），第 45—46 页。蒲乐道［Blofeld（1985），pp. 27—31］概述了
相关内容，对读者非常有帮助。

　　④　蔡襄《茶录》（1051 年），引自陈祖槼和朱家振（*1981*），第 31—32 页，书中还列出了烤茶时用的器具。
另外文中已经提到戋（茶碗），并且提到在使用前要先进行温润泡。这令人回想起现在泡茶前用沸水润泡茶罐的操
作。

载，水罐最好为银质或金质。最有趣的是用炊帚搅拌茶汤。熟悉日本文化的读者会认出这步操作是著名的日本茶道（茶之汤）中的组成部分①。尽管这步操作在明初便从中国消失，但在日本却流传了下来。

559 　　如果将唐宋煎茶方法与《茶具图赞》（1269 年）中的茶具（图 129）联系起来进行对比，则对我们非常有指导意义②。尽管这些图经常与陆羽的《茶经》印制在一起，但我们认为这些茶具更像是宋代常见茶具的代表③。图 129（1）和 129（2）可能是制作饼茶时用到的器具，图 129（3）和 129（4）中的用具可能是用来将饼茶碾成粉末的器具，而图 129（5）和 129（6）为煎茶时用到的器具。如果我们将列在表 55 中的器具和这些图进行比较，我们可以发现图 129（9）为戈（茶碗），图 129（10）为又长又窄的鉼（茶壶），图 129（11）为筅（竹制炊帚）。自唐代以来，煎茶器具很明显已经由日常生活用具发展成为精美的工艺品。我们只需看看皇帝宋徽宗在金制的碾具中碾他的极珍贵贡茶，再将茶末倒入雅致的瓷碗中，之后从他金制茶罐中注入沸水，出于嗜好他搅拌着茶汤，并独自优雅的饮着茶，他丝毫没有意识到如此放任地享受会损害国事，最终失去了他的帝位。

　　茶学家蔡襄最先引用了术语"点茶"来表达泡茶。这个术语在宋代被广泛使用，甚至一直流传，出现在明代茶书中。由于元代散茶取代了饼茶的位置，明代煎茶的方法就被进一步简化了。宋代烹制饼茶时用到的一些茶具④，例如茶碾、茶筛和筅仍然出现在朱权的《茶谱》（1440 年）中，但是钱椿年的同名著作（1539 年）却没有发现这些茶具。后者仅列出了茶瓶、茶勺（茶姚）和茶碗（茶戈）。其中还强调为了泡一壶好茶，必须用开水将所有茶具冲洗一次，而且茶碗必须是温的⑤。

560 　　明代最详细的泡茶记载出自许次纾的《茶疏》（1597 年）。蒲乐道已将其中的相关内容翻译成了英文。兹引述如下⑥：

　　　　泡茶：备好茶具，并且保证它们已经完全清洗干净。将茶具放在桌上。掀开茶壶盖，倒置，或放在茶托上。茶盖的内表面不能与桌面接触，因为桌面上的油漆或残余的食物都会破坏茶叶的味道。沸水注入茶壶后，用手撮起一些茶叶投入壶中，再盖上壶盖。深呼吸三次后，将茶汤倒入茶杯，之后又倒回茶壶，以便香气的散发。再深呼吸三次，以待茶叶沉底。这时就可以倒出茶汤待客了。用这种方法泡茶，茶味鲜美，香气宜人。饮茶可养人，消除疲劳，令灵魂升华。

---

　　① 更多日本茶叶礼节的资料，参见 Chow & Kramer（1990），pp. 51—62；Hardy（1979），pp. 62—70；Ukers（1935）Ⅱ，pp. 361—378。

　　② 引自陈祖椝和朱家振（*1981*），第 95—120 页。

　　③ 这些图片的复制，见 Ukers（1935）Ⅰ，pp. 16—18 和 Chow & Kramer（1990），pp. 8—9，并且解释说明为陆羽时代的茶具。

　　④ 两本同名《茶谱》，引自陈祖椝和朱家振（*1981*），第 120—128。后面一本中煎茶部分的内容被明代食经《饮馔服食笺》（1591 年）（第二十五至二十八页）逐字引用。

　　⑤ 洗茶是工夫茶艺中不可缺少的一步，参见 p. 540 和注释。

　　⑥ Blofeld（1985），pp. 33—34。原文可参见陈祖椝和朱家振（*1981*），第 154—156 页。第二段引文的结尾处，蒲乐道提到中国北方至今仍然有饭后用茶漱口的习惯。我们不知道时至今日（1995 年）这种说法还有多少真实程度。

558

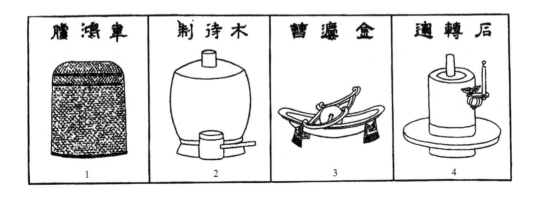

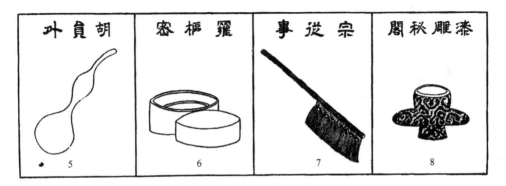

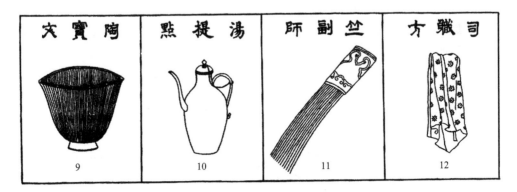

图 129 《茶具图赞》（1269 年）（第五至二十七页）中的茶具；图 1—12。所有 12 张图合在一起，采自陈祖椝和朱家振（1981），第 96—119 页；也可参见 Ukers（1935）I，pp.16—18。1. 用来干燥茶叶的竹笼；2. 用来使饼茶成型的木砧和铁槌棒；3. 铁制的茶碾；4. 石磨；5. 用来量水的瓢杓；6. 用来分离粗末和好茶的筛子；7. 用来去掉灰尘的刷子；8. 漆制的有把手的茶杯；9. 瓷茶杯；10. 瓷茶壶；11. 用来清洗茶壶的竹刷；12. 清洗茶杯的毛巾。

　　饮茶：一壶茶冲泡不能超过两次。第一泡，茶味鲜美；第二泡滋味甘醇，第三泡便淡而无味了。所以冲泡水量不可太多，然而也不能过少。水量应保证第二泡后再次冲泡茶渣时，茶水还能继续散发宜人的芬芳，可供饭后漱口。

　　〈烹点：未曾汲水，先备茶具。必洁必燥，开口以待。盖或仰人，或置瓷盂，勿意覆之案上。漆气食气，皆能败茶。先握茶手中，俟汤既入壶，随手投茶汤。以盖覆定。三呼吸时，次满倾盂内，重投壶内，用以动荡，香韵兼色不沉滞。更三呼吸顷，以定其浮薄。然后泻以供客。则乳嫩清滑，馥郁鼻端。病可令起，疲可令爽，吟坛发其逸思，谈席涤其玄衿。

　　饮啜：一壶之茶，只堪再巡。初巡鲜美，再则甘醇，三巡意欲尽矣。所以茶注欲小，小则再巡已终，宁使余芬剩馥，尚留叶中，犹堪饭后供啜漱之用，未遂弃之可也。〉

　　除了茶壶外，《茶疏》中还介绍了"茶瓯"（茶杯）和"茶注"（水壶）。茶杯应该为陶制，茶罐为银制或白镴制。《茶解》（1609 年）中也介绍了相同的茶具，其中认为陶制的茶罐和茶壶好于锡制。"茶注"和"茶瓯"中这种术语已不再使用，而被水壶（或锅）和茶杯代替[1]。而"点茶"被"泡茶"代替[2]。与这些术语上的改变不同的是，茶艺从明朝至今都没有实质上的变化。

　　至此我们所谈论的都只是局限于绿茶。中国历代冲泡绿茶的传统主流方法阐述如下：

1) 远古时期：鲜叶直接放入水中煮制；
2) 从公元前 1 世纪至唐代：根据需要煮制饼茶或散茶；
3) 唐代：饼茶，烘烤，碾碎和用沸水冲泡；
4) 宋代：饼茶，碾碎和用筅在沸水中抽打。
5) 从明代至今：用沸水冲泡散茶。

561　　由于加工中对叶片强烈的处理，宋饼茶会比正常的散茶释放出更多的精油。打茶时这些油会形成乳状液体，使茶汤呈白色乳液状。因此宋徽宗用"乳"形容第一泡的茶汤。这可能也是一些顶级饼茶名为"石乳"和"白乳"的原因[3]。同时也是宋代流行用暗色陶碗的原因，目的是为了加强这种对比。但到了明代，散茶成为主流茶叶，饼茶变的稀少，白色便成为茶碗的流行色。

　　乌龙茶和红茶的情况又是怎样的呢？当 17 世纪乌龙茶问世之际，只被简单地认为是另外一种绿茶。可能是在 18 世纪，出现了一种特殊的乌龙茶艺，即功夫茶[4]。功夫茶可能开始于武夷山僧人的茶园。泡茶时所用的小型茶壶和无把茶杯都要注入沸水烫洗（图 130）。之后向茶壶中投入半壶干茶，注入沸水并迅速倒出。这一步名为"洗"茶。再次向茶壶中注满沸水。一分钟后，将茶汤分装到小茶杯中。未饮茶汤，先闻茶香，恰似饮利口酒之感。第二泡茶汤的滋味被认为是最为醇厚的。第三泡茶汤的芬芳都已消

---

　　[1]　冯可宾《岕茶牋》（1642 年）中也可见到"茶杯"，参见陈祖槼和朱家振（1981），第 179 页。

　　[2]　"泡茶"的术语最早出现在陈师的《茶考》（1593 年）中，参见陈祖槼和朱家振（1981），第 139 页；张源《茶录》（1595 年），参见陈祖槼和朱家振（1981），第 142 页。

　　[3]　《宋史》，第四四七七页。

　　[4]　蒲乐道 [Blofeld（1985），pp. 133—140] 非常精彩地描述了工夫茶艺。也可参见 Chow & Kramer（1990），p. 37。

散，但茶味依旧很浓。有时也用绿茶来泡功夫茶，但最常用的还是乌龙茶。

图 130　功夫茶的准备工作，台北，黄兴宗摄影。

没有关于红茶特殊冲泡方法的描述。正如上文所述，红茶的发展是为了满足国外茶叶消费者的需要。生产的大部分红茶都是为了出口贸易。中国人自己仅消耗很小一部分红茶。如果 19 世纪时中国人曾饮用红茶的话，那么冲泡方法很可能会和绿茶相同①。

泡茶并不是唯一流传下来的饮茶方式。《新修本草》和《食疗本草》中建议用茶煮粥，将茶叶与诸如洋葱、生姜、枣、橘皮和薄荷等各种添加物一起煮沸②。这种曾被陆羽不屑一顾的古老方法并没有消失。实际上南宋时期，林洪还在其食经《山家清供》中抱怨道：

> 今日人们不仅不关心泡茶的水质，显然也不在乎盐和水果的添加对茶汤产生的不好影响。他们到底是否清楚葱能治愈头昏眼花，李子可以解乏？如果既不头昏，也不疲惫，喝此茶的目的是什么呢③？

〈今世不惟不择水，且入盐及茶果，殊失正味。不知惟葱去昏，梅去倦，如不昏不倦，亦何必用。〉

元代食经《居家必用》中的一些煮粥食谱中，将茶叶与其它底料物质，例如绿豆、

562

① 王士雄的《随息居饮食谱》〔（1861 年），第十五页〕说到："红色的茶（Tea that is red）经过'蒸汽'熟化处理，而失去了原本的鲜醇。它不可能解渴。有其自己的饮用方法。"（"色红者，已经蒸盦，失其清涤之性，不能解渴，易成停饮。"）这说明"红茶"这个词汇还没有被普遍接受使用。

② 参见 p. 512。

③ 《山家清供》，第一〇九至一一〇页。

大米、枸杞的花瓣或果实、芝麻、花椒等一起煮制[①]。此外，这本书中还有两个食谱，将茶与黄油一起冲泡，这至今仍然是蒙古人和藏民饮茶的方法。明代著作《多能鄙事》和《臞仙神隐书》中转录了这些食谱[②]。蒲乐道确实曾指出云南"砖茶的饮法正如煮汤，将茶叶与芝麻、生姜、橘皮等添加物放在一起煮[③]。"他还品尝了云南新鲜烤制的普洱茶，认为滋味鲜美。

（ii）茶叶对健康的影响

陆羽《茶经》中写到："鸟、兽和人的生存都需要饮食。饮品的重要性无论怎样形容都不为过。我们喝水是为了解渴，喝酒是为了消愁，饮茶是为了保持清醒[④]。"（"翼而飞，毛而走，去而言，此三者俱生于天地间。饮啄以活，饮之时，义远矣哉。至若救渴，饮之以浆；蠲忧忿，饮之以酒；荡昏寐，饮之以茶。"）除了消除困意，茶还具有其他一些特性而颇受欢迎。陆羽在其著作的另一个部分陈述到："茶性寒。最适宜自信和品性端正之人饮用。如果感觉燥热、干渴、郁闷、头痛、目涩、四肢疲劳和百节不舒，饮茶便可舒缓诸多不适觉。啜上四五口，便如呗吸到天堂的琼浆玉液[⑤]。"（"茶之为用，味至寒，为饮最宜精行俭德之人，若热渴、凝闷、脑疼、目涩、四支烦、百节不舒，聊四五啜，与醍醐、甘露抗衡也。"）

在茶的上述品性之外，宋代著名的大文豪苏东坡于 1083 年宣布了一个惊人的发现，即饮茶可减少蛀牙。他说[⑥]：

　　我发现饭后用浓茶漱口有利洁齿。茶水可以消油腻，除脾胃不适。茶的旋转将缩小和去除了留存齿间的残渣，不必使用牙签剔。牙齿将坚固。牙病将减少。因为高档茶叶不易得到，中低档的茶叶也可以达到同样的效果。

　　〔吾有一法，常自珍之。每食已，辄以浓茶漱口。烦腻既去，而脾胃不知。凡肉之在齿间者，得茶浸漱之，乃消缩不觉脱去，不烦桃刺也。而齿便漱濯，缘此渐坚密，蠹病自己。然率皆用中下茶，其上者自不常有。〕

钱椿年《茶谱》（1539 年）中重申了以上观点[⑦]：

　　茶效：饮真茶能解渴、促进消化，祛痰、少睡，利尿、明目、活跃思维、消愁和去腻。人不能一日无茶，但如果由于某种原因不能饮茶，却仍然可以用浓茶水漱

---

① 《居家必用》，第五一八页。

② 《易牙遗意》（第六十九至七十一）中也发现了同样的食谱。

③ Blofeld (1985), p. 140。

④ 《茶经》，傅树勤和欧阳勋 (1983)，第 37 页，由作者译成英文，借助于 Ukers (1935)，p. 19。

⑤ 《茶经》，傅树勤和欧阳勋 (1983)，第 5 页，由作者译成英文，借助于 Ukers (1935) Ⅰ，p. 15 和 Carpenter (1974)，第 1 卷。这段话的最后一句很难翻译准确。原文为"聊四五啜，与醍醐、甘露抗衡也。"尤克斯和卡彭特都将"聊四五啜"译为"饮茶四五次"，但我们认为译为"四五口"更接近原文意境。

⑥ 《东坡杂记》，引自陈祖槼和朱家振 (1981)，第 238—239 页。

⑦ 钱椿年《茶谱》，陈祖槼和朱家振 (1981)，第 127—128 页；这段文字的一部分被张谦德《茶经》转述，陈祖槼和朱家振 (1981)，第 146 页。

口。必然愁绪消散，油腻消除，脾胃自然健康。凡是残肉留存齿间的，不仅可以不知不觉地除净，还可以免除剔牙。牙齿上留下了茶的苦味，牙齿会变得坚固。毒害牙齿的物质也会自然减小。

〈茶效：人饮真茶能止渴消食，除痰，少睡，利水道，明目，益思，除烦去腻。人固不可一日无茶，然或有忌而不饮。每食已，辄以浓茶漱口，烦腻既去，而脾胃自清。凡肉之在齿间者，得茶漱涤之，乃尽消缩，不觉脱去，不烦刺桃也。而齿性便苦，缘此渐坚密，蠹毒自已矣〉

上文（p.554）引用了嗜茶人卢仝（835年）著名的赞茶诗，相比以上文字，其中描述饮茶功效的诗句更具诗意和浪漫感觉。但是透过文学上的一切修饰，中古代的中医们是如何看待饮茶对人体的作用呢？为了解答这个问题，需要求助于诸多"本草"药典中对此问题的陈述。这方面最早的记载来自《新修本草》（659年），上文（p.512）已经引用的相关内容。但鉴于这段文字的重要性，需要再次转引相关记载①："茗（茶）：味甘苦，微寒无毒，主瘘疮，利小便，去痰热，止渴，令人少睡。"

《食疗本草》（670年）、《本草拾遗》（725年）、《证类本草》（1082年）、《饮膳正要》（1330年）、《本草品汇精要》（1505年）和《本草纲目》（1596年）中都发现了类似记载②。《本草纲目》中的总结如下："茗（茶）叶：气味，苦，甘，微寒，无毒，主治瘘疮，利小便，去痰热，止渴，令人少睡，有力悦志。下气消食。"

《本草纲目》还进一步阐述了茶对腹泻、中暑和醉酒治疗的功效。在《本草纲目拾遗》（1780年）中，还描述了特种茶叶和各种处方，有治愈或减轻这些症状的功效③。然而并非所有的记载都认为饮茶有益。南宋林洪在食谱《山家清供》中，就有下列警示④：

茶即是一种药。煎煮所得汤剂可以缓解心痛，促进消化。如若陶醉于茶汤，则反而会削弱膈肌，使脾胃虚弱。一些人将老叶和新叶混合加工，再加上喝茶人懒于煎煮，这样更加有害。

〈茶即药也，煎服则去滞而化食，以汤点之，则反滞膈而损脾胃。盖世之利者多采叶，杂之为末，即又怠于煎煮，宜有害也。〉

贾铭营养学著名的著作《饮食须知》（元代末年）中也有如下记载⑤：

茶味苦中带甜。茗性大寒，但芥茶性微寒。长期饮茶可瘦身、去脂，并使人少眠。饮大量的茶或酒后饮茶会使寒气渗入肾脏，引起腰、脚痛和膀胱发胀，以及患水肿、关节风湿诸病。饮茶时加盐或者与咸的食物匹配尤其有害，恰似引贼入室一般。切不可空腹饮茶。进食细香葱时饮茶会有发胀令人身重的感觉⑥。必须趁热饮

---

① 《新修本草》卷十三，第一一六页。

② 《食疗本草》，第二十三页，第44条；《本草品汇精要》［卷十八，第五〇八页］引用了《本草拾遗》和《证类本草》；《饮膳正要》卷二，第五十八页；《本草纲目》卷三十二，第一八七二页。

③ 《本草纲目拾遗》，第二四九—二六〇页。

④ 《山家清供》，第一〇九页。

⑤ 《饮食须知》，第四十八至四十九页。有趣的是，陈祖椝和朱家振（1981）选辑的茶叶文献资料没有收录这段记载。

⑥ 《格物粗谈》（980年）（第二十二页）中的观点相同。

茶，冷茶会导致积痰。应当尽可能少饮茶，最好根本不饮。

〈茶味苦而甘。茗性大寒，芥茶性微寒。久饮令人瘦、去人脂，令人不睡。大渴及酒后饮茶，寒入肾经，令人腰脚膀胱冷痛，兼患水肿挛痹诸疾。尤忌将盐点茶，或同咸味食，如引贼入肾。空心切不可饮。同榧食，令人身重。饮之宜热，冷饮聚痰，宜少勿多，不饮更妙。〉

不过这些反对观点，并没有对后来明清时期茶的普及造成什么影响。认为饮茶有益健康的传统观点，在中国至今仍然被广泛接受。中国古代文献中描述的茶叶功效，又有多少根据呢？如果事实确实如此，那么从现代科学的角度来看，其机理又是什么呢？在研究这些论题之前，将上文提到的茶叶功效，在表 56 中进行简述并归类，可以起到事半功倍的作用[①]。出于启蒙和娱乐读者的目的，我们在表 57 中列出了一则茶叶广告，

表 56　中国对茶叶功效的传统观点

1. 解渴
2. 少眠、解酒，以及刺激思维
3. 使体温下降，退烧，以及缓解头痛和眼痛
4. 利尿、促进肠胃蠕动，以及缓解腹泻
5. 有助消化，去油腻，消除肠胃胀气
6. 去痰、减轻皮下脓肿和发炎症状，以及减轻关节疼痛
7. 固齿
8. 使人神清气爽
9. 使人健康长寿

表 57　加韦的第一个茶叶广告（1660 年）

它使动作灵活、体格健壮。

它有助于减轻头痛和眼花，并可强身健体。

它清除脾脏堵塞物。

它可预防结石，用蜂蜜代替糖与茶饮，清洁肾脏和尿管。

它使呼吸顺畅，消除积闷。

它去腻、明目。

它可消除疲惫，暖肝。

它可防止动脉硬化、增强心脏或胃部动力、增进食欲、促进消化；对肥胖人群，如由过量饮食引起的肥胖有特殊功效。

它缓解多梦，有助大脑放松，增强记忆。

它通常可治愈嗜睡，防止瞌睡，因为它适度加热和束缚胃部，喝入一口茶汤，无疑，整夜学习也不会伤害身体。

冲泡适量叶片，可刺激轻微呕吐，促进毛孔呼吸，从而防治疼痛、高烧等疾病，并有良好疗效。

它（用牛奶兑水冲泡）可增强内脏功能，防止肺病，有减轻肠道疼痛功效。

适当冲泡可促进流汗、排尿，从而净化血液，预防感染，有助治愈伤寒，消除水肿。

它可消除由吹风引起的疼痛，减少肿瘤。

茶及饮料的优点和魅力为数很多，法国、意大利、荷兰和其他基督教国家的著名人士（特别是最近）饮用后，都表示了高度赞赏。

---

① 一共有 9 条功效。表中列出的仅是《中国茶经》[陈宗懋（1992），第 92—101 页]中林乾良列举 24 条功效的简要。

这则广告现存于不列颠博物馆（British Museum），由托马斯·加韦（Thomas Garway）于 1660 年在伦敦发表[1]。

表 56 中的第一项功能为茶能解渴。这项功能不会令人惊奇，毕竟茶汤中大部分是水，不过此水已非普通之水。在成饮料之前，要先煮沸。现在我们知道，煮沸的水可以杀死所有可能存在的病原体。由于人们有理由相信茶水确实可以去除各种致病微生物，因此比起生水来，茶是更安全的一种饮品。所以，饮茶的风俗可能对中国的公共健康间接地作出了很大贡献。每饮一杯茶，就意味着少喝了一杯不安全的水。当然茶之所以成为首选，也可能是因为茶比单纯的开水更解渴。但在我们在讨论这种可能性之前，有必要对茶汤中的茶叶浸出物质，以及这些成分的化学和药理学有一些了解。

茶叶中的三大主要成分分别为生物碱咖啡因（alkaloid caffeine）、精油（essential oils）和多酚类物质（polyphenols）[以前被误称为单宁酸（tannins）][2]。众所周知，咖啡因是一种轻度刺激物质，可以止痛、利尿，它作用于神经中枢系统，肌肉（包括心肌）和肾脏，可提高反应能力，促进肌肉运动，加强肾脏功能[3]。精油是茶香的组成成分[4]。精油是一种挥发物，如果加工时干燥温度太高，或者储藏不当，便会造成丢失。多酚类物质由多种复杂酚类化合物组成，其主要物质黄烷醇（flavanol），一般被称为儿茶素（catechin）。几种主要的儿茶素包括：（－）-表儿茶素［（－）- epicatechin］，（－）-表儿茶素没食子酸酯［（－）- epicatechin-3-gallate］，（－）-表没食子儿茶素［（－）- epigallocatechin］和（－）-表没食子儿茶素没食子酸酯［（－）- epigallocatechin-3-gallate］，以及（＋）-表儿茶素［（＋）- catechin］和（＋）-没食子儿茶素［（＋）- gallocatechin］。"发酵"时茶多酚被氧化为茶黄素（theaflavin）和茶红素（thearubigins）。图 131 显示的是它们的结构式。表 58 介绍了加工期间三大茶类中儿茶素的减少量。成品绿茶中大约还含有鲜叶中 60％的儿茶素，而成品红茶几乎不存在儿茶素。乌龙茶中儿茶素的含量居中。正是儿茶素和多酚氧化物的存在，才赋予了茶汤独特的风味和色泽。过去曾经认为多酚类物质对消化系统有毒害作用，但这种偏见早已不复存在[5]。事实上，茶中令人最感兴趣的，对人体健康和精神造成影响的物质，正是多酚类物质。

精油和多酚类物质的存在，是人们在饮用一杯热气腾腾的茶水时，能够享受到茶香、茶色和风味的主要原因。从唐朝开始，中国药典就一再重申茶味既苦且甜。这种说法似乎自相矛盾，但若亲自用明朝茶书中介绍的传统方法冲泡一杯绿茶，品尝后便会发现此言非虚。饮啜一口刚刚冲泡的茶汤，口腔便会马上感觉到轻微的收敛。这种味道清馨，带有青草味，尽管略带苦涩。但是吞下这口茶后，便会感觉到在舌尖和喉咙中有滑

---

① 采自 Ukers（1935）Ⅰ，p. 39. 其中的观点与《波韦手稿》（*The Povey Manuscript*）赞颂茶叶功效的观点一致，Ulkers，同上，p. 40. 此手稿据说是医学博士托马斯·波韦（Thomas Povey M. P.）于 1686 年从"中文"翻译为英文的。据推测，加韦的广告和波韦的手稿中的内容很可能都来自明代的茶书。

② 对茶叶化学成分的分析可参见 Yamanishied.（1995），pp. 435—456。也可参见 Graham, H. N.（1992）。

③ Harler, C. R. 采自 Ukers, W.（1935）Ⅰ，pp. 538—543；Chow & Kiamer（1990），第九卷，pp. 91—99。

④ 精油是由碳水化合物、醇类、醛类和酮类等组成的一种复杂混合物。这些化合物为芳樟醇、香叶醇和甲基水杨酸，参见国际肿瘤研究中心专刊（IARC），vol. 51，（1991），pp. 217

⑤ 尤克斯［Ukers（1935）Ⅰ，p. 545］提到："医学届舆论认为不宜过度饮茶，很大程度上是因为单宁酸对消化过程的影响作用。因为它的收敛作用可能导致结肠便秘，并且减少肠内分泌物质导致消化不良。"

567

(-)表儿茶素

(-)表儿茶素没食子酸酯

(-)表没食子儿茶素

(-)表没食子儿茶素没食子酸酯

绿茶中主要化合物

发酵　　　茶多酚氧化酶

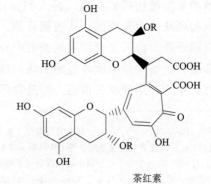

茶黄素

茶红素

R=为没食子酸基

（可能的结构）

红茶中主要化合物

图 131　儿茶素和儿茶素氧化物的化学结构式。

表 58　三大茶类中风味物质比较

风味物质　茶类型	儿茶素（毫克/克）					
	EGC	GC	C 和 EP	ECG	EGCG	总计
绿茶						
鲜叶	18.99	8.11	11.01	88.58	31.09	158.38
成品茶	11.50	4.68	6.35	61.14	25.04	108.71
减少百分率	39.44	42.29	45.31	30.97	19.46	31.36
乌龙						
鲜叶	34.36	7.03	12.79	24.38	63.91	142.57
成品茶	5.00	3.69	4.01	8.15	16.91	37.76
减少百分率	85.49	47.51	68.64	66.57	73.54	73.51
红茶						
鲜叶	29.00	11.05	7.34	18.74	81.84	147.93
成品茶	0.10	——	——	1.10	2.50	3.70
减少百分率	99.64	100.00	100.00	94.13	96.95	97.59

采自 Tei Yamanishi ed.（1995），p.412，表Ⅳ.（2）。我们感谢骆少君改正原表中的几处错误并提供红茶方面的数据。

EGC，（－）-表没食子儿茶素。GC，（＋）-没食子儿茶素。C，（＋）-儿茶素。EP，（－）-表儿茶素。ECG，（－）-表儿茶素没食子酸酯。EGCG，（－）-表没食子儿茶素没食子酸酯。

润或甜的感觉。也许正是这种感觉刺激了卢全，所以他（p.554）能在约1200年前写下了："一碗喉吻润"这样优美的诗句。这些都是精油和多酚产生的直接影响。

但最初的感觉过后，卢全诗中的第二和第三句所描述的，给予我们的物理成分便是咖啡因，"二碗破孤闷"和"三碗搜枯肠，惟有文字五千卷"都是茶中咖啡因起作用，使人愉悦的真正原因。实际上表 56 中的大部分有益功效都来自咖啡因。咖啡因通过影响中枢神经系统，使人保持清醒，消除饮酒引起的神经麻木和刺激思维（第 2 项）。咖啡因的刺激还可以使体温降低，导致退烧和缓解头痛、眼痛（第 3 项）、减轻关节疼痛，以及作用于肾脏，导致利尿和控制腹泻（第 5 项）。这样，反过来也帮助减少可能滞留在血液中的，进入生理循环的体内毒素。此外，咖啡因还可以刺激肠胃蠕动和消化酶活性，由此改善了消化系统的功能（第 4 项）。同时，这也是饱食之后饮上一两杯茶，便可以帮助消除油腻和不适之感的原因。

另一方面，对咖啡因高度敏感的人群而言，茶会成为一种别具诱惑力的毒物。尽管大多数人不会像加韦广告（表 57）中所说的那样睡眠过剩，也不会"整夜学习也不会伤害身体"。咖啡因使人避免犯困，剥夺了人体休息的需要，并使机体在第二天都处于敏感亢奋的状态[1]。咖啡因在血液中的半衰期为六个小时，这意味着对于特定人群来说，一杯茶或咖啡的副作用会持续十二个小时。然而茶（和咖啡）的诱惑力是如此之大，近半个世纪以来，人们花费了大量的时间和精力致力于研究在不影响口感的条件下，将咖啡因从茶叶（和咖啡）中提取出来。得益于现代化学工程师们的不懈努力，这

569

---

[1]　Chow & Kramer（1990），p.95。

项研究已获得了很大成功。市场上已出现无咖啡因的茶和咖啡，这对爱好茶和咖啡的咖啡因敏感者来说，无疑是一大福音。而对那些没有经历过咖啡因过敏痛苦的人来说，无咖啡因饮品也许有点淡薄无味。事实上，可能会有人提出疑问："鉴于咖啡因在健康方面的功效，饮用无咖啡因茶是不是还有意义？"

令人意想不到的是，答案似乎是肯定的。原因在于表 56 中的最后三条。至今我们一直专注于咖啡因，还没有对它们进行讨论。第 7 项就足以说明问题，但实际上很难讲清楚一个人幸福感增强、好的健康状况和长寿的实际标准是什么。过去的二十年间，一项在中国、日本、英国和美国开展的茶对人体健康和疾病各个方面作用的研究，给我们留下了这样一种印象，那就是这些看似虚无缥缈的观点也许确有其科学依据。首先，以固齿（第 7 项）为例[①]。现在已经知道茶叶中富含氟化物。在饮用水无氟的地区，每天饮用两到三杯茶可以提供足够的氟化物保护牙齿珐琅质的腐坏。但这并非全部，茶叶中的多酚类物质也可以阻止口腔中的细菌活动，由此防止牙斑和龋齿的形成[②]。

570　　　尤其令人兴奋的是，最新研究发现，茶多酚有时在咖啡因的促进下，可以预防癌症和心血管疾病，它们是现代社会的两大杀手[③]。如果这种观点确实无误的话，那么茶便能够赐福予饮茶者，也即表 56 中的最后两项，即良好的精神状况，以及好的健康状况和长寿。还有两项一直在，并仍然在研究当中。第一项为流行病学方面，研究茶对人群中特殊疾病的作用。第二项是生物化学和药理学方面，包含实验室动物实验，细胞实验和生物系统实验。分析这些结果的意义不是本书所要涉及的范围。我们需要简要说明的是，流行病学的研究尚未取得突破，但实验室研究结果颇为鼓舞人心。茶叶浸出液、提取液和分离的儿茶素已然具有下列一些显示：

1）通过提高健康细胞 DNA 复制遗传的正确率来预防细胞突变[④]。

2）抑制致癌化学物，例如亚硝胺（nitrosamines）的形成[⑤]。

3）通过增加白血球数量加强免疫性[⑥]。

4）抑制可诱发皮肤癌、食道癌、前胃癌、十二指肠癌、小肠癌、结肠癌、胰腺癌、肝癌和乳腺癌的化学物质的形成[⑦]。

5）抑制癌细胞扩散[⑧]。

6）降低血液中胆固醇和脂肪含量[⑨]。

---

①　Chow & Kramer (1990)，p. 108。也可参见曹进（*1992*），第 202—203 页，其中分析了几种中国茶中氟化物的含量。

②　Otake *et al*. (1991) 和 Yu et al. (1992)。

③　专对外行人，提供关于这项进展的通俗报道，可参见 Chow & Kramer (1990)，pp. 91—112。学术上的最新观点，参见 Yang, C. S. & Wang Zhi-Yuan (1993)，以及 Ho ChiTang *et al*. (1994)。

④　Xu, Y, Ho, C. T.，Amin, S. G, Han, C. & Chung, F. L. (1992)。

⑤　Nakamura & Kawabata, T. (1981)。参见 Han & Xu (1990)。

⑥　Yan, Y. S *et al*.，采自 Yang & Wang (1993)，p 1046，ref. 126 中。杭州茶叶研究所的研究的著作，采自 Chow & Kramer (1990)，pp. 102—103。

⑦　Yang & Wang (1993)，pp. 1042—1043。

⑧　Oguni *et al*. (1988)。

⑨　Ikeda *et al*. (1992)。

7）降血压和减少血小板聚合[1]。

8）抑制抗菌和抗病毒药物的活性[2]。

以上都是茶叶提取液和儿茶素活性的最显著的作用，并且已经在实验室条件下得到确认。注释中给出了上述每一条的主要参考文献，旨在为有兴趣查阅原文资料和进一步了解研究内容的读者提供方便。需要指出的是，上述活性的显现往往需要儿茶素的协同作用，而氧化型儿茶素则没有这种作用。因此在大多数情况下，绿茶或不发酵茶比红茶或发酵茶更具活性。一些观测结果仍需要进一步证实，这些益处是否能够进行临床应用，也需要进一步验证。不过人们仍然情不自禁地感到茶对健康产生的功效正在被不断深化，而最振奋人心的进展值得人们期待。

---

① Sano *et al*.（1986）。

② Toda *et al*.（1991）。

571

（g）饮食和营养缺乏性疾病

如果要为中国食文化中的饮食和健康两者之间找一个贯穿的中心主题，那么就是"医食同源"或"药食同源"的命题，也就是说，药物和食物有一个共同的起源①。的确，传说中的药草和五谷是同一个人发现的，他就是我们最近在上文探讨过的，关于茶起源一节中提到的神农氏②。由于一些食物可以作为药物，反之亦然，因此，这个推断是合乎逻辑的。这种观点引起了食疗这一医学实践的传统产生，食物作为治疗物质来治疗疾病③。事实上，在《周礼》（约公元前 300 年）列出的御医小组中，食医是其中一员，负责周朝宫廷中王室家族人员的健康④。围绕这个主题产生了大量的文献，我们上文在（b）节中已经评论过。而且，正是基于这种思想，许多常见的食物，包括原料和已加工的，都已经按常规被收进了传统的药典中，即"本草"文集中，而其内容在本书先前的卷册里面已经相当详尽地讨论过了⑤。

食疗是传统中医的一个组成部分，而传统中医所遵循的原则与现代医学理论不同。因此，如果不先对支持中医的理论（本书另卷的内容）仔细考虑，人们就不可能对食疗有充分的讨论⑥。不过，在食疗的实践里，有一个领域是从营养科学角度理

573

解更为容易的，那就是关于营养缺乏性疾病的治疗。实际上，这部分内容原本打算作为现在这一分册中有关营养方面的一节的核心内容。虽然现在这个设想没有实现，但是我们感到营养缺乏性疾病的发现具有相当重要的历史和科学意义，应该保留在本分册中，以提醒我们，那些具有超级美味的加工食物对于原料的营养价值产生有害以及有益的作用。

为了使对"五行"概念有初步了解的读者在随后的讨论中查阅方便，现将"五行"概念中的彼此作用关系列入下面的表 59。

---

① 参见，如：姜超（1985），第 32 页；李经纬，程之范等编辑（1987），第 70 页（《中国医学百科全书·医学史》，郑金生撰写部分）；杨玲玲（1988），第 16 页；Cai Jinfeng（1988）p. 20；陶文台（1988），第 321 页。这个思想也是西方医学传统中的一个有机组成部分，参见 Sigerist（1951），pp. 114—115。以体液学说为指导，食物在希腊、罗马、中世纪欧洲以及 18 世纪的美国，经常被医师们用于治疗疾病。参见 Nutton（1993），pp. 281—291，《杰勒德草药志》[Gerard's Herbal, Woodward(1985)]，《希波克拉底》[Hippocrates, Chadwick & Mann (1950)]，《盖伦》[Galen, Green（1951）]，Estes（1990，1996）。

② 《淮南子》（约公元前 120 年）中记载这个重大发现的相关段落的引用和讨论，可参见上文 p. 8。

③ 有关食疗实践的一些书籍现在已有了西文版，例如，Flaws & Wolfe（1983），Herry C. Lu（1986），Cai Jinfeng（1988），Liu Jilin, ed.（1995）和 Engelhardt & Hempen（1997）。

④ 《周礼》，第四十五至四十六页。该小组由负责医疗事务的行政官员（"医师"）领导，下辖一名御用营养学家（"食医"），一名御用内科医师（"疾医"），一名御用外科医师（"疡医"）及一名御用兽医（"兽医"）。术语"食疗"被蔡景峰 [Cai Jinfeng（1988）] 翻译成 "Dietotherapy"，被吕聪明 [Henry C. Lu（1986）] 翻译为 "Food Cures"，被刘继林 [Liu Jilin ed.（1995）] 翻译为 "Dietary Therapy"。

⑤ 本书第六卷第一分册，pp. 220—321。

⑥ 气、阴阳和五行的概念在本书第二卷（pp. 216—346）已有详细的论述。该论述的简本，参见 Ho Peng Yoke（1985）。关于传统中医和食疗的原理，参见本书第六卷第六分册的医药部分，以及 Porkert（1974），Unschuld（1985）和 Sivin（1987）。关于中医理论和实践的一个通俗易读的描述，也可参见 Beinfield & Korngold（1991）。

表 59　五行在天、地、人方面象征的相互联系

五行　　天时 地利 人和	木	火	土	金	水
天时					
方	东	南	中	西	北
时	春	夏	长夏	秋	冬
气	风	热	湿	燥	寒
星	木星	火星	土星	金星	水星
数	3＋5＝8	2＋5＝7	5	4＋5＝9	1＋5＝6
地利					
品类	木	火	土	金	水
五畜	鸡	羊	牛	马	豕
五谷	麦	黍	稷	稻	豆
五音	角	徵	宫	商	羽
五色	青	红	黄	白	黑
五味	酸	苦	甘	辛	咸
五臭	臊	焦	香	腥	腐
人和					
五脏	肝	心	脾	肺	肾
六腑	胆	小肠	胃	大肠	三焦
九窍	目	耳	口	鼻	二阴
五体	筋	脉	肉	皮毛	骨
五声	呼	笑	歌	哭	呻
五志	怒	喜	思	忧	恐
病变	握	忧	吐	咳	慄

　　人体能够从所摄入的食物中制备几乎所有必需的原料和化合物，用来维持人体完整的组织结构和正常生理功能，在今天已是基本的常识。但并不是所有的物质都能合成。除了一些基本元素以外，我们的身体不能够合成一些对健康必不可少的复杂的有机化合物，它们必须从我们的饮食中获得。缺乏这些物质中的任何一种，将会导致疾病甚至死亡。这些必须的因子有三类：维生素，基本氨基酸（amino acids）和微量元素[①]。对维生素的结构、功能以及合成的发现与阐明，是 20 世纪上半叶生物化学的一个主要成就。

　　食疗在中国最成功的应用就是对营养缺乏性疾病的治疗，这一点并不奇怪。因为这些疾病是最合适以食疗方法来治愈。既然这类疾病是由于饮食中缺乏必要成分引起的，那么补足饮食中所缺乏的成分应该能够治疗该病，这是合理的办法。当然，远古和中古代的中国人，尚无办法知道饮食中究竟丢失什么。但是通过对大量物质的自主探究，坚持不懈的尝试和失败，凭借对所摄取物质作用的敏锐观察，他们能够识别并治疗我们现在所知道的甲状腺肿大、脚气和夜盲症等疾病，并设法控制跛足儿童的疾病，佝偻病。这些发现仅仅是以经验为根据的吗？或者说在某种程度上是得益于食疗的理论基础——五行间相互作用的帮助吗？让我们看一看，这些发现的历史背景给我们提供的答案吧。以下我们依次对这四类疾病进行考察。

（1）甲状腺肿大（瘿）

574

　　甲状腺肿大是指位于颈部前面和侧面的甲状腺的增大[②]。它是由于碘缺乏所造成的，碘是甲状腺的激素即甲状腺素合成的必须前体物。这种疾病的现代名字是甲状腺肿大但是在远古和中古代的中国，它被称作"瘿"。实际上，《说文解字》（121 年）中对瘿的定义是：颈部的瘤或肿大[③]（"瘿，颈瘤也"）在中国这种疾病可能远在战国时代之前就已经被认识了。《庄子》（公元前 4 世纪）中提到，尽管一个人的瘿象陶罐那么大，但是他仍然得到封建主的宠爱[④]。《吕氏春秋》（公元前 239 年）中这样记载：

> 　　水太轻（清）的地方，秃和甲状腺肿大就多。水太重的地方，肿胀和浮肿就多，导致人行走困难。甘甜水充足的地方，人比较健康，但是水太辛的地方，皮肤疹很常见。最后，水苦的地方，许多人易患溃疡和驼背[⑤]。

---

　　① 　维生素通常是一些起辅酶或激素作用的化合物。必需氨基酸是指那些人体无法自身合成的氨基酸，如亮氨酸、异亮氨酸、赖氨酸、甲硫氨酸、苯基丙氨酸、苏氨酸、色氨酸和缬氨酸。

　　② 　有关甲状腺肿大的简史，参见 Welbourn（1993），pp. 485—486 和 Bynum & Porter（1993），pp. 498—499。甲状腺肿大在原始未开化的人群，例如 20 世纪 60 年代，在巴布亚新几内亚穆利阿（Mulia, West New Guinea）地区新石器时代的原始部落中依旧常见，参见 Gajdusek（1962）。

　　③ 　《说文解字》，（卷七下，第十二页），第 154 页。

　　④ 　《庄子·德充符第五》，郭庆藩集释，中华书局（1961 年），第 1 卷，第 216 页。"瘿"这个字在华兹生（华生）[Watson（1968）] 英译本中没有被翻译，参见 p. 74，"Mr. Pitcher-sized-Wen"。

　　⑤ 　《吕氏春秋》卷三，第二节，"尽数"，第七十二页。译文见 Lu & Needham（1966），重刊于 Needham et al.（1970），"中古时期中国主要内分泌学"（Proto-Endocrinology in Medieval China），p. 298，经作者修改。

〈轻水所，多秃与瘿人；重水所，多尰与躄人；甘水所，多好与美人；辛水所，多疽与痤人；苦水所，多尪与伛人。〉

因此水的质量被认为是引起甲状腺肿大的主要决定因素。其他参考资料也倾向表明，甲状腺肿大是山区流行的疾病。《山海经》（创作于周朝至西汉时期）中有这样的记载："在天帝之山…发现一种锦葵属外型的草本植物，气味象蘼芜，称作杜衡。它可以增强马的健康，阻止甲状腺肿的增大[1]。（"天帝之山……有草焉，其状如共葵，共其臭如蘼芜，名曰杜衡，可以走马，食之已瘿。"）引文暗示了瘿在天帝之山并不少见，但可以用蘼芜草药治愈。《博物志》中说："居住在山里的人，经常患甲状腺肿大。该病是由于饮用了污浊不流动的泉水造成的。"[2]（"山居之民，多瘿肿疾，由于饮泉之下不流者。"）然而，也有不同意的评注，认为这种疾病似乎仅仅发生在中国南方山区，在北方同样的地域却几乎看不到。总而言之，上述的参考资料倾向说明，甲状腺肿大是由于一些地区的水土条件特殊所造成的，在那里它是地方性的流行病。

《淮南子》（约120年）中表达了另一种不同的观点："当气由于压力阻塞时，就会刺激形成甲状腺肿大[3]。"（"险阻气多瘿。"）高诱注解说，当喉咙里的气不能够上下移动时，它就会凝结，并产生硬的肿块，即"瘿"。

巢元方著的《诸病源候论》（607年）也表达了以上这两种观点，卷三十一说道： 575

甲状腺肿大是由悲伤和生气时气的凝结所致。但也有人认为是饮用沙水所致，沙粒随气入脉（血）。侵袭颈部组织，使颈部肿大。最初，肿物在颈部较低处形成，看起来象水果的果核。皮肤保持松弛，肿块呈现出自由悬垂状。那些由情绪紧张造成的肿块，皮肤保持光滑和正常。那些由沙水造成的肿块，则看起来象是皮肤液囊中的漂浮物。有三种甲状腺肿大："血"型的可以用穿刺法治疗；"肉"型的可以用外科切除；"气"可以用针灸治疗[4]。

〈瘿候：瘿者，由忧恚气结所生，亦曰饮沙水，沙随气入脉，博颈下而成之。初作与瘿核相似，而当颈下也，皮宽不急，垂捶捶然是也。恚气结成瘿者，但垂核捶捶，无脉也；饮沙水成瘿者，有核无根，浮动在皮中。又云有三种瘿：有血瘿，可破之；有息肉瘿，可割之；有气瘿，可具针之。〉

《养生方》中说[5]："泉水从黑土中涌出的山区不能长久居住。经常摄入〔这些水〕会导致甲状腺肿大。"（"诸山水黑土中，出泉流者，不可久居，常食令人作瘿病。"）

在《诸病源候论》中，还提出了其它观点：认为情绪紧张会扰乱肾气，并使之上升。于是肾气凝结在会厌处，造成甲状腺肿大[6]。但是，早在中国人深入思索了解该病

---

[1] 《山海经校注》，袁珂（1980），卷二，第29页。

[2] 《博物志》卷一，《五方之民》，第二页。

[3] 《淮南子》，上海广益书局编，卷四，"坠形训"，第17页。

[4] 《诸病源候论》，又称为《巢氏病源》，人民卫生出版社（1992年），第31卷，第856—857页。这段被全文抄录于《外台秘要》（752年）（卷三十三）有关甲状腺肿。

[5] 采自《诸病源候论》，同上。也很可能出自初唐上官翼的《养生方》。该书现已散佚。

[6] 《诸病源候论》卷三十九，第一一三五页。

之前，他们已经懂得如何将其治愈。《神农本草经》（公元前 1 世纪到 1 世纪）收录了用海藻治疗甲状腺肿大的最早记录[①]："海藻，味苦寒，治疗甲状腺肿，颈下疙瘩，能够将气破散。"（"海藻：味苦寒。主治瘿瘤气，颈下核，破散结气。"）

海藻和另一种咸水海藻——昆布，被列在《名医别录》（510 年）中，两者都被认为是可以治疗甲状腺肿大的"药物"[②]。但奇怪的是，在《食疗本草》（670 年）中，没有提到任何物质的活性是可以抵抗甲状腺肿大的[③]。用海藻治疗甲状腺肿大的处方最早出自葛洪写的《肘后备急方》（340 年）中，其中写到[④]：

> 取 1 斤海藻，洗去盐后，放入丝质袋子中，并浸泡在 2 升的清酒里。在春或夏季，泡两天以后开始服用，一次 2 合酒，到第三天酒服尽。重复用 2 升的清酒浸泡，饮用方法与以前一样。剩余的海藻淬晾干后内服。

> 〈海藻酒方：海藻一斤去咸，清酒二升。右二味以绢袋盛海藻酒渍。春夏二日，一服二合，稍稍含咽之。日三酒尽；更以酒二升渍，饮之如前。淬暴干末，每服方寸匕，日三，尽更作三剂。〉

这个处方在现存的《肘后备急方》中已无记载，它保存在《外台秘要》（752 年）中。《外台秘要》是一本汇集了从不同来源收集到的处方的文集，而这些来源本身有的已不复存在。《外台秘要》还记载了第二种来自葛洪的处方，它推荐既用海藻又用昆布治病，把配料研成粉末后，与少许蜂蜜混合在一起做成李子核大小的药丸，然后放在嘴里（像硬糖一样）吮吸[⑤]。在著名的深师和尚（5 世纪）的处方里，配料包括海藻、昆布和其它九种成分，有蛤和瓣鳃类软体动物的壳粉在内[⑥]。在另一个处方里，崔知悌（约 650 年）对可移动的肿块进行了区分，认为"气瘿"和"水瘿"可以治疗，而硬的"石瘿"不能治疗[⑦]。

在《外台秘要》（752 年）收入的 36 个治疗甲状腺肿大的处方中，有 29 个是使用海藻作为活性成分的。很明显，在唐代以前，它们已经成为治疗甲状腺肿大的药剂。这种治疗方法在随后的几个世纪里一直流行。在元朝营养学经典著作《饮膳正要》（1330 年）中，提到海菜可用来治疗甲状腺肿大；在《本草纲目》（1596 年）里，描述了四类海藻可用于治疗甲状腺肿。但是，这并不是甲状腺肿大的食疗研究的结尾。保存在《外台秘要》里面的六个处方中，还包含了治疗甲状腺肿大的另一种可供选择的药剂，那就

① 《神农本草经》，曹元宇编辑（1987），第 165 页。海藻已被鉴定为裂叶马尾藻类海草（*Sargassum Siliquastrum*）。

② 《名医别录》，尚志钧编辑（1986），第 157 页。昆布是昆布属植物糖海带（*Laminaria saccharina*），常被称为海菜或海带，参见 Porter-Smith & Stuart, eds. (1973), pp. 23—24。

③ 《食疗本草》，第十页。

④ 该处方被保存在《外台秘要》卷三十三，采自《四库全书》第七三七册，第一页。

⑤ 该方也见于《外台秘要》卷三十三，《四库全书》第七三七册，第二页。

⑥ 同上。根据《中医大辞典·医史文献分册》（1981 年），第 231 页，深师是一位生活在南北朝时期的佛教僧侣医师。他写了一本被称为《深师方》的处方书，据说包含三十卷。现已散佚。其它医著如《外台秘要》中可见采自该书的引文。

⑦ 《外台秘要》卷三十三，《四库全书》第七三七册，第五页。参见《中医大辞典·医史文献分册》，第 227 页，可获得更多有关崔知悌的资料。

是家畜的甲状腺"厌"，这是一个新创举。我们在《名医别录》与初唐的《食疗本草》中没有见到类似的记载。《外台秘要》中的六个处方，有三个处方来自 7 世纪的甄立言著《古今录验方》[①]；一个来自深师（5 世纪）的处方，这在上文的段落里已经提到他；一个出自孙思邈的《千金要方》（659 年）；最后一个出自玄宗皇帝撰写的《广济方》（723 年）内。

甄立言的一个处方里，需要 100 只绵羊的甲状腺，用热水清洗、脱脂后，［切细］与 20 个去皮的枣混合在一起做成药丸；另一个处方里，要取一只绵羊的一个甲状腺，去掉脂肪后，让患者含在嘴里直到吸干为止[②]。我们首次发现将海藻、羊甲状腺和瓣鳃类软体动物（海蛤）组合在一起使用的处方，记录在《千金要方》里。同样，包含上述三种成分的药方还出自玄宗皇帝的著作[③]。

与海藻不同，甲状腺不是一种容易得到的食物材料。在南宋《梦粱录》中提到了它是一种食品，但是，直到《本草纲目》（1956 年）中，才再次在药物和食疗中被提到，其中对猪、羊和牛的甲状腺进行了描述[④]。在那时，甲状腺的解剖结构已经了解得很清楚。1475 年，王玺在《医林集要》中告诉我们："腺体是位于喉部前面，看起来像枣一样大，是扁平的粉红色肌肉块。"（"在猪喉系下，肉团一枚，大如枣，微扁色红。"）他进一步推荐了药方："将 49 个甲状腺加热干燥后，混合几种药草研成粉末，每天晚上和酒一起服用。"（"猪靥肉子，四十九枚，用豚猪生项间如枣子者。右为末。每服一钱，临卧酒调徐徐咽下。"）在同时代的另一本书《杏林摘要》中，我们发现一个类似的处方："取 7 个猪的甲状腺在酒中加热，蒸干并放在一个水瓶里暴露在露水中过夜。接着将它们串起来烤制，然后吞服。"[⑤]（"用猪靥七枚，酒熬三钱，入水瓶中露一夜，取出炙食。"）这种情况直到 20 世纪都没有改变。

在西方，李约瑟和鲁桂珍（Needham and Lu）总结道，"至少早在 1 世纪尤维纳利斯（Juvenal），普林尼及其他拉丁语系学者已提到了甲状腺肿大的事，在 2 世纪盖伦（Galen）就描述了甲状腺体症状。但这以后不见有更进一步的发展。直到大约 1180 年巴勒莫（或萨莱诺）的罗杰（Roger of Palermo，Salerno？）推荐用海藻和海绵灰来防止甲状腺肿大——一个经验主义的发现……这种方法在后来很长时间里，一直被持续使用和被医学作家们提及，如：罗素（Russell，1755 年）。"[⑥] 接下来的进展是，在 15 世纪由托马斯·利纳克尔（Thomas Linacre，1460—1524 年）介绍说，用健康动物的甲状腺可以治愈人的甲状腺肿大。

577

---

① 参见《中医大辞典·医史文献分册》，第 251—252 页；李经纬，程之范等（1987），第 123 页（《中国医学百科全书·医学史》）。甄立言生活在 7 世纪。在李约瑟的著作中［Needham *et al.*（1970），p. 301］，该书的作者被误认为是甄立言的哥哥，甄权。他们都是初唐著名的医师。甄权是若干医学书籍的作者，但是是甄立言写了《古今录验方》。

② 《外台秘要》，《四库全书》第七三七册，第四页。

③ 同上，《四库全书》第七三七册，第四页和第六页。

④⑤ 《梦粱录》，第一三七页；《本草纲目》第二七○八至二七○九页、第二七三九至二七四○、第二七五八页。这个来自王玺和王英的引文采自第二七○八至二七○九页。见 Needham *et al.*（1970），pp. 300—301。

⑥ Needham *et al.*（1970），pp. 298，302。文中的"巴勒莫的罗杰"可能是萨莱诺的罗杰。关于西方对甲状腺肿大历史的更多细节，见 Merke（1984），尤其是 pp. 13，17，83—86，92—100，112—116。

至少从 19 世纪初起，有一种理论倾向于将甲状腺肿大的发生归咎于环境不好，沙坦（Chatin）在 1860 年就很清楚地证实了这种病的发生与土壤和水中缺乏碘有关。在 1884 年，希夫（Schiff）将甲状腺植入到切除了甲状腺的动物腹部，发现它能继续保持健康。12 年后，鲍曼（Baumann，1896 年）发现腺体内存在碘。差不多同时，默比乌斯（Möbius，1891）将出现眼球突出症与甲状腺肿大归因于腺体活动过度造成。

比较西方和中国的经验，很清楚的是，两种文明在古代都认识到了甲状腺肿大的存在，而中国人在这种疾病的治疗上很明显地早于西方人。早在公元前，中国人已经使用海藻治病，在相当于特拉勒斯的亚历山大（Alexander of Tralles，525—605 年）时已经使用甲状腺体治疗。在西方，相关的记载分别为 12 世纪和 19 世纪。是什么因素导致中国人首先发现海藻并随后发现甲状腺体能治疗甲状腺肿大呢？这些发现是如何产生的呢？是完全出自经验吗？我们不这样认为。中国人认为健康是阴和阳均衡的结果。发生甲状腺肿大，很明显是机体失衡引起的，特别是甲状腺体功能不平衡之缘故。让我们置身于古代中国医师的境地中，来想象他们会做些什么。

首先，古人很早就猜想到那些甲状腺肿大与该病流行的山区中水土状况有关。很显然，饮食中有过多或过少的特殊的气就会导致颈部组织机能不平衡。山区相应的地域是沿海平原，因为的确沿海没有这种病，所以为什么不把沿海人饮食中的一些气带给那些遭受甲状腺肿大的人们呢？海藻就是一种最适宜的选择，它很丰富，而且其干燥状态时很便于携带。

其次，人们或许要问，要使甲状腺肿大病人的甲状腺机能恢复至平衡，他们还能做点什么。在患有甲状腺肿的甲状腺里，有太多或太少的气，而健康的甲状腺里，气是适当刚好的。如果患病是由于气过少，那就给病人提供一具健康的甲状腺治理。但如果病因是由于气过多呢？那样做不会使病患加剧吗？其实，病患的甲状腺自身增大的事实已暗示了，它的发病原因是由于器官过度活跃，使气过多的结果。李约瑟和鲁桂珍指出[①]："对于腺体增生来说，本质上就是由于能力不足（例如太少的气或某一因子缺乏），这种认识似乎是一个不好的猜想。但是，这恰恰是古代中国医学理论家们所崇尚的结论。"很可能，是由于成功地使用了海藻逆转了甲状腺肿大，所以揭示了这种病是由于气的缺乏而导致的。这给了中国医师们检验动物甲状腺药用功效的信心。下面，让我们再次引用李约瑟和鲁桂珍的话说明：

当默里（Murray）和其他人在 1890 年开始服用甲状腺或者它的提取物来治疗黏液腺肿瘤病（myxoedema）时，他们遵循着以现代动物生理实验为基础的合理流程。葛洪和甄立言[②]在他们的思想中没有上述基础，但是并不意味着他们缺乏理论；相反，他们非常敏锐地推论出问题的实质。所以，甲状腺的组织治疗法无疑地成为了中古代中医学上的一项重大成就。

---

① Needham *et al.*，同上，p. 302。
② 在原文中是"葛洪和甄权"。参见上文注释。

（2）脚　　气

　　自李约瑟和鲁桂珍向《爱雪斯》（ISIS）提交了他们名为"对中国营养学历史的贡献"（A contribution to the History of Chinese Dietetics）的论文后，已有50多年过去了[①]。他们是首次将中国治疗营养缺乏性疾病的历史介绍给西方学者。论文相当一部分内容涉及脚气病。这种病在以大米为主食的东亚国家中是特有的，而在欧洲很少见。在中国，它被称作脚气（就是腿上的气不平衡之病）。在20世纪早期，生化研究已经表明它是由于饮食中缺乏硫胺，或者说缺乏维生素 B_1 造成的[②]。在古代，这种疾病在中国很罕见，甚至可能都不为人知。在《黄帝内经·素问》中脚气称"厥"[③]，《诗经》中称"微重"[④]，《淮南子》中称"委痹"[⑤]，《左传》里称"沉溺重膇"[⑥]，这些都是表示脚气的早期术语。但是，李涛对上述脚气病例的真实性表示怀疑，因为症状描述得太笼统和不明确，以至于不能诊断为典型的脚气病[⑦]。然而，在古代，中国人的活动中心在北方，而脚气最初是流行于南方的，是吃大米人群中的一种疾病。

　　脚气最早可能是在汉代被认识到的。《史记》（约公元前90年）叙述说[⑧]："在楚越地域（即长江下游流域），人们煮海水来获得盐，主要靠大米和鱼类为生。土地肥沃，食物供给不依靠贸易，许多人患有脚和腿的退行性疾病。"（"楚越之地，地广人稀，煮海为盐，饭稻羹鱼，或人耕而水褥，果随蠃蛤，地势饶食，不待贾而足……足以故呰窳。"）后来该病被称为"缓风"，再往后，又称为"脚弱"[⑨]。在孙思邈的《千金要方》（659年）中，关于脚气的由来是这样描写的[⑩]：

---

　　① 实际上，论文在1939年被《爱雪斯》（ISIS）接收，但由于二战的缘故，直到1951年4月才得到刊印（vol. 42，pp. 13—20）。尽管在当时吸引了相当多的注意力，但是很明显，它没有在西方医学史家的脑海里留下持久的印象。例如，在拜纳姆和波特的著作［Bynum & Porter eds. （1993），pp. 472—474］中，卡彭特（Carpenter, K. J.）撰写的关于"营养性疾病"的文章中，根本就没有提及关于脚气在中国的悠久历史。

　　② 有关维生素结构和功能被发现及阐明的历史，见 Harris, L. J. （1935）。艾克曼（Eijkman）和他的鸡揭示脚气成因的动人故事可作为一段史诗永载营养科学史册。艾克曼在1890年的工作报告最近在《营养学评论》［Nutritional Reviews，June （1990），48 （6），pp. 242 ff.］中再次出版。艾克曼的研究对维生素发现所起的关键作用的评述，见 Pauling （1970），pp. 19—20。也可参见 Carpenter （1993），pp. 472—473，476—477。

　　③ 《黄帝内经·素问》卷六十九，第五三八页。参见，如王吉民和伍连德［Wang & Wu （1932），p. 88］把"厥"译为"脚气"。

　　④ 《毛诗》198。郑玄的注释将"微重"解释为"腿的肿胀和溃烂"。

　　⑤ 《淮南子》，采自李涛（1936），第1030页。

　　⑥ 《左传·成公六年》，第四段，注释二。

　　⑦ 李涛（1936），第1010页；同上（1940），Brothwell & Sandison （1940），pp. 417—422，重印。另可参见，侯祥川（1954），第16页；汤玉林（1958），第54页，《医学史与保健组织》，第2卷，第1期。

　　⑧ 《史记·货殖列传》卷一百二十九。

　　⑨ 采用《脚气治法总要》；也参见李涛（1936）。

　　⑩ 《千金要方》卷七，第一三八页。文中提到5和6世纪，中国分割成南和北两个政权，每个政权都由一系列朝廷统治。这是是著名的南北朝时期。宋和齐是南朝第一个和第二个时期，而魏和周分别是北朝第一个和最后一个时期。关于支法存、仰道人和深师，见张杲的《医说》（1224年）卷一，《四库全书》，第七四二一七三○页。姚公是姚僧垣，徐王是徐謇。两人都是6世纪南北朝时期著名的医生。

我查阅了医学名著发现脚弱偶有提到。但是古人很少得此病。只是永嘉年间（307—312年）南渡后，才在官员和贵族间流行起来。在岭南和河东，支法存、仰道人等调查研究了各种疗法，成为治疗这类病的专家。晋代王朝幸免于得此病者都应感激这两位前辈。

〈自永嘉南渡，衣缨士人多有遭者，岭表江东有支法存、仰道人等，并留意经方，偏善斯术。〉

580　文章接着写到："在南朝宋和齐时代（420—502年），深师和尚将支法存、仰道人等的处方编辑成书，共30卷，其中一卷包含了几乎100个处方，专用于治疗脚弱病（即脚气）。但是，从周朝到魏朝（386—581年）在中国北方都没有出现此病。在同时期，由医师姚公和徐王编撰的著名医书中也没有提到。"（"又宋齐之间，有释门深师，师道人述法存等诸家旧方，为三十卷。其脚弱一方，近百余首。周、魏之代盖无此病。所以姚公《集验》，殊不殷勤；徐王撰录，未以为意。"）事实上，"在关西河北地区没有出现过该病"（"关西河北不见此疾"）这些观察结论更加肯定了，在南北朝时期（约420—581年），脚气病主要限于中国南部的事实。

无论如何，汉代后期的著名医师张机看起来已经熟悉此病了。在他的书《金匮要略》（约200年）中，他给脚气患者两个处方。一个是用比较熟悉的药物如麻黄、芍药、黄芪、甘草、乌头煎熬的药；另一个是用装有明矾的大米汤中浸泡患病的腿[1]。大约在340年，葛洪最早认识到脚气是流行于中国南方的疾病。他说[2]："脚气最早产生于岭南地区，逐渐发展到江东，并在那里继续蔓延。最初（在腿上）有轻微的疼痛和风湿症，胫骨周围麻木，或者腿弱导致行走困难。"（"脚气之病，先起岭南，稍来江东。得之无渐，或微觉疼痛，或两胫小满，或行起忽弱。"）

在《诸病源候论》（610年）里，首次出现了有关脚气病理学的描述，今转引如下[3]：

在长江流域东部和中国南部，陆地低洼潮湿，人们易于罹患此病。症状从下肢开始发作，通常腿有一点软弱，因此被称为脚气。它起初经常是不知不觉，但有时会伴随有其他疾病。最初病症十分温和，患者照常饮食和工作，感觉和以前一样强壮。但是，进一步观察，患者会发现从膝盖到脚麻木，感染区域的皮肤感觉起来仿佛增厚了，当用手指轻挠感染区域时，好象隔着层袜子，病人可能察觉不到瘙痒。患者的腿可能会局部麻木，行走不便。而在另一些病例中，患者的腿软弱无力，以至于无法走路。有轻微水肿，寒冷，肌肉不适，严重情况下会瘫痪。

食欲可能会好或者丧失。当看见食物时可能会发生恶心和呕吐，所以，这样的患者通常不愿意闻食物。一些患者会感到下腹部疼痛，疼痛还会上升到胸部导致呼吸困难。患者症状可以归纳为：不安，高烧，头痛，心悸，轻微畏光昼盲，腹部疼

---

[1] 《金匮要略》卷一，第十三页起。

[2] 《肘后备急方》，人民卫生出版社再版，第3卷，第21节，第56页。

[3] 《诸病源候论》卷十三，第四一六页、第四一三页，译文见 Kao Ching-Lang（1936）。丁光迪［Ting Kuang-Ti（1995）］的版本与高景朗的译文在文字安排上稍有不同。

痛，伴随有腹泻。在一些病例中可能会发展为健忘，视线模糊，言语无序，甚至精神错乱。

当治疗太晚时，病症会向上扩散到腹部。当腹部受牵连时，可能会也可能不会发生水肿。当胸部受到压迫发生呼吸困难时，就会导致病人死亡。恶性的病例通常持续时间不超过一个月，温和的病例可以持续一到三个月。

〈脚气缓弱候：江东、岭南，土地卑下，风湿之气，易于伤人。初得此病，多从下上，所以脚先屈弱。以其病从脚起，顾名脚气。初甚微，饮食嬉戏，气力如故。当熟察之，自膝至脚有不仁，或若庳，或淫淫如虫所缘，或脚指及膝胫洒洒尔，或脚屈弱不能行，或微肿，或酷冷，或痛疼，或缓纵不随。

或至困能饮食者，或有不能者，或见饮食而呕吐，恶闻食臭；或有物如指，发于腨肠径上冲心，气上者；或举体转筋，或壮热，头痛；或伤心冲悸，寝处不欲见明；或腹内苦痛而兼下者，或言语错乱，有善忘误者；或眼浊，精神昏愦者。

此病之症也，若治之缓，便上入腹。入腹或肿或不肿，胸肋满，气上便杀人。急者不全月，缓者一至三月。〉

从以上描述中可以看出，现在所了解到的脚气病种类：有干脚气、湿脚气以及心脏型脚气（脚气冲心型），这些中国人早在1400年前就已经认识到了。由晋代和尚以及其他人发展而来的处方被收集和扩充编辑在7世纪孙思邈的《千金要方》和《千金翼方》里。后一本书中给出了治疗脚气病的处方21个，大多数由各类草药配制而成[1]。我们最感兴趣的是，两个处方很明显可以划入食疗范畴，一个使用猪肝作为主要成分，另一个使用米糠（谷白皮）与普通的大米一同做成粥。据说持续食用这种米糠粥可以预防脚气病的发生。不幸的是，这个重要的处方并没有引起应有的重视。在董汲的脚气专论《脚气治法总要》（1075年）中，提供了45个处方，但是没有一个包含肝脏或米糠[2]。在他推荐使用的处方中，我们现在已知，有一些是富含维生素B_1的植物种子[3]。

更诱人的观察发现来自陈藏器的《本草拾遗》（725年）："长期食用大米会使身体衰弱；给幼小的猫或狗吃［精］米或者糯米，会导致它们的腿弯曲而不能行走[4]。"尽管这篇文章在后来的药典里被重复提及，但它深远的含义却从未被认识及揭示。如果有人能将唐代这两个发现，一个是米糠治疗脚气病，第二个是用精米喂养猫和狗会引发疾病，把它们的重要价值综合起来推广，我们今天谈及的就是陈藏器的猫，而不是艾克曼（Eijkman）的鸡了，脚气病的真正起因将会提前一千年被阐明。

唉！事实并非如此，两个发现都被忽视了。在《饮膳正要》（1330年）里，脚气

---

[1]　《千金翼方》，1965年再版，第17卷，第2部，第194—196页。

[2]　《脚气治法总要》卷二，《四库全书》第七三八册，第四二七至四三七页。作者董汲自己患有脚气，余生致力于研究该病。

[3]　对用于治疗脚气病的中草药进行研究后，杨恩孚和伊博恩［Yang & Read（1940）］得到以下结论："大多数的种子，尤其是车前草的种子，含有大量的维生素B。桑树叶、枇杷叶和西洋蓍草（carpenter weed）含量也很高。在树皮和茎里维生素B的含量很低，树根里含量中等。"

[4]　《本草拾遗》，采自《证类本草》卷二十六，"稻米"，第三页。原文如下："久食之令人身软；黍米及糯食饲小猫、犬，令脚屈不能行。"该发现本身以及关于用米糠治疗脚气病的重要性也在侯祥川（1954）中被提到。

病的食疗方法继续沿用传统的方式进行着，都必须在空腹时服用。今列举三个方法如下[①]。

582

1）马齿苋米粥。

2）鲤鱼与赤豆（0.2斤），橘子（0.2两），干胡椒（0.2两），草籽（0.2两），一起煎服。

3）熊肉（1斤）与发酵大豆，大葱，豆酱和五味子煎服。

在李时珍的《本草纲目》中，列出了多达185种物质用于治疗脚气病[②]。其中包括许多常见的食物，例如白菜、鱼、鸡、奶（羊和牛）、猪肝、猪腰子、猪肚、萝卜、竹笋和发酵豆类。还提到了小麦麸皮，但没有提到米糠。很显然，大米过度精致对于脚气病的发生会起关键性作用，这种现象从未被中古代的中国医师们意识到。他们从未怀疑过，作为主食的大米，会导致中国南部和中部产生越来越多的脚气病。

其实，孙思邈在7世纪已经指出，脚气是一种古人不知道的疾病，它产生于中国南部，并扩展到了〔长〕江流域东部。上文我们已经讨论过在汉朝时期，中国人是如何开始将饮食区域划分为两类的，即以小麦作为主食的北方区域和以稻米作为主食的南方区域[③]。这种分化是中国北方小麦重要性日益增大和中国南方以及中部地区稻米普及日益增加的自然结果。看起来是随着以稻米为主食的人口数目增加，脚气病的出现也增多。但是，正如我们上文提到的，中国古代稻米根本不是一种稀有的农产品。《诗经》（公元前11世纪—前6世纪）里提到过稻，《礼记》和《周礼》都将其列为五种主要谷物之一。因此，可以肯定地说，即使是在北方也已经有一部分人食用稻米了。假如这样的话，为什么很少有脚气病或不知道脚气病呢？

答案可能有两个。第一，人们知道脚气，但是没有人愿意找麻烦去描述它的症状。由于脚气病是一种显而易见，并使人显现出衰弱的病态，上述推测看来不太可能成立。第二个答案是，接受并承认孙思邈的观点。事实上，古代的确很少或没有脚气病发生。于是我们又面临着第二个困惑。为什么脚气病突然出现在汉代后期呢？这是一个有趣的流行病学问题。我们的答案是，汉代以后食用稻米的精细程度与汉代以前不一样。汉代以前的粗制稻米对于防止脚气病有效，而汉代以后的精制稻米防止脚气病的效果差。怎么会是这样呢？

上文我们提到过，汉代磨坊的精制技术已经相当高明，能将粗糙的谷物制成更高经济价值的、多功能的面粉，从而更易于加工成多种诱人的食品[④]。类似的精制技术无疑

583

也已经用于加工稻米的过程。这其中最重要的就是，引入了由人脚蹬踩（图132）或由

---

① 《饮膳正要》卷二，第九十三—九十五页。鲁桂珍和李约瑟 [Lu & Needham（1951）] 采用了相同的处方，但是他们在解释原文时遇到困难。（1）他们不能识别"马齿菜"。应该是"马齿苋"。李时珍已经将马齿苋列为治疗脚气病药物之一，参见《本草纲目》卷三，第一九五页。（2）他们列出半磅赤豆。原文是"两合"，即十分之二品脱。（3）原文是熊肉。毫无疑问猪肉也有同样好的效果，因为在《本草纲目》（第一九六页）列出了猪的肝、肾脏和胃都对脚气病有效。

② 《本草纲目》卷三，第一九四至一九六页。

③ 参见上文 p. 68。

④ 参见上文 pp. 463—466。

碓

图 132　由人脚踩动的用于稻米去壳的杵锤（碓）。《天工开物》，
第九十一页。

畜力或水车（图 133）带动的杵锤（碓）来除去稻米的外壳[1]。这种改进，使得大量加工去壳糙米并制成精稻米在数量上，远远超过使用手持研臼和杵槌方法去除稻谷外壳的产量成为可能。与糙米或未去壳的稻谷相比，去壳的稻米熟得更快、口感更柔软，它在感官和美味上更是优等；这种稻谷加工与食用精米的迅速普及，很自然地就成为了中国南部和中部地区的首选与偏爱。因此，我们可以假设汉代以前的米

---

[1]　桓谭（公元前 25 年—公元 56 年）在他的《新论》中描述了以脚踩动的杵锤的发明，描述如下，"宓牺发明了杵和臼使许多人受益。后来，有人独出心裁地利用人体的重量，发明了踏碓使效率提高了 10 倍。再后来，当落锤与驴子、公牛和马等畜力或者水力通过机械连接后，效率更提高了 100 倍"。参见刘仙洲（1963），第 71—72 页。关于中国谷物加工中所用捣碎机械的更多信息，也可参见本书第四卷第二分册，pp. 174—183、pp. 390—393。

583　主要是未去壳的稻谷或糙米，而汉代以后主要是精米，或许和我们今天看的大米一样精细。我们甚至可以更进一步说，未去壳的或糙米能防止脚气病的发生，但完全精制的稻米却不能[①]。

碓水

图133　由水力驱动的杵锤（碓）组合。《天工开物》，第九十二页。

585　　　我们现在已知道，稻米中确实存在着一种抗脚气病因子——维生素 B_1，即稻米

---

① 范家伟［（1995），第 168—169 页］提出有关脚气病在晋和南北朝时出现的另一个原因，就是酸乳饮品被茶代替。酸乳饮品富含维生素 B_1，而茶不含该维生素。我们认为这不是主要因素，因为酸乳饮品在那个时期仅在贵族中流行。而加工技术的机械化改变了米的品质，它很可能是脚气病增长的首要原因。在这点上，我们愿意谈谈个人感受。1942 年，当我在祖籍的村庄鹤塘（参见作者的话，pp. 1—4）时，村民的主食是去壳较少的粗糙红米，没有脚气病的出现。然而，那些在 20 世纪 30 年代从我们村庄移居到马来亚北部霹雳州（Perak）的司徒宛（Situwan）村庄的一些移民中，出现了几例脚气病。很明显，移民吃的从泰国来的米是精米。因为贫穷，他们在饮食中无法获得其它良好的维生素 B_1 来源，因此成为易受该病影响的人。

中的硫胺素，不幸的是，它仅存在于米粒外面的糊粉层。当用杵锤舂米时，糊粉层被谷粒之间的不断摩擦除掉了，留在了米糠里。因此，当越来越多的人开始食用精大米时，越来越多的脚气病也开始出现了。事实上，我们现在讨论的正是一个早期的范例：技术带来益处的同时也伴随着一些无法预料的、灾难性的、直到数十年或者几个世纪后才被揭露出来的副作用。到唐代时，北方人也已经将稻米作为主食之一了（毋庸置疑那是从南方运输来的），因此也开始感染脚气病。《千金要方》（659年）中说[1]：

> 近年来，在从未去过长江以南地区的中原士大夫阶层中也发现了此病。看来不同区域的风和气已经混合了，以至于一个地域的特质能够在任何地方被发现。

> 〈近来，中国士大夫虽不涉江表，亦有居然而患之者。良由今代天下风气混同物类齐等所致之耳。〉

孙思邈和其他中古代的医师们显然知道，脚气病在汉代以前是罕见的，它仅在吃大米的区域局部流行，并且可以通过食用米糠粥的方法来预防。为什么他们当时不将脚气与食用精米联系在一起呢？为什么他们不继续探究米糠的效用呢？其原因可能是，医师们对于大米加工技术缺乏了解，他们不能正确认识古代和他们当时的稻谷，在去壳程度上的差异。再者，许多物质都可以用来减轻脚气病的症状，而米糠仅是其中的一种，使得问题更加混乱。病因的主流理论毫无用处。简单说来，有下列两种理论：

1）环境论：《诸病源候论》（610年）说，脚气由风毒所致[2]。这个观点在严用和的《济生方》（1253年）中被更充分地阐述后，仍然归咎于风寒暑湿所致[3]。《济生方》说，在南方和长江下游地区，风和湿气都多，且多从地面升起，所以首先损害最下方部位——腿。

2）机体论：根据苏敬，该病是由肾虚所致[4]。这个观点在《济生方》里得到了响应[5]。但是并没有表明是什么造成了肾虚，以及应该如何治疗它。

这些看法在董汲的《脚气治法总要》（1075年）中，被合并成一种观点[6]：

> 该病由于毒风和湿气在肝脏、肾脏、脾脏中凝聚，导致外周末端（脚和手指）循环系统阻塞所致。因为毒风致命的能量发生于地面，热、冷和潮湿都上升，并穿透脚的表面。破损的循环造成了肿胀、疼痛和衰弱。所以该病被称为脚气。

> 〈厥疾之由，虽皆凝风毒湿气中于肝肾脾，经其脉起于足十指，且风毒之气，出于地寒暑风湿皆作蒸汽足常履之故，内传经络因成肿痛、挛弱，乃名脚气。〉

586

---

① 《千金要方》卷七，第一部分（《四库全书》第二十二册）。
② 《诸病源候论》卷十三，第四一三页。
③ 《济生方》卷三，第一〇一页。
④ 苏敬，采自李涛（1936），可能采自《三家脚气论》。
⑤ 《济生方》卷三，第一〇三页。
⑥ 《脚气治法总要》，《四库全书》第七三八册，第四一七页，由作者译成英文。

这些假说对于治疗脚气或推动人们了解脚气的病理没有任何帮助。因此，对于治疗脚气之成功，显然是一个完全实验性的发现。尽管在理论上许多材料都可以用来治疗脚气病，但是实际上，对于相当多的一部分人来讲，长期使用它们很可能都太昂贵了。如果米糠能被明确选定为治疗脚气病的药剂，那上述情况就不会出现了。结果，从宋、元、明、清直到 20 世纪，脚气病一直是中国人的一种常见的营养缺乏性疾病[①]。

（3）夜盲症（雀目）

维生素 A（反式-视黄醇，trans-retinol）是一种视觉、生长和生殖功能所必需的物质之一，缺乏时会产生夜盲，一种早期症状。维生素 A 可以直接从食物中摄入，也可以通过摄入 β-胡萝卜素间接获得，后者在体内可转化为反式-视黄醇。2 世纪时，盖仑提到过夜盲症，但直到 1684 年威廉·布里格斯（Briggs）的研究出现之后，该病在西方才受到重视。

然而，夜盲症及相关的眼部疾病在中国古代就为人所知了。根据"五行"理论，肝脏、胆囊和眼睛都是"木"这种要素的表现形式。因此，对于中国人为什么早就懂得利用肝脏和胆囊（甚至眼睛）的制品来治疗眼部疾病的原因，就不奇怪了。《神农本草经》（100 年）指出："鲤鱼的胆囊主治目热赤痛，治疗'黑矇'（amaurosis，'青盲'），可以明目。"[②]（"鲤鱼胆：味苦寒。主治目热赤痛，青盲，明目。"）另一种对明目有效的药剂是狗的胆囊，在《名医别录》里也找到了类似的描述[③]。例如，山羊的胆囊能够治疗青盲，山羊和鸡的肾脏可以明目。但是更重要的临床观察是，牛和兔子的肝脏能促进更清晰的视力。李时珍也曾经引用陶弘景的话说："老鼠的眼睛可以增强人对光的知觉，即使在夜间读书，人也能够看得清楚。这种方法曾被天文学家使用过。"[④]

587　　　我们现在已知道维生素 A 对于眼睛的正常功能是必需的。缺乏维生素 A 首先导致夜盲症，然后逐渐由干眼病（xerophthalmia）发展到完全失明[⑤]。肝脏是一种富含维生素 A 的食物，这方面，五行学说家可能是偶然射中了目标。更值得注意的是，据《名医别录》（约 510 年）记载，中古时期早期的中国人已经知道某些蔬菜，尤其是它们的种子，例如，荠菜和芜菁也都能改善视力[⑥]。现在已知，绿色叶菜是 β-胡萝卜素的丰富来源，β-胡萝卜素在人体内可以被转化为维生素 A。

---

①　高景朗（1936）指出，在 20 世纪 30 年代的上海，脚气病仍旧是一种危害严重的疾病。

②　《神农本草经》，曹元宇（1987），第 278 页（鲤鱼），第 284 页（狗）。需要指出的是在这个集子里收录的一些物质，其发现可以追溯到公元前 3 世纪。

③　《名医别录》，由尚志钧（1986）重新整理，第 79 页（鸡），第 172 页（山羊），第 175 页（牛肉）和第 184 页（兔）。也可参见汤玉林（1958），第 56 页。

④　《本草纲目》卷五十一，第二〇九页。原文如下，"主治：明目，能夜读书，术家用之"。

⑤　关于维生素 A 缺乏对视力影响的简要评述，参见 Oomen（1976）。

⑥　《名医别录》卷一，第九十五页。

　　但是，引起中古时期早期中国医师关注的是何种眼部疾病呢？当患者的视力因各种原因不能达到标准时，明目就意味着使视力清晰或者改善。青盲表示视力渐弱而眼睛的自然外观未受损害，它呈现一种与干眼病或者沙眼（trachoma）类似的视力障碍的晚期状态。"雀目"一词第一次在《肘后备急方》（340年）中出现，其中有一个完整段落描述眼疾治疗法，它提出了以羊肝脏为主要成分的治疗处方①。接下来的是梅文梅（7世纪）的处方，它用浸泡在淡醋中的肝脏薄片，来治疗黄昏后视力低下者②。（"治目暗黄昏不见物者。"）因为"黄昏不见物者"只是夜盲症的另一种描述方式，所以这可以被认为是治疗雀目的另一个处方。该卷中的其他部分，有介绍犬的胆囊液被配成用于治疗眼睛瘙痒的滴剂，有羊的肝脏被加工成药丸用于治疗青盲患者的。在中国医师们看来，这些处方的功效证实了他们的观点，属"木"的器官对眼睛的功能有着直接的影响。

　　为什么"黄昏不见物者"被称为雀目？《诸病源候论》（610年）给出了答案："一些人在大白天具有良好的视力，但是天黑以后却看不到任何东西，这种情况通常被称为雀目，因为就像麻雀一样在昏暗的光线下看不见东西③。"

　　该书列举了四个处方。其中三个处方中使用了传统药草，如地肤子（Belvedere cypress seeds）、决明子（sickle senna seeds）、柏白皮（white cypress bark）、乌梅肉、细辛（Asarum sieboldi）和地衣草；第四个则取自《千金翼方》（约682年），猪肝的切片是其唯一的成分④。但是，在宋代的眼科学专论《银海精微》中，更加强调了肝脏的重要功能。它解释说，当肝脏由于不健康的影响而受到损伤时，体内的阴阳平衡就会失调，从黄昏到黎明时，气与血液循环变得迟缓，从而导致了夜盲。有三种药物被推荐用于治疗夜盲症：把猪肝制成的粉剂；含有熊、牛、鱼和羊胆囊的药丸；以蝙蝠肝脏为主要成分的粉剂⑤。

　　在虞抟的《医学正传》（16世纪）和王肯堂著的《证治准绳》（约1600年）中，也都详细阐明了相似的观点⑥。1418年，明朝皇子朱橚汇编的《普济方》重申了肝脏在治疗夜盲症中的作用。在眼睛疾病的一卷中有关夜盲的补遗里收集了26个处方，其中15个含有猪、牛或羊的肝脏并以之为主要成分。其它处方则是用滋补方法来增强患者的肝脏活力⑦。

588

---

　　①　《肘后备急方》卷六，第四十六节，第一一一至一一三页。

　　②　同上，第一一二页。该页上有两个我们关心的处方。第一个是用来治疗雀目，它可能在葛洪的原稿中就已存在了。第二个则采自《梅师方》，它解释了什么是雀目，但是它是后来插补的，因为梅文梅生活在隋代（589—618年），比葛洪几乎晚了三百年。

　　③　《诸病源候论》卷二十八，第七九〇页。原文为："人有昼而晴明，至瞑则不见物，世谓之雀目，言其如鸟雀瞑便无所见也。"这段陈述在《外台秘要》（卷二十一）中被全文抄录，《四库全书》第七三六册，第六九六页。像麻雀这样的鸟类夜间不能视物是一个基本常识。

　　④　根据李涛（1936），第1030页，地肤子、细辛、柏皮和决明子都是维生素A很好的来源。另可见《千金翼方》卷二，第一三二页，使用猪肝的处方。

　　⑤　《银海精微》，第1册，1954年重印，第20—21页。在另一页（第17页）上，给出三个草药处方用于治疗一种表现为黄昏后不能视物的综合征。这些处方中都不包含肝脏或胆囊。

　　⑥　采自李涛（1936），第1029页和L：Thao（1967），p. 418。

　　⑦　《普济方》，1959年版，第83卷的附录，第843—847页。

因此，我们可以说，在中国至少从 3 世纪起，夜盲症就被认识了。通过摄取家畜的肝脏和绿叶蔬菜来治疗该病，效果甚佳。在西方，可能由于日常摄入牛奶、黄油和奶酪这些富含维生素 A 的奶制品，所以直到现代，夜盲症不像中国那样的严重。

（4）佝　　偻

到目前为止，我们已经涉及了三类可以通过食疗方法医治好的营养缺乏性的疾病。下面我们要探讨的是佝偻病，中国人可能早在 7 世纪前就已经认识它，但是一直未找到理想的治疗方法。这种疾病尤其易发生于儿童，其特征表现为由于骨骼结构软化导致的颅骨扭曲、驼背、O 形腿等畸形症状。这类病是由于维生素 D（维生素 D_3）、钙或磷酸盐等的缺乏所造成的[①]。严格地讲，维生素 D_3 不是一种维生素，因为正常情况下，当阳光充足时，机体能利用一种丰富的代谢物（7-脱氢胆固醇）来合成它。但是在拥挤的生存环境下，儿童甚至成年人，不可能享受到充足的阳光来合成他们所需的足够的维生素 D，于是佝偻病就产生了。

589

西方，在盖仑时代（2 世纪）就提到了佝偻病，但是，直到 1650 年，弗朗西斯·格利森（Francis Glisson）才对佝偻病作出了清晰的描述。在中国，古书上记载过各种各样的由于维生素 D 缺乏而导致的骨骼缺陷，但是他们都把它视为彼此毫无联系的单独疾病来处理。因此，在《诸病源候论》的儿童疾病一卷中，我们发现了有关牙齿生长缓慢，行走晚以及三种不同形式的颅骨畸形——解颅（颅骨大小不适），囟（腮）陷（前额突出），囟（腮）填（前额凹陷）的论述，并按五行理论解释了它们的病因[②]。例如，牙齿生长缓慢的原因论述如下[③]："牙齿是骨组织沉积的地方，其营养来自于骨髓。如果由于天生的原因儿童肾气不足，骨髓将不能为牙齿和骨头供给营养，故导致牙齿长出晚。"（"齿是骨之所终，而为髓之所养也。小儿有禀气不足者，髓即不能充于齿骨，故齿久不生。"）

另一个例子是关于前额凹陷的解释[④]：

> 凹陷表现为前额不平坦。热从肠内上升，压抑了内脏。内脏的热引起口渴并导致水的摄入，来使脏腑降温，促进排泄物的排泄。但血内的气也因此被削弱，不能够上升并充满颅腔。为适应这种不足，凹陷就形成了。

> 〈囟陷候：此谓囟陷下不平也。由肠内有热，热气熏脏，脏热即渴引饮。而小便泄利者，即腑脏血气虚弱，不能上充髓脑，故囟陷也。〉

《外台秘要》（752 年）记载了五种治疗头盖缺陷的外用油膏或药膏的处方，所用的

---

① 事实上，维生素 D 以两种形式存在于食物中：动物食物中的维生素 D_3（活性的 7-去氢胆固醇），植物食物中的维生素 D_2（麦角固醇），其存在可以促进肠内对钙和磷酸盐的吸收，调节骨骼中钙的转移。

② 《诸病源候论》卷四十八，第一〇九、一一〇、一一一、一四四、一四七条，第一三五二至一三五三和第一三七四至一三七五页。

③ 同上，第一三七四页。

④ 同上，第一三五三页。

药物包括防风（*Radix ledebouriellae*）、白芨（*Bletilla striata*）、芎劳（*Hemlock parsley*）、细辛（*Asarum sieboldi*）、桂心、乌头、柏子和干姜。将这些药物精细研磨后，再混配牛奶、浓酒、或者骨髓然后食用①。但没有表明这些疗法是否有效。

宋代钱乙（1114 年）在其儿科医书《小儿药症直诀》中提到，龟胸、龟背和行迟是值得注意的儿童疾病。它们的名称都是不解自明的，但是，作者对于这些疾病的产生做了很多说明②：

> 龟背、龟胸：当儿童出生时受风，风会盘旋在脊柱上方，并侵入骨头和骨髓，导致龟背。当肺里的热溢出时，会攻击胸腔，造成龟胸。
>
> 行迟：尽管机体能生长［至正常尺寸］，但腿太软弱不能支撑行走。

〈龟背、龟胸：肺热涨满攻于胸膈，即成龟胸。又乳母多食五辛，亦成儿生下客风入脊，逐于骨髓，即成龟背。〉

至此可以看出，中国医师们显然已经开始意识到，这些截然不同的症状都是骨骼发育中一种基本机能障碍的表现形式。但是，他们解释病因的尝试收效甚微。五行学说不能阐明佝偻病，他们推荐的治疗处方也没有什么作用。确实，明代后期儿科医师王肯堂在《证治准绳》（1602 年）的儿科学（幼科）卷中就坦率地承认，现行的任何疗法都不能治愈这些疾病③。

根据我们现在对维生素 D、钙和磷酸盐的天然分布和生理功能的了解，很容易明白，对于中国医师来说为什么感到佝偻病是一种特别难以对付控制的疾病。尽管在唐代后期，作为一种重要食品，豆腐已经成为饮食中增加钙的新来源，然而，对于中国人来说，缺钙依旧是不可否认的④。维生素 D 的最佳来源是食用动物产品，如软体动物，肝脏，乳品，黄油和蛋类，但它们在典型的中国饮食中决非充足之物⑤。不幸的是，这种维生素在植物中含量极少。因此，药典中列出的大多数常见草药及植物产品都没有什么治疗效果。酵母和霉菌（蘑菇）是麦角固醇（维生素 D_2）的丰富来源，但是中国人却一点也不知道。他们不知道在发酵食品加工中，频繁使用的微生物发酵剂，竟然会有利于治疗佝偻病。更奇怪的是，中国人从未将猪或牛的肝脏用于骨骼发育缺陷病的食疗，他们只懂得以之来治疗脚气病和夜盲症。出现这种现象的原因可能是，肝脏食疗对脚气病和夜盲症的治疗见效迅速甚至是即时的，而治愈骨骼畸形的过程却是非常慢的，通常需要几个月才能见效。可能有人试用过肝脏治疗佝偻病，但是没人肯等待足够长的时间，结果错失了成功的机会。此外，如果在饮食中同时缺乏钙和磷酸盐，即使使用肝脏也是不可能治愈佝偻病的。

---

① 《外台秘要》，《四库全书》第七三七册，第四八九页。

② 《小儿药症直诀》，引自李涛（*1936*），第 1034 页。

③ 《证治准绳》卷九、卷十。

④ 中西营养学家们都曾表明钙不足是中国饮食的主要缺陷，参见 Adolph（1926），Wu Hsien（1928），Maynard & Swen（1937）和 Snapper（1941）。也可参见 Latourette（1957），p. 567；Winfield（1948），p. 72。

⑤ 关于 20 世纪 30 年代在上海日常食品中，维生素 D 含量的分析，参见 Read, Lee & Chheng（1937），《上海食品》（*Shanghai Foods*），pp. 42—51 和 pp. 56—61。维生素 D 可以在一些蔬菜，例如胡萝卜、芥菜叶、菠菜和蘑菇［四孢蘑菇（*Agaricus campestris*）和黑木耳（*Auriculara auricula*）］中找到，但是最好的是动物性食品。

　　如上文我们指出，人体不必完全依赖于饮食中的维生素 D 来源。每当暴露在阳光下，皮肤下的 7-脱氢胆固醇也可以转化为维生素 D_3[①]。在日常生活中，大多数人都能享受到足够的阳光，有机会合成充足的维生素 D 以满足代谢需要，倘若人们也具有足够水平的钙，佝偻病就不会产生。然而，在传统的中国家庭里，女人通常隐居于家居室内，极少在户外活动。因为她们是家庭中首要的看护者，在她们的教管下，有些儿童暴露在阳光下的时间可能很少，所以存在着形成佝偻病的危险。佝偻病的产生有文化和营养两方面的原因，患者的不良生活方式和饮食中营养素的缺乏都可以引起佝偻病。因此，佝偻病体现的与其说是中国人食疗和营养的缺陷，倒不如说是中国人的社会习俗造成了对室外活动的重要性认识不足，使身体健康受到了影响。

591

　　[①]　Hui, Y. H.（1985），p. 204。关于维生素在营养中功能的讨论，参见 pp. 156—223。

(h) 感想和后记

592

宋代学者黄庭坚（1045—1105 年）在《食时五观》中这样写道[①]：

> 在我们坐享每餐之前，有必要思考一下［我们］为之所投入的时间与努力——从耕种、收获、加工到烹调，更不必提及屠宰动物——所有这些付出都只为满足我们的口腹之欲。供给一人需要十个劳力。那些能待在家中不必为生计劳作的人们，只是在消耗他们先人辛苦挣得的家业，而我们这些政府官员则是极少数，专靠普通老百姓血汗为生的特权阶层[②]。

> 〈计功多少，量彼来处：此食垦殖、收获、舂碾、淘汰、炊煮乃成，用功甚多。何况屠割生灵为己滋味，一人之食，十人劳作。家居则食父祖心力所营，虽是己财，亦承余庆；仕宦则食民之膏血，大不可言。〉

这段文字提醒士大夫阶层，是辛勤劳作的广大劳动者奉献出了每餐食物；也提醒我们在这个以每餐食物为终点的庞大生产流程中，我们刚刚所结束的探讨只不过仅局限于其四道工序中的一道——食品加工。我们追踪了中国主要食品加工技术的历史轨迹，包括提高风味，增强可消化性，改善保藏品质以及创造新型诱人品种等方面。我们也介绍了饮食对某一特定疾病发生与治疗的影响。现在，作为辞别的记录，我们提供一些感想，讨论我们所学到对于中国食品技术发展的过程和加工食品如何对中国人健康福利的影响。

(1) 谷物霉菌的奇妙世界

即使粗略翻阅前面的章节，读者也会注意到发酵食品在中国膳食体系中的特殊地位。再深入一些探讨，就会发现其中许多加工过程都以一种特殊发酵物——曲作为媒介。曲是霉菌，尤其是曲霉（*Aspergillus*）、根霉（*Rhizopus*）、毛霉（*Mucor*）及酵母菌（主要是酿酒酵母属，*Saccharomyces* spp.），在煮熟的谷物基质上发育形成的培养

---

① 《食时五观》，唐艮注释（*1987*），载于《中国烹饪古籍丛刊》中的《吴氏中馈录》，第 64 页，译文见 Lai T. C.（1978），p. 86，经作者修改。其余的四个观点是：(1) 享用食物的德行；(2) 食物的均衡观点；(3) 食物的治疗价值；(4) 食物可作为一种修行得"道"的手段。（"(1) 忖己德行，全缺应供；(2) 防心离过，贪等为宗；(3) 正事良药，为疗形苦；(4) 为成道业，故受此食。"）

② 这是中国文学作品中一个相当普遍的主题。例如，在目睹了田间农夫们的辛苦劳作后，白居易感动地在"观刈麦"诗中写道：

> 我做过什么善事，我既不耕田又不养蚕。
> 我的俸禄有三百担米，年末还有余粮吃。
> 想到这些，我就感到内疚和惭愧；整天不能忘记。
> 〈今我何功德，曾不事农桑。
> 吏禄三百石，岁晏有余粮。
> 念此私自愧，尽日不能忘。〉

译文见 Liu & Lo eds（1975），p. 202，由罗郁正翻译。

物。其中目前与食品加工有关的酶类包括：将淀粉转变为糖的淀粉酶，将蛋白质水解为肽和氨基酸的蛋白酶，将果胶（pectin）水解为糖醛酸（uronic acid）的果胶酶（pectinases），以及将脂肪水解为甘油（glycerol）和脂肪酸的脂肪酶。

这种奇特的产品是如何产生的呢？在我们看来，新石器时期霉菌发酵物（曲或酒药）的发现是三种因素绝妙巧合的结果。第一是古代中国栽培谷物的性质，就是稻和黍；第二是首先采用蒸作为烹饪这些谷物的方式；第三是环境中存在的真菌孢子类别[1]。粟、稷和黍粒的质地柔软使它们能够被蒸成相互分离的颗粒疏松的饭。正是蒸的过程能使谷粒变为蓬松分散的饭粒，更好地满足人们的口感。碰巧饭粒也是空气中天然真菌孢子沉降、萌发与繁殖的绝佳基质，而且那些能够旺盛生长的真菌种类含有曲所需要的全套酶组分。

据我们目前所知，这些独特因素的会合只发生在中国，而在其他古代文明中却都没有。这也是曲没有出现在西方早期文明中的原因。尽管东地中海的远古居民也种植谷类（小麦和大麦），但是，他们不用蒸的方法来烹调，而是通常将谷物磨成碎粉或面粉后制成麦片粥、大麦粥或烘焙成面包食用。这些产品没有一种其天然特性适合于那些具有所需酶特性的霉菌生长。

虽然最初的曲用于酿酒，但是，随后对其活性的进一步开发很快就促成了一大批发酵食品的制备。这些发酵食品促进了中国饮食和烹饪风味特色的形成，其中许多产品在今天的饮食体系中依然常见。关于这个由曲活性衍生或引发的精彩食品家族总览见图134。曲处于中心位置，由它起源的产品则向四周作放射状分布。其中，一些以前可能使用而现已不再使用曲的生产过程，如使用霉豆制作发酵豆类食品，或用饭（烹调好的米或黍粒）制作鱼和蔬菜腌渍品，醴（甘酒）、发酵的肉及鱼酱的生产，用点线标出表明这些产品目前在中国已遭废弃[2]。有趣的是，大多数所列出的终产品：如酒、醴、醋、豆酱、豆豉、肉酱及鱼酱、腌渍的肉和腌渍的蔬菜等在汉代就已经为人所知。另外，蒸饼、面酱和酱油也开始出现于汉代，尽管后来才广为食用[3]。

仅有三种产品是汉代以后出现并加入上述家族的。首先是6世纪作为腌制肉类、鱼及蔬菜防腐剂应用的糟和酱[4]；其次是明代的豆腐乳[5]；第三是明末或清初传入的鱼露[6]。所有这些资料都表明，在中国发酵食品的发展与应用上，汉代是一个多产且创新的辉煌时期[7]。

---

① 参见上文 pp.161—162 和 pp.260—261。

② 关于醴的命运，参见上文 pp.262—263；关于发酵的肉和鱼酱的命运，参见上文 pp.388—389。

③ 有关魏-晋时期（221—420年）蒸饼和面酱以及南宋时期（1127—1279年）酱油，参见 pp.468—469 页和 pp.358，362。

④ 这些是《齐民要术》时代（6世纪）食品体系中已确立的组成，参见第408—412页。

⑤ 参见 pp.326—328。

⑥ 参见 pp.397—398。尽管中国鱼露没有被广泛食用，但它却是福建与台湾烹饪中一种很重要的调料。

⑦ 图134没有显示红曲在宋代的发展。红曲引起了一系列外观各异，风味奇特的传统食品的出现，如酒、醋、豆腐乳、用糟（酒渣）保存的肉、鱼和蔬菜。参见上文 pp.192—202。另外，红曲的发明也表明紫红曲霉（*Monascus purpurea*）之类的微生物也能像传统曲中发现的黑曲霉、根霉和毛霉一样发挥曲（发酵）的功能。

593

594

595

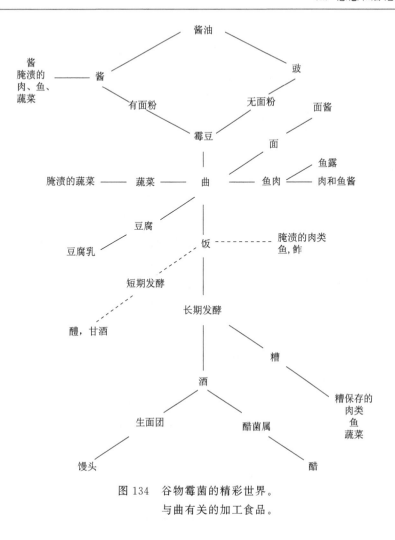

图 134　谷物霉菌的精彩世界。
与曲有关的加工食品。

(2) 食品加工创新的崎岖之路

　　汉代期间的多产不仅仅局限在发酵食品上，还有几种有名的加工食品也起源于汉代，它们与酱油一起列在表60中。除豆浆外，这些加工食品在宋元时期都达到了商业化水平[1]。另外，两种新产品，红曲和面筋在宋代已发展成熟，豆腐乳也开始出现[2]。这些成就标志着宋代是中国加工食品发展史上又一个高产时期[3]。然而，表60让我们

596

---

　　[1]　跨越的时期大约从950年到1300年。

　　[2]　红曲，参见 pp.192—203；面筋，参见 pp.487—502；豆腐乳，参见 pp.326—328。

　　[3]　宋代以其辉煌的烹饪艺术而闻名。弗里曼［Freeman (1977)，p.144］宣称世界上最早的"烹饪"（cuisine）出现于宋代，但我们认为他所说的"烹饪"，在某种意义来说是其他人所说的"高级烹饪术"（*haute cuisine*），参见 Farb & Armelagos (1980)，Goody (1982)，Anderson (1988)。关于宋代烹饪，参见中村乔（*2000*）。［此处经作者审稿时修改。原文为黄兴宗"宋烹饪法—中国饮食文化的巅峰" "H. T. Huang, Sung gastronomy-the Flowering of Chinese Cuisine"（in preparation）］

最感兴趣的是，从最初发现到最终应用的长期酝酿过程中究竟发生了什么。很遗憾，文献中这方面能启示我们的信息很少甚至没有。在我们所研究过的事例中，最有收获的可能就是蒸馏酒[①]。考古证据表明，它最初作为新奇的东西制备的，很可能出自东汉的炼金术士之手。葡萄酒的蒸馏可能出现在唐代，而且蒸馏酒在唐代已出现少量销售。但是，当时所使用的蒸馏器不但价格昂贵，而且效率低下。直到新的蒸馏器被发明（宋代）并完善（元代）后，蒸馏酒才成为一种可行商品，全部过程历时 1200 年。

　　表 60 中所有产品发展延滞的原因说明如下。对豆腐而言，这种美味可口的食品只有在掌握了豆浆凝固前必须先煮沸这条经验后才能制成[②]。至于豆浆，因为存在着豆腥味重和易引起肠胃胀气这一问题，所以很有可能，众所周知中国人对奶制品的厌恶也波及了豆浆，因而被悬置[③]。直到 18、19 世纪，奶制品重新引入中国后，人们才对豆浆产生了兴趣。到了晚清，在发现延长加热时间可以改善风味及促进消化后，豆浆获得了新生[④]。至于豆芽和酱油，其制作技术在上述两种产品出现之时实际上就已经成熟了，但是，对它们的应用还需要等到宋代，出现了更能接受新观念的消费者时才普及起来[⑤]。最后，对于面条来说，那仅仅是众多正在开发的"面饼"之一，在最终胜利者被选出来之前，它获得了一个长时期的"适应期"[⑥]。

表 60　几种起源于汉代的加工食品的发展

产品名称	出现时期	应用时期与参考资料	发展延滞年数（年）
蒸馏酒	公元 100 年青铜蒸馏器	1300 年《饮膳正要》	1200
豆芽	公元前 100 年《神农本草经》	1100 年《东京梦华录》	1200
豆腐	公元 100 年墓室壁画	900 年《清异录》	800
豆浆	公元 100 年墓室壁画	1800 年图 71	1700
酱油	公元前 100 年《五十二病方》	南宋《山家清供》	1300
面条	公元 100 年《释名》	900 年《东京梦华录》	800

　　从上述例子可以看出，制约加工食品创新的因素可以概括为以下几个。第一，社会上普遍存在着一种对变化的惰性反应。通常情况下，新变化不会立竿见影地显现出优势，就像酱油，几个世纪以来一直没有什么发展，好像总活在其前身——豆酱的阴影

---

　　① 参见上文 p.203—232 页。起始年代是根据上海青铜蒸馏器的年代推断的，它被鉴定为东汉（公元 25—220 年）制品。但是，直到中国蒸馏器发明和采用后，酒才成功实现了其商品化生产，这种蒸馏器非常简易廉价，十分适合小规模生产。

　　② 关于豆腐，直到发现欲得到坚实、弹性的凝乳必须先煮熟豆浆，惟有如此令人满意的生产过程才能逐渐形成，参见 pp.302—316。

　　③ 参见 Hahn（1896），Laufer（1914—1915），Creel（1937），p.80，Harris（1985），pp.130—153，Anderson（1988），p.145，Simoons（1991），pp.454ff. 和 H. T. Huang（2002）（作者审定译稿时有删改）关于低乳糖症的遗传学，参见 Sahi（1994a）以及 Sahi（1994b），采用的参考文献，特别参见 Simoons（1954，1970a，1970b），Flatz & Rottauwe（1973）和 Flatz（1981）。

　　④ 参见 pp.322—323。

　　⑤ 豆芽，参见 pp.295—298；酱油，参见 pp.358—373。

　　⑥ 参见 pp.466—490。

下，等待着；第二，新技术的发展没有得到机构或制度方面的相应支持，这类支持的唯一来源应该是政府，但是，与一贯支持农业改进措施相比，中国古代的统治者们对食品加工技术的兴趣却不大。蒸馏酒和豆腐可能分别得到了道教炼丹家与佛教僧侣的几分支持，但是这种支持的程度或价值无法得到充实[①]；第三，开创性的工作通常都是由家庭私营作坊主或其雇员完成的，对他们来说，创新很可能只是附加活动，也许他们还是文盲，无法将其成果用文字记录下来[②]；第四，工匠或雇主们倾向于对他们的方法或成果保密，豆腐和蒸馏酒就属于这种例子。没有试验方法及成果传播的机制，使得对同一产品有兴趣的人们之间少有甚至没有交流或偶然交流[③]。

这些因素都是当时左右创新进程的社会、政治及文化环境的必然产物[④]。汉、宋两代显现的高生产力表明，那两个朝代的环境与中国其他历史时期相比更易于接受创新。

（3）中国食品加工技术的发展

除了图134中所示的发酵食品家族以外，还存在着另一类加工食品家族，它与盘形手推磨息息相关，这种设备的出现使面粉和豆浆的制作成为可能（图135下部）。这些相互联系倾向于支持乔治·巴萨拉（George Basalla）的观点：以"任何一种制品的出现都不是孤立的，它必然与某些更早出现的制品相关"，这种论点是以工艺发展进化模式为基础的[⑤]。换句话说，人类发明的每一种制品，无论看上去多么新颖，一定有一个前体存在于已有的技术体系中。第一个食品家族的关键起源得益于曲的发明，第二个就是旋转磨。但是，这些起源本身又来源于何处？它们的前体是什么？

1957年，克莱姆（Friedrich Klemm）在他的西方技术史开篇中提到："当人们在

597

598

---

① 炼丹家对蒸馏艺术很感兴趣。参见本书第五卷第四分册，pp.68—80，上海蒸馏器被认为是炼丹装置。传说淮南子从八个长生不老的道士那里学会了制作豆腐，但是没有迹象表明炼丹家们曾优化了该加工过程。佛教僧侣总是对肉的素食替代品有特殊兴趣，他们可能参与了豆腐的制作，就像他们参与面筋的制作一样。

② 男性与女性工匠都被大户人家雇佣。在朱晟（图25，p.87）的著名汉代厨房场景画中女仆能被分辨出来。工匠们可能没有文化，而他们的主人则不然。《齐民要术》的作者贾思勰就是一位对田间和厨房事务都了如指掌的主人。不过，崔浩在他的《崔氏食经》的序言中（参见 p.123）明确指出，即使是上流阶层的贵妇们也大都熟练烹饪艺术。因而，在宋代出现家境富足、受过良好教育的年轻女士接受厨师训练，并成为上层阶级抢手厨娘的现象也就不足为怪了，参见高阳（1983），第45—56页。她们以其优雅的教养和技巧受到高度褒奖，并以其高价服务而闻名。为了给朋友们留下印象，一位宋代学士，未经仔细思索便雇请一位厨娘筹办了一次宴会。宴会相当成功，但是账单却几乎使这个可怜的人破产。可能正是由于宋代女性厨师的杰出表现，尽管对中国第一本烹饪书《吴氏中馈录》的作者知之甚少，但却习惯上一直视其为一位女性。因而，我们也将书名翻译为"吴女士的食谱"（*Madam Wu's recipe Book*）而不是"吴氏的食谱"（*Wu's recipe Book*）。

③ 例如，食品工匠们可能没有意识到豆芽可以入药，而且医师们对其食用价值又没有兴趣。

④ 能影响技术发明、发展及应用的因素已被许多学者讨论过，包括 Harrison（1954），Klemm（1964），Williams（1987），Sawers（1978），Basalla（1988），Pacey（1990），Mokyr（1990），Cardwell（1994），Adams（1996）。对这些因素的简要总结，见 Diamond（1996），pp.249—251。

⑤ Basalla（1988），p.208。从一位经济史学家视角出发的有关技术演化的另一种版本，参见 Mokyr（1990），pp.273—299。

开创历史之时，他们事实上已经拥有了相当丰富的技术手段作为基础。"[①]

　　若真如此，"技术手段"（instrument）可能通常用来表示技术成果，它们是文明得以建立的部分基础，但是，我们对它们的起源却知之甚少[②]。用巴萨拉的观点来研究本书所讨论的产品及工艺过程，有助于我们了解这些产品的原始前体的产生过程及其它们如何对所引发的新技术发展的影响。

　　我们首先从旋转磨说起[③]。图 135 中标明了旋转磨的前体[④]，其直接前体是新石器时代就已为人所熟知的鞍形磨[⑤]。鞍形磨的前体则可能是原始的研钵及磨石，比如发现于纳吐夫文化（Nautufian，距今 10 200—12 500 年之前）时期与旧石器时代晚期（距今 18 000 年之前）的类似工具[⑥]。而它们的前体又很可能只是一对大小形状适于相互摩擦、碾压或击打，从而能使谷物种子或坚果外壳破裂的石头，这类大小与光滑程度都适宜的石头沿着急流的河边很容易找到。换句话说，鞍形磨的原始前体可能从自然界已存在的材料中选择了。在这张图的流程中，起作用的因素有三种：自然来源、现有工艺和人类活动。每一阶段人类活动都会与起码一种其他因素发生相互作用。

　　当我们按巴萨拉的观点研究"曲"的情况时，却很难找出一个有可能奠定了"曲"设想基础的现存原型。那么它如何才能与技术体系中的其他成员相关联呢？我们已经指出，曲的形成是一种偶发事件——饭（蒸熟的谷粒）在含有野生真菌孢子的空气中长期暴露的结果。鉴于饭在该发现中的关键作用，因而可以说曲的起源应归功于用来做饭的蒸的技术。因此，新石器时代的陶制蒸器可以被视为是使曲发明成为可能的前体。然而我们还可以沿着这条线索上溯得更远。蒸具只是新石器时代中国制造的无数形形色色陶制容器中的一种，它的产生归功于陶器的发明，而陶器本身是人类用火处理黏土这种自然材料的结果。为概括起见，我们将曲演化的所有相关阶段绘制成图 136。在此系统中，也同样体现出了图 135 中所示的自然界、工艺与人类活动之间的相互作用，除了其

599

600

---

①　Klemm（1964），p.1。

②　考古学家极少触及史前技术如何发展的问题。在技术史学家中，它也吸引不到太多的注意。施陶登迈尔 [Staudenmaier（1985 & 1990）] 分析了《技术和文化》（*Technology and Culture*）这本杂志自从 1958 年创刊以来所有已刊文章的内容。没有一篇关注史前时期技术的起源。关于到 1973 年止技术的历史与哲学趋势的回顾，参见 Kranzberg（1979）。

③　本书第四卷第二分册（pp.185—195）详尽论述过旋转磨这个话题。在中国，旋转磨发明于战国晚期（约公元前 300 年），稍早于其在西方罗马出现的时期。然而中国与罗马在小麦生面团的制作及烹饪上存在很大差异。在西方，不论发酵还是未发酵的生面团通常都会在烤箱中被烤制成面包。但烤箱在中国不常见，生面团往往被加工成各种式样的饼类，然后以蒸、煮或在炙热表面上焙烤的方式烹熟。

④　由小麦面粉衍生的食品，参见 pp.462—497。小麦面粉在汉代以前就已为人所知，因为它可能是用鞍形磨碾磨小麦获得的，但旋转磨的出现使其在数量上的经济生产成为可能。豆浆的模式源于奶品，后者不是商代出现于中国本土就是汉代由北方游牧部落传入中原的。

⑤　开封地区文管会（*1978*），图版 1；中国社会科学院（*1982*），图版 2；同前（*1983*），图版 1，展示了裴李岗与沙窝李新石器时代遗址（约公元前 6000 年）出土的制造精良的鞍形磨。在古代美索不达米亚与埃及，鞍形磨被广泛用于磨制面粉烘烤面包。

⑥　参见 Valla（1995），p.173 和 Hole（1989），p.102。距今 10 000 到 14 000 年磨盘的实例，采自 Cohen（1977），p.134。

中最为关键的人类介入之外，其他活动则是人们出于失误却歪打正着的结果①。

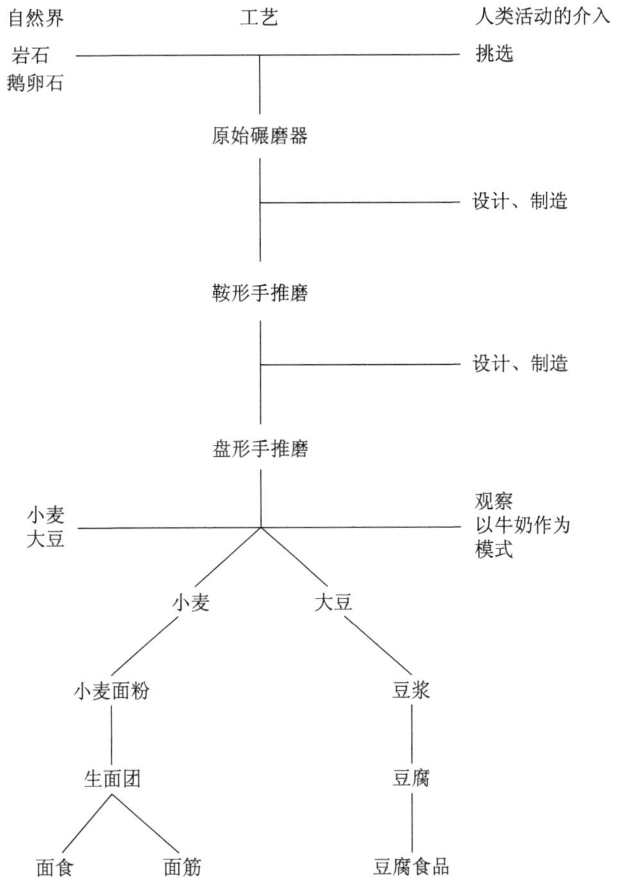

```
自然界              工艺              人类活动的介入
岩石  ————————————————————————————————  挑选
鹅卵石
                原始碾磨器
                    |——————————————————  设计、制造
                鞍形手推磨
                    |——————————————————  设计、制造
                盘形手推磨
小麦                 |——————————————————  观察
大豆                                      以牛奶作为
                                          模式
            小麦        大豆
        小麦面粉              豆浆
         生面团               豆腐
      面食      面筋        豆腐食品
```

图 135 旋转磨及其应用的演化史。

从上述讨论可以明显看出，陶制蒸器与旋转磨是中国食品加工史上的两项关键发明。两者的前体都可以远溯至新石器时代之初，它们又都各自引发了一个加工食品家族的诞生。但是，那些不属于这两个家族的食品，例如豆芽、麦芽糖、植物油和茶叶，我们又该如何解释它们的起源呢？其实答案是显而易见的。豆芽的前体是发芽谷粒②；麦芽糖最早是有人偶然用发芽的大米或谷子熬粥时发现的③；植物油的前体是动物油，后者是中国西汉时期烹饪的关键用料④；茶叶的发现则是史前品尝、试验各种植物、动

601

---

① 由人类失误而导致偶然科学发现的事项众所周知。20 世纪最著名的例子可能就是，当一个细菌培养平板偶然忘记放入冰箱保存，暴露在空气中很多天时，最终导致了青霉素的发现。麦克法兰［Macfarlane (1984)］饶有兴趣地讲述了这个故事。弗莱明（Fleming）报道了细菌平板出现一个清晰区带的重要观察，参见 *Brit. J. Exp. Path.*，10，226 (1929)。由于偶然的发现在自己一生中扮演了非常重要的角色，莱维-蒙塔尔奇尼［Levi-Montalcini (1988)］将她的自传命名为《对缺憾的赞美》(*In Praise of Imperfections*)。

② 参见 pp. 157—158，457。

③ 参见 pp. 260—261。

④ 参见 pp. 28—32。

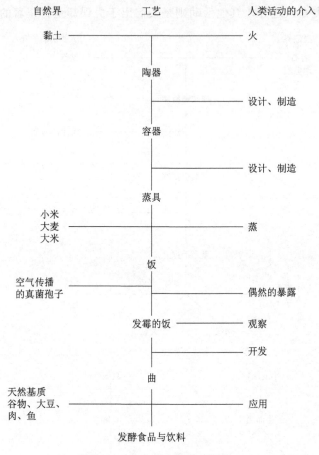

图 136 曲及其应用的演化史。

物及矿物尽可能作为食物或药物时，进行大规模筛选所得的成果之一①。总之，我们可以说，中国饮食体系中的各种加工食品的起源，都可以用巴萨拉的技术演化理论来解释。

（4） 自然、技术和人类的介入

但是，我们还需对巴萨拉的理论作少许补正。首先，巴萨拉观点的基本前提是："任何一种制品都不是孤立的，它必然与某些更早出现的制品相关。"如果上溯至足够久远的时，我们肯定会面临这样的情况：一种人造制品找不到作为其前体的其它人造制品。如图 136 中，很难想象最早出现的陶罐会与另一种人造物有任何联系。当然这并不意味着它没有前体，它很可能模仿了葫芦外壳、动物育儿袋或大牡蛎壳之类等某种天然物体的形状和样式，这些物体都可能曾被人们用作盛装液体的容器。也就是说，陶器的前体是来自于大自然的某一物体而不是某种人为制作的物品。

---

① 参见 pp. 503—504。

　　同样，我们可以将旋转磨的来历，一直追溯到没有人造前体的旧石器时代的磨石，而磨石也来源于自然界中已存在的物体。这些例子表明，当我们谈到某物件已没有人造前体的最早人工制品时，它当时的发明者只能是从大自然的物件中获得启发而产生的灵感。由于葫芦、牡蛎壳、动物育儿袋都是有机进化的产物，我们甚至可以说技术演化实际上是有机进化的延伸。倘若果真如此，那么，技术演化就成了决定人类文化与社会进程的外在进化潮流之一[①]。

　　其次，如图135及136所示，体系中每一步变革都是人类活动与自然界或工艺或两者共同作用的结果。人类介入是变革的首要动力，它以观察、设计、制造、开发（即试验与检验）形式表现出来。但是，人类介入背后的驱动力又是什么？究竟为什么古人会进行介入活动？对于食品、饮料的迫切需要无疑是驱动力之一，这也是中国人思维中的一个常见主题。例如，《周礼·含文嘉》中这样写道[②]："燧人氏最先采用钻木取火并教会人们将生鲜食物煮熟，这样可以使人们免除胃病的困扰，使人类超过野兽的水平。"（"燧人始钻木取火，炮生为熟，令人无腹疾，有异于禽兽。"）

602

　　这句话在《礼记》和《韩非子》中都再次提到[③]。它表明，假如新石器时代的古人想使自身"有异于禽兽"的话，他们对容器的质量要求就不仅仅只是为了盛水，还应该是可以用于烹饪食物。正是这种需求刺激了陶瓷的发明，而且也正是这样的发明又确保了有人类（homo sapiens）潜质的类智人（sapiens）幸存下来[④]。只有在保证食物供给充足这个基本难题得到解决后，文明的种子才能够萌发与茁壮成长。

　　巴萨拉看低了需求在技术演化中的作用。他说[⑤]："与直接从自然界获取食物不同，我们已经发明出了一整套非必需的农业与烹调技术。之所以说它们为非必需，是因为没有人类介入，动植物也能够生长甚至繁盛，而且食物在适于人类消费之前也不必非要经过加工。"这是一种过于简单化又相当极端的说法，因为许多食物必须经过加工处理才能够供人类食用[⑥]。因此，在我们看来，农业、畜牧业、食品加工及烹饪技术之所以被发明，正是由于它们确保了古人获得充足、卫生、安全的食物供给，以至人类能够"有异于禽兽"，因此技术演化确实是必需的。

　　诚然，一旦生存的基本需求被满足后，需要对于技术发明的重要性或许会有所减

---

　　① 关于外因遗传与进化的简要阐述，参见 Medawar & Medawar（1983），pp. 94—97；Dawkins（1976，1989），ch. 11，"Memes：The New Replicators，" pp. 189—201；关于世界3（about World 3），见 Popper（1972）。

　　② 采自 Needham & Lu *et al.*（1970），p. 364 和陶文台（1983），第2页。

　　③ 《礼记·礼运第九》，第三六六页。《韩非子·五蠹第四十九》，译文见 Watson（1983），p. 96。

　　④ 中国史料将陶器的发明归功于一些传奇人物，如黄帝（约公元前2697年）或夏朝（约公元前2000年）的一位官员昆吾。根据考古学证据，我们知道这些时期都太晚。参见陶文台（1983），第9页；《吕氏春秋》，林品石（1983），第17卷，第515页。

　　⑤ Basalla（1988），p. 14；在书中（p. 13），他引用了奥尔特加·伊·加塞特（José Ortega y Gasset）的话，后者定义"技术为多余的产物"，并且声称"像动物界其他物种一样，我们也可以脱离火和工具而生存。"但是，生物学家可能会坚持若没有发明、使用工具以及形成社会群体从而相互保护的能力，我们的远祖，像他们的穴居同胞一样，能否活下来都是个问题。做出的相关评论，也可参见 Cardwell（1994），p. 499。

　　⑥ 例如，木薯含有必须去除的氰，谷类必须去掉难以消化的外壳。我们已经用了整整一节的篇幅专门讨论去除大豆蛋白酶抑制物与肠胃胀气因子的方法。对于不耐受乳糖的人来说，即使牛奶在食用前也要先经过加工。新鲜的肉、鱼未经处理容易腐败，盐腌在史前时期就被用于延长其保存期了。

弱，但这仅仅是推动技术持续演化的众多因素之一。例如，对于陶器来说，一旦饮水用的碗钵与烹饪用的锅罐的制造技术成熟后，其他因素便开始影响陶器的设计过程了。无数形状各异的大小陶器被制造出来后，新石器时代各处的文化因此而多姿多彩，但这一切与需要并不相干。另外，对用面粉制成的面食而言，我们也很难看出需要与形形色色制成并消费的饼类之间有什么联系。也许，我们可以将这些变革背后的驱动力归功于人类的创造性——一种用创新去迎接各种无法逃避的实际需要，或潜在的挑战与冲动。

603　　　最后，我们的研究表明，偶然的发现在加工食品发展中占有很重要的地位。除了曲的发明之外，其它偶然的发现例子还有，发芽谷粒的糖化活性，来源于酒的醋，发酵的面包及豆浆制成的豆腐。我们还必须加上陶器的发现，很可能当远古时代的火焰对着一堆黏土持续烧灼时，最早的陶器就意外产生了[①]。

　　如果技术演化确实类似于有机进化，那么两者在某些重要方面会表现出相似的行为特征。例如，有机进化不是沿直线匀速前进而是沿不同方向作间歇性运动的[②]。中国加工食品的演化看上去也是如此，于是实际结果可绘成一株由产品构成的系统树，所有产品都与主要发明物密切相关，就像分别与曲或旋转磨相连的那两个产品家族一样（图134及图135）。另外，间歇性的观点也可以解答为什么既存在汉代和宋代这样的高产时期，而在其他朝代出现了低产或中产时期的问题。

（5）加工食品的营养和对健康的影响

　　谷子与水稻是史前中国最重要的谷物，经过蒸都可做成颗粒松软的"饭"，再经发酵则可以分别制成了曲或酒。后来种植了小麦和大豆，它们也被做成了饭，但是食用效果并不令人满意。因为小麦和大豆是两种优质的农业作物，它们的生产就刺激人们去开发其加工方法，将其制成比饭更美味可口的食物。因此，在本书所讨论的加工食品中，除腌制的肉类、蔬菜及水果外，大多数都衍生于小麦及大豆。表61是要将这些开发食品，与那些来自稻米及谷子的衍生食品作个比较。所有产品被分成两组，一组在质地及可消化性上有所改良，一组在口味上有所发展。加工过程中的关键性中间产品被单独列在一栏里。除了酒首先被公认是一种酒精饮料外，第二组中的所有产品都是我们所熟知的调味品。

604　　　这些产品对中国饮食系统及人们的身体健康产生了双重影响。首先是烹饪方面，如

---

　　① 陶器的出现可能始于旧石器时代后期。最早的陶器前身是距今 27 000 年前出现于东欧的黏土烧制的小塑像，比日本绳纹（Jomon）文化中最早出现的陶制容器还早 15 000 年。最早的陶罐可能是用火烧灼一只覆盖着厚黏土的篮子时制成的。一个中国传说认为陶器的发现应归功于烤制兽或禽肉的古代炮术的使用，该方法将生食物用叶子包裹起来，再用黏土涂抹后放于火上加热，这种方法至今仍用来制作"叫花鸡"（p.73）。某天，这种烤肉在极热的火中烧制时间过长，以至于当黏土破裂时，发现其中的一片完全可用作不透水的碗来使用。参见马健鹰，《中国烹饪》，1995 年（11），第 13 页。

　　② 道金斯［Dawkins（1989），p. 223］做了一个合适的类比，他将进化过程比做古以色列人穿越大约 200 英里西奈沙漠（Sinai desert）的旅程。根据《出埃及记》，他们用了四十年走完全程，如果按照均一速度，可能每天才行进 24 码，很显然，他们的旅行是间歇式的，可能在某地长时间宿营后再向下一个目标前进。

表 61 所示，小麦与大豆经加工后可制成一系列具有极佳质地及可消化性的食品，即各种面食与豆腐制品，以及酱油、豆酱、面酱等多种独特调味品。同样，大米也被加工成米线、酒和醋。为诞生各种世界著名的美食，这些产品有助于提供一个殷实的材料基础[①]。

表 61　谷类衍生的加工食品概述

谷物名称	中间产品	加工的食品	
		质地和消化性	口味
小麦	小麦面粉	面食系列 　蒸饼、烧饼、馄饨、饺子、面条 面筋	发酵的面酱
稻米	麦蘖	米粉（面），米线	麦芽糖
大麦、小麦或稻米	发霉的小麦、大麦或大米		酒 醋
大豆	豆浆 发霉的大豆	豆芽 豆腐系列 　嫩豆腐、老豆腐、豆腐皮、熏豆腐	豆腐乳 豆豉、豆酱、酱油

　　其次是营养方面，相关的文献记载却有些混乱。由于肉类不足及乳品缺乏，中国传统饮食中的蛋白质与钙的摄入量通常都比较低，但是，这些不足可通过豆制品的引入而在很大程度上得到缓解[②][③]。大豆富含蛋白质，特别是用硫酸钙凝固的豆腐，那是丰富的钙源[④]。当冬天没有新鲜蔬菜时，豆芽可提供水溶性维生素[⑤]。面筋是另一类有益的植物蛋白源[⑥]。对于比较贫穷的阶层来说，发酵食品则是补充维生素 B_{12} 的主要来源，因为后者在植物中并不存在[⑦]。

---

　　① 关于近年来中国农村传统饮食功效的综合调研，参见 Chen Junshi et al.（1990）。结果表明在正常生产率情况下，中国人的饮食生活水平足以维持身体健康。

　　② 这个观点 20 世纪初已被许多中国食品领域的观察家们强调过，参见 Mallory（1926），Adolph1926 &1946），Wu Hsien（1928），Maynard & Swen（1937），Read et al.（1937）和 Snapper（1941），Koo（1976）重述。另一方面，高蛋白摄入也未必始终有益。已知高蛋白摄入会抑制钙的吸收，参见 Altchuler（1982）。骨质疏松症（osteoporosis）在欧美常见，却极少发生在东亚。爱斯基摩人（Eskimos）骨质疏松症的发病率显然是世界上最高的，尽管其日常饮食中有高水平的钙摄入（每天从鱼骨中获得 2000 毫克），但其蛋白质摄入水平（每天250—400克）也是世界上最高的，参见 Mazess & Mather（1974）。

　　③ 豆腐及其它豆制品的有效性很可能使得福钧［Fortune（1857），pp. 42—43］认为"与本国最贫穷的阶层相比，中国同类阶层看起来对食品制作技艺的了解要多得多"，采自 Spence（1977），p. 267。史景迁（Spence）还列举了 18 世纪早期各种食品的价格。猪肉的价格是每斤 50 个铜钱，豆腐每斤 6 个铜钱。

　　④ 与脱脂牛奶或意大利马苏里拉（mozzarella）干酪相比，豆腐中钙的生物利用度要高得多，参见 Poneros 和 Erdman（1988）。用硫酸钙凝结的豆腐是一种尤为丰富的钙源。

　　⑤ 参见 pp. 295—299。

　　⑥ 参见 pp. 497—502。

　　⑦ 这种维生素仅由微生物合成。动物是从染有细菌的食物中吸收它，而植物从土壤中吸收不到。在真正素食者的饮食中，这是一种经常缺乏的维生素，参见 Herbert（1976），pp. 193—194，Wang（1986a），pp. 11, 17。

　　另一方面，食品加工也会造成营养成分的损失。这也是脚气病——一种未见于古代中国的疾病——后来终于发生的原因。脚气病自汉代以后开始局部流行，当时水力的运用已使得稻谷脱壳精制达到了以往人力或畜力无法企及的程度。也就是说，脱稻壳与精制的同时，无意中去掉了可预防脚气病发生的维生素 B_1[①]。不过，大多数人还是偏爱深度脱壳后的稻米，因为用它能做出更为松软精美的米饭。另一个具有副作用的例子是腌鱼，这种鱼类腌制食品，通常被视为是开胃小吃或调味料，但是现在已知，某些腌鱼含有二甲基亚硝基胺，它是一种可致鼻咽癌（nasopharyngeal carcinoma）的强致癌物。这种病的发病率，在中国人中特别高[②]。

---

　　① 参见 pp. 578—586。

　　② 参见 Fong & Chan（1972）和 Henderson（1978）。相关的另一个来源是可能存在的黄曲霉毒素（Aflatoxin）——谷物霉菌发酵的食品中，可能有一种强致癌物质。黄曲霉（*Aspergillus flavus*）-黄曲霉毒素强大的生产者-与曲中发现的黑曲霉（*Aspergillus miger*）及米曲霉（*Aspergillus oryzaec*）有密切的亲缘关系。这种可能性已被彻底调查过了，参见 Yokotsuka & Sasaki（1986）和 Hesseltine & Wang（1986a），p. 21，结果表明在发酵豆制品的生产中没有检测出足够数量的黄曲霉毒素。

后　记

回顾所有已经探索和讨论过的内容，我们禁不住惊奇地发现：对于那些能够提高技术水平和理解基本现象的重要线索，中国人明显缺乏深入探究的兴趣。在此，可以想到的这类线索就有三例。首先是，贾思勰对食品加工中所使用的松散曲的观察，他发现后者的活性存在于颗粒表面的黄色细粉中[①]。我们无法理解，他当时为何没有更进一步将黄色细粉用于一批新基质，以观察它是否能够生长并结出更多的黄色细粉。毕竟，正是他首先确定了淘汰制造神曲的祭祀供品和清规戒律，而且不会影响最终产物的活性[②]。假如他有兴趣继续试验的话，他本应该成为真菌科学的奠基人，最起码也会发现那些细粉（即孢子），可用作种子加速下一批曲的制备，从而将制备过程从几周缩短到几天。

其次是，中国的技术专家们没能做到明确区分曲的糖化与发酵功能。他们在汉代以前就已经知道酿酒时，曲先将蒸熟的大米转化成糖醪液（醴），然后再将糖发酵为酒[③]。他们也知道，正在发酵的酒能用作发酵剂（酵）来制作发酵［蒸］饼[④]，如《北山酒经》（1117 年）中提到，酵能激活延滞的发酵醪，也描述了用于发酵葡萄汁的工艺过程[⑤]。虽然这些情况已广为人知，但是看起来，当时还没有人意识到酵其实就是曲，它具有将糖发酵为酒的作用。结果，没有人尝试过用酵将葡萄汁或蜂蜜发酵成葡萄酒或蜂蜜酒，否则，中国葡萄酒史话的结局就会更加完美[⑥]。

最后是，关于脚气疾病，唐代医师有两个关键性发现的连接[⑦]。其一是，孙思邈收录于《千金翼方》（682 年）中的一个处方，推荐用稻糠煮米粥治疗脚气；其二是，陈藏器在《本草拾遗》（725 年）中陈述："长期食用稻米会导致身体虚弱。也就是说，用深加工去壳稻米或糯米喂小猫小狗会导致其腿部弯曲甚至无法行走。"（"久食之令人身软；黍米及糯米食司小猫犬，令脚屈不能行。"）以我们现在的眼光来看，没有一位中国古代医师想到应将这两个发现联系起来。这真是不可思议！否则，古人就可能会用去壳的大米喂猫狗引发脚气再用添加稻糠的饮食治愈它。接着，他们就会得出 19 世纪末艾克曼通过鸡实验才获得的结论——脚气病的发生在于缺乏了一种存在于稻粒麸皮中的因子。当稻粒被研磨去皮时，该因子随着麸皮丢掉了，所以随着稻米成为主食之后，摄食

---

① 参见 p. 335。贾思勰说："不要簸去这些黄色颗粒。齐国人经常迎风簸它以去掉黄色外衣。这是一个很大的错误……正是黄色外衣提供了大部分的发酵活性。"（"慎勿扬簸。齐人喜当风扬去黄衣，此大谬……皆仰其衣为势。"）

② 参见 p. 171。

③ 在汉代，醴用曲经一夜发酵而成；继续发酵下去糖就会发酵为酒精，参见 pp. 262—263。

④ 参见 p. 471。这里要提到的是，《齐民要术》（544）也描述了用大米制备酸酵种（一种饼酵类型）的方法。

⑤ 参见 p. 184。

⑥ 实际上，直到明代末期（1368—1644）葡萄酒与蜂蜜酒的酿造仍在沿用着曲，参见 pp. 244 和 pp. 247。

⑦ 参见 pp. 581；孙思邈的处方在《千金翼方》（1965 年再版），第 17 卷，第 2 项，第 194—196 页。陈藏器的陈述收录在唐慎微的《证类本草》（卷二十六）中，"稻米"条目，第三页。

去壳的稻米就会引发脚气病。通过摄入稻糠之食也可以治愈脚气病。

为什么这些能够提升技术水平并将研究从应用层次引向基础层次的明显机遇，会与中国人擦肩而过呢？回答这个问题对理解另一个更加深刻的问题有着至关重要的意义，即为什么现代科学没有出现在中国？我们想就此事提出下面三条见解：

首先，中国人以阴-阳和五行思想为基础的世界观，倾向于从系统或整体的角度观察一切现象，它不提倡细化的分析研究，因此缺乏将系统拆散逐项体验、调控、检测的习惯[①]。就拿曲来说吧，它本质上一直被视为一个有机整体，即使已有明显证据表明其具有两种截然不同的活性，但是缺乏对两者进行分离及单独研究的习惯，结果唾手可得的机遇却遭到了冷落。因此，在选择用酵（酵母）更好的情况下，中国人却仍然沿用着曲进行葡萄汁及蜂蜜酿酒的这种浪费做法。在脚气方面，医师受五行理论的束缚太深了，以致未能发现脚气病源于去壳稻米与用稻糠可以治愈这两者之间的简单联系[②]。

其次，因过分强调实际应用的重要性，而使得人们未能将注意力集中放在理解技术的基础理论上。如中原地区的酿酒师们只专注于用谷物酿酒，而对葡萄汁发酵技术缺乏兴趣就是一例。就脚气来说，医学工作者的主要兴趣在于治愈疾病，他们好像早就弄清了病因似的，因而在实际工作中表现得相当出色。

最后，在中国中古代，科技信息是否分享和传播，是一个实际问题。某些流通不畅的例子值得研究。例如，酿酒早在汉代以前就已经实现了商品化生产，有些加工信息唾手可得，尤其是那些可用来计算物料平衡的量化数据，但是实际上几乎没有被记录下来。我们不能确定从事葡萄汁发酵的技师们是否确实听说过酵（酵母）的存在及它的易于制备。但是，那些确实知道酵母存在的人们，却很可能没有机会想到可以用葡萄汁作为基质来发酵。至于脚气病，我们不能肯定陈藏器知道孙思邈的稻糠处方，但实际上，孙思邈的处方与陈藏器的发现，在董汲的著名著作《脚气治法总要》（1075年）中都未被提及。由此看来，我们认为错失的机遇也许在唐、宋时期根本就不存在。可是，在元、明时期，人们已经能够从医学典籍中顺利查到相关信息，脚气病与稻糠间的关系却依然未被发现。

正如上文探讨过的那样，无疑，缺乏有效的交流是造成某些加工食品生产发展迟缓的原因之一，然而，这并没有妨碍那些优秀成果通过传播、普及或移民的方式，流传到了东亚及东南亚一带的中国邻邦。豆腐、酱油、面条等中国典型的加工食品，就很好地融入了朝鲜、日本、印度支那与印度尼西亚居民的日常饮食中。

中国加工食品对于西方的影响，一直到了20世纪后半叶才刚刚开始。不过，这种影响实际上可能远远超出了人们所见。中国谷物霉菌或曲的基本工艺，在中古代传播到了周边邻国。当现代微生物学在19世纪晚期登陆日本与东南亚时，欧洲的微生物学家们才开始注意到了"当地"在酿造酒精饮料及调味品时，所用的混合培养物是用奇特的制备方法制成的。从那以后，西方和日本的科学家们已经从发霉的谷物中分离出了多种

---

① 我们并不想暗示分析研究在任何情况下都优于整体研究，这完全依赖于问题本身。在其他情况下，如应用五行学说治疗慢性疾病，整体方法通常就比分析方法更有效。

② 在这种情况下，人们会说他们只见树木，不见森林。

真菌，并鉴定了它们所合成的大量酶类。西方的微生物学家们，很快就热衷于在他们自己的发酵工艺中，应用这些微生物。"曲"的日语发音 koji 变成一个常用的西方名词，而被《牛津英语大辞典》收入其中作为一个新英文词。

法国人最先创立了使用微生物发酵物，将淀粉分解转化为酒精的发酵方法，并称之为淀粉酶发酵法（或简称为淀粉发酵法）[1]。不过，他们相关的商业化尝试在 19 世纪晚期以失败告终。随后，日本和西方的科技工作者们经过几十年深入且不懈的努力后，终于成功地开发出了几株可用于作现代发酵食品工业使用的酶类合成载体的霉菌。实际上，来源于这些有机体的微生物酶类，如淀粉酶、蛋白酶、脂肪酶及果胶酶等，其制备方法在欧、美及日本早已成为一门独立的新兴工业了。这些酶早已被广泛地应用于各种各样的加工食品的制作中[2]。因此，在现今西方，即使某个普通消费者很可能从未听说过曲或 koji 这个词，但是来源于它或由它引发的酶类，却正在实实在在地影响着他或她的日常生活。的确，每次他或她吃下一片饼干，喝下一杯澄清的果汁，饮下一大杯啤酒，咽下一片面包，喝掉一碗即食燕麦粥，将一片加工过的干酪夹在三明治中，在意大利面上撒下磨碎的罗马干酪或将玉米糖浆浇在薄煎饼或华夫饼上的时候，这种影响就重受证实。这些只是技术转化成果的几个例子，四千多年来的古代中国人，在摸索出一整套方法用于制备稳定的谷物霉菌培养物时，他们绝对想象不到这项技术会有今天如此广泛的应用。

---

① Lafar，F.（1903），pp. 94—98。

② 里德和福格蒂［Reed（1975）和 Fogarty（1983）］详细描述了谷物霉菌合成的酶类在食品加工中的应用。例如，果胶酶用于果汁的澄清，蛋白酶用于啤酒的抗冷，淀粉酶用于玉米糖浆与速食燕麦片的加工，淀粉酶及蛋白酶用于谷类加工与烘焙面包，乳糖酶用于低乳糖牛奶的生产。自 1983 年以来，源于毛霉、曲霉与内座壳属真菌（Endothia）的微生物粗制皱胃酶（凝乳酶）已经实现了商品化生产并用于制作干酪，参见 Carlile & Watkinson C.（1994），p. 389。从毛霉中分离的酯酶也已经被用于改善乳酪的风味，参见 Huang & Dooley（1976）和 Carlile & Watkinson，同上。

参 考 文 献

缩略语表

A   1800 年以前的中文和日文书籍

B   1800 年以后的中文和日文书籍和论文

C   西文书籍和论文

说明

1. 参考文献 A，现以书名的汉语拼音为序排列。

2. 参考文献 B，现以作者姓名的汉语拼音为序排列。

3. A 和 B 收录的文献，均附有原著列出的英文译名。其中出现的汉字拼音，属本书作者所采用的拼音系统。其具体拼写方法，请参阅本书第一卷第二章（pp. 23ff.）和第五卷第一分册书末的拉丁拼音对照表。

4. 参考文献 C，系按原著排印。

5. 在 B 中，作者姓名后面的该作者论著发表年份，均为斜体阿拉伯数码；在 C 中，作者姓名后面的该作者论著发表年份，均为正体阿拉伯数码。

6. 在缩略语表中，对于用缩略语表示的中文书刊等，尽可能附列其中文原名，以供参阅。

7. 关于参考文献的详细说明，见于本书第一卷第二章（pp. 20ff）。

缩 略 语 表

C&C	Chhên Chu-Kuei & Chu Tzu-Chên ed. (1981) *Chung-kuo chha-yeh li-shih tzu-liao hdusn-chi* (*Selected Historiographic Materials on the History of Tea in China*).
CCIF	*Chhien Chin I Fang*
CCYF	*Chhien Chin Yao Fang*
CCPY	*Chü Chia Pi Yung Shih Lei Chhüan Chi* (Food and Drink section only).
CHPCF	*Chou Hou Pei Chi Fang*
CKCC	Chhên Tsung-Mou ed. (1992). *Chung-kuo Chha Ching* (The Chinese Classic of Tea)
CKYL	*Chin Kuei Yao Lueh*
CKPJPKCS	Chung-kuo Phêng-jên Pai-kho Chhüan-shu pien-wei huei (*1992*), *Chung-kuo Phêng-jên Pai-kho Chhüan-shu* (The Encyclopedia of Chinese Cuisine).
CLPT	*Chêng Lei Pên Tshao*
CMYS	*Chhi Min Yao Shu*
CPYHL	*Chu Ping Yuan Hou Lun*
CSHK	Yen Kho-Chün ed. (*1836*) *Chhüan Shang-ku San-tai Chhin-Han San-kuo Liu-chao wen* (Complete Collection of prose literature from remote antiquity through the Chhin and Han dynasties, the Three Kingdoms, and the Six Dynasties).
FSCS	*Fang Shêng Chih Shu*
HHPT	*Hsin Hsiu Pên Tshao*
HTNCSW	*Huang Ti.Nei Ching, Su Wên*
HWTS	*Han Wei Tshung Shu*
HYL	*Hsing Yuan Lu*
IYII	*I Ya I I*
KHTS	*Kuei Hsin Tsa Shih*
LYCLC	*Loyang Chieh-lan Chi*
MCPY	*Mêng Chhi Pi than*
MIPL	*Ming I Pieh Lu*
MLL	*Mêng Liang Lu*
NSISTY	*Nung Sang I Shih Tsho Yao*
PMTT	*Pien Min Thu Tsuan*
PTKM	*Pên Tshao Kang Mu*
PTPHCY	*Pên Tshao Phin Hui Ching Yao*
PTSI	*Pên Tshao Shih I*
PSCC	*Pei Shan Chiu Ching*
SCCK	*Shan Chia Chhing Kung*
SHHM	*Shih Hsien Hung Mi*
SKCS	*Ssu Khu Chhüan Shu*
SLKC	*Shih Lin Kuang Chi*
SLPT	*Shih Liao Pên Tshao*
SMYL	*Ssy Min Yüeh Ling*
SNPTC	*Shên Nung Pên Tshao Ching*, also abbreviated to *Pên Ching* in the text.
SPTK	*Ssu Pu Tshung Khan*
SSTY	*Ssu Shih Tsuan Yao*
SWCT	*Shuo Wên Chieh Tzu*, also abbreviated as *Shuo Wên* in the text
SYST	*Sui Yuan Shih Tan*
TCMHL	*Tung Ching Mêng Hua Lu*
TKKW	*Thien Kung Khai Wu*
TNPS	*To Nêng Pi Shih*
TPYL	*Thai Phing Yü Lan*
TTC	*Thiao Ting Chi*
WSCKL	*Wu Shih Chung Khuei Lu*
YCFSC	*Yin Chuan Fu Shih Chien*
WLCS	*Wu Lin Chiu Shih*
YCFSC	*Yin Chuan Fu Shih Chien*
YHL	*Yang Hsiao Lu*
YLT	*Yün Lin Thang Yin-shih Chih-tu Chi*
YSCY	*Yin Shan Chêng Yao*
YSHC	*Yin Shih Hsü Chih*

AS/BIHP	Bulletin of the Institute of History and Philology, Academia Sinica, Taipei 《中央研究院历史语言研究所集刊》（台北）
BMFEA	Bulletin of the Museum of Far-Eastern Antiquities (Stockholm)
CHWSLT	*Chung-hua wên-shih lun-tshung*《中华文史论丛》
CKKCSL	*Chung-kuo kho-chi shih-liao*《中国科技史料》
CKPJ	*Chung-kuo phêng-jên*《中国烹饪》
CKPJKCTK	*Chung-kuo phêng-jên ku chi tshung khan*《中国烹饪古籍丛刊》
CKPJPKCS	*Chung-kuo phêng-jên pai-kho chhüan-shu*《中国烹饪百科全书》
FMNHP/AS	Field Museum of Natural History (Chicago) Publications; Anthropological Series
HHTP	*Hua Hsüeh Thung Pao*《化学通报》
KCSWC	*Kho-chi shih wên-chi*《科技史文集》
KHSCK	*Kho-hsüeh shih chi khan*《科学史集刊》
KK	*Khao-ku*《考古》
KKHCK	*Khao ku hsüeh chi khan*《考古学集刊》
KKHP	*Khao-ku hsüeh pao*《考古学报》
KKYWW	*Khao-ku yü Wen-wu*《文物与考古》
NSYC	*Nung-shi yen-chiu*《农史研究》
NSYCCK	*Nung-shi yen-chiu chi-khan*《农史研究集刊》
NYKK	*Nung yeh khao ku*《农业考古》
PJSH	*Pheng Jen Shih Hua*《烹饪史话》，见《中国烹饪》编辑部
SCYC	*Shih Chhien Yen Chiu*《史前研究》
TJKHSYC	*Tzu-jang kho-hsüeh shih yen-chiu*《自然科学史研究》
TLTC	*Ta lu tsa chi*《大陆杂志》
TP	*T'oung Pao*, Archives Concernant l'Histoire, les Langues, la Geographie, l'Ethnographie et les Arts de l'Asie Orientalie, Leiden
TPJMTH	*Tung-pei Jen-min Ta hsueh jên-wên ke-hsüeh hsüeh-pao*《东北人民大学人文科学学报》
WW	*Wen-wu*《文物》
WWTKTL	*Wên-wu tshan khao tzu liao*《文物参考资料》
WWTLTK	*Wên-wu tzu-liao tshung-khan*《文物资料丛刊》

A 1800 年以前的中文和日文书籍

《白居易卷》
Collected Works of Pai Chü-I
唐
白居易（772—846 年）

《宝生要录》
Essential Rules for a Healthy Life
宋，年代不详
蒲虔贯，《说郛》卷八十四

《抱朴子》
Book of the Preservation-Solidarity Master
晋，4 世纪早期，约 320 年
葛洪
英译本：Ware, *Alchemy, Medicine and Religion in the China of A. D. 320* （1966），
仅内篇若干

《北户录》
Record of the Northern Gate
唐，约 873 年
段公路

《北齐书》
History of the Northern Chhi
唐，约 640 年
李百药

《北山酒经》
Wine Canon of North Hill
宋，1117 年
朱肱
《说郛》，《四库全书》（第八四四册）

《北苑别录》
Pei-yuan Tea Record
南宋，1186 年
赵汝砺

《备急千金要方》
The Thousand Golden Remedies for Use in
Emergencies
参见《千金要方》，该名为其全称

《本草纲目》
The Great Pharmacopoeia ［or Pandects of
Natural History］
明，1596 年
李时珍
释义和节译本：Read & Collaborators （1—
7）
文本参考：人民卫生出版社编辑出版，北
京，1975 年

《本草纲目拾遗》
Supplemental Amplification of the Pên Tshao
Kang Mu
清，约 1760 年开始；1765 年首次作序，
1780 年增加引言，1803 年最后定稿。
1871 年初次刊印
赵学敏
文本参考：商务印书馆，香港，1971 年

《本草和名》
Synonymic Materia Medica with Japanese
Equivalents
日本，918 年
深江辅仁

《本草品汇精要》
Essentials of the Pharmacopoeia Ranked
according to Nature and Efficacy （Impe-

rially commissioned)

明，1505 年

刘文泰、王磐和高廷和

文本参考：人民卫生出版社，北京，1982 年

《本草拾遗》

A Supplement for the Pharmaceutical Natural Histories

唐，约 725 年

陈藏器

现仅存于众多引文中

《本草衍义》

Dilations upon Pharnaceutical Natural Histories

宋，1116 年作序；1119 年刊印；1185 年和 1195 年重刊

寇宗奭

《本心斋素食谱》

Vegetarian Recipes from the Pure Heart Studio

南宋

陈达叟

文本参考：吴国栋和姚振节注释，《中国烹饪古籍丛刊》，1987 年

《裨海纪游》

Travels among the Islands of the Sea

清，1835 年刊印

郁永河

《避暑录话》

Notes from a Summer Retreat

胡山源（1939）引用

《便民图纂》

Everyman's Handy Illustrated Compendium [or the Farmstead Manual]

明，1502 年；1552 年和 1593 年重刊

邝璠编辑

《博物志》

Records of the Investigation of Things

晋，约 290 年

张华

《补注洗冤录集证》

The 'Washing of Wrongs' with Annotations and Amendments

清，1796 年

王又槐增辑，沉其新补注

《草木子》

Herbs and Plants

明，1378 年

叶子奇

《茶笺》

Notes on Tea

明，1630 年

闻龙

《茶解》

Tea Explanations

明，1609 年

罗廪

《茶经》

Tea Classic

明，1597 年

张谦德

《茶经》

The Classic of Tea（Tea Canon）

唐，约 770 年

陆羽

英译本：Carpenter（1974）

文本参考：傅树勤和欧阳勋编（1983）

《茶具图赞》

Tea Utensils with Illustrations

南宋，1269 年

审安老人

《茶考》
Comments on Tea
明，1593 年
陈师

《茶录》
Tea Discourse
宋，约 1060 年
蔡襄，参见《说郛》

《茶录》
Tea Records
明，1595 年
张源

《茶谱》
Tea Compendium
五代，925 年
毛文锡

《茶谱》
Tea Discourse
明，1440 年
朱权

《茶谱》
Tea Discourse
明，1539 年
钱椿年

《茶史》
History of Tea
清，约 1669 年
刘源长

《茶疏》
Tea Commentary
明，1597 年
许次纾

《茶说》
Talks on Tea

明，1590 年
屠隆

《昌谷集》
The Works of Li Hao
唐，817 年
李贺
现名为《李贺诗集》
人民文学出版社，1959 年

《诚斋集》
The Devout Vegetarian
宋，12 世纪
杨万里（1124—1192 年）
参见《豆卢子柔传》和副标题 "豆腐"

《初学记》
Primer of Learning
唐，700 年
徐坚

《楚辞》
Elegies of *Chhu* State ［Songs of the south］
周，约公元前 300 年（汉代有增益）
屈原（贾谊、严忌、宋玉等）
英译本：Hawkes（1959）
文本参考：傅锡壬注释，《新译楚辞读本》，
　　1976 年

《荈茗录》
Tea Record
五代，960 年
陶榖

《春秋》
Spring and Autumn Annals
周，鲁国编年史，公元前 722—前 481 年间
参见《左传》、《公羊传》、《谷梁传》

《春秋繁露》
String of Pearls on the *Spring and Autumn
Annals*

西汉，约公元前 135 年

董仲舒

部分译文：Hughes，E. R.（1942），《中国
上古哲学》（*Chinese Philosophy in Classi-
cal Times*），Dent，London；Wieger（2）
《通检丛刊》之四

《纯浦随笔》

Casual Notes on Local Products

清，1888 年

叶瑞延

《聪训齐语》

Didactic Notes

清，1697 年

张英

《打枣谱》

Monogragh on Jujubes

元，14 世纪早期

柳贯

《大戴礼记》

Record of Rites［compiled by Tai the Elder］
［cf. *Li Chi*（《礼记》），*Hsiao Tai Li Chi*
（《小戴礼记》）］

传为西汉，约公元前 70—前 50 年，但实际
为东汉，80—105 年

传为戴德编，实际可能是曹褒编

译本：Douglas（1）；R. Wilhelm（6）

《大观茶论》

The Imperial Tea Book（Discourse on Tea of
the Ta Kuan reign period，1107—1110）

宋，约 1109 年

赵佶（宋徽宗）

《大广益会玉篇》

Enlargement of the Yü Phien［cf. *Yü Phien*
《玉篇》］

唐，孙强增益

宋，陈彭年等重修

以《宋本玉篇》再版，北京，1983 年

《大业拾遗记》［又名《大业杂记》］

Miscellaneous Records of the Ta-Yeh Reign-
Period（Sui ＋605 to ＋617）

唐，约 660 年（对《隋书》的补充）

杜宝

原著十卷，仅存一卷，收入《图书集成》中

《丹房须知》

Indispensable Knowledge of the Chymical
Elaboratory［with illustrations of appara-
tus］

宋，1163 年

吴悟，《道藏》/893

《丹溪补遗》

Backup notions from the Elixir Brook

《道德经》

The Canon of Reason and Virtue

周，约公元前 5 世纪

传为李耳（老子）撰

大量英语译本

《道藏》

The Taoist Patrology［containing 1464 Tao-
ist works］

历代著作，但唐，约 730 年，最初开始收
集，后于 870 年再集，1019 年辑成。宋
（约 1111—1117 年）初刊；金（1168—
1191 年），元（1244 年）及明（1445 年、
1598 年和 1607 年）都曾刊印。

作者众多。索引见 Wieger（6），有关的评
论参见 Pelliot（58）

《引得》第 25 号

《东观汉记》

Eastern View of the Records of Han

东汉

班固起始，刘珍等续，完成于 270 年前后

《东京梦华录》

Dreams of the Glories of the Eastern Capital ［Khaifeng］

北宋，1148 年（涉及北宋都城 1126 年沦陷的 20 年和 1135 年迁都杭州完成）；1187 年初刊

孟元老

文本参考：中国商业出版社，1982 年，和四种宋代回忆录合集

《东溪试茶录》

Tea in Chie-an，Fukien

北宋，1064 年

孙子安

《豆羹赋》

Ode to the Soybean Stew

晋，约 3—4 世纪

张翰

《都城纪胜》

Wonders of the Capital ［Hanchow］

宋，1235 年

赵氏［灌圃耐得翁］

文本参考：中国商业出版社，北京，1982 年，《东京梦华录》等

《多能鄙事》

Routine Chores made Easy

明，约 1370 年

刘基

收入篠田统和田中静一（1973）

《尔雅》

Literary Expositor（Dictionary）

周代材料；秦或西汉时成书

编者不详

约公元 300 年，郭璞增补并注释

《引得特刊》第 18 号

《尔雅翼》

Wings for the Literary Expositor

宋，1174 年

罗愿

《尔雅注疏》

Explanations of the Commentaries on the Literary Expositor

宋，约 1000 年

邢昺

《氾胜之书》

The book of Fan Shêng-Chih（on Agriculture）

西汉，公元前 1 世纪

氾胜之

英译本：Shih Sheng-Han（1959）

文本参考：缪启愉编，1981 年

《方言》

Dictionary of Local Expressions

西汉，约公元前 15 世纪（但后来窜改很多）

扬雄，《汉魏丛书》

《封氏闻见记》

Fêng's Record of what he saw and heard

唐，8 世纪

封演

《风俗通义》

The Meaning of Populist Traditions and Customs

东汉，175 年

应劭

《通检丛刊》之三

《扶桑略记》

A Brief History of the Nation（from the reign period of Emperor Jimmu to Emperor Horikawa）

日本，938 年

皇圆

《陔馀丛考》

Miscellanies beyond the Ledge

清，1790 年

赵翼

《瓯北全集》中一部分（赵翼全集）

《格物粗谈》

Simple Discourses on the Investigation
of Things

宋，约 980 年

传为苏东坡撰

实为（录）赞宁撰

附后来增补部分，有些是关于苏东坡的

《格致镜原》

Mirror of Scientific and Technological Origins

清，1717 年

陈元龙

《古今图书集成》

参见《图书集成》

《古史考》

Investigation of Ancient History

三国，约 250 年

谯周，现已佚失，部分残片收入《太平御
览》等

《觯记注》

Notes on Wine Vessels

宋

郑獬

《瓜蔬书》

Book of Melons and Vegetables

明，约 16 世纪中叶

王世懋

《管子》

The Book of Master Kuan

周和西汉；或许主要编成于稷下学宫（公元
前 4 世纪后期），部分采自更早材料

传为管仲撰

《广东新语》

New Talks about Kuangtung

清，约 1690 年

屈大均

《广菌谱》

Extensive Treatise on Fungi

明，约 1550 年

潘之恒

《广群芳谱》

Monographs on Cultivated Plants, enlarged

清，1708 年

王灏

《广雅》

Enlargement of the *Erh Ya*

三国（魏），230 年

张揖，《四库全书》第二二一册，第四二五
至四六九页

《广阳杂记》

Miscellanies about Kuang-Yang

清，1695 年

刘献廷

《广韵》

Revision and Enlargement of the *Dictionary
of Characters Arranged According to
their Sounds when Split* ［rhyming pho-
netic dictionary, based on, and including
the *Chhieh Yün* （《切韵》）and the *Thang
Yün* （《唐韵》）, q. v.］

宋，1011 年

陈彭年和丘雍等

《广志》

Extensive Records of Remarkable Things

晋，4 世纪后期

郭义恭

《广州记》

Record of Kuangtung

晋，4 世纪

裴渊，现已佚失，部分残片收入《唐类函》

《归田录》

On Returning Home

宋，1067 年

欧阳修

《归田琐记》

Miscellanies on Returning Home

清，1845 年

梁章钜

《癸辛杂识》

Miscellaneous Information from Kuei-Hsin
    Street（in Hanchow）

宋，13 世纪后期，可能至 1308 年完成

周密

《癸辛杂识别集》

Final Addendum to 'Miscellaneous Informa-
    tion from Kuei-Hsin Street'

宋，约 1298 年

周密

《国语》

Discourses on the（ancient）states

东周、秦和西汉，包含采自古代记录的材料

作者不详

《果书》

Discourse on Fruits

明，约 16 世纪中叶

王世懋

《海外索隐》

Guide to the Delicacies of the Sea

明，约 1590 年

屠本畯

《韩昌黎集》

Collected Works of Han Yü

唐，768—824 年

国学基本丛书

《韩非子》

The book of Master Han Fei

周，公元前 3 世纪早期

韩非

诸子百家丛书

上海古籍出版社，上海，1989 年

《汉书》

参见《前汉书》

《和漢三才圖會》（Wakan Sansaizue）

Collection of Japanese and Chinese Drawings
    of all Things

日本，1711 年

寺岛良安

《和名抄》（Wamyōshō）

参见《和名類聚抄》

《和名類聚抄》（Wamyō Ruizyūshō）

General Encyclopedic Dictionary

日本，934 年

源顺

《黑鞑事略笺证》

Customs of the Black Tartars（Mongols）

南宋，1237 年

彭大雅

王国维笺证，文殿阁书社，北平，1936 年

《红楼梦》

Dream of the Red Chamber

清，约 1791 年

曹雪芹

文本参考：中华书局，1978 年

译本：Hawkes, Penguin Books（1973）

《后汉书》

History of the Later Han Dynasty［＋25 to
　＋220］

刘/宋，450 年

范晔，司马彪撰志（约 305 年），刘昭注释
　（约 570 年），他首次将其并入该书

节译本：Chavannes（6，16）；Pfizmaier（52，
　53）

《引得》第 41 号

《湖雅》

Lakeside Elegances

清，19 世纪中叶

汪日桢

卷八由篠田统和田中静一（1973）重印，
　下，第 497—516 页

《华阳国志》

Records of the Country South of Mount Hua
　［historical geography of szechuan down to
　＋138］

晋，347 年

常璩

收入《汉魏丛书》

《淮海集》

Collection from Huai Hai

北宋，约 1100 年

秦观

《四部丛刊》

《淮南子》

The book of（the Prince of）Huai Nan
　［compendium of natural philosophy］

西汉，约公元前 120 年

淮南王刘安召集一批学者撰著

摘译本：Morgan（1）；Erkes（1）；Hughes
　（1）；Chatley（1）Wieger（2）

《通检丛刊》之五十一

《黄帝内经灵枢》

The Yellow Emperor's Manual of Corporeal
　Medicine：the Vital Axis（medical physi-

ology and anatomy）

可能为西汉，约公元前 1 世纪

作者不详；王冰注释，唐，762 年

文本参考：《四库全书》

《黄帝内经素问》

The Yellow Emperor's Manual of Corporeal
　Medicine：Questions and Answers

周，秦汉时改编，最后成书于约公元前 2
　世纪

作者不详

唐，762 年，王冰编辑并注释；宋，1050
　年，林亿编

文本参考：南京中医学院编辑，1959 年；
　1985 年再版

摘译本：Hübotter（1），第 4，5，10，11，
　21 卷；Veith（1972）

全译本：Chamfrault & Ung Kang-Sam（1）

《黄帝内经太素》

The Yellow Emperor's Manual of Corporeal
　Medicine：The Great Innocence

周、秦和汉，现在版本为公元前 1 世纪，隋
　注释，605—618 年间

杨上善编辑并注释

《回回药方》

An Islamic Formulary

元，年代不确

作者不详，原著共三十六卷

现仅存四卷。江润祥编，复制了《药方》中
　的条目，1996 年

《鸡肋编》

Miscellaneous Random Notes

宋，1133 年

庄绰

文本参考：商务印书馆，1920 年涵芬楼
　重印

《汲冢周书》

见《逸周书》

《集韵》
　　Rhyming Phonetic Dictionary〔the Kuang
　　　　Yün enlarged to include ancient and ver-
　　　　nacular words〕
　　宋，1040 年
　　丁度，1983 年，上海古籍出版社重印

《急就篇》
　　Handy Primer (Dictionary for Urgent Use)
　　西汉，公元前 48 年—前 33 年间
　　史游，公元 7 世纪，由颜师古和 13 世纪由
　　　　王应麟做了注释

《济生方》
　　Prescriptions for Preserving Health
　　宋，1253 年
　　严用和
　　人民卫生出版社，1956 年编

《计倪子》（或《范子计然》）
　　The Book of Master Chi Ni
　　周（越），公元前 4 世纪
　　相传范蠡撰，记载其师计倪的哲学

《煎茶水记》
　　Water for Making Tea
　　唐，825 年
　　张又新

《脚气治法总要》
　　General Remedies for Beriberi
　　宋，1075 年
　　董汲
　　《四库全书》第七三八册，第四一七至四三
　　　　七页

《芥茶笺》
　　Chieh Tea Notes
　　明/清，1644 年
　　冯可宾

《金华冲碧丹经秘旨》

Confidential Instructions on the Manual of
　　the Heaven-Piercing Golden Flower Elixir
　　宋，1225 年
　　彭耜和孟煦（作序和编辑），《道藏》/907

《金匮要略》（方论）
　　Systematic Treasury of Medicine
　　东汉，约 200 年原作，约 300 年修订
　　张仲景
　　王叔和编辑和修订

《金瓶梅词话》
　　The Golden Lotus
　　明，年代不详，1610 年初刊
　　传为兰陵笑笑生撰，身份不明
　　文本参考：香港广智书局编辑

《金石昆虫草木状》
　　Album (drawings and calligraphy) of Min-
　　　　erals, Insects and Plants
　　明，1620 年
　　文淑
　　手稿存于台北故宫博物院

《晋书》
　　History of the Tsin Dynasty〔＋265 to
　　　　＋419〕
　　唐，635 年
　　房玄龄
　　部分译文：Pfizmaier（54—57）；《天文志》
　　　　译本：Ho Ping-Yu（1）。有关摘译见
　　　　Frankel（1）的索引
　　文本参考：中华书局，1974 年

《荆楚岁时记》
　　New Year Customs in the Ching Chhu Region
　　　　(modern Hupei)
　　可能为梁代，约 550 年；或许隋代早期，
　　　　610 年
　　宗懔，收入《汉魏丛书》

《荆州土地记》

Record of the Ching-chou Region

年代不详，可能为西晋

作者不详；失传，片断仅存于《齐民要术》中

《经典释文》

Textual Criticism of the Classics

隋，约 600 年

陆德明，1939 年，英译文见 Egerton（1939）

《酒诰》

Wine Edict

晋，约 310 年

江统

胡山源［（1939），第 266 页］及张远芬［（1991），第 360 页］引用

《酒经》

Wine Canon

宋，1090 年

苏轼（东坡）

《酒谱》

Wing Menu

宋

窦平

《酒史》

History of Wine

明

冯时化

《酒小史》

Mini-History of Wine

宋

宋伯仁

《救荒本草》

Treatise on Wild Food Plants for use in Emergencies

明，1406 年

朱橚（明朝王子），周定王

《农政全书》（参见该条）收载，作为卷四十六至五十九

《旧唐书》

Old History of the Thang Dynasty ［＋618 to ＋906］

五代，945 年

刘昫

参见 des Rotours（2），p. 64，关于译文见 Frankel（1）的索引

文本参考：中华书局，1975 年

《居家必用事类全集》

Essential Arts for Family Living

元

作者不详

文本参考：邱庞同注释，《中国烹饪古籍丛刊》，1986 年

《橘录》

The Orange Record（Monograph on Citrus Horticulture）

宋，1178 年

韩彦直

英译本：Hagerty（1923）with Chiang Khang-Hu

《菌谱》

A Monograph on Fungi

宋，1245 年

陈仁玉

《开宝本草》（全名为《开宝新详定本草》）

New and more detailed Pharmacopoeia of the Khai-Pao reign-period

现仅存于后来药典的摘引中

《康熙字典》

Imperial Dictionary of the Khang-Hsi reign period

清，1716 年

张玉书编

《匡谬正俗》

Corrections of Common Misconceptions

唐，651 年

颜师古

《兰室秘藏》

Secrets of the Orchid Greenhouse

金，1276 年刊印

李杲

人民卫生出版社，北京，1957 年

《老老恒言：粥谱》

Remarks of an Elder：Congee Menu

清，1750 年

曹庭栋

《老学庵笔记》

Notes from the Hall of Learned Old Age

宋，约 1190 年

陆游

《蠡海集》

Anecdotes，Far and Near

明，约 1400 年

王逵

《稗海》第三函

《礼记》（又名《小戴礼记》）

Record of Rites（compiled by Tai the Youn-
ger）

传为西汉，约公元前 70—前 50 年，但实际
为东汉，公元 80—105 年间，虽然所包括
的最早资料年代可确定为孔子时代（约公
元前 5 世纪）

传为戴圣编，实际为曹褒编

英译本：Legge（1899）；Couvreur（3）；
R. Wilhelm（6）

《引得》第 27 号

《礼纬含文嘉》

Apocryphal Treatise on Rites；Excellences of
Cherished Literature.

汉，作者不详

《古微书》卷十七，明代编纂，《守山阁丛
书》（卷十八）可找到，上海博古斋，
1922 年再版

《荔枝谱》

A Treatise on the Litchi（*Nephelium litchi*）

宋，1059 年

蔡襄

《荔枝谱》

A Treatise on the Litchi（*Nephelium litchi*）

明

宋珏

《荔枝谱》

A Treatise on the Litchi（*Nephelium litchi*）

明，约 1600 年

徐𤊒

《梁书》

History of the Liang

唐，636 年

姚思廉

中华书局，北京，1973 年

《列子》

The Book of Master Lieh

周，战国？

传为列御寇撰，可能据秦-魏时期材料编辑，
742 年

文本参考：《列子译注》，严北溟及严捷编辑
和注释

上海古籍出版社，上海，1986 年

《岭表录异》

Strange Southern Ways of Men and Things
［Special characteristics and natural history
of Kuangtung］

唐和五代，895—915 年间

刘恂

《岭南荔枝谱》

Litchis South of the Range

清，18 世纪

吴应达

《令義解》

Detailed Regulations for the working of Ryo

日本，833 年

清源夏野等

《刘梦得文集》

The Complete Works of Liu Mêng Tê

唐

刘禹锡（772—842），《四部丛刊》

《六书故》

A History of the Six Graphs［the six princi-
ples of formation of the Chinese charac-
ters］

宋，1275 年；1320 年刊印

戴桐

《吕氏春秋》

Master Lü's Spring and Autumn Annals
［compendium of natural philosophy］

周（秦），公元前 239 年

吕不韦召集学者集体编撰

译本：R. Wilhelm（3）

《通检丛刊》之三

文本参考：林品石编，1985 年

《吕氏春秋本味篇》

'The Root of Taste' chapter of the Lü Shih
Chhun Chhiu.

参见邱庞同等编（1983）

《论语》

Conversations and Discourses［of Confu-
cius］；Analects

周（鲁），约公元前 465—前 450 年

孔子弟子编纂（第十六、十七、十八和二十
篇是后加入的）

译本：Legge（1861a）；Lau（1979）；Lyall
（2）；Waley（5）；Kung Hung-Ming（1）

《引得特刊》第 16 号

《论衡》

Discourses weighed in the Balance

东汉，82 年

王充

Forke（4）翻译

《洛阳伽蓝记》

Description of the Buddhist Temples of Loy-
ang

北魏，约 530 年

杨衒之

英译本：Jenner（1981）

文本参考：《汉魏丛书》

《马王堆汉墓帛书》（肆）

Silk Manuscripts from Han tombs at Ma-
wang-tui, Vol. 4

参见《文物》，1985 年

马王堆《竹简》

Ma -wang-tui Inventory（of foods interred in
Han tomb No. 1）

参见湖南省博物馆（1973），上，第 130—
155 页（文献 B）

《毛诗草木鸟兽虫鱼疏》

An Elucidation of the Plants, Trees, Birds,
Beasts, Insects and Fishes mentioned in
the Book of Odes edited by Mao（Heng
and Mao Chhang）.

三国（吴），3 世纪（约 245 年）

陆玑

《毛诗草木鸟兽虫鱼疏广要》

An Elaboration of the Essentials in the 'Elu-
cidation of the Plants, Trees, Birds,
Beasts, Insects and Fishes mentioned in
the Book of Odes edited by Mao（Heng

and Mao Chhang).'
明，约 1639 年
毛晋

《毛詩品物圖考》(*Mōshī Himbutsu Zukō*)
Illustrated Study of the Plants and Animals in
the *Book of Odes*
日本，1785 年
继此在中国的重刊本中无片假名
冈公翼

《毛诗正义》
The Standard *Book of Odes*
西汉，毛亨编，(东汉) 郑玄注释

孔颖达疏
唐，642 年

《梦粱录》
Dreams of the Former Capital [description of
Hangchow towards the end of the Sung]
宋，1275 年
吴自牧
文本参考：中国商业出版社，北京，1982 年

《梦溪笔谈》
Dreams Pool Essays
宋，1086 年，1091 年最后一次增补
沈括
胡道静校正，1956 年

《孟子》
The Book of Mencius
周，约公元前 290 年
孟轲
英译本：Legge (1861b)；Lau (1970)；
Lyall (1)
《引得特刊》第 17 号

《闽产录异》
Unusual Products of Fukien
清，1886 年

郭柏苍

《闽大记》
Greater Min Records
明，1585 年
王应山

《闽小记》
Lesser Min Records
清，1655 年
周亮工

《闽杂记》
Miscellaneous Notes on Fukien
清，1857 年
施鸿保

《闽中海错疏》
Seafoods of the Fukien Region
明，1593 年
屠本畯，后由徐勃补疏

《名医别录》
Informal Records of Famous Physicians
传为梁，约 510 年
传为陶弘景撰
此书由 523 年—618 年或公元 656 年间他人
所著，以解决李当之（约 225 年）和吴普
（约 235 年）著作中，以及陶弘景对《神
农本草经》正文中的注释中所存在的不一
致的问题。换言之，这是《本草经集注》
（参见该条）中的非《本经》部分。不能
确定是否包括了陶弘景的部分注释。几个
世纪以来，仅存于药典的引文中。
文本参考：尚志钧，人民卫生出版社，北
京，1986 年

《墨蛾小录》
A Secretary's Commonplace Book
元／明，约 14 世纪，1571 年初刊，附吴
继序
作者不详，参见郭正谊 (1979)

《墨庄漫录》
　　Random Notes from a Scholar's Cottage
　　南宋，约 1131 年
　　张邦基

《墨子》
　　The Book of Master Mo
　　周，公元前 4 世纪
　　墨翟
　　摘译本：Burton Watson（1963）
　　英译本：Mei Yi-Pao（1929）；Forke（3）
　　《引得特刊》第 21 号
　　文本参考：李渔叔编，《墨子今注今译》，
　　　　1974 年

《南方草木状》
　　A Flora of the Southern Region
　　晋，304 年
　　嵇含
　　文本参考：李惠林编辑及英译，Li Hui-Lin
　　　　（1979）

《南越志》
　　Record of the Southern Yüeh
　　南北朝，约 460 年
　　沈怀远

《内外伤辨感论》
　　Discourses on Internal and External Medicine
　　金，约 1231 年，1247 年刊印
　　李杲
　　人民卫生出版社，北京，1957 年

《能改斋漫录》
　　Random Records from the Corrigible Studio
　　宋，12 世纪中叶
　　吴曾
　　文本参考：王仁湘注释，《中国烹饪古籍丛
　　　　刊》，1986 年

《农桑辑要》
　　Fundamentals of Agriculture and Sericulture
　　元，1273 年，王磐作序
　　皇帝敕令，司农司编
　　可能为孟祺编
　　后来可能由畅师文（约 1286 年）和苗好谦
　　　　（1339 年）编
　　文本参考：上海图书馆影印，1979 年

《农桑衣食撮要》
　　Selected Essentials of Agriculture, Sericul-
　　ture, Clothing and Food
　　元，1314 年（1330 年再版）
　　鲁明善

《农书》
　　Agriculture Treatise
　　元，1313 年
　　王祯
　　文本参考：王毓瑚注释，《王祯农书》，
　　　　1981 年

《农政全书》
　　Complete Treatise on Agriculture
　　明，1625—1628 年编纂，1639 年刊印
　　徐光启
　　文本参考：石声汉校注，《农政全书校注》，
　　　　3 册，1979 年

《蓬栊夜话》
　　Night Discourses by the *Phêng Lung*
　　明，1565 年
　　李日华
　　《说郛续》卷二十六

《脾胃论》
　　Treatise on the Spleen-Stomach Network
　　金，1249 年
　　李杲

《片刻馀闲集》
　　Notes from Moments of Leisure
　　清，约 1753 年
　　刘靖

《品茶要录》
A Compendium of Elite Teas
北宋，1075 年
黄儒

《普济方》
Practical Prescriptions for Everyman
明，1411 年
朱橚，皇子
人民卫生出版社，北京，1959 年

《七发》
The Seven Stirrings〔on food delicacies〕
西汉，约公元前 141 年
枚乘
参见《文选》

《齐民要术》
Important Arts for the People's Welfare
北魏（东魏或西魏），533—544 年间
贾思勰
部分译文：Shih Sheng-Han（1958）
文本参考：缪启愉校释，1982 年；参见石
　　声汉注释，1957 年

《千金食治》
Golden Dietary Remedies
参见《千金要方》

《千金要方》
A Thousand Golden Remedies
唐，150—659 年间
孙思邈
文本参考：《千金食治》，第 26 卷（食疗
　　方），吴受琚校释，《中国烹饪古籍丛刊》，
　　1985 年

《千金翼方》
Supplement to A Thousand Golden Remedies
唐，660 年
孙思邈
台北，中国医药研究所，1965 年

《前汉书》
History of the Former Han Dynasty（－206
　　to ＋24）
东汉，约 100 年
班固和他的妹妹班昭
摘译本：Dubs（2），Pfizmaier（32—34，
　　37—51），Wylie（2，3，10），Swann
　　（1950）
《引得》，第 36 号
文本参考：百衲本或中华书局，1962 年

《切韵》
Dictionary of Characters Arranged According
　　to their Sounds when Split〔rhyming pho-
　　netic dictionary: the title refers to the *fan:
　　chieh* method of 'spelling' Chinese charac-
　　ters〕（参见：本书第一卷，p. 33）
隋，601 年
陆法言
现仅存于《广韵》中（参见该条）
参见 Teng & Biggerstaff（1936），p. 203

《钦定四库全书总目提要》
Analytical Catalogue of the Complete *Ssu
　　Khu Chhuan Shu* Library（made by Im-
　　perial order）
清，1782 年
纪昀编
《引得》，第 7 号
通常称作《四库全书总目提要》

《清异录》
Anecdotes, Simple and Exotic
五代和宋，约 965 年
陶榖
文本参考："饮食部分"，李益民等注释，
　　《中国烹饪古籍丛刊》，1985 年

《曲本草》
Pandects of Ferment Cultures
宋（或明）？
田锡

《曲洧旧闻》

Old Stories Heard in *Chhü-Wei*（modern Hsin-Cheng, Honan）

宋，12 世纪

朱弁

《臞仙神隐书》

Book of the Slender Hermit

明，1440 年

朱权

见篠田统和田中静一（*1973*），第 406—451 页

《全芳备祖》

Complete Chronicle of Fragrances（Thesaurus of Botany）

宋，1256 年

陈景沂

中国农业出版社，北京，1982 年重印

《全上古三代秦汉三国六朝文》

Complete Collection of prose literature（including fragments）from remote antiquity through the Chhin and Han Dynasties, the Three Kingdoms, and the Six Dynasties

清，1836 年

严可均编辑

中华书局，1965 年重印

《全唐诗》

Complete Collection of Thang Poems

清，1706 年

彭定求等编辑

中华书局，北京，1960 年

《全唐文》

Complete Collection of Thang Prose

清，1814 年

董诰等编

《群芳谱》

The Assembly of Perfumes

明，1630 年

王象晋

《日知录》

Daily Memoranda

清，约 1670 年

顾炎武

《儒林外史》

Unofficial History of the Literati

清，约 1750 年；1803 年初刊

吴敬梓

英译本：Yang Hsien-I & Gladys Yang（1957）

文本参考：人民文学出版社，北京，1977 年

《三才图会》

Universal Encyclopedia

明，1609 年

王圻

《三代實録》

Historical Records of Three Generations

日本，908 年

藤原时平等

《三辅决录》

A Considered Account of the Three Metropolitan Cities［Chhang-an, Feng-I and Fu-feng］

东汉，153 年

赵岐

《三国志》

History of the Three Kingdoms［+ 220 to +280］

晋，约 290 年

陈寿

《引得》第 33 号

《山海经》

Classic of the Mountains and Waters

周和西汉
作者不详
《通检丛刊》之九

《山海经校注》
袁珂校注
上海古籍出版社，上海，1980 年

《山家清供》
Basic Needs for Rustic Living
南宋
林洪
乌克注释，《中国烹饪古籍丛刊》，1985 年

《膳夫经》（或《膳夫经手录》）
The Chef's Book
唐，约 857 年
杨晔，篠田统和田中静一（1972），第
113—116 页

《膳夫录》
The Chef's Manual
南宋
郑望
唐艮注释，《中国烹饪古籍丛刊》，1987 年

《上林赋》
Ode to the Upper Forest
西汉，约公元前 150 年
司马相如

《神农本草经》
Classical Pharmacopoeia of the Heavenly
　　Husbandman
西汉，以周代和秦代材料为基础，但至 2 世
　　纪才最终成形
作者不详
原书佚失，但它是所有后来的本草著作的基
　　础，在这些著作中经常被引用。有许多学
　　者都曾辑复并注释
文本参考：曹元宇，1987 年

《圣济总录》
Imperial Medical Encyclopedia，Ⅰ，Ⅱ
宋，约 1115 年
赵佶（徽宗皇帝）敕撰，申甫等辑
人民卫生出版社，北京，1962 年

《诗经》
Book of Odes [ancient folksongs]
周，公元前 11—前 7 世纪
作者和编者不详
英译本：Legge（1871）；Waley（1937）；
　　Karlgren（1950）

《诗经稗疏》
Little Commentaries on The book of Odes
清，1695 年
王夫之

《十六汤品》
Sixteen Tea Decoctions
唐，900 年
苏廙

《食经》
Food Canon
隋，约 600 年
谢讽，保存于《清异录》

《食疗本草》
Pandects of Diet Therapy [Materia Dieteti-
　　ca]
唐，约 670 年
孟诜
文本参考：范凤源订正，新文丰出版公司，
　　台北，1976 年；人民卫生出版社编辑，
　　北京，1984 年

《食谱》
List of Victuals
唐，约 710 年
韦巨源

《食时五观》

Five Aspects of Nutrition

宋，1090 年

黄庭坚

唐艮注释

《食物本草》

Natural History of Food ［Materia Dietetica］

明，1641 年（采自更早版本重刊）

传为（金）李杲或（明）王颖撰；李时珍参
订，姚可成辑

文本参考：郑金生等，1990 年

《食物本草会纂》

New compilation of the Natural History
of Foods

清，1691 年

沈李龙

《食宪鸿秘》

Guide to the Mysteries of Cuisine

清，约 1680 年

传为王士桢撰，但朱彝尊的可能性更大

文本参考：邱庞同编，《中国烹饪古籍丛
刊》，1985 年

《食医心鉴》

Candid Views of a Nutritionist-Physician

唐，后期

咎殷

《食珍录》

Menu of Delectables

北宋

虞悰

唐艮注释，《中国烹饪古籍丛刊》，1987 年

《史记》

Records of the Historian

西汉，约公元前 90 年（约 1000 年初刊）

司马迁及其父亲司马谈

摘译本：Yang & Yang (1979)，Chavannes

（1），Pfizmaier（13—36），Swann
(1950) 等

《引得》第 40 号

《世本》

Book of Orgins ［imperial genealogies，family
names and legendary inventors］

西汉（含周代材料），公元前 2 世纪

（东汉）宋衷注，《汉魏丛书》

《世本八种》

Eight Types of Origins

清

秦嘉谟辑

商务印书馆，上海，1957 年

《世说新语》

New Disourse on the Talk of Times. ［Notes
on minor incidents from Han to Chin］

刘/宋，约 440 年

刘义庆撰，刘峻注释

《事林广记》

Record of Miscellanies

南宋至元，约 1280 年

陈元靓

参见篠田统和田中静一（1973），上，第
257—271 页

《事物纪原》

The Origin of Events and Things

北宋，约 1080 年

高承，收入《惜阴轩丛书》

《释名》

Expositor of Names

东汉，2 世纪早期

刘熙，《汉魏丛书》

《寿亲养老新书》

New Handbook on care of the Elderly

北宋，1080 年；元，1307 年增益

原作者陈直；邹铉增续
中国书店，北京，1986 年

《授时通考》
Compendium of Works and Days
清，1742 年
钦定，鄂尔泰指导下编辑
文本参考：1742 年武芙殿刻本，1847 年重
刊本

《菽园杂记》
Msicellanies from the Soybean Garden
明，15 世纪
陆容（1436—1494 年）

《书经》
Book of Documents ［Historical Classic］
29 篇 "今文" 主要是周代（几篇可能是商
代）撰作；21 篇 "古文" 为梅赜320 年
前后利用古文片段的伪作。前者之中，
有 13 篇可追溯到公元前 10 世纪；10 篇
为公元前 8 世纪；6 篇不早于公元前 5 世
纪。一些学者认为仅 16 或 17 篇为孔子
时代以前的作品。
作者不详
英译本：Medhurst（1846）；Legge（1865b）；
Old（1904）

《双溪集》
Twin Rivulet Collection
南宋，约 1200 年
王炎

《水浒传》
The Water Margin
明，早期
施耐庵
英译本：Buck, Shaprio（1981）等

《水经注》
Commentary on the Waterways Classic
北魏，5 世纪后期或 6 世纪早期
郦道元

《顺天府志》
Gazetteer of the Shun-Thien Prefecture
清，1884 年
周家楣等

《说郛》
Florilegium of Literature
元，1368 年
陶宗仪编

《说文》
参见《说文解字》

《说文解字》
Analytical Dictionary of Characters
东汉，121 年
许慎
文本参考：中华书局，北京，1963 年

《说文解字韵谱》
Rhyme Lists for the Shuo Wên Chieh Tzu
五代，约 10 世纪
徐铉（917—992 年）

《说苑》
Garden of Discourses
汉，公元前 20 年
刘向

《四库全书》
Complete Library of the Four Categories
清，1782 年
永瑢等纂
文渊阁本，商务印书馆影印，台北，1986 年

《四库全书总目提要》
参见《钦定四库全书总目提要》

《四民月令》
Monthly Ordinances for the Four Peoples

（Scholars, farmers, artisans and merchants）

东汉，约 160 年

崔寔

文本参考：缪启愉（1981）

《四时纂要》

Important Rules for the Four Seasons

唐，可能是后唐

韩鄂

文本参考：缪启愉编（1981），《四时纂要校释》

《宋氏养生部》

Sung Family Guide to Nourishing Life ［Part of *Chu yü shan fang tsa pu*（《竹屿山房杂部》）'Miscellanies of the Bamboo Islet Studio.'］

宋诩，《四库全书》第八七一册，第一一六—二一〇页

《宋氏尊生部》

Sung Family's Guide to Living.［Part of *Chu yü shan fang tsa pu*（《竹屿山房杂部》）'Miscellanies of the Bamboo Islet Studio.'］

明，1504 年

宋诩，《四库全书》第八七一册，第二八二—三二八页；或篠田统和田中静一（1973），第 452—486 页

《苏文忠公诗编注集成》

Collectd Poems of Su Shih（Tung-Pho）

清

王文浩编

《苏学士集》

The Collected Works of Su Shun-Chhing

北宋，1008—1048 年

苏舜钦

中华书局，1961 年

《素食说略》

参见薛宝辰（1900）

《肃雍集》

Collection from the Quiescent Marsh

元，约 1350 年

郑允端

《隋书》

History of the Sui Dynasty（＋581 to ＋617）

唐，636 年（纪、传），656 年（志、包括经籍志）

魏征等

关于译文见 Franke（1）的索引

《随见录》

Record of Second Encounters

清，约 1734 年

作者不详，现已不存，《续茶经》中引用

《随园食单》

Recipes from the Sui Garden

清，1790 年

袁枚

文本参考：周三金等注释，《中国烹饪古籍丛刊》，1984 年

《岁时广记》

Expanded records of the New Year Season

南宋

陈元靓

《笋谱》

Treatise on Bamboo Shoots

宋，约 970 年

赞宁

《太平广记》

Copious Collection by Imperial Solicitude in the Thai-Phing Reign-period ［anecdotes, stories, mirabilia and memorabilia］

宋，978 年

李昉编

《太平寰宇记》

Geographical Record of the Thai-Phing
Reign-period

宋，976—983 年

乐史

《太平惠民和剂局方》

Standard Formularies of the Government
Pharmacies in the Thai Phing Reign-peri-
od

宋，1151 年

陈承等，太平惠民和剂局

《太平圣惠方》

Beneficent Prescriptions of the Thai-Phing
Reign-Period

宋，992 年

王怀隐

《太平御览》

Imperial Encyclopedia of the Thai-Phing
Reign-Period（Daily Readings for the
Emperor of the Thai-Phing reign）

宋，983 年

李昉编

摘译本：Fitzmaier（84—106）.

饮食部分由王仁湘编辑及注释，收入《中国
烹饪古籍丛刊》，1983 年，见《太平御
览·饮食部》

《唐类函》

A Thang Compendium

明，1618 年

俞安期

《唐诗三百首》

Three Hundred Thang Poems

清，约 1764 年

孙洙，选编

《唐语林》

Forest of Mini-Discourses

北宋

王谠

《唐韵》

Thang Dictionary of Characters Arranged
According to their Sounds〔rhyming
phonetic dictionary based on, and inclu-
ding, the Chhieh Yün（《切韵》）（参见
该条）〕

唐，677 年

751 年修订和重刊

《唐韵正》

Thang Rhyming Sounds

清，1667 年

顾炎武

《天工开物》

The Exploitation of the Works of Nature

明，1673 年

宋应星

英译本：Sun & Sun（1966），Li Chhiao-
Phing et al.（1980）

《调鼎集》

The Harmonious Cauldron

清，1760—1860 年

编者不详

手稿藏北京图书馆；1986 年第一次印刷，
邢渤涛注释，《中国烹饪古籍丛刊》

《苕溪渔隐》

The Hermit Fishman of Thiao Chhi

宋，1147 年

胡仔

《铁围山丛谈》

Collected Conversations at Iron-Fence Moun-
tian

宋，1115 年

蔡絛

《通俗编》

Origin of Common Expressions

清，1751 年

翟灏

商务印书馆，北京，1958 年

《通志》

Historical Collections

宋，约 1150 年

郑樵

《通志略》

Compendium of Information ［part of *Thung
Chih*（《通志》），参见该条］

《僮约》

Contract with a Servant

汉，公元前 59 年

王褒

收入多种文集，例如：陈祖椝和朱自振编
（*1981*），第 202—203 页

译本：Hsü Cho-Yun（1980），pp. 231—
234.

《桐君药录》

Master Thung's Herbal

可能是汉，具体年代不详

《隋志》，现已佚失，残篇收入《太平御览》
卷八六七

《投荒杂录》

Miscellaneous Jottings far from Home
（lit. Records of one cast out in the wil-
derness）

唐，约 835 年

房千里

《图书集成》

Imperial Encyclopedia

清，1726 年

索引：L. Giles（1911），成都，1985 年

陈梦雷编

《外台秘要》

Secret Formulary from the Outer Terrace

唐，752 年

王焘

《萬葉集》（*Man' yoshu*）

A Collection of Early Japanese Poems

日本，759 年

编者不详

英译本：Pieson, J. L（1929—1963）

《王草堂茶说》

Talks on Tea from the 'Wang' Grass Pavil-
ion

清，1734 年

作者不详，残篇发现于《续茶经》

《王祯农书》

见《农书》

《魏书》

History of the Northen Wei Dynasty

北齐，554 年，572 年修订

魏收

《魏王花木志》

Flora of the King of Wei

北魏，约 515 年

编者不详；唯一的残篇幸存于其它的汇编中

《卫生宝鉴》

Essential Precepts of Hygiene

元

罗天益

人民文学出版社，北京，1983 年

《文选》

Literary Selections

南北朝，约 530 年

（梁）萧统

包括诗歌《七发》

《吴菌谱》

Mushrooms in the Wu Region

清，1683 年

吴林

《吴郡志》

Gazetteer of the Wu Region

宋，1192 年

范成大，1229 年重编

《吴氏本草》（又名《吴普本草》）

Wu's Pharmaceutical Natural History

三国（魏），约 240 年

吴普

文本参考：尚志钧等辑

人民卫生出版社，北京，1987 年

《吴氏中馈录》

参见《中馈录》

《武夷杂记》

Random Notes on Wu-I

明，年代不详

吴拭

《五朝小说》

Collection of Small Talks from the Five Dy-
nasties

明，年代不详

编者不详，明代印刷（芝加哥大学图书馆）

《五十二病方》

Prescriptions for Fifty-Two Ailments

秦或西汉，约公元前 200 年

编者不详；发现于马王堆 3 号汉墓

包括在《马王堆汉墓帛书》（肆），文物出版
社，北京，1985 年

英译本：Harper（1982）

《物类相感志》

On the Mutual Response of Things according
to their Categories

宋，约 980 年

曾误认为是苏东坡著，实为高僧录赞宁著

《物理小识》

Mini-encyclopedia of the Principles of Things

明和清，1643 年完成，1650 年传与其子方
中通，1664 年刊印

方以智

《物原》

The Origin of Things

明，15 世纪

罗颀

《西湖老人繁胜录》

Memoir of the Old Man of the West Lake ［in
Hangchow］

南宋

作者不详

中国商业出版社编辑出版的《东京梦华录》
外四种之一，北京，1982 年

《西京杂记》

Miscellaneous Records of the Western Capital

梁或晋，6 世纪中叶

传为（西汉）刘歆或（晋）葛洪撰，但很可
能是（梁）吴均撰

《西游记》

Journey to the West

明，约 1680 年

吴承恩

文本参考：中华书局，香港，1974 年

《洗冤录》（又名《洗冤集录》）

The Washing Away of Wrongs（or Instruc-
tions to Coroners）

宋，1247 年

宋慈

摘译本：A. H. Giles（1874）

《夏小正》

Lesser Annuary of the Hsia Dynasty

周，公元前 7 世纪—前 4 世纪之间

作者不详；合并入《大戴礼记》（参见该条）

译本：Grynpas（1）R. Wilhelm（6）；Soothill（5）

《闲情偶寄》

Random Notes from a Leisurely Life

清，1670 年

李渔

叶定国注释，收入《中国烹饪古籍丛书》，
    1984 年

《小儿药证直诀》

Prescriptions for Children's Diseases

宋，1114 年

钱乙

《蟹略》

Discourse on Crabs

宋，约 1080 年

高似孙

《蟹谱》

Monograph on Crabs

宋，1060 年

傅肱

《新丰酒发》

The *Hsin Fêng* Wine Process

南宋

林洪

收入《山家清供》

《新书》

New Book

西汉，约公元前 180 年

贾谊

《新唐书》

New History of the Thang Dynasty ［＋618
    to ＋906］

宋，1061 年

欧阳修和宋祁

参见 des Rotours（2），p.56.

  摘译本：Des Rotours（1，2）；Pfizmaier
    （66—74）

关于译文见 Franke（1）的索引

《引得》第 16 号

《新修本草》

The newly Improved Pharmacopoeia

唐，650 年

编者苏敬（苏恭）以及 22 位合作者组成委
    员会，起初由李勣和于志宁领导，后由长
    孙无忌领导

该著作后来普遍被误认为《唐本草》。该书
    在中国已佚失，仅在敦煌尚存手抄本残
    篇，由一位日本学者在 731 年抄录，保存
    在日本，但是不完整

日本学者名为田边史，手抄本的 11 卷保存
    于日本京都仁和寺

文本参考：上海古籍出版社，上海，1985
    年，附有吴德铎对 1901 年考古学家罗振
    玉从日本带回来的手稿的介绍

《新元史》

New History of the Yuan

参见柯劭忞（1920），参考文献 B

《醒园录》

Memoir from the Carden of Awareness

清，约 1750 年

李化楠；由他的儿子李调元编辑

文本参考：侯汉初和熊四智注释，收入《中
    国烹饪古籍丛书》，1984 年

《性霛集》（*Shōryōshŭ*）

日本，811 年

空海

《续博物志》

A Continuation of the 'Records of the Inves-
    tigation of Things'

北宋

李石，《四库全书》第一○四七册，第九三
一至九七六页

《续茶经》
The Tea Classic-Continued
清，1734 年
陆廷灿
《四库全书》第八四四册

《续蟹谱》
A Continuation Monograph on Crabs
清
褚人获

《宣和北苑贡茶录》
Record of Pei-yuan Tribute Teas in the
Hsüan Ho reign-period〔from Chien-an
in Fukien c. +1119—25〕
宋，1122—1125 年
熊蕃，熊克于 1158 年增益

《荀子》
The Book of Master Hsun
周，约公元前 240 年
荀卿
英译本：Dubs（7）

《盐铁论》
Discourses on Salt and Iron〔record of the
debate of-8I on state control of commerce
and industry〕
西汉，约公元前 80—前 60 年
桓宽

《延喜式》（Engishiki）
Codes of Laws and Conduct of Ryo
日本，907 年
藤原时平等

《晏子春秋》
Master Yen's Spring and Autumn Annals
周、秦或西汉，口耳相传，但至公元前 4 世

纪才成书
传为晏婴撰，但是，实为关于晏婴的故事集

《养生论》
Discourse on Nurturing Life
三国（魏），3 世纪
嵇康

《养小录》
Guide to Nurturing Life
清，1698 年
顾仲
文本参考：邱庞同注释，《中国烹饪古籍丛
刊》，1984 年

《养鱼经》
Manual of Fish Culture
周，公元前 5 世纪
作者不详
传为陶朱公，即范蠡

《养鱼经》（又名《种鱼经》）
Monograph on Rearing Fish
明，约 16 世纪中叶
黄省曾

《野菜博录》
Comprehensive Accounts of Wild Edible
Plants
明，1622 年
鲍山

《野菜笺》
Notes on Edible Wild Plants
明，约 1600 年
屠本畯

《邺中记》
Record of the Yeh Capital
东晋
陆翙，收入《汉魏丛书》

《医说》

About Medicine
宋，1224 年
张杲

《医学正传》

Compendium of Medical Theories
明，1515 年
虞抟

《夷坚志》

Strange Stories from *I-Chien*
宋，约 1170 年
洪迈
文本参考：中华书局，北京，1981 年

《夷门广牍》

Archives of the Hermit's Home
明，1598 年
周履靖，《四库全书》

《仪礼注疏》

The Book of Etiquette and Ceremonial, with
Annotations and Commentaries
晋和汉，基于周代资料，一些可追溯至孔子
时代
编者不详
（东汉）郑玄注释；（唐）贾公彦疏
上海古籍出版社，上海，1990 年
译本：John Steele（1917）

《易经》

The Book of Changes
周，附西汉增补
编者不详
英译本：Legge（1899）；Wilhelm（2）；des
Harlez（1）
《引得特刊》第 10 号
文本参考：谢大荒编辑及注解的《易经语
解》，1959 年

《易林本節用集》（*Ekirinhon Setsuyoshu*）

Japanese Dictionary
日本，1597 年
作者不详

《易牙遗意》

Remnant Notions from *I Ya*
元
韩奕
邱庞同注释，《中国烹饪古籍丛刊》，1984 年

《义宁州志》

Gazetteer of the I-Ning Region
清，1873 年

《逸周书》

Lost Records of the Chou Dynasty
周，公元前 245 年以前，此部是真实的，于
281 年发现在魏国（公元前 276 —前 245
在位）王子安釐王墓中
作者不详

《艺文类聚·食物部》

An Encyclopedia of Art and Literature, Sec-
tion on Food（ch. 72）
唐，约 640 年
欧阳询
中华书局，北京，1965 年

《银海精微》

Essentials of the Silver Sea. [Treatise on
Ophthalmology]
宋，归于孙思邈
作者不详
锦章书局重印，上海，1954 年

《饮膳正要》

Principles of Correct Diet
元，1330 年，1456 年皇帝诏书重新刊印
忽思慧
参见李春芳注释，《中国烹饪古籍丛刊》，北
京，1988 年
文本参考：人人文库，商务印书馆，台北，

1971 年

《饮食须知》
Essential of Food and Drink
元/明，1350 年
贾铭

《饮馔服食笺》
Compendium of Food and Drink
明，1591 年
高濂
文本参考：陶文台注释，《中国烹饪古籍丛刊》，1985 年

《永乐大典·医药集》
The Great Collectanea of the Yung-Lo Reign, Medical Section
明，皇帝钦定，1408 年
姚广孝和解缙等辑
人民卫生出版社，北京，1986 年

《游宦纪文》
Things Seen and Heard on Official Travel
1233 年
张世南

《酉阳杂俎》
Miscellany of the Yu-Yang Mountain cave [in S. E. Szechuan]
唐，约 860 年
段成式
见 des Rotours (I)，p. civ.

《鱼品》
Types of Edible Fish
明，16 世纪
邂园居士

《宇津保物語》
The History of Utuho
日本，911—983 年
传为源顺撰

《玉函山房辑佚书》
Jade Box Mountain Studio Collection of Lost Books
清，1853 年
马国翰编

《玉篇》
The Jade Page Dictionary (Expanded *Shuo Wen Chieh Tzu*《说文解字》)
梁，543 年
顾野王
参见《大广益会玉篇》

《玉食批》
The Imperial Food List
南宋
司膳内人（身份不明）
唐艮注释，《中国烹饪古籍丛刊》，1987 年

《芋经》
The Book of Taro
明，约 16 世纪中叶
黄省曾

《御湯殿上日記》(*Oyudononoue no nikki*)
Diaries at Court
日本，1477—1637 年
由部分下级宫女撰写

《渊鉴类函》
Mirror of the Infinite, a Classified Treasury [great encyclopaedia; the conflation of 4 thang and 17 other encyclopaedias]
清，存于 1701 年，1710 年刊印
张英等辑

《元史》
History of the Yuan Dynasty [+ 1271 to 1368]
明，约 1370 年
宋濂等编
《引得》第 35 号

《粤西偶记》

Incidental Notes from Western Kuangtung

清，1705 年

刘祚蕃

《云林堂饮食制度集》

Dietary System of the Cloud Forest Studio

元，1360 年

倪瓒

《增城荔枝谱》

Monograph on the Litchi of *Tsêng Chhêng*
(in Kuangtung)

宋，1076 年

张宗闵

《战国策》

Records of the Warring States [semi-fictional]

秦

作者不详

《针灸甲乙经》

Treatise on Acupuncture and Moxibustion

魏晋

皇甫谧

《正字通》

Orthography of Characters

明，1627 年

张自烈

《证类本草》

Reorganised Pharmacopoeia

北宋，1108 年，1116 年扩版；金，1204 年
重编；元，1249 年最后再版；多次刊印，
例如：明，1468 年

原版编撰者唐慎微

参见 Hummel (1941)，龙伯坚 (1957)

《证治准绳》

Standard Methods for Diagnosis and Treat-
ment

明，1602 年

王肯堂

《政和新修经史证类备用本草》

New Revision of the Classified and Consoli-
dated Armamentarium Pharmacopoeia of
the Chêng-Ho reign period

宋，1116 年；1143 年重刊（金）

唐慎微编，曹孝忠校订

《中馈录》

Book of Viands

清，约 19 世纪后期

曾懿

文本参考：陈光新辑，《中国烹饪古籍丛
刊》，1984 年

《中馈录》（又名《吴氏中馈录》）

Madam Wu's Recipe Book

南宋

作者不详，被称为吴氏

文本参考：孙世增和唐艮注释，《中国烹饪
古籍丛刊》，1987 年

《种茶说十条》

Ten Talks on Tea

清，约 1874 年

宗景藩

《周礼》

Record of the Institutions (lit. Rites) of the
Chou (Dynasty) [description of all gov-
ernment official posts and their duties]

西汉，包括东周的一些材料，特别是《考工
记》有可能采自齐国的档案材料

编者不详，英译本：E. Biot (1)

文本参考：林尹注释 (1985)

《周礼注疏》

The Chou Li with annotations and commen-
taries

汉，郑玄注；唐，贾公彦疏；黄侃编辑

上海古籍出版社，1990 年

《肘后备急方》
Prescriptions for Emergencies
晋，340 年
葛洪

《诸病源候论》
Treatise on Diseases and their Aetiology
隋，610 年
巢元方
以《巢氏诸病源候论》著名
文本参考：丁光迪编《诸病源候论校注》，
    1992 年

《诸蕃记》
Records of Foreign Peoples and their Trade
宋，1225 年
赵汝适

《竹屿山房杂部》
Miscellanies from the Bamboo Islet Studio
明，约 1500 年
宋诩，参见《宋氏尊生》
参见《四库全书》第八七一册，第一二九至
    一四九页，《养生部》卷二

《煮泉小品》
Teas from Various Springs
明，1554 年
田艺蘅

《庄子》
The book of Master Chuang
周，约公元前 290 年
译本：Legge, Feng Yu-Lan, Lin Yutang and
    Burton Watson.

文本参考：郭庆藩辑，《庄子集释》
中华书局，1961 年

《字林》
Forest of Characters
晋，约 4 世纪
吕枕
收载于《字林考逸》中

《字林考逸》
Investigation of Characters
清，约 1780 年
任大椿

《遵生八笺》
Eight Disquisitions for Healthy Living
明，1591 年
高濂
涉及饮食的部分（卷十一至十三）被摘出，
    以《饮馔服食笺》为名（参见该条）收载
    在《中国烹饪古籍丛刊》

《左传》
Master Tso-chhiu's Tradition of the *Chhun
Chhiu* (Spring & Autumn Annals)
[dealing with the period −772 to −453]
东周，根据公元前 430—前 250 年间若干国
    的古代文字和口头传说编成，但有秦汉儒
    家学者，特别是刘歆的增补和窜改。是
    《春秋》三传中最大的一部，其余两部为
    《公羊传》和《谷梁传》，但与它们不同，
    可能最初它本身就是独立的史书
传为左邱明撰
英译本：Couvreur (1)；Legge (11)；Pfiz-
    maier (1—12)
文本参考：洪业等编，《春秋经传引得》，
    1983 年

B　1800 年以后的中文和日文书籍和论文

阿部孤柳（Abe Koryu）、辻重光（Tsuji Shige-
　　mitsu）（1974）
　　《豆腐の本》
　　The Book of Tofu
　　柴田书店，东京，1974 年

阿英（1990）
　　漫谈馄饨
　　Random Talks on Wonton
　　《中国烹饪》，1990（9），9—11

安徽省文物管理委员会（1959）
　　定远县霸王庄古画像石墓
　　Murals at a Stone Tomb at Pa-wang-chuang
　　　in Ting-yuan County
　　《文物》，1959（12），43—46

安金槐（1992）
　　《中国考古》
　　The Archaeology of China
　　上海古籍出版社，上海，1992 年

安金槐、王舆刚（1972）
　　密县打虎亭汉代画像石墓和壁画墓
　　Murals and Stone Engravings at Han tombs
　　　in Ta-hu-thing, Mi-hsin
　　《文物》，1972（10），49—62

坂口谨一郎（Sakaguchi Kinichiro）（1979）
　　酱油のルーツを探る
　　Searching for the Roots of Shoyu
　　《世界》，1979 年 1 月（No. 398），352—
　　　366

曹进（1991）
　　湘阴茶略考

Brief Review of the Tea of Hsiang-yin County
　　收入王家扬编（1991），97—104

曹进（1992）
　　长沙马王堆一号汉墓的古茶考证及其防龋
　　　意义
　　Occurrence of Tea at Han Tomb No. 1 at Ma-
　　　wang-tui and its Significance in the Pre-
　　　vention of Tooth Decay
　　《农业考古》，1992（2），200—203

曹隆恭（1983）
　　关于中国小麦的起源问题
　　On the Origin of Wheat in China
　　《农业考古》，1983（1），19—24

曹元宇（1963）
　　关于唐代有没有蒸馏酒的问题
　　Was there Distilled Wine during the Thang?
　　《科学史集刊》，1963（6），24—28

曹元宇（1979）
　　《中国化学史话》
　　Notes on the History of Chemistry in China
　　江苏科学技术出版社，1979 年

曹元宇（1985a）
　　烧酒史料的搜集和分析
　　Assembly and Analysis of Historical Materi-
　　　als on Distilled Wine
　　收入赵匡华编（1985），550—556
　　原刊于《化学通报》，1979（2）

曹元宇（1985b）
　　豆腐制造源流考
　　Search for the Origin of Tou fu

收入赵匡华编（1985），622—628

原刊于《中国科技史料》，1981（4）

曹元宇编（1987）

《本草经》

Annotated Edition of the Shen Nung Pen Tshao Ching

上海科学技术出版社，上海，1987 年

长江流域第二期文物考古工作人员训练班 （1974）

湖北江陵凤凰山西汉墓发掘简报

Brief Report of Excavations at Western Han tombs at Fêng-huang Shan，near Chiang-ling，Hupei

《文物》，1974（6），41—53

陈存仁（1978）

《津津有味谭》

Discourse on Food and Cuisine

商务印书馆，香港，1978 年

陈椽（1960、1984）

《安徽茶经》

Book of Anhui Tea

安徽人民出版社，合肥，1960 年

安徽科学技术出版社，合肥，1984 年

陈椽（1984）

《茶叶通史》

A General History of Tea

农业出版社，北京，1984 年

陈椽（1993）

《中国茶叶外销史》

History of China's Tea Exports

碧山岩出版公司，台北，1993 年

陈椽（1994）

《论茶与文化》

On Tea and Culture

农业出版社，北京，1994 年

陈恩志（1989）

中国六倍体普通小麦独立起源说

The Indigenous Origin of Common Hexapliod Wheat in China

《农业考古》，1989（1），74—84

陈光新（1990）

《中国烹饪史话》

Remarks on the History of Tea in Chinese Cuisine

湖北科学技术出版社，1990 年

陈洪（1987）

先秦时期的冷藏和冷饮

Cold Drinks and Cold Storage in the Pre-Chhin Period

《中国烹饪》，1987（7），7—8

陈绍军（1995a）

胡饼来源探释

Investigation of the Origin of Hu-ping

《农业考古》，1995（1），260—263，275

陈绍军（1995b）

馒头及酵面食品起源问题的再认识

Re-examination of the Origin of Man-thou and Leavened Pasta Foods

《农业考古》，1995（2），218—220

陈绍军、吴兆苏（1994）

从我国小麦面食及其加工工具的发展历史试谈馒头的起源问题

The Origin of Man-thou（steamed buns）as seen from the History of Wheat，Pasta Foods and Processing Equipment in China

《农业考古》，1994（1），219—225

陈駧声（1979）

《中国微生物工业发展史》

History of the Development of Microbiological Industry in China

轻工业出版社，北京，1979 年

陈伟明（1989）

　　唐宋时期油、酱油琐谈

　　A Brief Note on Oil and Soy Sauce during the
　　　Thang-Sung period

　　《中国烹饪》，**1989**（11），10

陈文华（1981）

　　中国古代农业科技史讲话

　　Talks on the History of Agricultural Science
　　　and Technology in China

　　《农业考古》，**1981**（1），114—124

陈文华（1983）

　　中国古代农业考古资料索引（四），第二篇：
　　　生产工具

　　Index of Ancient Agricultural Materials
　　　found in China（4）．Part2, Production
　　　Implements

　　《农业考古》，**1983**（1），280—284

陈文华（1987）

　　中国汉代长江流域的水稻栽培和有关农具的
　　　成就

　　Cultivation of Paddy Rice during the Han in
　　　the Yangtz Basin and Parallel Achieve-
　　　ments in Agricultural Implements

　　《农业考古》，**1987**（1），90—114

陈文华（1989）

　　中国古代农业考古资料索引

　　Index of Ancient Agricultural Materials
　　　found in China（Summary）

　　《农业考古》，**1989**（1），419—427

陈文华（1991）

　　豆腐起源于何时？

　　What is the Date of Origin of *Tou fu*?

　　《农业考古》，**1991**（1），245—248

陈文华（1995）

　　中国古代农业考古资料索引（十五）

　　Index of Ancient Agricultural Materials
　　　found in China（15）

　　《农业考古》，**1995**（3），303—311

陈文华（1998）

　　小葱拌豆腐–关于豆腐问题的答辩

　　Scallion and *tou fu*, 'The Question of *tou
　　　fu*' Answered and Explained

　　《农业考古》，**1998**（3），277—291

陈贤儒（1955）

　　甘肃陇西县的宋墓

　　The Sung Tomb at Lung-his County, Kansu

　　《文物参考资料》，**1955**（9），86—92

陈行一（1995）

　　武夷茶史文献杂撷

　　Miscellaneous Notes on the Historiography
　　　of Wu-I Tea

　　《农业考古》，**1995**（4），202—205

陈增弼（1982）

　　论汉代无桌

　　Were Tables known during the Han?

　　《考古与文物》，**1982**（5），91—97

陈志达（1985）

　　商代晚期的家畜和家禽

　　Domestic Animals and Fowls in the Late
　　　Shang

　　《农业考古》，**1985**（2），288—293

陈宗懋编（1992）

　　《中国茶经》

　　The Chinese Book of Tea

　　上海文化出版社，1992 年

陈祖槼、朱自振编（1981）

　　《中国茶叶历史资料选辑》

　　Selected Historiographic Materials on the
　　　History of Tea in China

　　农业出版社，北京，1981 年

成庆泰（1981）

　　诗经中所记载的鱼类考释

　　Elucidation of the Fishes Cited in the *Book of Odes*

　　《博物》，**1981**（4），6—22

程步奎（1983）

　　豆腐的起源

　　The Origin of *Tou fu*

　　《中国烹饪》，**1983**（4）；亦可参见《中国烹饪》编辑部（**1986**），《烹饪史话》，第 422—423 页

程剑华（1984）

　　古代农业与祖国医学的食物疗法（1）

　　Ancient Chinese Agricultural and Diet Theraph，Part 1

　　《农业考古》，**1984**（2），370—380

程剑华（1985）

　　古代农业与祖国医学的食物疗法（2）

　　Ancient Chinese Agricultural and Diet Theraph，Part 2

　　《农业考古》，**1985**（1），378—385

程瑶田（1805）

　　《九谷考》

　　Study of the Nine Grains

　　1974 年再版收入《民俗丛书》，台北

承德市避暑山庄博物馆（1980）

　　参见林荣贵（1980）

重庆市博物馆（1957）

　　《四川汉画像砖选集》

　　Selections of Han Brick Paintings from Szechuan

　　文物出版社，北京，1957 年

川村涉（Kawamure Wataru）、辰已浜子（Tatsumi Hamako）（1972）

　　《みその本》

The Book of Miso

柴田书店，东京，1972 年

大藏永常（Okura Nagatsune）（1836）

　　《製油録》（*Seiyū Roku*）

　　On Manufacturing of Oil

　　Olearius Editions，Eiko Ariga 译，Carter Litchfield 编，1974

戴蕃晋（1985）

　　大豆及其他六种食用豆类植物来源的探讨

　　An Exploration of the Origin of Soybean and Six other Food Legumes

　　《西南师范学院学报》，**1985**（3），1—10

戴应新、李仲煊（1983）

　　陕西绥德县延家岔东汉画像石墓

　　Stone Mural at an Eastern Han Tomb at Yen-chia-chha，Sui-tê County，Shensi Province

　　《考古》，**1983**（3），233—237

戴永夏（1985）

　　酒史琐谈

　　Random Remarks on the History of Wine

　　《中国烹饪》，**1985**（5），18—19

戴云（1994）

　　唐宋饮食文化要籍考述

　　Major Classics od Dietary Culture During the Thung-Sung Era

　　《农业考古》，**1994**（1），226—234

丹波元胤（Tanba Molotane）（1819）

　　《中国医籍考》Synopsis of Chinese Medical Treatises

　　人民卫生出版社，北京，1900 年

邓广铭（1986a）

　　宋代面食考释之一

　　Interpretation of Pasta Foods During the Sung（I）

《中国烹饪》，**1986**（1），5

邓广铭（*1986b*）

宋代面食考释之二

Interpretation of Pasta Foods During the
Sung（II）

《中国烹饪》，**1986**（4），7

董楚平（*1986*）

《楚辞译注》

The *Chhu Tzue* Translated（into Modern
Chinese）and Annotated

上海古籍出版社，上海，1986 年

董晓娟、闻悟（*1997*）

不寻常的豆腐问题

The Unusual Question of *Tou fu*

《光明日报》，1997 年 8 月 26 日，第 5 版；
再版于《农业考古》，**1998**（3），273

段文杰编（*1957*）

《榆林窟》

The Frescoes of Yu Lin Khu［i. e. Wan-fu-
hsia，a Series of Cave Temples in Kansu］

敦煌文物研究所，北京，1957 年

樊树云（*1986*）

《诗经全译注》

The Shih Ching A Complete Translation［in-
to Modern Chinese］with Annotations

黑龙江人民出版社，1986 年

范家伟（*1995*）

东晋至宋代脚气病之探讨

《新史学》，**6**（1），155—177

范行准（*1954*）

《中国预防医学思想史》

History of the Ideas on Public Health in China

人民卫生出版社，北京，1954 年

方豪（*1987*）

《中西交通史》，上，下

History of East-West Communications，1
& II

岳麓书社，长沙，1987 年

方健（*1997*）

关于马王堆汉墓出土物考辨二题

The Identity of Two Items Excavated from
Han Tombs at Ma-wang-tui

《中国历史地理论丛》，**1997**（1），51—56，
再刊于《农业考古》，**1997**（2），212—
213 和 258

方健（*1996*）

《烹茶器具》和《武都买茶》考辨

Textual Investigation of '*Phêng-chha ching
chü*' and '*Wu-tu mai chha*' from the
Mock Slave Contract

《农业考古》，**1996**（2），184—192 和 205

方心芳（*1980*）

曲蘖酿酒的起源与发展

Origin and Development of Ferments and the
Wine Fermentation

《科技史文集》，**1980**（4），140—149

方心芳（*1987*）

关于中国蒸酒器的起源

Origin of Stills for Distilling Wine in China

《自然科学史研究》，**6**（2），131—134

方心芳（*1989*）

再论我国曲蘖酿酒的起源与发展

Reexamination of the Origin and Develop-
ment of Ferments and the Wine Fermen-
tation

收入黎莹编（*1989*），3—31

方心芳、方闻一（*1993*）

中华酒文化的创始与发展

The Origin and Development of Chinese Wine
Culture

收入王炎、何天正等编（1993），103—108

方杨（1964）

我国酿酒当始于龙山文化

Wine Fermentation in China began During the
Lung-shan Culture Period

《考古》，**1964**（2），94—97

冯兰庄（1960）

《酱油生产》

Production of Soy Sauce

轻工业出版社，北京，1960 年

付树勤、欧阳勋（1983）

《陆羽茶经译注》

The Tea Canon of Lu Yü, Translation and
Annotations

湖北人民出版社，1983 年

傅锡壬（1976）

《新译楚辞读本》

The *Chhu Tzhu* Reader, with new Annota-
tions

三民书局，台北，1976 年

甘肃省博物馆（1960）

甘肃武威皇娘娘台遗址报告

Brief Report of the Excavation at Huang-
niang-niang-thai, Wu-wei, Kansu Prov-
ince

《考古学报》，**1968**（2），53—72

甘肃文物管理委员会（1959）

酒泉下河清一号和十八号墓发掘简报

Brief Report of the Excavation of Tombs
Nos. 1 and 18 at Hsia-ho-chhing,
Chiu-chhüan

《文物》，**1959**（10），71—76

高阳（1983）

《古今食事》

皇冠出版社，台北，1983 年

葛家瑾（1959）

南京栖霞山及其附近汉墓清理简报

Brief Report on the Han Tombs at His-hsia
Shan, Nanking, and Vicinity

《考古》，**1959**（1），21—23

耿鉴庭、耿刘同（1980）

鉴真东渡与豆腐传日

Kanshin's visit to Japan and the Transmis-
sion of Tou-fu

《中国烹饪》，**1980**（2），55。收入《烹饪
史话》，420—421

耿煊（1974）

《诗经中的经济植物》

The Economic Plants mentioned in《the Book
of Odes》

商务印书馆，台北，1974 年

鞏志（1996）

红茶发祥地武夷山桐木村

Thung-mu-tshun in the Wu-I Mountains is
the Original Home of Red Tea

《农业考古》，**1996**（4），260—262

鞏志、姚月明（1995）

建茶史微

Brief History of Chien-chou（i. e Northern
Fukien）Tea

《农业考古》，**1995**（4），192—201

顾风（1991）

唐代在中国茶文化史上的地位

The place of Thang Dynasty in the History of
Chinese Tea Culture

收入王家扬编（1991），32—39

关根真隆（Sekine Shinryu）（1969）

《奈良朝食生活の研究》

History of Recent Japanese Foods

吉川弘文馆，1969 年

管间诚之助（Sugama Seinosuke）（1993）
　　日本正宗烧酒的起源与发展
　　Origin and Development of Typical Japanese
　　　Honkaku-Shocho.
　　收入王炎和何天正等编（1993），117—128

广东省博物馆（1982）
　　广东始兴晋唐发掘简报
　　Brief Report of the Excavation of Tsin and
　　　Thang Sites at Shih-hsing, Kuangtung
　　《考古学集刊》（2），1982 年 12 月，113—
　　　133

广西壮族自治区文物工作队（1978）
　　广西贵县罗泊湾一号墓发掘简报
　　Brief Report on the Tombs No. 1 at Lo-po-wan,
　　　Kuei-hsien County, Province Kuangsi
　　《文物》，1978（9），25—42

广州市文管会（1961）
　　广州东郊沙河汉墓发掘简报
　　Brief Report of the Excavation of Han Tombs
　　　at Sa-ho, in the East Suburb of Kuang-
　　　chou
　　《文物》，1961（2），54—57

龟甲万（Kikkoman K. K.）（1968）
　　《龟甲万酱油史》
　　History of Kikkoman Soy Sauce〔with Ac-
　　　count of Early History of Soy Paste and
　　　Soy Sauce in Japan〕
　　龟甲万，野田，日本，1968 年

贵州博物馆（1975）
　　贵州兴义、兴仁汉墓
　　Han Tombs at Hsing-I, Hsing-jen, Kwei-
　　　chow
　　《文物》，1975（5），20—35

郭伯南（1987a）
　　豆腐的起源与东传
　　The Origin and Eastward Transmission of

Bean Curd
　　《农业考古》，1987（2），373—377

郭伯南（1987b）
　　再谈豆腐的起源与东传
　　More on the Origin of Bean Curd and its
　　　Transmission Eastwards
　　《中国烹饪》，1987（3），17—18

郭伯南（1989a）
　　酱·豉·酱油
　　Fermented Soy Paste , Soy Beans and Soy
　　　Sauce
　　《中国烹饪》，1989（2），13—15

郭伯南（1989b）
　　藏冰与冰藏
　　Storage of Ice and Cold Storage
　　《中国烹饪》，1989（8），10—12

郭伯南（1989c、d、e）
　　茶与饮茶（1，2，3）
　　Tea and Drinking Tea（Parts1，2，3）
　　《中国烹饪》，1989（9），9—10；　（10）
　　　10—11；（11），8—9

郭庆藩（1961）
　　《庄子集释》
　　The Book of Master Chuang, ed. and annot
　　中华书局，北京，1961 年

河北省青龙县井丈子大队革委会（1976）
　　河北省青龙县出土金代铜烧酒锅
　　A Chin Dynasty Bronze Distillation Still Dis-
　　　covered in Chhing-lung County, Hopei
　　《文物》，1976（9），98—99

河北省文化局文物工作队（1965）
　　河北易县燕下都故城勘察和试掘
　　Preliminary Excavation and Examination of
　　　the Yen Capital at I-hsin, Hopei
　　《考古学报》，1965（1），83—106

河北省文物研究所（*1985*）

　　《藁城台西商代遗址》

　　The Shang Site at Thai-his，Kao-chhêng

　　文物出版社，北京，1985 年

河南省博物馆（*1981*）

　　《河南省文物考古工作三十年》

　　Thirty Years of Archaeological Investigation
　　　of Cultural Relics in Honan

　　文物出版社，北京，1981 年

河南省文化局文物工作队（*1956*）

　　郑州第五文物区第一小区发掘简报

　　Brief Report of the Excavation at the First
　　　Subdivision of the Fifth Culture Division at
　　　Chêng-chou

　　《文物参考资料》，**1956**（5），33—40

河南省文物研究所（*1989*）

　　河南省舞阳贾湖新石器时代遗址第二至第六
　　　次发掘简报

　　Brief Report of the 2nd to 6th Excavations at
　　　the Neolithie Site at Chia-hu，Wu-
　　　yang，Honan

　　《文物》，**1989**（1），1—14

河南省文物研究所（*1993*）

　　《密县打虎亭汉墓》

　　Han Dynasty Tombs at Ta-hu-thing Village
　　　in Mihsien County

　　文物出版社，北京，1993 年

河南省信阳地区文管会等（*1986*）

　　罗山天湖商周墓地

　　The Shang and Chou Cemetery at Thien-hu，
　　　Lo-shan County

　　《考古学报》，**1986**（2），153—197

何炳棣（*1969*）

　　黄土与中国农业的起源

　　Loess and the Origin of Agriculture in China

　　香港中文大学出版社，香港，1969 年

何昌祥（*1997*）

　　从木兰化石论茶树起源和原产地

　　The Evolution and Original Habitat of Tea as
　　　seen from Fossils of the Magnoliaceae

　　《农业考古》，**1997**（2），193—198

何双全（*1986*）

　　居延汉简所见汉代农作物

　　Han Crops as seen in Bamboo Slips found in
　　　Chu-yen

　　《农业考古》，**1986**（2），252—256

合毅、丁望平（*1986*）

　　我国现存最早的食疗专论

　　The Earliest Special Monographs Extant on
　　　Diet Theraph in China

　　《烹饪史话》，1986 年，513—515

洪卜仁（*1983*）

　　豆腐传日者谁？

　　Who Transmitted *Tou fu* to Japan？

　　《中国烹饪》，**1983**（8），15

洪贯之（*1954*）

　　唐显庆《新修本草》药品存目的考察

　　A Study of the Preservation of the Index of
　　　the［lost］‘Newly Improved Pharmaco-
　　　poeia’

　　《医史杂志》，**1954**（6），239

洪光住（*1982*）

　　豆酱和酱油始于我国

　　Soy Paste and Soy Sauce Origination in China

　　《科技史文集》，**1982**（9），99—102

洪光住（*1984a*）

　　《中国食品科技史稿》，上册

　　Draft of a History of Foods in China，Vol. 1

　　商业出版社，北京，1984 年

洪光住（*1984b*）

　　豆腐身世考

The Origin of *Tou fu*

《中国烹饪》，**1984**（2），36—37

洪光住（*1985*）

"碁子面"名实初探

Preliminary Investigation of the term 'Chess noodles'

《中国烹饪》，**1985**（5），33

洪光住（*1987*）

《中国豆腐》

Chinese Bean Curd

中国商业出版社，北京，1987 年

洪天赐（Ang Tien-Se）（*1983*）

豆腐考源

On the Origin of Bean Curd

《学术论文集》（*Papers on Chinese Studies*），马来亚大学（University of Malaysia），**1983**（2），29—39

洪业、聂崇歧、李书春、马锡用编（*1983*）

《春秋经传引得》

Index to the *Spring and Autumn Annals*

上海古籍出版社，上海，1983 年，影印哈佛燕京学社引得编纂处编印本

侯祥川（*1954*）

我国古书论脚气

Discussion of Beriberi in Chinese Classics

《中华医史杂志》，**1954**（1），16—20

湖北省博物馆（*1981*）

云梦大坟头一号汉墓

Han Tomb No. 1 at Ta-fen-thou Yunmeng

《文物资料丛刊》，（4），1—28

湖北省博物馆江陵纪南城工作站（*1980*）

一九七九年纪南城古井发掘简报

Brief Report of the Excavation of an Ancient Well at Chi-nan in 1977

《文物》，**1980**（10），42—9

湖南农学院（*1978*）

《长沙马王堆一号汉墓出土动植物标本的研究》

Investigation of Plant and Animal Specimens Excavated at Han Tomb No. 1 at Ma-wang-tui near Changsha

文物出版社，北京，1978 年

湖南省博物馆（*1963*）

长沙砂子塘西汉墓发掘简报

Brief Report of the Excavation of a Westen Han Tomb at Sha-tzu-thang, Changsha

《文物》，**1963**（2），13—24

湖南省博物馆（*1973*）

《长沙马王堆一号汉墓》（上，下）

Han Tomb No. 1 at Ma-wang-tui near Changsha，Vols Ⅰ and Ⅱ

文物出版社，北京，1973 年（正文有英文摘要）

湖南省博物馆（*1974*）

长沙马王堆二、三号汉墓发掘简报

Brief Report of the Excavation of a Han Tombs Nos. 2 and 3 at Ma-wang-tui，near Changsha

《文物》，**1974**（7），39—48

湖南省博物馆（*1984*）

湖南资兴东汉墓

An Eastern Han Tomb at Tzu-hsing, Hunan

《考古学报》，**1984**（1），53—120

湖南省文物考古研究所（*1990*）

湖南澧县彭头山新石器时代早期遗址发掘简报

Brief Report of the Excavation of an Early Neolithic Site at Phêng-thou-shan, Li-hsien, Hunan

《文物》，**1990**（8），179—229

湖南省文物考古研究所（*1996*）

湖南澧县梦溪八十垱新石器时代早期遗址发

掘简报

Brief Report of the Excavation of an Early Neolithic Site at Pa-shih-tang，Mêng-chhi，Li-hsien，Hunan

《文物》，**1996**（12），26—39

胡道静（*1963*）

释菽篇

Interpretation of the Term *Shu*

《中华文史论丛》，**1963**（3），111—119

胡道静编（*1975*）

《新校正梦溪笔谈》

'Dream Pool Essays' ed. And annot

中华书局，香港，1975 年；第一版，上海，1957 年

胡厚宣（*1944*）

武丁时五种记事刻辞考

Studies on Inscriptions on Five Events during the Wu Ting Period

收入《甲骨学商史论丛初集》

齐鲁大学，成都，1944 年

胡厚宣（*1944*）

殷代卜龟之来源

The Origin of Oracle Bones of the Shang Dynasty

收入《甲骨学商史论丛初集》

齐鲁大学，成都，1944 年

胡厚宣（*1945*）

卜辞中所见之殷代农业

Yin Agriculture as seen in Oracle Bone Inscriptions

收入《甲骨学商史论丛二集》

齐鲁大学，成都，1945 年

胡嘉鹏（*1986*）

也谈豆腐传日

More about the Transmission of *Tou fu* to Japan

《烹饪史话》，1986 年，424—426

胡嘉鹏（*1989*）

也谈馒头传日

Further Remarks on the Transmission of *Man-thou* into Japan

《中国烹饪》，**1989**（8），13

胡山源（*1939*）

《古今酒事》

On Wines，Ancient and Modern

世界书局，上海，1939 年

胡锡文（*1958*）

《麦·上篇》，《中国农业学遗产选集》，甲类，第二种

Wheat and Barley，Chinese Agriculture Heritage Series，No. 2

中华书局，北京，1958 年

胡锡文（*1981*）

《粟黍稷谷名物的探讨》

An Exploration of the Identity of Ancient *Su*，*Shu* and *Chi*

农业出版社，北京，1981 年

胡新生（*1991*）

谈古代日常生活中的三食习惯

On the Custom of Eating Three Meals a Day in Ancient China

《中国烹饪》，**1991**（3），15—16

胡志祥（*1990*）

舂法和杵臼

Pounding with Mortar and Pestle

《中国烹饪》，**1990**（7），13—14

胡志祥（*1991a*）

先秦吃饭不用箸、匕

Chopsticks and Spoons were not used for Eating Cooked Grains in the Pre-Chhin Periods

《中国烹饪》，**1991**（3），10—11

胡志祥（*1991b*）

主食与饮料

Primary Food and Drinks

《中国烹饪》，**1991**（4），9—10

胡志祥（*1994*）

先秦主食烹食方法探析

Exploration of Culinary Methods in the Pre-Chhin Period

《农业考古》，**1994**（1），214—218，213

胡志孝（*1984*）

馒头漫话

Random Talks on Steamed Buns

《中国烹饪》，**1984**（1），18—19

黄桂枢（*1997*）

世界茶王——云南镇沅千家寨野生古茶树

The King of Tea—Wild, Ancient Tea Trees in Chhien-chia-sai, Chên-yuan, Yunnan

《农业考古》，**1997**（2），202—203

黄金贵（*1993*）

试说我国古代的食制（上）

About the Meal System in Ancient China（I）

《中国烹饪》，**1993**（1），10—12

黄金贵（*1993*）

试说我国古代的食制（下）

About the Meal System in Ancient China（II）

《中国烹饪》，**1993**（2），13—14

黄其煦（*1982、1983a，b*）

黄河流域新石器时代农耕文化中的作物（1，2，3）

Cultivated Crops in the Yellow River Basin during the Neolithic Culture Period（1，2，3）

《农业考古》，1：**1982**（2），55—61；2：**1983**（1），39—50；3：**1983**（2），86—90

黄时鉴（*1988*）

阿剌吉与中国烧酒的起始

A-*la-chi* and the Origin of Chinese Distilled Wine

《文史》，**1988**（31），159—171

黄时鉴（*1996*）

中国烧酒的起始与中国蒸馏器

Chinese Stills and the Origin of Distilled Wine in China

《文史》，**1996**（41），141—152

黄时鉴编（*1994*）

《中西关系史年表》

Timetable on the History of East-West Relations

浙江人民出版社，1994 年

黄文诚（*1985*）

《蜂蜜酿酒》

Fermentation of Honey to Mead

农业出版社，北京，1985 年

黄展岳（*1956*）

一九五五年春洛阳汉河南县城东区发掘报告

Report of the Excavations at the Eastern District of Loyang in 1955

《考古学报》，**1956**（4），21—54

黄展岳（*1982*）

汉代人的饮食生活

Food and Drink During the Han Dynasty

《农业考古》，**1982**（1），71—80

黄祖良（*1986*）

《中国烹饪典籍钩目》补遗

An Addendum to 'Tth Principal Culinary Works of China'

《烹饪史话》，1986 年，493—495

吉田集而（Yoshida，Shuji）（1985）
　　民族学から见た无盐发酵大豆とその周边
　　Ethnological Studies on Non-Salted Soybean
　　　　Fermentation
　　收入相田博（Aida Hiroshi）等编（1985），
　　　　166—178

纪南城凤凰山一六八号汉墓发掘整理组（1975）
　　湖北江陵凤凰山一六八号汉墓发掘简报
　　A Brief Report of the Excavation at Han
　　　　Tomb
　　No. 168 at Feng-huang-shan, Chiang-ling,
　　　　Hupei
　　《文物》，**1975**（9），1—28

贾峨（1998）
　　关于"豆腐问题"一文的问题
　　The Question about 'The Question of *tou
　　　　fu*'
　　《农业考古》，**1998**（3），267—276

贾祖璋、贾祖珊（1936、1955、1956）
　　《中国植物图鉴》
　　Illustrated Dictionary of Chinese Flora〔ar-
　　　　ranged on the Engler system〕；2602 en-
　　　　tries
　　中华书局，北京，1953 年，1955 年、1956
　　　　年再版

《简明中国烹饪辞典》编写组（1987）
　　《简明中国烹饪辞典》
　　Simplified Dictionary of Chinese Cookery
　　山西人民出版社，太原，1987 年

江陵凤凰山一六七号汉墓发掘整理小组（1976）
　　江陵凤凰山一六七号汉墓发掘简报
　　Brief Report on the Excavation at Han Tomb
　　　　No. 167 at Feng-huang-shan, Chiang-ling
　　　　〔in Hupei〕
　　《文物》，**1976**（10），31—51

江润祥编（1996）
　　《回回药方》
　　An Islamic Formulary（Original text and ar-
　　　　ticles in both Chinese and English）
　　香港，1996 年

江润祥、关培生（1991）
　　《杏林史话》
　　Talks on the History of Chinese Medicine
　　香港中文大学出版社，香港，1991 年

江苏省博物馆和泰州县博物馆（1962）
　　江苏泰州新庄汉墓
　　The Han Tomb at Hsin-chuang, Thai-chou,
　　　　Kiangsu
　　《考古》，**1962**（10），540—543

江苏新医学院（1986）
　　《中医大辞典》
　　Cyclopedia of Chinese Traditional Drugs
　　上海科学技术出版社，上海，1986 年。文
　　　　本参考：小型本

江西省博物馆（1978）
　　江西南昌东汉东吴墓
　　An Eastern-Wu Tomb of the Eastern Han
　　　　Period（excavations of）
　　《考古》，**1978**（3），145—163

江荫香（1982）
　　《诗经译注》
　　The Book of Odes：Translation and Com-
　　　　mentaries
　　中国书店，北京，1982 年；1934 年第一版

姜超编（1985）
　　《实用中医营养学》
　　Practical Nutrition in Chinese Medicine
　　解放军出版社，北京，1985 年

姜汝涛（1991）
　　豆制品生产中的胶凝机理

The Mechanism of Coagulation in the Pro-
duction of Soybean Products
《中国烹饪》，**1981** (1)，21—22

蒋师辙（*1892*）
《台游日记》
Diary of Travels in Taiwan
出版者不详，采自陈祖槼和朱自振编
（*1981*），*429*

晋久工（*1981*）
《白酒生产问答》
The Production of Distilled Wine：Questions
and Answers
山西人民出版社，1981 年

开封地区文管会、开封文物局（*1978*）
河南新郑裴李岗新石器时代遗址
Phei-li-kan Neolithic Sites at Hsin-chêng,
Honan
《考古》，**1978** (2)，73—79

柯继承（*1985*）
栌橘考辨
Clarification of Lu Chü (loquat)
《农业考古》，**1985** (2)，251—252

夔明（*1988*）
谈"面筋"
About Gluten
《中国烹饪》，**1988** (9)，22

来新夏（*1991*）
旋转磨上流琼液，煮月铛中滚雪花
'Let the jade fluid flow from the quern,
and the snowy flowers boil in the moon
shaped pan'
《中国烹饪》，**1991** (1)，13—15

黎莹编（*1989*）
《中国酒文化和中国名酒》
Ch inese Wine Culturre and Famous Chinese

Wines
中国食品出版社，1989 年

礼州遗址联合考古发掘队（*1980*）
四川西昌礼州发现的汉墓
The Han Tomb Discovered at Li-chou, His-
chhang, Sze-chhuan Province
《考古》，**1980** (12)，1

李斌（*1991*）
说馎饦
About *Po-tho*
《中国烹饪》，**1991** (3)，14

李斌（*1992*）
唐宋文献中的烧酒是否蒸馏酒问题
The Question of Whether the *Shao-chiu*
Found
in the Thung-Sung Literature is Distilled
Wine
《中国科技史料》，**13** (1)，78—83

李长年编（*1958*）
《豆类·上编》
Legumes (Part1), Chinese Agricultural
Heritage Series No. 4
中华书局，北京，1958 年

李长年（*1982*）
略述我国谷物源流
The Origin of Grain Crops in China
《农史研究》，**1982** (2)，14—27

李发林（*1986*）
古代旋转磨试探
Tentative Discussion of Rotary Mills in An-
tiquity
《农业考古》，**1986** (2)，146—167

李璠（*1984*）
《中国栽培植物发展史》
History of the Development of Cultivated

Crops in China
科学出版社，北京，1984 年

李璠、李敬仪、卢晔、白品、程华芳（*1989*）
甘肃省民乐县东灰山新石器遗址古农业遗存
新发现
New Discoveries of Ancient Agricultural Remains at a Neolithic Site in Tung-hui Hill in Min-lo County，Kansu
《农业考古》，**1989**（2），56—73

李光涛、何强、何仕华（*1997*）
云南澜沧县芒景景迈栽培型古茶树林略考
A Brief Investigation of the Ancient Domesticated Type of Tree Forest at Ching-mai，Mang-ching，Lan-tshang County，Yun-nan
《农业考古》，**1997**（2），199—201

李华瑞（*1990*）
中国烧酒起始的争论
The Controversy on the Origin of Distilled Wine in China
《中国史研究动态》，**1990**（8），15—19

李华瑞（*1995a*）
《中华酒文化》
Wine in Chinese Culture
山西人民出版社，太原，1995 年

李华瑞（*1995b*）
《宋代酒的生产和征榷》
The Production and Taxation of Wine During the Sung
河北大学出版社，保定，1995 年

李建民（*1984*）
大汶口墓葬出土的酒器
Wine Vessels Unearthed at Burial Sites at Ta-wêb-khou
《考古与文物》，**1984**（6），64—68

李经纬、程之范等编、《中国医学百科全书》编

辑委员会（*1987*）
《中国医学百科全书·医学史》
Encyclopedia of Chinese Medicine：History
上海科学技术出版社，上海，1987 年

李乔苹（*1955*）
《中国化学史》
History of Chemistry in China
商务印书馆，长沙，1940 年；第二版，台北，1955 年

李清志（*1979*）
《金石昆虫草木状》卷二七
Album of Minerals，Insects and Plant：（Drawings and Calligraphy）
《中央图书馆馆刊》，1979 年，新12（1），91—94

李涛（*1936*）
中国人常患的几种营养不足病简考
Several Nutritional Deficiency Diseases Seen Among the Chinese
《中华医史杂志》，**22**（11），1027—1038

李涛、刘思职（*1953*）
生物化学的发展
The Development of Biochemistory［in China］
《中华医史杂志》，**1953**（3），149—153

李文新（*1955*）
辽阳发现的三座壁画古墓
Discovery of Murals in Three Ancient Tombs in Liao-yang
《文物参考资料》，**1955**（5）

李延邦、刘汝温（*1982*）
油用亚麻史略
The Use of Flax as a Source of Oil
《农业考古》，**1982**（2），86—88

李衍恒编（*1987*）

《中国酒文化文集》
Essays on Chinese Wine Culture
广东人民出版社，1987 年

李仰松（1962）
对我国酿酒起源的探讨
Origin of Wine Fermentation in China
《考古》，**1962**（1），41—44

李仰松（1993）
我国谷物酿酒起源新论
A New Discussion on the Origin of Fermen-
tation of Grains to Wine in China
《考古》，**1993**（6），534—542

李渔叔编（1974）
《墨子今注今译》
Th e Book of Master Mo：Annotations and
Translation
商务印书馆，台北，1974 年

李毓芳（1986）
浅谈我国高粱的栽培时代
Brief Discourse on when Sorghum was first
Cultivated in China
《农业考古》，**1986**（1），267—270

李志超、关增建（1986）
《现存汉代蒸馏器初考》
Preliminary Study of a Han Dynasty Still
中国科技大学，油印本，1986 年

栗禾（1986）
"炙"的趣谈
An Amusing Story about 'Chih'
《中国烹饪》，**1986**（9），19

梁启超（1925）
《中国史叙论》
Remarks on Chinese History
《饮冰室文集》，第 34 卷
商务印书馆，上海，1925 年

梁启超（1955）
《古书真伪及其年代》
第 109—117 页，1955 年

梁章钜（约 1845）
《归田琐记》
Miscellanies on Returning Home
私人

粮食部油脂局加工处（1958）
《土法榨油设备革新》（1）
Improvement of Traditional Implements for
Oilseed Pressing，No. 1
轻工业出版社，北京，1958 年

林浩然编（1985）
《粉》
Rice Flour Pastry
饮食天地出版社，香港，1985 年

林乃燊（1957）
中国古代的烹调和饮食
Cookery and Diet in Ancient China
《北京大学学报》，**1957**（2），131—144

林乃燊（1986a）
从甲骨文看我国饮食文化的源流
The Origin of Chinese Dietary Culture as
seen from Oracle Bone Inscriptions
《烹饪史话》，1986 年，38—43

林乃燊（1986b）
古代的蔬菜生产
The Production of Vegetable in Ancient
China
《烹饪史话》，1986 年，44—47

林乃燊（1986c）
中国古代的烹调艺术和食疗卫生
The Culinary Arts，Diet Therapy and Hy-
giene in Ancient China
《烹饪史话》，1986 年，48—54

林乃燊（*1986d*）

制盐、香料、果酱、糖类和酿造的发生与
使用

The Discovery and Utilisation of Salt, Aro-
matics, Fruit Jame, Sugar and Fermenta-
tion Technology

《烹饪史话》，1986 年，55—57

林品石编（*1985*）

《吕氏春秋今注今译》

Master Lü's Spring and Autumn Annals:
Annotations and Translation

商务印书馆，台北，1985 年

林庆弧编（*1994*）

《第三届中国饮食文化学术研讨会论文集》

Proceedings of the 3rd Symposium on Chinese
Dietary Culture

中国饮食文化基金会，台北，1994 年

林荣贵（*1980*）

金代蒸馏器考略

Brief Investigation of the Chin Still

《考古》，**1980**（1），466—471

林巳奈夫（Hayashi Minao）

漢代の飲食

Food and Drink in the Han Dynasty

《東方学報》，**1975**（48），1—98

林衍经（*1987d*）

无意酿酒酒如泉

The Accidental Brewing of Wine

《中国烹饪》，**1987**（5），17

林尹编（*1985*）

《周礼今注今译》

Th e Rites of the Chou: Annotations and
Translation

书目文献出版社，北京（原出版于台北）

林正秋（*1989*）

中国馒头传入日本探述

The Introduction of Chinese *Man-thou*
into Japan

《中国烹饪》，**1989**（1），14—15

凌纯声（*1957*）

太平洋区嚼酒文化的比较研究

Comparision of the Culture of Chewing
Grains for Making Wine in the Pacific
Region

《中央研究院民族学研究所集刊》，**5**

凌纯声（*1958*）

中国酒之起源

The Origin of Wine in China

《中央研究院历史语言研究所集刊》，**29**，
883—907

刘波（*1958*）

我国古籍中关于菌类的记述

Accounts of Microbes in Classicl Chinese
Texts

《生物学通报》，**1958**（6），19—22

刘昌润（*1986*）

韩非子

收入陶文台等编（*1986*）

刘鹗（*1905*）

《老残游记》

Travels of Lao Can

文本参考：太平书局，香港，1958 年版

英译本：杨宪益和戴乃选英译，《熊猫丛
书》，北京，1983 年

刘广定（*1987*）

我国蒸馏器与蒸馏酒的问题

The Origin of Chinese Distilled Wine and
Distillation Apparatus

《科学史通讯》，**1987**（6）

刘广定（未出版的手稿）

再谈我国蒸馏酒的时期

私人通信，约 1990 年收到

刘军社（1994）

先秦人的饮食生活（I，II，III）

Lifestyle in Food and Drink before the Chhin
(I, II, III)

《农业考古》，I：**1994**（1），210—213；II：
1994（3），181—186，193；III：**1995**
(1)，231—236，241

刘峻岭（1985）

面筋

About Gluten

《中国烹饪》，**1985**（6），32

刘勤晋（1991）

四川边茶与藏族茶文化发展初考

Brief Study of Szechuan Border-Tea and the
Tea Culture of Tibetans

收入王家扬编（1991），105—112

刘松、叶定国（1986）

李渔和他的《闲情偶记》

Li Yü and his 'Random Notes from a Lei-
surely Life'

《烹饪史话》，1986 年，530—534

刘仙洲（1963）

《中国古代农业机械发明史》

History of Chinese Agro-Mechanical Inven-
tions

科学出版社，北京，1963 年

刘毓瑔（1960）

诗经时代稷黍辨

The Identity of *Shu* and *Chi* in the Book
of Odes

《农史研究集刊》，**1960**（2），38—47

刘振亚、刘璞玉（1982）

我国古代黄河下游地域果树分布与变迁

Ancient Distribution and Evolution of Fruit
Trees in the Lower Huang Ho Basin

《农业考古》，**1982**（1），139—148

刘振亚、刘璞玉（1994）

我国古代饮料与冷凉食品探源

The Origin of Cold Drink and Chilled Foods
in Ancient China

《农业考古》，**1994**（3），197—200

刘志一（1994）

关于稻作农业起源问题的通讯

Letters Discussing the Origin of Rice Cultiva-
tion

《农业考古》，**1994**（3），54—70

刘志一（1996）

玉蟾岩遗址发掘的伟大意义

The Great Significance of the Results of Ex-
cavations at Yü-chhan-yen, Hunan

《农业考古》，**1996**（3），95—98

刘志远等编（1958）

《四川汉代画像砖艺术》

The Art of Han Brick Murals found in
Szechuan

中国古典艺术出版社，北京，1958 年

刘志远等编（1983）

《四川汉代画像砖与汉代社会》

Han Society as Seen from the Han Brick Mu-
rals found in Szechuan

文物出版社，北京，1983 年

龙伯坚（1957）

《现存本草书录》

Bibliographical Study of all Extant Pharmaco-
poeies (from all Periods)

人民卫生出版社，北京，1957 年

娄子匡编（1950s）

《民俗丛书专号：饮食部》

Folk Literature Series: Special Collection of
　　Books on Food and Diet
中国民俗学会，台北

卢苏（1987）
　　八公山豆腐
　　The *Tou fu* of the Mount of Eight Immortals
　　《农业考古》，**1987**（2），378—381

卢兆荫、张孝光（1982）
　　满城汉墓农器刍议
　　Agriculture Impliments in a Han Tomb in
　　　Man-chhêng
　　《农业考古》，**1982**（2），90—96

陆文郁（1957）
　　《诗草木今释》
　　A Moden Elucidation of the Plants and Trees
　　　Mentioned in the Book of Odes
　　天津人民出版社，天津，1957 年

罗志腾（1978、1985）
　　我国古代的酿酒发酵
　　Wine Fermentation in Ancient China
　　原载：《化学通报》，**1978**（5）
　　收入赵匡华编（1985），557—566

洛阳博物馆（1980）
　　洛阳西工区战国初期墓葬
　　Funeral Relics of the Early Warring States
　　　Period at His-kung District in Luoyang
　　《文物资料丛刊》，**1980**（3），118—120

洛阳发掘队、中国科学院考古研究所（1963）
　　洛阳西郊汉墓发掘报告
　　Excavations of Western Han Tombs in the
　　　Western Suburbs of Loyang
　　《考古学报》，**1963**（1），1—58（含英文摘
　　　要）

洛阳考古队（1959）
　　《洛阳烧沟汉墓》

Han Tombs at Shao-kou, Luoyang
科学出版社，北京，1959 年

马承源编（1988）
　　《中国青铜器》
　　The Chinese Bronzes
　　上海古籍出版社，上海，1988 年

马承源（1992）
　　汉代青铜蒸馏器的考古考察和实验
　　Investigations of a Han Dynasty Still
　　《上海博物馆集刊》，**1992**（6），174—183

马继兴（1985）
　　我国最古的药酒酿制方
　　The Earliest Recipes for Medicated Wines
　　　in China
　　赵光华编（1985），570—574

马继兴（1990）
　　《中医文献学》
　　Historiograph of Chinese Medicine
　　上海科学技术出版社，上海，1990 年

马继兴（1992）
　　《马王堆古医书考释》
　　Investigation of the Ancient Medical Texts
　　　from Ma-wng-tui
　　湖南科学技术出版社，1992 年

马继兴、李学勤（1975）
　　我国已发现的最古医方帛书《五十二病方》
　　The Oldest Pharmacopoeia Discovered in Chi-
　　　na-the Silk Manuscript- 'Prescriptions for
　　　Fifty-Two Ailments'
　　《文物》，**1975**（9）

马健鹰（1989）
　　庄子饮食观之我见
　　Interpretation of Master Chuang's Views on
　　　Food and Drink
　　《中国烹饪》，**1989**（7），12—13

马健鹰 (1991)

也谈"食不厌精,脍不厌细"

More on〈Shih pu yen ching,khuai pu yan hsi〉

《中国烹饪》,**1991** (4),19

马健鹰 (1995)

原始时期炮食与陶器的发明

Phao-Roasting and the Invention of Pottery

《中国烹饪》,**1995** (11),13

马世之 (1983)

略论韩都新郑的地下建筑及冷藏井

Brief Discussion of the Underground Structure and Cold Storage at the Han Capital at Hsin-tsêng

《考古与文物》,**1983** (1),80—83

马王堆汉墓帛书 (1985)

《马王堆汉墓帛书》(肆)

Silk Manuscripts Discovered in Han Tombs at Ma-wng-tui

文物出版社,北京,1985 年

满城发掘队、中国科学院考古研究所 (1972)

满城汉墓发掘纪要

Principal Finds at the Excavation of the Han Tomb at Man-chêng

《考古》,**1972** (1),8—28

门大鹏 (1976)

《齐民要术》中的酿醋

《微生物学报》,**16** (2),98—101

门大鹏、程光胜 (1976)

我国古代认识和利用微生物的成就

Knowledge and Utilisation of Microorganisms in Ancient China

《微生物通报》,**5** (1),39—41

孟乃昌 (1984)

汾酒源流初探

Exploration of the Origin of Fêng Wine

《中国科技史料》,**5** (4),40—46

孟乃昌 (1985)

中国蒸馏酒年代考

Chronology of Distilled Wine in China

《中国科技史料》,**6** (6),31—37

缪启愉 (1981)

《四时纂要校释》

Important Rules for the Four Seasons:An Annotated Edition

农业出版社,北京,1981 年

缪启愉 (1981)

《四民月令辑释》

Monthly Ordinances for the Four Peoples:An Annotated Edition

农业出版社,北京,1981 年

缪启愉 (1982)

《齐民要术校释》

Important Artes for the People's:An Annotated Edition

农业出版社,北京,1982 年

缪启愉 (1984)

粱是什么?

What is Liang?

《农业考古》,**1984** (2),289—293

缪启愉 (1987)

《齐民要术》中利用微生物的科学成就

Scientific Basis of the Microbial Processes Recorded in the *Chhi Min Yao Shu*

《古今农业》,**1987** (1),7—13

木公 (1986)

"点心"一词小考

A Brief Note on〈Tien-hsin〉

《烹饪史话》,1986 年,455—456

南京博物馆（*1979*）

江苏盱眙东阳汉墓

An Eastern Han Tomb at Tung-Yang，Hsü-I，
in Kiangsu Province

《考古》，**1979**（5），412—426

南京中医学院（*1959*）

《黄帝内经素问，译释》

The Yellow Emperor's Manual of Corporeal
Medicine, Questions and Answers：
Translation and Annotation

上海科学技术出版社，上海，1959 年

南开大学（*1973*）

高粱酒之制造

The Fermentation of Sorghum to Wine

南开大学化学系报告，**1973**（1），15—40

聂凤乔（*1985*）

葵之谜

The Riddle of Mallow

《中国烹饪》，**1985**（10），14

区嘉伟、方心芳（*1935*）

黄海化学工业研究社

《工业中心》，1935（4），373—376

采自陈騊声（*1979*），69

欧潭生（*1987*）

三千年古酒出土记

Recovery of a Three-Thousand-Year-
Old Wine

收入李衍恒编（*1987*），124—125

欧阳小桃（*1991*）

魏晋南北朝人士饮茶述略

Brief Account of Tea Drink in the Wei，Chin
and North and South Dynasties

《农业考古》，**1991**（2），201—202 和195

潘吉星（*1993*）

《天工开物译注》

Thien-kung-kai-wu with Annotations and
Translation

上海古籍出版社，上海，1993 年

潘振中（*1988*）

馄饨琐谈

Remarks on Wonton

《中国烹饪》，**1988**（12），13

漆侠（*1987*）

《宋代经济史》（上，下）

Sung Economic History, I, II

上海人民出版社，上海，1987 年

齐思和（*1981*、*1948*）

毛诗谷名考

An Inquiry into the Names of Grains in the
Book of Odes

《中国史探研》，1981 年［原载于《燕京学
报》，**36**，276—288］

钱穆（*1956*）

中国古代北方农作物考

Investigation of the Cultivated Grains of
Ancient North China

《新亚学报》，**1**（2），1—27

秦都咸阳考古工作站（*1980*）

秦都咸阳第一号宫殿建筑遗址简报

Brief Report on the Remains of No. 1 Palace
at the Old Chhin Capital of Hsein-yang

《文物》，**1980**（11），12—24

秦俑考古队（*1981*）

临潼郑庄秦石料加工场遗址调查简报

A Brief Report on the Ruins of a Chhin Quar-
ry at Lin-thung, Cheng-chuang

《考古与文物》，**1981**（1），39—43

邱峰（*1982*）

中国淡水鱼业史话

Historical Notes on Fresh Water Fishery

in China

《农业考古》，**1982**（1），152—157

邱庞同（*1986a*）

资料珍贵，肴馔精美——读《齐民要术》第
八、第九卷

Invaluable Resources, Delectible Viands-
Notes Upon reading Chs. 8 & 9 of the
Chhi Min Yao Shu

《烹饪史话》，1986 年，502—508

邱庞同（*1986b*）

《膳夫经手录》

About the Chef's Handbook

《烹饪史话》，1986 年，509—512

邱庞同（*1986c*）

烹饪和谐，蔬素尤良—简介《云林堂饮食制
度集》

Harmony in Cookery, Best for Vegetarian
fare-A Brief Introduction to the 'Dietary
System of the Cloud Forest Studio'

《烹饪史话》，1986 年，516—520

邱庞同（*1986d*）

《易牙遗意》

Remnant Notions from *I Ya*

《烹饪史话》，1986 年，525—529

邱庞同（*1986e*）

《养小录》

Nurturing Life Booklet

《烹饪史话》，1986 年，535—538

邱庞同（*1986f*）

《调鼎集》作者献疑

Doubts on the Author of the 'Harmonious
Cauldron'

《烹饪史话》，1986 年，550—553

邱庞同（*1987*）

米线

Rice threads

《中国烹饪》，**1987**（10），9

邱庞同（*1988*）

中国面条源流考述

Exploration of the Origin of Filamentous
Noodles in China

《中国烹饪》，**1988**（7），14—16

邱庞同（*1989a*、*b*）

中国面点史（上，下）

History of Pasta Foods in China, I, II

《中国烹饪》，**1989**（5），1—13 和（6），
8—10

邱庞同（*1989c*）

《中国烹饪古籍概述》

Outline of the Culinary Classics of China

中国商业出版社，北京，1989 年

邱庞同（*1992a*，*b*）

汉魏六朝面点研究（上，下）

Investigation of Pastam Foods During the
Han-Wei and Six Dynasties

《中国烹饪》，**1992**（2），12—13 和（3），
6—8

邱庞同、王利器、王贞珉（*1983*）

《吕氏春秋本味篇》

The *Pen Wei* Segment from Master Lü's
Spring and Autumn Annals（with trans-
lation and annotations）

《中国烹饪古籍丛刊》，*1983* 年

屈万里（*1969*）

《尚书今注今译》

The Book of Documents: Annotations
and Explanations

商务印书馆，台北，1969 年

屈万里（*1959*）

《诗经释义》

Glosses of the *Book of Odes*
中华文化出版事业委员会，台北，1959 年

屈志信（*1959*）
　　《制醋工人基本知识》
　　Basic Information for Vinegar Workers
　　轻工业出版社，北京，1959 年

任日新（*1981*）
　　山东诸城汉墓画像石
　　Stone Mural in a Han Tomb in Chu-
　　chhêng, Shantung
　　《文物》，**1981**（10），14—21

山东大学历史系等（*1995*）
　　1984 年秋济南大辛庄遗址试掘述要
　　Test Excavation at the Ta-hsin-chuang Site,
　　Chi-nan，Fall，1984
　　《文物》，**1995**（6），12—27

山东省文物考古研究所（*1991*）
　　莒县大朱家村大汶口文化墓葬
　　Burials of the Ta-wên-khou Culture from Ta-
　　chu-chhun，Chü-hsien County
　　《考古学报》，**1991**（2），167—206

山东省文物考古研究所（*1995*）
　　山东枣庄市建新遗址第一，二次发掘简报
　　A Brief Report on the First and Second Exca-
　　vation at the Chien-Hsin Site，Tsao-
　　chuang City，Shantung
　　《考古》，**1995**（1），13—22

山崎百治（Yamasaki Hiyachi）（*1945*）
　　《东亚发酵化学论考》
　　Investigation of the Chemistry of East
　　Asian Fermentation
　　东京，1945 年

山西农业科学院（*1977*）
　　《谷子栽培技术》
　　The Technology of Millet Cultivation
农业出版社，北京，1977 年

山西省文管会（*1959*）
　　侯马东周时代烧陶窑址发掘纪要
　　Notes on the Excavation of a Pottery Kiln
　　Site of the Eastern-Chou Period at
　　Hou-ma
　　《文物》，**1959**（6），45—46

山西省文管会（*1960*）
　　1959 年侯马“牛村古城”南东周遗址发掘
　　简报
　　A Brief Report of the 1959 Excavation at an
　　Eastern-Chou Site South of *Niu Tshun* Old
　　City in Hou-ma，Shansi
　　《文物》，**1960**（8，9），10—14

陕西省博物馆（*1958*）
　　《陕北东汉画像石刻选集》
　　Selections of Stone Engravings of the Eastern
　　Han Period in Northern Shênsi
　　文物出版社，北京，1958 年

陕西省文物管理委员会（*1966*）
　　秦都栎阳遗址初步探记
　　Prelinary Report on the Ruins of the Chhin
　　Capital，Li-yang
　　《文物》，**1966**（1），10—18

陕西省雍城考古队（*1978*）
　　陕西凤翔春秋秦国凌阴遗址发掘简报
　　Brief Report of an Ice House of the Chhin
　　Kingdom，Spring and Autumn Period，in
　　Fêng-hsiang，Shensi
　　《文物》，**1978**（3），43—47

单先进（*1989*）
　　略论先秦时期的冰政暨有关用冰的几个问题
　　A Brief Discussion of the Storage and Utilisa-
　　tion of Ice During the Pre-Chhin Era
　　《农业考古》，**1989**（1），284—297

尚秉和（*1991*）

    《历代社会风俗事物考》

    Social Artifacts and Customs through the Ages

    岳麓书社，长沙，1991 年；第一版，商务印书馆，1941 年

尚志钧（*1981*）

    《五十二病方》与《神农本草经》

    Comparison of 'Prescriptions for 52 Ailments' with the 'Pharmacopoeia of the Heavenly Husbandman'

    马王堆医书研究专刊，**1981**（No. 2），78—81

上田誠之助（Ueda Seinosuke）（*1992*）

    日本古代の酒づくりを想う一口噛酒と醴

    古代日本清酒起源讨论-通过咀嚼和发芽进行清酒发酵

    Discussion of the Origin of Ancient Japanese sake - Sake Brewing by Means of Chewing and Sprouting

    《发酵工学》，**1992**（70），133—137

上田誠之助（Ueda Seinosuke）（*1996*）

    'しとぎ'古代の酒

    'Uncooked Rice Cake as an Offering to the God' and Ancient Sake Brewing

    《日本醸造协会志》，**91**（7），498—501

深圳博物馆（*1987*）

    参见李衍恒编（*1987*）

沈涛（*1987*）

    箸探

    About Chopsticks

    《中国烹饪》，**1987**（5），9—11

施兆鹏、黄建安（*1991*）

    湖南黑茶史话

    History Notes on the Dark Tea of Hunan

    收入王家扬编（*1991*），89—96

石毛直道（Ishige Naomichi）编（*1985*）

    《論集東アジアの食事文化》

    Essays on Food and Culture in East Asia

    平凡社，东京，1985 年

石毛直道（Ishige Naomichi）等（*1985*）

    鹽辛，鱼醬油，ナレズシ

    Fermented Salted Fish，Fish Sauce and Fish Pickle

    收入石毛直道（Ishige Naomichi）编（*1985*），177—242

石毛直道（Ishige Naomichi）编（*1989*、*1990*）

    篠田統資料目録 I，II

    Catalogue of the Sinoda Document Collections at the National Museum of Ethnology，Vols. I & II

    《国立民族学博物馆通信·特集》，1989 年（No. 8）和 1990 年（No. 10）

石毛直道（Ishige Naomichi）等（*1990*）

    《鱼醬とナレズシの研究》

    Study of Fermented Fish Products

    岩波書店，东京，1990 年

石毛直道（Ishige Naomichi）著，中译文赵荣光（*1995*）

    《饮食文明论》

    Essays on Dietary Culture

    黑龙江科学技术出版社，哈尔滨，1995 年

石毛直道（Ishige Naomichi）（*1995*）

    《文化麵類學ことはじめ》

    World Culture of Noddles

    講談社，东京，1995 年

石声汉（*1957—1958*）

    《齐民要术今释》

    A Modern Translation and Annotation of the Chhi Min Yao Shu. 4 Vols

    科学出版社，北京，1957—1958 年

石声汉（1957）
　　《从齐民要术看中国古代的农业科学知识》
　　Ancient Chinese Scientific Knowledge of Agriculture as seen from the *Chhi Min Yao Shu*
　　科学出版社，北京，1957 年

石声汉（1963）
　　试论我国从西域引入的植物与张骞的关系
　　A Preliminary Study of the Relationship between Plants Transmitted from the Western Region and Chang Chhien
　　《科学史集刊》，**1963**（5），16—33

石声汉（1979）
　　《农政全书校注》
　　The 'Complete Treatise of Agriculture' with Commertaries
　　上海古籍出版社，上海，1979 年

石声汉（1980）
　　《中国古代农书评介》
　　A Critical Introduction to the Agricultural Treatises of Ancient China
　　农业出版社，北京，1980 年

石声汉（1984）
　　《齐民要术》（饮食部分）
　　The Food and Drink Section of the Chhi Min Yao Shu
　　中国商业出版社，北京，《中国烹饪古籍丛刊》，1984 年

史念书（1986）
　　"皋芦茶" 考述
　　Investigation of Kao-lu Tea
　　《农业考古》，**1986**（2），360—368

市野尚子（Inchino Naoko）、竹井惠美子（Takei Emiko）（1985）
　　東アジアの豆腐づくり
　　Tou-fu Making in East Asia

收入石毛直道编（1985），117—147

世川临风（Sasegawa Rinpu）、足立勇（Adachi Isamu）（1942）
　　《近世日本食物史》
　　History of Recent Japanese Foods
　　雄山阁出版社，东京，1942 年

四川省博物馆、广元县文管所（1982）
　　四川广元石刻宋墓清理简报
　　Brief Report on the Stone Murals of a Sung Tomb at Kuang-yuan, Szechhuan
　　《文物》，**1982**（6），53—61 和图版 7

四川省文物考古研究所（1990）
　　四川省广汉县雒城镇宋墓清理简报
　　A Brief Report on the Sung Tomb at Lo-chhêng, Kuang-han County, Szechhuan
　　《考古》，**1990**（2），123—130

宋玉珂（1980）
　　释 "羹"
　　Explanation of 'Kêng'
　　《中国烹饪》，**1980**（10），18—19

苏兆庆、常兴照、张安礼（1989）
　　山东莒县大朱家村大汶口文化墓地清理简报
　　Brief Report of the Re-examination of the Ta-wên-khou Cemetery at Ta-chu-chhun, Chü-hsien County, Shantung
　　《史前研究》，**1989**，94—113.

随县雷鼓墩一号墓考古队（1979）
　　湖北随县曾侯乙墓发掘简报
　　Brief Report of the Excavation of the Tomb of Marquis I in Sui-hsien, Hupei
　　《文物》，**1979**（7），10—11

孙重恩（1985）
　　从八珍的制作看古代的烹调技艺
　　Ancient Culinary Arts as Seen from the Recipes for Making the Eight Delicacies

《中国烹饪》，**1985**（12），20—23

孙机（*1991*）

《汉代物质文化资料图说》

Illustrate Compendium of Cultural Relics from the Han Dynasty

文物出版社，北京，1991 年

孙机（*1996*）

豆腐问题

The question of *Tou-fu*

载于孙机、杨泓（*1996*），174 — 178，转载于《农业考古》，1998 年（3），277—292，296

孙机、杨泓（*1996*）

《寻常的精致》

Artistry in Ordinary Things

辽宁教育出版社，沈阳，1996 年

孙文奇、朱君波（*1986*）

《药酒验方选》

A Selection of Chinese Medicated Wines

中国书店，香港，1986 年

孙颖川、方心芳（*1934*）

汾酒用水及其发酵秕之分析

Analysis of the Effect of Water on the Progress of the Fermentation of Fên Wine

《黄海报告》，**1934**（8）

檀耀辉（*1982*）

酱腌菜的发酵机理及其营养价值

Principles of the Fermentation of Vegetable Pickles and their Nutritional Value

论文发表于第一届全国酱腌菜研讨会，1982 年 2 月 20 日

谭旗光（*1987*）

吐鲁番出土的唐代馕、饺子、馄饨及花式点心

Thang Dynasty Flat Bread，Chiao-tzu，Wonton and Flower-Shaped Pastries from Turfan

《中国烹饪》，**1987**（11），12—13

谭正璧（*1981*）

《中国文学家大辞典》

Dictionary of Chinese Writers

上海书店，1981 年（原版：光明书局，1934 年）

汤玉林（*1958*）

祖国古代医学在饮食营养卫生方面的贡献

The Contributions of Ancient Chinese Medinine to Diet，Nutrition and Public Health

医学史与保健组织，**2**，（1），54—58

唐荒（*1988*）

发酵面始于何时？

When was Raised Bread Invented?

《中国烹饪》，**1988**（12），16

唐兰（*1980*）

长沙马王堆汉侯妻辛追墓出土随葬简策考释.

Elucidation of the Inscriptions on the Bamboo Slips Discovered in Tomb of Lady Hsin-Chui，Wife of the 3rd Marquis of Tai at Ma-wng-tui，near Changsha

《文史》，**1980**（10），1— 60

陶文台（*1983*）

《中国烹饪史略》

A Brief History of Chinese Cuisine

甘肃科学技术出版社，1983 年

陶文台等（*1983*）

《先秦烹饪史料选注》

Selections of Passages of Culinary Interest in the Pre-Chhin Literature，with Annotations

中国商业出版社，北京，1983 年，《中国烹

任古籍丛刊》

陶文台 (*1986a*)

中国烹饪典籍钩目.

The Principal Culinary Works of China.

《烹饪史话》，1986 年，487—492

陶文台 (*1986b*)

六世纪中国的食品百科全书

A 6th Century Chinese 'Food and Drink' Encyclopedia

《烹饪史话》，1986 年，496—501

陶文台 (*1986c*)

厨膳秘籍《调鼎集》

The Secret Book of Culinary Delights-'The Harmonious Cauldron'

《烹饪史话》，1986 年，546—549

陶文台 (*1988*)

《中国烹饪概论》

General Discouse on Chinese Cuisine

中国商业出版社，北京，1988 年

陶振纲、张廉明 (*1986*)

《中国烹饪文献提要》

Highlights of Chinese Culinary Literature

中国商业出版社，北京，1986 年

天野元之助 (Amano Motonosuke) (*1962*)

《中國農業史研究》

Reseearches into Chinese Agricultural History

东京；1962 年；第二次增补版，1979 年

田村平治 (Tamura Heiji)、平野正章 (Hirano Masaaki) (*1971*)

《醤油の本》

The Book of Soy Sauce

柴田书店，东京，1971 年

田中静一 (Tanaka Seiichi) 著 (*1991*) (中译本)

《中国饮食传入日本史》

History of the Transmission of Chinese Food and Drink into Japan

霍风、伊永文中文翻译

黑龙江人民出版社，1991 年

日本原著：《一衣带水中国料理伝来史》，柴田书店，东京，1987 年

田中淡 (Tanaka Tan) (*1985*)

古代中国画像の割烹と飲食

Diet and Cookery in Ancient China as Seen from Tomb Paintings

收入石毛直道 (Ishige Naomichi) 编 (*1985*)，245—316

屠思华 (*1956*)

江都凤凰河西汉木榔的清理

Excavation of a Han tomb with a wooden coffin at Chiang-tu, Feng-huang, Ho-hsi

《考古》，**1956** (1)，36—38

万陵 (*1990*)

说蒸馏

On Steam Cookery

《中国烹饪》，**1990** (11)，14

万陵 (*1991*)

说食

About Food and Eating

《中国烹饪》，**1991** (5)，8

汪玢玲等编 (*1994*)

《中华古文献大辞典·文学卷》

Great Dictionary of Ancient Chinese Scholarly Works，Section on Literature

吉林文史出版社，长春，1994 年

王家扬编 (*1991*)

《茶的历史与文化》

The History and Culture of Tea

杭州，1991 年

王珊 (*1921*)

中国古代酒精发酵之一斑

A brief Study of Alcoholic Fermentation in
Ancient China

《科学》，**6**（3），270—282

王玲（*1991*）

两晋至唐代的饮茶之风与中国茶文化的萌芽
与形成

The Practice of Tea-Drinking from Tsin to
Thang and the Sprouting and Fruition of
the Culture of Tea in China

收入王家扬编（*1991*），20—31

王龙学（*1991*）

也说馎饦

Also about Po-tho

《中国烹饪》，**1991**（11），15—16

王梦鸥编（*1984*）

《礼记今注今译》

The Record of Rites, with Commentaries and
Translation

商务印书馆，台北，1984 年

王仁湘（*1985*）

古代的筷子及其使用

Chopsticks of Antiquity and How they
were Used

《中国烹饪》，**1985**（9），20—21

王仁湘编（*1993*）

《太平御览·饮食部》

The Food and Drink Sections of the *Thai
Phing Yu Lan* ［edited and annotated］

《中国烹饪古籍丛刊》，1993 年

王仁兴（*1985*）

《中国饮食谈古》

Talks on Food and Drink in Ancient China

轻工业出版社，北京，1985 年

王仁兴（*1987*）

《中国古代名菜》

Famous Dishes of Ancient China

中国食品出版社，北京，1987 年

王赛时（*1983*）

我国古代的冷饮与冰食

Consumption of Ice and Iced Foods in
Ancient China

《中国烹饪》，**1983**（7），17—18

王尚殿（*1987*）

《中国食品工业发展简史》

A Brief History of the Development of the
Food Processing Industry in China

山西科学技术出版社，太原，1987 年

王士雄（*1861*）

《随息居饮食谱》

Dietetics from the Random Rest Studio

周三金编（*1985*），《中国烹饪古籍丛刊》

王树明（*1987a*）

陵阳河墓地刍议

Preliminary Discussion of the Ling-yang-
ho Cemetery

《史前研究》，**1987**（3），49—58

王树明（*1987b*）

山东莒县陵阳河大汶口文化墓葬发掘简报

A Brief Report on the Excavation of the Ta-
wen-khou Burials at Ling-yang-ho, Chu-
hsien County in Shantung

《史前研究》，**1987**（3），62—82

王树明（*1987c*）

大汶口文化晚期的酿酒

Fermentation in the Late Ta-wen-khou Period

《中国烹饪》，**1987**（9），5—6

王文哲（*1991*）

弘扬民族饮食文化，建设有中国特色的食品
工业

Propagate Chinese National Dietary Culture;
Establish a Distinctively Chinese Food and
Beverage Industry

《世界中国烹饪联合会第一届会员代表会议
论文集》，1991 年 7 月，北京，1—8

王学泰（1985）

我国古代佐餐的主要食品

The Main Entrées served in Ancient China

《中国烹饪》，**1985**（10），15—17

王炎、何天正编（1993）

《辉煌的世界酒文化》

Glories of the World of Wine Culture, Pro-
ceeding of the First International Sympos-
ium on Alcoholic Beverages and Human
Culture（首届国际酒文化学术讨论会论
文集）

成都出版社，成都，1993 年

王有鹏（1987、1989）

我国蒸馏酒起源与东汉说

Distilled Wine may have Existed in China
during the Eastern Han

首刊于李衍恒编（1987）；收入黎莹编
（1989），277—282，但是不带插图

王毓瑚（1964、1979）

《中国农学书录》

Bibliography of Chinese Agriculture

农业出版社，北京，1964 年；1979 年，第
二版

王毓瑚（1981a、b，1982）

我国自古以来的重要农作物（上，中，下）

Major Crops of Ancient China（Ⅰ，Ⅱ，Ⅲ）

《农业考古》，**1981**（1），79—89；**1981**
（2），13—20；**1982**（1），42—49

王增新（1960）

辽阳捧台子二号壁画墓

Murals at Tomb No. 2 at Pheng-thai-tzu,
Liao-yang

《考古》，**1960**（1）

王志俊（1994）

试论我国酿酒的起源

A Preliminary Discussion of the Origin of
Wine in China

《文博》，**1994**（3），17—21

王竹楼（1986）

《中馈录》的作者曾懿及其家世

The Background and Authorship of the
Chung Khuai Lu

《烹饪史话》，1986 年，554—555

王子辉编（1984）

《素食说略》

Brief Talks on a Vegetarian Diet

薛宝辰撰（约 1900 年）

《中国烹饪古籍丛刊》，1984 年

王子辉（1988）

说话素菜

Talks on a Vegetarian Diet

《中国烹饪》，**1988**（6），8—9

卫群（1978）

《齐民要术》和我国古代微生物学

The 'Chhi Min Yao Shu' and Ancient Chi-
nese Microbiology

《微生物学报》，**14**（2），129—131

卫斯（1986）

我国古代冰镇低温贮藏技术方面的重大发现

Important Discoveries Relating to Cold
Storge in Ancient China

《农业考古》，**1986**（1），115—116、142

文景明、柳静安（1989）

杏花村有酒能醉人

Getting Drunk from the Wine from the Valley
of Apricot Blossoms

收入黎莹编（1989），289—293

无锡轻工业学院、河北轻工业学院（1964）

《酿酒工艺学》

The Technology of Wine Fermentation

中国财政经济出版社，北京，1964 年

吴承洛（1937）；程理睿修订（1957）

《中国度量衡史》

History of Chinese Metrology（Weights and

Mronzes）

商务印书馆，上海，1957 年

吴德铎（1966）

唐宋文献中关于蒸馏酒与蒸馏器问题

On Question of Liquor Distillation and Stills

in the Literature of the Thang and

Sung Period

《科学史集刊》，1966（9），53—55

吴德铎（1982）

何家村出土医药文物补证

Re-Evaluation of the Cultural Relics Discov-

ered at Ho-chia-tshun

《考古》，1982（5），28—31

吴德铎（1988a）

解开烧酒起源之谜（一）

Unravelling the Puzzle of the Origin of Dis-

tilled Spirits in China

《民报月刊》，1988 年 7 月，84—89

吴德铎（1988b）

解开烧酒起源之谜（二）

Unravelling the Puzzle of the Origin of Dis-

tilled Spirits in China

《民报月刊》，1988 年 8 月，90—93

吴枫等编（1987）

《简明中国古籍辞典》

A Brief Cyclopedia of Ancient Chinese Clas-

sics

吉林文史出版社，长春，1987 年

吴家阔（1993）

神农发现茶叶解毒的民间传说

The Folk Legend of Shen Nung's Discovery

of the Detoxifying Action of Tea

《农业考古》，1993（2），227—228、237

吴觉农编（1987）

《茶经述释》

The 'Classic of Tea'（of Lu Yu）with An-

notations and Explanation

农业出版社，北京，1987 年

吴觉农编（1990）

《中国地方志茶叶历史资料选辑》

Selected Historiographic Materials on Tea in

the Local Gazetteers of China

农业出版社，北京，1990 年

吴其昌（1935）

《甲骨金文中所见殷代农稼情形》

Yin Agriculture as Seen in Oracle Bones

and Bronzes

商务印书馆，上海，1935 年

吴诗池（1987）

从考古资料看我国史前的渔业生产

Prehistoric Fishery in China as seen in Ar-

chaeological Finds

《农业考古》，1987（1），234—248

吴献文（1949）

记殷墟出土之鱼骨

Record of the Fish Bones Excavated from

Yin-hsu

《考古学报》，1949（4），139—143

吴稚松（1993）

面筋的形成机理与面团的性质

The Mechanism of Gluten Formation and

Properties of Gluten Dough

《中国烹饪》，**1993**（4），14—16

席泽宗（*1994*）

《科学史八讲》

Eight Talks on the History of Science in China

联经出版事业公司，台北，1994 年

夏鼐（*1977*）

碳 14 测定年代和中国史前考古学

Ca rbon 14 Dating and the Study of Chinese Prehistory

《考古》，**1977**（4），217—232

夏鼐（*1985*）

《中国文明的起源》

The Origin of Chinese Civilisation

文物出版社，北京，1985 年

夏纬瑛（*1956*）

《吕氏春秋上农等四篇校释》

An Analytic Study of the 'Exaltation of Agriculture' and Three Similar Chapters in Master *Lü's* Spring and Autumn Annals

中华书局，北京，1956 年

夏纬瑛（*1979*）

《〈周礼〉书中有关农业条文的解释》

Explanation of Passages Related to Agriculture from the *Chou Li*

农业出版社，北京，1979 年

夏纬瑛（*1980*）

《对〈诗经〉中有关农事章句的解释》

Explanation of Passages in the *Shih Ching* Related to Agriculture

农业出版社，北京，1980 年

夏志（*1984*）

炒法溯源

The Origin of Chhao（Stir-Frying）

《中国烹饪》，**1984**（1），13—15

相田浩（Aida Hiroshi）、上田誠之助（Ueda Seinosuke）、村田希久（Murata Marehisa）、渡边忠雄（Watanabe Tadao）编（*1986*）

《アジアの無鹽發酵大豆》

As ian Symposium on Non-salted Soybean Fermentation

无盐大豆发酵亚洲论坛

科学技术世界博览会（STEP），筑波。日文和英文论文，1986 年

向安强（*1993*）

洞庭湖区史前农业初探

Preliminary Investigation of the Pre-Historic Agriculture in the Thung-thing Lake Region

《农业考古》，**1993**（1），23—43

向熹（*1986*）

《诗经词典》

A Cyclopedia of Words in the *Book of Odes*

四川人民出版社，成都，1986 年

篠田统（Shinnoda Osamu）（*1947*）

白干酒

White Dry Wine（Distilled Wine）

于景让中文翻译

《大陆杂志》，**14**（1），418—421

篠田统（Shinnoda Osamu）（*1951*）

五穀の起源

Origin of the Five Grains ［in East Asia］

《自然と文化》，1951 年（2），37。再版收入中译本：篠田统（*1987*a），3—32

篠田统（Shinnoda Osamu）（*1952*）；中译本：于景让（*1957*）

鮓考——中国的鮓的变迁

On *Cha*—the Evolution of *Cha* in China

《大陆杂志》，**15**（2），39—44

篠田统（Shinnoda Osamu）（*1957*）

鮓考その9，鮓年表—シナの部

Study on Shshi, Part 9, Chronological Table
  for China
  《生活文化研究》，大阪区芸大学，**1957**
    （6），39—54

篠田統（Shinnoda Osamu）（*1961*）
  鮓考その10，鮓年表-日本-シナの部
  Study on Shshi，Part 9，Chronological Ta-
  ble for Japan
  《生活文化研究》，大阪区芸大学，**1961**
    （10），1—30

篠田統（Shinnoda Osamu）（*1963*）
  お豆腐のはなし
  Origin of *Tou fu*
  《樂味》，**1963**（6），4—8

篠田統（Shinnoda Osamu）（*1967*）
  日本酒の源流
  The Origin of Japanese Wine
  《日本民族と南方文化》，金关丈夫诞辰 70
    周年纪念委员会，1967 年，552—574

篠田統（Shinnoda Osamu）（*1968*）
  豆腐考
  The Origin of *Tou fu*
  《風俗》，**8**（11），30—36
  于景让中文翻译
  《大陆杂志》，**42**（6），173—200

篠田統（Shinnoda Osamu）（*1970*）
  《米の文化史》
  Cultural History of Rice
  社会思想社，东京，1970 年

篠田統（Shinnoda Osamu）（*1972*）
  中世の酒
  Wine in Mediaeval China
  收入篠田統和田中静一编（*1973*），第 1 卷：
    321—339（522—541）

篠田統（Shinnoda Osamu）（*1972b*）

宋元酒造史
  Wine Making During Sung and Yüan
  收入篠田統和田中静一（*1973*），第 1 卷：
    279—329（541—590）

篠田統（Shinnoda Osamu）
  《中國食物史》
  A History of Food in China
  柴田书店，东京，1974 年

篠田统（Shinnoda Osamu）（*1987a*）（中译本）
  《中国食物史研究》
  Studies on the History of Food in China
  高桂林、薛来运、孙音中文翻译
  中国商业出版社，北京，1987 年

篠田统（Shinnoda Osamu）（*1987b*）
  中世食经考
  收入篠田统（*1987*）（中译本），99—116

篠田统（Shinnoda Osamu）、田中静一（Tanaka
  Seiichi）编（*1972*）
  《中國食經叢書》（上）
  A Collection of Chinese Food Classics，Ⅰ
  书籍文物流通会，东京，1972 年

篠田统（Shinnoda Osamu）、田中静一（Tanaka
  Seiichi）编（*1973*）
  《中國食經叢書》（下）
  A Collection of Chinese Food Classics，Ⅱ
  书籍文物流通会，东京，1973 年

谢崇安（*1985*）
  中国原始畜牧业的起源和发展
  Origin and Development of Primitive Stock
    Farming in China
  《农业考古》，**1985**（1），282—289

谢崇安（*1991*）
  彭头山史前稻作遗存发现及其意义
  Prehistoric Remains of Rice at Pheng-thou-
    shan and their Significance

《农业考古》，**1991**（1），178—180

谢大荒编（*1959*）
《易经语解》
The *Book of Changes* with Explanations
远东图书公司，台北，1959 年

谢国桢（*1980*）
《明代社会经济史料选编》（上、中、下）
Selections from the Social and Economic His-
torical Records of the Ming Dynasty
（Parts Ⅰ，Ⅱ and Ⅲ）
福建人民出版社，福州，1980 年

辛树帜、伊钦恒（*1983*）
《中国果树史研究》
Studies on the History of Friut Trees in Chi-
na
农业出版社，北京，第二版，1983 年

邢润川（*1982*）
古代酿酒技术与考古发现
Ancient Fermentation Technology and Ar-
chaeological Discoveries
《科技史文集》，**1982**（9），93—98

邢湘臣（*1989*）
渔业用冰小史
Mini-History of the Use of Ice in Fishery
《农业考古》，**1989**（1），298—299

邢湘臣（*1997*）
筷子史话
About the History of Chopsticks
《农业考古》，**1997**（1），236—240

熊公哲注译（*1975*）
《荀子今注今译》
Th e Book of Master Hsün：Annotations and
Translation
商务印书馆，台北，1975 年，1984 年修订

徐中舒（*1980*）

《汉语古字字形表》
The Configuration of Ancient Chinese Char-
acters
中华书局，香港，1980 年

徐祖文（*1990*）
马奶酒初谈
Preliminary Discussion of Wine from
Mare's milk
《中国烹饪》，**1990**（11），17

许洪顺（*1961*）
《黄酒生产技术革新》
New Development in the Fermentation of
Yellow Wine
轻工业出版社，北京，1961 年

许洪顺、周嘉华和刘长贵编（*1987*）
《黄酒酿造》
Manufacture of Yellow Wine
《酿酒》，哈尔滨，1987 年

许倬云（*1971*）
两周农作技术
Agriculture Technology of the Western and
Eastern Chou
《中央研究院历史语言研究所集刊》，1971
年，**42**（4），803—842

许倬云（*1991*）
《中国文化与世界文化》
Chinese Civilisation and World Civilisation
贵州人民出版社，1991 年

许倬云（*1993*）
中国中古时期饮食文化的转变
The Transformation of the Chinese Diet in
Early Mediaeval Times
中国饮食文化第二届研讨会，台北，
1993 年

薛宝辰（约 *1900*）

《素食说略》

Brief Talks on a Vegetarian Diet

王子辉编辑注释，收入《中国烹饪古籍丛刊》，1984 年

严可均辑（1836）

《全上古三代秦汉三国六朝文》

Complete Collection of Prose Literature from Remote Antiquity through the Chhin-Han Dynasties，the Three Kingdoms and the Six Dynasties

中华书局，北京，1956 年影印

严文明（1997）

我国稻作起源研究的新进展

New Developments in the Stude of Rice Domestication in China

《考古》，1997（9），1—6

杨伯峻、徐提（1985）

《春秋左传词典》

A Cyclopedia of Words in the Chhun Chhiu Tso Chuan

中华书局，北京，1985 年

杨兢生（1980）

论《夏小正》中的粮油植物

On Cereal and Oilseed Grops in the *Hsia Hsiao Cheng*

中国古代农业科技编纂组（1980），289—303

杨玲玲（1988）

《怎样吃最补》（1，2）

How to Eat to get the Most Nourishment. 1，2

文经，台北，1988 年

杨淑媛、田元兰、丁纯孝（1989）

《新编大豆食品》

A New Compendium of Soyfoods

中国商业出版社，北京，1989 年

杨文骐（1983）

《中国饮食文化和食品工业发展简史》

A Brief History of the Development of Food Culture and Industry in China

中国展望出版社，北京，1983 年

杨亚长（1994）

半坡文化先民之饮食考古

The Archaeology of Food and Drink in the Culture of Pan-pho

《考古与文物》，1994（3），63—72

杨荫深（1986）

《事物掌故丛谈》

Talks on Various Things and Events

上海书店，1986

扬州市博物馆（1980）

扬州东风砖瓦厂汉代木椁墓群

Han Dynasty Graves with Wooden Coffins at the Tile and Brink Works in Yang-chou

《考古》，1980（5），405—417

扬州市博物馆（1980）

扬州西汉（姜莫书）木椁墓

The 'chhieh-mo-shu' West Han Tomb at Yangchou

《文物》，1980（12），1—6

扬州市博物馆（1988）

江苏邗洲姚庄 101 号西汉墓

Western Han Tomb No. 101 at Yao-chuang，Han-chou in Kiangsu

《文物》，1988（2），19—43

益民、光军（1984）

说"脍"

About 'Khuai'

《中国烹饪》，1984（1），7—8

游修龄（1976）

对河姆渡遗址第四文化层出土稻谷和骨的几

点看法

Views on the Remains of Rice and Bone Im-
plements Excavated at Level 4 from the
Archaeological site at Ho-mu-Stu

《文物》，**1976**（8），20—23

游修龄（*1984*）

论黍和稷

On *Shu* and *Chi*

《农业考古》，**1984**（2），277—288

于景让（*1956a、b*）

黍稷粟粱与高粱Ⅰ，Ⅱ

The Identity of *shu*，*chi*，*su*，*liang* and *kao-
liang*，Ⅰ，Ⅱ

《大陆杂志》，1956，**13**，67—76；115—
120

于景让译（*1957*）

鲊考–中国的鲊的变迁

参见篠田统（*1957*）

于省吾（*1957*）

商代的谷类作物

Cereal Crops of the Shang Dynasty

《东北人民大学人文科学学报》，**1957**（1），
81—107

于省吾（*1972*）

从甲骨文看商代的农田垦殖

Shang Land Clearance and Cultivation as seen
in Oracle Bone Inscriptions

《考古》，**1972**（4），39

俞德浚（*1979*）

《中国果树分类学》

Taxanomy of Fruit Trees in China

农业出版社，北京，1979 年

余华青、张廷皓（*1980*）

汉代酿酒业探讨

Investigation of the Fermentation Industry
during the Han

《历史研究》，**1980**（5），99—116

禹明先（*1993*）

川黔地区两件酒史文物考释

Investigation of two Wine Relics unearthed in
Szechuan Kweichow

收入王炎、何天正等编（*1993*），331—335

袁国藩（*1967*）

十三世纪蒙古人饮酒之习俗仪礼及其有关
问题

The Rites，Custom and Culture of Wine
Drinking among the Mongols in the
13ᵗʰ Century

《大陆杂志》，**34**（5），14—18

袁翰青（*1954*）

关于"生物化学的发展"一文的一点意见

A few Comments on 'The Development of
Biochemistry［in China］'

《中华医史杂志》，**1954**（1），52—53

袁翰青（*1956*）

《中国化学史论文集》

Essays on the History of Chemistry in China

三联书店，北京，1956 年

袁翰青（*1981*）

关于豆腐的起源问题

The Problem of the Origin of *Tou fu*

《中国科技史史料》，**1981**（2），84—86

袁翰青（*1989*）

酿酒在我国的起源和发展

The Origin and Development of Wine Fer-
mentations in China

收入黎莹编（*1989*），35—62；原载于袁翰
青（*1956*）

袁庭栋（*1986*）

我国何时食牛奶

When did the Consumption of Milk begin in China

《烹饪史话》，1986 年，73—75

乐华爱、方心芳（*1959*）

News Reports on Moulds Occuring in Chinese Ferments

《微生物学通讯》，**1**（2），86—89；（3），151—163

云峰（*1989*）

试论河北酿酒资料的考古发现与我国酿酒的起源

A Preliminary Discussion of the Discovery of Archaeological Remains of Fermentation Raw Materials and the Origin of Wine Fermentation in China

收入黎莹等编（*1989*），259—270

云梦睡虎地秦汉墓编写组（*1981*）

《云梦睡虎地秦汉墓》

The Chhin Tomb at Shui-hu-ti, Yun-meng

文物出版社，北京，1981 年

云梦县文物工作组（*1981*）

湖北云梦睡虎地秦汉墓发掘简报

Brief Report on the Excavation of a Chhin-Han Tomb at Shui-hu-ti, Yun-meng, Hu-pei

《考古》，**1981**（1），27—47

云南省文物工作队（*1964*）

云南祥云大波那木椁铜棺墓清理报告

Report on the Excavation of a Wooden Tomb with a Bronze Coffin at Ta-pho-na Hsiang-yun, Yunnan

《考古》，**1964**（12），607—614

云南省文物工作队（*1983*）

楚雄万家坝古墓群发掘报告

Report on the Excavation of an Ancient Tomb at Wan-chia-chu, Chhu-hsung

《考古学报》，**1983**（3）

耘枫（*1987*）

面条古趣

Ancient Anecdotes on Filamentous Noodles

《中国烹饪》，**1987**（11），9

昝维廉（*1982*）

正视我国古代的五谷

The Correct View of the Five Grains of Ancient China

《农业考古》，**1982**（2），44—49

曾敬民（*1990*）

波义耳与中国

Robert Boyle and China

《中国科技史料》，**11**（3），22—30

曾昭燏、蒋宝庚、黎忠义（*1956*）

《沂南古画像石墓发掘报告》

Report on the Murals in an Ancient Stone Tomb in I-nan

文化部文物管理局，北京，1956 年

曾子凡（*1986*）

《广州话/普通话口语对译手册》

A Handy Manual of Colloquial Cantonese and Phutunghua Equivalents

英文版，黎倩健（Lai, S. K）英文翻译

三联书店，香港，1986 年

曾纵野（*1988*）

我国酿酒探源 I，II，III

The Origin of Wine Fermentation in China（Parts1，2，3）

《中国烹饪》，**1986**（3），15—16；（4），31—32；（6），23—24

曾纵野

《中国饮馔史》，第一卷

A History of Food and Drink in China, vol. 1

中国商业出版社，北京，1988 年

张德水（*1994*）

　殷商酒文化初论

　　Preliminary Discussion of the Culture of
　　Wine during the Shang

　《中原文物》，**1994**（3），18—24

张光远（*1994*）

　上古时代的蒸食用器

　　Utensils for Steaming Food in Ancient China

　收入林庆弧编（*1994*），167—214

张厚墉（*1982*）

　从秦都咸阳一号建筑基址看秦代卫生设施

　　Sanitary Facilities in the Chhin Period as Seen
　　from the Foundation of Building No. 1
　　Exavated at the Chhin Capital of Hsien-yang

　《考古与文物》，**1982**（5），74—76

张厚墉（*1987*）

　由唐墓出土的烧酒杯看我国烧酒的出现时间

　　The Date of Appearance of Distilled Wine as
　　Seen from Wine Cups Discovered in Thang
　　Tombs

　《陕西中医》，**1987**（8），188—189

张集元（*1989*）

　从古今粮食看粮食加工的发展

　　The Development of Food Processing as seen
　　from the Practice of Eating Granules

　《农业考古》，**1989**（1），281—283

张廉明（*1987a*）

　油盐酱醋考（1）

　　Investigation of Oil，Salt，Soy Paste and
　　Vinegar（1）

　《中国烹饪》，**1987**（9），7—8

张廉明（*1987b*）

　油盐酱醋考（2）

　　Investigation of Oil，Salt，Soy Paste and Vine-
　　gar（2）

　《中国烹饪》，**1987**（10），7—9

张孟伦（*1988*）

　《汉魏饮食考》

　　Investigation of Food and Drink during the
　　Han-Wei Era

　兰州大学出版社，1988 年

张培瑜（*1988*）

　殷商西周时期中原五城可见的日食

　　Visible Solar Eclipses at Five Cities in Cen-
　　tral China from the Yin-Shang period to
　　the Western Chou Dynasty

　《自然科学史研究》，7（3），218—231

张堂恒、刘祖生和刘岳耘（*1994*）

　《茶・茶科学・茶文化》

　　Tea：Its Science and Culture

　辽宁人民出版社，沈阳，1994 年

张文绪、裴安平（*1997*）

　澧县梦溪八十垱出土稻谷的研究

　　Investigation of the Rice Grains Discovered at
　　Pa-shih-tang，Mêng-chhi，Li-hsien

　《文物》，**1997**（1），36—41

张远芬编（*1991*）

　《中国酒典》

　　Literary Dictionary of Chinese Wine

　贵州人民出版社，1991 年

张仲葛（*1986*）

　中国养鸡简史

　　Brief History of Chicken Rearing in China

　《农业考古》，**1986**（2），279—282

张子高（*1960*）

　论我国酿酒起源的时代问题

　　Regarding the Date of Origin of Wine Fer-
　　mentation in China

　《清华大学学报》，7（2），31—33

张子高（*1964a*）

　《中国化学史稿（古代之部）》

Draft on History of Chemistry in China (Part on Ancient China)

科学出版社，北京，1964 年；参见本书第五卷第四分册，P. 576

张子高 (*1977*)

《中国古代化学史》

A History of Chemistry in Ancient China

商务印书馆，香港，1977 年

赵岗 (*1988*，*a*，*b*)

中国主要农作物简史（上，下）

A Brief History of the Major Crops of China (I & II)

《大陆杂志》，*a*，**76** (3)，129—139；*b*，**76** (4)，177—188

赵和涛 (*1991*)

我国茶类发展与饮茶方式演变

The Development of Tea and Changing Styles of Tea Drinking in China

《农业考古》，**1991** (2)，193—195

赵建民 (*1985*)

香油探趣

Anecdotes on Sesame Oil

《中国烹饪》，**1985** (5)，36

赵匡华编 (*1985*)

《中国古代化学史研究》

Investigation on the History of Chemistry in China

北京大学出版社，北京，1985 年

赵荣光 (*1990*)

食不厌精，脍不厌细

'Grains cannot be too well cleaned, nor meat too finely sliced' [quotation from the *Lun Yü* 《论语》]

《中国烹饪》，**1990** (10)，20

赵荣光 (*1995*)

《赵荣光食文化论集》

Collection of Essays on Food Culture by Chao Yung-Kuang

黑龙江人民出版社，哈尔滨，1995 年

赵荣光 (*1997*)

箸与中华民族饮食文化

Chopsticks and Chinese Food Cluture

《农业考古》，**1997** (1)，225—235

赵学慧 (*1945*)

四川嘉定曲种子研究

Investigation of the Microbes in the *Chhü* Ferment from Chiating, Szechuan

《黄海》，**7** (3)，27—38

浙江省博物馆 (*1978*)

河姆渡遗址动植物遗存的鉴定研究

A Study of the Animal and Plant Remains Unearthed at Ho-mu-tu

《考古学报》，**1978** (1)，95—107

浙江省博物馆 (*1960*)

吴兴钱山漾遗址第一、二次发掘报告

Report of First and Second Archaeological Excavations at Chhien-shan-yang, near Wu-hsing

《考古学报》，**1960** (2)，73—91

浙江省工业厅 (*1958*)

《绍兴酒酿造》

The Manufacture of Shao-hsing Wine

轻工业出版社，北京，1958 年

浙江省文管会 (*1960*)

杭州水田畈遗址发掘报告

Report of First Stage of Archaeological Site at Shui-thien-fan, Hangchou

《考古学报》，**1960** (2)，93—106

浙江省文管会、博物馆 (*1976*)

河姆渡发现原始社会重要遗址

Major Cultural Relics of a Primitive Society

Discovered at Ho-mu-tu

《文物》，**1976**（8），6—14

浙江省文管会、博物馆（*1978*）

河姆渡遗址第一期发掘报告

Report of the First Stage of Archaiological
Excavation of Ho-mu-tu

《考古学报》，**1978**（1），39—94

郑大声（Tei Daisei）（*1981*）

《朝鲜食物志》

The Food of Korea

柴田书店，东京，1981 年

郑金生、李辉桢、王立和张同君校点（*1990*）

《食物本草》

Pandects of Food Materials

中国医药科技出版社，北京，1990 年

郑州市博物馆（*1973*）

郑州大河村仰韶文化的房基遗址

Remains of Building Foundations of the
Yang-Shao Period Discovered at Ta-ho-
tshun near Chêngchou

《考古》，**1973**（6），330—336

知子（*1989a*）

分餐与合餐（上）

Individual and Communal Dining，Part I

《中国烹饪》，**1989**（7），8—9

知子（*1989b*）

分餐与合餐（下）

Individual and Communal Dining，Part II

《中国烹饪》，**1989**（8），6—7

知子（*1990*）

铜币与饮食烹饪

Use of Copper Coins in Food and Cookery

《中国烹饪》，**1990**（11），12—13

知子（*1987*）

魏晋时代饮食烹饪风俗的生动画卷

Album of Vivid Scenes of Dining and Cook-
ery of the Wei-tsin Period

《中国烹饪》，**1987**（11），5—7

知子（*1986b*）

我国文明时代的餐匙

Spoons and ladles in Chinese civilization

《中国烹饪》，**1986**（6），21—22

知子（*1986a*）

中国古代餐叉考

An Inquiry into Dining Forks in Ancient Chi-
na

《中国烹饪》，**1986**（1），16—19

植物研究所（*1976*）

《中国高等植物图鉴》（五卷）

Iconographia Cormophytorum Sinicorum 5
Vols

科学出版社，北京，1976 年

中村喬（Nakamura Takeshi）（*2000*）

《宋代の料理と食品》

Sung cuisine and foodstuffs

中國藝文研究會，朋友書店，京都，
2000 年

中国古代农业科技编纂组（*1980*）

《中国古代农业科技》

Agriculture Science and Technology in
Ancient China

农业出版社，北京，1980 年

《中国古代小说百科全书》编辑委员会（*1993*）

《中国古代小说百科全书》

Encyclopedia of Novels（Small Talks）in
Ancient China

科学出版社，北京，1993 年

中国硅酸盐学会（*1982*）

《中国陶瓷史》

History of Ceramics in China
文物出版社，北京，1982 年

中国酒文化研讨会（*1987*）
　　参见李衍恒编

中国科学院考古研究所（*1959*）
　　《洛阳中州路》
　　科学出版社，北京，1959 年

中国科学院考古研究所（*1975*）
　　马王堆二、三号汉墓发掘的主要收获
　　Major Results of the Excavtions of Han
　　　Tombs Nos. 2 & 3 at Ma-wang-tui
　　《考古》，**1975**（1）57—100

中国科学院考古研究所实验室（*1972*）
　　放射性碳元素测定年代报告（二）
　　Radiocarbon Determination of the Dates of
　　　Archaeological Artifacts（2）
　　《考古》，**1972**（5），56—58

中国科学院考古研究所实验室
　　放射性碳元素测定年代报告（三）
　　Radiocarbon Determination of the Dates of
　　　Archaeological Artifacts（3）
　　《考古》，**1974**（5），333—338

中国科学院考古研究所实验室
　　放射性碳元素测定年代报告（四）
　　Radiocarbon Determination of the Dates of
　　　Archaeological Artifacts（4）
　　《考古》，**1977**（3），200—204

中国科学院微生物研究所（*1975*）
　　《齐民要术》中的制曲酿酒
　　The making of Ferments and Wine in the
　　　'Chhi Min Yao Shu'
　　《微生物学报》（*Acta Microbiol. Sinica*），
　　　15（1），1—4

《中国农业百科全书》编辑委员会（*1988*）

《中国农业百科全书·茶叶卷》
　　The Encyclopedia of Chinese Agriculture:
　　　Volume on Tea
　　农业出版社，北京，1988 年

《中国烹饪百科全书》编委会（*1992*）
　　《中国烹饪百科全书》
　　The Encyclopedia of Chinese Cuisine
　　中国大百科全书出版社，北京，1992 年

《中国烹饪》编辑部（*1986*）
　　《烹饪史话》
　　Historical Notes on Chinese Cuisine
　　中国商业出版社，北京，1986 年

中国社会科学院考古研究所河南一队（*1979*）
　　1979 年裴李岗遗址发掘简报
　　Brief Report on the Phei-li-kan Site Excava-
　　　tions in 1979
　　《考古》，**1982**（4），337—340

中国社会科学院考古研究所河南一队（*1983*）
　　河南新郑沙窝李新石器时代遗址
　　Neolithic Remains at Sha-wo-li, Hsin-chêng
　　　County, Honan
　　《考古》，**1983**（12），1057—1065

中国社会科学院考古研究所、河北省文物管理处
　　（*1980*）
　　《满城汉墓发掘报告》（Ⅰ，Ⅱ）
　　Report of the Excavations at Man-chhêng
　　文物出版社，北京，1980 年

中国食品出版社（*1989*）
　　参见黎莹编（*1989*）

《中国土农药志》编辑委员会（*1959*）
　　《中国土农药志》
　　Repertorium of Plants used in Chinese Agri-
　　　cultural Chemistry
　　科学出版社，北京，1959 年

中国医学科学院卫生研究所（*1963*）
　　《食物成分表》
　　Composition of Foods
　　人民卫生出版社，北京，1963 年

中山时子（Nakayama Tokiko）编（*1988*）
　　《中国食文化事典》
　　Encyclopedia of Chinese Food Culture
　　角川书店，东京，1988 年

中央卫生研究院（*1952*）
　　《食物成分表》
　　Tables of Composition of Foods
　　商务印书馆，北京，1952 年

《中医大辞典》编辑委员会（*1981*）
　　《中医大辞典》医史文献分册
　　Cyclopedia of Chinese Medicine，Section on
　　　Medical Historiography
　　人民卫生出版社，北京，1981 年

钟益研、凌襄（*1975*）
　　我国现已发现的最古医方《五十二病方》
　　The Oldest Pharmacopoeia Discovered in Chi-
　　　na-the Silk Manuscript 'Prescriptions for
　　　Fifty-Two Ailments'
　　《文物》，**1975**（9），49—60

周恒刚（*1982*）
　　《白酒生产工艺学》
　　山西人民出版社，太原，1982 年

周恒刚（*1964*）
　　《糖化曲》
　　Saccharifying Ferments
　　中国财政经济出版社，北京，1964 年

周嘉华（*1986*）
　　苏轼笔下的几种酒及其酿酒技术
　　Wine Varieties and the Technology of their
　　　Fermentation as Described by Su Shih
　　《自然科学史研究》，**7**（1），81—89

周三金（*1986*）
　　从《随园食单》看我国古代的烹饪技术
　　The Culinary Arts of Old China as seen from
　　　the 'Recipes from the Sui Garden'
　　《烹饪史话》，1986 年，539—545

周世荣（*1983*）
　　从马王堆出土文字看汉代农业科学
　　The Stste of Han Agriculture Science as seen
　　　from the Written Records Found in Ma-
　　　wang-tui
　　《农业考古》，**1983**（1），81—90

周世荣（*1979*）
　　关于长沙马王堆汉墓中简文〈槚〉（檟）的
　　　考证
　　Evaluation of the character〈槚〉found on
　　　the bamboo slips at Han tomb in Ma-
　　　wang-tui，Chhangsha
　　《茶叶通讯》，**1979**（3），65

周世荣（*1992*）
　　再谈马王堆汉墓中简文〈槚〉（檟）
　　Re-evaluation of the character〈槚〉in the
　　　Ma-wang-tui Inventory
　　《茶叶通讯》，**1992**（2），200—203

周树斌（*1991*）
　　"神农得茶解毒"考评
　　Critique of the Statement 'Shêng-Nung found
　　　tea to counter poison'
　　《农业考古》，**1991**（2），196—200

周苏平（*1985*）
　　先秦时期的渔业
　　Fishery in the Pre-Chhin Period
　　《农业考古》，**1985**（2），164—170

周文棠（*1995*）
　　王褒《僮约》中"荼"非茶的考证
　　Evidence Indicating that the 'Thu' in Thung
　　　Yueh is not Tea

《农业考古》，**1995**（4），181—183

周新春（*1977*）

《高粱酒制造工业》

The Industrial Production of Sorghum Wine

春秋杂志社，台北，1977 年

朱重圣（*1985*）

《北宋茶之生产与经营》

The Production and Commerce of Tea during

　　the Northern Sung

学生书局，台北，1985 年

朱德熙、裘锡圭（*1980*）

马王堆一号汉墓遣策考释补正

Correction to the Interpretation of Bamboo

　　Slips found in Han Tomb No. 1 at Ma-

　　wang-tui

《文史》，**1980**（10），61—74

朱瑞熙（*1994*）

米线考

Note on 'Rice threads'

《中国烹饪》，**1994**（11），37

朱晟（*1987*）

白酒（蒸馏酒）的起源

The Origin of Distilled Wine in China

《中国烹饪》，**1987**（4），12—13

朱文鑫（*1934*）

《历代日食考》

增补：

中村乔（Nakamura Takeshi）（*2000*）

《宋代の料理と食品》

Sung cuisine and foodstuffs

中國藝文研究會，朋友書店，京都，2000 年

A Study of Eclipses Recorded in

　　Chinese History

商务印书馆，上海，1934 年

竺可桢（*1973*）

中国近五千年来气候变迁的初步研究

A Preliminary Study of Climatic Changes in

　　China in the past Five Thousand Years

《中国科学》，**1973**（2），168—189

庄晚芳（*1981*）

茶的始原及其原产地问题

The Earliest Use of Tea its Original Habitat

《农业考古》，**1981**（2），134—139

庄晚芳（*1986*）

皋芦考释

Explanation of Kao-lu（as the Original Tea

　　Tree, Found in Yunnan）

《农业考古》，**1986**（2），369—371

邹树文（*1960*）

诗经黍稷辩

The Identity of *Shu* and *Chi* in the Book

　　of Odes

《农史研究集刊》，**1960**（2），18—34

足立严（Adachi Iwao）（*1975*）

《たべもの伝来史》

History of Food Transmissions ［into Japan］

柴田书店，东京，1975 年

C 西文书籍和论文

ACHAYA, K. T. (1993). *Ghani: The Traditional Oilmill of India*, Olearius Editions, New Brunswick, NJ.

ADAMS, ROBERT McC. (1996). *Paths of Fire: An Anthropologist's Inquiry into Western Technology*, Princeton University Press, NJ.

ADOLPH, WILLIAM H. (1926). 'Chinese Foodstuffs: Composition and Nutritive Value', *Trans. Sc. Soc. China*, **4**, 11–32.

ADOLPH, WILLIAM H. (1946). 'Prewar Nutrition in Rural China', *J. Amer. Dietetic Assoc.*, **22**, 946–70.

AIDOO, K. E., HENDRY, R. & WOOD, B. J. B. (1982). 'Solid Substrate Fermentations', *Advances in Appl. Microbiol.*, **28**, 201–37.

AIDOO, K. E., SMITH, JOHN E. & WOOD, B. J. B. (1994). '*Industrial Aspects of Soy Sauce Fermentations using Aspergillus*', in Powell, *et al.*, 155–68.

ALBRECHT, H. (1825). *Die vortheilhafteste Gewinnung des Oels; oder Anweisung, höchst möglichen Ölertrag aus öligen Samen und Früchten zu ziehen; nebst Anhang von den besten Vorschriften und Lehren über Aufbewarung, Reinigung und Nutzung aller fetten Oele*, Leipzig.

ALFORD, JEFFREY & DUGUID, NAOMI (1995). *Flatbreads and Flavors: A Baker's Atlas*, William Morrow & Co.

ALGAR, AYLA (1991). *Classical Turkish Cooking*, Harper Collins, New York.

ALTCHULER, S. I. (1982). 'Dietary Proteins and Calcium Loss: A Review', *Nutrition Research*, 2 (2), 193–200.

AN ZHIMIN (1989). 'Prehistoric Agriculture in China', in Harris & Hillman (1989), 643–9.

ANDERSON, E. N. (1988). *The Food of China*, Yale University Press, New Haven, CT.

ANDERSON, E. N. (1990). 'Up Against Famine: Chinese Diet in the Early Twentieth Century', *Crossroads*, **1** (1), 11–24.

ANDERSON, E. N. (1994). 'Food and Health at the Mongol Court', Kaplan & Whisenhunt, eds. (1994), 17–43.

ANDERSON, E. N. & ANDERSON, MARJA L. (1977). 'Modern China – South', in Chang, K. C. ed. (1977), 318–82.

ANDERSSEN, J. G. (1947). 'Prehistoric Sites in Honan', *BMFEA*, **1947** (19), 1ff.

ANDRÉ, JACQUES (1965). *Apicius: L'art culinaire De re coquinaria*, Librairie Klincksieck, Paris.

APICIUS (1977). *De Re Coquinaria*, 'Cooking and Dining in Imperial Rome', ed. and tr. Vehling, J. D., Dover, New York. Cf. also Edwards, John tr. & adapted (1984).

ARBERRY, J. A., tr. (1939). 'A Bagdad Cookery Book', *Islamic Culture*, **13**, 21–214.

ARNOTT, M. ed. (1976). *Gastronomy: The Anthropology of Foods and Food Habits*, Mouton, The Hague.

ASIAN ART MUSEUM OF SAN FRANCISCO (1975). *The Chinese Exhibition: The Exhibition of Archaeological Finds of the People's Republic of China*, June 28– Aug. 28, 1975, repr. Asian Art Museum of San Francisco.

ATHANAEUS (1927). *Deipnosophists*, Gulik, Charles Burton tr. Loeb Classical Library.

ATKINSON, R. W. (1881). 'On the Diastase of Koji', *Proc. Royal Soc.* (London), **32**: 299–332.

ATWELL, WILLIAM S. (1982). 'International Bullion Flows and the Chinese Economy, c. 1530–1650', *Past and Present*, No. 95, May, 1982.

BADLER, V. R. (1995). 'The Archaeological Evidence for Winemaking, Distribution and Consumption at Proto-historic Godin Tepe, Iran', in McGovern *et al.*, eds. (1995), 45–56.

BAGLEY, ROBERT W. (1988). 'Sacrificial Pits of the Shang Period at Sanxingdui in Guanghan County, Sichuan Province', *Arts Antiques*, **43**, 78–86.

BAGLEY, ROBERT W. (1990). 'A Shang City in Sichuan Province', *Orientation*, November **1990**, 52–67.

BALFOUR, EDWARD (1885). *The Cyclopaedia of India and of Eastern and Southern Asia*, 3 vols., Bernard Quarich, London.

BALL, SAMUEL (1848). *An Account of the Cultivation and Manufacture of Tea in China, derived from personal observations during an official residence in that country from 1805 to 1826*, Longman, Green, Brown & Longmans, London.

BAR-JOSEF, OFER (1992). 'The Neolithic Period', in Ben-Tor ed., 10–28.

BAR-YOSEF, OFER (1995a). 'Prehistoric Chronological Framework', in Levy ed. (1995), xiv–xvi.

BAR-YOSEL, OFER (1995b). 'Earliest Food Producers – Pre Pottery Neolithic (8000–5500)', in Levy ed. (1995), 190–201.

BARNETT, JAMES A. (1953). 'Cheese Biology', *Science News*, **29**, 60–83. Penguin Books.

BASALLA, GEORGE (1988). *The Evolution of Technology*, Cambridge University Press.

BEARD, JAMES (1973). *Beard on Bread*, Ballantine Books, New York.

BEAZLEY, MITCHELL (1985). *The World Atlas of Archaeology*, Mitchell Beazley International, London. Original French edition *Le grand atlas de l'archéologie*, Encyclopedia Universalis, 1985.

BEDDOWS, C. G. & ARDESHIR, A. G. (1979). 'The Production of Soluble Fish Protein Solution for use in Fish Sauce Manufacture, 1 The Use of Added Enzymes', *J. Food. Technol.*, **14**, 603–12.

BEDINI, SILVIO (1994). *The Trail of Time*, Cambridge University Press.

BEINFIELD, HARRIET & KORNGOLD, EFREM (1991). *Between Heaven and Earth: A Guide to Chinese Medicine*, Ballantine Books, NY.

BELL, JOHN (1763). *A Journey from St. Petersburg to Pekin, 1719–22*, Edinburgh, 1965.

BENDA, I. (1982). 'Wine and Brandy', in Reed ed. (1982), 293–381.

BEN-TOR, AMNON, ed. (1992). *The Archaeology of Ancient Israel*, tr. R. Greenberg, Open University, Israel.

BERTUCCIOLI, G. (1956). 'A Note on Two Ming Manuscripts of the *Pên Tshao Phin Hui Ching Yao*', *Journal of Oriental Studies* (Hong Kong University), **3**, 63.

BIANCHINI, F. & CORBETTA, F. (1976). *The Complete Book of Fruits and Vegetables*, Crown, New York.

BIELENSTEIN, HANS (1980). *The Bureaucracy of the Han Times*, Cambridge University Press.

BIOT, E. tr. (1851) (1). *Le Tcheou-Li ou Tites des Tcheu.* 3 vols., Imp. Nat. Paris, 1851 (photo reproduction Wêntienko, Peiping, 1930).

BLOFELD, JOHN (1985). *The Chinese Art of Tea*, Allen Unwin, London.

BLUE, GREGORY (1990, 1991). 'Marco Polo's Pasta', in Hakim M. Said ed. (1990), 39–48, and in *Mediévales* (1991), *20*, 91–8 (in French).

BODDE, DERK (1942). 'Early References to Tea Drinking in China', *Amer. Oriental Soc.*, **62**, 74–6.

BOWRA, C. M. (1965). *Classical Greece*, Time-Life Books, New York.

BOYLE, ROBERT (1663). *Some Considerations touching the Usefulness of Experimental Natural Philosophy, proposed in a Familiar Discourse to a Friend, by way of Introduction to the Study of it* Hall and Davis, Oxford, 1663, 2nd edn 1664, in Thomas Birch ed. *The Works of Robert Boyle* Vol. 1, London, +1772; pp. 104–5 on wine in China.

BRAIDWOOD, LINDA S., BRAIDWOOD, ROBERT J., HOWE, BRUCE, REED, CHARLES A. & WATSON, PATTY JO (1983). *Prehistoric Archaeology along the Zagros Flanks*, Oriental Institute, University of Chicago Press.

BRAIDWOOD, R. J., SAUER, J. D., HELBAEK, H., MANGELSDORF, P. C., CUTLER, H. C., COON, C., LINTON, R., STEWART, J. & OPPENHEIM, L. (1953). 'Did Man once Live by Beer Alone?', *American Anthropologist*, **55**, 515.

BRAY, FRANCESCA (1984). *Science and Civilisation in China*. Vol. VI, Pt 2, *Agriculture*, Cambridge University Press.

BRAY, FRANCESCA (1986). *The Rice Economies*, Cambridge University Press.

BRAY, FRANCESCA (1993). 'Chinese Medicine', in Bynaum & Porter eds. (1993), 728–54.

BRETSCHNEIDER, E. (1892). *Botanicum Sinicum*, Vol. II, Pt II, *The Botany of the Chinese Classics*, Kelly & Walsh, Shanghai; also in *JRAS/NCB* (1893), **25**, 1–468.

BRILLAT-SAVARIN, JEAN A. (1926). *The Physiology of Taste*, Liveright, New York, 1926; originally published in 1825.

BROTHWELL, DON & SANDISON, A. T. eds. (1967). *Diseases in Antiquity*, Charles C. Thomas, Springfield, IL..

BROTHWELL, DON & BROTHWELL, PATRICIA (1969). *Food in Antiquity*, Thames & Hudson, London.

BROWN, SHANNON R. (1979). 'The Transfer of Technology to China in the Nineteenth Century: The Role of Direct Foreign Investment', *J. Econ. Hist.*, **39** (1), 181–97.

BROWN, SHANNON R. (1981). 'Cakes and Oil: Technology Transfer and Chinese Soybean Processing, 1860–95', *Comp. Studies in Society and History*, **23** (1), 449–63.

BRUCE, C. A. (1840). 'Report on the Manufacture of Tea, and on the Extent and Produce of the Tea Plantations of Assam', *Transactions of the Agricultural and Horticultural Society of India*, Calcutta, **7**, 1.

BUCHANAN, KEITH, FITZGERALD, CHARLES & RONAN, COLIN (1981). *China, the Land and the People: The History, the Art and the Science*, Crown, New York.

BUCK, JOHN LOSSING ed. (1937). *Land Utilization in China*, Council on Economic & Cultural Affairs, New York.

BUELL, PAUL D. (1986). 'The *Yin-shan-cheng-yao*, a Sino-Uighur Dietary: Synopsis, Problems, Prospects', in Unschuld ed. (1986), 109–27.

BUELL, PAUL D. (1990). 'Pleasing the Palate of the *Qan*: Changing Foodways of the Imperial Mongols', *Mongolian Studies*, **13**, 57–81.

BUGLIARELLO, GEORGE & DONER, DEAN B. eds. (1979). *The History and Philosophy of Technology*, University of Illinois Press.

BUONASSISI, VINCENZO (1985). *The Classic Book of Pasta*, tr. Evans, Elizabeth, Futura, London; first published MacDonald & Jane (1977). Original in Italian, *Il Codice della Pasta*, Rizzoli, Milano (1973).

BURKHILL, I. H. (1935). *A Dictionary of the Economic Products of the Malay Peninsula, I & II*, Crown Agents, London.

BYNUM, W. F., BROWNE, E. J. & PORTER, ROY (1981). *Dictionary of the History of Science*, Princeton University Press, NJ.

BYNUM, W. F. & PORTER, ROY (1993). *Companion Encyclopedia of the History of Medicine*, I, Routledge, London & New York.

CAI, JINGFENG (1988). *Eating Your Way to Health: Dietotherapy in Traditional Chinese Medicine*, Foreign Language Press, Peking.

CALLOWAY, D. H., HICKEY, C. A. & MURPHY, E. L. (1971). 'Reduction of Intestinal Gas-forming Properties of Legumes by Traditional and Experimental Food Processing Methods', *J. Food Sc.*, **36**, 251.

CAMPBELL-PLATT, GEOFFREY (1987). *Fermented Foods of the World – A Dictionary and Guide*, Butterworths, London.

DE CANDOLLE, ALPHONSE (1884). *The Origin of Cultivated Plants*, Kegan Paul, London, repr. Hafner, NY, 1959, Tr. from the French edition, Geneva, 1883.

CARDWELL, DONALD (1994). *The Fontana History of Technology*, Fontana Press, London.

CARLILE, MICHAEL J. & WATKINSON, SARAH C. (1994). *The Fungi*, Academy Press, London.

CARPENTER, KENNETH J. (1993). 'Nutritional Diseases', in Bynum & Porter eds. (1993), 464–83.

CASTELLI, W. P. & ANDERSON, K. (1986). 'A Population at Risk', *Am. J. Med.*, **80** (Supplement 2A), 23–32.

CATER, C. M., CRAVEN, W. W., HORAN, F. E., LEWIS, C. J., MATTIL, K. F. & WILLIAMS, L. D. (1978). 'Oilseed Proteins', in Milner *et al.*, eds. (1978).

CATO THE ELDER (MARCUS PORCIUS CATO) (1934). *De Agri Cultura*, tr. Hooper, W. D. & Ash, H. B., Loeb Classical Library.

CAVALLI-SFORZA, L. LUCA, MENOZZI, PAOLO & PIAZZA, ALBERTO (1994). *The History and Geography of Human Genes*, Princeton University Press.

CERESA, MARCO (1996). 'Diffusion of Tea-Drinking Habit in Pre-Tang and Early Tang Period', *Asiatica Venetianna*, **1996** (1), 19–25.

CHADWICK, J. & MANN, W. N. (1950). *The Medical Works of Hippocrates*, Blackwell Science Publications, Oxford.

CHAKRAVARTY, TAPONATH N. (1959). *Food and Drink in Ancient Bengal*, Mukhopadhyay, Calcutta.

CHAMPION, PAUL (1866). 'Sur la fabrication du fromage de pois en Chine et au Japon', *Bulletin de la Societe d'Acclimatation*, **13**, 562–5.

CHAN, HARVEY T. ed. (1983). *Handbook of Tropical Foods*, Marcel Dekker, New York & Basel.

CHAN, SUCHENG (1986). *The Bittersweet Soil: The Chinese in California Agriculture, 1860–1910*, University of California Press, Berkeley, CA.

CHANG, K. C. (1973). 'Food and Food Vessels in Ancient China', *Transactions, 2nd Series, NY Acad, Sciences* **35**, 495–520.

CHANG, K. C. ed. (1977). *Food in Chinese Culture: Anthropological and Historical Perspectives*, Yale University Press, New Haven, CT.

CHANG, K. C. (1977a). 'Ancient China', in K. C. Chang ed. (1977), 25–52.

CHANG, KWANG-CHIH (1977b). *The Archaeology of Ancient China* 3rd edn, Yale University Press, New Haven, CT, 1977, earlier edn 1963, 1968.

CHANG, KWANG-CHIH (1980a). *Shang Civilisation*, Yale University Press, New Haven, CT.

CHANG, KWANG-CHIH (1980b). 'The Chinese Bronze Age: A Modern Synthesis', in Fong, Wen ed. (1980), pp. 35–50.

CHANG, KWANG-CHIH (1986). *The Archaeology of Ancient China* 4th edn, Yale University Press, New Haven, CT.

CHANG, TÊ-TZU (1983). 'The Origins and Early Culture of Cereal Grains and Food Legumes', in David Keightley ed. (1983), 65–94.

CHANG TSHO (1987). 'The Legend of Tea', in Cheung, ed. & tr. (1987), pp. 146–7.

CHAO, BUWEI YANG (1963). *How to Cook and Eat in Chinese*, Vintage Books, New York. First published in 1945.

CHEN JUNSHI, CAMPBELL, T. COLIN, LI JUNYAO & PETO, RICHARD (1990). *Diet, Life-Style and Mortality in China* (in English and Chinese), Oxford University Press, Cornell University Press, and People's Medical Publishing House.

CHEUNG, DOMINIC, ed. & tr. (1987). *The Isle Full of Noises; Modern Chinese Poetry from Taiwan*, Columbia University Press.

CHIAO, J. S. (1981). 'Modernisation of Traditional Chinese Fermented Foods and Beverages', *Adv. in Biotechnology*, **2**, 511–16.

CH'OE PU's DIARY, ed. and tr., cf. JOHN MESKILL tr. (1965).

CHOW, KIT & KRAMER, IONE (1990). *All the Tea in China*, China Books, San Francisco.

CHURCH, ARTHUR H. (1886). *Food Grains of India*, Chapman & Hall, London, reprinted in India (1983) by Ajay Book Service, New Delhi.

CHURCH, C. G. (1924). 'Composition of the Chinese Jujube', *USDA Bulletin*, **1215**, 24–9.

CHURCHILL, AWNSHAM & CHURCHILL, JOHN (1704). *A Collection of Voyages and Travels* 4 vols., London.

CIVIL, M. (1964). 'A Hymn to the Beer Goddess and a Drinking Song', in *Studies Presented to A. L. Oppenheim, June 7, 1964*, University of Chicago Press, 67–89.

CLUTTON-BROCK, JULIET, ed. (1981). *The Walking Larder, Patterns of Domestication, Pastoralism and Predation*, Unwin Hyman, London.

COHEN, MARK (1977). *The Food Crisis in Prehistory: Overpopulation and the Origins of Agriculture*, Yale University Press, NH.

COLUMELLA, LUCIUS JUNIUS MODERATUS (1968). *De Re Rustica* Pt 2, tr. E. S. Foster and H. Heffnee, Loeb Classical Library, Harvard University Press.

COOPER, WILLIAM C. & N. SIVIN (1973). 'Man as a Medicine: Pharmacological and Ritual Aspects of Traditional Therapy using Drugs Derived from the Human Body', in Nakayama and Sivin eds. (1973), 203–772.

CORRAN, H. S. (1975). *A History of Brewing*, David & Charles, London.

COWAN, C. WESLEY & WATSON, PATTY JO eds. (1992). *The Origins of Agriculture*, Smithsonian Institution Press, Washington & London.

COYLE, L. PATRICK (1982). *The World Encyclopedia of Food*, Facts-on-File Inc., New York.

CRABTREE, PAM (1993). 'Early Animal Domestication in the Middle East and Europe', in Michael B. Schiffer (1993), pp. 201–45.

CRAIG, T. W. (1978). 'Proteins from Dairy Products', in Milner *et al.*, eds. (1978).

CRAWFORD, GARY W. (1992). 'Prehistoric Plant Domestication in East Asia', in Cowan & Watson (1992), 7–38.

CREEL, H. G. (1937). *The Birth of China: A Study of the Formative Period of Chinese Civilization*, Frederick Ungar, New York.

CROCE, JULIA DELLA (1987). *Pasta Classica: The Art of Italian Pasta Cooking*, Chronicle Books, San Francisco.

CROSBY, ALFRED W. (1972). *The Columbian Exchange: Biological and Cultural Consequences of 1492*, Greenwood Press, Westport, CT.

CROSBY, ALFRED W. (1986). *Ecological Imperialism*, Cambridge University Press.

CROSBY, ALFRED W. (1997). *The Measure of Reality: Quantification and Western Society 1250–1600*, Cambridge University Press.

CURRIER, R. L. (1966). 'The Hot–Cold Syndrome and Symbolic Balance in Mexican and Spanish–American Folk Medicine', *Ethnology*, **5**: 251–63.

CURTIS, ROBERT I. (1991). *Garum and Salsamentua*, E. J. Brill, Leiden.

DALBY, ANDREW (1995). *Siren Feasts*, Routledge, London & New York.

DALBY, ANDREW & GRAINGER, SALLY (1995). *The Classical Cookbook*, Getty Museum.

DANIELS, CHRISTIAN (1996). *Science and Civilisation in China*, Vol. VI, Pt 3. *Agro-Industries: Sugarcane Technology*, Cambridge University Press.

DARBY, WILLIAM J., GHALIOUNGIU, PAUL & GRIVETTI, LOUIS (1977). *Food: The Gift of Osiris* I, II, Academic Press, New York.

DAUMAS, MAURICE (1969–80). *A History of Technology & Invention*: Vol. I. The Origin of Technological Civilization to 1450, Vol. II. The First Stages of Mechanization 1450–1725, Vol. III. The Expansion of Mechanization 1725–1860, John Murray, Crown Publishers, London.

DAVIES, TENNY L. (1945). 'Introduction' to Huang and Chao tr. (1945), 'The Preparation of Ferments and Wines', 24–9.

DAVIS, JOHN FRANCIS (1836). *The Chinese: A General Description of China and its Inhabitants* Vol. II, New York.

DAWKINS, RICHARD (1976, 1989). *The Selfish Gene*, Oxford University Press.

DAWKINS, RICHARD (1989). *The Blind Watchmaker*, W. W. Norton, New York.

DIAMOND, JARED (1993). *The Third Chimpanzee*, Harper Perennial, New York.

DIAMOND, JARED (1997). *Guns, Germs and Steel: The Fates of Human Societies*, W. W. Norton, New York.

DJIEN, KO SWAN (1986). 'Some Microbiological Aspects of Tempe Starters', in Aida Hiroshi *et al.*, eds. (1986), 101–41. Cf. Bibliography B.

DOBSON, W. A. C. H. (1964). 'Linguistic Evidence and the Dating of the *Book of Songs*', *TP*, LT 322–34.

DRACHMANN, A. G. (1932). *Ancient Mills and Presses*, Levin & Munksgaard, Copenhagen.

DUDGEON, JOHN (1895). *The Beverages of the Chinese*, Tientsin.

DUMÉRIL, AUGUSTE (1859). 'Extraits des procès-verbaux des séances générales de la société. Séance du 4 Feb. 1859', *Bulletin de la Societe d'Acclimatation*, **6**, 86–110.

EBERHARD, W. (1933). 'Beiträge sur kosmologischen Spekulation Chinas in der Han Zeit', *Baessler Archiv*, **16**, 1ff.

EBERHARD, WOLFRAM (1971). *A History of China*, University of California Press, Berkeley, CA.

EDEN, T. (1976). 3rd edn. *Tea*, Longman, London. 1st published 1958, 2nd, edn, 1965.

EDWARDS, JOHN tr. and adapted (1984). *The Roman Cookery of Apicius*, Rider, London.

EGERTON, CLEMENT tr. (1939). *The Golden Lotus [Chin Phing Mei]*, 4 vols., Routledge & Sons, London.

EIJKMAN, CHRISTIAAN (1890, repr. 1990). 'Report of the Investigation carried out in the Laboratory of Pathology and Bacteriology, Weltevreden, During the year 1889. VI. Polyneuritis in chickens', classical article, *Nutrition Reviews*, **48** (6), 242–3.

ELVIN, MARK (1973). *The Pattern of the Chinese Past*, Stanford University Press.

ENDO, A. (1979). 'Monacolin K, a new hypocholesterolemic agent produced by a *Monascus* species', *J. Antibiot.* (Tokyo), **32**, 852–4.

ENGELHARDT, U. & HEMPEN, C. H. (1997). *Chinesische Diätetik*, Urban and Schwarzenberg, München.

EPSTEIN, H. (1969). *Domestic Animals of China*, Commonwealth Agricultural Bureaux.

ESTES, J. WORTH (1990). *Dictionary of Protopharmacology: Therapeutic Practices, 1700–1850*, Science History Publications, USA.

ESTES, J. WORTH (1996). 'The Medical Properties of Food in the Eighteenth Century', *Journal of the History of Medicine and Allied Sciences*, **51** (2), 127–54.

EVANS, JOHN C. (1992). *Tea in China: The History of China's National Drink*, Greenwood Press, New York.

EVANS, L. T. & PEACOCK, W. J. eds. (1981). *Wheat Science – Today and Tomorrow*, Cambridge University Press.

FAGAN, BRIAN M. (1986). *People of the Earth*, Little Brown & Co., Boston.

FAIRBANK, WILMA (1972). *Adventures in Retrieval: Han Murals and Shang Bronze Molds*, Harvard University Press, Cambridge MA.

FARB, PETER & ARMELAGOS, GREGORY (1980). *Consuming Passions: The Anthropology of Eating*, Houghton Mifflin, Boston.

FARRINGTON, BENJAMIN (1955). *Greek Science: Its Meaning For Us*, Penguin Books, Middlesex.

FELDMAN, MOSHE, LUPTON, F. G. H. & MILLER, T. E. (1995). 'Wheats', in Smartt & Simmonds, eds. (1995), 184–92, Longman, London.

FENG GIA-FU & ENGLISH, JANE (1972). *Tao Tê Ching – A New Translation*, Vintage Books, New York.

FINNEY, P. L. (1983). 'Effect of Germination on Cereal and Legume, Nutrient Changes and Food or Food Value: A Comprehensive Review', in Nozzollilo *et al.*, eds. (1983), 229–305.

FISHER, M. E. K, (1990). *The Art of Eating*, Collier Books, New York.

FLATZ, G. (1981). 'Genetics of Lactose Digestion in Humans', *Adv. Hum. Genet.*, **16**, 1–77.

FLATZ, G. & ROTTAUWE, H. W. (1973). 'Lactose nutrition and natural selection', *Lancet*, **2**, 76–7.

FLAWS, BOB & WOLFE, HONORA L. (1983). *Prince Wen Hui's Cook: Chinese Dietary Therapy*, Paradigm Publications, Brookline, MA.

FLON, CHRISTINE ed. (1985). *The World Atlas of Archaeology*, cf. Beazley, Mitchell.

FOGARTY, W. M. ed. (1983). *Microbial Enzymes and Biotechnology*, Applied Science Publishers, London.

FONG, WEN ed. (1980). *The Great Bronze Age of China: An Exhibition from the People's Republic of China*, The Metropolitan Museum of Art, New York.

FONG, Y. Y. & CHAN, W. C. (1973). 'Bacterial Production of Dimethy-Nitrosomaine in Salted Fish', *Nature*, **243**, 421–2.

FONTEIN, JAN & WU TUNG (1975). *Han and T'ang Murals*, Museum of Fine Arts, Boston.

FORBES, R. J. (1954). 'Chemical, Culinary and Cosmetic Arts', in Singer *et al.*, eds. (1954), 238–98.

FORBES, R. J. (1956). 'Food and Drink', in Singer *et al.*, eds. (1956), 103–46.

FORBES, R. J. (1957). 'Food and Drink', in Singer *et al.*, eds. (1957), 1–26.

FORTUNE, ROBERT (1845). Letter to Editor, The Gardener's Chronicle, 28 August, 1845.

FORTUNE, ROBERT (1847). *Three Years' Wanderings in the Northern Provinces of China, including a Visit to the Tea, Silk and Cotton Countries*, London.

FORTUNE, ROBERT (1852). *A Journey to the Tea Countries of China, including Sung-Lo and the Bohea Hills, with a short notice on the East India Company's Tea plantations in the Himalaya mountains*, John Murray, London. Repr. Mildmay Books, 1987.

FORTUNE, ROBERT (1853). *Two Visits to the Tea countries of China and the British Tea Plantations in the Himalayas; with a Narrative of Adventures, and a full Description of the Culture of the Tea Plant, the Agriculture, Horticulture and botany of China.* Vols. I & II, John Murray, London 1853 (3rd edn).

FORTUNE, ROBERT (1857). *A Resident Among the Chinese: Inland, On the Coast and at Sea*, John Murray, London.

FOTHERINGHAM, J. K. (1921). *Historical Eclipses*, Halley Lecture, Oxford (Abstr. *JBASA*, 1921, **32**, 197ff.).

FOWLES, GERRY (1989). 'The Compleat Home Wine-maker', *New Scientist*, Sept. 2, 1989, 38–43.

FRAKE, CHARLES O. (1980). *Language and Cultural Description*, Stanford University Press.

FRANKE, HERBERT (1970). 'Additional Notes on Non-Chinese Terms in the Yuan Imperial Dietary Compendium *yinshan zhenyao*', *Zentralasiatische Studien*, **4**, 7–16.

FRANKE, OTTO (1930–53). *Geschichte d. Chinesischen Reiches* 5 vols., de Gruyter, Berlin, 1930–53.

FRANKLIN, BENJAMIN (1770). 'Letter to John Bartram in Philadelphia, from London, dated January 11, 1770', in Smyth, Albert H. ed. (1907), Vol. V, 245–6.

FREEMAN, MICHAEL (1977). 'Sung', in Chang, K. C. ed. (1977), 143–76.

FU, MARILYN & WEN FONG (1973). *The Wilderness Colors of Tao-Chi*, Metropolitan Museum of Art, New York, 1973.

FUKUSHIMA, D. (1986). *Soy Sauce and Other Fermented Foods of Japan*, in Hesseltine & Wang eds., 121–49.

GAJDUSEK, D. C. (1962). 'Congenital Defects of the Central Nervous System Associated with Hyperendemic Goiter in a Neolithic Highland Society of Netherlands New Guinea', 1. *Epidemiology, Pediatrics*, **25**, 345.

GALDSTON, I. ed. (1960). *Human Nutrition: Historic and Scientific*, International University Press, New York.

GARDELLA, ROBERT (1994). *Harvesting Mountains: Fujian and the China Tea Trade, 1757–1937*, University of California Press.

GERARD, JOHN (1597). *Gerard's Herball*, Woodward, Marcus ed. (1985) based on the 1636 edition of Th. Thompson Crescent Books, New York.

GHANDI, M. K. (1948). *Ghandi's Autobiography: The Story of my Experiments with Truth*, Public Affairs Press, Washington DC.

GILES, H. A. (1874). 'The *Hsi Yüan Lu* or "Instruction to Coroners" [tr. From the Chinese]', *China Review*, **3**, 30, 92, 159, etc.

GILES, A. H. (1911). *An Alphabetical Index to the Chinese Encyclopaedia (Chhin Ting Ku Chin Thu Shu Chi Chêng)*, British Museum, London.

GODLEY, MICHAEL R. (1986). 'Bacchus in the East: The Chinese Grape Wine Industry, 1892–1938', *Business History Review 60*, Autumn **1986**.

GONEN, RIVKA (1992). 'The Chalcolithic Period', in Ben-Tor (1992), 40–80.

GOODRICH, L. CARRINGTON & WILBUR, C. MARTIN (1942). 'Additional Notes on Tea', *J. Amer. Oriental Soc.*, **62**, 195–7.

GOODY, JACK. *Cooking, Cuisine and Class: A Study in Comparative Sociology*, Cambridge University Press, 1982.

GRAHAM, A. C. (1989). *Disputers of the Tao*, Open Court, LaSalle, IL.

GRAHAM, HAROLD N. (1992). 'Green Tea Composition, Consumption, and Polyphenol chemistry', *Preventive Medicine*, **21**: 334–50.

GREEN, R. M. (1951). *A Translation of Galen's Hygiene (De sanitate tuenda)*, C. C. Thomas, Springfield, IL, pp. 210–11.

GRIGSON, CAROLINE (1995). 'Plough and Pasture in the Early Economy on the Southern Levant', in Levy (1995), 245–68.

GROFF, ELIZABETH (1919). 'Soy Sauce Manufacture in Kuangtung, China', *Philippine Journal of Science*, **15** (3), pp. 307–16.

GUPPY, H. B. (1884). *Samshu-Brewing in North China*, Journ. North China Branch, Royal Asiatic Society, **18**, 163–4.

GUTZLASS, CHARLES (1834). *Journey of Three Voyages along the Coast of China, in 1831, 1832 and 1833*, London.

HAAS, FRANÇOIS & HAAS, SHEILA S. 'The Origins of Mycobacterium Tuberculosis and the Notion of its Contagiousness', in Rom & Garay (1996), 3–19.

HAGERTY, M. J. with CHIANG KHANG-HU, tr. (1923). 'Han Yen-Chhi's *Chü Lu* (Monograph on the Oranges of Wên-Chou, Chekiang)' with introduction by P. Pelliot, *TP*, 1923, **22**, 63.

HAHN, EDUARD (1896). *Die Haustiere und ihre Beziehungen zur Wirtschaft des Menschen*, Dunker & Humblot, Leipzig.

DU HALDE, JEAN BAPTISTE (1736). *The General History of China* 4 vols., tr. from the French by R. Brookes, John Watts, London.

HAN, C. & XU, Y. (1990). 'The Effect of Chinese Tea on the Occurrence of Esophageal Tumors Induced by N-Nitrosomethyl-Benzylamine formed in Vivo', *Biomed. Environ. Sci.*, **3** (1), 35–42.

HARDY, SERENA (1979). *The Tea Book*, Whitlet Books, Weybridge.

HARLAN, J. R. (1971). 'Agricultural Origins: Centers and Non-Centers', *Science*, **174**, 468–74.

HARLAN, J. R. (1981). 'The Early History of Wheat – Earliest Traces to the Sack of Rome', in Evans and Peacock, eds. (1981), 1–20.

HARLAN, J. R. (1992). *Crops and Man* 2nd edn, Amer. Soc. Agronomy, Madison, WI.

HARLAN, J. R. (1995). 'Barley', in Smartt & Simmonds eds. (1995), 140–7.

HAROUTUNIAN, ARTO DER (1982). *Middle Eastern Cookery*, Pan Books, London.

HARPER, DONALD (1982). *The 'Wu shih erh ping fang' Translation and Prolegomena*, Ph.D. Thesis, University Microfilm International, Ann Arbor, MI, 1988.

HARPER, DONALD (1984). 'Gastronomy in Ancient China – Cooking for the Sage King', *Parabola*, **9** (4), 38–47.

HARRIS, DAVID R. & HILLMAN, GORDON C. eds. (1989). *Foraging and Farming: The Evolution of Plant Exploitation*, Unwin Hyman, London.

HARRIS, LESLIE J. (1935). *Vitamins*, Cambridge University Press.

HARRIS, MARVIN (1985). *Good to Eat: Riddles of Food and Culture*, Simon Schuster, NY.

HARRISON, H. S. (1954). 'Discovery, Invention and Diffusion', in Singer, Holmyard *et al.*, eds. (1954), 58–84.

HART, D. V. (1069). 'Bisayan Filipino and Malay Humoral Pathologies', SE Asian Program *Data Paper 76*, Cornell University Press, Ithaca.

HARTMAN, LOUIS F. & OPPENHEIM, A. L. (1950). *On Beer and Brewing Techniques in Ancient Mesopotamia*, J. Amer. Oriental Soc., Suppl. 10, December, 1950.

HARTNER, W. (1935). 'Das Datum der *Shih-Ching* Finsternis', *TP*, **31**, 188.

AL-HASSAN, AHMAD, Y. & HILL, DONALD R. (1986). *Islamic Technology: An Illustrated History*, Cambridge University Press.

HAWKES, DAVID, tr. (1959, 1985). *Chhu Tzhu, The Songs of the South, An Ancient Chinese Anthology*, Penguin Books, 2nd edn 1985; 1st publ. Oxford, Clarendon Press, 1959.

HAWKES, J. G. (1983). *The Diversity of Crop Plants*, Harvard University Press, Cambridge, MA.

HEBER, DAVID, YIP, IAN, ASHLEY, JUDITH, M., ELASHOFF, DAVID, A. & GO, VAY LIANG W. (1999). 'Cholesterol-lowering effects of a proprietary Chinese red-yeast-rice dietary supplement', *Am. J. Clin. Nutr.*, **69**, 231–6.

HEGSTEAD, D. MARK *et al.* (ed.) (1976). *Present Knowledge in Nutrition*, The Nutrition Foundation, New York.

HEISER, CHARLES B. JR (1973). *Seed to Civilisation: The Story of Food*, Harvard University Press, Cambridge, MA.

HENDERSON, BRIAN E. (1978). 'Nasopharyngeal Cancer', in Kaplan & Tsuchitani eds. (1978), 83–100.

HERBERT, VICTOR (1976). *Vitamin B₁₂*, in Hegstead *et al.*, eds. (1976), 191–203.

HERO (1893). *Mechanica*, Arabic edn and French trans. by Bernard Carra de Vaux, *J. Asia.*, neuvième série, **1893** (2).

HERON, CARL & EVERSHED, RICHARD P. (1993). 'The Analysis of Organic Residues and the Study of Pottery Use', in Schiffer ed. (1993), Vol. III, 247–84.

HESSE, BRIAN (1997). 'Animal Husbandry', in Meyers ed. (1997), 140–3.

HESSELTINE, C. W. (1965). 'A Millennium of Fungi, Food and Fermentation', *Mycologia*, **57**, 149–97.

HESSELTINE, C. W. (1983). 'Microbiology of Oriental Fermented Foods', *Ann. Rev. Microbiol.*, **37**, 575–601.

HESSELTINE, C. W. & WANG, H. L. eds. (1986). *Indigenous Fermented Food of Non-Western Origin*, Mycologia Memoir No. 11, J. Cramer, Berlin, Stuttgart.

HESSELTINE, C. W. & WANG, HUA L. (1986a). 'Food Fermentation Research and Development', in Hesseltine and Wang, eds. (1986), 9–21.

HESSELTINE, C. W. & WANG, H. L. (1986b). 'Glossary of Indigenous Fermented Foods', in Hesseltine & Wang, eds. (1986), 317–44.

Heywood, V. H. Consulting Editor (1985). *Flowering Plants of the World*, Equinox, Oxford; 1st publ. Oxford University Press (1978).

Hilbert, J. Raymond (1982). 'Beer', in Reed ed. (1982), 403–27.

Hillman, Gordan (1984). 'Traditional Husbandry and Processing of Archaic Cereals in Recent Times, The Operation, Products and Equipment which might feature in Sumerian Texts', Part I, *Bull. on Sumerian Agric.*, **1**, 114–52.

Hillman, Gordan (1985). 'Traditional Husbandry and Processing of Archaic Cereals in Recent Times, The Operation, Products and Equipment which might feature in Sumerian Texts', Part II, *Bull. on Sumerian Agric.*, **2**, 1–31.

Hillman, Howard (1981). *Kitchen Science: A Compendium of Information for Every Cook*, Houghton Mifflin, New York.

Hirayama, K. & Ogura, S. (1915). 'On the Eclipses recorded in the *Shu Ching* and *Shih Ching*', *PPMST*, 1915 (2nd series), **8**, 2.

Ho, Chi-Tang, Osawa, T., Huang, M. T. & Rosen, Robert, eds. (1994). *Food Phytochemicals for Cancer Prevention II: Teas, Spices and Herbs, ACS Symposium Series No. 547*, Amer. Chem. Soc., Washington, DC.

Ho Peng-Yoke (1955). 'Astronomy in the *Chin Shu* and *Sui Shu*', Inaugural Dissertation Singapore.

Ho Peng-Yoke (1985). *Li, Qi and Shu*, Hong Kong University Press.

Ho Ping-Ti (1955). 'The Introduction of American Food Plants into China', *American Anthropologist*, **57** (2), Pt 1, 191–201.

Ho Ping-Ti (1969). 'The Loess and the Origin of Agriculture in China', *Amer. Hist. Rev.*, **75** (1), 1–36.

Ho Ping-Ti (1975). *The Cradle of the East*, Chinese University of Hong Kong & University of Chicago Press.

Hodder, I, Isaac, G. & Hammond, N. eds. (1981). *Pattern of the Past*, Cambridge University Press.

Hole, Frank (1989). 'A Two-Part, Two-Stage Model of Domestication', in Clutton-Brock ed. (1989).

Homer tr. E. V. Rieu (1985). *The Iliad*, Penguin Books, Middlesex.

Homer tr. E. V. Rieu (1985). *The Odyssey*, Penguin Books, Middlesex.

Hommel, Rudolph, P. (1937). *China at Work*, John Day Co., New York.

Hopkins, David, C. (1997). 'Cereals', in Eric M. Meyers ed. (1997), pp. 479–81.

Howe, Bruce (1983). 'Karim Sharir', in Braidwood *et al.*, eds. (1983), 23–154.

Hsiung, Deh-Ta (1978). *The Home Book of Chinese Cookery*, Faber & Faber, London.

Hsu, Cho-yun (1978). 'Agricultural Intensification and Marketing: Agrarianism in the Han Dynasty', in Roy & Tsien (1978), 253–68.

Hsu, Cho-yün (1980). *Han Agriculture: The Formation of Early Chinese Agrarian Economy* (206 BC to AD 220), University Washington Press, Seattle.

Hsu, Cho-yün & Linduff, K. M. (1988). *Western Chou Civilization*, Yale University Press, New Haven, CT.

Huang, H. T. (1982). 'Peregrinations with Joseph Needham in China, 1943–44', in Li *et al.*, eds. (1982), 39–75.

Huang, H. T. (1990). 'Han Gastronomy – Chinese Cuisine *in statu nascendi*', *Interdisciplinary Science Reviews*, **15** (2), 139–52.

Huang, H. T. & Dooley, J. G. (1976). 'Enhancement of Cheese Flavours with Microbial Esterases', *Biotech. & Bioeng.*, **18**, 909–19.

Huang, Ray (1988). *China: A Macro History*, M. E. Sharpe Inc., New York.

Huang Tzu-Chhing & Chao Yün-Tshung tr. (1945). ' "The Preparation of Ferments and Wines" by Chia Ssu-Hsieh of the Later Wei Dynasty', with an introduction by Tenney L. Davis. *Harvard J. Asiatic Studies*, 1945, **9**, 24–44.

Huc, M. (1855). *A Journey Through the Chinese Empire*, Vol. II, New York, 1855.

Huff, Toby E. (1993). *The Rise of Early Modern Science: Islam, China and the West*, Cambridge University Press.

Huff, Toby E. (1995). *The Rise of Early Modern Science*, Cambridge University Press.

Hui, Y. H. (1985). *Principles and Issues in Nutrition*, Wadsworth Health Sciences, Belmont, CA.

Hume, Edward H. (1949). *Doctors East, Doctors West*, George Allen & Unwin, London.

Hummel, A. W. (1941). 'The Printed Herbal of +1249', *ISIS*, 1941, **33**, 439.

Hymowitz, T. (1970). On the Domestication of the Soybean, *Econ. Bot.*, **23**, 408–21, 1970.

Hymowitz, T. (1976). 'Soybeans', in Simmonds ed. (1976), 159–62.

Hymowitz, T. & Harlan, J. R. (1983). 'The Introduction of the Soybean to North America by Samuel Bowen in 1765', *Econ. Botany*, **37** (4), 371–9.

IARC (1991). *Monographs on the Evaluation of Cancer Risks to Humans*, Vol. 51: 'Coffee, Tea, Mate, Methylxanthine and Methylglyoxal', WHO, 1991.

Ikeda, I., Imasato, Y., Sasaki, E., Nakayama, M., Nagao, H., Takeo, T., Yayabe, F. & Sugano, M., (1992). 'Tea Catechins Decrease Micellar-Solubility and Intestinal Absorption of Cholesterol in Rats', *Biochem. Biophys. Acta*, **1127**, 141–6.

The Indian Agriculturist, Calcutta (1882). 'The Japan Pea in India', December 1, 1882, 454–5.

Ishige Naomichi ed. (1988). *Catalog of the Sinoda Document Collections at the National Museum of Ethnology*, Vol. 1, *Bulletin of the National Museum of Ethnology* Special Issue, no. 8.

ISHIGE NAOMICHI (1990). 'Filamentous noodles (*miantiao*), its origin and dissemination', Paper presented at the 6th International Conference of the History of Science in China, Cambridge, England, Aug. 6, 1990.

ISHIGE NAOMICHI (1993). 'Cultural Aspects of Fermented Foods in East Asia', in Lee *et al.*, eds. (1993), 13–32.

ITOH, H., TACHI, H. & KIKUCHI, S. (1993). 'Fish Fermentation Technology in Japan', in Lee *et al.*, eds. (1993), 177–86.

JACOB, H. E., tr. by RICHARD & CLARA WINSTON (1944). *Six Thousand Years of Bread: Its Holy and Unholy History*, Greenwood Press, Westport, CT.

JAMES, PETER & THORPE, NICK (1994). *Ancient Inventions*, Ballantine Books, 1994.

JEANES, ALLENE & HODGE, JOHN eds. (1975). *Physiological Effects of Food Carbohydrates*, Am. Chem. Soc, Washington DC.

JENNER, W. J. F. tr. (1981). *Memories of Loyang* [trs. of *Lo-yang chieh Lan Chi*], Clarendon Press, Oxford.

JOHNSTONE, BOB (1986). 'Japan Turns Soy Sauce into Biotechnology', *New Scientist*, Sept. 4, 1986, 38–40.

KAO CHING-LANG (1936). 'Infantile Beriberi in Shanghai', *Chinese. Med. J*, **50**, 324–40.

KAPLAN, HENRY S. & TSUCHITANI, PATRICIA, J. eds. (1978). *Cancer in China*, Alan R. Liss, New York.

KAPLAN, EDWARD H. & WHISENHUNT eds. (1994). *Opuscula Altaica: Essays Presented in Honor of Henry Schwarz*, Bellingham, Western Washington University.

KARE, MORLEY R. & MALLER, OWEN, eds. (1977). *The Chemical Senses and Nutrition*, Academic Press, New York.

KARIM, MOHAMED ISMAIL ABDUL (1993). 'Fermented Fish Products in Malaysia', in Lee *et al.*, eds. (1993), 95–106.

KARLGREN, B. (1923). *Analytic Dictionary of Chinese and Sino-Japanese*, Paris.

KARLGREN, B. tr. (1950). *The Book of Odes; Chinese Text, Transcription and Translation*, A reprint of the translation only from his papers in *BMFEA*, **16** and **17**.

KATZ, SOLOMON (1987). News report in *Expedition* (University of Pennsylvania), March.

KATZ, SOLOMON H. & MAYTAG, FRITZ (1991). '*Brewing an Ancient Beer*', *Archaeology*, **44** (4): 24–33.

KEIGHTLEY, DAVID N. ed. (1983). *The Origins of Chinese Civilisation*, University California Press, Berkeley, CA.

KEMP, BARRY ed. (1989). *Amarana Reports V*, Egypt Exploration Society, London.

KÊNG HSÜAN (1974). 'Economic Plants of Ancient North China as mentioned in the Book of Odes', *Econ. Bot.* **28** (4), 391–410.

KHADER, VIJAYA (1983). 'Nutritional Studies on Fermented, Germinated and Baked Soya Bean (*Glycine max*) Preparations', *J. Plant Foods*, **5**, 31–7.

KING, LESTER S. (1963). *The Growth of Medical Thought*, University of Chicago Press.

KLEMM, FRIEDRICH (1964). *History of Western Technology*, MIT Press, tr. Dorothea W. Singer. The original was published in 1959.

KNECHTGES, DAVID (1986). 'A Literary Feast: Food in Early Chinese Literature', *J. Am. Oriental Soc.*, **106** (1), 49–63.

KNOCHEL, SUSANNE (1993). 'Processing and Properties of North European Pickled Fish Products', in Lee *et al.*, eds. (1993), 213–29.

KO, SWAN DJIEN (1986). 'Some Microbiological Aspects of Tempe Starters', in Aida Hiroshi *et al.*, eds. (1986), 101–41.

KODAMA, K. & YOSHIZAWA, R. (1977). 'Sakê', in Rose ed., 423–75.

KOLLIPARA, K. P., SINGH, R. J. & HYMOWITZ, T. (1997). 'Phylogenetic and Genomic Relationships in the Genus *Glycine* Willd, based on sequences in the ITS region of nuclear DNA', *Genome*, **40**, 57–68.

KONDO, HIROSHI (1984). *SAKÉ A Drinker's Guide*, Kodansha, Tokyo.

KONG, Y. C. (1996). *Hui Hui Yao Fang – An Islamic Formulary*, Hong Kong cf. Chiang Jun-Hsiang (1996) in Bibliography B.

KOO, LINDA (1976). 'Traditional Chinese Diet and its Relationship to Health', *Kroeher Anthropological Society Papers*, Vol. 48, pp. 116–47.

KOSIKOWSKI, FRANK (1977). *Cheese and Fermented Milk Foods*, Edwards Brothers, Ann Arbor, MI.

KRANZBERG, MELVIN (1979). 'Introduction: Trends in the History and Philosophy of Technology', in Bugliarello and Doner eds., xiii–xxxi.

KULP, KAREL (1975). 'Carbohydrases', in Reed, ed. (1975).

KUNKEE, RALPH E. & GOSWELL, ROBIN W. (1977). 'Table Wines', in Rose ed. (1977), 315–79.

LAFAR, FRANZ tr. SALTER, CHARLES C. T. (1903). *Technical Mycology: The Utilisation of Microorganisms in the Arts and Manufacture Vol. 2, Eumycetic Fermentation*, Charles Griffin & Co., London.

LAI, T. C. (1978). *Chinese Food for Thought*, Hong Kong Book Centre.

LAO, YAN-SHUAN (1969). 'Notes on Non-Chinese Terms in the Yuan Imperial Dietary Compendium', *AS/BIHP*, **39**, 399–416.

LATHAM, RONALD tr. (1958). *The Travels of Marco Polo*, Penguin Books, 1958/82.

LATOURETTE, KENNETH S. (1957). *The Chinese: Their History and Culture*, Macmillan, New York.

LATTIMORE, OWEN (1988). *Inner Asian Frontiers of China*, Oxford University Press, 1st publ. 1940.

LAU, D. C., tr. (1970). *Mencius: Translation with an Introduction*. Penguin Books, Middlesex.

LAU, D. C., tr. (1979). *Confucius: The Analects*, Penguin Books, Middlesex.

LAUDAN, RACHEL (1996). *The Food of Paradise*, University of Hawaii Press.

LAUFER, BERTHOLD (1914–15). 'Some Fundamental Ideas of Chinese Culture', *The Journal of Race Development*, **5**, pp. 160–74.

LAUFER, BERTHOLD (1919). *Sino-Iranica: Chinese Contributions to the History of Civilisation in Ancient Iran*, FMNHP/AS, **15**, no. 3 (Pub. No. 201).

LEACH, HENRY W. (1965). 'Gelatinization of Starch', in Whistler & Paschall eds. (1965), 289–306.

LEE, CHERL-HO (1993). 'Fish Fermentation Technology in Korea', in Lee *et al.*, eds. (1993), 187–201.

LEE, CHERL-HO, STEINKRAUS, KEITH H. & REILLY, P. J. ALAN eds. (1993). *Fish Fermentation Technology*, UN University Press, Tokyo, New York, Paris.

LEE, GARY (1974). *Chinese Tasty Tales Cook Book*, Chinese Treasure Productions, San Francisco.

LEE HYO-GEE (1996). 'History of Korean Alcoholic Drinks', *Koreana*, **1996**, pp. 4–9.

LEE SUNG WOO (1993). 'Cultural Aspects of Korean Fermented Marine Products in East Asia', in Lee *et al.*, eds. (1993), 33–43.

LEGGE, J. tr. (1861a). *Confucian Analects, The Great Learning and the Doctrine of the Mean, The Chinese Classics*, Vol. I, Hong Kong, Trubner, London, 1861.

LEGGE, J. tr. (1861b). *The Works of Mencius, The Chinese Classics*, Vol. II, Hong Kong, Trubner, London, 1861.

LEGGE, J. tr. (1871). *The She King* (The Book of Poetry), *The Chinese Classics*, Vol. IV, Pts 1 & 2, Lane Crawford, Hong Kong, 1871; Trubner, London, 1971.

LEGGE, J. tr. (1879). *The Texts of Confucianism, Pt I The Shu King, the Religious Portions* of the Shih King and the Hsiao King, Oxford.

LEGGE, J. tr. (1885a). *The Li Chi*, 2 vols. *The Texts of Confucianism*, Pt III, Oxford (SBE nos. 27, 28).

LEGGE, J. tr. (1885b). *The Shu Ching* (with Chinese text and notes), *The Chinese Classics*, Vol. III, Pts 1 & 2, Hong Kong, Trubner, London 1865.

LEGGE, J. tr. (1899). *The Texts of Confucianism*, Pt II *The Yi King (I Ching)*, Oxford, 1899, (SBE no. 16).

LEICESTER, HENRY M. (1974). *Development of Biochemical Concepts from Ancient to Modern Times*, Harvard University Press, Cambridge, MA.

LEPKOVSKY, SAMUEL (1977). 'The Role of the Chemical Senses in Nutrition', in Kare & Maller eds. (1977), 413–57.

LEROI-GOURHAN, ANDRÉ (1969a). 'Primitive Societies', in Daumas ed. (1969–80) I, 18–58.

LEROI-GOURHAN, ANDRÉ (1969b). 'The first Agricultural Societies', in Daumas ed. (1969–80) I, 59–64.

LEVI-MONTALCINI, RITA (1988). *In Praise of Imperfection*, Basic Books, New York.

LEVY, THOMAS E. ed. (1995). *The Archaeology of Society in the Holy Land*, Facts-On-File, New York & Oxford.

LI CHIAO-PHING et al., tr. (1980). *Thien Kung Khai Wu: Exploration of the Works of Nature*, China Academy, Taipei.

LI GUOHAO, ZHANG MENGWEN & CAO TIANQIN, eds. (1982). *Explorations in the History of Science and Technology in China*, Classics Press, Shanghai.

LI HUI-LIN (1969). 'The Vegetables of Ancient China', *Econ. Bot.* 1969, **23** (3), 253–60.

LI HUI-LIN (1974). 'An Archaeological and Historical Account of Cannabis in China', *Econ. Bot.*, 1974, **23** (4), 437–48.

LI HUI-LIN (1979). *A Fourth Century Flora of Southeast Asia*, Chinese University Press, Hong Kong.

LI HUI-LIN (1983). 'The Domestication of Plants in China, Ecogeographical Considerations', in Keightley ed. (1983), 21–64.

LI THAO (1940). 'Historical Notes on Some Vitamin-Deficiency Diseases in China', *CMJ*, **58**, 314. Repr. in Brothwell and Sandison (1967), 417–22.

LI XUEQIN, tr. by K. C. CHANG (1985). *Eastern Zhou and Qin Civilisations*, Yale University Press, New Haven, CT.

LIDDELL, CAROLINE & WEIR, ROBIN (1993). *Ices*, Hodder & Stoughton, London.

LIENER, IRVIN E. (1976). 'Legume Toxins in Relation to Protein Digestibility – A Review', *J. Food Sc.*, **41**, 1076–81.

LIN HSIANG-JU & TSUIFENG LIN (1969). *Chinese Gastronomy* 知味, Hastings House, New York.

LIU JILIN, PECK, G. et al. eds. (1995). *Chinese Dietary Therapy*, Churchill Livingstone, Edinburgh.

LIN YUTANG (1939). *My Country and My People*, John Day, New York, repr. Mei Ya Publ. Taipei, 1983.

LIN YUTANG (1948). *The Wisdom of Laotse*, The Modern Library, New York.

LITCHFIELD, CARTER ed. & ARIGA EIKO tr. (1974), original by OKURA NAGATSUNE (1836). *Seiyū Roku On Oil Manufacturing*, Olearius Editions, New Brunswick, NJ.

LIU, WU-CHI & LO, IRVING Y. (eds.) (1975). *Sunflower Splendour: Three Thousand Years of Chinese Poetry*, Indiana University Press, Bloomington.

LOEHR, MAX (1968). *Ritual Vessels of Bronze Age China*, The Asia Society, New York.

LOEWE, MICHAEL (1982). *Chinese Ideas of Life and Death: Faith, Myth and Reason in the Han Period*, Allen & Unwin, London.

LOUIE, AI-LING (1982). *Yeh Shen: A Cinderella Story from China*, Adapted from *Yu Yang Tsa Tsu* 酉陽雜俎, Philomel Books, New York, 1982.

LU GWEI-DJEN & NEEDHAM, JOSEPH (1951). 'A Contribution to the History of Chinese dietetics', *Isis*, **42**, pp. 13–20.

LU GWEI-DJEN & NEEDHAM, JOSEPH (1966). 'Proto-Endocrinology in Medieval China', *Japanese Studies in the History of Science*, **5**, 150ff.

Lu Gwei-Djen & Needham, Joseph (1980). *Celestial Lancets, A History and Rationale of Acupuncture and Moxa*, Cambridge University Press.

Lu, Henry C. (1986). *Chinese System of Food Cures, Prevention & Remedies*, Sterling Publ. Co., New York.

Luo Shao-Jun (1995). 'Processing of Tea', in Yamanishi Tei *et al.* (1995), pp. 409–34.

Ma, Chengyuan (1980). 'The Splendour of Ancient Chinese Bronzes', in Wen Fong ed. (1980), 1–19.

Ma, Chengyuan (1986). *Ancient Chinese Bronzes*, Oxford University Press.

Mabesa, R. C. & Babaan, J. S. (1993). 'Fish Fermentation Technology in the Philippines', in Lee *et al.*, eds. (1993), 85–94.

Macfarlane, Gwyn (1984). *Alexander Fleming: The Man and the Myth*, Chatto & Windus, London. Reviewed by Max Perutz (1991), 149–63.

MacGowan, Dr (1871–2). 'On the mutton wine of the Mongols and analogous preparations of the Chinese', *JNCB/RAS.*, New Series VII (1871–2), 237–40.

Maciocia, Giovanni (1989). *The Foundations of Chinese Medicine: A Comprehensive Text for Acupuncturists and Herbalists*, Churchill Livingstone, London.

MacLeod, Anna M. (1977). 'Beer', in Rose ed. (1977), 43–137.

Madsen, W. (1955). 'Hot and Cold in the Universe of San Francisco Teeospa, Valley of Mexico', *J. Amer. Folklore*, **68**: 123–39.

Magno-Orejana, Florian (1983). 'Fermented Fish products', in Chan, Harvey ed. (1983), 255–95.

Mahdihassen, S. (1966). 'Alchemy and its Chinese Origin, as Revealed by the Etymology, Doctrines and Symbols', *Iqbal Review*, **1966**, 22ff.

Mair-Waldburg, H. ed. (1974). *Handbook of Cheese*, Volkswirtschaftlicher Verlag, GmbH, Kempten, Germany.

Mair-Waldburg, H. (1974a). 'On the history of cheesemaking in ancient times', in Mair-Waldburg ed. (1974).

Maitland, Derek (1982). *5000 Years of Tea – A Pictoral Companion*, Gallery Books, New York.

Mallory, Walter H. (1926). *China, Land of Famine*, American Geographic Society, New York.

Mallory, J. P. (1989). *In Search of the Indo-European*, Thames and Hudson, London.

Marks, Gil (1996). *The World of Jewish Cooking*, Simon & Schuster, New York.

Marsden, William tr. & ed. (1908). *The Travels of Marco Polo*, Dent, London.

Maytag, Fritz (1992). 'Sense and Nonsense about Beer', *ChemTech*. March, 1992, 138–41.

Maynard, Leonard A. & Swen Wen-yuh (1937). 'Nutrition', in Buck ed. (1937), 400–36.

Mazess, R. B. & Mather, W. (1974). 'Bone minerals Content of North Alaskan Eskimos', *Amer. J. Clinical Nutrition*, **27** (9), 916–25.

McGee, Harold (1984). *On Food and Cooking: The Science and Lore of the Kitchen*, Scribner's Sons, New York.

McGovern, Patrick E., Fleming, Stewart J. & Katz, Solomon H. eds. (1995). *The Origin and Ancient History of Wine*, Gordon and Breach, Amsterdam.

McGovern, P. E. & Michel, Rudolph H. (1995). 'The Analytical and Archaeological Challenge of Detecting Ancient Wine: Two Case Studies from the Ancient Near East', in McGovern *et al.*, eds. (1995), 57–65.

McGovern, P. E., Glusker, D. L., Exner, L. E. & Voigt, M. M. (1996). 'Neolithic Resinated Wine', *Nature*, **381**, 480–1.

McNeill, William H. (1991). 'American Food Crops in the Old World', in Viola & Margolis, eds. 1991, *Seeds of Change*, 42–xx.

Medawar, P. B. & Medawar, J. S. (1983). *Aristotle to Zoos, A Philosophical Dictionary of Biology*, Harvard University Press, Cambridge MA.

Medhurst, W. H. tr. (1846). *The Shoo King or the Historical Classic*, Mission Press, Shanghai.

Mei Yi-Pao tr. (1929). *The Ethical and Political Works of Mo Tzu*, Probsthain, London.

Merke, F. (1984). *History and Iconography of Endemic Goitre and Cretinism*, Hans Huber, Berne.

Meskill, John, tr. (1965). *Ch'oe Pu's Diary: A Record of Drifting Across the Sea*, with Introduction and Notes, University of Arizona Press, Tucson.

Meyers, Eric M. (ed.) (1997). *The Oxford Encyclopedia of Archaeology in the Near East*, Oxford University Press, New York & Oxford.

Michalowski, P. (1994). 'The Drinking Gods: Alcohol in Mesopotamian Ritual and Mythology', in Milano, ed., 27–44.

Michel, Rudolph, H., McGovern, Patrick E. & Badler, Virginia, R. (1992). 'Chemical Evidence for Ancient Beer', *Nature*, **360**, 24.

Milano, Lucio ed. (1994). *Drinking in Ancient Societies: History and Culture of Drinks in the Ancient Near East*, Papers of a Symposium held in Rome, Italy, May 17–19, 1990, Sargon srl, Padova.

Miller, Gloria Bley (1972). *The Thousand Recipe Chinese Cookbook*, Grosset & Dunlap, New York.

Miller, Naomi (1991). 'The Near East', in van Zeist *et al.*, eds. (1991), 133–60.

Miller, Naomi (1992). 'The Origin of Plant Cultivation in the Near East', in Cowan & Watson (1992), 39–58.

Milner, Max, Scrimshaw, N. S. & Wang, D. I. C. eds. (1978). *Protein Resources and Technology: Status and Research Needs*, AVI Publ. Co. Westport, CT, 1978.

Mizuno, Seiichi, tr. J. O. Gauntlett (1959). *Bronzes and Jades of Ancient China*, Nihon Keizei, Tokyo.

Mokyr, Joel (1990). *The Lever of Riches*, Oxford University Press.

MOLDENKE, H. N. & MOLDENKE, A. L. (1952). *Plants of the Bible*, Chronica Botanica, Waltham, MA [New series of plant science books, no. 28].

MONTGAUDRY, BARON DE (1855). 'Expériences faites pour l'acclimatation des semences importées en France par M. De Montigny', *Bulletin de la Societe d'Acclimatation*, **2** (1), 16–22.

MORITZ, L. A. (1958). *Grain Mills and Flour in Classical Antiquity*, Oxford University Press.

MOTE, FREDERICK W. (1977). 'Yuan and Ming', in Chang, K. C. ed. (1977), 195–257.

MOULE, A. C. & PELLIOT, PAUL (eds. & trs.). *The Description of the World*, Routledge & Kegan Paul, London.

MUI, HOH-CHEUNG & MUI, LORNA H. (1984). *The Management of Monopoly: A Study of the English East India Company's Conduct of its Tea Trade, 1784–1833*, University British Columbia Press, Vancouver, Canada.

NAJOR, JULIA (1981). *Babylonian Cuisine: Chaldean Cookbook from the Middle East*, Vintage Press, New York.

NAKAMURA, M. & KAWABATA, T. (1981). 'Effect of Japanese Green Tea on Nitrosamine Formation in Vitro', *J. Food Sci.*, **46**, 306–7.

NAKAYAMA SHIGERU & SIVIN, NATHAN eds. (1973). *Chinese Science*, MIT Press, Cambridge, MA.

NAKAYAMA, TOMMY (1983). 'Tropical Fruit Wines', in Chan, Harvey ed. (1983), 537–53.

NASR, SEYYED HOSSEIN (1976). *Islamic Science: An Illustrated Study*, World Islam Festival Publ. Ltd.

NATHANAEL, W. R. N. (1954). 'The Manufacture and Characteristics of Ceylon Arrack', *Ceylon Coconut Quarterly*, 5 (2), 1–7.

NATIONAL PALACE MUSEUM (1980). *A City of Cathay*, National Palace Museum, Taipei.

NAVARETE, DOMINGO FERNANDEZ DE (1665). 'An account of the Empire of China, historical, political, moral and religious', in Awnsham Churchill and John Churchill (1744), *A Collection of Voyages and Travels*, Vol. 1 (of 4) tr. from Spanish, 3rd edn Churchills, London, ch. 13, pp. 251–2.

NEEDHAM, JOSEPH (1970). 'The Roles of China and Europe in the Development of Oecumenical Science', in Needham *et al.* (1970), *Clerks and Craftsmen in China and the West*, 396–418.

NEEDHAM, JOSEPH (1981). *Science in Traditional China, A Comparative Perspective*, Chinese University Press, Hong Kong.

NEEDHAM, JOSEPH & NEEDHAM, DOROTHY (1948). *Science Outpost, Papers of the Sino-British Science Co-operation Office, 1942–46*, The Pilot Press, London.

NEEDHAM, JOSEPH & WANG LING (1954). *Science and Civilisation in China*, Vol. I, *Introductory Orientations*, Cambridge University Press.

NEEDHAM, JOSEPH & WANG LING (1956). *Science and Civilisation in China*, Vol. II, *History of Scientific Thought*, Cambridge University Press.

NEEDHAM, JOSEPH & WANG LING (1969). *Science and Civilisation in China*, Vol. IV, Pt 2, *Mechanical Engineering*, Cambridge University Press.

NEEDHAM, JOSEPH, WANG LING, Lu GWEI-DJEN & Ho PING-YÜ (1970). *Clerks and Craftsmen in China and the West*, Cambridge University Press.

NEEDHAM, JOSEPH, HO PING-YÜ, LU GWEI-DJEN & SIVIN, NATHAN (1980). *Science and Civilisation in China*, Vol. V, Pt 4, *Spagyrical Discovery and Invention: Apparatus, Theories and Gifts*, Cambridge University Press.

NEEDHAM, JOSEPH, LU DWEI-DJEN & HUANG, HSING-TSUNG (1986). *Science and Civilisation in China*, Vol. VI, Pt 1, *Botany*, Cambridge University Press.

NEUBERGER, ALBERT, tr. (1930). *The Technical Arts and Sciences of the Ancients*, Brose, New York, 1930.

NEUMANN, H. (1994). *Beer as Means of Compensation for Work in Mesopotamia During the Ur III Period*, in Milano ed. (1994), 321–31.

NI MAOSHING tr. (1995). *The Yellow Emperor's Classic of Medicine*, Shambhala, Boston.

NICKEL, G. B. (1979). 'Vinegar', in Peppler & Perlman (1979), II, 155–72.

NODA, M., VAN, T. V., KUSAKABE, I. & K. MURAKAMI, K. (1982). 'Substrate Specificity and Salt Inhibition of Five Proteinases Isolated from the Pyloric Caeca and Stomach of Sardine', *J. Agric. Biol. Chem.*, **46** (6), 1565–9.

NORMILE, DENNIS (1997). 'Yangtze Seen as Earliest Rice Site', *Science*, **275**, Jan. 17, 309.

NOZZOLILLO, CONSTANCE, LEA, PETER J. & LOEWUS, FRANK A. eds. (1983). *Mobilization of Reserves in Germination*. Vol. XVII, Plenum Press, New York.

NUTTON, VIVIAN (1993). 'Humoralism', in Bynum & Porter eds. (1993), 281–91.

OGUNI, ITARO, NASU, KEIKO, YAMAMOTO, SHIGEHIRO & NOMURA, TAKEO (1988). 'On the Anti-Tumour Activity of Fresh Green Tea Leaf', *Agric. Biol. Chem.*, **52**, 1879–80.

OKUKURA KAKUZO (1906). *The Book of Tea*, Charles E. Tuttle (repr. 1956), Rutland VT.

OKURA NAGATSUNE tr. EIKO ARIGA, ed. CARTER LITCHFIELD (1974). *Seiyu Roku* 制油録 (On Oil Manufacturing), Olearius Editions, New Brunswick, NJ.

OLD, WALTER GORN (1904). *The Shu King or the Chinese Historical Classic*, Theosophical Publishing Society, London.

OLMO, HAROLD (1995). 'The Origin and Domestication of the *Vinifera* grape', in McGovern *et al.*, eds. (1995), 31–43.

OLSCHKI, LEONARDO (1960). *Marco Polo's Asia*, tr. J. A. Scott, University of California Press, Berkeley, CA.

ONIONS, C. T. ed. (1966). *The Oxford Dictionary of English Etymology*, Clarendon Press, Oxford.

OOMEN, H. A. P. C. (1976). 'Vitamin A Deficiency, Xerophthalmia and Blindness', in Hegstead *et al.*, eds. (1976), 73–81.

OSHIMA, KINTARO (1905). *A Digest of Japanese Investigations on the Nutrition of Man*, USDA Office of Experiment Stations, Bulletin No. 159.

OSHIMA, HARRY T. (1967). 'Food Consumption, Nutrition and Economic Development in Asian Countries', *Economic Development and Cultural Change*, vol. 15, no. 4, pp. 385–97. University of Chicago Press.

OTAKE, S., MAKIMURA, M., KUROKI, T., NISHIHARA, Y. & HIRASAWA, M. (1991). 'Anticaries Effects of Polyphenolic Compounds from Japanese Green Tea', *Caries Research*, **25** (6): 438–43.

PACEY, ARNOLD (1983). *The Culture of Technology*, MIT Press, Cambridge MA.

PACEY, ARNOLD (1990). *Technology in World Civilisation*, MIT Press, Cambridge, MA.

PAIGE, DAVID M. & BAYLESS, THEODORE M. eds. (1981). *Lactose Digestion: Clinical and Nutritional Implications*, Johns Hopkins University Press, Baltimore.

PANATI, CHARLES (1987). *Extraordinary Origins of Everyday Things*, Harper & Row, New York.

PANJABI, CAMELLIA (1995). *The Great Curries of India*, Simon & Schuster, New York.

PAPPAS, L. E. (1975). *Bread Making*, Nitty Gritty Productions, Concord, CA.

PARTINGTON, J. R. (1935). *Origin and Development of Applied Chemistry*, Longman, Green & Co., 1935.

PAULING, LINUS (1981). *Vitamin C, the Common Cold and the Flu*, Berkeley Books, originally published in 1970.

PEPPLER, HENRY J. & PERLMAN, DAVID, eds. (1979). *Microbial Technology* Vol. I *Microbial Processes*, & Vol. II *Fermentation Technology*, Academic Press, New York.

PERUTZ, MAX (1991). *Is Science Necessary?*, Oxford University Press.

PFIZMAIER, A., tr. from the Chin Shu, ref. 54–7 in *SCC* Vol. I, p. 288.

PHAFF, HERMAN J. & AMERINE, M. A. (1979). 'Wine', in Peppler & Perlman eds. (1979), II 132–52.

PHITHAKPOL, BULAN (1993). 'Fish Fermentation Technology in Thailand', in Lee *et al.* (1993), 155–66.

PIERSON, J. L. tr. (1929–63). *Man'yoshi*, E. J. Brill, Leiden. 20 vols.

PINKERTON, J. (1808–14). 'The Remarkable Travels of William de Rubriquis . . . into Tartary and China, 1253', in *A General Collection of Voyages and Travels*, Vol. VII.

PIRAZZOLI-T'SERSTEVENS, MICHELE (1985). 'A Second-Century Chinese Kitchen Scene', *Food & Foodways*, **1985** (I), 95–104.

PIRES-BIANCHI, MARIA DE L., CANDIDO SILVA, H. & POURCHET CAMPOS, M. A. (1983). 'Effect of Several Treatments on the Oligosaccharide Content of a Brazilian Soybean Variety', *J. Agric. Food Chem.* 1983, **31**, 1363–4.

PLATT, B. S. (1956). 'The Soya Bean in Human Nutrition', *Chemistry & Industry*, **1956**, 834–7.

PLINY THE ELDER (GAIUS PLINIUS SECUNDUS) (1938). *Natural History* (37 books, in ten vols.), tr. Rackham, H. Loeb Classical Library, Harvard University Press.

POLO, MARCO. *The Travels* cf. Ramusio (1583), Yule & Cordier (1903), Marsden (1908), Moule & Pelliot (1938), Latham (1958), Waugh (1984).

PONEROS, A. G. & ERDMAN, J. W. Jr. (1988). 'Bioavailability of Calcium from Tofu, Tortillas, Nonfat Dry Milk and Mozzarella Cheese in Rats: Effect of Supplemental Ascorbic Acid', *J. Food Sc.*, **53** (I), 208–10, 230.

POPPER, KARL (1971, 1979). *Objective Knowledge*, Oxford University Press.

PORKERT, MANFRED (1974). *The Theoretical Foundations of Chinese Medicine*, MIT Press, Cambridge, MA.

PORTER-SMITH, F. & STUART, G. A. (1973). Chinese Medicinal Herbs, Georgetown Press, San Francisco, enlarged from Stuart, G. A. (1910).

POWELL, KEITH A., RENWICK, ANNABEL & PEBERDY, JOHN E. eds. (1994). *The Genus Aspergillus: From Taxonomy and Genetics to Industrial Application*, FEMS Symposium No. 69.

POWELL, M. A. (1994). 'Metron Ariston: Measure as a Tool for Studying Beer in Ancient Mesopotamia', in Milano, ed. (1994), 91–119.

PULLAR, PHILIPPA (1970). *Consuming Passions: Being an Historic Inquiry into Certain English Appetites*, Little, Brown & Co., Boston.

PULLEYBLANK, E. G. (1963). 'The Consonantal System of Old Chinese' (Pt 2), *Asia Major*, **9**, 205–65.

PULLEYBLANK, E. G. (1983). 'The Chinese and their Neighbours in Prehistoric and Early Historic Times', in Keightley, ed. (1983), 411–66.

PUTRO, SUMPENA (1993). 'Fish Fermentation Technology in Indonesia', in Lee *et al.*, eds. (1993), 107–28.

QIAN HAO, CHEN HEYI & RU SUICHU (1981). *Out of China's Earth*, H. N. Abrams, New York and China Pictoral, Peking.

QUILLER-COUCH, SIR ARTHUR ed. (1939). *The Oxford Book of English Verse, 1250–1918*, Oxford University Press. 1st publ. 1900; new edition 1939, repr. 1941.

QUINN, JOSEPH R. ed. (1973). *Medicine and Public Health in the People's Republic of China*, DHEW Publ. No (NIH) 73–67. Bethesda, MD.

RACKIS, JOSEPH J. (1975). 'Oligosaccharides of Food Legumes Alpha-Galactosidase Activity and the Flatus Problem', in Jeanes & Hodge eds. (1975), 207–22.

RACKIS, JOSEPH L. (1981). 'Flatulence caused by soya and its control through processing', *J. Am. Oil chem. Soc.*, **58** (3), 503–9.

RACKIS, JOSEPH L., GUMBBMANN, M. R. & LIENER, I. E. (1985). 'The USDA Trypsin Inhibitor Study. I. Background, Objectives and Procedural Details', in *Quality of Plant Foods in Human Nutrition*, **35**, 213–42, Martinus Nijhoff / Dr W. Junk Publishers, Dordrecht.

RAFFAEL, MICHAEL (1991). 'Vegetarian Pleasures', *High Life* (British Airways Magazine), July, 1991, 52–5.

RAMSEY, S. ROBERT (1987). *The Languages of China*, Princeton University Press, NJ.

RAMUSIO, GIOVANNI BATTISTA (ed. & tr.) (1583). *Delle Navigatione et Viaggi*, Vol. II, Venetia, 2nd edn.

RAWSON, JESSICA (1980). *Ancient China – Art and Archaeology*, British Museum Press, London.

RAWSON, JESSICA ed. (1996). *Mysteries of Ancient China – New Discoveries from the Early Dynasties*, British Museum Press, London (1996).

READ, BERNARD E. (with LIU JU-CHHIANG) (1936). *Chinese Medicinal Plants from the 'Pên Tshao Kang Mu' A.D. 1596 . . . a Botanical, Chemical and Pharmacological Reference List*. Publication of the Peking Natural History Bulletin, French Bookstore, 1936. (Chs. 12–37 of the *Pên Tshao Kang Mu*). Reviewed by W. T. Swingle ARLC/DO, 1937, 191. Expanded from an earlier version by Read in 1927 (Cf. Vol. VI, Pt I, p. 646).

READ, BERNARD, LEE WEI-YING & CHHÊNG JIH-KUANG (1937). 'Shanghai Foods', *Chinese Medical Association Special Report No. 8*.

REED, GERALD ed. (1975). *Enzymes in Food Processing*, Academic Press, New York.

REED, GERALD ed. (1982). *Prescott and Duns's Industrial Microbiology*, 4th edn, AVI Publ. Co.

RIDDERVOLD, A. & ROPEID, A., eds. (1988). *Food Conservation*, Prospect Books, London.

RINDOS, DAVID (1989). 'Darwinism and its Role in the Explanation of Domestication', in Harris & Hillman eds. (1989), 27–41.

RITTER, DR (1874). *Tofu, Yuba, Ame, Mittheilungen der Deutschen Gesellschaft fuer Natur- und Verlkerkunde Ostasiens (Yokohama)*, I (5), 3–5.

ROAF, MICHAEL (1990). *Cultural Atlas of Mesopotamia and the Ancient Near East*, Facts-On-File, New York & Oxford.

ROCKHILL, WILLIAM tr. & ed. (1900), cf. Rubruck, William of.

RODEN, CLAUDIA (1968/1974). *A Book of Middle Eastern Food*, Vintage Books, New York.

RODEN, CLAUDIA. *The Food of Italy*, Arrow, London.

RODINSON, MAXIME (1949). 'Recherches sur les documents arabes relatifs à la cuisine', *Revue des Études Islamiques*, **1949**, 95–165.

ROM, WILLIAM M. & GARAY, STUART M. eds. (1996). *Tuberculosis*, Little, Brown & Co., Boston.

ROMBAUER, IRMA & BECKER, MARION R. (1975). *The Joy of Cooking*, Bobbs Merrill Co., Indianapolis, 1931, new edn. 1975.

RONAN, COLIN A. (1982). *Science: Its History and Development Among the World's Cultures*, Facts-On-File, Oxford.

ROOT, WAVERLEY (1971). *The Food of Italy*, Athenaeum, New York.

ROSE, A. H. ed. (1977). *Economic Microbiology. Vol. 1: Alcoholic Beverages*, Academic Press, New York.

ROSE, A. H. (1977). 'History and Scientific Basis for Alcoholic Beverage Production', in Rose ed. (1977), 1–37.

ROSENBERGER, BERNARD (1989). 'Les Pâtes dans le Monde Mussulman', in Sabban-Serventi *et al.*, eds. (1989), 77–98.

ROY, DAVID & TSIEN, T. H. eds. (1979). *Ancient China: Studies in Early Civilization*, Chinese University Press, Hong Kong.

RUBRUCK, WILLIAM OF (1808–14). *The Remarkable Travels of William of de Rubriequis into Tartary and China, 1253* in John Pinkerton ed. 1808–14, *A General Collection of Voyages and Travels*, Vol. VII, London, 1808–14.

RUBRUCK, WILLIAM OF (1900). *The Journey of William of Rubruck to the Eastern Parts of the world, 1253–55 as narrated by himself*, tr. From the Latin, and edited with an Introductory Notice by William W. Rockhill, Hakluyt Society, London, 1900.

RUMPHIUS, GEORGIUS EVERHARDUS (1747). Herbarium Amboinese, Vol. v. p. 388, Amstelaedami.

RUSSELL, KENNETH (1988). *After Eden*, BAR International Series, 391. Oxford.

SABBAN, FRANÇOISE (1983a). 'Cuisine à la cour de l'empereur de Chine: les aspects culinaires du Yinshan Zhengyao de Hu Sihui', *Médiévales*, **1983** (5), 32–56.

SABBAN, FRANÇOISE (1983b). 'Le système des cuissons dans la tradition culinaire chinoise', *Annales*, **1983** (2), 341–68.

SABBAN, FRANÇOISE (1986a). 'Un savoir-faire oublié: le travail du lait en Chine ancienne', *Zinbun: Memoirs of the Res. Inst. for Humanistic Studies, Kyoto University*, No. 21, 31–65.

SABBAN, F. (1986b). 'Court Cuisine in 14th century Imperial China: Some Culinary Aspects of Hu Sihui's *Yinshan Zhengyao*', *Food and Foodways*, I, pp. 161–96.

SABBAN, FRANÇOISE (1988a). 'Sucre candi et confiseries de Qinsai: L'essor du sucre de canne dans la Chine des Song (Xᵉ–XIIIᵉ siècle)', *Journal D'Agriculture Traditionelle et des Botanique Appliquée*, **35**, 195–214.

SABBAN, FRANÇOISE (1988b). 'Insights into the Problem of Preservation by Fermentation in 6th century China', in Riddervold & Ropeid (1988), 45–55.

SABBAN, FRANÇOISE (1990a). 'De la main à la pate: refléxion sur l'origine des pates alimentaires et les transformations du blé en Chine ancienne (IIIᵉ av. J-C – Vⁱᵉ siècle ap. J-C)', *L'Homme*, **1990** (113), 102–37.

SABBAN, FRANÇOISE (1990b). 'Food Provisioning, the Treatment of Foodstuffs and other Culinary Aspects of the *Qimin yaoshu*', paper presented at the 6th ICHSC, Cambridge, Aug. 1990.

SABBAN, FRANÇOISE (1993). 'La viande en Chine: imaginaire et les usages culinaires', *Anthropozoologica*, **1993** (18), 79–90.

SABBAN-SERVENTI, FRANÇOISE *et al.*, eds. (1989). Contre Marco Polo: Une Histoire Comparée des Pâtes Alimentaires, *Médiévales*, **1989** (16–17), 27–100.

SABBAN-SERVENTI, FRANÇOISE (1989). 'Ravioli cristallins et Tagliatelle rouges: les Pâtes Chinoises entre XIIe et XIVe siècle', in Sabban *et al.*, eds. (1989), 29–50.

SAGGS, H. W. F. (1965). *Everyday Life in Babylonia and Assyria*, Dorset Press, New York.

SAHI, T. (1994a). 'Hypolactasia and Lactase Persistence: Historical Review and the Terminology', *Scand. J. Gastroenterol*, Suppl. **202**, 1–7.

SAHI, T. (1994b). 'Genetics and Epidemiology of Adult-Type Hypolactasia', *Scand. J. Gastroenterol.*, Suppl. **202**, 7–20.

SAID, HAKIM M. ed. (1990). *Essays on Science: Felicitation Volume in Honour of Dr. Joseph Needham*, Hambard Foundation, Karachi.

SAMPSON, THEOS (1869). 'The Song of the Grape', *Notes and Queries on China and Japan*, Vol. III, 52. Cited in Schafer (1963), p. 144.

SAMUEL, DELWEN (1989). 'Their Stuff of Life: Initial Investigations on Ancient Egyptian Bread Making', in Kemp ed., 253–90.

SAMUEL, DELWEN (1993). 'Ancient Egyptian Cereal Processing: Beyond the Artistic Record', *Camb. Arch. J.*, **3** (2), 271–83.

SAMUEL, DELWEN (1996a). 'Archaeology of Ancient Egyptian Beer', *J. Am. Soc. Brew. Chem.*, **54** (1), 3–12.

SAMUEL, DELWEN (1996b). 'Investigations of Ancient Egyptian Baking and Brewing Methods by Correlative Microscopy', *Science*, *273*: 488–90.

SAMUEL, DELWEN & BOLT, PETER (1995). 'Rediscovering Ancient Egyptian Beer', *Brewer's Guardian*, **124**, Dec. 1995, 26–31.

SANO, M., TAKENAKA, Y., KOJIMA, R. *et al.* (1986). 'Effects of Pu-erh Tea on Lipid Metabolism in Rats', *Chem. Pharm. Bull* (Tokyo), **34**, 221–8.

SARIS, JOHN (+1613). 'The Voyage of Captain John Saris to Japan' Log of a trip to Japan, in Satow ed. (1900), Vol, V, Series 2, of the works issued by The Hakluyt Society, London.

SASSON, J. A. (1994). 'The Blood of grapes', in Milano ed., 1994, 399–419.

SAWERS, DAVID (1978). 'The Sources of Innovation', in Williams, Trevor ed., 1978, 27–47.

SCHAFER, EDWARD H. (1962). 'Eating Turtles in Ancient China', *J. Amer. Orient. Soc.*, **82**, 73.

SCHAFER, EDWARD H. (1963). *The Golden Peaches of Samarkand*, University of California Press, Berkeley, CA.

SCHAFER, EDWARD H. (1967). *The Vermillion Bird*, University of California Press, Berkeley, CA.

SCHAFER, EDWARD H. (1977). 'Thang', in Chang, K. C. ed. (1977), 87–140.

SCHIFFER, MICHAEL B. ed. (1993). *Archaeological Methods and Theory*, Vol. V. University of Arizona Press, Tucson, AZ.

SCHROEDER, C. A. & FLETCHER, W. A. (1967). 'The Chinese Gooseberry in New Zealand', *Econ. Bot.*, **21**, 81–92.

SHERRATT, ANDREW (1981). 'Plough and Pastorialism: Aspects of the Secondary Products Revolution', in Hodder *et al.*, eds. (1981), 261–305.

SHIBA YOSHINOBU, tr. (1970). *Commerce and Society in Sung China*, abstr. tr. Mark Elvin, Centre for Chinese Studies, University of Michigan.

SHIBASAKI, K. & HESSELTINE, C. W. (1962). 'Miso Fermentation', *Econ. Bot.*, **16** (3), 180–95.

SHIH SHÊNG-HAN (1958). *A Preliminary Survey of the Book 'Ch'i Min Yao Shu'* – An Agricultural Encyclopedia of the 6th Century, Science Press, Peking.

SHIH, SHÊNG-HAN (1959). *Fan Shêng-Chih Shu*: An Agriculturist Book of China, written by Fan Shêng-Chih in the 1st century BC, Science Press, Peking.

SHILLINGLAW, C. A. (1957). Memorandum on a Visit to Noda Shoyu Co. Ltd, Private Communication, on file at the Needham Research Institute.

SHORT, THOMAS (1750). *Discourses on Tea, Sugar, Milk, Mead, Wines, Spirits, Punch, Tobacco etc. with Plain Rules for Gouty People*, London, cited in Ukers (1935), I, p. 29.

SHURTLEFF, WILLIAM & AYOYAGI, A. (1976). *The Book of Miso*, Ten Speed Press, Berkeley, CA.

SHURTLEFF, WILLIAM & AYOYAGI, A. (1975, 1979). *The Book of Tofu*, Ten Speed Press, Berkeley, CA.

SHURTLEFF, WILLIAM & AOYAGI, AKIKO (1980). 'In Search of the Real Tamari', *Soyfoods*, I (3), Summer, 20–4.

SHURTLEFF, WILLIAM & AOYAGI, AKIKO (1985). *History of Tempeh*, Soyfoods Centre, Lafayette, CA.

SHURTLEFF, WILLIAM & AOYAGI, AKIKO (1988a). *Bibliography of Soy Sauce*, Soyfoods Centre, Lafayette, CA.

SHURTLEFF, WILLIAM & AOYAGI, AKIKO (1988b). *Amazake and Amazake Frozen Desserts*, Soyfoods Centre, Lafayette, CA.

SIGERIST, HENRY E. (1951). *A History of Medicine*, I. *Primitive and Archaic Medicine*, Oxford University Press, New York.

SIMMONDS, N. W. ed. (1976). *Evolution of Crop Plants*, Longman, London.

SIMOONS, F. J. (1954). 'The non-milking area of Africa', *Anthropos*, **49**, 58–66.

SIMOONS, F. J. (1970a). 'Primary Adult Lactose Intolerance and the Milking Habit: A Problem in Biological and Cultural Interrelations. II. A Culture Historical Hypothesis', *Am. J. Dig. Dis.*, **15**, 695–710.

SIMOONS, F. J. (1970b). 'The Traditional Limits of Milk and Milk-Use in Southern Asia', *Anthropos*, **65**, 547–93.

SIMOONS, F. J. (1981). *Geographic Patterns of Primary Adult Lactose Malabsorption: A Further Interpretation of Evidence for the Old World*, in Paige & Bayless eds. (1981), pp. 23–48.

SIMOONS, F. J. (1991). *Food in China: A Historical and Cultural Inquiry*, CRC Press, Boca Raton.

SINGER, CHARLES (1941). *A Short History of Scientific Ideas – to 1900*, Oxford University Press.
SINGER, CHARLES, HOLMYARD, E. J. & HILL, A. R. eds. (1954). *A History of Technology, Vol. 1: From Early Times to Fall of Ancient Empires*, Oxford University Press, 1954.
SINGER, CHARLES, HOLMYARD, E. J., HILL, A. R. & WILLIAMS, TREVOR I. eds. (1956). *A History of Technology, Vol. 2: The Mediterranean Civilisation and the Middle Ages, c. 700 B.C. to c. A.D. 1500*, Oxford University Press.
SINGER, CHARLES, HOLMYARD, E. J., HILL, A. R. & WILLIAMS, TREVOR I. eds. (1957). *A History of Technology, Vol. 3: From the Renaissance to the Industrial Revolution: c. 1500 to c. 1750*, Oxford University Press.
SIVIN, NATHAN (1987). *Traditional Medicine in Contemporary China*, University of Michigan, Ann Arbor.
SMARTT, J. & SIMMONDS, N. W. eds. (1995). *The Evolution of Crop Plants*, Longman, London, 2nd edn of Simmonds (1976).
SMITH, BRUCE D. (1995). *The Emergence of Agriculture*, Scientific American Library. Reviewed by Wu Yao-Li 吴耀利, *NYKK*, **1997** (1), 48–50.
SMITH, MICHAEL (1986). *The Afternoon Tea Book*, Collier Books, New York.
SMITH, PAUL (1991). *Taxing Heaven's Storehouse: Horses, Bureaucrats and the Destruction of the Sichuan Tea Industry, 1074–1224*, Harvard University Press Cambridge, MA.
SMITH, R. C. E. & CHRISTIAN, D. (1984). *Bread and Salt: A Social and Economic History of Food and Drink in Russia*, Cambridge University Press.
SMYTH, ALBERT ed. (1907). *The Writings of Benjamin Franklin* 5 vols. The Macmillan Co., New York.
SNAPPER, ISADORE (1941). *Chinese Lessons to Western Medicine; A Contribution to Geographical Medicine from the Clinics of Peiping Union Medical College*, Interscience, New York.
SOEWITO, AUGUSTINA (1986). 'The cooking of Tempe – Indonesia', in Aida Hiroshi *et al.*, eds. (1986), 270–3. See Bibliography B.
SOSULSKI, F. W., ELKOWICZ, L. & REICHERT, R. D. (1982). 'Oligosaccharides in Eleven Legumes and their Air-Classified Proteins and Starch Fractions', *J. Food Sc.*, 1982, **47**, 498–502.
SOYER, ALEXIS (1853). *The Pantropheon or History of Food and its Preparation in Ancient Times*, Simpsin Marshall, London, 1853.
STAHEL, G. (1946). 'Foods from Fermented Soybeans as Prepared in the Netherland Indies. II. Tempe, a Tropical Staple', *J. N. Y. Bot. Gdn*, **47** (564), 285–96.
STAUDENMAIER, JOHN M. (1985). *Technology's Storytellers – Reweaving the Human Fabric*, MIT Press, Cambridge, MA.
STAUDENMAIER, JOHN M. (1990). 'Recent Trends in the History of Technology', *Am. Hist. Review*, **95** (3), 715–25.
STEELE, JOHN tr. (1917). *The I Li, Book of Etiquette and Ceremonial* (2 vols.), Probsthain & Co., London.
STEINKRAUS, KEITH H., *et al.*, eds. (1983). Handbook of Indigenous Fermented Foods, Marcel Dekker, Inc. New York.
STOCKWELL, FORSTER & TANG BOWEN eds. (1984). *Recent Advances in Chinese Archaeology*, Foreign Language Press, Beijing.
STOECKHARDT, ADOLPH & SENFF, EMANUEL (1872). 'Untersuchung von chinesesischen Oelbohnen', *Der Chemische Ackermann*, **18**, 122–5.
STOL, M. (1994). 'Beer in Neo-Babylonian Times', in Milano, ed., 1994, 155–83.
STUART, G. A. (1910). *Chinese Materia Medica, Vegetable Kingdom*, American Presbyterian Mission Press, Shanghai.
SUMIYOSHI, YASUO (1987). 'Present Status of *Shoyu* and *Miso* Industries in Japan', *Daizu Geppo* (Soybean Monthly News), No. 10/11, 19–28.
SUN, E-TU ZEN (1979). 'Chinese History of Technology: Some Points for Comparison with the West', in Bugliarello & Doner eds. 38–49.
SUN, E-TU ZEN & SUN, SHIOU-CHUAN, tr. (1966). *T'ien Kung K'ai Wu: Chinese Technology in the Seventeenth Century*, Pennsylvania State University Press, University Park and London.
SUPARMO & MARKAKIS, P. (1987). 'Tempeh Prepared from Germinated Soybeans', *J. Food Sci*, **52** (6), 1736–7.
SWANN, NANCY L. tr. (1950). *Food and Money in Ancient China: The Earliest Economic History of China to +25* (with tr. of *[Chhien] Han Shu*, ch. 24 and related texts, *[Chhien] Han Shu*, ch. 91, and *Shih Chi*, ch. 129), Princeton University Press, NJ.
TAKAMINE JOKICHI (1891). *Improvements in the Production of Alcoholic Ferments and of Fermented Liquids thereby*, British Patent 5,700, Oct. 17, 1891.
TAKAMINE JOKICHI (1894). *Alcohol-ferment mash*, US Patent 0,525,825, Sept. 11, 1984.
TANG, P. S. & CHANG, L. H. (1939). 'A Calculation of the Chinese Rural Diet from Crop Reports', *Chinese J. Physiol.*, **14**, 497–508.
TANNAHILL, REAY (1988). *Food in History*, 2nd edn, Crown Publ., New York, 1988 (1st edn 1973).
TAYLOR, F. SHERWOOD (1945). 'The Evolution of the Still', *Annals of Science*, **5** (3), 185–202.
TEMKIN, OWSEI (1960). 'Nutrition from Classical Antiquity to the Baroque', in Galdston, 1 (1960), 78–97.
TEMPLE, ROBERT K. G. (1986). *China, Land of Discovery and Invention*, Patrick Stephens, Wellingborough.
TENG, SSU-YÜ & BIGGERSTAFF, K. (1936). *An Annotated Bibliography of Selected Chinese Reference Works*, Harvard-Yenching Institute, Peiping (Yenching Journ. Chin. Studies, monograph. No. 12.).

TERAMOTO, Y., OKAMOTO, K., KAYASHIMA, S. & UEDA, S. (1993). 'Rice Wine Brewing with Sprouting Rice and Barley Malt', *J. Ferm. & Bioeng*, **75** (6), 460–2.

TEUBNER, CHRISTIAN, RIZZZI, SILVIO & TAN LEE LENG (1996). *The Pasta Bible*, Penguin Books, London.

TODA, M., OKUBO, S., HARA, Y. & SHIMAMURA, T. (1991). 'Antibacterial and Bacteriocidal Activities of Tea Extracts and Catechins Against Methicillin Resistant *Staphylococcus aureus*', *Nippon Saikingaku Zasshi*, **46** (5), 839–45 [in Japanese].

THOM, CHARLES & CHURCH, MARGARET B. (1926). *The Aspergilli*, Williams & Wilkins, Baltimore.

TRAUFFER, REGULA ed. (1997). *Manger en Chine*, Alimentarium Vevey.

TSIEN, TSUEN-HSUIN (1985). *Science and Civilisation in China*, Vol. V, Pt I, Paper and Printing, Cambridge University Press.

TYN, MYO THANT (1993). 'Trends of Fermented Fish Technology in Burma', in Lee *et al.*, eds. (1993), 129–54.

UEDA, SEINOSUKE & TERAMOTO, YUJI (1995). 'Design of Microbial Processes and Manufacture Based on the Specialities and Traditions of a Region: A Kumamoto Case', *J. Ferm. & Bioeng.*, **80** (5), 522–7.

UKERS, WILLIAM H. (1935). *All About Tea*, Vols. I & II, The Tea & Coffee Trade Journal, New York.

UKERS, WILLIAM H. (1936). *The Romance of Tea*, Alfred Knopf, New York.

UNDERHILL, ANNE P. (forthcoming). 'Archaeological and Textual Evidence for the Production and Use of Alcohol in Ancient China', in Moskowitz, Marina ed. *Proceedings of the Ninth Yale-Smithsonian Seminar on the Material Culture of Alcoholic Beverages*.

UNITED STATES DEPARTMENT OF AGRICULTURE (1976). *Composition of Foods: Dairy and Egg Products: Raw, Processed and Prepared*, Agriculture Handbook, Nos. 8–1, USDA, Washington, DC, Revised Nov. 1976.

UNITED STATES DEPARTMENT OF AGRICULTURE (1986). *Composition of Foods: Legumes and Legume Products*, Agriculture Handbook, Nos. 8–16, USDA, Washington, DC, Revised Dec. 1986.

UNSCHULD, PAUL U. (1986a). *Medicine in China: A History of Ideas*, University of California Press, Berkeley, CA.

UNSCHULD, PAUL U. (1986b). *Medicine in China: A History of Pharmaceutics*, University of California Press, Berkeley, CA.

UNSCHULD, PAUL U. ed. (1986). *Approaches to Traditional Chinese Medical Literature*, Kluwer Acad. Publ., Dordrecht.

VALLA, FRANÇOIS (1995). 'The First Settled Societies – Natufian (12,500 – 10,200 BP)', in Thomas E. Levy ed. (1995), 170–85.

VAVILOV, N. I. (1931). 'The role of Central Asia in the Origin of Cultivated Plants', *Bull. Applied Bot., Genetics & Plant Breeding* (USSR), **26** (3), 3ff. (In Russian and English).

VAVILOV, N. I., tr. STARR, CHESTER (1949/50). *The Origin, Variation, Immunity, and Breeding of Cultivated Plants: Selected Writings, Chronica Botanica*, **13**, 1949/50, Waltham, MA.

VALVILOV, N. I., tr. LÖVE, DORIS (1992). *The Origin and Geography of Cultivated Plants*, Cambridge University Press.

VEHLING, J. D. ed. tr. (1977). *Apicius: Cookery and Dining in Imperial Rome*, Dover, New York, originally publ. in 1936.

VEITH, ILZA tr. (1972). *The Yellow Emperor's Classic of Internal Medicine*, University California Press, 1st publ. 1949.

VIOLA, HERMAN J. & MARGOLIS, CAROLYN, eds. (1991). *Seeds of Change*, Smithsonian Institution Books, Washington DC.

WAI, NGANSHOU (1929). 'New Species of Mono-Mucor, *Mucor sufu*, on Chinese Soybean Cheese', *Science*, **70**, 307–8.

WAI, NGANSHOU (1964). 'Soybean Cheese', *Bulletin Inst. Chem.*, Academia Sinica, Taipei, **1964** (9), 75–94.

WALEY, A. (1936). 'The Eclipse Poem [in the *Shih-Ching*] and its Group', *Thien Hsia Monthly*, **3**, 245.

WALEY, A. tr. (1937). *The Book of Songs* [translation of the *Shih Ching*], Allen & Unwin, London.

WALSHER, D. N., KRETCHMER, N. & BARNETT, H. L. eds. (1976). *Food, Man and Society*, Plenum Publ., New York.

WANG CHI-MIN & WU LIEN-TÊ (1932). *History of Chinese Medicine*, National Quarantine Service, Shanghai, 2nd edn 1936.

WANG, HUA L. (1986). 'Nutritional Quality of Fermented Foods', in Hesseltine & Wang eds., 289–301.

WANG, H. L. & FANG, S. F. (1986). 'History of Chinese Fermented Foods', in Hesseltine & Wang eds., 23–35.

WANG, H. L. & HESSELTINE, C. W. (1965). 'Studies on Extracellular Proteolytic Enzymes of *Rhizopus oligosporus*', *Can. J. Microbiol.*, **11**, 727–32.

WANG, HWA L. & HESSELTINE, C. W. (1970). 'Sufu and Lao-Chao', *J. Agric. & Food Chem*, **18** (4), 572–5.

WANG, HUA L. & HESSELTINE, C. W. (1979). 'Mold Modified Foods', in Peppler & Perlman (1979) II, 96–129.

WANG ZHONGSHU, tr. K. C. CHANG *et al.* (1982). *Han Civilisation*, Yale University Press.

WARE, JAMES R. tr. & ed. (1981). *Alchemy, Medicine and Religion in the China of A.D. 320: The Nei Pien of Ko Hung*, Dover Publishers, New York, 1st published by M.I.T. Press, 1966.

WATKINS, RAY (1995). 'Cherry, Plum, Peach, Apricot and Almond', in Smartt & Simmonds eds. (1995).

WATSON, BURTON tr. (1963). *Basic Writings of Mo Tzu, Hsün Tzu and Han Fei Tzu*, Columbia University Press.

WATSON, BURTON tr. (1968). *The Complete Works of Chuang Tzu*, Columbia University Press.

WATSON, BURTON tr. & ed. (1984). *The Columbia Book of Chinese Poetry*, Columbia University Press.

WAUGH, TERESA (1984). *The Travels of Marco Polo*, tr. from the Italian work by Maria Bellonci, Sidgwick & Jackson, London, 1984.

WEATHERFORD, JACK (1988). *Indian Givers: How the Indians of the Americas Transformed the World*, Crown Publ., New York.

WEINHOLD, RUDOLF (1988). 'Baking, Brewing and Fermenting of the Grape-Must: Historical Proofs of their Connection', in Riddervold & Ropeid eds. (1988), 73–80.

WELBOURN, R. B. (1993). 'Endocrine Diseases', in Bynum & Porter, eds. (1993), 484–511.

WESTERMANN, D. H. & HUIGA, N. J. (1979). 'Beer Brewing', in Peppler and Perlman, eds. (1979), 2–36.

WHISTLER, ROY L. & PASCHALL, EUGENE F. eds. (1965). *Starch: Chemistry & Technology. I. Fundamental Aspects*, Academic Press, New York & London.

WHITE, LYNN JR (1976). 'Food and History', in Walsher *et al.*, eds. (1976), 12–30.

WILHELM, RICHARD tr. (1968, 3rd. edn). *I Ching* (tr. English C. F. Baynes). Routledge & Kegan Paul, London.

WILLIAMS, TREVOR I. ed. (1978). *A History of Technology*, Vol. VI *The Twentieth Century: c. 1900 to c. 1950*, Pt 1. Clarendon Press, Oxford.

WILLIAMS, TREVOR I. (1987). *The History of Invention*, Facts-On-File, New York & Oxford.

WILSON, CHRISTINE S. (1975). 'Nutrition in Two Cultures: Mexican American and Malay Ways with Food', in Margaret Arnott, ed. (1975), 131–44.

WILSON, HILARY (1988). *Egyptian Food and Drink*, Shire Publications, Aylesbury, UK.

WINARNO, F. G. (1987). 'Tempe Making on Various Substrates – Including Unconventional Legumes', in Aida Hiroshi *et al.*, eds. (1987), 125–41. Cf. Bibliography B.

WINFIELD, GERALD F. (1948). *China: The Land and the People*, Wm Sloan Assoc. New York.

WINSLOW, C. E. A. & BELLINGER, R. R. (1945). 'Hippocratic and Galenic Concepts of Metabolism', *Bulletin of the History of Medicine*, **17**, 127–37.

WITTFOGEL, KARL (1960). 'Food and Society in China and India', in Galdston, ed. (1960), 61–77.

WITTWER, SYLVAN, YU YOUTAI, SUN HAN & WANG LIANZHENG (1987). *Feeding a Billion: Frontiers of Chinese Agriculture*, Michigan State University Press, East Lansing.

WOLFROM, M. L. & KHADEM, H. EL. (1965). 'Chemical Evidence for the Structure of Starch', in Whistler & Paschall eds. (1965), 251–74.

WOOD, ED. (1996a). *World Sourdoughs from Antiquity*, Ten Speed Press, Berkeley, CA.

WOOD, ED. (1996b). 'Bake like an Egyptian', *Modern Maturity* Sept.–Oct., 1996, pp. 66–7.

WOOD, FRANCES (1995, 1996). *Did Marco Polo go to China?*, Westview Press, Boulder, CO.

WOODWARD, NANCY H. (1980). *Teas of the World*, Collier Books, London.

WU HSIEN (1928). 'Nutritive Value of Chinese Foods', *Chinese J. Physiol. Report Series*, No. 1, 153.

WYLIE, A. (1867/1964). *Notes on Chinese Literature*, Shanghai, 1867; repr. Paragon, New York, 1964.

XING RUNCHUAN & TANG YUNMING (1984). 'Archaeological Evidence for Ancient Wine Making', in Stockwell & Tang, eds. (1984), 56–58.

XU, Y., HO, C. T., AMIN, S. G., HAN, C. & CHUNG, F. L. (1992). 'Inhibition of Tobacco-Specific Nitrosamine-Induced Lung Tumorigenesis in A/J Mice by Green Tea and its Major Polyphenol as Antioxidants', *Cancer Research*, **52** (14), 3875–9.

YAMANISHI, TEI ed. (1995). *Special Issue on Tea, Food Reviews International*, Vol. **11** (3), 1995, Marcel Dekker, New York.

YANG, C. S. & WANG ZHI-YUAN (1993). 'Tea and Cancer', *J. Natl Cancer Inst*, **85**: 1038–49.

YANG, E. F. & READ, B. E. (1940). 'Vitamin B content of Chinese plant Beriberi remedies', *Chinese J. Physiol.*, **15** (1), 9ff.

YANG XIANYI & GLADYS YANG, tr. (1957). *The Scholars* [*Ju Lin Wai Shih*], Foreign Language Press, Peking.

YANG XIANYI & GLADYS YANG, tr. (1979). *Selections from the Records of the Historian* by Szuma Chhien, Foreign Language Press, Peking.

YANG XIANYI, GLADYS YANG & HU SHIGUANG, tr. (1983). 'Selections from *The Book of Songs*', with *Introduction by Yu Guanying*, 'China's earliest Anthology of Poetry', Panda Books, Peking.

YEH, SAMUEL & CHOW, BACON (1973). 'Medicine and Public Health in the People's Republic of China', in Quinn ed. (1973), 215–39.

YOKOTSUKA, T. (1986). 'Soy sauce biochemistry', *Advances in Food Research*, **30**, 195–329.

YOKOTSUKA, T. & SASAKI, M. (1986). 'Risks of Mycotoxin in Fermented Foods', in Hesseltine & Wang, eds. (1986), 259–87.

YONG, F. M. & WOOD, B. J. B. (1974). 'Microbiology and Biochemistry of Soy Sauce Fermentation', *Advances in Applied Microbiology*, **17**, 157–94.

YU, H., OHO, T., TAGOMORI, T. & MORIOKA, T. (1992). 'Anticariogenic Effects of Green Tea', *Fukuoka Igaku Zasshi*, **83** (4): 174–80.

YULE, HENRY & CORDIER, HENRI (trs. & eds.) (1903–20). *The Book of Ser Marco Polo the Venetian Concerning the Kingdoms and Marvels of the East*, 3rd edn (3 vols., 1903–20), repr. in 2 vols., Murray, London, 1975.

YÜ GUANYING (1983). 'China's Earliest Anthology of Poetry', in Yang *et al.*, tr. (1983).

YÜ YING-SHIH (1977). 'Han', in Chang, K. C., ed. (1977), 53–83.

ZACCAGNINI, C. (1994). 'Breath of Life and Water to Drink', in Milano ed. (1994), 347–60.

ZEE, A. (1990). *Swallowing Clouds*, Simon & Schuster, New York.

VAN ZEIST, WILLEM, WASYLIKOWA, KRYSTYNA & BEHRE, KARL-ERNST eds. (1991). *Progress in Old World Paleoethnobotany*, A. A. Balkema, Rotterdam.

VAN ZEIST, WILLEM (1991). 'Economic Aspects', in van Zeist *et al.*, eds. (1991), 109–29.
VICKERY, KENTON F. (1936). 'Food in Early Greece', Illinois Studies in the Social Sciences, xx (2), University of Illinois Press.
ZENG ZIFAN, tr. S. K. LAI (1986). *Colloquial Cantonese and Putonghua Equivalents* (in both English and Chinese), Joint Publ. Co, Hong Kong.
ZHU, Y., LI C. L. & WANG, Y. Y. (1995). 'Effects of Xuezhikang on blood lipids and lipoprotein concentration of rabbits and quails with hyperlipidemia', *Chin J. Pharmacol.*, **30**, 4–8.
ZHU, Y., LI C. L. & WANG, Y. Y., ZHU J. S., CHANG J., KRITCHEVSKY, D. (1998). '*Monascus purpureus* (red yeast): a natural product that lowers blood cholesterol in animal models of hypercholesterolemia', *Nutr Research*, **18** (1), 71–81.
ZITO, R. (1994). 'Biochimica nutrizionale degli alimenti liquidi', in Milano, ed. (1994), 69–75.
ZOHARY, MICHAEL (1982). *Plants of the Bible*, Cambridge University Press.
ZOHARY, DANIEL & HOPF, MARIA (1993). *Domestication of Plants in the Old World*, 2nd edn Oxford University Press, 1st edn 1988.
ZOHARY, DANIEL (1995). 'The Domestication of the Grapevine *Vitis vinifera* L. in the Near East', in McGovern *et al.*, eds. (1995), 23–30.

增补：

H. T. Huang (2002). 'Hypolactasia and the Chinese Diet', *Current Anthropology*, **43** (5), 809—819

索　引

说明

1. 本索引据原著索引译出，个别条目有所改动。

2. 本索引按汉语拼音字母顺序排列。未作翻译的英文在各字母开头；第一字同音时，按四声顺序排列；同音同调时，按笔画多少和笔顺排列。

3. 本索引各条目所列页码，均指原著页码。数字加 * 号者，表示这一条目见于该页脚注。

4. 本索引仅部分外国人名附有相应的译名。

A

阿伯里（Arberry, A. J.） 494*

阿部孤柳和辻重光 318*

阿查雅（Achaya, K. T.） 452*, 454

阿德舍和贝多斯（Ardeshir, A. G. & Beddows, C. G.） 383*, 398*

阿尔布雷希特（Albrecht, H.） 452, 453

阿尔格（Algar, A.） 496*, 497*

阿芙莎纳［Afshana；布哈拉］ 495

阿剌吉酒 204, 227, 229, 231

"阿莱克"鱼露（allec）见"伽鲁姆"鱼露（garum）

阿鲁图尼安（Haroutunian, A. der） 496*

阿伦森（Aronson, S.） 163*

阿马尔奈（埃及） 271

阿萨姆邦（印度） 549

野生茶树 503*

阿斯塔那（吐鲁番，新疆） 478

阿维森纳（Avicenna, 980—1037 年） 494, 495, 496*

阿英 478*

哀公 102*

《埃伯斯纸草文稿》 271*

埃及医生 239

另见古埃及

埃杰顿（Egerton, C.） 498*

埃斯蒂斯（Estes, J. W.） 571*

埃文斯（Evans, J. C.） 506*, 513*

癌症 570, 605

艾草 170, 173, 340

艾克曼（Eijkman, C.） 579*, 581, 606

爱德华兹（Edwards, J.） 400*

爱泼斯坦（Epstein, H.） 55*

爱斯基摩人（Eskimos） 604

安德烈（Andre, J.） 497*

安德森（Anderson, Marja L） 293*, 298*, 467*

安德森（Anderson, E. N.） 10, 67*, 138*, 148, 149*, 245*, 252*, 258*, 259*, 270*, 293*, 298*, 328*, 467*, 595*, 596*

安德森（Anderssen, J. G.） 77

《安化县志》（1872 年） 543

安徽 191, 545

茶叶出口 548

茶叶种植 513

黄茶 551

安徽省文物管理委员会（1959） 463*

安金槐 305*, 306*

安阳，商朝遗址 61

安邑（平阳） 243, 244*

氨基酸 593

基本的 573

鹌鹑 60

案（浅盘） 86, 87, 101, 112, 113

案，窄平台床 113, 115, 140

熬 70, 72, 73, 84, 85, 88, 89

奥本海姆（Oppenheim, A. L.） 269*

《奥德赛》（荷马） 57*

奥尔施基（Olschki, L.） 493

奥尔特查勒（Altchuler, S. I.） 604*

奥尔特加（Ortegay Gasset, J.） 602*

B

八公山豆腐 299, 305*

八十垱（湖南） 27*

八珍，周朝烹饪的 57, 69, 72, 73, 92, 354

巴德勒（Badler, V. R.） 153*, 258*

巴尔-约瑟夫（Bar-Josef, O.） 258*

巴格达，伊斯兰面食 494

巴格利（Bagley, R. W.） 513*

巴格鲁（boglu，麦芽） 269

C

D

E

F

G

K

M

N

O

P

Q

R

S

T

W

X

Y

Z

译 后 记

  本册的译稿由本办公室委托中国农业大学食品科学与营养工程学院韩北忠组织翻译完成，洪光住在翻译校订过程中提供了指导咨询并对译文作了审定。

  译稿的具体完成情况为：

作者的话	崔建云 译	韩北忠 校
（a）导论	梁建芬 译	程永强、崔建云 校
（b）文献和资料	崔建云 译	韩北忠 校
（c）酒精饮料的发酵和演变	韩北忠 译	鲁绯、崔建云 校
（d）大豆加工工艺及发酵	江正强、鲁绯 译	崔建云、程永强 校
（e）食品加工与保藏	崔建云 译	韩北忠 校
（f）茶叶的加工与利用	侯彩云 译	洪光住 校
（g）饮食和营养缺乏性疾病	王静 译	韩北忠 校
（h）感想和后记	王静 译	崔建云 校
参考文献A	吕佳 译	韩北忠 校
参考文献B	韩北忠、吕佳 译	程永强 校
原书编辑序言	郭磊 译	姚立澄 校

  原作者黄兴宗亦对译文提出了详细的审定意见，帮助解决了翻译中的若干难点。根据他的意见，我们对译稿中个别地方的译文体例作了调整，个别地方作了异于原文的改动或增补。

  姚立澄承担了全书译稿体例的统一工作，并负责解决译稿遗留问题、查核修改译名、校订译稿排印清样、重新编译索引。沈文嘉协助校订了参考文献A、B部分的译稿。全部译稿最后由胡维佳审读并核校改定。

  香港东亚科学史基金会为本册的翻译出版提供了资助，冯婧、张厚军、罗珺、彭坚、张娜、张琳、黄静、韦赟、吴敏等对本册的译校工作亦多有帮助，谨此一并致谢！

李约瑟《中国科学技术史》

翻译出版委员会办公室

2007 年 12 月 29 日